中國水利史典

海河卷 二

中國水利史典編委會 編

图书在版编目（CIP）数据

中国水利史典. 海河卷. 2 / 《中国水利史典》编委会编. -- 北京 : 中国水利水电出版社, 2015.8(2021.1重印)
ISBN 978-7-5170-3672-2

Ⅰ. ①中… Ⅱ. ①中… Ⅲ. ①水利史－中国②海河－水利史 Ⅳ. ①TV-092

中国版本图书馆CIP数据核字(2015)第221788号

中國水利史典　海河卷二

作者：中國水利史典編委會　編
出版：中國水利水電出版社
（北京市海淀區玉淵潭南路1號D座　100038）
經售：北京科水圖書銷售中心（零售）
全國各地新華書店和相關出版物銷售網點
排版：北京萬水電子信息有限公司
印刷：北京印匠彩色印刷有限公司
規格：184mm×260mm　16开本　56.25印張　1043千字
版次：2015年8月第1版　2021年1月第2次印刷
定價：880.00圓

『十一五』國家重大工程出版規劃圖書

『十二五』國家重點圖書出版規劃項目

首批國家出版基金資助項目

中國水利史典

主　　編　陳　雷

常務副主編　周和平　李國英　周學文

副　主　編（按姓氏筆畫排序）

匡尚富　任憲韶　岳中明　党連文　陳小江

陳東明　葉建春　湯鑫華　蔡　蕃　鄭連第

劉雅鳴　錢　敏

中國水利史典

編委會

主　　任　陳　雷

副 主 任　周和平　李國英　周學文

委　　員（按姓氏筆畫排序）

王愛國　田中興　匡尚富　曲吉山　任憲韶　李　鷹

汪　洪　汪安南　武國堂　岳中明　周魁一　党連文

高　波　陳小江　陳東明　陳明忠　孫繼昌　張志彤

張志清　張紅兵　葉建春　湯鑫華　鄭連第　鄧　堅

劉　震　劉建明　劉雅鳴　劉學釗　錢　敏

編委會辦公室

主　　任　陳東明

常務副主任　穆勵生

副 主 任　馬愛梅　杜丙照

主任助理　宋建娜

成　　員　王　藝　楊春霞　張小思　朱　莉　趙　耀

中國水利史典

專家委員會

主任　鄭連第

副主任　蔡蕃　張志清　譚徐明　蔣超

委員（按姓氏筆畫排序）

王利華　王紹良　牛建强　毛振培　尹鈞科　吕娟

江金照　杜翔　李孝聰　吴宗越　范文錚　周魁一

查一民　段天順　徐海亮　郭濤　郭康松　高紅

陳茂山　陳紅彦　馮立昇　馮明祥　張汝翼　張廷皓

張孝南　張衛東　鄒寶山　鄭小惠　黎沛虹　謝永剛

竇鴻身　顧青

序一

讀史明今　鑒往知來

經過四年的緊張籌備和編纂，《中國水利史典》開始正式出版。這是貫徹落實黨的十八大精神、加快推動水文化建設的重要舉措，也是功在當代、澤被後人的重大工程。

我國是一個治水歷史悠久的文明古國和水利大國，興修水利、治理水害、消除水患歷來是治國安邦的頭等大事。在長期的治水實踐中，中華民族不僅修建了都江堰、鄭國渠、靈渠、京杭運河、黄河堤防、江浙海塘等衆多舉世聞名的水利工程，而且非常注重對治水歷史的記録整理。早在公元前一百年前後，歷史學家司馬遷就在《史記》中安排專章，記述了從公元前二十一世紀的大禹治水到西漢時期的重大水利事件，第一次提出了以防洪、灌溉、排水、航運、供水爲主要内容的『水利』概念，開了史書專門記録水利史的先河。繼司馬遷之後，我國編纂水利歷史、總結治水經驗、探索水利規律、提供後世借鑒的優良傳統薪火相傳，綿延至今，留下了《河渠書》《水經注》《水部式》《河防通議》《行水金鑑》等諸多彌足珍貴的水利文獻，形成了獨特而豐富的水文化。

盛世修典是中華民族的優秀傳統。我國水利典籍卷帙浩繁、博大精深。但是，經過千百年間朝代更替、戰火兵燹、天灾人禍，許多珍貴歷史文獻遺失或毀損。能够保存至今的古代文獻，藏本分散，複本稀少，孤本難求，極爲珍貴。爲了保護好、傳承好、利用好這些古代文化遺産，全面揭示歷代水利事業的輝煌成就，系統總結我國水利發展的歷史規律，傾力打造文化出版精品工程，爲水利改革發展提供可資借鑒的歷史經驗和現實指導，在國家圖書館和國家出版基金管理委員會的精心指導和大力支持下，水利部决定組織編纂《中國水利史典》。

作爲國家出版基金管理委員會批准并首批支持的重大出版項目，《中國水利史典》具有以下五個鮮明特點：一是歷史的厚重性。《中國水利史典》編纂内容上起大禹治水，下迄一九四九年，涉及我國五千年治水歷史，不僅是新中國成立以來實施的最大單項水利出版項目，也是我國乃至世界歷史上文獻最豐富、結構最完整、時間跨度最長、篇幅規模最大的水利典籍集成。其中收録的歷史文獻，記述了江河湖泊的自然狀况及其演變，記述了治水思想和治水方略的歷史變遷，記述了興修水利的艱辛實踐，記述了水利科技的進步歷程，記述了水利規約制度和管理經驗，凸顯了中國治水實踐的歷史縱深感。二是文化的傳承性。中華民族數千年的治水實踐，不僅創造了豐富的物質文明，而且積澱了深厚的文化財富。《中國水利史典》既是對水利歷史文獻的系統整編，也是對中國治水文化的全面梳理，凝聚了中華民族在治水興水漫長歷史進程中積累的科學認識、思想理念。這是祖先留下的寶貴遺産，是中華民族歷史經驗和智慧的結晶，也是中國傳統文化的絢麗瑰寶。三是内容的豐富性。我國現存的水利典籍，僅專著就有上千種，輿圖、碑刻、拓片、劄子更是不勝枚舉，水利古籍數量之多、領域之廣、内容之豐，居於世界前列。按照編纂方案，《中國水利史典》全書總計十卷，約五十個分册，近五千萬字，可謂鴻篇巨制。在編纂過程中，相關人員充分依托國家圖書館和其他機構的古籍文獻資源，深入查找，廣泛搜集，全面摸清了水利典籍的内容、種類和分布情況，科學厘清了部分文獻記述的來龍去脉和具體特徵，基本做到了應收盡收、精華不漏、系統完整。四是體例的科學性。《中國水利史典》嚴格遵循統一的編纂體例格式，對水利歷史典籍進行甄别、校勘、標點和評注。屬於專門水利著作而内容系統完整的，收録全書；内容涉及門類衆多而水利單獨成篇的，摘録相關篇章；内容豐富而龐雜的，節録水利相關文字和插圖。全書主體部分是經過校點的典籍本身或摘編，全部用繁體字出版，保留了原汁原味。作爲輔助部分的評注，文字簡潔，表述客觀，説理有據，爲讀者閱讀和理解主體部分内容提供了便捷通道。五是編纂的嚴謹性。水利部專門成立編委會，要求各有關單位全力配合、大力支持。爲選准配强編纂隊伍，編委會特别從高校、科研機構選聘了一批綜合素質高、工作責任心强、古文功底深厚、文史水平較高的專家學者參與相關分卷的編纂工作；堅持馬克思主義的立場觀點，堅持科學正確的學術方向，既兼收并蓄、博采衆長，古爲今用，又科學鑒别、去僞存真、去粗取精；建立嚴格規範的工作制度，明確每個環節、每位人員的責任，嚴把選題、大綱、點校、評注以及編輯、出版、印刷等關鍵環節關口，確保了編纂質量的高標準。

『以古爲鑒，可知興替』。當前和今後一個時期，是全面建成小康社會的關鍵時期，是加快轉變經濟發展方式的攻堅時期，也是大力發展民生水利、推進傳統水利向現代水利、可持續發展水利轉變的重要時期。二〇一一年中央一號文件、中央水利工作會議對水利改革發展作出全面部署，黨的十八大把水利放在生態文明建設的突出位置，提出了新的更高要求。《中國水利史典》的出版，爲當前水利工作提供了寶貴的歷史借鑒，爲開展現代水利科學研究提供了深厚的文獻基礎，對於豐富和完善可持續發展治水思路，推進民生水利新發展，加快水生態文明建設，具有重要的現實意義和深遠的歷史影響。我們要充分吸收借鑒歷史實踐的經驗智慧，緊緊抓住用好治水興水的戰略機遇，在新的歷史起點上加快推進水利改革發展新跨越，讓江河更加安瀾，山川更加秀美，人民更加安康，讓水利更好地造福中華民族。

是爲序。

中華人民共和國水利部部長

二〇一三年七月

序二

汲古潤今　嘉惠萬代

盛世修史治典是中華民族的優秀傳統。水利部組織相關領域專家，系統整理我國水利典籍，編纂《中國水利史典》，全面揭示我國歷代水利事業的輝煌成就，系統總結我國水利發展規律，爲當今水利建設提供借鑒，是一項功在當代、嘉惠子孫的重要文化建設項目。

中國幅員遼闊，從世界屋脊的青藏高原到東海之濱，黄河、長江蜿蜒流轉，奔流不息，經歷高山峽谷、草地平原，造就了獨具特色的景觀。巨大的落差和磅礴的水系，也使生活在這片土地上的人們很早就懂得涵養水源、興修水利，疏通河渠，造福生靈，中國的江河水利哺育滋養了璀璨的中華文明。

中國作爲一個歷史悠久的農業大國，歷來重視水利建設，它不僅是農業的命脉，也是治國安邦的要務。從大禹治水至今，涌現出許多可歌可泣的治水英傑，留下了許多造福萬代的水利工程。《元史·河渠志》中曾説：『水爲中國患，尚矣。知其所以爲患，則知其所以爲利。』歷代王朝都十分關注水利建設，康熙皇帝親政之初即把河務、漕運和三藩等三件大事寫成條幅懸挂堂中，作爲立國根本。一部中華民族繁衍發展史，在很大程度上也是中華兒女興水利、除水害的歷史。中華先賢不斷總結治水經驗和規律，留下了卷帙浩繁的水利典籍，數量和内容之豐富，都居於世界前列。這些典籍至今仍閃耀着光芒，是我們治水興國的重要鏡鑒。

早在先秦時期，《禹貢》《管子》《周禮》《考工記》等典籍中，就記有全國水土資源、水流理論、渠系設計、測量方法、施工組織及管理維修等知識。吕不韋等編修《吕氏春秋》，最早提出水文循環原理。西漢時期，著名史學家司馬遷在《史記》中就有記載水利的篇章——《河渠書》，該書記載了從大禹治水到漢武帝黄河瓠子堵口這一歷史時期内一系列治河防洪、開渠通航和引水灌溉的史實。後世的《水經注》、正史中的《河渠志》，以及《農政全書·水利》等，均是水利文獻中的代表作。隨着水利事業的發展，唐代中央政府頒行了我國第一部水利管理法規——《水部式》。這部珍貴法規二十世紀初在敦煌出土後被伯希和劫走，現藏法國國家圖書館。一九三五年，國立北平圖書館（國家圖書館前身）派員把這部珍貴文獻拍照帶回。《水部式》有二千六百多字，内容包括農田水利管理、航運船閘和橋梁渡口管理、漁業和城市水道管理等内容。《水部式》還規定，水利管理的好壞將作爲有關官吏考核晋升的重要依據。中華民族善於學習，兼收并蓄，明末徐光啓與傳教士熊三拔合譯的《泰西水法》，結合中國水利具體情况，經過實驗後，編譯成書，圖文并茂地記述了往復抽水機、螺旋提水車、雙筒往復抽水機等水利機械的結構和製造方法，以及修建蓄水池和鑿井的基本方法，爲近代西方水利技術的引進開了先河。

在衆多存世的河渠水利文獻中，各種類型的河工輿圖最能直觀描繪水利狀况，尤以明清時代河防工程體系形態最爲重要，如黄河河工輿圖上的提示，明確了各種堤防適合在哪一段工程中使用，如果配合文字史料，就可以細化黄河水利史的研究。又如在運河輿圖上有大量詳盡的文字注記，對沿途各程站的名稱與間距、運河水閘間里程、運河沿綫湖泊大小和儲水量多少、運河與其他水道通塞情況、各運河廳管段交界等狀況均有詳細的文字記述，可以通過地圖上的景物、地名與注記逐一對應，至今仍有重要的參考價值。

這些古代水利典籍，是中華民族的寶貴經驗和智慧結晶，源遠流長，博大精深，有待進一步整理、揭示、傳承、利用，這正是編纂出版《中國水利史典》的重要意義所在。

國家圖書館是全國最大的古籍收藏機構，也是古今水利典籍收藏數量最多的單位之一。在這些古籍和民國文獻中，有大量具有重要價值的水利史典籍。特别是有關河渠水利的地方文獻、金石拓片、輿圖資料和老照片檔案等，内容豐富，頗具特色。這些典籍，有的記録江河湖海的自然狀況，有的反映河渠水利的修造過程，有的闡述治水防灾的方略，有的彰顯造福百姓的德政，不乏精品，有重要借鑒意義。新中國成立後，水利部門爲了治河防洪，曾充分利用國家圖書館收藏的古舊河道圖。如一九六四年，水電部水利史研究室、水電部北京勘測設計院根據毛主席『一定要根治海河』的指示進行重大水利工程建設，制定漳、衛、滏陽、滹沱等河流域的治水方案，爲此查閲了當時國家圖書館收藏的各地清代河道圖一百餘種，爲工作的順利開展提供了文獻保障。

二〇〇七年，國務院下發《關於進一步加强全國古籍保護工作的意見》後，古籍整理及利用受到更多關注。《中國水利史典》作爲古籍整理的重要工程，一定會成爲名山之作，傳之後人。

國家圖書館館長
國家古籍保護中心主任
周和平

二〇一三年七月

編纂説明

《中國水利史典》是中華人民共和國成立以來首次全面系統整編水利歷史文獻的大型工具書。它全面記録了我國歷代水利事業的輝煌成就，系統呈現了我國水利發展規律，可爲現代水利建設提供借鑒。它既是梳理歷代治水脉絡、服務現代水利的大型出版工程，也是傳承治水文明、弘揚中華水文化的重要文化工程。

二〇〇七年，中華人民共和國國務院批准設立了『國家出版基金』，這是繼『國家自然科學基金』『國家社會科學基金』之後設立的第三大文化類基金。經過申請，二〇〇九年《中國水利史典》被國家出版基金管理委員會批准爲首批支持的項目，并被新聞出版總署列爲『十一五』『十二五』國家重點圖書出版規劃項目。二〇一〇年，水利部決定成立《中國水利史典》編纂委員會（以下簡稱編委會），負責領導全書編纂工作，并成立了編委會辦公室和專家委員會。編委會辦公室設在中國水利水電出版社。

中華文明有三千多年連續的文字記録，其中關於防洪、灌溉、水運等治水的文獻，爲人們提供了寶貴的歷史借鑒。紀傳體史書《二十五史》中的水利專篇《河渠志》，是中國水利史的縮編；以《資治通鑑》爲代表的編年體史書記載了歷代有重大影響的水利項目；歷代紀事本末體史書把散見於不同年代的同一水利項目編輯在一起；歷朝的會要、實録是歷史事實的原始記録，水利内容豐富。在古代行政管理及法制文獻中，也有如唐《水部式》、宋《農田水利條約》等十分珍貴的資料。大量現存的關於流域綜合治理的水利專志，是研究江河湖泊及其治理的重要依據，如明代《問水集》《河防一覽》《漕河圖志》《漕運通志》《浙西水利書》等。此外，清代編寫的《行水金鑑》《續行水金鑑》等水利史料彙編性圖書，分别摘録了黄河、長江、淮河、濟水和運河從遠古傳説到清代的水利史實。古代科技著作中亦不乏水利記載，如宋代著名科學家沈括的《夢溪筆談》、元代王禎的《王禎農書》和明代徐光啓的《農政全書》等著作中都有關於河湖和水利的内容，有的還比較詳細。

爲把這些浩如烟海的水利文獻有序整理出版，《中國水利史典》分爲十卷，分别是綜合卷、長江卷、黄河卷、淮河卷、海河卷、珠江卷、松遼卷、太湖及東南卷、運河卷和西部卷。其中，綜合卷收録的主要是全國性和跨流域的水利文獻，長江卷、黄河卷、淮河卷、海河卷、珠江卷、松遼卷六卷以相關流域範圍内水利文獻爲主，太湖及東南卷收録的主要是太湖流域、浙、閩、臺地區流域、獨流入海河流及海塘的文獻，運河卷收録的主要是京杭運河及全國性運河的文獻，西部卷包括西北和西南地區流域的水利文獻。

《中國水利史典》所收録的文獻時間範圍確定爲從有文字記載開始至一九四九年止。每卷分爲若干册，每册書一百萬字左右，收録一种文獻（稱爲編纂單元）或數种文獻，主要采用標點、校勘、注釋等方式，并增加整理説明、前言、後記等内容重新排版後付梓。

本次水利古籍整理工作的原則是：句讀合理、標點正確，校讎細緻、校勘有據。主要工作如下：

一、對原文獻分段，逐句加標點。標點遵循GB/T 15834—2011《標點符號用法》。

二、對原文獻進行校勘。凡有可能影響理解的文字差異和訛誤（脱、衍、倒、誤）都標出并改正，如有必要再以校勘記進行説明，校勘記置於頁末，文中校碼〔一〕〔二〕〔三〕……緊附於原文附近。正文改字在正文中標注增删符號，擬删文字用圓括號標記，正確文字用六角括號標記，如把擬删的『下』改成『卜』，格式爲『（下）〔卜〕』。

三、對於史實記載過於簡略、明顯謬誤之處，以及古代水利技術專有術語，專業管理機構，工程專有名稱、名詞等，進行簡單注釋。

四、整理後的文獻采用新字形繁體字。除錯字外，通假字、異體字原則上保留底本用字，不出校。

五、每個編纂單元前，有文獻整理人撰寫的『整理説明』。其主要内容包括：文獻的時代背景，作者簡介及其主要學術成就，文獻的基本内容、特點和價值，文獻的創作、成書情况和社會影響，本次整理所依據的版本及其他需要説明的問題。

六、每册書前，有卷編委會或卷主編撰寫的『卷前言』。其主要内容包括：本分卷涵蓋的水域範圍及其地理、水文、水資源基本特點，水域範圍内主要的古代水利事件、水利工程、水利典籍及其在現代水利中發揮的借鑒作用和參考實例，本分卷典籍入選原則，與編纂有關的、需要特别説明的問題，編纂組織工作簡介。

七、整理過程中，有根據文獻收録情況撰寫的『後記』。其主要内容包括：本册選取編纂單元的原則以及需要重點提示的問題，本册書不同編纂單元中有關職官、異體字等内容在點校工作中不同於其他分册的問題，本册書成稿過程中需要特别向讀者説明的事情。

八、爲便於檢索，書籍出版時在雙頁面加『中國水利史典　分册名』書眉，單頁面加『編纂單元名　篇章名』書眉。

九、爲保持文獻歷史原貌，本次整理不對插圖進行技術處理。

《中國水利史典》的編纂出版得到了水利行業及社會各界的廣泛關注和大力支持。水利部長江水利委員會、黄河水利委員會、淮河水利委員會、海河水利委員會、珠江水利委員會、松遼水利委員會、太湖流域管理局、中國水利水電科學研究院等單位承擔了相關分卷的編纂工作。國家圖書館、國家古籍保護中心、中國科學院、中國社會科學院、清華大學、北京大學、北京師範大學、南開大學、中華書局等單位爲本書的編纂出版提供了積極的幫助。本書的點校專家、審稿專家、編纂工作組織者、編輯出版人員亦付出了巨大努力，在此誠表謝意。

《中國水利史典》是連接歷史水利與現代水利的橋梁，搭建這座橋梁工程浩大，編校繁難，在編纂出版過程中難免存在疏漏與錯誤，歡迎讀者、專家批評指正。

《中國水利史典》編委會辦公室

中國水利史典　海河卷

主　　編　任憲韶

常務副主編　翟學軍

副 主 編　韓瑞光

參編人員（按姓氏筆畫排序）

李　伯　李紅有　陶桂榮　孫　鋒　張俊霞

黄　誠

前言

海河流域包括海河、灤河、徒駭馬頰河水系，東臨渤海，南界黄河，西倚太行，北接蒙古高原，地跨北京、天津、河北、山西、山東、河南、内蒙古和遼寧八個省（自治區、直轄市），流域面積爲三十二萬平方公里。海河流域地理位置重要，人文底蘊深厚，是中華文明發祥地之一。

海河流域自古就是我國重要的農業經濟區之一。爲了興水利除水害，推進經濟社會發展，先人們很早就開始了對海河的開發治理。從『禹疏九河，瀹濟漯而注諸海』到西門豹『發民鑿十二渠，引（漳）河水灌民田，田皆溉』，從曹操『遏淇水入白溝，以通糧道』到劉靖『造戾陵堰，開車廂渠』，先人們在興修堤防、開挖運河、建設灌渠、舉辦水利營田等方面取得了很大的成就，積累了豐富的治水經驗。

元、明、清三代北京成爲首都，爲了滿足京師用糧的需要，不僅大力開挖維修京杭運河，實行南糧北運，還從元末開始實施畿輔水利營田。明代萬曆以後，徐貞明、汪應蛟、左光斗、董應舉、徐光啟等人在京東和京津一帶興修水利營田並有所成就。清代康熙、雍正特别是雍正年間，怡賢親王在治水的同時，大力舉辦水利營田。這些有識之士在積極實踐的同時，還給後人留下了大量水利典籍。如明代徐貞明的《潞水客談》、袁黄的《皇都水利》，清代許承宣的《西北水利議》、允祥的《怡賢親王疏鈔》、陳儀的《直隸河渠志》《水利營田圖説》《陳學士文鈔》、吴邦慶的《畿輔河道水利叢書》、唐鑒的《畿輔水利備覽》、潘錫恩的《畿輔水利四案》等。

爲了保證京師的防洪安全，元、明、清三代均加强了對永定河的治理。元代定都北京後，開始重視對永定河堤防的建設。明代治理永定河的重點是防洪，措施主要是在盧溝橋以上堅固設防。清代康熙、雍正、乾隆時期對永定河進行了大規模治理，形成了三種治理方略。一是築堤束水，以水攻沙；二是『不治之治』，不與水争地；三是全面治理，内含興建水庫、疏浚河道和開挖減河的措施。爲了保存和借鑒治水經驗，清代乾隆、嘉慶、光緒年間，先賢們先後編纂了《永定河志》《永定河續志》等水利典籍。

上述水利著述是研究海河流域特别是京津冀地區水利歷史發展的重要文獻，對當時和後世開發海河水利有一定的參考價值和借鑒作用，成爲海河水利歷史長河中的經典之作。

爲做好《中國水利史典·海河卷》點校工作，按照《中國水利史典》編委會的統一安排，我們一方面在遍訪國家圖書館、天津圖書館、清華大學圖書館、中國水利水電科學研究院水利史研究所搜集古籍的基礎上，與水利史專家蔣超教授反復磋商，確定了點校書目；一方面在蔣超教授、北京師範大學歷史學院博士生導師王培華教授的悉心指導和直接參與下，遵循統一的體例格式，尊重文獻原文原意，以嚴謹、負責的態度對入選古籍進行了點校。由於點校古籍均成書於清代，文字較爲通俗，因此書中注釋文字不多，力求點校本眉目清晰，既精又準，真實、完整地反映古籍原貌。

『鑒前世之興衰，考當今之得失』，希望《中國水利史典·海河卷》的出版能爲致力於海河水利事業的人們提供歷史的參考，發揮應有的借鑒作用。如果達到了這個目的，那將是全體點校人員的最大欣慰。

由於時間倉促和點校水平所限，難免有不當和疏漏之處，敬請廣大讀者批評指正。

《中國水利史典·海河卷》主編

目録

〔清〕朱其詔　蔣廷皋等　編纂

永定河續志

曹政雲　張彥平　整理

整理説明

《永定河續志》十六卷，朱其詔『倡議續修』，蔣廷皋『承命纂述』。參與工作的還有吴丞、陳遐心、游智開等。

朱其詔，江蘇寶山人，字甫翼，『納貲爲知縣，累至道員。歷充江、浙漕運事』。他和哥哥朱其昂都是清末洋務運動的重要人物，是輪船招商局的創始人之一。他還參與了擴建天津電報學堂、擴建海軍醫學堂等事務。朱其詔曾跟隨李鴻章參與中英《煙臺條約》談判和贖回淞滬鐵路條款談判等外交活動。光緒五年（一八七九年）至七年，他曾兩次就任永定河道，時間都很短。到任後，對永定河事務兢兢業業，時常出巡河堤上下，務盡其利弊，『遇伏汛暴漲，嘗三晝夜不交睫，親督弁兵搶護，始免潰決，民皆德之』。去世後贈内閣學士。

蔣廷皋，江蘇元和人，曾任石景山同知、候補通判等職。主要著作還有《荒政便覽》《詅癡集》等。其他事蹟不詳。

《永定河續志》是在《（嘉慶）永定河志》基礎上續修的，因此基本沿襲了《（嘉慶）永定河志》的體例，僅將『兵制』單列爲一門，『以正體例』。此外在圖的處理上也有一些變化。舊圖『源委雖詳，道里未核，且與今時形勢小異』，重新測量後，仿照李兆洛《大清一統輿圖》，『按分計里，縱横分繪，以便觀覽』。

《永定河續志》光緒七年原刻本記載的内容自嘉慶二十年起，至光緒六年止。由於朱其詔兩次就任永定河道的時間一共只有幾個月，因此未及很好校訂就匆匆付梓，出現了不少錯誤。再加上第一次只印了幾十部，遠不夠用。繼任永定河道台游智開又召集蔣廷皋、陳遐心等重新校對了一遍，訂正錯字。此外又增加了一部分内容，時間跨度延續到了光緒七年。這樣就出現了光緒八年重修本。

本次點校以光緒八年重修本爲底本，並與光緒七年原刻本作爲對照參校。點校工作由曹政雲、張彦平承擔，蔣超、蔡蕃審核。不當之處，請批評指正。

整理者

總目[一]

[一]《永定河續志》延續了《(嘉慶)永定河志》的體例。原書總目編排混亂，最開頭是《卷首》，然後是卷一《序》、卷二《總目》，此後又是卷一《繪圖》。爲便於讀者閲讀，現將全書總目録調整到前面，其次是《序》，然後是《卷首》和卷一《繪圖》。

[一] 檄　根據正文内容，應爲『劄』。

[一] 卷十六『附刻』以下內容的題目均未在全書總目和卷目中出現。

〔序〕

《永定河志》始於平利李君[一]，自康熙三十七年，迄嘉慶二十年。分爲八門，計三十二卷，備稽考焉。上年夏，其詔忝權斯篆，檢閲舊牘，又積萬餘宗。懼其久而散佚，因爲籌款，設局派員續輯，删繁就簡，無贅無遺。至光緒六年八月止，又得十六卷。

諭旨仍恭録簡端。其繪圖、工程、經費、建置、職官、奏議、附録七門沿舊例。惟舊《志》之圖，源委雖詳，道里未覈，且與今時形勢小異。兹復測量廣袤，并略仿李申耆太史《一統輿圖》法，按分計里，縱横分繪，以便觀覽。石景山以上未及詳者，以非防汛所及也。兵制，舊《志》載在經費門兵餉條下，今另列爲一門。集考，舊《志》詳盡，故不贅書。既成亟付手民，并記其緣起如此。

光緒六年八月寶山朱其詔謹誌

[一]《永定河志》不始於李逢亨。《永定河續志》作者朱其詔等可能没有見過更早的《永定河水利事宜》和《（乾隆）永定河志》。但这句『始於平利李君』的説法對後世形成了進一步誤導。

詳定續修河志章程

竊照援古爲證今之本。舊章或失，曷免愆忘。前事者，後事之師，掌故所闕，尤宜攷訂。查，《永定河志》成於嘉慶二十年，迄今六十餘載，尚未續輯。河流形勢既屢有變遷，疏築機宜即互有同異。苟非詳稽成法，纂述舊聞，何能參酌咸宜，措施曲當？是志乘一書，實與治河相表裏；修訂一事，遂爲今日之要圖。明知庫款支絀，礙難舉行，然未可因噎廢食。且年久失修，卷牘散失，恐已不少。若再遷延，必致文獻無徵，倍難措手。茲由職道捐廉銀三百兩，并於庫中閒款内，每年動支二百兩，預支數年，以充修志之用在歲搶修部册節省項下酌提。一面聘請熟諳測量法者周歷全河，詳細繪圖；一面劄飭五廳，會同悉心妥議稟覆。茲據石景山同知吴丞等會議章程八條，職道詳加參酌，尚屬周妥，詳請察覈施行。

一、《永定河志》嘉慶二十年前已有成書。此次續修從嘉慶二十年起前志，悉仍其舊，以節經費。

一、嘉慶乙亥迄今已歷六十餘載，各房案卷繁多，必得詳加檢閲。應先在道署設局，以昭慎重。俟各卷宗摘録齊全，或改設寺觀，以便字匠人等隨時出入。

一、自嘉慶二十年後道署卷宗，應先飭房查點齊全，以便送局檢閲。應入志書者，存局抄寫，餘即發還該房查收。所有存局卷宗，均歸局書一手經理，以專責成。

一、《畿輔通志》及宛平、良鄉、涿州、固安、永清、霸州、東安、武清等沿河八州縣志書，由局分别借閲，以備採擇。

一、值此庫款支絀之時，竭蹷經營，成此美舉。一切經費概從節省。所派局員不可人浮於事，止聘纂修一人，委司局一員，校録四員，書吏二名，聽差一名。其修膳薪水工食等項臨時酌定。

一、監修應派現任廳員，但五廳有防守河工之責，不能常川駐局。一切銀錢支發，應專責司局之候補廳員一手經理。按月將支發銀錢細數，會同五廳，呈報查覈。俟局務告竣，將收除細數，附刻卷尾，以昭覈實。

一、局中概不另起伙食，以節雜費。惟駐局各員濡毫握管，晝夜辛勤。其油燭、茶水、煤炭等件，難令自備，即約定數目由局支發。如赴他處採訪，亦另給川資，以示體恤。

一、本工現任候補各員，大汛時均在防所，刻不能離。本年安瀾後設局，如明年四五月間未能蕆事，暫行停止。俟秋汛安瀾，再行續辦。

奉督憲批：『據詳，《永定河志》年久未修，無以信今傳後。該署道捐銀三百兩，另於庫中閒款内每年提銀二百兩，預支數年，以充修志之用。一面聘請熟諳測量之人，周歷全河，詳細繪圖，并擬具章程八則，設局開辦。具見。興廢舉墜，留心掌故，所詳甚是。應即照擬辦理。將來新任到後，即詳告知，妥細接辦，期於必成。』

卷首　諭旨

康熙七年七月

命工部侍郎羅多等築盧溝橋決口及堤岸，禁止堤岸莊佃私開溝河。

康熙二十一年　月

命工部尚書薩穆哈、順天府府尹熊一瀟察看石景山至盧溝橋堤岸，確估修治。

康熙三十七年三月

以渾河漫決，水患頻仍，上親臨閱視。命巡撫于成龍大築堤堰，疏浚兼施。河成，賜名永定河。于成龍引渾河，起良鄉之張各莊，涿州之老君堂，至東安之狼城河，重改一道使東，由固安縣北十里鋪至永清之北，直出霸州柳岔口、三角淀，達於西沽，築長堤捍之。北岸堤自狼城河口起，上至張廟場，長二萬七千一百六十二丈五尺，計程一百五十里。由張廟場而上，沿河五里，地勢高峻無堤。又沿河二十里，至立垡，積沙成堤，上接盧溝石堤。南岸堤自狼城河口起，上至攔河壩，長二萬七千三百七十五丈五尺，計程一百五十二里。由攔河壩沿河西至高店，三十四里，積沙成堤，上接盧溝石堤。

康熙三十八年十月上巡視永定河堤至盧溝橋南　原任河道總督王新命等奉上諭

此河性本無定，溜急易淤沙，既淤則河身墊高，必致淺隘。因此泛溢橫決，沿河州縣居民常罹其災。今欲治之，務使河身深而且狹，束水使流，藉其奔注迅下之勢，則河底自然刷深，順道安流，不致氾濫。今朕遍觀兩岸，將緊要應修處遂一詳審。爾等務期次第修築，遵諭而行。

上至北蔡村夏莊村南蔡村等處　王新命等奉上諭

於此三處從上流作挑水壩，不必過長，長則大溜爲其所逼。對岸淤處略加挑浚，水即瀉入直流矣。著俟明春興工。

上至郭家務村南大堤以豹尾鎗立表於冰上親用儀器測驗　王新命等奉上諭

測驗此處河內淤墊較堤外略高，是以冰凍直至堤邊。以此觀之，下流出口之處，其淤高必甚於此。如此壅滯，安能暢流？此等堤工卑矮可虞，若不預行修築，明春水發，難以堵禦。必自今冬下埽，加幫增高。不可取近堤之土，若取土成溝，水流溝內，有傷堤根。著取近河土用之，即運土稍遠亦無不可。

又奉上諭

今永定河自郭家務以下壅淤已高出七八尺，若掘畢方浚河身，不但多需工力，必致歲歲壅淤。南堤之南，地最窪下，若隨其窪下浚治，於掘出之土，即行釘樁。築堤堅固則修理最易，抑且北堤三層，於河更屬有益。爾等修理時，可將河口修窄，漸次放寬，於兩邊築堤，使高大。則水勢迅急，沙自不能停住。若遇村莊近處，宜詳視妥當，委曲遠移，或砌之以石，與村居無礙，始行修理。俟新修河工告竣，朕親臨視開放河水。

康熙三十九年二月大學士等奉上諭

朕往閲永定河，見河工諸員并無知曉，因朕指示周詳，河工諸臣方悟而大悦。總之，經任河務者勤而且廉，即克底績。此河告竣，則黄河亦可倣此修之。朕御小舟入郎城等澱淤淺之處遍視之，則河之當移柳岔也，益無疑矣。郎城河全被沙淤墊高，至來年可耕爲田。而欲於此處出水直強之耳，水口所關重大。若非親臨目擊，可輕斷乎？至治河大臣畏縮不前，反再三陳奏，以爲不可行者，今復何辭？

又奉上諭

郎城遙堤甚有用，清水渾水俱以此當之。新河開畢，著即修築南北兩岸遙堤，完工後，交地方官各自分守。稍有損壞處用民夫補修，著傳諭直隸巡撫李光地，朕將於四月來臨，不時遣人察視，爾等謹慎無忽。

康熙三十九年四月上巡視永定河堤大學士等奉上諭

朕前者到此，曾指示挑浚河湾，令其下樁。今日觀河水已涸，乘此水涸之時，易於成功。其徑直挑浚處須令寬濶，即以所挑之土培築堤岸，甚爲有益。現無雨水，二十日可以告竣。目今東作方興，夫役難於驟雇。八旗并包衣屬下，每佐領派護軍驍騎各二名，步軍共一千，令其挑浚。凡人員廢官有願浚河効力者，亦令前往。

又巡閲竹絡垻　李光地等奉上諭

莽牛河出水之口，亦宜下埽防之。隆冬冰結之時，莽牛河口著照常開洩。清水流於冰下，則水爲冰所逼，向下衝刷，河底自然愈深。

又閲新修石堤奉上諭

朕修此石堤，特欲其堅而更堅之意，如此則河水斷不復歸舊河。此地黎民亦可安枕矣。

又閲竹絡垻迤東河道湾奉上諭

此地正當頂衝，甚爲危險。現今此處續修石堤，尚未興工。著速取南方運來杉木，即下排樁及埽，堅固修築。

又奉上諭

觀新挑河道水流，既直出柳岔口，亦順河岸，較前甚高而河亦深。此皆莽牛河水衝刷之故。閲其地勢，南岸最爲要緊。故將應行堅修諸處詳行指示，爾等勿謂其已成，而遂忽之。

雍正四年四月奉上諭

去歲畿南被水，朕軫念民生。除截漕賑濟外，又特命怡親王等親往查勘地理情形，以除水患，以興水利。今一切工程事務，雖有分發効力人員，但地非素經，人非素轄，恐呼應不靈。必得本處地方官公同協辦，始克有濟。且事必專一，方可奏功。凡直隸地方文武官於水利事務，務須與分發効力人員和衷協助。如有膜視推諉及阻撓者，俱著怡親王題參。實力奉公者亦著保題。

雍正八年十二月

命吏部左侍郎劉於義爲直隸河道水利總督，内閣學士徐湛恩協辦河道事務。

乾隆二年六月奉上諭

永定河等堤工有衝決之處，著協辦吏部尚書事務顧琮馳驛前往察勘。其應行搶修事宜著同李衛劉勷速行籌畫辦理。

乾隆三年九月奉上諭

朕在途次將永定河工事務詢問朱藻、顧琮，見其言語支吾，且云將來若無大水，而堤岸加高加寬便可無患等語。前大學士鄂爾泰與李衛、顧琮等細加斟酌，定有成議。原爲一勞永逸之計，今顧琮忽變其説，以爲永定河既已治壞，止可加夫加料竭力防守。且觀伊等所辦，未必悉照從前所定之規模。從來修治河工，原以防水漲之年得以保固，始於地方有益。若謂無大水而後可以無患，則殊失治河之本旨矣。且今年并無大水而堤岸已經被衝，又何説也？伊等又云河身不能疏浚。夫概行疏浚固有難行之處，而水之去路若不疏浚，何以使水有所歸宿耶？又如金門閘等工，乃去年早已議定者，何以至今尚未就理耶？種種河務，伊二人總不能切指情形，得其要領。觀其陳奏之時，慚恧徬徨似有自覺理短之意。如此則辦理既未合宜，而工程亦未必覈實。可傳旨詢問之，或伊等在朕前不能敷陳詳盡，可令其明白詳悉具奏。

乾隆四年正月

命尚書公訥親查看永定河故道。

乾隆四年八月〔奉〕上諭

直隸地方水利未講，以致水漲則受其害，而平時未獲其益。前屢降旨，令悉心籌畫，善爲經理。據孫嘉淦陳奏，大概講論河道情形。至如何消除積水，俾民間田畝收水利而免水害之處，未曾詳悉奏及。朕思此時乃水勢消落之際，又值年穀收穫，正宜董率官吏，及時經營，不但工程可以早竣，而無業貧民亦可藉以餬口。若不趁此時速爲料理，爲未雨綢繆之計，轉瞬春水長發，又恐難以施工。朕爲閭閻疾苦，時廑於懷。爲封疆大臣者，當體此意。可即傳諭孫嘉淦知之。

乾隆五年九月

命江南河道總督高斌，會同直隸總督孫嘉淦，詳勘永定河故道。

乾隆六年正月

總督孫嘉淦奏，永定河工公議暫堵堤口，俟引河挑挖寬深，再行開放。臣實不敢扶同。奉上諭：

『卿此奏固是，但大學士等亦係慎重，欲籌萬全之意。卿亦不必固執己見也，且舊河下口尚未會勘。會勘之後，卿等和衷詳酌，自有定議。總之，此事卿所見甚當，所任甚力。而辦理未盡善處，朕亦不能爲卿諱，然而朕終以卿爲是者，以卿不似顧琮爲遊移巧詐之計耳。』

乾隆六年三月

總河顧琮奏，前請挑河築堤各工程，既經閣臣等人告准行，復議從中阻。伏秋汛漲設有疏虞，咎將誰歸？此事已與督臣意見相左，臣在任無益，請簡員接辦。奉上諭：

『此所謂中心疑者，其辭支也。此案汝向來遷循反覆，卑鄙無恥之狀，亦不必盡提。即堵金門閘以後汝所題者，工則新生，項則新撥。汝舊年胡乃不如是之盡心料理耶？此其故，一則欲多費錢糧以形孫嘉淦之冒昧開河，以爲不如是，則無此番之多費；一則汝等河工大小官員以爲將來無河可修，無利可漁，趁此一舉可以多吞。汝試思光天化日之下，可容汝等如此作爲乎？且未改河以前，胡乃無一語及此？而改河以後，議論紛紛。即以汝庸材亦豈能辦此鉅工。今汝之奸，朕皆燭破，乃故爲此憤激之言，思欲中傷閣臣。夫閣臣有何親於孫嘉淦，而疏於汝乎？且明知汝二人皆不可辦此，欲過秋汛之後，使高斌來專辦一切。彼雖請項浮於汝，朕亦不惜，以爲得實濟耳。汝若能保汝之所請皆歸實用，或將來高斌到此不致另有疏通，而汝所請之項爲虛費於無用之地，則亦可照汝所奏行之。汝其明白回奏朕，恐汝身家未必足二十萬之數也。』

乾隆六年八月奉上諭

直隸河道必須總督一人兼理，事權歸一，始於河務民生均有裨益。高斌係熟悉河務之人，今補授直隸總督，河工一切機宜俱著伊相度辦理。河道總督顧琮著回京候旨。其河員河兵及効力人等應留、應去，高斌到任之後留心查察，次第奏聞。其効力人等必需留工者，應酌定額數，以杜冒濫。著高斌一并詳議具奏。

乾隆十二年五月奉上諭

直隸河務現交總督那蘇圖管理。伏秋二汛甚屬緊要，總督事務紛繁，一切修防工程，難以兼顧。張師載向爲南河道員，通曉河務，著前往協同辦理。

乾隆十三年七月奉上諭

據那蘇圖奏稱，永定河伏汛叠長。六月二十七日，石景山長水至三尺六寸，南岸金門閘石壩過水七寸。履勘河身有沙嘴中梗，溜勢坐湾趨閘。恐減洩過多，於金門迎溜上唇做壩挑水等語。金門閘石壩原以備減洩永定河漲溢之用，遇伏秋盛漲，不患其減洩過多，即有沙嘴中梗，少用人力挑導，借盛漲之水衝刷亦易，不必另建挑水壩。若在水小之時，挑水令入中洪則可。今於盛漲立壩，恐浮沙即依壩填淤。金門閘過水固可無慮其多，而下游疏洩即慮其有梗塞。所見似未妥協。朕意所立挑水壩不如去之爲是，并俟高斌回日，將此情形問彼會奏，可傳諭那蘇圖，令其酌量辦理。

乾隆十三年七月總督那蘇圖奏覆金門石壩情形奉上諭

覽奏并河圖。知挑水壩之設原以救弊一時，且溜已漸歸中洪，立壩亦不爲無補。儻河身大溜仍欲趨灣，朕就所閱之圖似應於硃筆直畫處，開一引河，大溜暢達下游，歸河身正溜似可不慮。其奔注金門閘以致減水太多，但是否與形勢相合？可傳諭那蘇圖，令其酌量情形，如引河當開所費約略幾何？儻立壩之後，河溜已歸中洪，而引河又費工甚鉅，即可不必。著詳悉相度奏聞。

乾隆十四年十月（奏）〔奉〕上諭

據方觀承奏稱，永定河南北兩岸堤身比河灘僅高二三尺者甚多。查，前任河臣高斌於乾隆十一年奏准，動項五萬餘兩，將兩堤北堰加高、培厚。數年以來，河漸淤墊，堤復卑矮，賴有各壩分減水勢，得保無虞。今將甚卑薄險要處所，酌量間段加高、培厚，以資捍禦等語。治河之道，必使下流有所宣洩，方不致阻滯泛溢，衝決爲灾。是以疏瀹决排爲治水之正道，若但就現在堤堰加培高厚，則河身必致淤墊。行見河身日高，堤堰亦隨之日長，束水而出之平地之上。長此不已，將復安窮，此不過苟幸目前耳。今之淤墊者，即前督動項加培之處，是其爲害已有明徵。今仍不外於加高培厚，豈所謂熟籌久遠之計耶？方觀承於事理尚屬明晰，畿輔水道當所素諳。著從長另爲酌辦，毋得姑循舊轍，苟且了事。南北河工，總以加高培厚四字爲動項開銷秘鑰，而使河流日漸高仰，必致貽後來莫大之患。并將此諭高斌知之。其南河目下有似此加高培厚者否，一并令高斌等詳悉奏聞。方觀承摺亦發與高斌看。

乾隆十四年十一月奉上諭

據方觀承奏稱，乾隆二年，河身自六工以下已有高仰之形，經大學士鄂爾泰往勘，會同前督臣李衛、河臣顧琮議改挖新河。即以北堤爲南堤，另築北堤長三十六里。因其下有積水侵佔，未及完工。至乾隆五年，河臣顧琮續請接築北堰。臣此次查河，詳加履勘，祇須略爲修補，開挖新河，以容正溜。惟多村莊廬舍，非數月能辦之事，是以仍議暫由舊道等語。朕思加高堤堰固屬治水下策，而挖改河口亦未易輕言。蓋洪流巨漲，非人力所能開浚，使永定河可挖，則黄河亦可挖，使復循九河故道矣。即今改挖新河，而數年之後不能保其不復淤塞，則此一番工役豈不徒爲虚費！況廬舍至萬有餘户，墳墓至六千餘穴，田畝至千有餘頃。小民安土重遷，難與圖始，無故而令其流移轉徙。彼未見遠水避灾之利，而先已不勝擾累。此改河之議，不待智者而知其不可也。鄂爾泰久經物故，即使籌辦未當，亦不必問及。後嗣其所勘或就當時情形定議，或本屬無益空言，俱姑置弗論。但所稱未及完工者，其已興修之處，曾有幾成？顧琮接築北堰曾否完竣？摺内尚未明晰。自朕觀之治河之道，加高固不可行，培厚或庶其可。誠使培於堤後，而前岸之近河者展而益寬，則水有所容，可免於溢决。此變通於前人不與水争地之意，而可無紛更徙置之勞，當較勝於加高束水與開挖新河者。朕明春巡幸霸州，即可按行永定，親加相度。其中一切未盡情形，該督面請指示。

乾隆十六年八月奉上諭

據方觀承奏，目前運河水長平槽，三岔河一帶并有海潮倒漾，大清河東注之勢不能迅暢，以致鳳河下口亦有屯阻等語。今年雨水調匀，各處河流順軌。三岔河一帶何以海潮尚有倒漾？是必海口爲淤沙壅滯，不能深通暢流之所致。此處於河道大有關繫，亟宜留心經理。蓋北河迤邐入海，挾沙而行，一路隨行隨積，與南河海口情形本自不同。況如去年秋冬之間，沿河地方尚有未經涸出地畝。夫水過白露，何致尚未歸槽？可見下游入海之路不無淤墊，應行及時籌辦。著傳諭方觀承，令其親身前往，悉心相度，有應行酌量辦理之處，即速詳查具奏。

乾隆十六年十一月

命户部侍郎汪由敦會勘永定河下口。

乾隆十九年六月奉上諭

方觀承奏，永定河下汛堤堰漫水一摺，據稱此處堰外名綫兒河，悉係水草，一望瀰漫，并無村莊地畝等語。此時河水盛漲漫口，既屬堰尾叉外俱空澗處所，無田廬民舍，似可任其流溢。但恐或致淤高淀底，以致倒漾之患耳。若無此患，似可聽其合流，使下口益暢。該督既飭汛員調集𠊱船，撈泥、割草以圖堵閉，蓋爲恐致淤墊耳，著詳悉查明具奏。至所稱漫口在鳳河下口之上，因上游之水暢消下注，鳳河宣洩不及，屯積堰根，以致漫溢，則何不於鳳河受水之處，量爲開寬口面，俾得暢洩，則上游之水亦可速消，當有裨益。

乾隆三十五年五月

命工部侍郎德成會同總督楊廷璋，督堵北岸二工決口。

乾隆三十五年六月奉上諭

據德成、楊廷璋奏，辦理永定河北岸漫口情形。稱五月二十八日亥時，大雨如注，河水陡長，將新下之埽掀撼湮浮。現在水深二丈五尺，釘樁難以穩固，惟有漫口以北老堤尚屬堅實。即於該處斜鑲軟壩，挑溜入河，仍於坐灣頂衝，更開河引溜歸舊，等語。大雨後，河水驟長，溜流猛迅，原非人力所能強争。若急於下埽以攖其勢，轉恐於事無益。但永定河之水，非黄河長源遠赴者可比，盛漲既過，即可漸平。自應暫讓其洶湧之性，俟一兩日後，流緩溜微，即行加緊堵築，興工自當較易。而現在開挖引河，引溜歸舊，最爲緊要關鍵。若引河速成，於築口合龍，尤易於集事。德成務同楊廷璋詳度機宜，妥速籌辦。

再，向來沿河正堤之外，俱築遥堤。此次漫溢之水若在遥堤之内，則原係豫留河流蕩漾之地，尚屬無防。或已漫開遥堤，仍復折歸埝内，所經之處亦復有限。儻竟溢出遥堤，一往氾濫，則民地田廬必被淹損。楊廷璋即應確查被水之區，是否成灾？迅速照例分别撫恤經理，毋使小民稍致失所。仍將實在情形詳晰奏聞，毋少諱飾。至楊廷璋昨歲面見時，曾奏及所辦永定河工程，伊到彼即得神力相助，迅速奏功。彼時覺所言略涉自滿，從來明神默相，原屬理所應有。而河神尤爲靈應，果能極盡誠敬，未嘗不可感通。若書册流傳開雲返風之類，輒自詡爲正直，神自扶持，不過文人任意誇張，殊不足信。楊廷璋設或稍存此念，未必不因此致損招尤，即應深自懺悔，積誠孚感，以期速佑安瀾。仍著楊廷璋等將日來施工有無成效之處，即速具奏。

乾隆三十六年七月

命侍郎德成，會同總督楊廷璋，督堵南北兩岸漫口。又命兩江總督高晉、工部尚書裘曰修，會同籌辦。

乾隆三十九年　月奉上諭

永定河舊例，每年歲需銀三萬四千兩定額，永遠刪除。嗣後每秋汛後，將下年歲修需費若干，勘估奏明請領，次年驗收覈銷。其搶修先發一萬兩，存貯道庫，儻有不敷，奏明墊發，工竣覈銷。

乾隆四十九年三月

命步軍分段挑挖盧溝橋下沙淤。

嘉慶二年七月奉上諭

熱河於二十日丑刻又復陰雨，至午刻尚未晴霽，雲氣仍自西南而來，因思永定河漫口。前據梁肯堂奏，新築堤工因十五日之雨，又塌去二十餘丈。本日未識是否亦有陰雨？深爲廑念。究係该督等意存欲速，鑲筑未能堅實所致。傳諭梁肯堂，惟當虔禱河神垂佑，不可稍涉怨尤。并督率工員，慎重進占，步步穩實，毋得草率從事。

嘉慶三年三月奉上諭

據胡季堂奏，永定河堤工殘缺應行補築，分別緩急辦理。所奏甚是。近日河員往往擬將河堤增高，以禦汛漲。殊不知河底淤墊，不思設法疏浚，徒將堤頂日益加高，則河底豈不益高？於事仍屬無濟。著傳諭胡季堂，祗須將應修、應築事宜，分別酌辦。不可輒事增高，以致徒費無益。

嘉慶六年六月奉上諭

昨因大雨連綿，河水漲發。朕心深爲廑念，特派那彦寶等前往盧溝橋一帶查看被水情形。據覆奏，盧溝橋東西堤岸被水衝塌，漫口四處。水勢散溢，下游居民田畝被淹浸者必多，自宜趕緊修築，以資保護。所有東岸工程，著派侍郎那彦寶、武備院卿巴寧阿，前赴拱極城駐紮督辦。其西岸工程，著派侍郎高杞、祖之望前赴長新店駐紮督辦。各帶司員，率同地方官上緊設法疏消，堵築缺口，俾要工即臻鞏固。毋稍遲緩。

嘉慶六年六月奉上諭

那彦寶等奏，查勘永定河下游，河身內并無急湍長流，附近居民在河身內高阜處所，種植秫豆等物。其南岸堤外并有涸出地畝，趕種晚莜等語。可見下流高仰已非一日，若不設法使河流仍歸故道，則南苑一帶豈可竟成河流熟徑耶？此時伏汛盛漲，口門一時不能堵築，惟有開挖引河，吸溜歸槽，最爲要務。著那彦寶等四人，會同熊枚相度地勢，何處可以挑挖引河，即稍佔地畝，亦屬無可如何。應詳酌具奏。

嘉慶八年閏二月奉上諭

顔檢奏，永定河購料情形今昔不同，請暫准酌加運脚一摺。永定河購辦料物，向在附近村莊採買，均按例價支發。自嘉慶六年被水後，河工需用秫稭向遠處購買，以致運脚多費，自係實在情形。著加恩照顔檢所請，除永定河下游六汛採買料物，仍照例價外，其上游八汛辦理稭料，每束加脚價二釐五毫，以資採買。該督仍督率河道等隨時稽查。俟數年後附近地方可以採買，即將加價停止，仍照定例開銷。

嘉慶十三年六月奉上諭

甘省爲黄河上游，每遇汛期水漲，俱用皮混沌裝載文報，順流而下，知會南河、東河各工，一體加意防範，得以先期籌備。因思永定河發源於晉省渾源州，該處水勢情形設遇汛期加長，亦應速行知會下游，豫爲防護。著該撫飭知渾源州，隨時稟報。儻察看水勢增長，即由六百里，一面具報直隸總督，一面呈報軍機處，勿稍遲滯。并著成寧將該省現在雨水情形，及渾源州水勢如何，速行查明具奏，以慰廑注。

以上節録，用補舊《志》[一]之缺。

嘉慶二十年六月奉上諭

那彦成奏永定河工漫水一摺，永定河北岸七工二十四號，因六月二十二日以後，雨大水漲漫口，塌寬六十餘丈。該督現已飭令該管河道趕緊購買料物，并親赴該工查勘。此次永定河漫工距下口甚近，過口門後仍循堤外減河歸入正河。尾閭現在盤做裹頭。著那彦成確實勘明，俟料物購齊，即行相機堵築，復歸故道。其失於防護之專管通判鄭以簡、主簿邱鳳梧、協防同知王履泰、通判單應魁、縣丞汪兆鵬，俱著摘去頂戴，仍留工効力。如堵築迅速，再行奏請開復。永定河道李於培到任甫逾一月，於河務情形尚未閲歷，著加恩免其議處。那彦成自請議處，亦著寛免。俟漫工堵合，將用過工料銀兩，著落該督分賠十分之三。其被淹村莊，著迅速查明，奏請撫恤。欽此。

嘉慶二十年七月奉上諭

那彦成奏，永定河北七工第十號堤埝被水漫溢，趕緊

[一] 此處舊《志》指《（嘉慶）永定河志》。以下同。

盤做裹頭，并自請嚴議一摺。永定河北七工漫口距前次漫口不遠，幸仍循減河故道下注，未經旁溢。那彥成現在差次趕辦橋道，未能兼顧。所有自請嚴議之處，著加恩寬免。其漫口處所，業經盤做裹頭。那彥成俟要亭送駕後，即馳赴工次查勘情形，應如何歸并堵築之處，妥爲辦理可也。將此諭令知之，欽此。

嘉慶二十年八月奉上諭

那彥成奏，查勘永定河北七工第十號并非漫口，并參處疏防之廳汛各官一摺。此次北七工第十號漫溢處所，係因溜勢陡長，於堤埝上過水，未成缺口。該道李於培照漫口具稟，係因不諳河工形勢，著加恩免其議處。即將第十號漫口罰令填築堅固，不准開銷。該管廳員三角澱通判鄭以簡、汛員東安縣主簿邱鳳梧，兩次失防，實屬疏玩，均著革職，留工効力。俟漫工堵合後，再行覈辦。其北七工二十四號漫口，即日興工堵築。著温承惠前赴工次，幫同李于培妥協辦理。工竣後，回京供職。欽此。

嘉慶二十年九月奉上諭

那彥成奏，永定河北七工漫口合龍一摺。此次堵築永定河漫工，口門水勢尚深至三丈有餘，東西兩壩經各工員晝夜鑲壓穩固，引河暢順，一舉合龍。二十餘日通工告蕆，辦理尚爲妥速。李於培著加恩開復道員，仍留直隸補用。北岸同知張泰運著賞加知府銜，南路同知許嗣容、易州知州金洙，俱以應升之缺升用，以示獎勵。欽此。

嘉慶二十年十月奉上諭

那彥成奏，查明永定河辦工出力人員懇請施恩一摺。此次永定河堵築漫口，辦理迅速，各工員尚屬奮勉。加恩著照所請，保定府同知汪炯，永定河南岸同知孫豫元，定州直隸州知州張孔源，候補同知張承勳，俱賞加知府銜；河間府知府彭應述交部從優議叙；候補同知沈華旭，准其捐復知府；原官蔚州知州張道渥，豐潤縣知縣杜懷瑛，内邱縣知縣李鈴，以應升之缺升用；候補同知袁烺、候補通判馮德峋，俱改撥河工，先儘補用；候補同知管文愷，候補縣丞袁修敬、黃瀚，候補從九品陳裕，俱改撥河工候補；縣丞陳選，候補從九品潘炯，候補未入流殷璋、賈昶，俱儘先補用；都司謝成賞加遊擊銜；守備李存志、守備銜河營協備夏芳茂，俱賞加都司銜；千總宋培賞加守備銜；河間府同知王履泰，候補通判單應魁，候補縣丞汪兆鵬俱開復頂戴；已革通判鄭以簡降等，以州同補用；已革主簿邱鳳梧降等，以巡檢補用；捐復知縣王餘師，准其留於直隸補用；王奎聚、蔣兆璠、沈守恒、張治、儲斗南、翁斯福、董鴻，俱准其捐復原官，仍留直隸補用。該部知道。摺單并發。欽此。

嘉慶二十一年七月奉上諭

方受疇奏秋汛安瀾一摺。本年永定河水勢疊經漲發，南北兩岸堤工屢報出險。那彦成未能到工防汛，所有各工段均係該道葉觀潮督率搶護，一律平穩。現在節交白露，奏報安瀾。葉觀潮著交部議叙。欽此。

嘉慶二十二年二月奉上諭

御史謝崧奏，河漕員弁議敘太多，請覈實辦理，又地方候補不由河工出身人員，請停止改補河工二摺。所奏俱是。河工設立文武員弁，保護安瀾是其專職。其沿河各員於漕運過境，催趲迅速，亦係分内之事。近來河漕保舉出力人員本屬過多，并有捐升、降革兩項人員，既非現在河工，亦一體保列，奏留本省及捐復原官，實爲冒濫。至地方人員與河工本各有職守，此時河工人員儘敷差委，又何庸於地方人員内紛紛撥用？不過爲該員等補缺升遷地步，亦屬取巧。嗣後該督撫暨河督、漕督等，於每歲防工催漕人員均不得率行保列。如遇有特旨飭令保奏，准將尤爲出力人員覈實保舉，勿許濫及多人。若未經奉旨率行保奏者，或將捐升、降革人員奏留本省，及捐復原官者，除不准行外，仍將該督撫、河督、漕督等交部議處，以杜奔競而肅官方。欽此。

嘉慶二十四年七月

命户部侍郎那彦寶查看永定河水勢。

嘉慶二十四年七月奉上諭

那彦寶奏永定河北岸二工，南岸四工漫溢情形一摺。前因永定河水勢盛漲，特派那彦寶前往查看。兹於二十日午刻北二、南四兩工同時漫溢，著派吴璥、那彦寶分投籌辦。吴璥接奉諭旨迅速先赴北二工。如那彦寶在彼籌堵，吴璥即速赴南四工勘辦，若那彦寶已赴南岸，吴璥即駐北岸辦理北二工，其南四工交那彦寶籌辦。伊二人各帶司員專辦一處工程，不必會商，各將水勢情形，口門丈尺，及水歸下游淹浸何處先行查明，各自具摺陳奏。其所需工料、銀兩亦各自約計數目，先行奏明，由部庫撥給，以便籌備料物，定期興工。將此由四百里諭令知之。欽此。

嘉慶二十四年七月奉上諭

方受疇奏參永定河疏防各員，并自請議處一摺。本年永定河秋汛水勢異漲，北二工、南四工同時漫溢，與衝決堤岸者不同。所有石景山同知馬金陛、署北岸二工良鄉縣縣丞王庚并南四工廳汛各官，均著加恩免其革職。即責令該員等勉力趕緊堵築合龍。方受疇及河道李逢亨，加恩一并免其議處。著方受疇迅即派員查明北二工、南四工各下游被淹地方，先行奏聞。該督俟送駕後，再行親往查勘，籌辦撫恤事宜奏明，候朕施恩。欽此。

嘉慶二十四年七月奉上諭

永定河道李逢亨經理河務是其專責。本年永定河漫口，雖由水勢異漲，該道不多備料物以致搶護不及，咎無可辭。李逢亨著即革職交吴璥等，飭令專辦南四工漫口。如能堵築迅速，工竣後奏明，再行酌量施恩。欽此。

嘉慶二十四年七月奉上諭

據那彦寶奏，永定河北上頭工水勢漫溢，側注口門約三百餘丈，已掣動大溜七分等語。前因永定河北二、南四兩工同時漫溢，降旨令吴璥、那彦寶分往籌辦。現在北岸上頭工漫口三百餘丈，該工地處上游，既已掣動大溜，河不兩行，北二工漫口自已滙歸一處，其南四工漫口諒必水淺掛淤。此時吴璥不必前往南四工。所有北上頭工漫口即交吴璥、那彦寶二人會同辦理，務同心共濟，妥協籌商，以期迅速蕆工。所需工料銀十萬兩已降旨，由户部撥往應用，如有不敷再行奏請。張裕慶准其帶往，并揀派京察一等司員三人，交伊等一并差遣委用。其丞倅等員已降旨，令方受疇派往矣。李逢亨業已革職，其南四工漫口易於堵築，著吴璥等即飭知該革員，令其前往專辦此處工程，以贖前愆。如果愧奮出力，工竣後再行酌量施恩。吴璥等查明口門丈尺，水勢深淺，即速購料，預備興工。每届五六日，將辦理情形具奏一次，以紓廑注。將此諭令知之。欽此。

嘉慶二十四年七月奉上諭

吴璥等奏永定河北岸上頭工漫口大溜全歸一處，下游各口門俱已掛淤斷流，酌籌辦理一摺。北岸上頭工漫口三百餘丈，尚係約計之詞。連日晴霽，水勢漸消，究竟寬深丈尺若干，奪溜若干，測量確數，再行據實具奏。其奏請酌派州縣丞倅各員，昨已降旨，令方受疇遴派前往。本日復面諭該督，飭知委員等迅速赴工，以備差委。至工需銀兩已由户部撥銀十萬兩，方受疇又飭署藩司祥泰賫銀十萬兩馳赴工次，應即分投購備料物。此時吴璥等先將兩面裹頭盤護穩固，勿令口門愈塌愈寬。一俟料物齊全，即可定期興工。每隔六七日，將辦理情形具奏一次，以慰廑注。將此諭令知之。欽此。

嘉慶二十四年七月奉上諭

給事中周鳴鑾奏，永定河同知擅離職守，致有漫工，請令防汛員弁照黄河之例，於霜降後具報安瀾一摺。著吴璥、那彦寶，即傳訊石景山同知馬金陛，因何於七月十三日先行回署，并詢問在工員弁人等，如果屬實，即將馬金陛革職，仍責令在工効力。至永定河向於白露節奏報安瀾，北河情形與黄河不同，若改至霜降未免過遲，著改於秋分後奏報安瀾。欽此。

嘉慶二十四年八月奉上諭

吴璥等奏，勘明永定河北上頭工口門丈尺酌籌取直，堵築壩工情形一摺。昨已有旨，令吴璥馳往東河籌辦堵築漫口事宜。所有永定河漫口專交那彦寶、方受疇二人會辦。著即照此次籌議章程，妥協經理，約計萬壽節前當可合龍。如屆期未能蕆工，十月内亦必可堵築完竣。前由部庫撥去銀十萬兩，直隸藩庫又撥去銀十萬兩，是否已可敷用？如尚有不足，那彦寶等酌量奏明，再於藩庫添撥。如藩庫無款可動，即於部庫請撥，均無不可。其水勢情形及進占成數，自奉旨之日爲始，每隔十日具奏一次。將此諭令知之。欽此。

嘉慶二十四年八月奉上諭

據方受疇奏，查勘永定河漫口情形，商辦堵築事宜一摺。永定河南四、北二兩處口門俱已掛淤，上頭工漫口四百餘丈已有淤灘二百餘丈。日來天氣晴和，水勢仍遞見消落，自當易於堵合。前撥去部庫銀十萬兩，又由藩庫解到銀十萬兩，刻下陸續到齊，約計已可敷工用。著那彦寶等即督飭各委員，一面分投購備料物，一面相度地勢開挖引河，擇吉興工，務期工堅料實，不可草率。將此諭令知之。欽此。

嘉慶二十四年九月奉上諭

那彦寶等奏，永定河北上頭工大壩合龍，全河復歸故道一摺。此次堵築永定河北岸壩工，那彦寶督率在工人員晝夜趲辦，自興工以來將及四旬，將全河挽歸故道，工程鞏固，辦理亦復迅速。那彦寶始終其事，甚爲出力，著交部從優議敘。方受疇往來河工，不能專力督辦，且係本營河工，有疏防之責，功過僅足相抵，著毋庸議。張泰運前令暫署永定河道，在工襄事，尚能稱職，著即實授永定河道。其餘在工出力人員著那彦寶再行據實保奏。欽此。

嘉慶二十四年九月奉上諭

那彦寶保奏在工出力各員一摺。此次永定河北岸壩工合龍，辦理妥速。前降旨令那彦寶將在工出力人員據實保奏。兹據查明開單呈覽，加恩著照所請，户部郎中祥瑛、陳書勳、工部郎中寶齡，俱賞换四品頂戴； 刑部員外郎張裕慶以刑部郎中遇缺即用； 户部候補主事余文銓遇有本部題選缺出，即行補用； 通永道任銜蕙賞戴花翎； 直隸州知州金洙、袁俊，俱賞加知府銜； 署同知、候補河工通判徐鉎，漕運通判祝慶穀，賞加同知銜； 候補同知姚麟紱，候補縣丞黄瀚、李懋勳，俱俟補缺後以應升之缺升用； 知州魯式如，知縣辛文沚，府經歷葉秀歧，縣丞程正樂、馬錞俱以應升之缺升用； 候補知府鍾禄，候補知州陳晉，候補知縣高應元、李家言、鄭琦，候補府經歷吴汝芝，候補未入流顧光燮，俱遇有缺出儘先補用； 候補縣丞葉渠，候補府經歷楊夔生、朱述曾，候補巡檢張耀箕，俱留工，以河工縣丞補用； 署南岸同知彭應杰准其即行實授； 推升廣西知州沈旺生，坐選雲南知州袁煇，候選縣丞余壽康，俱留於直隸補用； 降調知州司馬章留於直隸河工，以所降之級補用； 候選知縣李師曾歸部儘先選用； 坐補知縣何棻免其坐補，留於直隸，遇缺補用； 坐補縣丞張諟免其坐補，以應升之缺升用； 都司謝成、蘇國泰，守備李存志，協備夏芳茂，俱賞戴藍翎； 都司鄧殿魁賞换花翎； 革職知州彭希曾、顧翼俱降等，以知縣補用； 降調知縣羅開桂、程正堦、張裕乾，俱准其捐復，其應捐銀兩，就近交納藩庫； 已革同知馬金陛降等，以通判用； 已革縣丞錢栻降等，以主簿用。至已革道員李逢亨，年已衰老，此次永定河漫工本有疏防之咎，業經革職，著即飭令回籍。欽此。

嘉慶二十四年十一月奉上諭

御史蔣雲寬條奏慎重河防一摺，所奏俱是。各省沿河設立廳汛員弁，原應駐居堤所，常川保護。若僅於大汛時駐工防守，平日任其偷閒，遠離汛地，則兵夫等無所統束，亦必相率走避，一切防範之具盡成具文。著各該河督嚴飭各員，無論是否汛期，均督率兵夫巡邏堤岸，如有擅離汛署者，指名嚴參，以重職守。其河營兵丁例有定額，平日應責令學習楷埽，并填補溝窩，堆土植柳等事，以習勞苦。若空缺不補，一遇險工，不敷差委。現募民夫應役，豈不坐致貽誤。著該河督嚴行查察，均令挑補足額，以裕巡防。至沿河工段，平時雖分界址，遇搶險時皆當不分畛域，并力防護。倘值溜勢改趨，本汛官力難兼顧，其上下汛官即應督率兵夫幫運料物，彼此互相策應，方能不失機宜。若旁觀推卻，致誤要工，查明一并參處示懲。該御史又稱，各處兵夫築堤有即在堤脚下刨挖取土者。修堤取土應在十五丈以外，本有定例。若近堤刨挖，日久堤身單薄，何以抵禦洪流？并著該河督嚴申禁令，責成廳營員弁認真稽查，有犯必懲，以固堤防而重修守。欽此。

道光二年六月奉上諭

顔檢奏，參疏防永定河南六工道廳各員，請分別革職免議一摺。三角澱通判黄桂林在任年久，平日漫不經心，迨新險陡生，又因患病遷延，并不親至工所，趕緊搶護，以致堤身坐蟄，實屬怠玩不職。黄桂林著即革職。永定河道張泰運未能先事預防，咎無可辭，亦難竟予免議，仍著交部議處。署霸州州判張曦午到任未久，搶護險工尚知愧奮，著仍留本任，以觀後效。所有三角澱通判員缺，准其以陳鎮標補授，仍俟工竣後照例送部引見。該部知道。欽此。

道光二年六月奉上諭

顔檢奏，查看永定河南北兩岸新生險要各工搶護平穩，惟南六工頭號堤身坐蟄四十餘丈。現在漫口不甚寬深，溜勢已定，亦不虞其汕刷。請俟節交白露後，水勢稍落，新料登場，再行集夫趕辦等語。永定河南六工因水勢盛漲，刷塌堤身四十餘丈。該督當飭該道廳趕緊鑲築裹頭，無致口門愈刷愈寬。目下秋汛方長，存工料物自應留備本工之用。著照所請，俟白露後再行相度形勢，一面興挑引河，一面趁新料登場，迅速購備，趕辦蔵工。至另片奏稱，由北岸至盧溝橋查閱，事竣來京面陳河務及地方情形等語。此時河務地方均關緊要，該督無庸來京，著即在工嚴督道廳員弁等，加意巡防，勿稍疏虞。俟水勢消落，即回省任事可也。將此諭令知之。欽此。

道光二年七月奉上諭

顔檢奏堵築永定河漫口，并鑲築兩壩，挑挖引河估需銀兩，請動撥備用一摺。永定河南六工漫口，前經該督奏請於節交白露後興工堵築。茲據估計，兩壩應用正雜料物、夫工、護埽，并加添運脚、挑挖引河，共約需銀九萬餘兩，著准其於司庫地糧項下，先行動撥銀九萬兩。委員解交該道，購備料物，派委誠實之員專司勾稽，如有盈餘即歸善後工程之用。該督於到工後，務督率該道廳等興工妥辦，尅期告竣，覈實報銷。該部知道。欽此。

道光二年八月奉上諭

顔檢奏永定河水勢驟漲，南六工東西兩壩共走失十三丈，未克如期合龍，懇恩寬限趕辦等語。近日天氣晴明，并未陰雨，即使偶值北風，汕刷勢猛，永定河面不爲寬廣，何至水勢陡漲，波浪洶湧，不但不能如期合閉口門，反走失十三丈之多，且該處引河前據該督奏明，原估長四千四百九十餘丈，派作二十九分，均已委員分段承挑。茲復奏稱，引河尾閭勢尚高仰，擬於二十九分之下，再挑一千八九百丈。其挑成之河如有停淤者，一并挑挖深通。該督親身往返河干，自應早爲履勘，普律興工。從未見合龍有日，復倡議挑挖引河之事。總由料物本未購備齊全，人夫又不能督飭搶辦。種種辦理不善，咎無可辭。此次姑允所請，予限二十日堵築成功。該督務當實力督催，俾壩工如期告蔵，毋許再有延誤。三角澱通判陳鎮標係該督保奏陞任之員，承辦壩工致有閃失，著即革職，仍勒令在工効力，以觀後效。永定河道張泰運總理失宜，除走失壩工，著落該道賠還，不准報銷外，著交部嚴加議處[一]。顔

[一] 光緒七年原刻本脱『處』字。

檢督辦無方，著交部議處。欽此。

道光二年九月奉上諭

顏檢奏永定河南六工大垻合龍一摺。前因永定河南六工刷塌堤身，未能如期堵合，該督懇恩寬限。經朕予限二十日，飭令迅速蕆工。兹據該督奏稱，引河一律挑挖完竣，先行開放清水，勢甚通暢。督率道廳員弁晝夜趲辦，慎重進占，查看溜勢，直射引河方位。於十三日起除土埂，開放河水，建瓴而下，大溜掣動，暢流下注。即時掛纜合龍，全河復歸故道。覽奏欣慰。所有此次大工用銀十萬三千八百九十八兩零，除走失垻工需銀五千五百七十五兩零，著落該道張泰運賠繳外，實用銀九萬八千三百二十三兩零。前經在藩庫撥銀九萬兩動用，其不敷銀八千三百二十三兩零，著在道庫存貯要工并河淤地租項下動撥應用。該督仍查明工段丈尺，銷賠確數，覈實具奏。該部知道。欽此。

道光二年九月奉上諭

顏檢奏永定河南六工善後緊要工程，估需銀數一摺。此次南六工漫口，業經堵合完竣，惟新築大垻急宜加高、培厚以後，續蟄垻後跌塘甚深，即需估築越堤，以資重障。尤應填補跌塘，俾臻完善。其餘該汛各號亦需幫培，以防凌汛。該督詳細履勘，均係刻不可緩之工。著照所請，乘時趕辦，所有估需銀一萬四千七百十兩零，准其在藩庫水利工程銀兩内動支。務於上凍以前完工，毋任草率偷減，工竣覈實驗銷。再，本年伏秋水勢疊漲，南北兩岸衝刷殘缺較多，此次漫工河淤堤矮應行加培挑挖，著即勘估奏辦。該部知道。欽此。

道光三年六月奉上諭

京師自六月初九日起雨勢連綿，迄今尚未晴霽。永定河爲衆流匯注，現當大雨時行，水勢恐致盛漲。民田廬舍所關非細，必須時常加意保護。著蔣攸銛嚴飭永定河道，督率廳汛各員，常川駐工，晝夜巡防，毋稍疏懈。如有應行搶護之處，務須先事防守。倘稍有漫溢，該督恐不能當此重咎，凜之慎之。將此諭令知之。欽此。

道光三年六月奉上諭

蔣攸銛奏永定河水勢異漲，北三工南二工漫溢情形一摺。朕因連日大雨，恐永定河水長發有漫溢之虞，於十五日特降諭旨，令蔣攸銛嚴飭永定河道，督率廳汛各員加意防護。本日據蔣攸銛奏報，北三工十二三號溜勢洶湧，水高堤頂，漫口約寬四十五丈。又，南二工二十號復漫口，約寬五六十丈。現在各工均甚危險。朕覽奏，實深駭異，該河道張泰運駐工防守，不能化險爲平，以致蟄埽潰堤，咎有應得。現當伏汛喫緊之時，各工巡防正須相機妥辦，張泰運著暫緩交議。該督即責成該道將各漫口趕緊盤做裹頭，勿致口門愈刷愈寬，并將危險各工實力防護，勿得再有疏虞。其被淹各村莊有無損傷人口及衝塌房屋，著該督即飭各地方官趕緊確查撫恤，毋使流離失所，是爲至要。至另片奏，續查北二工五六七號蟄埽四十四段；北下汛十五六號埽蟄入水者四段；又四號埽蟄平水者十四段；又北上汛四號中起至五號中，堤身潰完；南上汛及南下汛均有蟄埽等語。著蔣攸銛分别查明各汛搶辦情形，據實具奏。蔣攸銛接奉此旨後，即親赴該處，督飭該道廳等駐工晝夜防護，妥爲辦理。將此諭令知之。欽此。

道光三年六月奉上諭

蔣攸銛奏，分飭防護撫恤，并續報永定河北中汛漫溢，查明前後疏防各員分别懲處一摺。永定河汛水異漲前，據蔣攸銛奏北三工南二工漫溢情形，今又據奏北中汛十三號漫溢三十餘丈，該汛七號暨北上汛十一號現仍蟄埽潰堤，趕緊搶護。本年大雨過多，廳汛各官保守不力，未能化險爲平，以致屢生漫口，管河各員實屬咎有應得。所有疏防北中汛及前次北三工、南二工廳汛各員，北岸同知陶金殿、南岸同知竇喬林、石景山同知袁烺、署涿州州判楊泰階、良鄉縣縣丞馬錞、武清縣縣丞史渭綸，俱著革去頂戴，仍暫留本任効力。永定河道張泰運於北三、南二各工即不能保守於前，今北中汛又復失事於後，咎無可辭。惟現當險工防護喫緊之時，未便遽易生手。張泰運著革職留任，責成該道同廳汛各員相機妥辦。俟堵築合龍時，能否出力，此外各要工能否化險爲平，再行分别覈辦。蔣攸銛未能先事預防，亦著交部議處。迅即赴工督辦，并嚴飭該道等，將前後各漫口趕緊盤做裹頭，勿致愈刷愈寬，督率廳汛各官將蟄埽潰堤各險工，竭力搶護防守。所有前後漫口附近各村莊及此外被水各州縣，迅飭藩司督同地方官確查撫恤。如被水情形較重，即由司酌發銀兩，派委幹員馳往會查妥辦，毋令一夫失所。

又另片奏請，張文浩等前赴工次會商，不爲無見。張文浩在南河有年，永定情形雖與南河稍異，然事同一體。著張文浩就近前赴工次查勘，幫同蔣攸銛辦理。繼昌著暫行回京。蔣攸銛係直隸總督，責無旁貸，仍應留心查看。不可以張文浩熟悉河務，遂即全然委卸也。凜之慎之。欽此。

道光三年七月奉上諭

張文浩等奏，查明永定河漫口分别辦理，并各險工搶辦平穩一摺。前因永定河漫口降旨，令張文浩前赴工次，會同蔣攸銛商辦。兹據查明北三工漫口業經乾涸，著即先將北三工缺口估還原堤，補下埽段。南二工現未斷流，一俟掛淤，即趕緊補還堤埽。至北中汛漫口，地處上游，勢已將次奪溜。現在汛水方長，未能興工。著俟秋分後新稭登場，購集料物，剋期堵築。其口門以下河身停沙淤墊，必須挑挖引河，以便合龍時引水下注。張文浩熟悉河務，著即常川駐工，俟壩工引河可以料估時，督飭該道約實估計，會同蔣攸銛具奏。并著蔣攸銛派明幹州縣二十員承挑引河。現准其暫行回省與藩司籌撥銀兩，并查辦灾務。俟開工時，即迅赴工次，會同張文浩辦理。現在各險工業經平穩，惟届汛防喫緊之際，著即嚴飭該道督率文武員弁，激發天良，同心保護，毋得再有疏虞，致干重咎。欽此。

道光三年八月奉上諭

張文浩等奏，勘估永定河北中汛堵築漫口并挑挖引河，及南二、北三兩處旱口補還堤埽各工銀數一摺。永定河堵築漫口共估需工料、土方銀十五萬兩，業已解貯工次。現届秋分，亟宜趲辦料物，諏吉開工，著蔣攸銛即赴工次，會同張文浩督率在工文武員弁，妥速辦理，務於霜降以前完竣，毋稍遲逾干咎。并嚴飭該道等專司勾稽，撙節支發，如有餘剩，著歸善後工程案内應用。照例覈實報銷。該部知道。欽此。

道光三年九月奉上諭

張文浩等奏永定河北中汛大壩合龍一摺。本年永定河漫口，經朕降旨，令於霜降前完工。前據張文浩等奏稱，連日督率道廳等晝夜趲辦，慎重進占，於十一日丑刻起除土壩開放，河水，建瓴而下，大溜掣動，暢流下注，即時掛纜合龍，全河復歸故道。以手加額，欣慰覽之。著發去大藏香十炷，交張文浩、蔣攸銛敬詣河神各廟，虔誠祀謝，以答神庥。至在工最爲出力文武員弁，著張文浩等秉公保奏一二員，毋許冒濫。永定河道張泰運前因疏防革職留任，責成該道相機妥辦。現在督辦大工合龍迅速，功過僅足相抵，毋庸施恩。其北岸同知陶金殿、南岸同知竇喬林、石景山同知袁烺、署涿州州判楊泰階、良鄉縣丞馬錞、武清縣縣丞史渭綸，辦理漫口并挑挖引河均屬奮勉，俱著加恩賞還頂戴。至此次工程共用銀十三萬五千四百九十餘兩，較原估節省銀一萬四千五百兩零。著覈明工段丈尺、銷賠確數，開單具奏。所有善後事宜，詳細勘明，奏明辦理。欽此。

道光三年九月奉上諭

張文浩等奏北中汛善後緊要工程估需銀數一摺。永定河北中汛前經奏報合龍。兹據張文浩等奏稱，新築大壩柴土未能十分粘結，急宜加高培厚，并於金門以下添築順水草壩一道，金門以後添築越堤一道。該汛頭二三號并六七八九十等號及北下汛二三四等號，大河俱走堤根。應築越堤四道，幫培越堤一道，以爲重門保障。南二、北三兩處旱口，補還堤埽新工，均需加高培厚。又南上、南

五、南六、北上、北二、北五等汛堤身殘缺單薄之處，分別幫培并加高堤頂，以資捍衛。共估需銀二萬一千八百二十三兩零。著照所請，將此次大工案内節省銀一萬四千五百六兩零動用外，其不敷銀七千三百十七兩零，准其於本年請撥堵築漫口等項經費銀内，照數動支給發。飭令該道廳等乘時趕辦，完竣報候驗收，另案請銷。毋得稍有草率偷減，以昭覈實。該部知道。欽此。

道光三年九月奉上諭

張文浩等奏查明永定河出力人員請加鼓勵一摺。此次永定河堵築漫口迅速蔵工，經張文浩、蔣攸銛查明最爲出力人員，據實保奏加恩。著照所請，冀州直隸州知州周壽齡，著賞加知府銜；河營都司李存志、都司銜河營守備夏茂芳，俱著賞加遊擊銜；灤州知州黄克昌、固安縣典史吴爾祚，俱著以地方應升之缺酌量升用；通州通流閘閘官徐敦義，著以河工主簿巡檢升用；河工候補未入流孫良坤、沈炳章，均著以沿河典史儘先補用，以示鼓勵。又另片奏，留直委用革職知縣姚景樞，挑河極爲深通，辦理妥速，該員曾任長蘆大使。姚景樞著仍以鹽埸大使，留於長蘆，遇缺補用。該部知道。欽此。

道光三年十一月奉上諭

張文浩等奏，勘估永定河減水閘壩、越堤等工，請及時分別修築一摺。近年永定河流受淤較重。據張文浩等逐一履勘，南二工拆[一]修升高金門石閘龍骨壩臺、金牆、海墁、石簸箕暨閘内鑲做護埽裏頭并剷堤挑挖閘塘淤沙，以及上首裏頭、下首雁翅、迎河老灘均抛片石坦坡，又迎水引河、閘外減河等工并廠房器具，共估需銀十萬三千四百五十一兩零。南上汛新建灰壩暨壩内鑲做挑水、順水埽壩、裹頭、迎水引河并剷堤築做越壩，啟拆越壩，以及壩外減河、護村堤埝、廠房器具，共估需銀七萬八千三百四十九兩零。北岸越堤十一道，凑長五千三十九丈，估需銀三萬七千二百六十一兩零。共銀二十一萬九千六十二兩零。著俟來歲春融照估趲辦，統限汛前一律完竣。所需銀兩即於預撥各省封貯項下，解到動用。其灰石等項料物應於今冬採辦到工，著蔣攸銛將解部粤海關餉，先行截留一批，計銀五萬兩，發交永定河道趕緊購備，以免遲誤。該部知道。欽此。

道光四年　月

命工部侍郎程含章會同總督蔣攸銛督辦直隸水利事務。

[一] 光緒七年原刻本原文爲『折修』，光緒八年重刻本已更正爲『拆修』。以下同。

道光四年四月奉上諭

本日御史陳澐奏永定河閘垻減河情形，據稱前聞河臣張文浩查辦直隸水利，議於永定河南岸建設閘垻、挑挖減河。現已興工，於南岸修復金門閘，挑挖減河一道。又於南上建灰垻一座，挑挖減河一道，皆爲分減盛漲洩入大清河之用。查，金門閘久經堵閉，乾隆年間孫家淦曾於閘上開放南岸，洩水入中亭河不能容納，附近民田受害。旋即趕緊堵築。今新開減河放水灌入清河，與孫家淦所爲無異，況清河壅塞不能容納減水，易滋漫溢等語。大清河貫串東西兩澱，因下游爲永定濁水所淤，上游頻年潰決，畿南十餘州縣被災獨重。必須先從下游疏治，俾得暢流入海。若轉在上游灌輸濁水，則壅遏泛濫，爲患彌甚。此事關繫全河大局，不可不計出萬全。著交程含章、蔣攸銛再加相度，通盤籌畫，并派明幹道員，會同河道張泰運，前往逐一履勘該處閘垻情形，據實妥商辦理，務使堤障、田廬兩無妨礙，方爲至善。陳澐原摺著發給閱看。將此諭令知之。欽此。

道光四年六月奉上諭

程含章等奏治水大綱，請發銀辦理一摺。直隸全省水利經程含章會同蔣攸銛，督率各道將緊要處所逐一查勘，奏請先理大綱，興辦大工九處。如疏通天津海口，疏浚東西兩澱、大清河及相度永定河下口，疏子牙河積水，復南運河舊制，估辦北運河，修築千里長堤，均著照所議分別估辦。其請先籌撥銀一百二十萬兩，以作工需，并請於八九月間解到四五十萬兩，先行擇辦。著户部查明廣東、江西、浙江等省封貯及新收捐監銀，共有若干萬兩，可先撥若干萬兩，分晰迅速具奏，再降諭旨。至秋汛後，或尚有變更，俟辦理時隨估隨奏，妥議章程，責成分辦。

此外如三支黑龍港、宣惠、滹各舊河，沙、洋、洺、滋、洨、唐、龍汛、龍泉、豬龍、(忙)〔牤〕[一]牛等河及應修文安、大城、安州、新安等處堤工，著分年次第辦理。各州縣支港、溝渠，著飭各地方官，俟秋收後勸諭農民按畝出工挑挖，以資消洩。至該侍郎等奏稱，挑河築堤如有佔用旗民地畝，分別撥補給價。其將河身官地曚混升科者，豁除錢糧免完，俱著照所請行。欽此。

道光四年閏七月奉上諭

據御史陳澐奏，永定河重開閘垻引河，民間皆受其害，請及早堵閉等語。著陳澐馳驛前赴保定，令程含章帶同該御史前往永定河新建閘垻處所，將有無衝刷民田廬舍，及淤塞清河之處，面爲指陳利病，逐細履勘明確。仍

[一] 忙牛河　應爲『牤牛河』。

令程含章會同蔣攸銛據實具奏。該御史原摺，著發給程含章、蔣攸銛閱看。欽此。

道光四年閏七月奉上諭

據程含章等覆奏，帶同御史陳澐查勘永定河新建閘壩無妨礙，新修金門石閘亦無淹及民房田地之事。據稱，新建灰壩毫無妨礙，其涿州任村坍塌房屋，本係去年衝壞。至下口淤淺處所，係上年永定河冲刷泥沙停積，與新開閘壩無涉。良鄉、涿州大道地勢甚高，亦決不致淹衝官道，有礙驛遞。新安、安州被淹，係白溝濁流倒灌所致，并不關永定減河之事。所奏情形瞭如指掌。至程含章所稱束水攻沙，藉清刷濁，與面奏之言相符。閘壩既修，分減漲勢，保護堤工，即保護百姓田廬。去歲張文浩亦系如此奏對，是新建閘壩有利無害毫無疑義。該御史陳澐先於四月間具奏，降旨令程含章等再加相度，業據該侍郎等先後覆奏，險工得以平安，皆閘壩減水之力。茲該御史又行具奏，因令程含章帶同履勘，面爲指陳利病，乃該御史仍固執己見，不以爲然。其意何居？儻必申其説，不顧全河大局，嘵嘵具摺致辯，尚復成何事體？著程含章、蔣攸銛將該御史履勘壩時作何情形？若不諳河務，又復阻撓公事，擅作威福，其風斷不可長，即著據實密奏。并傳旨令該御史即日回京可也。將此諭令知之。欽此。

道光四年閏七月奉上諭

永定河新建閘壩，先據御史陳澐於四月間具奏，開堤放水恐滋流弊，當經諭令程含章等覆加相度，仍奏明照估修復。本月十一日復據該御史奏，新開閘壩民間皆受其害，請及早堵閉。朕以地方河工關繫民生最爲重大，猶恐程含章等有意迴護，特降旨令該御史前往，并令程含章帶同逐細履勘，面爲指陳利病。原欲其虛衷商榷，以求一是。乃程含章等將閘壩減水情形，剴切告知陳澐，仍固執己見，嘵嘵致辯，并於會勘時，呵(斤)〔斥〕[一]道廳，擅作威福。且其前赴保定時，并未召見。陳澐捏稱遞摺後，曾經召見，意在挾制以實其言，實屬阻撓國政，謬妄之至。陳澐不勝御史之任，姑念其究係因公，著加恩降爲主事候補，以示朕不爲已甚之意。欽此。

道光六年十月奉上諭

河工要務全在冬勘春修。每年預發歲料銀兩，飭交工員，乘時購備，將料垛土牛堆積如式。該河督向於霜(清)〔降〕[二]水落之後，前往沿河詳驗，以杜架空浮鬆之弊，并將應辦春工周歷履勘，悉心覈估。一交春令，次第

[一] 光緒七年原刻本爲『呵斤』，光緒八年重修本已更正爲『呵斥』。

[二] 霜清　似應爲『霜降』。以下同。

興修，尅期竣事，再行親往驗收，查明料物用存確數，以備伏秋兩汛之需。即遇有險工陡出，備料足資應手，是以鮮有失事。朕聞自嘉慶年間以來，各河督等習於安逸，往往不於霜降後如期逐段親詣勘驗，以致工員等將應貯料物架井堆空，尅扣偷減諸弊視爲固然，甚或有估辦春工時，輒以不應修而修，轉將應修處所暗留爲大汛搶險地步，以便藉另案工程，事起倉猝，易滋侵冒。著各該河督等於例屆冬初及次年工竣時，務須親歷河干，詳加勘驗，料垛必禁其虛鬆，工程必期其堅實。各宜不憚勤勞，力除結習，并嚴飭通工員弁既不得藉公帑以肥私橐，尤須懲奸胥而斥劣幕。如有敢蹈前轍，仍踵積弊者，即當隨時嚴參懲辦，毋稍寬貸。欽此。

道光七年八月奉上諭

那彦成奏，永定河秋汛安瀾，酌保尤爲出力人員一摺。著照所請，宛平縣縣丞汪兆鵬、固安縣縣丞張耀箕，俱准其以應升之缺，酌量升用。天津縣典史沈炳章已於新例加捐雙月縣丞，著准其捐足分發，留於北河，差遣委用。地方候補通判安豫、候補從九品傅致泰俱准其改撥河工差委。該部知道。欽此。

道光八年九月奉上諭

屠之申奏，永定河秋汛安瀾，查明尤爲出力人員懇請鼓勵一摺。直隸石景山同知李國屏、南岸同知竇喬林，俱著交部從優議敘。北下汛宛平縣縣丞汪兆鵬，著以沿河知縣升用。南六工上汛霸州州判萬啟遜，著以應升之缺升用，河工儘先。縣丞沈炳章著俟補缺後，經歷三汛，再以沿河知縣酌量升用。該部知道。欽此。

道光九年九月奉上諭

那彦成奏，永定河秋汛安瀾，查明尤爲出力人員懇請鼓勵一摺。直隸永定河道張泰運，著加恩賞戴花翎。南岸同知竇喬林，著交部從優議敘。北岸同知蔣宗墉，著以應升之缺升用。北二工良鄉縣縣丞鄭啟新、霸州州判代理南上汛州同萬啟遜，均著以沿河知縣即升。候補直隸州州判許瀚，著於補缺後，以應升之缺升用。地方試用县丞錢寶珊，著改撥河工委用。改撥河工候補未入流李敦壽，著免補，本班以河工應升之缺補用。河工候補未入流徐進，著以沿河典史補用。良鄉縣緑營守備平振，著以應升之缺升用。北岸千總李焕文，著以河營守備升用，以示鼓勵。該部知道。欽此。

道光十年四月奉上諭

那彦成奏，永定河渾水南徙東淀，直逼千里長堤，恐防運道，親往查勘籌議修防一摺。永定河渾水入淀，東淀長堤胥受其害。該督因東淀楊芬港以下逐漸淤塞，致大清河之水與永定河渾水合而爲一，俱由楊芬港之岔河，經杜家溝歸韓家樹正河行走，直逼千里長堤，堤出水面僅三尺許。恐汛期長水，難資保護，於運道民田廬舍均有關礙。現議幫培杜家溝堤身，原係急則治標之法。此外有無別策，俾澱不受淤，水有歸宿。該督現已親往履勘，著詳細勘明，籌議覆奏，到時再降諭旨。將此諭令知之。欽此。

道光十年四月奉上諭

那彦成奏，勘明渾水淤澱刷堤，請動項估辦土埽各工一摺。前據那彦成奏，永定河渾水南徙東澱，直逼千里長堤，恐妨運道。降旨令該督於親往履勘時，籌議覆奏。兹據奏稱，疏挑永定河下口此時趕辦不及，惟有就杜家道溝堤身大加幫培，并多鑲埽段，以資抵禦。著照所請，將現辦各工責成天津道李振翥、永定河道張泰運，分别購料集夫督辦。工程如有短缺草率，惟該二道是問。務於端午以前，普律全完。工竣覈實驗收，奏報。所有估需工料銀三萬六八千八百五兩零，即著在司庫水利本款内，照數動撥。該部知道。欽此。

道光十年九月奉上諭

那彦成奏，籌辦永定河下口工程，請先撥項購備料物一摺。永定河下口據該督勘明，應於大范甕口估挑引河一道，并將新堤及南遥埝一律加高培厚，約需銀六萬餘兩，請先購備稭料，以資興築。著照所請，准於司庫水利項下動撥銀三萬兩，飭發永定河道領回，先行備辦料物土方，即於來年估報銀内覈實開除，以濟工需。該部知道。欽此。

道光十年九月奉上諭

那彦成奏，永定河秋汛安瀾，查明尤爲出力人員，懇請鼓勵一摺。直隸永定河北三工涿州州判蔣景暘、北五工永清縣縣丞熊開楚、易州州判金大中、正定府經歷吴汝芝、房山縣縣丞李宣苑，著以應升之缺升用，儘先升用。試用通判劉奮南、試用未入流彭祖望，俱著各按本班儘先補用。南三工涿州州判王仲蘭、北上汛武清縣縣丞徐敦義，俱著交部從優議叙。該部知道。欽此。

道光十一年三月奉上諭

王鼎奏永定河估辦草土各工一摺。永定河河勢南徙，上年據那彦成奏請於大范甕口挑挖引河一道，并將新築堤工及南遥埝加高培厚，估需銀六萬餘兩。先於司庫發銀三萬兩，其餘銀三萬兩，俟本年興辦挑挖引河時撥發，業經降旨允准。兹據王鼎查明，新堤遥埝工程上年興辦八分有餘，而引河尚未開工，現在溜勢轉移，復歸故道。所有挑挖引河銀三萬餘兩，應歸節省。惟查入澱金門尚寬七十餘丈，亟應趕緊堵築，并做護埽以資保障。

又，舊河由十五號至汪兒灄，計長二千四五百丈，迤下應估攔河大壩三道，計湊長一百六十丈，亦於迎水估做埽鑲，以防汛漲串入金門喫重。此項工程除上年司庫所發銀三萬兩支發動用外，尚不敷銀六百餘兩。著照所請，即在道庫存貯河淤地租項下動支，工竣驗收，造册咨部覈銷。

又據另片奏，永定河北七工自二十六號起至四十六號止，堤埝單薄，擇要加培，估需銀四千五百四十兩零。又，南二工金門閘宣洩攸資，應加高石龍骨一尺二寸，并迎水片石坦坡等工，估需銀四千三百五十九兩零。亦照所請，准於上年奏定未領之挑河銀三萬兩內動撥銀八千九百兩零。飭令該道張泰運趕緊興辦，汛前一律完竣，覈實驗收造報。該部知道。欽此。

道光十一年五月奉上諭

琦善奏，堤工緊要，請移駐汛員，以重河防一摺。永定河下口水歸故道，南八工下游爲衆水滙注之區，遇有險要需員防守。據該督奏請酌量移駐。著准其將現無要工之鳳河汛把總，作爲南八工下汛把總，同鳳河額設河兵二十四名一律移駐，并酌添河兵十名。即在永定河各汛內抽撥所需廉、俸、馬、乾等項，俱仍舊制，無庸月行增減，以重要工而專責成。該部知道。欽此。

道光十一年八月奉上諭

琦善奏，永定河秋汛安瀾，查明尤爲出力人員，懇請鼓勵一摺。本年雨水短少，交秋以來，河流雖經叠長，溜勢尚平，該河員等防護安瀾，係屬分内之事，本可無庸給予議敘。兹據該督查明南岸同知竇喬林、北岸同知蔣宗墉，在任八載，經歷險工均無貽誤。該二員著加恩，賞加知府銜。北中汛武清縣縣丞徐敦義、北下汛宛平縣縣丞陳嘉謀、南六工上汛霸州州判張夢麟，俱著准其以應升之缺升用。該部知道。欽此。

道光十二年八月奉上諭

琦善奏，請將疏防永定河南六工漫溢各員分别摘去頂戴，革職留任一摺。本年七月間，永定河南六工水漲漫溢，當經該督馳往查辦。兹據奏稱，查看漫溢情形，實緣秋雨過大，兼以上游長水，盛漲漫過堤頂，所有防護不力之三角澱通判婁豫、南六工上汛州判張夢麟，均著摘去頂戴，撤任留工效力。永定河道張泰運著革職留任。琦善著交部議處。該督仍責成該道等趕緊相機安辦，務期堵築、保固堅實，毋許虚糜工費。欽此。

道光十二年九月奉上諭

琦善奏，勘估永定河南六工堵築漫口，并挑挖引河約需銀數一摺。永定河南六工漫口處所，經該督體察情形，請於漫口東西兩頭，就灘面建立垻基越堵，計西首估築垻基八十九丈，東首估築垻基四十四丈。臨河一面仍鑲護埽，并添挑水垻，逼溜注引河頭。所有正垻上下邊埽、護埽，挑垻應用正雜料物、夫工、土方暨採買秫秸，加添運脚，及漫口以下旱口四處，約需銀三萬七千餘兩。其引河自漫口迤下起至南七工十九號止，間段估挑共長八千六百六十九丈，計估口寬十五六丈至五六丈不等，底寬八九丈及十丈至五六丈不等，深一丈二三尺至四五尺不等，約需銀五萬八千餘兩，通共估需銀九萬五千餘兩。著准其籌款動撥，解赴工次，交該道收存備用，仍遴委誠實之員，專司稽覈。務須力加撙節，將來餘剩若干，著奏明留爲善後工程之用。該督親往督辦，務使工堅料實，不准稍有偷減虚糜，工竣覈實報銷。該部知道。欽此。

道光十二年閏九月奉上諭

琦善奏請將道廳各員懇予開復等語。前因永定河南六工漫口時，經該督將道廳等奏參，曾降旨將永定河道張泰運革職留任，通判婁豫、州判張夢麟，均摘去頂戴，留工効力。兹據該督奏稱，該道督辦垻工，錢糧節省，竣工亦復迅速，工員等隨同効力，俱各認真，尚知愧奮。著加恩將永定河道張泰運准予開復。原參處分通判婁豫、州判張夢麟，俱著賞還頂戴。其餘在工襄事各員，著該督擇其尤爲出力者，酌保數員，候朕施恩，不許稍涉冒濫。欽此。

道光十二年閏九月奉上諭

琦善奏，永定河南六工善後緊要工程，估需銀數一摺。南六工上汛漫口，業經堵合完竣。惟新築大垻須建築越堤，并各汛加培堤埝，補還原堤殘缺，填墊坑塘等工，據該督勘明均關緊要，自應乘時趕辦。所有估需銀數，除將奏明節省大工銀兩動用外，尚不敷銀八千三百一兩零，准其在於藩庫籌款撥給支領。該督即飭該道等趕緊趲辦，務於上凍以前完工報驗，不得稍有草率偷減。工竣覈實報銷。該部知道。欽此。

道光十三年八月奉上諭

琦善奏永定河秋汛安瀾一摺。本年永定河伏秋雨汛，河水迭次驟長，經該督督率道廳員弁搶辦，俾河流順軌，普慶安瀾。所有在工防汛各員，不避艱險，著有微勞。著該督擇其尤爲出力者，酌保數員，毋許冒濫。欽此。

道光十四年七月奉上諭

琦善奏，永定河南北各工漫溢，請將疏防各員，分别摘頂、交議、革職一摺。永定河南北兩岸各工均有漫溢。

現據該督履勘北下汛、北三工、南二工等三汛漫口，俱經掛淤斷流，惟北中汛六七八號業已奪溜成河，歸并灌注，正河間段乾涸，不致再從旱口分行。所有被水之宛平、良鄉、武清、大興、東安、固安、永清各縣，著該督即分別查辦，不容草率牽混。其水勢頂衝之處，即爲被灾較重之區，并著酌量先予撫恤。此次各工失事，雖因雨水過多，上游叠漲，水勢過猛，人力難施，田廬雖多淹浸，人口并無損傷。惟在事工員未能化險爲平，均難辭咎。石景山同知張起鵷、北中汛縣丞徐敦義，著先行摘去頂戴，并行撤任，仍留工効力，以贖前愆。署北下汛縣丞張書紳、北岸同知蔣宗墉、北三工州判王仲蘭、調署南岸同知邵楠、南二工縣丞陳禾，所管堤工各有漫溢，尚未奪溜成河，著交吏部照例議處，免其撤任，以觀後效。永定河道張泰運督率無方，咎無可辭，惟現當險工防護喫緊之時，轉瞬又須辦理堵築，著革職留任，仍責成盡力妥辦。俟合龍後，該督將該道及廳汛各員，察其能否愧奮出力，再行據實具奏。該督雖經屢屬防範，究未保護平穩，著交部議處。至此次堵築事宜，自應亟爲籌計，現在新料尚未登場，引河亦難勘估。著俟水勢消退，禾稭刈穫，即一面挑河，一面購料，務於霜（清）〔降〕後，趕緊堵合。飭令該管河道專駐料理。其進占時，著該督仍親赴工次，督率妥辦，毋任草率疏忽。該部知道。欽此。

道光十四年七月奉上諭

琦善奏請動項趕辦旱口堤埽各工一摺。永定河北中汛漫口，前據該督奏明，俟霜降後興修其旱口堤埽各工，以禦將來合龍下注之水，自應及時趕辦。茲據查明南二工、北下汛、北三工等三汛旱口等工，即應補還原堤，鑲做護埽，又南二、北下兩汛，經此次河水異漲，大溜撞激塌潰之處，亦須補還堤埽。又，南二工十五六七八等號及北二工上汛十一二三等號堤身殘缺坑塘，俱應先爲補築。以上各工共估需銀三萬六千九百一十七兩零。除旱口等工估銀二萬一千三百五十五兩零，著分別賠銷外，其補還塌埽潰堤并填補殘缺坑塘等工，估銀一萬五千五百六十二兩零，仍照例覈銷所需銀兩，准其在於直隸藩庫如數動撥。該督即飭該道乘此漫工未舉，引河未估之先，趕緊興辦。毋任草率偷減，工竣覈實驗收。該部知道。欽此。

道光十四年九月奉上諭

琦善奏，勘估堵築漫口工料并挑挖引河銀數一摺。本年永定河北中汛漫口，原寬三百五十丈。據該督查勘情形，應將東岸旱灘一百六十三丈補築土堤，餘存口門一百八十七丈，必須一律軟鑲進占，接下丁頭大埽，背後幫築戧堤，臨河一面鑲做護埽。其引河自漫口迤下，至南八工下汛尾閭之單家溝止，間段估挑，共長二萬七千四百五十六丈五尺。所有一切正雜料物共約需銀十三萬兩。著准其籌款動撥，解赴工次，交該道張泰運收存備用。國家經費有常，該督此次所撥款項亦不爲少矣，務須派委誠實之員，專司稽覈，并嚴飭承辦各工員認真經理，力加撙節，於工程實有裨益，而帑項不至虛糜。如有餘剩銀兩即留爲善後工程之用。該督即飭令分段趕緊挑挖，相機進占，届期親赴工次，督飭妥速辦理。無許草率偷減，工竣覈實報銷。該部知道。欽此。

道光十四年十月奉上諭

琦善奏，永定河漫口要工竣事，請分别開復處分，賞還頂戴并請鼓勵出力各員等語。本年永定河北中汛漫口，當降旨將河道張泰運等分别革職、摘頂、撤任，交部議處。兹據該督奏稱，要工業已竣事，各該員尚知愧奮，自應量予恩施。永定河道張泰運、同知蔣宗墉、邵楠，州判王仲蘭，縣丞張書紳、陳禾，著准其將原參處分均予開復。同知張起鵷、縣丞徐敦義，均著賞還頂戴，仍著令該二員各在本工防守一年，俟來歲三汛安瀾，再准回省序補。至此次在工州縣及廳汛各員，晝夜襄事，著有微勞。著該督將尤爲出力之員酌量保薦，斷不准稍涉冒濫。該部知道。欽此。

道光十六年正月奉上諭

河工每年預辦歲料及備防料物銀兩，例應按年將動存各料造册報部。近來南河及直隸、山東多有漏報之案，國家經費有常，必須工歸實用。若預辦料物既已撥銀分案開銷，復行添購，其動存數目任意延不造報，部中無册可稽，何從銷算？殊非覈實辦公之道。著直隸、山東、河南、江南等省經管河工各督撫，嗣後預辦料物，務須遵照奏定章程，每年造具動存四柱清册，報部備查，毋再延玩。其從前未報年分，著速行補報，并於册内將某年某工段落數目，動用何項料物，分晰開載，以除積弊。欽此。

道光十九年十月奉上諭

琦善奏請籌備秸料一摺。著照所請，永定河歲修秸料，准其每束仍加運脚銀二釐五毫，并准其添購備防秸料二百四十萬束。所有歲料運脚銀兩，著照例委員赴部請領。其添備秸料價銀，著即於司庫籌款，照數動撥，責成該護道督率廳汛各員，乘時採買，分貯工次，報候驗收。儻來年水平工穩，料有贏餘，仍留爲下年之用。該部知道。欽此。

道光二十二年八月奉上諭

訥爾經額奏，永定河秋汛安瀾，請將在工防汛各員量予鼓勵一摺。本年永定河秋汛安瀾，各工員巡防搶護著有微勞，著該督擇其尤爲出力者酌保數員，候朕施恩，毋許冒濫。欽此。

道光二十二年十一月奉上諭

訥爾經額奏請動項修築閘工一摺。永定河金門閘近因過水太暢，間有被衝殘缺，自應趕緊修復，以資宣洩。所有估需工料銀二萬九千一百八十五兩零，准其在於司庫籌款動撥。即著責成該道，先督率廳汛各員將應用料物年内預備齊全，於來春興工趕辦。務須一體堅實，毋任草率偷減，工竣覈實驗收，照例題銷。該部知道。欽此。

道光二十三年閏七月奉上諭

訥爾經額奏，永定河水漫溢，馳往勘辦一摺。永定河北六工汛北遥堤十一號，因大清河水勢過大，頂托渾水，有長無消。初三、初四兩日堤身蟄塌二十餘丈，漫淹二十餘里。民房人口尚無衝壞傷損。請將廳汛道員分别懲處等語。北岸同知竇喬林、北六工汛霸州州判嚴士鈞、協防把總富泰，著一并革職，暫留工次効力。永定河道恒春，著革職留任。責令督同接署廳汛各員，趕緊籌辦。直隸總督訥爾經額未能先事豫防，亦著交部議處。該督即馳往查勘，趕做裹頭盤護，毋任續有汕刷。并查明被淹村莊，妥爲撫恤，無任一夫失所。餘俱著照所議辦理。該部知道。欽此。

道光二十三年閏七月奉上諭

訥爾經額奏，查勘永定河北遥堤漫口，現已裹頭盤護，估需堵築挖河銀數籌議捐修等語。覽奏均悉。永定河北遥堤漫水蟄塌，亟應興工堵築。既據該督詳細籌勘，應就北六工正堤尾接築大垻，由柳坨村挑挖引河，即於彼處截流堵口，使大溜仍由故道，自係因勢利導。著照所議，即飭該道督同委員，趕緊辦理。所有估需工料銀兩，准其由該督等量力捐辦，仍責成該道恒春，督率廳汛委員趕挑引河，務於霜降後一律完工，無稍遲誤。將此諭令知之。欽此。

道光二十三年九月奉上諭

訥爾經額奏，動項補築遥堤口門，并請鼓勵出力工員等語。此次直隸永定河北七工遥堤漫口，經該督改由北六工築垻堵合。其被衝口門自應照舊補還，全堤殘缺蟄陷處所亦應一律修培，估需工費銀一萬一千四百餘兩。著准其在於捐項内動支。責成該道督率妥辦，工竣覈實驗收，毋許草率偷減。此項工程免其造册報銷，所有捐數較多并在工各員，著該督擇其尤爲出力者酌保數員，候朕施恩，毋許冒濫。該部知道。欽此。

道光二十三年九月奉上諭

訥爾經額奏請，給永定河北七工河神廟及南六工雙營村河神廟匾額等語。本年北七工十一號遥堤因河道遷徙，漫溢刷塌，迨興工以來，天氣久晴，水不揚波，得以剋期合龍，實賴神靈默佑，自應特頒聯額，以答神庥。發去御書匾額二方、對聯二副，著訥爾經額祗領，敬謹懸掛。欽此。

道光二十三年十月奉上諭

訥爾經額奏，遵保河工出力及捐數較多各員，開單懇請獎勵。本年永定河漫口，經該督率屬捐資辦理，迅速蕆工。各該員辦事出力，又復捐貲備料，洵屬奮勉急公，自應加恩量予鼓勵。知府銜石景山同知汪兆鵬，著以知府陞用。南路同知高午，著賞加知府陞銜。候補直隸州知州寶琳，著遇有直隸州知州缺出，不論繁簡，即行補用。候補知州恩符，著儘先補用。布政司經歷祝恂，著以應升之缺，即行升用。州同銜宛平縣縣丞費懋德、(新)[一]雄縣丞毛永柏，均著以知縣升用。武清縣縣丞司馬鐘，著賞加州同升銜。河營都司李焕文，賞加遊擊升銜。至所請永年縣知縣張寶塄，得缺後以知府酌量升用；延慶州知州童恩以應升之缺升用；試用同知衛厚改撥河工補用之處，著吏部議奏。

又另片奏，永定河道恒春已革，同知竇喬林、州判嚴士鈞、把總富泰隨工効力，均屬愧奮。恒春著准其開復革職留任處分。竇喬林、嚴士鈞、富泰均著准其開復原官，留工候補，仍俟來年三汛安瀾後，如果始終奮勉，再行酌量補用。該部知道。欽此。

道光二十四年六月奉上諭

訥爾經額奏，永定河水漫溢，馳往勘辦一摺。永定河南七工五號堤身，因連日大雨，水勢側注，以致蟄塌十餘丈。該道廳各員未能加意守護，實屬疏於防範。永定河道張起鵷、三角澱通判翟官槐、南七工東安縣主簿王錫震，均著革職留任。翟官槐、王錫震并著摘去頂戴，責令隨同該道趕緊設法堵合。直隸總督訥爾經額未能先事預防，亦著交部議處。該督即馳往工次，查勘督辦，并著查明被淹村莊，妥爲撫恤，無任一夫失所。至此次添辦料物并堵築漫口經費，准其將清河道庫積存滹沱河息銀動撥三萬兩，解交永定河道庫，以供支發。事竣覈實報銷。該部知道。欽此。

道光二十四年六月奉上諭

訥爾經額奏，查勘永定河南七工漫口現已裹頭盤護，

[一]『新』字衍。

應俟水落料齊堵築一摺，覽奏均悉。永定河南七工五號堤身漫水蟄陷。據該督詳細籌勘，漫口之水雖循行舊河，可以因勢利導，惟南北兩堤之内村莊不少，居民遷徙維艱，自應堵築漫口，引歸故道。現在存料無多，且新河坎已刷深，正河淤高，下口鳳河間段停淤，尤虞高仰。須俟水落後，挑挖深通，堵築方可得手，自係實在情形。著照所議。即飭該道督同員弁，趕緊備料，俟秋汛後，妥速辦理。至下口鳳河展寬挑深之處，引河放水時，應否再加挑挖，一并勘估具奏，無稍遲誤。所有永清、霸州被水村莊應否撫恤，著確查漫淹輕重，覈實辦理。將此諭令知之。欽此。

道光二十四年八月奉上諭

訥爾經額奏，勘定永定河堵築漫口，挑挖引河、凰河工程，估需銀數籌議動款分捐一摺，覽奏均悉。永定河南七工漫口應挑引河，既據該督查勘測量，應就迤北三里許，北六工尾之河西營村前，定爲河頭，挑挖引河，於築壩合龍形勢較順。估計自河西營起至鳳河止，工長七十餘里，需銀八萬八千餘兩。又堵合原堤漫口，各工需銀三萬五千餘兩。又，挑挖鳳河需銀二萬五千餘兩，三〔項〕[一]共估需銀十四萬八千餘兩。著照所議辦理。所有估需銀兩，准其以滹沱河生息餘存銀二萬四千餘兩湊用。不敷銀十二萬四千餘兩，由該督等量力捐辦。仍責成該道督率廳汛委員，趕緊挑築，務於九月內合龍藏事，無稍遲誤將此諭令知之。欽此。

道光二十四年九月奉上諭

訥爾經額奏，永定河南七工大壩合龍，并請酌保捐資出力各員等語。此項工程先後動用過滹沱河生息銀三萬兩，著照例造册報部。其不敷銀十二萬餘兩，免其造册報銷。所有捐數較多，并在工尤爲出力者，著該督酌保數員，候朕施恩，毋許冒濫。革職留任之永定河道張起鵷、三角淀通判翟官槐，現在辦工尚知奮勉，著俟來年三汛安瀾後，如果始終無誤，再行奏請開復。專汛東安縣主簿王錫震前既疏防，辦工又不得力，著即革任，以示懲儆。該部知道。欽此。

道光二十五年八月奉上諭

訥爾經額奏，永定河三汛安瀾，請開復道員處分等語。直隸永定河道張起鵷督率工員，保護平穩，始終無誤。所有革職留任處分著准其開復。在工各員往來防護，尚無貽誤，著擇其尤爲出力者，酌保數員，候朕施恩，毋許冒濫。該部知道。欽此。

[一] 此處原文似脱一『項』字。

道光三十年六月奉上諭

訥爾經額奏，永定河北七工堤埝漫口，請將防護不力之道員廳汛分別懲處一摺。永定河北遥堤地勢低窪，因上游山水下注，大清河水又復同時并漲，以致北七工八九兩號相連處所，堤頂漫溢三十餘丈之多。該管廳汛先事既不能預防，臨時又未能搶護，實屬玩誤。永定河北七工東安縣主簿鄭慶恬，著即革職。北岸通判徐敦義，著摘去頂戴，責令隨工効力。永定河道熊守謙管轄全河，未能預爲籌防，直隸總督訥爾經額有督率防護之責，著一并交部議處。該部知道。欽此。

道光三十年十月奉上諭

訥爾經額奏永定河缺口合龍一摺，另片請酌保出力各員等語。本年永定河北七工漫口現經挑挖引河，堵築長堤，尅日合龍，全河復歸正道。此項工程著免其造册報銷。所有在工各員，著擇其尤爲出力及捐數較多者，酌量保奏，候朕施恩，毋稍冒濫。該部知道。欽此。

咸豐元年二月奉上諭

訥爾經額奏請將隨工出力之道員等開復處分等語。前因永定河北七工漫口，降旨將該道熊守謙革職留任；北岸通判徐敦義摘去頂戴； 北七工東安縣主簿鄭慶恬革職，責令隨工効力。兹據奏稱，該道於興工後督率被參各員，堵築漫口，挑挖引河，又復捐助工費，尚知愧奮。熊守謙革職留任處分著准其開復。徐敦義著給還頂戴。鄭慶恬著開復原官，仍留直隸地方補用。至訥爾經額前經交部議處之處，著加恩一并開復。該部知道。欽此。

咸豐元年閏八月奉上諭

訥爾經額奏永定河秋汛安瀾一摺。直隸永定河本年伏秋汛内，節經盛漲，在工員弁防護數月之久，慎勉從事。現已節逾秋分，查勘通工悉臻穩固。所有廳汛各員著擇其尤爲出力者，酌保數員，候朕施恩，毋許冒濫。該部知道。欽此。

咸豐三年六月奉上諭

訥爾經額奏，永定河水勢陡長，蟄堤漫溢。請將防護不力之道員廳汛分別懲處，并自請議處一摺。據稱本月初八日永定河水勢驟長，南三工十三號堤身坐蟄，時當昏夜，人力難施，至塌寬三十七丈，掣動大溜，民房田禾間有淹浸，尚無損傷人口等語。現當伏汛盛漲之時，該廳汛員弁防守不力，致有漫口，實屬咎無可辭。署永定河南岸同知王茂壎、南岸守備王德盛，均著摘去頂戴，交部議處。南三工涿州州判嵇蘭生、汛弁額外外委郭鳳林，均著革職，留工効力。其管轄全河之永定河道定保，著革職留任。訥爾經額著交部議處。該督仍嚴飭該道，督同廳汛員弁，趕緊盤築裹頭，毋令續有坍塌。其被淹各村莊即著分別輕重情形，妥籌撫恤。該部知道。欽此。

咸豐三年九月奉上諭

據御史隆慶奏，夏秋大雨連旬，河堤坍塌，被淹各村莊災民甚多。聞河道動工，伊邇災民等候傭工，聚集固安縣城外者數千人。永定河道定保，現在調赴軍營辦理糧臺。其道庫所存銀兩，并未聞設法守護等語。現在賊氛未靖，轉瞬嚴冬，饑民聚集數千，恐滋生事端。著桂良速飭地方官，設法安插災民，妥爲撫輯。并飭將庫款小心守護，以靖地方而重帑儲。原摺著摘抄閱看。將此由六百里諭令知之。欽此。

咸豐五年八月奉上諭

桂良奏永定河秋汛安瀾一摺。直隸永定河本年秋汛期内，節經盛漲，在工員弁防護數月之久，著有微勞。現在節逾秋分，通工悉臻穩固。所有廳汛各員，著桂良擇其尤爲出力者，酌保數員，候朕施恩。毋許冒濫。欽此。

咸豐六年六月奉上諭

桂良奏，永定河正堤漫溢，現在親往勘辦一摺。據稱本年伏汛大雨連朝，南七工正堤河水叠長，堤身蟄陷，堤面漫溢過水約四十餘丈，深約尺餘等語。該廳汛員弁於河水盛漲之時，搶護不力，厥咎甚重。署三角澱通判、涿州州同曹文懿，署南七工東安縣主簿錢寶珊，均著革職，留工効力。其未能先事籌防之永定河道崇祥，著革職留任。桂良督率無方，著一并交部議處。該督現已馳往該工查勘，著即嚴飭該管員弁，趕緊盤築裹頭，毋令續有刷塌。至被淹村莊輕重，如有應行撫恤之處，并著桂良迅速查明具奏。欽此。

咸豐六年七月奉上諭

桂良奏，永定河北岸漫溢，馳往勘辦一摺。直隸永定河南岸漫口後，大雨不止，河水叠次增長，各汛堤埽紛紛被衝，大溜直漫堤頂。北四上汛、北三工堤工衝缺二十餘丈。該廳汛員弁當河水連日盛漲之際，并不加意防範，以致北岸復有漫溢，實非尋常玩誤可比。知府銜北岸同知婁煜、署北四工上汛涿州州同試用縣丞施成釗、北三工涿州州判朱秉璋、協防北岸把總蔡鐸，著一并革職，仍責令隨工効力。永定河道崇祥前因南岸漫口，業經革職留任，北岸又復漫溢，未能實力防護，著即行革職。桂良著再行交部議處。該督俟南岸查勘詳明後，即著馳赴北岸，嚴飭該管員弁趕緊堵築。被淹村莊如何撫恤之處，并著桂良迅速查明具奏。欽此。

咸豐六年十月奉上諭

桂良奏，永定河漫口合龍并請酌保捐資出力各員等語。直隸永定河南北兩岸先後漫口，經桂良督率永定河道崇厚暨各委員等，晝夜督催趕緊鑲築。現在北三工漫口已於初七日合龍，全河復歸正道。北四上汛、南七工添築壩工均已一律完竣，辦理尚屬妥速。此項工程係桂良督屬捐辦，著免其造册報銷。所有在工出力并捐數較多之員，准其擇尤保奏，候朕施恩。該部知道。欽此。

咸豐七年六月奉上諭

譚廷襄奏，永定河堤埝漫溢，請將防護不力各員分别懲處，并自請議處一摺。據稱本年伏汛大雨連綿，北四上汛十號堤埝遽至漫塌二十餘丈。雖係水勢較大，下流情形亦不甚重，惟當河水盛漲之時，該廳汛員弁未能搶護平穩，實難辭咎。署北岸同知李載蘇、署北四上汛涿州州同程志達，均著先行革職，留工効力。協防河營都司張淳、額外外委司際泰，著一并革職留任。永定河道崇厚未能先事籌防，著革職留任。譚廷襄著交部議處。該署督仍嚴飭該管員弁，趕緊盤築裹頭，毋令續有刷塌。下游被淹村莊，著即查看情形，量爲撫恤。欽此。

咸豐七年七月奉上諭

譚廷襄奏，請將承辦工程未能堅固之同知革職留任，并捐銀撫恤一摺。現任石景山同知王茂壎，上年承辦永定河北四上汛旱口工程，未能堅固，致本年又復漫溢，實屬咎無可辭。王茂壎著革職留任，責令將原領經費照數賠交，以示懲儆。署直隸總督譚廷襄、布政使錢炘和、永定河道崇厚捐輸銀兩，著户部覈議具奏。欽此。

咸豐七年十一月奉上諭

譚廷襄奏請開復河工原參各員處分等語。直隸永定河道崇厚，前因永定河北四上汛漫口，革職留任；石景山同知王茂壎承辦旱口工程，未能堅固，亦經降旨革職留任。兹據該督奏稱，該員等在工出力，妥速告竣，應賠銀兩均已完繳。崇厚、王茂壎均著開復革職留任處分。該部知道。欽此。

咸豐八年十二月奉上諭

慶祺奏已革工員懇恩開復等語。直隸參革通判曹文懿等，留於永定河効力，已閱兩年。其應賠工程銀兩，業經如數繳清。把總蔡鐸并無應賠之項，參革同知李載蘇等，於本年伏秋大汛，分派協防，均能竭力搶護。著照所請，前署三角澱通判、涿州州同曹文懿、前署南七工東安縣主簿、候補縣丞錢寶珊、前署北四工涿州州同、候補縣丞施成釗、協防北岸把總蔡鐸、前署北岸同知、三角澱通判李載蘇原參革職處分，并永定河營都司張浡、北四工汛外委司際泰革職留任處分，均著准其開復。其已革北三工涿州州判朱秉璋一員，俟賠項呈交，再行覈辦。該部知道。欽此。

咸豐九年七月奉上諭

恒福奏，永定河水漫溢，請將防護不力各員弁分别革職、革留，并自請議處一摺。本年伏汛屆期，永定河水叠次增長，又因大風驟作，北三工十二號堤埝漫坍四十餘丈。該廳汛員弁於河水盛漲之時，未能搶護平穩，咎無可辭。署北岸同知黎極、新署北三工涿州州判賈榮勳，均著革職，留工効力。協防通判李載蘇、河營協備郤士選，均著革職留任。其未能先事籌防之永定河道錫祉，著一并革職留任。恒福督率無方，著交部議處。現已派員馳往該工查勘，著即嚴飭該管員弁，趕緊盤築裹頭，毋令續有刷塌。至被淹村莊輕重情形，如有應行撫恤之處，并著該督迅速查明具奏。欽此。

咸豐九年十月奉上諭

恒福奏，永定河北三工合龍日期，并請保在工出力人員各等語。永定河北三工應築漫口工程，經恒福派委候補知府范梁，會同該河道錫祉督率在工各員弁晝夜堵築，於九月十六日興工，十月初十日卯刻合龍，辦理尚屬妥速。所有在工尤爲出力文武員弁，著恒福覈實保奏。此項工程銀兩内有應賠款項，該督先由藩道兩庫墊發，隨後捐款歸補。其捐輸人員，除扣除賠項外，始准作爲捐款，毋許含混。該部知道。欽此。

咸豐十年九月奉上諭

恒福奏，永定河秋汛安瀾，并防護出力各員可否擇尤保奏一摺。據稱永定河自立秋以後，河水時有長落，雖較伏汛溜勢稍減，而秋水搜根，勢甚洶湧，以致各工埽段紛紛稟報蟄陷，并有汕刷過急，直潰堤根，極形危險。當經該護道王茂壎督率各廳營汛，無分雨夜，并力搶護，一律保護穩固。現在節屆秋分，水勢日漸消落，河流順軌。著該督飭令該護道督率各廳汛，仍照常加意防守。所有此次防護險工各員，著擇其尤爲出力，并能覈實撙節料物經費者，酌保數員，候朕施恩，毋許冒濫。欽此。

同治元年四月奉上諭

石贊清奏，河患堪虞，亟宜預爲籌畫一摺。據稱本年驚蟄後，永定河水漲。雄縣所屬之毛兒灣與保定縣交界之處，開口數丈。又雄縣所屬之西橋、新城縣屬之青嶺等處，先後開口三道。現經委員會勘，趕緊修築，設法疏消。

惟凌汛、桃花汛水源尚非大旺，轉瞬伏汛、秋汛盛漲之時，其患有不可勝言者。必須籌畫經費，使河兵足數，工料足敷。嚴飭各汛官去其險工，庶可使河流順軌。

查，盧溝橋以下至下口百餘里，中洪兩旁河身均成熟地，現爲附近地户等業種，統計約有四五千頃之多，若議租每年可得銀一二萬兩，以之津貼河工，可無須另籌經費等語。著文煜會同石贊清，嚴飭永定河道督同沿河州縣詳細勘明，該處有若干頃畝，議定租項每年可徵收銀若干兩。以一半挑挖中洪，一半從上游裁灣取直，以省防險之工。務當破除情面，實力籌辦。毋令紳民官吏影射把持，以裕經費而除河患。原摺著鈔給文煜閲看，將此諭令知之。欽此。

同治六年七月奉上諭

劉長佑奏，永定河漫溢，請將防護不力各員懲辦，并自請議處一摺。永定河自入伏以後山水漲發，七月初旬連次陡長數丈，兼之風雨猛驟，水面擡高，以致北三工五號堤身於初九日漫坍三十餘丈。該廳汛員弁未能搶護平穩，實屬咎無可辭。北岸同知程迪華、借補北三工涿州州判、知縣黄安瀾，均著革職，仍留工效力。協防署北岸協備劉昌安、兼理都司尹光彩，均著革職留任。永定河道徐繼鏞有管轄全河之責，未能先事嚴防，著一并革職留任。直隸總督劉長佑督率無方，著交部議處。即著該督嚴飭所派委員，馳往查勘，會同該道迅速盤築裹頭，毋任再行衝刷。所有被淹村莊應否先行撫恤之處，并著查明被灾輕重情形，妥籌辦理。該部知道。欽此。

同治六年十二月奉上諭

官文奏，永定河漫工合龍，請將被參各員開復處分各摺片，并永定河南七工汛漫溢等語。本年永定河秋汛盛漲，北三工五號并南上汛灰垻先後失事。現經道廳汛弁人等開挖引河，設法搶辦，灰垻業已合龍。應需款項著官文督飭藩司，照案籌辦。其應如何分捐歸款之處，并飭會同該河道妥議辦理。至前次漫口各工甫經合龍，而永定河南七工六號冰泮水長、堤身坐蟄，河水復至漫溢。雖在三汛期外，在事各員究屬疏於防範。所有此次失事之該道廳等暨各員弁，均著交部議處。其北三工等處搶辦出力人員，暨隨辦大工繳清賠項各員弁，均著俟全河工竣，再行奏請酌量加恩。欽此。

同治七年四月奉上諭

官文奏，永定河南四工河水漫溢，將廳汛員弁分别參處一摺。此次永定河南四工十七號堤埝漫溢，該廳汛員弁等未能先時搶護平穩，致令掣動大溜，刷寬口門二十餘丈，實屬咎無可辭。署南岸同知余汝偕，著革職留任；南岸四工固安縣縣丞胡彬，著革職留工，以觀後效；守備尹光彩、千總李柯均著交部議處； 署永定河道蔣春元統轄全河，雖到任未久，亦屬咎有應得，著交部議處。此時工程正關緊要，著官文督飭委員陸慎言趕緊馳往漫口處所查勘情形，會同該署道迅速盤築裹頭，毋任再行刷寬。俟水勢稍平，趕緊籌辦堵合。并查明被水村莊應否先行撫恤，著該署督妥籌辦理，毋令灾民失所。該部知道。欽此。

同治七年八月奉上諭

官文奏，永定河堤工漫溢，請將廳汛員弁參辦，并自請議處一摺。永定河秋汛盛漲。七月初間，南上汛十五號大溜逼注堤身，間段漫水，初八日忽又北風大作，水勢陡長，以致護埽柳株全行漂失，口門刷坍十餘丈。該廳汛員弁未能搶護平穩，實屬咎無可辭。署南岸同知余汝偕、南上汛霸州州同何承祜，均著一并革職，留工效力。協防永定河都司、南岸守備尹光彩，著革職，仍留工效力。南岸把總張克儉著交部議處。署永定河道蔣春元雖在工分投搶險，實屬疏於防範，著革職留任。署直隸總督官文督率無方，著交部議處。即著該署督嚴飭派出委員馳往查勘，會同該道迅速盤築裹頭，毋任再行刷寬。并嚴飭在工各員購備料物，迅籌堵合。所有被水村莊應否先行撫恤之處，著即查明被灾輕重情形，妥籌辦理。該部知道。欽此。

同治八年六月奉上諭

曾國藩奏，河工漫溢，請將疏防各員分別參辦，并自請議處一摺。直隸永定河因五月二十一二等日水勢陡漲，北四下汛五號竟被漫越堤頂，刷塌三十餘丈。廳汛各員未能搶護，實屬咎無可辭。代理同知、候補通判王維清、署北四下汛固安縣縣丞從九品岳翰，均著革職，留工效力。永定河道徐繼鏞統轄全河，疏於防範，著革職留任。曾國藩并著交部議處。仍著嚴飭各員趕緊搶辦合龍，毋稍延緩。該部知道。欽此。

同治八年七月奉上諭

曾國藩奏永定河漫口未能合龍等語。永定河北四下汛漫口，經道員徐繼鏞堵築，本已定期合龍。因雨大溜急，不能搶辦，固係實在情形。惟口門本不甚寬，引河大壩均尚如故，仍當隨時酌度情形，妥籌辦法。著曾國藩飭令該道認真經理，一遇水勢稍殺，即當趕緊堵合，勿任泛濫爲灾。至全河受病日深，宣洩不暢，堤埝單薄，他處易有決溢之虞。曾國藩既慮及此，將來合龍後，自應將中洪下口挑挖疏浚，以資補救，毋得稍涉大意。將此諭令知之。欽此。

同治八年九月奉上諭

曾國藩奏，覈明永定河工程酌擬辦法，請撥款項一摺。直隸永定河北四下汛堤岸，于本年五月間漫決後，接連伏秋二汛尚未合龍，急應籌款，疏浚下口中洪，以資堵築。著照所請，由户部撥銀四萬兩，其餘三萬兩即於江南協濟直隸項下撥發。該督務當督飭在事各員認真辦理，爲一勞永逸之計，勿致再有疏失。另片奏請於昔年裁減歲修等銀，再加撥二萬三千餘兩，由長蘆運庫先發一二年，以濟要需等語。著該部覈議具奏。餘著照所議辦理。欽此。

同治八年十一月奉上諭

曾國藩奏，堵築漫口合龍，暨疏浚中洪下口，均屬穩固深通一摺。直隸永定河本年北四下汛漫口，經曾國藩飭令道廳各員設法堵築，現已合龍。并據該督勘驗北四下汛暨南七兩處壩工，均各穩固。張家墳一帶所挑中洪，南七以下所挖引河，并能暢流無滯。在事出力各員，著准曾國藩擇尤保獎，毋許冒濫。嗣後仍當督飭該道廳等認真挑挖，并隨時修治堤埝，深保無虞。另片奏被參各員辦工出力，請開復處分等語。前永定河道徐繼鏞，著開復原參革職留任處分； 署北岸同知王維清、署固安縣縣丞岳翰，均著開復原參革職留工効力處分。該部知道。片并發。欽此。

同治九年六月奉上諭

曾國藩奏，永定河南岸漫口，分別參辦，并自請議處一摺。此次永定河南岸五工十七號堤埝漫溢，該廳汛各員未能先事搶護平穩，致令續漲奪溜，口門刷至二十餘丈，實屬咎無可辭。三角淀通判朱津因駐防南七大壩，一時未能兼顧，情尚可原，著革職留任。南岸五工永清縣縣丞徐銓，著革職，不准留工。永定河道李朝儀統轄全河，疏於防範，惟到任未久，著革職留任，以觀後效。曾國藩著交部議處，并著遴委妥員，馳往查勘，迅籌辦理。該部知道。欽此。

同治九年七月奉上諭

曾國藩奏，永定河南岸五工續漫成口，再行分別參辦一摺。永定河南岸五工十號於六月二十六日續漫成口，刷開三十餘丈。該廳汛各員未能先時搶護，致令續行漫溢，實難辭咎。永定河道李朝儀、三角淀通判朱津，著再行交部議處。署永清縣縣丞、候補主簿蔡鴻慶，到任未久，著革職留任，以觀後效。即著曾國藩督飭在工各員，趕將口門盤裹，以防續坍。曾國藩著再行交部議處。餘著照所議辦理。該部知道。欽此。

同治九年九月奉上諭

前因李鴻章奏，永定河漫口亟宜修復，請飭籌款撥解，當諭户部速議具奏。玆據奏稱永定河應修各工，現經李鴻章估計共需銀九萬兩，擬即籌款解濟等語。著李鴻章、丁寶楨、李鶴年，按照該部指撥數目，將直隸旗租銀三萬兩，山東地丁銀三萬兩，河南地丁銀三萬兩，趕緊如數籌撥，尅期解交永定河工次，俾濟要需，毋稍遲誤。李鴻章於此項銀兩到工時，務當嚴飭該河道覈實動用，毋任在工人等偷工減料，草率從事。并將用過銀數先行專案報部，以備查覈。欽此。

同治九年閏十月奉上諭

李鴻章奏，永定河工合龍，請將出力各員分別開復獎敘一摺。本年永定河南五工十號、十七號等處先後漫口。經在工各員次第督修，全河一律通暢，復歸故道。李鴻章派委道員祝塏查勘各工，均屬確實，自應量予獎勵。永定河道李朝儀，原參降革處分，著即行開復。三角澱通判朱津，原參兩次革職留任，署南五工永清縣縣丞、候補主簿蔡鴻慶，原參革職留任各處分，均著一并開復。道員祝塏著交部從優議敘。其餘出力各員弁，著准其擇尤酌保，勿許冒濫。該部知道。欽此。

同治十年六月奉上諭

李鴻章奏，永定河南岸漫口，分別參辦，并自請議處一摺。直隸永定河南岸二工六號堤埝，因本年五月中旬以來，連日大雨，水勢盛漲，於六月初六日漫溢成口，掣動大溜，刷至三四十丈之寬。該廳汛各員未能先時搶護，實屬咎無可辭。南岸同知朱津著革職留任。署南二工良鄉縣縣丞、候補縣丞蕭承湛即行革職。永定河道李朝儀統轄全河，疏於防範，著革職留任，以示懲儆。李鴻章著交部議處，并著遴派委員馳往查勘，迅籌辦理。該部知道。欽此。

同治十年七月奉上諭

李鴻章奏，永定河南岸石堤五號尾續漫成口一摺。此次永定河南岸石土堤五號尾，因五六兩月暴雨兼旬，山水陡漲，高過堤面，漫刷石子土埝，於六月二十四日衝決成口，掣動大溜，口門約寬四五十丈。該廳汛各員未能先時搶護，實屬咎無可辭。永定河道李朝儀、南岸同知朱津，前已革職留任，著再行交部議處。盧溝橋巡檢鄭官賢，著革職留任。李鴻章并著再行交部議處。該督即嚴飭該河道等查勘情形，迅籌辦理。至所稱請飭部臣通盤籌畫經費之處，仍著該督督飭該河道等覈實勘估，詳細奏聞，聽候諭旨。欽此。

同治十年九月奉上諭

前因李鴻章奏，永定河漫口工需不敷銀兩，請由部籌撥，當諭令户部速議具奏。茲據該部奏，遵撥山東地丁銀五萬兩，河南地丁銀五萬兩。因恐外撥之款緩不濟急，擬由部庫先行借撥十萬兩等語。永定河工程緊要，被水灾民四出求食，亟宜以工代賑。著照所請，由部庫借撥銀十萬兩。即著李鴻章迅即派員赴部請領，解交工次，尅期勘辦興工，俾饑民就食有方，不致流離失所。該督務當嚴飭廳汛各員，將應行堵築疏浚各工，認真辦理，以期經久，毋任偷減工料，致貽後患。其部撥山東、河南地丁銀各五萬兩，并飭丁寶楨、李鶴年嚴飭藩司，趕緊籌措，務於十一月以前解還部庫，以供支放。仍將起程日期先行報部，勿稍延緩。欽此。

同治十一年三月奉上諭

李鴻章奏，永定河堤工合龍一摺。上年永定河南二工六號，暨盧溝橋石堤五號尾先後漫口，經李鴻章督飭該管河道等籌款堵築。先將南二工六號工程修築完竣，其石堤五號尾工於本年春間，加工接辦，節節進占，鑲埽大工，現已合龍。

在事各員弁晝夜搶辦，尅期蕆事，尚屬著有微勞，自應量予獎勵。二品頂戴、署大順廣道祝塏，著交部從優議敘。直隸候補知府徐本衡，著俟補缺後以道員用，并賞戴花翎。江蘇候補知府周馥，著免補本班，以道員改留直隸，儘先補用。藍翎運同銜候選同知吴廷斌，著賞換花翎，仍以同知留於北河，歸先儘班，前先補用。分發補用同知直隸州知州翟增榮，著仍以同知直隸州知州留於直隸補用。藍翎石景山同知王茂壎，著賞換花翎補用。同知知州唐成棣，著賞戴花翎。交河縣知縣王養壽，著以同知直隸州知州在任候補，并加隨帶二級直隸州知州用。候補知縣張雲祥，著賞戴花翎。永定河道李朝儀，著開復原參革職留任，并降四級督賠處分。署南岸同知朱津、宛平縣盧溝橋巡檢鄭官賢，均著開復革職留任處分。前署南二工良鄉縣縣丞、候補縣丞蕭承湛，著仍帶革職處分，留工効力。餘著照所議辦理。該部知道。欽此。

同治十一年七月奉上諭

御史邊寶泉奏，督臣呈進瑞麥，恐滋流弊，并請將永定河合龍保案撤銷各摺片。國家愛養黎元，惟期年穀順成，從不侈言浮瑞。李鴻章前以直隸清苑縣暨廣平府等屬呈報麥秀兩歧，據以入奏，并將麥樣進呈。在該督雖不致意存粉飾，第恐各該地方官藉此導諛貢媚，殊於吏治民風大有關繫。嗣後各該督撫務當勤恤民隱，於地方水旱情形隨時查看，力籌補救，不得率以瑞應嘉祥鋪張入告，用副朝廷痌瘝在抱之意。近聞永定河北岸堤工潰決，順天南路及保定、天津所屬州縣均有水患，兼有被蝗之處。著李鴻章迅速查明永定河決口及各州縣被灾情形，究竟若何，據實具奏。前據李鴻章奏保永定河合龍出力人員摺內，聲稱全河兩岸堤埝均已培補堅厚，何以又復潰決？在工各員所司何事？著李鴻章查明參奏，并著該部將前次保案即行撤銷。欽此。

同治十一年七月奉上諭

昨據御史邊寶泉奏稱永定河決口情形，當降旨，令李鴻章查明據實具奏，并將在工各員查參，撤銷前次保案。茲據李鴻章奏稱，上月大雨時行，河水盛漲，消洩不及，各堤多有蟄動，均經隨時搶護。惟北下汛十七號水高過堤，大溜越堤而過，搶救不及，遂至漫口。請將在工各員分別參辦，并自請議處等語。永定河堤工前經李鴻章奏報合龍，并稱兩岸堤埝均已培補堅厚，乃爲時未久，即有決口之處。在工各員未能小心防護，咎無可辭。石景山同知王茂壎，著革職留任。署北下汛宛平縣丞、候補主簿唐照，著革職留工効力。永定河道李朝儀，著革職留任，以示懲儆。李鴻章督率無方，著交部議處。即著該督嚴飭在事各員弁，迅將決口趕緊堵合，務臻堅固，不得稍有草率。其全河各段堤工，并著隨時加意保護，毋稍疏懈。該部知道。欽此。

同治十一年九月奉上諭

李鴻章奏，永定河漫口合龍，請將出力各員奬敘一摺。本年七月間，永定河北下汛十七號因河水暴漲，漫溢成口。經李鴻章督飭該管河道等尅期搶堵。時值秋汛正旺，該員等竭力搶作埧埽，全行堵合，河流復歸故道。其北二上、北五、南七等汛殘缺工程，亦經分投堵築，下游兩岸各工悉臻穩固，大工現已合龍。李鴻章督率有方，籌辦迅速，所有前次應得處分，著加恩即行開復。在事各員奮勉趨公，尅期蕆事，尚屬著有微勞，自應量予奬敘。同知吳廷斌、知縣張雲祥，均著賞換花翎。補用同知知州唐成棣，著賞戴花翎。縣丞葉昌緒，著俟補知縣後，賞加同知銜。永定河道李朝儀、石景山同知王茂壎，均著開復革職留任處分。王茂壎年力就衰，著即以原品休致。署北下汛宛平縣丞唐照，著開復革職處分，仍留工差遣。餘著照所議辦理。

另片奏請將異常出力之知府奬勵等語，河工差委江蘇候補知府周馥，會辦險工，力任勞怨。該員本係改留直隸，俟補缺後，以道員補用之員，著加恩免補本班，以道員留於直隸，儘先補用。嗣後不得援以爲例。該部知道。欽此。

同治十二年閏六月奉上諭

李鴻章奏，永定河南四工漫口，在工各員分別參辦，并自請議處一摺。據稱本年伏汛大雨連旬，山水暴發，河湖異漲。經該河道等晝夜搶險，開放閘埧，險工已就平穩。自六月十一二日以後，大雨傾盆。各處山水滙注，閘埧宣洩不及，河不能容。南四工九號對岸又淤生沙嘴，迴風逼溜，水勢擡高數尺。人力難施，遂致漫口，各等語。永定河工經李鴻章於上年奏報合龍，爲時未久，仍復決口。雖連旬大雨所致，在工各員究未能小心防護，咎無可辭。南岸同知朱津，著革職留任；南四工固安縣縣丞王仁寶，著革職留工効力；永定河道李朝儀著革職留任，以示懲儆。李鴻章督率無方，著交部議處。即著該督嚴飭在事員弁，迅將決口趕緊堵築，毋稍延緩。其上游各廳汛并著加意防護。被淹地方即由該督量爲撫恤，毋令失所。該部知道。欽此。

同治十二年八月奉上諭

内閣學士宋晉奏，近畿連年被水，請飭以工代賑一摺。據稱直隸河道漫溢，連歲水災。與其并力籌賑，不如擇要修工。請飭該督以現撥帑金，酌提一半拯恤災區，以一半趕擇河道緊要者，速爲修治。工賑兼施，兩收其效。至現撥帑金尚不敷用，并飭續撥款項，以成鉅工等語。近年以來，直省河患頻仍，亟宜設法疏治，期於一勞永逸。至宋晉所陳辦法，是否可行？著李鴻章統籌全局，悉心酌覈，迅速具奏。原摺著抄給閱看。將此諭令知之。欽此。

同治十二年九月奉上諭

李鴻章奏，永定河漫口合龍，開單請獎一摺。本年閏六月間，永定河南四汛九號，因河水暴漲，漫溢成口。經李鴻章督飭該管河道等力籌搶堵，時值秋汛正旺，該員等并力搶築，埧埽全行堵合，河流復歸故道，大工尅期蕆事。李鴻章督率有方，籌辦迅速，所有前次應得處分，著加恩即行開復。在事各員履危涉險，加勁搶辦，尚屬著有微勞，自應量予獎敘。道員周馥，著賞加按察使銜；永定河道李朝儀、南岸同知朱津，均著開復革職留工處分；知縣用縣丞王仁寶，著開復革職留工處分，仍以原官原銜按原班補用；單開之同知張毓先、知縣鄒振岳，均著賞戴花翎；同知吴士湘，著賞換花翎；知縣丞蕭承湛，著開復革職留工効力處分，仍按原班補用；主簿劉慶長，著賞戴藍翎；州同朱瀛，著賞加運同銜；知州唐成棣，著以知府在任候補；同知貴延馨、通判桂本誠，均著賞加知府銜；遊擊鄭龍彪，著賞給二品封典；千總劉濟堂，著賞加守備銜；知縣楊謙柄，著賞給隨帶加三級；主簿王耀，著俟補州判後，以知縣用；從九品李忠贊，著賞加六品銜；沈桂脩著以本班分發直隸，儘先補用；書吏李錫福，著以從九品，不論雙單月選用。餘著照所議辦理。該部知道。單并發。欽此。

光緒元年七月奉上諭

李鴻章奏，永定河南二工漫口，在工各員分别參辦，并自請議處一摺。據稱本年伏汛陰雨連旬，河水屢經漲發。經該河道等晝夜督搶，險工已就平穩，不期水又續長，埽復蟄陷多段。對岸忽淤沙嘴，河流愈窄愈激，水勢擡高數尺，人力難施，遂致漫口等語。永定河工經李鴻章籌修閘壩，上年已就安瀾。今值伏汛，仍復漫口，雖因連旬陰雨所致，在工各員究未能小心防護，咎無可辭。署南岸同知吳廷斌，著革職留任；署南二工良鄉縣縣丞汪仰山，著革職留工效力；永定河道李朝儀，著革職留任，以示懲儆。李鴻章督率無方，著交部議處。即著該督嚴飭在事員弁，趕緊堵築，毋稍延緩。其上游各汛并著加意防護被水地方，即由該督查勘安撫，毋令失所。該部知道。欽此。

光緒元年十月奉上諭

李鴻章奏，永定河漫口合龍，出力各員開單請獎一摺。永定河南二工前因連旬陰雨，水勢過大，致有決口。經李鴻章派委道員周馥，會同該河道李朝儀，督率廳汛員弁趕緊堵築。時值河水叠漲，大溜衝擊，西壩陡蟄十餘丈。該員等并力搶護穩固，大工現已合龍。李鴻章督率有方，籌辦迅速，所有前次應得處分，著加恩即行開復。在事出力各員尚屬著有微勞，自應量予獎敘。道員周馥，著交部從優議敘；永定河道李朝儀、署南岸同知吳廷斌原參革職留任處分，均著准其開復；縣丞汪仰山，著開復原參革職留工處分，仍以原官銜翎，歸原班補用；單開之知縣王家瑞，著賞戴花翎；千總劉濟堂，著賞換花翎；縣丞李駿聲等，均著賞戴藍翎；州判蕭德鴻等，均著留於北河，歸本班前先補用；縣丞嚴暄，著俟補缺後，以知縣前先補用；知州唐成棣等，均著賞加二級，并給予三品封典；布政司理問蔣金生，著俟選缺後，以知州用；典史朱同保，著賞給隨帶加二級；從九品張敬銘等，均著賞加六品銜；書吏張銘仁，著以從九品，不論雙單月選用。餘著照所議辦理。該部知道。單并發。欽此。

光緒四年八月奉上諭

李鴻章奏，永定河北六工漫口，在工各員分別參辦，并自請議處一摺。據稱本年夏雨時行，河水叠長。經該河道等實力防搶，伏汛尚稱平穩。自七月二十、二十一、二十二等日晝夜大雨，上游諸水滙漲，洶湧異常。二十二日戌刻雨勢如注，水又陡長，北六工十四號漫過堤頂二尺，大溜迅猛，人力難施，遂致漫口等語。永定河工漫口雖由夜雨溜猛所致，在工各員究未能小心防護，咎無可辭。北六工霸州州判鄒源，著即行革職；北岸通判江增，著革職留任；永定河道李朝儀，統轄全河，疏於防範，著革職留任，以示懲儆；李鴻章督率無方，著交部議處。即著該督嚴飭在事員弁，迅將決口趕緊堵築，毋稍延緩。其上游各廳汛并著加意防護，被淹地方即由該督量爲撫恤，毋令失所。該部知道。欽此。

光緒四年十月奉上諭

李鴻章奏，永定河漫口合龍，請開復各員處分，并將出力員紳獎勵一摺。本年永定河北六工漫口，經李鴻章派員會同該河道等籌款堵築，分投搶辦，大工現已合龍。李鴻章督率有方，籌辦迅速。所有前次應得處分，著加恩即行開復。在事出力各員尚屬著有微勞，自應量予獎敘。知府史克寬，著留於直隸，以知府遇缺，儘先前即補。永定河道李朝儀、北岸通判江墤，均著開復革職留任處分。北六工霸州州判鄒源，著留工効力。單開之同知吴廷斌等，均著俟離任歸知府班後，賞加三品銜。遊擊鄭龍彪，著俟補遊擊後以參將用。知府葉金綬，著賞加三品銜。知縣侯紹瀛，著分發省分，前先補用。通判陳本怡，著留於直隸，前先補用。州判章兆蓉，著俟選缺後，以知州補用。守備吴恩來等，均著賞換花翎。知縣嚴暄，均著賞戴花翎。千總劉濟堂，著賞加都司銜。主簿隆廉等，均著賞戴藍翎。知縣張鈺，著以知州在任候補。知縣潘秋水，著俟補缺後，以同知用，先换頂戴。縣丞劉延科，著俟補缺後，以知縣用。主簿韓傳琦，著俟補缺後，以州判用。州判夏人傑，著賞加五品銜。巡檢沈桂脩等，均著俟得缺後，以主簿用。從九品張家達，著分發省分前先補用。千總劉慶有，著俟補缺後，以守備儘先補用。知府石作楨等，均著分發省分，前先補用。供事蘇必壽，著以從九品，不論雙單月選用。餘著照所議辦理。該部知道。單并發。欽此。

永定河全圖

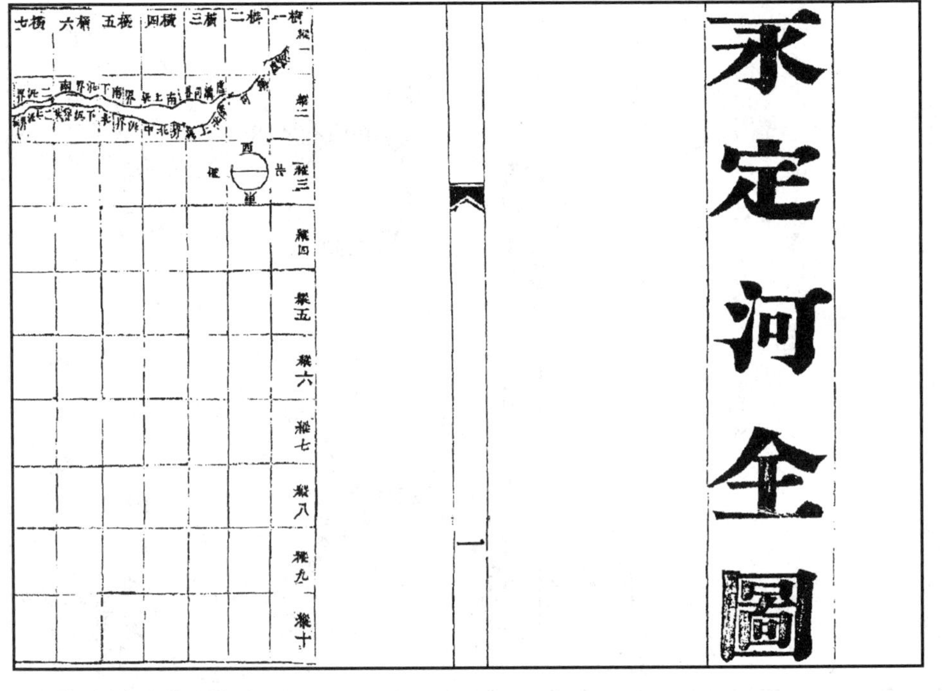

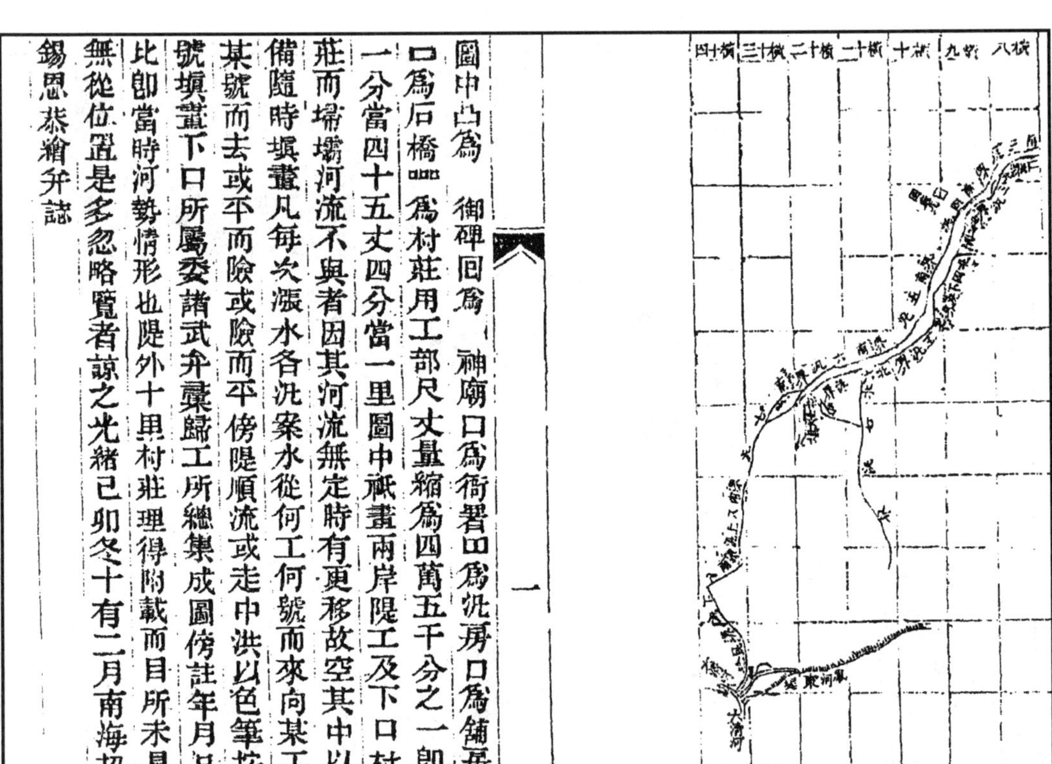

圖中凸為　御碑回為　神廟口為衙署田為汛房口為舖房口為后橋品為村莊用工部尺丈量縮為四萬五千分之一卽一分當四十五丈四分當一里圖中祇畫兩岸隄工及下口村莊而堧壖河流不與者因其河流無定時有更移故空其中以備隨時塡畫凡每次漲水各汛案水從何工何號而來向某工某號而去或平而險或險而平傍隄順流或走中洪以色筆按號塡畫下口所屬委諸武弁彚歸工所總集成圖傍註年月日比卽當時河勢情形也隄外十里村莊理得附載而目所未見無從位置是多忽略覽者諒之光緒己卯冬十有二月南海招錫恩恭繪并誌

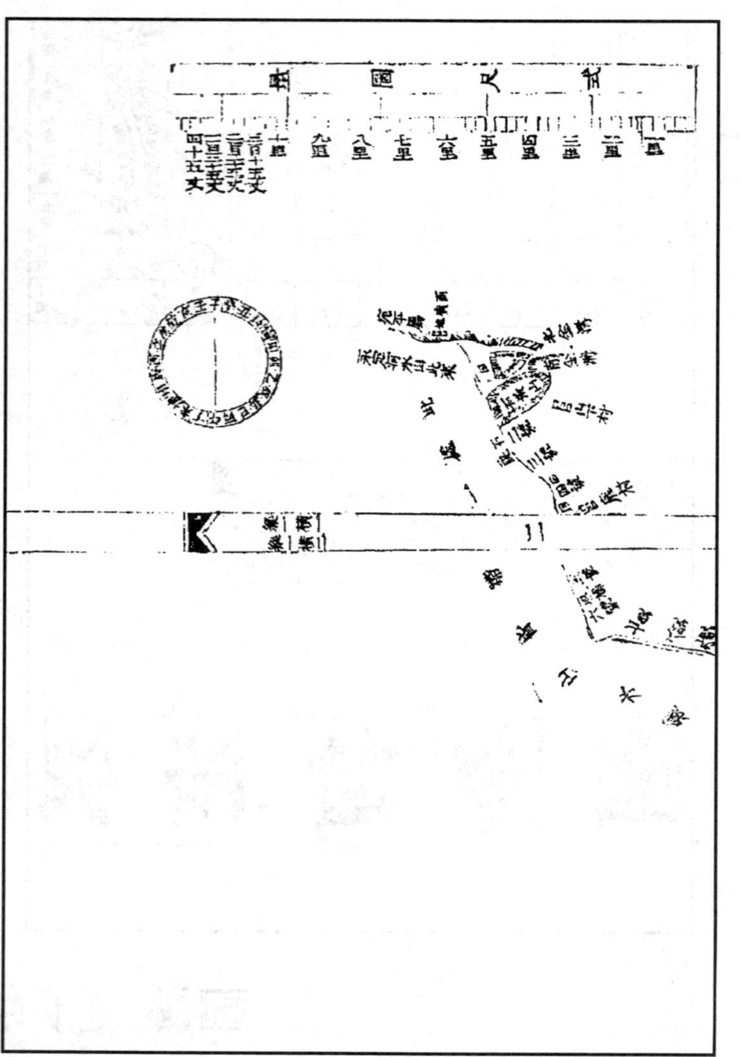

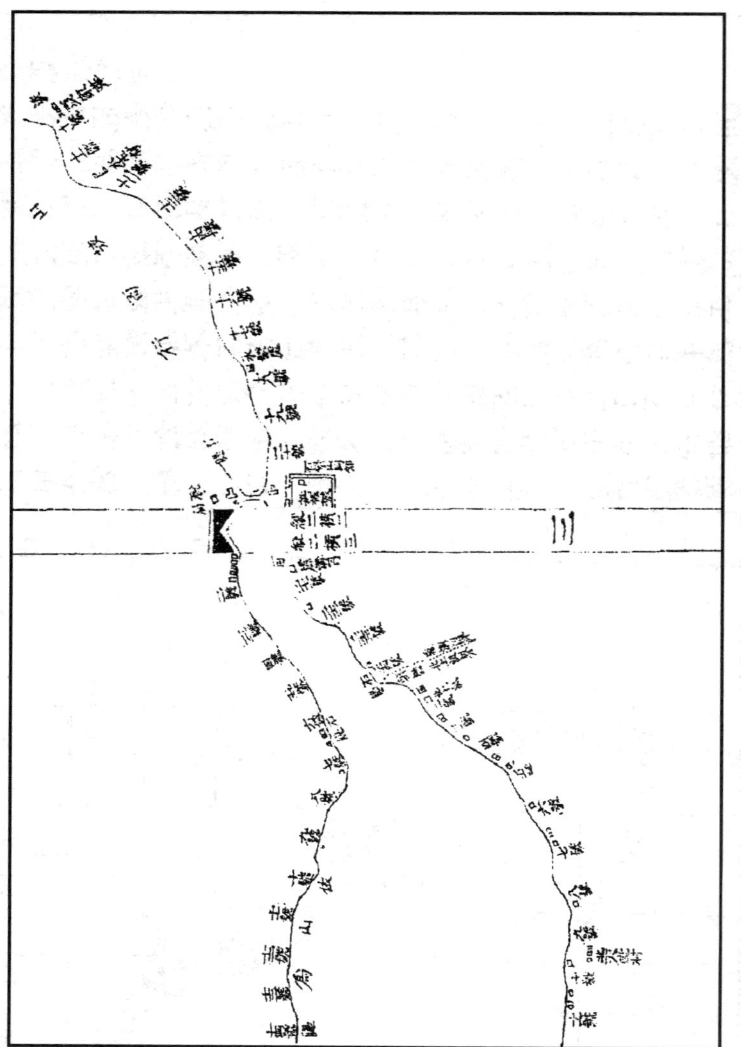

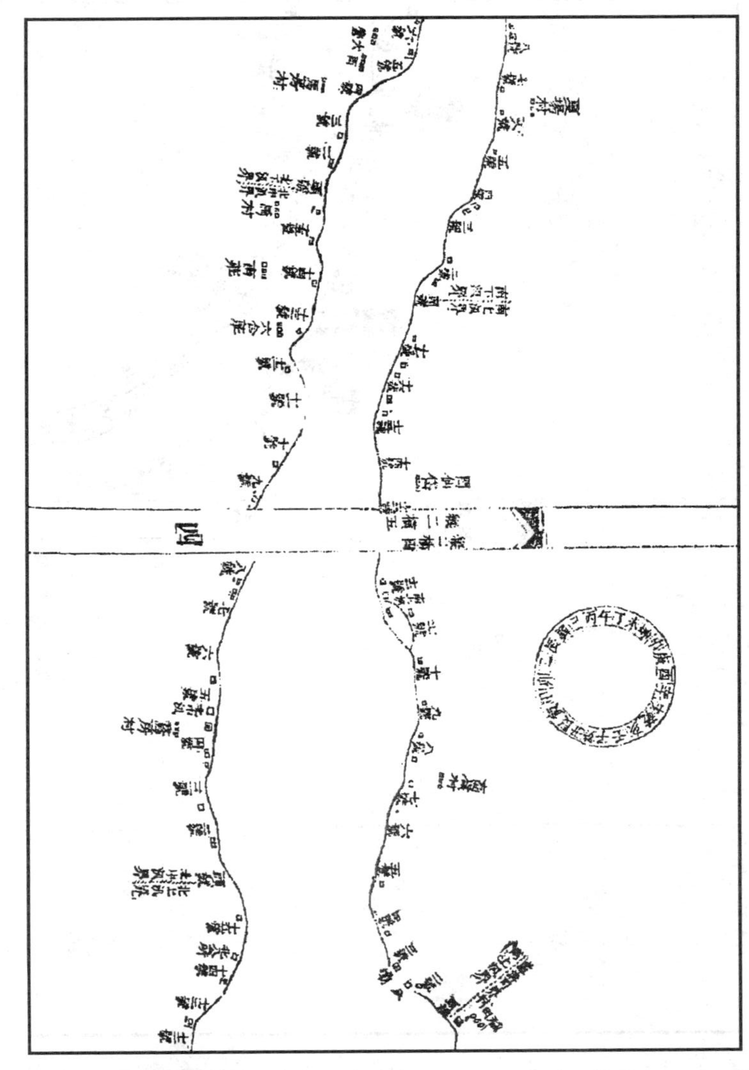
四

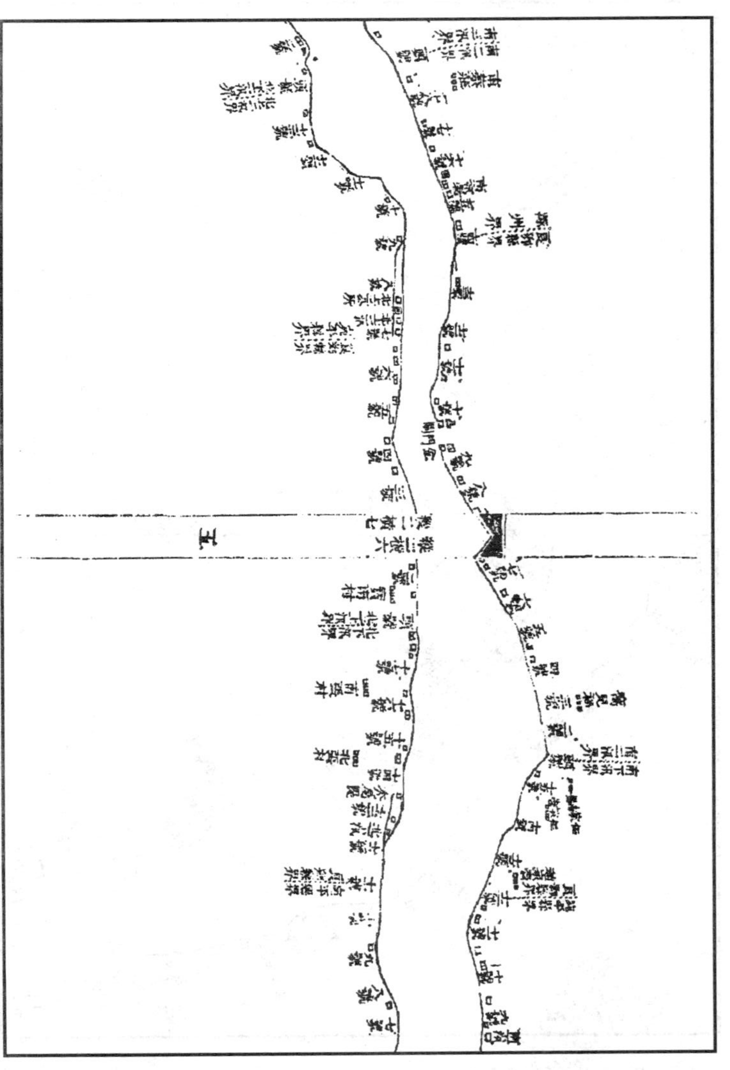
五

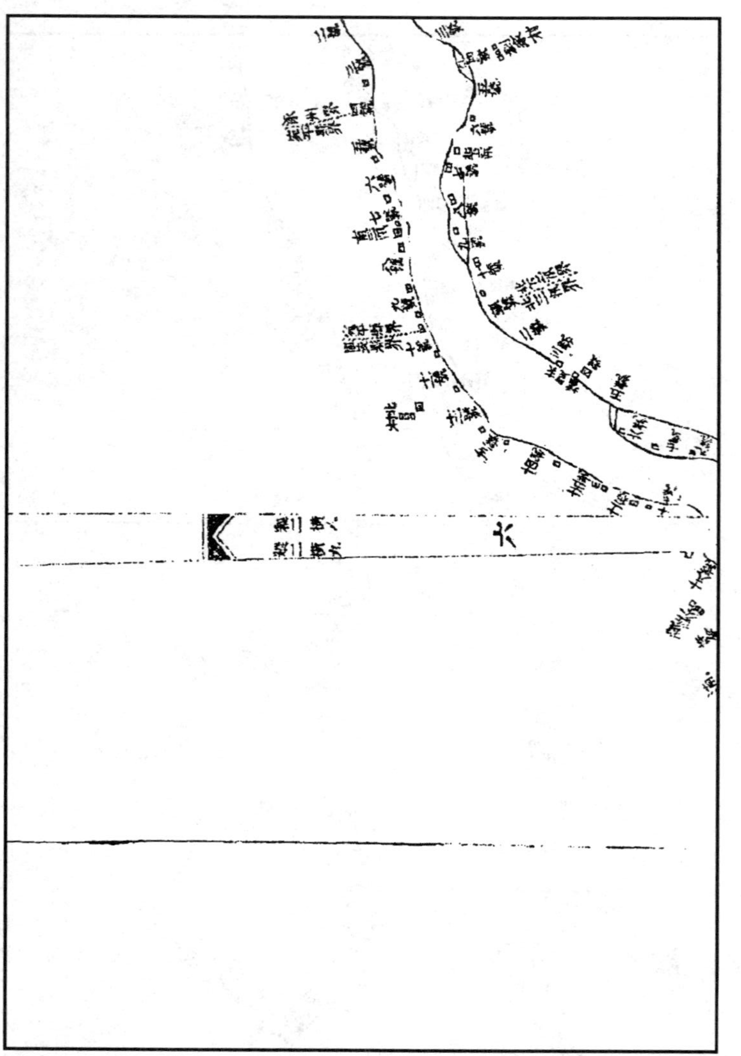
六

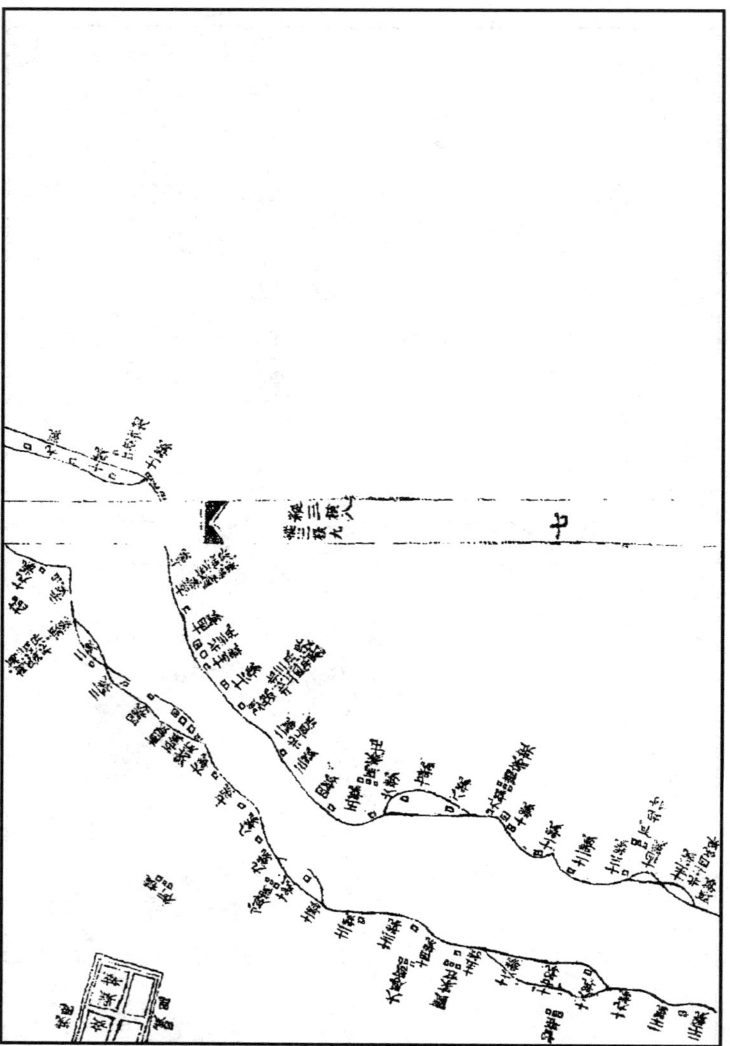
七

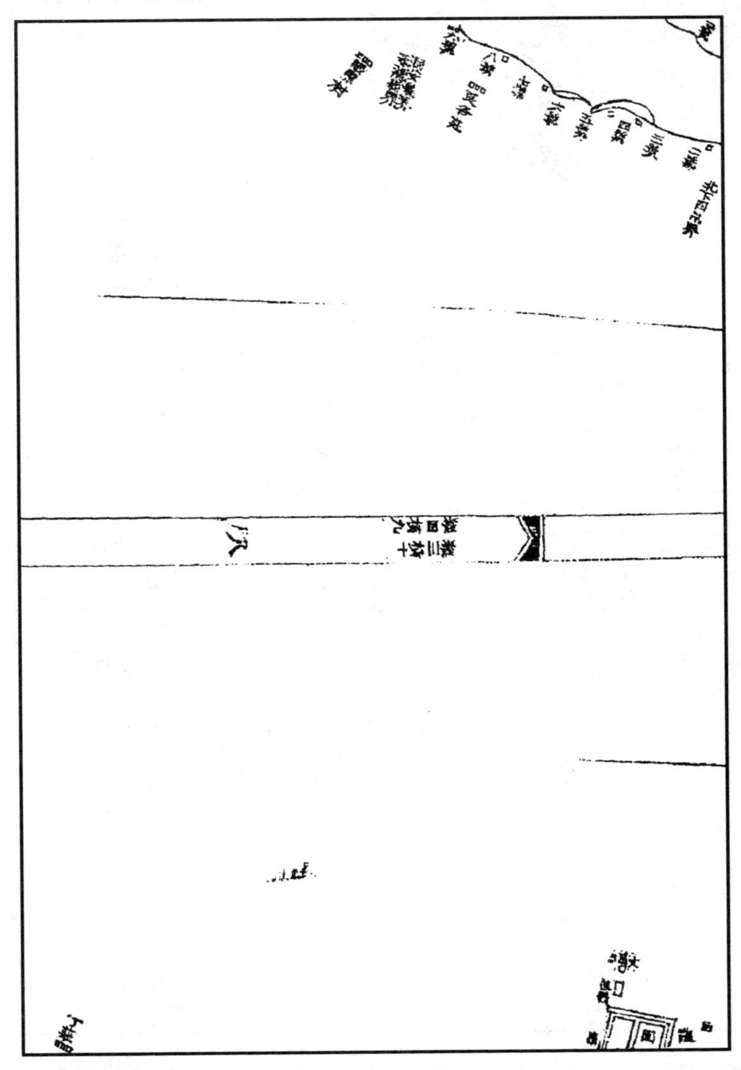

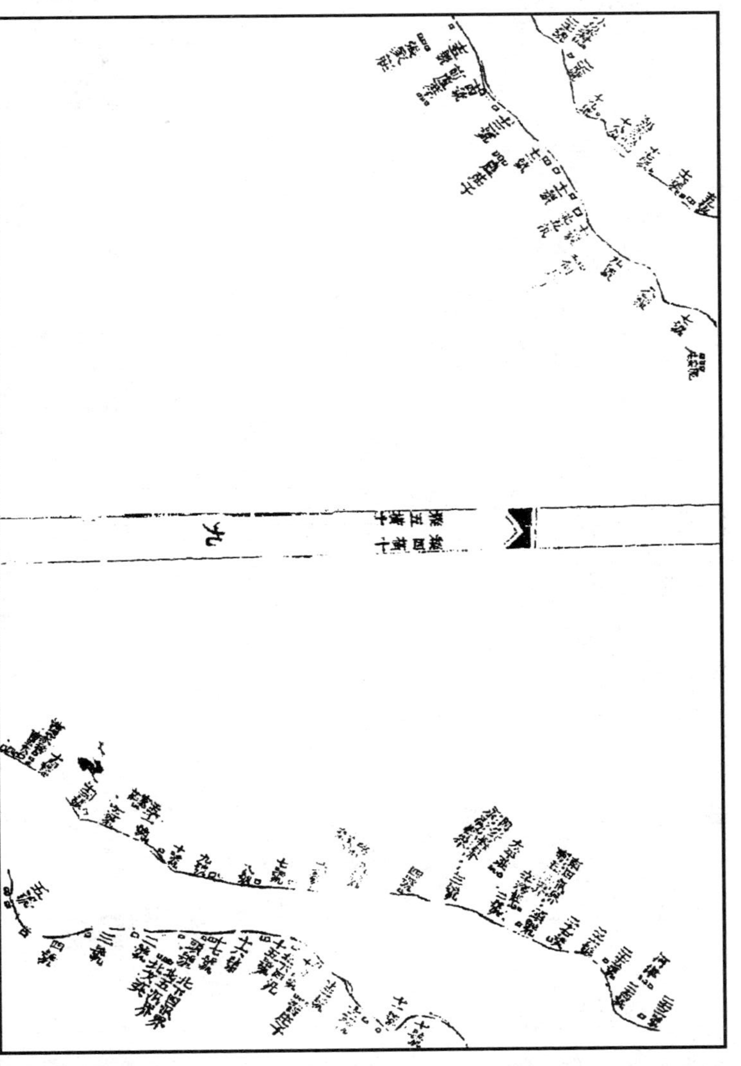

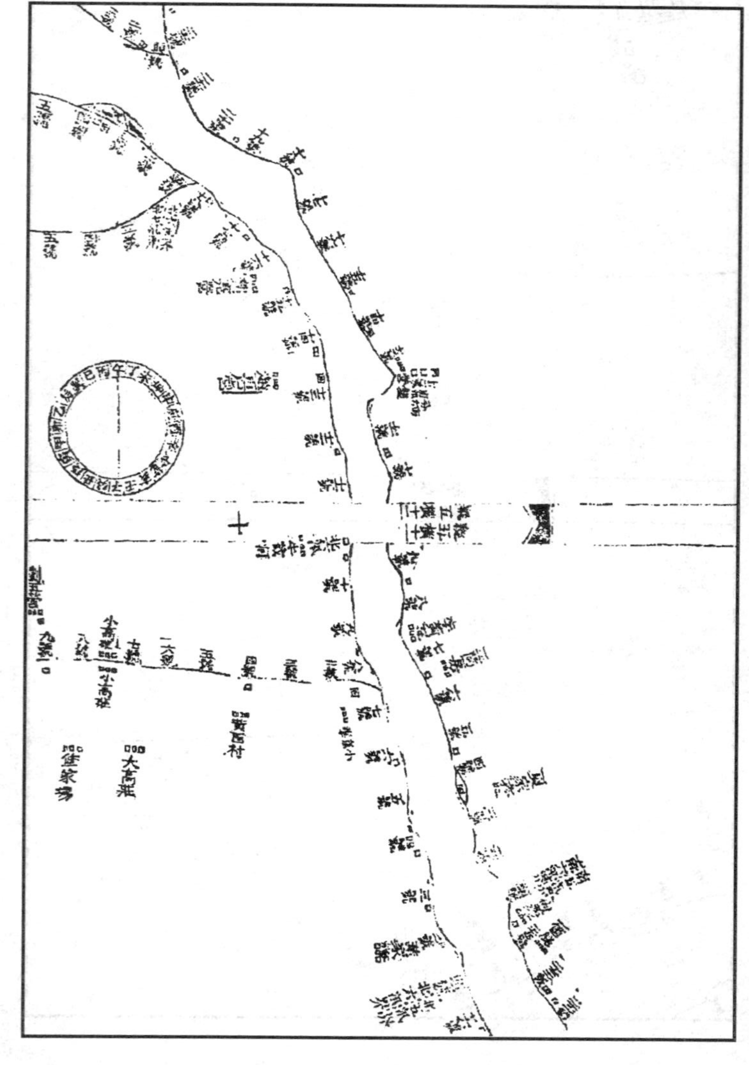

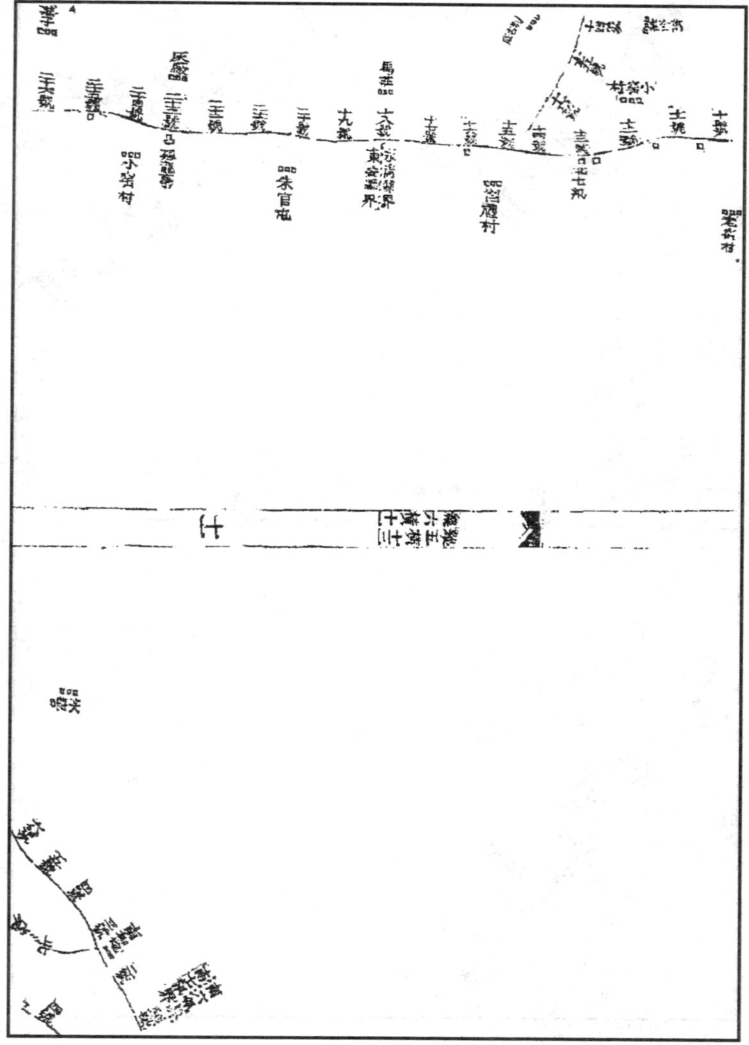

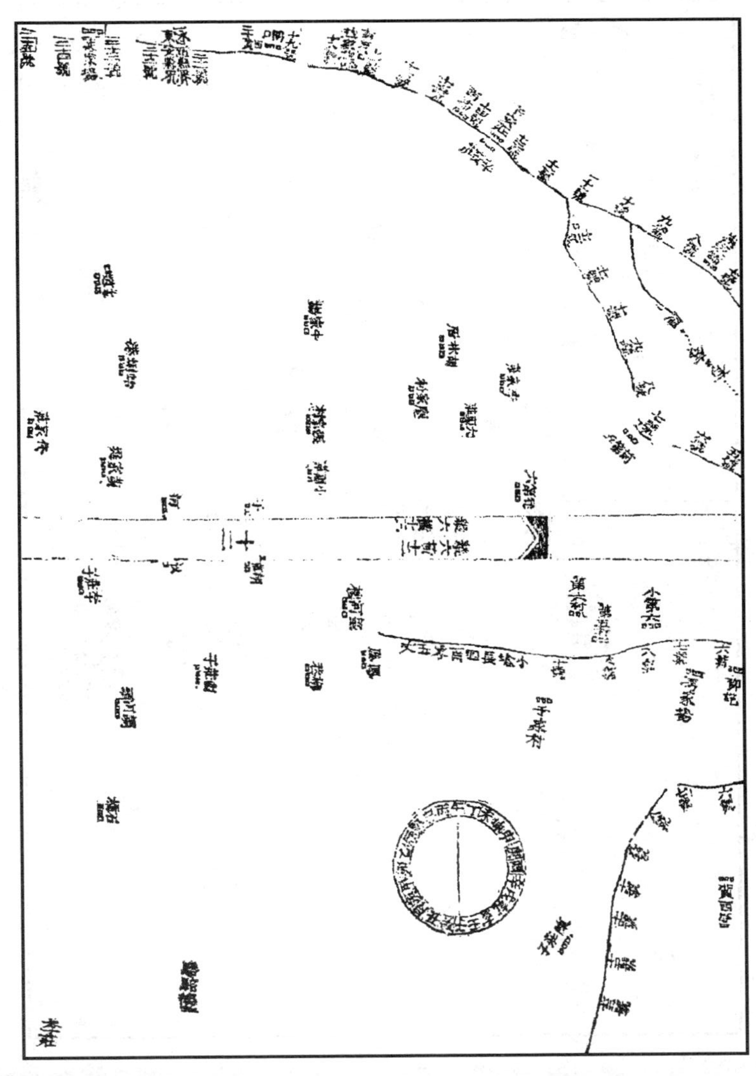

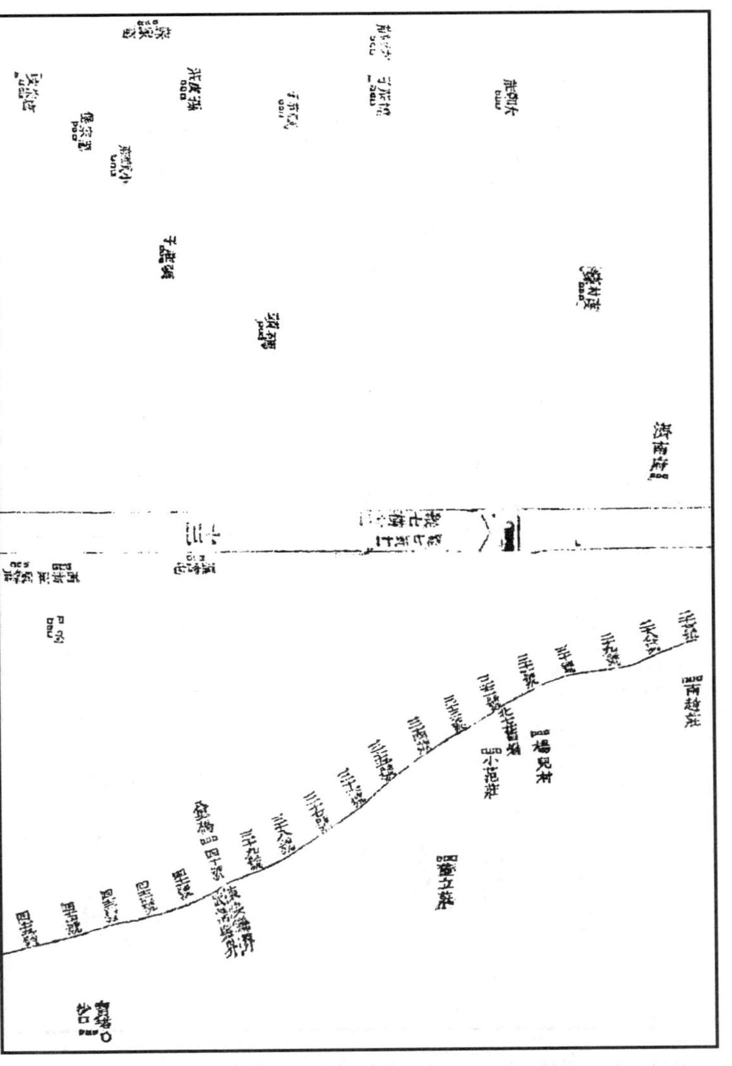

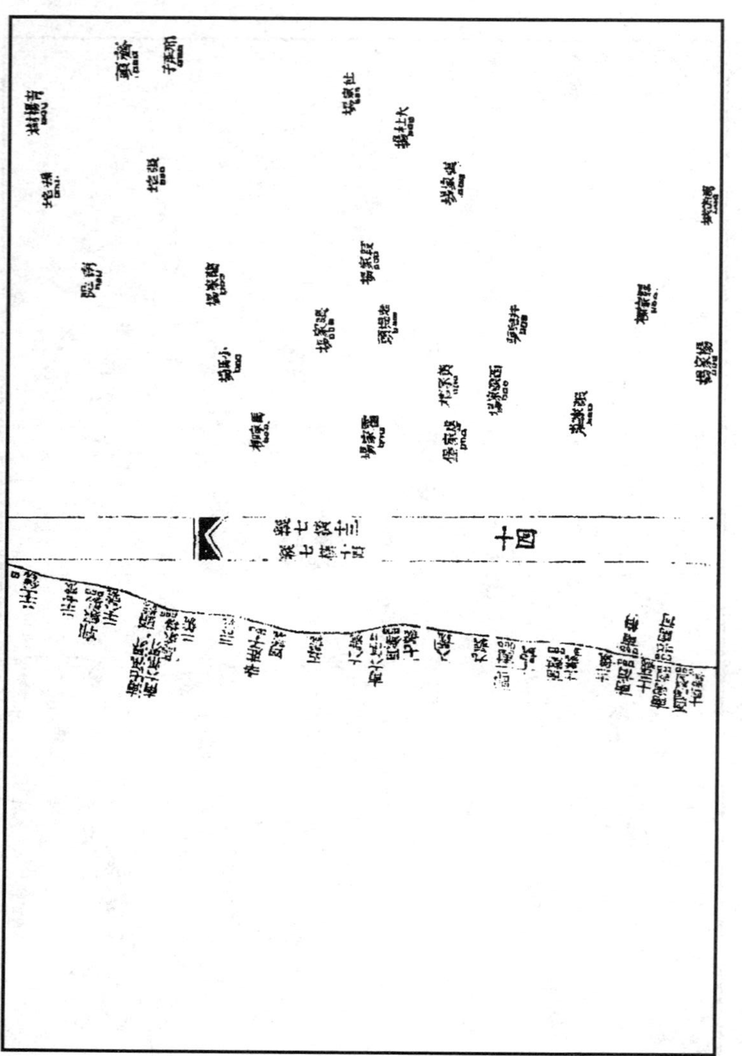

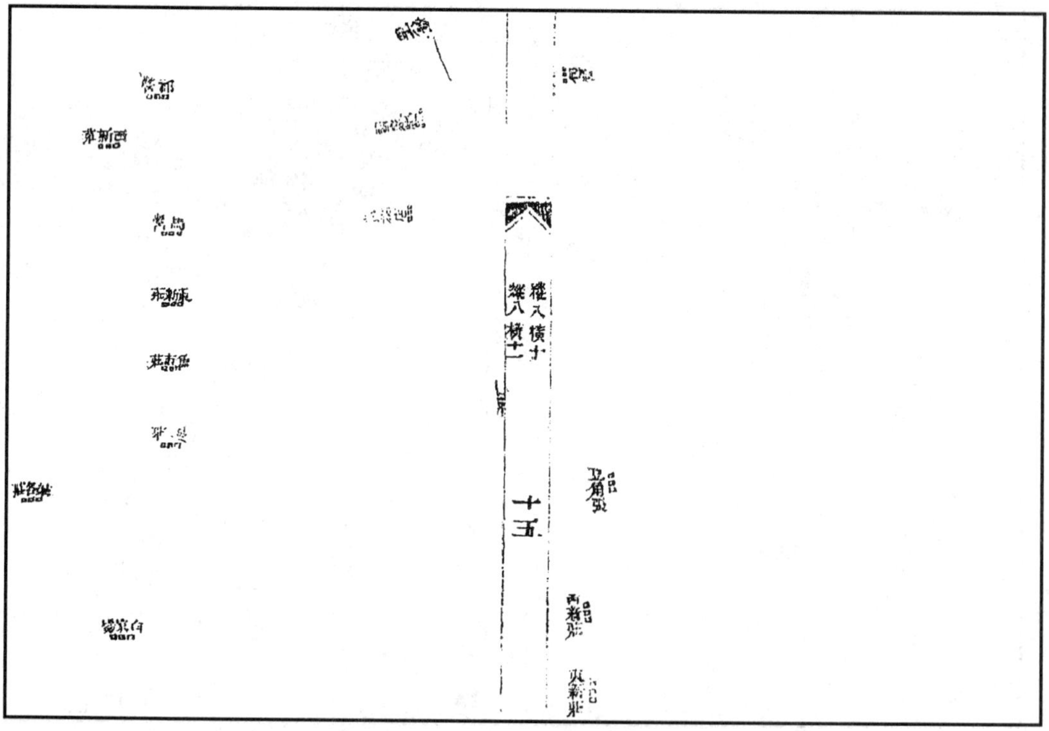

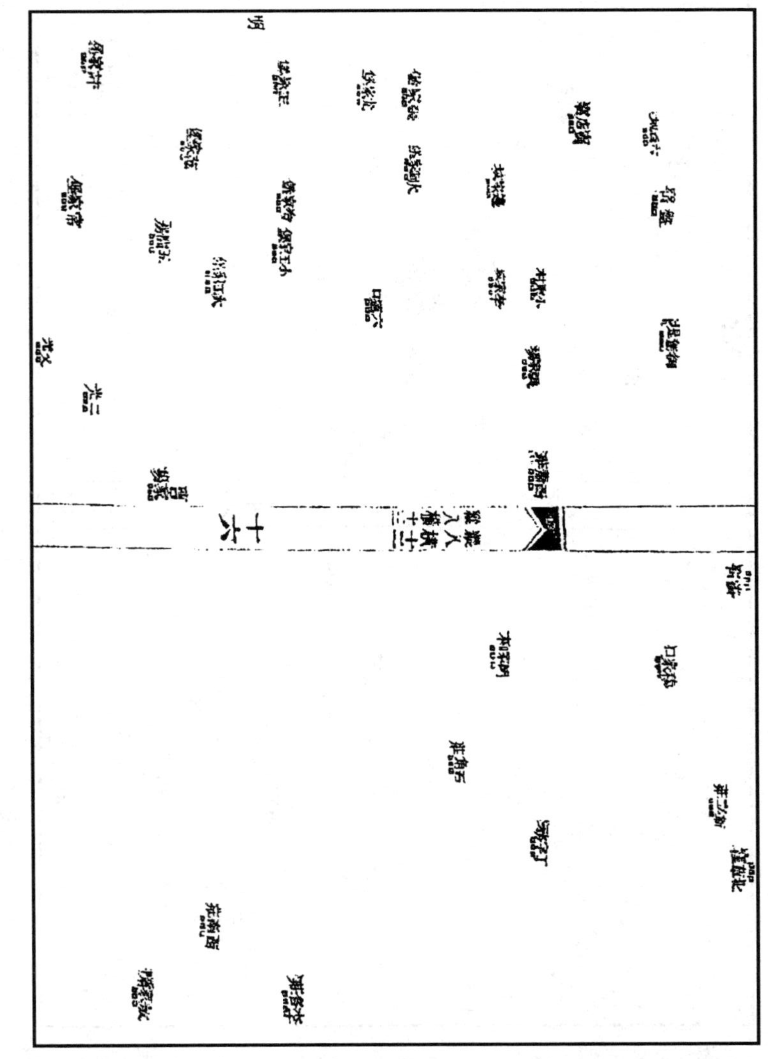
十六

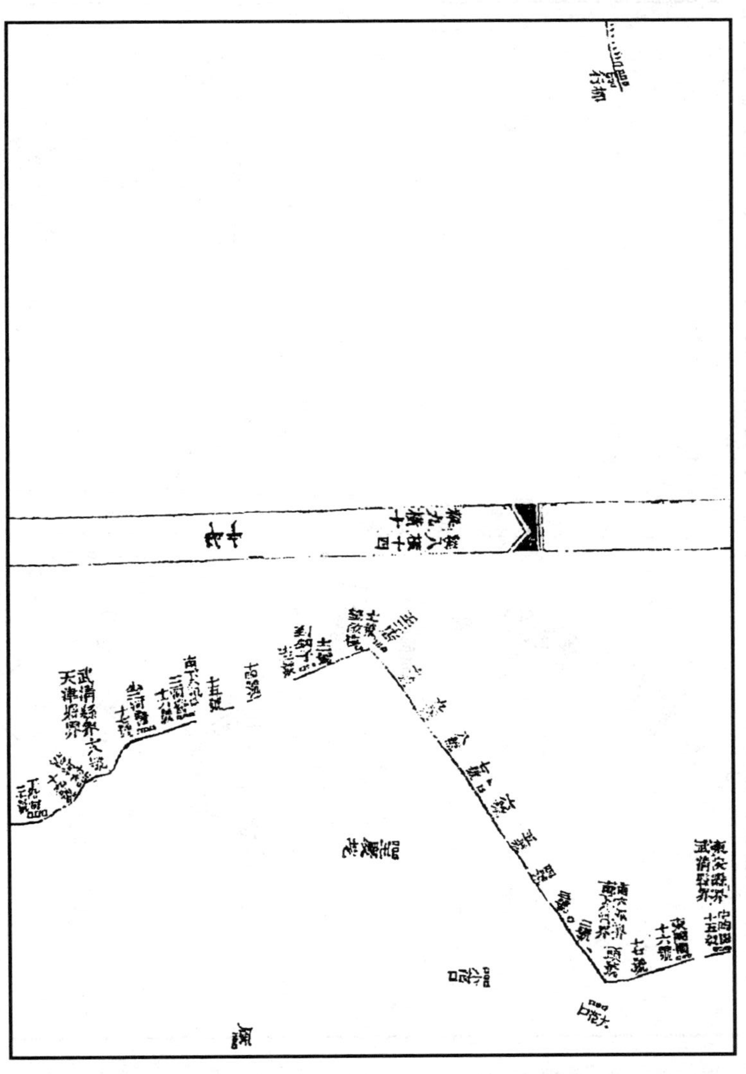
十七

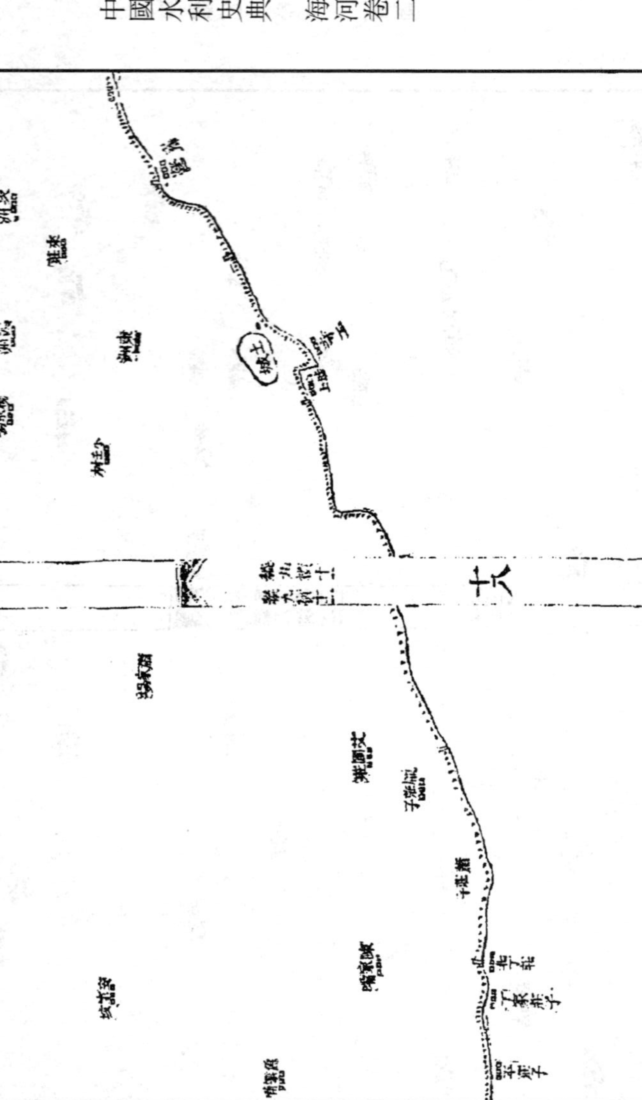
十八

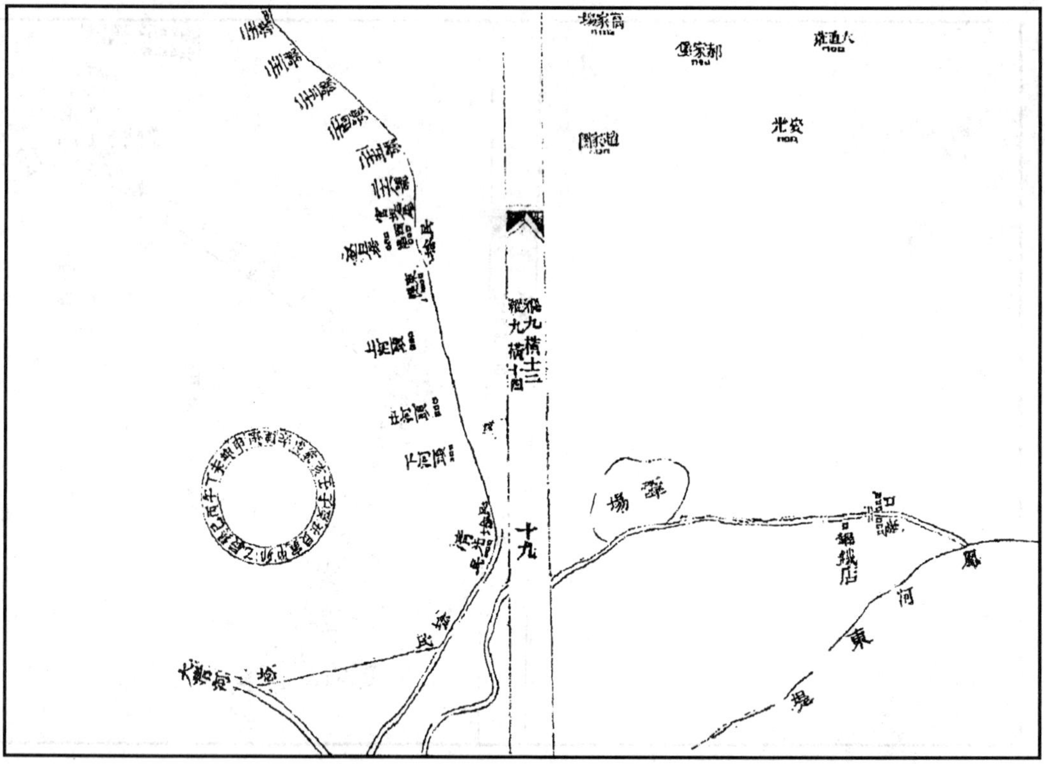

十九

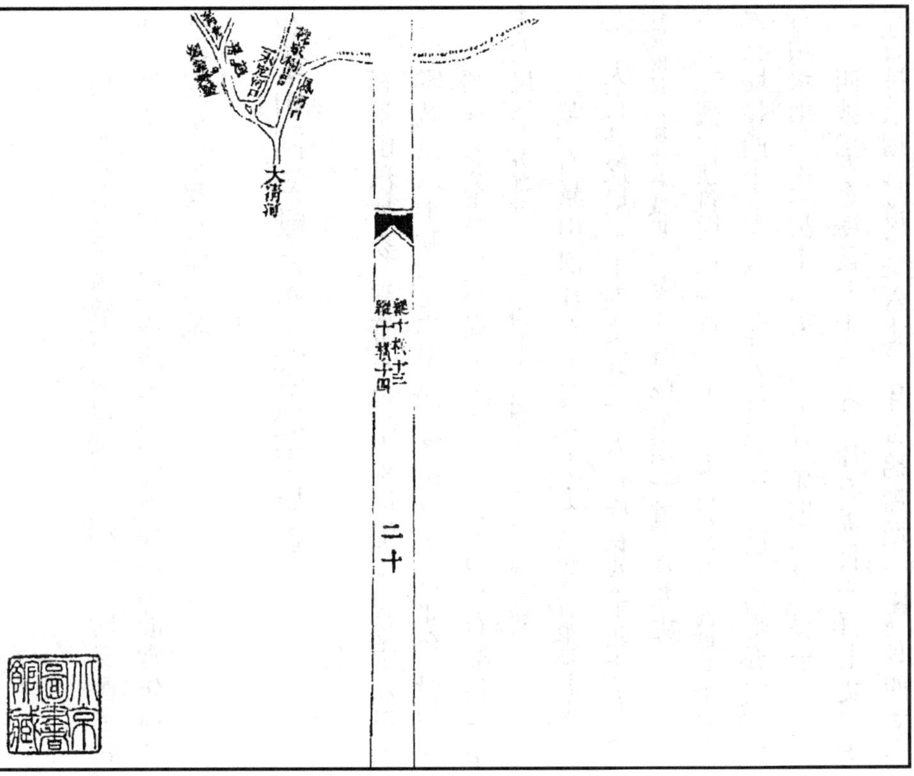

大清河

二十

余既創議續輯永定河志而志中舊圖與現在形勢互異爰倩招君毅生以測量法重繪之三月而畢展閱一過瞭如指掌遂付諸板

光緒庚辰孟陬月寶山朱其詔記

卷二　工程

舊《志》於各汛號數下綴以埽段，則工程險易瞭然可知。惟本工險要叠出，歲歲修防，實無準處，故常年歲搶埽段、疏浚工程是編不載。

石景山同知轄六汛經管堤工里數

石景山汛外委，經管石景山東岸堤工，長十八里五分。零號至二十號中止，俱宛平縣境。工自北金溝起。

頭號，北金溝片石堤長十丈。南金溝片石堤長三十丈七尺內幫并加片石戧堤，南北金溝四十丈七尺，向編一號。

二號，石景山前片石堤長八十丈內幫片石戧堤共七十一丈。大石磨盤堤長十五丈五尺，大石堤長八十四丈五尺大石堤內幫并加片石戧堤。大片石挑水壩一道，長九丈。

三號，片石堤長一百三十三丈內幫片石小戧堤共十七丈。大石堤長四十七丈。大片石三尖壩一道，長十五丈。片石順水壩一道，長十六丈。片石月牙壩一道，長十六丈。

四號，大石堤長七十三丈。片石堤長一百七丈。大片石挑水壩一道，長六丈。片石鷄嘴壩一座，長四丈一尺。北惠濟廟前鎮水鐵牛一具。

五號，土堤長一百八十丈內幫并加片石戧堤。大石包砌旱橋一座。

六號，片石堤長一百八十丈。

七號，土堤長一百八十丈內幫并加片石創堤。

八號，土堤長九十五丈內幫并加片石戧堤。石子堤長八十五丈。

九號，石子堤長一百八十丈內幫片石護堤十三丈。大片石壩一道，長二丈五尺。

十號，片石堤長一百八十丈內幫大石護堤三十七丈。

十一號，片石堤長一百四十丈。土堤長四十丈土堤內幫并加片石戧堤。

十二號，土堤長一百八十丈內幫并加片石戧堤。

十三號，土堤長八十二丈內幫并加片石戧堤。石子堤長九十八丈。片石饅頭壩五座，共長二十丈。

十四號，大石片石堤一百八十丈。

十五號，大石堤長一百七十七丈。

十六號，片石堤長八十丈五尺。大石堤長九十九丈五尺。

十七號，大石堤長三十九丈五尺。片石堤長八十八丈內幫片石戧堤七十丈大石堤長十丈。片石堤長四十二丈五尺。片石小挑水壩一道，長六丈。

十八號，片石堤長二十二丈五尺。大石堤長一百五十七丈五尺上有石子埝四十六丈。

十九號，大石堤長一百八十丈上并加石子埝。

二十號，大石堤長六十丈五尺，至盧溝橋北雁翅止上并加石子埝。

舊《志》：石景山石堤工程，同知轄巡檢經管。故盧溝橋巡檢，舊《志》稱石景山汛。今東岸盧溝橋以上歸石景山外委管理。考《畿輔安瀾志》，石景山經制外委經管，東岸第一號北金溝起，至盧溝橋北雁翅二十號止。又自西岸盧溝橋北雁翅起，至英山嘴迤南止，則與今制無異，而舊《志》之失明矣。英山嘴迤南，向無堤防，不編號數。

盧溝橋汛，宛平縣巡檢經管，東岸堤工長四里二分。自二十號中至二十四號止，俱宛平縣境。工頭接石景山汛工尾。

二十號，片石堤長一百二十丈內幫片石戧堤四十二丈五尺。石子埝四十六丈六尺。盧溝橋一座。

二十一號，片石堤長一百八十丈。片石雞嘴垻一座，長三丈五尺。

二十二號，片石堤長一百八十丈。大石月牙垻一道，長三十二丈。

二十三號，片石堤長一百八十丈。

二十四號，片石堤長九十六丈。兵鋪一所。

北頭工上汛，武清縣縣丞經管，堤長十五里。編十五號，俱宛平縣境。工頭接盧溝橋汛石堤工尾。

頭號，兵鋪一所。

二號，兵鋪一所。外越堤一道，至四號止，長五百三十八丈。

三號，兵鋪一所。

四號，兵鋪一所。外越堤一道，至五號止，長一百五十五丈。

五號，兵鋪一所。外越堤一道，至七號止，長三百十七丈。

六號，兵鋪一所，汛房一所。

七號，兵鋪一所。

八號，兵鋪一所，汛房一所。

九號，兵鋪一所。

十號，兵鋪一所。

十一號，兵鋪一所。

十二號，兵鋪一所。

十三號，兵鋪一所。

十四號，兵鋪一所。外越堤一道，至十五號工尾止，長二百八十丈。

十五號，兵鋪一所。

附堤十里村莊出夫名數：

狼垈[一]村二十七名半，盧城村二十五名，盧溝橋東關五名俱宛平縣境，共汛夫五十七名半。

[一] 光緒七年原刻本誤爲『狼岱村』。

北頭工中汛，武清縣縣丞經管，堤長十五裏，編十五號，俱宛平縣境。工頭接上汛工尾。

頭號，兵鋪一所。外越堤一道，至二號止，長四百二十丈。

二號，兵鋪一所。

三號，兵鋪一所，汛房一所。

四號，兵鋪一所。外越堤一道，至六號止，長三百七十丈。

五號，兵鋪一所。

六號，兵鋪一所。

七號，兵鋪一所，汛房一所。

八號，兵鋪一所。

九號，兵鋪一所。外越堤一道，至十號止，長二百四十丈。

十號，兵鋪一所。

十一號，兵鋪一所。内越堤一道，至十三號止，長二百五十四丈。外越堤一道，至十二號止，長二百三十丈。

十二號，兵鋪一所。

十三號，兵鋪一所。

十四號，兵鋪一所。

十五號，兵鋪一所。

附堤十裏村莊出夫名數：

羅奇營十名，前辛莊五名，後辛莊五名，宋家莊五名，臧村十五名，鵝房村五名俱宛平縣境，共汛夫四十五名。

北中汛原管堤長十六里，編十六號。道光五年，因末號埽段與北下汛險工相接，遂以十六號改歸下汛管理。

北頭工下汛，宛平縣縣丞經管，堤長十七里三分，編十七號，頭號至十號宛平縣境，以下良鄉縣境。工頭接中汛工尾。

頭號，兵鋪一所。

二號，兵鋪一所。

三號，兵鋪一所。

四號，兵鋪一所。

五號，兵鋪一所。

六號，兵鋪一所。

七號，兵鋪一所。

八號，兵鋪一所。

九號，兵鋪一所。

十號，兵鋪一所。

十一號，兵鋪一所。

十二號，兵鋪一所。外越堤一道，至十四號止，長二百五十丈。

十三號，兵鋪一所，汛房二所。

十四號，兵鋪一所，汛房一所。

十五號，兵鋪一所，汛房一所。

十六號，兵鋪一所。

十七號，兵鋪一所，汛房一所。

附堤十里村莊出夫名數：

西劉村十名，留民莊十名，南北高各莊十名，皮各莊十名，桑馬房十名，西大營三名，王家莊五名，朱家營五名宛平縣境，南北張客八名，前官營七名良鄉縣境，共汛夫七十八名。

北二工上汛，良鄉縣縣丞經管，堤長十三里，編十三號，頭號至四號，良鄉縣境，以下宛平縣境。工頭接頭工下汛工尾。

頭號，兵鋪一所。

二號，兵鋪一所。

三號，兵鋪一所。

四號，兵鋪一所。

五號，兵鋪一所，汛房三所。外越堤一道，至七號止，長四百八十丈。

六號，兵鋪一所，汛房一所。

七號，兵鋪一所。

八號，兵鋪一所。外越堤一道，長一百九十丈。

九號，兵鋪一所。

十號，兵鋪一所。

十一號，兵鋪一所。

十二號，兵鋪一所。

十三號，兵鋪一所。

附堤十里村莊出夫名數：

趙村十二名半，曹各莊五名，定福莊五名，常各莊十名，梁家務五名宛平縣境；丁村十二名半，保安莊七名半良鄉縣境，共汛夫五十七名半。

北二工原管堤長二十三里四分。道光五年因汛段綿長，分爲上下兩汛。上汛轄堤工十三里，餘歸下汛經管。

南岸同知轄六汛經管堤工里數

盧溝橋汛，宛平縣巡檢經管。西岸堤工長十四里七分，編十四號，俱宛平縣境。工自盧溝橋起（十一號以下地勢高阜，向未建堤，仍按丈分里編號）。

頭號，片石堤長一百八十丈。兵鋪一所。

二號，片石堤長五十丈。大石堤長一百三十丈。

三號，大石堤長一百八十丈。

四號，大石堤長一百二十丈。片石堤長六十丈。

五號，大石堤長八十丈。片石堤長一百丈。兵鋪一所，汛房一所。片石順水壩一道，長二十五丈六尺[一]。

六號，土堤長一百八十丈。汛房一所。

七號，土堤長一百八十丈。

八號，土堤長一百八十丈。兵鋪一所。

[一] 光緒七年原刻本原爲『六月』，光緒八年重修本改爲『六尺』。

九號，土堤長一百八十丈。

十號，土堤長一百八十丈。兵鋪一所。

十一號。

十二號。

十三號。

十四號。

嘉慶二十一年，西岸石堤撥歸南岸同知管理，盧溝橋汛遂分隸南岸同知。

南頭工上汛霸州州同經管，堤長十七里，編十七號，俱宛平縣境。工頭接盧溝橋汛土坡工尾。

頭號，兵鋪一所。

二號，兵鋪一所，汛房二所。灰壩一座。

三號，兵鋪一所。

四號，兵鋪一所。

五號，兵鋪一所。

六號，兵鋪一所。

七號，兵鋪一所。

八號，兵鋪一所。

九號，兵鋪一所。

十號，兵鋪一所。

十一號，兵鋪一所。內越堤一道，至十二號止，長二百二十二丈。

十二號，兵鋪一所，汛房一所。

十三號，兵鋪一所，汛房一所。

十四號，兵鋪一所。

十五號，兵鋪一所，汛房一所。

十六號，兵鋪一所，汛房一所。

十七號，兵鋪一所，汛房一所。

附堤十裏村莊出夫名數：

趙新店十名，茨頭村五名，高陵村十名，稻田村五名，崗窪村五名，軍留莊五名，朱家崗一名，獨義村二名半宛平縣境，長羊村十名，黃官屯十名，籬笆房五名良鄉縣境，共汛夫六十八名半。

南頭工下汛，宛平縣縣丞經管。堤長十五里三分，編十五號。頭號至十一號宛平縣境，以下良鄉縣境。工頭接上汛工尾。

頭號，兵鋪一所，汛房一所。

二號，兵鋪一所。

三號，兵鋪一所，汛房一所。

四號，兵鋪一所。

五號，兵鋪一所。

六號，兵鋪一所。

七號，兵鋪一所。

八號，兵鋪一所，汛房一所。

九號，兵鋪一所。

十號，兵鋪一所。

十一號，兵鋪一所，外越堤一道，長九十六丈。

十二號，兵鋪一所。
十三號，兵鋪一所。
十四號，兵鋪一所。
十五號，兵鋪一所。
附堤十里村莊[一]出夫名數：
水碾屯五名，前葫蘆垡村一名，梨村五名，老君堂五名，任家營五名，趙家莊二名良鄉縣境； 長新店二十名，後葫蘆垡村五名宛平縣境，共汛夫四十八名。
南二工良鄉縣縣丞經管，堤長十八里七分，編十八號。頭號至十四號良鄉縣境，以下涿州境。工頭接頭工下汛工尾。
南下汛原管堤長十一里三分，與二工汛段長短不均。道光十八年，以二工頭二三四號改歸南下汛管理。
頭號，兵鋪一所。
二號，兵鋪一所。
三號。
四號，兵鋪一所。
五號。
六號，兵鋪一所。
七號，兵鋪一所，汛房一所。
八號，汛房一所。
九號，兵鋪一所，汛房一所，金門閘一座。
十號，兵鋪一所。
十一號，兵鋪一所。
十二號。
十三號，兵鋪一所。
十四號，兵鋪一所。
十五號，兵鋪一所。
十六號，汛房一所。
十七號，兵鋪一所。
十八號，兵鋪一所。
附堤十里村莊出夫名數：
官莊十名，賈河村七名半，窯上村五名，辛立莊二名半，務子村五名，陶村五名，興隆莊五名，韓家營二名半，東石羊村三名，西石羊村五名，後石羊村五名良鄉縣境； 陶家營五名，古城村五名，南蔡村五名，北蔡村五名涿州境，共汛夫七十五名半。
南三工，涿州州判經管，堤長二十里七分，編二十號。頭號至五號中，涿州境； 下至九號尾，宛平縣境； 以下固安縣境。工頭接二工工尾。
頭號，兵鋪一所。
二號。
三號，兵鋪一所。

[一] 光緒七年原刻本脱『莊』字。

四號。

五號，兵鋪一所。

六號，兵鋪一所。

七號，汛房一所。

八號，汛房一所。

九號，兵鋪一所，汛房一所。

十號，兵鋪一所。

十一號，兵鋪一所。

十二號，兵鋪一所。

十三號，兵鋪一所。

十四號，兵鋪一所。

十五號，兵鋪一所，汛房一所。

十六號，兵鋪一所，汛房一所。

十七號，兵鋪一所，汛房一所。

十八號。

十九號，兵鋪一所。

二十號，兵鋪一所。外越堤一道，長三十七丈五尺。

附堤十里村莊出夫名數：

閻常屯十名，渠落村五名，白家莊五名，丁各莊五名，南定村五名，屯子頭村五名涿州境；　東徐村十名，西徐村二名半，馬村五名，它頭村五名，北相各莊五名，北村二名半，門村二名半，門村營二名半，米各莊二名半，楊村二名半，西玉村二名，位村五名，北趙村五名固安縣境，共汛夫八十七名。

南四工，固安縣縣丞經管。堤長二十七里七分，編二十八號，俱固安縣境。工頭接三工工尾。

頭號，兵鋪一所。

二號，兵鋪一所。

三號，兵鋪一所，汛房一所。外越堤一道，至五號止，長四百三十二丈。

四號，兵鋪一所，汛房一所。

五號，兵鋪一所，汛房一所。

六號，兵鋪一所。

七號，兵鋪一所。

八號，兵鋪一所。

九號，兵鋪一所。

十號，兵鋪一所。

十一號，兵鋪一所。

十二號，兵鋪一所。

十三號，兵鋪十所，汛房一所。

十四號，兵鋪一所。

十五號，兵鋪一所。

十六號，兵鋪一所。

十七號，兵鋪一所。

十八號，兵鋪一所，汛房一所。

十九號，兵鋪一所。

二十號，兵鋪一所。

二十一號，兵鋪一所。

二十二號，兵鋪一所。

二十三號，兵鋪一所。

二十四號，兵鋪一所。

二十五號，兵鋪一所。

二十六號，兵鋪一所。

二十七號，兵鋪一所。

二十八號，兵鋪一所。

附堤十里村莊出夫名數：

官莊三名，高家莊五名，東相各莊五名，東玉鋪村五名，前後西湖村十名，北孝城村十名，知子營五名，黃垈十一名，河津村五名，白村五名，孫郭村五名俱固安縣境，共汛夫六十九名。

北岸同知轄四汛經管堤工里數

北二工下汛，東安縣主簿經管。堤長十里四分，編十號，俱宛平縣境。工頭接上汛工尾。

頭號，兵鋪一所。

二號，兵鋪一所，汛房一所。

三號，兵鋪一所。

四號，兵鋪一所。

五號，兵鋪一所。

六號，兵鋪一所。外越堤一道，至九號止，長四百九十丈。

七號，兵鋪一所，汛房一所。

八號，兵鋪一所。

九號，兵鋪一所。

十號，兵鋪一所。

附堤十里村莊出夫名數：

石垈村十名，劉寶莊十名，裏河村十名，魏各莊五名，太平莊二名半，東麻各莊二名半，西麻各莊五名，黃各莊七名俱宛平縣境，共汛夫五十二名。

北三工涿州州判經管堤長十六里三分，編十六號，頭號至十二號宛平縣境，以下固安縣境，工頭接二工下汛工尾。

頭號，兵鋪一所。

二號，兵鋪一所。

三號，兵鋪一所。汛房一所。求賢灰壩一座。

四號，兵鋪一所。外越堤一道，至十號止，長九百六十丈。

五號，兵鋪一所，內越堤一道，長一百九十丈。

六號，兵鋪一所。

七號，兵鋪一所。

八號，兵鋪一所。

九號，兵鋪一所。

十號，兵鋪一所。

十一號，兵鋪一所，汛房二所。

十二號，兵鋪一所，汛房一所。

十三號，兵鋪一所。

十四號，兵鋪一所。

十五號，兵鋪一所。

十六號，兵鋪一所。

附堤十里村莊出夫名數：

辛莊五名，求賢村五名，大練莊五名，於垡七名半，東莊村二名半，東甕各莊二名半，西甕各莊二名半，東胡林村五名，西胡林村五名，太子務五名宛平縣境； 北十里鋪、辛安莊共五名固安縣境，共汛夫五十名。

北三工原管堤長十八里三分。道光五年，因三工尾號埽廂與四工緊相毗連，遂以十七八號改歸四工管理。

北四工上汛，涿州州同經管。堤長十五里，編十五號，俱固安縣境。工頭接三工工尾。

頭號，兵鋪一所。

二號，兵鋪一所，汛房一所。

三號，兵鋪一所。

四號，兵鋪一所。

五號，兵鋪一所。內越堤一道，至八號止，長四百三十丈。

六號，兵鋪一所。

七號，兵鋪一所。

八號，兵鋪一所。

九號，兵鋪一所，內越堤一道，長七十八丈。

十號，兵鋪一所，汛房一所。

十一號，兵鋪一所。

十二號，兵鋪一所。

十三號，兵鋪一所。內越堤一道，長一百七丈。

十四號，兵鋪一所。內越堤一道，至十五號止，長二百六十五丈。

十五號，兵鋪一所。

附堤十里村莊出夫名數：

張化村五名，小黑垡五名，馮百户營五名，曹辛莊、崔各莊共五名，東押堤五名，西押堤五名，郭家務、北小店共五名，南化各莊、南小店共五名，北化各莊、劉各莊共五名，石佛寺村、十家垡共五名，馬家屯、王家屯共二名半俱固安縣境，共汛夫五十二名半。

北四工原管汛段，連三工續撥十七八號工，長二十六里九分。道光二十六年分爲上下兩汛，上汛轄堤工十五里，所餘十一里九分，與北五汛地牽連，均撥四工下汛，分管十六里九分。

北四工下汛，固安縣縣丞經管。堤長十六里九分，編十七號。頭號至十號固安縣境，以下永清縣境。工頭接上汛工尾。

頭號，兵鋪一所。

二號，兵鋪一所。

三號，兵鋪一所。內越堤一道，至四號止，長一百四十五丈。

四號，兵鋪一所。內越堤一道，至六號止長三百十丈。

五號，兵鋪一所，汛房二所。

六號，兵鋪一所。

七號，兵鋪一所。

八號，兵鋪一所。

九號，兵鋪一所。

十號，兵鋪一所。

十一號，兵鋪一所。內越堤一道，長一百七十五丈。

十二號，兵鋪一所。內越堤二道。一長五十丈，一長四十五丈。

十三號，兵鋪一所。

十四號，兵鋪一所。

十五號，兵鋪一所。

十六號，兵鋪一所。

十七號，兵鋪一所，汛房一所。

附堤十里村莊出夫名數：

聚福屯三名，崔指揮營三名，賈家屯二名，梁各莊五名，西洪辛莊二名固安縣境；北戈弈五名，紀家莊五名，宋家莊二名，邱家務三名，張野雞莊五名，池口村五名永清縣境；南寺垡十名，寺垡辛莊五名，劉家莊三名，東洪辛莊二名，東化各莊四名，南小街一名東安縣境，共汛夫六十五名。

三角澱通判轄五汛經管堤工里數

南五工，永清縣縣丞經管。堤長二十四里六分，編二十五號。頭號至三號中固安縣境，以下永清縣境。工頭接四工工尾。

頭號，兵鋪一所。

二號。

三號。

四號，兵鋪一所。

五號。

六號，兵鋪一所，汛房一所。

七號，兵鋪一所。外越堤一道，至九號止，長三百六十丈。

八號。

九號，兵鋪一所。外越堤一道，至十號止，長六十三丈。

十號，兵鋪一所，汛房一所。

十一號。

十二號，兵鋪一所。

十三號。

十四號，兵鋪一所。外越堤一道，至十六號止，長四百二十五丈。

十五號。

十六號，兵鋪一所，汛房一所。

十七號。

十八號，兵鋪一所。

十九號。

二十號，兵鋪一所。

二十一號，兵鋪一所。外越堤一道，至二十三號止，長三百六十四丈。

二十二號，汛房一所。

二十三號。

二十四號。

二十五號，兵鋪一所。

兼管西老堤，自本汛十九號起，下至六工交界止。

附堤十里村莊出夫名數：

辛務村五名，前後白垡村五名，北順民屯五名，南小營五名，南解家務五名，北解家務五名固安縣境，唐家營二名，大王莊七名，北小營二名，東西下七村三名，孫楊莊三名，張家務三名，邵家營二名，馮各莊一名，張家營一名，曹內官營三名，許辛莊二名，孟各莊二名，南戈弈三名，佃子仲和一名，前仲和三名，後仲和二名，陳仲和三名，東桑園二名，西桑園二名，劉其營二名，南曹家務二名，北曹家務五名，郭家務五名，劉家務二名，大良村五名，小良村二名，沈仲和三名，臺子莊二名，曹家莊二名，東堿鋪一名，西堿鋪一名，尚家莊一名永清縣境，共汛夫一百十名。

南六工，霸州州判經管。堤長二十二里，編二十二號，俱永清縣境。工頭接五工工尾。

頭號，兵鋪一所。

二號。

三號，兵鋪一所，汛房一所。內越堤一道，長一百九十六丈。

四號。

五號，兵鋪一所。

六號，內越堤一道，長三十七丈。

七號，兵鋪一所。內越堤一道，長五十四丈。

八號。

九號，兵鋪一所。

十號，汛房一所。

十一號，兵鋪一所。

十二號。

十三號，兵鋪一所。

十四號。

十五號，兵鋪一所，汛房一所。

十六號。

十七號，兵鋪一所。

十八號。

十九號，兵鋪一所，汛房一所。

二十號，汛房一所。

二十一號，兵鋪一所。

二十二號。

兼管西老堤，上接五工堤尾，下至七工交界止。

兼管東老堤，自本汛十六號起，下至七工交界止。

附堤十里村莊出夫名數：

東各莊二名，官塲一名，董家務二名，賈家務二名，韓家莊二名，菜園村三名，王佃莊三名，胡家莊二名，劉其營三名，李黄莊五名，大麻子莊五名，小麻子莊二名，東西北麻五名，雙營村五名，佃莊三名，碱塲村五名，魯村五名，黄村五名，張遷務五名，東西鎮五名，鄧家務五名，小營村二名，麗各莊三名，小黄村二名，韓各莊五名，沈家莊五名，辛莊三名，窑窩村二名，王虎莊三名，馬家鋪三名，小惠家莊二名，惠元莊二名，前、後第六村七名俱永清縣境，共汛夫一百十四名。

南六工原管堤長三十里。嘉慶二十五年分爲上、下兩汛，各管堤工十五里。道光十八年下汛缺裁，其汛地一號至七號歸并六工管理，八號至十五號改隸七工。

南七工，東安縣主簿經管。堤長二十八里，編二十八號。頭號至二十一號永清縣境，以下東安縣境。工頭接六工工尾。

頭號。

二號。

三號。

四號。

五號。

六號。

七號。

八號。

九號。

十號。

十一號。

十二號。

十三號。

十四號，汛房一所。

十五號。

十六號。

十七號。

十八號。

十九號。

二十號。

二十一號。

二十二號。

二十三號。

二十四號。

二十五號。

二十六號。

二十七號。

二十八號。

兼管大壩長十二里，編十二號。道光二十四年，本汛五號漫口，在河身內築壩。堵合工長一百二十七丈，壩尾接土埝二百八丈。同治八年，於本汛頭、二號添做截水壩一百六十五丈，首尾接築於丈圈埝。十年，又在圈埝外建築大壩，接連東西小堤，自六工二十一號起，至本汛十號止。

頭號，汛房一所。

二號。

三號。

四號，兵鋪一所。

五號。

六號，兵鋪一所。

七號。

八號，兵鋪一所。

九號。

十號，兵鋪一所。

十一號。

十二號，兵鋪一所。

兼管西老堤，上接六工堤尾，至本汛八號坦坡埝止。

兼管東老堤，上接六工堤尾，至本汛八號橫埝尾止。堤身被水衝倒。

兼管舊南堤，自本汛六號起，下至八工上汛交界止。

兼管坦坡埝，自本汛八號起，上接西老堤尾，下至八工上汛交界止。

附堤十里村莊出夫名數：

四間房二名，佛城疙疸三名，堂二鋪七名，霸州信安鎮七名，馬家鋪四名，牛眼村二名，崔家鋪三名，南城上三名，北城上四名，牛百灣二名，董家鋪二名，何趙鋪二名，楊家鋪二名，李家鋪一名，樊家鋪三名，黃家鋪一名，王家鋪二名，霸州外郎城三名，胡家鋪二名霸州境； 永清信安鎮七名，劉家場三名，武家窑五名，商人莊三名，甄家莊一名，莊窠三名，四勝口四名，三勝口三名，第七里二名，吴家場二名，北柳坨三名，東武家莊三名，西武家莊二名，大劉家莊五名 小劉家莊三名，第四里三名，冰窖村五名，信安莊三名，張家塲一名，尹家塲一名，五道口一名，南趙家樓三名，小米家莊三名，惠家場二名，李奉先村五名，南二鋪三名，永清裏郎城二名，閘口村三名，趙家樓二名永清縣境； 東安外郎城三名，九家鋪二名，郭家場四名，東惠家場一名，東安裏郎城四名東安縣境，共汛夫一百五十六名。

南八工上汛，武清縣主簿經管。堤長十七里三分，編十七號。頭號至十四號，東安縣境，以下武清縣境。工頭接七工工尾。

頭號，兵鋪一所，汛房一所。

二號。

三號。

四號，兵鋪一所。

五號。

六號。

七號，兵鋪一所。

八號。

九號，兵鋪一所。

十號。

十一號。

十二號，兵鋪一所。

十三號。

十四號。

十五號。

十六號。

十七號，兵鋪一所。

兼管舊南堤，上接七工堤尾，下至下汛九里横堤止。

兼管坦坡埝，上接七工埝尾，下至下汛九里横堤工尾止。坦坡埝至八工下汛，作爲正堤。

附堤十里村莊出夫名數：

王慶坨十八名武清縣境；　策城村八名，寨上村三名，大王莊三名霸州境；　王家園三名，陳家鋪二名，宋流口五名，於家鋪二名，得勝口八名，葛漁城六名，褚河港八名，淘河村五名，于家堤六名，馬家口三名，磨叉港五名東安縣境，共汛夫八十五名。

南八工原管堤長二十里。嘉慶二十五年，以九工汛務歸并八工管理。而八工十七號迤東二千餘丈向無堤岸。自道光十年接築横堤一千七百八丈。十一年，分八工爲上、下兩汛。上汛轄堤工十七里三分，下汛轄新舊堤二十六里八分。

上汛工尾。

南八工下汛，把總經管。堤長二十六里八分，編二十六號。頭號至十八號武清縣境，以下天津縣境。工頭接上汛工尾。

頭號。

二號，兵鋪一所。

三號。

四號，兵鋪一所。

五號。

六號，兵鋪一所。

七號。

八號。

九號。

十號，兵鋪一所。

十一號。

十二號。

十三號。
十四號。
十五號，兵鋪一所。
十六號。
十七號，兵鋪一所。
十八號。
十九號。
二十號，兵鋪一所。
二十一號。
二十二號。
二十三號。
二十四號。
二十五號。
二十六號。

兼管廢埝自本汛二十號起，至青光村西止，埝身被水衝刷此係乾隆八年接築坦坡埝之下截。

附堤十里村莊出夫名數：

河西東沽港二名，鄭家樓三名東安縣境；　大范甕口三名，小范甕口五名，小王家鋪一名，河東東沽港二名，苑家鋪一名武清縣境；　郝家鋪一名，徐家鋪一名，安光村四名，青光村二名，東堤四名，中河頭二名，上河頭二名，衩夫房二名，西堤一名，楊家河二名，線河村二名天津縣境，共汛夫四十名。

北岸通判轄三汛經管堤工里數

北五工，永清縣縣丞經管。堤長十六里四分，編十六號，俱永清縣境。工頭接四工下汛工尾。

頭號，兵鋪一所。
二號，兵鋪一所。
三號，兵鋪一所。
四號，兵鋪一所。
五號，兵鋪一所，汛房一所。
六號，兵鋪一所。
七號，兵鋪一所。
八號，兵鋪一所。
九號，兵鋪一所。
十號，兵鋪一所。
十一號，兵鋪一所，汛房一所。
十二號，兵鋪一所。
十三號，兵鋪一所。
十四號，兵鋪一所。
十五號，兵鋪一所。
十六號，兵鋪一所。

附堤十里村莊出夫名數：

王居村五名，吴家莊五名，泥安村五名，韓臺村五名，仁和鋪五名，倉上村五名，支各莊五名，泥塘村五名，姚家馬房村五名，樓臺村五名，盧家莊五名，王于今村五名，張于今村五名，西營、潘家莊共五名，何麻子營、趙家莊共五名，張家莊、楊家營、沈于今村共五名俱永清縣境，共汛夫八十二名。

北六工，霸州州判經管。堤長十八里三分，編十八號，俱永清縣境。工頭接五工工尾。

頭號，兵鋪一所。

二號，兵鋪一所。

三號。

四號，兵鋪一所。

五號，兵鋪一所。

六號，兵鋪一所，汛房一所。

七號。

八號，兵鋪一所。

九號，兵鋪一所。

十號，兵鋪一所。

十一號。

十二號，兵鋪一所。

十三號，兵鋪一所。

十四號，兵鋪一所，汛房二所。外越堤一道，長三十丈。

十五號，兵鋪一所。

十六號，兵鋪一所。

十七號，兵鋪一所。

十八號。

附堤十里村莊出夫名數：

柴家莊五名，董家務五名，李家莊四名，南釗一名，北釗五名，前朝王四名，後朝王一名，東賈家務一名，西溜五名，辛屯五名，小荆垡三名，老幼屯五名，王希五名，半截河五名，前劉武營五名，後劉武營五名，趙百户營五名，緱家莊三名，辛務五名，徐家莊三名，大范家莊二名俱永清縣境，共汛夫八十二名。

北七工，東安縣主簿經管。堤長四十六里，編四十六號。頭號至十八號永清縣境；下至四十號東安縣境；以下武清縣境。工頭接六工八號大堤。

頭號。

二號。

三號。

四號，兵鋪一所。

五號。

六號。

七號，兵鋪一所。

八號，兵鋪一所。

九號，兵鋪一所。

十號，兵鋪一所。

十一號，兵鋪一所。
十二號，兵鋪一所。
十三號，兵鋪一所。
十四號。
十五號，兵鋪一所。
十六號。
十七號。
十八號。
十九號。
二十號。
二十一號。
二十二號。
二十三號。
二十四號，兵鋪一所。
二十五號。
二十六號。
二十七號。
二十八號。
二十九號。
三十號。
三十一號。
三十二號。
三十三號。
三十四號。
三十五號。
三十六號。
三十七號。
三十八號。
三十九號。
四十號。
四十一號。
四十二號。
四十三號。
四十四號。
四十五號。
四十六號。
兼營大壩，長十里，編十號。自六工十八號工尾起，至于家屯止。
頭號。
二號。
三號，汛房一所。
四號。
五號。
六號，兵鋪一所。
七號。
八號，兵鋪一所。

九號。

十號。

兼管圈埝，長十六里九分，編十七號。自六工十八號工尾起，至本汛遥堤十四號止。

頭號，兵鋪一所。

二號。

三號，兵鋪一所。

四號。

五號。

六號，兵鋪一所。

七號。

八號。

九號。

十號。

十一號。

十二號。

十三號。

十四號。

十五號。

十六號。

十七號。

附堤十里村莊出夫名數：

埝上十名，陳各莊十名，大站十名，小站五名，東橫亭十名，西橫亭五名，東溜村五名，劉趙莊五名，焦家莊三名，辛立莊二名永清縣境；張家務五名，朱村五名，小北尹五名，左弈五名，邵家莊、桃源共五名，朱官屯七名，宋史家務三名，崔史家務六名，馬杓留三名，達王莊三名，小益留屯三名，灰城一名，趙家莊三名，大麻莊三名，小麻莊一名，馬神廟莊三名，南崔莊五名，北崔莊二名，麻子屯一名，谷家莊一名，孔家窪三名，大、小紀莊共五名，前所營二名，邢家營三名，楊官屯八名，東栗莊五名，前沙窩二名，後沙窩一名，施東莊二名，孟東莊二名，許東莊一名，孫東莊一名，東莊南關一名東安縣境，共汛夫一百七十六名。

道光五年裁北八工主簿，八工汛務歸并七工管理。十八年裁七工主簿，兩汛堤工統歸六工管理。二十四年，復設七工主簿，以昔年舊管之汛段屬焉。

兩岸減水閘壩式

金門石閘

道光四年，拆去尖脊石龍骨，改建平頂石龍骨。高四尺五寸，長五十六丈，頂寬五尺，迎水坡斜寬六尺三寸，出水坡斜寬一丈三尺五寸，補砌石海墁。兩壩臺金牆加高四尺。十一年，加高石龍骨一尺二寸。迎水一面砌片石坦坡，上長五十六丈，下長五十九丈，頂寬二尺，底寬八尺、高五尺七寸。二十三年，拆卸舊龍骨一尺二寸，加高三尺。海墁下接做散水石，寬九尺、厚一尺。

同治十一年，龍骨移進五丈，中段二十丈升高四尺，兩頭各十八丈升高五尺，斜作坦坡形，進深六丈。北壩臺移南九丈，與龍骨緊接。十三年，龍骨中段二十丈及下段十丈，均照中段原高尺寸落低一尺七寸。

光緒二年，龍骨中段二十丈加高一尺二寸，下段十丈加高一尺五寸，迎水坡加高一尺。六年，加高龍骨中段、下段共三十丈，與兩頭原龍骨等平。

〔金門閘〕減河[一]

道光四年挑浚三千四百六十丈，由大辛村以下入清河。同治十一年挑浚四千一百七十丈，由童村入清河。每年仍於農隙時，勸民挑浚嘉慶十五年，金門閘洩水過大，恐奪溜，堵閉。道光四年重修放水。十年堵閉。十一年重修放水。同治五年堵閉。十一年重修放水。考《畿輔安瀾志》，康熙四十年三月，南岸自老君堂東，開小清河一道。於竹絡壩北建東水草閘，口門寬二丈，引牤牛河清水入閘，借清刷渾。四十六年，以草閘不能經久，改建金門石閘，以時啟閉。水大則閉閘，以防其軼；水小則開閘，以合其流。金門寬二丈，進深一丈二尺。兩金牆各高八尺，南北護以埽壩，各長五丈，寬一丈，高六尺。閘左設鎮河鐵狗一座。後因正河淤高，清水難入閘，遂廢。乾隆二年六月，大水漫決閘址，鐵狗俱堙。三年，移建於二工十四號，改爲減水石壩，仍號金門閘者，襲舊稱也。

曹家務草壩

原在南五工張字十九號，乾隆三年建。金門寬二十丈，進深五丈。迎水灰土護壩寬二十丈，進深五丈。出水灰墁內寬二十六丈，外寬二十八丈五尺，進深五丈。兩金牆各長五丈、寬三丈。迎水牆各長七丈、寬二丈。出水牆各長四丈、寬二丈。

郭家務草壩

原在南六工寒字六號，乾隆三年建。金門寬三十丈，進深五丈。迎水遊身長十丈。出水雁翅各長五丈、寬二丈二尺。兩壩臺各寬三丈。初立刨槽下埽，上加柴土，鑲墊壩面，原無灰土。四年添築灰檻一道。七年加作灰土金門，改寬十二丈。

半截河草壩

原在北六工洪字十六號，乾隆四年建，丈尺與曹家務草壩同。

雙營草壩

原在南六工寒字十六號，乾隆六年建。金門寬十二丈，進深五丈。迎水灰土護壩寬十二丈，進深五尺。出水灰墁，內寬十七丈，外寬二十丈五尺，進深五丈。兩金牆

[一] 此處的減河與前文的金門石閘相對應。後面幾條減河也與閘一一對應。爲便於區别，點校人相應增加了幾個字。以下同。

各長五丈，寬三丈。迎水牆各長七丈，寬二丈。出水牆各長四丈，寬二丈。

胡林村草壩

原在北三工黄字五號，乾隆六年建，丈尺與雙營草壩同。

惠家莊草壩

原在北岸上七工日字十三號，乾隆六年建。金門寬十二丈，進深五丈。出水灰埧，内寬十七丈，外寬二十丈七尺，進深七丈。迎水灰土護壩寬二十二丈，進深五尺。迎水灰土護壩寬十三丈，進深五尺。出水灰土護壩寬二十二丈，進深五尺。兩金牆各長五丈，寬三丈。迎水牆各長七丈，寬二丈。出水牆各長四丈，寬二丈。

清涼寺草壩

原在南六工寒字三號，乾隆七年建。金門寬十六丈，進深五丈。迎水灰土護壩寬十六丈，進深五尺。出水灰埧，内寬二十一丈，外寬二十五丈，進深五丈。兩金牆各長五丈，寬三丈。迎水、出水牆各長七丈，寬二丈。

張仙務草壩

原在南六工寒字二十二號，乾隆七年建，丈尺與清涼寺草壩同。

五道口草壩

原在北舊堤，乾隆七年建。金門寬二十丈，進深五丈。出水灰埧，内寬二十五丈，外寬二十八丈七尺，進深七丈。迎水灰土護壩寬二十丈，進深五尺。出水灰土護壩，寬三十丈，進深五尺。兩金牆各長十丈，寬五丈。迎水雁翅各斜長三丈。迎水牆各長十二丈八尺，寬二丈。出水雁翅各長十四丈，寬三丈。

盧家莊草壩

原在北五工宙字十八號，乾隆八年建。金門寬十六丈，進深五丈。出水灰埧，内寬二十一丈，外寬二十四丈七尺，進深七丈。接灰土簸箕寬二十六丈，進深三丈。迎水灰土護壩寬十六丈，進深五尺。出水灰土護壩寬二十六丈，進深五尺。兩金牆各長五丈，寬三丈。迎水、出水牆各長七丈，寬二丈。

崔營村草壩

原在北四工宇字十八號，乾隆十三年建。金門寬十二丈，進深五丈。出水灰埧，内寬十七丈，外寬二十一丈，進深七尺。迎水灰土護壩長十二丈，寬五尺。出水灰土護壩長二十二丈，寬五尺。迎水接築灰唇，内寬十二丈，外寬十五丈，進深三丈。出水接築灰唇，内寬二十二丈，外寬二十四丈，進深五丈。兩金牆各長五丈，寬三丈。迎水牆各長七丈，寬二丈。出水牆各長四丈，寬二丈。

馬家鋪草壩

原在南岸上七工來字一號，乾隆十五年建。丈尺與雙營草壩同。

冰窖草壩

原在南岸上七工來字十號，乾隆十五年建。丈尺與雙營草壩同壩外地勢過低。乾隆十六年凌汛奪溜，因展寬作爲下口。

北村灰壩

嘉慶十一年堵閉。

求賢村灰壩

同治十三年重修壩口，寬二十丈。築圓頂龍骨，高七尺，下作坦坡形，進深五丈。迎水簸箕寬二十五丈五尺，進深四丈。出水簸箕内寬二十四丈五尺，外寬三十丈，進深十二丈。出水一面加散水坡，寬十四丈，進深一丈二尺。兩壩臺金牆均寬六丈四尺，南斜長五丈五尺，北斜長五丈六尺。

光緒二年加高龍骨二尺五寸，迎水出水簸箕各加高一尺五寸。六年，加高龍骨二尺五寸，遞減至迎水出水簸箕高五寸。兩金牆連迎水雁翅，各加高三尺。

〔求賢〕減河

同治十三年挑浚九千六百丈，至仁和鋪止。光緒六年挑浚四百六十丈。每年仍於農隙時，勸民挑浚道光二年凌汛，求賢壩幾致奪溜，堵閉。同治十三年，重修放水。光緒三年堵閉。六年重修放水。

南上汛灰壩

在二號，道光四年建。金門寬五十六丈，進深八丈。迎水簸箕内寬六十一丈，外寬六十五丈，進深四丈。出水簸箕内寬六十二丈，外寬七十六丈，進深十四丈。兩金牆頂進深六丈四尺，底進深八丈，寬六丈。二十五年，加築圓頂滚水灰埝，頂寬一丈，底寬五丈，高一尺五寸，長五十六丈。同治六年奪溜，仍照原式修理。十二年，改築圓頂龍骨，高七尺，下作坦坡形，進深八丈。迎水簸箕内寬六十五丈八尺，外寬六十三丈。出水簸箕連海墁，内寬六十四丈九尺，外寬七十八丈。進深丈尺，仍照原式。其迎水、出水口外，加護樁、灰土各二尺五寸。南壩臺，頂均寬八丈六寸零，底均寬八丈五尺四寸，均高九尺三寸零。金剛雁翅等牆，四面均方，每長八丈三尺，均高九尺三寸零。北壩臺頂均寬八丈一尺，底均寬八丈四尺，均高九尺二寸。金剛雁翅等牆，四面均方，每長八丈二尺五寸零，均高八尺四寸零。光緒二年，加高龍骨一尺五寸，迎水簸箕并兩雁翅加高一尺。出水簸箕并海墁加高五寸。六年，加高龍骨一尺五寸，遞減至迎水出水簸箕高五寸，迎水、出水簸箕并雁翅各加高五寸。

〔南上汛〕減河

道光四年，在本汛二號堤外，間段挑浚一千三百五十丈，至水碾屯入清河。同治十二年，挑浚一千一百八十丈，自稻田村至保和莊入清河。每年仍於農隙時，勸民挑浚。

兩岸減水壩凡十七。石壩一，灰草壩十六。在南岸十，在北岸七。今兩岸仍資分洩者，惟金門閘與南上、求賢兩灰壩，餘俱先後堵閉，基址亦湮没者半。今仍詳載坐落丈尺，以建造年月分列先後，用備查考。已載於舊《志》者從略。

下游堤工

溯自乾隆二十年改移下口後，南五工以下，南大堤乃康熙三十九年接建之東堤，下接雍正四年改築之北堤，又繼以坦坡埝之下，截至三河頭而止。堤外廢堤三道：一爲舊南堤，一爲東老堤之下截，一爲西老堤暨坦坡埝之上截。而八工正堤十七號迤東二千餘丈，向無堤防。道光十年，河水南趨於澱，遂於缺處建築九里横堤，以挑溜勢。迨河流北徙，補築缺口，由是南岸堤工直至坦坡埝尾，上下相承，無有間缺。光緒四年，下游村民請於坦坡埝尾接築民埝至青光以下，保衛田廬。因有裨於大清諸河，故籌全局者，主而行之北岸。於乾隆四十三年，改六工十九號爲下口，即以六工十八號爲北堤工尾。道光至同治間，於六工工尾，三次築壩接堤。是以同治三年後，北岸正堤以七工大壩十號爲工尾。而六工八號迤東之斜堤四十六里，今爲七工所轄之汛段，謂之遥堤。舊《志》稱越埝，又爲北埝、北堤者即此。今遥堤南之圈埝，即乾隆二十一年所築之遥埝，并隸於北七工云南北岸堤工，自乾隆戊戌迄今百有餘載，無甚更改。細繹舊《志》自悟。

下口河形

按：嘉慶二十年後，北岸七八兩工均成險要。二十三年，下口南移，大溜從南堤缺口向三河頭横漫而出，致東澱、楊芬港以下逐漸淤塞，遂由楊芬港東南之岔河，經杜家道溝，歸韓家樹正河入海。杜家道溝即千里長堤身也。至道光三年，改由汪兒澱入大清河，漸由三河晋出口，直衝静海、天津接壤之千里堤邊。偶值盛漲之時，則清渾交并。大清、子牙、南運諸河，幾與永定河合爲一矣。十年，於南八工十七號至汪兒澱，築堤一千七百八丈，以挑溜勢。仍留入澱金門三百五十餘丈。其明年凌汛改溜，漸入中洪，由竇澱（窑）歷六道口、雙口一帶入鳳河。嗣復折而南趨，在南八下汛二十號以下衝成缺口。迨二十二年凌汛後，往歲由大范甕口南去之水，轉而由稍北之鄭家樓後東下，是以二十三年，北遥堤即漫溢成口。治之者於北六工築壩堵截，以遏其勢，於柳坨村疏浚中洪，以順其性。由是溜走中洪者十餘載。咸豐九年，河勢漸形北徙，不數年鳳河淤墊。下口高仰倒漾之水，由遥堤尾浸灌堤外，東安境内屢被水灾。故同治三年，又於柳坨地面開浚引河，由舊河形歷叉光、二光、魚壩口、天津溝達津歸海。此即咸豐九年以前之正河。而河流善徙，水性靡常，旋復道光二十二年之故道。雖曰溜勢無定，然自道光二十二年迄今，皆東抵鳳河以達於海。夫嘗失永定河之正道則謂治之者，得行水之法也亦宜。

漫口敘略

順治八年，河自永清縣界徙固安迤西七十里，與白溝河合流。

順治十一年，河由固安縣西宫村與清水合流，而南入新城界。又決於固安叵羅垈，由霸州城北東入清河。又決於新城九花臺南里。

順治十八年，河決雄縣大陰村南堤、東堤，王村口南堤、横堤，龍華村北横堤，留通村西堤，李郎村西堤，旋經堵合。

康熙七年七月，河決盧溝橋及堤岸。

康熙二十年，河決霸州田家口民堤。

康熙二十七年，河從善來營入玉帶河。舊從固安之故城村決而西南，至茨村合琉璃河，直南衝茨村，分爲二，後漸從而東。至是築塞，不復相通。琉璃河遂南入新城，其故道由涿州、固安、永清、東安、霸州者，悉爲渾河所奪。

康熙四十一年五月，漫永清縣三聖口南岸堤，旋經堵合。

康熙四十八年，決永清縣王虎莊前堤，旋經堵合。

康熙五十六年六月，決永清縣賀堯營北岸堤，旋經堵合。

康熙五十八年，決永清縣賀堯營北岸堤，旋經堵合。

雍正二年六月，決霸州堂二鋪南岸堤，旋經堵合。

雍正三年七月，決永清縣城廠南岸堤，旋經堵合。

雍正七年，決北岸劉家莊以南堤十五丈，旋經堵合。

雍正八年三月，漫南岸武家莊、北岸五道口，東西各十餘丈。七月，漫南岸馮家塲一十餘丈，田家塲六丈。決北岸四聖口六十餘丈。隨時堵築。惟四聖口全溜所經，至八月水減竣工。

雍正十二年七月，決南岸二工堤鐵狗十七丈，北蔡東北十五丈，北蔡正東十七丈，南蔡正東三處共十二丈。五工黄家灣八十六丈，北岸堤四工梁各莊四十五丈，上七工四聖口一百六十三丈，下七工五道口九十三丈，八工小荆垈八丈，趙家樓重堤十八丈，田家堨重堤十九丈。其黄家灣一處河溜全奪，水入永清縣署，流至霸州津水窪歸澱。九月二十二日堵築工竣。

雍正十三年六月，決南岸下七工堤朱家莊東十一丈，八工東沽港二十六丈三尺，北岸趙家樓三十丈，地屬永清、東安。河水分流於朱家莊、趙家樓兩口之中，決口距三角澱甚近，水由六道口小堤復歸澱。

乾隆元年正月，決南岸八工東沽港堤二十四丈。二月堵築工竣。

乾隆二年六月陡漲，漫盧溝橋面，過堤頂，衝刷石景山土堤一處，漫溢南岸十八處，北岸二十二處。張客地居上游，出水更利，漫刷四百餘丈。全河大溜盡從此出，由宛平、良鄉、涿州、固安、永清、東安、武清等縣瀰漫而下，歸鳳河。八月堵築工竣。

乾隆三年六月，決南岸下七工朱家莊大堤一百五十五丈，六工楊家莊大堤六丈。七月，頭工又決八十八丈。八月堵築工竣。

乾隆十五年五月三十日，南三工十五號漫溢，旋經堵合。

乾隆十九年六月，南埝漫溢四十餘丈。七月決下口東老堤六號一百餘丈，復衝破西老堤六十餘丈。是年改條河頭爲下口。

乾隆二十四年閏六月，南四工漫溢，旋經堵合。

乾隆二十六年七月十一日，北三工十三號漫溢，八月初二日堵築工竣。

乾隆三十五年五月，北二工六號漫口四十七丈，旋經堵合。

乾隆三十六年七月，南二工漫口七十餘丈，北二工漫口一百餘丈，旋經堵合。

以上補舊《志》缺。舊《志》已録諭旨、奏議者不及。

嘉慶二十年六月二十五日，北七工二十四號漫溢，九月十九日堵合。

嘉慶二十四年七月二十日，南四工二十號、北二工二十一號，二十二日北頭工上汛七八九號，均漫溢。九月二十一日北上汛水口堵合。

道光二年六月十五日，南六工上汛頭號漫溢，九月十三日堵合。

道光三年六月初十日，北三工十二三號，十二日南二工二十號，十七日北頭工中汛十三號，均漫溢。九月十一日北中汛水口堵合。

道光十二年七月二十三日，南六工上汛頭號漫溢。閏九月十三日堵合。

道光十四年七月初一日，北三工十一二號，南二工金門閘迤南，北頭工下汛四號及十四號，北頭工中汛六七八號，均漫溢。十月二十日，北中汛水口堵合。

道光二十三年閏七月初三日，北六工遥堤十一號漫溢。九月初六日堵合。

道光二十四年五月二十四日，南七工五號漫溢。九月十八日堵合。

道光三十年五月二十五日，北七工八九號漫溢。十月初一日堵合。

咸豐三年六月初八日，南三工十三號漫溢。四年五月初三日堵合。

咸豐六年六月十八日，南七工五號，二十八日北四工上汛十號，北三工十三號均漫溢。十月初七日，北三工水口堵合。

咸豐七年六月十八日，北四工上汛十號漫溢。九月二十五日堵合。

咸豐九年七月初二日，北三工十二號漫溢。十月初十日堵合。

同治六年七月初九日，北三工五號漫溢。二十九日，南上汛灰壩奪溜。十月二十四日，灰壩堵閉合龍。十一月十二日，南七工六號漫溢。

同治七年三月十三日，南四工十七號、七月初八日南頭工上汛十五號，均漫溢。八年四月初七日，南上汛水口堵合。

同治八年五月二十一日，北四工下汛五號漫溢。十月十二日堵合。

同治九年六月初九日，南五工十七號，二十六日十號，均漫溢。十月十八日，十號水口堵合。

同治十年六月初六日，南二工六號，二十四日，盧溝橋南岸石堤五號，均漫溢。十一年三月二十一日，石堤水口堵合。

同治十一年七月初二日，北頭工下汛十七號漫溢。九月初十日堵合。

同治十二年閏六月十五日，南四工九號漫溢。九月二十一日堵合。

光緒元年六月二十五日，南二工六號漫溢。九月三十日堵合。

光緒四年七月二十二日，北六工十四號漫溢。十月十九日堵合。

卷三　經費　建置

經費

歲需款目

舊《志》本工歲修、搶修、疏浚、運脚等項，歲領銀六萬九千五百兩。嘉慶二十年，酌添備防秸料銀二千兩。道光三年後，歲估備防料銀一萬九千餘兩至二萬九千餘兩不等。二十年，請二萬五千二百兩，後爲定額，歲共領銀九萬四千七百兩。咸豐四年，部庫支絀，減半支領，再按銀鈔各半給發，歲領實銀二萬三千六百餘兩，在司庫旗租項下指撥。七年，減備防料銀一千五十兩。同治二年，停發五成鈔票。三年，改發五成實銀。九年，加撥歲搶修銀二萬三千兩，十二年，復原額，仍領實銀九萬四千七百兩，由江南撥解三萬兩，長蘆留撥七千兩，餘在司庫旗租項下指撥。光緒三年，加搶險銀四千兩，添備麻袋、月夫、兵米等費，由外籌撥，不歸本工報銷。歲需經費本年如有節存，下年請領時，例應照數扣除。今因工程險要儘數動用，故常年報銷銀數，是編不載。

另案工需

嘉慶二十年，堵築北七工漫口，用銀五萬五千四百九十七兩零，善後及備防秸料八千五百四十七兩零。

嘉慶二十一年，各汛加修石土堤工，用銀三萬八千二百六兩零，又搶添埽段八百九十七兩零。

嘉慶二十四年，堵築北上、北二、南四等工水旱漫口，用銀二十四萬一千六百九十五兩零，善後及備防秸料二萬一千七百九十八兩零，又各汛加後石土堤工一萬九千八百十一兩零。

嘉慶二十五年，凌汛用缺歲搶料物，動項買補，用銀一萬二千四百九十五兩，又搶添埽段二千二百二十八兩零，又各汛加修石土堤工三萬八千八百五十八兩零。

道光元年，搶添埽段用銀二千八百六十六兩零。

道光二年，堵築南六(土)〔上〕[一]汛漫口，用銀九萬八千三百二十三兩零，善後工程一萬四千七百十兩零。又堵閉求賢灰壩一千五百兩，又各汛加修石土堤工三萬二千七百六十七兩零，又搶添埽段三千四百九十四兩零。

道光三年，堵築北中、北三、南二等工水旱漫口，用銀十三萬五千四百九十五兩零，善後工程二萬一千八百二

[一] 南六土汛　疑爲『南六上汛』。

十三兩零。又搶補堤埽六千四百九十二兩零。

道光四年，南上汛建造灰壩，用銀七萬八千三百四十八兩零。又南二工拆修金門閘十萬三千四百五十一兩零。又北上、北中、北下、北二、北三、北五等工，培築新舊堤埝三萬七千二百六十兩零。

道光八年，各汛加修石土堤工，用銀二萬九千一百九十七兩零。

道光十一年，收窄入澱金門，堵截河槽，築做堤壩等工，除用存工料物外，用銀二萬九千一百十七兩零。又南七、八工加添護壩、戧埽一千三百六十七兩零。又北七工加培土工四千五百四十兩零。又金門閘加高龍骨、坦坡等工四千三百五十九兩零。

道光十二年，堵築南六上汛漫口，用銀八萬四千五百二十五兩零。善後工程一萬八千五百四十一兩零。

道光十三年，各汛加培土工，用銀二萬四千二十一兩零。

道光十四年，堵築北中、北下、北三、南二等工水旱漫口及善後工程，用銀十四萬五千五百七十二兩零。

道光十五年，各汛加培土工，用銀三萬二千四百三十六兩零。

道光十六年，各汛加培土工，用銀九千九十六兩零。

道光十七年，各汛加培土工，用銀六千四百十七兩零。

道光十八年，各汛加培土工，用銀二萬五千四百八十五兩零。

道光十九年，各汛加修石土堤工，用銀一千九百三十八兩零。

道光二十年，各汛加修石土堤工，用銀一千九百五十八兩零。

道光二十一年，各汛加修石土堤工，用銀一千九百四十七兩零。

道光二十二年，各汛加培土工，用銀八千八百五十四兩零。

道光二十三年，堵築北七工漫口，用銀五萬五千五百九十一兩零。接築堤埝七百七十三兩零。補築旱口及善後工程一萬二千八百九十四兩零。又金門閘加高龍骨，修補殘缺各工二萬九千二十三兩零。又各汛加修石土堤工一千九百三十八兩零。

道光二十四年，堵築南七工漫口，用銀十四萬五千九百三十九兩零。善後工程八千二百四十九兩零。又搶辦險工秸料五千二百五十兩。又各汛加修石土堤工一千九百六十三兩零。又修理雙營河神廟三千九百七十兩。

道光二十五年，南上汛灰壩加築滾水灰埝、修補殘缺各工，用銀三千五百五十三兩零。又各汛加修石土堤工一千九百六十八兩零。

道光二十六年，各汛加修石土堤工，用銀一千九百九十三兩零。

道光二十七年，各汛加修石土堤工，用銀一千九百七十二兩零。

道光二十八年，各汛加修石土堤工，用銀二千四百八十六兩零。

道光二十九年，各汛加修石土堤工，用銀二千四百七十四兩零。

道光三十年，堵築北七工漫口，用銀六萬九千八百五十一兩零。善後工程七千九十二兩零。又各汛加修石土堤工二千四百八十三兩零。

咸豐元年，各汛[一]加修石土堤工，用銀二千四百八十九兩零。

咸豐二年，各汛加修石土堤工，用銀二千四百八十兩零。

咸豐三年，各汛加修石土堤工，用銀二千四百九十四兩零。

咸豐四年，補築上年南三工漫口及善後工程，用銀三萬九千五百三十兩零。

咸豐六年，堵築北三、北四上、南七等工水旱漫口及禦水工，用銀八萬二千八百五十五兩零。又各汛加修石土堤工二千四百八十四兩零。

咸豐七年，堵築北四上汛漫口，用銀四萬三千四百七十一兩零。又疏浚中洪下口一萬三千八百十二兩零。

咸豐八年，各汛加修石土堤工[二]，用銀二千四百七十九兩零。

咸豐九年，堵築北三工漫口，用銀五萬三千八百二十一兩零。善後工程四百九十九兩零。

咸豐十年，各汛加修石土堤工，用銀二千四百八十七兩零。

咸豐十一年，各汛加修石土堤工，用銀二千四百九十四兩零。

同治元年，各汛加培土工，用銀二千九百九十四兩零。

同治二年，各汛加修石土堤工，用銀二千四百七十五兩零。

同治三年，北七工建築大壩，用銀四萬一千三百九十六兩零。善後工程三千八百九十七兩零。

同治四年，各汛加修石土堤工，用銀二千四百七十四兩零。

同治五年，各汛加修石土堤工，用銀二千四百九十六兩零。

[一] 各汛　光緒七年原刻本誤爲『加汛』。

[二] 石土堤工　光緒七年原刻本誤爲『石上堤工』，光緒八年重修本改爲『石土堤工』。以下同。

同治六年，堵閉南上汛[一]灰壩暨北三工旱口，用銀四萬九千八百十六兩零。禦水善後各工七千一百二十三兩零。嗣因經費不敷，在内剔除三千十八兩零，隨時酌辦。又各汛加修石土堤工，用銀二千四百八十八兩零。

同治七年，各汛加修石土堤工，用銀二千四百八十六兩零。

同治七八兩年，堵築南上、南四、南七、北四下等汛水旱漫口，暨疏浚中洪下口各工，用銀三十萬五千九百八十八兩零。

同治九年，堵築南五工水旱漫口及善後工程，用銀十萬四百六十八兩零。

同治十年，堵築南岸石堤漫口并南二工旱口、南七工旱壩暨禦水善後各工，用銀三十一萬一百五十四兩零。又各汛加修石土堤工二千四百七十一兩零。

同治十一年，堵築北下汛漫口及禦水工，除用道庫節存暨各員賠款外，用銀四萬四千兩。又重修金門閘六萬四千七百四十二兩零。又各汛加培土工三萬一百五十兩零。又石景山修補石工五千兩。

同治十二年，堵築南四工漫口，除各員賠款外，用銀五萬七千兩。又重修南上灰壩二萬八千三百七十二兩零。又各汛加修石土堤工二千四百九十三兩零。

同治十三年，重修求賢灰壩，用銀四萬七百二十兩零。又各汛加修石土堤工二千四百九十六兩零。又修理道署七千四百五十四兩。

光緒元年，堵築南二工漫口，除各員賠款外，用銀四萬一千九百三十九兩零。

光緒二年，修金門閘，用銀二千七兩。又修南上灰壩四千九十七兩零。又修求賢灰壩四千八百二十三兩零。又各汛加修石土堤工二千四百九十七兩零。

光緒三年，各汛加修石土堤工，用銀二千四百九十六兩零。

光緒四年，堵築北六工漫口，除各員賠款外，用銀四萬五千一百九十四兩零。

光緒五年，各汛加修石土堤工，用銀一萬兩。

光緒六年，修金門閘，用銀一千五百三十四兩零。又修南上灰壩五千九百三兩零。又修求賢灰壩四千七百十九兩零。又修南岸石堤一千四百二十一兩零。又北上汛加培土工三千一百五十三兩零。

舊《志》詳載歷年銷案。查，道光二十年後，另案工程多有由外籌辦，請免造册報銷者。今除歲款外，凡動支别款領辦工程，不論報銷與否，彙録如右。凡漫口、大壩引河兩項，例應銷六賠四，賠款按十成攤算。河督、河道各賠三成，本廳二成半，本汛一成半。

河淤地畝

宛平縣經徵河灘淤地，共十六頃十五畝六分，内除

[一] 南上汛　光緒七年原刻本爲『上南汛』，光緒八年重修本改爲『南上汛』。

不堪耕種地十頃六十五畝，實存徵租地五頃五十畝六分，歲徵銀十六兩五錢一分八釐。查嘉慶後檔册，無異。舊《志》誤。

東安縣經徵河灘淤地，道光十八年續報三十三頃七十六畝。每畝徵租銀六分，歲徵銀二百二兩五錢六分。又四十五頃十三畝二分，每畝徵銀三分，歲徵銀一百三十五兩三錢九分六釐。共地七十八頃八十九畝二分，共徵銀三百三十七兩九錢五分六釐，內有北七汛代徵銀九十七兩八錢九分，由縣實徵銀二百四十兩六分六釐。

河淤地有被河佔堤壓不堪耕種者，未便率請除租。每五年由河員確切查明，以近處涸出之地，撥補原種之户。舊《志》淀泊莊基侵佔等地，悉歸入河淤地內，載良鄉、霸州、固安、永清、東安、武清等六州縣實存徵租地五百九頃二十一畝五分二釐，歲徵銀一千七百四十五兩七錢八分七釐五毫。今檔册同連前共地五百九十三頃六十一畝三分二釐，歲共徵銀二千一百兩二錢六分一釐五毫。內永清縣淤租有南五汛代徵銀五十四兩四錢五毫，由縣實徵銀九百二十三兩五錢八分九釐。

柳隙地畝

霸州經徵堤幫地，光緒三年，續報三頃三十九畝七分九釐一毫，每畝徵租銀一錢，歲徵銀三十三兩九錢七分九釐一毫。又八頃四十六畝九分，每畝徵租銀六分，歲徵銀五十兩八錢一分四釐。又九十七畝，每畝徵租銀三分，歲徵銀二兩九錢一分，共地十二頃八十三畝六分九釐一毫，共徵銀八十七兩七錢三釐一毫。

永清縣經徵柳園堤幫餘隙等地，共五十五頃三畝二分一釐五毫。同治六年減租徵收，歲徵銀五百七十二兩六錢六分九釐四毫。

南八上汛經徵本汛老堤三道地租，計長十七里三分，歲徵京錢一千一百二千八百三十二文。

南八下汛經徵本汛廢埝一道地租，計長八里有零，歲徵銀十二兩。

北七汛經徵落垡村退出官地一頃三十畝，歲徵銀七兩一分二釐。

舊《志》堤幫、堤隙、麻租等地，悉歸入柳隙地。內載霸州、東安兩州縣實存徵租地六頃八十八畝二分四釐七毫，歲徵銀一百二十二兩七錢六分四釐八毫。今檔册同，連前共地七十六頃五畝一分五釐三毫。又二十五里有零，歲共徵銀八百二兩一錢四分九釐三毫，京錢一千一百二千八百三十二文。

葦塲地畝

武清縣經徵葦塲淤餘等地。道光十年被水衝刷，除租地一頃八十四畝五分五釐，實存徵租地三十七頃十畝一分四釐。減租徵收歲徵銀三百八十兩六分八釐六毫。二十六年，淤平前次除租地一頃八十四畝五分五釐，又原係除租地四頃五十畝，共地六頃三十四畝五分五釐，歲徵銀三十五兩二錢六分四釐。連前共地四十三頃四十四畝六分九釐，歲共徵銀四百十五兩三錢三分二釐六毫。

香火地畝

永清縣經徵段德名下入官香火地，原額四十五頃三十三畝五分一釐九毫，歲徵銀二百五十五兩四錢五分六釐。乾隆三十三年暨五十六年，兩次撥新分莊基地七頃五十一畝一釐，歸入段德地内，歲徵銀三十四兩九錢四分一釐，共地五十二頃八十四畝五分二釐九毫。同治六年減租徵收，歲共徵銀一百九十四兩七錢七分。又乾隆三十三年，加徵淤租，歲撥銀六十二兩一錢七分五釐，歸入段德地租項下。

同治六年，減徵改撥銀四十五兩六錢二釐三毫。今據永清縣檔案纂入，與舊《志》異。

南六工經徵本汛關帝廟香火地二頃，歲徵銀六兩。

南七工經徵道署文昌閣香火地九十畝，又民人于若河承種香火地某廟香火無考一頃八十七畝五分，歲共徵銀二十五兩六分一釐。

北下汛經徵戒臺寺香火地七頃六十三畝一分，歲徵銀二十二兩八錢九分三釐。嘉慶六年被水衝刷，除租。二十二年涸出，照舊納糧舊《志》載，各廟香火，除北下、北二上兩汛外，撥地六十七頃六十九畝，連前共地九十頃十六畝一分。又按舊《志》，各廟香火共地七十餘頃。内除北二工、條河頭兩處河神廟及楊忠愍公香火，在柳隙新淤地内撥給，而段德名下香火地僅存二十餘頃，則所存不敷所撥。今查檔案，乾隆二十三年，奏准在河淤地内，撥給各廟三四頃，以供香火。舊《志》失載。

北五工經徵本汛元神廟香火地七十五畝，歲徵銀五兩一錢六分。

北六工經徵遥堤惠濟廟香火地，并民人田倫、田一士承種香火地某廟香火無考，共十三頃二十一畝一分，歲徵銀三十九兩六錢三分三釐。

右地十頃，畝歲共徵銀三百三十九兩一錢四分三釐二毫。

附：各廟香火地畝數

道署文昌閣，香火地九十畝。

南六工關帝廟，香火地二畝。

南七工惠濟廟，香火地六十五畝。

南八上汛惠濟廟，香火地七十畝。

北下汛惠濟廟，香火地二頃舊《志》在北岸頭工，未書上中下汛。

北二上汛惠濟廟，香火地六頃舊《志》在北岸二工，是時未分上下汛。

北五工元神廟，香火地七十五畝。

北六工遥堤惠濟廟，香火地一頃八十四畝。

戒臺寺，香火地七頃六十三畝一分。舊《志》載，各廟香火除北下、北二上兩汛外，撥地六十七頃六十九畝，連前共地九十頃十六畝一分。

查，承種夫地各户，嘉慶後并無改撥。舊《志》已詳，兹不復録。惟舊《志》户畝細數，分計合算多有舛錯，況歲徵租銀已見於河淤地，而於險夫地又復複出，未免混淆。既無另徵銀兩，不當入經費門。今以出夫村莊名數，編入工程。

建置

碑亭

本工碑亭十二座。舊《志》載，南二工十四號、北八工三號，各有碑亭一座。二工十四號，後改爲九號；八工三號，後改爲七工二十三號。

上諭禁止河身内增蓋民房碑。一在石各村前北埝上，乾隆十八年建是年建碑四座，見舊《志》『附録門』。『建置門』載三座，誤。

上諭南二工拆修金門石閘碑。在金門閘，道光四年建。

上諭南上汛建造灰壩碑。在南上灰壩，道光四年建。

附：〔閘壩堤埝碑〕(一)

重修金門減水石閘碑。在金門閘，同治十一年建。

重修南上汛灰壩碑。在南上灰壩，同治十二年建。

重修求賢灰壩碑。在求賢壩，同治十三年建。

禁止下口私築土埝碑。一在青光村，一在韓家樹村，一在南八下汛署後，光緒三年建。

道光後碑文，載『雜識門』。

祠廟

永定河神，乾隆十六年勅封『安流廣惠之神』舊《志》『廣惠』誤『惠濟』，光緒元年加封『普濟』二字。

南上汛將軍廟，在二號灰壩，同治十二年建。

南二工惠濟廟，一在金門閘，同治十一年重修；一在十五號堤外。

南二工將軍廟，在六號，光緒元年漫口，衝塌重建。

南四工惠濟廟，在四號。

南四工風神廟，在四號。

南四工將軍廟，在五號。

南五工惠濟廟，一在曹家務西，今圮；一在十五號，同治十一年重修。

南五工將軍廟，在十五號。

南六工關帝廟，在十三號，乾隆五十七年建。

南六工惠濟廟，道光二十三年，頒賜御書額聯：

『功衛京圻』。

『蔀屋安恬資潤下、桑乾鞏固頌靈長。』

(一) 據原書總目加。

二十四年廟重修。

南七工惠濟廟，在十九號。

南八上汛惠濟廟，一在十一號，一在廢堤宋流口。

北上汛將軍廟，在頭號。

北中汛惠濟廟，在四號。

北下汛惠濟廟，在十七號。

北二上汛惠濟廟，在七號。

北二下汛惠濟廟，在六號。

北三工惠濟廟，在十四號。

北四上汛惠濟廟，在十號。

北四下汛惠濟廟，在十五號。

北五工惠濟廟，在五號，同治十一年被水衝塌，光緒六年重建。嘉慶十一年，堵築五工漫口，協備楊賈成積勞身故。南四工目兵來泰和、北中汛目兵賈躄墮水死，并附祀於廟。

北五工將軍廟，原在五號，今圮。附祀本汛惠濟廟。

北六工惠濟廟，在七工遥堤頭號遥堤惠濟廟，原係北七工奉祀。光緒元年撥歸六工。道光二十三年，頒賜御書額聯：

『畿甸承庥』。

『德義百川徵軌順，靈昭三輔慶波恬。』

欽定七工遥埝河神廟額聯，因廟衝塌未建，恭移遥堤惠濟廟内。

北七工惠濟廟，原在遥埝十五號。道光二十三年漫口衝塌，同治四年重建於大壩三號。

各汛神廟，凡舊《志》未載暨載而號數不符者，并録之以備查考。其建造年月，檔案無徵者闕之。已詳舊《志》而號數并無更改者，不録焉。

衙署

河道署，同治十二年漫口，衝塌重修。

石景山同知署，光緒三年借廉重修。

南岸同知署，在固安縣西門内，本守備署。同治十年冬詳准對换，借廉重修。

北岸同知署，道光十四年漫口塌。

三角澱通判署，嘉慶二十一年，拆建於南六工十二號雙營村，今圮。光緒二年，借廉修雙營總督行舘，權爲公廨。

北岸通判署，未建。歲領房價銀八十兩，在道庫支領。

盧溝司汛署，在拱極城外。

南上汛署，在本汛十二號。

南下汛署，在本汛八號。

南二汛署，在本汛十五號。

南三汛署，在本汛七號。

南四汛署，在本汛四號。

南五汛署，在本汛十四號。

南六汛署，在本汛十二號。

南七汛署，在本汛十六號。

南八上汛署，在本汛六號。

北上汛署，原在本汛頭號，光緒元年移建於十四號。
北中汛署，在本汛四號。
北下汛署，在本汛十二號。
北二上汛署，在本汛七號。
北二下汛署，在本汛六號。
北三汛署，在本汛十四號。
北四上汛署，在本汛二號。
北四下汛署，在本汛十五號。
北五汛署，在本汛十號。
北六汛署，在本汛十號。
北七汛署，在本汛十二號。
都司署，今圮。
守備署，在固安縣城東祖家塲，本南岸同知署對換，今圮。
協備署，在固安縣東門内，道光二十一年，協備邵士選捐廉重建。
南八下汛署，在本汛十五號。

防汛公署

總督防汛公署，一在宛平縣長安城，今圮；一在永清縣雙營村，光緒二年被火，三角澱通判借廉重修。
河道防汛公署，一在南三工六號，今圮。歷年防汛駐南四工公署。
石景山同知防汛公署，在北二上汛七號。
南岸同知防汛公署，本二所，今圮。重建於南二工金門閘。

卷四　職官

官屬武職詳『兵制門』

永定河道，爲請旨簡放缺，專司河務，無民社事。初兼按察司副使或僉事銜。乾隆十八年罷兼銜。道光十八年裁原轄之北七汛主簿、南六下汛巡檢各一員。二十四年，復設北七汛主簿。二十六年，添設北岸通判一員，北四上汛州同一員。同治十年，以宛平、涿州、良鄉、固安、永清、東安、霸州、武清等沿河八州縣有交涉河工事宜，統由永定河道考覈。

石景山同知，嘉慶二十一年撥北上、北中、北下、北二四汛歸并管理。道光五年，二工分爲上、下兩汛。二十六年，二工下汛改隸北岸同知。

南岸同知，嘉慶二十一年管理西岸石工，兼轄盧溝橋汛。以南五、南六兩汛改隸三角澱通判。

北岸同知，嘉慶二十一年，撥北七、北八兩汛歸并管理。以北上、北中、北下、北二四汛，改隸石景山同知。道光五年，北八汛裁。十八年，北七汛裁。二十四年，復設北七汛。二十六年，四工分爲上、下兩汛。又撥北二工下汛，歸并管理。以北五、北六、北七三汛，改隸北岸通判。

三角澱通判，嘉慶二十一年，撥南五、南六兩汛，歸并管理。以北七、北八兩汛改隸北岸同知。二十五年，改南九汛爲南六下汛。道光十八年，下汛缺裁。

北岸通判，道光二十六年，調子牙河通判駐北岸，改爲北岸通判，轄北五、北六、北七共三汛。

盧溝橋汛宛平縣巡檢，嘉慶二十一年，分隸南岸同知。

北頭工上汛武清縣縣丞，嘉慶二十一年，改隸石景山同知。

北頭工中汛武清縣縣丞，嘉慶二十一年，改隸石景山同知。

北頭工下汛宛平縣縣丞，嘉慶二十一年，改隸石景山同知。

北二工上汛良鄉縣縣丞，原設爲北二汛，嘉慶二十一年，改隸石景山同知。道光五年，分爲兩汛，原設縣丞爲上汛。

北二工下汛東安縣主簿，道光五年，調北七汛主簿駐二工，改爲二工下汛，隸石景山同知。二十六年，改隸北岸同知。

北四工上汛涿州州同，道光二十六年，調祁州州同駐四工，改爲四工上汛涿州州同，隸北岸同知。

北四工下汛固安縣縣丞，原設爲北四汛。道光二十六年，分爲兩汛，原設縣丞爲下汛。

南五汛永清縣縣丞，嘉慶二十一年，改隸三角澱通判。

南六汛霸州州判，嘉慶二十一年，改隸三角澱通判。二十五年，分爲兩汛。調南九汛霸州澱河巡檢駐六工，改爲六工下汛。原設州判爲上汛。道光十八年，下汛缺裁，仍歸并爲南六汛。

北五汛永清縣縣丞，道光二十六年，改隸北岸通判。

北六汛霸州州判，道光二十六年，改隸北岸通判。

北七汛東安縣主簿，嘉慶二十一年，改隸北岸同知。道光二年，移駐北二工，改爲二工下汛。調北八汛主簿，爲北七汛。十八年缺裁。二十四年，復設，調寶坻縣主簿駐七工，改爲七工東安縣主簿。二十六年，改隸北岸通判。

表一〔嘉慶二十年至道光十年〕

紀年	直隸總督	永定河道	廳員	汛員	河營
嘉慶二十年	那彥成 滿洲正白旗人進士嘉慶十九年任	李于培 山東安邱人進士五月任 葉觀潮 福建閩縣人舉人十二月任	石景山同知 丁寶洲 江蘇無錫人監生嘉慶十七年任 南岸同知 孫豫元 浙江仁和人附監生嘉慶十五年任	盧溝橋汛宛平縣巡檢 張南衡 浙江歸安人監生嘉慶十九年任 南頭工上汛霸州州同 祝慶穀 河南固始人監生五月任 南頭工下汛宛平縣縣丞 洪如義 貴州玉屏人廪貢生嘉慶十七年任 南二汛良鄉縣縣丞 馬錞 山東歷城人職員嘉慶十九年任 南三汛涿州州判 蔣宗墉 安徽懷寧人監生嘉慶十九年任	都司 謝成 固安人行伍嘉慶十六年任 南岸守備 李存志 永清人行伍嘉慶十六年任 北岸協備 夏茂芳 武清人行伍嘉慶十八年任 南岸千總 劉永泰 固安人行伍嘉慶十八年任 北岸千總 宋培 武清人行伍嘉慶十六年任

北岸同知
張泰運 江蘇銅山人廩貢生嘉慶十九年任

南四汛固安縣縣丞
陳禾 江蘇宿遷人監生嘉慶十九年任

南五汛永清縣縣丞
張藻 江蘇睢甯人監生嘉慶十九年任

南六汛霸州州判
張循梅 湖南武岡人監生五月任

北頭工上汛武清縣縣丞
錢栻 江蘇沭陽人監生四月任

北頭工中汛武清縣縣丞
支甯祥 江蘇山陽人監生嘉慶十六年任

南岸把總
劉天喜 東安人行伍嘉慶十七年任

北岸把總
徐文立 宛平人行伍嘉慶十九年任

鳳河東隄把總
吴之華 固安人行伍乾隆五十六年任

石景山經制外委
馮榮 宛平人行伍嘉慶十九年任

淀河經制外委二員
賈釭 涿州人行伍嘉慶九年任

北頭工下汛宛平縣縣丞
包駿 江蘇上元人監生四月任

北二汛良鄉縣縣丞
陳鎮標 陝西韓城人職員四月任

北三汛涿州州判
胡侍丹 江蘇武進人監生嘉慶十九年任

北四汛固安縣縣丞
喬巨英 山西太谷人監生三月任

北五汛永清縣縣丞
唐湝 江蘇江都人監生嘉慶十九年任

北六汛霸州州判
康誥 江蘇清河人監生嘉慶十九年任

單均平固安人
行伍 嘉慶十七年任

三角淀通判 宋綸光 江蘇長洲人監生八月任				
南七汛東安縣主簿 楊泰階 浙江山陰人監生嘉慶十九年任	南八汛武清縣主簿 蔣景暘 江蘇元和人職員嘉慶十七年任	南九汛霸州淀河巡檢 歸懋修 江蘇常熟人監生九月任	北七汛東安縣主簿 史渭綸 江蘇溧陽人監生九月任	北八汛東安縣主簿 馬鈞 山東歷城人職員嘉慶十九年任

嘉慶二十一年

是年以北上北中北下北二共四汛改隸石景山同知南上南下南二南三南四共五汛隸南岸同知盧溝橋汛亦分隸焉以北三北四北五

托津 滿洲旗人閏六月任	方受疇 安徽桐城人監生閏六月任						
孫豫元 十一月由南岸同知兼護	李逢亨 陝西平利人拔貢生十二月任						
石景山同知 田宏猷 江蘇桃源人監生正月任						南岸同知 孫豫元	
盧溝橋汛 葉泰 浙江錢塘人監生三月任	潘烱 浙江歸安人附監生九月任	北頭工上汛 錢栻	北頭工中汛 沈鋭 浙江歸安人監生四月任	北頭工下汛 王庚 江蘇吳縣人監生四月任	北二汛 陳鎮標	南頭工上汛 祝慶穀	南頭工下汛 黃瀚 安徽桐城人職員十二月任
都司 謝成	守備 李存志	協備 夏茂芳	南岸千總 劉永泰	北岸千總 宋培	南岸把總 劉天喜	北岸把總 徐文立	鳳河把總 高際時 固安人行伍八月任

北六北七北八共六汛隸北岸同知南五南六南七南八南九共五汛隸三角澱通判

北岸同知 張泰運；三角澱通判 陳春熙 江蘇如皋人 監生正月任

南二汛 馬錞；南三汛 蔣宗墉；南四汛 陳禾；北三汛 胡侍丹；北四汛 喬巨英；北五汛 唐湆；北六汛 康誥；北七汛 史渭綸；北八汛 張南衡 三月任；南五汛 張藻；南六汛 袁修敬 江蘇華亭人 監生二月任；南七汛 楊泰階

石景山汛外委 馮榮；淀河外委二員 賈釭 單均平

嘉慶二十二年

方受疇

李逢亨

石景山同知 徐鉎 浙江德清人 監生四月任；陳春熙 八月任；南岸同知 孫豫元

南八汛 蔣景暘；南九汛 陳佩蘭 江蘇江甯人附 監生三月任；盧溝橋汛 潘炯；北頭工上汛 錢栻；北頭工中汛 陳禾 三月任；北頭工下汛 王庚；北二汛 陳鎮標；南頭工上汛 蔣宗墉 三月任；南頭工下汛 黃瀚；南二汛 包駿 三月任

都司 謝成；守備 李存志；協備 夏茂芳；南岸千總 劉永泰；北岸千總 宋培；南岸把總 劉天喜；北岸把總 李焕文 天津人行伍 十一月任；鳳河把總 高際時

南三汛 馬錞 三月任　南四汛 楊泰階 三月任　北三汛 胡侍丹　北四汛 喬巨英　北五汛 唐湆　北六汛 康誥　北七汛 史渭綸　北八汛 張南衡　南五汛 張藻　南六汛 袁修敬　南七汛 程裕臣 江蘇睢寧人 監生三月任　南八汛 陳佩蘭 三月任

北岸同知 張泰運　三角澱通判 黃桂林 江蘇碭山人 監生五月任

石景山汛外委 馮榮　淀河外委二員 賈釭 單均平

嘉慶二十三年

方受疇

李逢亨

石景山同知 徐鉎 五月任　馬金陛 山東齊河人 監生十二月任　南岸同知 孫豫元

南九汛 歸懋修 三月任　盧溝橋汛 潘烱　北頭工上汛 錢栻　北頭工中汛 陳禾　北頭工下汛 莊寶瑛 江蘇武進人 議敘十二月任　北二汛 唐湆 二月任　王庚 十二月任　南頭工上汛 蔣宗墉　南頭工下汛 黃瀚　南二汛 馬錞 二月任　南三汛 喬巨英 二月任　南四汛 楊泰階

都司 謝成　守備 李存志　協備 夏茂芳　南岸千總 劉永泰　北岸千總 宋培　南岸把總 劉天喜　北岸把總 李煥文　鳳河把總 高際時　石景山汛外委 馮榮　淀河外委二員 賈釭 單均平

北岸同知 張泰運

三角淀通判 黃桂林

北三汛 汪兆鵬 山東歷城人 監生五月任

北四汛 史渭綸 二月任

北五汛 袁修敬 二月任

北六汛 周維嘉 山東金鄉人 監生正月任

馮人驥 浙江平湖人 監生五月任

北七汛 張欽祖 河南太康人 監生二月任

北八汛 張南衡

南五汛 沈渭 浙江仁和人 監生十二月任

南六汛 毛占樞 浙江餘姚人 監生二月任

嘉慶二十四年

方受疇

張泰運 八月任

石景山同知 嵇承廉 江蘇無錫人 監生八月任

孫星衢 江蘇陽湖人 監生十月任

南岸同知 彭應杰 廣東陸豐人 監生八月任

南七汛 程裕臣

南八汛 陳佩蘭

南九汛 歸懋修

盧溝橋汛 吳爾祚 安徽廬江人附監生八月任

北頭工上汛 陳佩蘭 八月任

北頭工中汛 袁修敬 正月任

史渭綸 十月任

北頭工下汛 莊寶瑛

北二汛 張欽祖 十月任

南頭工上汛 蔣宗墉

都司 謝成

守備 李存志

協備 夏茂芳

南岸千總 劉永泰

北岸千總 宋培

南岸把總 劉天喜

北岸把總 李焕文

北岸同知 徐鉎 八月任	支甯祥 十月任

南頭工下汛 王庚 十月任	南二汛 馬錞	南三汛 喬巨英	南四汛 黃瀚 十月任	北三汛 胡侍丹 正月任	北四汛 袁修敬 十月任	北五汛 汪兆鵬 正月任	楊泰階 十月任	北六汛 汪炳文 山東菏澤人 監生三月任

鳳河把總 高際時	石景山汛外委 馮榮	淀河外委二員 賈釭 單均平

三角淀通判 黃桂林

北七汛 徐敦義 浙江德清人 監生十月任	北八汛 張南衡	南五汛 沈渭	南六汛 毛占樞	南七汛 張同勳 安徽桐城人 監生四月任	孟釗 山東歷城人 吏員十月任	南八汛 潘炯 八月任	南九汛 歸懋修

嘉慶二十五年 是年調南九汛霸州淀河巡檢駐南六工改為南六下汛原設南六汛為上汛
方受疇
張泰運
石景山同知 徐銈 九月任；南岸同知 彭應杰；北岸同知 葉德豫 江蘇上元人監生五月任
盧溝橋汛 張欽祖 十月任；北頭工上汛 陳佩蘭；北頭工中汛 史渭綸；北頭工下汛 莊寶瑛；北二汛 黃瀚 三月任；南頭工上汛 蔣宗墉；南頭工下汛 王庚；南二汛 馬錞；南三汛 喬巨英；南四汛 孟釗 三月任；北三汛 胡侍丹
都司 謝成；守備 李存志；協備 夏茂芳；南岸千總 劉永泰；北岸千總 宋培；南岸把總 劉天喜；北岸把總 李焕文；鳳河把總 高際時；石景山汛外委 馮榮；淀河外委二員 賈釭、單均平

三角澱通判 黃桂林
北四汛 袁修敬；北五汛 楊泰階；北六汛 王仲淇 江蘇吳縣人職員二月任、張耀箕 江蘇銅山人職員七月任、成誠 浙江仁和人舉人十二月任；北七汛 葉蕖 河南汝陽人監生九月任；北八汛 歸懋修 二月任；南五汛 包駿 九月任；南六工上汛 毛占樞；南六工下汛霸州巡檢 程裕臣 二月任

道光元年

方受疇

張泰運

石景山同知　袁烺　山東長山人監生二月任
南岸同知　徐鉎　二月任
邵楠　浙江山陰人監生九月任

南七汛　張欽祖　三月任
李朗煊　江蘇蕭縣人監生九月任
南八汛　蔣景暘　八月任
盧溝橋汛　張欽祖
北頭工上汛　陳佩蘭
北頭工中汛　史渭綸
北頭工下汛　莊寶瑛
北二汛　黃瀚
南頭工上汛　蔣宗墉
南頭工下汛　王庚

都司　謝成
守備　李存志
協備　夏茂芳
南岸千總　劉永泰
北岸千總　宋培
南岸把總　劉天喜
北岸把總　李煥文

寳喬林　山東諸城人監生十一月任
北岸同知　陶金殿　安徽滁州人拔貢生四月任

南二汛　馬錞
南三汛　喬巨英
南四汛　康誥　二月任
北三汛　胡侍丹
北四汛　劉一峰　河南滑縣人舉人二月任
北五汛　孫良坤　浙江山陰人議叙十二月任
北六汛　陳禾　十月任
北七汛　葉蕖
北八汛　歸懋修

鳳河把總　高際時
石景山汛外委　馮榮
淀河外委二員　賈釭　單均平

道光二年

長齡 蒙古正白旗人繙繹生員正月任
松筠 蒙古正藍旗人繙繹生員正月任
顏檢 廣東連平人拔貢生閏三月任

張泰運

三角淀通判 黃桂林
石景山同知 袁烺

南五汛 張耀箕 五月任
南六工上汛 毛占樞
南六工下汛 程裕臣
南七汛 張書紳 江蘇武進人議敘二月任
南八汛 蔣景暘
盧溝橋汛 管嗣許 浙江海寗人監生四月任
北頭工上汛 陳佩蘭
北頭工中汛 史渭綸
北頭工下汛 莊寶瑛
北二汛 唐渲 五月任

都司 李存志 五月任
守備 夏茂芳 五月任
協備 宋培 五月任
南岸千總 劉永泰
北岸千總 李煥文 五月任

南岸同知 竇喬林
北岸同知 陶金殿

南頭工上汛 胡侍丹 十二月任
南頭工下汛 王庚
南二汛 馬錞
南三汛 喬巨英
南四汛 張耀箕 九月任
北三汛 楊泰階 十二月任
北四汛 蔣景暘 正月任
北五汛 楊泰階 四月任
蒯夢霆 江蘇吳江人職員十二月任
北六汛 崔廣仁 河南商邱人監生二月任
北七汛 葉蕖

南岸把總 劉天喜
北岸把總 謝自富 永清人行伍五月任
鳳河把總 高際時
石景山汛外委 馮榮
淀河外委二員 賈釭
單均平

	道光三年
	蔣攸銛 漢軍鑲藍旗人進士四月任
	張泰運
三角淀通判 陳鎮標 七月任；徐鉎 八月任；蔣宗墉 十二月任	石景山同知 李國屏 河南鄭州人增貢生九月任
北八汛 歸懋修；南五汛 康誥 九月任；南六工上汛 張曦午 山西臨汾人附貢生二月任；南六工下汛 程裕臣；南七汛 張書紳；南八汛 張夢麟 江蘇銅山人監生正月任；楊夔生 江蘇金匱人議敘十一月任	盧溝橋汛 崔廣仁 十月任；北頭工上汛 張書紳 二月任
	都司 李存志；守備 夏茂芳

南岸同知 竇喬林	北岸同知 蔣宗墉 九月任
北頭工中汛 唐涫 九月任；北頭工下汛 汪兆鵬 九月任；北二汛 蔣景暘 九月任；南頭工上汛 王仲蘭 江蘇吳縣人監生九月任；南頭工下汛 王庚；南二汛 馬錞；南三汛 喬巨英；南四汛 張耀箕	北三汛 包駿 十月任；北四汛 張夢麟 九月任；北五汛 蒯夢霆
協備 宋培；南岸千總 劉永泰；北岸千總 李焕文；南岸把總 劉天喜；北岸把總 謝自富；鳳河把總 高際時；石景山汛外委 馮榮；淀河外委二員 賈釭	單均平

道光四年

蔣攸銛

張泰運

石景山同知李國屏　三角淀通判胡侍丹九月任

北六汛李祖垚山西翼城人廪貢生四月任　北七汛潘烱十一月任　北八汛歸懋修　南五汛康誥　南六工上汛莊寶瑛九月任　南六工下汛沈元文浙江歸安人監生二月任　南七汛程裕臣二月任　南八汛楊夔生　盧溝橋汛蒯夢霆九月任　北頭工上汛張書紳　北頭工中汛唐湆

都司李存志　守備夏茂芳　協備宋培

南岸同知竇喬林　北岸同知蔣宗墉

北頭工下汛汪兆鵬　北二汛張夢麟九月任　南頭工上汛康誥九月任　南頭工下汛王庚　南二汛馬錞　南三汛喬巨英　南四汛張耀箕　北三汛蔣景暘九月任　北四汛程裕臣九月任　北五汛熊開楚江蘇高郵人監生五月任　北六汛吕子瓚江蘇陽湖人副貢生十一月任

南岸千總劉永泰　北岸千總李焕文　南岸把總劉天喜　北岸把總謝自富　鳳河把總高際時　石景山汛外委馮榮　淀河外委二員賈釭　單均平

道光五年　是年調北七汛東安縣主簿駐北二工改爲北二下汛隸石景山同知原設北二汛爲上汛以北八汛改爲北七汛八工缺裁

那彥成　十一月任

張泰運

石景山同知　李國屏

南岸同知　竇喬林

盧溝橋汛　費淦　江蘇震澤人監生二月任

北頭工上汛　張書紳

北頭工中汛　唐湇

北頭工下汛　汪兆鵬

北二工上汛　張夢麟

北二工下汛東安縣主簿　陳嘉謀　原任北七汛

南頭工上汛　康誥

南頭工下汛　王庚

南二汛　馬錞

南三汛　喬巨英

南四汛　鄭啟新　山西文水人監生九月任

都司　李存志

守備　夏茂芳

協備　宋培

南岸千總　劉永泰

北岸千總　李煥文

南岸把總　劉天喜

北岸把總　謝自富

鳳河把總　高際時

石景山汛外委　馮榮

淀河外委二員　賈釭　單均平

三角淀通判　胡侍丹

北七汛　陳嘉謀　浙江錢塘人廕生七月任

北八汛　歸懋修

南五汛　王仲蘭　九月任

南六工上汛　王溱　江蘇吳縣人監生二月任

陳禾　十一月任

南六工下汛　崔廣仁　九月由南七汛兼署

南七汛　崔廣仁　九月任

南八汛　沈元文　九月任

北岸同知 蔣宗墉	三角澱通判 胡侍丹									
北三汛 蔣景暘	北四汛 程裕臣	北五汛 熊開楚	北六汛 呂子璸	北七汛 歸懋修 原任北八汛	南五汛 王仲蘭	南六工上汛 萬啟遜 江西南昌人 監生三月任	南六工下汛 馬晉錫 江蘇常熟人 監生三月任	南七汛 崔廣仁	南八汛 沈元文	

道光六年											
那彥成											
張泰運											
石景山同知 李國屏	南岸同知 竇喬林	北岸同知 蔣宗墉									
盧溝橋汛 費淦	北頭工上汛 張書紳	北頭工中汛 鄭啟新 十二月任	北頭工下汛 汪兆鵬	北二工上汛 張夢麟	北二工下汛 陳嘉謀	南頭工上汛 康誥	南頭工下汛 王庚	南二汛 馬錞	南三汛 王仲蘭 二月任	南四汛 張耀箕 四月任	北三汛 蔣景暘
都司 李存志	守備 夏茂芳	協備 宋培	南岸千總 劉永泰	北岸千總 李煥文	南岸把總 劉天喜	北岸把總 謝自富	鳳河把總 高際時	石景山汛外委 馮榮	淀河外委二員 賈釭 單均平		

道光七年

屠之申 湖北孝感人監生十一月任布政使護理

張泰運

李國屏 石景山同知
胡侍丹 三角澱通判

徐敦義 北頭工上汛三月任
費淦 盧溝橋汛
沈元文 南八汛
馬錫 南七汛五月任
崔廣仁 南六工下汛五月任
萬啟遜 南六工上汛
陳禾 南五汛二月任
歸懋修 北七汛
吕子瓚 北六汛
熊開楚 北五汛
程裕臣 北四汛

夏茂芳 守備
李存志 都司

蔣宗墉 北岸同知
竇喬林 南岸同知

蔣景暘 北三汛
程際亨 南四汛浙江嘉善人議叙十一月任
王仲蘭 南三汛
馬錞 南二汛
王庚 南頭工下汛
康詰 南頭工上汛
陳嘉謀 北二工下汛
鄭啟新 北二工上汛三月任
汪兆鵬 北頭工下汛
張夢麟 北頭工中汛三月任

單均平
賈釭 淀河外委二員
馮榮 石景山汛外委
高際時 鳳河把總
謝自富 北岸把總
郜士選 南岸把總武清人行伍閏五月任
李焕文 北岸千總
劉永泰 南岸千總
宋培 協備

道光八年	
屠之申	
張泰運	
石景山同知 李國屏	三角淀通判 胡侍丹

北四汛 李瑩光 山東歷城人監生正月任	北五汛 熊開楚	北六汛 吕子璸	北七汛 歸懋修	南五汛 陳禾	南六工上汛 萬啟遜	南六工下汛 崔廣仁	南七汛 馬晉錫	南八汛 沈元文	盧溝橋汛 費淦	北頭工上汛 徐敦義	北頭工中汛 張夢麟

都司 夏茂芳 三月任	守備 劉永泰 三月任	協備 張名遠 固安人行伍十二月任

南岸同知 竇喬林	北岸同知 蔣宗墉

北頭工下汛 汪兆鵬	北二工上汛 鄭啟新	北二工下汛 陳嘉謀	南頭工上汛 康誥	南頭工下汛 王庚	南二汛 馬錞	南三汛 王仲蘭	南四汛 張耀箕 六月任	北三汛 蔣景暘	北四汛 李瑩光	北五汛 熊開楚	北六汛 吕子璸

南岸千總 王泰 永清人行伍三月任	北岸千總 李煥文	南岸把總 郜士選	北岸把總 謝自富	鳳河把總 高際時	石景山汛外委 馮榮	淀河外委二員 賈釭 單均平

道光九年	
松筠 四月任；那彥成 六月任	
張泰運	
石景山同知 周衡 四川涪州人舉人十二月任	三角淀通判 胡侍丹
盧溝橋汛 李敦壽 四川三臺人職員三月任；柳廷森 湖南長沙人監生十一月任；北頭工上汛 徐敦義；北頭工中汛 張夢麟；北頭工下汛 陳嘉謀 三月任	北七汛 歸懋修；南五汛 陳禾；南六工上汛 萬啟遜；南六工下汛 崔廣仁；南七汛 馬晉錫；南八汛 沈元文
都司 夏茂芳；守備 張文彩 固安人行伍六月任；協備 張名遠；南岸千總 王泰；北岸千總 李煥文	

南岸同知 竇喬林；北岸同知 蔣宗墉
北二工上汛 鄭啟新；北二工下汛 費淦 三月任；南頭工上汛 萬啟遜 二月任；康誥 十二月任；南頭工下汛 王庚；南二汛 馬錞；南三汛 王仲蘭；南四汛 張耀箕；北三汛 蔣景暘；北四汛 李瑩光；北五汛 熊開楚；北六汛 呂子瓊
南岸把總 郜士選；北岸把總 謝自富；鳳河把總 呂漢秀 固安人行伍二月任；石景山汛外委 馮榮；淀河外委二員 賈釭 單均平

	道光十年	(continued)
Year	道光十年	
Governor-general	那彥成	
Circuit intendant	張泰運	
Sub-prefects	石景山同知 周衡	三角淀通判 胡侍丹
Section officers	盧溝橋汛 柳廷森 北頭工上汛 徐敦義 北頭工中汛 張書紳 四月任 北頭工下汛 陳嘉謀 北二工上汛 鄭啟新	北七汛 歸懋修 南五汛 陳禾 南六工上汛 沈元文 二月任 南六工下汛 李振業 安徽太湖人 監生二月任 南七汛 馬晉錫 南八汛 張瀛 江蘇蕭縣人 監生二月任
Military officers	都司 夏茂芳 守備 張文彩 協備 張名遠 南岸千總 王泰 北岸千總 李煥文	

Year	
Governor-general	
Circuit intendant	
Sub-prefects	南岸同知 竇喬林 北岸同知 蔣宗墉
Section officers	北二工下汛 費淦 南頭工上汛 康誥 南頭工下汛 王庚 南二汛 馬錞 南三汛 喬巨英 十一月任 南四汛 張耀箕 北三汛 蔣景暘 北四汛 李瑩光 北五汛 熊開楚 北六汛 呂子瓚
Military officers	南岸把總 郜士選 北岸把總 謝自富 鳳河把總 呂漢秀 石景山汛外委 馮榮 淀河外委二員 賈釭 單均平

	三角淀通判 胡侍丹				
北七汛 李敦壽 三月任	南五汛 陳禾	南六工上汛 張夢麟 四月任	南六工下汛 李振業	南七汛 馬晉錫	南八汛 沈元文 八月任

卷五　職官

表二（道光十一年至三十年）

紀年	直隸總督	永定河道	廳員	汛員	河營
道光十一年 是年調鳳河東隄把總駐南八工改爲南八下汛原設南八汛爲上汛	王鼎 陝西蒲城人進士二月任 琦善 滿洲正黄旗人廕生四月任	張泰運	石景山同知周衡	盧溝橋汛柳廷森 北頭工上汛沈元文四月任 北頭工中汛徐敦義四月任 北頭工下汛陳嘉謀 北二工上汛鄭啟新 北二工下汛費淦	都司張文彩五月任 守備張名遠五月任 協備劉永泰五月任 南岸千總謝自富五月任 北岸千總李焕文 南岸把總邰士選

紀年	直隸總督	永定河道	廳員	汛員	河營
			南岸同知竇喬林 北岸同知蔣宗墉	南頭工上汛康誥 南頭工下汛王庚 南二汛陳禾二月任 南三汛喬巨英 南四汛張耀箕 北三汛蔣景暘 北四汛李瑩光 北五汛程裕臣二月任 北六汛吕子璸	北岸把總孟文光固安人行伍五月任 南八工下汛把總吕漢秀原任鳳河把總 石景山汛外委馮榮 淀河外委二員周琳固安人行伍八月任 張興仁良鄉人行伍九月任

道光二十年

琦善

張泰運

三角淀通判 張夢麟 七月由南六上汛兼署
婁豫 浙江山陰人 監生 十一月任
石景山同知 張起鵷 甘肅古浪人 監生 十一月任

北七汛 李敦壽
南五汛 熊開楚 二月任
南六工上汛 張夢麟
南六工下汛 程志達 河南商城人 監生二月任
南七汛 馬晉錫
南八汛 錢寶珊 江蘇長洲人 監生四月任
盧溝橋汛 程椿 江蘇甘泉人 監生四月任
北頭工上汛 沈元文
北頭工中汛 徐敦義

都司 張文彩
守備 張名遠
協備 劉永泰

南岸同知 竇喬林
北岸同知 蔣宗墉

北頭工下汛 陳嘉謀
北二工上汛 鄭啟新
北二工下汛 費淦
南頭工上汛 康誥
南頭工下汛 王庚
南二汛 陳禾
南三汛 喬巨英
南四汛 張耀箕
北三汛 蔣景暘
北四汛 李瑩光
北五汛 馬晉錫 閏九月任
北六汛 呂子瓊

南岸千總 謝自富
北岸千總 李煥文
南岸把總 郜士選
北岸把總 孟文光
南八工下汛把總 呂漢秀
石景山汛外委 馮榮
淀河外委二員 周琳
張興仁

道光三十年

琦善

張泰運

張起鵷（石景山同知）｜汪兆鵬（三角淀通判，八月任）

陳嘉謀（北頭工下汛）｜徐敦義（北頭工中汛）｜張耀箕（北頭工上汛，二月任）｜程椿（盧溝橋汛）｜程志達（八月任）｜柳廷森（南八汛，四月任）｜錢寶珊（南七汛，閏九月任）｜傅致泰（南六工下汛，湖北江夏人，監生八月任）｜崔廣仁（南六工上汛，八月任）｜熊開楚（南五汛）｜李敦壽（北七汛）

呂漢秀（南岸千總，正月任）｜劉永泰（協備）｜張名遠（守備）｜張文彩（都司）

蔣宗墉（北岸同知）｜竇喬林（南岸同知）

許奎（北七汛，福建閩縣人，監生二月任）｜呂子璸（北六汛）｜馬晉錫（北五汛）｜李瑩光（北四汛）｜蔣景暘（北三汛）｜費淦（北四汛，二月任）｜喬巨英（南三汛）｜陳禾（南二汛）｜王庚（南頭工下汛）｜康誥（南頭工上汛）｜李敦壽（北二工下汛，二月任）｜鄭啟新（北二工上汛）

張興仁｜周琳（淀河外委二員）｜馮榮（石景山汛外委）｜孟文光（南八工下汛把總，正月任）｜謝自富（北岸把總，正月任）｜邰士選（南岸把總）｜李煥文（北岸千總）

	道光十四年
	琦善
	邵楠 十一月由南岸同知兼護
三角淀通判 汪兆鵬	石景山同知 胡侍丹 七月任
南五汛 熊開楚 南六工上汛 沈元文 二月任 南六工下汛 傅致泰 南七汛 錢寶珊 南八汛 程志達	盧溝橋汛 程椿 北頭工上汛 張耀箕 北頭工中汛 陳嘉謀 八月任 北頭工下汛 張書紳 正月任 北二工上汛 錢寶珊 四月任 北二工下汛 李敦壽
	都司 張文彩 守備 張名遠 協備 劉永泰 南岸千總 呂漢秀 北岸千總 李焕文 南岸把總 邰士選

南岸同知 胡侍丹 正月任 邵楠 四月任 北岸同知 蔣宗墉 三角淀通判 汪兆鵬
南頭工上汛 蔣景暘 二月任 南頭工下汛 王庚 南二汛 陳禾 南三汛 喬巨英 南四汛 鄒廷燮 江蘇金匱人議叙正月任 北三汛 王仲蘭 二月任 北四汛 李瑩光 北五汛 馬晉錫 北六汛 吕子瓆 北七汛 吕子瓆 五月由北六汛兼署 南五汛 熊開楚
北岸把總 謝自富 南八工下汛把總 孟文光 石景山汛外委 馮榮 淀河外委二員 周琳 張興仁

道光十五年

琦善

文冲 滿洲鑲紅旗人 廕生 二月任

石景山同知 馮季曾 山西屯留人 監生正月任

南六工上汛 沈元文
南六工下汛 傅致泰
南七汛 程際亨 三月任
南八汛 程志達
盧溝橋汛 程椿
北頭工上汛 鄒廷燮 四月任
北頭工中汛 陳嘉謀
北頭工下汛 羅瀛 江蘇宿遷人 監生八月任
北二工上汛 王鳳楷 山東長清人 監生四月任

都司 張文彩
守備 李煥文 十二月任
協備 吕漢秀 五月任
南岸千總 孟文光 五月任
北岸千總 郜士選 十二月任

南岸同知 邵楠
北岸同知 婁豫 正月任
陳億 江西玉山人 舉人五月任

北二工下汛 李敦壽
南頭工上汛 蔣景暘
南頭工下汛 任元 山西汾陽人 監生二月任
何紹曾 廣東番禺人 監生六月任
南二汛 陳禾
南三汛 喬巨英
南四汛 喬巨英 四月由南三汛兼署
張書紳 八月任
北三汛 王仲蘭
北四汛 李瑩光

南岸把總 王德盛 新城人行伍 十二月任
北岸把總 陳佩銘 固安人行伍 五月任
南八工下汛把總 張九成 固安人行伍 五月任
石景山汛外委 馮榮
淀河外委二員 劉昌安 固安人行伍 九月任
張興仁

道光十六年

琦善

邵楠 四月由南岸同知兼護
霍隆阿 滿洲正黃旗人監生五月任

馮季曾 石景山同知
汪兆鵬 三角澱通判

北頭工上汛 鄒廷燮
盧溝橋汛 黃守堅 浙江平湖人監生六月任
南八汛 程志達
南七汛 蔡煦 江蘇吳縣人監生正月任
南六工下汛 屈惟域 江蘇常熟人監生八月任
南六工上汛 沈元文
南五汛 錢寶珊 四月任
北七汛 吕子璸
北六汛 吕子璸
北五汛 馬晉錫

都司 吕漢秀 十月任
守備 李焕文

馮季曾 八月由石景山同知兼護
徐受荃 浙江鄞縣人舉人十二月任

南岸同知 邵楠

北頭工中汛 吳豐培 河南光州人舉人二月任
張書紳 六月任
北頭工下汛 羅瀛
北二工上汛 李敦壽 正月任
北二工下汛 費懋德 奉天開原人監生正月任
南頭工上汛 蔣景暘
南頭工下汛 何紹曾
南二汛 陳禾
南三汛 喬巨英
南四汛 程裕臣 六月任

協備 孟文光 十月任
南岸千總 陳佩銘 十月任
北岸千總 郤士選
南岸把總 王德盛
北岸把總 富泰 宛平人行伍十月任
南八工下汛把總 張九成
石景山汛外委 馮榮
淀河外委二員 劉昌安
張興仁

北岸同知 陳億	三角淀通判 汪兆鵬									
北三汛 王仲蘭	北四汛 李瑩光	北五汛 馬晉錫	北六汛 呂子瓆	北七汛 嚴士鈞 浙江歸安人監生十二月任	南五汛 錢寶珊	南六工上汛 沈元文	南六工下汛 屈惟域	南七汛 陸嵰 江蘇寶應人監生十月任	南八汛 程志達	

道光十七年										
穆彰阿 滿洲鑲藍旗人進士三月任	琦善 六月任									
文冲 八月任										
石景山同知 寶喬林 十一月任	南岸同知 邵楠									
盧溝橋汛 沈鈺 陝西南鄭人職員八月任	北頭工上汛 鄒廷燮	北頭工中汛 張書紳	北頭工下汛 羅瀛	北二工上汛 汪英厚 江蘇碭山人監生三月任	北二工下汛 費懋德	南頭工上汛 蔣景暘	南頭工下汛 何紹曾	南二汛 陳禾	南三汛 陳禾 十一月由南二汛兼署	南四汛 程裕臣
都司 呂漢秀	守備 李焕文	協備 孟文光	南岸千總 陳佩銘	北岸千總 郜士選	南岸把總 王德盛	北岸把總 富泰	南八工下汛把總 張九成	石景山汛外委 馮榮	淀河外委二員 劉昌安	張興仁

道光十八年是年南六下汛北七汛缺裁									
琦善									
文冲									
石景山同知 馮季曾 四月任					南岸同知 邵楠				
盧溝橋汛 鄧蘭芬 江西新城人監生閏四月任	北頭工上汛 鄒廷燮	北頭工中汛 張書紳	北頭工下汛 程裕臣 閏四月任	北二工上汛 汪英厚	北二工下汛 馬霑 河南杞縣人監生閏四月任	南頭工上汛 蔣景暘	南頭工下汛 何紹曾	南二汛 陳禾	南三汛 羅瀛 閏四月任
都司 李焕文 十月任	守備 吕漢秀 十月任	協備 孟文光	南岸千總 陳佩銘	北岸千總 郜士選	南岸把總 王德盛	北岸把總 劉昌安 十二月任	南八工下汛把總 富泰	石景山汛外委 馮榮	淀河外委二員 張濮 固安人行伍十二月任

北岸同知 陳僡					三角淀通判 汪兆鵬				
北三汛 王仲蘭	北四汛 李瑩光	北五汛 馬晉錫	北六汛 吕子瓆	北七汛 嚴士鈞	南五汛 錢寶珊	南六工上汛 沈元文	南六工下汛 屈惟域	南七汛 黄守堅 八月任	南八汛 程志達

	南岸同知 邵楠									北岸同知 寶喬林
	北頭工中汛 汪英厚 十二月任	北頭工下汛 程裕臣	北二工上汛 馬霈 十二月任	北二工下汛 李敦壽 十二月任	南頭工上汛 何紹曾 三月由南下汛兼署	南頭工下汛 何紹曾	南二汛 陳禾	南三汛 羅瀛	南四汛 費懋德	北三汛 王仲蘭
	協備 孟文光	南岸千總 王德盛 十一月任	北岸千總 郃士選	南岸把總 劉昌安 十一月任	北岸把總 張寬 良鄉人行伍 十一月任	南八工下汛把總 富泰	石景山汛外委 劉濟堂 固安人行伍 六月任	淀河外委二員 張濮	張興仁	

道光十九年											
											琦善
											邵楠 九月由南岸同知兼護 恒春 滿洲正白旗人進士十二月任
		北岸同知 陳億				三角淀通判 汪兆鵬					石景山同知 馮季曾
	南四汛 費懋德 閏四月任	北三汛 王仲蘭	北四汛 王仲蘭 七月由北三汛兼署	北五汛 馬晉錫	北六汛 呂子璸	南五汛 程志達 正月任	南六汛 沈元文	南七汛 黃守堅	南八汛 嚴士鈞 正月任	盧溝橋汛 鄧蘭芬	北頭工上汛 鄒廷燮
	張興仁									都司 李煥文	守備 呂漢秀

道光二十年

訥爾經額 滿洲正白旗人繙繹進士九月任

恒春

石景山同知 馮季曾
三角淀通判 蔣景暘 三月任
汪兆鵬 十月任

北頭工上汛 王謨 江蘇丹徒人監生六月任
盧溝橋汛 姚煦 浙江會稽人監生四月任
南八汛 嚴士鈞
南七汛 黃守堅
南六汛 沈元文
南五汛 程志達
北六汛 楊燕緡 山東蓬萊人監生六月任
北五汛 馬晉錫
北四汛 馬光型 四川灌縣人舉人四月任

守備 呂漢秀
都司 李焕文

南岸同知 喜祿 滿洲正黃旗人進士六月任

司馬鍾 江蘇江寧人監生十二月任
北頭工中汛 馬霈 六月任
北頭工下汛 程裕臣
北二工上汛 汪英厚 六月任
北二工下汛 鄧蘭芬 四月任
南頭工上汛 蔣景暘 三月任
南頭工下汛 費懋德 三月任
南二汛 陳禾
南三汛 羅瀛
南四汛 羅瀛 二月由南三汛兼署

協備 孟文光
南岸千總 王德盛
北岸千總 邰士選
南岸把總 劉昌安
北岸把總 張寬
南八工下汛把總 富泰
石景山汛外委 劉濟堂
淀河外委二員 張濮
張興仁

北岸同知 汪兆鵬	三角淀通判 褚裕仁 甘肅西寧人 進士三月任

程志達 六月任	北三汛 徐敦義 五月任	北四汛 支履和 江蘇青浦人 監生五月任	北五汛 嚴士鈞 五月任	北六汛 馬晉錫 五月任	南五汛 黃守堅 三月任	南六汛 沈元文	南七汛 蔣壽疇 江蘇元和人 監生三月任	嵇蘭生 浙江德清人 監生十月任	南八汛 李敦壽 四月任

道光二十一年

訥爾經額
恒春

石景山同知 馮季曾	南岸同知 喜祿	北岸同知 汪兆鵬

盧溝橋汛 徐鋆 浙江德清人 職員六月任	北頭工上汛 司馬鍾	北頭工中汛 馬霦	北頭工下汛 李敦壽 八月任	北二工上汛 汪英厚	北二工下汛 鄧蘭芬	南頭工上汛 羅瀛 九月任	南頭工下汛 費懋德	南二汛 程志達 九月任	南三汛 陳禾 九月任	南四汛 支履和 八月任	北三汛 徐敦義

都司 李煥文	守備 孟文光 九月任	協備 郜士選 九月任	南岸千總 王德盛	北岸千總 陳佩銘 九月任	南岸把總 劉昌安	北岸把總 張寬	南八工下汛把總 富泰	石景山汛外委 劉濟堂	淀河外委二員 張濮	孔得富 宛平人行伍 九月任

道光二十二年
訥爾經額
恒春
石景山同知汪兆鵬十月任　翟宮槐山東壽光人進士十月任　三角澱通判竇喬林三月任
盧溝橋汛葛震山東歷城人議叙四月任　北頭工上汛司馬鍾　北頭工中汛王仲蘭十二月任　南八汛姚煦六月任　南七汛嵇蘭生　南六汛馬晉錫五月任　南五汛羅廷莊廣西馬平人監生五月任　北六汛蔣壽疇五月任　北五汛嚴士鈞　北四汛王恒謙山東福山人監生六月任
都司李煥文　守備孟文光　協備郜士選

北岸同知竇喬林十月任　南岸同知喜祿
北頭工下汛嵇蘭生十二月任　北二工上汛李敦壽十二月任　北二工下汛支履和四月任　南頭工上汛羅瀛　南頭工下汛費懋德　南二汛程志達　南三汛陳禾　南四汛唐潤江蘇江都人監生三月任　北三汛徐敦義　北四汛王恒謙　北五汛鄧蘭芬四月任
南岸千總王德盛　北岸千總陳佩銘　南岸把總劉昌安　北岸把總張寬　南八工下汛把總富泰　石景山汛外委劉濟堂　淀河外委二員張濮　孔得富

	道光二十三年
	訥爾經額
	恒春
三角淀通判　翟宮槐	石景山同知　汪兆鵬；南岸同知　喜祿
北六汛　嚴士鈞　四月任；南五汛　羅廷莊；南六汛　馬晉錫；南七汛　蔣壽疇　十二月任；南八汛　姚煦	盧溝橋汛　葛震；北頭工上汛　司馬鍾；北頭工中汛　王仲蘭；北頭工下汛　嵇蘭生；北二工上汛　李敦壽；北二工下汛　吳燾　安徽歙縣人議叙七月任；南頭工上汛　羅瀛
	都司　李煥文；守備　孟文光；協備　郜士選；南岸千總　王德盛；北岸千總　陳佩銘；南岸把總　劉昌安；北岸把總　張寬

	北岸同知　馮德峋　河南商城人監生十月任
南頭工下汛　費懋德；南二汛　程志達；南三汛　張鑾　江蘇宿遷人舉人十一月任；南四汛　姚煦　十二月任	北三汛　徐敦義；北四汛　汪桂　浙江桐鄉人監生十二月任；北五汛　鄧蘭芬；北六汛　黃守堅　閏七月任；唐潤　十二月任
南八工下汛把總　張蘭　固安人行伍閏七月任；石景山汛外委　劉濟堂；淀河外委二員　張濮；孔得富	

道光二十四年是年調寶坻縣主簿駐北七工改爲北七汛東安縣主簿
訥爾經額
汪兆鵬 二月由石景山同知兼護　張起鵷 三月任
石景山同知 汪兆鵬　三角淀通判 葉榮春 浙江慈溪人監生閏七月任
南五汛 羅廷莊　南六汛 馬晉錫　南七汛 王錫震 安徽懷寧人議叙五月任　南八汛 朱溥 浙江歸安人監生十二月任　盧溝橋汛 李墉 浙江山陰人職員十二月任　北頭工上汛 司馬鍾　北頭工中汛 王仲蘭　北頭工下汛 嵇蘭生　北二工上汛 程裕臣 六月任
都司 李焕文　守備 夏榮芳 武清人行伍八月任　協備 郚士選　南岸千總 王德盛　北岸千總 陳佩銘

南岸同知 項兆松 江西彭澤人舉人七月任　馮德峋 十一月任　北岸同知 高午 陝西鄜州人副貢生十月任
姚煦 十二月任　北二工下汛 葛震 十二月任　南頭工上汛 羅瀛　南頭工下汛 朱錫慶 江蘇吴縣人監生十一月任　南二汛 程志達　南三汛 張鑾　南四汛 吴熹 十二月任　北三汛 徐本培 浙江德清人監生十月任　北四汛 汪桂　北五汛 鄧蘭芬　北六汛 唐潤
南岸把總 劉昌安　北岸千總 張寛　南八工下汛把總 張蘭　石景山汛外委 劉濟堂　淀河外委二員 張濮　孔得富

道光二十五年								
訥爾經額								
張起鵷								
三角淀通判馬晉錫 正月由南六汛兼署	程宮槐 五月任	石景山同知汪兆鵬						
北七汛東安縣主簿麗光辰 江蘇上元人監生五月任	南五汛羅廷莊	南六汛徐敦義 十月任	南七汛支履和 九月任	南八汛黃守堅 五月任	盧溝橋汛鄭衍恒 山西文水人監生六月任	北頭工上汛韓兆霖 浙江蕭山人職員十一月任	北頭工中汛王仲蘭	北頭工下汛馬霦 五月任
都司李煥文	守備夏榮芳	協備邰士選	南岸千總王德盛					

南岸同知馮德峋	北岸同知高午								
北二工上汛姚煦	北二工下汛葛震	南頭工上汛徐敦義 三月任	南頭工下汛程裕臣 四月任	何逢吉 福建光澤人監生十二月任	南二汛汪桂 五月任	南三汛嵇蘭生 五月任	南四汛吳燾	北三汛司馬鍾 十一月任	北四汛支履和 四月任
北岸千總陳佩銘	南岸把總劉昌安	北岸把總張寬	南八工下汛把總張蘭	石景山汛外委劉濟堂	淀河外委二員張濮 孔得富				

道光二十六年是年調子牙河通判駐北岸改爲永定河北岸通判調祁州州同駐北四工改爲北四上汛涿州州同原設北四汛爲下汛以北二下汛北三汛北四上汛北四下汛歸北岸同知管理北五汛北六汛北七汛歸北岸通判管理

訥爾經額

張起鵷

石景山同知 汪兆鵬	南岸同知 祝恂 浙江秀水人 監生五月任

盧溝橋汛 鄭衍恒	北頭工上汛 韓兆霖	北頭工中汛 唐成棣 江蘇江都人 監生九月任	北頭工下汛 胡彬 江蘇元和人 議敘四月任	馬霦 十二月任	北二工上汛 姚煦	南頭工上汛 徐敦義	南頭工下汛 朱錫慶 閏五月任	南二汛 汪桂	南三汛 嵇蘭生

都司 李焕文	守備 孟文光 正月任	協備 郜士選	南岸千總 王德盛	北岸千總 陳佩銘	南岸把總 劉昌安	北岸把總 張寬	南八工下汛把總 張蘭	石景山汛外委 劉濟堂	淀河外委二員 張濮

三角淀通判 羅瀛 三月任

北五汛 錢寶珊 二月任	徐本培 十二月任	北六汛 唐潤	北七汛 麗光辰	南五汛 羅廷莊	南六汛 張維型 山東昌邑人 吏員三月任	南七汛 黃守堅 三月任	南八汛 錢萬青 浙江會稽人 議敘三月任

	北岸同知 高午；三角澱通判 羅瀛
南四汛 吳燾；北二工下汛 葛震；北三汛 司馬鍾；北四工上汛涿州州同 沈棨 浙江海寧人監生正月任；北四工下汛 程裕臣 閏五月任；南五汛 麗光辰 閏五月任；南六汛 羅廷莊 閏五月任；錢萬青 九月任；南七汛 張維型 十二月任；南八汛 姜由軾 江蘇六合人議叙九月任	
孔得富	

道光二十七年	
訥爾經額	
李樹玉 陝西大荔人廪貢生正月由候補知府護理；熊守謙 江西新建人進士五月任	
石景山同知 汪兆鵬	北岸通判 婁煜 原名豫五月任
北五汛 支履和 閏五月任；黃守堅 十二月任；北六汛 唐潤；北七汛 朱秉璋 江蘇宿遷人監生閏五月任	盧溝橋汛 鄭衍恒；北頭工上汛 朱秉璋 正月任；北頭工中汛 韓兆霖 正月任；北頭工下汛 錢萬青 十一月任；北二工上汛 姚煦
	都司 李煥文；守備 孟文光；協備 邰士選；南岸千總 王德盛；北岸千總 陳佩銘

南岸同知 祝恂					北岸同知 婁煜 十月任				三角淀通判 羅瀛	
南頭工上汛 司馬鍾 十月任	南頭工下汛 朱錫慶	南二汛 包國璟 江蘇丹徒人監生十二月任	南三汛 嵇蘭生	南四汛 吳焘	北二工下汛 葛震	北三汛 麗光辰 十月任	北四工上汛 沈棨	北四工下汛 程裕臣	南五汛 支履和 十月任	南六汛 費懋德 十一月任
南岸把總 劉昌安	北岸把總 張寬	南八工下汛把總 張蘭	石景山汛外委 劉濟堂	淀河外委二員 張濮	孔得富					

					道光二十八年					
					訥爾經額					
					熊守謙					
		北岸通判 徐敦義 十月任			石景山同知 婁煜 十月任					南岸同知 祝恂
南七汛 張維型	南八汛 汪玉藻 浙江秀水人監生七月任	北五汛 黃守堅	北六汛 唐潤	北七汛 嵇蘭生 浙江德清人監生正月任	盧溝橋汛 溫應懷 江蘇上元人監生五月任	北頭工上汛 朱秉璋	北頭工中汛 葛震 二月任	北頭工下汛 錢萬青	北二工上汛 姚煦	南頭工上汛 司馬鍾
					都司 李煥文	守備 孟文光	協備 郘士選	南岸千總 王德盛	北岸千總 陳佩銘	南岸把總 劉昌安

北岸同知 王茂壎 山東福山人 附貢生十月任

三角淀通判 羅瀛

南頭工下汛 程志達 正月任

陳寶 浙江山陰人 議敘八月任

南二汛 包國璟

南三汛 嵇蘭生

南四汛 吳燾

北二工下汛 羅椿運 江蘇宿遷人 監生二月任

費懋德 八月任

北三汛 麗光辰

北四工上汛 沈棨

北四工下汛 程裕臣

南五汛 支履和

北岸把總 張寬

南八工下汛把總 張蘭

石景山汛外委 劉濟堂

淀河外委二員 張濮

孔得富

道光二十九年

訥爾經額

毛永柏 八月由石景山同知兼護

熊守謙 十月任

石景山同知 毛永柏 奉天寧海人 議敘閏四月任

北岸通判 徐敦義

南六汛 陳士全 江蘇江寧人 舉人四月任

南七汛 張維型

南八汛 汪玉藻

北五汛 黃守堅

北六汛 錢寶珊 十一月任

北七汛 馬霦 六月任

盧溝橋汛 汪坤 浙江仁和人 議敘三月任

北頭工上汛 朱秉璋

北頭工中汛 葛震

北頭工下汛 錢萬青

北二工上汛 馬霦 正月任

都司 李煥文

守備 孟文光

協備 郈士選

南岸千總 王德盛

北岸千總 陳佩銘

南岸同知羅瀛 正月任	北岸同知婁煜 五月任	三角澱通判葉榮春 正月任

南頭工上汛司馬鍾	南頭工下汛汪度 山東歷城人監生四月任	南二汛汪桂 正月任	南三汛嵇蘭生	南四汛吳壽	北二工下汛費懋德	北三汛麗光辰	北四工上汛沈棨	北四工下汛程裕臣	南五汛支履和

南岸把總劉昌安	北岸把總張寬	南八工下汛把總張蘭	石景山汛外委劉濟堂	淀河外二委員張濮	孔得富

年十三光道
訥爾經額
熊守謙

石景山同知毛永柏	北岸通判徐敦義	王仲蘭 十二月任

南六汛曹文懿 山西介休人監生三月任	南七汛汪玉藻 三月任	南八汛錢寶珊 三月任	北五汛黃守堅	北六汛張維型 三月任	北七汛姚煦 正月任	鄭慶恬 浙江山陰人監生八月任	盧溝橋汛汪坤	北頭工上汛朱秉璋	北頭工中汛葛震	北頭工下汛包國璟 六月任

都司李煥文	守備孟文光	協備郃士選	南岸千總王德盛

南岸同知 羅瀛

北岸同知 婁煜

北二工上汛 錢萬青 六月任

南頭工上汛 司馬鍾

南頭工下汛 陳贊清 山東濟甯人 監生正月任

南二汛 汪桂

南三汛 嵇蘭生

南四汛 吴燾

北二工下汛 費懋德

北三汛 沈棨 六月任

北四工上汛 麗光辰 六月任

北四工下汛 程裕臣

北岸千總 陳佩銘

南岸把總 劉昌安

北岸把總 張寬

南八工下汛把總 張蘭

石景山汛外委 劉濟堂

淀河外委二員 張濮

黄文喜 宛平人行伍八月任

三角澱通判 王仲蘭

北岸通判 徐敦義

南五汛 支履和

南六汛 曹文懿

南七汛 汪玉藻

南八汛 普慶 滿洲鑲藍旗人附貢生四月任

北五汛 黄守堅

北六汛 程志達 六月任

北七汛 張維型 六月任

陸慎言 江蘇元和人監生十一月任

卷六 職官

表三（咸豐元年至同治五年）

紀年	直隸總督	永定河道	廳員	汛員	河營
咸豐元年	訥爾經額	穆清阿 滿洲鑲黃旗人 貢生 三月任	石景山同知 毛永柏	盧溝橋汛 汪坤	都司 李煥文
				北頭工上汛 朱秉璋	守備 孟文光
				北頭工中汛 葛震	協備 郜士選
				北頭工下汛 包國璟	南岸千總 王德盛
				北二工上汛 錢萬青	北岸千總 劉昌安 二月任
			南岸同知 陳嘉謀 正月任	南頭工上汛 司馬鍾	南岸把總 劉濟堂 二月任
				南頭工下汛 陳贊清	北岸把總 蔡鐸 武清人 行伍 四月任
				南二汛 汪桂	南八工下汛把總 張蘭
				南三汛 嵇蘭生	石景山汛外委 李鋭 固安人 行伍 二月任
				南四汛 費懋德 四月任	淀河外委二員 張濮
			北岸同知 婁煜	北二工下汛 何承祜 江蘇上元人 監生四月任	黃文喜
				北三汛 麗光辰 正月任	
				北四工上汛 李載蘇 浙江山陰人 監生正月任	
				北四工下汛 程裕臣	

三角澱通判 王仲蘭	北岸通判 徐敦義								
南五汛 支履和	南六汛 曹文懿	南七汛 汪玉藻	南八汛 普慶	北五汛 黄守堅	北六汛 張維型 五月任	北七汛 陸慎言			

咸豐二年									
訥爾經額									
穆清阿									
石景山同知 毛永柏	南岸同知 王茂壎 十一月任								
盧溝橋汛 汪坤	北頭工上汛 朱秉璋	北頭工中汛 葛震	北頭工下汛 包國璟	北二工上汛 支履和 十月任	南頭工上汛 司馬鍾	南頭工下汛 陳贊清	南二汛 錢萬青 十月任	南三汛 嵇蘭生	
都司 孟文光 三月任	守備 王德盛 三月任	協備 郜士選	南岸千總 劉濟堂 三月任	北岸千總 劉昌安	南岸把總 宋雲 良鄉人行伍三月任	北岸把總 蔡鐸	南八工下汛把總 李柯 固安人行伍正月任	石景山汛外委 李鋭	

北岸同知 婁煜
三角澱通判 王仲蘭

南四汛 費懋德
北二工下汛 何承祜
北三汛 麗光辰
北四工上汛 李載蘇
北四工下汛 姜由軾 正月任
譚歲本 江西南豐人 監生八月任
南五汛 陳鳳藻 浙江錢塘人 監生十月任
南六汛 曹文懿

淀河外委二員 張濮
黃文喜

咸豐三年

桂良 滿洲正紅旗人貢生九月任

婁煜 正月由北岸同知兼護
定保 滿洲正白旗人筆帖式二月任
王仲蘭 十月由南岸同知兼護

北岸通判 徐敦義
石景山同知 婁煜 四月任

南七汛 汪玉藻
南八汛 普慶
北五汛 黃守堅
北六汛 張維型
北七汛 陸慎言
盧溝橋汛 汪坤
北頭工上汛 朱秉璋
北頭工中汛 朱錫慶 九月任

都司 張涥 武清人行伍四月任
守備 王德盛
協備 劉昌安 八月任

		南岸同知 王仲蘭 八月任					北岸同知 石贊清 貴州貴筑人 進士四月任
北頭工下汛 錢寶珊 八月任	北二工上汛 葛震 九月任	南頭工上汛 司馬鍾	南頭工下汛 陳贊清	南二汛 支履和 九月任	南三汛 張維型 七月任	南四汛 姜由軾 正月任	北二工下汛 何承祜
南岸千總 劉濟堂	北岸千總 蔡鐸 八月由北岸把總兼署	南岸把總 宋雲	北岸把總 蔡鐸	南八工下汛把總 李柯	石景山汛外委 李鋭	淀河外委二員 張濮	黃文喜

徐敦義 十二月由北岸通判兼署		三角淀通判 李載蘇 八月任				北岸通判 徐敦義			
北三汛 麗光辰	北四工上汛 包國璟 八月任	北四工下汛 譚歲本	南五汛 陳鳳藻	南六汛 曹文懿	南七汛 汪玉藻	南八汛 普慶	北五汛 黃守堅	北六汛 錢瑩 江蘇陽湖人 監生七月任	北七汛 陸慎言

咸豐四年

桂良

崇祥 滿洲鑲紅旗人監生十二月任

石景山同知 毛永柏 閏七月任　南岸同知 李載蘇 六月任

盧溝橋汛 魯鏞 浙江山陰人吏員七月任　北頭工上汛 朱秉璋　北頭工中汛 朱錫慶　北頭工下汛 包國璟 四月任　北二工上汛 葛震　南頭工上汛 麗光辰 四月任

都司 張洊　守備 王德盛　協備 劉昌安　南岸千總 劉濟堂　北岸千總 蔡鐸　南岸把總 宋雲

北岸同知 婁煜 閏七月任

南頭工下汛 陳贊清　南二汛 支履和　南三汛 何承祐 二月任　南四汛 姜由軾　北二工下汛 鄭衍恒 二月任　程映璣 山東利津人監生十二月任　北三汛 汪玉藻 三月任　汪度 十一月任

北岸把總 蔡鐸　南八工下汛把總 李柯　石景山汛外委 李銳　淀河外委二員 張濮　黃文喜

		三角淀通判司馬鍾四月任						北岸通判徐敦義	
北四工上汛原振鈞山東掖縣人監生四月任	北四工下汛烏應昌山東博平人監生七月任	南五汛陸慎言正月任	陳鳳藻五月任	南六汛曹文懿	南七汛普慶	南八汛施成釗浙江山陰人監生四月任	北五汛黄守堅	北六汛錢瑩	北七汛熊琦江西鉛山人監生正月任

咸豐五年					
桂良					
崇祥					
石景山同知毛永柏					南岸同知王仲蘭正月任
盧溝橋汛鄭衍恒正月任	北頭工上汛吴履中江蘇吴縣人監生九月任	北頭工中汛程志達三月任	北頭工下汛包國璟	北二工上汛葛震	南頭工上汛麗光辰
都司張湻	守備王德盛	協備劉昌安	南岸千總尹光彩滄州人行伍五月任	北岸千總劉濟堂七月任	南岸把總尹光彩五月由南岸千總兼署

北岸同知 婁煜

南頭工下汛 普慶 正月任
陳贊清 十月任
南二汛 姜由軾 十一月任
南三汛 支履和 十一月任
南四汛 陸錫會 浙江桐鄉人監生十一月任
北二工下汛 顧樹榛 江蘇江甯人監生五月任
北三汛 陳贊清 正月任
朱秉璋 十月任

北岸把總 蔡鐸
南八工下汛把總 李柯
石景山汛外委 李鋭
淀河外委二員 張濮
黃文喜

三角澱通判 李載蘇 正月任
北岸通判 王茂壎 七月任

北四工上汛 嵇蘭生 四月任
北四工下汛 烏應昌
南五汛 施成釗 四月任
普慶 十月任
南六汛 曹文懿
南七汛 錢寶珊 正月任
南八汛 沈賡颺 浙江仁和人監生四月任
北五汛 汪玉藻 正月任
北六汛 黃守堅 正月任
北七汛 嚴長生 江蘇吳縣人監生十月任

咸豐六年
桂良
崇厚 滿洲鑲黃旗人舉人七月任
石景山同知 李載蘇 正月任 南岸同知 王仲蘭
盧溝橋汛 鄭衍恒 北頭工上汛 吴履中 北頭工中汛 陳鏡清 山東濟甯人監生二月任 北頭工下汛 麗明遠 江蘇上元人監生十二月任 北二工上汛 王希鵬 江蘇吴縣人監生八月任 南頭工上汛 唐成棣 十二月任
都司 張浡 守備 王德盛 協備 劉昌安 南岸千總 尹光彩 北岸千總 劉濟堂 南岸把總 尹光彩

北岸同知 王茂壎 十二月任
南頭工下汛 徐綎 江蘇吴縣人監生十月任 南二汛 汪玉藻 二月任 南三汛 朱錫慶 十月任 南四汛 程映璣 八月任 北二工下汛 顧樹榛 北三汛 葛震 八月任 北四工上汛 施成釗 正月任 程志達 七月任 北四工下汛 程志達 二月任
北岸把總 張興仁 八月任 南八工下汛把總 李柯 石景山汛外委 李銳 淀河外委二員 張濮 黃文喜

	三角淀通判 曹文懿 正月任	汪桂 六月任	支履和 十月任	北岸通判 麗光辰 十二月任

何同福 江蘇上元人監生七月任	南五汛 普慶	南六汛 何承祜 正月任	南七汛 徐邦彥 浙江德清人監生七月任	南八汛 陸錫曾 八月任	北五汛 烏應昌 二月任	嚴長生 七月任	北六汛 任文斗 山東聊城人拔貢生正月任	包國璟 十二月任	北七汛 馬光瀛 江蘇常熟人監生七月任

咸豐七年

譚廷襄 浙江山陰人進士十二月任

崇厚

石景山同知 王茂壎 二月任

盧溝橋汛 鄭衍恒	北頭工上汛 徐本培 十月任	北頭工中汛 王履豐 浙江諸暨人監生二月任	北頭工下汛 麗明遠	北二工上汛 葛震 十一月任
都司 張涥	守備 王德盛	協備 劉昌安	南岸千總 尹光彩	北岸千總 劉濟堂

南岸同知 王仲蘭

北岸同知 李載蘇 三月任

支履和 六月任

南頭工上汛 唐成棣

南頭工下汛 胡彬 八月任

南二汛 汪玉藻

南三汛 項寶善 河南齊縣人監生十月任

南四汛 程映璣

北二工下汛 胡世華 江蘇清浦人監生三月任

郝敦杰 山西介休人附貢生十二月任

北三汛 賈榮勳 浙江山陰人監生十一月任

南岸把總 李鋭 十一月任

北岸把總 張興仁

南八工下汛把總 李柯

石景山汛外委 張克儉 固安人行伍十一月任

淀河外委二員 張濮

黄文喜

三角澱通判 熊國瑞 江蘇長洲人監生六月任

北岸通判 麗光辰

北四工上汛 顧樹榛 六月任

北四工下汛 任文斗 五月任

南五汛 方有慶 浙江石門人監生三月任

南六汛 何承祜

南七汛 馬啟桐 河南杞縣人監生八月任

南八汛 洪琨 安徽祁門人監生二月任

北五汛 普慶 三月任

吴履中 十月任

北六汛 徐本衡 原名邦彦十一月任

北七汛 陳鏡清 十月任

咸豐八年					
瑞麟 滿洲旗人生員六月任	慶祺 宗室 滿洲正藍旗人進士八月任				
王仲蘭 四月由南岸同知兼護	錫祉 滿洲正白旗人進士十二月任				
王茂壎 石景山同知	王仲蘭 南岸同知				
金賢良 盧溝橋汛 山東汶上人吏員八月任	徐本培 北頭工上汛	王履豐 北頭工中汛	龎明遠 北頭工下汛	葛震 北二工上汛	唐成棣 南頭工上汛
張洊 都司	王德盛 守備	劉昌安 協備	尹光彩 南岸千總	劉濟堂 北岸千總	李鋭 南岸把總

方炳奎 北岸同知 安徽懷甯人進士四月任							
胡彬 南頭工下汛	汪玉藻 南二汛	項寶善 南三汛	朱錫慶 南四汛 二月任	郝敦杰 北二工下汛	賈榮勳 北三汛	顧樹榛 北四工上汛	秦振聲 北四工下汛 江蘇江甯人議敘三月任
張興仁 北岸把總	李柯 南八工下汛把總	張克儉 石景山汛外委	張濮 淀河外委二員	黄文喜			

三角澱通判 唐郁 四川綿州人 監生二月任　北岸通判 支履和 四月任

李廷鑑 浙江會稽人 監生八月任　南五汛 岳奎齡 湖北江夏人 吏員二月任　南六汛 何承祜　南七汛 馬啟桐　南八汛 鄭衍恒 八月任　北五汛 吴履中　北六汛 馬光瀛 四月任　北七汛 陳鏡清

咸豐九年

文煜 滿洲正藍旗人生員二月任　恒福 蒙古鑲黃旗人廕生三月任

錫祉

石景山同知 王茂壎　南岸同知 王仲蘭

盧溝橋汛 金賢良　北頭工上汛 徐本培　北頭工中汛 王履豐　北頭工下汛 王德榮 浙江錢塘人 監生二月任　北頭工上汛 葛震　南頭工上汛 何承祜 九月任　南頭工下汛 胡彬　南二汛 汪玉藻

都司 張涥　守備 王德盛　協備 劉昌安　南岸千總 尹光彩　北岸千總 劉濟堂　南岸把總 蔡鐸 六月任　北岸把總 張興仁　南八工下汛把總 李柯

北岸同知 黎極新 廣西永湻人舉人五月任

陳應樞 山東濰縣人舉人九月任

三角澱通判 唐郁

南三汛 項寶善

南四汛 施成釗 九月任

北二工下汛 王廣愛 山東濟甯人監生二月任

北三汛 賈慶熙 浙江山陰人監生七月任

北四工上汛 顧樹榛

北四工下汛 鄭衍恒 二月任

章樹春 浙江會稽人吏員十一月任

南五汛 岳奎齡

石景山汛外委 李鋭 六月任

淀河外委二員 張濮

黃文喜

北岸通判 唐成棣 九月任

南六汛 麗明遠 九月任

南七汛 汪國楨 江蘇上元人監生八月任

南八汛 賈瑞昌 浙江山陰人監生二月任

北五汛 吳履中

北六汛 馬光瀛

北七汛 陳鏡清

咸豐十年										
恒福										
王茂壎 四月由同知護理										
石景山同知 李載蘇 四月任	南岸同知 朱錫慶 五月任									
盧溝橋汛 金賢良	北頭工上汛 马光泰 江蘇常熟人 監生正月任	北頭工中汛 高彤紱 山東利津人 議敘十月任	北頭工中汛 王履豐	北頭工下汛 王德榮	北二工上汛 葛震	南頭工上汛 何承祜	南頭工下汛 胡彬	南二汛 汪玉藻	南三汛 項寶善	
都司 張浡	守備 王德盛	協備 劉昌安	南岸千總 尹光彩	北岸千總 劉濟堂	南岸把總 蔡鐸	北岸把總 陳佩鏞 固安人行伍九月任	南八工下汛把總 李柯	石景山汛外委 李鋭	淀河外委二員 張濮	

	北岸同知 李書堃 山東臨清人 監生二月任	三角淀通判 唐郁				
南四汛 施成釗	北二工下汛 郝敦杰 五月任 王廣愛 十月任	北三汛 沈昭祖 浙江歸安人 監生正月任	北四工上汛 王廣愛 五月任	郝敦杰 十月任	北四工下汛 章樹春	南五汛 岳奎齡
黃文喜						

咸豐十一年

文煜 二月任

徐繼鏞 廣東番禺人監生三月任

石景山同知 王茂壎 四月任

南岸同知 朱錫慶

北岸通判 徐本培

盧溝橋汛 狄廉惠 江蘇溧陽人監生五月任

北頭工上汛 高彤紱

北頭工中汛 何兆清 江蘇江甯人監生四月任

北頭工下汛 王德榮

北二工上汛 葛震

南頭工上汛 何承祜

南頭工下汛 胡彬

南二汛 汪玉藻

南三汛 項寶善

南六汛 陳韶秀 安徽涇縣人議敘正月任

南七汛 汪國楨

南八汛 汪紀書 山東歷城人議敘二月任

北五汛 顧樹榛 五月任

李如璧 江蘇丹徒人監生十一月任

北六汛 馬光瀛

北七汛 陳鏡清

都司 王德盛 八月由守備兼署

守備 王德盛

協備 郝慶瀾 滄州人行伍二月任

尹光彩 七月任

南岸千總 李柯 六月任

北岸千總 劉濟堂

南岸把總 蔡鐸

北岸把總 李鋭 十二月任

南八工下汛把總 司馬鎔 永清人行伍六月任

北岸同知 李書堃					三角淀通判 唐郁
南四汛 陳鏡清 十月任	北二工下汛 王廣愛	北三汛 沈昭祖	北四工上汛 江塏 安徽歙縣人 舉人四月任	北四工下汛 顧樹榛 六月任 章樹春 十一月任	南五汛 岳奎齡
石景山汛外委 司際泰 固安人行伍十二月任	淀河外委二員 文慶恬 固安人行伍八月任	黃文喜			

		北岸通判 徐本培			
南六汛 丁燾 安徽懷甯人 監生三月任	南七汛 王樹穀 江西萬載人 監生二月任	南八汛 金賢良 六月任	北五汛 李如璧	北六汛 馬光瀛	北七汛 哈清阿 滿洲鑲紅旗人 舉人十月任

同治元年

文煜

徐繼鏞

- 石景山同知　王茂壎
- 南岸同知　朱錫慶
- 北岸同知　凌松林　河南西華人進士二月任

- 盧溝橋汛　毛桂榮　浙江餘姚人監生二月任
- 北頭工上汛　高彤紱
- 北頭工中汛　何兆清
- 北頭工下汛　曹文懿　正月任
- 北二工上汛　葛震
- 南頭工上汛　何承祜
- 南頭工下汛　汪國楨　十一月任
- 南二汛　汪玉藻
- 南三汛　項寶善
- 南四汛　胡彬
- 北二工下汛　劉性樸　山東清平人廩貢生五月任

- 都司　張洊　六月任
- 守備　王德盛
- 協備　尹光彩
- 南岸千總　李柯
- 北岸千總　李鋭　六月由北岸把總兼署
- 南岸把總　劉濟堂　六月任
- 北岸把總　李鋭
- 南八工下汛把總　蔡鐸　六月任
- 石景山汛外委　諸第魁　固安人行伍六月任
- 淀河外委二員　文慶恬
- 黃文喜

- 三角淀通判　唐郁
- 北岸通判　徐本培

- 北三汛　王廣愛　五月任
- 北四工上汛　江塏
- 北四工下汛　章樹春
- 南五汛　岳奎齡
- 南六汛　丁燾
- 南七汛　王樹穀
- 南八汛　金賢良
- 北五汛　石永燾　廣東番禺人監生五月任
- 李傳馨　浙江仁和人監生十月任
- 北六汛　金嘉琴　安徽桐城人監生閏八月任
- 北七汛　哈清阿

同治二年

- 崇厚
- 劉長佑　正月任　湖南新甯人　拔貢生　三月任

- 徐繼鏞

- 石景山同知　王茂壎
- 南岸同知　隆祥　滿洲鑲藍旗人　官學生正月任
- 北岸同知　凌松林

- 盧溝橋汛　毛桂榮
- 北頭工上汛　高彤紱
- 北頭工中汛　張慶奎　湖北東湖人　監生正月任
- 馬光泰　五月任
- 北二工下汛　許兆瑞　河南祥符人　監生二月任
- 北二工上汛　葛震
- 南頭工上汛　何承祜
- 南頭工上汛　汪國楨
- 南二汛　汪玉藻
- 南三汛　項寶善
- 南四汛　胡彬
- 北二工下汛　劉性樸

- 都司　張淳
- 守備　王德盛
- 協備　尹光彩
- 南岸千總　李柯
- 北岸千總　李鋭
- 南岸把總　劉濟堂
- 北岸把總　李鋭
- 南八工下汛把總　蔡鐸
- 石景山汛外委　諸第魁
- 淀河外委二員　文慶恬　黃文喜

- 三角淀通判　唐郁
- 北岸通判　徐本培

- 北三汛　黃安瀾　江西宜黃人　舉人十二月任
- 北四工上汛　江塏
- 北四工下汛　章樹春
- 南五汛　岳奎齡
- 南六汛　丁燾
- 南七汛　王樹穀
- 南八汛　馬啟桐　十二月任
- 北五汛　李傳馨
- 北六汛　金嘉琴
- 北七汛　張廷楨　河南夏邑人　監生二月任

同治三年							
劉長佑							
徐繼鏞							
石景山同知王茂壎							南岸同知隆祥
盧溝橋汛毛桂榮	北頭工上汛高彤绂	北頭工中汛汪玉藻四月任	張慶奎十二月任	北頭工下汛哈清阿十二月任	北二工上汛葛震	南頭工上汛何承祜	
都司王德盛十一月由守備兼署	守備王德盛	協備尹光彩	南岸千總李柯	北岸千總李鋭	南岸把總劉濟堂	北岸把總李鋭	

					北岸同知朱錫慶		
南頭工下汛汪國楨	南二汛馬光泰四月任	南三汛項寶善	南四汛李傳馨四月任	胡彬十二月任	北二工下汛宮兆庚山東蓬萊人附貢生四月任	北三汛黃安瀾	北四工上汛江塏
南八工下汛把總蔡鐸	石景山汛外委諸第魁	淀河外委二員文慶恬	黃文喜				

三角淀通判 唐郁
北岸通判 徐本培

北四工下汛 陳安潤 浙江山陰人監生十二月任
南五汛 岳奎齡
南六汛 周洵 江蘇溧陽人監生十一月任
南七汛 王仁寶 江蘇吳縣人監生九月任
南八汛 曹文懿 六月任
北五汛 胡彬 四月任
李傳馨 十二月任
北六汛 彭邦猷 廣東化州人監生十二月任
北七汛 張廷楨

同治四年

劉長佑

徐繼鏞

石景山同知 王茂壎
南岸同知 隆祥

盧溝橋汛 亢如坦 江蘇吳縣人議敘二月任
北頭工上汛 高彤紱
北頭工中汛 于漢清 山東臨淄人監生四月任
朱錫嘏 江蘇吳縣人監生十一月任
北頭工下汛 哈清阿
北二工上汛 葛震
南頭工上汛 何承祜

都司 王德盛
守備 王德盛
協備 尹光彩
南岸千總 李柯
北岸千總 李鋭
南岸把總 劉濟堂
北岸把總 李鋭

北岸同知朱錫慶

南頭工下汛王樹穀六月任

南二汛馬光泰

南三汛項寶善

南四汛胡彬

北二工下汛何兆清十一月任

北三汛黃安瀾

北四工上汛江塏

北四工下汛陳安瀾

南八工下汛把總蔡鐸

石景山汛外委諸第魁

淀河外委二員張永祥固安人行伍七月任

黃文喜

三角淀通判汪玉藻正月任

北岸通判徐齡安徽歙縣人監生正月任

南五汛岳奎齡

南六汛宫兆庚十一月任

南七汛陳楓浙江山陰人監生十二月任

南八汛汪紀書十一月任

北五汛李傳馨

北六汛彭邦猷

北七汛張廷楨

同治五年										
劉長佑										
蔭德泰 滿洲鑲白旗人廕生二月任	徐繼鏞 五月任									
石景山同知 王茂壎	南岸同知 隆祥									
盧溝橋汛 亢如坦	北頭工上汛 劉性樸 正月任	高彤紱 九月任	北頭工中汛 朱錫嘏	北頭工下汛 丁福培 山東濰縣人舉人七月任	北二工上汛 葛震	南頭工上汛 何承祜	南頭工下汛 王樹穀	南二汛 于漢清 正月任	南三汛 項寶善	
都司 王德盛	守備 王德盛	協備 尹光彩	南岸千總 李柯	北岸千總 李鋭	南岸把總 劉濟堂	北岸把總 李鋭	南八工下汛把總 蔡鐸	石景山汛外委 諸第魁	淀河外委二員 張永祥	

	北岸同知 程廸華 江西新建人監生七月任	三角澱通判 汪玉藻	北岸通判 徐齡									
南四汛 胡彬	北二工下汛 沈肇祖 浙江歸安人監生十一月任	北三汛 黃安瀾	北四工上汛 江塏	北四工下汛 徐文林 山東泰安人監生三月任	南五汛 岳奎齡	南六汛 宮兆庚	南七汛 陳楓	南八汛 鄭衍恒 十月任	北五汛 李傳馨	北六汛 彭邦猷	北七汛 高彤紱 正月任	熊琦 九月任
黃文喜												

卷七　職官

表四（同治六年至光緒六年）

紀年	直隸總督	永定河道	廳員	汛員	河營
同治六年	官文 滿洲旗人十一月任	徐繼鏞	石景山同知 王茂壎 南岸同知 余汝偕 江蘇武進人舉人三月任 北岸同知 王茂壎 八月由石景山同知兼署	盧溝橋汛 邸景星 奉天錦縣人增貢生十二月任 北頭工上汛 高彤紱 北頭工中汛 朱錫嘏 北頭工下汛 丁福培 北二工上汛 蔡壽臻 浙江桐鄉人附監生正月任 南頭工上汛 何承祜 南頭工下汛 王樹穀 南二汛 于漢清 南三汛 項寶善 南四汛 胡彬 北二工下汛 沈肇祖 北三汛 鄭衍恒 八月任 北四工上汛 朱瀛 浙江歸安人監生三月任 北四工下汛 江塏 三月任	都司 尹光彩 正月由守備兼署 守備 尹光彩 正月任 協備 劉昌安 正月任 南岸千總 李柯 北岸千總 劉濟堂 正月任 南岸把總 張克儉 正月任 北岸把總 李鋭 南八工下汛把總 蔡鐸 石景山汛外委 諸第魁 淀河外委二員 張永祥 黃文喜

三角澱通判 朱津 浙江歸安人監生十月任

北岸通判 徐齡

南五汛 岳奎齡

南六汛 宮兆庚

南七汛 陳楓

南八汛 陳崚 山東菏澤人監生七月任

北五汛 李傳馨

北六汛 白上賢 山西永和人舉人四月任

北七汛 熊琦

同治七年

文官

王茂壎 二月由石景山同知兼護

蔣春元 湖南耒陽人優廩生三月任

徐繼鏞 十一月任

石景山同知 王茂壎

南岸同知 王茂壎 九月由石景山同知兼署

盧溝橋汛 邸景星

北頭工上汛 朱同保 浙江歸安人監生五月任

北頭工中汛 朱錫嘏

北頭工下汛 丁福培

北二工上汛 陳楓 三月任

南頭工上汛 陳安瀾 九月由南下汛兼署

南頭工下汛 陳安瀾 三月任

南二汛 于漢清

都司 董家祥 湖南祁陽人軍功九月任

守備 李柯 九月任

協備 劉昌安

南岸千總 蔡鐸 九月任

北岸千總 劉濟堂

南岸把總 張克儉

北岸把總 陳佩鏞 五月任

南八工下汛把總 司馬鎔 九月任

	北岸同知 程廸華 正月任					三角澱通判 朱津
南三汛 哈清阿 三月任	南四汛 朱瀛 六月任	北二工下汛 江塏 六月任	北三汛 鄭衍恒	北四工上汛 沈肇祖 六月任	北四工下汛 岳翰 湖北江夏人監生六月任	南五汛 岳奎齡
石景山汛外委 諸第魁	淀河外委二員 張永祥	黃文喜				

				北岸通判 徐齡		
南六汛 宮兆庚	南七汛 陳詠桂 江蘇上元人監生三月任	潘秋水 浙江山陰人吏員七月任	南八汛 陳崚	北五汛 李傳磬	北六汛 白上賢	北七汛 熊琦

同治八年

曾國藩 湖南湘鄉人 進士二月任					
蔣春元 八月任	李朝儀 貴州貴筑人 進士十月任				
石景山同知 王茂壎	南岸同知 朱錫慶 三月任				
盧溝橋汛 潘詠惠 浙江德清人 監生九月任	北頭工上汛 江塏 十一月任	北頭工中汛 白上賢 十一月任	北頭工下汛 葉昌緒 浙江會稽人 監生七月任	北二工上汛 陳楓	南頭工上汛 陸景濂 江蘇元和人 監生二月任
都司 吴鳳標 江蘇宿遷人 行伍五月任	守備 李柯	協備 蔡鐸	南岸千總 李明德 固安人行伍 八月任	北岸千總 劉濟堂	南岸把總 陳佩鏞 九月任

王養壽 十一月由南上汛兼署	北岸同知 王維清 浙江諸暨人 監生二月任	張毓先 河南商城人 監生七月任							
王養壽 浙江蕭山人 舉人六月任	南頭工下汛 沈肇祖 二月任	南二汛 于漢清	南三汛 岳奎齡 二月任	南四汛 李傳馨 二月任	北二工下汛 何兆清 二月任	錢坊 浙江仁和人 監生十月任	北三汛 鄭衍恒	北四工上汛 江塏 二月任	朱同保 十一月任
北岸把總 張永泰 固安人行伍 九月任	南八工下汛把總 司馬鎔	石景山汛外委 諸第魁	淀河外委二員 張永祥	黃文喜					

三角淀通判 朱津	北岸通判 唐思鈞 浙江山陰人 監生二月任							
北四工下汛 諸畬 江蘇常熟人 監生九月任	南五汛 徐銓 江蘇吳縣人 監生二月任	南六汛 宮兆庚	南七汛 潘秋水	南八汛 徐慶錫 河南光山人 監生三月任	北五汛 支兆熊 江蘇青浦人 監生二月任	汪仰山 山東歷城人 監生十月任	北六汛 朱錫嘏 十一月任	北七汛 熊琦

同治九年							
李鴻章 安徽合肥人 進士九月任							
李朝儀							
石景山同知 王茂壎	南岸同知 王養壽						
盧溝橋汛 潘詠惠	北頭工上汛 江塏	北頭工中汛 馬啟桐 五月任	北頭工下汛 朱錫嘏 十二月任	北二工上汛 項壽堃 江蘇陽湖人 監生九月任	南頭工上汛 王養壽	南頭工下汛 沈肇祖	南二汛 蕭承湛 河南祥符人監 生十一月任
都司 吳鳳標	守備 李柯	協備 蔡鐸	南岸千總 李明德	北岸千總 劉濟堂	南岸把總 陳佩鏞	北岸把總 張永泰	南八工下汛 把總 司馬鎔

石景山汛外委 諸第魁	淀河外委二員 張永祥　黄文喜
南三汛 陳詠桂 五月任	陳楓 九月任
南四汛 李傳馨	
北二工下汛 錢坊	
北三汛 郑衍恒	
北四工上汛 張熊相 廣東定安人監生十一月任	
北四工下汛 諸畬	
南五汛 蔡鴻慶 浙江桐鄉人監生六月任	汪仰山 十二月任
北岸同知 張毓先	
三角淀通判 朱津	

南六汛 宫兆庚	
南七汛 潘秋水	
南八汛 陳安瀾 十二月任	
北五汛 茅光耀 浙江山陰人監生十二月任	
北六汛 于漢清 十一月任	
北七汛 胡維賢 浙江山陰人吏員十月任	
北岸通判 王維清 正月任	

同治十年						
李鴻章						
李朝儀						
石景山同知 王茂壎	南岸同知 朱津 四月任					
盧溝橋汛 鄭官賢 山西文水人監生三月任	北頭工上汛 陳壽椿 浙江會稽人監生二月任	北頭工中汛 潘秋水 九月任	北頭工下汛 朱錫椵	北二工上汛 沈肇祖 八月任	南頭工上汛 王仁寶 十一月任	南頭工下汛 何兆清 八月任
都司 王文仲 開州人行伍二月任	守備 李柯	協備 蔡鐸	南岸千總 李明德	北岸千總 劉濟堂	南岸把總 陳佩鏞	北岸把總 張永泰

	北岸同知 張毓先					
南二汛 陸景濂 六月任	南三汛 陳楓	南四汛 李傳馨	北二工下汛 哈清阿 三月任	北三汛 葉昌緒 四月任	北四工上汛 張熊相	北四工下汛 諸畬
南八工下汛把總 司馬鎔	石景山汛外委 諸第魁	淀河外委二員 張永祥 黃文喜				

三角澱通判蔣士琦　江蘇長洲人　監生四月任

趙書雲　安徽涇縣人監生十二月任

北岸通判王維清

南五汛汪仰山

南六汛宫兆庚

南七汛朱瀛　二月任

南八汛陳安瀾

北五汛茅光耀

北六汛唐成樑　江蘇江都人　監生六月任

北七汛蔣繼忠　浙江餘姚人　監生九月任

同治十一年

李鴻章

李朝儀

石景山同知唐成棣　十月任

南岸同知朱津

盧溝橋汛鄭官賢

北頭工上汛張映辰　山西長治人附貢生三月任

北頭工中汛陳詠桂　十一月任

北頭工下汛唐照　江蘇江都人　監生五月任

岳翰　八月任

北二工上汛沈肇祖

南頭工上汛宫兆庚　十月任

都司王文仲

守備蔡鐸　四月任

協備劉濟堂　四月任

南岸千總陳佩鏞　十二月任

北岸千總張永泰　四月任

南岸把總黄文喜　十二月任

北岸把總齊福琛　涿州人行伍　四月任

北岸同知 張毓先

南頭工下汛 張永福 浙江山陰人監生五月任

南二汛 潘秋水 十一月任

南三汛 陳楓

南四汛 王仁寶 十月任

北二工下汛 劉慶長 山東樂安人監生三月任

北三汛 凌道增 安徽定遠人監生四月任

北四工上汛 朱瀛 十月任

北四工下汛 諸畬

南八工下汛把總 司馬鎔

石景山汛外委 張兆清 宛平人行伍五月任

淀河外委二員 張永祥

李景泰 永清人行伍十二月任

三角澱通判 趙書雲

北岸通判 江塏 正月任

南五汛 茅光耀 二月任

南六汛 陳祖壽 浙江嘉善人監生十月任

南七汛 童湛 浙江會稽人監生二月任

南八汛 張慶平 浙江山陰人監生八月任

李昌第 山東聊城人監生十一月任

北五汛支 兆熊 三月任

凌燮 安徽定遠人監生十一月任

北六汛 李傳馨 十月任

北七汛 周國鈞 浙江會稽人吏員十二月任

同治十二年
李鴻章
李朝儀
石景山同知　唐成棣
盧溝橋汛　鄭官賢；北頭工上汛　張映辰；北頭工中汛　陳詠桂；北頭工下汛　孫釗　浙江山陰人　監生二月任　馮壽松　浙江歸安人　監生八月任；北二工上汛　何兆清　三月任　張紹良　江蘇丹徒人　監生九月任
都司　鄭龍彪　安徽六安人　軍功正月任；守備　吴恩來　天津人行伍　四月任；協備　蔡鐸　四月任；南岸千總　陳佩鏞；北岸千總　劉濟堂　四月任；南岸把總　黄文善；北岸把總　齊福琛

南岸同知　朱津；北岸同知　張毓先
南頭工上汛　宮兆庚；南頭工下汛　葉昌緒　五月任　何兆清　九月任；南二汛　潘秋水；南三汛　陳楓；南四汛　凌燮　七月任；北二工下汛　劉慶長；北三汛　凌道增
南八工下汛把總　司馬鎔；石景山汛外委　張兆清；淀河外委二員　周鳳山　固安人行伍　十一月任　李景泰

	三角淀通判 趙書雲						北岸通判 江塏	
北四工上汛 朱瀛	北四工下汛 何翼堂 貴州貴筑人監生七月任	南五汛 茅光耀	南六汛 曹澍鉉 湖北江夏人監生正月任	南七汛 童湛	南八汛 方志勤 安徽歙縣人監生十月任	北五汛 諸畬 七月任	北六汛 李傳馨	北七汛 周國鈞

同治十三年						
李鴻章						
李朝儀						
石景山同知 張毓先 十一月任						南岸同知 朱津
盧溝橋汛 鄭官賢	北頭工上汛 孫國培 浙江歸安人附貢生十月任	北頭工中汛 陳詠桂	北頭工下汛 吴宗騏 奉天錦縣人監生正月任	童湛 十月任	北二工上汛 胡維賢 九月任	南頭工上汛 宫兆庚
都司 鄭龍彪	守備 吴恩來	協備 蔡鐸	南岸千總 陳佩鏞	北岸千總 劉濟堂	南岸把總 黄文喜	北岸把總 齊福琛

北岸同知 唐成棣 十一月任

南頭工下汛 張映辰 十月任
南二汛 潘秋水
南三汛 陳楓
南四汛 李翊治 河南固始人 舉人二月任
北二工下汛 劉慶長
北三汛 凌道增
北四工上汛 朱瀛
北四工下汛 諸畬 二月任

南八工下汛把總 司馬鎔
石景山汛外委 張兆清
淀河外委二員 周鳳山
李景泰

三角淀通判 趙書雲
北岸通判 江塏

南五汛 茅光耀
南六汛 岳翰 正月任
曹澍鋐 五月任
南七汛 王仁寶 十月任
南八汛 周珩 浙江會稽人 監生五月任
北五汛 凌燮 二月任
北六汛 李傳馨
北七汛 周國鈞

光緒元年

李鴻章
李朝儀
石景山同知 蔣廷畢 江蘇元和人監生八月任
南岸同知 吳廷斌 安徽涇縣人文童二月任
吳士湘 安徽桐城人監生十二月任

盧溝橋汛 鄭官賢	都司 鄭龍彪
北頭工上汛 孫國培	守備 吳恩來
北頭工中汛 陳詠桂	協備 蔡鐸
北頭工下汛 童湛	南岸把總 陳佩鏞
北二工上汛 胡維賢	北岸千總 劉濟堂
南頭工上汛 宮兆庚	南岸把總 黃文喜
南頭工下汛 張映辰	北岸把總 李明德 十一月任
南二汛 汪仰山 五月任	南八工下汛把總 司馬鎔
諸畬 七月任	石景山汛外委 張兆清
南三汛 陳楓	淀河外委二員 周鳳山
南四汛 李翊治	李景泰

北岸同知 吳廷斌 十二月任
三角淀通判 趙書雲
北岸通判 江塏

汛
北二工下汛 吳宗騏 五月任
北三汛 凌道增
北四工上汛 朱瀛
北四工下汛 陳鳴岐 山東濟甯人監生七月任
南五汛 茅光耀
南六汛 高彤紱 正月任
李傳馨 八月任
南七汛 王仁寶
南八汛 仲燕祥 浙江德清人監生十月任
北五汛 凌燮
北六汛 鄒源 浙江錢塘人監生八月任
北七汛 周國鈞

光緒二年

李鴻章

李朝儀

石景山同知 楊金鍔 山東壽光人監生四月任

南岸同知 吴士湘

盧溝橋汛 唐維藩 浙江山陰人監生十一月任

北頭工上汛 李占春 雲南宜良人舉人十月任

北頭工中汛 陳詠桂

北頭工下汛 童湛

北二工上汛 胡維賢

南頭工上汛 韓傳琦 浙江山陰人監生十月任

南頭工下汛 張映辰

南二汛 諸畲

南三汛 陳楓

都司 鄭龍彪

守備 吴恩來

協備 蔡鐸

南岸千總 陳佩鏞

北岸千總 劉濟堂

南岸把總 黄文喜

北岸把總 李明德

南八工下汛把總 司馬鎔

石景山汛外委 張兆清

北岸同知 吴廷斌

三角淀通判 程廸華 二月任 宫兆庚 十月任

北岸通判 江塏

南四汛 李翊治

北二工下汛 鄭官賢 十一月任

北三汛 凌道增

北四工上汛 朱瀛

北四工下汛 張承湣 江蘇儀徵人監生八月任

南五汛 茅光耀

南六汛 李傳馨

南七汛 王仁寶

南八汛 仲燕祥

北五汛 朱楨 四川華陽人監生四月任

淀河外委二員 周鳳山 李景泰

			光緒三年					
			李鴻章					
			周馥 安徽建德人文童三月任 李朝儀 五月任					
			石景山同知 吳士湘 十月任					
馬清漪 山東夏津人議敘九月任	北六汛 鄒源	北七汛 周國鈞	盧溝橋汛 唐維藩	北頭工上汛 鄒源 二月任	李占春 十月任	北頭工中汛 薩多訥 福建侯官人監生七月任	北頭工下汛 童湛	北二工上汛 胡維賢
			都司 鄭龍彪	守備 吳恩來	協備 蔡鐸	南岸千總 陳佩鏞	北岸千總 劉濟堂	南岸把總 黃文喜

南岸同知 黃昭鑑 山東蓬萊人監生十月任							北岸同知 吳廷斌	
南頭工上汛 陳楓 四月任	南頭工下汛 張映辰	南二汛 隆廉 滿洲鑲藍旗人監生正月任	周蓉第 浙江仁和人監生十月任	南三汛 陳安瀾 四月任	茅光耀 八月任	南四汛 李翊治	北二工下汛 鄭官賢	北三汛 曾雲松 貴州歸化人監生九月任
北岸把總 張永泰 七月任	南八工下汛把總 李明德 七月任	石景山汛外委 張兆清	淀河外委二員 周鳳山	李景泰				

三角淀通判 宮兆庚						北岸通判 江壇		
北四工上汛 朱瀛	北四工下汛 胡寶森 浙江山陰人監生十一月任	南五汛 孫國培 八月任	南六汛 李傳馨	南七汛 陳詠桂 七月任	南八汛 李占春 二月任 仲燕祥 十月任	北五汛 馬清漪	北六汛 仲燕祥 二月任 鄒源 十月任	北七汛 胡萬峩 山東陽穀人廩貢生十二月任

光緒四年							
李鴻章							
李朝儀							
石景山同知 吳士湘					南岸同知 吳廷斌 二月任		
盧溝橋汛 唐維藩	北頭工上汛 李占春	北頭工中汛 薩多訥	北頭工下汛 童湛	北二工上汛 程鴻賓 安徽懷甯人文童七月任	南頭工上汛 陳楓	南頭工下汛 張映辰	南二汛 周蓉第
都司 鄭龍彪	守備 吳恩來	協備 蔡鐸	南岸千總 陳佩鏞	北岸千總 劉濟堂	南岸把總 黃文喜	北岸把總 司馬鎔 正月任	南八工下汛把總 李明德

石景山汛外委 張兆清	淀河外委二員 周鳳山	李景泰				
南三汛 茅光耀	南四汛 孫國培 十一月任	北二工下汛 鄭官賢	北三汛 曾雲松	北四工上汛 仲燕祥 四月任 夏人傑 浙江海甯人監生十一月任	北四工下汛 胡寶森	南五汛 陳安瀾 四月任
	北岸同知 朱豫復 河南祥符人監生二月任					三角淀通判 宮兆庚

南六汛 李傳馨	南七汛 潘煜 浙江山陰人議敘十二月任	南八汛 何翼堂 四月任	仲燕祥 十一月任	北五汛 馬清漪	北六汛 何兆清 八月任	北七汛 王榕旭 山東博興人監生十月任
				北岸通判 江塏		

光緒五年

李鴻章

朱其詔 江蘇寶山人監生五月任
文沛 滿洲鑲紅旗人監生八月任

石景山同知 吳士湘
南岸同知 桂本誠 安徽貴池人監生十月任

盧溝橋汛 唐維藩
北頭工上汛 李占春
北頭工中汛 韓傳琦 八月任
北頭工下汛 王貽直 安徽黟縣人附貢生八月任
北二工上汛 鄭官賢 八月任
南頭工上汛 陳楓
南頭工下汛 孫國培 十月任
南二汛 周蓉第

都司 鄭龍彪
守備 吳恩來
協備 蔡鐸
南岸千總 陳佩鏞
北岸千總 劉濟堂
南岸把總 黃文喜
北岸把總 司馬鎔
南八工下汛把總 李明德

三角淀通判 唐應駒 浙江山陰人例貢生二月
北岸同知 朱豫復

南三汛 茅光耀
南四汛 張映辰 十月任
北二工下汛 沈培源 浙江蕭山人監生八月任
北三汛 童湛 八月任
北四工上汛 李傳馨 八月任
北四工下汛 胡寶森
南五汛 陳安瀾

石景山汛外委 張兆清
淀河外委二員 周鳳山 李景泰

光緒六年								
李鴻章								
朱其詔 四月任								
石景山同知 吳士湘	南岸同知 桂本誠							
盧溝橋汛 唐維藩	北頭工上汛 王仁寶 二月任	北頭工中汛 張士馨 山西汾陽人 監生二月任	北頭工下汛 王貽直	北二工上汛 鄭官賢	南頭工上汛 李重華 安徽石埭人 吏員三月任	南頭工下汛 余昌壽 江蘇甘泉人 監生三月任	南二汛 周蓉第	南三汛 茅光耀
都司 鄭龍彪	守備 吳恩來	協備 蔡鐸	南岸千總 陳佩鏞	北岸千總 劉濟堂	南岸把總 黃文喜	北岸把總 司馬鎔	南八工下汛把總 李明德	石景山汛外委 張兆清

北岸通判 江塏					
南六汛 錢承禧 浙江山陰人 監生八月任	南七汛 潘煜	南八汛 温紹齡 山西徐溝人 議敘二月任 方志勤 八月任	北五汛 馬清漪	北六汛 潘拱宸 奉天甯遠人 廪貢生十月任	北七汛 王榕旭

	南四汛 張映辰	淀河外委二員 周鳳山 李景泰
北岸同知 朱豫復	北二工下汛 沈培源	
	北三汛 童湛	
	北四工上汛 李傳馨	
	北四工下汛 陳澤醴 山西渾源人 監生三月任	
三角澱通判 李占春 三月任	南五汛 陳安瀾	
	南六汛 錢承禧	
	南七汛 潘煜	
	南八汛 方志勤	
北岸通判 江塏	北五汛 汪仰山 三月任	
	北六汛 潘拱宸	
	北七汛 王榕旭	

官俸役食武職俸廉詳『兵制門』

《兵馬奏銷册》載，南岸額定歲支心紅蔬菜銀六十兩，北岸心紅蔬菜銀一百八兩，此爲南北岸分司而設。後裁分司，設河道，此項銀兩即歸河道承領舊《志》河道心紅蔬菜銀一百四十四兩，書吏紙張銀二十四兩。未經聲敘承領緣由，是以檔册無考。

石景山同知俸銀并二十九名役食，向由宛平縣批解道庫，今在司庫請領。

三角澱通判俸銀役食，向由武清縣批解道庫，今在司庫請領。

北岸通判，道光二十六年設。額定每年俸銀六十兩，養廉銀六百兩，額設吏、户、禮、兵、刑、工典吏六名，門子二名，皂隸十二名，快手八名，轎夫四名，傘扇夫三名，民壯十八名。典吏例無工食銀兩，餘各歲支工食銀六兩，俸工由大城縣批解道庫，養廉在司庫請領。

南頭工上汛霸州州同，養廉銀向由本州批解道庫，今在司庫請領。

北四工上汛涿州州同，道光二十六年設。額定每年俸銀六十兩，養廉銀六十兩。額設攢典一名，門子一名，馬夫一名，傘夫一名，皂隸六名，民壯六名。攢典例無工食銀兩，餘各歲支工食銀六兩，俸工由祁州批解道庫，養廉在司庫請領。

南六汛霸州州判，養廉銀向由本州批解道庫，今在司庫請領。

北六汛霸州州判，養廉銀向由本州批解道庫，今在司庫請領。

北頭工上汛武清縣縣丞，民壯工食向由寧河縣批解道庫。今三名由固安縣批解，一名由寶坻縣批解。

北頭工下汛宛平縣縣丞，民壯工食向由本縣批解道庫。今二名由安州批解，二名由高陽縣批解。

南頭工下汛宛平縣縣丞，俸廉、役食向由本縣批解道庫，今在司庫請領。

南二汛良鄉縣縣丞，俸廉役食除民壯外，向由本縣批解道庫，今在司庫請領。

南五汛永清縣縣丞，養廉銀向由本縣批解道庫，今在司庫請領。

北五汛永清縣縣丞，民壯工食向由本縣批解道庫。今三名由淶水縣批解，一名由平谷縣批解。

北二工下汛東安縣主簿，道光五年由北七工調。俸廉役食仍由本縣批解道庫，今在司庫請領。

南七汛東安縣主簿，俸廉役食向由本縣批解道庫，今在司庫請領。

南八汛武清縣主簿，民壯工食向由淶水、平谷兩縣批解道庫，今由本縣批解。

北七汛東安縣主簿，道光二十四年復設。額定每年俸銀三十三兩一錢一分四釐，養廉銀三十三兩一錢一分四釐。額設攢典一名、門子一名、馬夫一名、皂隸四名、民壯四名。攢典例無工食銀兩，餘各歲支工食銀六兩。俸工由本縣批解道庫，養廉在司庫請領。

卷八　兵制

金大定二十七年，宰臣議於金口牐置埽官廨署及埽兵之室。此爲盧溝河設兵之始。而元明時，渾河潰決，率發軍民修治，大抵以禁軍戍卒，佐民力之不足，非實有常隸之兵，以資修守也。

我朝河營兵制略與緑營同。永定額設戰守兵千數百名，專司修守事宜。舊《志》載石景山暨南北岸兵數，而不言分隸各汛者，亦以汛地額兵時有抽撥，未能悉符舊制歟。是編亦總載通工兵數，不分汛地，補『兵制』。

河營員弁

都司一員，嘉慶十六年設，受河道節制，本河弁兵統歸管轄。

守備一員，乾隆四年設，管南北兩岸堤工。五十六年專管南岸堤工。

協辦守備一員，乾隆五十六年設，專管北岸堤工。

南岸、北岸千總二員，康熙四十四年，以把總二員加千總銜。雍正四年裁。八年仍以把總加千總銜。一爲南岸千總，隨轅管兵，一爲北岸千總，管北岸上七工汛。乾隆三年撤回，分管南北兩岸河兵巡查堤柳，分隸南北岸同知。後石景山同知、三角澱通判、北岸通判轄南北兩岸汛地，遂屬五廳管轄。

南岸、北岸把總二員。康熙三十七年原設四員。四十四年，以二員加千總銜，留把總二員。雍正八年，以原留把總加千總銜，另補把總二員。一爲北岸把總管石景山工程；一爲南岸把總管南岸下七工汛。乾隆三年，調北岸把總管北岸上七工汛。十六年，俱撤回，巡查南北兩岸堤柳，分隸南北岸同知，後屬五廳管轄。

南八工下汛把總一員。乾隆三十七年設浚船把總。五十六年，改爲鳳河東堤把總。道光十一年，移駐南八工爲八工下汛，隸三角澱通判。

石景山水關經制外委一員，雍正十一年設，專司水報。乾隆三年添設千總一員，專管石景山工程。十九年，調水關外委管鳳河東堤。五十六年，裁石景山千總，仍設水關外委，管理堤工兼司水報，隸石景山同知。

澱河經制外委二員，乾隆三十七年設，管理浚船。四十七年裁浚船，仍司疏浚事宜，今隨轅差委。

外委千總三名，一雍正八年設，一乾隆三年設，一七年設，隨轅差委。

外委把總六名。雍正八年設三名。乾隆三年添設三名，隨轅差委。

額外外委十五名。乾隆二十七年，調六名督標，留二名本河，四名隨轅差委。嘉慶十六年，添設十一名，協防南北兩岸。

兵額

康熙三十七年，設永定河營兵二千名。四十年裁一千二百名，存八百名。四十九年，工部奏派章京一員，於八百名内撥三十名，巡防衙門口村、真武廟、紀家莊等處堤工，缺額另募補充。雍正三年裁二百名，存六百三十名。乾隆四年添六百名。四十七年，裁武職坐糧四十一分裁守備十二分，石景山千總四分，南北兩岸千總八分，兩岸把總八分，隨轅外委、千把總九員九分，實存一千一百八十九名。嘉慶七年添四百名，同治十二年添一百名，共一千六百八十九名，内戰兵一百八十九名，守兵一千五百名。除道署防庫守兵三十三名，都司、守協備、千總各衙門聽差守兵五十八名，餘俱分隸文武二十三汛。河兵開除募補，舊由本汛報明，由廳驗准，行縣取結，結到起餉。乾隆四年設守備後，本汛移該營千總，轉送守備驗准起餉，季終全送河道點驗。二十年設立執照，新兵始送河道點驗。四十二年添設腰牌。嘉慶十六年設都司後，守備轉送都司，都司隨時轉送河道，驗准給發牌照。凡河兵中明白工程，辦事勤幹者，舊由本汛移該管千總，轉送守備，申送河道。後改由本汛逕移都、守協二營，申送河道驗准，拔補什長。由什長拔補頭目，由頭目援補外委，皆給執照，於委報册内，分晰註明。如有才具出衆，認真辦工者，由都司、守協備保送河道驗准，擬定正陪，詳送總督，考拔額外外委，給發執照。

乾隆十八年四月，工部咨查各河營兵丁堡夫，每年應積額、栽額、採柳株、葦草，并聲明每兵一名，日積土牛二尺五寸，寒暑月例不堆積。每共歲栽柳一百株。永定河南北兩岸沙碱成活者少，亦於年底查數册報。至應採柳株、葦草，儘收儘報，并無一定額數。

俸廉　心紅　馬乾　馬糧

都司，歲支俸銀九十九兩三錢九分三釐六毫，養廉銀二百六十兩，心紅蔬菜銀四十二兩，自備馬四匹，春冬每匹月支銀一兩二錢，夏秋每匹月支銀九錢。

守備，歲支俸銀六十六兩七錢八釐，養廉銀二百兩，心紅蔬菜銀二十四兩。嘉慶十七年，改給心紅蔬菜銀十二兩，馬匹馬乾與都司同。

協備，歲支俸銀四十八兩，養廉銀一百二十兩，心紅蔬菜銀十二兩，協備例無心紅蔬菜銀兩。嘉慶十七年，詳准在守備名下，分給一半銀十二兩。自備馬二匹，每匹馬乾與守備同。

千總，每員俸廉、馬匹、馬乾，與協備同。

把總，每員歲支俸銀三十六兩，養廉銀九十兩，馬匹、馬乾與千總同。

實缺經制外委，每員歲支馬糧銀二十四兩，養廉銀十八兩。

俸銀、心紅、馬乾、馬糧，均在道庫估餉項下支領。養廉在司庫耗羨項下撥給。武職例無養廉銀兩。乾隆四十七年裁坐糧，改給養廉。

兵餉

戰兵每名月支餉銀一兩七錢，守兵月支餉銀一兩二錢。隨轅外委千、把總九名，六名食戰糧，三名食守糧。額外外委十五名，每名食本身戰守糧一分。兵餉向於八月內覈明造册，咨送布政司，詳請於文安、大城、雄縣、任邱、房山、霸州、永清、東安、武清等州縣地丁項下酌撥。按季批解道庫，按月發結，遇閏加增添撥，別縣湊解，亦有在九州縣增發者。嘉慶十年，改由各州縣批解司庫，由道按季咨領給發。即河道心紅，本衙門額設巡捕，及各役工食，都司、守協備、千把、外委等俸薪、心紅、馬乾、馬糧，均於此案内估報，統歸兵馬奏銷案内報銷。其扣存建曠銀兩，彙解司庫歸款，另案造報。凡放餉，舊由南北岸廳具領，發兩岸千總分給。後改由都司具領，會同固安縣，在公所按名唱給。

卷九 奏議〔雍正八年至道光元年〕

工部議設河道總督疏略雍正八年十二月

爲遵旨議奏事，直隸河工關繫重大，請設立河道水利總督一員，駐紮天津。令四道廳員及印河各官受其節制。一切事務俱照河東總河例行。奉旨。恭録卷首。

總河顧琮畿輔河道情形疏略乾隆二年七〔月〕

查，畿輔諸河俱匯津歸海。漳、衛二水來自西南，合爲南運河。潮、白二水來自東北，合爲北運河。桑乾、洋河二水自西北，合萬山之水入關，爲永定河。滏陽經南北二泊，會滹沱爲子牙河。唐、沙、滋諸水俱入西淀，拒馬、琉璃諸河會於龍門口，爲白溝河，亦入西淀。西淀之水，由玉帶河入東淀，而牤牛入於中亭，中亭乃玉帶之支流，分而復合。永定、子牙亦入東淀，俱由淀達津，至西沽與北運河會，抵三汊口，會南運河，合流東南入海。天津乃九河之下游，淀泊乃衆水之交匯，所關最要。永定渾河原無堤岸，祇有河身，達於玉帯，清流汛漲，出槽淀外，數百里之地，任其游漾。水歸於淀中，泥沉於淀外。民田雖有淹没，所謂一水一麥，亦不爲苦。自築堤束水以來，下口迫近潮汐，其淤愈速。堤日增而河日淤，河底已高於平地，近年河患所以尤甚。大凡治水之法，莫善於行所無事，故築堤防水則可，若以堤束水，是與水争地而貽後患也。

總督孫嘉淦開堤放水情形疏略乾隆五年九月

臣於十六日開永定河南堤，放水復歸故道。隨即策馬沿流而南，處處相度。見河流循軌，二百餘里之内，逼近河岸村莊不過十數處，易於保護。兩岸地勢平衍，汛水一至可以散漫平流，不能爲害。至中亭河清渾合流之處，渾水入後，清水不過漲高四寸，將來不致潰溢。又隨流而東，覩其清渾盪刷，不過數里，水色已清，將來亦不致淤淀。

奉硃批：『開河之後，朕日夜廑念。覽此奏，大慰朕懷矣。非卿一力擔承，斷不能成此事。然此時尚未可侈然自足也，必俟明年諸事妥協，伏秋無妨，然後可以慰衆望，而吾君臣此舉方不爲冒昧也。』

總督孫嘉淦覆御史周祖榮陳善後事宜疏乾隆五年十一月

據御史周祖榮稱，永定河改由故道，所有近河村落不無漫溢。請勅查水道所經必應遷徙者若干村，先擇不受水患之地，酌給遷費等語。查，自放河以來，嚴飭各官履勘。據報涿州、良鄉、永清、新城、雄縣、固安、霸州等州縣，其中近河村落，有無庸築堰防護者，有宜築一面者，有宜築兩面、三面者，俱已勸諭居民自行修築，并無必應遷徙之處。緣此地歷年過水，民皆聚居高處，間有散居低處者，令止在本村挪移，地方官量加資助，亦無庸給與遷費，別行安插也。又稱豫防淹没地畝，查明存案，將來撥補或給價之處尤屬難行。蓋渾水經由，若止漫流平過，則地皆淤肥，即可種穫。如改流頂衝之處，必須隨時防護，即有衝坍，亦必待事後查勘。所奏均無庸議。總之民情難静而易動。現在河流順軌，民情安静。一切善後之圖，惟當周詳慎重，以安百姓之身家，不可張大其事，驟驚愚民之耳目。

奉硃批：『所謂民情難静而易動，實爲政之要。然思患預防，不動聲色，而措泰山之安者，亦必先有以得其要，而後可無爲而治也。况數十年未經行之故道，壯與幼未目覩之事，而可保其無少虞乎？故朕謂必明年伏秋無事，方可謂之成功者。此也卿其加之意焉。』

總督高斌勘籌河道情形疏乾隆六年十一月

臣於十一月初四日，自保定起程，赴永定河八工，同吏部員外郎方觀承、永定河道六格等，由王慶坨沿河岸至郭家務、長安城、金門閘、鐵狗等處。過河循北岸北堰至龍河、鳳河、安光一帶，南抵大清河，復由半截河、求賢村，至盧溝橋、石景山，所有堤埽工程，及上下游各情形，通行查勘。熟籌全河機宜，惟在尾閭通暢。下不壅則上不溢，使下口之路通達大清河，順溜急趨，始可收暢行之效。從前大清河縈回諸淀之中，永定河下口不能避淀趨河。而兩淀日益增高，夾束泥沙擁入止水，故勝澇、辛張、策城、三角諸淀，屢改屢淤，皆成原陸。清淀渾流交受其患，尾閭既塞，胸腹亦病。用是三角淀自下而上，逐漸淤高，水無去路，遂由鄭家樓北折而東，此處地面寬濶，派散支分，雖皆以大清河爲歸，但歷安光、鳳河，西遷南轉，紆同於葉、沙二淀之中，勢既不順，而河流亦緩，仍恐將來不免淤墊。臣又勘自七工之南，由冰窖至洞子門，一路地勢窪下，改通水道，下口亦可徑達大清河。但有應遷、應護村莊，且隔淀坦坡堰亦須培加高厚，殊費周章。似應仍以三角淀至老河頭之舊路爲尾閭正道。蓋向日三角淀之淤梗，由於止水不能轉輪。今舊跡已成平陸，正可改挖成河，藉天然堅實積淤之堤岸，挽鄭家樓北折之水，乘建瓴之勢，直注大清河，水無緩散，沙無停滯。即漲發出槽，正流仍行地中，庶免透淀穿運之虞。今酌議於三角淀舊淤傍南稍淺處所開挖引河，下接大清河之老河頭，上接鄭家樓水口，共長十八里，挖去積土自七尺至一丈四尺不等，寬二十丈至二十四丈不等，所挑之土即於北岸廢堰之南，傍安光一帶圈築坡堰，以防北軼。南岸之尾亦量爲接築土堰，以遏南流。其下口河唇，每年值清河旺時，潮汐回流，不免沙積。應令隨時疏通，不過河唇數里之内，爲力甚易。下口既通，上游應籌分洩，使泛漲盛漲，皆有所消。湍激始至，其氣已洩，自無餘患。且使在槽之水迅流東注，非特不憂潰漫，而下流河身俱可日漸刷深，以成暢下之勢。

查，南北兩岸現存減水各壩，其南岸金門閘石滚壩，金門寬五十六丈，因壩身太高，數年來并不過水。今酌議將兩頭各除十八丈不動外，中抽二十丈落下一尺五寸，常汛則從中減洩，盛漲則普面漫水，以固重門，庶可均歸實用。又南岸長安城、曹家務，北岸求賢村、半截河四處三合土滚壩，緣壩身較石壩尺寸爲高，祇可備宣洩盛漲之用，常汛俱不能過水。今酌議，於南岸六工之雙營、北岸三工之胡林店、七工之小惠家莊各添建三合土滚壩一座，壩身俱照石壩落底尺寸，金門均寬十二丈。又南岸郭家務舊有草壩與現存引河不接，亦應照新添三滚壩一律修築如式，金門寬十二丈。此四壩金門共寬四十八丈，合之石壩中段二十丈，共寬六十八丈，以備滚洩出槽汛漲之水。其長安城、曹家務、求賢村、半截河四壩，舊築金門各寬二十丈，共寬八十丈。合之石壩上下段三十六丈，共寬一百一十六丈，以備滚洩陡發盛漲之水。若壩外原有根堰引河者，俱仍其舊，本無者亦毋庸添置。如此辦理則渾流歸入清流，而無止水之隔。雖仍循三角澱初由之路，實與前此情形迥異。其各壩宣洩汛漲，一年不過數次，一次不過數時。因堤之固，及分而止，不但田廬無害，且於肥淤有益。

查，永定河未設堤岸之先，漲發則四溢横流，及其勢定，必有河身以行正流。流必歸澱，仍不免挾入泥沙。今將南北各壩滚出之水，任其漫溢田間，而節宣有制，更無紛擾。其河身注入正流，直入大清河，則又與泥沙隨溜，溢澱爲患者有别矣。至永定下口，宜令歸入大清河。前又經部議，恐致淤塞泛礙，行令原任總河顧琮籌畫萬全。隨據顧琮奏覆，必無前患，經大學士鄂爾泰等定議具奏。臣今次至大清河乘舟上下察看。兹河爲東西兩澱，南北諸水之總匯，浩瀚迅駛。渾流一入其中，沙泥悉爲刷去，既無留滯，亦無泛溢。且現在水涸之際，深猶二三丈。永定河泛漲過後，其恒流不足以當大清河十分之一。此實斷無他慮，可以上慰宸衷者也。

總督方觀承請來年改移下口疏乾隆十四年十一月

查乾隆二年，河身自六工以下已有高仰之形。奉諭旨，命大學士鄂爾泰親往詳勘，應如何改移開浚修築之處，熟商妥議等因。鄂爾泰欽遵會同前督臣李衛、河臣顧琮議於半截河堤北改挖新河，即以北堤爲南堤，另築北岸大堤。經部覆准，自北岸六工起，迤東築成大堤，計長三十六里。因其下有積水侵佔，未及完工。至乾隆五年，河臣顧琮續請接築北堰，與北大堤相連而下，然祇係下口入澱之保障，而非爲改河之用。嗣於兩岸開建滚埧，減洩盛漲，河無衝溢。但每歲淤墊益高，而六工水流不下。近年來情形又異，爲今之計，就舊有之北大堤於六工改移下口，使水由地中暢下無阻，自是長策。臣詳加覆勘，祇須稍爲修補即可完固。開挖新河以容正溜，無需過爲寬深。一切浚築事宜，計算均無多費。惟查北大堤内大小十九村莊，約計瓦土房九千七百餘間。其餘各村應遷者計尚有三千四百餘間，墳墓六千三百五十餘穴，旗民地畝一千餘頃，并多現種麥地。照雍正四年郭家務改河舊例，應將民房按間給價，墳墓給費。遷移旗地，另籌撥補居地，給價除糧。但事關數千户之田廬生計，必須先期早爲曉諭，詳加經理，非此數月内能辦之事，是以仍議暫由舊道。應請俟來年汛後，再將改移事宜詳加籌酌，奏請聖訓辦理。

奉上諭。恭録卷首。

總督方觀承勘明南三工漫口情形疏乾隆十五年六月

本月初六日申刻，據永定道英廉稟報，永定河南岸三工第四道淤溝，兩邊埽廂被刷，初三、初四兩日，形勢漸變，汕傷堤頭，寬至六七丈等語。臣聞之不勝駭愕，隨委清河道僧保住星速赴工，幫同辦理。臣即於酉刻起身，兼程到工查勘。新開淤溝汕口在南岸三工宿字第十五號，自第十二至十五號舊有放淤溝五道穿堤，各寬四尺，内加護埽，後圈月堤，長七百丈。每於汛期之前，將一二三四道溝引進渾水，爲入水溝。由第五道溝徹放清水，爲出水溝。節年將次淤滿。其一道、三道溝，於上年冬閉後未開。現惟二道、四道溝入水，五道溝出水。五月三十日子時，河水逼注堤根，四道溝埽廂被刷，當即汕寬，兩邊堤頭各坍丈許。其二道、五道溝亦同時進水。英廉將二道、五道溝俱行搶閉，并將已坍之四道溝，希圖一并堵築，遂匿不報聞。又揑稱，是夜月堤先坍數丈，以致淤溝通氣掣溜，希圖掩飾。嗣因搶築不住，於本月初三日汕寬一十三丈五尺，水注月堤，同時坍卸三十餘丈，英廉始於初四日具稟。其種種揑飾情由，業經臣查明參奏。

今臣住宿工所，督率堵築。初八日已經下埽四箇，尚需十埽即可合龍。查溜勢全趨汕口，正河受淤計一百五十餘丈。臣帶署涿州參將彭友俊到工，即令專管河兵、夫役，并力挑浚。俟合龍之日一面進埽，一面開放河頭，擠逼全溜，令歸正河，即可無事。至汕口所出之水，由道溝至固安縣西南一帶，仍由道溝四十餘里至牤牛東股河，即金門閘引河，又四十餘里歸入霸州中亭河。漫水四出，村莊低處多被浸漫，固安圍城皆水，窪處深三四五尺不等，地内水深二三尺不等。永清被水村莊六十餘處，水深二三尺不等，田禾多有損傷。臣已飭司派員，查勘成灾各村，借給籽種，趕種蕎麥、菉荳等項，以冀有秋。

大學士傅恒等議下口歸海河情形疏乾隆十五年十一月

永定河下口東阻北運，南臨東淀，自八工以下渾流散漫於葉淀、沙淀，周迴數十里沙澄河清，然後由鳳河入大清河，出西沽會北運、子牙，至三汊河會南運，同入海河。原因渾沙善淤，不能有徑行歸宿之路。今擬於八工尾接挑長河一道，夾築兩堤，不令散漫，直入海河，爲導河入海之上策。臣等於十一、十二日帶同永定河道白鍾山、天津道宋宗元、知府熊繹祖及各廳汛弁等員，自八工下口葛漁城北堰，由龐各莊過鳳河，至北運河東岸北倉，前後周迴覆勘。永定河自八工尾直向東南，徑入海河，就下之形勢甚順。惟穿過北運，必須將北運河尾改移，另入海河。查，北倉迤北二里許，地方寬濶，可以挑河一道，夾築兩堤，直向東南至大直沽入海河，計長四十五里。再查北倉迤南約四里許，穆家莊之北空濶之處，可爲永定河經由之路，東南至田家莊入海河。計自八工尾至此，長八十五里。再查，永定河既以兩堤夾束，徑入海河，其鳳河亦應改入北運河。自龐各莊至桃花口之上空濶之處，可爲鳳河改入北運之路，計長十五里。以上挑河築堤各土方并建壩等費，共估需銀九十餘萬兩。再三詳籌熟慮，恐工力難施。而北運河改移東下，漕運糧艘多行海河二十餘里，亦屬未便。再於海河北岸沿河察看其情形，稍覺寬濶，但亦未甚懸殊。誠恐海河四時潮汛，各別有大小緩急之不同，實難保永定河淤沙至此，必無淤墊之患。

總督方觀承下口善後事宜疏略乾隆十六年　月

永定河尚有隨宜酌辦之工，如南岸長安城，北岸求賢村、盧家莊、小惠家莊草壩現資分洩。其壩內各支河頻年過水，掣溜太順，應另於壩下背溜之處，改挑倒勾引河，以免疏虞。又各汛河灘內，節年有衝刷河形逼近堤根，每遇水漲出槽，不免分溜刷堤，汛過又復停水爲患。應將河形寬處多築土格，窄處全行墊築，俾漫灘之水無通溜之虞。又五工放淤舊溝三處，乃水道經由熟徑，雖經堵閉，必須培加寬厚，庶無疏失。又南岸下口東堤長二十里，下接南堰，爲新下口之外障。現在水掠堤根，時有汕刷。查此處堤工係康熙年間所築，殘缺太甚，亟應間段修補完整。

侍郎汪由敦等勘下口河形疏略乾隆十六年十二月

永定河身大勢北高南下，於冰窖作爲下口，順其就下之勢，出水甚爲順利。臣等復由舊下口之東老堤，循南坦坡堰一路查看，冰窖以下水即漫散平流，南北兩堰相距地勢寬廣，足以容蓄停沙，濁流不至徑趨入淀，就此情形，數十年可慶安瀾。仰見皇上聖謨睿斷，久收因勢利導之益。臣等公同周閱熟籌，自冰窖以下，應於每年河乾之時，量加疏浚，去其壅礙，并於王慶坨南引河内，酌看地勢高下，分疏數支，斜引向西北，漾流窪處。則蓄水之地益廣，似可爲善後永圖。其循南堰龍尾，東入鳳河順堤清水一道，亦宜量加攔截草壩，以緩其勢，不使緣堰直趨鳳河。其鳳河東岸堤工應再間段培高二三尺，以免漲漫。又南堰中汛當下游水匯處所，二十里內亦應加培，以障河澱，俱俟臣方觀承另行隨時勘估辦理。

總督方觀承請改移下口估計工需疏略 乾隆十九年六月

永定河於乾隆十六年改由冰窖出水，循南坦坡埝導入葉澱。頻年來，下口去路復積漸淤高。本年伏秋盛漲，水倍常年，停淤所積亦倍於常。查北岸六工半截河之下，於乾隆三年建築北大堤，即今北埝之上中汛，原爲改河行水之地，合之下流，共長八十一里。自中汛以下，南北相距漸寬，其北埝下汛與南埝下汛相距計三十五里，足資蕩漾。今酌擬於北岸六工洪字二十號埽工之尾，開堤放水，作爲下口。就近堤窪處，順勢挑引河一道至五道口，東南導歸沙家澱，仍由鳳河轉輸入大清河。計挑引河長二十餘里，普深三四尺，面寬六七八丈，底寬三四丈不等，俾東正流南趨。又北埝三汛應一律加築子埝，高三尺，頂寬八尺。并於上中二汛內，間段加築內戧。計引河將舊挖土方除算外，約需工銀一千八百八十二兩。加築子埝內戧，除用河兵力作外，約需銀一千五百九十四兩。又下汛自一十號，至工尾二十三號，長二千二百二十餘丈。埝身卑矮，外與瀝水相連一片，應加培補，約估需銀一千四百餘兩。查有永定、清河二道庫貯新舊河灘地租銀兩，可以動用。

大學士傅恒等議修建草壩暨改移下口疏略 乾隆十九年六月

查永定河六工舊有草壩四座，可以分洩漲水。今應將張仙務、雙營二處草壩修葺完固，以備分洩。其上七工地方向未設有減水草壩。今細閱馬家鋪及冰窖以東二處外，多係鹻地，廣袤間曠，村莊遠隔，可以瀦水。應添建草壩二座，俾遇大汛，分減水勢，俱應遵照建造。再，方觀承請將舊有之北大堤，於六工改移下口，使順流無阻。堤內村莊可以給價另遷。查，從前因外高於內，業經改移。及改移之後不數年，又高於舊。則今之以北岸爲南岸，焉保數年以後不又高於舊身乎？就目前形勢而論，不得不於北岸六工復爲更變之策。今年汛期過後再看情形。數年後如必欲改移下口，另請再議舉行。

總督方觀承南四工漫水情形疏略 乾隆二十四年閏六月

南四工漫水，係由大孫郭村順固安東界之道溝，趨永清縣城，繞濠而南，循黃家河舊河身入霸州津水窪，流歸勝澇澱內之徑直河。

奉硃批：『知道了。究以速開引河堵漫口爲是。不可以其歸澱而緩視之。入澱久則淤泥深，爲害大矣，慎之。』

總督方觀承北三工漫溢情形疏 乾隆二十六年七月

永定河於七月初八日午刻，盧溝橋長水六尺六寸，金門閘過水三尺，北村草垻過水六尺，北岸求賢草垻過水二尺六寸。至初九日以後，河水雖平而北岸以外京南一帶，瀝水匯注甚大，三四工以下，水深四五尺，皆浸泡堤根。霪雨之後，兼值北風衝激，北岸三工黄字十三號堤幫間被汕刷，復并入黄字四號求賢垻減下之水，以致堤頂蟄裂數丈，隨即加土搶護，奈脚根已虚，於十一日辰刻坍塌。渾水與瀝水通連八丈有餘。緣此處堤外地面，較之河身不致如南岸之低，溢出之水約祇一二分，全河仍循南岸東趨，并未奪溜。遂於十三日馳赴該處察看情形，坍處口面已寬至十八丈，溢水無多，軟鑲即可斷流。現在多集兵夫，連夜搶辦，已有六分工程。河內底水二尺六寸，如不長水，即可剋期完竣。

總督方觀承察看下口情形疏略 乾隆二十六年七月

查北三工漫口於軟鑲合龍後，內埽外堤各長六十一丈，并戧堤戧埽等工已及一半，限於八月初二日一律完竣。臣因下口清渾水道有關緊要，現赴南北埝、遥埝，周迴乘船察看。遥埝以內地廣而窪，渾水初經，足資蕩漾。過北埝上汛四十里外，即清渾相并，所過之地，已間段留淤一二三尺。蓋清水盛渾水亦盛，則虞倒漾；清盛渾弱，則易停淤。此時渾水已漸微弱，故水緩沙停而淤速也。俟水勢大落後，臣即令將下口淤處大加疏通，仍挽流令歸舊道。

總督方觀承勘明北埝漫溢情形擬圈築月堤疏 乾隆二十七年閏五月

永定河自麥汛以後，陰雨連綿，河水叠次長發。二十三日夜雨傾盆，河內長水亦祇三四尺。詎鳳河下游清水驟長至一丈二尺。南埝中汛外，清水與埝頂相平，下汛清水從埝頂漫入。因清水下阻，以致渾水宣洩不及，旁溢一股至北埝三十四號，又一股至十七號，旋俱斷流。又一股直注十二號，水勢湧起，於二十四日漫出北埝，斜注遥埝，循埝根里許，仍轉向東南，歸入沙澱，去路甚暢。又遥埝外瀝水，自十八九日連次大雨之後，積與埝平，東西寬四五十里，深六七八九尺不等。復加二十三日夜間大雨，岔河地方埝身浸透。二十四日午後，平蟄四百餘丈，幸地勢向北漸高。故瀝水南趨而渾水不致北泛，其有漾出埝下減河者，仍轉入鄭家莊南遥埝之內。臣聞信即兼程前往沿途察看，南北兩岸各工俱經搶護平穩。二十八日至北埝改溜處所，乘船隨水查勘，東南歸入沙澱，其勢甚順。

沙澱以下水半澄清，與上年北埝九號過水情形大概相似。其遥埝坍蟄處所，臣詳加相度，若衹於北埝加培，恐夾峙於渾水瀝水之中，難資捍禦。擬於埝外圈築月堤一道，酌其地勢展寬三四五里，以爲重層保障。此處地面空曠，以常年瀝水佔蓄之地，寬留渾水蕩漾之區，似於匀沙散水之法，大有裨益。

以上補舊《志》缺。

總督那彦成北七工漫溢疏 嘉慶二十年六月

本月二十七日，奴才接據永定河道李於培稟稱，本月二十五日，該道將南岸三工出險各處搶護平穩後，馳赴北岸查勘水勢。途次接據三角澱通判鄭以簡、東安縣主簿邱鳳梧并協防河間府同知王履泰、候補通判單應魁、候補縣丞汪兆鵬等稟稱，本月二十二日夜間，北岸七工雨大風狂，水勢疊次增長。黑夜之間，但見中洪水立，有似蛟水，竟不能計丈尺。該員等竭力搶護，無如水勢有增無減，兼之狂風驟雨，人力難施，以致北岸七工二十四號於二十五日卯時，被水漫溢二十餘丈。都司謝成浮淌，現在尚無下落。該道馳至該處查看，已塌去六十餘丈。全河大溜直注口門。現在盤做裹頭，并據鄭以簡回稱，差人順水查看，水過口門後，即循堤外減河及窪處荒地經行，仍歸本河尾閭下注。東安縣傍水小村間有被淹之處等情。具稟前來。

奴才接閲之下，不勝驚駭愧悚。查，本月奴才親往永定河查勘工程水勢，因北七工自頭號起至二十二號止，堤埝卑薄，曾經奏明，動撥道庫銀兩，酌量加幫。今漫溢之二十四號，雖不在加幫之内，查明向來因係平工，僅止疏浚中洪銀兩，并無歲修搶修之項。惟時届大汛，該管廳汛及協防各員雖係暴長蛟水，究屬失於防護，以致漫溢，實屬疏玩。查通判鄭以簡、主簿邱鳳梧係專管之員；同知王履泰、通判單應魁、縣丞汪兆鵬係協防之員，均難辭咎，相應參奏，請旨。將三角澱通判鄭以簡、東安縣主簿邱鳳梧、協防河間府同知王履泰、候補通判單應魁、候補縣丞汪兆鵬，均請暫摘去頂戴，仍留工効力。如果堵築迅速，再請開復。奴才未能先事預防，仰懇聖恩交部議處。至永定河道李於培到任甫逾一月，應否議處，出自皇上天恩。奴才現在飛飭該道李於培，趕緊購買料物，一面在藩庫酌動銀三萬兩。奴才於二十八日親帶赴工，権勘情形，請旨辦理。其被淹村莊如有應行賑恤之處，俟勘明照例奏明請旨，分别賑恤，不敢稍有諱飾。再，此項工程，奴才擬動用長蘆鹽廳加價銀兩，現在動撥藩庫銀三萬兩，俟鹽斤加價銀兩提到，即行歸款，合并陳明。謹奏。

奉上諭。恭録卷首。

總督那彦成勘明漫口情形疏 嘉慶二十年七月

竊永定河北岸七工二十四號，於六月二十五日因暴奉硃批：『依議。欽此。』

總督那彥成北七工續被漫溢疏嘉慶二十年七月

竊差次自本月初九日晚間起，直至十二日止連朝大雨。奴才恐永定河上游水勢漲發，各工出險，一面專差查探，一面行文飭查。即據該道李於培稟報，初十、十一、十二等日大雨傾注，永定河驟長水一丈餘尺，由北六工廢堤十六號舊缺口奔騰而出，全注北七工。自第一號至十四號，汪洋浩瀚，水勢高出堤頂，直與埝平，情形頗爲喫重，現在晝夜搶護等情。當經奴才批飭該道，督率廳汛及協防各員加謹防護。去後兹於十七日，又據李於培稟稱，十二日夜間風雨更大，水勢愈高，兩岸各處險工在在喫重。飭令兵夫冒雨取土，竭力搶護。詎至十三日丑刻，第十號堤埝水勢一湧而過，人力難施，以致漫口三十餘丈。溜勢由東北折向東趨，仍循減河故道，歸入前次漫溢二十四號漫水下注工尾任水蕩漾之區。減河迤北之埝上等十餘村，距堤三四里不等，均有被淹，此外并無旁溢。現已差弁往查，另行稟報。其二十四號漫口仍然分流等情，具稟前來。

奴才查北七工二十四號已有缺口，此時大雨傾注，各工在在危險，若再於上游漫溢，更屬不成事體。工料加費數倍，辦理愈難。所幸仍在北七工十號漫缺，相去不遠，將來辦理尚不致十分棘手。而村莊無多，居民亦無傷損，漲漫溢。奴才接據該道李於培稟報飛摺馳奏。奴才於二十八日拜摺後，自省城起程，晝夜兼行，次日馳抵該處，帶同該道及廳汛各官，親赴漫口逐細履勘。查該處距下口甚近，水勢側注河身，大溜掣入口門後，仍循堤外減河歸入正河尾閭。先據報蟄陷六十餘丈，及奴才赴勘，暴漲消落，現在口門業已掣涸，僅止四十餘丈。土性堅實，俱無汕刷。隨測量口門水深一丈七尺，漫口以内水深五六尺七八尺不等，漫口以外水深一丈一二尺不等。減河正身尚無淤墊過高之處，惟正河身因下游淤墊形成高仰，通長應挑三十餘里，必須實力挑挖深通，方期順軌。日來天氣晴霽，俟稀淤曬涸，即可先期勘辦。至該處向係平工，并無舊料。其各工料物俱因搶險動用，所餘無幾，亦須留爲秋汛修防之用。刻下新料尚未登場，奴才與道廳各官悉心籌酌，該工下游多係任水蕩漾之區，既不妨民間田舍，此時正不必急議堵築。一俟新料登場，農閒之時趕緊雇買，定期八月内興工。此時先將引河挑挖深通，將來堵築亦不甚費手，定可一氣呵成。仰懇聖廑，所有應用錢糧，奴才所帶加價生息銀三萬兩，現在永定河道庫存貯新舊防險及河淤地租，并各員賠項共銀五萬餘兩，統計八萬餘兩。儘此數目撙節辦理，已足敷用，無須另行籌酌。奴才親督勾稽辦理，務使工歸實用，不令少有浮費。至都司謝成先於漫溢時，被水衝倒，旋即抱住堤邊大樹，得不漂没，合并陳明。所有現赴該工勘查籌辦情形，合先恭摺具奏。

實皆仰賴皇上洪福，於不幸尚爲有幸。惟查刻下正在秋汛期内，應俟白露後，水退歸槽，同二十四號漫口，興工堵合。爾時二者之中，必有一斷流旱口，庶幾施工較易，不致多糜帑項。現飭該道趕緊盤做裹頭。奴才一俟差竣，即馳往查勘，另行具奏。至奴才雖在差次，距工稍遠，但不能先時飭屬預防，咎實難辭，相應請旨將奴才交部嚴加議處。至附近各村有無被淹，照例辦理。各官仍俟查明另參外，爲此繕摺奏聞。

奉上諭。恭録卷首。

總督那彦成請改移下口疏嘉慶二十年七月

竊永定河發源山西馬邑縣，行萬山中，挾沙奔馳，會歸各水，至直隸石景山盧溝橋以下，散漫無定。康熙三十七年間蒙聖祖仁皇帝軫念民依，創建南北兩岸堤工，錫名永定。自良鄉縣老君堂築堤開挖新河，由永清縣朱家莊滙安瀾城，即狼城河入澱。康熙三十九年，因安瀾城淤塞，於永清縣郭家務之下，改由霸州柳岔口歸澱。雍正四年，柳岔口亦漸次淤高，又於柳岔口稍北改爲下口。自永清縣郭家務起開河引水，至武清縣王慶坨之東北，由三角澱、葉澱入大清河。乾隆十六年，三角澱一帶淤成高仰之勢，南岸七工冰窖草垻凌汛奪溜，遂由冰窖改河，從舊有之東老堤開通，歸入葉澱。乾隆二十年，因冰窖河口迤北淤成南高北低，仰蒙高宗純皇帝親臨閲視，指示機宜，將北六工洪字二十號以下賀堯營開堤放水，改爲下口。河流東注，地勢寬廣，任其蕩漾，散水匀沙，歸沙家澱。乾隆三十七年，因下口年久地淤，形勢曲折，遂於東安縣之條河頭挖河，經由毛家窪，直入沙家澱。此六次改移之原委也。惟時高宗純皇帝諭旨内，即有三十年以後殊乏良策之語。計自乾隆三十七年改移下口以來，歷今四十餘載，河水挾沙而行，到處淤積。而下口水勢散漫之處高仰，尤爲更甚，是以一遇盛漲，水勢不能暢注，即有漫溢之虞。今年下口兩次漫溢，是其明驗。

奴才詳加諮訪，南岸六工第十九號即係舊北堤，堤外有舊河形，係乾隆三十九年以前之下口，比現在正河地勢較低。詢之在工各員及附近年老居民，皆稱若將下口改移，該處可期暢洩。遂委坐補北岸同知張承勳、都司謝成會同確勘。兹據稟稱，前往南六工第十九號緊對乾隆二十年北岸洪字二十號改移下口處所較量，正河河底高於堤外平地二尺三寸，平地高於舊河底三尺，共計正河底高於堤外舊河底五尺三寸，實屬河高地低。該同知等順由舊河形處，挨汛勘至韓家樹爲止。中間有深至四五六尺者，因秋禾在地，不能逐段較量地平。詢之沿河村民，僉稱南六工地勢較南八工約高五六尺，南八工地勢又較三河頭約高七八尺，直至清渾交滙尾閭，探量水深六七尺至一丈二三尺不等，若改移下口極爲順利。該員等又勘得舊河形迤南有南大堤一道，迤北有舊北堤一道，即現今之南岸。南北兩堤相隔約有二十餘里，中間東西坦坡埝一道。坦坡埝之中有缺口一處，名川心河。舊河形係自南岸六工十九號起，自西北斜向東南，入川心河，東趨入澱。又勘得離舊河頭迤東，相離五六里，緊靠舊北堤有村莊二處，一名柳坨村，約有居民五六十户；一名新莊，約有居民六七十户。此二村本在舊北堤外，因乾隆二十年間改移下口，搬至舊北堤內。又川心河迤東相離二十五里有村莊一處，即安瀾城，約有居民一二百户。又安瀾城迤東相離十五里有村莊一處，名宋流口，約有居民一二百户。又宋流口迤東相離十八里有村莊一處，即王慶坨，有居民四五千户。此三村皆緊靠坦坡埝。又南大堤內，離堤四里有村莊一處，名唐兒府，約有居民八九千户。又唐兒府迤南，相離六七里有村莊一處，名得勝口，約有居民二三百户。又得勝口迤南，相離五里有村莊一處，名東沽港，約有居民三四千户。又東沽港迤南，相離三四里有村莊一處，名裏安瀾城，約有居民二百餘户。以上九村莊，皆坐落南北舊堤之內，除柳坨、新莊二村係於乾隆二十年間始行遷住外，其餘七村皆係舊有。現在雖種植之地，亦皆歷年積水。而近東一帶較爲窪下，如將下口改移，水勢仍由舊河經行入澱。應從坦坡埝外之安瀾城、宋流口、王慶坨三村，并南大堤內之唐兒府、得勝口、東沽港、裏安瀾城四村面前經過。該村相距河身尚遠，均可無礙。惟此外尚有零星小户自三四户至五六户不等，皆係附近居民因圖種河灘地畝，歷年陸續遷居，必須令其搬移，以免淹没。約估修築堤埝等項工程，共需銀十一萬五千三百三十七兩零。開單繪圖，稟送前來。

奴才查永定河下游高仰，水勢不能暢行，數十年來，常有潰溢之患。節次修復漫口，賑濟災黎所費帑金難以數計。若不及時籌一補救之法，則河身淤墊日甚一日，一遇大水勢必潰漫。是年年生工，殊非長策。兹南岸六工第十九號地方，既係昔日下口，較量地勢比正河低至五尺有餘。以下節節低下至一丈二三尺不等，實有建瓴之勢。奴才愚昧之見，似可將下口移改南岸六工十九號舊道，以順水性。估計修築堤埝等項，共約需銀十一萬有零。至附近南大堤坦坡埝，共有村莊七處，皆係昔年所有，相離河身尚遠，可無防礙。此外雖有零星小户，爲數無多，將來下口改定之後，將現在河身之地，撥給耕種，較伊等現種之地更爲肥饒，該居民等自必情願。惟現在必須飭令遷移，方可勘辦。奴才於河工事宜素未歷練，不敢毅然自信。合無仰懇聖恩，派令熟悉河工大員，俟奴才差竣，馳赴永定河，會同詳細履勘明確，奏請聖訓遵行。

面奉諭旨：『派戴均元、温承惠會同查勘。欽此。』

戴均元等勘改移下口情形疏嘉慶二十年八月

竊臣那彦成因永定河下游淤墊，北高南低，訪有舊河故道，自南六工第十九號起逐漸低窪，議請改移下口等因。欽奉諭旨，派臣戴均元，隨帶温承惠前往會同履勘。臣戴均元即帶同温承惠，於七月二十六日自京起程，二十八日馳抵南六工第十九號地方。臣那彦成亦於是日由差次馳抵該處，遵旨會同確查。

隨勘得永定河南六工十九號南老堤以内，實有舊河形跡，果較低於正河底深淺不等。從此迤邐而下，由西北趨注東南，形勢誠爲順利。即約估改移下口，挑河築堤等項工程，錢糧亦不致多糜。但舊河淤墊既久，自舊河頭至尾閭綿亘九十餘里，附近居民私自遷移種植，俱成沃壤。現在高粱、黍豆一望黄茂結實。若照例驅逐，令其遷移，亦理所應得。但其中村莊户口除零星小莊不計外，其有名大村九處，自一二百户及四五千户并八九千户不等，内如柳坨、新莊、唐兒府逼近舊河，一經改移，難免淹浸。其餘六村水勢盛漲之時，亦難保不受水患。河身内亦間有沙埂填塞之處，俱栽種樹木、蘆葦，根荄盤結，起除亦非易易。臣等會同籌酌，據現在地形高下而論，改移下口實有建瓴之勢，工費不多，既不難辦，土性亦好。惟民舍田廬，在在蕃殖，一時遷移爲難。即便以現在新淤河身，按户撥給，小民安土重遷，辦理殊多未便。所有改移下口之處，應請毋庸辦理。爲此恭摺復奏。

奉硃批：『所議甚是。知道了。欽此。』

總督那彦成勘明續漫情形疏 嘉慶二十年八月，附請温承惠來工幫辦片

竊奴才於七月二十八日馳抵永定河，親詣北七工漫溢處所逐細查勘。因七月初十等日河水陡漲，溜勢北趨，由北六工廢堤十六號舊缺口奔騰而出，向西倒漾十餘里，直至北六工廢堤與北七工正堤接連之處，仍折迴東注，以致北七工第十號堤埝〔一〕過水。當時被漫情形，本較二十四號爲輕。現在連日晴霽，水勢消落，已成旱口，止須築還土堤，并非口岸可比。惟二十四號漫口仍然分流，應於中洪挑挖引河，并於上游築挑水壩，將溜勢挑入引河，方可施工堵合。刻下雖距白露節候爲日無幾，惟因雨水過大，遍地稀淤。兵夫難以站脚，尚難動工。應緩至八月二十左右，地土乾燥，料物登塲，再行擇吉辦理，以期一氣呵成。

惟查永定河道李於培，以未能諳練河工，不能看出形勢，以致照漫口具稟。奴才因在差次，未能親勘，是以據稟具奏。今經戴均元、温承惠，俱同奴才親身履勘，實係旱口，并非口岸，可否仰懇聖恩，念其雖屬冒昧具稟，究出之過於小心，不敢諱飾。合無仰懇天恩，免其議處。仍令

〔一〕堤埝　光緒七年原刻本爲『堤埝』，光緒八年重修本改爲『堤埝』。

將第十號漫口，罰令填築堅固，不准開銷。至該管廳員鄭以簡、汛員邱鳳梧均非初任人員，兩次失防，實屬疏玩。理合察奏請旨，將三角澱通判鄭以簡、東安縣主簿邱鳳梧革職，仍留工効力，俟漫工堵合完竣，再行具奏請旨。再，戴均元到工，口傳欽奉諭旨：『如永定河下口勘定改移，留温承惠在工幫同辦理。否則仍回京供職』等因。

查，永定河改移下口，經戴均元與奴才會商，現因民居過衆，奏明停止辦理，惟北七工之二十四號漫口必須堵築，八月内即當興工。永定河道李於培心地端正、辦事謹慎，支發錢糧清楚節省。兩月以來，各工員均極信服。第該員從未經歷堵築口岸工程，究欠熟練，更兼奴才亦非習諳河務，且有通省應辦地方事件甚多，不克常川駐工，實有難以兼顧之勢。查，温承惠在直年久，熟悉永定河情形，節次辦過漫口，極爲妥速。合無仰懇聖恩，仍飭令温承惠來工，幫同奴才辦理北七工漫口。俟工竣之後，回京供職。不特工程可期妥速辦理，不致多糜帑項，即奴才亦得專心辦理地方事件，於公務均爲有益。奴才愚昧之見，是否可行，謹繕片附摺陳奏。

奉上諭。恭録卷首。

總督那彦成籌辦漫口工程疏 嘉慶二十年九月

竊奴才於本月二十三日，在天津審案完竣後，即於二十四日馳抵永定河北七工次。温承惠先於十四日到工。所有應挑引河及堵築漫口事宜，已與該道李於培等確勘妥議。兹奴才到工後，復與温承惠帶同該道李於培及廳汛各官詳加履勘。水勢自西折而向北，直注口門，已成入袖之勢。刻下情形，似應在西壩之上築挑水大壩一道，逼溜東趨，并於現在迎溜坐灣處所，挑挖引河一道，始成吸川之勢。惟估做挑水大壩需項較多，經費有常，不得不撙節辦理。奴才與温承惠等再四熟籌，此後水勢有落無長，若引河形勢順利，挑挖深通，將來開放亦可得力。挑水壩工程應行節省。勘明即在舊河身稍南，離東壩略遠地方挑挖引河。該處間段尚有河形，較爲簡易。隨由引河頭迤邐而下，直至黄花店以東，至西洲止，共應挑引河長五千六百零九丈。估挑口寬二十四丈至三丈不等，底寬一十八丈至一丈五尺不等，深一丈二尺至三尺不等。至口門原寬六十四丈，嗣溜勢掣涸，現在水口僅寬四十一丈，水深八九尺至一丈七八尺不等。其掣涸之二十三丈悉成旱口，用土夯築，固屬節省，第漫淹之後，土性已屬鬆浮，若不從新另做，難期堅固。必須刨挖深槽，節節多用軟草、秸料鋪底，逐細鑲填，一律進占，以免溜勢搜根，方臻鞏固。現在溜勢向口門直注，形已入袖，堵合較爲費手。必須緩緩鑲做，步步穩實，方保無虞。且引河頭貼近東壩，不宜多做，擬東壩進占七八丈，西壩進占五十餘丈，以順其東注之勢，於合龍較易爲力。

奴才現將引河劃分段落，派員領銀挑挖。其東西兩坝掌坝文武各官，以及支發銀兩，購買料物，催河收料，跑牌買土，彈壓巡查委員共需文武一百餘員，均已逐一調集，公同派定。諏吉於二十五日敬祀河神，集夫興工。至此項工程前經奴才奏明，攜帶鹽斤加價生息銀三萬兩，永定河道庫存儲新舊防險及河淤地租，并各員賠項，共銀五萬兩，統計八萬餘兩。儘此數目已足敷用，毋庸另行籌酌。奴才與温承惠督率再加節省辦理，總期工歸實用，帑不虛糜。仍隨時稽查，勒限蕆工，仰紓垂廑。

再，口門河槽甚深，堵合之後，倘遇水勢盛漲，堤身必致喫重。奴才與温承惠等商酌，擬於合龍後，築月堤一道，鑲做魚鱗埽，以爲重門保障。并將北七、北八兩汛堤身卑矮殘缺之處，一律加高培厚，用資保護。以上二條統於善後工程內，另行確估，奏請辦理。至第十號漫口，已經該道李於培罰賠填築堅實。北六工廢堤缺口，亦據該道修築完固，以資捍衛。合并陳明謹奏。

奉硃批：『覽。欽此。』

總督那彥成堵合北七工漫口疏嘉慶二十年九月，附開復各員處分片

竊永定河北七工二十四號漫口，原寬六十四丈。及八月間，奴才與温承惠先後到工，會同履勘，因溜勢掣涸，水口僅寬四十一丈，水深八九尺至一丈七八尺不等。其餘二十三丈，悉成旱口。當將籌辦情形及應挑引河地方丈尺，詳晰商酌。一面劄調文武員弁飭遵赶辦，一面奏蒙聖鑒在案。奴才於十七日送駕後，遵旨於十八日馳回省城。茲於二十一日，據温承惠報稱，會同永定河道李於培，自八月二十五日開工以來，在工文武員弁兵夫，均各踴躍從事，晝夜不懈。引河共長五千六百零九丈，分派二十四段，於九月十二三四五日一律挑完，深通如式。東西兩坝察看大溜向背情形，分別多寡丈尺，以次進占，隨時加壓大土，務期步步堅實，占占穩固。邊埽後戗，亦隨時鑲做，以資護衛。口門愈收愈窄，溜勢愈刷愈深。自初十日以後，測量埽前水勢，已深二丈二三尺至二丈四五尺不等。迨十八日又陡長水數尺，金門刷跌愈深，測量竟深至三丈六尺。僉稱此次永定河水勢之大，爲從來所未有，波濤怒激，猛勇異常。於十八日戌刻，西坝陡蟄數占，勢甚危險。幸料物寬裕，人夫雲集。温承惠與李於培督率文武掌壩，及在工職事一百餘員，分投催運料土，加鑲追壓，不令片刻停留。西坝甫經平穩，溜勢向東測注。東坝又復陡蟄，隨蟄隨鑲，亦俱保護無虞。坝外水勢激湍，兩坝屹立不動。其時西北狂風大作，立將撲堤，怒浪捲注東南，直射引河方位。温承惠察看情形，於開放引河，事機極其順利。時已十九日寅刻，立將引河頭所留土埂，起除開放。風捲水趨，星馳電掣，建瓴直注，迅於飛瀑。怒濤數刻之間，已將五千六百餘丈之引河全行鋪滿，直達尾閭，勢甚通暢。埽前水勢立刻消退二丈餘尺，即於卯時掛

纜合龍。員弁兵夫倍加歡欣踴躍，竭一晝夜之力，於二十日卯刻，已堅實穩固，毫無涓滴滲漏。垻前業已停淤，全河悉歸故道。奴才接閱之下，不勝欣躍。此皆仰賴皇上洪福，河神默佑，得於二十餘日之内，迅蕆要工。該工善後事宜，奴才現已劄致温承惠，督同道廳確切估計，於明春另行辦理。在工大小各員，即令回任回省，以節糜費。至奴才俟恭視萬壽，由京回省之時，再會同温承惠前往工所收工。

再，奴才查此次堵築事宜，所有鑲做大垻挑挖引河工段，皆同時并做錢糧，又務從節省。此次用銀總數確實覈計，共用銀五萬五千四百九十七兩八錢九分七釐。除奴才等應賠銀二萬二千一百九十九兩零，例應銷銀三萬三千二百九十八兩零。所有工段丈尺，用銀細數，另開清單，恭進御覽。至漫口之後，奴才將專管廳汛參奏革職協防各員，奏請摘去頂戴，留工効力。此次該員等在工効用，均尚認真巴結，且查河工漫口堵合之後，有准予開復原官之例。應請協防北七工先經奏請摘去頂戴之河間府同知王履泰、試用通判單應魁、試用縣丞汪兆鵬三員，請旨開復頂戴。其專管之已革三角澱通判鄭以簡、已革東安縣主簿邱鳳梧二員，汛内漫口本係無工處所。可否仰懇聖慈，將鄭以簡降等以州同用，邱鳳梧降等以巡檢用之處，出自逾格天恩。是否有當，理合恭摺具奏。再查此外尚有辦工出力人員，容奴才另行造册咨部議敘。合并聲明。謹奏。

奉上諭。恭録卷首。

總督那彦成估善後工程疏嘉慶二十年十月

竊奴才陛辭後，由京會同温承惠，於初十日馳抵永定河工次，將堵築各工段逐一驗收，鑲做俱極穩固，丈尺亦俱符合。河流順軌，下注暢達。所有善後應辦緊要各工，因漫口新築工段，土性純沙，轉瞬積凌下注，甚屬堪虞。先經温承惠於堵築大工之時親身查看情形，所有應行添築，挑水、順水各項垻工，土格月堤，并幫做内戧，填補深塘溝槽，以免引溜生工。至臨河險要處所，均酌量鑲做磨盤裹頭，防風埽段。奴才當即飭令該道李於培，督率廳員酌量緩急，確估趕辦，以資抵禦。兹據該道開單呈送，共估需銀六千五百四十七兩零五分二釐。奴才等按照單開各工，詳細履勘，所有垻堤埽段均係最關緊要、刻不可緩之工。覈計所估銀數，尚無浮多。該道李於培現已督率廳汛辦至四五分不等。奴才飭令該道廳等，務於上凍以前一律趕辦完竣，另案請銷。謹將工段丈尺銀數，開列清單，恭呈御覽。

至北七、北八兩工迤運四十餘里，向係無工處所，并無歲搶修稭料。近年以來河流北趨，已成險工。必須預購稭料，以備來歲伏秋大汛搶修之用。奴才等悉心籌酌，應奏明請旨俯准，按照例價購備稭料二十五垛。責成該道廳覈實採辦，存貯該工，以資要需。再查北七、北八兩工堤身向係卑薄，本年雨水過多，衝刷殘缺之處，在在均須培築。其餘南北兩岸，奴才於本年周歷各處，節次詳細勘驗，均有低薄衝刷，應行加培、疏浚處所。奴才現飭該道李於培，逐加勘估，容俟覈明，於來春興工奏辦外，所有驗收新工及籌辦善後緊要工程緣由，理合恭摺具奏。

奉硃批：『依議。該部知道。欽此。』

總督那彦成改廳員經管汛段疏 嘉慶二十年十月

竊永定河南北兩岸綿亘三百餘里，汛段延長，險工林立。每遇伏秋大汛搶修之時，必須專管廳員呼應靈便，不致顧此失彼，方足以資捍衛而專責成。向來額設石景山同知、南岸、北岸同知并三角澱通判，共計廳官四員。石景山同知專管兩岸石工。南岸同知專管南上、南下、南二、南三、南四、南五、南六共七汛。南七、南八、南九三汛則歸三角澱通判管理。北岸同知專管北上、北中、北下、北二、北三、北四、北五、北六、共八汛。北七、北八二汛，亦歸三角澱通判管理。惟查石景山向係兩岸石工，均極鞏固，別無要工。南岸同知管理七汛，北岸同知管理八汛，一遇搶險，每致鞭長莫及。三角澱通判住紮北七工，管理北七、北八兩汛，又須越河經管南七、南八、南九三汛。董率策應，往往勢難兼顧。而北七、北八從前祇係平工，近年已成險要，更須專員加意防護，方可不致貽誤。奴才與温承惠及道廳等悉心商酌，惟期於事有益，不如量爲改移，相應據實奏明。

請將石景山北岸石工，仍歸石景山同知管理，并添管接連之北上、北中、北下、北二共四汛。其北三、北四、北五、北六、北七、北八共六汛，請俱歸北岸同知管理。石景山南岸石工改歸南岸同知管理，仍管接連之南上、南下、南二、南三、南四共五汛。其南五、南六、南七、南八、南九共五汛，請均歸三角澱通判管理。如此酌爲改易汛段，既不致紛歧，呼應似爲較靈，於要工實有裨益。至該廳等改易汛段一切事宜，容奴才另行具題外，所有酌議分管汛段緣由，理合恭摺具奏。

奉硃批：『吏部議奏。欽此。』經部奏准。

直隸總督方受疇秋汛安瀾疏 嘉慶二十一年七月

竊照永定河秋汛期内防護最關緊要，臣到任後即經檄飭該道督率廳汛各員，加謹防護在案。兹據該道葉觀潮稟稱，入秋以來水勢隨長隨消，忽於七月十三四日水勢陡長，大溜猛激異常，兩岸紛紛報險。該道馳赴各汛督率搶辦。南岸二工溜勢側注，趕下新埽一段，并於對岸灘嘴挺峙處所，切去嫩灘[一]，一面築坝挑溜。又北岸頭工上汛

[一] 嫩灘　光緒七年原刻本誤爲『漱灘』，光緒八年重修本改爲『嫩灘』。

十一號河勢坐灣，刷塌堤脚，趕下新埽一段，買土買料，搶鑲出水。十三號舊埽十五段之下大溜頂冲，汕刷堤根。十九段之下溜勢下挫，潰塌堤身，頗形喫重，共趕下新埽六段，均趕緊加鑲簽樁穩固。北岸三工十二號舊埽之上，大溜側注，潰傷堤坡，趕下新埽三段。北岸四工八號前次伏汛所添新埽之上，溜勢上提，側注潰堤，接下新埽一段，簽樁追壓，始得平穩。

查，時逾處暑，已閱旬日，異漲如此狂驟，加之北七、北八兩汛叠生新工，較往年尤爲著重。幸各汛料物錢文預備應手，在工文武員弁甚爲踴躍。該道往來督率各員竭三晝夜之力，一律搶護平穩。兹届白露之期，水勢漸消，溜走中泓，石土各堤并閘垻等工，悉臻穩固等情前來。臣查永定河秋汛期内，河水異漲，各處出險。經該道督率廳汛文武員弁，實力搶護，悉臻穩固。皆仰賴聖主鴻福，河神默佑，得以化險爲平，安瀾告慶。臣欣幸之餘，倍增凜惕，理合恭摺具奏，并繕秋汛期内，添下埽段丈尺清單，敬呈御覽。伏乞皇上睿鑒。謹奏。

奉上諭。恭録卷首。

工部另案工程條款疏嘉慶二十一年十一月

竊臣部辦理河工，關繫錢糧，最爲重大。覈銷一切工程，首據原奏清單，次憑工料例價。蓋原奏清單，爲應修工程之綱目，工料例價係銷算錢糧之准繩。故定例原奏務須叙明情形，清單必欲詳開工段。至土方例價，各有專條，不使稍有冒濫。舊例固屬周密，惟臣部現在查覈河道另案工程，仍有例内未經詳載事宜。臣等公同商酌，謹擬四條，恭呈御覽。

一、河道另案工程，應令於年終將總用銀數彙摺奏報，以昭慎重也。查河工歲搶修係常年辦理之工，每年動用銀數業經奏有定限。至另案新生各工，係臨時察看情形辦理，勢難畫定限制。故定例銀數在五百兩以下者，咨部覈辦；數逾五百兩以上者，奏明辦理。各按銀數分别題咨估銷，歷經遵辦在案。第思另案新工固難於未辦之先定以限制，亦當於既辦之後，予以考覈，俾常年用銀多寡有可比較，庶不致任意開銷，致啟浮冒之漸。應請嗣後凡河道另案工程，無論題咨各案，令各該督於三汛後，將一年統用銀數彙奏一次，并將上三年另案所用銀數多寡，分晰比較，以備查覈。

一、修築堤垻，填補殘缺窪槽，并填墊河形，應於奏報清單内開明高深長寬丈尺，以歸詳慎也。查南河、東河、北河修築堤垻各工近年奏報清單，除將堤垻各工高寬長丈開明外，其填補殘缺窪槽及填墊河形，并不開載寬深丈尺，僅聲明連填補殘缺窪槽共需銀若干字樣，殊不足以昭慎重。應請嗣後令各該督，凡遇修築堤垻各工，應須填補殘缺窪槽及填墊河形，均於奏報清單内，將寬深長丈詳細開載庶足，以便稽查。

一、河工奏辦另案工程，應令於年終將一年内奏過各原摺彙册送部，以備覈對也。查，臣部覈辦一切工程，總以原奏爲憑。向例各該督撫等奏辦工程，隨時將原摺抄録送部，以備查考。惟思辦工有原估、續估，次第奏報者，有彙奏、附奏，分案題估者，亦有奏辦後，續奏增減停緩者。若僅隨時抄送，設有遺漏，不但往返駁查致煩案牘，且恐增減情形積覈難周。應請嗣後令各該督將奏辦工程原摺，除照向例隨時抄録送部外，再於年終統將一年内奏過各工原摺檢齊，彙册送部，以免遺漏。

一、南河築堤挑河工程，應令於估報册内聲明興工完工日期，以憑稽覈也。查，南河現行事例，内載築堤挑河兩項工程，以十月至次年三月爲閒月，以四月至九月爲忙月，其土方例價之多寡，即按月分之閒忙分别覈定。所有歲搶修工程，均照閒月例價覈銷。其另案急工均照忙月例價覈銷，毋庸查對閒月、忙月。至籌辦築堤挑河等工需用土方，向來各按原奏辦工時日，分别閒月忙月，覈對例價。而估報工程册内，并不將興工完工日期於估册内逐款註明。恐於月分之閒忙，既無從查考，即銀數之多寡亦易涉牽混。臣等公同酌定，應請嗣後令該督凡題報各案，即將興工完工日期，於估册内逐款分晰註明，以杜牽混。

奉旨：『依議。欽此。』

直隷總督方受疇秋汛安瀾疏嘉慶二十二年八月

竊照永定河秋汛期内，防護最關緊要。前經臣檄飭該道，督率廳汛員弁，加謹防護在案。兹據該道李逢亨稟稱，入秋以後，河水時有長發，且秋水搜根，埽廂易蟄。如南上汛十二號，河溜側注，冲刷堤根，搶下新埽三段，簽樁壓土，以資抵禦。十四號大溜埽灣直冲第十三段埽段，重蟄四尺有餘。當用騎馬勒住，搶鑲平穩。旋因溜勢上提，第九段埽陡蟄入水，亦用騎馬兜住，簽樁壓土，鑲護穩固。南下汛十一號，大溜側注埽前，水深丈餘，埽鑲垂蟄三尺有餘，十七八九三段埽鑲均平蟄二三尺不等，當即趕緊加鑲、簽樁、壓土，始臻穩固。南二工十二號尾、南三工九號中埽段，均有垂蟄，當即加鑲、壓土穩實。北三工十三號新埽以下，河水驟長，大溜側注，潰塌堤坡，立時搶下新埽四段。十八號埽鑲尾段以下河形坐灣，亦刷堤坡，當又搶下新埽三段，簽樁、壓土，均資攩護。北四工八號、北五工十號以及北七八工各埽段，垂蟄平蟄之處較多，亦俱隨時動用料物，趕緊加鑲高厚，悉臻平穩。現在時逾白露，水勢安恬，石土各堤并閘壩等工俱臻穩固，等情前來。

臣查今歲永定河秋汛期内，水勢雖無異漲，而各工出險亦復不少，均經該道督率廳汛文武員弁，實力搶護，得臻平穩，此皆仰賴聖主鴻福，河神默佑，得以普慶安瀾。

臣欣幸之餘，倍增寅惕[一]，理合恭摺具奏，并繕伏秋汛期內，添下埽段丈尺清單。恭呈御覽。伏乞皇上睿覽。謹奏。

奉硃批：『工部知道。欽此。』

直隸總督方受疇秋汛安瀾疏 嘉慶二十三年八月

竊照本年永定河伏秋汛內節次長水。經該道廳等督率搶護平穩，均經臣恭摺奏聞在案。茲據該道李逢亨稟稱，永定河秋汛期內疊次盛漲，各工頻頻搶險。至七月初九日陡長水至一丈七尺一寸，奔騰浩瀚，拍岸盈堤，水面高出堤頂，與子埝相平者居多，而堤埝滲漏之處，更復不少，或埽壩蟄陷，或汕刷堤身。舊工新險，疊出環生。其最爲危險者，如北三工十二號蟄陷埽鑲二十八段，劈堤九十餘丈，內五十丈僅剩堤身二三尺寬不等。北四工八號蟄埽劈堤亦屬危甚。南六工三號水過子埝，坐蟄堤身十餘丈，所幸河水迅速消退，大溜仍歸正河。其餘兩岸各汛，在在出險。幸料物充足，人心踴躍，竭十晝夜之力搶護平穩。茲屆白露之期，溜走中泓，河流順軌。石土堤埽閘壩各工，悉臻穩固等情前來。臣查永定河本年秋汛期內非常異漲，各工危險。經該道先事綢繆，於今春加培疏浚，臨時又復督率南北兩岸廳汛文武員弁，實力搶護，得臻穩固。此皆仰賴聖主鴻福，河神默佑，得以慶洽安瀾。臣欣幸之餘，益增凜惕，理合恭摺奏慰聖懷。并將秋汛期內，新添埽段丈尺銀數開具清單，敬呈御覽。伏乞皇上睿鑒。謹奏。

奉硃批：『欣慰覽之。欽此。』

總督方受疇修北六工舊堤缺口疏 嘉慶二十四年閏四月

竊永定河北岸六工舊堤，於嘉慶十八年間，因長水衝塌。經永定河道李逢亨查明，北岸六工八號以下，係任其蕩漾之區，不在估修之列，應行停修。稟經前督臣那彥成附片具奏，欽奉硃批：『覽。欽此』在案。茲據該道李逢亨稟稱，永定河水勢連歲北趨，上年伏秋異漲，致將北岸六工十六號舊堤衝缺，河流側注北岸，由缺口過水，向北岸六工八號以東北七、北八兩工堤根行走，情形甚爲著重。急須乘此桑乾之候，將缺口堵築，并於缺口以西挑浚中洪，引溜中行，北岸始可平穩。所需銀兩即在額設歲修銀內動用，毋庸另行請項。惟此項舊堤，本係停修之工。今因河流北趨，修復缺口。稟請奏明，等情前來。臣當即委員前往查勘，應修屬實。伏查治河之法，必須因時制宜，相機辦理。今北岸六工舊堤於嘉慶十八年間，長水衝塌，查係不在估修之列，奏明停修。現在河勢遷移，大溜

[一] 倍增寅惕　光緒七年原刻本爲『培增寅惕』，光緒八年重修本改『培』爲『倍』。

由北岸行走，北七、北八兩工情形較險。自應將北岸六工舊堤缺口修築，引溜中行，而北岸可保無虞。且水不旁洩，可以刷深中洪，於全河大局甚有裨益。除批飭該道趕緊辦理外，理合繕摺奏聞。

奉硃批：『知道了。欽此。』

侍郎那彥寶北二工南四工漫溢情形疏 嘉慶二十四年七月

竊奴才於二十日恭送聖駕後，即帶同步軍統領衙門員外郎海忠於午刻行抵盧溝橋，查看南北兩岸石工，均屬鞏固。惟河水漲勢未見大落，調取籤簿與制樁較對，尚有一丈四尺二寸，大溜甚屬勇猛。正在傳詢汛官間，適值永定河道李逢亨由南岸馳到，見其神色驚懼異常，惚惚備述。自本月十八日子刻起至巳刻止，河水疊次驟長至二丈一尺三寸，是日午時雖漸消落數寸，二十日卯午未三時，又長水二尺一寸，兼之陰雨連綿，通宵達旦，兩岸各工紛紛報險。其南上頭工十四五號尤爲喫重，大溜側注埽前，十分危急。正在督率文武汛員搶辦，竭三晝夜之力，尚未搶護平穩。間又據南下、南二、南四、南五、南六、北上、北中、北下、北二、北三、北四、北七、北八等工絡繹報險，或水高堤埝，或埽鑲陡蟄，當即分飭各汛搶護。十九日戌刻，先聞南六、南四、北八、北四同時水過埝頂，堤身潰蟄，遂於二十日由南岸馳至盧溝橋，正欲取道北岸查看各工，接據石景山同知馬金陛、署北二工縣丞王庚稟報，該汛二十一號埽前水勢洶湧，全河大溜直注埽段，波浪奔騰，風雨交作，人力實難抵禦。於二十日午刻，河水漫過堤身，尚未掣動全河大溜。續又據南岸四工二十號專人報到，河水同時漫過堤身，亦未掣動全河大溜。其兩處口門尺寸，現因溜勢猛大，一時尚不能較准等語。奴才當即飭令該道，分飭各工預備盤護裹頭料物，一面劄調下游兵弁，幫同趕辦。奴才於拜摺後，即親赴該二處查看漫溢端倪。容俟河水漸落，統歸一處後，再行酌定章程具奏。

奉上諭。恭録卷首。

總督方受疇北二工南四工同時漫溢疏 嘉慶二十四年七月

竊臣於本月二十二日申刻接據永定河道李逢亨稟報，據石景山同知馬金陛，署北二工良鄉縣縣丞王庚稟稱，該汛二十一號埽前大溜直注，督率兵夫竭力搶護。無如溜急波狂，風雨交作，人力難施，不能抵禦，於二十日午刻河水漫過堤身，尚未掣動大溜。又據南岸四工報到，該工二十號同時漫過堤身，亦未掣動大溜。其兩處口門丈尺，現因溜勢狂猛，未能較准。當即劄飭該汛員等預備料物，盤住裹頭，丈量確數，再行稟報等情，具稟前來。

臣查永定河本年秋汛期内節次異漲，經臣先後具奏并飭該道督率廳汛各員，實力巡防在案。茲北岸二工、南岸四工同時漫溢，雖因水勢異漲，人力難施，究由該管汛員疏於防護所致，相應恭摺參奏請旨，將署北岸二工良鄉縣縣丞王庚、石景山同知馬金陛革職，留於工次効力，俟堵築合龍後，察其能否奮勉，另行具奏。南四工廳汛各官，容俟該道查明，具稟到日另參。至臣并永定河道李逢亨，不能督飭巡防，以致南北两岸同時漫溢，咎實難辭。仰懇聖恩，一并交部議處。再據該道稟稱，盧溝橋水勢現深一丈四尺二寸，堵合漫口須俟水勢消落，方能辦理。臣敬俟關門跪送聖駕後，趕赴永定河，勘明籌辦被淹莊村。現在飭查，另摺奏辦。

奉上諭。恭録卷首。

尚書吳璥等籌辦各漫口大局情形疏 嘉慶二十四年七月

竊本月二十三日，臣那彦寶將北上頭工七八九號漫溢情形，業經奏蒙聖鑒。二十四日早，臣吳璥到盧溝橋與臣那彦寶面晤，公同履看情形。查北二工、南四工初漫之時，原係兩處分流，迨北上頭工漫開，地居上游，大溜奔騰，全歸該處漫口。其北二工、南四工俱已斷流。現在無船，難以測量實在丈尺，約計口門寬三百餘丈。連日晴霽，水勢已漸次消落丈餘，自當籌定章程，次第經理。其趕辦料物及挑挖引河，業經臣那彦寶奏明，酌派州縣丞倅等分投趕辦。其挑挖引河，臣等已令北岸同知張泰運先往口門下游，查明河身淤墊段落，分別高低，確切估計，以便奏調各員到齊，即可飭令前往分段開工。惟查北岸上游土性鬆浮，刻下先應派員於附近處，尋覓好土，預爲運工，以備堵築合龍之用，方能堅固。至兩岸下游應辦之工甚多，如北二、南四乾涸口門，補還原堤。其餘兩岸汕刷殘缺卑薄堤工，均需補築。所需土方高寬丈尺，應先勘估。其衝塌埽段防風，亦須補還。臣等現已劄飭永定河道，率同廳汛，逐工估計丈尺，一有確數，即應先行趕辦。至漫口以正雜料物爲第一要務，引河亦頗需時日。應請勅下督臣方受疇，劄飭署藩司祥泰，迅速派員前來分投承辦。其河水下注泛溢之處，據探水外委等回報，正河大溜向東南由黄村、東安、武清一帶地界淹浸，應歸於鳳河入海，尚有一分小溜斜趨東南，由南苑高米店迤北衝開墻垣八丈，向西紅門迤南流注。所有下游被淹村莊户口人數，應由督臣飭屬查明，妥爲撫恤。謹先將臣吳璥到工，會同臣那彦寶查看北上頭工漫口，并商辦大局情形，恭摺奏聞。

奉上諭。恭録卷首。

總督方受疇北上汛漫溢疏 嘉慶二十四年七月

竊本月二十四日酉刻，據永定河道李逢亨稟稱，二十一日叠次籤報長水，共積深二丈一尺七寸，拍岸盈堤，奔騰洶猛。二十二日寅刻，據北岸頭工稟報，該汛八號水高堤頂。該道當即督同搶辦，跑買筐土，搶築子埝。詎西北風大作，浪高丈許，撲過堤頂，登時潰蟄，漫溢約二百餘丈。全河大溜雖未盡歸口門，但該汛地居上游，大河水深尚有二丈一尺四寸。誠恐跌塘過深，仍行奪溜，現在速即盤做裹頭，以免續塌。無如本年歲搶修銀兩，以及稭料樁麻，因屢次搶險，且時逾白露，全行用盡。現在另行籌款，委員分投採買，以備堵築等情前來。查永定河北岸二工、南岸四工同時漫溢，昨經臣繕摺具奏。臣與該道李逢亨并廳汛各官請旨分别議處、革職。欽奉恩諭寬免，感悚無地。茲北岸頭工又報漫溢，臣責任宣防，咎無可逭，惟有督飭各員迅速堵合，稍贖愆尤。但刻下全河水勢尚深二丈一尺四寸，急切難以施工，必須俟水勢消落，始可辦理。臣現飭該道督率汛委各員，趕緊盤做裹頭，以免續塌。俟臣跪送聖駕後，馳赴工次，勘明情形，籌議堵築章程，另行具奏覈辦。一面飭令署藩司祥泰賚帶銀兩，先赴永定河，酌派委員，分投購料，并查勘下游被淹地方，據實稟臣辦理。

奉上諭。恭録卷首。

尚書吴璥等籌辦北上汛埧工情形疏 嘉慶二十四年七月

竊臣等於二十六七日兩奉廷寄，仰蒙皇上訓示周詳，俾臣等有所遵循，曷勝感戴。其時因撥船俱在下游，尚未調到，無從測量口門丈尺。節經委員趕緊設法調取，於二十九日撥船牽輓到工。臣等隨即飭令文武員弁赴北上頭工，細加丈量，計口門原寬四百四十丈，令酌擬取直堵築，計口門實寬四百二十六丈，内已有淤灘，長二百餘丈，其餘俱係過水口門。兩邊水深五六七尺，中洪水深六七尺至丈餘不等。現在盤做裹頭最爲要務。誠如聖諭，必須盤護穩固，勿令愈塌愈寬，仰見聖明睿照，先事預圖，實深欽佩。臣等現飭該廳汛趕購料物，將裹頭鑲築整齊，可無遲誤。并一面帶同司員，督率廳營等悉心履勘。北上頭工舊堤原係灣曲，而下形如弓背。此次漫溢衝成缺口，若照舊日堤根進築，不惟現在兜灣喫重，且恐將來一遇盛漲，尤爲可慮。臣等再三公同商酌，惟有將東西埧頭，兩相斜對，進占時逐漸取直。復於埧工之後，加築堅實好土裹戧，與現存兩頭沙堆連成一勢，工段既可節省十數丈，河勢亦較前順暢。即新築埽工不致過形著重，似亦補偏救弊之一法。至南北兩岸各工，因此次異漲溜勢猛驟，衝成旱口及刷塌堤身不可勝計。北二、北中汛并南四、南二、南六等工，俱有旱口，應即早爲補築完整，并加鑲防風邊埽，以備合龍時開放引河，得收禦水之益。其餘兩岸汕刷殘缺、卑薄各堤身，亦應一律補修完固。并恐新舊湊接之土工，一時不能粘黏結實，亦須補鑲防風埽段，以資抵禦。連日來天氣晴明，稀淤漸次曬乾。一俟估計得有確實丈尺，即將南四工旱口，遵旨交革員李逢亨前往先行趕百餘丈，中洪水深六七尺至丈餘不等。連日天氣晴暖，水勢日見消落，即當料理興工。臣與欽差臣吳璥、臣那彥寶悉心商酌，如採買正雜料物，挑挖引河，均係刻不容緩之事，必須多派幹員，分投趕辦。臣於差次即已飛調道府丞倅州縣佐雜各員，刻已陸續到工，數日內即可齊集。前賞撥部庫銀十萬兩，業已解到。臣前飭署藩司祥泰賫銀十萬兩，迅速來工籌辦一切。現據該司稟報，已經起程，不日可到，銀兩業已分批起解。至開挖引河，經臣吳璥等飭委護理永定河道張泰運馳往下游，相度引河形勢，俟勘定地面，覈准土方丈尺，立即擇吉開工。所需正雜料物分投購辦，自可源源接濟，斷不敢稍有遲誤。其南四工旱口及小口，遵旨交革員李逢亨前往趕辦。北二工及各處小旱口亦責成該員督率廳汛各員妥速辦理。下游大興、宛平、東安、武清、通州、固安、永清等縣被淹之狼垡、羊房、黄村、宋家莊、馬駒橋各村莊輕重不一，飭令署藩司祥泰親往查勘，妥爲安頓，不使一夫失所。一面分別覈定灾分，照例賑濟，俟詳到另行奏請聖訓辦理。爲此恭摺具奏。

奉上諭。恭録卷首。

侍郎那彥寶等估漫口工需疏 嘉慶二十四年八月

竊本月初二日，署藩司祥泰已將奏明動撥司庫銀十萬兩，委員批解到工。臣那彥寶與臣方受疇，連日會同督辦，已於初四日敬祀河神。隨飭文武官弁盤護裏頭，一面辦。其北二工及各處小旱口并兩岸廣行加幫堤身邊埽等工，亦應責成該革員，督率各汛員妥速經理。統俟該廳汛估報土方、埽段丈尺確數到日，臣等即遴委大員，前往覆查，飭令各工員趕緊興築。至引河必須挑挖深通，使成吸川之勢，合龍時方能暢流下注，尤爲至要機宜。而道里綿長，亟應趕辦。臣等已委北岸同知張泰運親往勘估。俟將下游淤墊高仰之處逐一查明，覈准土方丈尺，即須委員分投承挑。惟挑河之丞倅州縣尚未據藩司調派來工，其派辦正雜物料之州縣亦尚未到。臣等業經連次飛催，日內督臣方受疇即可到工，再行嚴劄催調。呼應較靈，自可迅速到齊，分投承辦。再，前奉諭旨，賞撥部庫銀十萬兩，已於二十八日由順天府委員解到工次，合并陳明，恭摺謹奏。

奉上諭。恭録卷首。

總督方受疇籌辦各漫口堵築事宜疏 嘉慶二十四年八月

臣於二十八日關門跪送聖駕後，即兼程折回，於初一日行抵永定河工次，周歷履勘。查南岸四工、北岸二工兩處口門，自北上頭工漫溢之後，大溜歸并一處。南四、北二現已掛淤。惟北上頭工漫口在盧溝橋之下，相距橋上十二里，地處上游，土屬浮沙。據該廳汛測量稟報，口門實寬四百四十丈。現在盤做裏頭，不使續塌，已有淤灘二劄催護理永定河道張泰運勘估引河，分飭各員購買料物。初六、初七、初九、初十等日雨勢連綿，盧溝橋籤報河水復長一尺有餘，旋即漸次消落，現在中洪水深八九尺不等。臣等伏查通工錢糧，需用浩繁，必須將應辦之工撙節估計。兹據總理局務之通永道任銜蕙及張泰運等稟稱，北上頭工漫口計長四百二十六丈，現在水口尚有二百一十七丈。自七月二十一二日漫溢之後，南岸四工以下積水未見大消。北上頭工以下大河隔路，而異漲所漫之大小旱口、水口，堤外跌塘寬而且深，兼之北上頭工一帶土性鬆浮，將來進占時，口門愈窄，逼溜愈刷愈深，不得不稍爲多備料物。正壩後戧并須好土鑲築結實，方得堅固。惟附近堤身内外，均乏膠淤。現雖選有好土地方，又相距口門往返在十里以外。與通工文武員弁再三覈計，大壩正雜料物夫土，約需銀十五萬一千餘兩。至挑挖引河尤爲第一要務，本年水勢叠漲，歷日長久，灘面積沙較厚，必須疏通梗塞，以成建瓴之勢。現由北上汛漫口迤南起，至七工五號以下止，計程一百八十餘里，細心履勘，分别淤墊之高低，間段覈估，湊長八千零七丈餘，共分爲四十五段。有應挑大河者，口寬二十四丈至八丈，底寬十九丈至五丈，深一丈五尺至三尺不等。有應於河底抽溝者，口寬五六丈，底寬二三四五丈，深一二三尺不等。其中旱水泥濘，水中撈泥，方價不一，約需銀七萬餘兩。又南四工大小旱口九處，北二工旱口一處，應須補還原堤并鑲做防風邊埽，約需銀一萬八千五百二十餘兩。共約估銀二十三萬九千五百二十餘兩。又南岸上汛、南下汛、南二工、南三工并北岸中汛、北三工、北四工等處，前經漲漫堤頂，僅止衝缺堤身，未成漫口，并補加蟄塌埽段，此時急須趕辦禦水各工，需銀二萬一千四百四十餘兩。以上通共約估銀二十六萬一千九百六十餘兩，等情前來。

臣等覆加查覈，俱無浮多情弊。除部庫撥解十萬兩，藩司庫撥解十萬兩外，尚不敷銀六萬一千九百六十餘兩。臣方受疇已劄飭署藩司祥泰，再由司庫照數撥解，毋庸請撥部庫銀兩。將來如有餘剩，即歸善後工程案内應用覈實報銷。臣等仍親督勾稽，務使工歸實用，帑不虚糜。至堵合漫口，須先將引河分段開挑，兩壩始行進占，而兩壩工程又必須料物源源接濟，方不致間有作輟。刻下新料漸次登場，原不難於採買，惟值連日陰雨，道路泥濘，暫時搬運維艱，亦屬實在情形。一俟天氣晴霽，即可趕緊運送，不致遲誤。其承挑引河各員，現已陸續來工，隨到隨令前往承挑，均限於九月底完竣。臣等再分帶司員逐一查驗，不使稍有偷減。所有支發銀錢，總局東西兩壩掌壩，以及購料、收料、挑河總催、彈壓、巡查文武各員已經公同派定，限於本月十六日一律興工。臣等仍將各工成數，遵旨隔十日奏報一次，仰紓宸廑，恭摺具奏。

奉硃批：『依議辦理。欽此。』

侍郎那彦寶等堵合北上汛漫口疏嘉慶二十四年九月

竊日來氣候漸寒，臣等恐水澤凝冰，難以措手，親督兩壩文武員弁晝夜趕辦，於十九、二十兩日又進得十一丈餘，金門僅祇三丈餘。以八十餘丈之河面收束於三丈，金門之内水勢蓄高驟至四丈五六尺，波濤層疊，洶湧異常，兩壩節節俱形喫重。東壩陡蟄數丈，加鑲追壓，甫臻穩固。西壩上水邊埽又因迴溜淘刷，紛紛蟄陷，牽連正埽門占，隨蟄隨鑲，竭兩晝夜之力，始皆保護平穩，均無一占閃失。臣等相度機宜，不可再強遏水勢，以致壩工過於著重。且四十五段引河，均已開放清水，一律深通。其時又適值西北順風，溜勢直射引河頭，因飭工員於二十一日丑刻啟放。旋見河水建瓴而下，風捲濤翻，星馳電掣，瞬息之間遂將引河全行鋪滿，大溜已掣動六七分。臣等先派定員弁分探水勢，隨據節次飛報暢流下注。察看壩前之水，立見消退丈餘，遂於寅刻掛纜，層土層柴，并力搶堵。將及到底，適於戌刻起，風雨交加，連宵達旦。在工文武員弁，鼓勵兵夫奮力追壓，并趕作關門大埽，直至二十二日午刻，漸次加填堅實，金門之下已見斷流，豪無涓滴滲漏。

伏查永定河北岸切近畿輔，最關緊要。本年秋雨連綿，叠次盛漲。聖心洞燭幾先，屢遣臣那彦寶查看情形。迨至北上頭工漫溢，衝刷南苑墻垣，淹及沿河州縣地方。上煩宵旰憂勤，工賑兼施，不惜數十萬帑金，以禦灾捍患爲急務，屢頒訓誨，指授機宜，俾臣等得有遵循，次第趕辦。計自奏明於八月十六日興工以來，仰託聖主洪福，天氣晴明，人心踴躍，料物源源應手，并未一日停輟。所有四百二十餘丈之壩工，一百八十餘里之引河，及兩岸數千丈之堤埽各工，將及四十日得以普律告竣。諸凡順利吉祥，殊非臣等心思才力所能及，皆由我皇上睿謨廣運，經始圖成，誠敬感孚，河神默佑。當功成萬禩之期，正聖壽六旬之慶，瀕河黎庶共樂春臺。臣等欣覘壽寓，獲覩平成，慶幸之餘，彌深感凜。至大壩動用料物、秫稭、運脚并土方夫價，應賠、應銷數目，及禦水各工應銷銀數，并善後一切事宜，臣等現在會同確覈勘估，續行奏明辦理。其在工出力各員，再行具摺保奏，伏候天恩。合并陳明。謹奏。

奉上諭。恭録卷首。

侍郎那彦寶開復各員處分片嘉慶二十四年九月

再，前奉諭旨：『李逢亨業已革職。其南四工漫口易於堵築，著吴璥等即飭知該革員，令其前往專辦此處工程，以贖前愆。如果奮勉出力，工竣後再行酌量施恩等因。欽此。』隨經奴才飭令該革員前往專辦，并奏明將北二工及各處小旱口，并兩岸應行加幫堤身邊埽等工，亦責令督率經理。該革員聞命之下，感激皇上天恩，所辦南四工及各旱口工程迅速完竣，尚屬具有天良，愧奮出力。奴才不敢壅於上聞。再，石景山同知馬金陛、北上汛縣丞錢栻，前經督臣方受疇參奏革去頂帶。該員等在工雖屬出力，不敢遽請開復原官，可否將馬金陛降等以通判用，錢栻降等以主簿用，均仍留直隸河工之處，出自皇上天恩，伏候訓示遵行。謹奏。

奉上諭。恭録卷首。

侍郎那彦寶等勘估善後工程疏嘉慶二十四年九月

竊據通永道任銜蕙、永定河道張泰運等稟稱，查北上汛漫溢水旱口門共長四百二十六丈。其淤灘旱工、刨槽軟鑲、補還原堤、加鑲邊埽并水工，内有丁頭埽八道，加鑲邊埽、後戗，補還原堤，共計料物夫工用銀十二萬五千九百七十兩零。又，稭料一項應照歲搶修例，每束加添運脚銀二釐五毫，共銀四千六百五十六兩零。大壩以下估挑引河，計湊長八千零七丈，用銀七萬零九十六兩零。又，南四、北二旱口補還原堤，共用料物、夫工并稭料、運脚銀一萬八千五百二十九兩零。以上大壩、引河、旱口三項，共用銀二十一萬九千二百五十二兩零。例應銷六賠四，計應銷銀十三萬一千五百五十一兩零，應賠銀八萬七千七百兩零。又，南上汛、南下汛、南二工、南三工、南四工、北上汛、北中汛、北二工、北三工、北四工計十汛，禦水土埽各工共用料物夫工并稭料運脚銀二萬二千四百四十三兩零。此係盛漲衝刷堤身修補殘缺，并加鑲蟄塌埽段以禦合龍下注之水，在大工項下動支辦理，例不攤賠。以上統共用過銀二十四萬一千六百九十五兩零。又據稟稱，善後應辦工程，經大汛漫溢之後，南北兩岸堤外俱係深水，所有各處趕辦料物，由堤上運工，不免車馬踐踏，風雨摧殘，及堤身卑薄，應即擇要加培，預備春汛積凌之水。其土方價值遠近不一，而添下新埽一百五十四段，歲修既須加鑲。若經大汛蟄動，尤宜防備，應添正雜料物分貯北上、北二、南四各工，以備凌、伏、秋三汛應用。以上統共估需銀二萬一千七百九十八兩零，等情前來。

臣等公同確覈，大壩，引河、旱口，及兩岸十汛禦水各工，共動支銀二十四萬一千六百九十五兩零。查原奏約估銀二十六萬二千九百六十兩。緣初估時，河面甚寬，以兩月日期覈計，是以聲明稍爲多備料物。自八月十六日興工以來，天氣晴明，水勢漸消，壩工亦無一占閃失，所用料物較省，而普律告竣。日期較原估早半月餘，一切又可稍節糜費。加以司員等逐日分催稽查，總局官出納慎重，因覈與原估銀數節省銀二萬零二百六十四兩零。其所估善後案内，夫工方價并加添稭料運脚亦係急應趕辦之工，所需銀二萬一千七百九十八兩零，尚無浮多，即在大工節省項下動支。其不敷銀一千五百三十四兩零，應於永定河道庫閒款項下動用，無庸另行請撥。已飭令該河道將善後工程趕緊妥辦，一面造具細册，分别大工應賠、應銷數目，由臣方受疇具題覈銷。

至石景山以下兩岸石工，經此次大汛盛漲，掣落石塊搜空之處，亦復不少，應另案詳細查明，覈計丈尺，於明年春汛前補修完整，由臣方受疇另行具奏外，謹將臣等會同覈明大工節省銀兩，及勘估善後事宜各緣由，理合恭摺具奏。

奉硃批：『工部知道。欽此。』

御史蔣雲寬慎重河防疏嘉慶二十四年十一月

竊照國家建修河堤，設官經理，凡所爲保護之方、捍禦之法，無不至詳且盡。無如人心易懈，奉行不力，但狃於目前之便，每不思綢繆於未雨。即如今年秋汛漫口，固由雨水過多，上游暴漲，一時難於抵禦。然使平日周於防範，或不至如此漫溢，則揆其失事之由，實出於人謀之未盡也。臣謹將所聞河工疏防之弊，亟應整頓者敬爲皇上陳之。

一、河汛員弁宜重官守也。各省沿河設立廳汛員弁，責令駐居堤頂，專爲保守堤工。遇大汛喫緊之時，固當凜遵四防二守之法，即平日亦宜常川督率兵丁，認真力作，并巡邏堤岸。凡車馬之蹂躪，獾鼠之穴藏，偶有損動，隨即修補，不敢稍涉大意，庶足以防患未然。乃臣聞各河廳汛員弁僅於大汛時駐工防守。其餘時日，遠離汛地，擇便自安，不赴堤頂。一走以致兵夫懈弛，相率偷閒，積土採草虛應故事，成活柳株被竊不覺。其餘一切防範之具盡成具文，堤工之失事未必不由於此。應請敕下河臣，嚴查廳汛員弁，無論是否汛期，均不許擅離汛署。如仍狃於前習，即日照例參辦，以懲玩惕而重職守。

一、河兵宜足額也。河營兵丁舊有定額，平時責令填補浪窩、水溝，堆積土牛、柴草，栽種柳株、蘆葦。迨至汛期遞送水簽，瞭望溜勢，搶築險工，在在皆關緊要，不可一日曠役。乃臣風聞各省河兵有名無實，遇有空缺，該管員弁不行募補，仍以故名領餉，遇查點時，輒僱替應名，互相支飾。或有附近鄉民，圖免雜差，掛名藉口，并不駐堤防守，其應得錢糧盡入營汛員弁私橐之中。又或圖省跟役，將實缺河兵擅行調用，令供私役，一遇公事不敷任使，以致防範不周匝，工作不整齊，及大汛生工，分投搶險兵力既單，顧此失彼，往往貽誤要工。應請敕下河臣，嚴行稽查，務令兵自足額無缺，俾得協力保護，庶兵餉不致虛糜，而河道可期鞏固矣。

一、防護工段宜懲推卸也。查河堤之形勢有定，而大溜之變遷靡常，向來有緊要工程化險爲平者，亦有平穩之處變爲險工者。凡有河道，當隨時審度機宜，視其溜勢趨向，亟事防護，不可稍有疏忽。乃本汛河員止知專防緊要工段，而於無工處所漫不經心。其切近別汛各員分界而守，越本汛地一步，即以爲非分内之事，概置不管。夫救急應變事在呼吸之間，分界防護係平時專責。考成之法倘遇水漲溜移，無埽之處忽當頂衝，必俟報明河督，調派人員，協濟夫料，方行搶辦，已無濟矣。所以平穩之區轉多傾潰之虞。應請敕下河臣轉飭汛員，留心防範。如溜勢改趨，新生險工，本汛官員率領兵夫幫運料物，預備搶護之用，其上下汛官亦立即協濟夫料，趕往幫護，以期平穩。倘在疆界之間，致失事機，應將推却之上下汛營各官一并參處，以示懲儆。如此申明功令，庶協力同心，彼此策應，可無疏失之工程矣。

一、兵夫築堤取土宜遠堤脚也。定例修堤取土，在於十五丈以外挑挖。原恐其挖傷堤根，致形單薄，是以定限綦嚴。臣從前經過河南蘭陽地方，凡有兵夫取土，即在堤脚下刨挖，聞各處皆有其事。似此挑挖不已，不惟將來有順堤成河之勢，且堤身壁立，一遇暴漲，勢必易於衝塌。應請嗣後修堤取土，循照定例，令在十五丈外挑挖。其十五丈以内，不許擅取一筐。仍責令廳營員弁不時稽查，如有故違，即將兵夫嚴行懲治，以爲玩忽堤工者戒。

以上四條，臣爲慎重河堤起見，是否有當，伏乞皇上睿鑒訓示。謹奏。

奉上諭。恭録卷首。

總督方受疇請移駐汛員疏嘉慶二十四年十二月

竊查永定河南北兩岸分界立汛，每汛經管河堤自十五六里至二十六七里不等，惟南岸六工霸州州判分管堤長三十里。當日因地處下游，河身寬展，工程平穩，故所管堤工獨長。近年以來水勢南趨，每逢盛漲，汕刷堤根，在在出險，修防甚爲緊要。該州判上下奔馳，顧此失彼，實有鞭長莫及之勢。查，永定河流遷徙靡常，堤工險易今昔情形不同，即應隨時酌量改移，以裨要工。臣與永定河道張泰運詳加商酌。查有南堤九工霸州瀫河巡檢，經管堤工十二里，離河較遠，素無險工。自當因時制宜，酌量調用。應請將南堤九工霸州瀫河巡檢，移駐南六工，作爲南岸六工霸州下汛巡檢，經管堤長十五里。原設南岸六工霸州州判作爲上汛州判，經管堤長十五里。至南九工汛務，事簡工平，即歸南八工武清縣主簿經管。其移駐之員，應支廉俸役食等項，悉照舊章，毋庸更易。如此酌量移駐，既與定制并無更張，而於要工益資防護。所有分管堤工，分撥河兵，并南六工上下汛段應換印信，以及移駐之員建蓋衙署各事宜，俟命下之日，另行題咨辦理外，爲此恭摺具奏。

奉硃批：『依議。吏部知道。欽此。』

直隸總督方受疇秋汛安瀾疏嘉慶二十五年八月

竊照永定河兩岸工長四百餘里，溜勢善遷，沙堤易潰。本年入伏後，陰雨連綿，河水盛漲二十餘次，各汛埽工紛紛報蟄，甚至劈堤走溜，危險萬分。及交秋汛，溜勢搜刷堤根，愈形洶湧。一經長水，臣即飛派轅弁前往確探，迭飭該河道嚴督廳汛，加意巡防。其搶護各汛險工，節據該河道稟報，與轅弁確探情形悉屬相符。茲已節逾秋分，水勢日見消落。據該河道張泰運稟報安瀾前來。臣查永定河節次盛漲，屢頻於危，得以化險爲平，安瀾普慶，皆由聖德感孚，河神默佑。臣欣幸之餘，倍深儆惕。除仍飭該河道督率廳汛照常防守，不得因秋汛已過，稍存懈忽外，所有永定河秋汛安瀾緣由，理合恭摺奏聞。并將秋汛期内，新添埽段丈尺銀數開具清單，恭呈御覽。伏乞皇上聖鑒訓示。謹奏。

奉旨：『工部知道。欽此。』

直隸總督方受疇秋汛安瀾疏道光元年九月

竊照永定河土性純沙，溜趨靡定。前伏汛期内，屢經出險，幸護平安，經臣具奏聖明在案。茲據永定河道張泰運稟稱，自交秋汛以來，水勢連長數次，兩岸埽工紛紛報蟄，劈堤走埽，危險萬分。該道嚴督在工文武連朝搶護，實力巡防。幸上年預添備防秸料得以應手，料物充盈。兵夫雲集，同心協力，轉危爲安。茲已節逾秋分，水勢日漸消落，堤埽閘垻各工悉臻隱固等情，具報安瀾前來。臣查永定河本年伏秋汛内，迭次盛漲，時出新工，情形甚爲危急，防守實屬不易。均經該道督率廳汛員弁，協防文武於風雨泥淖中，不遺餘力，奮勉急公，得以化險爲平。皆由聖德感孚，河神默佑，安瀾普慶，朝野同歡。臣欣幸之餘，倍深寅畏。除仍飭該道督率在工文武照常加謹防守外，所有秋汛期内新添埽段丈尺，開具清單，恭呈御覽。

伏查，嘉慶二十二年，欽奉諭旨：『每歲防工人員，若未經奏旨率行保奏者，除不准行外，仍將該督交部議處等因。欽此。』欽遵在案。此次在工人員，可否准臣秉公查明，擇尤爲奮勉者保奏數員。愬恩鼓勵之處，伏候皇上訓示遵行。謹奏。

奉硃批：『不必奏請議敘。欽此。』

卷十　奏議〔道光二年至十一年〕

總督松筠堵築求賢灰垻片道光二年二月

再，奴才於途次接據永定河道張泰運稟稱，永定河北岸廳屬之三工，有減水灰垻一道，係宣洩盛漲出路，不應堵築。因去冬今春嚴寒最久，加以正月底兩次大雪，淩汛之水較往年竟大至三四尺，恐洩水過大，以致正流散漫，隨調官兵，趕緊鑲築。因提要工項下銀八百兩動用，調船、掛纜、軟鑲，繞越進占，已作成四十丈，盤做裹頭，過水不致散漫等因前來。奴才當即劄飭該道，方今冰泮，必須趕緊將正垻邊埽一律修築，免致有礙民田。查直省於春分節後方事耕作。此次北岸宛平、南岸固安雖間有漾水，現在連日天氣晴和，水勢消落，民田涸出，可以無妨農作。謹將永定河道張泰運稟報情形，附片奏聞。

奉旨：『知道了。欽此。』

總督顏檢南六工漫溢疏道光二年六月

竊查本年入伏後，永定河水勢增長情形，經臣附片具奏。原擬本月下旬親詣各汛查勘，茲於十七日亥刻，先據永定河道張泰運稟報，本月十四日寅刻至酉刻，盧溝橋籤報水長至一丈八尺一寸，巨浪洶湧，大溜奔騰，平水、漫水之埽不一而足。北中汛十號向係平工，前經密掛大柳搪護，今因大河側注，溜勢頂衝，致大柳全行衝去，潰傷堤身四十餘丈。又，南岸南四工五號末十段順長五十餘丈埽鑲，同時陡蟄入水，大堤間段潰傷，現在分投搶護。又，南六工六號堤内本有深塘大堤，連日雨淋水泡，坐蟄四丈等情。臣正擬束裝馳往督辦間，十八日辰刻，又據該道張泰運稟稱，十五日發稟後，星夜帶同都司李存志，冒雨馳往南六工查看，行至該汛頭號，見大堤又復坐蟄，過水處所約寬四十餘丈，業已奪溜。緣是日水勢湧漲異常，兼之大雨如注，風勢又緊，人力難施，搶護不及，以致堤身忽然坐蟄等詞，具稟前來。臣即日馳往察看情形，先將漫口趕緊裹頭，相機搶護，詳察田廬人口有無損傷，并查明該管道廳汛弁各官如何疏防，另行據實具奏，請旨辦理外，合將永定河南六工堤身坐蟄，馳往督辦緣由，恭摺奏聞。

奉硃批：『知道了。欽此。』

總督顏檢參廳員怠玩不職疏道光二年六月

竊照永定河本年盛漲異常，兼之陰雨連朝，河水長至一丈八尺一寸，無埽不蟄，無工不險。全在該管各員隨時鑲護，冀保無虞。茲查三角澱通判黄桂林在任業已數年，南六工是其專汛，且係平工。乃該員平日漫不經心，及至新險陡生，又以患病遷延，并不親至工所趕緊搶護，以致堤身坐蟄，潰成口門。既經懈忽於前，又復疏虞於後，似此怠玩不職，豈可一日姑容，相應據實參奏請旨，即將三角澱通判黃桂林革職，以爲疏防河務者戒。其兼管之永定河道張泰運，未能先事預防，亦難辭咎，惟查該道平日辦工極爲認真，且儲備料物俱甚充足。此次河水異漲，該道晝夜親歷兩岸，凡係險要之區，處處防護搶鑲，各工均無貽誤。覈其功過尚可相抵，可否暫免處分？仍留永定河道之任，出自皇上天恩。其專汛之署霸州州判張曦午甫於本年二月到任，爲時未久，迨至堤爲水潰，該員跋涉水中，往來搶護，數晝夜不敢稍息，尚屬愧懼奮勉，可否仍留本任，以觀後效而贖前愆之處，理合一并請旨定奪。至三角澱通判一缺，現當工程喫緊之時，必需賢員接手辦理。查有東安縣知縣陳鎮標，在直年久，諳練河防。臣素知其平日辦事實心，相應仰懇天恩，即以陳鎮標補授三角澱通判，俾堵合要工，令其一手經理，可資得力。仍俟工竣後，給咨送部引見。所有分別請旨緣由，理合恭摺具奏。

奉上諭。恭録卷首。

總督顔檢查看各工暨漫口情形疏道光二年六月

竊於本月十九日自省起程，二十二日行抵固安縣地方。當即冒雨，由南岸大堤查看各工。據永定河道張泰運稟報，南上汛八號、十二號，南下汛十一號，南二工十二、十九、二十等號，南四工五號末，南五工八號、十三四號，北二工五六號，北三工十二號及北中汛新生險要處所，均經搶鑲平穩。臣逐段履勘，所有籤樁鑲埽各新工，俱屬整齊結實。臣即住宿南五工工次，督率文武員弁等，察看水勢，加意防守。適是夜風雨大作，溜勢奔趨，湍激異常，而目擊各工新埽，均足以資捍護，一律平穩。惟查南六工頭號向係平工，且屬下游，既非迎溜頂衝之處，何致堤身坐蟄四十餘丈？臣以形勢度之，實緣河水盛漲之時，凡險要各工均在上游全力搶護，將溜勢在在逼趨，致下游轉爲喫重，而是時風狂雨大，漲水累日不消，以致堤身盡成泥淖，同時坐蟄，致有疏虞。現在漫口不甚寬深，亦不甚汕刷，測量口門僅有四十七丈，形勢已定，亦不虞其愈刷愈寬。至南六工之下游，即係永定河下口，本河流歸宿之處。其漫水所過處所，惟附近之永清縣所屬村莊，及霸州界連地畝，不無被淹成災。然一經過水，即由大清河入海，亦不至頓成積淹。此南六工漫口之大概情形也。伏思堵築以集料爲先，宣洩以引河爲要。查此次工程本不爲大，需費亦屬無多。若將各工現存料物儘數動用，原不難尅期堵合。惟目下秋汛方長，兩岸險工林立，巡防守護刻不容疏。各工所存料件，仍須留備本工之用。且此時水未歸槽，諸事俱難預料，總須俟交白露節後，水勢漸平，不惟掛淤處所尚多，涸出新灘辦理較易，即舊時河身均已乾涸，得以相度形勢，以定引河工頭。引河得力，則放水通暢，將來收功尤易爲力。彼時新料登場，擬一面興挑引河，一面購備秸料，多集人夫，不分晝夜，一氣趕辦。約八月中旬即可普律告竣，以期仰慰聖懷。所有應需工費，臣惟有通盤籌算，撙節估計，另行據實具奏，請旨辦理。合將查看永定河搶修各工平穩，及南六工漫口情形，恭摺奏聞。

奉上諭。恭録卷首。

總督顔檢估漫口工需疏道光二年七月

竊前在永定河工次，將南六工漫口，督同盤護裏頭奏明，俟白露後採買新料，開工堵合，仰蒙俞允在案。一面飭令永定河道張泰運，將應挑引河及通工應用料物撙節估計。去後茲據該道稟稱，南六工漫口計寬四十七丈，兩壩應用正雜料物夫工，及兩頭大堤汕刷殘缺之處，計長二十五丈。須做護埽并採買秋秸，加添運脚，共約需銀四萬兩。其引河自漫口迤下起，至南八工邵家莊止，共長四千四百九十餘丈。間段估計，口寬二十丈至六七丈不等，底寬十四五丈至四五丈不等，深一丈六七八尺至三四五尺不等。其中水旱泥濘方價不一，約需銀五萬餘兩。以上通共估需正雜料物夫工，及引河方價銀九萬餘兩等情前來。臣覆加確覈，尚屬節省。除劄飭藩司鄭裕國，在於地糧項下先行動撥銀九萬兩，委員解交該道，先將料物派員購備足用，仍委誠實之員，專司勾稽，將來如有餘剩，即歸善後工程案內應用，覈實報銷。查近日天氣晴霽，本月二十三日節届白露，河水漸次消落，新料又值登場，不難採買。所有承挑引河各員，臣業已派定，均限本月二十五日到齊，正可及時興工，尅期告竣。臣現將應辦被水州縣撫恤并預籌賑濟各事宜及緊要案件，次第趕緊料理。俟下月初旬，即當親赴工次，督率妥辦，務使工歸實用，帑不虚糜，以冀仰副聖主慎重河防之至意。所有估需料物土方銀數，理合恭摺具奏。

奉上諭。恭録卷首。

總督顔檢壩埽走失請寬限趕辦疏道光二年八月

臣於本月二十二日，將南六工兩壩進占情形，并引河完竣，定於二十四日合龍緣由，恭摺奏聞在案。茲於二十三日酉刻將引河啟放，溜勢未能通暢，兩壩收窄，口門僅存三丈三尺。探量水深竟至三丈八九尺不等。二十四日寅刻掛纜，正在堵合間，適值北風大作，水勢陡漲，波浪洶湧，直激金門，以致壩工節節喫重。西壩連蟄六七丈。臣在壩督率該道張泰運及文武員弁，不惜錢糧，放手搶辦，隨蟄隨鑲，未能平穩。至未申之間，忽金門合龍處所并東壩正占邊埽，一齊陡蟄入水，計長五六丈。臣即親督分投搶護，奈水勢湍急異常，片段過長，風力愈猛，人力難施。至亥刻時分，連西壩共走失十三丈，未克如期合龍，臣不勝悚懼之至。現在趕緊盤頭裹護，添買料物，趁此兵夫齊集之時上緊興工，尚不過遲。惟永定河之水係挾沙帶泥行走，溜勢迴向口門，奔騰而下，引河不無受淤。且查引河尾閭勢尚高仰，前次因節省錢糧，未經估挑。今擬於已挑引河二十九分之下，再挑一千八九百丈，方能暢達。其已挑成之河如有停淤者，一并挑挖深通，以成建瓴之勢。如此辦理，非二十日不能蔵工。合無仰懇聖恩俯準，予限趕辦，俾不致草率從事。查半月之後，節届霜降，水勢微弱，易於堵築成功，斷不敢再有延誤。臣仍住工所，一力督催。惟此次工已垂成，致有閃失。雖係水漲風狂，究屬辦理不善。所有承辦壩工之三角澱通判陳鎮標係責成專辦大工之員，相應請旨將該員革去頂戴，仍留工効力，以觀後效。永定河道張泰運總理通工事宜，未能妥協，亦有不合。所有走失壩工，著落該道賠還，不準報銷。臣督辦無方，咎實難辭，請旨交部議處，以昭炯戒。所有南六汛壩工，不能如期合龍，籲請寬限辦理緣由，恭摺具奏。

奉上諭。恭録卷首。

總督顔檢堵合南六工漫口疏道光二年九月

兹查續估引河已於九月初九日一律挑挖完竣。初十日先行開放清水，勢甚通暢。前次挑成之河，并未受淤，所存積水亦均下注。臣隨督率永定河道張泰運及兩壩文武員弁，於十一、十二兩日內晝夜趲辦，慎重進占，多壓重土，跟追堅實，步步穩固。金門僅存三丈一二尺，水勢蓄高，驟深至四丈二三尺不等，情形甚爲危險。幸壩身寬厚，出水面二丈有餘。雖屢經陡蟄，并未平水，亦未走失，且料物充盈，人夫雲集，分投運送料土，加鑲追壓，片刻不停。各員弁率領兵夫於溜猛埽危之際，倍加踴躍爭先，奮不顧身，隨蟄隨鑲，竭兩晝夜之力，一律保護平穩。察看溜勢，直射引河方位。臣相度機宜，極爲順利，即於十三日丑刻將引河所留土埂起除開放，旋見河水建瓴而下，星馳電掣，迅於飛瀑怒濤。瞬息之間，已將大溜掣動，引河全行鋪滿，暢流下注，毫無阻滯。埽前之水，立消數尺。遂於是日辰刻掛纜合龍，層土層柴，并力搶堵，并下關門大埽，追壓到底。金門之下已見斷流，毫無涓滴滲漏。壩前隨時停淤，全河復歸故道。大堤後戧業已跟做堅實。應辦善後事宜，已飭該道張泰運逐細勘估，詳請奏明辦理。至此大工用銀總數確實覈計，共用銀十萬三千八百九十八兩零。除走失壩工十三丈，需銀五千五百七十五兩零，著落該道張泰運賠繳外，實用銀九萬八千三百二十三兩零。前經在於藩庫撥銀九萬兩全數動用，不敷銀八千三百二十三兩零，係在道庫存貯要工并河淤地租項下動撥應用。除俟覈明工段丈尺，銷賠確數，分晰繕單，另行具奏。

奉上諭。恭録卷首。

總督顔檢估善後工程疏道光二年九月

竊照南六工漫口於九月十三日堵合完竣後，臣仍駐工次，連日督率加籤大樁，追壓重土，均極穩固。惟新築大垻，雖係層柴層土，難免蟄動，急宜加高培厚，以備續蟄，而垻後跌塘深至三丈六七尺，片段較長，既需估築越堤，以資重障，尤宜填補跌塘，俾得後靠堅穩，方臻完善。其餘該汛頭號、二號、六號、八號亦應幫培，以防凌汛。當飭該道張泰運，督同廳汛各員，確切估計。兹據該道開單呈送[一]，共估需銀一萬四千七百一十兩零。臣按照單開各工詳細履勘，所有堤垻填塘工程均係最關緊要，刻不可緩之工，覈計所估銀兩尚無浮多。臣飭令該道廳等趕緊儹辦，務於上凍以前完工報驗，另案請銷。謹將工段丈尺、土方、銀數開列清單，恭呈御覽。合無仰懇天恩俯準，在於藩庫水利工程銀内照數動撥，給發領回，乘時趕辦，報後驗收，斷不容稍有草率偷減。再查，本年伏秋霪雨爲患，水勢叠次異漲，南北兩岸衝刷殘缺之處較多，更兼此次漫工水停沙積，河底因淤而增高，堤身因淤而愈矮，應行加培，并挑挖老坎處所。臣現飭該道逐加勘估，容俟覈明，另案奏辦外，所有覈辦善後緊要工程，估需銀數緣由，理合繕摺具奏。

奉上諭。恭録卷首。

總督顔檢直隸河道情形疏略道光三年四月

永定河匯漯、恢、桑乾、壺流、三洋諸川之水，自西山建瓴而下，一過盧溝，則地勢漸平，水流漸緩，而沙亦漸停。及至下游則沙無去路，而日漸淤塞。蓋永定河不能獨流入海，必南會大清河，又南會子牙河及南北兩運河，而後達津歸海。以全省地形而論，則四河皆在前，而永定獨居其後。當大汛之時，清流前亘，衆水争趨，渾流不能暢達，則水緩而沙停。是永定有洩水之區，而無去沙之路。此其所以難治也。所恃以容沙者，惟四十餘里之下口，可以任其蕩漾。但歷年既久，南淤則水從北泛；北淤則水向南歸。凡低窪之區可以容水者，處處壅塞，已無昔日暢達之機。下口淤高，上游河身亦隨之而高，兩岸堤工遂形卑矮，難資捍禦。今欲治全河之水，必先去全河之沙，但永定河自頭工至九工長一百八十餘里，兩岸之寬自三四里至五六里不等，下口之寬四十餘里。一歲之中除三汛及冰凍之時不能挑挖外，祇有三、四、九、十等月，可以興工。計此四月之中，必不能將一百八十餘里之沙全行運出堤外。而一經大汛，則舊沙甫去，新沙又滿。是以每年疏浚中洪下口，但能裁灣取直，疏通梗塞，而不能將

[一] 呈送　光緒七年原刻本爲『呈道』，光緒八年重修本改爲『呈送』。

淤沙挑除浄盡也。淤沙不能挑除，則惟有將兩岸堤工加高培厚，并添建新埽，增高舊埽，以資捍衛。或再於上游高處添建減水垻，以分盛漲之勢，似亦補偏救弊之一法也。

總督蔣攸銛北三工南二工漫溢疏 道光三年六月

附：各險工搶辦情形片

竊照六月初旬以來，省北一帶大雨傾注，驛路一片汪洋，文報不通，前於十三日具摺奏聞在案。臣因連日大雨，恐永定河長發，正在懸盼間，十五日戌刻，據永定河道張泰運於十一日稟報，初十日起至十一日午刻，盧溝橋籤報河水長至一丈九尺二寸，較之上年六月十五日盛漲之水，尚大一尺一寸。處處出槽漫灘，巨浪排山，奔騰浩瀚，無工不險，無埽不蟄，實屬罕見罕聞。北三工十二三號溜勢更爲洶湧，水高堤頂，雨驟風狂，督同廳汛設法搶護不及，於是日酉刻過水，漫口約寬四五十丈。又同時復據該道張泰運於十三日稟稱，十一日發稟後，馳赴上游查看各工。聞南二工二十號水上埽面，復漫堤頂，情形厄險，祇在呼吸。當即馳往督率廳汛，竭力搶救，無如雨大風狂，溜勢倍力勇猛，人力難施，於十二日午刻漫溢過水奪溜，漫口約寬五六十丈。現在各工均甚危險，因南二工漫口阻隔，不能過河，往返轉折設法過渡，以致稟報稍遲各等情。臣接閱之，不勝驚駭。查，各工漫口雖由大雨連綿，水勢異漲，以致人力難施，而廳汛各官駐工防守，不能化險爲平，難免疏防之咎。容俟查明，另行分別參懲。至該道張泰運熟練直隸河務，人亦樸實可靠。此次河水異漲，實由大雨過多。該道親身在工搶護，尚非有心玩誤。且臣不諳河工，目力又過於短視，并水勢亦不能辨別，前經奏蒙聖鑒。現當防工萬分喫緊之時，而此後伏秋大汛正長，及一切堵築事宜，須責成該道相機籌辦，可否暫免議處，以觀後效，出自皇上天恩。

現在自省至工必經之安肅、定興、涿州、良鄉、固安一帶道路，據報積水深至丈餘及數尺不等，車輿俱不能行走，亦不能直通水路，此外并無繞道可行之處。臣此時已專差查探，一俟積水稍退，即刻起程，親往查辦。一面飛飭該道將各漫口趕緊盤做裹頭，以免刷寬，并將危險各工，實力相機防護，勿再疏虞。臣已劄飭藩司，酌撥銀二萬兩，委員賫往交道庫備用。至南二工漫口之水，係由牤牛河歸大清河。其北三工漫口現已掣溜，附近村莊不無被淹，其有無損傷人口及衝塌房屋，現在飛飭各地方官先行確查撫恤，毋使流離失所。如有應行給賑之處，同此外被水各州縣，俟勘明照例請旨辦理。

再頃，續據該道張泰運稟稱，於十三日由北岸挨汛查看北二工五六七號蟄埽四十四段，内有陡蟄入水及平水漫水者。又北下汛十五六號埽蟄入水者四段。又四號埽蟄平水者十四段，該號埽工頭段以上，與中汛十三號均因河勢坐灣，潰塌堤身。又北上汛四號中起至五號中，因水大溜湧，河水頂衝，致將四丈寬大堤全行潰完，現在分別密掛大柳，趕下新埽。又南上汛六、七、八、十及十一號，南下汛十一號均有蟄埽，喫水潰堤，已竭力搶護平穩。惟十四日寅刻，盧溝橋籤報河水復長至二丈一尺。現仍大雨未息，堤身雨淋水泡，實屬危險之極，等情。臣復飛飭該道親督廳汛各官，晝夜駐工巡防，實力搶護，務保無虞。所有漫口以上兩岸各汛搶辦情形，合再附片奏聞。

奉上諭。恭録卷首。

總督蔣攸銛北中汛漫溢疏道光三年六月

臣於十八日拜摺後，即刻自省起程，行抵安肅縣之漕河地方住宿。接准軍機大臣字寄，道光三年六月十七日，奉上諭：『蔣攸銛奏永定河水勢異漲，北三工、南二工漫溢情形一摺。朕因連日大雨，恐永定河水長發，有漫溢之虞。於十五日特降諭旨，令蔣攸銛嚴飭永定河道，督率廳汛各員，加意防護。本日據蔣攸銛奏報，北三工十二三號溜勢洶湧，水高堤頂，漫口約寬四五十丈，又南二工二十號復漫口，約寬五六十丈。現在各工均甚危險。朕覽奏實深駭異。該河道張泰運駐工防守，不能化險爲平，以致蟄埽潰堤，咎有應得。現當伏汛喫緊之時，各工巡防正須相機妥辦。張泰運著暫緩交議。該督即責成該道將各漫口趕緊盤做裹頭，勿致口門愈刷愈寬。并將危險各工，實力防護，勿得再有疏虞。其被淹各村莊有無損傷人口及衝塌房屋，著該督即飭各地方官，趕緊確查撫恤，毋使流離失所，是爲至要。至另片奏續查，北二工五六七號蟄埽四十四段，北下汛十五六號埽蟄入水者四段，又四號埽蟄平水者十四段，又北上汛四號中起，至五號中堤身潰完，南上汛及南下汛均有蟄埽，等語。著蔣攸銛分別查明各汛搶辦情形，據實具奏。蔣攸銛接奉此旨後，即親赴該處，督飭該道廳等駐工晝夜防護，妥爲辦理等因。欽此。』

仰蒙皇上不加譴責，訓誨周詳。臣跪讀之餘，欽感無既，當即分飭遵照。適又據永定河道張泰運稟稱，北中汛十三號全河大溜直注，勢若排山。先經捲下埽由，不惜重價，遠買大柳密掛。無如水勢浩大，溜勢洶湧，所下柳株埽由，隨下隨漂，復趕做後戧外幫，搶築越堤。該道親督廳汛各員，并飛調下游文武員弁人等，分段搶護，隨搶隨漫。惟大雨如注，更兼狂風，陣溜益加洶湧。至十七日丑刻，漫溢三十餘丈，實屬人力難施。現過水二三分，大河仍走溜七八分。該汛七號暨北上汛十一號，現仍蟄埽潰堤，趕緊搶護等情。臣接閲道稟，益深悚懼。

查，永定河本年汛水異漲，雖由大雨過多，而廳汛各官駐工防守，不能保護平穩，以致各工潰堤漫溢。所有疏防之北中汛，及前次之北三工、南二工廳汛各員，相應查明請旨，硃批：『保守不力，未能化險爲平，以致屢生漫口。管河各員實屬咎有應得，亦不能概從未減，然總出朕之德薄，不能感召天和。直省連年水澇，小民不能各安生業，每念及此，不勝慚悚也，欽此。』將北岸同知陶金殿、南岸同知竇喬林、石景山同知袁烺、署涿州州判楊泰階、良鄉縣縣丞馬錞武、清縣縣丞史渭綸，均革去頂戴，仍暫留本任効力。至該道張泰運於北三、南二各工，既不能保守於前，今北中汛又復失事於後，實屬咎無可辭。惟現當險工防護喫緊之時，該道在直隸河工年久，熟悉水勢情形，實難遽易生手。且直省亦無堪勝是缺之員，并懇聖恩，將永定河道張泰運革職留任，責成相機妥辦。該道同廳汛各員，俟堵築合龍時，能否愧奮出力，此外各要工能否化險爲平，再行察覈，分別具奏。臣任事兩月，督率無能，致有屢次漫溢，請旨交部議處。一面嚴飭該道張泰運，將前後各漫口趕緊盤做裹頭，勿致愈刷愈寬，并親督廳汛各官，將蟄埽〔一〕潰堤各險工，竭力搶護防守。臣現在赴工督辦，至北中汛漫水，係由麗各莊歸永定河下游，所有前後漫口附近各村莊，及此外各州縣，因大雨過多，現據紛紛稟報被水。臣已飭令藩司先飭地方官確查撫恤。如有被水情形較重者，即由司酌發銀兩，委員馳往會查辦理，以期災黎不致失所。理合恭摺具奏。

奉上諭。恭録卷首。

侍郎張文浩等籌辦各漫口情形疏道光三年六月

查得北中汛漫口現寬九十八丈，水深六七八尺至一丈八九尺不等，溜勢湍駛，過水已有七八分。業經永定河道張泰運督率廳汛，將兩坝盤頭裹護，追壓重土，籤釘大樁，可期不致刷寬。又查得南二工漫口寬一百九十丈，水落時兩頭俱有涸露，僅存水面五十餘丈，水深二三尺。溜行微弱，且在北中汛下游，雖目前尚未斷流，遲日自可掛淤。北三工漫口寬二百八十丈，業已乾涸。應先將北三工缺口沽還原堤，補下埽段。南二工一經掛淤，亦即趕緊補還堤埽。至北中汛漫口地處上游，勢已將次奪溜。當茲汛水方長，未能亟籌堵築。應俟秋分後，新稭登場，購集料物，尅期興堵。再，口門以下河身停沙淤墊，必須挑挖引河，以便合龍時引水下注。現當泥淖難行，臣張文浩擬暫駐工次，俟七月間坝工引河可以料估時，督飭該道張泰運約實估計會商，臣蔣攸銛覈明具奏。至引河須在坝工前興挑，約派能事州縣二十人承辦。現在地方不被災之員，距省俱不甚近。臣蔣攸銛初到直隸，人材未悉，擬月初趕緊回省，與司道等詳查熟商，飛調來工，方可不誤。并與藩司籌撥銀兩，并查辦災務。俟開工時，再來會辦。至前奏蟄埽潰堤危險各工，臣等未到之先，俱經該道調集官兵，分投搶辦平穩，足以仰紓聖廑。惟查漫口以上，兩岸堤埽正值汛防喫緊之時，尤不容稍有輕忽。

〔一〕埽　光緒七年原刻本爲『掃』字，光緒八年重修本改爲『埽』。

臣張文浩看得永定河情形，固不能比較黄河，但兩岸綿長四百餘里，堤工土性純沙，河勢變遷莫定，水落則分流串注，并無正洪。漲發則拍岸盈堤，隨處出險。就一時之搶護而論，實有措手不及之虞。惟有嚴飭該道督率文武員弁，各發天良，齊心保護，毋得再有疏虞，致幹重譴。所有臣等查過永定河漫口，并分别辦理情形，以及各險工搶護平穩緣由，理合恭摺具奏。

奉上諭。恭録[一]卷首。

侍郎張文浩等估漫口工需疏 道光三年八月

竊臣等前將會勘北中汛漫口情形奏明，俟秋分後採買新料，興工堵合。仰蒙俞允。兹臣張文浩查得南二工亦復斷流掛淤，當飭永定河道張泰運，將北中汛以下應挑引河及應用料物，并南二、北三兩處旱口補還堤埽各工，撙節估計。去後旋據該道稟稱，北中汛口門寬九十八丈，兩壩必須軟鑲，以免滲漏。接下丁頭大埽，仍於臨河密下邊埽，壩後幫築戧堤，以爲後靠。及兩頭大堤殘缺之處，計長四十六丈，須做護埽，以資捍衛。其引河自北中汛漫口以下起，至南六工上汛五號止，間段估挑，共長一萬零七百二十五丈，口寬十五六丈至七八丈不等，底寬十一二三丈至六七丈不等，深二三四尺至一丈不等。又北三工旱口寬二百八十丈，南二工旱口寬一百九十丈，均須補還堤埽，并填墊溝槽坑塘，以禦合龍下注之水。以上水旱漫口應用正雜料物夫工，并採買秫稭、加添運脚、堤工土方，及挑挖引河方價，通共約需銀十五萬兩等情前來。

臣張文浩復督同該道馳赴下游，逐工履勘，詳加確覈，處處均從節省，委無浮多。所需工料土方銀兩，臣蔣攸銛前經兩次奏明，飭令藩司陸言先於藩庫借撥銀七萬兩。現在請撥經費銀兩，各省尚未解到，又於運庫生息項下借撥銀八萬兩，均經委員解貯工次備用，已足十五萬之數。查，新料漸次登場，檄飭先將正雜料物，派員分投購買，并先後飭將南二、北三旱口，應需補還堤埽等工，發給銀兩，委員趕緊趲辦。其派挑引河州縣，業已陸續到工，隨即發銀認段興挑。所有兩壩工程，俟料物購齊，運送到工，已届秋分節後，亦可諏吉開工。臣蔣攸銛現將應辦緊要事件，趕緊清釐，即親赴工次，會同臣張文浩，督率在工文武員弁妥速辦理。

至支發銀兩，督催引河，必須遴派大員會覈經理。臣蔣攸銛查通永道董淯，端謹細心，現已劄調該道赴工，會同永定河道張泰運，專司勾稽，樽節支發，如有餘剩，即歸於善後工程案内應用，照例覈實報銷，務期帑不虚糜，工歸實用。再，漫口下游南北兩岸各險工埽段，均應鑲做，以資抵禦。查各工俱有用存正雜料物，足敷鑲用，無須另

[一] 録　光緒七年原刻本爲『摺』字，光緒八年重修本改爲『録』字。

估錢糧。將來仍歸搶修案內報銷，合并陳明。所有臣等會商約需水旱漫口工料，及引河方價銀數，理合繕摺具奏。

奉上諭。恭録卷首。

侍郎張文浩等堵合北中汛漫口疏 道光三年九月

臣等連日督率道廳都守等，晝夜趲辦，慎重進占。截至初九日，北中口門僅存寬三丈五尺，水勢驟然擡高。大溜湧注垻前，水深刷至三丈八九尺。兩垻頭同時陡蟄丈餘，情形甚爲險要。幸料物充盈，人夫雲集，各員弁率領兵夫踴躍争先，絶無瞻顧。隨蟄隨鑲，竭兩晝夜之力，鑲壓堅穩，高出水面二丈餘尺。臣等察看，溜勢直射引河，形勢極爲順利。即於十一日丑刻，將河頭土垻起除開放，河水建瓴而下，疾於飛瀑，瞬息間已將大溜掣動，引河兩崖土阪隨溜潰塌，奔騰下注。埽前之水立清數尺，遂於是日卯刻掛纜合龍。層土層柴，并力搶堵，并下關門大埽，追壓到底。金門之下，頃刻斷流，毫無涓滴滲漏。垻前即時停淤，全河復歸故道。此次引河垻工，確實覈計，共用銀十一萬九千九百五十餘兩。南二、北三兩處旱口補還堤埽工程，用銀一萬五千五百三十六兩零。通共用銀十三萬五千四百九十餘兩，較原估計節省銀一萬四千五百兩零。俟覈明工段丈尺、銷賠確數，分晰開單，另行具奏。應辦善後事宜，已飭永定河道張泰運逐細勘估，詳請奏明辦理。至在工最爲出力文武員弁，可否容臣等查明，據實保奏，出自[一]皇上天恩。理合繕摺具奏。

奉上諭。恭録卷首。

保堵合漫口出力員弁疏[二] 道光三年九月　附：河員將補鹽員片

竊照九月十一日奏報，永定河北中汛漫工合龍。欽奉諭旨：『在工最爲出力文武員弁，著張文浩等秉公保奏等因。欽此。』伏查此次堵築漫口，所有鑲做大垻、挑挖引河、補築各旱口，皆同時并舉。派調文武員弁一百餘人，共襄其事。晝夜儹辦，一氣呵成。錢糧亦務從節省，在工各員無不急公奮勉。臣等詳加確查，或承挑引河頭，工實難辦，或連年挑挖引河，或掌管東西兩壩工程，或在工承辦一切，擇其超衆勤奮最爲出力之員，除三角澱通判蔣宗墉、霸州州同胡侍丹，另行循例奏請升用外，冀州直隸州知州周壽齡，應請賞加知府銜。河營都司李存志、都司銜河營守備夏茂芳，均請賞加遊擊銜。灤州知州黄克昌、固安縣典史吴爾祚，請以地方應升之缺酌量升用。通州通流閘閘官徐敦義，請以河工主簿巡檢升用。河工候補未入流孫良坤、沈炳章均請以沿河典史儘先補用。可否量予鼓勵之處，出自皇上天恩。其出力較次員弁，由臣

〔一〕出自　光緒七年原刻本爲『出目』，光緒八年重修本改爲『出自』。
〔二〕光緒七年原刻本的題目爲『直隸总督蔣攸铦北中汛漫工合龍疏』。

蔣攸銛分別記名拔委，以仰副聖慈微勞必録至意。理合恭摺具奏。伏乞皇上聖鑒訓示。謹奏。

再，留直委用革職知縣姚景樞，前在盧龍縣任内，因屯舍旗人姜士桓京控非刑濫禁案内，署灤州知州陳晉擅用非刑，該縣姚景樞於并未抗傳之。姜兆鳳欲行掌責，以致咆哮詈駡，率行收禁。經欽差大理寺正卿張鱗等審明，奏。奉上諭：『陳晉、姚景樞俱著革職，仍留於直隸差遣委用等因。欽此。』本年派挑引河州縣到工後，有因本境續被水災，趕回查勘。正在乏人接辦，適該員姚景樞經藩司委解飭銀至工，即派令挑河，極爲深通，辦理亦甚妥速，實屬奮勉出力。且同案革職之陳晉因緝拏疏失餉鞘人犯，已奉恩旨，仍以知縣補用。今該員在工次出力，事同一律，惟開復知縣原官，未免過優。查該員原係長蘆小直沽批驗所大使，升補盧龍縣知縣。可否將留直委用革職知縣姚景樞降等，仍以鹽務大使留於長蘆，遇缺補用之處，恭候恩施。理合附片請旨。

侍郎張文浩等估善後工程疏 道光三年九月

永定河漫口合龍後，臣張文浩仍駐工次，連日督率加簽大樁，追壓重土，均極穩固。惟新築大壩，柴土未能十分粘結，難免日久蟄矬。急宜加高培厚，以昭鞏固。并於金門以下添築順水草壩一道，金門以下添築越堤一道。其餘於該汛頭二三號并六七八九十等號，及北下汛二三四等號，大河俱走堤根，形勢甚險。亦應築越堤四道，并幫培越堤一道，以爲重門保障。至南二、北三兩處旱口補還堤埽新工，均需加高培厚。又南上、南五、南六、北上、北二、北五等汛堤身，經汛水衝刷殘缺單薄之處，或培内幫或培外幫，或加高堤頂或幫培土壩，庶足以資捍衛。飭該道張泰運督同廳汛各員確切估計，共需銀二萬一千八百二十三兩零，開單呈送前來。臣等詳加確覈，均係刻不可緩之工，估需銀兩亦無浮多。此次大工案内節省銀一萬四千五百六兩零即可動用外，計不敷銀七千三百十七兩零。合無仰懇天恩，俯準在於本年請撥堵築漫口等項經費銀内照數動支，給發領回。飭令該道廳等乘時趕辦完竣，報候驗收，另案請銷。斷不容稍有草率偷減。謹將工段丈尺、土方、銀數，開列清單，恭呈御覽。所有善後緊要工程估需銀數緣由，理合繕摺具奏。

奉上諭。恭録卷首。

侍郎張文浩等估築閘壩越堤等工疏 道光三年十一月

臣等於九月十七日黄新莊行在展覲，仰蒙垂詢直隸河道情形。當將永定河亟須勘籌閘壩，分減漲水緣由奏蒙俞允。遂經飭令永定河道張泰運，督率廳汛各員詳細相度，覈實勘估。去後，兹據該道張泰運稟稱，永定河發源山西馬邑，滙雁門、雲中及宣化塞外諸水，迸流而下。至石景山出盧溝橋，挾擁泥沙，溜勢趨向靡定，向無修防。

迨康熙三十七年始建堤工。嗣因下游受淤，河不安流，至乾隆三十七年，已六次改移下口。此後數十年沙積淤停，更兼連歲異漲，河身逐漸淤高，去路不能暢達，以致舊工新險，疊出環生，南激北衝，屢致漫溢。此永定河敝壞之實在情形也。

若云治河之法，築不如疏，似宜先挑下口。惟渾河之水夾沙而行，不但挑費甚鉅，而旋挑旋淤，終歸無濟。如再求改移之路，則東有東安縣，人煙輻輳；西有永清縣，民舍稠密。不能廢一縣之城郭、田廬，爲河水達海之路。則昔人所云以不治之法治之者，時勢所不能行。查，永定河之所以爲患者，固由下口不能暢流，亦因上游無所分洩，是以汛水暴至，河身不能容納，輒至潰堤。現在亟求補救之方，必須詳審宣洩之路。今查得南二工十四號，曾於乾隆三年建有金門閘一座，口寬五十六丈，分流減漲，各工得保無虞，實爲法良意美。近因河底淤高，該閘牆及雁翅、龍骨、海墁、簸箕不但卑矮，抑且酥碎殘壞。過甚啟放，恐致奪溜，是以築埝攔水，涓滴不能宣洩。因與各廳再四熟商，惟有將南二工原設之金門閘閘牆、龍骨普律升高，海漫、灰石簸箕殘壞之處全行修補。迎水下雁翅經嘉慶十五年衝刷無存，今擬從新補建完整，庶汛水漲發，勢殺力分，下游不致泛濫。而南二工以上至石景山汛地，尚有九十餘里，險工林立。出山之水，迅駛橫激，尤爲可慮。擬於南上汛二號添設減水灰壩一座，口門亦寬五十六丈，俾得分流旁注，上游不致喫重。

又思閘壩即設，必使去路寬暢，始免散漫之患。查，南上汛二號堤外，地勢低窪，俱屬葦蕩板荒，村莊亦少。所有出水減河，間段估挑，至良鄉縣境之水碾屯入清河，計長一千三百五十丈。至南二工出水減河，向係由牤牛河、太平河、黄家河至霸州之中亭河，入會同河。一百四十餘里久經淤成平陸。里數過長，需費不貲。今查閘下西南舊有河形，估挑三千四百六十丈，至涿州境之大辛莊以下歸清河，不特挑河經費相較懸殊，即去路便捷，更形疏暢。再查近年以來，河溜每多側注北岸，并須於北上、北中、北下、北二、北三、北五等汛，擇其河流近堤著重之處，估添越堤，幫培舊越堤、舊直堤，以爲重障。如此估辦，庶於補偏救弊之法不無裨益。

所有南二工拆修升高金門石閘龍骨、壩臺、金墻、海墁、石簸箕，暨閘内鑲做護埽裹頭，并剷堤、挑挖閘塘淤沙，以及上首裹頭、下首雁翅、迎河老灘均抛片石坦坡，又迎水引河、閘外減河等工，并廠房器具，共估需銀十萬零三千四百五十一兩零。南上汛新建灰壩暨壩内鑲做挑水、順水埽壩、裹頭、迎水引河并剷堤築做越壩、啟拆越壩，以及壩外減河，更有護村堤埝并廠房器具，共估需銀七萬八千三百四十九兩零。北岸越堤十一道，湊長五千零三十九丈，共估需銀三萬七千二百六十一兩零。通共需銀二十一萬九千零六十二兩零。親履詳勘，委係確實無浮等情。

臣張文浩於查勘天津下游後，回至永定河詳細履勘，均係必應辦理之工。所估錢糧亦俱撙節。復與臣蔣攸銛悉心籌商，伏思永定河堤岸連歲漫口，實由河身淤墊，去路不通，兼以兩堤土性沙鬆，每逢汛漲不能容納，以致旁溢爲患。近更河流北趨，當冬令水涸之時，尚有潰堤蟄埽之事。若不亟爲籌備，來年一經汛漲，殊恐防護維艱。訪道所估各工，係屬未雨綢繆，機宜悉合。臣等再三籌酌，均應如估辦理。再所估各工，須俟來歲春融趲辦，統限汛前一律完竣。估需銀二十一萬九千零六十二兩零，應於臣等另摺奏請預撥各省封貯銀兩内解到動用。惟灰石等項須於今冬採辦到工，方資應用，查有解部粵海關餉十五批以後尚未過境。可否仰懇聖恩，將前關餉先行截留一批，計銀五萬兩，發交永定河道趕緊購料，以免遲誤。恭候命下遵行。至築堤挑河間有佔礙民地之處，飭令該地方官查明，或豁糧或撥補，再行酌量，奏明辦理。合并陳明。謹奏。

奉上諭。恭録卷首。

御史陳澐議閘壩減河情形疏道光四年四月

臣前聞河臣張文浩查辦直隸水利時，議於永定河南岸建設閘壩，挑挖減河，以分減盛漲，未知曾否入奏准行？嗣聞該處現已購料興工，於永定河南岸修復金門閘，挑挖減河一道。又於金門閘之上新建灰壩一座，挑挖減河一道，皆爲分減盛漲，洩入大清河之用。伏查金門閘雖係舊有之閘，久經堵閉不用。從前此閘所以洩水入大清河不爲患者，以大清河流行通暢故也。今大清河下游達海之路，久爲永定濁水所淤，去路不通，以致上游處處漫溢，爲新安、安州、任邱、文安、大城等十餘州縣之害，年年被灾。是大清河於本河之水已不能容，若復加以永定分減之水，何以受之？至於金門閘以上另建灰壩、開挖減河一節，乾隆五年間孫家淦任直隸總督時，曾建議於金門閘之上開放南岸，洩水入中亭河。嗣因中亭河不能容納，附近民田受害，旋於乾隆六年春趕緊堵築。高宗純皇帝御製詩中屢言：『誤聽孫家淦之言』，原委甚明。今張文浩新開減河，即在金門閘之上。其洩水入大清河之處，又在中亭河之上游。雖其地面遠近小有不同，要其爲兩河放水，同時灌入清河，則與當日孫家淦之所爲無異。況清河壅塞情形較前尤甚，其不能容納分減之水，易滋漫溢，尤可概見。竊思治水必通籌全局利害，今專爲永定河堤工起見，驟開兩減河，以分減盛漲洩入大清河，用以保護永定堤工，不過爲工員規避處分之計，獨不思大清一河，貫串東西兩淀之間。近年以來，正因下游爲永定濁水所淤，上游漫溢，害及畿南州縣。今治永定乃不從下游疏治，使清濁二水各有所歸，顧反於清水上游、兩淀適中之界灌之以永定渾濁之水。以近患言之，必致附近兩淀居民受害更重，議賑議蠲，重糜國帑。以遠患言之，清水上游灌入濁水數年以後，清流必致壅遏，爲患滋甚。彼時再議挑挖，費更倍於今日。此事關繫全河大局，非同細故。爲此據實陳奏，并恭録高宗純皇帝御製詩呈覽。應請旨飭下程含章會同蔣攸銛再加相度，通盤籌畫，預爲善後之策，以免異日之害。是否有當，伏乞聖明鑒察。謹奏。

奉上諭。恭録卷首。

侍郎程含章等覆勘閘埧情形疏道光四年四月

臣等承準廷寄，欽奉上諭：『本日御史陳澐奏永定河閘埧減河〔一〕情形。據稱前聞臣張文浩查辦直隸水利，議於永定河南岸建設閘埧，挑挖減河，現已興工。於南岸修復金門閘，挑挖減河一道。又於閘上建灰埧一座，挑挖減河一道。皆爲分減盛漲洩入大清河之用。查，金門閘久經堵閉。乾隆年間孫嘉淦曾於閘上開放南岸，洩水入中亭河，不能容納，附近民田受害，旋即趕緊堵築。今新開減河放水灌入清河，與孫嘉淦所爲無異。況清河壅塞，不能容納減水，易滋漫溢等語。大清河貫串東西兩澱，因下游爲永定濁水所淤，上游頻年潰決，畿南十餘州縣被灾獨重。必須先從下游疏治，俾得暢流入海。若轉在上游灌輸濁水，則壅遏泛濫爲患彌甚。此事關繫全河大局，不可不計出萬全。著交〔二〕程含章、蔣攸銛再加相度，通盤籌畫，并派明幹道員，會同河道張泰運，前往逐一履勘該處閘埧情形，據實妥商辦理。務使堤障田廬兩無妨礙，方爲至善。陳澐原摺著發給閱看。將此諭令知之。欽此。』

臣等伏查永定河自康熙三十七年建堤後，至三十九年改移下口。嗣後雍正四年、乾隆十六年、二十年、三十七年，淤一次即改〔三〕一次，遂别無可改處所。數十年來，不但下游日見高仰，中洪亦無不漲滿，并且塞及咽喉。渾水河不能挑挖，徒費無益，久在聖明洞鑒之中。從前南三工有北村灰埧，北三工有求賢灰埧，均建自乾隆三十七年。皆有減河，年久始行淤塞。南二工之金門閘，則建自乾隆三年，有東西兩股引河。至五年九月開堤放水，擬復渾河故道，事不可行。六年二月即連閘堵閉，而引河仍存至十七年，始堵截西股引河，祇留東股一道。歷年挑浚年久，亦漸淤廢。蓋以減洩之水長而緩，非比漫決之溜近而猛也。上年張文浩在工督辦三月，率同道廳往來查看，熟慮審詳，告知臣蔣攸銛，謂此河之難以防守，甚於江南、黄河。緣黄河雖河身日高，兩岸多係埽工，土性堅實，可以加高培厚。然至盛漲時，河中之水高於徐州城樓，全賴上游分洩。黎世序因向有之天然閘、峰山閘均已宣洩不靈，嘉慶十九年，奏建虎山腰減水埧，南河之安瀾得力於此者

〔一〕減河　光緒七年原刻本爲『減可』，光緒八年重修本改爲『減河』。
〔二〕交　光緒七年原刻本爲『文』字，光緒八年重修本改爲『交』。
〔三〕改　光緒七年原刻本爲『玖』字，光緒八年重修本改爲『改』字。

不小。

永定河綿長四百餘里，兩岸皆沙，無從取土，不能處處做埽，俱成險工。而出山之水湍激異常，變遷無定，動輒搜根漫頂，如水浸鹽，遇極盛漲時，堤防斷不足恃。自嘉慶六年全河漫口之後，將北上汛天然保障之土山衝刷殆盡密邇，京師尤爲喫重。此時萬不得已，爲補偏救弊之計，惟有修復金門閘，量爲升高，并於南上汛添建灰壩。閘則石牆、石底，壩則灰牆、灰底，均有限制，俾盛漲時出水不過二三尺，歷時不過一半日，水落即行斷流。與乾隆五年孫嘉淦奏准將永定全河入金門閘（迥）〔兩〕股引河〔一〕下注者，迥不相同，有《永定河志》可考，較之頻年漫口跌塘，全掣大溜，衝淹村莊、田盧，仍歸大清河，亦相去遠甚。定引河之路。并於閘壩附近四小村莊，爲之估築護村堤埝，以資捍衛。村民皆知水過時，可收一水一麥之利，并無異詞。是以於十一月十六日，會同臣蔣攸銛奏，蒙明發諭旨：『著俟春融，照估趲辦，統限汛前一律完竣。』現在早已興工，月内外即可蔵事。兹御史陳沄恐兩澱居民受害，并恐清水灌入濁水，將來壅遏爲虞。請勅下臣等再加相度，以爲經久之計。事關堤障田廬，自不厭於詳慎。應即派委道員往勘。查署清河道屠之申、通永道鄧廷楨、天津道韓文顯，均有承辦要工，未克分身前往。惟臬司董淯前在通永道任内，曾經查勘河道往，諳曉情形。不日將秋審事件勘詳完竣，交臣蔣攸銛覈辦，即可委令該司馳赴固安會勘。臣程含章現由保定登舟前往安州、新安、任邱一帶查勘疏消積水情形，并帶同張泰運估勘趙北口以下至天津各河澱工程。令張泰運由天津先回固安，會同董淯逐細履勘永定河閘壩形勢。俟臣程含章赴天津以下查勘大清河、南北運河硃批：『要緊處，原在此。欽此。』各尾閭之後，即赴永定覆勘妥籌，再會同臣蔣攸銛從長計議，會覈具奏，以仰副聖主籌畫盡善之至意。陳沄摺謹抄録備查，原摺恭繳。所有遵旨派員復勘永定河閘壩情形，臣等謹合詞先行恭摺具奏。

奉硃批：『知道了。欽此。』

侍郎程含章等治水大綱疏略 道光四年六月

永定河發源山西，穿西山而出，每遇盛漲，夾沙帶泥，勢甚洶猛。自有南堤以束之，中腹日見沙停，下口易致淤積。百數十年改移下口，不下十次，改一處淤一處，東北勢成高仰。近年由三河頭橫漫而出，致澱水停緩不暢。今又在其上，自東沽港、黄亭等處廢堤入澱，駸駸乎，淤至楊芬港矣。濁流之淤愈寬，則清河之去路愈隘。現在澱水已穿入子牙，若不早修治，恐全澱之水南注子牙，而永定河即尾

〔一〕迥股引河　應爲『兩股引河』。

隨其後，橫決爲患。臣等反覆思維，實無良策。應請將格澱大堤趕緊培築高厚，攔住澱水，不使南入子牙。如能修復永定河南七工以下遥堤，增高培厚，接築堤尾至鳳河口止，攔住永定河水，不使衝入東澱。并挑浚鳳河，導引永定河水由鳳河口以會入大清，庶可借清水以刷濁流，不致淤積。而工段綿長，經費浩大，且河勢變遷無定，必須計出萬全。應俟大汛時，臣程含章親往勘明新設閘壩減水情形，與道廳等通盤籌畫，再行會商定議，以昭慎重。

奉上諭。恭録卷首。

御史陳澐重開閘壩引河利害疏道光四年閏七月

竊上年河臣張文浩聽信永定河道張泰運之言，於永定河南岸重開金門閘，并建滚水灰壩，壩外另挑引河，俾資下注。其有礙畿輔水道全局之處，臣於本年四月内，已歷陳情形，奏蒙聖鑒在案。近聞各工告竣，畿南各州縣物議沸騰。臣不敢壅於上聞。謹查永定河自盧溝橋以下水勢盪激，濁流挾沙，河身日淤日高，以致大溜旁決。加以下游達海之路逐年淤淺，每逢盛漲，輒遭潰溢。治之之法惟在挑挖河身，疏通下口，使永定之濁流徑自達海，不與大清河、東西兩澱混雜，則清濁各有所歸，始爲萬全之策。乃張文浩計不出此，率請開閘建壩，衹顧目前，不思永定。南岸之過水，其溜勢西趨，則直貫涿州之胡良、拒馬、琉璃諸河，一經泛溢，良涿境内盡在波濤，官道淹没，郵遞阻隔，其害一也；琉璃、拒馬諸水，皆滙白溝河，以入東澱。今以永定濁流注之，不惟白溝淤墊，阻其會歸東澱之路，且趙北口迤西衆水皆被橫截，西澱亦無出路。新城、雄縣、新安、安州、高陽、蠡縣一帶，勢必下壅上溢，其害二也；永定溜勢南奔，則直射霸州之玉帶河，近來河本淤淺，再加濁流填壅，必至橫肆漲漫，保定、文安、霸州、大城等處，俱成巨浸，其害三也；更可慮者，所設灰壩之下，新挑引河二十丈。以二十丈引河而容數十丈口門之過水，一遇水大之年泛濫，堤外民田、廬舍一片汪洋。其害四也。

我皇上不惜重帑，以治畿輔各水，原爲除害安民。今治永定一河，該河員曾不通盤籌畫，而竟棄十餘州縣以爲壑，名爲保護堤工，實則開口待潰。誠恐自此以後，無論永定河決與不決，民間皆被其害。將來大清河、東西兩澱受其淤墊，即多方疏治，於現在所籌一百二十萬兩之外，再加數倍，終無善策。豈非以有用之帑金，盡付東流乎！事關水道全局，亡羊補牢，此時猶未爲晚。若待害之既至，雖悔何追？伏祈敕下程含章、蔣攸銛親詣會勘，及早堵閉，庶後患永除，而國帑皆歸實濟矣。爲此具摺奏聞。

奉上諭。恭録卷首。

侍郎程含章等新建閘壩著有成效疏道光四年閏七月

閏七月十二日臣等承準軍機處字寄。欽奉上諭：

『據御史陳澐奏，永定河重開閘壩、引河，民間皆受其害，請及早堵閉等語。著陳澐馳驛前赴保定，令程含章帶同該御史，前往永定河新建閘壩處所，將有無衝刷民田、廬舍，及淤塞清河之處，面爲指陳利病，逐細履勘明確。仍令程含章會同蔣攸銛據實具奏。該御史原摺，著發給程含章、蔣攸銛閲看。欽此。』

查，此案先經該御史陳澐具奏。奉旨遴委大員，會同永定河道張泰運查勘，經臣等奏委臬司董淳，會同張泰運查勘。去後，嗣據該司道稟稱，勘得新建閘壩，係減盛漲之水，水大則過水一二尺不等，不過一日半日，水退即點滴不流，不致衝刷民間房屋地畝，與乾隆五年前督臣孫嘉淦決開南堤，全河下注者不同。而永定河堤賴此不致潰決，保全實多，未便將閘壩堵閉等情，稟覆前來。臣等正在覈議具奏間，該御史又復具奏。接奉上諭，臣程含章因時届白露，前往永定河查工，至良鄉途次，與該御史遇見。當即帶同前往永定河，督同河道張泰運勘得，新建灰壩本年過水六寸及一尺不等。壩下一片荒草，綿長數十里，向來不産糧食，得濁水肥淤，可以耕種。民間方以爲喜，毫無妨礙。又築有護村埝四道，并無淹及民間房屋田地。又勘得新修金門石閘，本年過水六寸及一尺二寸、二尺不等，減河之水坐灣處，間有坍塌，并未出槽，亦無淹及民房田地之事。上段河身不無淤淺，而工程無多，明年春間即可挑浚、培築堤埝。其自田城以下河槽深通，更無妨礙。惟涿州之任村，經該御史查出有坍塌房屋六十五間，懇求賞恤等情。臣程含章同該御史復至該村詢，據鄉約地保王進才等供稱，去年被永定河漫口將村内衝成深阱，阱邊剩餘房屋業已歪斜。本年七月十二三日連夜大雨，十四日閘水下來，地基坍塌，阱邊破屋陸續倒塌十數間。民等因係去年衝壞之屋，是以不敢妄報，希圖賞恤等語。隨勘得該村上年被永定河衝成深阱，岸高一丈五六尺，閘水無多，不能淹及屋脚。實非衝刷。因該處沙土浮鬆，根基不固，一遇大雨即行坍塌。阱邊破屋是倒塌雖在今年，而所以倒塌之故，實由去年永定河之衝刷。情理甚明。旋據涿州知州查明，龐明亮等口報倒塌房屋内，有希圖賞恤，將去年倒塌之屋，報作今年者；亦有房已歪斜，自行拆去者。實在今年七月十二三四等日大雨，倒塌阱邊破屋十九間。臣等現委通永道鄧廷楨前往確查，分别辦理。又旋勘得減河入清河之下口一段，有淤淺處所，係上年永定河開口衝刷任村一帶之泥沙，到此停積之故，與新開閘壩無涉，船隻仍然流通。又勘得固安、新城、容城、雄縣境内之白溝河，皆屬通船，船隻往來如織，并無阻滯。此連日查勘之實在情形也。

臣等查該御史原奏有治永定河之法，惟在挑挖河身，疏通下口，使永定濁流徑自達海，實爲萬全之策。今開閘壩一經泛溢，良、涿盡在波濤，官道淹没，郵遞阻隔等語。查，永定河身綿長二百數十里，淤沙壅積高數尺及丈餘不等，寬數百丈及四五里不等。若止挑中洪，則水至仍淤。若全行挑挖，運出堤外，則工程浩大，非用銀數百萬兩辦理，七八年不克竣事。且挾沙之水，隨挖隨淤，其勢斷不能行。本年七月間，臣程含章趨赴闕廷，蒙皇上垂問永定河下口，臣對言，永定河下口不治，恐其串入子牙河，又復南趨衝壞南運河運道。治之之法，惟在束水攻沙，藉清刷濁，但築堤挑河，須費數十萬金。既成之後，又須添設官兵防守，加增歲搶修銀，經費不貲，是以不敢冒昧具奏。面奉諭旨：『挑挖下口恐徒費無益，須另籌良策。欽此。』臣等現議，先築格澱大堤〔一〕，不令永定、大清兩河之水串入子牙，再挑楊家河及三河頭，以暢兩河之水。且俟明年秋汛後查勘情形，再爲斟酌辦理在案。至永定濁流如能自行達海，豈非上策！但有北運河橫亘其下，如令濁流橫衝而出，任其阻斷漕運，所論固屬迂謬。至良、涿大道，地勢甚高，且離閘河甚遠，決無淹衝官道，有礙驛遞之事。又該御史原奏有永定濁流下注，不惟白溝淤墊，西澱亦無出路，新城、雄縣、新安、安州、高陽、蠡縣一帶，勢必下壅上溢。且永定溜勢南奔，直射霸州之玉帶河〔二〕，必致橫肆漲漫，保定、文安、大城等處俱成巨浸等語。查修復之金門閘，係舊址量爲加高。從前南北三工尚各有一灰垻〔三〕洩水，濁流分入減河，不能不有淤墊，即江南、黃河之峰山、天然、虎山腰等閘壩亦然。要在隨時挑浚，或年久另開一處，則用工少，而保全者多。現在白溝并無淤墊，至西澱之水因無出路，致新安、安州等處被淹，實係被白溝濁流倒灌所致，業已多年，并不關永定減水之事。臣等前已奏請由雄縣白溝河故道開挖一河，下達十望、中亭，直入東澱，不令與清河相會在案。則東西兩澱咽喉、胸膈皆無阻滯。至閘壩原有限制，現在消水無多，即將來河身漸高，恐致壩口奪溜，儘可加高龍骨，何至爲害若此之甚。該御史所奏，仍係執定孫嘉淦開堤放水流弊之舊案，與現在情事迥不相同。

該御史原奏又云，水大之年，閘河泛濫，堤外一片汪洋，名爲保護堤工，實則開口待潰，請及早堵閉等語。臣等覆查，永定河水性悍急，一遇大雨，動輒拍岸盈堤，步步生險，加以土性純沙，所築之堤不能堅固。每遇大溜頂衝，如鹽見水，隨即坍潰，防守之難甚於黃河。今河身即不能挑挖，尾閭又不能疏通，實乏良策。河臣張文浩與臣蔣攸銛再三斟酌，不得已修此閘垻，分減漲勢，保護堤工，即以保護沿河數百萬生靈田廬性命。即如今年七月頻次盛漲，南二工及北下、北二、北三等汛埽段，同時蟄陷，危險甚於上年。幸得閘垻減水，得以搶護平安。是閘垻之設，業已著有成效。即減下之水，小有損傷田禾，然擇禍

〔一〕大堤　光緒七年原刻本爲『大限』，光緒八年重修本改爲『大堤』。
〔二〕玉帶河　光緒七年原刻本爲『五帶河』，光緒八年重修本改爲『玉帶河』。
〔三〕灰垻　光緒七年原刻本爲『灰霸』，光緒八年重修本改爲『灰垻』。

莫若輕，較之全河潰決，衝刷數州縣民田房屋者，其利害之大小輕重判若天淵矣。該御史不諳河務，欲將閘壩堵閉，是第知防閑小害，而不顧全河之大局，所奏實不可行，應毋庸議。該御史查勘後來省，與臣蔣攸銛相見，臣等將利害切實指陳，該御史固執己見，不以爲然。所有臣等勘議緣由，理合據實覆奏。并將該御史原摺呈繳。謹奏。

奉上諭。恭録卷首。

侍郎程含章等密陳御史陳澐勘閘壩時情形疏

道光四年閏七月

竊臣等於閏七月二十六日，准軍機大臣字寄。欽奉

上諭：『據程含章等覆奏，帶同御史陳澐查勘永定河新建閘壩一摺。據稱，新建灰壩毫無妨礙，新修金門石閘亦無淹及民房田地之事。其涿州任村坍塌房屋，本係去年衝壞。至下口淤淺處所，係上年永定河衝刷泥沙停積，與新開閘壩無涉。良鄉、涿州大道地勢甚高，亦决不致淹衝官道，有礙驛遞。新安、安州被淹，係白溝濁流倒灌所致，并不關永定減河之事。所奏情形瞭如指掌。至程含章所稱束水攻沙、藉清刷濁，與面奏之言相符。閘壩即修，分減漲勢，保護堤工，即保護百姓田廬。去歲張文浩亦係如此奏對，是新建閘壩有利無害，毫無疑義。該御史陳澐先於四月間具奏，降旨令程含章等再加相度。業據該侍郎等先後覆奏，險工得以平安，皆閘壩減水之力。兹該御史又行具奏，因令程含章帶同履勘，面爲指陳利病。乃該御史仍固執己見，不以爲然。其意何居？儻必申其説，不顧全河大局，嘵嘵具摺致辯，尚復成何事體。著程含章、蔣攸銛將該御史履勘閘壩時作何情形，若不諳河務，又復阻撓公事，擅作威福，其風斷不可長。即著據實密奏，并傳旨令該御史即日回京可也。將此諭令知之。欽此。』

查河工情形今昔不同，亦年年互異，非隨時親歷者，不能因地制宜。該御史陳澐始而誤執乾隆年間前督臣孫嘉淦開堤放水流弊，以爲今之復修閘壩，仍蹈前轍，尚屬苦於不知。迨後復行具奏，全不計帑項之非可嘗試，急流之難以堤防，尾閭之難以疏通，全河淤沙之難以挑挖。仰蒙聖明洞燭，勅令隨同查勘，乃復將數十年不修之河道，指爲新淤；并未出槽之壩水，硬作衝刷，意在必申其説以求勝。永定河道張泰運據理剖辯，屢被該御史痛加呵斥，聲言回京覆命面奏。臣程含章向其指陳利病，該御史總以爲非，且謂閘壩之設，乃該道先求張文浩辦成，今又求臣程含章代爲回護。及至涿州之任村，先經臣程含章查問州牧、鄉約、地保人等，僉稱去年被永定河漫口衝刷，倒塌房屋百餘間，今年并無衝淹。及該御史到來，揚言：『皇上差我來，替百姓伸冤理枉。你們有倒塌房屋者，速來開報。』喝退道廳不許聽聞，獨自與百姓私語，以致愚民貪圖賞恤，浮開倒屋多間。該御史坐車不肯先行，惟恐臣程含章乘轎趕上，見其所爲。迨臣程含章折回面斥其非，

同往看明。復經臣等檄委通永道鄧廷楨親往調查賑册，確係去年被大水衝壞，稟報有案。鄉民圖賞冒開，取有切實供結。該御史勘畢，即應就近回京，忽又繞道來省，徒勞驛站。并言遞摺後召見，面奉諭旨，令其諸事問蔣攸銛。迨臣蔣攸銛剴切告知，開壩向來所有，過水不多，雖非一勞永逸之計，實在有利無害。該御史言：『今年有閘壩。聞北岸仍然危險。』答云：『若無此分洩，豈不更危？』而伊總欲堵閉以實其言。伏思治水須權利害之輕重，即如江南、黃河之峰山、天然二閘年久，不能得力。前河臣黎世序添建虎山腰閘壩，分洩盛漲，十餘年來頗資其益，可爲明證。該御史迴護原奏，搖惑人心，必致啟劣衿刁民阻撓之漸。誠如聖諭：『此風斷不可長。』謹合詞據實密陳，伏乞皇上聖鑒。再，該御史陳澐已先於閏七月二十二日起程回京，合并聲明。謹奏。

奉上諭。恭録卷首。

直隸總督蔣攸銛秋汛安瀾疏道光四年八月

茲據永定河道張泰運稟稱，永定河自交秋汛以來，河水叠次漲發，巨浪奔騰，盈堤拍岸。或大溜坐灣，或全河側注，劈堤蟄埽，不一而足。其危險情形較之上年盛漲之時爲尤甚。幸料物錢糧充足，官兵踴躍。經該道督同廳汛員弁，晝夜搶護，添下新埽七十一段，并藉閘壩分洩之力，均得化險爲平。茲居秋分之期，河水日漸消落，堤埽閘壩各工悉臻穩固，等情前來。臣查永定河自立秋以來水勢異漲，南北兩岸堤埽各工在在危險。經該道督率廳汛員弁不辭勞瘁，晝夜在工搶護，得臻穩固。此皆仰托聖主鴻福，河神默佑，得以慶洽安瀾。臣欣幸之餘，倍深凜惕。至通永道屬北運河筐兒港引河月堤漫溢，前經奏明，勒令賠修。其近堤村莊，已據查明水過即消，無礙收成。理合一并奏慰聖懷。所有永定河秋汛期内新添埽段，謹開具清單，敬呈御覽。伏乞皇上聖鑒。謹奏。

奉硃批：『覽奏，欣慰。欽此。』

總督蔣攸銛請移駐汛員改撥工段疏道光四年十一月

設官分職，必須因地制宜，而河道情形既有今昔之殊，自應量爲變通，以收實效。查，永定河北岸二工良鄉縣縣丞分管堤長二十三里四分，埽廂林立，素稱最險。一遇汛水漲發，處處著重。以一汛員而上下奔馳防護，實有鞭長莫及之勢。應請將北岸二工分爲二汛，自該汛頭號起至十三號止，計長十三里，作爲北岸二工上汛，責成原設北二工良鄉縣縣丞經管。該汛十四號起至北三工止，計長十里四分，改爲下汛。查有北堤七工東安縣主簿地居下游，現在溜勢南趨，距河較遠，工程易於修守。應請移駐北二工，作爲北岸二工下汛東安縣主簿。其北堤七工汛務，統歸於北堤八工經管，易於照料。應請將北堤八工一缺，改爲北堤七工東安縣主簿，俾上下相承，以符體制。再，北岸頭工中汛武清縣縣丞，經管堤長十六里，北岸三工涿州州判經管堤長十八里三分，均因近年河流側注，埽段極多，工程極險，最關緊要，必須勻撥分管，以期防護周密。查，北中汛十六號埽廂，與北下汛頭號埽段犬牙相錯。應請將北中汛十六號汛地一百八十丈，改歸北下汛縣丞就近經管。其北三工十七八號埽段與北四工頭號埽廂緊相毗連，應請將北三工十七八號汛地三百六十丈改歸北四工縣丞就近經管。如此酌量變通，於定制并無更張，而於河工實大有裨益。如蒙俞允，所有移駐各員應換印信及一切改設各事宜，容督飭司道妥議章程。另行題咨辦理。

奉硃批：『吏部議奏。欽此。』經部奏准。

直隸總督蔣攸銛秋汛安瀾疏道光五年八月

竊照永定河土性純沙，工段綿長，水勢驟長驟落，連年新險叠生，防守倍難。前因伏汛安瀾，正當秋汛喫緊，即經臣嚴飭該道督率廳汛員弁，慎密巡防，并不時提撕警覺，使之勤益加勤。兹據永定河道張泰運稟稱，永定河自交秋汛以來，水勢節次異漲，奔騰浩瀚，拍岸盈堤。或大溜坐灣，或河身側注，潰灘蟄埽之處，不一而足，情形甚屬危險。幸料物充盈，官兵踴躍，晝夜竭力搶護，陸續添下新埽二十八段，而下游河道較往年通順，并藉閘垻減水之力，均得化險爲平。兹届秋分之期，河水日漸消落，溜走中洪，堤埽閘垻各工多生新險，均經該道隨時稟報，督率廳汛員弁，不辭勞瘁，晝夜在工，竭力加鑲搶護，通工得臻穩固。此皆仰托皇上鴻福，河神默佑，得以慶洽安瀾。臣欣幸之餘，倍深凜惕。至修築千里長堤新工，該管廳汛亦皆認真防守，現已一律平穩。理合一并奏慰聖懷。所有永定河秋汛期内新添埽段，開具清單，敬呈御覽。伏乞皇上聖鑒。謹奏。

奉硃批：『覽奏，欣慰。欽此。』

總督那彦成不拘汛期酌量往來查勘片道光六年七月

再，永定河工自入伏以後，其初次水勢長發，搶護平穩緣由，前已奏蒙聖鑒。昨據永定河道張泰運稟報，河水不時驟長，各工新險叠出。即經臣飛飭該道，督率廳汛員弁，分投設法搶辦，俱已保護平安，水勢亦漸就消落。查，向來伏秋大汛，例應直隸督臣親駐工次，督同防守。迨嘉慶年間，因地方事務繁多，欽奉諭旨，飭令酌量往來查勘，毋庸久駐工次。以後督臣俱於伏汛期内前往察看。如果工程平穩，即行入都陳奏，仰慰廑懷。第念永定河爲衆流滙注，工段綿長。每當伏秋大汛，水勢長落靡常，埽工平險尤難預定。每歲習爲常例，均於伏汛以内親往督查，即使水準工穩，不過一時情形。而秋汛方長，往往業已面奏，而河上仍復出有險工，豈可恃爲成局？并恐廳汛各員，或因業經查勘，不免意存懈怠，轉非覈實之道。臣愚昧之見，莫若嗣後每年或於夏至以前預爲前往，查其工段是否人夫齊備料物充實？再將籌備之法，與該道等逐一親勘，妥爲商定，俾免臨時周章； 或於白露以後，全河普律安瀾，再行前赴各工，周歷查看搶鑲工程是否逐段穩固，足資抵御來春淩汛，以便分別覈辦，隨時入都，面爲具奏。儻伏秋期内，設遇水勢盛漲，工段十分險要之時，仍當察看情形，隨時馳往督辦。如此不拘成例，不泥限期，庶河工員弁時時加意，留心籌辦，即覺周詳，修守亦倍臻覈實，且與原奉『酌量往來查勘』諭旨尤屬相符，似於慎重河防不無裨益。是否有當，謹繕片請旨。

奉硃批：『依議。欽此。』

直隸總督那彦成秋汛安瀾疏道光七年八月

竊照永定河土性純沙，溜勢靡定，南北兩岸亘長四百餘里，舊工新險防守甚爲不易。前因伏汛安瀾，正當秋汛喫緊，經臣嚴飭該道，督率廳汛員弁實力巡防，不得稍有疏懈。茲得仰仗聖主洪福，自交秋汛以來，河水叠次盛漲，溜勢湍激，加以秋水搜根，或全河坐灣，或大溜側注，各工埽段時有陡蟄，情形頗爲險急。幸料物充盈，官弁兵夫齊心協力，雨夜分投搶護，陸續添下新埽二十五段。并藉閘壩減水之力，均得化險爲平。茲届秋分之期，河水日漸消落，溜走中泓。堤埽閘壩各工悉臻鞏固穩實。臣查永定河秋汛叠漲，兩岸堤埽各工亦時生新險，均經該道督率廳汛員弁，及派赴防汛各員，晝夜堤防搶護，通工得臻穩固。

此皆仰托皇上福庇，河神默佑，得以慶洽安瀾。臣欣幸之餘，倍深凜惕，除仍飭該道張泰運督率員弁，照常小心防守，毋稍疏懈外，所有永定河秋汛期内新添埽段，開具清單，恭呈御覽。至在工廳汛文武，保守三汛不無微勞，今擇其尤爲出力者數員，開單恭懇恩施。并將新添埽段，一并開具清單，敬呈御覽。所有永定河秋汛安瀾緣由，恭摺奏報。伏乞皇上聖鑒。謹奏。

奉上諭。恭録卷首。

護理直隸總督屠之申秋汛安瀾疏道光八年九月

竊據永定河道張泰運稟稱，自交秋汛以來，河水節次盛漲，洶湧激湍，兼之秋水搜根，兩岸亘長四百餘里，或全河側注，或大溜頂冲，各工紛紛報蟄，并有平工陡生新險，潰埽堤身之處，情形極爲危急。幸預備料物充足，官弁兵夫齊心協力，不分雨夜，分投搶護，陸續添下新埽十七段，始得化險爲平。通計本年先後水長二十次，隨雨隨晴，消落尚速。現在節近霜降，水勢已定，堤埽各工悉臻穩固，由道請奏前來。

臣查永定河土性純沙，河流靡定，防守本屬不易。前因伏汛安瀾，堤工平穩，業經臣恭摺具奏。茲秋汛新險叠生，復經該道張泰運督率廳汛各員，不分雨夜，加鑲搶護，一律平穩。臣親赴工次督同該道，周歷查勘兩岸堤險，均極完整。溯自道光四年，至今五載，河流順軌，歲稔民安。此皆仰賴皇上聖德感孚，河神默佑，得以一連五年慶洽安瀾，實爲數十年來所未有。查，三汛安瀾，在工防守各官，向準該河道酌保數員，用示鼓勵。本年河水異漲，新險叠生。該員等晝夜辛勤搶護，均能平穩。謹督同該河道詳加查覈，擇其尤爲出力者，開列數員，奏懇恩施，以示鼓勵。伏乞皇上聖鑒。謹奏。

奉硃批：『覽奏，欣慰。欽此。』

直隸總督那彦成秋汛安瀾疏道光九年九月

竊照永定河土性純沙，溜勢無定，連年新險叠出，倍於從前。經臣嚴飭該道，於各工出險處所，節節安用夾壩，逼溜總歸中泓。幸得仰仗皇上鴻福，迄今六年均得三汛安瀾。仍於伏秋大汛之前，督率廳汛員弁，實力巡防，不得稍有疏懈。兹據永定河道張泰運稟稱，永定河自交秋汛以來，河水節次盛漲，溜勢湍激，加以秋水搜根，淘刷愈甚。七月下旬兩岸埽段紛紛報蟄，安危祇争呼吸。幸料物充足，在工文武員弁兵夫分投搶辦。一面加鑲埽段，一面補還原堤，竭五晝夜之力，并未片刻歇手，更連夾壩逼溜中泓以後，方得化險爲平。兹届秋分之期，水勢日漸消落。盧溝橋現存底水七尺三寸，堤埽閘壩等工，胥臻鞏固穩實，具報安瀾前來。

臣查乾隆五十九年至道光三年，歷三十五載，從未有接連五年得慶安瀾者。兹自道光四年以來，迄今六載均能保護平安。臣查今歲秋汛叠漲，陡生新險，又爲數年所未有，均經該道督率廳汛及協防員弁，奔逐於泥淖風雨中，不遺餘力，奮勉搶護，通工得臻穩固。此皆仰賴皇上福庇，河神默佑，得以慶洽安瀾。臣欣幸之餘，倍深凛惕。除飭該道張泰運督率員弁，照常小心防守，毋稍疏懈外。所有永定河秋汛安瀾，通工穩固緣由，理合恭摺具奏。至在工廳汛協防員弁，守護三汛不無微勞。謹擇其尤爲出力者數員，另繕清單，恭懇恩施，以示鼓勵。伏乞皇上聖鑒。謹奏。

奉上諭。恭録卷首。

總督那彦成渾水南徙東淀〔一〕親往查勘疏道光十年四月

竊查，天津以西四大河，大清河在中，即係東淀下游，其南爲子牙河，又南爲南運河，均由天津海河入海。惟永定河渾水自西北來，逼近大清河。當日臣工奏議多言渾水不可入淀。康熙年間奉旨創立永定河兩岸堤工，以束渾水。雍正四年，特降諭旨：『著引渾河别由一道歸

〔一〕南徙東淀　光緒七年原刻本原爲『南徒東淀』，光緒八年重修本改爲『南徙東淀』。

海。』經怡賢親王欽遵相度，導之北流，繞王慶坨，而東引入長淘河，從此澱河無淤墊之害。乾隆己亥，高宗純皇帝親臨閱視，將下口移條河之南，由鳳河會大清河入海。聖製詩注云：『數十年之後，殊乏良策』，仰見神謨遠運，洞燭萬年。嗣後長淘、鳳河均已淤塞，渾水由三河頭横漫而出，尋至静海縣境之楊芬港。兹據天津道李振翥稟稱，自嘉慶二十三年，永定河下游南移，將東澱楊芬港以下逐漸淤塞，致令大清河之水與永定河渾水合而爲一，俱由楊芬港東南之岔河，經杜家道溝，歸韓家樹正河行走。杜家道溝即千里長堤堤身也，堤去河僅數十丈。渾水未發，則清水尚可以水抵水。若當永定河盛漲之時，河身既不能容，澱水亦不能敵，東行復不能暢。直衝長堤，勢所必至。一經漫溢，越杜家道溝堤半里而遥串入子牙河，越子牙河數十丈而串入南運河。運道淤淺，有誤漕運，所繫綦重。且渾流横出，旁無堤岸，上下數百里民田、廬舍均受其害。惟議挑東澱，工費甚鉅，且大清河既受永定河渾水之害，旋挑旋淤，亦屬與事無濟。請復永定河南岸堤工，以塞其源流。永定河下口以掣其溜，等語。

臣查道光四年直隸興辦水利，欽差工部侍郎程含章來直勘辦。彼時即因渾水淤墊，擬估挑永定河下口，至韓家樹止。并幫培舊埝，堵築河槽，以復舊制。其時通盤籌算，自南六工起挑挖中洪，需費五十餘萬兩。若撙節由范甕口估辦，亦需二十餘萬兩。且渾水易淤，恐糜帑鮮效，是以中止。閱今又復數年，淤墊日甚，工費愈增。國家經費有常，臣更不敢冒昧陳請。惟有於千里長堤險要之處設法施工，以資防禦。當即劄委永定河道張泰運前往相度形勢，議稟覈辦。兹據稟稱，杜家道溝河面寬四五六百丈，水深一二三四尺不等。中有横淺泥淤，不能疏浚。緣永定河渾水淤墊，致將大清河擠至千里長堤堤根，是以水面如此寬濶。現在堤出水面最矮者僅三尺。堤南即係子牙河，再南即係南運河。設汛期長水二尺，斷難保護，與運道大有關礙。請將杜家道溝堤身大加幫培，多鑲埽段，以爲補偏救弊之法。臣查永定河下口，既因工費太鉅，勢不能辦，而挑挖東澱旋挑旋淤，無益於事。若稍事因循，伏秋之間，設有漫溢，永定、大清、子牙、南運四河合而爲一，漕運生民關繫綦重。現屆四月，轉瞬即值汛期。張泰運所稟辦法，急則治標，不過爲目前之計，是否足資抵禦，堪以敷衍數年，并此外有無良法，自應臣親往，督同該道等查勘切實，相機籌辦。一俟勘定，即行奏聞，請旨遵行。

奉上諭。恭録卷首。

總督那彦成勘明渾水情形估土埽各工疏 道光十年四月

竊臣前奏，永定河渾水南徙入澱，衝刷長堤，恐妨運道。承准軍機大臣字寄，道光十年四月十一日奉上諭：

『永定河渾水入澱，東澱長堤胥受其害，楊芬港以下逐漸淤塞，致大清河之水與永定河渾水合而爲一，俱由楊芬港之岔河，經杜家溝，歸韓家樹正河行走，直逼千里長堤。堤出水面僅三尺許，恐汛期長水，難資保護，於運道、民田、廬舍，均有關礙。現議幫培杜家溝堤身，原係急則治標之法。此外有無別策，俾澱不受淤，水有歸宿，著詳細勘明籌議。覆奏到時，再降諭旨等因。欽此。』跪讀之下仰見我皇上宸謨指示，洞燭機宜。不勝欽敬欽服。

臣於本月十二日行抵天津。十四日帶同天津道李振翥、永定河道張泰運，先赴天津、静海二縣交界之杜家道溝堤上，察看形勢，乘坐小船測量河水，直抵大清河下口。次日復由雙口至王慶坨，查看永定河舊下口淤墊情形。緣永定河自乾隆年間入鳳河，會大清河，歸北運河入海。迨鳳河淤塞，渾水從南堤缺口直注三河頭，爲淤澱之始。嗣後渾水日往南徙，東北愈形高仰。道光三年，由汪兒澱入大清河，近年由三河晉道溝一帶横漫而出，以致直衝杜家道溝。楊芬港以東大清河，節節淤淺，瀰漫一派，并無一定河身。東西二澱之水，均取道於岔河水溝之中。杜家道溝本係堤内水溝，面寬僅四丈，堤出水面僅三尺，堤根已被汕刷。一交大汛，永定河水洶湧而至，堤不能禦，勢必直灌子牙河，横穿南運河，運河受淤，漕船阻滯，其時再籌疏浚，費帑愈多，補救無及。道光三年，欽差侍郎程含章亦以費鉅，未必得有把握，未及議辦。此時爲正本清原之計，自應以挑挖永定河下游爲正辦。第工費浩繁，籌款不易，且五月下旬即交伏汛，爲期不及兩月，勢難剋期完竣。臣前奏，擬於杜家道溝堤工險要之處設法施工，本屬急則治標之法，舍此亦別無長策。復劄飭該道等悉心商榷，以冀集思廣益，或可計出萬全。兹據該道等會議稟稱，此時疏挑永定河下口，趕辦不及，惟有就杜家道溝堤身大加幫培，以防漫溢。多鑲埽段，以禦風浪。請於當城村起，至哈嗎窪止，堤工一千六百餘丈内，分别幫頂、幫坡、加築子埝，一律做成堤出水面八尺五寸。又於極險之處，鑲做防風埽段。次險之處，堤根汕刷，捲埽搪護。撙節估計，共需土方、稭料銀三萬九千九十餘兩，以爲目前補救之法。仍俟秋後籌議渾水去路，另請覈辦等語。

臣查該道等所稟，培堤鑲埽仍非一勞永逸之計，而目前救急别無辦法。如大汛果有異漲，亦難保護。若汛水與近數年不相上下，堤頂加高，水不致於過堤，大溜頂衝之處，埽土尚足抵禦。自應照估興辦。然受病原在渾水，渾水不治，終於壅潰。此時形勢向難定局，總俟秋令水落，再行親往察看大溜形勢，熟籌妥善，使清渾分行，得復舊制爲是。維時得有主見，即行奏請欽派大員，會同勘議具奏，以昭慎重。

至現辦工程，係在天津道所管境内。永定河道熟諳工作，且大清河受永定河渾水之淤，亦未便令該道張泰運置身事外。應責成天津道李振翥督司廳縣，購料集夫。

永定河道張泰運帶同廳汛，督辦工程。夫料短缺，惟李振翥是問；工有草率，惟張泰運是問，勒限端午以前普律全完，由臣另派大員，驗收奏報。大汛時責令兩道各派妥幹員弁，分投駐工防守，務保無虞。該二道均係平日辦事可靠之人，而於工需錢糧，尤能慎重撙節，所估銀數并無浮冒，臣復於埽工內覈減銀二千二百九十兩，實准銀三萬六千八百五兩零。現飭該道等將應辦事宜先行籌備，一俟欽奉諭旨允準，即飭藩司在於司庫水利本款內，照數動撥，委員解交天津道衙門，以供支放。所有臣查勘河道情形，及估辦堤工段落，謹繪舊河圖、現淤河圖兩分，并另開估單。所有詳細情形，摺內不及聲敘之處，謹貼簽，恭呈御覽。

奉上諭。恭録卷首。

總督那彥成勘明下口形勢議來春興工疏道光十年九月

竊臣親歷下口，查得南岸堤工至南八工而止。以下二千餘丈，向無堤埝。迤東始有南遥埝，是以全河之水均於無堤處南趨入淀。當飭永定河道張泰運，於該處接築堤埝，逼溜攔水，俾河流漸次東注，於興辦下口當有裨益。嗣據該道派員陸續估辦，自南八工十七號起，至汪兒淀，創築新堤一千七百零八丈。其汪兒淀以下，仍留入淀金門三百五十餘丈，以防下壅上潰之虞。又於南遥埝二千九百二十丈內修補殘缺，并添築埽壩等項，共用銀三千九百三十餘兩，稟，經臣批准，俟辦理下口并案具奏，動項歸款。

自接築新堤以後，臣不時派委員弁，赴工查看。束水逼溜，極爲得力。大汛期内，入淀之水不過三四分，其餘六七分大溜，均已東注。再加疏浚，可冀河流復歸故道。此皆仰賴皇上洪福，河神默佑。溜勢遷轉實屬大好機會，乘此時將入淀金門趕緊堵閉。一面將新堤南遥埝一律加高培厚，使渾水不復南趨淀，當急速辦理。惟近堤有王慶坨村莊居民三四千户，業已被水圍繞。若即將入淀金門堵築，全河之水并力散漫，村基勢成澤國。雖瀕河村莊例應遷徙，而該村人煙稠密，安土重遷，殊多不便。且防河所以衛民，今因治河而使村民流離失所，亦非所以仰體聖主惠愛黎元之意，是以未即施工。兹當水落，復飭該道先往履勘，體察情形。據稟，自大范甕口河流坐灣處取直，估挑引河一道，使大溜直注下口。河身在王慶坨村北數里以外，該村可無漫淫之患。即於引河頭截堵河槽，進占加鑲，塞其入淀之源。南八工以下新堤及南遥埝一律加高培厚，防其漫溢之路。如此估辦，以目下情形而論，秋汛甫過，水未大涸，土係稀淤，施工較難，方價亦貴，計培堤、挑河、築壩三項，共需銀十二三萬兩。若本年先將需用料物購齊，堤埝有得土處，先行派員分投幫培。其挑河築壩等工，緩至來年春夏之交，時近桑乾辦理，更可節省，約需銀六萬餘兩可敷工用，等情。

臣伏查道光四年，欽差侍郎程含章查辦直隸水利，擬挑永定河中洪，疏浚下口，估需銀五十餘萬兩。若由范甕口估辦，亦需銀二十餘萬兩。茲就大范甕口偏北挑河，繞越王慶坨村莊，既可保護民居無事遷徙，渾水復行故道，澱河不致受淤，工費又復節省。一舉而三善俱備，實爲事機極順之時。因現擬挑河築堤之處，稀淤不能立足，難以確估，應俟春融，飭令該道覈實估報，由臣親往覆勘，開單奏辦銀數，總可有減無增。至來年興舉此工需用秸料，自應乘此時秋料登場，購備足用，以免居奇。其堤埝有得土處，於秋令未凍以前，分投派員培築。該道所稟，均爲節省工費起見，似應允其所請。合無仰懇皇上天恩，俯准於司庫水利項下動撥銀三萬兩，飭發該道領回，先行備辦料物、土方。所領銀兩即在來年估報銀數内覈實開除。所有勘明永定河下口現在形勢，籌議來春興辦緣由，理合繕摺具奏。

奉上諭。恭録卷首。

直隸總督那彦成秋汛安瀾疏道光十年九月

竊照永定河亘長四百餘里，土性純沙，溜勢靡定，加以舊工新險，層見疊出。經臣嚴飭該道，於各工出險處，節節添用挑水垻逼溜，不使旁趨。本年伏汛期内，河水共長十一次，各工埽段陡蟄之處甚多。該道督率文武員弁，竭力搶護穩固，前已奏報在案。一面嚴飭防守秋汛，不得稍有疏懈。茲據永定河道張泰運稟稱，自交秋汛以來，河水又復驟長八次。其最大者七月初旬，長至一丈六尺九寸，拍岸盈堤，處處險要。加以秋水搜根，或全河坐灣，或大溜側注，兩岸埽段蟄動，實爲非常盛漲。幸得金門閘過水宣洩，并上年奏添備防秸料，得資應手，在工文武員弁兵夫，晝夜分投搶辦，更兼挑水垻逼溜中泓，始得保護一律平穩。茲届秋分，水勢日漸消耗，盧溝橋現存底水七尺一寸。堤埽閘垻等工，悉臻鞏固，具報安瀾前來。

臣查永定河自道光三年後，迄今七載，俱能保護平安。即今歲伏秋二汛疊次盛漲，新險林立，情形頗屬危急，均經該道督率廳汛及協防委員，奔馳於風雨泥淖中，晝夜搶護，不遺餘力，得以化險爲平，通工克臻穩固。此皆仰賴皇上福庇，河神默佑，得以慶洽安瀾。臣欣幸之餘，倍深凜惕，除飭該道張泰運督率員弁照常小心防守，毋稍疏懈外，所有永定河秋汛安瀾，通工穩固緣由，理合恭摺具奏。至在工廳汛及協防員弁，守護三汛，著有微勞，謹擇其尤爲出力各員，循例酌保。另繕清摺，恭懇恩施，以示鼓勵。伏乞皇上聖鑒。謹奏。

奉上諭。恭録卷首。

總督王鼎渾水復歸故道，估草土各工疏道光十一年三月　附：估修堤埝閘垻片

竊照永定河渾水自乾隆年間，由鳳河會大清河，歸北

運河入海。本係自北而東，嗣緣屢次移徙，河溜由南八工堤盡處南趨汪兒澱，直逼千里長堤，致失北行故道。臣於二月二十六日差竣回省，經由盧溝橋，據永定河道張泰運面稟，現當淩汛期内，水勢盛漲不消，大河忽由南八工十五號改向東北，走溜七分，雖未能一律通暢，而大溜已直走中洪，由竇淀窑，歷六道口、雙口等處，歸大清河入海。其東南汪兒澱，金門僅止走溜三分，實屬大好機會等語。臣以永定河向來趨向靡常，或尚難確有把握，當經面屬該道，再爲確切詳查。去後，兹據稟稱，現在全河大溜確已直走中洪，惟於汪兒澱舊河頭細加查看，雖止走溜三分，仍應早爲堵閉斷流，以免牽掣。該處俱係新噴軟灘，并無筐土可取，施工較難。當與該管廳汛文武員弁，再四熟籌。查得迤下范甕口村，河槽水寬三十二丈，深四五尺，尚爲得土、得勢。即經多集兵夫，動用上冬預購料物，掛纜進占，軟鑲堵閉。河流一經收窄，溜勢淘刷愈深，探量計一丈二三尺，而龍門水深竟至一丈七八尺。經該道督率搶辦三晝夜，追壓堅實。前下護埽，後築土戧，俱已涓滴不漏。復於南首接築至堤根，長三十六丈。北首接築長三十丈，俱下防風埽段，俾汛水不致散漫汕刷。從此大河全歸故道，可期澱不受淤等情，稟報前來。

臣查永定河自南徙以來，曾於道光四年間，經欽差工部侍郎程含章履勘估挑，仍因渾水易淤，致糜帑鮮效，旋即中止。上年九月間，前督臣那彥成勘明具奏，請於大范甕口挑挖引河一道，并將新築堤工，及南遥埝一律加高培厚，估需銀六萬餘兩。奏蒙俞允，先於司庫發銀三萬兩，下餘銀三萬兩俟估勘引河時動撥。并經奏明，俟十一年春夏之交，興辦挑挖。現在新堤遥埝雖已於去冬做成八分有餘，而引河尚未開工。兹邀皇上洪福，河神效靈，俾溜勢轉移，復歸故道，洵非意計所能預期，且較之專恃人功，收效尤爲妥捷。良由聖心誠應，默感潛通，凡屬官民同聲歡慶。所有前督臣奏請挑挖引河銀三萬餘兩，應歸節省。惟據稟，入澱金門尚寬七十餘丈，實爲刻不可緩之工，亟應趕緊堵築，并做護埽，以資保障，業已興工趲辦。

查，舊河由十五號至汪兒澱計長二千四五百丈。迤下應估攔河大垻三道，計湊長一百六十丈。亦於迎水估做埽鑲，以防汛漲串入，免致金門喫重。至上年該道所領司庫銀三萬兩計，創築新堤、修補遥埝殘缺，暨續估加培以及估築收窄入澱金門等工，用銀二萬三千七百九十二兩零。又堵截河槽、臨河護埽、攔河大垻背後戧堤、堵築入澱金門草土各工，用銀五千三百二十五兩二錢零。連用剩預購料物，覈計銀一千五百六兩九錢零，通共用銀三萬零六百二十四兩一錢零。尚不敷銀六百餘兩，應請即在道庫存貯河淤地租項下動支。統俟工竣，由該道稟請驗收。仍將各工段落丈尺、工料銀數造册咨部。再，此次堵截河槽，即用上年領銀預購料物。今河歸故道，南岸七八兩工，大河近堤之處較多。新修堤埝，片段亦長。此項預購料物，除動用外，其堆貯工次者，應即留爲南岸七八兩工并迤下新工防護大汛之需。如應動用，即由該道隨時稟報查覈。

再據永定河道張泰運稟稱，現在渾河溜走中洪，將來伏秋大汛難保無漫灘、北趨之處。所有北七工自二十六號起，至四十六號止，堤埝卑薄，不足以資抵禦，亟宜擇要加培，估需銀四千五百四十兩六錢零。又南二工金門閘，自道光三年奏請重修，於四年完工過水，迄今八載，通工悉受裨益。惟河底逐漸被淤，石龍骨益形卑矮。上年大汛過水太暢，水落後不能斷流，誠恐奪溜，用料堵閉。今春淩水盛漲之時，不敢啟放，以致各工喫重。轉瞬大汛經臨，全資宣洩。今擬加高石龍骨一尺二寸，并迎水片石坦坡等工，估需銀四千三百五十九兩九錢零。以上二處，共估銀八千九百兩零，稟請具奏等情。臣查該道所稟，俱係緊要工程，合無仰懇天恩，准於上年奏定未領之挑河銀三萬兩内，動撥銀八千九百兩零，以便飭令乘時趕辦，統限汛前一律完竣。稟候驗收，覈實造報。理合附片具陳，伏乞訓示。謹奏。

奉上諭。恭録卷首。

總督琦善請移駐汛員疏道光十一年五月

竊照永定河下口現在水歸故道。南八工十七號迤下，堤埝攸關緊要。前據永定河道張泰運，以該處地居下游，爲水勢滙注之區。十七號以下新築堤埝，若仍歸南八工主簿經管，實有鞭長莫及之虞。議將現無經管要事之鳳河把總一員，同原設河兵改移南八工下汛，專司防守等情。當經前署督臣王鼎劄行布政司顔伯燾覈議。去後，兹據詳稱，永定河南八工十七號以下堤埝各工，至三河頭止，共長四千八百三十五丈，計程二十六里八分零。汛水一經長發，汛水注堤根之處，均須小心防範。若將十七號以下堤埝，仍歸南八工主簿一人經管，則片段既長，未免顧此失彼。擬將十七號以下堤埝，至三河頭止，計長二十六里八分零，設官經理，俾專責成。惟永定河文職汛員類皆地當險要，未便輕議移駐。查有鳳河汛把總一缺，係管理鳳河東堤并疏浚下口等事。近時鳳河既淤，東堤亦復淤平。歷年以來俱係派委上淤防守。應請將該員移駐，作爲南八工下汛把總。至鳳河額設河兵二十四名，亦請一律移駐。仍須加添十名，共計三十四名，以重修防。其不敷之河兵十名，即在永定河各汛内抽撥，所食廉俸馬乾等項，悉仍其舊，於定制并無更張。應請奏明移駐等情，具詳前來。

臣查，永定道所屬文武各官，原爲防守河堤而設。遇有險要處所，今昔情形不同，自宜酌量改移，以資修守。今該處下口水歸故道，南八工下游爲衆水匯注之區，應即專設汛員防守。既據該司道等先後詳議移駐，自應准其所請，將現無要工之鳳河汛把總一員，同原設河兵改移南八工下汛，俾專責成。其不敷兵丁，於各汛兵内抽撥。如此一轉移間，實於工務有裨。所需廉俸馬乾等項，仍循其舊，毋庸另行增減。所有移駐汛員緣由，理合恭摺具奏。

奉上諭。恭録卷首。

直隸总督琦善秋汛安瀾疏道光十一年八月

竊照永定河亘長四百餘里，土性純沙，趋向靡定，舊工新險叠出環生。本年下口河流新歸故道，溜勢变遷，防守更爲不易。經臣嚴飭永定河道，督率廳汛員弁實力巡防。兹據該道張泰運稟稱，交秋以來，河水驟長八次，加以秋水搜根、淘刷更甚，各工埽段紛紛蟄動，多有陡蟄入水者，情形頗爲險要。在工文武，不分雨夜，分投搶護。幸上年奏添備防秸料應手，始得搶護平穩。刻下節候已届秋分，水勢日漸消落，盧溝橋現存底水六尺七寸，堤埽閘垻等工，一律悉臻鞏固，具報安瀾前來。臣查永定河自乾隆五十九年至道光三年，數十年中未有接連五慶安瀾者。今時閱八載，均經該道督率工員奮勉搶辦，俾河流克臻順軌。此皆仰賴聖主福庇，河神效靈。臣欣幸之餘，倍深寅畏。除飭照常小心防守，毋稍疏懈外，所有永定河秋汛安瀾，通工穩固緣由，理合恭摺具奏，伏乞皇上聖鑒。再，在工防汛人員原係分所當爲，惟風雨泥淖，不避難險，亦未便没其微勞。查近年有保至九員、十一員者，第事關激勸，不感稍涉冒濫。督同永定河道詳加甄覈。其武职各弁已酬款分别賞賚。謹將尤爲出力之文職酌保五員，另繕清單，恭呈御覽。可否酌予恩施之處，伏候聖裁。謹奏。

奉上諭。恭録卷首。

卷十一　奏議〔道光十二年至三十年〕

總督琦善南六工漫溢疏 道光十二年七月

竊查本年夏間，永定河因缺雨乾涸，旋即據報增長。臣正恐旱澇靡定，日夕懸心，當於未經長水以前，即飭該道乘時取土培築堤工。嗣因秋雨較多，復又嚴飭加意防範，節經先後奏明。一面專差外委李安泰，前赴盧溝橋各處先行察看情形。臣仍擬俟八月初旬親赴各工查勘。兹於七月二十五日，據永定河道張泰運稟稱，入秋以來連日大雨傾盆，本月二十一日酉時至二十二日亥時，盧溝橋叠次籤報長水一丈零五寸，連存水共長至一丈九尺九寸。灰壩過水三尺五寸，金門閘過水四尺五寸，處處盈堤拍岸，勢若排山，爲從來未有之異漲。南二工有蟄陷出險之處，業由該道搶鑲平穩。惟南六工上汛頭號以下一千餘丈大堤，普律上水尺餘。搶築子埝，隨築隨衝。現於二十三日申酉之間，漫溢六七十丈，業經奪溜等情，具稟前來。

臣查南六工本係道光二年堤身坐蟄過水之處，其漫水經由下游之永清縣境，滙入溵河歸海。惟道光二年係先由雨水致澇，復被漫淹。本年并無瀝水滙歸，未知情形輕重何似？現飭藩司委員星赴該縣確查，田廬人口有無傷損，應否撫恤？此外有無旁及？一面并即籌款備用。至漫口應須裹頭盤護，據該道另稟，以該處水深溜急，需料倍多，刻當青黄不接之時，採辦更難。各工現存料物，秋汛正長，不敢撥用，應將漫口裹頭緩辦等語。竊思漫口處所若不趕緊鑲裹，誠恐愈刷愈寬，第此時辦料較難，亦係實情。其存工各料究有若干，是否可以通融，未便懸擬。臣於拜摺後，即日馳赴該工，確切查明，相機酌辦。并將該管道廳汛弁各官，究係如何疏防，另摺據實參奏。

奉硃批：『相機妥辦。查看明確，即行具奏。欽此。』

總督琦善勘明南六工漫溢情形疏 道光十二年八月

竊臣於七月二十五日接據永定河道張泰運稟報，南六工因水漲漫溢，當即奏明，親詣查辦。并將北下汛等工續報搶險緣由，附片具奏在案。臣於二十六日拜摺後，即日起程。二十八日行抵該工，周歷履勘。除北下汛等處先經該道搶護平穩外，其南六工漫溢處所計長九十七丈。西首業已掛淤，現存口門四十餘丈，水深一丈五六尺，正河已經斷流，不致分洩。所有漫口兩頭，本應逐爲裹護，第此時口門溜勢係屬沿灘坐灣，若遽行盤頭，必致淘刷後潰，節節跟鑲，轉滋糜費。似應仿照歷次成案，隨時查看，再行酌辦。其大堤自南六工頭號起至七號止，每號一里，計長一千二百餘丈。當河水盛漲之際，普律漫過堤頂，殘缺不一而足。尚有旱口四處，自五丈至十餘丈不等。察看水痕及堤身後面潰缺之處，形跡具在。實緣本年秋雨過大，兼以上游山西之桑乾河，及懷來縣洋河連次長水，致成非常盛漲，人力難施。惟是廳汛各員職司守護，既有疏防，均難辭咎。

溯查道光三年，北中汛及北三工、南二工漫口三處，經前督臣蔣攸銛奏奉諭旨，將廳汛各員革去頂戴，仍留工効力。永定河道革職留任，俟合龍時再行覈辦。現在南六工一汛，雖屬平漫，與衝決堤岸者有間，第究係防護不力。可否照道光三年成案請旨，將三角澱通判婁豫、南六工上汛州判張夢麟，先摘去頂戴，仍撤任留工効力。永定河道張泰運於要工不能督率保守，亦有應得處分。惟現值工程喫緊之時，該道在任年久，熟悉情形，未便遽易生手。且自道光四年以後八載，連慶安瀾，於歲修工程之外，從未多請帑項，辦事尚知撙節。而直隸省并別無堪勝是缺之員，合無仰懇聖恩，將該道張泰運革職留任，責成盡力妥辦，統俟堵築合龍時，將該道及廳汛各員能否愧奮出力之處，再行據實具奏。臣雖經屢屬防範，究未保護平穩，應并請旨將臣交部議處。

至此次漫水徑行之路，查係道光二年舊道。所有被淹之永清縣西董家務等七十四村莊，間有倒塌草房，爲數甚少，人口并未損傷。田間積水自數寸至三四尺不等，尚易疏消。其各村莊地勢較高，均未淹浸，就現在情形而論，較道光二年全境被淹者情形爲輕，毋庸先議撫恤。而該縣稟稱，尚有先因雨多致澇之泥安等六村莊，仍存積水一二尺未經消退，雖非漫溢被淹，未便致令向隅，亦飭并案辦理。除劄知藩司遵照外，臣謹繕摺具奏。

奉上諭。恭録卷首。

總督琦善估漫口工需疏 道光十二年九月

竊臣前在永定河工次，將查明漫口情形并應俟水落料齊，再行堵築緣由，先後奏明在案。臣回省後，即經劄飭該道張泰運，於河身下游抽溝放水，并將應挑引河及通工應用正雜料物撙節估計。去後，兹據該道稟稱，該處漫口九十七丈，現在行溜止寬四十餘丈。惟趺塘太深，若就原處興築，誠恐埽占收窄，壩身喫重。查漫口東西兩頭皆有老灘，擬就灘面建立壩基越堵，以期穩實。計西首估築壩基八十九丈，東首估築壩基四十四丈，中留四十餘丈軟鑲進占。其壩基臨河一面仍鑲護埽，并添築挑水壩，逼溜注引河頭，庶放河時，吸溜得勢。所有正壩上下邊埽、護埽、挑壩應用正雜料物、夫工土方，暨採買秫稭、加添運脚，及漫口以下旱口四處，約需銀三萬七千餘兩。其引河自漫口迤下起至南七工十九號止，間段估挑，共長八千六百六十九丈，計估口寬十五六丈至五六丈不等，底寬八九丈及十丈至五六丈不等，深一丈二三尺至四五六尺不等，約需銀五萬八千餘兩。以上通共估需銀九萬五千餘兩等情，具稟前來。臣覆加查覈，已屬再三撙節。除行藩司顔伯燾籌款動撥，解赴工次，交該道收存備用外，仍委誠實之員專司稽覈，統俟將來合龍以後，另繕丈尺銀數清單，恭呈御覽。此項銀兩如有餘剩，即留爲善後工程之用。

此時節候已屆秋分，河水漸次消落。新料不日登場，亦可陸續購買。其承挑引河各員已經派定，一俟齊抵工次，先飭分段趕緊挑河。俟挑有分數，即相機進占，以冀次第蕆事。臣現將各屬賑濟事宜及緊要案件逐加料理。一有頭緒，仍當親赴工次督辦，務使工歸實用，不任稍有虚糜。所有約估堵築漫口工料，及挑挖引河銀數，理合恭摺具奏。

奉上諭。恭録卷首。

總督琦善堵合南六工漫口疏 道光十二年閏九月

附：開復各員處分片

竊臣前將引河完竣，啟放清水，并兩壩進占丈尺，具摺奏聞在案。連日以來，督率在工文武員弁，協力趲辦。所有邊埽及挑水壩，均隨大壩鑲做。并於原估之外，添澆後戧。一面慎重進占，截至閏九月十一日，金門僅存寬四丈二尺。水勢驟然擡高，大溜湧注壩前。水深刷至三丈七八九尺至四丈二三四尺不等。兩壩俱形喫重，同時陡蟄數丈，情形甚爲險要。幸料物充裕，人夫雲集，各員弁率領兵夫，踴躍争先，隨蟄隨鑲，竭兩晝夜之力，始克保護堅穩，壩高水面二丈餘尺。察看溜勢，直射引河，形勢極爲順利。即於十三日寅刻，將河頭所留土埂起除開放，河水建瓴而下，迅於飛瀑。瞬息之間，已將大溜掣動，引河全行鋪滿，通暢下注。埽前之水，立消數尺。遂於是日申刻掛纜合龍，層土層柴，拼力搶堵，并下關門大埽，追壓到底。金門之下頃刻斷流，毫無涓滴滲漏。壩前即時停淤，全河復歸正道。此次引河壩工確實覈計，共用銀八萬三千一百七十三兩零。漫口以下旱口四處，繞越補還，并填殘缺，用銀一千三百五十二兩零。通共用銀八萬四千五百二十五兩零，較原估節省銀一萬四百七十兩零。俟覈明工段丈尺、銷賠確數，分晰開單，另行具奏。應辦善後事宜，并飭永定河道張泰運勘估奏辦，合并陳明。謹奏。

奉上諭。恭録卷首。

總督琦善開復各員處分片 道光十二年閏九月

再，本年永定河南六工漫口時，經臣奏奉諭旨：『將該道張泰運革職留任。三角澱通判婁豫、南六工上汛州判張夢麟摘去頂戴，留工効力』在案。伏查本年河堤漫溢，實緣秋霖過大，兼值上游長水，以致人力難施。兹自開工以來，該道勘估引河，督辦壩工，勾稽錢糧，慎重出納，比較歷屆多有節省，其竣工亦復迅速。工員婁豫、張夢麟等隨同効力，并各認真，均屬能知愧奮。且查河工漫口合龍之後，本有准予開復之例。合無仰懇天恩俯準，將永定河道張泰運開復原參處分。通判婁豫、州判張夢麟賞還頂戴之處，出自聖主鴻施。其餘在工州縣廳汛各員，晝夜襄事，亦皆勉効微勞。檢查歷次大工，均經仰蒙聖恩，準予保薦有案。惟人數過多，未敢稍涉冒濫。可否容臣督同該道，將尤爲出力者，遴擇數員，量予鼓勵。伏候訓示遵行，謹奏。

奉上諭。恭録卷首。

總督琦善估善後工程疏道光十二年閏九月

竊照南六工上汛漫口於閏九月十三日堵合完竣。連日追壓，均極穩固。惟新築大壩尤須估築越堤，以資重障。其該汛頭號至十四號，并南五工、北四工、北五工、北六工各汛，因本年秋水盛漲，堤上節節漫水，堤頂間有殘缺。應行一并間段幫培，并加高子埝，填墊坑塘，以防來春淩汛。當飭永定河道張泰運，督同廳汛各員確切估計。茲據該道開單呈送，共估需銀一萬八千七百七十五兩六分四釐。臣按照單開各工詳細履勘。所有建築越堤并各汛加培堤埝、補還原堤殘缺、填墊坑塘等工，均係最關緊要，刻不可緩，覈計估需銀數尚無浮多。現飭該道廳等趕緊攢辦，務於上凍以前完工報驗，另案請銷。謹將工段丈尺、土方銀數開列清單，恭呈御覽。合無仰懇聖恩，俯念工程緊要，准將奏明節省大工銀兩動用。尚不敷銀八千三百一兩零，仍於藩庫籌款，撥給領回，乘時趕辦，報候驗收，不容草率偷減。再查本年秋雨過大，水勢叠次異漲，南北兩岸大堤出水數寸及出水一二尺殘缺卑薄之處，并已飭令該道逐加勘估，俟覈明另案奏辦外，所有估辦善後緊要工程，估需銀數緣由，理合繕摺具奏。

奉上諭。恭録卷首。

總督琦善各漫口大略情形疏道光十四年七月

竊照本年六月中旬以後雨水較勤時，值大汛之期，節經劄飭河員，加意防護在案。茲據永定河道張泰運稟稱，六月二十九日，南四工水勢陡長，洶湧異常。該道當即馳赴上游之南二、南三等工巡防。水勢有增無減，盧溝橋連底水長至二丈四尺有奇，較十二年盛漲之水尚加至四尺八寸。連年雖已將堤埝加高，仍不免節節漫水，實爲數十年來未有之異漲。維時該道正在南二工督率搶辦，旋聞北三工十一二號大堤及北下汛十四號，均已漫溢掣溜，北中汛八號、北下汛四號亦多漫堤過水。該道隨即星馳前往，因水猛不能渡河。而南二工之金門閘閘墻迤南土堤，旋亦漫溢，南上汛灰垻并過水四尺五寸。現均晝夜搶護，未敢片刻停手。第此時舟楫難濟，文報不通，兼且風雨頻加，各工安危尚難預定等情，具報前來。臣接閱之下不勝驚駭。

查現在南北兩岸俱有漫溢之工，然河流向不分行勢，須歸并爲一。其北三工、北中汛等處工段，多係從前失事地方。舊時存有河形，漫水或即從斯滙注。惟此時究係何處奪溜成河？從何處經行入海？其漫溢口門計有若干丈尺？被淹係何州縣？均未據該道查稟，自係水勢未定，道路阻隔之故。現已專差營弁，先行持劄飭查。臣於拜摺後，即起程出省，前赴工次逐一履勘，查明奪溜成河處所，將疏防之員參奏示懲。其漫水經由地方，有無損傷人口？衝没田廬應否撫恤？容俟一并飭勘明確，照例辦理。所有永定河各工漫溢緣由，理合恭摺具奏。

奉硃批：『查勘明確，速行奏來。欽此。』

總督琦善勘明各漫口情形疏道光十四年七月

竊臣於七月初四日接據永定河道張泰運稟報，南北兩岸各工均有漫溢處所。經臣先將大概情形奏聞，并聲明親詣查辦在案。臣於初六日拜摺後，即日起程，初八日行抵盧溝橋。隨據該道將各工漫溢丈尺，及坐落州縣查明，具稟前來。臣周歷履勘，查得北中汛六號尾至八號頭於七月初一日辰時漫溢三百五十丈。北下汛四號漫溢九十八丈。又十四號漫溢一百零六丈。北三工十一二號漫溢一百九十丈。南二工金門閘閘墻迤南接連土堤漫溢一百零一丈。此外埽段蟄塌，堤身後潰者不一而足。其漫口坐落州縣，原報北中、北下二汛及北三工，俱在宛平縣界内。漫水由前後辛莊、龐各莊、求賢灰垻歸入舊減河，經黄村、大營村、張華村一帶，至武清縣之黄花店，仍歸永定河尾閭入海。南二工係在良鄉縣界内，漫水由金門閘減河入清河，經白溝河歸入大清河入海。現在北下汛、北三工、南二工等三汛漫口俱已掛淤斷流。惟北中汛六七八號業已奪溜成河，計漫口三百五十丈。水行中洪，寬一百五十餘丈，水深一丈四尺。溜勢歸并灌注，其正河已間段乾涸，不致再從旱口分行。所有被淹村莊，先經臣飭委候補正佐各員，分投查勘，復經順天府尹臣委員一體確查，均尚未據覆到。

竊思漫水下注，有頂衝、旁溢、倒漾之不同，就使同一頂衝而地勢或有遠近之别，即灾分各有輕重之殊。此次漫水經行，多在宛平地面，良鄉過水較小，武清亦相距稍遠，大興、東安、固安、永清各縣被水處所，均尚無多。必須分别查辦，不容草率牽混。惟水勢頂衝之處，即爲被灾較重之區。若俟一律查明，未免有需時日。可否酌量先予撫恤，出自高厚鴻慈。臣已檄行藩司籌撥銀兩，委員解往備用，其應給賑項，仍與成案稍輕各村莊，由該司查詳到日，再行會同奏懇恩施。

至於各工失事之由委，因六月中旬以後雨水太勤，而晉省大同等處地居上游，叠次據報長水，兼之大清河亦緣雨多水漲，下游又成頂托。來源既盛，去路復阻，以致汛溢漫堤。就臣到工後查驗并詢之附近兵民，僉稱盛漲之時，水高堤頂數尺至一二三尺不等。該處居民有自願上堤幫同搶護者。無如水勢過猛，遂覺人力難施。溯查嘉慶六年以來，未有如此異漲。幸事在白晝，雖田廬多被淹浸，人口并無損傷。其被灾情形似較道光三年爲輕。在事工員既不能化險爲平，均有應得之咎。相應請旨，將石景山同知張起鵷、北中汛縣丞徐敦義，先行摘去頂戴，并行撤任，仍令留工効力，以贖前愆。其署北下汛縣丞張書紳、北岸同知蔣宗墉、北三工州判王仲蘭、調署南岸同知邵楠、南二工縣丞陳禾等，所管堤工各有漫溢，俱未致奪溜成河。應請旨交部照例議處，免其撤任，以觀後效。永定河道張泰運督率無方，咎無可辭。惟現當險工防護喫緊之時，轉瞬又須辦理堵築，合無仰懇聖恩，將該道張泰運革職留任，仍責成盡力妥辦，統俟合龍後，查該道及廳汛各員能否愧奮出力，再行據實具奏。臣雖經屢屬防範，究未保護平穩。并應請旨將臣交部議處。其堵築事宜，自應亟爲籌計，第堵築以集料爲先，宣洩以引河爲要。此時存工料物，僅敷留備秋汛，而新料現未登場，引河亦尚難勘估。應俟水勢消退，禾稭刈穫，即一面挑河，一面購料。霜（清）〔降〕後再行趕緊堵合，以期一氣呵成。臣擬將各項緊要事件，部署得有就緒，交永定河道專駐料理，即暫回省城，與藩司派調諸悉河務人員協力襄事。臣於進占時，仍再赴工督辦。謹將查明各工漫口緣由，恭摺具奏。

奉上諭。恭録卷首。

總督琦善趕辦旱口堤埽各工疏道光十四年七月

竊臣查永定河北中汛漫口應行進占事宜，須俟霜（清）〔降〕以後，方可辦理。經臣專摺奏聞在案。臣於十六日陛辭後，仍即回駐盧溝橋工次。查正河雖已斷流，仍間段存有積水，緣大清河爲永定河下游，形勢橫亘於前。現在各州縣泛漲之水，分道滙歸，致成頂托。不能不稍待消落，將河內積水抽溝宣洩净盡，再挑估引河。惟旱口堤埽各工，應責成永定河道先爲趕辦。茲據該道張泰運稟稱，南二工、北下汛、北三工等三汛旱口等工，即應補還原堤，鑲做護埽。又南二、北下兩汛經此次河水異漲，大溜撞激塌潰之處，亦須將堤埽補還。又南二工十五六七八等號，及北二工上汛十一二三等號堤身殘缺坑塘，俱應先爲補築。以上各工經該道帶同委員，逐一履勘，撙節估計，共需銀三萬六千九百一十七兩零，內旱口等工估銀二萬一千三百五十五兩零，應行分別賠銷。共補還塌埽潰堤，并填補殘缺坑塘等工，估銀一萬五千五百六十二兩零，係照例覈銷之項，由該道開具清單，請奏前來。

臣查南二工等處旱口，應行補還堤埽，并填補殘缺坑塘等工。自應乘此漫工未舉，引河未估之先，趕緊派員興辦，以禦將來合龍下注之水。覈計估需銀數，尚無浮多。合無仰懇聖恩，俯念工程緊要，准其動項興修。所需銀兩即在藩庫動撥給領，乘時趕辦，報候驗收，不任草率、偷減。至挑河築壩各事應需銀款，另俟勘有確數，再行奏請動項興辦外，所有補還旱口堤埽各工需用銀數，理合先行繕具清單，敬呈御覽。謹奏。

奉上諭。恭録卷首。

總督琦善估北中汛漫口工需疏 道光十四年九月

竊臣前在永定河工次，將查看漫口情形，應俟水落料齊，再行堵築。并將南二工等汛旱口堤埽各工，先行趕辦緣由，先後奏明在案。臣回省後即劄飭該道張泰運，將應挑引河及需用一切正雜料物撙節確估。去後，兹據該道稟稱，北中汛漫口原寬三百五十丈，應將東岸旱灘一百六十三丈補築土堤，餘存口門一百八十七丈，水深三四五尺至一丈一二尺不等。現在大溜橫行，自西而東普律皆水。河面即寬，土性又復純沙，將來口門愈收愈窄，水勢愈刷愈深，必須一律輭鑲進占。接下丁頭大埽，背後幫築戧堤，臨河一面鑲做護埽，方爲穩實。計應用料物、夫工、土方暨秫稭，加添運脚，約需銀六萬六千餘兩。其引河自漫口迤下，至南八工下汛尾閭之單家溝止，間段估挑，共長二萬七千四百五十六丈五尺。計估口寬十丈及十一二丈，至五六七丈不等，底寬七八九丈至三四五丈不等，深七八尺至二三四尺不等，道里較長，淺深不一，約需銀六萬四千餘兩。以上通共約需銀十三萬兩等情，具稟前來。臣覆加查覈，委係再三撙節，估計無可再減。除飭藩司籌款動撥，委員解赴工次，交該道收存備用外，仍委誠實之員，專司稽覈。統俟合龍以後，另繕丈尺銀數清單，恭呈御覽。硃批：款項亦不爲少矣，務須認真加意撙節，欽此。前項銀如有餘剩，即留爲善後工程之用。此時已届寒露節後，水勢日漸消落，薪料亦次第登場，亟須趕緊購運。其承挑引河各員，業經派定，一俟齊抵工次，先飭分段趕緊挑挖，俟挑有分數，即相機進占，以期早爲蕆事。臣現將緊要各件趕緊清釐，仍當於進占時，親赴工次督辦，務使工歸實用，不任稍有虛糜。所有約估堵築漫口工料，及挑挖引河銀數，理合恭摺具奏。

奉上諭。恭録卷首。

總督琦善堵合北中汛漫口疏 道光十四年十月 附：開復各員處分片、河壩實用銀數片

竊臣前因北中汛堵築開工，當將挑河進占情形，具摺奏聞在案。連日以來督率在工文武員弁，協力趲辦，并因通永道陳繼昌來工面稟事件，復經檄飭該道將業經試驗之引河，再爲逐段查勘，如稍有未净之處，即爲起除。一面慎重進占，鑲做上下邊埽，趕築後戧。截至十月十八日止，口門僅存寬四丈，愈收愈窄，大溜湧注，壩前水深二丈四五六尺至三丈二三四尺不等。兩壩俱形喫重，同時陡蟄數丈，幸人夫雲集，料物充盈，隨蟄隨鑲，竭兩晝夜之

力，始克搶護穩固。壩高水面二丈有餘，溜勢直射引河，情形極爲順利。即於二十日寅刻，將河頭所留土埂起除開放，河水建瓴而下，迅如飛瀑，瞬息之間，將大溜掣動，引河全行鋪滿，通暢下注。埽前之水，立消數尺，遂於是日辰刻掛纜合龍，層土層柴，并力搶堵，并下關門大埽，追壓到底。金門以下頃刻斷流，毫無涓滴滲漏。壩前即日掛淤，全河復歸舊道。其旱口堤埽各工，業已先經補還，一律俱臻穩固。

再，本年北中汛漫口時，經臣奏，奉諭旨：『將永定河道張泰運革職留任。石景山同知張起鵷、北中汛縣丞徐敦義，摘去頂戴，撤任留工効力。署北下汛縣丞張書紳、北岸同知蔣宗墉、北三工州判王仲蘭、調署南岸同知邵楠、南二工縣丞陳禾等，免其撤任，交部議處』在案。兹要工業已竣事，各該員均屬能知愧奮，與奏請開復之例相符。合無仰懇天恩俯准，將該道張泰運及同知蔣宗墉、邵楠、州判王仲蘭、縣丞張書紳、陳禾等員，均予開復原參處分。其同知張起鵷、縣丞徐敦義二員，并予賞還頂戴，出自聖主鴻施。仍責令張起鵷、徐敦義各在本工防守一年，如來歲三汛安瀾，方准回省聽候序補。再，此次挑河築壩各工，經臣督飭該道力加撙節。現在確實覈計，共用銀十萬八千六百五十餘兩，較原估之數，計有節省銀二萬一千三百四十餘兩，統俟覈明工段丈尺各數，分晰開單，另行具奏。其節省之項，即留於善後案内動支。約須用銀九千餘兩，仍有餘存銀一萬二千餘兩，另飭解還司庫，以歸覈實。附片奏聞。

奉上諭。恭録卷首。

工部催造備辦料物清册疏道光十六年正月

竊查河工省分預辦料物，有歲料之名，所以備歲搶修之用也。有防料之名，所以備另案工程之用也。如備料不敷，另行添購，則又有購料之款，所以隨時添辦而重要工也。總之有辦料之預行撥款，則工歸實用。必須扣除有購料之逐案開銷，則備料不敷，必應覈實。先於嘉慶十九年，經臣部查明，南河、東河、直隸等處，每年均有預辦歲料，及備防料物銀兩，奏請按年將動用各料造具四柱清册，報部備查，奉旨：『依議。欽此』，欽遵纂入則例，通行在案。又於道光十二年查辦料垛案内，奏明歲料有餘，扣發防料，防料有餘，扣發歲料，仍將動存數目，報部備查。奉旨：『准行』，亦在案。

今查直隸通永道、山東兖沂道、河南開歸道、河北道，預辦歲防稭料，均經造册報部。其南河葦蕩營採割柴束，僅報至嘉慶二十四年止，備辦歲料報至道光十一年止。至另案防料，則有預撥之款，無報部之册。及分案開銷作何扣抵，漫無稽覈，此河南之漏報也。直隸永定河、山東運河應造料册，迄今未據送部，此直隸、山東之漏報也。

臣等伏查預辦料物，動撥帑項爲數甚多。南河歲料，每年預撥銀一百二十萬兩。另案防料預撥銀一百五十萬兩。上年閏六月間，又據兩江總督陶澍、江南總河麟慶等奏請，於一百五十萬兩之外，添撥銀五十萬兩，此南河之辦料銀數也。豫省歲料定例每年以五十垛爲率，共例幫二價銀三十五萬兩。又定例該省常備之外，添撥銀一萬二千兩，另行多備料物，堆貯險工上流。遇有動用，本案報銷，買補歸款。如無動用，即留爲下年儘先給發，以免黴爛等語。其豫東二省黄河兩岸十三廳應辦歲料，因河庫銀不敷，每歲南岸請撥藩庫銀七萬兩，北岸請撥銀三萬五千兩，又應添辦備防料二千垛，共例幫二價銀十四萬兩。東省漕糧二廳，歲料請撥銀三萬兩，又添辦備防料五百垛，計銀三萬五千兩，此東河之辦料銀數也。直隸永定河歲搶修額定銀六萬一千兩，加添運脚銀八千五百兩。南運、北運兩河歲修共銀三萬四千兩。南運河搶修工程每年先發銀一萬二千兩，均係預期赴部請領，採辦料物，留爲次年之用，此直隸之辦料銀數也。統計各省採辦料物，每歲預撥銀三百數十萬兩之多。

國家經費有常，必須工歸實用，若預辦料物即已撥銀，而分案開銷復行添購，其動存數目，無可稽查，殊非覈實辦公之道。從前已報清册，如直隸通永道，竟有乾隆年間舊料未經動用者，則其未行册報之處，更可概見。其應存之料是否霉爛無存，河員交代有無虧短？每年採辦是否足數？添購料物是否重銷？無册互稽，均難覈辦。及補行造報已在既銷之後，年復一年，更復無從清算。相應請旨飭下直隸、山東、河南、江南等省經管河工各督撫，將預辦料物，按年造具動存四柱清册，報部備查。其從前未報年分速行補報，并於册内將某年某工段落數目，動用何項料物，分晰開載，以除積弊而歸覈實。臣等爲慎重錢糧起見，是否有當？伏乞皇上聖鑒。謹奏。

奉上諭。恭録卷首。

總督琦善裁河工閒員疏 道光十七年十月

竊臣於道光十二年，將通省丞倅知縣佐雜等官，酌裁二十三缺，奉旨允准在案。兹臣前赴永定河查看堤工水勢，復查有北堤七工東安縣主簿及南六下汛霸州巡檢二缺所管堤工，現在河勢遷移，并無應辦埽壩工程，係屬閒冗，均應裁汰。其北七工堤段應歸并北六工霸州州判經管。南六下汛頭號至七號堤段，應歸并南六上汛霸州州判經管，改爲南岸六工霸州州判。八號至十五號堤段，應歸并南七工東安縣主簿經管。該二汛額設河兵，均有防守堤工之責，未便裁汰，應即由歸并之汛員管理。

又永定河上游兩岸堤工多係宛平縣地面，每遇大汛，由該縣委令龐各莊巡檢於沿河村莊點派防險人夫，解工防守。該巡檢非兼河之缺，不歸河道統轄，每至呼應不靈。應將該巡檢作爲兼河員缺，將點解防險人夫一事，責令專司，庶無貽誤。飭據該永定河道會同藩司覈議，具詳前來。相應請旨，將永定河北堤七工東安縣主簿、南六下汛霸州巡檢二缺裁汰。并請將南六上汛霸州州判，改爲南岸六工霸州州判。其宛平縣麗各莊巡檢作爲兼河員缺。至歸并堤工段落、河兵名數并應繳、應换鈐記，以及裁汰衙署俸廉役食各事，宜飭令該司道會議具詳，再行分别題咨辦理。爲此恭摺具奏。

奉硃批：『吏部議奏。欽此。』經部奏准。

總督琦善請添備防稭料疏道光十九年十月

竊查永定河歲修各工所用稭料，嘉慶二十年經前督臣那彦成奏准，於歲修料外添購備防料物，歷年遵辦在案。兹據護理永定河道、南岸同知邵楠詳稱，永定河埽段歷年逐漸增添，道遠工長，每逢河水漲發，溜勢洶湧，搜刷堤根，舊工新險，均須隨時搶鑲。原設歲修錢糧實不敷用，全賴備防料物接濟。本年伏秋兩汛盛漲逾常，所有上年添備稭料二百五十萬束，俱已用罄。請於來年應辦正額之外，添購備防稭料二百四十萬束。每束例價銀八釐，連加添運脚銀二釐五毫，共需銀二萬五千二百兩。趕緊乘時採買，分貯工次，俾資儲備等情，具詳請奏前來。臣查河工稭料，爲預水護堤最要之需。查自道光三年以後，添購備防稭料，每歲請銀一萬九千餘兩至二萬九千餘兩不等。上年添備稭料二百五十萬束，因本年水勢迭次異漲，搶鑲蟄陷埽段，業已全數用完。今請添備稭料二百四十萬束，計銀二萬五千二百兩。較之上年有減無增，合無仰懇聖恩，俯念河防緊要，准照成案辦理。如蒙俞允，此項價銀請即在於司庫籌款照數動撥，責成該護道督率廳汛各員，乘時採買，分貯工次，報候驗收。儻來年水準工穩，料有赢餘，仍留爲下年之用。理合繕摺具奏。

奉上諭。恭録卷首。

總督訥爾經額估修金門閘疏道光二十二年十一月

竊臣前據永定河道恒春稟稱，永定河堤岸逐漸淤高，全藉金門閘分洩大溜。金門閘龍骨外向有出水灰簸箕，因每年龍骨過水，間有損裂。上年暨本年叠次盛漲，益形殘缺，必須修復完整，并將石龍骨加高，兩岸堤埝培厚，始無漫溢之虞等情。經臣奏明親歷查勘情形，分别工程緩急，再行奏辦在案。臣到工之日，即督同該道并廳汛各官詳細履勘。竊見永定河水性挾沙帶泥，自西北直抵東南，滙入大清河入海。兩河形勢一縱一横，清河頂托於前，故濁流日形淤墊。溯查道光四年修復金門閘，并於十一年間加高龍骨之後，全河悉受裨益。近因河身逐年淤高，大汛期内龍骨過水太暢，水落不能斷流，致灰簸箕被衝殘缺。雖經搶築土埝攔護，而汛水漲發，旋築旋衝。必須再將石龍骨加高三尺，并於石海墁以下接做散水石一丈，庶盛漲藉資宣洩。水落仍可收束溜勢，暢刷中洪，亦免淤墊。其衝揭灰籖箕，照舊補築完整，均係必不可緩之工。除兩岸卑矮堤埝，由該道督率廳汛，務於歲搶修項下加高培厚，以資保護外，所有加高石龍骨、接做散水石，并補築灰籖箕、填墊坑塘、牙樁簽釘等項，據該道估計共需工料銀二萬九千一百八十五兩零。開具清單，請奏前來。臣覆加確覈，所估銀數尚無浮冒、不實之處。合無仰懇聖恩，俯念河防緊要，准其照估辦理。所需銀兩應請於司庫籌款動撥，責成該道恒春委員領回，督率廳汛各員，將應用料物務於年内趕辦齊全。一俟來歲開春，即行興工，俾灰漿步步乾透，一體堅實，藉資宣洩盛漲。工竣覈實驗收，照例題銷。如有草率、偷減，仍即從嚴參辦。理合恭摺具奏。

奉上諭。恭録卷首。

總督訥爾經額北六工遥堤漫溢疏道光二十三年閏七月

竊照本年伏汛期内，永定河漲水數次，雖據搶護平穩，奏報安瀾，而入秋以後，各處山水下注。據報上游白洋河來源較旺，經臣諳飭加謹防護在案。兹於閏七月初五日，接據永定河道恒春稟稱，本月初二日接據北岸同知竇喬林轉據北六工汛員霸州州判嚴士鈞稟報，該汛北遥堤十一號因大清河水勢過大，頂托渾水，有漲無消，以致水與埝平。該道聞信馳往查勘，正在跑買土料，搶築子埝，無如水勢猛驟，旋築旋衝，初三、初四兩日，堤身陸續蟄塌二十餘丈，漫淹二十餘里，水深一二尺不等。民間房舍并未衝壞，人口亦無傷損等情，具稟前來。臣查永定河堤埝攸關民田保障。現因大清河水大，頂托渾水，不能暢行。被衝漫口若不趕緊鑲裹，致合溜勢北趨，勢必愈刷愈寬。臣已嚴飭該道督率廳汛員弁，趕緊裹頭盤護，以免續被汕刷。至廳汛各官，駐工防守係其專責，乃不知先事預防，以致堤潰漫溢，實屬玩誤，相應請旨，將北岸同知竇喬林、北六工汛霸州州判嚴士鈞、協防把總富泰一并革職，暫留工次効力。永定河道恒春督率無方，請旨革職留任。責令督同接署廳汛各員，趕緊妥爲籌辦，俟堵築合龍後，能否愧奮出力，再行分別具奏。臣雖屢屬防範，究未保護平穩，并應請旨將臣交部議處。臣拜摺後，即於初七日起程，馳往該工查勘督辦，并查明被淹各村莊輕重情形。如有應行撫恤之處，即當熟籌妥辦，無使失所，以仰副聖主軫念民生之至意。所有永定河北遥堤漫溢，親往勘辦緣由，理合恭摺具奏。

奉上諭。恭録卷首。

總督訥爾經額估漫口工需量力分捐疏道光二十三年閏七月

竊臣於本月初九日行抵永定河工次，連日周歷履勘。

永定河北岸北遥堤相離河流故道，本有十數里之遥，二十餘年并未經水，亦未動款修理。迨七月二十日以後，因大清河水勢頂托，河水不能暢行，每長水一次，下游即加一番淤高，來源急而去路緩，水勢有長無消。二十八日，河流驟然北徙，溜勢側注遥堤。趕緊搶護，無如水勢洶湧，以致堤身平漫過水。閏七月初三、初四日，陸續蟄塌成口，河流故道業已淤墊斷流，水勢倒漾北趨，即由永清、東安、武清地面，仍歸鳳河。測量漫口上寬二十丈，下寬十七丈，口門水深不及一丈。經該道督率廳汛各員搶築裹頭、簽釘大樁，業已盤護穩實，無虞汕刷。口門附近處所一片沙灘，并無種植禾稼，相距十餘里始有零星村落。據永清、東安、武清三縣稟報，被水者共計一百三十六村莊。僅正穀豆被淹，高粱玉粟并無妨礙，被水均不甚重，歉收不過三四分。體察民情極爲静謐，無庸辦理撫恤。臣已飭司委員查勘被淹輕重情形，另行照例分别詳辦。

其被衝口門自應趕緊籌堵，惟堵築漫口全在引河通暢，而挑挖引河，尤在河頭得勢。現距北遥堤漫口附近之處，既無引河頭尾，而正河若就其北徙之勢而行，盤折紆迴，實未見其暢順。臣與該道等詳細籌勘，應就北六工正堤尾接築大壩，由柳坨村挑挖引河，即於彼處截流堵口，使大溜仍由故道歸於鳳河，滙大清河入海，則因勢利導，既於全河有裨。而合龍之後，現在口門即成旱口，亦易堵合。博採衆論，所議僉同。飭道督同委員撙節估計，新築埽壩工三百餘丈，接築堤工七百餘丈，堵口軟鑲進占，接下丁頭大埽，背後幫築戧堤，臨河一面鑲做護埽，并挑挖引河七千餘丈，應用料物夫工土方，約需銀四萬餘兩，實已省益求省，無可再減。惟國家經費有常，現當各處興工，在在需用之時，臣未敢率行請款，自應由臣與永定河道倡捐，司道府廳州縣量力分捐。工項無多，可期無誤。責成現已於十三日集夫興工，先行接築老堤，安作壩頭。責成該道恒春，督率廳汛委員趕緊挑挖引河，務於霜降後，一律完工[一]，刻下勘辦已定。臣拜摺後，擬先赴天津至山海關一帶閲伍，俟折回驗收引河各工，督率合龍。所有勘辦永定河北遥堤漫口情形，理合恭摺具奏。

奉上諭。恭録卷首。

總督訥爾經額堵合北六工漫口疏道光二十三年九月

附：補築遥堤口門片

竊臣於八月二十二日折回永定河工次，連日督率工員并力趲辦，於二十九日將引河一律挑挖完竣。臣於九月初一日自工頭查至工尾，照依原估丈尺，以水準較量，均無偷減情弊。隨自下而上逐段先放清水，以驗河流之緩急。查看水勢甚爲通暢，并無格礙之處。臣初三日回

[一] 完工　光緒七年原刻本爲『完下』，光緒八年重修本改爲『完工』。

工，遂督率道廳於初四、初五兩日，將所築大垻趕做邊埽後戧，慎重進占，多壓重土，跟追堅實。兩垻高出水面一丈四尺，口門僅存四丈。料物充足，人夫雲集，即於初六日丑刻，將引河頭所留上埂啟除放水。大河建瓴而下，迅於飛瀑，瞬息之間，已將大溜掣動。引河鋪滿，暢流下注，埽前之水立消數尺，遂於巳刻掛纜合龍，層土層料，并力搶堵，并下關門大埽，追壓到底，金門以下頃刻斷流閉氣，毫無涓滴滲漏。初七日覆加查看，垻前業已停淤，全河悉歸正道。

再，此次挑挖引河接築大垻，共計撙節支用銀四萬八千五百餘兩，覈之捐項餘剩尚多。臣查北遥堤計長四十六里。二十餘年并未見水，亦未請款修理。因本年河流驟然北徙，溜勢側注，致有漫口之事。現在改由北六工築垻堵合。其被衝口門已成旱口，應即照舊補還。而全堤年久失修，多有殘缺蟄陷，自應一律修培，藉資保障。據永定河道與工員估計，需銀一萬一千四百餘兩，即在於捐項内動支。責成該道督率妥辦，工竣委員驗收。前項工程均係捐辦，請免造册報銷。至各屬因工需緊要，捐輸踴躍，除鹽臣并司道等不敢仰邀甄敘外，所有捐數較多并調工之正佐二十餘員，築壩挑河多有認捐公费者，尚屬急公出力。可否擇其尤爲出力之員，奏懇恩施，以昭激勸之處。候旨遵行。理合附片具奏。

奉上諭。恭録卷首。

總督訥爾經額請頒河神廟額聯片道光二十三年九月

再查，永定河北七工河神廟一座，係乾隆三十八年奉旨以望河亭改建。又南六工雙營村河神廟一座，係乾隆三十年建修。迄今七十餘年，廟貌巍焕，靈應屢昭。本年北七工十一號遥堤以多年無工之處，驟經河道遷徙，漫溢刷塌僅止十數丈。迨盤做裹頭之時，并未續坍，出水不寬，是以被淹村莊輕而且少。現在改由北六工十八號迤下擇地堵合。自興工以來，天氣久晴，水不揚波，得以迅速將事，剋期合龍，實賴神靈之默佑。查兩工河神廟，從前未荷宸翰表揚。合無仰懇皇上，頒賜御書匾對，敬謹懸掛，以彰美報而答神庥。俟奉到諭旨，再行規量匾對尺寸，恭呈御覽。

奉上諭。恭録卷首。

總督訥爾經額開復各員處分片道光二十三年十月

再，本年永定河北遥堤漫口時，經臣奏奉諭旨，將永定河道恒春革職留任，北岸同知竇喬林、北六工霸州州判嚴士鈞、協防把總富泰革職，留工効力在案。興工以來，該道督率廳汛各員，接築堤垻、挑挖引河。各該員隨工効力，均屬愧奮，得以剋期合龍。查河工漫口堵合之後，例准奏請開復。可否仰懇聖恩俯准，將永定河道恒春開復原參處分。其同知竇喬林、州判嚴士鈞、把總富泰三員，均予開復原官，在工候補之處，出自聖主鴻施。如蒙恩准，其賨喬林等三員，仍俟來年三汛安瀾之後，如果始終奮勉，再行酌量補用。理合附片具奏。

奉上諭。恭録卷首。

總督訥爾經額南七工漫溢疏 道光二十四年六月

附：撥滹沱河生息銀兩片

竊臣於二十七日接據永定河道張起鵷稟稱，本月十六日以後連日大雨如注，二十二三兩日，盧溝橋叠次籤報長水一丈，連底水至一丈八尺六寸，較上年七月内盛漲之時尚多二寸，處處盈堤拍岸。所有北上汛、北二上汛、北二下汛、北五工、北三工、北四工、南上汛等處，各工埽段均有蟄陷，處處報險，情形在在喫重。該道上下奔馳，督飭廳汛各員，跑買土料，晝夜搶鑲，幸俱穩固。惟三角澱通判所屬之南七工五號，堤身坐蟄，因水勢側注，旋築旋塌。該道正在南上汛督辦搶險，聞信後馳往查看，堤面業經過水，已成漫口，約寬十餘丈，水深八九尺至一丈餘不等。詢之兵民人等，僉稱連日大雨，長水洶湧，大清河水勢又復過大，頂托渾流，迎溜堤身無不矬蟄。該處係屬平工，并無稭料，正在跑買土料，搶護加築。不料二十三日戌亥之交，雷電交作，雨大風狂，時在黑夜，人力難施。至二十四日寅刻，堤身續又蟄陷，以致堤面過水，衝成缺口。現在水勢盛行，尚難盤做裹頭，惟有趕緊捆下埽由，暫資抵禦。查得該處大堤外，有中堤及老堤各一道，漫口所出之水至中堤迤南，循行舊河入大清河，達津歸海。大堤外村莊甚少，民房并無衝壞，人口亦無損傷，漫淹田盧亦屬無多。并據永清縣稟稱，該縣大朱家莊、三聖口、四聖口一帶，均有被淹之處。現在督飭民夫設法疏消，各等情具稟前來。

臣查本月十五日以後雨水連綿，上游山水又復滙注，各工均經報險，屢經批飭嚴防。在事各官不能加意搶護，以致南七工五號有漫溢之事，實屬咎有應得，相應將永定河道張起鵷、三角澱通判翟宮槐、南七工東安縣主簿王錫震，均請旨革職留任。翟宮槐、王錫震并摘去項戴，責令隨同該道在工，趕緊設法堵合。統俟合龍後，查明能否愧奮出力，再行具奏。臣雖屢飭防範，究未保護平穩，并應請旨將臣交部議處。臣拜摺後，即馳往該工查勘督辦，并查明被淹村莊輕重情形，如有應行撫恤之處，即當熟籌妥辦，無使失所，以仰副聖主軫念民生之至意。

再，此次河水異漲，南北兩岸各汛險工叠出。該道督率廳汛員弁，動用存工料物，隨時搶護，將已及半。此後伏秋大汛，爲日正長，存料既有動用，應即查明買補，俾得接濟應手。所有添辦料物并堵築南七工漫口經費，當此用款支絀之時，臣未敢率行請帑。查，直隸省清河道庫存有滹沱河生息一款，係乾隆九年間，奏准借動清河道庫營田工本銀一萬五千兩，發商生息，以爲歲修滹沱河之用。嗣於嘉慶十三年，因滹沱河水勢南徙，奏明停止歲修。其本銀照舊生息，遇有動用，隨時報部在案。茲查此項息銀，自乾隆九年起積至道光二十二年，除動用外，實存銀三萬二千餘兩。應請將前項積存息銀動撥三萬兩，解存永定河道庫。容臣到工查明情形，以備添辦料物，并堵築漫口之需。事竣覈實造報，理合附片陳明。謹奏。

奉上諭。恭録卷首。

總督訥爾經額勘明漫口情形疏道光二十四年六月

竊臣於六月初五日行抵永定河工次，連日周歷履勘。查得南六工十九號以下，原有舊時河身一道，係乾隆二十年間改移下口廢棄。現今之南堤即乾隆二十年前之北堤，是以現在南堤外，尚有中老堤及南老堤堤根各一道。此次南七工五號漫口所出之水即循行舊河，穿過中老堤、南老堤舊缺口，入大清河，達津歸海。查勘漫口處所，因來源猛驟，溜勢湍急，續又塌卸。測量口門寬四十八丈，深一丈二三尺不等。業經該道督率廳汛各員搶築，裹頭簽釘、大椿盤護，穩實無虞。

再，致汕刷口門附近之永清縣境内，被水頂衝漫淹者，計十二村莊，房屋間有倒塌，尚未損傷人口。已據該管之南路同知，督同該縣親詣查勘，損資安置，不至失所。體察民情，甚爲静謐。其餘永清、霸州所屬九十餘村莊被水較輕，田禾漸已涸出。臣已飭司委員確查被水村莊數目，漫淹輕重情形，倒塌房屋間數。應否撫恤，覈實詳辦。

至漫口之水，現由舊河行走。如順勢而行，則漫口無須堵合，惟中老堤、南老堤二道廢棄多年，現經委員分查，僅存堤基，河身亦早淤平。覈計築堤挖河，費既不貲，且查得兩堤之内，現有大小六十一村莊，居民三千九百餘户，遷徙維艱。自應堵築漫口，俾河水仍歸故道。第堵口以集料爲先，洩水以引河爲要。各處存工料物，本年南北兩岸因險工叠出，陸續動用，搶護存貯無多。伏秋大汛正長，現在尚須買補添備，無可抽撥應用。且此次河水異漲，南七工口門以内新河坎已刷深二丈。上下斷流之正河一律淤高。挑挖引河須長八十餘里，深二丈餘尺，尾間則更須加深，方能引水，仍由鳳河入大清河，達津歸海。而上游引河挖深，設或鳳河高仰，水不能入，尤有關繫。此時正在大汛期内，河水長落靡常，情形尚難預定，未便遽議堵合，轉致水無去路。

溯查以前舊案，堵築漫口均在水退歸槽之後，自應仍行循照辦理，以期得手。現飭永定河道分派員弁，先從下游河身抽溝放水，一俟乾涸，即勘定引河工頭。俟秋汛後，新料登場，購買較易，一面挑河，一面備料，趕緊堵合。霜降前後，總可完工。臣現在挨查兩岸各工，點驗舊存、新添料物，仍赴永定河尾間，查看鳳河、大清河三河高下情形。查，鳳河久爲永定河水淤淺。上年北遥堤漫口時，因查永定河下口與鳳河交滙處所暨鳳河河身間段停淤，亟應挑挖。永定河下口係武清縣所轄，鳳河係天津縣所轄，當經劄飭永定、天津、通永三道，督同東路同知等，會勘估辦。旋據該廳縣等倡勸捐資，擇要展寬，挑深三四尺在案。惟現在永定河斷流，正河淤高，新河坎已刷深。將來覈計丈尺，挑挖引河，放水歸入鳳河，是否不至高仰頂托，臣當督同道廳，親詣履勘，逐加測量深淺高下。如尚須挑挖，應一并估計，另行陳奏。

奉上諭。恭録卷首。

總督訥爾經額請復設汛員疏道光二十四年六月

竊照，永定河水性善徙易淤，流遷靡定。其駐汛工員如有修防事宜今昔情形不同者，自應酌量變通，妥爲安置，以重職守。兹查北六工以下，原設有北七工東安縣主簿一缺，前於道光十七年間，因該處距河較遠，并無埽壩工程，經前督臣將北七工主簿奏明裁汰。其經管遥堤汛夫，撥歸北六工州判兼管。戰守河兵酌撥各汛，俸廉役食全行裁汰在案。溯自裁汰之後，遥堤從未經水，亦未修培，歷年平穩。乃上年大汛期内，河流陡然北徙，大溜直逼堤根，致十一號有漫溢之事。經臣奏請於北六工工尾截流堵合，并將漫口堵閉完固。河流雖已順軌，但溜勢遷徙無常，難保不復北趨，亟應預籌修守。

查，北六工州判，本管堤工已二十六里有奇，再加以遥堤四十六里，道遠工長，實屬照料難周。臣與司道等悉心籌計，必須設立專員防護，方足以昭慎重。惟該主簿員缺，係奏明裁汰，未便遽請復設。而體察現在情形，又不能不有專員料理。因思直隸省佐貳佐雜員缺尚多，其中如有經管事務較簡者，酌擇一缺移駐，則員缺既不必復設，俸廉亦不必增添，而修守事宜可期事有專責。當經劄飭司道確查詳辦。去後，兹據藩臬兩司會同永定河道、通永道詳稱，遵即在於通省佐貳佐雜各缺内詳加訪詢。查得順天府屬之寶坻縣主簿一缺，本係專河要缺。道光四年間，因其所管堤埝均係民工，并無修守專責，奏明改爲兼河之缺，由外揀選升調在案。兹查該主簿雖名爲兼河，實無分防地面，遇有搶竊等案，向開典史協緝職名，從不開參主簿。其所管河道，近來多有淤塞，堤埝歷係民修，衹須官爲督催，無須官爲經理。應請即以寶坻縣主簿移駐永定河北七工，作爲東安縣主簿。所有寶坻縣境内民堤遇有殘缺，責成該縣督催修理，可期無誤等情，會詳前來。臣復劄詢該管之東路同知并寶坻縣，稟覆無異。函商尹臣，亦復意見相同。相應奏明請旨遵行。如蒙俞允，所有應繳、應鑄印信，以及應添、應裁廉俸役食、書吏、弓兵，經管汛界并一切未盡各事宜，另行照例分別題咨辦理。理合會同兼管順天府府尹臣卓秉恬、順天府府尹李僡，合詞恭摺具奏。

奉硃批：『該部議奏。欽此。』經部奏准。

總督訥爾經額估漫口工需分別動款捐資疏道光二十四年八月

竊臣抵永定河工次，督同該道等詳細履勘。現在南七工口門内，新河坎刷深二丈上下。如就附近口門之處挑挖引河，須深至二丈二三尺，長至八十餘里。非三十餘萬金，不能興築。費鉅工繁，斷難估辦。挨次查勘測量河坎高下，惟迤北三里許，北六工尾之河西營村前河坎較低，河勢坐灣，以之定爲河頭，挑挖引河、築壩合龍，形勢較順。接查挑挖引河地段，逐漸低窪，亦不費手，舍此别無可以採用之處。博諮衆論，所見僉同。飭道督同委員撙節估計，自河西營村起至鳳河止，挑挖引河，深一丈七尺，遞減至四尺五寸，工長七十餘里。直達鳳河，由大清河入海。需銀八萬八千餘兩。又築壩合龍、堵合原堤漫口各工，估需銀三萬五千餘兩。又挑挖鳳河高仰淤淺，自三鳳眼起至尾閭入大清河止，工長二十餘里，河面展寬一丈至四丈，挑深四五尺不等，估需銀二萬五千餘兩。三〔項〕[一]共估需銀十四萬八千餘兩，實在無可再省。除前次奏動之滹沱河生息銀三萬兩，尚存二萬四千餘兩湊用外，其不敷之十二萬四千餘兩，由臣與永定河道倡捐，司道府廳州縣量力分捐，可期無誤。現已於二十四日集夫興工，責成該道督率廳汛委員，趕緊妥辦，務於九月内合龍蕆事，以仰副聖主慎重河防之至意。理合恭摺具奏。

奉上諭。恭録卷首。

總督訥爾經額堵合南七工漫口疏道光二十四年九月

附：工員處分三汛後開復片

竊照永定河南七工漫口應辦工程。臣於八月十八日到工後，督同永定河道張起鵷等詳細履勘，當將辦理情形具奏。旋准軍機大臣字寄，道光二十四年八月二十六日，奉上諭：『訥爾經額奏，勘定永定河堵築漫口，挑挖引河、鳳河工程，估需銀數，籌議動款分捐一摺，覽奏均悉。永定河南七工漫口，應挑引河。既據該督查勘測量，應就迤北三里許，北六工尾之河西營村前，定爲河頭，挑挖引河，於築壩合龍，形勢較順。估計自河西營起，至鳳河止，工長七十餘里，需銀八萬八千餘兩。又堵合原堤漫口，各工需銀三萬五千餘兩。又挑挖鳳河需銀二萬五千餘兩。三〔項〕[二]共估需銀十四萬八千餘兩。著照所議辦理。所有估需銀兩準其以滹沱河生息餘存銀二萬四千餘兩奏用，不敷銀十二萬四千餘兩由該督等量力捐辦。仍責成該道督率廳汛委員，趕緊挑築，務於九月内合龍蕆事，無稍遲誤。將此諭令知之。欽此。』

臣即駐工督率永定河道張起鵷等，將應挑引河七十

[一][二] 此處似脱『項』字。

餘里，分定段落，并築做大壩工程。在於酌調之正佐官員中分别派定，飭令照估妥辦。内天津縣知縣毛永柏等十一員承挑引河十一段，據稟情願捐資挑辦，不領公費。又應挑鳳河二十餘里，係屬天津地面。據天津道彭玉雯會同永定河道委員分段挑挖。臣往來稽查，催令各工員并力趲辦。引河工程於九月十三日告竣。鳳河工程於九月十四日告竣。臣即挨次查驗，照依原估丈尺，以水準較量，并無草率偷減。遂自下而上逐段試放清水，勢甚通暢，并無格礙之處。臣復督率道廳將兩壩趕做邊埽後戧，慎重進占。至十五日，口門僅寬四丈，愈收愈窄，大溜湧注，壩前水深二丈有餘，兩壩俱形喫重。幸在工員弁不辭勞瘁，督率人夫，厚加料土，隨蟄隨鑲，竭兩日夜之力，始克搶築堅實。壩高水面一丈八尺。即於十八日將引河頭所留土埂啟除放水，勢若建瓴，頃刻之間已將大溜掣動，引河鋪滿，暢流下注，埽前之水立消數尺。遂於卯刻掛纜合龍，層土層柴，并力搶鑲，并下關門大埽，追壓到底。金門以下旋即斷流閉氣，并無涓滴滲漏。十九日覆加查看，壩前業已停淤，全河悉歸正道。此項工程所有先後動用過滹沱河生息銀三萬兩，應照例造册報部。其不敷銀十二萬餘兩，現在捐數計可敷用。此項係由外捐辦，請免造册報銷。

再，本年永定河南七工漫口，經臣奏奉諭旨，將永定河道張起鵷、三角澱通判翟宫槐、南七工東安縣主簿王錫震，均革職留任。翟宫槐、王錫震并摘去頂戴，隨同効力在案。興工以來，該道督率廳汛各員，鑲築堤壩，挑挖引河，尚屬愧奮。查河工漫口堵合之後，例准奏請開復。惟南七工堤埝係於本年春工案内查明，該處河身淤高，堤埝卑薄，會經籌撥銀兩，飭令加高培厚。本年四月完工，甫經該道張起鵷驗收，乃未届伏汛即已被衝漫口，可見修築草率。該道廳稽查不能認真，未便遽予開復，永定河道張起鵷、三角澱通判翟宫槐，均擬請旨，俟來年三汛安瀾之後，如果始終無誤，再行奏請恩施。專汛南七工東安縣主簿王錫震，修防不力，以致漫口，現在派挑引河一段，尚不知勉，需人勸助，始克竣工，實屬無能。應請旨即行革任。所有南七工現在堵築旱口，并補還原堤一切工費，仍責令該道廳汛賠出，不准動用地方捐項，俾通工有所儆戒，共知勉力修防，以重職守。理合附片具奏。

奉上諭。恭録卷首。

總督訥爾經額請移設廳汛疏道光二十五年六月

竊查，永定河湍急沙浮，河流遷徙靡定。南北兩岸綿亘四百餘里，險工林立。全在廳汛各員隨時相機修守，庶可化險爲平。但廳員屬汛過多，照料或恐未周。汛員管工過長，首尾多難兼顧。體察情形，自應酌量變通，預籌妥善，以重修守。查，永定河石景山同知管轄盧溝橋南北石工及北上、北中、北下、北二上、北二下等五汛。北岸同知管轄北三、北四、北五、北六、北七等五汛。近因河流北趨，石景山與北岸同知所屬各汛堤工，在在喫重。北四、北五二汛各工長二十餘里，情形尤爲險要。該同知等每遇伏秋大汛，搶辦險工，上下奔馳，實有鞭長莫及之勢。汛員所管工段較長，亦覺防守喫力。必須添設廳汛官員，分駐防護，方昭周密。惟缺額本有一定，未便率議增添，自應酌裁移撥。臣與司道在於各河缺中，詳加查覈。查有天津道屬之子牙河通判一缺，經管文安、大城、霸州、保安等汛河道堤工。自道光四年修築千里長堤以來，責成文、大、霸、保縣丞、主簿等汛分段防守，遇有衝刷殘，均係民修民墊。又清河道屬之祁州州同一缺，經管祁州、博野、安平三州縣唐、磁、沙等河。瀦龍河并兩岸堤埝，亦係民修民墊。該二處堤工既係民修，則各州縣并各該縣丞、主簿等官，足資督辦，不致貽誤。該通判、州同二缺，即可裁改移駐，應請將子牙河通判一缺，改爲永定河北岸通判，駐紮北岸下截，專管北五、北六、北七三汛。其原設之北岸同知，專管北三、北四上、北四下三汛，并將石景山所屬，與北三工接連之北二下汛，撥歸北岸同知管轄。石景山同知仍管轄盧溝橋南北石工及北上、北中、北下、北二上四汛。祁州州同一缺，改爲永定河北四工上汛州同，駐紮北岸四工，分管堤工十餘里。即以原設之北四工縣丞，改爲北四工下汛。其舊管堤工，除撥歸上汛經管外，下餘堤工應與北五工一并牽算各半，均匀分管，以事責成。如此一轉移間，庶各廳汛管理工段均無顧此失彼之虞。修守自易爲力，於河防大有裨益。如蒙俞允，其應缴、應鑄印信，以及應添、應裁廉俸役食，一切未盡事宜，另行照例題咨辦理。理合恭摺具奏。

奉硃批：『該部議奏。欽此。』經部奏准。

總督訥爾經額開復道員處分片道光二十五年八月

再，上年永定河南七工漫口，經臣奏奉諭旨，將永定河道張起鵾、三角澱通判翟宮槐，均革職留任。堵合之後，例准奏請開復。臣因南七工堤埝係上年春工案内籌撥銀兩，飭令加高培厚之工。汛員修築草率，該道廳稽查不能認真，未便遽予開復，奏奉上諭：『革職留任之永定河道張起鵾、三角澱通判翟宮槐，現在辦公尚知奮勉。著俟來年三汛安瀾後，如果始終無誤，再行奏請開復等因。欽此。』欽遵在案。

兹查本年永定河汛漲頻仍，險工叠出。該道張起鵾督率工員，保護平穩，三汛安瀾，始終無誤。應否准其開復，出自天恩。三角澱通判翟宮槐業於三月内告病開缺，未能始終在事，應毋庸議。至在工文武各員，往來防護，皆知分所當爲。惟於工程險要之際，晝夜搶辦，不避艱辛，尚有微勞可録。且臣上年酌保堵築漫口人員案内，因人數較多，凡在工出力之廳汛官弁，皆由臣存記，未敢請邀甄敘。現又經歷三汛，事無貽誤，可否擇其尤爲出力者，奏懇恩施，俾工員等益知感奮之處。合并附片，請旨遵行。謹奏。

奉上諭。恭録卷首。

總督訥爾經額北七工漫溢疏道光三十年五月

竊臣接據永定河道熊守謙稟稱，據北岸通判徐敦義稟，本月十九、二十、二十一二等日大雨如注，北遥堤地勢低窪，屢有蟄陷。督率汛員分投搶護，晝夜未曾歇手。乃二十五日上游山水下注，浩瀚奔騰，河水驟長，計連底水共一丈八尺二寸。大清河水又復同時并漲，下游擎托，未能宣洩。兼之南風大作，水勢擡高，致由北七工八九兩號相連處所堤頂漫溢而過。該道馳往查看，已漫口三十餘丈。堤外舊有減河一道，漫口出水，由減河經行母豬泊，仍歸鳳河正道。被淹村莊無多，亦無損傷人口。現在督飭趕緊盤做裹頭，以免續被汕刷等情。

臣查北七工八九兩號堤埝，係無埽工處所，雖因來源猛驟，去路頂阻，風大水湧，人力難施，以致漫溢。惟該管廳汛職任宣防，既不知綢繆於先事，復未能搶護於臨時，實屬玩誤。相應請旨將永定河北七工東安縣主簿鄭慶恬即行革職，北岸通判徐敦義摘去頂戴，責令隨工効力。永定河道熊守謙管轄全河，未能預爲籌防，責無旁貸。臣有督率防護之責，咎亦難辭。并請旨一并交部議處。臣現將預籌海防情形，另行繕摺具奏。即日起程，馳赴工次，勘明督辦，并飭該管地方官，查明被淹村莊輕重情形，詳覆酌覈辦理。所有北七工堤埝漫口緣由，理合恭摺具奏。

奉上諭。恭録卷首。

總督訥爾經額估漫口工需量力分捐疏略道光三十年八月

竊臣伏思，堵築漫口全在引河通暢。而挑挖引河，尤在河頭得勢。入秋以後，臣即飭永定河道督同廳汛各員，周歷履勘，并委員前往覆勘。現已擇定馮家塲北，正當河形坐灣之處，對面復有沙灘挺峙，挑挖引河易於吸溜，因勢利導，頗得建瓴之勢。并勘定大壩基趾，培築堤工，以爲保障。於兩壩中間酌留口門，議用軟鑲進占堵合。撙節估計，新築堤工二千餘丈，加培長堤八百餘丈，挑挖引河八千餘丈，并建築壩基，補還原堤缺口，應用工料土方，共需銀八萬餘兩。現當經費支絀之時，臣不敢率行請帑，已援案由臣與永定河道倡捐，司道府廳州縣量力分捐，已有成數。即定期於九月初一日興工，責成永定河道督率廳汛委員，趕緊妥辦。臣俟差竣即折回工次，督辦合龍。所有北七工漫口現在勘估捐辦緣由，理合恭摺具奏。

奉硃批：『工部知道。欽此。』

總督訥爾經額堵合北七工漫口疏道光三十年十月

竊臣查得，北七工漫口應挑引河八千餘丈，先於九月二十四日工竣。該道暨委員等詳加查驗，寬深丈尺悉與原估相符。試放清水，一律通暢，東西兩埧慎重進占，加壓重土，步步跟追，并鑲做上下夾土埧，跟做後戧，接築堤工二千餘丈，加培長堤八百餘丈，俱係工堅料實，并無草率偷減。截至二十八日止，口門收窄，僅寬四丈五尺。大溜湧注埧前，水深至一丈四五尺不等。臣到工後，督率該道并在工員弁，於十月初一日，將引河頭所留土埂啟除放水。勢若建瓴，迅於飛瀑，瞬息之間，引河鋪滿，暢流下注。埧前之水立消數尺，遂於卯刻掛纜合龍，層土層柴，并力搶堵，并下關門大埽，追壓到底。金門之下頃刻斷流閉氣，并無涓滴滲漏。初二日，臣復親往查看，埧前業已停淤，全河悉歸正道。此項工程係屬捐辦，請免造册報銷。其在事各員可否由臣擇其尤爲出力，并捐數較多之員，酌保數人，出自聖主恩施，合并陳明。謹奏。

奉上諭。恭録卷首。

卷十二 奏議〔咸豐元年至同治六年〕

總督訥爾經額開復各員處分片咸豐元年二月

再，上年永定河北七工漫口，經臣奏參，欽奉諭旨，將永定河道熊守謙革職留任。北岸通判徐敦義摘去頂戴。北七工東安縣主簿鄭慶恬革職，責令隨工効力等因在案。興工後，該道督率被參各員堵築漫口，挑挖引河，又復各出己資，共助捐輸工費銀六千九百兩，實係隨工出力，尚知愧奮。溯查歷届漫口於堵合之後，例准奏請開復。可否援案，仰懇皇上天恩俯准，將永定河道熊守謙開復原參處分，北岸通判徐敦義賞還頂戴，北七工東安縣主簿鄭慶恬開復原官，留於直隸地方補用之處，出自聖主鴻施。理合附片陳明。

奉上諭。恭録卷首。

直隸總督訥爾經額秋汛安瀾疏咸豐元年閏八月

竊臣於伏汛安瀾後，將各汛搶護情形，循例具報在案。一面仍飭該河道督率廳汛各員，實力防守。兹據該河道穆清阿稟稱，自立秋後，河水連漲數次，各汛埽段紛紛報蟄，加以秋水搜根，堤身汕刷尤甚。經該河道督率文武員弁，不分晝夜，來往梭巡，而兵夫人等亦皆踴躍從公，不避艱險，或趕辦料物，或搶鑲埽段，或激勵附近壯丁在工防守，或率領家中婦孺饋餉民夫。上下同心，始終協力，幾及兩月之久，始得化險爲平。兹已節逾秋分，查勘通工，悉臻穩固等情，稟報安瀾前來。臣查永定河本年伏秋汛内，節次漲發，險工叠出，均經該河道督率員弁兵夫人等分投搶護。仰賴聖主鴻福，得以慶洽安瀾。臣欣幸之餘，倍深寅畏。所有在事各員，防護險要，慎勉從事。可否擇其尤爲出力者酌保數員，奏懇恩施，以示鼓勵之處，伏乞皇上聖鑒，訓示遵行。謹奏。

奉上諭。恭録卷首。

總督訥爾經額南三工漫溢疏咸豐三年六月

竊據永定河道定保稟稱，六月初八日自未至申，五次共長水一丈五尺二寸，連原存底水共深二丈三尺四寸，拍岸盈堤，勢甚洶湧。各汛無工不險，無埽不蟄，南四、北三等工均有水漫堤頂之處。該道督率廳汛員弁，分投搶護，幸保平穩。惟南三工十三號堤身坐蟄，時當黑夜，水勢猛驟，人力難施，以致塌寬三十七丈，掣動大溜。查明民間房舍田禾，間有衝壞淹浸，并無傷損人口。現在趕做裹頭，以防續坍，稟請參奏前來。

臣查廳汛員弁修守，是其專責。時當伏汛，正河水盛漲之時，宜如何加意防護。乃據報南三工十三號有坐蟄堤身，漫溢奪溜之事。雖係來源過猛，人力難施所致，第平時既不知預防，臨事又不能搶護，實屬咎無可辭。相應請旨，將署永定河南岸同知王茂壎、南岸守備王德盛，均摘去頂戴，交部議處。南三工涿州州判嵇蘭生、汛弁額外外委郭鳳林，均革職，留於河工効力。永定河道定保有管轄全河之責，未能先事籌防穩固，應請革職留任。臣督率無方，并請旨交部議處。仍嚴飭該道督率廳汛員弁，趕緊盤做裹頭，毋致塌刷愈寬。一面行司委查被淹各村莊輕重情形，應否撫恤，分别妥辦外，理合恭摺由驛具奏。

奉上諭。恭録卷首。

總督桂良查勘漫口撫輯灾黎疏咸豐三年九月

竊臣於本月二十五日承准軍機大臣字寄，咸豐三年九月二十四日奉上諭：『據御史隆慶奏，夏秋大雨連旬，河堤坍塌，被淹各村莊灾民甚多。聞河道動工伊邇，灾民等候傭工，聚集固安縣城外者數千人。永定河道定保現在調赴軍營辦理糧臺，其道庫所存銀兩并未聞設法守護等語。現在賊氛未靖，轉瞬嚴冬，饑民聚集數千，恐滋生事端，著桂良速飭地方官，設法安插灾民，妥爲撫輯。并飭將庫款小心守護，以靖地方，而重帑儲。原摺著摘鈔閱看。將此由六百里諭令知之。欽此。』仰見聖主軫念灾黎，綏靖地方之至意。

臣查本年六月間永定河南三工十三號堤身坐蟄，坍寬三十餘丈。當經前督臣奏奉諭旨，將道廳各員分别革職議處。嗣據該道稟報，漫口西首續坍三十餘丈，連前共寬七十五丈。已趕緊盤做裹頭，平墊堅實，不致再有續坍。并據撙節勘估，總計修築大壩、挑挖引河等項，共需工料銀七萬兩有奇。議請歸於河工、地方各員，各半分捐，事竣請予獎勵。現在河工捐項已收銀五千兩。擬將道庫存銀一萬六千餘兩先行墊發，足敷購備料物及合龍土工之用。其挑挖引河等費尚無著落。地方州縣繁於差務，捐項未能齊集。現值軍需孔急之時，司庫萬難籌墊。節交霜降，轉瞬即届立冬，水土易於冰凍，工程即未能堅實。議請緩至來春，再行興辦等情。臣與該司道反覆籌商，一時實無可墊之款。該道議請緩辦，固因經費不敷，亦爲慎重工程起見。

正在繕摺具奏間，欽奉前因復查固安一帶，本年被水較重，此外被灾州縣尚有八十餘處。臣前因賑需無出，擬令各州縣先儘常義等倉穀石動給，如有不敷，勸諭官紳捐資散放，照籌餉事例請獎，奏請變通捐例，以期踴躍。欽奉諭旨：『飭部速議，具奏』在案。除現委員前赴固安查明，如有灾民聚集多人，即設法撫綏，妥爲遣散。并查勘漫口丈尺，與該道原稟是否相符，稟覆覈辦。至河庫銀兩，前據該道稟報，共存一萬六千餘兩。惟庫款隨時收支，現飭該護道查明現在實存銀數，小心守護外，其南三工漫口，合無仰懇聖恩俯准，暫緩興工。臣當督飭該司道趕緊勸捐，設法籌辦，勿任遲延，謹附片具奏。

奉硃批：『知道了。欽此。』

總督桂良堵合南三工漫口疏 咸豐四年五月 附：工員處分三汛後開復片

竊照上年永定河南三工漫口工程，委員勘估。因經費支絀，奏明緩俟今春勸捐興辦。嗣以捐輸未能踴躍，而工程緊要，刻難延緩，設法籌畫，即將道庫銀款先儘大工墊用，另籌歸補。於四月初五日興工，責成護理永定河道王仲蘭，督飭文武員弁趕緊辦理，計挑挖引河四千餘丈，溝工八千餘丈，均於四月二十六日工竣。飭令王仲蘭逐段查驗，寬深丈尺悉與原估相符，試放清水，一律通暢。兩壩慎重進占，并鑲做前面夾土壩，跟築後戧，俱係工堅料實，并無草率偷減。截至二十九日，口門僅寬五丈五尺，愈收愈窄。雖時值桑乾，而河水并未斷流，大溜湧注，壩前水深一丈二三尺不等，兩壩俱形喫重。隨蟄隨鑲，搶護穩固，壩高水面一丈二尺。并搶築挑水壩，俾溜勢直射引河。即於本月初三日，將引河頭所留土埂啟除放水，暢流下注，壩前之水立消數尺。遂於寅時合龍，層土層柴，并力搶堵，并下關門大埽，追壓到底，壩前即時停淤，全河復歸正道。

再，此項工程覈實估辦，共用銀三萬九千餘兩，係借動庫款并將前已捐存銀兩湊用。所借庫款容另籌捐歸補。此係外結之項，請免造册報銷。

奉硃批：『知道了。該部知道。欽此。』

再，上年永定河南三工漫口，經前督臣訥爾經額奏參，將永定河道定保革職留任。署南岸同知王茂壎、題升南岸守備王德盛、南三工涿州州判嵇蘭生、額外外委郭鳳林，分別革職，留工効力在案。自興工以來，該員王茂壎等承辦工程，尚知愧奮。查河工漫口堵合之後，例准奏請開復原官。惟修防是廳汛專責，該員等防護不力，致令漫口。一經合龍，即准開復，恐無以儆其玩忽之心。擬俟本年三汛安瀾後，查看承辦各工一律平穩，再行奏請恩施。至此次所辦工程，一俟借款籌捐歸補後，另將捐輸彙案覈明。具奏。

奉硃批：『著照所請。欽此。』

户部議減成覈給河工經費片 咸豐四年五月

再，據直隸總督咨稱，北運河應領咸豐四年分搶修銀六千兩，現在節交夏令，轉瞬汛臨，應辦各工自當隨時修做，以期利運衛民。道庫餘存無幾，實難停待。并請找發道光三十年搶修銀一萬九百五十七兩零，迅速撥發，以濟工需等語。臣等伏查直隸省永定河應領咸豐四年搶修并加增運脚銀兩，前因庫款支絀，經臣部議，令該督先行籌款，變通辦理。俟部庫充裕，并漫口合龍後，再行請領等因。於咸豐三年十二月初二日附片具奏。奉旨：『依議。欽此。』嗣據直隸總督奏報，永定河南三工大壩合龍，全河復歸正道。兹復請將北運河預領、找領搶修銀兩，迅速撥發，以濟工需。臣等復思河工修防攸關緊要，所需歲搶修等銀，未便再緩給領。惟部庫現在萬分拮据，仍屬無款可動。查永定河歲修銀三萬三千九百餘兩，又搶修銀二萬七千兩，又加增運脚銀八千五百兩。北運河歲修銀一萬八千九百餘兩，又搶修銀六千兩，又找領搶修銀一萬九百餘兩。南運河歲修銀一萬四千九百餘兩，又搶修銀六千兩。共計應領銀十二萬六千一百餘兩。按照大學士裕成等奏准，變通部庫放項覈減章程，減半覈給，尚需銀六萬三千五十餘兩。應請旨飭下直隸總督在於應徵本年解部旗租銀兩内，動支銀六萬三千五十餘兩分别給領，以濟工需。先將動撥銀數報部查覈，并將用過工料銀兩，照例造報工部覈銷。至旗租一項，係每年由直隸分批解部，爲年終恩賞八旗兵丁所必需。除前經臣部奏請該省設立官錢局，需用票本，准令奏明動用數萬兩，及此次抵撥永定、南北運三河歲、搶修各款銀六萬三千五十餘兩。此外仍令全數解部，不得再行動用。所有臣等擬撥河工銀兩緣由，理合附片陳明謹奏。奉旨：『依議。欽此。』

總督桂良開復各員處分片咸豐四年八月

再，上年疏防永定河南三工漫口之署南岸同知王茂壎、擬升南岸守備王德盛，經前督臣訥爾經額奏參，摘去頂戴，交部議處。南三工涿州州判嵇蘭生、額外外委郭鳳林革職，留工效力。嗣准部議，王茂壎、王德盛，均照例革職等因，轉行遵照在案。本年漫工合龍，例准奏請開復。臣前因修防是廳汛專責，該員等防護不力，致令漫口。一經合龍即准開復，恐無以儆其玩忽之心。當經附片陳明，俟本年秋汛安瀾後，查看承辦各工一律平穩，再行奏請恩施。欽奉硃批：『著照所請。欽此。』欽遵在案。兹據護理永定河道王仲蘭稟稱，本年堵築漫口，王茂壎等在工當差，頗知愧奮出力。現已秋汛安瀾，查看承辦各工一律平穩等情，具稟前來。所有已革前署南岸同知、試用同知王茂壎，擬升守備、南岸千總王德盛，可否給還頂戴，開復原官。州判嵇蘭生、外委郭鳳林并予開復原官，在工候補之處，出自天恩。謹附片具奏。

奉硃批：『王茂壎等均著給還頂戴，并開復原官。嵇蘭生等一并准其開復原官。該部知道。欽此。』

直隸總督桂良秋汛安瀾疏咸豐五年八月

竊照永定河溜勢湍急，兩岸堤長四百餘里，險工林立。本年盛漲頻仍，各工均形喫重。前次伏汛保護平穩，經臣奏報安瀾。仍飭加意巡防在案。茲據永定河道崇祥稟稱，立秋以後，河水節次長至一丈三尺有餘，或全河側注，或漫灘頂冲，雖有閘壩宣洩，而來源水勢過旺，浩瀚奔騰。各工埽段紛紛報蟄，均經該道督率在工文武員弁，隨時相機搶護。本年應添秸料，因部議覈減，請領較遲。該廳汛或先爲墊辦，或量力捐辦，堆存堤頂，取用應手，通工保護平穩。茲已節逾秋分，水勢日見消落。該道查勘各工堤埽閘壩，悉臻穩固等情，稟報前來。除仍飭道督率文武員弁，認真防守，不得因秋汛已過，稍存疏懈外，理合循例，恭摺具奏。伏乞皇上聖鑒。再，廳汛各員在工防護數月之久，風雨泥淖，慎勉從事，并無貽誤。可否擇其尤爲出力者，奏懇恩施，量予鼓勵之處，伏候訓示遵行。謹奏。

奉上諭。恭録卷首。

總督桂良南七工漫溢疏咸豐六年六月

竊照永定河本年伏汛屆期，經臣諄飭，加緊防護。茲據該道崇祥稟稱，本月初十日以後，連日大雨，河水叠次漲發。至十五日，據石景山汛籤報，長水至一丈五尺二寸。北四上下汛、南四等工埽段被衝，均極危險。該道督飭廳汛搶護平穩。十九日戌刻，據署三角澱通判曹文懿稟稱，南七工於六月十四五日，河水增長五尺餘寸，連底水共深一丈四五尺不等。該工大壩新舊埽面上水三四尺，與壩頂相平。該廳先將存料并借撥南六工秸料，連夜督率兵夫，於風雨之中趕緊鑲做，業已鑲出水面。詎河水復長八九寸，又值風雨大作，以致壩身蟄陷十餘丈，壩面過水，直注壩外舊河形內。該廳即率同汛員、兵夫齊集正堤五號，實力防護。該處自道光二十四年修建大壩，以爲重門保障，化爲平工，并無存料。堤内舊河形至大壩，約長十五六里，寬一百餘丈。當此全河之水湧入舊河形內，直注該處，水無去路，愈積愈高。儘力跑買料物，搶鑲加築。無如人力難施，至十八日午未之交，堤面漫溢過水約四十餘丈，深約尺餘。該處村莊較少，被淹情形尚輕。現已由道飛速盤做裹頭，以防續坍，稟請參奏前來。

臣查廳汛員弁，修守是其專責。時當伏汛，正河水盛漲之時，宜如何加意防護。乃據報，南七工五號堤埝有漫溢之事，雖由水勢猛驟，人力難施所致，第平時既不知預防，臨時又不能搶護，實屬咎無可辭。相應請旨，將署三角澱通判涿州州同曹文懿、署南七工東安縣主簿錢寶珊一并革職，留工効力。永定河道崇祥有管轄全河之責，未能先事籌防，應請革職留任。臣督率無方，并請旨交部議處。臣拜摺後，即行起程，馳往該工查勘督辦，并查明被淹村莊輕重情形，如有應行撫恤之處，即當熟籌安辦，無使一夫失所，以仰副聖主軫念民生之至意。所有永定河南七工正堤漫溢，親往勘辦緣由，理合恭摺具奏。

奉上諭。恭録卷首。

總督桂良北四上汛北三工漫溢疏咸豐六年六月

竊臣於六月二十九日行抵南岸漫口。正在查勘間，復據該道崇祥具稟，連日大雨不止，河水叠次增長，自一丈八尺三寸至二丈一尺二寸不等，以致各汛堤埽紛紛被衝。當即督飭趕緊搶護。旋據北岸同知婁煜稟稱，揀椿購料於北四等汛補做新埽，無如水勢洶湧，旋築旋衝。該廳汛設法搶辦，將堤身培寬至七八尺，以爲稍可保護。詎水勢又長，與堤相平。全河大溜拍岸盈堤，兵夫不能立足，趕緊搶護。因水勢有長無消，至二十八日，大溜直漫堤頂，以致北四上汛十號、北三工十三號堤工被水漫溢，均衝缺二十餘丈。現在漫口均由三岔河行走，大溜業已掣動等情，具稟前來。臣接閱之下，不勝駭異。

查，前據稟報，南岸漫口已將該道及廳汛各員一并奏參并諳飭該道，嚴督上游各廳汛認真巡防，乃并不加意防範，保護平穩，以致北岸復有漫溢之事，實非尋常玩誤可比。相應請旨將知府銜北岸同知婁煜、署北四工上汛涿州州同試用縣丞施成釗、北三工涿州州判朱秉璋、協防北岸把總蔡鐸，一并革職，仍責令隨工効力。永定河道崇祥前已奏請革職留任，應請即行革任。并請旨將臣再行交部議處。永定河道係請旨之缺，應請迅賜簡放。現當伏汛盈漲之時，臣先行酌籌銀兩，派員馳赴上游各汛，周歷巡查。如有卑矮之處，即先期加高培厚，以免再有疏虞。并飭將漫口迅速盤做裹頭。臣現將南岸情形詳細勘明後，即馳赴北岸勘辦，另行具奏。所有兩岸漫口工程，一俟水勢稍退，即行籌捐辦理，不敢稍事遲延，理合恭摺具奏。

奉上諭。恭録卷首。

總督桂良籌辦漫口灾區情形疏咸豐六年八月

竊臣本日接閱邸抄，欽奉上諭：『御史宗稷辰奏，被水灾黎請亟籌賑濟一摺。直隸永定河南北岸先後漫口，叠經降旨，令桂良督飭員弁，趕緊堵築，并將被淹各村莊速籌撫恤。業經該督奏稱，現已籌捐經費，估計工料。惟未將興工日期及撫恤事宜續行奏報。著桂良體察情形。如此時水勢漸退，務應趕緊興工，將南北漫口速行堵合，即可以工代賑。至老弱窮民不勝工作者，一并速籌賑濟，俾被水灾黎不致流離失所。此項經費著先行籌款墊發。所有樂輸官紳，即照籌餉新例，隨時請獎。因思直隸境内有被旱、被蝗各灾區，并著該督飭屬迅速查勘，奏請分别蠲緩，以副朕廑念民瘼至意。欽此。』

臣覆查永定河南七工旱口，已於七月二十二日興工。北四上汛旱口，已於七月二十八日興工，分别趕緊堵築。其辦理北三工漫口經費，臣先行倡捐，司道府州亦各量力隨捐。現已收交銀一萬兩，解交永定河道，購買秸料。并已委員查勘引河工頭工尾，及應挑寬深丈尺，籌議稟辦。

刻下尚在秋汛期内，轉瞬節届秋分，察看水勢消退，即行定期興工，不敢稍事遲延。其未收捐項，如一時未能齊集，即行籌款墊發。至被淹各村莊委員查勘，惟永清、固安、東安三縣附近永定河，其漫水直注縣境，秋禾被淹，房屋亦多衝塌。臣與藩司籌商，在於地糧項下，酌撥實銀三千兩，委員解交永清、固安、東安三縣，嚴飭印委各員，妥爲撫恤。如有不敷，在於各本處存倉米穀内，動撥散放。昨據霸昌道恰昌據稟，被水村莊乏食貧民，該道及廳縣先已捐廉安撫。坍塌房屋，亦酌給棚席之資。親往查勘民情，均屬安帖。

本年直隸地方自春徂夏，雨澤調勻，麥收洵稱中稔。自五月以後，省北一帶節次大雨，山水陡發，各河道亦同時盛漲，而省南州縣得雨稀少，又形亢旱。并有蝻孽萌生，及飛蝗過境之處。前據武清等四十餘州縣稟報被水、被旱、被蝻等情，當飭委員會同地方官查勘，并另委候補知府張健封、王啟會、張承，候補知縣章慶保、何芳、潘鑑等分路馳往，查捕蝻蝗，務令多集人夫，并設廠收買，上緊捕除。現據保定、文安、寶坻、寧河、遵化、新城、雄縣、平鄉、曲周、雞澤、肥鄉、廣平、磁州、邯鄲、成安、永年、沙河、大名、元城、開州等州縣先後稟報，均已撲捕盡净。其餘各屬亦將次捕盡。惟查東明縣上年因豫省黄水成灾，本年春夏黄水盛漲，麥收失望，被灾情形較重。臣已飭司籌撥銀一千二百兩，易錢均勻散放。如有不敷，隨時酌籌，撥給所有被水、被旱、被蝻各州縣。一俟委員勘明灾歉村莊分數，或應賑濟，或應蠲緩，另行具奏。如有亟須先行撫恤之處，亦即督同藩司，酌覈辦理。毋使流離失所，以仰副聖主廑念民瘼至意。除飭司嚴催委員，趕緊勘報外，謹將永定河漫口工程及被灾各屬現在籌辦緣由，先行恭摺具奏。

奉硃批：『知道了。欽此。』

總督桂良疏防各員不准開復處分片咸豐六年九月

再查，永定河廳汛分管工段，修防是其專責。歷届漫口皆由該廳汛不能慎防所致。如一經合龍，即准其開復原官，恐無以儆其玩忽之心。所有此次永定河失事各員，應請不准其開復。該革員如赴他處捐復，或改捐降捐，均不准行。果能自知愧奮，即於本河賠修工段，再行奏明辦理。謹附片具奏。

奉硃批：『依議。欽此。』

總督桂良堵合北三工漫口疏咸豐六年十月

竊臣行抵永定河工次，據該河道崇厚具稟引河工竣，即詳加查驗寬深丈尺，均係照估如式。臣到工後覆勘相符，試放清水，一律通暢。東西兩壩慎重進占，多壓厚土，步步跟追堅實。并鑲做上下夾土壩及邊埽後戧，口門愈收愈窄，僅寬五丈。大溜湧注壩前，水深至二丈有餘，兩壩均形喫重。查看壩高水面一丈六尺。臣督飭該道并在工各員於初七日卯刻，將河頭所留土埂啟除放水，勢若建瓴，汛於飛瀑，瞬息之間，引河鋪滿，暢流下注，壩前之水立消數尺。遂即掛纜合龍，層土層料，并力搶堵。并下關門大埽，追壓到底。金門之下頃刻斷流閉氣，并無涓滴滲漏。初八日臣覆往查看，壩前均已停淤，全河復歸正道。此次漫口工程，原估銀八萬九千餘兩。飭令永定河道崇厚，督同委員正定縣知縣錢萬青，覆估覈減，實計引河大壩共用銀六萬八千餘兩，連補還旱口原堤及添築壩座邊埽等工，通共用銀八萬九千餘兩，均係由外捐辦，請免造册報銷。謹奏。

奉上諭。恭録卷首。

總督桂良請備防等項經費減半發實銀疏咸豐七年三月

據永定河道崇厚詳稱，永定河南北兩岸工長四百餘里，大汛期内河水長落無定。每逢盛漲之時，水勢若排山而下，拍岸盈堤，非常洶湧。迎溜頂衝之處，土堤萬難抵禦，全賴稭料鑲埽，籤釘大樁，藉資禦水。向來歲修、搶修、加增運脚、備防稭料，每年共領銀九萬四千七百兩。自咸豐四年起，因經費支絀，均已減半給發。而備防稭料一項，現經部議兩次遞減，令以銀六千三百兩，購料一百二十萬束，於一半之中又減一半，實屬不敷辦工。户部原奏内稱，儻有險工叠出，必須添購稭料之處，自可隨時奏請等因。惟永定河大溜變遷無定，新生險工指不勝屈。轉瞬來年淩汛、大汛，節節堪虞。若俟臨時再請添料，實屬緩不濟急。

本年在汛期内，河水盛漲，南七、北三、北四等工先後漫溢。雖屬工員之辦理乖方，咎無可逭，亦由料物未能應手，以致人力難施。現在堵築口門、挑挖引河、撫恤灾民、蠲免糧租，費帑不少，是節省無多而所費轉鉅，似應於撙節經費之中，不失慎重工程之意，方爲妥善。擬請將備防稭料一項，仍遵原奉部議，減半發給實銀一萬二千六百兩，循照舊額購備二百四十萬束，免其再減一半。咸豐五六兩年，備料銀兩均已動用，即令照案報銷。其歲搶修銀兩并歷增運脚亦照部議，減半發給實銀，以濟要工。查上年添購稭料，業已動用無存。來年應辦正額之外，應請援案添購備防稭料二百四十萬束。近堤處所地被水衝，并無種植高粱，均須遠處購買，仍請加給運脚，詳請覈奏前來。

臣查，河工稭料爲護堤禦水最要之需。若照部議，俟有險工叠出，再行奏請添購，緩不濟急，恐致貽誤。該道所詳均實在情形。合無仰懇天恩，俯念河防緊要，准將歲修稭料運脚減半，實銀四千二百五十兩，并添辦備防稭料減半，實銀一萬二千六百兩，照數撥給，採買備用，以重要需。如蒙俞允，除歲料運脚銀兩，照例委員赴部請領外，其添備秸料價銀，即於司庫籌款動撥。責成該道督率廳汛各員，趕緊乘時採買，分撥工次，聽候驗收。儻來年水準工穩，料有盈餘，留爲下年之需。至歲搶修銀兩并歷增運脚，亦照部議，減半發給實銀，俾經費可期節省，而修防不致貽誤。理合繕摺具奏。

奉硃批：『該部議奏。欽此。』

户工等部議備防等項經費疏咸豐七年五月

内閣抄出。大學士、前任直隸總督桂良奏，永定河本年應需備防稭料，遵照部議，酌定數目購辦，仍照章減半發給實銀，并聲明同運脚一并給領等因一摺。咸豐七年三月初九日奉硃批：『該部議奏。欽此。』欽遵抄出到部。

臣等伏查，永定河應需備防稭料，先據該督奏請，仍遵原奏部議，減半發給實銀，循照舊額購備二百四十萬束，免其再減一半。并據聲稱，上年南七、北三四等工先後漫溢，雖屬辦理乖方，亦由料物未能應手等語。經臣部溯查，咸豐五年，該督原奏減半請銀，并無減料字樣。嗣經户部以減半請銀，亦須按照放款章程搭放議覆。迺該督遂將料數減作一百二十萬束，并未悉心籌畫，率行減料，以致貽誤要工。臣等伏思帑項不可虛糜，要工亦不可不預爲防範。准其於減（辦）〔半〕[一]之外，量爲加增。仍令體察情形，酌定數目，先行奏報，會同户部奏奉諭旨：『依議，行知。』該督欽遵辦理在案。

今據該督覆奏，永定河南北兩岸工長四百餘里，每年添購稭料，以備險工鑲埽之用。近年歲搶修工程銀兩，均已減半給發。此項稭料如再酌覈删減辦工，益形支絀。且河流變遷無定，新生險工較多。轉瞬伏汛屆期，亟應設法修防。現在經費未充，遵於無可撙節之中，力求撙節。擬請將本年備防稭料删減二十萬束，購備二百二十萬束。遵照部議章程減半，請領實銀一萬一千五百五十兩，同運脚一并給領，俾於要工可期無誤，而帑項亦歸撙節等語。

臣等查，永定河添辦稭料，原爲伏秋盛漲，以備修防要需。既據該督奏稱，河流變遷無定，新生險工較多，亟應設法修防。所奏自係實在情形，應准其將本年備防稭料購備二百二十萬束，飭令責成該道督率廳汛各員，趕緊採辦，分堆工次，據實查驗。如有短少情弊，立即嚴參。惟現當經費支絀，籌款維艱，各項工用無不減辦。該督目覩情形，自應隨時撙節，方爲覈實。且此項防料，雖屬覆減二十萬束，而所備尚有二百二十萬束之多。儻有險工自可隨時設法辦理，不得以料不應手爲辭，致糜帑項。至遵照部議章程，請領減半實銀一萬一千五百五十兩，同運脚一并給領。户部查該督請領銀數，係照二百二十萬束

[一] 減辦 似應爲『減半』。

料數減半支領。其銀兩數目尚屬相符。惟請領實銀之處，查前經臣部具奏，直隸省收納錢糧，自本年上忙爲始，無論正雜銀款，俱按實銀四成、票鈔、銅鐵大錢各三成徵收。一切放款，亦按銀、票、錢三項成數支發，奏准行知，并據該督咨覆，遵行在案。今永定河咸豐七年備防稭料例價同運脚，據該督奏請減半，請領實銀一萬一千五百五十兩，殊與奏定該省新章不符，未便覈准。仍令直隸總督即飭將前項備防料價及運脚銀兩，遵照新章，一律以銀、票、錢三項照司庫放款章程，分別成數支發，并將發給過銀、票、錢各數目，造入奏撥各册，送部查覈。再，此摺工部主稿，謹會同户部覈議緣由，理合恭摺具奏。

奉旨：『依議。欽此。』

總督譚廷襄北四上汛漫溢疏咸豐七年六月

竊永定河伏汛屆期，向係該道督同廳汛駐工防險。臣於本年春間查勘，上游石景山工程，曾以上年甫經失事，諄飭該道等倍加小心保護。茲據永定河道崇厚稟報，六月十六七日連朝大雨，河水四次增長至一丈八尺四寸之多。拍岸盈堤，勢甚洶湧，極形危險。該道因南四工九號埽段衝塌，正在督飭搶護間，復據署北岸同知李載蘇稟報，北四上汛十號内，全河大溜逼注，一時埽鑲全行上水，計二三尺不等。該廳汛各員竭力搶護，無如駭浪奔騰，水面驟時擡高四五尺，溢過堤頂，人力難施，以致堤身於十八日巳刻漫塌二十餘丈，即行奪溜。該道馳往查勘，此次漫水係由舊減河順流而下，被淹村莊無多，亦無損傷人口。現在趕緊裹頭，以防續塌，稟請參奏前來。

臣查，廳汛員弁修守是其專責，時當伏汛，正值河水盛漲，宜如何加意嚴防。乃北四上汛十號堤埝遽致漫溢，雖較量水勢，比上年更大三尺，既猛且驟，一時人力難施，下游係舊日減河，情形亦尚不重。惟未能搶護平穩，實屬咎無可辭。相應請旨，將署北岸同知李載蘇、北四上汛涿州州同程志達，一并先行革職，留工効力。協防河營都司張淳、額外外委司際泰，一并革職留任。永定河道崇厚有管轄全河之責，未能先事預防，應請革職留任，責令趕辦堵築。臣督率無方，并請旨交部議處。仍嚴飭該道督率廳汛員弁，迅速盤築裹頭，毋致塌寬。察看水勢稍平，即行設法進占。一面遴委妥員，前往查看下游村莊被淹情形，捐資量爲撫恤。并將一切先行籌備。臣隨後酌度情形親往勘辦外，理合恭摺具奏。

奉上諭。恭録卷首。

總督譚廷襄籌辦漫四工程疏咸豐七年七月

竊臣因永定河北四上汛漫缺，奏明出省查勘。茲於六月三十日馳抵該處，督同永定河道崇厚周歷查勘。得北四上汛上年旱口新工迤下，距東壩三丈許，於本年六月十八日因上游山水盛漲，先行過水。旱口背後原有葦坑，地基較軟，驟被大溜衝激，掣動新工，亦即蟄陷二十餘丈，搶護不及，遂致奪溜，續又刷寬二十餘丈。現在兩壩裏頭業經該道盤築完竣，甚屬結實。口門兩旁已有掛淤情形。籤探中洪跌塘有一丈一二尺，尚不甚深。察看正河下游噴沙處所，亦不甚遠。比較上年工力可省十分之五。惟正值秋汛期内，水勢長落未定，且新料登場尚需一月。現擬將引河應挑工段，先行派員勘估。一面查照節次漫口章程，妥爲籌捐，趕緊預備。一俟節逾白露，擇日興工。臣惟有督率該道，認真覈實辦理，以冀稍贖愆尤。上年旱口工程，係現任石景山同知王茂壎承辦，未能堅固，咎亦難辭。應請旨，將現任石景山同知王茂壎革職留任，責令將原領經費照數賠交，以示懲儆。此次漫水由舊減河直入母豬泊，形勢本順。現已消落歸槽，被淹之處漸次退出，受害未劇。臣先捐銀一千兩，藩司錢炘和續捐銀一千兩，永定河道崇厚續捐銀五百兩，派員會同地方官分往各村，攜資量加撫恤。仍俟查勘完畢，再行覈辦。并將工員參賠緣由，理合恭摺具奏。

奉上諭。恭録卷首。

總督譚廷襄堵合北四上汛漫口疏 咸豐七年九月

據永定河道崇厚具稟，引河工竣。該道查驗寬深丈尺，照估如式。臣復親勘相符。試放清水，一律通暢。東西兩壩慎重進占，多壓厚土，步步跟追堅實，并鑲做上下夾土壩及邊埽後戧，口門愈收愈窄，僅寬四丈。大溜湧注，勢甚湍急，水深至一丈七尺有餘，兩壩均形喫重，查看壩高水面一丈四尺。臣督飭該道并在工各員，於二十五日卯刻掛纜合龍。一面將河頭所留土埂啟除放水，勢若建瓴，瞬息之間，引河鋪滿，暢流下注，壩前之水立見消退。遂即層土層柴，并力搶堵，并下關門大埽，竭一日夜之力，追壓到底。金門之下頃刻斷流。連日督飭再加培築堅實。查看壩下均已閉氣，并無滲漏，全河復歸正道。此項工程，係屬捐辦。俟覈明員名數目，另行奏報。

奉硃批：『覽奏，已悉。欽此。』

總督譚廷襄開復道員等處分片 咸豐七年十一月

再，本年永定河北四上汛漫口，經臣奏參奉旨，將該道崇厚革職留任。嗣興舉大工，責令該道勘估堤壩、引河，駐工督辦，事事認真覈實，一月之内全工告竣，河流挽歸正道，洵屬急公。所有原參處分，例准開復。合無仰懇天恩，可否將永定河道崇厚革職留任處分准予開復，出自聖主鴻施。其廳汛各官，仍俟來年三汛後再行酌覈辦理。又，石景山同知王茂壎上年承辦北四上汛旱口工程，未能堅固，經臣奏參，革職留任，責令將原領承辦旱口經費，照數迅速賠交，并准部咨行令勒追，如不能迅速賠交，即工竣之日，亦不准開復。茲查該員應賠承辦旱口銀二千五百餘兩，已據繳清，并在工次當差出力，尚知愧奮。所有石景山同知王茂壎原參革職留任處分，可否一并准予開復？恭候諭旨遵行。謹附片具奏。

奉上諭。恭録卷首。

總督慶祺開復各員處分片咸豐八年十二月

再，永定河歷次漫口，廳汛各官參革留工効力，於合龍後均准開復原官。咸豐六年，堵築南七、北三、北四等工漫口合龍後，原參廳汛員弁經前督臣桂良奏明，均不准其開復。果能自知愧奮，於本河賠修工段，再行奏明辦理。欽奉硃批：『依議。欽此。』轉行遵照在案。茲據護理永定河道王仲蘭稟稱，咸豐六年漫口參革之通判曹文懿、主簿錢寶珊、州同施成釗、把總蔡鐸，自留工効力以來，已閱兩年，協防大汛，洵屬勤奮出力。蔡鐸係防汛武弁，并無應賠之項。曹文懿、錢寶珊、施成釗已將應賠四成工程銀兩如數繳清，即與賠修工段無異。

又，咸豐七年漫口參革之同知李載蘇、都司張淳、外委司際泰，經前督臣譚廷襄奏明，俟本年三汛後，再行酌覈辦理。該員等於伏秋大汛分派協防，均能竭力搶護。上年漫口工程銀兩，已據該道廳按成賠繳清楚。李載蘇等并無應賠之項。稟請具奏，開復原官前來。合無仰懇天恩，俯准將前署三角淀通判、涿州州同曹文懿，前署南七工東安縣主簿、候補縣丞錢寶珊，前署北四工涿州州同、候補縣丞施成釗，協防北岸把總蔡鐸，前署北岸同知、三角淀通判李載蘇原參革職處分，并永定河營都司張淳、北四上汛外委司際泰革職留任處分，均予開復之處，出自逾格恩施。此外尚有已革北三工涿州州判朱秉璋一員，仍飭呈交賠項，再行覈辦。謹附片具奏。

奉上諭。恭録卷首。

總督恒福北三工漫溢疏咸豐九年七月

竊照永定河伏汛届期，節經臣諄飭加意防護。茲據永定河道錫祉稟稱，六月二十八、二十九等日，河水叠次增長至一丈六尺六寸。全河溜勢奔騰，拍岸盈堤，勢甚洶湧。南四、南五、北四等工搶鑲埽段，均被衝刷蟄陷。該道往來工次，督飭各廳汛趕緊分頭搶護。詎七月初一日夜，河水又陡長三尺餘寸，適遇大風驟作，水面擡高三四尺。時在黑夜，水勢甚猛，人力難施，以致北三工十二號堤身於初二日寅刻漫坍四十餘丈，業經奪溜。此次漫水係由舊減河順流而下，被淹村莊無多，亦無損傷人口。現在趕辦料物，盤築裹頭，以防續坍，稟請參奏前來。

臣查廳汛員弁，修守是其專責。時當伏汛，正值河水盛漲，宜如何加意嚴防。乃北三工十二號堤埝遽有漫溢之事。雖由夜深風急，水勢猛驟，人力難施所致，第未能搶護平穩，實屬咎無可辭。相應請旨，將署北岸同知黎極、新署北三工涿州州判賈榮勳，均一并革職，仍留工効力。協防通判李載蘇、河營協備部士選，均革職留任。永定河道錫祉有管轄全河之責，未能先事籌防，應請革職留任。臣督率無方，并請旨交部議處。再河工漫口，臣應親往工次，查勘督辦。現在天津海防，尚未蕆事，不克分身。查有候補知府范梁，辦事諳練。已檄委該員，馳赴永定河查勘漫口，會同該道迅速盤築裏頭，毋致愈刷愈寬，并查明被淹村莊輕重情形。應否先行撫恤，妥議稟辦，俾免失所。一面嚴飭該道，等候水勢稍平，可以進占，即行趕緊設法籌辦堵合外，理合恭摺具奏。

奉上諭。恭録卷首。

總督恒福北三工口門續塌盤築裏頭疏略 咸豐九年七月

本月十二日，又據永定河道錫祉稟報，自初二日以後，河水連日增漲，溜勢衝刷，致原塌北三工十二號口門，續又衝塌三十餘丈，連前共計長七十餘丈。現在水深一丈二三尺不等，已於七月初七日興工盤築裏頭等情，稟報前來。除嚴飭該道會督委員候補知府范梁，及廳汛員弁人等，將裏頭趕築完竣，毋任再有續刷。一面即速勘明被淹村莊輕重情形，應否先行撫恤，妥議稟覆覈辦。一俟水勢稍平，即行設法進占堵合外，所有永定河原塌口門衝刷續塌，業已興築裏頭緣由，理合據實恭摺具奏。

奉硃批：『知道了。欽此。』

總督恒福籌漫口工需疏 咸豐九年九月

據永定河道錫祉將大壩及引河工段丈尺，逐一勘估，稟報前來。臣以現當經費支絀之時，尤宜格外撙節，復飭該道再行覈減，務期工歸實用，項不虛糜。并委候補知府范梁前往工次，會勘覆估。去後，兹據該道等會同稟稱，查勘口門除東西壩臺十丈外，計寬六十八丈，須用軟鑲進占，并挑築攔水壩一道，跟做邊埽裏頭，以便進占，挑溜歸入引河。共估大壩、攔水壩等工需銀二萬一千餘兩。又，口門迤下挑挖引河，需銀二萬七千餘兩。又，下游兩岸各汛埽段堤工，均被抽刷殘損，若不加鑲培築，將來水歸正道，在在堪虞，急應修築完固，方足以禦合龍下注之水，需銀六千八百餘兩。統計大壩、引河、禦水等工，共估實銀五萬四千八百餘兩，委係於無可删減之中，極力節省，覈實估計等情。臣詳加確覈，所估尚無浮多。

查歷屆引河，均係派令實缺州縣，分段捐挑。大壩工程亦歸捐辦，事竣一并請獎。今歲因海防經費浩繁，已據各州縣普律捐輸。若再令挑河，不無苦累，有礙辦公。且爲時已遲，若紛紛檄調，其到工遲速不一，深恐趕辦不及，有誤要工。再四思維，不得不變通辦理。臣與藩司文謙往返函商議定，將引河方價與大壩工需，均由司庫先行墊發，以便興工。一面由臣與藩司設法籌畫，將墊款趕緊歸補，俾要工得以速辦，而庫款不致久懸。現定於九月十六日開工。臣本應親往督辦，緣海防緊要，不克分身，而堵築事宜，於地方民生均有關繫，實覺心懸兩地。因查候補知府范梁諳練工程，辦事結實。此次派往會同該道覈實覆估工需，節省經費不少，洵爲實心任事之員，堪以委赴工次，會同永定河道錫祉，督率各委員認真辦理，務期壩工堅實，引河寬暢，迅速合龍。不准稍有延誤。除分別檄飭遵照外，所有籌辦漫口勘估工需銀數，暨興工日期，理合恭摺具奏。

奉硃批：『知道了。該部知道。欽此。』

總督恒福堵合北三工漫口疏咸豐九年十月

竊照本年永定河北三工應築漫口工程，近年因庫款不敷，屢次均歸在外捐辦。前經臣於永定河道錫祉勘估後，復派委候補知府范梁前往復勘，於無可刪減之中，極力節省，覈定各項工需銀五萬四千八百餘兩。因節候已晚，恐籌捐集資趕辦不及，議由藩司先行墊款，解工趕辦，隨後設法彌補。并因臣駐紮津沽，辦理海防，未克親赴工次督辦，遴得候補知府范梁熟悉工程，即派令會同該道錫祉，督率在工各委員，定期興工，覈實趕緊辦理，均經臣奏聞在案。嗣因司庫支絀，籌墊工需，尚難足數，復飭令在於永定河道庫協撥接濟，總期無誤要工，事竣即擬歸補。一應工費雖已減省估計，仍須力求撙節，以期少墊少還。責成該道等妥速趕辦，剋期合龍。

茲據該道錫祉會同候補知府范梁稟稱，自九月十六日興工後，該道等督飭在工文武員弁，晝夜興辦。所有引河均於十月初六日一律挑挖完竣。該道等遂段查驗，寬深丈尺均各如式，試放清水，悉屬通暢。東西兩壩慎重進占，多壓厚土，加工夯硪，并鑲做上下夾土壩，以及邊埽後戧，俱係工堅料實，并無草率、偷減。口門愈收愈窄，僅留寬五丈，壩前水深一丈八尺有餘。壩高水面一丈四尺，大溜湧注，勢甚湍急，兩壩俱形喫重。該道等督飭在工各員，於十月初十日卯刻，將引河頭所留土埂啟除放水，勢若建瓴，瞬息之間，引河鋪滿，暢流下注。壩前之水，立見消退，遂即掛纜合龍，層土層料，并力搶堵。并下關門大埽，追壓到底。金門之下，頃刻斷流，復加土料培築堅實。查看壩前即時停淤，全河復歸正道。

統計實銀到工，由藩庫墊銀四萬六千兩，道庫墊銀六千八百兩。該道墊辦銀二千兩。現在共用工料銀五萬三千八百餘兩。覈之原估，又節省銀一千餘兩。擬即將庫款籌議歸補等情，稟請具奏前來。臣現駐海口，仍未能親往勘驗查覈。該道等所稟工段丈尺，悉與原估相符，動用經費，亦能格外覈實節省。即劄委藩司文謙，由省就近赴工查驗，以期覈實。并將藩道兩庫所墊之項，由臣倡率地方官捐款，趕緊如數歸補[一]。再此次出力之文武員弁，可否容臣酌保數員，以示鼓勵。謹奏。

奉上諭。恭録卷首。

總督恒福開復道員處分片咸豐十年二月

再，上年永定河北三工漫口，經臣奏參奉旨，將該道錫祉革職留任。嗣興舉大工，責令該道會同委員勘估堤壩引河，駐工督辦，事事認真覈實。一月之内全工告竣，河流挽歸正道，洵屬妥速。所有該道原參處分，合龍後，例准開復。其應賠工費三成，銀二千三百餘兩，已據如數完清。合無仰懇天恩，將永定河道錫祉革職留任處分，准予開復，出自聖主鴻施。至同知黎極新、州判賈榮勳，於被參後在工當差，均能勤慎出力，尚知愧奮。惟該員等尚有應賠之項，俟交清再行覈辦。其協防員弁，於辦理大工，亦尚皆愧奮出力。應請俟本年三汛安瀾，如果始終勤奮，另行奏請開復。謹附片具奏。

奉硃批：『錫祉著准其開復革職留任處分。餘著照所擬辦理。該部知道。欽此。』

直隸總督恒福秋汛安瀾疏咸豐十年八月

竊查永定河土性純沙，溜勢湍急，兩岸堤長四百餘里，險工林立。本年盛漲頻仍，在在均形喫重。前次伏汛幸獲平穩，業經臣恭摺奏報在案。兹據護理永定河道石景山同知王茂壎稟稱，自立秋以後，河水時有長落，雖較之伏汛盛漲，溜勢稍減，而秋水搜根，勢甚洶湧，以致各工埽段紛紛稟報蟄陷。甚至有汕刷過急，直潰堤根，極形危險之處。均經該護道隨時督率各廳營汛，無分雨夜，并力搶護。幸水勢旋長旋消，搶辦較易措手。在工員弁兵夫，亦皆踴躍從事，一律保護穩固。兹於八月初九日，節屆秋分，水勢日漸消落，河流順軌。盧溝橋現存底水六尺八寸，由該護道稟報安瀾，請奏前來。臣查永定河兩岸堤埽閘壩，本年險工叠出，均已搶護平穩，三汛安瀾。臣欣幸之餘，倍深悚惕，除仍飭該護道督率各廳汛，照常加意防守外，所有永定河秋汛安瀾緣由，理合循例，恭摺具奏。伏乞皇上聖鑒。再，本年廳汛各員防護險工，倍加奮勉出力，著有微勞。可否由臣擇其尤爲出力，并能覈實撙節料物經費者，酌保數員？出自逾格恩施。合并附陳，謹奏。

奉上諭。恭録卷首。

府尹石贊清豫籌河患疏同治元年四月

接據保定縣知縣姜埏稟稱，本年驚蟄後，永定河冰消水漲，河身下流淤塞，由金門閘漫溢出槽，下注引河，灌入大清河，至雄縣所屬之毛兒灣與該縣交界之處，於三月初

[一] 光緒七年原刻本此處有十一字『外所有北三大壩合龍日期』，光緒八年重修本删去。

間，開口數丈，北窪被水漫淹。當即多集人夫，修築完竣。後復據該縣紳民等稟報，上游雄縣所屬之西橋，新城縣所屬之青嶺、石家垡等處，先後開口三道。該縣張青口、王各莊等十餘村莊，水深一二三四尺不等，具稟前來。當經臣檄飭南路同知，委員會勘并令移會新、雄二縣，趕緊修築堤埝暨將餘水設法疏消，勿使久淹爲患。惟淩汛、桃花汛水源尚非大旺，節屆桑乾，修築亦易爲力，其爲患尚淺。轉瞬伏汛、秋汛盛漲之時，其患有不可勝言者。

伏查永定河之爲患，前因只修築堤防，而不深加疏浚，河身日高，致成建瓴之勢，此所以爲患者一也。又各汛官希圖開報工料，故作險工，築壩加埽，由南挑而之北，則北成險工；由北挑而之南，則南又成險工。久之水勢既成，人力不能堵禦。自盧溝橋以下直至下口，盡作之字拐，處處皆成險工，處處皆虞潰決，此所以爲患者二也。然在昔年北河領項約十萬兩之數，各汛工程尚不至草率，即有異常盛漲，搶險工料足敷，亦不至頻年潰決。至咸豐四五年間，因庫款支絀，河工領項減半，而又以半銀半鈔給發，約計只銀二萬餘兩。河兵人等大半有名無實，平素工程已不堪問，一有盛漲搶險，又無工料，所以年年潰決。其在上年未報河決，非真三汛安瀾也。蓋金門閘龍骨已壞，水由閘上漫溢出槽，直注西澱。各州縣所報水灾，多職此之由，且西澱近日已屬淤淺，久則愈淤愈甚。州縣田間人民之害，必致無可救藥。然則爲今之計，必須籌畫經費，使河兵足數，工料足敷。嚴飭各汛官激發天良，先裁灣取直，去其險工，深挑中洪，俾水由地中行，庶可使河流順軌，而漸消閭閻之害。第當國家多事之秋，用度浩繁，庫款支絀，何能加添河工經費？臣反覆思維計，惟有以公辦公，庶可行無窒礙。

臣於咸豐三年署理永定河北岸同知，得悉盧溝橋以下至下口百餘里，中洪兩旁河身均成熟地。至下口一帶，係於乾隆年間蠲免錢糧，以作散水勻沙之處。南北寬約四五十里，東西長約五六十里。迄今盡成膏腴之地。訊諸種地户，則多云係旗地，餘則係附近鄉村頑劣生監等所種。夫河身中斷，無旗地、糧地，不問可知。又下口自乾隆年間始改河道，則更非老圈可知。既經蠲免錢糧，則又非民地可知，而種地户恐地方官查問，赴京尋王公大臣管家、門上等投充莊頭，求一執照，以作護符，則地方官不敢過問。至頑劣生監或稱祖上所遺，或借别處地契影射。地方官以河身中之地與地糧毫無干涉，亦遂置而不問。統計此頃地畝約有四五千頃之多，若議租每年可得銀一二萬兩，以之津貼河工，可無須另籌添經費。惟有益於公，必不利於私。投充者狃於得利，而指爲旗地。影射者巧於把持，而謬謂民糧。是必須破除情面，無所瞻徇。河身中并無旗地、糧地，其説不攻自破也。應請旨，敕下直隸督臣轉飭永定河道，督同沿河州縣，勘明若干頃畝，議定租項。每年可徵收銀若干兩，以一半銀兩挑挖中洪，以一半銀兩從上游裁灣取直，裁去一灣則少一險工，即可省一防險之工料，所省之項一并歸入挑挖中洪之用。覈計銀若干兩，應土方若干，應挑挖深寬若干，數年之後，中洪益深，險工盡去，河患庶可息也。臣愚昧之見，是否有當，謹奏。

奉上諭。恭録卷首。

總督劉長佑請歲需經費減半發實銀疏同治三年二月

竊照永定河兩岸大堤，計長四百餘里，土性純沙。各汛埽段綿長，險工林立。每届大汛，溜勢洶湧，全賴料物應手，方能搶護。查，向例每年歲修銀三萬三千九百餘兩，搶修銀二萬七千兩，備防銀二萬五千餘兩，加增運脚銀八千五百兩，咸豐四年因軍需浩繁，餞糧短絀，奉部議定減半給發實銀，復因部庫支絀，無款可動，行文在於藩庫旗租項下撥給。惟藩庫一應放款，均係銀鈔各半，遂照放款章程，撥給半銀半鈔。各汛所領之銀爲數無多，購備料物末能敷用，一遇盛漲，顧此失彼。上年大汛期内，因工程險要，永定河道徐繼塘瀝陳辦工竭蹷情形，詳，經臣咨明户、工二部查覈。兹因旗租自同治二年爲始，全徵實銀。部議將藩庫一應放款，按照現放實銀成數辦理，毋庸搭放鈔票等因。自應遵照部文，衹將五成實銀支發，其五成鈔票停止給領。查，永定河工需，原奉部議，覈減一半，藩庫又於一半之中，搭放一半鈔票。今因旗租全徵實銀，并將一半鈔票亦復停發。覈計向應給銀一萬兩，現衹給銀二千五百兩，不過四分之一，辦工實在不敷。永定河密邇京畿，工程緊要，設有貽誤，關繫非輕，不得不慎重辦理，與藩庫尋常放款，實有不同。且減半之中，再又減半，亦與户部原議不符。兹據永定河道徐繼塘以辦工掣肘，具詳請奏前來。合無仰懇天恩，俯念河防緊要。准將永定河應領歲修搶修，并備防運脚等項經費，自同治三年起，循照户部原議，按額定之數覈減一半，發給實銀，以濟工需。理合恭摺具奏。

奉旨：『該部議奏。欽此。』經部奏准。

户工等部議准歲需經費減半發實銀疏同治三年三月

據直隷總督劉長佑奏，永定河各項經費，請按額定之數，覈減一半給發實銀。又，永定河添辦本年備防并歲搶修秸料，請照案加增運脚銀兩各摺，於同治三年二月十五、二十一等日，議政王、軍機大臣奉旨：『該部議奏。欽此。』欽遵由内閣抄出到部。據原奏内稱，永定河兩岸大堤四百餘里，汛溜洶湧，全賴料物搶護。每年歲修銀三萬三千九百餘兩，搶修銀二萬七千兩并備防運脚等銀，部議減半，給發實銀。復因部庫支絀，在於藩庫旗租項下，照放款章程，銀票各半撥給。兹因旗租自同治二年全徵實銀，并將一半，鈔票停發，計應給銀一萬兩，衹給二千五百兩，辦工實在不敷。請自同治三年起，按額定之數，覈減一半，給發實銀。又據奏稱，永定河去歲河水盛漲，新險迭增。上年秸料動用無存，照案添購備防秸料二百二十萬束，每束連運脚共銀一分五毫，減半銀一萬一千五百五十兩。又歲搶修秸料、運脚減半銀四千二百五十兩。請照數撥給實銀，各等語。

户部查，咸豐四年，原任大學士裕誠等奏《變通部庫放項摺》內，將永定河歲搶修并加增運脚、備防秸料銀兩，減半覈給。復因庫款支絀，行令在於直隸司庫旗租項下，按照該省放款章程，以銀票各半動撥。嗣於同治二年，臣部議令該省應徵旗租，改徵實銀等因，奉旨允准，行文遵照，各在案。今據該督奏稱，永定河每年歲修銀三萬三千九百餘兩，搶修銀二萬七千兩，添購備防秸料銀二萬三千一百兩，又歲搶修秸料運脚銀八千五百兩。原奉部議，覈減一半，又按藩庫章程，於一半之中搭放一半鈔票，在旗租項下動撥。今因旗租全徵實銀，一半鈔票停領，辦工實在不敷。擬請自同治三年起，按額定之數覈減一半，發給五成實銀等語。該督係爲永定河密邇京畿，工程緊要，慎重防護起見。其應領各項經費減半之中，又減一半，所稱不敷辦工，亦屬實在情形。且此項銀兩指撥旗租，現在旗租既徵十成實銀。該督請將永定河應需銀兩，發給五成實銀，覈計尚敷周轉，自應俯如所請。恭俟命下，由户部行文直隸總督，自同治三年起，將永定河歲修、搶修并添購秸料、加增運脚等銀，在於司庫旗租項下，按減半之數，覈給實銀，以濟工需。并責成該河道實力防護，撙節辦理，總期實用在工，無任糜費、偷減。并將給過實銀數目，專案報部查覈。至聲請添辦備防秸料之處，工部查，永定河添購備防秸料，并歲搶修秸料加增運脚等項，向係按年奏明辦理。茲據奏稱，兩岸大堤汛溜洶湧，新險迭增，全賴料物搶護平穩。上年添備秸料動用無存，請添購同治三年備防秸料二百二十萬束，并歲搶修秸料加增運脚等項。臣部查與歷年奏請購備之案相符，應如所請辦理，業經臣部會同户部另摺覈議。至動用銀兩，現經户部議准，自同治三年起，按照減定章程，覈給實銀。亦應如所請辦理。仍令該督飭令該道廳等，趕緊購買，堆儲工次，親往驗收。查有偷減、虚鬆情弊，即行指名嚴參，毋稍姑容。如有餘剩，即留爲下年之用，毋任虚糜，以重工需而昭覈實。謹奏。

奉旨：『依議。欽此。』

總督劉長佑北七工築壩堵截河流片同治三年九月

再，永定河北七工以下，從前所設北八、北九兩汛，早經裁汰。該處係下口尾閭無工處所。近年因河勢日形北徙，而鳳河爲河水去路，近亦淤墊過高，致倒漾之水，浸灌堤外村莊，頻爲民患。本年東安縣屬之孟東等村，亦經被淹。會與府尹臣卞寶第往復函商，亟思設法疏浚。茲臣親臨查勘情形，與永定河道徐繼鏞、暨霸昌道德林、通永道范梁、天津道李同文，悉心籌議，擬於柳坨地面挑挖中洪，築壩堵截北流，引溜歸入舊有大河形之處。自柳坨至張坨、馬家塲、胡家房等處，將河形展寬挑深，入叉光、二光、魚壩口、天津溝達津入海，形勢極順。臣已飭該道徐繼鏞，撙節估計工需，會同署藩司李鶴年，設法籌款興辦。謹附片具奏。

奉諭旨：『知道了。欽此。』

總督劉長佑北七工大壩合龍疏同治三年十一月

伏查永定河係挾沙而行，水性趨向靡定，時南時北，必得溜走中洪，方可直注鳳河，由津達海。溯查下口地面，寬廣四五十里，志書載明：『所以寬廣之故，係爲散水勻沙，任其蕩漾。』北岸北七工以下，從前尚有北八、北九兩汛。自嘉慶十一年及道光四年，因河流全向南趨，無須修守，經前任督臣先後奏明裁汰。該處久已無工、無汛，乃近年來河勢北趨，鳳河淤墊，以致尾閭無土處所倒漾，水繞越浸灌。東安縣屬之孟東等三十餘村連年被水，亟應設法疏導，以除水患。

查，北岸達鳳河之區，淤墊高仰，水無去路。必須於河身另擇舊有河形之處，從新挑挖，引溜南趨，方可除倒漾之病。而全行疏浚，非經費數十萬不可。當此庫藏支絀之時，爲能籌此鉅款，本年春間臣與府尹臣卞寶第往返函商，飭令永定河道派員查勘。因節省經費，擬於吉安屯試行挑挖引溜，乃有武清縣無知愚民馬兆鳳等，聚集多人，赴工次求緩。當經出示曉諭，并遴委諳練河務之候補同知直隸州陸慎言赴工，會同查勘。旋以大汛將臨，趕緊不及，詳請緩至秋後再行勘議。復有武清縣紳民楊冠瀛等，赴都察院具呈，擬請改挖天河身，稱爲萬全之計，咨交府尹。臣劄飭通永道范梁訊辦，并由臣飭令霸昌道德林與該道范梁，帶同楊冠瀛等履勘。天河身係在南堤之外，若挖天河身，水勢必直走大清河，定將大清河淤墊，其患更大，且又須培築舊南堤身，仍歸鳳河，經費甚鉅，尚恐難禦水勢。該紳民等自認冒昧，出具切結存案。并據永定河道徐繼鏞等查明下口地方，從前因河流改道，小民佔居，日久相沿，漸成村落。乾隆年奉有諭旨，嚴飭地方官諭令遷徙，不得與水争地，致礙河流。

聖訓煌煌，志書具載。馬兆鳳等赴工求緩，及楊冠瀛等赴京呈請改挖天河身之舉，皆因圖佔下口河身淤地，竟忘爲應讓河流之區。臣於八月杪親詣工次，督同永定河道徐繼鏞、通永道范梁、霸昌道德林、天津道李同文，詳加查勘。如在吉安屯引溜，尚須疏浚鳳河，亦非數十萬金不可。惟有在於北六工以下之柳坨地面，挑挖引河，引溜歸入舊有大河形之處。計自柳坨至張坨二十餘里，再由張坨至胡家房，止有二十餘里，展寬挑深，入叉光、二光、魚壩口、天津溝，達津入海。蓋天津溝以下鳳河通暢，并無淤墊，形勢極順，且係咸豐九年以前正河，實爲善全無弊。臣出示剴切曉諭，一面飭令永定河道徐繼鏞，力求撙節覈實，估計堵築大壩、挑挖引河、溝工所需料物、夫工、土方，共估銀四萬一千餘兩。現在下游無工之處，全溜日往北趨，不特與上游各工有礙，且與全局攸關。所擬挑挖引河，堵截北流，實爲必不可緩之工。故雖經費爲難，勢亦不能不辦。仍不敢率請帑項，惟有飭令該司道暫行借墊，設法歸補。即於九月初八日大壩開工。由永定河道徐繼鏞與委員陸慎言親駐工次，督率文武員弁，認真趕辦。復經府尹臣卞寶第檄委候補知縣石衡，赴工幫同稽查，示諭居民一體遵照。

嗣據該道徐繼鏞具稟，原估工段挑挖至胡家房止。茲帶同委員陸慎言，周歷查勘。自胡家房以下，由東安縣所屬之六道口，至武清縣境之叉光，約長十二、三里，又自叉光至二光、魚壩口，均係武清縣所屬，約長十四五里。魚壩口以下至雙口迤北之天津溝，係天津縣所屬，約長八里餘。雖均有大河形，而數年節節漫淺，風沙填墊，現在均令一律辦理溝工。溯查永定河歷屆大工，引河從無挑挖如此之長者。即下游抽溝，亦無抽至天津溝地面者。惟目下情形關擊全局，何敢以經費無出，稍涉畏難，使下游河身、村民有所籍口。籌思至再，惟有於此次工程項下，再行設法節省，估計土方，將胡家房以下三十餘里溝工，一律舉辦。經此次辦理溝工後，水勢自必暢達順流。即遇伏秋大汛，盛漲出槽，亦斷不致久淹爲患等情，稟經檄飭，妥爲辦理。

茲已一律工竣。該道徐繼鏞逐段勘丈，均係按照原估挑挖。承辦各員并無草率、偷減情事。即將兩壩慎重進占。因連日風雨，河水陡長三尺，探量壩前水深一丈四尺有餘，兩壩均形喫重。該道厚集土料，加鑲搶護，一面將引河頭所留土埂啟放，溜勢直射引河，暢流而下，壩前之水立平。遂即層土層料，并力搶堵，於十月十七日卯刻合龍。臣派委候補道柏春馳往查勘，大壩堵合，悉臻鞏固，溜勢直走引河，形勢極爲暢順。該道柏春復會同徐繼鏞，前赴下游葛魚城、胡家房、天津溝一帶詳加履勘。因抽挖長溝，水勢下注，勢若建瓴等情，稟復前來。臣查下口北徙，不特民田有害，且爲全河攸關工程，實爲緊要。現經責成該道徐繼鏞，籌議疏浚，剋期竣事，使全河復歸正道，辦理尚屬妥速。除飭將未盡事宜并此項工需實用實銷數目，另行覈辦外，理合恭摺奏聞。

奉旨：『該部知道。欽此。』

直隸總督劉長佑秋汛安瀾疏同治五年九月

竊照永定河土性純沙，溜勢湍急，兩岸堤長四百餘里，險工林立。本年伏汛防護平穩，經臣恭摺奏報安瀾，仍飭加意巡防在案。茲據永定河道徐繼鏞稟稱，立秋以後，河水時有長落，雖較伏汛盛漲時溜勢稍緩，而秋水搜根，汕刷愈甚。各工埽段紛紛蟄陷，甚至隨廂隨蟄，直刷堤根，情形極爲危險。均經該道督率在工文武員弁，無分雨夜，分投搶護。幸下口去路通暢，水勢易消，搶辦較易措手。在工員弁兵夫，亦皆踴躍從事，得以化險爲平，一律保護穩固。茲節逾秋分，水勢日漸消落。該道查勘各工堤埽閘壩，悉臻穩固等情，稟報前來。除仍飭該道督率文武員弁認真防守，不得因秋汛已過，稍有疏懈外，理合循例恭摺具奏。伏乞皇太后、皇上聖鑒。再，本年全河叠次盛漲，浩瀚奔騰，爲數十年來所未有，在工廳汛各員，瀕危搶護，實能不避艱辛，異常奮勉。可否容臣擇其尤爲出力者，奏懇恩施，量予鼓勵之處，伏候訓示遵行。謹奏。

奉旨：『准其擇尤保奏，毋許冒濫。欽此。』

總督劉長佑北三工漫溢疏 同治六年七月

竊照永定河伏汛届期，節經臣諳飭加意防護。茲據永定河道徐繼鏞稟稱，永定河自入伏後，山水陡漲，七月初二、初四等日，連長四次，猛驟異常。南三汛二十一號、南四汛十八號、北四上汛八九號衝刷蟄陷，危險已極，幸皆督飭搶護平穩。不料七月初七八等日，大雨傾盆，連宵達旦，河水叠次長至二丈餘尺。全河宣洩不及，到處岌岌堪虞。初八日據報北三汛五號危險，溜勢逼注圈堤，間段汕刷，埽鑲漂没，危急萬分。該道往來工次，督飭各廳汛趕緊掛柳搪護，跑買土料，冒險搶鑲。詎料雨勢愈大，兩日兩夜未歇片時，水又陡長二丈餘，兼之西南風大作，水面擡高四五尺，雨大風狂，人力難施，以致北三工五號堤身於初九日丑刻漫坍三十餘丈，業經奪溜。此次漫水係由減河順流而下，被淹村莊無多，亦無損傷人口。現在趕辦料物，盤築裹頭，以防續塌，稟請參奏前來。臣查，永定河自徐繼鏞到任六年之久，普慶安瀾，實爲從前所罕有。不期此次北三工五號堤埝遽有漫溢之事。雖由雨大風狂，水勢猛驟，人力難施所致，第該廳汛員弁未能搶護平穩，實屬咎無可辭。相應請旨將北岸同知程迪華、借補北三工涿州州判知縣黄安瀾，均一并革職，仍留工効力。協防署北岸協備劉昌安、兼理都司尹光彩，均革職留任。永定河道徐繼鏞有管轄全河之責，未能先事嚴防，應請革職留任。臣督率無方，并請旨交部議處。

再，河工漫口，臣應親往工次查勘督辦。現因出省督勦鹽匪，不克分身。查有候補直隸州知州陸慎言，諳練河工，人亦勤幹。已檄委該員馳赴永定河查勘漫口，會同該道迅速盤築裹頭，毋致愈刷愈寬。并查明被淹村莊輕重情形，應否先行撫恤，妥議稟辦，俾免失所。一面嚴飭該道等，俟水勢稍平，可以進占，即行趕緊設法籌辦堵合外，理合恭摺具奏。

奉上諭。恭録卷首。

總督劉長佑南上汛灰壩過水擬變通籌辦疏 同治六年九月 附：改由灰壩合龍片

據革職留任永定河道徐繼鏞會同委員候補直隸州知州陸慎言稟稱，查得北三工五號於七月初九日丑刻漫溢奪溜。經該道徐繼鏞飭委石景山同知王茂壎等，趕緊購料，盤築裹頭。據報於七月二十二日興工，已於八月初十日工竣。查，南上汛灰壩於七月初八日龍骨過水，嗣因宣洩過甚，迄未斷流。該道籌發經費，催飭搶鑲。乃七月二十三、二十八九等日，疊次長水，灰壩新進占子埽段，隨蟄隨鑲，幸而搶護平穩。而南上汛十一號以下，又復出險。是本年河水之大，實爲近年所未有。現值風浪稍平，自宜相度利便，再行施工。隨即同赴北三工五號口門，周歷查勘。量得口門計長三十一丈，并無續塌，新做裹頭亦均穩固。復至南上汛二號灰壩工次，勘得壩口原寬五十六丈，全行過溜，壩臺龍骨均未衝缺。測量壩前水深二三尺，壩外有減水枝河，至水碾屯歸入大清河。南北兩越埝新做工程，南面進占二十餘丈，北面接築土埝，進占十餘丈，均已加鑲邊埽，簽樁穩固。查看正河身，現已斷流，涸出嫩灘，幸未淤高。復又沿河逐一履勘，詳察形勢。本年伏秋盛漲，雖屬異常浩瀚，所幸上游連設閘壩，猶得分其勢，而減其怒，益信前人施設具費經營。即如此次北三漫溢口門，苟非灰壩分掣溜勢，則汕刷必更寬深，安能遽成旱口？將來接築大壩，進占簽鑲，合估土工料物費，將不可勝計！今幸大溜全歸灰壩，北三工漫口乾涸。雖挑河補堤，仍須工作，而一彼一此，難易懸殊。復查南上二號以下，河身并無淤墊，間有不能十分暢順之處，只須抽溝引水，即可一律深通，計費亦屬無幾。所有引河工段，仍自北三工五號以下，分段估辦。如此變通籌畫，因勢利導，實與河防全局有裨。而撙節經費，尤覺事半功倍。再，北三工漫淹，各村水已漸消，不致久淹爲患。究有若干村莊以及輕重情形，應由委員陸慎言會同地方官，確切勘議稟辦等情，會稟前來。

臣已嚴飭該道督飭廳汛員弁人等，將北三工漫口工程妥速籌議興辦。一面催飭委員，即將被淹村莊輕重情形，應否先行撫恤，會同地方官勘議稟覆。再，據革職留任永定河道徐繼鏞稟稱，前據南上汛霸州州同何承祜稟報，南上汛灰壩過水，即經飭委署南岸同知余汝偕，并派文武員弁，馳往幫同經理，一面力籌經費接濟。七月二十一二等日，據報設法進占，挑溜仍歸正河。乃二十三日以後，連朝風雨，水勢迭長，幸有灰壩分溜宣洩，搶護平穩。而壩上水勢，仍復湍激。因思閘壩原爲宣洩盛漲而設，與堤埝漫溢不同，第洩水過甚，恐致衝缺，不得不即籌搶堵。該道遂復會同委員陸慎言，馳至灰壩工次，周歷查看。南北壩臺并未刷動，測探龍骨、海墁亦未損壞，南北新進水占三十餘丈。如果不惜重資，協力搶堵，原不難剋期堵閉。第灰壩既閉，則正河大溜必致全歸北三口門。該處土性沙鬆，不特兩壩裹頭邊埽執鑲不已，且恐口門愈刷愈深，跌塘過甚，將來堵築需費更鉅。再四籌計，堵閉閘壩較之堵合大工，其省力、省費不啻倍蓰。現與委員陸慎言熟商，擬變通辦理。現在北三漫工已成旱口，先將層土層碱，實力堵合。俟下游引河全行完竣，再將灰壩堵閉合龍，所省實多。且由灰壩過水，壩外尚有減水枝河，不致泛濫旁溢，較由北三口門過溜，所淹情形亦輕。況灰壩下有三合土龍骨海墁，不致跌塘刷深，是以正河亦無淤墊，將來堵合較易，經費亦減。當兹籌款維艱，但期得省且省，可否將南上汛灰壩，歸入大工項下辦理？俟北三工漫溢旱口工程補還原堤、挑挖引河，次第辦有端倪，再將灰壩合龍，使全河復歸故道，似較便捷。

再查，南上汛員有專管灰壩之責，雖係例應過水之區，究屬宣防不慎。該管本廳督辦未能妥善，該道統轄全河亦咎無可辭等情，稟請附參前來。應請旨將永定河道徐繼鏞、署南岸同知、河工候補同知余汝偕、南上汛霸州州同何承祜，一并摘去頂戴，用示薄懲。臣查興辦大工，全憑料物。現值灾荒之歲，秸料無收，即此一宗已較往年昂貴數倍。現據該道等會稟變通辦法，係爲節省經費起見，應准照行。仍嚴飭該道責令該廳汛，將已做工程及壩臺龍骨等處，加意守護，務保無虞外，理合附片奏聞。

奉旨：『徐繼鏞等均著摘去頂戴，責令加意守護，不准稍有疏懈。欽此。』

總督官文籌辦漫口合龍情形疏同治六年十二月

附：開復各員處分片、南七工冰泮漫溢片

據永定河道徐繼鏞稟稱，本年大工惟引河最長，工費最鉅，且工非一處，分計則不多，合計則不少。先據石景山同知王茂壎等原估工需銀七萬三千餘兩，節經駁令，逐一删減，并又一再覆覈，先後共計減去銀一萬五千二百餘兩許，實用正項河壩銀四萬九千八百餘兩，禦水工七千一百餘兩，實係竭力撙節，省而又省。緣本年工程在灰壩合龍，壩工已較歷届成案省逾鉅萬。惟引河一項，查咸豐九年自北三工起，至南五以下撒手，同治三年改挖下口案内，自北七工起直達尾閭，每届均各用銀二萬餘兩。此次引河自南上汛灰壩起，直達尾閭，實合兩届爲一，且歲歉糧貴，人夫食用較往年多至倍蓰，故錢少即不肯就雇。再四删減，計需銀三萬餘兩，已屬萬分支絀。至禦水工，係發交各汛，擇要修培，以禦合龍下注之水，尤屬必不可緩。本年工程計需經費銀五萬三千餘兩。當因時已九月，款無可籌，萬分焦灼。若不趁此秋深水弱，及時趕辦，轉瞬天寒地凍，即難施工。遲至淩汛水漲，需費更多。值此庫款支絀，既不敢率請帑項，而節候迫促，又不敢坐失機宜。再四思維，祇有援照歷届成案，由外籌捐。先在司庫借撥濟用，隨後籌議歸補，另文詳辦。兹自九月二十日興工，至十月二十四日堵閉合龍，大工一律完竣。除將各項工程工段丈尺，另繕清單，并將各員呈繳賠款數目，另詳開報等情，稟請覈奏前來。

奴才查此次大工合龍日期，已據藩司鍾秀附片奏報聲明。詳細情形俟奴才到任後續奏在案。兹經詳加覆覈，本年大工自南上開挖引河工程，本屬浩大，再四覈減，尚需經費銀五萬三千餘兩。體察形勢，估報尚稱撙節。

據議由外籌捐事，亦歷辦有案。第捐款倉猝難齊，向由藩司先爲籌墊，事後捐還。此次已由前督臣劉長佑轉飭藩司，照案陸續籌墊，俾濟工用。其應如何分捐歸款，即飭會同該道作速籌議詳辦。

再查，本年先後被參各員，現在隨辦大工，極爲踴躍。應交賠項，亦均陸續繳清，實屬甚知愧奮。可否仰懇天恩，將知府銜、北岸同知程迪華開復同知原官，仍以原班補用。知州銜、同知用、借補北三工涿州州判大挑知縣黄安瀾，開復知縣原官，歸調還本班補用。其原參摘頂之署南岸同知余汝偕、霸州州同何承祜，均請賞還頂戴。并請將永定河營兼署都司尹光彩、署協備劉昌安，開復原參革職留任處分，出自逾格鴻慈。合再附片具奏。

再，奴才正繕摺間，接據永定河道徐繼鏞稟稱，永定河南七工汛，本屬下口，近接尾閭，土性純沙，夙稱老險。前因堤身卑薄，部令該汛員陳楓加意承修，并委候補縣丞馬光泰前往辦理加高培厚工程，并於内幫鑲做埽段，預防明年長水，籍資抵禦。十月二十八九等日，忽據該廳汛等稟報，水勢驟長。該汛六號情形喫重。經該道馳往，督同搶護平穩。詎於十一月十七日，據三角淀通判朱津轉據南七工汛員陳楓會同委員馬光泰稟稱，本月初十、十一日天氣驟暖，全河冰泮水勢增長。至十二日酉時，水又續長四尺餘。六號堤身本係高出水面二三尺，此番陡然長水，立與堤平。加以西風大作，又將水勢擡高尺許，堤面登時過水，相機堵護，多方搶禦。無奈黑夜之際，風狂水湧，人力難施，至十二日亥刻六號堤身坐蟄二十餘丈，河水漾出堤外。惟查所過村莊無多，時值嚴冬，亦無被淹禾稼。現已由道相機裹頭，不使續行汕刷。稟请參奏前來。

奴才查，永定河道徐繼鏞，現因督辦大工，極爲認真，覈其功過，尚足相抵。原擬隨案懇恩開復原參處分，不料正覈辦間，適報南七工六號冰泮水長，堤身坐蟄二十餘丈。隆冬盛漲，事涉罕聞。該道責任全河，固難辭咎。第該處土性浮鬆，舊有坑塘老險，且在三汛期外，并又預期發款加培，究與大汛時漫無防範失事者有間。似可將功折贖。合無仰懇天恩，將該道徐繼鏞原參摘去頂戴，暫先賞還。仍帶革職留任處分，以觀後效。其專管汛員，已升良鄉縣縣丞、南七工東安縣主薄陳楓請旨革職留任。候補縣丞馬光泰摘頂停委，聊示薄懲。三角澱通判朱津到任未及一月，該汛員等前做各工，亦在該通判尚未到任以前，應請寬恩免議。至署河營都司尹光彩、協備劉昌安正在上游襄辦善後各工，顧不及此，亦請加恩寬免。臣已劄委候補直隸州知州陸慎言，馳往查勘漫口情形，迅速盤築裹頭，毋再刷寬。并查明曾否淹没田廬、有傷人口，暨水勢現在已未歸槽，趕緊詳細稟覆。仍俟明春再行估辦外，所有永定河南七工六號堤埝坐蟄過水情形，暨委員往勘緣由，再附片具奏。

奉上諭。恭録卷首。

卷十三　奏議〔同治七年至十年〕

總督官文開復各員處分片同治七年三月

再查，上年永定河北三、南上等工先後被參各員，前於堵築合龍後，因查明各該員弁甚屬愧奮出力，當經奴才隨摺奏請開復。又因南七工六號堤工於冬月冰泮過水，將原派承辦印委各員分別參劾，并以永定河道統轄全河責無旁貸，雖功罪自不相掩，而賞罰仍須持平，是以奏請先將該河道徐繼鏞頂戴賞還，仍帶革職留任處分，以觀後效在案。嗣欽奉諭旨：『南七工堤身坐蟄，雖在三汛期外，究屬疏於防範，失事之道廳員弁均著交部議處。其北三工等處搶辦出力人員，暨隨辦大工、繳清賠項各員弁，著俟全河工竣，再行奏請加恩等因。欽此。』由部恭録咨照前來。即經行道轉飭，去後自宜欽遵辦理，曷敢再爲瀆請。惟念功過爲課吏之大端，賞罰係馭衆之要術。總須獎懲明允，始足觀感奮興。永定河南北兩岸向分五廳二十一汛，修防各有汛地，責有攸歸，不相牽涉。

兹查永定河北岸同知程迪華，借補北三工涿州州判、大挑知縣黃安瀾，係因北三工漫溢案内奏參革職，留工効力。又永定河營兼署都司尹光彩、署協備劉昌安，亦因前案附參革職留任。又署南岸同知余汝偕、霸州州同何承祜，係因灰垻過水案内，奏參摘去頂戴。今前兩案疏失工程，均已堵築完竣。應完賠項，亦已繳清。經奴才派委候補知府福俊馳往驗收，會同永定河道徐繼鏞逐一查勘，各工并無草率、偷減，取具掌壩工員等保固切結，加具勘結申送。至南七工續報過水之案，非該廳汛等分防地段，該廳汛等原參處分，例准悉予開復。再，協備劉昌安係專司北岸協同防守之弁，南七工漫溢之處亦非該弁汛地，由道聲明更正，稟請覈奏前來。除將永定河道徐繼鏞、兼署都司尹光彩管轄全河，原參處分統俟新工完竣，再行奏請外，合無仰懇天恩，可否先將前另案堵築完竣、賠項交清之已革知府銜、北岸同知程迪華開復同知原官，仍以原班補用。知州銜借補北三工涿州州判、大挑知縣黃安瀾開復知縣原官，歸調還本班補用。署南岸同知、候補同知余汝偕，霸州州同何承祜，均各開復頂戴，俾知奮勉。署協備劉昌安，隨辦灰壩大工，不辭勞瘁，應開復前參革職留任處分，均出自逾格鴻慈。理合附片具陳。

奉旨：『著照所請。該部知道。欽此。』

總督官文南四工淩汛漫溢疏同治七年四月

竊查永定河堤工土性沙鬆，加以上年秋冬雨雪交加，今春正二月間連陰細雨，澈底滲透，春融地脈泛漿，淩汛本形喫重。該永定河道徐繼鏞，因留在省辦防，先委同知兼護。嗣恐未能周顧，是以奏明，飭委候補道蔣春元往署在案。茲據署永定河道蔣春元稟稱，該道三月初六日接印後，即赴各工查勘。適值天日融和，上下游冰淩同化，全河溜勢洶湧。各工紛紛報險，南下汛、北四下汛埽段蟄陷。當即馳往分督搶辦，至十一日甫就平穩。又接署南岸同知余汝偕轉據南岸四工固安縣縣丞胡彬稟報，該汛十七號水勢叠次增長，拍岸盈堤，串溝水由十八號倒流側注，溜勢南趨，以致衝刷堤身七八丈之寬，十分危險等情。該道隨又馳抵工次，因查得儲料早經搶辦用盡，遂飭該廳汛員弁并外委兵丁等，調集渡船，密掛大柳，捲做埽由，竭力抵禦，并將子埝加高。竭兩晝夜之力，漸有轉機。不意十三日戌刻，陡然北風大作，昏夜之間，火燭盡滅，兵夫站立不穩。全河溜勢奔騰，埽由柳株，全行走失。該道目睹情形，萬分焦急。復令重價跑買土料，撒手搶辦，相持一時之久。無如水勢又長，擡高三四尺餘，漫上埝頂，一湧而過，掣動大溜，口門約寬二十餘丈。雖因天時、水勢，人力難施所致，該廳汛等究屬搶護不力，咎實難辭。該道到任不及十日，究未能化險爲平，亦屬疏忽等情，稟請奏參前來。

奴才查，河堤最怕雨水浸灌。上年秋冬雨雪渥厚，爲近年所無，是以全堤透濕。去冬南七失事，實由於此。今春適值軍務倥傯，而堤工險要，實無刻不切切在念，屢飭通工文武加意嚴防。不料此次南四工十七號堤埝又有漫溢之事。雖由風大水湧，人力難施所致。第廳汛員弁未能先時搶護平穩，實屬咎無可辭。相應請旨將署南岸同知、候補同知余汝偕革職留任。南岸四工、固安縣縣丞胡彬革職留工，以觀後效。協防兼理永定河營都司、署南岸守備尹光彩，前案處分尚未開復，此次南岸又遇失事，應同南岸千總李柯，一并均請交部議處。署永定河道蔣春元，雖係統轄全河，而到任尚止數日，且各工紛紛出險，往來搶辦實已不遺餘力，可否從寬免議？出自逾格鴻慈。至河工漫口，奴才因現辦防務，不克分身往勘，自應遴委熟悉工程人員，先行馳往勘辦。已劄委候補直隸州知州陸慎言往勘漫口情形，會同該署道迅速盤築裹頭，毋再刷寬。并查明被水村莊應否先行撫恤，妥議稟辦，俾免災民失所。一面嚴飭該道等，俟水勢稍平可以進占，即行趕緊籌辦堵合。

奉上諭。恭録卷首。

總督官文飭司借款堵築漫口片同治七年閏四月

再，據署永定河道蔣春元稟報，南四工漫口、南七工旱口，現擬開挖引河，并案堵合。定於四月十八日破土動工。此項工程約需銀十三萬餘兩，請飭藩司籌款借撥等情。奴才伏查，永定河附近京畿，攸關民瘼，工程實關緊要。乘此桑乾之際，自應先其所急，當飭藩司盧定勳，無論何款，趕緊借撥銀數萬兩，以資工作。仍飭於力求撙節之中，再行裁減，以期工歸實用，并飭認真督催，迅速竣工，報候驗收。

奉旨：『知道了。欽此。』

總督官文請俟秋後堵合漫口片同治七年五月

再查，永定河南四工漫口、南七工旱口，前擬并案堵合，業經奴才將破土動工日期附片奏明在案。茲據署永定河道蔣春元，委員候補同知直隸州知州陸慎言會同稟稱，自四月十八日破土動工往來，上下工所親督廳汛員弁，購料集夫，同時并案興修。閱今一月之久，次第呈報完備，驗得引河寬深丈尺，覈與原估相符。試放清水，暢行無滯，兩處大壩，層土層硪，追壓甚固。其南四東西兩壩，進占夯築緊實。南七工壩工、引河均已一律報完，并無草率、偷減等弊。惟將上下游引河驗收之後，陰雨連綿，水勢陡長。本定於閏四月二十二日丑時合龍，奈因風雨不止，勢難拘定準期。惟有廣集人夫，多購料物，以備乘時搶築。迨二十七日寅刻，水勢見落。正在搶辦之際，而濃雲驟合，風狂浪湧，壩前大溜湍急。該署道蔣春元等不惜重資，分別給賞，撒錢跑買，河兵人夫踴躍争先，竭力下埽搶堵。而水又大長，以致埽段隨鑲隨蟄，未敢強合。又值麥收農忙之際，不惟運料無車可雇，抑且人夫難集，一時未能蒇事。況節近大汛，河水長多消少，體察形勢，委係大汛以前不克施工。據掌壩廳員稟請，緩至秋後合龍。該署道蔣春元等再四籌商，意見相同。再，南四工現係另築大壩，其原堤衝塌十七號口門，接連十八號坑塘，均已圈出在外，惟尚未合龍，則現在來源仍由十八號堤身行走。昨因水勢太猛，間有刷成溝槽。查看仍歸舊河形東下等情，稟請覈奏前來。

奴才查永定河本名桑乾，每年桑葚落時斷流。今年原擬趁此將漫口堵合，俾被淹農田得以及早涸復，以蘇民困。不料本年漲發更早，并未斷流。又兼農忙特甚，致大工將次垂成，不得一氣辦竣。現計大汛將届，若再強令搶堵，更恐徒費工料，於事無益。祇可裹住埽頭，緩至秋後再辦合龍，以期穩妥。仍飭該署道等嚴督廳汛員弁，將南四工新壩加謹防護，并派委員弁分段看守引河，勿使稍有損塌。

奉旨：『知道了。欽此。』

總督官文南上汛漫溢疏同治七年八月

竊據署永定河道蔣春元稟稱，永定河有灰壩金門閘，原爲宣洩盛漲而設。年來因過水奪溜，先後堵閉，不敢啓放，以致一遇盛漲，疏消無路，通工均虞氾濫。本年自六月二十九至七月初六七等日，秋雨連朝，來源漲發。據石景山外委籤報，叠次長水，積至二丈四尺。全河大溜洶湧，各汛紛紛報險。據署北岸同知程迪華稟報，北三汛之五號、九號、十三號，北四上汛之二號、十號埽段全蟄。署南岸同知余汝偕稟報，南上汛頭、二、七八九及十五等號，水與堤平，衝刷堪虞。南下汛之二三四五及九十等號，南二汛之三四五六及十五等號，南三汛之六七、九及十五等號，南四汛之四、九及十二等號，各埽間段蟄陷。均經分派員弁趕緊搶護，幸保無虞。其中惟南四汛之九號，南上汛之十五號，情形尤爲危險。一面飛飭南岸同知余汝偕，馳赴南上汛十五號督率搶辦。該道蔣春元親赴南四汛九號，飛飭密掛大柳，不惜重資跑買，并調集渡船，多方抵禦。窮一晝夜之力，始得漸臻平穩。當於星夜趕赴南上汛督辦，途次接據余汝偕稟報，十五號大溜逼注堤身，間段漫水，多集村民跑買土料，加高子埝，又復掛柳、捲由防護，漸形得手。不意初七夜，水勢續長，北風大作，駭浪騰空，越過埝頂，相持兩時之久。至初八日丑刻，水又陡長二三尺，護埽柳株全行漂失。大溜一湧而過，口門刷坍十餘丈，實屬措手不及，人力難施，稟請奏參前來。

奴才查，汛弁責任修守，道廳職司監催，一有疏虞，即干罪戾。惟永定河自經費覈減以來已十數載，銀數既短，給領又遲，料物不充，工用多缺，勢不能不因陋就簡，且圖敷衍。目前通工頽廢情形，誠非一朝一夕。本年秋汛盛漲，積長二丈四尺有餘，實爲四十年來未有之奇。而往年洩水之灰壩金門閘，又皆堵閉，不能啓放，遂致疏消無路，壅遏旁趨。雖云人力難施，究屬咎有應得。相應請旨將署南岸同知余汝偕、南上汛霸州州同何承祐，均請一并革職，留工効力。協防永定河都司、南岸守備尹光彩，前於南七工案內，交部議處。此次又復失事，未便再爲寬減。應請革職留工，以觀後效。南岸把總張克儉，請交部議處。署永定河道蔣春元，雖在工分投搶險，亦有微勞，究屬防範有疏，應請革職留任。奴才督率無方，并請旨交部議處。

再，河工漫溢，奴才例應親往督勘，現因辦理善後事，且未克分身，應仍委員前往會同勘辦。已劄委候補知府張承往勘漫口情形，會同該署道，趕緊盤築裹頭，以免續刷。此次漫口即在灰壩以下，漫水仍由清河順流而下。被水村莊無多，亦無損傷人口。一面嚴飭該署道等督率員弁，趕緊購備料物，迅速籌辦堵合。

奉上諭。恭録卷首。

總督官文請帑堵築漫口各工疏 同治七年九月

竊照永定河南上汛十五號堤工，前於七月初八日漫溢失事。經奴才專摺奏參，奉旨將廳汛員弁革職留工，署河道蔣春元革職留任，奴才交部議處。并飭奴才委員往勘，『嚴飭在工各員購備料物，迅速堵合。被水村莊查明被灾輕重情形，妥籌辦理等因。欽此』。當即欽遵轉行遵照，并飭作速盤做裹頭，以防續塌。不料秋雨頻仍，來源過旺，河流叠次盛漲，致口門塌卸更寬，堵合愈形費手。

第被淹多係近畿地面，春耕既已失時，秋收又復失望。若不亟籌奠安，窮黎何以堪此？隨飭藩司會同該河道，作速會商估辦。

去後，兹據布政使盧定勳、署永定河道蔣春元會同詳稱，該署道蔣春元遵即督率廳營覈實，確估再四，分別删減，通計引河大壩暨各汛土埽各工，實估需銀十一萬三千餘兩。洵已省而又省，無可再減。當經批飭藩司，會同籌款議辦。該司道等隨又公同籌商，查得永定河兩岸堤工綿亘四百餘里，源遠流長。神京籍資環衛。卷查歷辦成案。嘉慶六年漫口，奏請動用帑銀一百萬兩； 十五年漫口，用銀十四萬六千餘兩； 二十四年漫口，用銀二十六萬餘兩； 道光三年漫口，用銀十三萬五千餘兩； 十四年漫口，用銀十三萬兩，均係奏奉諭旨，發帑興辦。自道光二十三年以後，因庫款支絀，不得已始由外設法籌捐，委曲遷就，工用不充，諸從覈減，以致二十三四年及咸豐六七等年，連歲漫溢。再查嘉慶十七年以前，每歲均奏請另案土工銀萬餘兩至數萬兩不等。道光年間亦尚間一二年奏辦另案一次。自二十二年以後土工永停未辦。其每年額設歲搶修并備防秸料運脚等項，又自咸豐三年以後，奉部裁減一半。計每年又覈減銀四萬六千餘兩。嗣因議行票鈔，又於減存一半中，搭給五成票鈔。計每歲又減實銀二萬餘兩。雖於同治三年奏准停給票鈔，第就此權且敷衍，已歷十一二年。五廳二十汛，祇守此有限錢糧，支撐局面。稍爲粘補即已銷散無餘。全河受病實深，歷有年所。

永定河本係挾沙帶泥，善徙易淤，最爲難治。刻下河身淤墊日高，堤埝卑薄日甚。自去秋至今，雨水多而來源旺，更爲數十年來所未有。兩岸層叠失事，病正在此。現值軍需甫竣，善後事宜需款甚鉅，司庫空如懸磬，一無可籌。若由地方勸捐則灾歉連年，瘡痍滿目，祇能加意撫恤，安能再令捐輸！而此項堵築大工，必須趁此秋深水弱，及時堵合，以免天寒地凍，趕辦不及。倘再限於工需，苟且從事，轉瞬來年三汛，仍屬岌岌可危。欲求節用於目前，恐致虛糜於事後。因思另案久停，節省固已不少，就此歲額減半給領，歷今十有五年，亦省帑項六十餘萬兩。值此無款可籌，惟有援照向年成案，請帑辦理，庶收實效等情。會詳請奏前來。

奴才伏查，永定河近繞畿郊，工程刻不可緩，而司庫連年軍需，地方迭次兵燹，籌無可籌，捐無可捐，誠亦設法維艱。今該司道等籌議請援案，撥帑興辦，確係出於萬不得已之謀。謹將勘估工段銀數，繕具清單，恭呈御覽。合無仰懇天恩逾格，俯念工程緊要，瞬届隆冬，恩准敕部迅撥實銀十一萬兩，以濟要需，俾得即日興工，普律認真修治，庶衝没農田及早涸復，以救民困，下餘三千餘兩由外籌措辦理。

奉旨：『該部速部議具奏。單并發。欽此。』經部奏准。

總督官文堵築水旱口門情形疏同治七年十二月

竊照上年冬永定河南七工失事，本年春南四工又復漫溢，當將該管道廳文武員弁先後奏參，奉旨分别懲處在案。一面勒飭該署道蔣春元，迅將衝刷漫口妥籌堵築，俾下游淹没田廬得以及早安業。一面行飭藩司籌借銀款，撥解工次，俾該署道得以提同繳到賠項，尅日購料，集夫挑河築壩，以期一氣呵成，早甦民困。乃引河已照估挑完，兩壩進占已及九分。本已定期合龍，適遇連次暴漲，異常洶湧，致人力無從施設，不得不垂成歇手。又經奴才將合龍改緩緣由，續行奏明，亦在案。

兹據署永定河道蔣春元、候補直隸州知州陸慎言稟稱，該道等自五月間親駐南四工次，嚴守兩壩，督帶廳汛弁兵晝夜巡守。前值叠次盛漲，均經隨時跑買趕搶，殫竭心力，得臻穩固。且歷大汛愈覺堅實，止須加高培厚、加土加硪、埽鑲再行籤樁。南七汛大壩前已堵閉。現亦僅須加修兩處引河，前未啓放，均尚無恙。但經夏秋風雨飛沙，亦應挑符原估。兹經該道等會同督率廳汛營弁，廣集兵夫，於九月初二日動工，分馳南四、南七嚴催，晝夜趕做，遂於九月初九日合龍。

查，今歲秋雨過多，南四汛大壩以上間段積水甚大。昨經疏通啓放，歸入引河，并所存雨水順流至南七工引河，直達尾閭。該道沿河週閲數次，均屬通暢無滯。所有南四汛大壩以南之坑塘，早經圈出在外。十八號溝槽、十七號原堤均於此次一律補完。至南上汛堤工失修年久，卑薄過甚，前經秋汛漫口之時，間段衝破殘缺者，或數十丈，或十數丈不等。汛後又復盛漲，間有刷成溝槽之處，業經會同委員、候補知府張承詳察情形，擇要施工，均已盤築裹頭。且水勢漸涸，天寒結凍，不至續塌等情。

奴才查，歷届大工合龍，例應親往驗收。現值辦理善後事宜，是以劄委候補道蔭德泰馳往工次，代爲查驗。兹據驗竣稟覆，委係工堅料實，并無草率、偷減。取具保固年限各結，加具勘結，送候覈辦前來。所有永定河南四汛大壩合龍、南七汛大垻堵閉，暨南上汛漫口盤築裹頭，及委員前往驗收緣由，理合恭摺具奏。

再，河工失事員弁，向例繳清賠項，准於合龍後，懇恩開復。此次因南上汛漫工未合，應俟明春普律辦完，再行隨案聲請。至南上汛漫口，係署道蔣春元任内之事。該署道現雖交卸，自應仍令留工隨辦。

奉旨：『知道了。欽此。』

總督曾國藩新工穩固情形疏同治八年五月　附：開復各員處分片

竊查，永定河南上汛漫口等工，經臣奏派永定河道徐繼鏞、候補道蔣春元，分投領款興辦。前據報，督率掌壩隨壩各員，帶同兵夫，趕緊修築，擇定四月初七日合龍。臣先期馳往查驗，已將出省回省日期，先後附片奏報。因前後新辦各工，均趁水涸之時趕做。雖驗明壩埽堅固，引河深通，但新修之堤未興水鬬，究未敢遽信爲可靠。當經聲明先報大概情形，俟經歷盛漲，再將合龍正摺另奏在案。茲據永定河道徐繼鏞、候補道蔣春元稟稱，五月初三日未刻，渾水直抵壩前，水勢擡高八九尺，壩埽悉臻穩固，啓放引河，導溜東趨。當派員弁兵夫連夜跟水東行，直抵南七。初六日申刻，徑達尾閭，滙入鳳河。全河復歸故道，形勢極爲暢順，毫無阻滯等情，會報前來。

臣查此次南上漫工，先據該道廳等估需銀十一萬餘兩，經前督臣官文奏蒙恩准，奉部撥款興辦。臣出京時先赴工次，沿堤親歷履勘，心疑通工頹廢情形，何遽至於此極？旋復周諮博訪，僉稱自咸豐三年以後，前此所定經費僅發四分之一，迄今十五六載。領款太短，到工又遲，各汛左支右絀，不得不因陋就簡，以致堤愈削薄，河益淤高，年甚一年，遂至於此。否則漫溢失事之案，從未有似此連月叠出者，則通工之受病，可想而知。臣因取該道等所呈估摺，按照所歷情形一一覆覈。覺南四、南七引河丈尺淺窄，地段亦短，尚須加挑寬深，因與申明昔年挖浚中洪之舊例，謂引河若果深通，即中洪亦已疏浚，名異而事實相同。新工與舊例相合，當許於原估銀數外，酌加兩倍，增銀二萬二千有奇。此外堤埝有應添培高厚者，有應酌增壩埽者，全河可慮之處，均須擇要添做。即於本年應領歲搶修銀内，指款速辦。仍許以事竣酌增銀數千兩，以補歲搶修之不足。又與該道及廳汛等嚴定約束。此次大工務先痛除向來河工舊習，一切購料辦工，事事力求真實，上不准絲毫剋扣，下不准絲毫浮冒。其大工估定之銀，與年例應領之款，均於二三月一律撥發。

許爲奏乞天恩，免追賠款。宜各激發天良，認真報效。并又遴派熟諳河工之候補知府徐本衡、候補知縣陳贊清、朱錫慶等，暨地方官西路同知鄒在人、南路同知蕭履中等多員，赴工襄辦。該河道徐繼鏞派駐南七，督辦兩岸培堤、切坎、築壩、挑淤事宜及南七引河各工。委員候補道蔣春元派駐南上，督辦漫河兩壩鑲築事宜及南四引河各工。旋據呈報，擇於三月初一日興工，督飭掌壩、隨壩員弁率領兵夫趁辦，鑲進水占，壩邊接做水埽，層土層料，密籤長樁，加壓厚土，多派兵丁，層層夯硪，重打緊實。并添做夾土壩，堅築土櫃，養水盆。金門口僅剩五丈餘，雖上游甫經水涸，而壩前尚有清水二三尺深。即於四月初七日丑刻掛纜合龍，追壓到底，隨下關門埽，加釘大樁，均係候補道蔣春元逐日在壩親驗監催。其南上、南下、南四引河加深、展寬、添長地段各工，亦經按照添估，委員分辦報竣。該河道徐繼鏞，督率員弁，堅做壩埽，疏浚引河。

先是龍王廟以下河身節節淤塞，并有高仰及坐灣不順之處，現均逐一詳勘，一律加深展寬，裁曲取直，添挖子河，兼做溝工。至竇店窑迤下，均已通暢。復周歷兩岸各險工，如南上、南下、南二、南三、南四等汛，加培堤埝，添做土埽。北三汛加築子埝，添辦五號圈堤。十二三號土工并添做魚鱗埽段。北四上汛二號、十號挑水壩。北四下汛鑲做埽段。南四汛四號加做挑水壩、護埽。并將各處切坎工程，均按添估之式，飭屬趕辦完竣。是此次堵築南上汛一處漫口，實將通工二十汛之堤埝壩埽，均已普律全修。雖南七、南四引河，臣尚嫌其逐漸逼窄，難容全溜，不無可慮。而詢訪民間，皆稱此次工程堅實，已爲近二十年所未有。轉瞬伏秋漲發，靡有定程，事難懸揣，應即責成該河道督飭廳汛員弁，振刷精神，隨時搶護，務保無虞。臣於四月初四五等日驗收引河大堤各工。其南上大壩引河各工，亦經委員候補道任信成馳往驗收。據覆，工堅料實，足資經久。目下渾水漲發，自上而下，新做壩埽均經洪流衝刷，悉保穩固。大溜鋪滿暢行，引河無阻，堪以仰慰宸廑。是此次印委大小文武員弁，均能認真修築，奮勉出力。可否准臣擇尤酌保，以資鼓勵之處，伏乞聖裁示遵。所有漫工合龍後，初經盛漲，壩埽穩固，引河通暢緣由，理合恭摺具奏。

奉旨：『著准其擇尤酌保，毋許冒濫。欽此。』

再，永定河前後各案被參員弁，現均隨同此次大工，力圖報效。刻下大工告竣，自應代懇恩施。所有原參革職留工之同知銜，儘先補用知縣。南四工固安縣縣丞胡彬，原參部議降級之知府用候補同知、三角淀通判朱津，原參革職留任之南七工東安縣主簿、陞署北二上汛良鄉縣縣丞陳楓，承辦南七堤工候補縣丞馬光泰，守備銜南岸千總李柯。又，南四、南上失事案内，原參分別革職留工留任之署南岸同知、候補同知余汝偕，都司銜河營協備署守備兼署都司尹光彩，知州用南上汛霸州州同何承祜，署南岸把總張克儉，可否叩懇天恩，准將該員弁前後原參處分悉予開復，出自鴻施。又，前署永定河道、候補道蔣春元，前於南四失事案内，部議降級。嗣於南上失事案内，奏參革職留任。臣因其人廉勤樸實，是以此次大工，即派該道駐守大壩，監催督辦，果能撙節經費，任怨任勞，深資得力。合無仰懇天恩，俯准將該道蔣春元前後參案處分一并開復，以資鼓勵。

奉旨：『胡彬等均著准其開復原參處分。蔣春元著一并開復。該部知道。欽此。』

總督曾國藩北四下汛漫溢疏同治八年六月

竊照，前因永定河南上等汛合龍後，經歷盛漲，壩埽均甚穩固，引河亦尚通暢，意爲後即長水，似可不致他虞，用敢專摺奏報，并將已前參革各員，懇恩開復在案。不料本年宣大一帶得雨甚大，屢見各屬稟報，即慮山水匯注，一出山口，勢必異常漲發。正在懸繫之際，乃於五月二十八日接永定河道徐繼鏞稟稱，查通工形勢以南上、南下爲最險，而南四各號新工尤形險要。因十八號以下引河過於逼窄，漫灘水普律出槽，拍岸盈堤，情形十分喫重。該道督率廳汛各員，分投搶護，將各埽段加鑲壓土，窮一日之力，始得漸臻穩實。旋據代理北岸同知王維清稟報，北四上汛十三四號起至北四下汛三四五號及於工尾二十餘里之間，一片汪洋，水勢近逼堤根，續漲不止，愈擡愈高，串溝水漫過五號堤埝。趕即掛柳捲由，多方搪護。正在搶辦間，三號又復馳報，水勢直漫堤岸，危險萬分。當經分飭汛員弁兵，招集村民，跑買土料，設法搶救。不意二十一日酉戌之間，大風陡起，激浪騰空。北四下汛五號，水越埝頂，刷塌口門十餘丈。昏黑之間，措手不及，理合據實稟報。該道當即北渡馳往，猶冀以人力回天。乃值風狂溜急，駛至北三工，冒險渡河，烈風雷雨之中，行抵北四下汛三號，因漫水將堤身隔斷，不能徑赴五號。又復連夜渡河，折回南岸。二十二日繞由南五過河查看，北四下汛五號漫口已經奪溜，衝刷口門三十餘丈，無可挽救。查勘此次漫口，係由舊減河順流而下，被淹村莊無多，人口無傷。現已趕緊備料，盤築裹頭，以防續塌等情，稟請參奏前來。

臣查永定河堤工，前經臣親歷細勘，誠屬廢弛已極。第上年請帑十一萬金，臣又加撥二萬餘金，爲款已鉅。原冀引河加長，中洪稍寬。又將歲搶修年例應發之銀，全數早發，亦冀全工擇要修培，庶保無虞。乃北四下汛五號，竟被漫越堤頂，刷塌三十餘丈。雖在平工處所，尚非本年新工之失，而本廳本汛各員所司何事？實屬咎無可辭。相應請旨將代理北岸同知、候補通判王維清，署北四下汛固安縣縣丞、候補從九品岳翰，一并革職，留工効力。該河道徐繼鏞統轄全河，疏於防範，應請革職留任。臣督率無方，請旨將臣交部議處。現在伏秋兩汛接續將至，汛期正長，上游險工林立，而歷年以來河身并無中洪。本年所挖南四、南七引河，既短且窄，不能容受全溜，臣前摺所慮即在於此。河身既不能容，即堤埽處處可虞，亟應上緊防護。除飭委候補道蔣春元先行馳往查勘，嚴飭上游各汛，務各加意修防。仍速盤築裹頭，以防續坍。再，此次漫口，據該道稟稱，引河淤墊無多，擬於半月之内設法搶辦，冀蓋前愆。今已半月屆滿，堵塞漫口尚無把握。如果於數日之内，僥倖搶辦合龍，再當專摺，由驛馳報。

奉上諭。恭録卷首。

總督曾國藩請俟秋後堵合漫口片同治八年七月

再查，永定河北四下汛漫口，前據該道等以引河淤墊無多，口門亦尚不寬，請就半月内搶辦堵閉，以贖前愆。當經准其試辦，而又料其全無把握，曾於上次摺尾聲明在案。兹據永定河道徐繼鏞稟稱，該道自六月初二日起，晝夜趕辦。兩壩進占，兼做夾土壩挑築，背後上土，并鑲做邊埽，加壓頂土。至十六日止，共進十二占，連小壩共二十四占，僅留金門口四丈七尺。其河身淤墊處所，引河溝工，亦經間段挑挖，本定十八日合龍。因十七日大雨竟日，兵夫不能站立，是以改至十九日，當於是日卯刻掛纜，測量金門口水深一丈二三尺不等，溜勢湍急異常，兩壩十分喫重。該道不惜重貲，竭力跑買。無如伏水性極勇猛，勢若排山。金門口隨鑲隨墊，壩前水愈擡愈高，以千餘人搶辦三時之久，迄未能追壓閉氣。又值水適驟漲，勢更難與強争，祇可以保全大壩爲急。不得已將金門口土料折去，俾河流得有去路，免致傷及壩身。俟秋後水弱，再將引河加挑寬深，方可合龍。現計大壩引河，均尚如故。已派弁嚴密防守，亦不致虛糜經費等情，具稟前來。

臣查此時正交初伏，水力剛勁，本難徼幸成功。特因該道廳等急圖自贖，是以姑准試行。今功敗垂成，實亦意中之事。且全河受病已久，下口太高，無尾閭可以宣洩；中洪太淺，無河身可以暢流。即使北四下汛幸而堵合，堤埝單薄，處處可虞，不決於此，或溢於彼。總坐河無可歸之槽，溜無容受之處，故泛濫爲患耳。將來秋冬合龍之後，必須將挑挖中洪、疏浚下口二者認真籌辦，庶可補救萬一。臣識闇才疏，不克研究河務，胸懷成竹，以致底績無期，曷勝惶悚之至。

奉上諭。恭録卷首

總督曾國藩酌辦工程請撥款項疏同治八年九月

附：請加撥歲需經費片

竊維永定河北四下汛堤岸於五月二十一日漫決，接連伏秋二汛，未克合龍。八月間奏派候補道蔣春元前往署理，籌度興工，并飭周歷下游，詳加察勘下口是否疏通，中洪是否無阻，一一勘明，免致此處甫經合龍，彼處又報決口，仍蹈近年之覆轍。兹蔣春元稟稱，自八月二十一至二十五等日，督同文武員弁周歷查勘。查，永定河自南北七汛以下，河道寬至數十里。由道光二十三年至今，所謂下口者或傍南岸而行，或傍北岸而行，或歸中道而行，均下抵鳳河，以達於海，遷徙不常。兹勘得舊傍北岸之河，北七頭號至三十一號，均屬河身寬深，距堤亦遠，形勢極順，無如三十一號以下，河距堤身太近，其形甚窄。至四十八號以下并無堤身，水出則漫淹武清、東安。是改歸北岸之議，未可舉行。其舊行中道之河水，由北七二、三、四號向望河樓、調河頭，仍入中道，距南北两堤均遠，一線順流，無所依傍，直達鳳河，形勢亦順。無如間段淤墊太長，漸成平陸，有并無河形者，所需經費過鉅，是引歸中道之議亦未可行。惟近年水傍南堤之河，即係道光二十二年以前之故道。目前水入下口，不能不循此道而行，人力稍覺易施。惟下口既傍南岸而行，則南七各號即係切近下口喫重之地。查南七五號同治六年漫口，秋後堵閉。因限於經費，未將攔河大埧修復，合龍之後淩汛漲發，即已鼓裂塌陷。幸去年南四决口，該處未經過水。今年南上合龍，大溜甫過，該處水上埽面與堤相平，岌岌可危。現在堤身受病，堤内坑塘太深，頭分引河太窄。是南七之六七號，實爲下游第一險工。

兹擬向前第五村之東南隅，另挑引河，工長七百丈，下與舊挑之河身相接，并於南七工頭二號，做一截水大埧，鑲埽簽樁，工長百丈。撇水入新引河，不入坑塘。仍於埧根兩傍作一圈埝，工長千丈，以衞前辦之堤。估計土埽各項需實銀一萬六千兩有奇。此南七切近下口，預防危險，擬辦引河埧埝之工也。

至龍王廟上下，河身甚窄，并未刷寬，須加挑至十二丈寬，竇店窑以下五百丈，亦宜挑寬加深，估需實銀一萬八千兩有奇。其餘河槽稍寬及離鳳河較近之區，姑置後圖，此疏通下口之工也。

南六、南五、北五兩岸以上，至張家墳西頭工段甚長，斜曲過多，水來則壅積難下，以致上游擡高。急應節節挑挖，或裁灣取直，或切坎順軌。只存南五十七號、北六十三號兩處次險之工，其餘一切險工皆已撇去。盛漲來時，或可勢同建瓴，經行無滯。估需實銀二萬二千兩有奇，此挑挖中洪之工也。

至北四下汛埧工均皆蟄陷堅實。惟秋汛以來，金門口刷寬，現尚有十二三丈，應行進占。金門口水深一丈一二尺、一丈三四尺不等。新估背後之土加寬加高，又添做養水盆，河頭則須向南展寬，以順來流。引河又須加挑，以通去路。并前此搶辦時用過之費，共估需實銀二萬四千兩有奇。此堵合北四决之工也。

此數者，惟北四下汛堵口係屬正案，其餘皆係另案。然不辦中洪下口，則合龍後水勢不能下行，不惟新工喫重，即凡水經過之處，堤身處處堪虞。四項工程共估需銀八萬餘兩，伏乞源源發款，及時趕辦。至向來方價、料價皆有常例，此次剔除積習，覈實力減，以求撙節等情。具稟前來。

臣查永定河工，近年多係由外捐辦。去歲經署督臣官文奏請帑項十一萬，仰荷聖恩允准。臣今春到工，又於南七、南四引河增撥銀二萬三千兩，已屬非常之舉。今冬又需專款八萬，殊覺縻費過鉅。第既據該道暨各員勘明，不辦中洪下口，則永勢不能暢行。仍恐合龍之後，旋即失事。堤身受病已久，本屬在在堪虞，臣不得已劄飭覈減銀九千兩，准其一面興辦。至由外勸捐，歷年成案皆係由司庫借撥現銀，再於歲修項下，按年攤扣歸款。歲修等銀久經裁減，又加扣去捐款，則河員之領項愈微，到工之實銀愈少，河務所以日壞，皆在於此。臣愚以爲欲整頓河務，必須停止攤捐，發給現銀，免致廳汛有所藉口，即以作弁兵夫役之氣。合無籲懇天恩，飭部撥銀四萬兩，尚少三萬餘兩，臣即於江南協直項下撥發。今年直隸水旱報灾近七十縣，民力窮困，藩庫無可動撥，伏希聖慈亮鑒。如蒙俞允。臣當分別辦理張家墳一帶挑挖中洪，龍王廟以下疏通下口。三者皆多年失修之工，即用部撥之款。其北四下汛堵塞决口，南七六號添做垻埝係近日應辦之工，即用分籌之款區別造報，庶不失慎重帑項之義。所有覈明永定河工程酌擬辦法，請撥款項緣由，恭摺具奏。

奉上諭。恭録卷首

再查，永定河向例每年歲修銀三萬四千兩，搶修銀二萬七千兩，備防銀二萬五千餘兩，加增運脚銀八千五百兩，均由部庫請領，久經遵辦在案。咸豐四年，因軍需浩繁，庫款支絀，奉部議定減半給發，并令在藩庫旗租項下撥發。其時藩庫一應放款，均係銀鈔各半，遂於河工歲搶修等銀，亦發半銀半鈔。向之每年發九萬四千餘兩者，至是僅發實銀四分之一，不過二萬三千餘兩矣。同治三年，前督臣劉長佑以部議徵放，現停止鈔票，則永定河歲搶修各銀亦應停止發鈔，奏請發給五成實銀，奉旨允准。於是較之向例，可得四分之二，每年可發四萬七千餘兩矣。然司庫扣去部平及攤捐等款，每年所發實銀尚不滿四萬兩，是以到工之費甚少。向來歲修銀內，本有挑挖中洪、疏浚下口二款，厥後領款向有其名，而修工實無其事。通年領銀太少，堤埽已甚草率，而中洪、下口更置之不論矣。

臣日夜思籌，欲彌永定河之患，必須於中洪、下口二項，年年加功。夏間曾以河務函詢，通商大臣崇厚旋接其覆書，亦謂宜從下口施力。永定河其正下口在天津西北之韓家樹地方，爲永定河與大清河滙流之處。每日海河潮汐可以達到。應從韓家樹下口，節節向上挑挖，使渾水直達海河，與潮汐可以相接。藉潮力汲引，使下遊不能停積，自上游不虞壅遏等語，其言似屬可行。臣雖未至下口盡處，而兩次到工，見河身無槽之處甚多。竊以爲常疏中洪，宜與崇厚先挖下口之説相輔而行。合無仰懇天恩，飭部覈議，准將昔年裁減歲修、搶修等銀，再加撥二萬三千餘兩，較之道光年間原額，酌復四分之三，每年共發七萬一千餘兩。以一半爲修堤搶險之用，以一半爲疏浚中洪、下口之用。每年桑乾及九十月間，奏明修理下口若干里、中洪若干段。工竣後，必須總督親往驗收，如其草減浮冒，立即參劾罰賠。所難者，挑河所出之廢土仍堆積於河中，不能遠送上堤。一遇風吹水蕩，不免雍滯河槽之內，終非長久之計。臣現劄飭上海機器局，詢問洋人制器有能送土於數里之外，不甚糜費者。果有其器，則挖出之土送於堤上，加以夯硪，固屬一勞永逸之道。即無其器，每年挑挖亦不無小補。如蒙俞允，此項銀兩部庫勢難發給，司庫亦極窘迫。擬請於長蘆運庫先發一二年，以濟要需。將來部庫充裕，或仍復道光年間之舊章，每年發歲搶等銀九萬四千餘兩，仍以一半修堤搶險，一半挖浚中洪下口。屆時應從何處支發，俟數年後再議。臣才識淺陋，闇於河務。但見河身與堤相平，堤工矮於河身，因思專從下口中洪致力，是否有當？請旨飭下户工兩部議覆施行。

奉上諭。恭録卷首。

户工等部議准加撥歲需經費疏 同治八年十月

直隸總督曾國藩奏請將永定河歲搶修等銀加撥二萬三千餘兩，以濟要需。附片一件。同治八年九月二十四日，奉上諭：『曾國藩片奏，永定河裁減歲搶修等銀，再加撥二萬三千餘兩，由長蘆運庫兑發一二年等語。著該部覈議具奏等因。欽此。』欽遵由内閣抄出到部。查原片内稱，永定河歲搶修等銀自裁減後，每年僅發四萬七千餘兩，領銀太少，堤埽草率，請再加撥銀二萬三千餘兩。每年共發七萬一千餘兩，以一半爲修堤搶險，一半爲疏浚中洪下口之用。此項銀兩擬於長蘆運庫先撥一二年，以濟要需等語。户部查，永定河歲搶修等項，原額銀九萬四千餘兩。嗣因庫款支絀，自咸豐四年起，奏明減半給發，并令在於司庫旗租項下，按銀票各半撥給。同治三年間，前督臣劉長佑奏鈔票停止，請將歲搶修銀兩發給五成實銀，經臣部覈准，行知遵照在案。今該督以裁減歲搶修等銀不敷工需，請再加撥銀二萬三千餘兩，於長蘆運庫先發一二年等語，係爲中洪下口認真挑浚，以利修防起見。應如所奏，准其加撥銀二萬三千餘兩，以濟要工。此項加撥銀兩，并准暫於長蘆運庫發給，由該督認真督辦，如果辦有成效，再行奏請定款。

惟查該河歲搶修等銀原發四萬七千餘兩，加以此次添撥銀二萬三千餘兩，幾及原額十分之八，領款不爲不優。原奏内所陳領款徒存其名，修工則無其事，切中近年河工積弊。應請敕下直隸總督，嚴飭該署河道，督率廳汛各員，務將修工銀兩滴滴歸工，認真鑲辦，并將每年挑挖中洪、疏浚下口各若干里段，報由該督親身驗收，倘有偷減，即行從嚴參辦。并遵照前奏，河工各員賠款，不准由應領歲搶修銀兩扣抵，以期工歸實用。至原奏所稱，河身與堤相平，堤工難於得力，宜專從下口中洪致力之處，工部查該督奏稱，欲彌永定河之患，必須於中洪下口加工，業經奉旨允行。應請飭下直隸督臣，嚴飭工員，認真挑挖，務須一律深通。下流暢行，則上游自無虞壅塞，庶可以收實效。工竣後，覈實驗收，取具保固切結，報部稽覈。

奉旨：『依議。欽此。』

總督曾國藩堵合北四下汛漫口疏 同治八年十一月

附：開復各員處分片

竊照永定河本年北四下汛漫口，經臣酌籌辦法，請撥款項，檄令署河道督飭廳汛分投趕辦。旋據該署道蔣春元稟報，定於十月十二日合龍。臣當即奏明，親往驗收，業將出省回省日期先後奏報在案。惟是歷屆堵築漫工，祇將決口堵完，引河挖通，即爲蕆事。此次期於搜除病根，規畫久遠。是以專從下游著力，一面估築大壩，深挑引河；一面開挖中洪，疏通下口，使大溜建瓴直瀉，不稍停留，可免下壅上潰及此塞彼決之虞。當經該署道逐條詳稟，臣即批准照辦。

兹據署永定河道蔣春元具稟，自興工以來，駐紮北四下汛壩次，會同前任道徐繼鏞及各委員分别經理。石景山同知王茂壎掌管北四大壩，督率各員，嚴飭兵夫，慎重進占，接做上下邊埽，密簽長樁，加壓厚土，層土層硪，夯築堅實。并添做後戧夾土壩，堅築土櫃、養水盆。署南岸同知朱錫慶等掌管南七截水大壩，董率各員，鑲做邊埽，悉係深槽密樁，層土層硪，均臻堅固。其中洪下河，委員按段挑挖，均於十月初十日前一律完竣。寬深丈尺皆與原估相符，并無短少。試放清水，極爲通暢。量得金門口僅剩四丈五尺，愈收愈窄，水深一丈四五尺不等。當於十二日卯時掛纜合龍，水勢湍急異常，兩壩均形喫重，同時陡蟄，幸兵夫雲集，料物充盈，隨蟄隨鑲，悉臻穩固。當即挑挖河頭土埂，啓放引河，建瓴而下，迅如箭激，大溜掣動引河，全槽鋪滿，暢流下注，隨下關門大埽，層土層料，追壓到底。惟金門以下尚未斷流，復不惜重貲，撒手跑買，并力搶辦，竭一晝夜之力，於十三日巳刻全行閉氣。金門以下養水盆旋即斷流，并無滲漏。遂派弁跟蹤查看，據報十二日午刻至十四日辰刻，未及兩晝夜，直達鳳河尾閭，并無壅滯，全河復歸故道。兩壩一律鞏固。

除督飭各員趕辦善後工程外，此次調往委員并在工廳汛各員，極爲出力。可否准其擇尤保奬？應請奏明辦理等情，具報前來。臣到工逐一勘驗北四下汛暨南七兩處壩工，均各工堅料實。張家墳一帶所挑中洪，南七以下所挖引河，拍岸暢流，直注下口，毫無阻滯。此後但能按年挑挖，修治堤埝，俾河身不致淤墊，則盛漲亦可無虞。

新任李朝儀已於十月二十六日抵任接印。該道廉正耐勞，隨事認真，講求河務，當有起色。至此次工程，因時近寒冬，急求蕆事，恐河員不敷，由省調委多員，相間派委。擬署道蔣春元，查明極爲出力，似應量予鼓勵。可否准其擇尤保奬之處，恭候聖明裁示。所有堵築北四下汛漫口合龍，暨疏浚中洪下口各緣由，理合恭摺具奏。

再查，本年永定河北四下汛失事被參各員，此次隨辦大工，極爲踴躍出力，實屬均知愧奮，可否仰懇天恩，將前任永定河道徐繼鏞開復原參革職留任處分。候補通判提舉銜、署北岸同知王維清，候補從九品、署北四下汛固安縣縣丞岳翰，均請開復原參革職、留工効力處分，出自逾格鴻慈。合再附片具陳。

奉上諭。恭録卷首。

總督曾國藩南五工漫溢疏同治九年六月

竊臣於本年六月十二日在天津差次，接據永定河道李朝儀稟稱，六月初七八等日，各汛疊報長水，南三工之六號、十四號，南四工之九號、十二〔號〕、十八等號，同時水上埽面。各埽蟄動，均形危險。該道督飭廳汛各員分投搶護，始得漸臻穩實。因南五工報到十七號情形尤重，當即馳往督辦。途次接據三角澱通判朱津稟報，初八日南五工十七號水漲溜急，埽段走失，汕刷堤身，間段漫水，情形十分喫重。當飭汛員弁兵，多集村民，跑買土料，加高子埝。一面掛柳捲由，多方搶護。不意初九日午時，水勢續漲不止，狂風大作，駭浪騰空，越過埝頂，刷開口門十餘丈。實屬措手不及，理合據實稟報。該道當即馳往十七號查看，猶冀以人力回天。無如漫口業經奪溜，口門刷至二十餘丈，無可挽救。現已購備料物，盤築裹頭，以防續塌等情，稟請參奏前來。

臣查永定河廢弛已久，底高堤薄。上年奏請分年疏浚，期以數年之後，方冀稍有補救。現甫挑浚數處，全河中洪仍未一律深通，此堵彼決，在在堪虞。本年疏浚下口，方在工竣。臣已委候補道劉樹堂前往驗收。乃下口工程甫畢，而南五工十七號遽報漫決，雖由河身過高，堤埝過薄，所有閘壩全行堵閉，大汛陡發，水無所容。而本廳本汛各員，究屬專司河防，責無可貸。該道稟内又稱，三角澱通判朱津駐防南七大壩，連日河水迭漲，南七壩埽喫重，隨時督同汛員搶護，未能兼顧南五險工，得信較遲。追星飛前往，則十七號口門已開，搶護不及，情有可原，與尋常疏忽者有間。臣覆查所陳，尚屬實情，相應請旨將三角澱通判朱津革職留任。其南岸五工永清縣縣丞徐銓革職，無庸留工，以示嚴懲。該河道李朝儀統轄全河，疏於防範，惟到任未久，應請革職留任，以觀後效。臣督率無方，請旨將臣交部議處。臣現在天津查辦要件，不克分身前往，即當飭委妥員，馳往查勘。嚴飭上游各汛，加意修防，仍速盤築裹頭以防續塌。

奉上諭。恭録卷首。

總督曾國藩南五工續被漫溢疏同治九年七月

竊臣於六月十八日，曾將南五工十七號漫口情形恭摺具陳，并請旨將道廳汛員分別參處在案。茲於七月初三日，續據永定河道李朝儀稟稱，南五工十七號盤築裹頭。該道督飭興工，來往查看。該汛十號舊險迤西老灘，距堤約有二三十丈。自十七號漫口後，河水日益南趨，老灘逐漸汕塌。當即督飭廳汛員弁，捲由掛柳，力爲保護。乃於六月二十三四兩日，大雨傾盆，連宵達旦，河水盛漲，老灘刷没無存，南坎忽生出灘嘴。挑水由北坎折回，逼溜直注南堤，頂衝入袖，土性純沙，大溜洶湧，愈刷愈深，水不能出，形勢十分危險。即飛調兵夫，齊集搶護，不惜重貲，跑買土料，多方挽救。無如水深二丈有餘，堤埝坐潰。二十五六日，風雨不時交至，水又陡長。掛柳柳即漂失，捲由由亦衝没。雖竭四晝夜之力，總以坎高水深，不能得手，無法挽回。至二十六日戌刻，漫溢奪溜，口寬約三十餘丈。此次漫水出堤，行二三里外，即入前次漫河，被淹村莊無多。已飭廳汛各員，趕將口門盤裹，以免刷寬等情，稟請參奏前來。

臣查該工十七號決口，甫經興工盤裹，而十號又復漫決，實緣堤薄底高，處處危險。本年六月雨水稍多，盛漲失發，水無所容，潰而四出，人力實無可施。該河道李朝儀抵任以來，督飭廳汛各員加意整頓布畫，頗爲周備。而全河受病已深，非旦夕所能奏效。此次南五工第十號決口，在工各員究有專司河防之責。該河道李朝儀，三角澱通判朱津，前已奉旨革職留任，相應請旨再行交部議處。署永清縣縣丞、候補主簿蔡鴻慶，到任甫經七日，佈置尚未周妥，與尋常疏忽者有間，應請革職留任，以觀後效。臣督率無方，請旨將臣再行交部議處。臣前委候補道員蔣春元查勘南五工十七號缺口。現在臣天津查辦之案尚未竣事，不克分身，仍即飭令蔣春元馳赴十號，一并查勘，并飭速盤裹頭，以防續坍。再據李朝儀稟稱，日來心神時覺恍惚，夢寐亦懷儆畏，有不能自主之勢。轉瞬估辦大工，若以病軀從事，隕越堪虞。仰乞矜全，竟予罷斥，遴委賢員接辦等情。臣以永定河受病甚深，雖能者亦難奏績，李朝儀樸實耐勞，仍批令該道勉力籌辦，合并陳明。所有南五工十號續漫成口緣由，理合恭摺具奏。

奉上諭。恭録卷首。

總督李鴻章估漫口工需疏同治九年九月

竊查永定河南岸五工十七號、十號堤工，於本年伏汛盛漲時先後漫決，均經前督臣曾國藩具奏在案。兹據永定河道李朝儀稟稱，永定河水挾泥沙，渾流洶湧，溜無定向，非秋深水弱不能動工。兹已節逾秋分，自宜趕緊興工修復。瞬届冬令，天寒土凍，難以施工。即經督飭廳汛各員，將全河形勢并應辦各工，周歷履勘覈實，估計共應需銀九萬五千六百餘兩。稟請奏明，飭部撥款，於九月内全數給領，俾得及時興工，剋期合龍等情，具稟前來。臣查永定河關繫畿輔水利民田，所有漫口工程亟宜及時修復。惟庫款支絀，籌墊維艱。該道所估工需雖稱覈實估計，無可再省。臣披閲估册，嚴加酌覈，不得不力求撙節。當經批飭，減爲工需銀九萬兩。責令及時興修，實力妥辦，務期通工堅固，款不虚糜。惟此項工程緊要，待用良殷，必須有著之款，剋期應手。合無仰懇天恩，飭部查照向章，速爲籌款撥解，以濟急需，而免遲誤。

奉上諭。恭録卷首。

總督李鴻章堵合南五工漫口疏同治九年閏十月

竊查本年永定河南五工十號、十七號等處先後漫口，經前督臣曾國藩奏報，旋經臣飭令永定河道李朝儀查明應修工程，覈實勘估具稟。由臣酌定銀數，奏蒙敕部撥款興修。并以節交冬令，工程緊要，奉撥山東、河南等省地丁銀兩，一時未能解到，行飭藩司練餉局，無論何款，先行如數墊撥，免致遲誤。又以該處工段綿長，添派候補道員祝塏，前往會同李朝儀，督飭廳汛印委各員弁，分投趕辦。嗣據稟稱，興工以來，連值陰雨，河水陡漲，溜勢湍激，大壩進占迭形危險。節經厚加土料，趕緊搶鑲，并於南六頭號、南七十七號舊河身内，及第八分、十四分引河工尾，各添築土格一道。南七大壩以下，添估迎水埝一道，又於引河内添估裁灣切坎等工。復經臣批令認真會督，相機利導。

去後，兹據該道等稟稱，十月十四日以後，天氣晴霽。嚴飭在工員弁，督率兵夫，將南五工十號工程，鑲進水占，接做邊埽，層料層土，隨蟄隨鑲，跟即密簽長樁，追壓厚土。金門愈收愈窄，僅留五丈，添做後戧夾土壩、養水盆等工。南五工十七號旱壩，亦經上緊築做，補還原堤，夯硪堅實，鑲做護壩。埽段一律高整，引河按段挑挖，次第報竣。逐加勘收，試放清水，極爲通暢。測量金門口水深二丈一二尺不等。下游各汛禦水工，亦已分別辦理。惟二十四、二十七等日，西北風大作，河水驟凍，上游冰淩隨流而下。趕即調集打冰器具、船隻。用巨緪在兩垻牽挽鑿打，添做鹿角密齒木牌，在金門口兩面節節推盪。即於十月二十八日未時掛纜合龍。水勢湍急，兩垻均形喫重。即親督在工人等，跑買土料，撒手搶辦，趕下關門大埽，追壓到底。而大溜洶湧，金門下尚有滲漏，窮兩晝夜之力，如獲全行閉氣。一面將引河所留土埂啓放，溜入引河，勢若建瓴，瞬息之間，全行鋪滿，暢流而下，全河復歸故道等情，稟請查覈，具奏前來。

臣以甫奉寄諭，兼辦通商海防各事，現駐津郡，正在次第籌布，未克親赴工次驗收。適道員祝塏於工竣回津，面詢籌辦情形，覈實縝密，與所稟相符。除另委妥員赴工逐段查勘，并飭將善後工程趕緊佈置，用過銀數專案造册報銷外，查歷屆漫口被議人員，果能實力承辦大工，合龍後准其隨案開復。此案三角澱通判朱津、署南五工永清縣縣丞、候補主簿蔡鴻慶，經前督臣循例奏參。該員等承修各工，均能撙節經理，應繳賠項亦據全數解清，尚知愧奮。相應籲懇天恩俯准，將朱津原參兩次漫口革職留任，暨蔡鴻慶原參革職留任各處分，并予開復。該管永定河道李朝儀前以疏於防範，奉旨革職留任，嗣復奏交部議降四級，督賠。該道駐工督查，晝夜辛勞，勉圖補救，妥速竣事，各員賠款亦已一律催繳。應請將原參降革處分，一并准予開復。二品頂帶候補道祝塏，經臣派赴工次督修，往來勘辦，誠懇耐勞，熟諳機要。擬請交部從優議敘。其餘在事出力文武員弁，可否擇尤保奬，以示鼓勵，出自恩施。所有永定河南五工十號大工合龍情形，理合恭摺馳奏。

奉上諭。恭録卷首。

總督李鴻章飭辦善後工程片同治九年閏十月

兹據永定河道李朝儀稟稱合龍工竣。計南五工十號大壩、十七號補還原堤，并原估添估引河各段，暨一切土埽禦水工程，共實用銀八萬八千九百四十四兩八錢七分四釐七毫。除前次失事各員賠款繳到，全數支用外，原領部撥大工項下節存銀一萬一千二百八十二兩三錢二分五釐一毫，稟請奏明，留爲善後工程之用。已檄飭將善後事宜妥爲佈置，認真興辦，事竣逐款造册報銷。

奉旨：『該部知道。欽此。』

總督李鴻章變通整頓章程疏同治九年十二月

竊查永定河南北兩岸綿亘四百餘里，爲宛平、涿州、良鄉、固安、永清、東安、霸州、武清等沿河八州縣管轄地面。該州縣經徵河淤葦隙等租，及派撥防汛搶險民夫，在在均關緊要。乃因河工與地方不相統屬，各存畛域之見，日久玩生，以致地租積欠日多，民夫抗違包折，種種情弊，迭經歷任督臣嚴劄飭辦，而該州縣等視爲具文，往往虛應故事，甚至大汛搶險及堵築漫口人工、購料、覓夫正當喫緊之際，近堤居民，居奇勒措，索要重價。該地方官因無協防之責，置若罔聞。在工各員呼應不靈，事事掣肘。因之債事者不少。經臣飭據永定河道李朝儀查明實在情形，稟請覈辦前來。

臣查永定河逼處近畿，因疏通水道，拱衛京師，是以專設河道，督同廳汛各員隨時修築，并歸直隸總督兼轄。遇有潰漫，例議綦嚴。沿河州縣應徵河淤葦隙等租，均應按年清解。伏秋大汛一遇險要工程，即應派撥民夫，趕緊搶築。乃地方官日久玩生，應解地租既多積欠。遇有要工，復不認真督勸，以致人夫短少，料物奇貴，貽誤非輕。近來河身淤墊日高，堤岸坍塌日甚，苦無鉅款可資修浚。連年漫口，雖經設法堵築，每遇大汛，仍虞壅潰。必須及時通力合作，冀可挽救於萬一。各該州縣恃非河道統轄，又河工決口，地方官例無處分，相率諉卸，錮弊殊深，亟宜因時變通，求盡人事。

伏查南河、東河河工道員，皆兼轄地方，沿河州縣皆有協防之責。永定河爲畿南保障，水利民生關繫尤鉅，自應仿照變通酌辦。擬請旨飭將宛平等八州縣，除錢糧詞訟及地方一切公事，仍歸該管通永、霸昌兩道覈辦外，其有交涉河工、地租、民夫及修防事宜，均責成各該州縣認真協同廳汛各員辦理，統由永定河道考覈。果能實力奉行，著有成效，安瀾後，准由該道彙請獎敘。倘有玩忽等事，准即據實稟請參撤。如各汛員有賣放汛夫，干預地方，藉端刁難等弊，亦由該道嚴查揭參，著爲定例。庶幾呼應較靈，不敢再有推諉。謹將應辦事宜，酌議章程四條，繕具清單，恭呈御覽。

一、沿河州縣經徵河淤地租及香火葦隙等租，原爲永定河辦公之費。近來各州縣積欠纍纍，任催罔應，以致辦公掣肘。應請定限，嗣後以解至八分爲率，如解不及數者，由永定河道查覈揭參，并提承辦書役究追。

一、每年派撥民夫上堤積土，防守險工。近堤各村莊例有額設名數，不准短少及以老弱充數，乃日久弊生。鄉地書役往往有包折等事，以致無知鄉民藉端抗違。應請責成沿河州縣，循照舊章，如數派撥，倘有包折等弊，從嚴懲辦。該管汛員如查有賣放者，由永定河道查辦嚴參。

一、沿河州縣本有地方之責，應於伏秋大汛時，各就該管地面協同防守。其有距堤較遠及南北兩岸不能兼顧者，應於大汛時選派幹役，在近堤村莊常川駐守，督催鄉地，糾集民夫。遇有搶險等事，即速上堤搶護。該管州縣仍隨時稽查、彈壓。至宛平縣駐紮京城，相離窵遠，不能親到，應責令盧溝橋、龐各莊兩巡檢就近經理，統歸永定河道考覈。

一、伏秋大汛遇有搶辦險工及堵築漫口大工之時，購買料物，雇覓人夫，最爲緊要。乃附近居民往往於喫緊時，居奇勒措，不特多所糜費，甚至觀望遲誤。應由永定河道行知該地方官，出示曉諭，從中酌定。不准任意擡價，亦不得抑勒苛派，以示公允。

奉旨：『該部議奏。欽此。』經部奏准。

總督李鴻章南二工漫溢疏同治十年六月

竊據永定河道李朝儀稟稱，自五月二十八日至六月初三日，據各汛迭報長水，連底水積至二丈三尺五寸，較上年盛漲之水尚多三尺九寸。浩瀚奔騰，洶湧異常，以致兩岸各工，節節生險，均經分飭廳汛員弁，搶護平穩。惟南二工六號、十六號情形尤爲危險。飛飭南岸同知朱津，前往分投搶辦。該道親赴北四上汛二號險工處所，正督兵夫佈置抵禦，接據朱津稟報，南二工六號、十六號均因水勢盛漲，汕刷壩檔，大溜逼注堤根。當即分派弁兵，添雇民夫，掛柳卷由，趕緊搪護。十六號水已漫出，尚在撒手搶辦間，六號又飛報堤身坐潰，水高堤埝。馳往設法挽救，不意風雨大至，水又續長，駭浪驚濤，無從著手，人力難施。至初六日丑刻漫越堤頂，大溜一湧而過等情。該道馳往查勘，猶冀以人力回天。無如漫口業經奪溜，口門約三四十丈，無可挽救。據實稟請參辦前來。

臣查永定河廢弛已久，底高堤薄，受病太深。祇以經費支絀，未能大加修浚。去冬堵築漫口後，迭飭該道多挖引河，分浚下口，冀殺盛漲之勢。若雨水較少，或可勉力補苴，奈自本年五月中旬以來，大雨傾盆，日夜間作，平地水深數尺，爲直省十餘年所僅見。高田雖卜豐收，河流不無奔決。南北運河迭報搶險，而永定情形尤重。據報北四上汛二號、北二上汛五號均已走埽潰堤。適南二工六號漫溢成口，掣動大溜。南北以下險工，皆爲斷流。雖由雨久水大，疏消不及，河身不能容納所致，而廳汛各員專司河防，責無可貸。應請旨將南岸同知朱津革職留任。署南二工良鄉縣縣丞、候補縣丞蕭承湛，即行革職，以示懲儆。該管河道李朝儀統轄全河，疏於防範，應請革職留任，以觀後效。臣督率無方，并請旨將臣交部議處。臣現在天津辦理日本議約事宜，不克分身前往。即委妥員，馳往查勘，嚴飭該道飛飭上游各汛加意防護，仍速盤築裏頭，以防續塌。并飭各廳汛，將斷溜之刷缺堤埝，及時興築補還，勿再疏虞。

奉上諭。恭録卷首。

總督李鴻章盧溝橋石堤漫溢疏同治十年七月

竊查永定河南岸二工六號漫口情形，經臣於六月初九日恭摺具奏，并請旨將該管道廳汛員分别參處在案。兹於七月初二日續據永定河道李朝儀稟稱，連日督飭委員集夫購料，分派弁兵，將南二工六號漫口趕緊盤築裏頭。正在佈置間，又值陰雨不止，河水盛漲。石景山外委籤報水深二丈三尺七寸，較上次尤爲浩瀚。據盧溝橋巡檢鄭官賢稟報，南岸盧溝橋以下石堤五號尾，漫水高出堤面尺餘，汕刷背後土埝，漸有分溜之勢。上游各汛水均出槽，拍岸盈堤，異常洶湧，以致處處生險。當飭廳汛員弁，分投搶護，一面派委候補縣丞王仁寶，隨同南岸同知朱津馳往，趕將過水之處設法堵築。該道因北下汛十三四號斜對南二工六號口門，抽掣過甚，溜逼堤根，情形十分喫重，親往查看。該汛十三號走埽劈堤，已有漫水，勢極危險。即飭掛柳捲由，添雇民夫，趕做後戧，竭力保護。無如風雨交作，水又續長，大溜衝激。堤土純沙，又經久雨濕透，堤身坐潰，掣出大溜三分。猶復撒手搶辦，水忽陡落，溜即漸緩。專弁飛往上游查看，旋即接據朱津稟報，石堤五號尾漫水甚大，汕塌土埝，掣動大溜，水正續漲。該處本無埽工，又無積土儲料，僅仗集夫挑土，築埝搶堵。乃水大溜急，一時措手不及，於六月二十四日亥刻并將石子埝衝決，奪溜成口。該道馳往查看，委因水勢高過堤面，漫刷石子土埝，衝塌缺口，掣出大溜九分，其一分仍入大河，水如稍落，勢必全歸口門。現在口門約寬四五十丈，無可挽回。詢之該處老民，僉稱盛漲之水高於堤面尺餘。自嘉慶六年後，數十年所未有，實屬人力不能勝天。據實稟請參辦前來。

臣查盧溝橋以下兩岸石土堤，舊歸石景山同知總理，向未設汛。嘉慶七年分撥盧溝橋巡檢兼管。二十一年將南岸石土堤十四里，改歸南岸同知經管，并無埽工。此次南二工六號漫口，甫經興工盤裏，而上游石土堤五號尾又復漫決，實緣河身淤墊受病已深。本年五六兩月暴雨兼旬，口外山水異漲，近畿水勢尤大，濱河低窪處所，積潦數尺，一望汪洋。下游疏消不及，河身不能容納，以致漫越

總督李鴻章籌漫口工需疏同治十年八月

竊查本年六七月間，永定河南岸二工六號暨盧溝橋石堤五號尾先後漫口，經臣兩次據實馳奏，并預陳堵口籌款艱難情形，請勅部通盤籌畫，預爲覈計。欽奉七月初六日上諭：『仍著該督督飭該河道等，覈實勘估，詳細奏聞。聽候諭旨等因。欽此。』比經恭録行飭，欽遵辦理在案。旋據永定河道李朝儀稟報，盧溝橋石堤五號尾水口門盤築裹頭，尚未竣工。七月二十九至八月初四日，大雨六晝夜，續將口門以下土堤刷寬一百餘丈。復經批令，督飭另立垻基，趕緊盤築。俟水勢稍涸，即將應行堵合大工及修浚河垻各工認真履勘，迅速詳辦。去後，兹據該河道李朝儀稟稱，督同廳汛各員沿河親加細勘，并飭承估之員，分別緩急、輕重情形，覈實酌估。查，此次大工實緣引河太長，上游須修補石堤，下游又須改浚河道，加以各汛禦水善後等工甚多，是以經費稍增。兹將應辦各工必不可緩者，詳慎覈估，共需銀三十七萬兩零。省益求省，無可再減，繪具圖説估册，稟請察覈具奏，請帑興修，等情前來。

臣查，永定河受病最深，淤墊過久，每遇大汛盛漲，即有氾濫之虞。今年夏秋雨水太多，全河險工迭出，七月間盧溝橋石堤五號續漫成口。南二等工决口之水，奪溜南趨，皆成旱口。八月初旬又值大雨連宵，水勢浩瀚異常，續將該處口門刷寬一百餘丈。南北兩岸節經盛漲衝激，堤塍衝刷，人力實無可施。惟該河道李朝儀統轄全河，雖往來風雨泥淖之中，督飭搶護，究未能力挽狂瀾。南岸同知朱津職司修守，亦難辭咎。該二員前已奉旨革職留任，應請旨再行交部議處。盧溝橋宛平縣巡檢鄭官賢，係分隸兼管之員。雖向不領款承修，究有防守之責，應請革職留任，以示懲戒。臣督率無方，并請旨將臣再行交部議處。

臣前委前任永定河道候補道徐繼鏞，馳往南岸二工六號，會同該河道李朝儀，查勘漫口情形。現聞該處已成旱口，全溜由上游奪路，繞良鄉、涿州、雄縣一帶，并歸大清河入海。仍飭徐繼鏞馳赴盧溝橋五號尾漫口處所，一并查勘，俟水勢稍定，即督各員弁，相機設法盤裹保護，以防續塌。目下天氣暢晴，天津海河爲直晉豫東諸水滙歸之處，雖一時宣洩不及，秋深後可冀漸消。惟永定河本名無定河，素稱難治。近來河身高仰更甚，堤工歲修經費久經覈減，無力培修，日形卑薄，是以歲歲有漫溢之事。此次盛漲又數十年所未有。不溢於下游，而溢於上游，既漫於上游之土堤，又衝塌上游之石堤，其水勢之浩瀚可知，河身之高墊，亦可知已。該河切近畿南，似未便廢而不治，若大興工作，誠恐無此財力。即徒築缺口，而缺口既多，引河太長，亦非鉅款莫辦。臣處此灾瘠之區，深知籌款之艱，日夜交思，罔知所措。可否仰乞勅下部臣通盤籌畫，預爲覈計。臣仍督飭該河道等覈實勘估，續行具奏。

奉上諭。恭録卷首。

殘缺，土石塌卸自數十丈至一百七八十丈不等。除南二六號旱口外，如南二十六號、南七六號及西小堤二號、北下十三號、北二十五號、北四上二號等處，均已衝刷斷缺。渾流洶湧，水過沙停，河身更形淤墊。下口又爲沙泥壅閼，無從宣洩。目前辦法於堵築大垻決口之外，尤以分挑引河、疏浚下口爲要。兩岸殘缺堤工，亦須分段補築。中間裁灣切坎，添築圈埝土格，皆不可少。又，所挖引河自盧溝橋南上汛界起，順勢間段挑深，寬長不一。而下游南七工，北柳坨村至盧家鋪，約長四千八百丈。又下游自于家墳至鳳河，約長七千丈，工程最鉅。加以禦水善後各工，斷非鉅款莫辦。溯查嘉慶六年，永定河南北兩岸漫口十餘處，盧溝橋石堤衝塌。仰蒙仁宗睿皇帝，特頒帑銀一百萬兩，興工堵築，至次年夏令始報蕆工。綜計用過工料，實銀九十七萬餘兩。本年北方大水及永定堤工，實與嘉慶六年無異。惟現值經費支絀之際，部臣方以庫儲未裕，奏請停撥内外工需，即東南財賦之區，亦以奉撥京協各緊餉，催提急迫，未遑兼顧。臣久忝封圻，深知中外同此艱窘，何敢不力求撙節，共維大局。

自永定河漫決後，臣即派道員徐繼鏞馳赴該處，諳諭道廳各員，務須格外覈實勘估，不准稍有浮糜。該河道李朝儀素性誠慤，昨復來津面稟實情，籲求寬爲籌撥，免致貽誤臨時。臣反覆思維，永定河切近畿郊，若因籌款維艱，一任堤防廢壞。來歲春融水漲，必至横流四溢，無可抵制，關繫非輕。且被水十數州縣，灾黎輾轉求食。除截漕十萬石外，并未敢另請發帑。趁此興辦堤工，亦可以工代賑，一舉兩得。第需費過鉅，仍恐無此財力。臣與李朝儀面加覈議，暫酌減爲二十六萬兩。直隸雖係缺額省分，又值水灾歉收之時，而工需緊要，不得不先其所急。業與藩司錢鼎銘往返函商，擬在省城練餉局江蘇解到協餉項下，陸續提撥銀十萬兩，并司庫無論何款，儘數提撥銀六萬兩，分撥應用。其餘不敷銀十萬兩，實在無可再籌。擬請旨飭撥有著之款，并懇天恩，勅下各督撫臣，務於冬月内如數籌撥，委員解赴工次，不可稍涉推諉遲誤，以免停工待款之虞。臣一面督飭該河道暨派出各員撙節動用，趕辦興工。如年内未能一律告竣，或款項尚有不足，容臣隨時督飭司局酌度籌辦具奏。總期工歸實用，款不虚糜，以冀仰慰宸廑於萬一。

奉上諭。恭録卷首。

總督李鴻章請籌定加撥經費疏同治十年十二月

竊查永定河歲搶修經費，前因照章撥給五成實銀，不敷應用。經前督臣曾國藩於同治八年奏准，每年加撥銀二萬三千兩，專爲疏浚中洪下口之用。遵奉部覆，暫由長蘆運庫給發。近兩年間，迭經奏明飭撥在案。兹據永定河道李朝儀詳請將同治十一年加撥歲搶修銀二萬三千兩照案飭發。經臣飭據長蘆運司恒慶詳稱，上年奏請減輕科則。以後一切款項，均係量入爲出，有一兩之徵收，即有一兩之動用。本年徵收正課，尚不敷奉撥京奉各餉。至復價一款，又關歲額撥解餉需。其餘零星雜項，爲數既微，均關待用。兼之夏秋霪雨成災，奏撥賑款，凡可以通挪之項，均經移緩就急，動墊一空。茲前項加撥工需，實屬無款可籌。

查，永定河歲搶修經費本係由部籌撥，嗣因部款支絀，改由藩庫解部旗租項下撥給。此項加撥銀兩，同爲修防要需，可否一律改由藩庫旗租項下撥領等情，詳覆到臣。復經飭據升任藩司錢鼎銘詳稱，直隸本係缺額之區，加以連年災歉，糧租蠲緩，而年例應發之款，仍須隨時支放，司庫益形竭蹷。且旗租一項，現奉户部行令，自同治十一年爲始，仍批解部庫。即或照舊截留，尚有奉文指撥之密雲等十四駐防新案米折，以及永定、南北運河年例歲搶修加增運脚備防稭科，暨東三省、新疆俸餉等項動放，猶慮不敷，難再添此鉅款。惟本年永定河漫口，險工林立。此項加撥之款，運庫既難通挪，司庫若再推諉，則全工應備料物，年内如何趕辦？查同治七年永定河南四、南七漫口案内，曾由運司解存藩庫工需銀一萬兩，應由藩庫籌解還款。應即以此項支放永定河加撥。同治十一年歲搶修經費，仍由該運司就款開除。其不敷銀一萬三千兩即在司庫本節年旗租款内湊撥，俾顧要工。至下届應需前項銀兩，實不能再由司庫支發。應請酌覈奏辦，以重河防，各等情前來。

臣查永定河本年漫口較多。現在各處旱口門，雖經督飭一律堵築，而石堤五號尾因工費浩繁，合龍尚需時日。加以低窪處所積潦未消，轉瞬春融，搶辦險工、修補堤埝，在在均關緊要。若待往返奏撥，年内購備料物，必形遲誤。現由該藩司通盤籌畫，設法挪墊，洵爲力顧大局。應即准飭照辦，俾得及時購備。惟此項加撥銀兩，查曾國藩原奏内聲明，較之道光年間原額，僅酌復四分之三。將來部庫充裕，仍復道光年間舊章。應從何處支發？俟數年後再議等語。户部議稱，如果辦有成效，再行奏請定款，自爲經費覈實起見。

臣思永定河額定歲搶修銀九萬四千餘兩，自咸豐四年起減半給發，又按銀票各半，相沿十餘年。至同治三年，始改給五成實銀四萬七千餘兩。然司庫扣去部平及攤捐等款，每年實發不及四萬兩。是以到工之費甚少，而河身愈形淤廢。曾國藩不得已，請歲增銀二萬三千兩，無非力籌整頓，究尚不敷原額。兩年以來，河員儘數動工，尚不足以挽救積年之淤廢。若已加撥者遽令停撥，勢必藉口停工。非惟成效難期，且恐爲害更鉅。從前因減撥額款，而致年久失修。今後欲整理廢河，而復再議減撥，似覺無此情理。臣月前查勘全河上下，受病實深，既未便廢，而不治即須逐漸挑挖，以求萬一之效。此項加撥銀兩，久經議准，必應照案籌給。部庫現正支絀，藩運兩庫又難兼顧。應請旨飭部定議，將永定河原撥、加撥歲搶修等要款共七萬一千餘兩，每年於直隸旗租項下由臣照數提撥，給領報部。查考如不足數，隨時通融湊給。臣當嚴飭該河道，督率廳汛各員，認真籌辦，不准稍有偷減，以冀漸有裨益。再據藩司面稟，直省旗租一項，因叠年荒歉，徵收大減。以之抵放奉撥各駐防旗營米折，及各河道年例歲搶修經費，東三省、新疆緊餉，不敷尚多。直省并無別項可指，將來若遵解部庫，所有奉撥各要款，均無所措。勢須仍請由部籌撥。已飭該司另行議詳奏辦。

奉旨：『户部議奏。欽此。』

户部議定加撥經費疏同治十年十二月

同治十年十二月十四日奉上諭：『内閣學士宋晉奏，永定河工經費支絀，請由部改撥南河未裁舊款一摺，著該部議奏。欽此。』由内閣抄出到部。正在覈議間，又據直隸總督李鴻章奏，永定河加撥來年經費銀兩，請由藩庫旗租項下暫撥，仍請部籌下届工需一摺。同治十年十二月二十日奉旨：『户部議奏。欽此。』欽遵，由軍機處交出到部。

據宋晉原奏内稱，永定河歲修之費，逐年減少。今年漫口雖因雨水過多，亦由經費太微，人力無可施展。現在堵閉，急須廣爲籌畫。向聞南河有額解之款，自裁員停工，各省亦遂因循未解。今永定河緊要，幾於昔日之南河。請由部查明舊定解款，於額解六十萬兩内，以二成改解北河，爲每年歲修之用。又李鴻章原奏内稱，永定河經費前經奏准每年加撥銀二萬三千兩，暫由長蘆運庫給發。現在運庫無款可籌，司庫并形竭蹶。查同治七年永定河漫口案内，曾由運庫解存藩庫工需銀一萬兩，應以此款支放該河加撥十一年歲搶修經費。其不敷銀一萬三千兩，請在司庫本節年旗租項下湊撥，俾顧要工。至下届應需前項銀兩，應請由部定款等語。

臣等伏查，永定河經費舊額九萬四千餘兩。同治八年十月間，直隸總督曾國藩奏，永定河歲搶修等銀自裁減後，每年僅發銀四萬七千兩，領銀太少，堤埽草率。請加撥銀二萬三千兩以爲疏浚中洪下口之用。經臣部議准，暫由長蘆運庫發給。辦有成效，再行奏請定款等因，奏准飭遵在案。兹據該督李鴻章奏請，加撥十一年分銀二萬三千兩，除由藩庫撥抵運庫解存工需銀一萬兩，尚不敷銀一萬三千兩。運庫無款可籌，請在司庫本節年旗租款内湊撥，下届工需請由部定。至宋晉所奏，請查南河未裁舊款，改撥北河，均爲永定河工需緊急起見。既據李鴻章請撥運庫現〔一〕在存款一萬兩，藩庫旗租項下撥銀〔二〕一萬三千兩，以爲十一年購備料物之需。應請勅下直隸總督，即

〔一〕光緒七年原刻本脱『現』字。
〔二〕光緒七年原刻本脱『銀』字。

飭藩司照數減平動撥，并飭該河道年前趕緊備料，認真籌備，不准稍有偷減。至下届加撥銀兩，部庫萬難撥發。旗租又指撥多款，未便顧此失彼。臣等再四籌商宋晉所請，南河未裁各款，原係各省例撥工需。惟今昔情形不同，各省能否照例報解，工程緊要，又未敢憑虛奏撥。南河停工以後，應有積存閒款。相應請旨，即飭兩江總督、漕運總督，無分畛域，於江南、南河兩處，每年即照宋晉所請之數籌撥，有著款項銀兩，改解直隸藩庫，作爲永定河經費，以衛畿甸〔一〕而重要工。至南河〔二〕改解銀兩，除加撥永定河歲搶修銀二萬三千兩外，如有盈餘，專款存儲該藩庫，不准擅動，以備修守之用。俟命下之日，由臣部抄録宋晋原奏，咨行兩江總督、漕運總督熟商，奏明辦理。

奉旨：『依議。欽此。』

〔一〕畿甸　光緒七年原刻本爲『畿甸』，光緒八年重修本改爲『畿甸』。

〔二〕南河　光緒七年原刻本爲『雨河』，光緒八年重修本改爲『南河』。

卷十四　奏議〔同治十一年至光緒六年〕

總督李鴻章籌款修金門閘疏 同治十一年正月

竊臣上年十月間由天津回省，順道查勘永定河工程，曾將大略情形附片奏陳在案。伏查永定河連年漫口，固由盛漲時下口不能暢流，亦由河身淤墊過高，上游無所分洩。臣此次督飭該河道及委員等逐段履勘，講求疏浚之法。查有南二之金門閘減水石壩一座，建自乾隆三年。南北各築壩臺，中段用石料修築龍骨，底鋪海墁石板，外接出水石簸箕，下又有出水灰簸箕。其壩臺外護以魚鱗埽段，工程極爲堅固。每遇大汛盛漲，賴以分減水勢，實爲法良意美。嗣因河底積漸淤高，乾隆三十五年、道光三年、十一年、二十三年，逐將龍骨加高至八尺七寸，尚可洩水數寸。迄今又將三十年，河底愈淤愈高，已與龍骨相平。若驟放水，恐成决口。是以同治五年以後，築埝堵閉。雖連遭漫口之患，涓滴不敢宣洩，石壩亦遂廢而不治。

因思欲去河患，必須先將上游減水石壩認真修築，并將引河逐段挑挖，俾水勢稍有分銷，庶可漸施補救。且本年濱河各屬，被灾地畝多未涸復，二麥補種不及，民情困苦，正須預籌接濟。若乘此時，集夫興修，俾窮民傭工趁食。亦可以工代賑，實爲一舉兩得。臣飭據永定河道李朝儀、候補知府周馥等，詳加查勘較量。現在河身若僅就原有龍骨之上，再行增高，必致水入倒灌，跌成坑塘，於海墁金牆，皆有所礙。議將龍骨中段二十丈升高四尺，兩旁十八丈，各升高五尺。所有舊龍骨之高八尺七寸者，全行拆卸。其重建之新龍骨放長進身六丈，下接舊海墁，上作坦坡之形，使水勢平緩過閘，方無跌坑掣溜之虞。其舊有海墁與南北舊金墻，均分别填補拘抿。北壩臺東面應移建九丈，與龍骨緊接，壩臺内外應遵舊式鑲做埽段。仍於龍骨上添築攔水土埝一道，辦法庶較整穩。該處引河係由童村入小清河，查勘河身尚有溝槽可就，計工長四千一百七十丈，均應一律挑挖通深。連建御碑亭、汛房器具，善後各工程，覈實撙節，共估需實銀六萬四千七百四十二兩七錢九分二釐。稟經臣劄飭升任藩司錢鼎銘，在同治十年秋灾賑撫項下，如數通融籌撥，發交該道領回，購備應用灰石料物。督飭印委廳汛員弁夫役，及時興辦，勿任稍有草率偷減。仍俟事竣，彙案造銷。

再，此項工程，舊章每興修一次，估需銀十數萬兩不等。兹飭挪用賑撫銀六萬兩，籌辦要工，即以工代賑。所需工料經臣再四籌商就減，係就現時價值，覈實估計，委無絲毫浮冒。與當年請款撥修者不同，所有應扣六分部平等銀，若照向例覈扣，必不敷用，應請免其照扣，以期工歸實濟。

奉旨：『知道了。欽此。』

總督李鴻章續籌漫口工需疏同治十一年二月

竊查上年永定河南二工六號暨盧溝橋石堤五號尾，先後漫口。飭據永定河道李朝儀，將應辦各工估需銀三十七萬兩，經臣與李朝儀面加覈減，暫行籌給銀二十六萬兩，由江蘇協餉内撥銀十萬，司庫撥銀六萬，并請旨，飭由户部借撥銀十萬兩。奏派候補道祝塏、江蘇知府周馥、候補知府徐本衡，會同該河道，嚴督在工各員迅速興修。聲明款項或有不足，隨時督飭司局酌度籌辦具奏，仰蒙聖鑒在案。

兹據該河道李朝儀等會稟，於冬令停工後，帶同原估各員，馳赴盧溝橋水壩覆勘。内西壩石壩與原估河頭，不能得吸川之勢，須將河頭向東挪移，俾石壩之水，可以直入引河。復沿堤周歷履勘，上游應挖引河，共分三十一段，應浚下口自南七新大壩起，至安光村東南葦塘止，共五十二段。原估經費，係在八月未經續漲以前。嗣後形勢變遷，引河加長，下游改寬十丈、十二丈，深八九尺不等。除奉准給領，尚不敷銀一萬七千兩。水壩口門亦因續漲塌寬。現在晝夜搶做，費用稍增。除奉准給領，尚不敷銀七千六百兩。又南七八上下三汛堤埝單薄過甚，下口改走南洪，大汛難免不浸至堤根。必須一律加高培厚。現添估銀九千兩，又部庫及練餉局扣去平銀一萬二千四百餘兩，皆原估時漏未議及。綜計各項，除准撥二十六萬兩外，尚須添撥銀三萬五千四百餘兩。再四籌商，實已無可再減，稟請察覈，奏辦前來。

臣查永定河南二等工漫口，先經奏明，原估工需銀三十七萬兩，以經費支絀，暫議酌減爲二十六萬兩，聲明如有不敷，另行籌辦。嗣南二等衝刷早口堵築竣工，惟石堤五號尾因天寒地凍，人力難施，年前未能合龍。現值春融冰泮，自應趕緊興作。據稟，覆勘各段工程，既較原估加增水壩口門，又因續漲塌寬，引河堤埝均須逐段修浚。奉撥經費實屬不敷，未便停工以待。直隸本係缺額省分，無款可籌，部庫支絀亦未敢續行請帑。惟查江海關月協直餉三萬兩，專爲直省練軍治河之用，自應移緩就急，於前項協餉内，酌撥銀三萬五千兩，交該河道委員領解赴工，撙節動用。俟工竣覈實彙銷。除嚴飭該河道等督率廳汛員弁，剋日趕辦。俟大工合龍，專案奏報外，所有續行籌款，撥發永定河工要需緣由，理合恭摺具奏。

奉旨：『該部知道。欽此。』

總督李鴻章堵合石堤漫口疏同治十一年三月

竊查上年永定河南二工六號暨盧溝橋石堤五號尾，先後漫口，經臣迭次陳明，并籌撥款項，奏派道員祝塏、知府周馥、徐本衡會同該河道李朝儀，設法堵築。嗣將南二工六號旱口，及殘缺工程修築完竣。其石堤五號尾水口門工程浩大。因節届冬至，冰堅地凍，兵夫夯硪、挖掘，難期得力。商飭該道等暫停工作，及時廣購物料，俟春融多集民夫，加工接辦，尅期合龍。一面分挑引河，深挖下口，以工代賑。於上年十一月内，附片具陳在案。

開春後即飭趕緊興辦。至三月初九日，據報引河八十六分，計長一萬八千餘丈，同時挑竣，檄飭留直委用道魏承樾馳赴工次，逐段切實驗收，均屬寬深如式。兹據該河道等會稟，自二月初二日起，督率員弁，分晝夜兩班，節節催趲進占，鑲埽簽樁穩密，培土堅厚，金門收窄，大溜愈加湍急，水深至二丈餘，埽段旋鑲旋墊。各員履險蹈危，實力搶辦。原定三月二十日合龍，至十九日正在佈置掛纜，忽於戌刻密雨連宵，次日午後猶未放晴，即改於二十一日丑時，祭壩合龍。河水陡漲，溜勢愈急，甫下關門大埽，壩前之水擡高三尺有餘，甚形喫重。幸是日卯刻開霽，員弁兵夫倍形踴躍，一面啟放引河頭，立見大溜奔騰下注，暢流無滯，一面上緊跑買土料，撒手搶辦，趕將大埽追壓到底。竭三晝夜之力，全行閉氣，河流順軌，由引河直趨而下，復歸故道。兩岸殘缺處所，普律修培，足資捍禦等情，稟請覈奏前來。

臣查盧溝橋五號尾正當渾流出山之處，水勢湍激。上年雨水過大，伏秋兩汛泛漲異常，衝決多處。通河堤段皆潰爛不可收拾，實爲嘉慶六年以後所僅見。臣初意以工程太鉅，請款太少，懼艱必底於成。嚴飭各員痛除積習，勤苦覈實，以求有濟。今春冰泮，口外萬山之水奔流下射，益難施工。所需稭麻樁橛等料，水災之後，採辦既艱，挽運又遠。該道府等督飭員弁，分投購買，陸續運足。召集各處饑民傭工就食，不下數萬人。晝夜搶辦，刻期蕆事，俾近畿一帶積潦可消，農田得以及時播種，有裨大局。

查，歷届漫口參處人員果能奮勉辦公，例得於大工合龍後，奏懇恩施。兹永定河道李朝儀親歷各工，督飭勘估堵築，力求節省，樸實任勞，擬請開復原參革職留任，并降四級、督賠處分。署南岸同知朱津、宛平縣盧溝橋巡檢鄭官賢，前署南二工良鄉縣縣丞、候補縣丞蕭承湛，於被參後隨辦大工，或委掌壩務，或監做堤埽，或承挑引河，均知愧奮，應交賠款亦據分别繳清。朱津原參兩次漫口革職留任，鄭官賢原參革職留任各處分，擬請均予開復。蕭成湛年力正強，監工勤奮，可否仍帶革職處分，留工効力？出自逾格恩施。現由臣派令道員魏承樾驗收壩工。據稱工程悉臻穩固。又飭李朝儀、周馥等將善後事宜及加培堤埝、重修金門閘各工，妥速經理。

奉上諭。恭録卷首。

總督李鴻章北下汛漫溢疏同治十一年七月

竊本年伏汛，大雨時行，河水旋長旋落。迭飭永定河道李朝儀查勘各工所生新險，嚴督廳汛，設法搶護。兹據該道稟稱，自六月二十七日起，大雨徹夜連朝不止，西北口外山水暴發，平地數尺，滙流入河。七月初一日巳時，石景山外委籤報河水陡長一丈六尺，酉時又長至一丈九尺六寸。初二日子丑之交，又長至二丈三尺五寸。盧溝橋面均見水痕。拍岸盈堤，洶湧萬狀，較之上年八月盛漲，尤爲迅猛。中洪容納不下，兩岸水與地平。各工埽段全行蟄動，處處喫重。廳汛多方搶救。掛柳護堤，柳則被浪湧至堤頂，繫船護埽，船復被水推擱埽面。雖啟金門閘放水二尺五寸，而水勢太驟，消洩不及。南上十二號、南下八號及南二、南三、南四、南五、南六、北二、北三、北四、北六等汛，埽段多有蟄陷，均經該廳汛員弁設法搶鑲，幸已保住。惟南七工六號、北五工五號、北二上五號、北下十七號情形尤爲危險。該道冒雨馳赴南七汛查勘，六號東小堤、舊大堤，均有漫水之處。其北五工五號走失埽段，亦間段漫水。正在搶辦間，又據石景山同知王茂壎飛稟，初一日水長溜急，北二上汛五號漫刷壩檔，間段過水，極力搶護，堤身業將坐潰。而北下汛十七號復因水勢陡長，高過堤巔，兼之風雨大作，將堤面衝成溝槽。趕調兵夫，并集附近村民挑土填墊。不意子刻水又續長，昏夜之際，駭浪驚濤，無從著手，人力實有難施。至初二日丑刻大溜越堤，一湧而過。該道隨即馳至，猶冀督飭搶救，以人回天。無如漫口業已奪溜，口門約寬六七十丈，無可挽回。據實稟請參辦前來。

臣查永定河自上年漫口後，經臣籌款修築堤閘，挑挖引河，方冀竭力補救。檄飭該道嚴督在工各員，多儲料物，加意防護。無如積潦未涸，底水本深。夏秋之交，上游各河來源泛溢，新險迭出。甫經搶護平穩，又值連日大雨，山水暴漲，頃刻間長至二丈有餘，河身不能容受，致復漫溢。雖由黑夜風雨，人力難施，該管廳汛搶護無能，實屬咎無可辭。相應請旨將石景山同知王茂壎革職留任。署北下汛宛平縣縣丞、候補主簿唐照革職，留工効力。該管河道李朝儀統轄全河，疏於防範，應請革職留任，以觀後效。臣督率無方，并請旨將臣交部議處。現幸天氣晴霽，大漲漸落，臣已添派留直補用道周馥、候補知府徐本衡，馳赴工次，會同李朝儀，督飭在事廳汛員弁，趕購料物，盤築裹頭，以防續塌。并飭上游各汛加意防護，仍妥籌設法搶堵，續行奏辦。

奉上諭。恭録卷首。

總督李鴻章堵合北下汛漫口疏同治十一年九月

竊查永定河北下汛十七號漫口，經臣添派候補知府周馥、徐本衡，會同永定河道李朝儀，督飭廳汛印委員弁，趕購料物，設法搶堵在案。節據該道等稟稱，自七月十六日動工後，疊遇陰雨盛漲，將上游各汛搶護平穩。一面調集兵夫，趕購樁料，節節進占鑲埽。惟新料尚未登場採買，近堤柳枝不敷應用。又值秋穫農忙，挑夫稀少，添募文安、大城、霸州一帶被水貧民到工，幫同挑築。總以秋汛正旺，風雨不時，河水長落無定，搜刷埽脚動輒數丈。既不敢停緩稽延，又慮口門收窄，大溜踵至，復有疏失。幸中秋前後天氣晴爽，工料略爲順手。督飭分班趕做密籤長樁，多壓厚土占埽，隨進隨蟄，隨蟄隨工。風雨黑夜，罔敢停懈〔一〕。各員弁兵夫，風餐露宿，出入危險。先擬八月底堵合，復值陰雨數日，水勢難定，口門不敢遽收。直至九月初十日丑時掛纜，先期會飭兵夫，齊集工料，争先奮勉。其時龍門口水深二丈五六尺，溜勢愈急，趕下關門大埽，竭兩晝夜之力，一氣搶作，追壓到底，壩埽全行閉氣。引河暢順，全河復歸故道。其北二上、北五、南七等汛殘缺工程，均分投堵築，夯硪緊實。下游兩岸埽段禦水各工，亦均鑲做〔二〕穩固等情，稟請覈奏前來。由臣委員勘驗屬實。

伏查此次河堤漫口，正值秋汛水旺，人夫稀少，料物昂缺之際，辦理倍形棘手。該員等竟能刻期搶堵，妥速蕆工。現在節交寒露，堤外被水地畝涸退較早，尚可及時種麥，有裨民生，堪以仰慰聖廑。查歷届河工決口被議人員，果能奮勉圖功，例得於合龍時奏懇開復。此次北下汛十七號漫口失事，各員於被參後，竭力搶辦，不辭勞瘁，應交賠款，亦均繳清，尚知愧奮。所有永定河道李朝議、石景山同知王茂壎，原參革職留任處分，應請天恩，并准開復。惟王茂壎年逾六旬，精力就衰，請以原品休致。署北下汛宛平縣縣丞、候補主簿唐照，年力正强，尚堪造就，擬請開復原參革職處分，仍留工差遣。再，此次搶堵工程緊急，未及請撥部款。除飭提河道庫節存各款及應賠銀兩外，先後由籌賑局撥發捐款四萬餘兩，令該道等招集附近被水灾民，以工代賑，星夜挑築。所給土方工錢，實用實銷，多與例價不符。覈計甚爲節省，應請免其造册開報。

奉上諭。恭録卷首。

總督李鴻章請前次合龍保案仍勅部註册片 同治十一年九月

再查，永定河古稱難治。雍正、乾隆年間，物力豐盛，屢改下口，僅獲苟安。伏讀高宗純皇帝《觀永定河題詩》註云：『目下固無事，數十年後殊乏良策，未免永念惕然等因。欽此。』聖哲先幾之明，萬世臣子同深欽佩。迄今百數十年，下口益淤，中洪益壅，專恃夾堤束水，本無善策。又經兵燹彫殘之後，部撥歲搶修額款，叠次停減，廢弛更甚。上年異漲衝潰多處。臣督飭在事各員，窮數月之力，補苴罅漏，水旱各口倖均堵合。又借賑款，加培堤埝，尚爲撙節覈實。其勞苦出力者，不得不據實保奬，以

〔一〕停懈　光緒七年原刻本爲『楟懈』，光緒八年重修本改爲『停懈』。
〔二〕鑲做　光緒七年原刻本爲『鑲做』，光緒八年重修本改爲『鑲做』。

資激勸。本年七月十七日，御史邊寶泉奏奉上諭：『近聞永定河北岸堤工決口，前據李鴻章奏保合龍出力人員摺內聲稱，兩岸堤埝已培補堅厚，何以又復潰決？在工人員所司何事？著即查明參奏。并著該部將前次保案即行撤銷等因。欽此。』其時蓋不知臣已查明漫口情形，於七月十六日先行專摺參奏，并自請議處，未敢稍有回護也。竊思河工修防，各有汛地，賞功罰過，理貴持平。本年七月間，北岸頭工下汛十七號水大漫堤成口，係石景山同知王茂壎、署北下汛縣丞唐照防守地段，距上届盧溝橋南岸石堤合龍工段，計七十里之遥。若以北岸防守不力之過，而加於南岸經修完固之員，一隅失事之咎，而罰及通工保護堤段之人，似不足以示勸懲。況河工向例，決口必須查參，合龍即須覈獎，未聞有罰而無賞者。上年兩次決口，臣俱照例案辦合龍則臣亦照例請獎。決口只責專汛，合龍必資衆力，歷辦成案皆然，非自今日始也。至石土各堤失修多年，春間僅能擇河堤卑薄處加培，高或三五尺，寬或二三丈不等，冀以搪護漾水。因北頭工下汛十七號原有堤埝與加培處高低相平，故未另行加工。不意七月初二夜，水勢過猛，大溜頂衝，浪頭抬高數尺，翻過堤頂，竟至無從措手，實非已經加培處所偷減尺寸，不能禦水之咎。且前次保案原係合龍出力，并非因培堤另行請奬。即臣彙奬單內，均照尋常勞績覈擬，并無冒濫加優之處。此次漫口，仍調前保各員，以資熟手，晝夜趲辦，得以妥速竣工。其勞勩實未可泯。合無仰懇天恩，准將撤銷之盧溝橋石堤五號尾大工合龍，前後兩次保案，勅部更正註册。仍遵前旨，將彙奬清單覈議具奏，以昭平允而勵將來。

奉旨：『著照所請。該部知道。欽此。』

總督李鴻章請添撥河兵疏同治十一年十二月

竊據永定河道李朝儀稟稱，永定河南岸堤長一百五十四里，北岸堤長一百五十五里四分。又下口南大堤八十餘里，北大堤四十餘里。共計工段四百三十餘里，額設修防兵一千二百三十名。乾隆四十七年，奉裁四十一名。嗣因險工日多，不敷差遣，復於嘉慶七年，奏請由督標提標天津、宣化兩鎮簡僻營汛，添撥戰兵六十名，守兵三百四十名，綜計各汛額兵一千五百八十九名，經制額外均在其內。從前河道深通，經費充裕，防護已形竭蹷。近年廢弛積久，異漲頻仍。各汛險工叠出，向只一二處者，今則四五處或七八處；向只數十丈者，今則長一二里至十一二里。額兵止有此數，埽廂多至倍蓰。每遇伏秋大汛，溜勢上提下挫，頃刻變遷。此處甫在加鑲，彼處又須搶辦，兵力不足，動失事機。又，本年盛漲衝刷，向稱平工者，多成險要。而北中汛之三四五六號坍坎近堤，舊險新生情形，尤爲喫重。亟應趕做壩埽，以防頂衝大溜。原設額兵不敷工作，稟請援案，於本省绿營内添撥戰兵十名，守兵九十名，俾資修守。

當經飭據藩司孫觀、臣標中軍副將冷慶會議。詳稱，查省標左右前後，保定五營駐防省城，泰寧、馬蘭二鎮，守護陵寢重地，均未便議裁。此外通省標營，額兵三萬三千一名。按數勻攤，每三百三十名，裁撥一名，尚無窒礙。計督標涿、拱、良、新四營，應裁守兵四名，提標應裁戰兵二名，守兵十七名；宣化鎮應裁戰兵二名，守兵十五名；正定鎮應裁戰兵一名，守兵八名；大名鎮應裁戰兵一名，守兵十一名；天津鎮應裁戰兵二名，守兵二十名；通永鎮應裁戰兵二名，守兵十五名。以上共裁戰兵十名，守兵九十名。請令各標自行酌量，在所屬簡僻營汛如數裁汰糧缺，撥交永定河道，選募沿河壯丁，拔補足額。統限於同治十二年二月初一日以前，一律裁撥齊全呈報，以便分別截支餉銀，俾免轇轕等情前來。

臣查永定河身淤高，堤岸單薄，險工迭出，年甚一年，迥非乾嘉以前情形可比。修工搶險，全賴人力，原設額兵實屬不敷。河工例定經費，既迭經部議剋減，姑冀稍加兵數，以補救萬分之一。該司等所擬抽裁通省額兵，僅及百名，各營差操不致貽誤，而河務修防較有裨益。相應援案，籲懇天恩俯准，照數裁撥。由臣督飭該河道剋期募齊，酌看工段險易，分撥各汛協防，俾資興作。再查河營向例戰兵每名月支餉銀一兩七錢，守兵每名月支餉銀一兩二錢，遇閏加增。此項餉銀即在绿營抽裁額餉內，由藩司照章籌放。仍將裁改銀數，彙案分別造報。除咨部查照，并通行提鎮各營妥辦具覆外，所有議裁绿營兵丁百名，添撥永定河防汛緣由，理合恭摺具陳。

奉旨：『兵部議奏。欽此。』經部奏准。

總督李鴻章請復歲需經費原額疏同治十二年三月

竊據永定河道李朝儀稟稱，該河水性湍急，挾沙擁泥，易淤善潰，素稱難治。應需工費每年額定歲修銀三萬四千兩，搶修銀二萬七千兩，添辦備防銀二萬五千一百兩，加增運脚銀八千五百兩，共合銀九萬四千七百兩，均赴部請領。間有另案土工，添補培築。咸豐四年，因軍需浩繁，庫款支絀，部議改爲減半，歸藩庫旗租項下，按銀鈔各半撥給。七年復減秸料銀一千五十兩。綜計歲領實銀不及原額四分之一。修防徒有其名，工務愈形廢弛。同治三年、八年，前督臣劉長佑、曾國藩先後奏准停止鈔票，發給五成實銀，并加撥銀二萬三千兩。除扣六分部平等項，到工實銀僅六萬兩有奇。工段甚長，廢弛又久，實不敷用，祇能擇要修浚，逢汛搶護。其餘應辦各工，率多停緩。即如本年甫過淩汛，工料已費不貲。伏秋大汛，萬難爲繼。以目下情形而論，若欲通工修浚，非數十萬金不可。然何敢格外議增，惟有請復原額，以冀逐漸補救等情，請奏前來。

臣查永定河切近畿郊，兩岸堤工共長四百餘里。附近十餘州縣農田民生所繫，實爲最要之工。原額工需，本係酌中定議。當時堤高河深、料價平減，已費支持。嗣因軍需，迭議裁減應辦工程，遂多無力興辦，荒廢日甚，整理更難。加以連年異漲，各汛險工叠出，應需鑲埽段，較之昔年多至倍蓰。既未能另請鉅貲，大加修浚，必須將額款發足，俾多領一分銀兩，即多做一分工程。近來直省尋常發款，已准復額加成。此項工需關繫尤重，相應仰懇天恩，准自同治十二年爲始，仍照原額九萬四千七百兩全數撥領，以重要工。仍由臣責成該河道督率廳汛，覈實經理，涓滴歸公。倘敢稍事虚浮，即行從嚴參辦。至此項工需，向係由撥發，現時能否一律如舊，應請勅部議覆施行。

奉硃批：『該部議奏。欽此。』

户部議歲需經費疏 同治十二年五月

直隸總督李鴻章奏，永定河現撥工需委實不敷修防，擬請仍復原額一摺。同治十二年三月二十八日奉旨：『該部議奏。欽此。』欽遵，由内閣抄出到部。查原奏内稱，永定河每年額定歲修銀三萬四千兩，搶修銀二萬七千兩，添辦備防銀二萬五千二百兩，加增運脚銀八千五百兩，共合銀九萬四千七百兩，均赴部請領。咸豐四年，因庫款支絀，部議改爲減半，歸藩庫旗租項下，按銀鈔各半撥給。同治三年，前督臣劉長佑等奏停鈔票，發給五成實銀，并加撥銀二萬三千兩。除扣六分部平等項，到工實銀六萬兩有奇。工段甚長，實不敷用，祇能擇要修浚。其餘應辦各工，率多停緩。擬請照原額九萬四千七百兩，全數發領，以重要工，并請由部撥發等語。

臣等伏查，永定河歲搶修等銀，向由部庫請領。自咸豐四年，因庫款支絀，奏明減半，令在司庫旗租項下按銀票各半撥給。迨同治三年，鈔票停止，發給五成實銀。同治八年，前督臣曾國藩以裁減歲搶修等銀不敷工需，請再加撥銀二萬三千兩。同治十年，内閣學士宋晉奏請改撥南河未裁舊款，爲永定河歲修之用，均經臣部奏准，行知遵照，各在案。今該督復以永定河現撥工需不敷修防，請將原額全數發給，并請由部撥發等語。臣等查，該河歲搶修等項，每年原撥減半銀四萬七千餘兩，嗣復加撥銀二萬三千兩，幾及原額十分之八。現據江督咨稱，除先撥銀二萬兩解交外，已飭蘇寧兩藩、淮運各司，迅速妥籌定議詳覆等語，將來修防自無虞不足。所請照額撥發之處，旗租既指撥多款，部庫更自顧不遑，礙難覈准。應請旨勅下直隸總督，將應領永定河歲搶修銀兩，仍令在司庫旗租項下照章撥給。責成該河道撙節動用，毋得藉口於原額未復，任令偷減。儻有前項情弊，該督即從嚴參辦。

奉旨：『依議。欽此。』

總督李鴻章續請歲需經費復額疏 同治十二年五月

竊查永定河水性湍急，挾沙衝壅，易淤善潰，素稱難治。自設堤工以來，歲需修費，迭次加增。至嘉慶年間，每年赴部額領歲搶修及備防秸料、加增運脚等項，共計銀九萬四千七百兩。并於額款之外，間有另案土工，以資培築。乃自咸豐三年以後，軍務浩繁，庫款支絀，部議減銀，復行減料，以致河務由此廢弛。迨同治年間，前督臣劉長佑、曾國藩因修防竭蹶，先後奏准部覆，照額減半給銀，并每年加撥銀二萬三千兩，除扣去六分部平等項，每年只領六萬五千餘兩。此款内尚應撥出疏浚中洪下口銀一萬一千數百兩。兩岸修防備料，實只五萬三千兩有奇。在當時堤高河深，百務未廢，以此給領，尚難支持。奈久廢之餘，河患日深，無處不應整頓，添工加料。即照當年額領之數，猶慮不敷。年來限於經費，祗能擇其萬難緩者，稍事補苴。其餘應辦工程率多無力興舉，每致大汛搶險，料無多儲，動輒棘手。近年異漲，各汛險工迭出，較之昔年多至倍蓰。雖屢蒙恩准，撥帑修築。其通工堤埝，仍須擇要加培，以防新險。如欲將應辦各工一一整理，非歲有數十萬金，不能應手。前據永定河道李朝儀以工程喫緊，稟請覈辦，不得已據情請復舊額，使工用稍資周轉，廢河逐漸挽救，并非籍此即可足用也。

昨准户部議覆，以旗租指撥多款，部庫自顧不遑。仍令照章撥給等因。臣久歷時艱，深知籌款不易，豈敢稍任浮費。無如工程實在緊要，每年僅以扣平之六萬餘金，將就敷衍，未免顧此失彼，更糜帑項。再四籌維，惟有仍懇天恩，俯念永定河險工日多，領款過少，准自同治十二年起，將歲搶修等銀，照從前九萬四千七百兩原額撥領，無庸覈減。其每年加撥之二萬三千兩，即無須另籌，應行疏浚中洪下口，亦由此額款内辦理。綜計每歲僅增銀二萬四千餘兩，責成該河道認真修堵，先事綢繆，於河務民生，大有裨助。如蒙允准，所有本年應需各項，除部撥旗租及加撥銀兩外，尚應找發銀二萬四千餘兩。部庫既無款可籌，刻下旗租亦難籌此鉅款，擬將兩江督臣解到南河裁款銀二萬兩，儘數撥給。尚不敷銀四千餘兩，飭令藩司在於旗租項下勻撥，以資應用。嗣後歲修之款，除動用本省旗租外，再由兩江督臣照案迅速妥籌協撥，勿任短缺。但應否由此兩款内通融湊撥，或俟庫款稍充，循舊由部請領之處，仍由臣按年咨部覈辦。至本年加撥銀二萬三千兩，前經臣於練餉項下借撥，奏明俟江南解到款項歸還。今永定河瞬屆汛漲，需款甚急，擬將江督解到之二萬兩湊撥，其前借練餉之銀無項歸補，應即就款開銷。臣爲工程緊要領款，實不敷用。請仍照原額給領，以防新險起見。謹恭摺復陳。

奉硃批：『該部議奏。欽此。』

户部議准歲需經費復額疏同治十二年閏六月

直隸總督李鴻章奏永定河工程喫緊，覈減領款，實不敷用，擬仍照額發給一摺。同治十二年六月初一日奉硃批：『該部議奏。欽此。』欽遵，由内閣抄出到部。

查原奏内稱永定河水性湍急，素稱難治。自設堤以來，歲需修費迭次加增。每年赴部額領歲搶修及備防秸料加增運脚等項，共計銀九萬四千七百兩。并於額領之外，間有另案土工，以資培築。自部議照額減半給銀，并每年加撥銀二萬三千兩。除扣去六分部平等項，每年找領六萬五千餘兩。祇能擇其萬難緩者，稍事補苴。其餘應辦工程率多無力興舉。每致大汛搶險，動輒棘手。近年各汛險工迭出，較之昔年多至倍蓰。前據永定河道李朝儀以工程喫緊，稟請覈辦。不得已據情請復舊額，稍資挽救。昨准户部議覆，旗租指撥多款，部庫自顧不遑，仍令照章撥給等因。臣久歷時艱，深知籌款不易，豈敢稍任浮費。無如實在工程緊要，每年僅以扣平之六萬餘金，將就敷衍，未免顧此失彼。仍懇准自同治十二年起，將歲搶修等銀，照從前九萬四千七百兩原額撥領，毋庸覈減。其每年加撥二萬三千兩，即無須另籌。所有本年應須各項，除部撥旗租及加撥銀兩外，尚應找發銀二萬四千餘兩。部中既無款可籌，擬將兩江督臣解到南河款銀二萬兩儘數撥給，尚不敷銀四千餘兩，飭令藩司在旗租項下勻撥，以資應用。嗣後歲修之款，除動本省旗租外，再由兩江督臣照案迅速妥籌協撥。但應否由此兩款内通融奏撥，或俟部款稍充，循舊由部請領之處，仍按年咨部覈辦。至本年加撥銀二萬三千兩，前於練餉項下借撥，奏明俟江南解到款項歸還。今永定河瞬届汛漲，需款正急，擬將江督解到之二萬兩湊撥。其前借練餉之銀無項歸補，應即就項開銷等語。當經片查工部。去後，兹於六月二十八日准工部覆稱，應由户部酌覈辦理，等因前來。

臣等伏查，永定河每年額定歲搶修等銀九萬四千七百兩。原由部庫給領。嗣因庫款支絀，奏令在於直隸司庫應行解部旗租項下，照章給五成實銀，按年由該督分案咨部覈撥。同治八年，前督臣曾國藩以裁減歲搶修等銀不敷工需，請每年加撥銀三萬三千兩，暫由長蘆運庫發給。至同治十年，該督以十一年加撥銀兩運庫無款可籌，擬由司庫旗租項下湊撥，并以下届應需銀兩，由部定款。彼時正值内閣學士宋晉奏請於南河未裁額解六十萬兩舊款内，以二成改解北河，爲永定河工程之需。經臣部擬令，將永定河每年加撥銀兩，由南河未裁款内改解，如有盈餘，專款存儲，以備修守。本年二月間，據直督以南河款未解到，十二年加撥銀二萬三千兩，奏請在於該省練軍協款内挪用。三月間又據該督以辦工不敷，請照九萬四千七百兩原額全數給領，并請由部撥發。經臣部以旗租指撥多款，部庫自顧不遑，議令仍照減成章程給領等因。均經奏准行知，遵照在案。

兹據李鴻章復歷陳永定河工程喫緊，款不敷用，請仍照額發給，并聲明每年加撥銀兩，無須另籌。本年應需之項，除部撥旗租及動撥練餉銀，尚應找發銀一萬四千三百餘兩。擬將兩江督臣解到南河款銀二萬兩，儘數撥給。不敷銀四千餘兩，飭令藩司在於旗租項下匀撥。嗣後歲需之款，除動用本省旗租外，再由江督照案妥籌協撥，但應否由此兩款内通融湊撥，或俟庫款稍充，循舊由部請領。其本年借撥練餉銀二萬三千兩無項歸補，請就款開銷等語。該督係爲籌辦河工險要起見，既經查據工部覆稱，由臣部酌覈辦理。臣等公同商酌，擬令將永定河本年應需之款，即如該督所奏，准其照額給領。除臣部指撥該省旗租，以及動用練軍協款外，應找發銀二萬四千餘兩。該督既稱將南河解款銀二萬兩撥給，不敷銀四千餘兩，飭司在於旗租項下匀撥，亦應准如所請撥給。并令該督嚴飭該河道，督率廳汛各員，務將應辦各工認真修築，毋任偷減。仍將用過銀兩，據實造報工部覈銷。

至嗣後歲需經費銀兩，值此部庫支絀之際，斷難由部給發。而直隸練軍協款，兵食攸關，尤未便常年挪用。所有永定河同治十三年起，每年應需各項修費實銀九萬四千七百兩，除照歷撥成案，動用本省旗租五成銀四萬七千三百餘兩外，尚有五成銀四萬七千三百餘兩，應請勑下直隸總督、兩江總督、漕運總督恪遵同治十年十二月間臣部議覆宋晉奏案，於南河未裁額解舊款内，妥速會商，覈定[一]實存數目，按年籌解，務使足敷永定河歲需前項經費，以期無誤要工。仍將如何商定籌解之處，即行奏明辦理。并令直隸總督，嗣後即將此項歲搶修銀兩，在於征存旗租及南河解款兩項内，按年咨報。由臣部覈明奏撥，以重經費。

奉旨：『依議。欽此。』

總督李鴻章南四工漫溢疏同治十二年閏六月

竊本年伏汛連旬大雨，山水暴發，河湖異漲。叠飭永定河道李朝儀嚴督廳汛實力防護。閏六月初十日以前，河水盛漲四次。盧溝橋以下連底水深至一丈七八尺，兩岸堤工紛紛出險。該河道督同廳汛晝夜搶護，并開放新修金門閘及南上灰壩，藉資宣洩，險工已就平穩。乃閏六月十一二日以後晝夜大雨，傾盆不止。上游宣化府屬白洋河，據報新漲，陡加三尺六寸，連盧溝橋以上附近山水，奔騰迸注。十四日戌亥之交，永定河陡長至二丈五尺。大溜異常洶湧，金門閘、灰壩皆宣洩不及，南上、南二、南三、南四、南五、南七、北中、北二下、北三各工號段，或水上埽面，或坍坎近堤，均甚喫緊。該河道督飭廳汛員弁分投搶護。其餘尚可保住，惟南四工九號情形極重，埽段走失，汕刷堤身，勢尤危迫。該河道馳往督辦，連夜添集人夫，跑買土料，加高子埝，一面掛柳捲由，沉壓土袋，竭力搶護。十五日黎明，甫漸順手，而對岸挺生沙嘴，將全河

[一] 覈定　光緒七年原刻本爲『覆定』，光緒八年重修本改爲『覈定』。

大溜，横衝對激，直逼堤埽，全不移動。仍復多方搶救，加勁力作。是日亥刻，續又增漲，兼之狂風驟起，駭浪騰空，水勢擡高數尺，人力實無可施，遂致大溜漫堤而過，口門約寬五六十丈，業經奪溜。據實稟請參辦前來。

臣查永定河廢弛年久，淤墊日多，底高堤卑，本屬無可著力。臣近年往來察度，見河身堤身淤沙壅積如山，無處挑送，勢不能容納大水。上年籌修南岸金門閘，今春又籌修南上灰壩，冀盛漲時，上游稍資分洩，下游或少漫潰。是以入伏後，雨水叠漲，尚克搶護平穩。無如十一二日以後，連日暴雨，各處山水滙注，閘壩消洩不及，河不能容。南四工對岸又淤生沙嘴，迴風逼溜，致有漫口，負疚滋深。該管廳汛雖因人力難施，該廳員又先赴他汛搶險，但既失事，咎無可辭。應請旨將南岸同知朱津革職留任；南四工固安縣縣丞王仁寶革職留工；該河道李朝儀統轄全河，疏於防範，一并革職留任，以示懲儆，而觀後效。臣督率無方，并請旨交部議處。現已晴霽，惟水勢仍行浩瀚，即委道員周馥馳赴工次，會同該河道，督飭廳汛員弁，趕緊盤做裹頭，以防續坍，并妥籌勘估搶堵，續行奏辦。仍飭上游各廳汛加謹防護，暨行各地方官，疏消漫水，查勘被淹情形，量爲撫恤。再查南四工九號，係同治七年漫溢舊口，水由固安縣城東沿霸州下東澱，歸津入海。叠據霸州知州周乃大稟稱，永定河漫口之水，十七夜已由該境牤牛河東趨，情形尚不甚重。蓋水歸澱泊，究有蕩漾之處。附近固安、霸州、文安、大城等境，秋稼不免傷損。天津各河雖甚湧溢，幸今年加築堤防，尚未衝决。合并聲明。

奉上諭。恭録卷首。

内閣學士宋晉以工代賑疏同治十二年八月

伏讀七月二十一日上諭：『本年夏間，直隸雨水過多。永定河南岸决口，被水地方田廬多被衝没，小民蕩析離居。著加恩，於東南各省厘金關税鹽課項下，撥銀三四十萬兩，以資賑濟等因。欽此。』仰見皇上軫念民瘼，飢溺由己之至意。竊唯近畿地方連年水患，雖因雨水過多，實由水道漫溢爲患。東南各省向少水灾，皆由河道疏通，旱則資其灌溉，潦亦易於宣洩。而直隸獨連年告灾，洪流遍野，居民蕩析，老弱流離。首善之區豈宜長有此景象？現蒙仁施，破格發帑數十萬金，以資賑濟，亦豈能歲以爲常？臣愚以爲，并力籌賑，不如擇要修工。與其逐年循例爲修築之舉，不如統籌全局爲備禦之計。可否勅下直隸總督，以現撥帑金酌提一半，先行勘驗灾區，拯恤老弱。以一半趕擇河道緊要者，速爲修治，庶幾工賑兼施，兩收其效。

惟直隸河道失修已久，目前自以永定河爲最要。查永定河一名桑乾河，又名渾河。經行宛平、固安、永清、良鄉、霸州、涿州、東安、武清、天津等數州縣。素稱水流無定，遷徙靡常，一遇大雨時行，會合各處之水，奔騰四溢，未有不爲鉅患。急須相度機宜，早爲疏浚。或多開減河、引河以殺盛漲；或多建閘壩，以資控洩；或擇曠地爲澱，以停蓄其勢；或兼治溝洫，以疏通其脈。總貴因其舊跡，不拘成見。去淤沙以通河身，擇堅土以築堤岸。而又須任廉明耐苦之員，錢糧不假胥吏之手，且既以工代賑，必須優給雇資。而各州縣百姓連年被灾，即向有小康之户，亦無不轉徙遷流，失其家業。更不得藉口借資民力，以召怨咨。如此覈實辦理，庶幾水之爲民害者，可轉爲民利。民居奠而農事修，畿輔之地可冀無一夫失所矣。

查，雍正年間命怡賢親王、大學士朱軾勘辦直隸水利，成水田六千餘頃。及今雖淹没已多，而成跡可循，不難重行疏浚。至或有田廬墓舍，民間習佔已久，如有實礙要道者，亦可量價給資，令其遷移。要之興大工者，不惜小費，亦在辦理之得人耳。至現發帑金尚不敷用，亦請敕下直隸總督，審度全局，再行奏請於東南各省釐金關稅鹽課項下，續撥數十萬，以成鉅工。勿存畏難之見，務求久安之策，但使節中外無名之費，即可全億萬生靈之命，則隱爲國家所撙節者，奚止數百萬哉？

奉上諭。恭録卷首。

總督李鴻章堵合南四工漫口疏 同治十二年九月

附：署南下汛葉昌緒從優議恤片

竊查永定河南四汛九號，於本年閏六月十五日，河水暴漲，漫溢成口。經臣專摺奏報，將該管河道廳汛各員，分别參辦。即派候補道周馥馳赴工次，會同該河道李朝儀，督飭廳汛員弁趕緊盤做裹頭，妥籌搶堵，暨飭上游各廳汛加緊防護。一面酌發銀兩，撫恤灾黎。節據該道等稟稱，督商佈置，先將口門兩堤頭盤做，免致續塌。因河中挺生沙灘，逼溜横激，勢如飛弩，屢做屢塌。復與在事員弁，逐日悉心相度，須就河中老灘處，兩頭進占，方易堵閉。其原堤俟事後補築。遂於七月十六日興工，調集兵夫，節節進占鑲埽，晝夜趲做。時新料尚未登場，沿堤柳枝因大汛搶險用盡。購買青濕秸料，急不應手。秋汛正旺，上游又紛紛報險。該道等迭飭員弁，分投竭力搶護，一面加長壩臺，搶做後戧，相機前進。所挖引河，深至一丈九尺，多係稀淤陷沙，人難立足，段段倒塘戽水，工料俱費。幸固安、霸州、文安、大城一帶被水灾民源源而來，計工授食，極形踴躍。八月底即擬合龍，乃屢遇風雨，而大溜洶湧湍激，壩埽蟄陷，未能順手。該道等加募人夫，晝夜分班趕辦，加厚大壩，添做邁埽，并將引河相勢加工添長，復築挑水壩一道。九月初十日後，口門收窄，止留五丈，壩前水深二丈八九尺。即於九月二十一日丑時掛纜，各員弁兵夫不避危險，層土層硪，一氣并力搶堵，竭三日夜之力，大小壩俱追壓到底，關門大埽并經鑲築堅實。二十三日，金門之下頃刻斷流，引河一律通暢，全溜滔滔東注，復歸故道。下游兩岸各工，亦經擇要修理，足資抵禦，老堤即便補還等情，請奏前來。臣委員勘驗屬實。

此次漫口工程，正值秋汛水旺，夫少料昂，甚形棘手。該道等設法籌畫，竭力搶堵，俾大工刻期蔵事。附近災黎，藉資傭趁。堤外被水地畝，涸退較早，可期補種春麥，堪以仰慰聖厪。至歷屆河工決口，被議人員果能奮勉圖功，例得於合龍時奏請開復。此次失事各員於被參後，竭力搶辦，不辭勞瘁，應交賠款，亦均繳清，尚知愧奮。永定河道李朝儀、南岸同知朱津、原參革職留任處分，懇恩并予開復。同知銜知縣用、南四工固安縣縣丞、北河分缺間前先補用縣丞王仁寶，擬請開復原參革職留工處分，仍以原官原銜，按原班補用。

再，此次搶堵工程緊急，未及請撥部帑。除將各員賠款撥用外，臣因經費支絀，責令該河道於本年歲搶修復額項下，設法勻提銀一萬二千兩濟用。又，本年復額項下長出兩江協款銀一萬兩，長蘆原解南河，奏明留抵永定河工需銀七千兩，分別照數墊撥，湊作堵口工費。又於江海關月協直隸練餉河工項下，撥用銀三萬二千兩。本年東南各省協解直隸賑款項下，撥用八千兩。此項工程係招集被水災民承做，以符以工代賑之意。所給土方工價，皆實用實銷，多與例價不符，覈計尚爲節省。應請照上屆奏准成案，免其造册開報。

奉上諭。恭録卷首。

再據會辦永定河大工候補道周馥、永定河道李朝儀稟稱，南四工漫口工程，迭奉檄飭搶堵，尤須加意保護上游。惟秋汛方漲，大溜搜刷埽根，動輒數丈。南岸頭工下汛自七月二十日後奇險迭出，埽段走失，大堤僅存一線，幾不可保。該汛員縣丞葉昌緒，不避艱險，獨立危堤，激勵兵夫，上緊搶護。正值夜深風雨，該員失足跌傷胸肋，不能飲食。是月二十五日，一律搶護平穩。該員猶督視籤樁，乃受傷過重，忽然顛僕，痰延上湧，登時殞命。查南岸頭工下汛，工段最險。其堤下即爲良鄉縣，若一疏失，不惟涿良一帶被災較廣，南北驛道必因阻隔，南四大工亦難迅速堵合。該故員任事勇敢，搶險穩固，本應敘功請獎，不意受傷身故，殊堪憫惻。河工搶險賞恤之典，向照軍營例辦理，擬援例轉請議恤等情前來。臣覆查無異，相應仰懇天恩，飭部將永定河大汛搶險，跌傷身故之同知銜知縣用、署宛平縣縣丞、候補縣丞葉昌緒，從優議恤。

奉硃批：『葉昌緒著交部從優議恤。欽此。』

總督李鴻章請歲需經費就款留抵疏同治十二年九月

竊准户部咨開兩江督臣李宗羲會奏籌解永定河經費一摺，奉硃批：『該部知道。欽此。』經部以嗣後每年永定河應需十成經費銀九萬四千七百兩，除例撥一半本省旗租銀四萬七千三百餘兩，其餘一半銀兩前經議令，於南河未裁額解舊款內，覈定實在數目，按年籌解。今雖據兩江總督於江寧、江蘇各藩庫、兩淮運庫，每年各籌銀一萬兩。但覈計尚不敷銀一萬七千三百餘兩，應咨直隸、兩江、漕運各總督，仍於南河未裁款内，設法籌措，奏明辦理等因。

臣查南河舊額歲料等款，自黄河改道，各省軍用浩繁，久已停解。即江省應解之款，早歸别項開銷。且地方元氣尚未盡復，課款不能如前。籌解京協各餉，止形竭蹷。前以永定河歲需緊要，部議奏令江南南河籌撥。今兩江督臣等已奏定，於蘇寧各藩庫、兩淮運庫，每年共解銀三萬兩。若將不敷之一萬七千三百餘兩，再令按年全數添撥，竊恐日久無著，致誤要需。惟查長蘆向有額解南河工需一款，除減停引目，扣除參懸，截長補短，每年約可徵銀七千餘兩。即係南河未裁之款，自應就款留抵南河，應撥永定河經費，連兩江前撥三萬兩，作爲每歲共撥銀三萬七千兩。所有今年長蘆應徵前項銀兩，即飭提存備撥。此係南河未裁之款，又以直省蘆課留抵。本省工需正與部議相符。其餘不敷之一萬三百餘兩，江省既無成議，只可仍由直隸藩庫旗租項下，同例撥一半經費，一并設法籌湊足數，俾河員及時整修。歲需皆有著落，庶免臨時貽誤。

奉硃批：『該部知道。欽此。』

直隸總督李鴻章伏秋大汛安瀾疏[一]同治十三年八月

竊照永定河本年伏汛搶護平穩，前經臣循例奏報。仍飭該道親駐工次，添備料物，認真嚴防。兹據該河道李朝儀稟稱，自立秋以後，河水續漲多次，溜勢側注，加以秋水搜根，汕刷尤甚。埽段紛紛蟄陷，且至坍坎齧堤，情形[二]十分喫重。均經該河道督率員弁，不分雨夜，竭力搶護，并將新修閘壩，隨時開放分洩，全河藉以輕減。料物充足，搶辦較易措手，兩岸險工幸保平穩。時過秋分，盧溝橋存底水六尺八寸，秋汛安瀾。并將出力人員擇尤稟請奏保前來。

臣查永定河渾流激湍，堤土純沙，廢弛多年，防護本非容易。近來險工叠出，以致歲歲潰決，水患頻仍。臣節經籌款，修復金門閘及南上、北三兩處灰壩，以洩水勢。嚴飭在工員弁實力修守。本年伏秋大汛，屢報盛漲，伏汛尤極危險。該道等節次冒險搶辦，一律平穩，俾沿河州縣胥免昏墊之苦，堪以仰慰聖懷。

向來防汛安瀾，例得擇尤請獎。查永定河道李朝儀督率通工，勤慎耐苦，擬請賞加按察使銜。其伏秋汛内，不避艱險，力搶穩固之知府銜升用同知、候選通判桂本誠，請以通判留於北河，歸試用班儘先前補用。候補知府、南岸同知朱津，請開缺歸知府候補班盡先前補用。候

[一] 光緒七年原刻本將本奏摺放在以下两个奏摺之後。光緒八年重修本按时間順序做了調整。

[二] 情形　光緒七年原刻本爲『清形』，光緒八年重修本改爲『情形』。

補同知、三角澱通判趙書雲，請俟補同知後，以知府用。理問銜候補知縣、良鄉縣縣丞潘秋水，知州銜候補知縣、霸州州判曹澍鋐，均請開缺，以知縣歸原班儘先補用。涿州州判陳楓，請加同知銜。候補主簿陳詠桂、試用從九品張漸逵，均請加六品銜。參將銜儘先遊擊、署永定河營都司鄭龍彪，前借補該河營都司，經兵部以保升奏留，在出缺之後，議駁。惟該員熟悉河工，尤能耐勞，覈實人地，實在相需。且係奏明留於北河，不論資序，酌量借補，本與尋常奏留人員借補營缺不同。此次搶險出力，應請旨，仍准借補永定河營都司員缺，即無庸另予獎敘。又永定河營南岸守備吳思來、固安縣知縣楊謙柄、永清縣知縣李秉鈞、宛平縣麗各莊巡檢張雲霈，均請加三級，以示鼓勵。所有永定河伏秋大汛安瀾緣由，理合恭摺具陳，伏乞皇上聖鑒訓示。謹奏。

奉硃批：『該部議奏。欽此。』

總督李鴻章請加河神封號疏略同治十三年八月

據永定河道李朝儀稟稱，永定河崇祀河神將軍，各建有廟。河神廟錫名惠濟，復於乾隆十六年特加『安流惠濟』封號，惟『將軍』未蒙褒封。近年搶辦大工，每遇艱危，祈求輒應。本屆伏秋大汛，奇險叠出，人力幾至難施。幸賴神靈佑助，得保安瀾，重覩平成。實深敬感，稟懇奏請加封『永定河安流惠濟河神』封號并勅賜『永定河將軍』封號等情前來。臣查覈屬實，應請旨分別加賜封號，用答神庥。

奉硃批：『禮部議奏。欽此。』

禮部議加河神封號疏光緒元年四月

內閣抄出。大學士、直隸總督李鴻章奏請加賜『永定河安流惠濟河神』封號并勅賜『永定河將軍』封號等因一摺。同治十三年八月二十二日，奉硃批：『禮部議奏。欽此。』欽遵到部。當因該督未將河神將軍事實送部行查。去後，兹准造具事蹟清册，咨送前來。

查得原奏及清册，內稱永定河崇祀河神由來已久。國朝康熙三十七年勅封立廟。復於乾隆十六年特加『安流惠濟』封號。又，永定河南北岸各建有將軍廟，建自何年，志乘未載，亦無姓氏可考。兩岸崇祀惟謹，均著靈應，未荷褒封。近年搶辦大工，屢蒙河神將軍護佑。本屆伏秋大汛，奇險迭出，幾於人力難施。在事員弁虔禱，大溜旋移，遂得措手。此皆神靈呵護，化險爲平。懇請加賜『河神將軍』各封號，以答神庥等語。

臣等查，例開各直省志乘所載，廟祀正神，禦灾捍患，有功德於民者，經各該督撫奏請勅封。交議到部，分別覈辦封號，交內閣撰擬等語。兹永定河河神將軍，既據該督聲稱保護河堤，迭昭靈應，洵皆有功德於民者。查河神建廟，勅封年分，歷歷可考。臣等公同商酌，擬如所請，勅賜封號。如蒙俞允，臣部移交内閣，撰擬封號字樣進呈。欽定後，臣部行文，該督遵照。至所稱『將軍』名號既未列入志乘，亦無姓氏可稽，應交該督再行查明辦理。再，該督原奏所稱『安流惠濟』字樣，與《會典》内開乾隆十六年覆准永定河神加封爲『安流廣惠』之神字樣兩歧。前經臣部行查，該督現據覆稱，志乘内載有高宗純皇帝御製『安流廣惠永定河神廟文』等語。自應查照志乘與《會典》字樣更正，不得仍前誤用。

奉旨：『依議。内閣撰擬封號字樣進呈。』

奉硃筆圈出『普濟。欽此』。

總督李鴻章南二工漫溢疏 光緒元年七月

竊本年四五月間，雨水稀少。六月即大雨時行，連綿不絶。永定河屢次盛漲，迭飭該河道李朝儀，嚴督廳汛，實力防護。二十三日石景山籤報。長水至二丈三尺五寸。雖各閘壩均過水三尺餘，而上游西北山水接續增長，奔騰迸注。全河水勢十分洶涌，兩岸各汛節節水上埽面，兼有與埝相平，及跑埽坍坎潰堤之處，險工林立。該河道與各廳分投搶堵。而南二工六號係横河頂衝，二十四日埽鑲陡蟄，大溜直逼堤根。經該汛員率同兵夫，趕緊搶護，竭一晝夜之力，已鑲出水面。不期水又續長，迅猛非常，埽復蟄陷多段。立即掛柳捲由，撒手搶辦。乃河水過深，籤用三丈餘長樁，不能到底。對面忽淤沙嘴，河流愈窄愈激，頃刻擡高數尺，人力實無可施。於二十五日寅刻，大溜漫越堤頂，一湧而過。該道廳正督搶他汛，險工喫緊，聞信馳至，業已奪溜，挽救不及。查看口門約寬六七十丈。據實稟請參辦前來。

臣查永定河廢弛已久，堤身卑薄，淤沙壅積，勢不能容納多水。若欲從新挑築，非數百萬金不可，一時無此鉅款。近年惟於賑捐等項下，量爲匀撥，酌修閘壩，稍資分洩。上年已就安瀾。今值伏汛，連旬陰雨，水勢過大，致有漫口，負疚滋深。該道廳等平日尚能認真辦工，此次雖因人力難施，或已赴他汛搶險，但既失事，咎無可辭。應請旨，將署南岸同知吴廷斌革職留任；署南二工良鄉縣縣丞汪仰山革職留工；該河道李朝儀統轄全河，疏於防範，一并革職留任，以示懲儆，而觀後效。臣督率無方，并請旨交部議處。現令該河道督同廳汛員弁，趕緊盤做裹頭，以防續塌。仍飭上游各汛加意慎防，并行被水地方官查勘安撫。一面委員會同勘籌堵口事宜。惟汛期尚長，水勢正旺，容臣督飭相機妥慎辦理，勿致誤時糜費。至口門溜勢，由堤外良鄉、固安境内田塲莊、各賈各[一]等村，即歸金門閘引河，入大清河。被淹村莊無多，并未傷損人口。

[一] 各賈各　原文如此。似應爲『賈各莊』。

奉上諭。恭録卷首。

總督李鴻章堵合南二工漫口疏 光緒元年十月

竊照永定河南二工六號，前因伏汛連旬陰雨，水勢過大，致有漫口，經臣專摺奏參。即派道員周馥馳赴工次，會同該河道李朝儀，督率廳汛員弁，趕緊盤做裹頭，勘籌堵築。仍飭上游各汛加意防守，并籌款撫恤灾民。旋據稟報，兩堤頭盤裹堅穩。即相機勘定引河大壩，購辦料物，招集人夫，於八月二十日開工。乃河水迭漲，大溜分支衝激東西兩壩，搜根淘底，深至二丈有餘，進占鑲埽節節蟄陷，幸衆情奮勉，日逐進鑲。九月二十五日，西壩陡蟄十餘丈，幾至入水，并力設法，搶護穩固。三十日口門尚剩五丈，水深三丈一尺，即於丑時掛纜，層料層土，追壓到底，而河水驟然擡高四尺，情形十分喫重。即一面啟放引河，一面撒手搶堵。竭兩晝夜之力，金門閉氣，毫不洩漏。引河一律通暢，大溜滔滔東下，全河復歸故道。下游禦水各工，早經修補完固。被水灾民老弱者，酌量撫恤。少壯者，藉工傭趁餬口。現在堤外地畝涸復，尚可及時種麥等情，具稟前來。臣委員勘驗無異。

此次引河大壩工程頗鉅。正值秋汛水旺，夫少料缺。臣以民瘼攸關，經費支絀，諭飭該道等覈減工費，勒限妥速經營，刻期蕆事。除各員賠款濟用外，僅撥給庫平銀四萬一千九百三十九兩二錢三分六釐，係屬格外撙節。已由江南海關月協直隸練餉項下，照數籌撥，令其以工代賑，計口授食。料物皆覈發實價，較例價節省不少。應請照上届奏案，免其造册開報。至河工合龍，向應覈明勞績，分別請奬。所有會辦大工之二品銜、儘先補用道周馥督籌機宜，備著勤勞，擬請旨交部從優議敘。其餘在事人員，擇其晝夜搶辦，尤爲出力者，另繕清單，恭呈御鑒。抑乞恩准，以昭激勸。其外委三名，另行咨部奬敘。至失事各員於被參後，竭力籌辦，不辭勞瘁，工費尤能覈實，應交賠項亦均繳清，尚知愧奮。永定河道李朝儀、儘先補用知府、署南岸同知吴廷斌，原參革職留任處分，懇恩均予開復。藍翎知州銜、補用知縣、遇缺補用縣丞汪仰山，并請開復原參革職留工處分，仍以原官銜翎，歸原班補用。

奉上諭。恭録卷首。

直隸總督李鴻章伏秋大汛安瀾疏 光緒二年八月

竊臣前因本年春夏亢旱，伏秋雨水必多，飭令永定河道督率工員，親駐河干，加謹防護。節據該河道李朝儀稟稱，自閏五月十一日後，各處大雨時行，河水接續增長。伏汛期内長至一丈六尺，秋汛期内長至一丈九尺。大溜洶湧，趨向靡定，兩岸險工叠出。南上之十三四號，南下之三四號，南二之八號、十五號，南三之七八號、十四五號，南四之五號、十八號，南六之十四五號、十九號，南七之西小堤，北五之十一號、十四號，北二下之六號，或埽段平蟄，或陡蟄入水，并有隨鑲隨蟄，衝刷老坎之處，情形均爲喫重。而北二上之五號，横河頂衝，埽面閃裂，塌去堤身寬一丈餘，長六七丈。該處土性純沙，埽前水深二丈八九尺。籤釘長樁，往往不能到底，極難措手。又北上之十號、十三號淘蟄坝埽，汕塌堤幫，長三四十丈，亦十分危險。迭經該河道督率員弁，分投設法，相機挽救，一面將前修閘坝開放分洩。幸料物充足，人心踴躍，得以撤手搶辦，竭兩月餘之力，一律保護穩固。時過秋分，水勢日見消落，河流順軌。盧溝橋現存底水六尺八寸，伏秋大汛安瀾。并將出力人員，擇尤請保前來。

臣查永定河淤廢年久，緣經費無措，不能大修。每屆汛期即虞漫決。本年伏秋屢報盛漲，該河道等節次搶辦平穩，沿河州縣胥免昏墊之苦，堪以仰慰聖懷。向來防汛安瀾，例得擇尤請獎。查按察使銜永定河道李朝儀，盡心防護，調度合宜，擬請賞加布政使銜。其不避艱險、力搶穩固之工員，并撥夫上堤、認真協防出力之州縣印佐，酌擬獎敘，繕單敬呈御覽。仰懇天恩，俯准給獎，以示鼓勵。所有永定河伏秋大汛安瀾緣由，理合恭摺，由驛具奏。伏乞皇太后、皇上聖覽訓示。謹奏。

奉旨：『該部議奏。單并發。欽此。』

直隸總督李鴻章伏秋大汛安瀾疏 光緒三年八月

竊照本年天氣雖旱，河防不宜稍鬆，迭飭永定河道督率工員，親駐河干，認真防護。節據該河道李朝儀稟稱，六月十四日以後，各處得雨，河水屢次增漲。伏汛期內長至一丈六尺，秋汛期內長至一丈一尺。河身早被淤墊，水長丈餘即虞漫溢。本屆南七北五、北六、北七等工，均因漫灘生漏。北上十號、十四五號、北中三號、北下十七號、北二上五號、北三十一號、北四上十號、南上十七號、南二八號、十六號、南三十號、南七西小堤，皆係逼溜頂衝，埽段蟄陷，并有隨廂隨蟄，刷塌老坎之處。而南四十八號堤工，潰塌二十餘丈，寬約一丈，均經該河道督率員弁，添僱樁手、卯夫，分投加廂簽壓。或對岸切灘；或捲由掛柳；或用麻袋蒲包裝土沉護，并將坍堤漏子填補堅實。料物應手，兵夫踴躍，一律防護平穩。時過秋分，盧溝橋現存底水六尺五寸。伏秋兩汛，俱獲安瀾等情，稟報前來。

臣查歷屆防汛安瀾人員，例得奏獎。今年雖工程不少，而西北各省久旱，來源不旺，措手較易。所有出力人員，應俟下年安瀾後，再行并案請獎。除飭該河道察看通工堤河情形，隨時分別疏築外，理合恭摺具陳。伏乞皇太后、皇上聖鑒。謹奏。

奉旨：『知道了。欽此。』

總督李鴻章北六工漫溢疏 光緒四年七月

竊查本年直境夏雨時行，永定河水節次增長。迭飭該河道嚴督廳汛，實力防搶，伏汛尚稱平穩。立秋後，連雨不止，七月二十、二十一、二十二日等日，晝夜大雨，河水長至二丈三尺。雖有前修各閘垻放水二三尺，而上游洋河承北口外諸水，來源甚旺，洶湧異常。兩岸險工林立，節節漫堤平埝。經各該員分投搶堵，乃二十二日戌刻，雨勢如注，水又陡長。北六工十四號漫過堤頂二尺，大溜迅猛，且值昏夜，人力難施，已成口門，約寬三四十丈。據該河道李朝儀稟請參辦前來。

臣查永定河堤身卑薄，淤沙壅積，勢難容納多水。近年雖幸獲安瀾，不敢一日忘浚築之計。祇以時艱帑絀，無從籌集鉅款，不能從新修治。今值秋雨過多，水勢盛漲，致有漫口。雖則雨夜溜猛，人力難施，但既失事，咎無可辭。應請旨，將汛員、知州銜知縣用、北六工(一)霸州州判鄒源即行革職。廳員、北岸通判江塏革職留任。該河道李朝儀統轄全河，疏於防範，一并革職留任，以示懲儆，而觀後效。臣督率無方，并請旨交部議處。現飭該河道督率員弁，趕緊盤做裏頭，以防續塌。仍嚴飭上游各汛，加意慎防，并令被水地方官查勘撫恤，一面派委知府史克寬馳往會同該河道，勘籌堵築事宜。臣即督飭相機興辦，勿致誤時糜費。至口門溜勢，現分兩股，各寬十餘丈，由永清、東安、武清境内流入鳳河，即係歸壑之路，不致多淹地面。

奉上諭。恭録卷首。

總督李鴻章堵合北六工漫口疏光緒四年十月

竊照永定河北六工十四號，前因秋雨過多，水勢盛漲，致有漫口，經臣專摺奏參。即派知府史克寬馳往，會同該河道勘籌堵築事宜。先令趕緊盤做裏頭，不使續塌。一面籌款委員，前赴被水村莊，查户撫恤。旋據勘定大垻引河，揀派沿河紳董，購備椿料，招集人夫，於九月十一日開工，將河垻分投搶辦。惟本年秋後，霖雨浹旬，水勢增長，爲向來所罕有。每長至二三丈，搜根淘底，洶湧異常。兩垻占埽，迭被蟄陷，引河頭土格，屢堵屢決，工程萬分棘手。經各該員紳不分雨夜，不惜工料，力與水争，加勁挑築，始漸就緒。十月十九日，口門尚剩五丈，水深三丈有奇。察看風色順利，即於亥刻掛纜堵合，層土層料，追壓到底。而河水又擡高四尺，情形岌岌可危。即一面啟放引河，一面撤手搶辦，趕下關門埽。竭兩晝夜之力，龍門口外毫無滲漏，所挑引河一律通暢，大溜滔滔東注，全河復歸故道。下游禦水各工，亦經修補完固。堤外地畝次第涸復，可種春麥等情，稟報前來。臣派道員萬國順，赴工復驗無異。

此次引河大垻工程既鉅，且秋後，盛漲霪霖，處處阻

(一) 北六工　光緒七年原刻本爲『此六工』，光緒八年重修本改爲『北六工』。

水。運料又極艱難，深慮未能得手。該員紳等相機設法，履危蹈險，胼胝經營，妥速蕆事。實屬奮勉出力，用費亦甚撙節。除將各員賠款濟用外，僅於閩省解到林維源捐款內，撥給實銀四萬五千一百九十四兩五錢九分一釐，即就附近災民以工代賑，計口授食，料物皆覈發實價，較例價節省尤多。應請照歷届成案，免其造册報銷。至失事各員，於被參後，竭力籌辦，不辭勞瘁，應交賠項，亦均繳清，尚知愧奮。二品銜永定河道李朝儀、運同銜知州用、北岸通判江塏，原參革職留任處分，擬懇恩均予開復。已革知州銜知縣用、北六工霸州州判鄒源，擬請留工効力。

奉上諭。恭録卷首。

直隸總督李鴻章伏秋大汛安瀾疏 光緒五年八月

竊本届永定河汛防事宜，先飭升任河道李朝儀預籌佈置，嗣委遇缺題奏道朱其詔，於五月初前往接署。即令督率工員，親駐河干，加謹防護。節據朱其詔稟稱，自五月初九日後，各處大雨時行，河水接續增漲。伏汛期内，長至一丈九尺六寸。秋汛期内，長至二丈二尺五寸。大溜洶湧，趨向靡定，兩岸險工林立。盧溝司之南岸土堤六七號，南上之十三四五六七號，南二之八號、十號、十一〔號〕、十五號，南三之八九號、十五六號，南四之四五號、十八號，南五之六號、十號、十六號，南六之七號、十號、十五號，南七之東西小堤、十四號、十九號，北上之二三四號、六號、十號、十二三號，北下之五號、十三四號、十七號，北二上之五號，北三之五號月堤，北五之五號，北六之六號，十四號，埽段平蟄，或陡蟄入水，甚有隨鑲隨蟄，衝塌老坎之處，情形均甚喫重。而北上之七八號，南上之十一二號，南四之十三號，南六之十六號，南七之二十四號，橫河頂衝，蟄陷鑲埽，潰及堤身，尤極危險。叠經該署道督率員弁，分投相機挽救，多僱椿手、卯夫，添備料物。或幫寬堤壩、添下埽段；或對岸切灘、捲由、掛柳，或用麻袋裝土沈護，一面啟放閘壩分洩。幸料物充足，人心踴躍，得以撒手搶辦。竭三月之力，一律保護平穩。時過秋分，水勢日落，河流順軌。盧溝橋現存底水六尺九寸，伏秋大汛安瀾。并將出力人員擇尤請保前來。

臣查永定河渾流激湍，堤土純沙，中洪淤墊，苦無巨費，不能大修。每届汛期，即慮潰漫。本年伏秋霪雨，西北口外山水奔騰，屢報盛漲，直境各處河堤多有漫溢衝決。該署道等節次竭力搶辦，竟能化險爲平，俾沿河州縣獲免昏墊之害，堪以仰慰聖懷。向來河工防汛安瀾，例得擇尤請奬。查署永定河道二品頂戴、遇缺題奏道朱其詔，盡心河務，調度合宜，擬請賞加隨帶三級。其不避艱險、力搶穩固之工員，并撥夫上堤，認真協防出力之沿河州縣印佐，酌擬奬敘。繕單敬呈御覽，仰懇天恩，俯准給奬，以示鼓勵。所有永定河伏秋大汛安瀾緣由，理合恭摺，由驛具奏。伏乞皇太后、皇上聖鑒訓示。謹奏。

奉旨：『該部知道。單并發。欽此。』

直隸總督李鴻章伏秋大汛安瀾疏光緒六年九月

竊本届永定河伏秋防汛事宜，前飭署永定河道朱其詔預籌佈置，督率工員，親駐河干，加謹防護。節據朱其詔稟稱，自五月二十四日後，各處大雨時行，河水接續增漲。伏汛期内長至二丈，雖秋汛稍減，亦長至一丈四五尺。大溜洶湧，趨向靡定，兩岸險工林立。南上之十一、十五六七號，南下之頭二三五六號、十三號，南二之八九號、十五號，南三之七號、九號、十六號，南四之四號、十八號，南五之七號、十一〔號〕、十六號，南六之七號、十號、二十號，南七之西小堤第五村横埝十五、十九、二十、二十六號，北上之三號、五號、九號、十號、十一二三號，北中之頭二三號，北二上之頭號、五號，北三之五號，越堤十一二號，北五之五號、十一號，北六之五六七號、十三號，北七之三號埽段，隨鑲隨蟄，甚有衝塌老坎，掣動堤身之處。南八上下兩汛，向係平工，乃河流忽然南注，該兩汛工長四十餘里，大溜走至九成。其北七之三號順水埝，又因河中挺生沙嘴，逼溜搜刷，塌去三十餘丈。二號、四號同時喫重，均甚危險。迭經該道督率員弁，添僱椿手、卯夫，無分雨夜，分投相機搶護，或幫寬堤壩，添下埽段，或捲由掛柳，并用麻袋裝土沈護。一面啟放閘壩分洩，又飭上下隣汛不分畛域，互相協濟。幸料物充足，人心踴躍，得以撒手搶辦。竭三月之力，一律保護平穩。時過秋分，水勢日落，河流順軌。盧溝橋現存底水六尺九寸，伏秋大汛安瀾。并將出力人員擇尤請保前來。

臣查永定河堤土純沙，中洪淤墊，每届汛期，即虞潰漫。本年伏汛盛漲至十八次，深至二丈，秋汛亦長至一丈四五尺。節據朱其詔督率工員，設法搶辦，化險爲平，俾沿河州縣獲免昏墊之害，堪以仰慰聖懷。向來河工防汛安瀾，例得擇尤請獎。查二品頂戴、遇缺題奏道朱其詔，兩次委署永定河道，皆值伏秋大汛，均能督率員弁，保護平穩，實屬調度合宜，輿情亦甚愛戴。擬請勅部從優議敘。其不避艱險，力搶穩固之工員，并撥夫上堤〔一〕，認真協防出力之沿河州縣印佐，酌擬獎敘，繕單敬呈御覽，仰懇天恩，俯准給獎，以示鼓勵。所有永定河伏秋大汛安瀾緣由，理合恭摺具奏。

奉旨：『該部議奏。單并發。欽此。』

〔一〕撥夫上堤　光緒七年原刻本爲『撥大上堤』，光緒八年重修本改爲『撥夫上堤』。

卷十五　附録

金門閘浚淤碑 乾隆三十八年

乾隆三十八年六月初九日奉上諭：『周元理奏，五月二十二日以來，永定河水勢雖有增長，大溜直走中洪，迅趨下口，兩岸堤工穩固一摺，覽奏稍慰廑念。至所稱各處河水旋長旋消，初一日辰刻，金門閘過水六寸，巳時[一]即已斷流等語。金門閘宣洩永定河盛漲，其形與南河之毛城鋪相似。永定河挾沙而行，與黄河水性亦同。向來毛城鋪於過水後，即將口門及河流去路隨時疏浚，以免淤停，實爲利導良法，金門閘自當仿而行之。著傳諭周元理，督飭河員於金門閘過水之處，即爲挑浚，務使積淤盡除，水道暢行，以資疏洩。嗣後金門閘每遇過水，永遠照此辦理。仍將永定河長短情形，隨時奏聞。欽此。』

右碑舊《志》附録門失載。

金門閘三次建修丈尺銀數碑 乾隆三十八年

金門閘，乾隆三年建，金門寬五十六丈，進深五丈。石迎水簸箕[二]，内寬五十六丈，外寬六十一丈四尺，進深二丈。石出水簸箕，内寬五十六丈，外寬六十七丈三尺，進深九丈。南北兩垻臺各寬十二丈，進深十六丈，金牆高八尺。灰迎水簸箕，内寬七十五丈，外寬八十五丈，進深五丈。灰出水簸箕，内寬七十五丈，外寬八十五丈，進深十五丈。南北迎水雁翅各長三十丈。北出水雁翅長三十丈，南出水雁翅長六十丈。共用銀十八萬六千一百一十二兩零。

落低處，乾隆六年，因初建金門壩面過高，不能過水，因將海墁中落低一尺五寸，寬二十丈，共用銀五千四百八兩零。

石龍骨，乾隆三十五年建。河身積漸淤高，微長即過。因建龍骨一道，長五十六丈，補平落低處高石海墁二尺五寸，共用銀四千三百七十五兩零。

閘下減河一道，計長一百四十六里零。經由良鄉、涿州、宛平、固安、永清、霸州地方，入中亭河。自牛坨分岔，復開黄家河一道，由津水窪達澱。

右碑舊《志》失載。

[一] 巳時　光緒七年原刻本原爲『己時』，光緒八年重修本改爲『巳時』。

[二] 簸箕　光緒七年原刻本爲『箥箕』，光緒八年重修本改爲『簸箕』。以下同。

良鄉縣沿河十六村莊碑乾隆四十二年

乾隆四十二年八月初八日，蒙憲牌開，七月初七日蒙總督部堂周批，永定河道呈詳，永定河工所設廳汛各員，并不統轄地方。其撥夫防守堤汛事，原應照乾隆十五年以及十七年，前督憲方奏定章程辦理。近年沿河州縣多不遵照舊例。凡遇疏挑減河及河務工程，既專用十里村莊，而地方一切雜差又漫無區别，十里内外一律派辦，甚至派十里内之差務，反偏重於十里以外。村民避重就輕，近移十里以外者甚多。汛員辦理河工，動輒掣肘。詳請通飭永定沿河州縣，於河員所轄十里村莊，仍遵舊例。除大差捕蝻外，一切雜差免其重撥緣由，蒙批。

查，永定河兩岸沿堤十里村莊，久經方前院奏定章程，除皇差及捕蝻之外，聽河員撥用，以免重累。且此時并無差徭，因何又有雜差名目？仰布政司即速查明議定，通飭沿河各屬遵照，詳請立案繳等因蒙（此）〔批〕[一]。查永定河堤工最關緊要。其一切撥夫防守事，原應遵照乾隆十五年，經前督憲方，會同前任江南總河部堂高奏准，河員俱令兼巡檢銜，將沿河十里村莊，准其管轄撥用。又於乾隆十七年，蒙前督憲方奏明，凡屬河員管轄十里村莊，該州縣除皇差及捕蝻兩項，聽其派撥。其餘一切雜差俱免，專歸河員撥用，各等因遵照在案。該州縣自應遵照前奏章程，逐一辦理。何得遽行更張，并不遵辦，以致防守河工動輒掣肘，殊非鄭重河工之道。今自應申明前奏，通飭辦理，合亟飛行。爲此仰廳官吏照牌事理，立即通飭各屬州縣，遵照乾隆十五年并十七年前督憲方奏定章程辦理，毋得仍循故習，致誤河工，有干未便。仍飭查明村莊段落，詳請立案，毋得稍任違延。

乾隆十五年奏議載舊《志》。其十七年原奏，舊《志》失載。遠年檔案霉爛無存，姑録碑記，以誌大概。

拆修金門石閘碑道光四年

道光三年十一月初十日内閣奉上諭：『張文浩等奏，勘估永定河減水閘壩越堤等工，及時分别修築一摺。近年永定河流受淤較重。據張文浩等逐一履勘，南二工拆修、升高金門石閘龍骨、壩台、金牆、海墁、石簸箕，暨閘内鑲做護埽裹頭，并剷堤、挑挖閘塘淤沙，以及上首裹頭、下首雁翅、迎水老灘，均拋片石坦坡，又迎水引河、閘外減河等工，并廠房器具，共估銀十萬三千四百五十一兩零。著俟來歲春融照估趲辦，統限汛前一律完竣。所需銀兩即於預撥各省封貯項下，解到動用。其灰石等項料物，應於今冬採辦到工，著蔣攸銛將解部粤海關餉，先行截留一

[一] 蒙此　應爲『蒙批』。

批，計銀五萬兩，發交永定河道，趕緊購備，以免遲誤。該部知道。欽此。』

舊設金門閘寬五十六丈，進深五丈。石迎水簸箕，內寬五十六丈，外寬六十一丈四尺，進深二丈。石出水簸箕，內寬五十六丈，外寬六十七丈三尺，進深九丈。南北壩臺各寬十二丈，進深十六丈，金牆高八尺。灰迎水簸箕，內寬七十五丈，外寬八十五丈，進深五丈。灰出水簸箕，內外寬與灰迎水簸箕同，進深十五丈。今拆建平頂龍骨一道，高四尺五寸，長五十六丈，頂寬五丈。迎水坡斜寬六尺三寸，出水坡斜寬一丈三尺五寸。兩金剛牆加高四尺。補砌石海墁，築迎水、出水灰簸箕。築灰雁翅，長十三丈，寬二丈，連槽高三尺八寸五分。下牙樁，做護埽挑水、順水埽壩。砌片石坦坡。挑挖引河長四十丈，減河長三千四百六十丈。

南上汛建造灰壩碑 道光四年

道光三年十一月初十日奉上諭：『張文浩、蔣攸銛等奏，勘估永定河減水閘壩等工，請及時分別修築一摺。近年永定河流受淤較重。據張文浩等逐一履勘，南上汛新建灰壩，暨壩內鑲做挑水、順水壩埽裹頭，迎水引河并剷堤築做越壩，啟拆越壩，以及壩外減河、護村堤埝、廠房器具，共估需銀七萬八千三百四十九兩零。著俟來歲春融，照估趲辦，統限汛前一律完竣。所需銀兩即於預撥各省封貯項下解到動用。其灰石等項料物，應於今冬採辦到工，著蔣攸銛將解部粵海關餉，先行截留一批，計銀五萬兩，發交永定河道，趕緊購備，以免遲誤。該部知道。欽此。』

灰壩一座，金門面寬五十六丈，進深八丈。迎水簸箕，內寬六十一丈，外寬六十五丈，進深四丈。出水簸箕，內寬六十二丈，外寬七十六丈，進深十四丈。刨槽，下柏木中丁，四面下牙樁松板，築小夯，灰深五尺。金牆兩座，頂進深六丈四尺，底進深八丈，寬六丈。築大小夯，灰高八尺。上首築挑水壩一道，下埽六段。南金牆後下護埽四段。壩前築越壩一道，啟拆越壩一段。挖迎水引河一道。壩後築南北閘河埝，共兩道。挖出水減河一道。稻田村、西營村、張家場村、保河莊村護村埝共四道。

重修金門減水石閘碑 同治十一年

金門閘石壩建自乾隆三年。每於大汛盛漲之時，分減水勢，法至良、意至美也。嗣因河底積漸淤高，乾隆三十五年、道光三年、十一年、二十三年，逐將龍骨加高至八尺七寸，尚可洩水。迄今又將三十年，河底愈淤高，已與龍骨相平。同治五年以後，築埝堵閉，涓滴不能啟放。十年冬，欽命太子太保、大學士、直隸總督、一等肅毅伯李查勘全河。至金門閘，謂不可以廢而不治，飭令估修。朝儀等詳加勘議，將舊龍骨中段二十丈，升高四尺，兩旁十八丈，各升高五尺。所有舊龍骨之高八尺七寸者，全行拆卸。新龍骨放長進深六丈，下接舊海墁，上做坦坡之形，使水勢平緩過閘，方無跌坑掣溜之虞。北壩臺東面移建九丈，與新龍骨緊接。壩臺內外鑲做埽段，仍於龍骨上添築攔水埝一道。其減河工長四千一百七十丈，一律挑浚深通。又重建御碑亭、汛房等工。通盤覈計，共需銀六萬四千七百四十二兩七錢九分二釐。稟蒙批准，在秋災賑撫項下，如數籌撥，購備灰石料物，及時興辦，以工代賑，俾窮民藉以傭趁，入告得旨俞允。遂於十一年二月二十二日開工，至四月底止一律完竣。維時督修者，永定河道李朝儀，留直補用道周馥。總司其事者，補用知府、南岸同知朱津，候選同知孫汝貢，升用同知、候選通判桂本誠。分司其事者，候選通判謝政賢，知州銜、前江西候補通判李恩銘，署南二工良鄉縣縣丞陸景濂，五品銜候選縣丞張文耀、何恩澍，候補主簿岳翰，候補從九品李忠贊、張用逵，并書泐石。

舊龍骨高八尺七寸，全行拆卸做新。龍骨坦坡轉頭，工長五十六丈，進深六丈，中段二十丈，比舊龍骨升高四尺。兩旁各十八丈，升高五尺。南首迎水雁翅，斜尖長六丈七尺，寬五丈四尺，斜高三尺。北首迎水雁翅，斜尖長九尺，寬七尺。

龍骨坦坡轉頭，新石底通砌瓦三層，築打大小夯灰土三步，以下均築打素土，接老灰步而止。龍骨脊共簽樁二百顆。

轉頭下迎水坡，通長六十三丈，砌舊料石二層，築打大小夯灰土十二步，接老灰步而止。南壩臺金剛牆，迎水、過水二面，長二十二丈八尺，通用大料石，加高一丈。出水雁翅，通用舊料石，加高四尺。背後通築打小夯，灰土寬三尺。迎水雁翅以南用舊石接砌二丈，高七尺。壩臺上通填素土，蓋頂打灰土一步。

北壩台金剛牆，向東接連三丈四尺。迎水雁翅長七丈六尺。拆舊按新，計高二丈。向南金牆加高七尺。出水雁翅加高三尺。新牆內，通築打小夯，灰土寬三尺。迎水雁翅以北，用舊石接砌四丈一尺，高一丈。壩臺上通填素土，蓋頂打灰土一步。防汛公館房屋、院牆，均修理完固。出水石簸箕，修補新石一百四十方。

龍骨上做攔水埝一道，長一百丈，寬三丈，高三尺。

南壩臺西做挑水壩一道，長四十丈，寬四丈，魚鱗埽十段。北壩臺東做挑水壩一道，長十六丈，寬一丈，高一丈，魚鱗埽五段。

南北舊金牆、雁翅、石簸箕，均用油灰勾縫粘補。

南壩臺修造碑亭一座，汛房三間。舊石圍牆，長十四丈五尺，高四尺。

閘下減水河，工長四千一百七十丈。由佟村入小清河[一]，一律挑浚。

重修南上汛灰壩碑同治十二年

同治十一年十一月初七日，蒙欽差大臣、太子太保、武英殿大學士、直隸總督部堂、一等肅毅伯李批，據稟永定河南岸頭工上汛二號灰壩，年久失修。河底淤墊益高，灰土亦多酥損。龍骨高僅二尺餘，既關全河利害，自應照式修復，以資盛漲啟放，并將引河挑挖疏浚。所擬各項做法，尚爲合宜。查，前次奏撥司庫地丁十萬兩，摺内已聲明。永定河善後各工，尚須察勘加修，如司款不敷，再於籌賑局節存捐款、練餉局江南協款内，隨時酌量湊撥，以工代賑，免其造册報銷。此項壩工估需銀三萬三千八百十五兩零。候即行籌賑局照數撥發，將來彙案開單奏報，毋庸專奏。仰即查照，派員領回銀兩，趕緊佈置，預購料物到工。春融即便趲辦，務須督飭桂倅等覈實經理。堅穩足靠，勿任稍有浮縻草率，致干罰賠。切切此繳册存等因。

遵於十一月十六日，設局購辦灰料，至次年二月二十六日興工。刨盡酥損龍骨，層築灰土，自底至頂，工高七尺。內外坦坡、簸箕、海墁、壩臺等工，均照估修辦。減河、引河、箝口、蓋壩，均照估挑築。迄五月初六日各工普律完竣。計撙節覈實，用庫平銀二萬八千三百七十二兩零。除申詳爵閣督憲察覈外，爰泐兹石以紀事，由兩壩台添建將軍廟、汛房兩座。

重修求賢灰壩碑同治十三年

竊照北岸三工求賢灰壩，廢圮五十餘年，減河皆淤墊成阜。同治十二年冬月蒙太子太保、武英殿大學士、直隸總督部堂、一等肅毅伯李諭令興修。當即督飭署石景山同知唐丞成棣，北岸同知張丞毓先，候選通判桂倅本誠，逐細勘估，造册繪圖，詳准撥款興辦。經始於癸酉十二月中旬，迄甲戌四月上旬工竣。計工料等款并挑挖減河，共用庫平銀四萬零七百二十兩零。壩臺龍骨等工，較舊制一律展寬。合將各工丈尺具列於左，俾後有所考覈云爾。

一、壩口寬二十丈，龍骨進深五丈，迎水簸箕進深四丈，寬二十五丈五尺，出水簸箕進深十二丈，内寬二十四丈五尺，外寬三十丈，出水簸箕加散水坡，進深一丈二尺，寬十四丈。

一、兩壩臺金牆上下均寬六丈四尺，南斜長五丈五尺，北斜長五丈六尺，頂寬七丈。露明高八尺五寸，壩上

[一] 小清河　光緒七年原刻本爲『小河清』，光緒八年重修本改爲『小清河』。

汛房各三間。

一、加培[一]東頭老堤，工長九十八丈，均寬三丈六尺。西頭老堤工長一百零七丈，均寬三丈二尺。均高六尺，共做護堤埽九段。

一、築東壩臺内箱口壩，長十一丈五尺，頂均寬二丈五尺，高一丈一尺，做埽三段。外箱口壩長十丈，頂底均寬五丈三尺，均高七尺，做埽五段。

一、築西壩台外箱口壩，長十五丈，頂底均寬五丈九尺，均高七尺。内箱口壩共做埽六段。

一、東壩臺箱口壩，并戧堤外背後堤，長二十一丈，頂底均寬六丈四尺，高七尺。

一、挑壩内引河，工長五十九丈五尺，口均寬七丈，底均寬五丈，均深五尺五寸。

一、挑壩下減河，工長六千七百三十五丈，抵燕趙屯止，以下由舊河形接仁和鋪，皆寬深順溜。

一、減河北面附近村莊，悉以廢土築埝防護。南面附堤者，悉以廢土幫堤。

禁止下口私築土埝碑 光緒三年

爲刊碑示禁事。照得光緒二年九月初六日蒙宫保、閣爵、督憲李劄，據天津、武清等縣文生王聯璞等呈請平毁曹家澱私埝等情一案。飭即督令平毁，刊碑示諭，永遠不准再築等因。查永定河下口一帶，原係散水勻沙，任其蕩漾之區，例不准私築土埝。聖諭煌煌，永宜遵守。現經本道派員察勘，將有礙河流之私埝，均已遵劄一律平毁净盡，合亟刊碑示諭。附近下口一帶村民，自示之後，永遠不准再行私築土埝，以及插箔捕魚。倘敢故違，立即拏交各該地方官衙門，按律懲辦，決不寬貸。各宜凛遵。

河道李朝儀　候補道周馥會商永定河事宜稟

同治十一年八月

竊照上年永定河南岸二工六號及石堤五號尾，先後漫口。職道等奉委會辦堵築，自八月迄今年三月，始得合龍，并將一切殘缺工程，一律修補。憲台復慮洩漲之無路，因諭重修金門閘。慮堤埝之卑薄，因諭加修石土工。凡所以勞憲廑費帑項者至矣。而本年七月初一二等日，水忽長至二丈三尺五寸，全河二十一汛，無不浪高於堤，全賴子埝搪護。其浪潑堤外者六汛，倉卒黑夜之間，弁員拚死搶護。而北下汛十七號，大浪越堤而過，經年營度不利，一朝職道等獲咎滋懼，夫復何言？局外不知，或疑所辦不實，而局中難苦，無不力瘁心枯。職道等身在事中，

[一] 加培　光緒七年原刻本爲『加倍』，光緒八年重修本改爲『加培』。

安敢有所玩愒？現已將潰溢處所日夜搶堵，尅期合龍。永定不能一日不治，則司永定者，不能一日卸肩。若每年遇此等大水，斷難保其安瀾。愈到艱難，愈宜謹慎。事後勞費，徒落補苴，於河務終難起色。不得已將永定河難治情形，及應如何挽救之處，公同商酌，臚列臯聞。雖人力難與天爭，而治河本有成法。若得次第舉行，或可漸著功效。謹繕具節略，恭呈憲鑒。

一、下口宜酌改也

查，永定河本名無定，發源山西朔州之馬邑。千里外千溪萬澗，奔騰下駛，泥沙雜半。過盧溝橋地平土疏，易淤善潰，衝擊靡定。從古未曾設官營治，蓋知其治之不易也。我朝康熙三十七年，聖祖仁皇帝憫畿民之昏墊，命撫臣于成龍創築沙堤，當時民賴以安。後二年因安瀾城淤墊，改下口於柳岔口。雍正四年，因柳岔口淤墊，改下口於王慶坨。乾隆間，一改下口於冰窖，再改於賀老營，三改於條河頭，皆因下游水緩沙停，河身壅閼。

高宗純皇帝觀永定河下口題詩註云：『自乙亥改移下口以來，此五十里之地，不免俱有停沙。目下固無事，數十年後，殊乏良策，未免永念惕然也。』先幾預見之明，萬世臣子同深欽佩。迄今百有餘年，下游河身反高於康熙年間棄而不用之河一丈餘尺。職道等去年遴弁，從盧溝橋用水準量至鳳河止，共二百四十一里，計上高於下十四丈三尺七寸五分，每里僅低五寸九分六厘。欲其流行迅疾，是亦難矣。今春籌撥鉅款，挑挖河道。職道等督飭員弁，裁灣浚淤，照原估尺寸，親自驗收，并不短少。但所挖之河一經水走，即有停淤，逐漸增高。尋常小漲，水落槽中，行駛尚覺不滯。大汛盛漲，上游奔流奮激，幾不能容，下游則横漫數十里，仍復蕩漾留沙。每年桑乾時，二百餘里之河，無不停壅泥沙一二尺。一望茫茫，不知其幾千萬斛。人力幾何，安能挑挖净盡？議者謂南七工堤長二十八里，土性純沙，地極窪下。其外即冰窖、柳岔口舊河也，爲水所必行之路，夙稱老險。舊時決口衝成坑塘，屢治屢壞。同治六年，該汛六號堤身竟於冬月坐潰，實爲從來未有之事。不得已於塘坑前築大壩以蔽之，東西各障以小堤。而河身愈收愈窄，泥沙愈積愈多，容水無幾。每逢水長三五尺，即漫淹至堤。堤係沙築，經水浸潤，雖極多方防備，終虞塌陷。若盛漲則無不漫決。

夫正河之下游，既淤成平坦，而不能遂其迅駛。其窪下之舊河，又重堤障遏，而與之争，無論多耗錢糧，勞費無已，而屢堵屢決，於民生反難保衛。且下口不暢，則上游處處喫重，全河之病，更難醫治。從長妥計，若改道於冰窖、柳岔口之舊河，另在南堤外重築一堤，阻其南趨入澱之路，仍由韓家樹歸正河入海，則下口暢流，上流自無漫溢之患。此下口不能不亟改者也。

一、汛夫宜整理也

查，兩岸堤身，本是純沙。當日河身低下，堤見其高。

今日河身淤墊，堤益以卑。高卑不同，容水多寡自別。兩河相去或一二里、七八里不等，而溜勢側注，必循堤根。其水性最急者，溝槽至寬不過三二十丈，且暮北朝南，平險屢变。下口則相去五六十里，河身雖寬，而其中歷年淤沙，幾佔河身十之六七。以常理而論，自宜以挑河之土，運加堤上，使堤河兩有裨益。殊不知每土一方，運至十丈外，一人一日不過挑至兩方上下。以時價計之，每方約制錢二百數十文，現在辦工均飭挑土於十二丈以外，通計所費已不貲矣，若必運至一二里，或數里之外，其經費尚可計耶？堤工自康熙三十七年創築之後，或數十年，間段加培一次，近今數十年，未曾踵辦。今春憲台籌款二萬八千兩，職道等復於大工項下，匀出銀九千兩。擇其要處，通爲培補，高或三、五尺，寬或二三丈不等。其曾經漫溢之處，原堤頂祇寬三丈，現均加至五丈。惟三萬餘金之經費有限，而兩岸之堤段甚長。所有平工處所，無力加培。間於堤上加築小埝一道。當時職道等親自驗收，尺寸有贏無絀，原冀盛漲之年，藉禦漾水。究之堤埝雖修，終有尺寸，異漲迅發，其大無憑。修之而不免漫溢，則不修更可知矣。必使其不漫溢，而再議加修通工，經費更無已矣。

查，原堤村莊向撥有防險地畝，與之耕種，且免一切差徭。每遇汛期，例照老册名數，移會地方官，催夫上堤防險。閑時則挑土培堤，計三個月，每天挑土，共四十五方。通計永定河工，共額設搶險夫一千六百五十名五分。近今地方官，每遇催夫，徒以空文塞責，甚至衙役、書差得賄延押。河員束手堤上，不敢出票擅傳。擬請以後將地方官所催汛夫，每年於大汛前，造具村莊花名清册報院，一面申報永定河道衙門查對。秋汛安瀾後，由河道覈其到夫遲早、多寡，詳請附奏，略示賞罰。倘或河員受賄私放，由道廳查明嚴參。如此則日計不足，月計有餘。此堤埝不能一勞永逸，汛夫急宜整理者也。

一、灰壩宜修復也

永定河減水閘壩之法，當日亦請求再三矣。乾隆三年建金門閘石壩、郭家務草壩。四年建長安城、求賢村等處四草壩。七年又建雙營等處三壩。九年建北五盧家莊一壩。十三年建北四崔營村一壩。十五年建馬家鋪、冰窖二草壩。三十七年重建北村、求賢兩灰壩。嘉慶年間因之。道光三年，添建南上頭工灰壩與求賢、金門閘等壩，用之最久。迄今歲遠，基趾多湮。或因河底淤高，不敢啟放，或因漫口奪溜，引河被淤。歷年以經費難籌，未能修復。去歲蒙憲台臨工指示，諭將金門閘重爲整理。而本年七月初一二日，水勢猛驟，浪潑堤頂。該廳汛不及將閘門全開，已過水二尺五寸。該廳汛雖爲持重起見，過於小心，然即全開閘門，過水六七尺，未知閘旁堤埝如何喫重。究竟徒恃一處，終屬消洩不及。若將先年南北兩岸閘壩重爲興復，工大費多，談何容易。且此處安瀾一年，則河底淤高一年。雖有閘壩，三五年後，必須將過水龍骨酌量升高。其引河每年春冬常被風沙壅遏，勢須於大汛前，間段挑挖，所需經費亦無已時。惟查南岸頭工上汛灰壩，規模尚在，尚易整理。且放水在上游，全河均可喫輕，盛漲有殺而無增。雖不能復當年舊規，究竟多一洩水之路，而通河之裨益非淺。此減水閘壩不能不擇要修復者也。

一、經費宜增，兵餉兵數宜復舊而添撥也

查，永定河經費，向例每年請領歲修、搶修及備防、運脚等項，共銀九萬四千七百兩。咸豐四年以後，減半給發，銀鈔各半。同治五年，前憲劉奏請停發鈔票，減半給領五成實銀。同治八年，經前大學士曾奏請，加撥銀二萬三千兩，而除扣去六分部平等項，共計實領到工銀六萬有奇。當時堤高河深，險工甚少，百務未廢。每年領歲搶修銀九萬餘兩，或可敷用。目今河身大不如前，久廢之餘，欲加整理，即如當日所領之數，猶恐不敷。況近年異漲頻仍，各汛險工，向祇一二處者，近或三四處。向或數十丈者，今則長一二里。應需加鑲埽段，較之昔年，多至倍蓰。

今查，十年辦歲防料三百九十七㈠垛，大汛尚不敷用，又添辦一百四十七垛。今歲因新險愈多，挪用別款，增辦至六百六十二垛，後又隨時添辦一百一十二垛。而五六月間，搶險竟用去十分之八。向年發搶險銀或二三千兩，或一二千兩不等。事竣覈計，少則找領，多則繳還。今年添備銀四千兩，至八月清算則全數用盡。當其盛漲，員弁搶護，即銀錢料物湊手，尚恐倉卒不及，有誤事機。若有缺乏，則望洋徒艱，而無可如何。幸而不至漫潰，或堤埽傷損補綴之費，究竟多於搶護。此款不足，挪用別款，終年羅掘補苴之不遑，安能日有整頓？至兵餉現俱按七成請領。近年險工林立，河兵終年力作，竟無已時。其勞苦危險，較軍營有事時尤甚，非得全餉，實不足以資餬口。永定河舊設戰守糧額兵共一千五百八十九名。經制額外，均在其內。近年工多，竟不敷用。應請擇綠營之可以抽調者，撥補一二百名，以資防守。此歲修、搶修兵餉諸費，皆宜急復原額。兵數不敷工作，亦宜酌量添撥者也。

一、汛員要缺宜變通酌補也

查，河工各員皆係要缺，例歸外補。永定河五廳二十一汛，皆按資格，由道司詳請，題咨序補，未准有酌補之案。夫人才有強弱，工段判平險。固有積資累考之員，而不勝煩劇者，亦有經明行修之士，而未諳工程者。苟非樗櫟，安能棄而不用？要使才與事稱，酌量器使，各收其效可耳。

㈠ 九十七　光緒七年原刻本爲『九一七』，光緒八年重修本改爲『九十七』。

伏查地方州縣，有實係人地相宜，例准聲明請補。而河工要缺，亦同係百姓安危，似宜擇其最險之工，如南岸之南岸同知、南上汛霸州州同、南下汛宛平縣縣丞、南二工良鄉縣縣丞、南四工固安縣縣丞、南七工東安縣主簿、北岸之北岸同知、北下汛宛平縣縣丞、北三工涿州州判，不拘序補章程，或由現任，或由候補試用，熟諳河務，能耐勞苦人員，揀選請補，藉資得力。以上各缺，數十年後或化險爲平，及他汛平工，或又變而爲險，由司道查明，詳請覈奏更改。如蒙允准，應請奏明，使部中無所掣肘。其餘次險工段，應仍照例辦理，庶人才各用所長，而臂指亦運使一氣。當兹河務廢弛已極之餘，有志者徒勞而不能驟見功效，心已漸灰。其旅進旅退者，又以害多利少，而不能振作。非於進賢之途，略寬文法，使鼓舞奮興，共相砥勵，斷難日有起色。此河工員缺拘例已久，宜權時變通而收得人之效者也。

知縣鄒振岳上游置壩節宣水勢稟同治十二年閏六月

永定河本名渾河，其爲害畿南已非一日，古人治之之説詳矣備矣。或培固近堤，或改築遥堤，或疏歸故道使不入澱。獨上游之治，則絶無言及者。查渾河正流，發源於山西朔州馬邑之金龍池，性挾泥沙，素號難治。入直境以後，計河流之水，大者凡入張家口之北溝、西溝、東溝、懷安之東陽河、西陽河〔一〕、南洋河、蔚州之壺流河、宣化之柳川河。以上八水，惟南洋河發於山西大同縣之聚落村，尚是内地。其餘諸水皆來自塞外，衆派潔滙至保安東之燕尾河，始合爲一，經懷來界，入太行山。及出山，已去盧溝橋不遠。地勢西北高而東南下，奔流湍急，勢若建瓴〔二〕。往往下方潰岸，而上已揚塵，故河之難治，其病源在上游太驟，非下游不能容，實下游不及洩。若於上游，段段置壩，層層留洞，以節宣之，使其一日之流，分作兩三日；兩三日之流分作六七日，庶其來以漸，堤堰可以不至横決。未入山以前，支徑分疏，毋庸置壩也。即出山以後，平壤曠衍，無徒置壩也。惟山行之一二百里，有兩山束之以爲岸，則壩之勢易就。開山石而爲之，則壩之工必省。壩之地擇其險僻，彌望無田宅者，則漂没之患無。壩之用在洩水，不在堵水，則衝決之時少。卑職前宰懷安，嘗因公周歷鄰封。凡渾河未入山之情形，均經目覩。其未目覩者，亦訪聞明確。惟入山之後，曲折隱見，未會親歷其地，一一相度。而壁書之故，雖蓄有節宣之疑，而未敢冒昧開陳。刻下需次多暇，用敢瀆請憲台給劄，飭令親往查

〔一〕此處的『東陽河、西陽河』，應即爲『東洋河、西洋河』。
〔二〕勢若建瓴　光緒七年原刻本原爲『勢若建瓶』，光緒八年重修本改爲『勢若建瓴』。

閱。如其可行，仍請揀派熟悉河務者，重往履勘；如不可行，卑職亦即據實稟覆，決不敢謬護前非，曲伸其説。

同知童恒麟　知縣鄒振岳勘上游置壩情形稟

同治十二年十月

卑職等於十月初三日馳騎前往，過盧溝橋，自西岸河沿行度。籌兒嶺、牛角嶺、石甕崖、老婆嶺等處，山路崎嶇陡峻，不能騎馬。步行日三四十里。行至傅家台、鹽池等地方，約距盧溝橋百五六十里。計一路所歷河道，均係兩山夾束。河身寬者里餘，窄者約六七十丈及四五十丈、二三十丈不等。惟石甕崖下，兩山壁立相去約十餘丈，距盧溝橋計七十里。卑職等繞趨崖下，輾轉相度。若於此處置壩，極爲得勢。兩山封峙，水逼流其中，則築壩不致太長。鑿兩山之石，使兩壩生根，深入石里，則邊溜不至搜縫旁齧。河底係大石，綿亘平鋪。鑿石深二三尺，使壩基亦插入石裏，則頂溜不至掀翻迎水前面與洩水後面。皆用長條石甃成墁坡，箝以鐵扣，則前面不至衝激太甚，後面不至跌陷成坑。壩頂須寬濶砥平，則水長時，任其漫過，不至衝刷，至於築壩之高低，留洞之多少，須就已往大汛水痕，較其深淺廣狹，以方土均算之法，計洩水幾分，停水幾分，詳加覈稽。此時相度大勢，尚不能預定。再擬置辦之處，兩岸俱係純净青石，居人以此燒灰，極爲細膩。煤窯又去此不遠，則灰之價必省。就近取石，至遠不過二里，則石之價必省。再，從置壩之處上溯數十里，間有畸零小村，皆懸居山半，水雖擡長，不至漂没爲灾。以上履勘各節，卑職等籌策再四，似屬可行。惟卑職等識見既粗，閱歷復淺，不敢果於自信。請遴委熟悉河務之員，重往履勘。如實在可行，再確估試辦。儻行之有效，仍酌添一二處，以資經久。爲此繪圖貼説，專兵馳稟。

再，《續行水金鑑》採《宣化府誌》云：乾隆八年，高文定公斌，曾於西寧縣南、懷來縣西南置玲瓏壩，以殺水勢，至十二年衝決，遂廢。《誌》載其法，以亂石爲之。夫以亂石砌輳，其衝決本易，而且河水入關以後，山澗來滙之水尚多，大雨時行，皆能助漲。故置壩須此綜滙之所，然後水無遺漏。作法須整齊堅固，然後足資抵禦。似不可以前此偶爾無功，致輟今日之舉也。

同知唐成棣　通判桂本誠覆勘上游置壩情形稟

同治十二年十一月

接奉憲劄，内開，據候補縣令鄒振岳稟稱，擬於永定河上游之石甕崖下建築石壩，留洞節宣，以殺水勢等情。著該丞等迅速前往，妥籌勘估，詳切稟辦等因。卑職等遵即束裝，帶同匠役，沿河履勘。至石甕岸下，詳細籌度。丈量河面，共寬五十五丈。現在水面寬十丈，溜勢奔騰下注，衝齧崖根，崖石壁立如削，約高水面數十丈，人不能往。水之深淺莫能測量，卑職等雇乘笸籮，於上游水稍平處測之，或深四五尺、六七尺至一丈餘不等。其对峙之山尤爲陡峻異常，下即河底旱灘，皆亂石淤沙，并無大石綿亘平鋪。計盛漲水痕，高於水面二三丈不等。若於此處築壩，經費既鉅，工甚難施。且查上游迤西半里即有居民。五里有王平村，或居山半，或臨河濱。山根盤道，地畝俱平夷。近山一帶，煤窑極廣，商販往來，絡繹不絶。詢之居氏，據稱盤道遠通口外，近年山水過大，間被漫淹，行旅阻滯。卑職等當即丈量，道旁高於水面一丈五六尺，如崖下置壩，將來水勢擡高，恐不止增一倍，則於民房、商販、煤窑，種種礙事之處甚多。再聞崖下之水，桑乾時尚深一丈餘尺，如築壩勢必先於上游堵截來源，崖下方可施工無論，上游河面太寬，難以堵塞，即使興辦，實建一壩而需兩壩之費，功效尚無可憑，糜費不一而足。卑職等愚昧，不敢率爾估計。遍詢沿河老民，皆稱夏水泛漲，溪澗滙流者衆，砂石俱下，猛不可當。沿河一帶，從未有能置壩者。竊嘗考之治河諸書，亦未見有攔河築壩之法，即如鄒令所稱，高文定公〔手〕〔首〕置〔一〕玲瓏壩於西寧、懷來兩邑，似非綜滙之區，尚易衝決，何況置於總滙之區，水所必争之地，難保無衝决之虞。合將履勘情形縷晰陳明，伏乞察覈施行。

河道李朝儀酌添麻袋兵米等項詳光緒三年三月

前稟河防一切事宜，當奉憲臺面諭。麻袋裝土，搶護險工，甚資得力，惟每年歲款僅有此數，未能寬爲購備。可於額領工需外，再撥銀四千兩，多爲購覓，盛土堆儲要工，以資抵禦。并酌議搶險兵米等因。職道即飭石景山等五廳，妥議詳覆。兹據該廳等議定，麻袋、土車、月夫、兵米等項，繕摺呈送前來。職道覆查該廳等所議各節，尚屬周妥，實於河務有裨，應即照辦。理合繕摺呈送，查覈批示遵行。

一、用麻袋盛土搪護險工。搶險時走埽潰堤，危在呼吸。用麻袋裝滿雜土，壓埽壓柳，最爲得力。

一、製獨輪土車，存儲要工。用榆、棗木製就〔二〕，滿擦桐油。并麻袋等件，每輛約估工料京錢六千五百文。

一、大汛期内雇夫推土。伏秋兩汛兵不敷用，每土車一輛，雇月夫二名，預推膠土，堆積工次。每名日給京錢三百文。

一、大汛期内加賞弁兵。伏秋兩汛除看鋪聽差各兵外，凡在工力作戰守弁兵，自初伏起至處暑止，遇搶險及

〔一〕手置　似應爲『首置』。
〔二〕製就　光緒七年原刻本『製舊』，光緒八年重修本改爲『製就』。

趕辦要工，每名日給白麵一斤、小米一斤。奉總督批准，歲加經銀費四千兩，在鳌金存項内撥給。

河道李朝儀議下口接築民埝詳 光緒四年四月

本年二月二十四日，蒙憲臺劄。行據署天津縣王令稟稱，蒙本道劄飭，准永定河道咨以訪聞。永定河下口三河頭村迤南，有楊柳青人趙富昌，私築横埝。令即親詣勘驗明確，傳集該地户，澈底訊究，築埝之處，究係何項地畝？所呈之契有無影射？應否飭令毁除净盡，以暢河流？妥爲斷詳。并抄發河圖一紙，地契一紙等因。蒙此遵即帶領工書，親詣該處。勘得三河頭村迤南，有地三段，四面均有舊埝，周圍約長千餘丈，高一二尺不等。中間各有南北洩水溝一道，地北間有挑挖新土。此外均係舊有土埝，當即傳集各地户及該村鄉地人等，確切查訊。據該地户等僉稱，伊等承種頭二三段地畝，皆有紅契爲憑。舊有土埝高二三尺不等，中有引河二道，寬二丈餘，通新大清河。前欲挑挖深通，以資洩水。嗣奉飭查停止。實係清河地面，并不在永定河界内。當飭呈驗契，據按段丈量，弓口畝數，均屬相符。

復據該鄉地等指稱，大清河故道，原在三河頭村南，久已淤塞，尚有河形可驗。該三段地畝，又在舊大清河迤南，本係窪地。自道光年間，清河南徙五里餘，致將該地隔在河北，查看舊河形蹟，尚有可尋，其爲清河地面無疑。又據三河頭村職員安承順等稟稱，該村等坐落永定河南堤迤南，舊大清河北岸，原不在永定河界内，向無水患。近因永定河旁流，上年又挑築中亭河堤，由永定河南堤上游修至三河頭村西，復向南挑築横堤及隨堤引河。渾水即順引河南流，入大清河。去夏，清河間有淤塞，渾水旁溢。該村田廬皆被淹浸。查，永定河水勢自西而東，至鳳河合流，歸入大清河下口入海。今渾水流入清河，勢必淤淺，不惟挑挖匪易，且挖而復淤，患無底止。可否在村北自中亭横堤起築埝，隨挑順水溝洫，由清河舊堤疊道挑通，順至大清河下口入海。即在南面存土。此皆清河地界，與永定河實無妨礙。再將現淤之清河挑通，在北岸存土築埝。至一切工費，由職員等自行籌辦，庶清河不致淤塞，而數村人民亦免流離失所，各等情。

卑職查三河頭村係緊靠舊大清河北岸，距永定河南堤約百餘丈，本係清河地面。近因永定河水旁溢浸入該村，前經詣勘，該村四面皆有冰淩，現已解凍。若水勢驟長，清河宣洩不及，該村田廬勢必全行淹没。惟據請由該村北挑築溝埝，順水歸入清河下口入海，以資宣洩，是否可行？究與永定河流有無妨礙？卑職未敢擅擬等情，到本閣爵部堂。據此查三河頭村民，所請挑築溝埝，順歸清河，究與永定河流有無妨礙？候飭史守前往履勘，秉公妥議。該道即使查照等因，蒙（此）〔批〕。查此案，於本年二月十七日據天津縣王令稟報到道，當經劄飭南岸同知吴丞延斌、三角澱通判宫兆庚、河營都司鄭龍彪，會同前往該處，逐細查勘。兹據吴丞等詳稱，接奉劄飭，遵即會同前往，并先期函約史守，於三月十四日到三河頭村，一同履勘。是日清晨自東堤頭至青光村，先將西北兩面看過後，即分坐小舶乘溜，循中亭河堤，出鐵頭地，入清河，東下韓家樹，察看形勢。勘得現在永定河正溜，自安光村西折轉，直平東堤頭，循中亭河堤，南入清河，清渾會流東下。現時渾强清弱，北自三河頭村後，南抵格澱堤根，曁東西十數里之間，不免淤墊平淺，清渾漫流一片。且渾流由東堤頭南出清河，直抵格澱堤，折轉東下。而格澱堤斜向東北，直插韓家樹以下，形同兜攔，勢亦非順，似清渾兩流均有未利。應早審勢利導，俾清渾仍各循一路，會於下游正河，達津赴海，以利渾疏清。擬准職員安承順等自籌經費，由東堤頭接築民埝，直下至青光村。其埝基應以相距韓家樹正河西岸，留寬九百丈爲憑等情。據此職道覆查，該廳等所勘現在清渾會流淤墊各節，均屬實在情形。自應審勢利導，擬准〔一〕該職員安承順等自籌經費，由東堤頭村北，接築護村溝埝，順水歸入下口正河，達津入海。既於清渾兩河均有暢利，尚屬可行。惟永定河下口向係散水匀沙，任其蕩漾之區。必須寬留出路，方可暢行無滯。今該廳等所擬現挑民埝，相距韓家樹村西河岸，中間僅留寬五里。該處爲下口宣洩要路，已覺狹隘。若加史守所擬靠青光村東轉，下至趙家房子、西道溝，離鳳河西岸三百十丈之地爲止，未免過於窄狹。大汛盛漲時，尾閭宣洩不及，難免下壅上潰之虞，似非保護全河之道。應請劄飭史守會同天津縣查照吴丞等所詳形勢下口，以留五里寬爲定，庶幾河道民田兩有裨益。

總督飭照勘釘誌樁築埝檄 光緒四年四月

前據永定河李道具詳，三河頭村現築民埝於渾河下口，過形窄狹。大汛盛漲，難免下壅上潰之虞。請飭留五里寬爲度。當經劄飭史守、天津縣察酌妥辦在案。兹據李道親往察勘形勢，赴津面稟，應將該埝自東堤頭村至青光村東三百六十丈，向南轉下微西，至清河北岸該河道所釘樁誌止。東距韓家樹村西老鳳河西岸，留寬九百丈等語。事關全河大局，未便任民圈佔貽害。應飭史守曁天津縣，督飭該村民等，即照李道勘釘誌樁挑築，勿得藉詞違誤幹咎。除飭遵外，合并劄飭該道查照。

〔一〕准　光緒七年原刻本爲『淮』，光緒八年重修本改爲『准』。

河道朱其詔[一]查勘全河形勢應辦事宜稟光緒五年八月

一、南北兩岸灰壩[二]亟應籌款修整。查永定河從前灰草各壩不下十餘處。取其多洩盛漲，實即未築堤以前，任其瀰漫，一水一麥之意。現在除金門閘尚堪啟於外，南上灰壩龍骨淤與河底相平。今年雖過水數次，而海壖泉水不竭，灰灘不乾，被衝碎裂，恐有疏虞。北三求賢壩淤低更甚，已經李升道堵閉。職道昨在南四工防汛工所磚台上測量，河底較堤外民田反高一丈四寸。欲其千餘里奔騰之水，悉由淤墊之河槽、高仰之下口，紆入清、鳳二河，實不易易。故歷年來一遇盛漲，不決於南，即決於北。今秋大汛水勢不減於往年，幸而無事者，固賴各廳汛守禦之力，然使洩瀉不暢，總難必其無事。通盤籌畫，惟有將南上、北三之灰壩酌量提高，及時修整，并將舊有已淤之灰草各壩，擇要修復一二。多一減水壩，即多一洩水處，而埽段亦可藉此節省。惟引河須格外詳審，挑挖寬深，免得淹及村莊。

一、兩岸埽段向來葦秸料并用。查秸料可支二年，葦料可支四五年。現在各工俱用秸料，間有本汛葦料，不過備光纜緤子之用。職道前上下游查勘工程，察看各汛堤內外十丈餘地低窪處，大可自種蘆葦。根荄即可護堤，大汛搶險又可倉卒割用。秋後收儲，以備來年鑲埽。蓋秸料皆須購之四鄉，運脚甚費，消場又大。凡民間燒窨等，皆必須之物。其價不能甚賤，在半稔之年，照定價各汛或可稍有沾潤，若值歉歲不無賠累。如用葦料，不但埽段耐久，以各汛自種之蘆葦，供各汛之鑲埽，運道近而費省，似亦一舉兩得。但須二三月間栽種，職道到任已遲，不及辦理。現飭鄭都司先往各汛查看堤幫十丈餘地，并飭於向有蘆葦之汛，届時移種栽植，即令鋪兵順便看管。又埽段籤樁所用青白楊，向來購自民間，往往居奇。大汛急用，恐妨田禾，每不肯斫伐。亦擬令各汛，每汛覓種五十株，數年必成茂林。種愈勤，則取愈不竭。其所以急於種者，以十年樹木，不能當年取用也。此外各汛用麻，亦出款之一宗。每汛亦宜栽種三四畝，以供不時之需。雖爲物甚微，出款似小，然日計不足，月計有餘。以上各植物必須妥籌辦法，并定各汛考成，弁兵獎賞，方有成效。所有種本爲數無多，先由道庫墊發，俟自種之樁料收成後，分別扣還。

一、石景山廳所屬北上、北中兩汛，數十年均係平工。同治十年，南岸石堤五號失事，收進五十餘丈。加添草壩後，大溜漸移於北。始則險生北中，繼則險生北上。昨今

[一] 朱其詔　光緒七年原刻本原爲『朱其韶』，光緒八年重修本改爲『朱其詔』。
[二] 灰壩　光緒七年原刻本原爲『炭壩』，光緒八年重修本改爲『灰壩』。

兩年，則北上十五里之內，幾於無號不險，無號不埽，共計三百二十七段，爲通工所無。兼之堤外積水數里不乾。該處土性本鬆，又經水浸，則堤防更不堅實。雖椿料人夫，倍於各汛，但該汛密邇京師，縱防守十分嚴緊，而埽段如此之多，設有照應不及，關繫實非淺鮮。職道與該廳等籌商，策之最善者，莫若於該汛頭號與石堤相連處，接築石堤八號，但經費總在十萬上下。查今年該汛共用歲搶修約八千餘兩，若築石堤後，化險爲夷，則一朝之費雖大，而將來之省無窮。惟現在庫款支絀，恐一時不能舉辦。其次，衹有將該汛堤工普律加高二三尺，并擇最險處添築挑水壩一二座，冀其溜走中洪。尺寸不可過大，過大恐險歸南岸。

一、南七工東西小堤，共計工長十二里，壁立河內。想當時欲藉此束水攻沙，故有此舉。不知渾河之水，聚則爲患，散則易治。東西小堤，正反其意。且堤外映水不斷，去年北六之失事，病實由此而起。擬請詳細勘估，酌量收窄數十丈，或將舊堤修整幫寬數丈，儲料防守。二者擇經費較省、於要工更有益者舉辦。

一、通工埽段太多，擬請設法酌減，以節經費。查現在埽段之多，本年備料用銀五萬四千餘兩，而大汛仍不敷用，紛紛請添。詳察形勢有加無已，特是埽段愈多，則費愈絀； 費愈絀，則失事愈易。況埽之外，又有挑水等壩，推究其故，此岸多一埽、一壩，水勢則挑往彼岸，而彼岸又須加埽、加壩，一彼一此，隱爲敵國。此埽與壩之所以日多，險工之所以日生，經費之所以日絀也，而實則由河勢日灣之故。擬自今年秋後起，酌籌銀二三千兩，擇河之最灣處，順其勢，相度兩岸，裁切灘坎。明年大汛時，倘能因此溜走中洪，埽段減省，即以減省之費，爲下年裁灣之費。并諭兩岸各汛，隨時留心，自後添埽添壩，跨角不宜過大。加培堤工，宜加外幫，不宜加內幫。則河面日寬，水勢易於容納，似亦補偏救弊之一端。

一、請嚴定賞罰，以勵人材。現在河身如此淤墊，下口如此高仰，埽段如此綿長，工程如此繁多，非將各廳汛從嚴區別賢否不足，以示懲勸。蓋防禦三汛，全視人力之勤惰。各汛員果能奮勉有爲，操守廉潔，不分雨夜風日，事事身先兵夫。既不虛縻經費，亦不吝嗇僨事。迨秋後所管汛段平安無事。不論他汛失事與否，年終由該管廳將實在出力情形，呈報本管道，由道再加訪察，或有虛辭隱飾，惟該廳是問。如名實相符，准予記功。六年無事，由道將前後記功緣由，彙請酌量升調。至廳員有督率之責，實在懲勸有方，辦事認真，所屬各汛一律保護平穩，不論別廳失事與否，年終由道分別記功。六年彙請酌量升調。此與尋常奬勵不同，必須格外慎重。每年廳汛衹准[一]三四員，如竟無人，不得濫行充數。六年中倘有失

[一] 准 光緒七年原刻本爲『准』，光緒八年重修本改爲『准』。

事，將所記之功概行撤銷，仍照例嚴懲。其或遇事苟且，工程偷減，銀錢含糊，馭兵乏术及種種陋習稍有沾染，汛員隨時由廳稟道轉詳，分别記過、撤任。廳員由道詳請，分别記過、撤任。凡此一揚一激，無非爲鼓勵人才起見，務須破除情面，於要工方有裨益。

奉總督批：據稟并圖摺，均悉。該署道查勘全河形勢，擬具應辦事宜六條，皆有見地。

第一條，請修南北兩岸灰壩。現在南上灰壩龍骨已與河底相平，海壖又被衝壞。北三灰壩龍骨淤低更甚。自應酌量提高，及時修整，以資啟放。吴丞廷斌請金門閘龍骨亦與河底相平，各需工費若干，應先撙節約估，籌議稟奪。此外舊淤灰壩，現時無力修復，應從緩議。

第二條，請就地栽料，擬於各汛淤地自種蘆葦。平時藉以護堤，遇險即可取用，且以之廂埽，節費耐久，較購辦秸料省便實多。應速查明各汛淤地，飭令届時一律栽種，永遠認真遵行，多多益善。但須留出水道，勿使阻礙。并令每汛每年各種楊樹五十株。每汛種麻三四畝，以供不時之需。仍先妥定辦法及懲勸章程，詳候飭遵，務有成效。每年省出辦料歲款若干，再覈實報明，存儲候撥。至所需種本無多，先由道庫間款内墊發，俟收成後，陸續扣還歸款。

第三條，請修石景山北上汛堤段。近年該汛險工甚多，堤外積水數里，土性本鬆，又被水浸，恐難經久。但接築石堤，無此巨費。若將堤工普律加高二三尺，加寬二三丈，并擇要築挑水壩一二座，尺寸不大，冀其溜歸中洪，未知需費若干？能否在歲搶修款内撥用？應即妥籌議覆。

第四條，請放寬南七工河身，該處東西小堤共長十二里，壁立河内，有礙水路。據擬酌量放寬數十丈，或將舊堤修整防守，應詳確勘，籌妥細議覆再奪。

第五條，請酌減埽段。現在通工埽段多至二千二百有奇，又有挑水等壩鱗次櫛比。河勢日灣，險工因之愈生，經費因之愈絀，實爲全河之病。據擬自今年秋後起，酌籌銀二三千兩，擇河之最灣處，相度裁寬，實屬正辦。來年大汛，倘能溜歸中洪，埽段減省，即以減省之費，爲下年裁灣之用。并令各汛，隨時留心，以後添埽添壩，必宜放寬河身，不可逼緊。加寬堤工必宜加外幫，不宜加内幫，深合治河之法。應如所擬辦理。

第六條，請嚴定賞罰以勵人才。賞罰本有定例章程，擬據汛員如事事身先，既不虚縻無功，亦不吝嗇僨事。年終由廳呈道，查實記功。廳員督率認真，屬汛平穩無事者，亦於年終由道記功。均俟六年，詳請由簡調煩，由煩推升，每年廳汛祇記功三四員。如竟無人，不得濫行充數。六年中如有失事，將所記之功撤銷，仍照例參懲。其有沾染河工陋習，不能振作汛務，苟且疲玩者，隨時請詳，分别記過撤參。係爲明示勸懲，有裨要工起見。可與例章相輔而行，俱須破除情面，不得稍涉冒濫。

文道已飭赴任，該署道究心河務，已得機要，交卸後應暫留工，務將以上各節會商文道，督同廳員，分别逐細勘議，籌辦詳奪，再行回津。盧溝司六七號險工，想已督搶穩固。時至秋分，如水未大落，仍應妥慎防護。至兵夫每届汛期自應一律赴工。嗣後不准各署私役缺額爲要。

河道朱其詔捐助方城書院經費詳光緒五年七月

竊維士列四民之首，爲一鄉一邑所矜式。自來求治理者，必以正士風爲先務。然欲求士風之正，必先謀培養之方。固安僻處方隅，士風尚稱樸實，而杜門攻苦，潛心績學者亦復不少，是在有司留意，而振興之耳。查各省州縣之有書院，即爲培養人才而設。固安舊有方城書院，而經費無多。除道縣月課捐廉獎賞外，山長月課，膏火甚微。遠在數十里外者，雖列前茅，尚不敷信宿之資，殊非鼓勵寒畯之道。現由職道捐廉京錢八百千，合庫平銀二百六十七兩，置買田産。每年所收租息，永爲該書院山長膏火之用。除劄飭固安縣，會同儒學，出示嚴禁侵吞、盜賣，并諭監院紳耆妥慎經理外，理合詳請憲台查覈備案，以便稽考。

河道朱其詔擬方城書院加課章程詳光緒五年七月

竊維書院爲培養人才之地。固安舊有方城書院，向因膏火甚微，不但外府州縣來試者鮮，即沿河八州縣生童與考者，亦復寥寥，殊不足獎勵寒儒，裁成後進。職道現擬於向章道縣月課外，加春夏秋冬季課四次，皆歸道課。取列前茅者，由道捐廉獎賞。生卷擬定超等十名[一]，一名獎京錢八千文，二三名獎京錢六千文，四五名獎京錢四千文，六名至十名獎京錢三千文。特等二十名，各獎京錢二千文。童卷上取第一名，獎京錢四千文，二三名獎京錢三千文，四五名獎京錢二千五百文，六名至十名獎京錢二千文。次取十名，各獎京錢一千文，以示鼓勵。除劄八州縣立案出示，移知各學查照外，理合詳請憲臺查覈備案。永爲定例。

奉總督批：『來詳兩件，均悉。該道捐備固安書院經費，并添季課，分别獎賞，足徵嘉惠士林，振興文教，應准立案。移明後任[二]，永遠遵照，勿任廢弛。』

[一] 光緒七年原刻本此處衍『等』字。
[二] 後任　光緒七年原刻本爲『後仕』，光緒八年重修本改爲『後任』。

河道朱其詔飭各協防委員點驗兵數按旬結報劄光緒五年

劄五廳知悉，照得各該汛以額設之兵，隨便供其私役。昨已詳細劄飭該廳，轉飭各汛員，將所役額兵，尅日歸汛矣。本道猶慮各汛員陽奉陰違，自後應令協防各員，就所協地段，逐日查驗。每旬具一『兵丁足額，并無供署私役情事』字樣結，報本道與該管廳查考。仍由本道及該管廳等隨時抽查。如有一兵不實，即將該協防咨司記過一次，以示懲儆而期覈實。除分行外，合亟劄飭。劄到該廳，即便轉飭所屬協防各員，一體遵照。本道爲慎重河務起見，萬勿視爲具文，自干未便。切切特劄。

候補通判蔣廷皋書舊《志》防險夫地後[一]

防險夫地，即在河淤地内撥給。乾隆二十三年奏准，永、東二縣守堤貧民，將淤地各於所居村莊，就近撥給。每户撥地六畝五分。宛、涿、固、霸州縣，户多地少，每户撥地五畝。後定爲險夫有地畝者，仍服本邑差徭。無地畝者，皇差捕蝻外，免一切雜差。舊《志》載下游八汛，出夫者三千六百五十餘户。其時各汛險夫或三四百户、五六百户不等，并無額定名數。是以按户給地六畝五分，共給地二百三十七頃零。上游因無淤地，遂無險夫地畝。撲之事理未免偏陂。今下游汛夫，一汛多者百餘名，少者數十名。出數十名夫，而領數十頃地，較之昔年偏陂尤甚。今通工汛夫一千六百五十名半，即以險夫地二百三十餘頃均匀分派，每名可得地十四畝有奇。又接河淤地五百九十餘頃，除給險夫暨添撥各廟香火地外，尚存三百三十餘項。現歸何人耕種，檔册無考，以之加撥險夫，每名又可得地二十畝。

[一] 光緒七年版有此項内容，光緒八年版删去。需要注意的是，光緒八年版总目録中有此項題目，而卷十五的目録及正文中均没有。此項内容爲何删去，书中未做説明。也有可能是漏印了一块版。

卷十六　附録

鳳河論略 畿輔安瀾志

鳳河來源細弱，不足以爲恒流。雍正四年導涼水河至堠上村，入鳳河，改由韓村、桐村等處。今通流之水，即永定河下口所出之水也，向屬永清縣。雍正八年，始改屬天津府。其岸堤一切工程，仍歸永定河道，屬三角澱通判管轄。蓋鳳河水，上係渾河舊渠，下爲今永定河出水要津，雙口上下，每苦淺狹。歷年浚治深廣，居然巨流。而葉家莊以上，沿北埝之外而下者，復有北岸求賢草壩之減水河，以及龍河、啞吧河，皆入焉。沿南埝之內而下者，則有内減河，至青光入鳳河之下口。每至伏秋，衆流奔趨，咸資宣洩，乃永定河之尾閭，積潦之去路。講求全局形勢，舍鳳河別無出水之處，誠要區也。

永定引河下口私議 陳學士文鈔

查治河之法，欲疏導上游，必先以廓清下口爲急務。督河諸臣奏改永定河，原議導之南流，不設堤堰，以遂其散漫之性。城池、村落逼近河流者，建築護堤，以防其衝齧之虐。疏引濁流、填淤窪鹼，以收其肥饒之利。措置上游，皆可謂善矣。惟東西兩引河下口，籌畫未周，不能無遺慮焉。西引河下口入中亭河，夫中亭乃玉帶河之支流耳，淺而狹，容納既苦不勝，且其溜緩弱，無衝刷之力。濁流一入，不一二年，即成斷港。下口一塞，則泛溢，爲田廬害。此西引河下口之不利，不可不慮也。

查，督臣於乾隆四年條奏四河兩澱議，内言，趙北口橋東爲衆水所會，止由張青一口入玉帶河，洩水不多[一]，則應挑白溝故道，由龍灣至霸州之魚津橋，以入中亭河，則倒灌淤墊之患可免等語。未審此河曾否挑挖？如未施工，今應議令速行開浚，并中亭一律寬深。令與玉帶河等分引西澱、白溝諸水，暢迅東行，則溜急勢強，濁流雖入，足以漾刷推湧，庶免停淤爲患。且可分減玉帶河羨溢之勢，即保定縣一帶遥堤，無煩更築矣，此轉害爲利之道也。

至東引河下口，由津水窪開高橋以南民埝，放之東澱，尤爲不可。夫津水窪即土人所謂金水窪也。高橋以南民埝，即康熙間河臣王新命奏建中亭河之下六工欽堤也。堤内地形低凹，堤外毘連澱水。以此爲壑，則永定全

[一] 洩水不多　光緒七年原刻本爲『洩不水多』，光緒八年重修本改爲『洩水不多』。

河之流，沛然莫禦其勢，非不甚順。獨不思取快於目前，而貽憂於事後乎？昔于成龍改河，以柳岔爲下口，遂致淤澱，爲河道全局病。今津水窪在柳岔口之南，相去無幾耳。且正當蘇橋三汊河入澱之衝，若舉決漭之渾流，決堤而注之殘澱之中，將使柳岔之淤而未盡者，必至填塞無餘。而通省六十餘河之水，何地爲之翕受？何路爲之宣洩乎？此東澱下口之害，更不可不慮也。

爲今日計，姑爲補救之術，莫若將高橋以南之民埝加築堅厚，藉爲範圍。永定漲發不過三四日，而堤内窪地形勢寬濶，引河入之，散漫填淤，儘堪容受。俟水停泥沈之後，然後開挖民埝，用椿葦裹頭，决水放出。如此則泥留窪底，水洩澱中，如南運放淤之法，庶免目前淤澱之患。迨數年後，津水窪淤高，不能受水，徐圖更議耳。

再查，督臣前歲所奏經理東澱議内，欲將東澱上游三汊河淤淺之處，皆行挑浚寬深等語。查，三汊河在文安蘇橋之北，即玉帶河入澱之上口也。北一汊名台山河，北流東折，中亭河入焉。合流東北爲勝芳河，逕辛張、策城、褚河港、東沽港、王慶坨，南入長子河，滙於河頭，與楊家河合，自永定入澱，淤成平地。愚意先將此河開挖寬深，上承中亭西引河之水，即東引河、津水窪所放之水，一并導入，可以直達河頭，與石溝臺頭一道。各道分流，庶清濁攸分，永無淤墊之患。此就其疏浚澱河之工，而成渾河别由一道之利，似爲長便也。

治河蠡測　陳學士文鈔

從來治河者，必通計全局之利害，而後可定一道之會歸。必先定下流之會歸，而後可議上游之開築。此理勢之當然，古今之通論也。明胡體乾論江南水利，以爲高山大原，衆水雜流，必有低凹處爲之壑，如人之有腹臟焉，彭蠡、震澤是也。旁溪别渚，萬派朝宗，必有一合流入海之川爲之洩，如人之有腸胃焉，江淮河漢是也。南既如此，北亦宜然。以畿輔水利言之，正定、廣平、順德三郡之水，二十餘河畢滙於南北二泊，翕受而停蓄之。然後合爲一川，出北泊，逕衡水之焦岡村，會滹沱之流，奔注數百里，至大城之王家口，入東澱，曰子牙河。則是二泊者，正順廣三郡諸河之腹臟，而子牙一河，爲之腸胃也。順天、保定、河間三郡之水，三十餘河畢滙於西澱，翕受而渟蓄之，然後合爲一川，出茅兒灣，逕保定縣，曰玉帶河。逕霸州之苑家口，曰會同河。至文安蘇橋之三汊口入東澱。則是西澱者，順保河三郡諸河之腹臟，而會同一河爲之腸胃也。至東澱一區，南納子牙之流。而正、順、廣二十餘河之滙爲二泊者，盡歸之西，受會同之注。而順、保、河三郡三十餘河之滙爲西澱者又歸之。舉畿輔全局之水，無一不畢潴於兹，以達津而赴海。則其通塞淤暢，所關於通省河渠之利害者，豈淺鮮哉！

康熙三十七年以前，淼然巨浸，週二三百里清洪澄澤，中港汊縱横，周流貫注。自撫臣于成龍奉命開築永定河[一]，不爲全局計，而祇爲一河計。遂改南流之故道，折而東行，自柳岔口注之東淀，於是淀病而全局皆病。即永定一河，亦自不勝其病，淤高橋淀，而信安堂二鋪遂成平陸； 淤勝芳淀，而辛張、策城，盡變桑田。向之淼然巨浸者，皆安歸乎！既矢地於西北，則傾注於東南。而獨流一帶淀水，與運河僅限一堤，至楊柳青以下，則淀運相連。南堤蓋岌岌矣[二]，故曰淀病也。且淀地以翕受爲功，容納之量隘於下，則灌輸之勢停於上。一遇伏秋汛漲，泱漭西來，騰湧無歸，則旁溢横奔，衝堤潰岸。故今歲高陽河決而東，斷鄚州官道； 子牙河決而北，文安、大城皆宛在水中。而南岸欽堤增高二尺，水猶與之平。人第訝水之大，河不能容，而不知淀之小，水失所受，故曰：『全局皆病也。』

永定本向南流，逕固、霸之境，而會入玉帶河。蓋率其自然之性，河未嘗淤，淀亦未嘗淤也。雖東坍西漲，時有遷徙，亦不無衝齧之虞。而填淤肥美，秋禾所失，夏麥倍償，原不足爲深病。治之之法，但當順其南下之性，而利導之； 多其分釃之渠，以減殺之； 寬築陂陀之泊岸，以緩受其怒流； 分建護村之月壩，以預防其衝擊。如此則害可減，而利亦可興，何至折而東之，導之淤淀，爲全局病至於此極也。自改河以來，河底歲墊而高，河高而增堤，堤高而河亦與之俱長。今去平地已有八九尺至一丈者，潰決則建瓴直下，爲田廬害，豈足異哉！總由濁流入止水，溜散泥沈。下流自塞歸壑之路，上游猶築居水之垣，不過厚蓄其毒，以待潰耳。故曰即永定一河，亦自不勝其病也。夫利在耳目之前，而患伏數十年之後。當時固以爲無足憂，而卒至一發而不可救。凡事類然，不可不深思而熟計之也。

我世宗憲皇帝智與神謀，深悉渾河之爲淀病，且深悉渾河病淀之爲全局河道[三]病。於興修水利之始，即聖謨獨運，特降諭旨，令引渾河別由一道入海，毋使入淀。可謂探本窮源，一言而舉其要矣。蓋淀爲定水，無衝刷之力，故沙入而沈。河無停流，有滌蕩之功，故泥衝而散。永定南入清河，自三十七年以前，溯之前明，百有餘年矣。舊所經由之處，沙痕的皪，岸跡分明。袁家橋以北崖高底深，牤牛河藉以行水者，即其故瀆也。河性善淤，能墊深爲高，而此道廢來已四十年，何以經久不湮而歷歷如是？蓋下口暢，則上流疾。此即利於入河之明驗矣。雍正四年，雖經水利衙門奏於郭家務以下改挖新河，而下口仍然歸淀。故經王慶坨，則王慶坨淤； 入三角淀，則三角淀

[一] 永定河　光緒七年原刻本爲『永定全河』，光緒八年重修本改爲『永定河』。

[二] 矣　光緒七年原刻本爲『失』，光緒八年重修本改爲『矣』。

[三] 河道　光緒七年原刻本爲『道河』，光緒八年重修本改爲『河道』。

淤。近且駸駸乎淤及楊家河矣。夫楊家河乃全局清水之尾閭也，此河一淤，則通省六十餘河之水，無路歸津，勢必於楊柳青上下穿運道而灌天津，其害有不可勝言者。故籌永定於今日，乃全局利害之所關，則下口會歸之路，可不爲之熟籌而審處也哉。

愚以爲，會歸之路，莫如順其南下之性，而入玉帶河。或謂濁能淤澱，亦能淤河。玉帶河一淤，則西澱之水無所歸，必逆折橫流，爲文霸四邑害，是大不然。玉帶河西受數十河之水，渠深流急，滌蕩衝刷，泥澄沙散，已自失其渾濁之性矣。即如滹沱、漳水，其濁泥豈下於永定，而淀陽、衛河，其寬深亦不逾玉帶。滹入淀，而淀未嘗淤；漳入衛，而衛未嘗淤，則永定之入玉帶，何足慮乎？或謂南北長堤，文、大二邑民命之所擊也。渾河橫衝而入，必有潰決之憂，是又不然。大堤之決，前已屢告矣，皆清河爲患，未見有濁流也。如果濁流決堤而入，則文安仰淀之地，早已填平，何以低窪如故也？況經相國鄂公奏請加築，高厚視前數倍矣。再於堤外加以埽鑲、草壩數百丈，以備不虞，尚何意外之患乎？

或謂河流湍悍，土性疏惡，不堤則氾濫妄行，蕩村莊，齧城郭，仍爲固、霸諸邑害。堤之則猶是築牆而束水也，是又不然。昔渾河南行之時，河身不過十餘丈。溢岸漫流，深不過一二尺。旋長旋消，爲期不過二三日。本非巨津，如黃河之浩瀚而莫可控禦。特以東折，既違其性，入澱又窒其歸。強爲束以長堤，適足以激其怒耳。今若順其南下之性而利導之；曲直隨勢，多其分釃之渠，以減殺之；高下合宜，寬築陂陀之泊岸，緩受其怒流，寧厚勿高，分建護村之月壩，預防其衝擊，寧缺勿合。如此措置，將斥鹵變爲膏腴，史起之功可再也。縱遇異漲之年，溢岸漫流，仍不失一水一麥之利，亦何負於民哉？天下之事，極則變，變則通，通則久。永定之爲澱病，至今日而已極，亦變而思通之一會矣。

益津吳邦慶云：陳子翽論永定河，謂宜引之南下，束以堤防，於河澱皆無淤墊之害。夫濁水之性，溜緩則沙停，槽寬則溜緩。永定從前之不能淤墊河澱者，以任其東西蕩漾，故沙泥皆澄沈於固、永之間。逮至與清河合流，已漸成清流矣。今若堤以束之，則流急，流急則沙泥俱下。迨至入澱，則勢分溜散，有不淤墊者乎？又，引漳水不能淤衛，滹沱不能淤淀陽爲證，漳水、滹沱之濁本較永定爲差，前在豐樂鎮，取漳水注缶中驗之，二尺之水澄清後，泥不過分許。滹沱未較試，然日驗之，亦較永定稍差。且漳之合衛，滹沱之合淀，亦皆漫流數百里，泥沙散澄之後，而始滙合。然數十年間，已間段淤高，亦不能不因而改道也。若以堤束永定河而南，則獨流闖注，必至高仰立形。竊謂因其故道而變通之，仍用其下口入海之路，未必無策也。

水道管見 畿輔〔河道〕[一] 水利叢書

永定河發源馬邑，流入宣化，綿亘數百里，受水凡三十七。緣無關修治[二]，故不詳紀。至穿石景山而南，逕盧溝橋，地勢陟而土性疏，故縱横蕩漾，爲害頗鉅。金時逕都城北； 元時經都城南； 明時或合白溝，或合拒馬，又或東南徑達信安，勝汚入澱，居民蕩析，幾無定宇。

至康熙三十七年，聖祖仁皇帝親行相視，命撫臣于成龍治河築堤。自是三十餘年，河無遷決。惟是下流入淀[三]之後，水涣沙停，漸形淤墊。雍正三年，世宗憲皇帝命怡賢親王，令引渾河别由一道入海，毋令入澱。遂於永清之郭家務改河東行，復開下流之長淘河，引逕三角澱而注之河頭，與清河滙。築三角澱圍堤，以防北軼。又以河性善淤，設夫挖淺，俾河流不致遷徙。然嗣是日久淤深，下口亦屢有移改。惟南高北徙，北高南徙，遊衍於遥堤之内。又水過後，土性愈肥，居民貪倖獲之利，爾田爾宅，亦不以浸淹捨去。特以上游自盧溝迤下，直抵遥堤，綿長二百餘里。中間夾以長堤，其相距極寬之地，亦不過三百餘丈。每至伏秋大汛，拍岸盈堤，水退沙停，日積日甚。方今堤身，自外視之，斜坡三丈有餘，而内則堤高不過數尺。河身日高，則漲勢愈形暴猛。且中洪多逼一邊，現在水溜逼近南岸，若堤上加埝，則堤高而水亦日高。若導之近北，則北岸受灾，亦同南岸。若恃減壩，爲分洩之計，則原定壩脊尺寸，從前之水長丈許分洩者，今水頭略旺，即行旁出，不惟減河不能容受，恐民田亦被浸溢。且正流以勢分而愈弱，沙泥以溜緩而愈停。日復一日，難籌善策。

查，乾隆三年，大學士鄂爾泰疏請半截河改挑新河，有擬於半截河堤北改挖新河，即以北堤爲南堤之議。細繹其言，誠有至理。蓋河身既高，束之以堤，是猶西北之引渠也，施之洪流，安能順軌？昔人譬之於牆上築夾牆行水，信然。計今之勢，惟以北堤爲南堤，而另築北堤，以障水差爲得策。擬自北二工迤下旁堤，量地寬三四里許，估築北堤一道，直抵北七工之半截河，仍歸遥堤。中間原有減水河，略加挑挖，即可作爲河身。堤成後於汛期之先開挖河頭，俾十分深暢。迨水一漲發，其性就下，必當改流。俟溜勢順行後，再將舊河堵斷，則舊河身百餘里之内，盡爲膏腴。而新堤以内所估民業，即可以此撥補。如此遷改，亦不能保其不日久停淤。然地勢既窪，可以容受，五六十年之内，必可暢流無阻。較之現今河身已與堤岸漸平，每逢汛期，居民日抱衝漫之憂者，爲何如耶？

[一] 光緒七年原刻本爲『畿轉』，光緒八年重修本改爲『畿輔』。兩版本均脱『河道』二字。
[二] 修治 光緒七年原刻本爲『修志』，光緒八年重修本改爲『修治』。
[三] 入淀 光緒七年原刻本爲『入淤』，光緒八年重修本改爲『入淀』。

又按： 永定河自築堤東行之後，下口多淤，屢行議改。今擬改河，以北堤爲南堤，雖上游通暢，而下口亦不可不爲預籌。查黄河下口，引淮入黄，此借清以刷濁也。雲梯關迤下仍夾以長堤，逼之東行，此借水以攻沙也。今永定下游與大清河合流，而清河之勢涣； 與龍鳳河合流，而二河之勢弱，固不能收以清刷濁之益。若於遥堤内再築縷堤，寬則不能束流使急； 窄則水入遥堤以後，南北蕩漾，遷徙靡常，溜勢不能必歸中洪，則又不能用借水攻沙之法。惟有浚船之法，可以採用。按黄河舊制，自雲梯關迤下，每堤一里，設兵六名。每二里半一墩，令兵十五名居於墩側，每墩給浚船一隻，各繫鐵掃箒二把。於船尾繫繩，以五丈爲度。每月初一、十一、二十一等日，兩岸墩兵一齊各乘浚船，或布帆，或鼓棹，或纜錨，下鐵掃箒於水底，溯流疏沙，往來上下。又前河臣靳輔創造鐵犁，每犁重二百斤，上具二十餘齒，沈至水底則爬沙有力。每二船繫犁一個，乘流鼓棹，往來爬刷，且令各船更番遞上。又南河近設有混江龍等器具，大致相同，惟其輕重異耳，用之皆可收效。今若於永定河下口與諸水合流之處，上下十餘里間，酌設兵夫、浚船，各帶鐵掃箒、鐵犁、混江龍等器，於春夏之時，往返爬刷，則下口可以無庸改移，而永收通暢之益。至估計里數長短，酌設夫船多寡，則非身預其事者，未能懸定也。

又按： 《直隸通志》云： 永定濁泥，善肥苗稼，所淤處變瘠爲沃，其收數倍。河所經由兩岸窪鹻之處甚多。若相其高下，間浚長渠，如懷來、保安、石景山引灌之法，分道澆灌，則斥鹵變爲肥饒。此亦轉害爲利之一奇也。

邦慶按： 引渠之法，惟可施之清流，而濁流難。水小則沙停成淤，水大則衝奔難制。且濁流或可施之上游，而下游難上游山岡地堅，下游平地沙鬆。如永定之水，弱時或至斷流，盛漲則拍岸盈堤，豈能由人操縱？竊查黄河在江南境，向有放淤之法。每逢漫決之處，築成月堤，而月堤内積水成潭。大堤兩面水浸，恐難保固。則開堤引水，淤爲平陸，而大堤可保矣。如高郵迤南之荷花塘漫口堵合後，月堤内水勢汪洋，糧艘經由，并無縴道。繼因黄流由清口下注，不數年間，泥淤遂平，此其效也。今永定河南岸之田，近堤數里，皆成鹻鹵。每逢積雨，水潦下注，良田亦漸成鹻灘。北岸則或沙淤不堪種植，或極窪下，夏秋之間，每爲澤國。若行放淤之法，則不惟陸續可變爲良田，而兩堤之外，地形漸高，大堤保固，勢亦差易。兹擬於大堤外，相距三四里，先築遥埝，約高五六尺無庸夯硪，緣放出之水，其勢遊衍無力，故也。然後相度地勢，就堤開挖水口，兩壩鑲作埽段，以便堵合。於水口下距里許之處，挑成倒勾引河，如水勢東下，開南堤放淤。若作直河，恐引動大溜倒勾。河先引之西行，然後[一]南趨，則免引溜之患。引水出口，則傍堤數十里之内不毛之

[一] 光緒七年原刻本此處衍一『南』字，光緒八年重修本已删。

土，可變膏腴。或謂俗有『勤泥懶沙』之言，濁水出口，多係沙淤，迤下始成泥淤，則苦樂仍屬不均。竊謂欲行此法，宜先於下游〔一〕。俟下游淤成〔二〕，再移水口向上，沙淤之地仍變泥淤。改堤之説若難驟辦，則此法似可試用。然欲圖永慶安瀾，似終不若改堤之法，可爲一勞永逸之計。再，放淤之期，當於春汛時爲宜，緣其勢不甚猛也。

或問曰：永定河之宜改道，何也？曰：永定之始，本漫流也。東遷西移，月異而歲不同。今自盧溝以下夾以長堤，行之百有餘年。濁流淤墊，時消時長，且每有漫口斷流以後，必須挑挖積土，兩旁仍復蕩入河槽，此堤内之所以日高也。河身既高，則堤隨之而長，堤岸既長，河身亦淤而日高。故水勢稍長，則漫溢立見。曰不改於南岸而改於北岸者何？曰北岸有三便焉。求賢草壩而下，沿河舊有減水河，雖不甚寬展，而歲加挑挖，頗爲深通。此可因之而省功，一也；又沿而東，折而南，又東至八工。無州縣城郭遷建改置之費，二也；且歸入舊河，或將北七工横堤挑通，或至八工末號〔三〕，引歸母豬泊。其勢皆就下，引流爲易，三也。若南岸減垻引河，直南下，經固安，達霸州，不可因用。且於長安城改流，則必自雙營引入舊河，其地河身高而堤外窪。又固安縣治近在河南五里，永清縣治近在河南十餘里，恐日久不無遷改之慮。故謂不宜在南，而宜在北耳。至於抽溝淤地之法，如審量萬全，亦未嘗不可間行，變斥鹵而爲膏腴，以餘力及之可也。

河渠論略 東安縣志

李光明曰：『渾河不難於治上游，而難於治下口。南北岸十八汛，險工林立。然頂工段灣處所，拔樁去埽決口，十不一覯。』可見上工雖險，猶可以人力搶護也。惟下口不能禁其漸淤，漸淤則漸高。南高則北徙，北高則南徙，南北俱高，則無路宣洩。下口無路宣洩，不得不於上游議改矣，此亦事勢之必然者也。

或問曰：以清刷渾之説如何？曰：清水祇可敵渾，不能刷渾也。所謂以清敵渾者，渾河逼近清流，恐其溢入淤墊。東清流之全力，處上流之勢以敵之，使不得漫入則可。若清渾并行，渾水之力數倍於清流，而澱河係受水之區，其流更緩。必至白露後，諸河水勢消落歸澱，澱河之流始行迅疾。而永定河伏汛之水，其渾濁較他汛爲尤甚，當渾河盛壯之日，正清河力弱之時，惟有受其淤而已，豈能制

〔一〕先於下游　光緒七年原刻本爲『先淤下游』，光緒八年重修本改爲『先於下游』。
〔二〕下游淤成　光緒七年原刻本爲『下淤游成』，光緒八年重修本更正爲『下游淤成』。
〔三〕八工末號　光緒七年原刻本爲『八工未號』，光緒八年重修本更正爲『八工末號』。

之哉？故以清刷渾之説，萬萬不可輕視之於桑乾者也。

或又曰：渾河兩岸開渠引灌，分道澆溉，易瘠爲沃。如《通志》所云：涇水之富關中，漳水之富鄴下，其法何如？曰：不能。引流分灌，必須先講溝洫之制。渾河水濁而性悍，水濁則易淤，性悍則難制。雖有溝洫，其如所遇輒淤，四散奔突，何哉？邇年來廣築遥堤，多建減水壩，實良策也。蓋河日淤高，堤日增長，現在堤身外高二丈有餘，内高不過五六尺。乾隆七八年大汛之時，七工以下水面離堤頂相距不及一尺，若非諸壩爲之分洩，水必平漫矣，此明驗也。減河過水無多，旋即斷流，不至爲害。若兩旁多種高粱，皆獲豐收，菽粟或有損傷。渾河所過之處，地肥土潤，可種秋麥，其收必倍。諺云：『一麥抵二秋』，此之謂也。小民止言過水時之害，不言倍收時之利，浮議之不可輕信者也。

永定河不通舟楫，不資灌溉，不産魚蝦。然其所長，獨能淤地。自康熙三十七年後，冰窖、堂二鋪、信安、勝澇等處，寬長約數十里，盡成沃壤。雍正四年後，東沽港、王慶坨、安光、六道口等村，寬幾三十里，悉爲樂土。茲數十村者，昔皆濱水荒鄉也，今則富庶甲於諸邑矣。

量河法

一、量某河。自某處起，至某處止，共實該應開河幾何丈尺。《法》曰：每步五尺，每二十步立一木界樁。編定號數，自某處起，天字一號，盡十號。又起地字一號，盡十號。直編至某號止，即見若干號數，若干丈尺。凡丈尺俱用官尺算，每二步折一丈。

一、量每號。木界樁下，兩岸準平，相去今濶幾何丈尺。木樁下，老岸至河中心水底，今深幾何丈尺。算該兩岸斜平至底，現在河身空處，每丈已得幾何方數。中有坳突，又用法加減，實該河身空處，每丈已得幾何方數。今照原議或新議，酌定河面應濶幾何丈，河底應濶幾何丈，應加深幾何尺。算該木樁下，兩老岸各去土幾何尺，河底中心去土幾何尺，河岸兩旁各去土幾何尺。此號内，十丈河身中，共該起土幾何方數。

《法》曰：兩岸各用步弓量，至二十步足，此步下定木樁，人足抵樁立。對岸人亦於步盡處站定。樁上人將矩度對岸準平。對岸人豎起套竿，權繩取直，將套夾靠定套竿，漸移向下。兩岸取平，對岸人即於平處站定，或用土石記定。樁上人用矩度對準人足或記處看，在直景何度何分，用地平測遠法算，即得河面濶處。河狹者祗用竹篾活步弓，對岸量之亦得。

次將丈竿豎起，河中心權繩取直，將矩極對準水面丈竿盡處，用勾股量深法算，即得木樁至水面股數，再加水深數，即得河底深數。或用重矩勾股量深法亦得。或於水際兩旁取平，對準樁頂，用重矩重表勾股量高法算，亦得。或不用演算法，徑將套竿套定横尺，用豎尺挪移，逐步量下，至水際，總算豎尺多少數，亦得。或祇於水次豎起一丈竿，權繩取直，依前兩岸取平法，樁上人用矩極照看，亦得。後二法於淺狹河道用之尤便。

次將兩岸濶數、河底深數、用積方法算，即得河身現在每丈已得幾何方數。中有坳突，亦用套竿量取高下，小步弓量取圍徑，用堆積法扣算加減，即得現在實該河身方數。

次將議定河面應濶之數，比照原濶應加幾何，用木石記定。即於兩岸記處，用套竿量至折半處，即今應開河底中處，比原樁深幾何；比照今議，應深幾何，即得今應加深幾何。或用二繩，各長如今議濶數之半，中用轆轤交接。復用一繩記取尺寸，繫權墜下，亦得。或中繫方空木，用丈竿溜下，亦得。

次於新河底中處，用套竿量開如新議河底濶數，盡處記定，視其高下，即知今應加深左旁幾何，右旁幾何。

次將兩老岸加濶，河底加深，河底兩旁加深五法，用積方法總算，即得此號內，十丈河身中，共該起土幾何，方數註入號簿。

一、量現在河身面濶、底深，酌量刪定之數，折中議定今應開面底二濶丈尺數，及加深尺數。《法》曰：　河身底、面、腰深廣，必須三法相稱，方得上下相承，不致坍壞。若河底深濶，岸勢高峻，不免隨時崩坍。開濶河底，虚費工力。應用前量深法，量今木樁下至河底，算定勾幾何，股幾何，弦幾何。量取數處，便見何等勾股，方得免坍。今新開勾股，欲依舊數量行，加勾減股，不致大段懸絶，大率要令勾數少於股數，則弦上陂陀，不致坍損。兩股之間，即河底濶數，就令稍狹，正自無妨。

一、用衆測水。驗今河底深淺，酌量加深之數。《法》曰：　今現在河底深淺不同，若酌定加深尺數，一概開浚，即深者愈深，淺者仍淺。水走不順，極易填淤。且前量下樁編號，止據現在老岸，未免高下不齊。所云量深諸法，亦止據號樁，下至本號河底，未得通河準平。就用矩極以漸量算，亦止能測驗地勢。若水走之勢，西高東下，仍與地勢稍異，必須水準方平。但長流之水，消長不易。隨流測量，一人可就。若潮汐每日消長時刻不同，測驗未易，必須用衆同時量度。應照前編定號樁若干，每樁用兵夫一名，各帶短槍或木棍一條，不拘大小，刀一把。每隊長帶銃一門，并火藥、火繩、藥線諸物，照號樁編給號票，令各守號樁。約潮退將涸未漲時，西境大炮應聲俱發。砲響後，各兵夫悉於各號河底中心，將木棍量定水痕，用刀刻記，回繳。號要隨驗所刻水痕尺寸，註定票上，編成號簿。逐一扣算酌量加深之數，即河身砥平，不致停積渾水，以成淺淤。若用此法與矩極參驗，用前量深加濶之法，便可絲毫不爽。

一、河工完後，考驗課程，果否如法。《法》曰：　河底、河面濶數量法具前。兩岸弦上用繩取直考驗俱易。

惟獨深數易淆，如留取樣墩，却可培高，如釘下樣樁，便易拔起。別有用活絡樣樁者，亦可挖井取出。有打水線者，亦恐中途節水作弊； 有用輪車推驗者，河濶便難施用； 有用木鵝推移者，難施於未放水之河。今秖用前量深諸法，如極深極濶者，宜用勾股度高、度深法。如河身稍狹，欲求便易，即用套竿漸量法。或慮遺委工役、宛轉欹斜、挪移作弊，即用轆轤下繩、方空下竿二法。其轆轤、方空，或加三或加五，以驗底濶弦直尤便。此二法須極力挺直，纔得取平，無法可令加高毫末，即令開河工役自用量度，亦難作弊。

一、量所開河，某境起，至某處。如前法已得曲折弦若干丈尺，今欲知直弦幾何丈尺？東西直股幾何丈尺？南北直勾幾何丈尺？東邊地形下於西邊幾何丈尺？要見本處地形，沿河而來幾何丈而下一尺？東西直股幾何丈而下一尺？南北直勾幾何丈而下一尺？其大勾股之弦，於二十四向中，當作何向？

《法》曰： 先於某境第一號量至第二號，用繩取直，下定指南針，審定繩直，於三百六十分度內，定是何向，註於號簿。如河岸迴曲，一號中可分作二，或作三四格。定註實格完，又用矩極。於第一號上立一人，持丈竿取直，於第二號上立，對準取平； 又互換覆看，對準取平，即知第二號下於第一號幾何尺寸，註於號簿。每號俱用此。二號至號盡而止。事畢布算，先將逐號小弦，依本號坐向，與子午針對算，即知小勾幾何。與卯酉針對算，即知小股幾何，逐號算成小勾股，註於號簿。次將小勾積算，即知大勾。小股積算，即知大股。以大勾股求弦，即知大直弦丈尺。以大勾股依子午卯酉，針上取弦，即知大直弦於二十四向中，定作何向。又用矩極所測高下分寸積算，便知二境相去高下之數，亦便知沿河而來，每幾何丈尺而下一尺。次用大勾股歸除之，即知直股上，每幾何丈尺而下一尺。直勾上，每幾何丈尺而下一尺。

浚河法

一、夾沙淤。層沙層淤，厚不滿尺。淺則易爲，深則費手。其法以沙帶淤。先將沙面曬乾，人得立脚，即在沙上插鍬，連下層之淤一齊挖出。再於下層沙上，逐層照做。萬不可在淤上插鍬，亦不可貪多，接連下層。緣沙中含水，上下被淤蓋托，水不能出，其性澥。淤爲上下，沙中之，水所浸，其性軟。一軟一澥，易於摻合。一經摻合，淤沙不分，俗名謂之『閧套』，人夫能立而不能行。鐵鍬易入而難出。幾致束手，受累無窮。遇有閧套，先量深淺。如深一二尺，用葦秸等料捆把一尺，長三尺，豎下工內，名爲『墩子』，分行安置。上用寬厚木板，縱橫搭架，使人得往來其上。沙多則稀，淤多則稠。稀用勺，稠用鍬。於一處儘挖，納布兜抬出。此處漸窪，四處遊來，挖至未會蹂踹閧套之處，再依以沙帶淤之法做之，即可成工。如閧套深四五尺，用皮篙紮十字馬脚，上安拉木，照墩子分行安置，仍搭架木板，照前撈挖。若深至丈許，則照稀淤之法治之可耳。

一、稀淤怕寬，怕深。緣挑河之口，多則寬三五十丈，而淤套竟有百餘丈者。其性如水，可以載舟。遇此等工，先量深淺。如深同估挑之數，則上下築壩攔格，將上下兩頭工，照原估加深，挑挖數尺。挑成後，將垻起除，放淤於上下河内，可以隨水而去。此爲難中之易事。若河挑二丈，淤深一丈，雖放淤於已成工内，而下深一丈之工，尚應挖挑。無岸無邊，仍難措手。其法先於應挑口寬處，用净沙土夾澆順河垻，高出淤面一二尺，淤寬則頂寬丈許，淤窄則頂寬三五尺，泡沙尤佳，以其能收水也。兩岸澆成，須用車斗戽。撤至硬底，審明土性，依法挑做。

一、嫩淤先分深淺，次分寬窄。其深一二尺者，於邊口挑挖五尺寬溝至硬地，俗名謂之『抽路』。須一二丈一道，使其透風易乾。若深至三五尺，寬數十丈，崖口不能站立，則紮套枕。或三丈一路，或五丈一路，間格成塘，於枕邊撥挖至硬地，即跟底前進。倘深至丈餘之外，則照稀淤做法，先夾順河垻，次下皮篙、馬脚、搭架木板，分段撈挖，用布兜擡送遠處。時加測量深淺，能得下套枕，即下枕。分塘撥挖，較馬脚挑爲迅速。儻遇嚴寒結凍，則逐層揭起凍塊，更易於挑挖。

一、淌沙即油沙，又名瀣沙。其色黑，其性散，舍水不粘。遇此等工，最難爲力，緣不能抽溝空水法。於淺處用乾沙土打堆，週五六尺，高一二尺。於堆頂由内向外輪轉翻撥，俗名謂之『打井子』。得其一席之地，即有崖口，堆分數處，接連搭架木板，抽挖一層，將水撤出，再於中心『打井』，即做子河空水。逐層『打井』，挑挖雖數尺，亦能成工。惟兩擔不能站住耳。

一、翻沙，爲沙土中之最劣者。此挖彼長，朝挖暮起，無數小堆，形如乳頭，中有小眼冒水。偶於空中冒氣，聲如爆竹。此乃上下油淤深厚，蓋托日久，一經已去上面之土，水氣上升之故，必須用水壓之。其法於河中横叠小埝，高二尺，寬一丈，或二丈，或三丈，間格成塘。引外水入塘，或挑水貯塘内，深一尺餘寸，養一晝夜，使水氣舒通。次日將塘内之水戽撤下塘養工，於此塘中間，用木板長五尺五寸者，順安雙行，雙行中留一鍬之地，另將木板横安，爲出土之路。鍬手挑夫皆立板上，先將中心一鍬空出，將板翻移一位，跟崖倒退，遞挖遞退，將此一層挖至河口。其冒水冒氣漸挖漸少，再將下塘之水放貯。此塘又養二層，即在下塘安板鋪路，照前退挖。如沙長百丈，則多叠小埝，格塘倒水，分投挑挖，仍能依限完竣。

一、膠泥、油泥。其性滑，尚不致蟄陷，分塘鋪板，則可挑做。然亦須先挖子溝，以防陰雨。

一、挑河必先搶子河。有子河即逢陰雨，尚有腮可取土，不到停工以待。子河以底寬二三丈爲度。要照原估加深一二尺，以備雨水衝墊，免得再爲費手。

一、工程已有四分，亟須懸賞。應於官棚前設立木架，將錢齊掛架上，頭塘二十千，紅布一疋；二塘十五千；三塘十千；四塘五千，庶各塘人夫踴躍，指月完工。

建石壩法

石壩爲工甚鉅，運石購料，動逾經年，不比草壩易成，兩三月可竣。

擇地建造，先於臨河圈築月堤，備料防護，以禦河水，庶便興造。次即詳計石料，務求充裕，石料有缺，刻難驟增，有誤全功。他如磚木、灰柴亦宜豫備。

其法務期立基深厚，愈深愈穩。稍有浮淺，水摻入裏，必至蟄裂。梅花地釘，更須密下深籤，宜防工匠之省於用力，偷削短少。砌石最要光平，灌漿必須飽滿。四圍排椿爲護壩之牆垣。排椿衝動，刷及灰土，而石塊蟄陷，尤關緊要。至迎水、出水兩簸箕、前後左右四雁翅，又須詳勘内外地形之高下，以爲長短，俾水力相副而下。切記短窄，致平土有跌刷之患。

至於減水、滾水，同一分洩，而制度稍異。滾水之制，壩面作魚脊形，水至脊則滾流而下。減水壩作平面，蓋渾流湍激，取其過水準緩，以免魚脊懸流之勢。其法：壩身疊砌條石，十三層至十六層不等，每層條石丁順成砌。護壩坦坡，鋪條石一層。坦坡下脚，砌埋頭條石五層，内第一層、第三層、第五層條石順砌。第二層、第四層，每丈間砌丁石一塊。埋頭石外散水海墁，砌條石二層。壩身條石後襯砌城磚。坦坡條石後填砌虎皮石。壩基、壩身磚石後，地脚刨槽，築打灰土、素土，下硪椿釘。石閘則金門、雁翅、雞心、正身等牆砌條石十四層，每層條石丁順成砌。石後每層襯河磚五路。裏頭砌河磚二十七層，每層砌磚五路。金門鋪底石一層，閘面安木板橋一槽，板上釘鞍子板一槽。閘底地脚刨槽，築打灰土，下硪，椿釘。石橋則金門、分水雁翅、裏頭等牆，順砌條石十三層，石後每層砌沙滾磚四路。金門鋪底石一層，迎水順鋪海墁石一層，橋面鋪橋板石一層，橋基牆身磚石後，地脚刨槽，築打灰土，下硪、椿釘。

建草壩法

凡築草壩，先擇地勢平坦堅實，并對河背溜之處建立。地平則緩於進水，土堅則艱於衝刷，背溜則漫水上灘，回頭倒入，水力舒徐，無順流直注之勢，壩工方保平穩，此建壩之大要也。兩金牆以及迎水、出水四面雁翅，俱刨深槽，下埽埋頭，葦土層鑲、大椿貫頂，嚴密堅實，無少空隙，否則水滲金牆，全壩俱傾矣。且壩身海墁周圍，作灰土護埧，形如牆垣。每一尺用排樁四根，貼釘厚板，愈深愈堅。上用管頭横木，密裹鐵葉，與埧面〔一〕灰土相平，毋使稍有高下。蓋水過不平，則作勢激蕩，海墁未有不受傷者。先用梅花柏釘，密下深籤，上加灰土大夯。灰少小夯，灰多補底，則用大夯。近面則用小夯。灰性堅久，水過不滲。小夯多一層，勝大夯三層。迎水、出水兩處簸箕，凡建埧皆不可少。迎水處長短尚可隨意，出水處切不可短。而埧下地勢過窪，又沙土浮鬆處，更須加長。長則遠送平地，水可舒徐漸進。一或短縮，瀑布斜流之勢，跌落坑坎，倏及排樁，保護難矣。至定埧門之寬長，測地基之高下，所關最重，尤宜悉心審度。石埧工料鉅費，代以草埧，其減水之功則一，而用物較省，且渾流善徙，倏遠倏近，用廢不時。草埧之制，可以隨時添減，補修亦易，最爲善制。

附刻

桑乾留別　寶山　朱其詔

捧檄赴河防，書生忝豸章。村居低樹緑，水色拍堤黃。未雨綢繆久，先秋畚挶忙。天心能恃否，中夜起焚香。

涓涓河上水，頃刻已無涯。埽其魚鱗密，樁分雁齒排。巡工忘晝夜，護險畏陰霾。却羡騎驢客，貪看野景佳。

溜直波平瀉，沙横勢更遒。如斯無定水，恒廑累朝憂。力并搴茭盡，心期作楫酬。奔馳三閲月，何幸慶安流。

微勞奚足道，且勉分當爲。舊《志》重修日，同寮共勵時。身輕肩易卸，才短禄虚縻。更盼方城士，回翔入鳳池。

和翼甫觀察桑乾留別原韻　西路同知　鄒在人

籌海陳方略，安瀾紀樂章。全畿歌保赤，上計頌飛黃。風雨搴菱險，旰宵使節忙。萬家生佛祝，明德自馨香。

盱衡燕晉地，福澤正無涯。轂玉豐荒備，江河舟楫排。家聲傳治譜，海國静塵霾。萬口歡騰處，金臺夕照佳。

小試經綸手，狂瀾挽濁流。豸華隆建樹，鴻藻賦清遒。東里安中外，希文共樂憂。古來名將相，志量若爲酬。

要職旬宣重，群欽守與爲。瞻依山斗日，德化海疆

〔一〕埧面　光緒七年原刻本爲『埧而』，光緒八年重修本更正爲『埧面』。

時。宇下恩光被，年來薄俸糜。續貂慚謭陋，浣筆且臨池。

安瀾歌　通判　蔣廷皋

神京山勢何屹巇，千山束水水盤折。回流漩洑勢鬱結，騰空怒吼山欲裂。蛟龍挾水出山穴，長驅下注肆奔齧。濤頭突兀堅似鐵，浪花高捲白於雪。沙平土疏眼一瞥，幾處金堤漫復決。使君本是人中傑，下車求治退前哲。爲談往事心淒切，堤防底事成虛設。長鉤短梃齊排抉，負薪伐竹精力竭。安瀾奏績宸心悦，功成一旦移旌節。父老攀轅争卧轍，婦孺嬉笑相提挈。免使吾民爲魚鱉，感極涕零聲嗚咽。銘功何用鐫碑碣，但頌使君之德長，如此水，年年歲歲流不絶。

送朱觀察　南岸同知　桂本誠

桐鄉遺愛至今傳，尚有雲孫繼昔賢。宦績詎分時久暫，最難潤物汲廉泉。

八屬咸推愛士誠，宏開廣廈納群英。果然桃李公門盛，蕊榜名高鑒别精。

叢書掌故輯零星，清濁誰分渭與涇。恰喜佳編成一手，不勞重注道元經。

桑河溜急勢加奔，疏障多方費討論。兩歲安瀾民頌德，都教小草沐新恩。

贈朱翼甫　新化　游智開

昔渡桑乾水，今役桑乾河。舉首望桑乾，泛濫嗟如何？我朱前事師，片語精不磨。下游亟疏浚，清鳳歸同科。刊示渾河圖，了如指上螺。盡力志溝洫，利弊窮搜羅。先後數月耳，遠猷宏已多。矧兼性愛才，遐邇争謳歌。承乏愧匪能，往軌矢弗過。棲棲大堤上，憑孏期切和。

翼甫觀察兩次桑乾，均不過數月。續修《永定河志》成，以督刊之役屬遐心，且勸捐二百金。遐心奉命不敢辭。甫開雕而觀察得代矣。沿河州縣諸士民，稟留不獲。去之日，以詩留别，和者甚夥。剞劂既竣，因附刻於後。時光緒七年三月朔。

知府升用　候補同知陳遐心謹識

補録

建置

宣講聖諭亭[一]

光緒七年建。

我聖祖仁皇帝御製聖諭十六條頒行天下，凡有官守者，皆當勤勤懇懇，與民宣講。智開爲守牧時，月朔必進吾民於庭而詔告之。春秋巡行鄉邑，擇年高有德者，敬謹宣講。講畢，復進父老子弟於前而再三面諭之。光緒六年奉命總理永定河務道，專事修防。無考課之責，無緝捕之勞，無催科之擾。每年夏至後，移駐河堤，凡十旬。其餘頗多暇日。衙署在固安縣南關外。固安爲畿内地，數遭河患，田半沙磧。而俗尚儉勤，多編柳器爲業。署之西偏，柳市在焉。月届三、八日，捆載擔負者，踵相接。因搆亭其地，每逢集期，率寅寮宣講，使夫人敬而聽之。官弁則兢兢自矢，一洗其蕩佚虚浮之習。兵民則循循惟謹，益效其尊君親上之忱。比來河不爲灾，室廬完聚，用以休養生息。爭涵濡於聖天子之德化，不綦幸與？亭建於光緒七年秋九月，閲五旬而告成。永定河道、新化游智開謹記。

祭永定河神廟陳設儀注祝文[二]

一、陳設

祝版一有架，帛一白色，白瓷爵三，簠二，簋二，籩二，豆十，羊一，豕一同俎[三]，鐙二，鑪一，尊一有勺、疏布冪，香槃一。

一、儀注

祭前一日，地方官浄廟設次，日餔後，陳設官率其屬，監視陳設。掛襄事各生榜於廟門下。委員省牲，監視宰牲。委員著補服至廟，封帛畢禮生，引至省牲所省牲禮生。接毛血，供香案上。省牲官行一跪三叩首禮。畢退。

祭之日五鼓，各官俱穿蟒袍，詣廟門外下輿馬步行。入門升次序坐陪祭官知縣、都司、侍官從立。茶二巡畢，陰陽官報聲鼓唱。鼓初嚴鼓初徐後疾，以百桴爲節。在廟胥役及各官從人等俱出，赴巡警牌外。司巡人役，各就牌下立。禁止閒人。少選，唱。鼓再嚴主祭官、陪祭官俱起立，整冠帶，斂容出幄。次，唱贊者先入就位。各執事生以次俱入，序立丹墀下。少選，唱。鼓三嚴引贊生引主祭官以下，魚貫入

[一] 此項『宣講聖諭亭』系光緒八年重修本新增的内容。
[二] 本文在光緒七年版中出現在卷十六附刻之前，當時即稱『補録』。
[三] 同俎　光緒七年原刻本原文爲『同妲』，光緒八年重修本改爲『同俎』。

二門内，就拜位旁立，唱。詣盥洗所。濯水。進巾。執事者各執其事司尊者就尊所立。助獻生分東西階上，進殿左右門。各就所派立，唱。主祭官就位俟立定，唱。陪祭官就位俟各立定，唱。上香引主祭官自東階上，進殿左門，至香案前，上香三炷，贊。復位引主祭官至殿右門出，由西階下，唱。迎神跪主祭官以下皆跪。二跪六叩首贊。興唱。行初獻禮贊。詣酒尊所。司尊者舉冪酌酒。執帛者捧帛。執爵者捧爵引主祭官自東階上，進殿左門，贊。詣龍王神位前贊。跪左右助獻皆跪。獻帛左右獻，舉帛篚授主祭官。主祭官舉拱授左助獻，奠神位前。獻爵如獻帛仪，贊。叩首贊。興贊。詣讀祝位，跪引主祭官詣祝案前跪。讀祝者舉祝版旁跪，唱。陪祭官皆跪贊。讀祝文讀畢仍安原位，贊。叩首贊。興主祭官以下皆興，贊。復位引主祭官自殿右門出，由西階下。唱。行亞獻禮引贊如前儀。亞獻禮畢贊。復位唱。行終獻禮引贊如前儀。終獻禮畢贊。復位唱。飲福受胙引主祭官自東階上，進殿左門。贊。詣飲福位贊。跪助獻二名，捧酒胙立於右。又二名，跪於左，贊。飲福酒主祭官受酒啐，授爵於左跪者，贊。受福胙受胙拱舉，授左跪者，贊。叩首贊。興贊。復位引主祭官自殿右門出，由直階下，唱。謝胙跪主祭官以下皆跪，贊。一跪三叩首贊。興唱。撤饌助獻二名，舉饌出殿左右門，由東西階下，唱。送神跪主祭官以下皆跪，贊。二跪六叩首贊。興唱。讀祝者捧祝，獻帛者捧帛，各詣燎所左右列炬各一人，舉祝帛，置燎爐，唱。望燎主祭官率陪祭官以下望燎畢，唱。復位唱。禮畢。

一、祝文

維光緒　年，歲次　月　朔越　日，永定河道某致祭於龍王之神曰：

維神德洋寰海，澤潤蒼生。允襄水土之平，經流順軌；廣濟泉源之用，膏雨及時。績奏安瀾，占大川之利澤；功資育物，欣庶類之蕃昌。仰藉神庥，宜隆報享，謹遵祀典，式協良辰，敬布幾筵，肅陳牲幣。尚饗。

永定河道新化游智開謹識

智開以光緒六年孟冬月蒞任，每朔望，詣東西龍王神祠拈香。越明年二月，各廟春祭，而龍神獨缺。詰問書吏，以久不舉行對，雖每年奉有明文，蔑如也。謹按：乾隆二十四年，貴州巡撫周人驥請定外省龍神祭期。經禮部議覆，照在京致祭龍神於春秋仲月辰日，儀注悉照永定河神廟之制。先期齋戒一日，不理刑名，慎何如耶？夫大禹治水始冀州，重帝都也。今永定河密邇都城，神廟祭祀之典，外省皆視此而行，乃反曠焉？不講慢神，不綦甚哉！遂率同僚，敬謹將事祭畢。受胙、會飲、祭品及雜費，由香火租内支用，製祭器，存庫記，曰有其舉之，莫敢廢也。爰將陳設、儀注、祝文，增入志内。敬書數語，以告來者。〔一〕

〔一〕光緒七年原刻本此處有『時光緒七年三月望日』九字。光緒八年重修本删去。游智開此文兩版本的文字略有不同，不一一説明。

官渡[一]

一在南四工十里鋪； 一在南六工雙營村； 一在北四上汛辛安莊。光緒七年設。

總督李鴻章片奏光緒七年十二月

再，永定河爲南省進京往來通衢，向未設有官渡。客商經過該處，即被私渡任意留難訛索，遂皆視爲畏途。必須革除積弊，改設官渡，加惠行旅。據該河道游智開查明具稟，擬於固安、永清之十里鋪、雙營、辛安莊三處，各設官渡船二隻，每隻需排造工料銀一百兩。每年小修一次，每隻修費銀十兩。用過三年，大修一次，每隻修費銀三十兩。用過六年，另行排造一次。每船應募衩夫八名，每名照例月給工食銀五錢。每船八人中，擇一人充當船頭，每年每名加給工食銀二兩。冬令，船頭、衩夫各給皮衩褲一件，合銀四十八兩。夏令，各給短布褲一件，合銀七兩二錢。冬令結冰，船不能用。應搭浮橋三座，仍令船夫經管。每座需工料銀一百二十兩。統計每年應需衩夫、船頭工食、皮衩褲、短布褲及搭浮橋工料，共銀七百十五兩二錢。每六年排造新船，另加船價銀六百兩。每届大修之年，另加修費銀一百八十兩； 小修之年，另加修費銀六十兩。查，各該縣并無款項可籌，惟該河道有歲收河淤租一項，本爲加培土工之用。擬即於此款內，按年設法勻撥，以濟官渡要需，免再任意訛索，實於南北商旅有裨。除今冬已官搭浮橋，募夫經理。明春即排造船隻設渡。除飭該河道妥定章程，督飭該管印汛各官，隨時認真查察，務期經久無弊外，所有永定河改設官渡，按年動撥河淤租緣由，理合附片具陳，伏乞聖鑒，勅部知照。謹奏。

奉旨：『工部知道。欽此。』

章程

一、永定河南四汛十里鋪爲進京大道，應設渡船二隻。南六汛雙營爲赴天津大道，應設渡船二隻。北四上汛辛安莊爲赴通州大道，應設渡船二隻。共設官渡船六隻。每船額設衩夫八名，共四十八名。每名月給工食銀五錢，每年該銀二百八十八兩。每船於八人中擇一人充當船頭，每年每名加給銀二兩，共該銀十二兩。統計銀三百兩。冬令搭橋三座，每座銀一百二十兩，共銀三百六十兩。給皮衩褲四十八件，每件合銀一兩，共銀四十八兩。夏季給短褲四十八件，每件合銀一錢五分，共銀七兩二錢。統計每年共用銀七百一十五兩二錢。至官渡船六隻，每排造一隻，需銀一百兩，共銀六百兩。六年排造一次。新船過三年大修一次，每船需銀三十兩，計船六隻，共銀一百八十兩。三年以後，每年小修一次，每船修費銀

[一] 以下系光緒八年重修本增加的内容。

十兩，共銀六十兩。如遇排造之年，另需船價銀六百兩。大修之年需修費銀一百八十兩，小修之年需修費銀六十兩，均由永定河道庫河淤租項下動撥。年終事竣，由道造冊，呈請督憲覈銷。

一、渡夫向遇客車過境，每大車一輛，訛索制錢一二千；轎車一輛，訛索制錢六七百文。今雖酌給工食，爲數無多，恐又藉端訛索，應准過客酌給酒錢。今擬明定數目，單套客車每輛京錢五十文；雙套客車每輛京錢一百文；雙套貨車每輛京錢二百文；三套貨車每輛京錢三百文；四套貨車每輛京錢四百文；五套貨車每輛京錢五百文；裝貨小車每輛京錢二十文；空小車每輛京錢十文；牲口一匹，京錢十文；空身行人不給。如需渡夫背負上岸者，給京錢十文。冬令過橋客車、小車，均毋庸給予酒錢。惟貨車往來，應照前數減半酌給，作渡夫鋪墊橋梁之用。將明定數目刊刻簡明告示，每年於秋汛後，張貼上下站客店，并刊石立碑，樹立河干。又於船頭另設木牌一面，將錢數大書其上，務令過客一目了然。倘有需索分文者，准就近赴各汛官衙門喊控。

一、訪得該船頭在各衙門花費，分春秋二季。雙營渡口每年規費錢二百數十千；十里鋪、辛安莊渡口每年規費錢二百餘千。今既改設官渡，嚴禁渡夫訛索，應由道分飭各該衙門，將從前陋規一律永遠禁革，以除害根。

一、渡夫訛索，乃其慣技。過客急於行路，往往容忍，憚於告發，全在該管汛官認真查禁。十里鋪渡口近在南四汛，辛安莊、雙營亦與北四上汛、南六汛衙門密邇。應責成各汛員就近親往稽查。如渡夫將船上木牌藏匿，於明定酒錢外多索分文者，即將衩頭嚴懲斥革，另募妥人接充。倘汛官始勤終惰，查禁不力，隨時詳情記過停升。仍由道不時親往查察。[一]

附：測量全河中洪灘底高低尺寸

自盧溝橋下河灘起，過盧溝司汛四號，又從北上汛頭號至十五號工尾止，共長三千二百丈。計上高於下一丈四尺一寸。

自北中汛頭號起，至十五號工尾止，共長二千九百丈。計上高於下一丈八尺一寸。

自北下汛頭號起，至十七號工尾止，共長三千四百丈。計上高於下一丈一尺五寸五分。

自北二上汛頭號起，至十三號工尾止，共長二千六百丈。計上高於下七寸。

自北二下汛頭號起，至十號工尾止，共長二千二百

[一] 原有一段文字，整理者將其移至全書末尾。

丈。計上高於下一丈。

自北三汛頭號起，至十六號工尾止，共長三千二百丈。計上高於下一丈五尺四寸。

自北四上汛頭號起，至十五號工尾止，共長三千二百丈。計上高於下一丈零三寸。

自北四下汛頭號起，至十七號工尾止，共長三千六百丈。計上高於下九尺六寸。

自北五汛頭號起，至十六號工尾止，共長三千丈。計上高於下一丈零三寸。

自北六汛頭號起，至南六汛十八號工尾止，共長三千九百丈。計上高於下六尺四寸。

自南六汛十八號起，至南七垻前大盧家鋪止，共長四千八百三十六丈。計上高於下一丈三尺三寸。

以下距堤過遠，難分號數，遂按村名記長丈。

自大盧家鋪至楊家場北止，共長一千四百八十五丈。計上高於下六尺一寸。

自楊家場北至劉家鋪止，共長三千丈。計上高於下九寸。自大劉家鋪起，至鳳河邊止，共長三千八百八十丈。計上高於下一丈一尺六寸。又，鳳河水深四尺。

總計自盧溝橋起，下至鳳河邊止，工長四萬四千四百一丈。計上高於下十三丈八尺三寸五分。此周玉山廉訪同治十年冬派外委王金明測量通河高低尺寸也。内惟北二上一汛及楊家場至劉家鋪止，河身平仰，無建瓴之勢。今河形雖稍變易，而水行高低如故。若辦大工，挑浚引河，下游須比上游加深、加長，則合龍較易。故録此以備後來依仿云爾。

光緒壬辰十一月蔣廷皋誌

原編序例

凡例

《永定河志》原輯三十二卷。今續編十六卷，分八門。首列諭旨，繼以工程、經費、建置、職官、兵制、奏議、雜識。舊《志》有繪圖、集考二門。今河形繪有專圖别行，而源流變遷，舊《志》已考訂詳明，亦無煩更述，故繪圖、集考，是編不贅。

宋張淏《會稽續志》，梅應發、劉錫同《四明續志》，鄭瑶、方仁榮《嚴州續志》，皆續舊志以後之事。查《永定河志》成於嘉慶乙亥，然乙亥年事已不及載。是編即斷自乙亥年起，迄光緒庚辰，凡六十六年。間有乙亥以前事，而舊志舛漏者，補正之。從宋人續志例也。

諭旨列諸卷首，昭法守也。

硃批綴於疏後，詳始末也。

舊《志》三十二卷，奏議獨居其半。蓋前人規畫，於此最詳。今奏議一門，惟循例入告者弗録，餘皆擇要採入。私家撰述，所見異詞。故老流傳，無徵不信。是編悉依檔案纂入，其或見諸他書，足資採擇者，入雜識門，以備參考。舊《志》以河營兵制載經費門兵餉條下，殊覺不倫，因補兵制一門，以正體例。然窮源竟委，於舊《志》不無複出之條。識者諒之。

諭旨序

古帝王典謨訓誥，垂諸簡册，史官特記之，以爲後世法，故二帝三王之治，考古者猶得而知之。我國家聖聖相承，孜孜圖治，制誥勅命，所以勗勉群工者至矣。況治河之要，以審察形勢爲先，以量度事宜爲重，以决排淤塞爲功。他若彌縫罅隙、補救堤工、因事勢而權宜，乃修防之末務。

聖天子睿謨，廣運明訓，明頒考工，斷自宸衷，底定本於廟算。治通今古績，奏平成萬世，臣工永爲典則。恭録諭旨。

工程序

昔禹治水，自冀州始，所以重王畿、奠邦本也。永定河爲燕山襟帶，元明時修渾河堤、築渾河口，載於史書者，班班可考。其所以重王畿、奠邦本者，猶古意也。我朝自康熙間建立堤防，歲時修築，錫名永定，環衛皇都。其决排疏浚之功，豈前代之小小補苴所可比擬哉！然河流善徙，水性靡常，形勢變遷，工程改易。今查通工汛段，與舊《志》多有不同。蓋因時制宜，不能强合，用特詳爲編列，以備查考。凡舊志所遺略者，并録之，以補其闕。續工程。舊《志》於各汛號數下綴以埽段，則工程險易，瞭然可知。惟本工險要迭出，歲歲修防，實無準處。故常年歲搶埽段、疏浚工程，是編不載。

經費序

節之象曰：『節以制度，不傷財，不害民。』古人於大工大役，必先量事，期計徒庸、慮材、用書、餱糧。凡備豫於事先者，所以免叢脞於事後也。《周禮》闕冬官，當時之修理堤防、道達溝瀆，其詳雖不可得聞，而均節財用之式，職諸太宰，其鄭重也至矣。永定河工歲支經費銀不及十萬兩。咸豐四年以左藏支絀，減成給發。迨同治間，大吏屢請於朝，始復原額。他如淤隙等租，雖爲本工粘補之用，而歲入有限，無補於事。凡遇另案工程，率別籌款項，以補不足。今將常年經費暨歷年另案工需，著之於篇。續經費。

建置序

永定河匯合衆流，委輸畿甸。康熙至嘉慶間，宸心眷注，鑾輅時巡。列聖天章御筆，彪炳千秋。令典宏圖，經營萬世。譬西京之八水，方東洛之三川。利濟民生，水流膏澤。舊《志》載碑亭行宮，見聖訓之昭垂，翠華之臨幸焉。繼以祠廟、衙署，見川后之效靈，臣工之敷治焉。民歌財阜，天賜河清，炳炳烺烺，於斯爲盛。其碑亭行宮，規模宏遠，具載前書。而祠廟、衙署，不無更改。續建置。

職官序

設官分職，期於共理。古者爲官擇人，不爲人擇官，故能庶司無曠，百廢具興。自禹爲司空平水土，而殷制有司水，《周禮》冬官雖闕，然溝逆地防，謂之不行；水屬不理孫，謂之不行，其載於《考工記》者，非即治水之法歟？永定河河員之設，始於康熙三十七年。其後或沿或革，因時制宜。大旨不外爲官擇人，講求治水之法而已。邇年河流氾濫，宵旰廑憂。大小臣工，奔走率職，其彌水患而興水利者，講貫無遺。不爲綜録，將何考覈？續職官。

兵制序

金大定二十七年，宰臣議於金口牐置埽官廨署及埽兵之室，此爲盧溝河設兵之始。而元明時渾河潰決，率發軍民修治，大抵以禁軍戍卒，佐民力之不足，非實有常隸之兵，以資修守也。我朝河營兵制略與録營同。永定額設戰守兵千數百名，專司修守事宜。舊志載，石景山暨南北岸兵數而不言分隸各汛者，亦以汛地額兵，時有抽撥，未能悉符舊制歟。是編亦總載通工兵數，不分汛地。補兵制。

奏議序

漢枚乘奏書諫吴王。韋元成有奏，罷郡國廟議，而奏議之名興焉。

國朝修《四庫書》，奏議類列諸乙部，豈不以嘉猷碩畫，關乎國計民生者，實足與正史相經緯歟。況河渠之所重，在乎築堤岸、疏下流、塞決口。權其先後，時其宣洩。苟緩急倒置，則功不能立。然則奏議一門所繫者，至大且重，雖識有精粗，語有醕駁，未必盡達乎當世之務。而反覆辯論，必求歸於至當而後已。而後之佐治者，考議論之得失，識事勢之權衡，亦於是乎，在續奏議。

雜識序

《禮》經以雜記名篇，劉子政新序有雜事，《説苑》有雜言。厥後，唐宋人撰《説部》，多以雜識題其書。今取碑文條教、古論成法，足資後人採擇者彙録之，以備考覈。若以龐雜見誚，則有古之成書，在輯雜識。

嘉慶乙亥，平利李公始輯《永定河志》三十二卷。至光緒己卯，觀察朱公倡議續修。廷臯承命纂述，輯成十六卷，凡八門。稿就，觀察補河形圖一。恭録諭旨於卷端。又酌添列繪圖仍爲八門，删各門總序而留兵制門一首。又酌添安瀾奏議暨歷年保案，原稿節録開復工員處分摺片。餘俱不録。并及於書院、詳交、點兵、劄付。緩急輕重，體例不無少異焉。今檢舊稿，得原編序例補刻之，以備參考。其他悉以原本付梓，故不録。

光緒壬午十月元和蔣廷臯記

《續志》樣本照原本抄録，未及校正授梓。故初印數十部，擡頭錯誤者凡五十有二，脱簡訛字六百八十餘處。嗣經游觀察逐字更正，仍用原板，故格式仍未能一律。原稿存儲庫中，後之續修者可覽焉。

寶山朱君翼甫於光緒五六年中兩權永定河道篆，先後僅數月。續修《永定河志》於河道之變遷、修防之難易、度支之盈縮，靡不載在簡編，俾後來者得資考證。智開涖任時，剞劂甫竣。書成受而讀之，深佩其識見閎遠，才力敏速。時籌款維艱，裝潢祇數十部，分送寅寮，已無有存者。年來同好索書，苦無以應。思籌款覓匠，再行印刷。而是書當時告成較速，字畫頗多錯誤，擡頭亦有參差。乃設局於署內，仍屬候補通判蔣君廷臯重校，候補同知陳君遐心督刊。閲月蕆事。因將新建宣講聖諭亭、河神廟祭祀陳設儀注祝文、永定河改設官渡三事，補録於建置之後。

光緒八年冬十月新化游智開謹識[一]

整理人：曹政雲，山西省平順縣平順中學高級教師，長期从事古漢語教學。

張彦平，女，中國財政經濟出版社副編審，曾長期從事世界銀行和國際貨幣基金組織中文出版物的編輯工作。

[一] 游智開此段文字原在卷十六『章程』之後。整理者將其移至全書末尾，這樣更便於閲讀。

〔明〕袁黄 撰

皇都水利

蒋超 整理

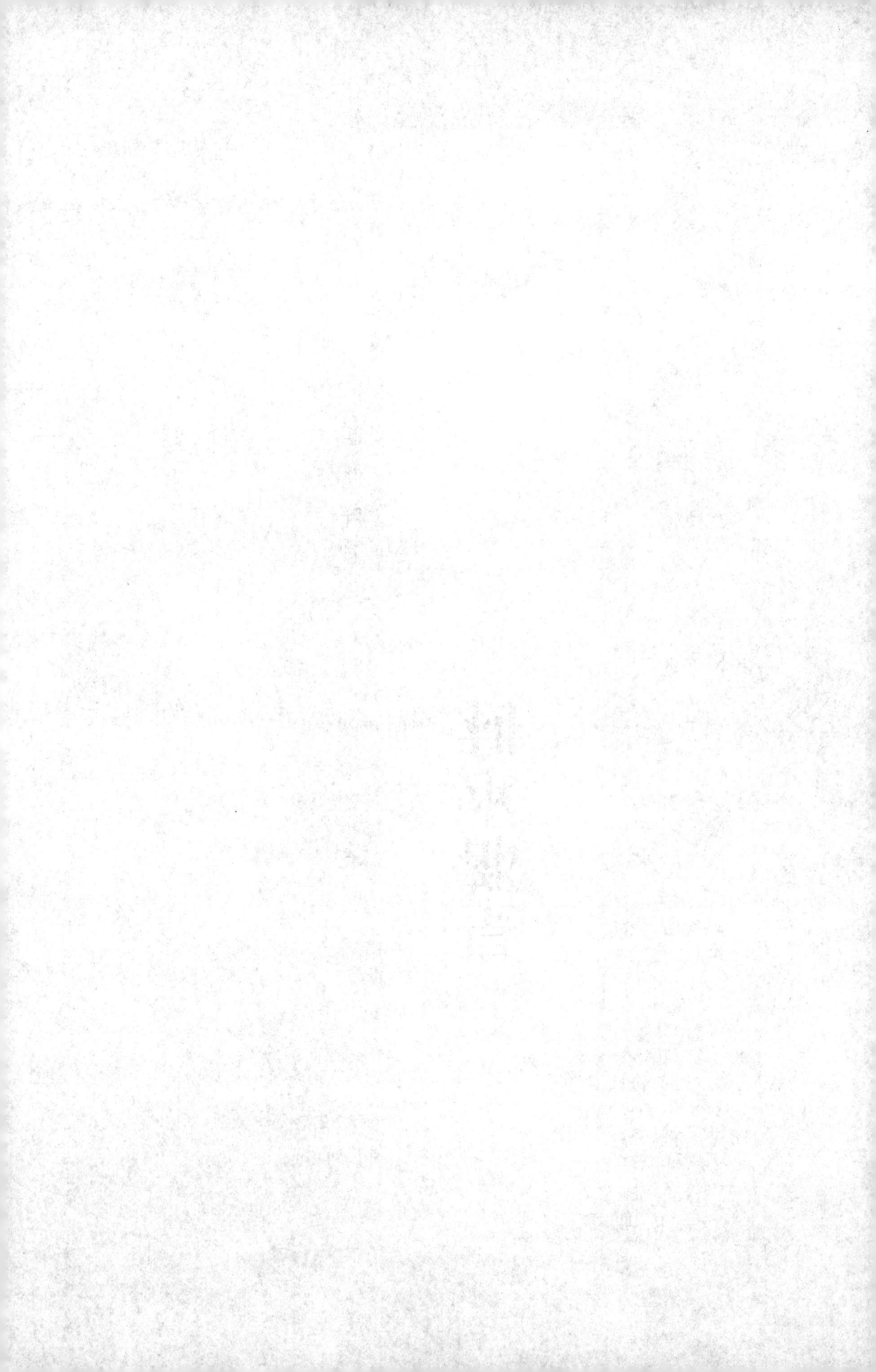

整理説明

《皇都水利》是明代關於海河流域水利規劃的一部重要著作。作者繼承了北宋何承矩利用塘泊蓄水禦敵的思路，期望通過開發海河流域水利來加强防衛力量，並進一步發展農田水利，減少對漕運的依賴。文內提供了不少關於明代海河水系的具體情況，對研究河道演變及當時的農業、水利狀況都有很重要的借鑒作用。

《皇都水利》作者袁黄，字了凡，浙江嘉善人，萬曆十四年進士。萬曆十六年至十八年任寶坻縣令，曾在寶坻積極推廣南方圍田，整治沽道，試種水稻。以後官至兵部職方主事，參與過援助朝鮮作戰。袁黄一直關注水利，還著有《寶坻政書》，其中之一爲《勸農書》。清代吴邦慶彙編《畿輔河道水利叢書》時，曾將《勸農書》部分内容收入。

袁黄的主要著作有《了凡雜著》九種，共十七卷，其中第六卷爲《皇都水利》。《勸農書》也是《了凡雜著》中的一種。

本次點校以國家圖書館藏明代《了凡雜著》爲底本。點校工作由蔣超完成，黄誠、李紅有審核。不當之處，歡迎批評指正。

整理者

皇都水利目録

水利乃經世第一事，畿内乃天下第一地。我朝都燕，又得古今風氣之完，倘能講而行之，可以生財足食，可以容民蓄衆，可以限戎禦寇，可以宣化致治。即不措之天下而功亦偉矣，愚故於皇都獨詳云。

論建都當興水利

《易》重坎象，曰：『王公設險，以守其國。』險必以水守，國者尚之，其利重矣。自古帝王建都，未有不資水以為固者。堯舜禹皆都冀，三面距河，其險足恃也。河改而南，冀失險矣。殷之五遷，利害惟河是視。周都關中，涇渭夾原而東，八水環繞，漢唐因之，較之冀弗若也。周之東遷，實卜澗瀍之間，宋因之，較之關中又弗若也。

燕都，古冀州、并州之域。《職方氏》稱燕北曰并州，其川滹沱、嘔夷，其浸淶、易。《禹貢》叙冀州云：『恒衛既從，大陸既作』，故淶、易、恒、衛，燕之寶也。昔召公始封於是，迨其衰也，秦欲併之，猶懼督亢之地水綢繆而難入，及荆卿獻圖而大喜。曹胤儒云：『燕南之地，以水為固。』葛莫間諸淀鈎聯，埂道如綫耳。陳貫所謂『天造地設』者也。金元都之，異域膻徒，闇于經制，不明古人畫地之法，不考先王經野之宜，棄天險而不守。

我成祖皇帝定鼎于燕一百九十餘年矣，田制未定，地利未興，有志者憂之。竊謂宜使藎臣智士，導境内諸川，

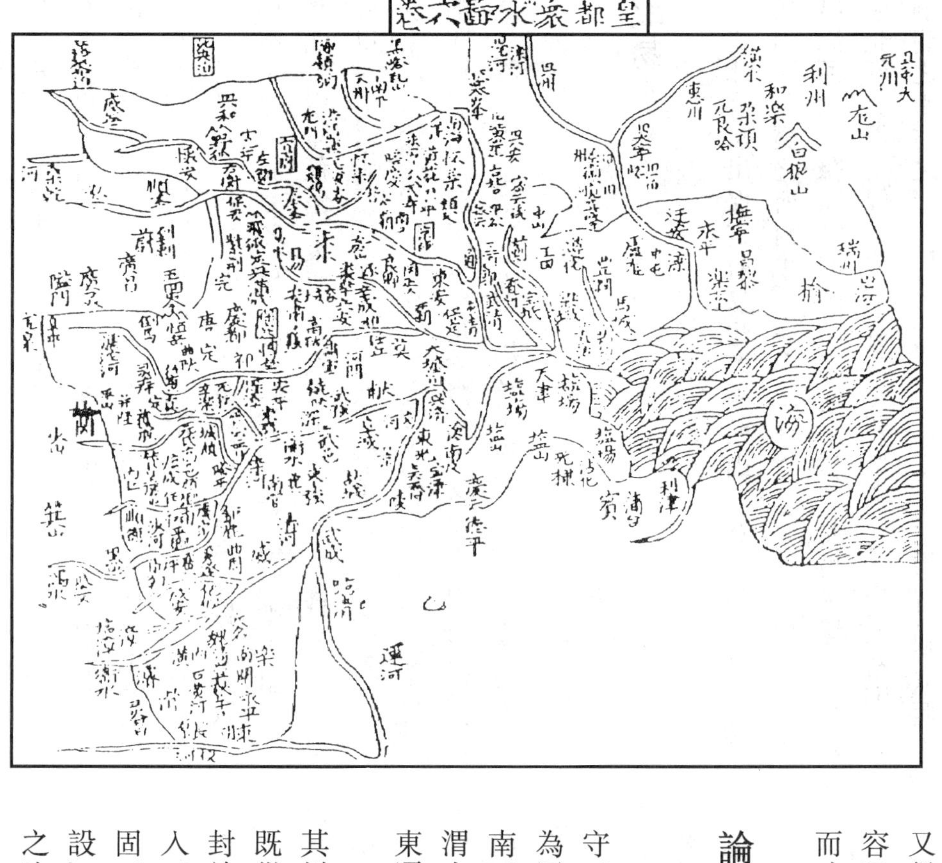

滙成地險，而因興水利。凡荒地可耕者，悉募民耕之；曠野可井者，即井之。井地九百畝，收公田一百畝。每畝收一石，則九百畆中一百石在官也。倘畝收二石，則二百石在官也。若收税而每畝一斗，民輒告病，久必抛荒。公田但藉民之力，而不收民之税，所以上足用而民不知勞。且有溝有洫，可以限戎馬，可以消水患，此古人之良法，萬世不可易也。行之於田少人多之處，其勢誠難。今取不耕不奪之地而井之，易易矣。其有水者，依江南水田。如井以耕，百里萬井，便應得粮八百餘萬石。豐潤、玉田、文寶坻御用監荒地，東西一百三十里，南北一百一十里，晝安、永清、灤州、（無）〔撫〕寧[一]等處，各擇荒田而與水利，則四百萬石之漕粮可取足於畿内。又以水田之米充民運之尚粮，是下出口庭而食用常足也。今將各水源流附列于左。

北易水利

北易水出保定府易州西南西山之寬中谷。易，故燕國周召公奭之所封也。漢為故安縣。《水經》曰：『易水出涿郡故安縣閻鄉西山』，謂斯水矣。北易水導自谷，乃東北行，至易州城西二十里，左與軍士川之水合，石則、紫荆關之水注之，其地名三會口。軍士川水出易州城西南一百一十里龍村之神社崖下，東北行與武夫關之水合。武夫關，《一統志》以為五廻嶺，在易州城西南一百二十里，山勢迂廻，逼邇郎山。唐有五廻縣，即此嶺也。武夫關水出其東北，注于軍士川水，東南行，與女思谷水合。谷水出易州西南五十里之女思澗。三水合而東北行，左注于易水。紫荆關水者，子莊溪水是也。《方輿記》曰：『源出子莊關下』。《易州志》曰：『易州西南五十里有水從紫荆關出，南流注于白澗』，盖斯水也。紫荆關盖古之子莊關。去今為關於紫荆嶺上，嶺多荆樹，故名。關為燕西南之岩要，去易州城西八十里。關之諸嶺垣而漫難守。溪水自關東北行而右注于易水，是曰三會口也。

北易水自三會口東行，歷燕長城。燕長城在易州城西南四十里，有樊石山水北來注之。水出今大同府廣昌縣南二十五里之樊石山，或曰即七山也。水出於兹山之東北者曰淶水，出於西南者北水也，土人亦名之曰易水，亦曰白澗水。易與白澗、淶、濡之稱，多互舉而訛傳，如《水經注》所謂『新安之澗水』也。樊石山水東行，逕今淶水縣西北三十里之覆釜山下，又東南行逕易州東南二十里，又東行與白楊水合。白楊水出易州西北四十里之白楊嶺，東南行，逕今定興縣西，又東南行，逕易州城南三里，又東南行，注于樊石山水。樊石山水又東南行，注于

[一] 無寧　應爲『撫寧』。

北易水。

北易水又東行，逕故高漸離城南，漸離城在今易州南十有六里。易水又東行，逕故武陽城南。武陽城，故燕之下都，《易州志》曰：『在州城東南』。易自寬中歷武夫關東出，土人亦謂之武水。武陽者，燕昭王之所城，在易水之北。水北曰陽，故斯城得武陽之名。北易水又東行，逕故固安城南，《水經注》曰『武陽大城東南小城』即固安縣之故城，土人又謂北易水為固安河，此是也。

北易水又東行，逕故范陽城南。范陽城在易州城東南六十里，秦縣名。秦末，張耳、陳餘為陳勝北略地，用范陽人蒯通言，説范陽令徐公先下是也。唐制范陽節度取斯名矣。後周移范陽城于是城北十七里之伏圖城，一名小范陽，故城遂廢。北易水又東行，逕故固安城西南，濡水北來注之。濡水別有者。北易水又東至故范陽城東南，涞水北来注之。北易水自范陽東出，土人謂之范水，故斯城有范陽之稱。今謂遵化為范陽，悮矣。

北易水又東行，逕故樊輿縣城北，《地里風俗記》曰：『北新城東二十里有樊輿亭，故縣也』，在今易州城之東南十里。北易水又東，逕今容城縣西南，又東，逕今容城縣西南二十里之黑龍口，與南易水合。二易所瀦，流長淵深，有黑龍居之，時興雲雨，故曰黑龍口。易水自下兼得長流河之稱，亦曰長清河也，而總曰易水，無南北分。

易水又東行，逕故渥洞口，易水北注于今新安縣東南，為二陂，曰大渥澱，小渥澱。其水又南行，謂之渥水，注于易，謂之渥洞口。渥洞口之名雖存，而二澱無考矣。新安縣，故渾渥城也。又東行至向陽渡，滱水西南来注之。自下滱、易互受通稱矣。

南易水考

代之易水是曰南易，出今易州西南六十里之石獸崗。石獸崗者，古稱廣昌東南郎山、東北燕王仙臺、東之石虎罡是也。范（華）〔曄〕〔一〕《漢書》曰：『中山簡王之窆』也。山有所遺一石虎，后人因以名崗。後趙建武中諱虎為獸矣。《水經註》曰：『罡之東麓即泉源所導』也。其水導自崗，乃東行，有毖水南會渾河同注，俗謂之雹河。司馬彪《郡國志》曰：『雹水出固安縣』。世祖令耿況繫固安西山賊吴耐蠡，符窞〔二〕上十余營皆（彼）〔破〕〔三〕之，即是水也。今之人目斯水也，知謂之雹水，不知其為南易水矣。

南易水又東逕孔山北，山下有鍾乳（亢）〔穴〕〔四〕，亦曰乳山。山在易州城南五十里。山有三孔，豁達洞開，大者

〔一〕范華　應爲『范曄』。
〔二〕窞　原文如此，應與『雹』同。
〔三〕彼　應爲『破』。
〔四〕鍾乳亢　應爲『鍾乳穴』，下文還有將『穴』誤爲『亢』。以下徑改。

如月，小者如星，自遠觀之，狀如星月，故曰孔山，又曰日月岩也。鍾乳穴者，出佳乳。採者熢火尋（炒）〔沙〕[一]，入穴里許渡一水，潛通流注，其深可涉于中。衆穴奇分，令出入者疑迷，不知所趨。每于疑路，必有歷記，返者乃尋孔以上達矣。

南易水又東，逕西固安城。送荆陘、武遂城遺名舊傳，今弗詮矣。南易水自武遂南又東行，昔人謂之武遂津。《北史》石趙建武五年，『燕王戩襲趙，直抵薊城，破武遂津』。是津北對古長城門，謂之分門。《史記·趙世家》曰：『孝成十九年，趙與燕易，以龍兑、汾門與燕』是也，亦曰分門，又曰梁門矣。

南易水東，分為梁門陂。又北接范陽陂，陂方廣一十五里，亦曰塩臺陂。陂水又南，通梁門淀，今皆無考。梁門淀之水接范陽陂，東南流注于易，謂之范水。易水自下有范水通目矣。

南（陽）〔易〕水[二]又東逕今安肅縣西北田村，河水東南来注之。河水出安肅縣之鷄爪泉，平地三派分流縣北二十里，又屈而西逕柳灣，注于南易水。南易水又東行，逕安肅縣北関外，亦曰雹河渡，渡北去関二里。南易水自安肅（十）〔北〕[三]又東行二十里，逕今新安縣西二十五里三臺鄉西，注于黑龍口，與北易水合。黑龍口在清苑縣城東北九十里、容城縣城西南二十里。

二易合考

二易之水會于容城縣西南二十里，東行至于向陽渡與滱水會，乃巨滱水，别有考。又東至于今新安縣西南，溢而北瀦為雜淀。淀在新安縣西五里，廣員三十餘里也。易水自淀口過，又東行逕六郎亘南。六郎亘者，宋楊延郎所築以禦遼人者也。易水自亘以西各長流河，是下名梁頭河。又東行過新安縣城南五里。易水又東行至閻家灣，灣在新安縣東南四里。易水又東行，温義河水西南来注之，温義河水别有考。易水又東行，又溢過新安縣東，瀦而為殷家淀，淀在縣東北三里，舊其地縣之昇平社、興化屯、宣慶屯、馬馬草埸也，今淼然巨澤矣。夫山峪之水必有所歸，俊畫坭者，壅而田之，不知其横出楚楚也，昇平宣宣化浸是矣。殷家淀視雜淀方廣等也。

易水又東行，又東瀦為楊家淀，自淀又北，瀦而為

[一] 熢火尋炒　應爲『熢火尋沙』。以上幾處注釋所涉及内容在歷史上爭議較大。有興趣的讀者可參閲《水經注》的不同版本進行研究。此處不再作深入探討。
[二] 南陽水　應爲『南易水』。
[三] 十　疑爲『北』。

鴨圈淀、二淀在新安縣東南十里。三淀視殷家淀稍縮。易水又東北行，瀦而北為燒車淀，在新安縣東十里餘，廣員四十里也。淀之東半為雄縣地，雄亦保定屬。雄縣城西之四十里李郎材，則燒車淀所浸矣。燒車淀之南為楊家淀，又南為白羊淀，則唐、沙、滋三水所涯也。三水自二淀而北，注于易水，水巨甚。唐、沙、滋三水別有考。

易水自燒車淀又微東行，北瀦而為黄淀，廣員十里餘。南瀦而為大李淀、小李淀二淀，各周四五里。三淀俱在雄縣西十里之西樓村。又有石臼淀，起自安州東北，極于雄縣西之李材，亦易水所瀦，廣員十五里。其地窪下如臼，故云。易水又東行，瀦而為馬家淀，淀廣員二里許，在雄縣西之平王村。易水又東行，瀦而為董家淀，淀廣員五里許，在雄縣西南董家村。易水又東播而為蓮花淀，淀在董家淀東南，廣員三十餘里。有滹沱河水自五官淀入蓮花淀，而注于易水。滹沱河別有考。

易水又北，分而為雄河，周遭雄縣城，故名。已而復入于易水。又有白溝河之水西北来，于雄河連接，復西南行，入蓮花淀而注于易水。白溝河別有考。易水又東，瀦而為窩羅淀，淀周七八里許，又播而為王家漕、戴家窊，各廣員十餘里許，而俱在雄縣南之郝家村。易水又東行，瀦而為張家〔淀〕姚家淀、趙家淀，(二)〔三〕[一]淀各廣員十里餘，又瀦而為馬家淀，廣員三里許。四淀俱在雄縣東南之安哥庄。易水又東行，瀦而為大張家淀，廣員三十餘里，又播而為馬家窊，窊廣員三十餘里，在雄縣東南龍灣之上村。易水又東北行，瀦而為淺淀，廣員三十里(里)[二]許，旱則田，潦則湖，在龍灣村。易水又微東北行，瀦而為滿淀，淀廣員十里許，在龍灣之下村。易水又東，土人名之曰『三汊河』，易之故瀆也。

易水又東逕道務村，又東行，受清河之水。清水河別有考。又東逕秋夏頭，又東北逕馬務，瀦而為馬務阜淀，淀廣員三十餘里許。又播而為白淀、稻淀，各廣員二里許，而俱在馬務村。易水又東北，瀦而為蒼耳淀，淀在雄縣東大姑村、邢村、小務村之間，廣員三十里許，潦則張天，旱則平地。又流而為矛兒灣，方百餘里許，上滙百川，下通直沽。水至，則江海天成，水落，則洲渚星布，神機營地在焉。易水又東瀦而為吴安淀、長兒淀，各廣員四五里許，而皆在雄縣東南之齊觀村。易水又東瀦而為青草淀，淀方員五里許，在雄東南之上村。易水又東流而為花木港，在雄縣東南之留鎮店，雄之東微矣。乘雄者曰，雄之諸淀，西北自安州，東至天津，各各子毋相依，大小相涵。唯瓦橋一線之道可通車馬。瓦橋在縣西南，五代及宋所謂瓦橋関，宋遼之所戍成也。

[一] 前文脱『淀』字。此處『二淀』當爲『三淀』，才能與下文『四淀』統一。
[二] 『里』字衍。

易水自雄縣東行至今霸州，西南流而為亰兒灣，亰兒灣即矛兒灣，在西北漈霸州地，曰亰兒灣，亦曰亰耳灣；在東北漈文安縣地，曰矛兒灣，實一水也。又東行至霸州西南十八里，土(八)〔人〕[一]名之曰汊河。又東行逕霸州南十三里，土人名之曰玉帶河。又東行，豬而為曰滋淀，播而為魚律窪，窪水甚巨，一名五[二]渠水，一名長瀉水，直貫天津，所謂飛魚口者，此窪水也。

易水又東行，豬而為栳栳圈，在霸州東十五里。又東行，流而〔為〕[三]苑家口河，河在霸州東一十八里。國朝景泰中置苑家口閔是〔也〕[四]。桑乾河之水北来注之，桑乾河別有考。易水又東流而為金水窪，在霸州東五十里。又東豬而為堂二淀。易水自淀又枝分而為八字河，又東行至霸州東七十里，豬而為高橋淀，淀水廣員百餘里。易水又東行，豬而為三角淀矣。三角淀在霸之東南，當武清縣之南。武清，通州屬。淀水在武清之南九十里，廣員二百餘里，燕南巨浸也，古之雍奴藪，是酈道元(元)〔云〕[五]：『雍奴澤名，四面有水曰雍，不流曰奴』。漢有雍奴縣，建武中封寇恂為侯國。酈氏又云：『雍奴之藪，其澤野有九十九澱，非一水之所歸，亦曰派水也』。

三角淀之水東北出而為清沽港，西接安沽港、三汊港，東注于丁字沽，豬而為塌河淀，淀在天津衛城東北四十里，廣員百余里也，播而為火燒淀，溢而為黃窪、馬家窪、湖家窪，沮洳之地，不可僂指也。又東行為直沽，行百二十餘里入于海。直沽者，益《水經》所謂笥溝也，西起易，東極天津，以至于海，絡引諸水豬之，四百里間天塹也。若夫易、清苑、高陽之交，雖云地廣衍，利馳突，亦有金臺陂故迹可尋矣。

淶水考

淶水者，《水經》所云巨馬河，出今山西大同府廣昌縣城南半里之淶源泉。泉水東南行二里許，至于七山。七山者，七峰並峙，故名，葢《圖經》所稱淶山是矣，或亦曰樊山也。有泉發于七山之東南，與淶源合而東北行，是曰淶水。

淶水又東北行，逕晋霍原隱所居大贙、小贙之間。又東北行而與馬跑泉合。金章宗過大同道乏水，途見土色微潤，鞭指而冗之得泉焉。馬跑而(飯)〔返〕[六]之，故名其泉。水東行注干淶水，故淶水亦兼馬跑之名。

淶水又東行，逕亂山間出胡核口，又東行逕浮圖峪。

[一] 八　應爲『人』。
[二] 原文不清，疑爲『五』。
[三] 此處脱『為』字。
[四] 此處疑脱『也』字。
[五] 元　應爲『云』。
[六] 飯　應爲『返』。

浮圖峪者，古蜚狐口也。相傳有狐于紫荊嶺食松子成飛仙，故名。《史記》酈食其所稱『守蜚狐之口』是〔也〕㈠，《地道記》曰常山，在常山都上曲陽縣西北一百四十里，北行四百五十里得常山岌，號蜚狐口，古所謂常山關也。邇孫翰林世芳《宣府志》蔚州『衛城東南三十里有太白山，山北有孤峰，《宋史》所稱孤山是也』。孤峰北十里有龜崖。龜崖者，蜚狐口是也。嵓石散列，洞壑漫開，巨馬大河滔然中出矣。淶水自浮圖峪口乃東南行，逕童川口，又東行，逕銀川口，復屈而北，又屈而東南行，烏龍溝水東北来注之。烏龍溝，紫荊之別口，嵓險處也。兩山雄峙，中有泉焉，是名烏龍。泉蜿蜒轉出，注于砲架溝，乃奔涌而為川。有水蓮洞之水横来注之。水蓮洞在紫荊關門外，水伏入山，地行三十餘里，至萬佛寺洞口始出，與烏龍溝之水合而南注於淶水。

淶水又東行，逕盤石口南微東，有周二溝水北來注之（淶水）㈡。淶水又東行，逕北堡之東，有栢連澗之水北来注之。溝澗之水俱出關北亂山。淶水又東行，逕紫荊關北，至于奇峰口，有漿水河北来注之。漿水河出紫荊關東北天門關之洪水口。洪水口在今保安州南一百八十里，其河水潺湲轉出，洼于淶水。淶水又東南行，乃出太行山矣。淶水乃山西北故瀆，亦微群溝衆壑迤邐注之，乃巨。其性湍急多丸石。

淶水又東南行，歷房山縣西南。房山者，順天府之下邑，金人之奉先縣也。淶水又東南行，逕故徐城北出，世謂之沙溝水，今土人亦名淶水，曰沙河。《宋史》雍熙三年，宋曹彬與契丹耶律休哥戰于岐溝敗績，彬夜走，度拒馬，休哥引精騎追及之，溺死者不可勝計。彬南趋湯州，方瀕沙河而爨聞休哥兵復至，衆驚，潰死者過半，沙河為之不流，正斯水也。

淶水又東行，分而為二水，一水東南行，即督亢溝。一水西南行，即淶之故瀆，水盛則長津弘注，水耗則通波潛伏，至故遒縣北乃出。淶水上承故瀆于故遒縣北，漢涿郡下邑名。《史記·惠景間侯者〔年〕表》有匈奴王降封遒侯，此縣也。淶水重源再發，結為長潭，滙為淵渚，今多湮。淶水又東南行，昔人始名之曰巨馬河，亦曰渠水也。漢袁本初遣別將崔臣業攻固安不下，退還，公孫瓚追擊之於巨馬河，死者六七千人，巨馬之名遠矣。

淶水又東南行，至淶水縣北。淶水，保定之下邑，古遒縣地，清水河之水東北来注之。清水源出淶水縣西北三十里之木井社，於家庄，南行至於縣西北入于淶水。淶水又東南行，至淶水縣東北二十五里之赤土社，分為二瀆枝出者，東行微南為稻子溝河，別見白溝河。考淶之故瀆，自赤土社南行，逕淶水縣東二里許，又分為二瀆枝出

㈠ 原文脱『也』字。
㈡ 依據上下文，此處『淶水』二字衍。

者東南行為馬村河，而淶之故瀆乃南行逕定興縣。定興乃保定之下邑，金大定中置。淶水逕之，土人亦名之曰北河。河有梁焉，曰北河橋。淶水逕橋下又南行，道瀾河水北來注之。河水出淶水縣西北三十里之樂平山，山有石洞，方廣可容百人。山之巔有龍湫焉，青龍潛之，禱雨多驗。河水導自山東麓南行，逕淶水縣西十里，又南行至于定興，注于淶水。

淶水至定興始大，亦兼沙河之稱。又南行至定興縣西南十里，白澗河水西北来注之。白澗亦曰百澗，源出廣昌縣西南群山中，百澗合注一川，川石皓然，望同積雪，故以物色受名。白澗自廣昌東南行，逕易州城東南三十里，又東行逕定興縣西南十里，與五里河之水合而注于淶水。五里河原出易州東北七里之梁村，南行逕易州城東五里有梁焉，曰義橋。河水由橋下東南行，有五龍池之水西来注之。昔燕昭王引水為池，以為遊觀之所。易之人川而行之，縈城之屈而南，與五里河之水合。河水又南，與白澗之水合而注于淶水。五里河、白澗河入淶之所，土人名之曰河陽渡。渡，定興縣地，南至保定府城一百里。晋太尉劉越石守此，以拒石季龍，是名拒馬河。淶水又南行，逕定興縣東，八里馬村河之水注之。河水上承淶水，于淶水縣東二里許乃東南行，逕淶水縣東南，又南行，逕定興東之西靳，復入（與）〔于〕淶水[一]。淶水又南行，逕故范陽城東北而注于易水。

督亢溝水考

督亢溝水亦淶水之枝分者也。溝水分自房山縣之東房山，順天下邑也。乃東南行，逕涿州城之東有十五里，故督亢亭之石。涿亦順天屬，故范陽縣地。又東南行，逕故遒縣之東。魏酈道元自稱其六世祖樂浪守宅。是水之滂，西帶巨川，東翼兹水，枝流津通，纏絡墟圃，匪田魚之樂可懷，信為遊神之勝處。《史記》荆軻為燕入秦獻督亢之地圖。劉向《别録》曰『督亢膏腴之地』；徐廣曰『督亢之田在燕東，甚良沃』；《涿州志》曰『涿州東南有督亢堤，其地沃美』。考之諸家之言，斯土洵美，可耕漁也。《風俗通》曰『沆漭也言乎，滛滛漭漭無崖際也，沆澤無水者也』。

溝水東南行，土人名之為酈亭溝。其水又東逕故樓桑里南。樓桑者，里名，即漢昭烈帝之舊里也，在今涿州西南一十五里，舊有桑，高五丈許，亭亭如車蓋然，人異之，因名其里曰樓桑也。其水又東為督亢溝。督亢溝之水自澤枝分，其一東行逕漢侍中盧植墓南。植墓在今涿州東，土人呼為南臺。其一南行，土人亦謂之白溝。白溝

[一] 入與淶水　應爲『入于淶水』。

西受涞水所謂定興故道也，今改而南。督亢之迹多湮，欲興兹利者闢〔一〕兹水而西引涞水，或白溝之尋故迹易易矣。

白溝河考

涞水自河陽渡之東南，又南行至新城縣西北枝出者，東行，是曰白溝河之水。西受涞水乃東行，有稻子溝之水注之。稻子溝之水源涞水縣東北三十里之赤土社，亦涞水枝流，東行微南，舊亦濛流。涿之人作水磨，分涞餘波注之，流始大，亦名涞水。東行至新城縣西北入于白溝。白溝又東行微南，至新安縣西北乃枝溢而南為天溝，又南瀦而為大殷淀。淀水方廣四十餘里，在新安縣西北五里。白溝之故瀆自天溝口東又東行，亦兼巨馬河之稱。

又東行微南，至雄縣西北之王克橋，橋去縣十里。白溝河之水乃分而為三，其一東行，由王家臺入于矛兒灣，又東北注于灣河套，與琉璃河之水合。《一統志》所稱『礬石山挑水至涞水縣東入聖水』，是舊東分為挑水，入于聖水。有定興故道注于故督亢溝，今湮。聖水即琉璃河水，别有考。其一南行至雄縣之北関分流於雄河，逕侯留村東行，時漲時涸。其一蓋白溝河之故瀆，逕雄縣西之永通下，西南行至于蓮花淀之北，于易水合者巨甚。

衛河考

《禹貢》衛水，《地志》謂『水出常山郡靈壽縣，東入滹沱河』。今查，衛河實出河南輝縣，又不入滹沱河，豈二水歟？蓋上之衛河，即漢武帝元封間所謂屯氏河者也。初出輝縣蘇門山之百門泉，東南流二十五里入新鄉縣界，至雲門伏會卓水泉。流五十里至合河口，丁公泉、焦泉皆入焉。又東北至永康社會峪河，過涇縣界，由汲縣之北會聖水也河及太公泉，涇淇縣之東，至西閻村會折脛河，至薛河口合山河。東北至濬縣會其水。其水出林慮山中，綿歷太行而東，至枋頭入衛。枋頭，古淇門也。過湯陰縣之東、安陽縣之西，至渭縣西八里許入内黄縣界，會洹水、湯水。經魏縣之南四十里入大名縣界，東北抵元城，又經館陶入漳水、下臨清州，始入運。北經德、滄等處，千餘里至直沽，合白河入海。

白河考

白河源出口外，由石塘嶺而入。有潮河者，亦出口外，由潮河川而入。二水分流至密雲之西南合而為一，經

〔一〕原文漫漶，疑爲『闢』。

牛欄山至順義壇，榆河入焉。榆河出昌平南月兒灣，下流爲沙河，會清〔河〕[一]入白河。至通州東北，富河入焉。富河出甕山口，合㙟河而入白河，又合通惠及榆、渾諸河，凡三百六十里至衛河入海。

按：白河多流沙，閘難堅固。其出通州而南也，淺處凡五十有奇。漕船至天津，逆流而上，日行四五里，經月不能抵灣，漕卒各備器械自濬，矻矻如登天之難。又舟自爲計，前舟之沙即爲後舟之壅遝者。潞王之國，方春水淺，舟不能行。盡啓城内諸閘，水將盡而舟不能行。諸大臣窘，問計于予。予請爲囊沙之計，如言行之，水畜舟行，略無阻滯。

竊謂自通州至天津當建牐而不當建閘，一則閘恐流沙難建；二則石閘工費甚鉅，白河水湧，淜轟決烈，恐費前功；三則河徙不常，閘難移動。惟以木爲牐，雖有浮沙，深不過三四尺，沙盡，釘樁便可立牐，一便也；楊木小板所費不多，倘河湧衝去，當其湧時且可通行，及水落淺出，又可建牐，二便也；河即變遷，牐亦隨改，三便也。故元郭守敬開大通河，十里建一牐。置牐之處，往往得舊時磚木，人服其識。然則守敬以前亦有建牐者矣，或疑牐不堅牢，年年有費。予謂牐誠不堅，較之囊沙猶爲固也。雖年年有費，較之近年撈淺之費，蓋省百倍矣，毋論其他。即如沿河各州縣淺夫以萬計，費工食七八萬兩，於河無分毫之益。今每年只以三四百兩之金，使可置牐五七座矣。且工之堅瑕，各有機宜。有宜用堅者，有宜用瑕者。昔元馬之貞作堽城河堰，人言作石堰可歲省勞民。之貞曰，漢曹糸作興原山河石堋，常爲漲水所壞，時復修之。汶魯之大川，底沙深濶，若修石堰，須高水平五尺，方可行水。沙漲淤平，與無堰同。河底填高，必溢爲害。况河上廣，石材不勝用，縱竭力作成，漲濤懸注，傾敗可待。晋杜預作沙堰於宛陽，堨白水溉田，闕則補之。雖屢勞民，終無水害，固知川之不可塞也，且曰後人，勿聽浮議，妄興石堰，終困其民。壅遏漲水，大爲民害。重修堽閘，因自作記，勒其言于石。延祐五年，改作石堰。五月堰成，六月爲水所壞。水退，亂石齟齬壅沙，河底增高，自是歲溢爲害，而人始思馬公之先見云。

盧溝河考

盧溝河，即九河之漯[二]河也。發源于太原之天池，伏流至朔州馬邑，從雷山之陽發爲渾泉，流爲桑乾河。鴈門、雲中諸水皆會焉。過懷來，行兩山間，拘束齟齬不得

[一] 此處疑脱『河』字。
[二] 盧溝河即後來的永定河，古稱灅水或濕水。『漯』河是在傳抄過程中的一個錯誤。是將濕字中的『曰』改爲『田』，又省去一個『糸』而形成的。對此，清代學者戴震曾作過專門的考證。

肆。至京城西四十里石徑山之東，地勢平衍，始多衝決。至盧溝橋南看丹口分為二，其一名渾河，東流至張家灣下馬頭入白河。其一名盧溝河，南流至霸州苑家口合易水，又南至武清縣丁字沽，會白河入海。永樂、正統間狼窩口等處大決，為京師患，屢常修築。弘治二年，又命內臣及文武官各一員治之。至嘉靖三十年後，東岸沿堤決，幾二十處，而（慱）〔磚〕[一]岸損壞者亦多，因遣薛禮、李遵塞之。今又横溢，固安、東安等處頗受其害云。

按：水之行，有源必有委。河之入海也，有九河逆河為之委；濟有巨野為之委；淮有高、寶諸湖為之委；江漢有嶓陽、震澤為之委，此四瀆之大勢也。今畿內千里之水，皆會于直沽而無所委焉，安得不震蕩而横決也哉？武清有三角淀，即古之雍奴，長濶百餘里；寶坻有七里海，亦渺然巨浸也，皆在直沽之內。今不引之相通而更障之，置巨壑于無用之地，不惟河流不安，抑且天險弗設，良可憾也。豈惟諸河，即運河亦當借巨壑為用。今山水未發，漕河常患水淺；及山水一發，則奔衝特甚，常損（遭）〔漕〕船[二]。倘使諸淀相通，水少則開淀以濟運，水溢則由淀以分其怒，策之至便者也。

滹沱河考

滹沱河出代郡泰戲山，循太行，掠晉冀，逶迤而東，至直沽入海，《禹貢》九河中所稱徒駭者是也。西漢曾置蒲吾渠以通漕船。至國朝流經藁城迄于今，不知凡幾徙矣。或謂是河東趨真定，由晉州紫城口南入寧晉，會衛河入海，此故道也。自紫城口衝決東流，失其故道，而東鹿、深州等處俱被水患。是時太僕寺卿何棟以嘉靖十一年奉命相視，議欲于藁城之張村至長州之固堤，大築長隄一道，約十八里。高濶堅完，然後挑濬舊河身三十餘里，障水南行，使歸故道。議下順天、保定撫臣治之，久俱不報。隆慶、萬曆間御史趙應龍、田樂以畿輔水災，相繼請治。本部題覆行勘，又俱莫有報者。至萬曆十三年尚寶少卿徐貞明奉命開畿內水田，乃欲力除此患。議復深州故道，仍存饒陽見行之道，使滹沱由饒陽行者十之七，由深州行者十之三，併欲挑濬河道、修建橋梁，俱該本部覆行勘舉。然而中官大家重棄成田，不欲改事。浸淫聞于上，上意以為不可。適御史王之棟疏言之，遂併罷田事，俱停止。

大通河考即今通惠河

大通河，發源於昌平之白浮村神山泉，西南會一畝、馬眼、玉泉，遶出甕山後，滙為七里濼，東入都城西水門黄

[一] 慱　疑爲『磚』。
[二] 遭船　應爲『漕船』。

積水湾。又稍東，由月橋入内府，環遶宫殿，南出玉河橋水門，東行會南北城河二流，由大通橋東下通州高麗庄，凡一百六十餘里。元世祖二十九年，郭守敬鑿開此河，置牐畜水，以濟漕運。後三年，宰相始易牐以石，非守敬初意矣。永樂初年，造宫殿，木植皆由此運進。六十年来設夫守閘，夫常廢而河幾湮塞。成化十二年，始命平江伯陳鋭疏通之。漕舟魯至大通橋下，後車户射利揑説，阻壞之。正德二年又命官復疏，工不就。嘉靖六年御史吴仲以疏請奉世宗宸断，批云：『大事可成，則劳費不足計；国計有補，則浮言不必恤。若姦豪之人，恐妨己利，故違騰謗阻撓，拿究』。于是，郎中何棟等始得盡力工用有成，省陸輓之勞，至今有賴。

按：三吴民運白粮，自蘇松至張家灣凡三千七百餘里，自灣抵京僅六十里。而水運之舟價與陸運之車價略相當，是六十里之費抵三千七百里之費也。此河一開，所省無算矣。然元時運舟直至積水潭，即今西海子也，故元君自上都還，過積水潭，見舳艫蔽水，大悦，賜名『通惠』。本朝弘治二年，舟亦直抵大通橋下。今漕舟不能直達，猶費剥運。盖緣當時諸臣恐開濬難成，故其疏以為縱不能直達京師，猶可置剥船轉運，姑為淺近之計，以期必成也。今行之既無碍矣，當開閘河如臨清以上之例，使（曹）〔漕〕舟〔一〕挨幇而進。淺者隘者，略為濬治，用力不多。而又於都城東復開五六里，使直抵城下，則所省尤多。此在當事者斷而行之也。

論開田禦寇

晋劉（清）〔靖〕〔二〕以嘉平二年于高梁河開車廂渠，灌田歲二千頃。景元辛酉，更置水門。水流乘車廂渠自薊西北逕昌平，東盡漁陽、潞縣，凡所灌田萬餘頃。又《玉海·山川考》曰：『薊州漁陽有平虜渠，傍海穿漕，以避海難。又其北漲水為溝，以拒契丹，皆魏神龍中滄州刺史姜師度所開也』。夫車渠、平虜之迹誠不知其何在，然據今日現在之水，開今日可耕之地，以距今日跳梁之夷，則在能者圖之而已。

《周史》顯德中，契丹屢寇河北，輕騎深入，無藩籬之限。郊野之民，每困殺掠。言事者稱，深、冀之間有葫蘆河，横亘数百里，可浚之以限其奔突。周世宗詔王彦超、韓通將兵夫浚之。築城于李晏口，以張藏英為沿邊巡檢使，留兵戍之。自是，河南之民始得休息。先臣霍韜嘗進言曰：臣嘗訪詢，畿内地利自真定至永平、滦州，皆有山澗之泉，惟北人不知水利，反以為害。若能慎選守令，勸民農畝，相地高低，導溝引泉。築隄置

〔一〕曹舟　應爲『漕舟』。
〔二〕劉清　應爲『劉靖』。

閘，以時蓄洩。沿溝之隄，或植榆柳，可以作薪。或植桑栗，可以為粮。戎馬過之，可為蔽覆。其言鑿鑿，可按而行也。

今日薊門勞軍修築臺垣，脾脱所苦者，水口耳。盖水之自外而入為口者凡二十有九，而潮河川、潘家口最鉅。當時造橋築墻，勞費鉅萬，最稱堅固矣。而洪水一決，蕩費無存，今遂付之無可柰何矣。夫水者，設險之具，國之本也。奚不因其流而濬之，地勢高卑不一，則為堰、為壩、為灘、為牐，遞相灌注，于以興水利而限戎馬。當要害之衝，則為井田。置堡於中，聚衆拒守。或行近時方田之法，開溝于傍，植棗于外，雖有武騎千群，將安所聘足哉？先王體国經野，廣開溝澮。澮上有塗，容二軌，川上有路，容三軌，皆高垣崇墉也。井井有溝，溝溝有徑，禦敵之策，伏于養民之中。又，井田者，陣法之宗也。於設陣之中，寓止戈之意，皆聖人之良法也。不此之務而區區修邊，真所謂舍千萬重之險而恃一關，失千萬世之利而築一壘者矣。且我之於胡虜，不畏零竊，而畏大舉。邊牆雖完，止可禦零竊耳。若大舉，則拆垣而入，如履無人之境矣。豈如廣開溝塹，滙水開田，使虜騎必不能逞哉。又歲歲修邊，随修随圮，軍力有限而邊無完期，是未戰而力先屈也。若蓄軍乏力，開邊之田，則食可足而兵可強。此二策者相去遠矣。夫薊鎮京師之背，起自居庸，迄於山海，以山為固。誠於内地引泉為河，以設重險，所謂山下有水，蒙不利為寇，利禦寇者也。除沿邊水口別有成書，將近地有水可田者，附録其槩，以備採擇。

北户南順義東境，右密雲之地。漢時鄧將軍曾於此開水田二千餘頃，今止存二百餘頃耳。平地出泉，修而復之，不難也。

金鷄塘三河。行而灌田，可千頃。

燕樂庄密雲水峪寺平谷。（观）〔現〕〔一〕有水田不多，宜修濬。龍家務庄平〔谷〕〔二〕唐合庄、順慶屯皆三河

黄崖營薊州城北

白馬泉、鎮國庄皆薊州城西

馬伸橋薊州城東。其来處一帶皆可田者也。

平安城、沙河舖、鉄廠、清珠湖、韮菜溝、上素河、下素河皆遵化。以上百餘里皆有水可引，有田可開者也。

徐流營遷安。山下湧出五泉，會流入桃林河。行之，其利最勝。

三里橋湧泉遷東。平地湧出，流入灤河。

蚕姑庙湧泉遷安北。泉湧出成河，與灤河相接。

燕河營湧泉盧龍。亦湧出成河，及營東，五泉湧漫四出，直至張家庄。

西臺頭營撫寧。河流亦自燕河湧泉而来，皆可行用。

大寨、刺榆陀、大王庄皆在豐潤西境。其地至廣。

榛子鎮豐潤東境。

〔一〕观　應爲『現』。

〔二〕原文脱『谷』字。

豐臺豐潤西境，沿河五十餘里皆可（日）〔田〕[一]。

清庄塢玉田。有河可導。

後湖庄、二里屯、大泉、小泉皆玉田。皆有水可行者也。

按：此皆其顯著者。其間泉水尚多，撫寧、盧龍沿海一帶皆可成田者也。

論畿内田制

江南無寸土不耕，而畿内荒蕪彌目，此水利所以當興也。天下之田皆有定制，而畿内獨無。定有小畝，有大畝。大畞之中又不同焉。有以三百六十步為一畝者，有四百八十步者，有七百二十步者，甚至有一千二百步者。故畿内之地甚廣，而今上册之田止四十九萬二千五百六十八頃四十二畝二分零，非其實也。古者王畿千里，除廣谷大川三分之一，該得田六百萬頃。今以燕都計之，截長補短，該得地方八百里。周之尺，准今尺六寸。古方里而井，井九百畞。計今方里，則為田五百四十畝，方百里為田五百四十萬畝。方八百里，該田三萬三千六百萬畝。依周禮，除山水三分之一，該田二萬二千四百萬畝。每畝徵米二升，該得米四萬四千八百萬石。以四百萬石抵漕粮。民運白粮每石加舂折、斛折、使用米八斗，該米若干并禄米倉若干，尚餘粮四千七百五十萬石，以備水旱來時不虞之需。

蓋軍粮不必皆稻米，随北地所有細米、粟米，皆可收之。今山東原有細米，祖宗之制，不責有于無，而軍士所食原無擇地，惟白粮須用稻米。但開水田，儘自足用。長運粮四百萬石，每石折銀二錢五分，共銀一百萬兩。民運一十七萬七千二百七十七石零，又禄米倉糙粳米四萬四百六十二石四斗，每石折銀五錢，該銀一十萬八千六百三十八兩五錢零，共得銀一百一十萬八千六百三十八兩五錢零，用抵畿内各項銀差，沛然有餘。

按：《禹貢》：五百里甸服四百里粟，五百里米。五百里而外未嘗轉運也。漕運起于秦人，乃勞民之敝政，非聖王之良法。後世循而不改，悞矣。謹考彊里遠近，開列于後：

北起居庸，南至霸州，徑三百三十餘里。

東至山海關，西至紫荊，横九百九十餘里。

紫荊關東一百里至易州城。易城東一百里至清苑界。清苑西界六十里至高陽界。高陽西界七十里至任丘界，任丘西南界九十里至霸州城。霸城東北九十里至三角淀，淀水延漫二百里，接武清淀之東岸楊柳青䮂，又五十里至天津。而武清九十里至寶坻。大抵易水從西北轉東南又東北，距海共七百六十餘里。

紫荊関東北至京三百里。

寶坻東北至豐潤一百六十里。豐潤東至灤州城一百

[一] 日　疑爲『田』。

四十里。灤州東至昌黎縣城七十里。昌黎北至撫寧縣城五十里。撫寧東至山海関一百单五里。共五百二十餘里。

山海関西至京六百九十里。

自紫荆至山海，沿易水薄海，屈曲共一千二百八十餘里。

論開田賞功

《元史》：泰定中，虞集為翰林直學士，進言曰：『京師之東瀕海数千里，北極遼海，南濵青徐，萑葦之場也。海潮日至，淤為沃壤。用浙人之法，築堤捍水為田。能以萬夫欲得官者，令其衆分受以地，官定其畔以為限。能以萬夫耕者，授以萬夫之田，為萬夫之長。千夫、百夫亦如之。察其惰者易之，三年後視其成，以地之高下定額，以次漸徑之。五年有積蓄，命以官，就所儲給以禄。十年不廢，得以世襲，如軍官之法。』至正十三年正月，丞相脱脱言：『京畿近水地，召募江南人耕種，歲可收粟麥百萬餘石，不煩海運，京師足食。』從之。於是用右丞兀良哈合、左丞烏古孫良禎兼大司農卿，而脱脱领大司農事。西自西山，東至遷民鎮，南至保定河門，北抵檀、順，凡官地及原管各處屯田，悉從分司農司立法佃種，給鈔五百萬錠，以供工價、牛具、農器、穀種用之。又略倣前學士虞集議，於江南召募能種水田及修築圍堰之人各一千名為農師降空名，添設職事。敕牒十二道，能募民百人者，授正九品；二百人者正八品；三百人者從七品，就令管領所募之人。所募農未毋名，給鈔十錠。由是，歲乃大稔。

嘉靖中，給事中秦鰲言：『畿輔之地，北抵灤州，南距慶雲，一帶州縣地廣人稀，生理鮮少。然水深土厚，地力沃饒，乞選江浙之士為之長吏，使之訪募江南，作田如法水耕，随其高下，或鑿渠以畜水，或築圩以環田。仍又倣行古者孝弟力耕之科，有能率衆墾田萬畝者，授其官。其千畝者亦如之。果能勸課有法，不吝超遷。如此則三数年後，必有萬倉之積矣。王畿足則天下無不足之憂，而歲運之数可省矣。富國之道，莫先於此。』

按：天下嬉嬉，皆為利来。欲成大功而不欲以厚利，其勢難成也，徐尚賓談水田鑿鑿矣，然不與天下共功，而欲以一人之力相視倡導，豈不戛戛乎難哉。虞集等奏，各為賞功之等，其謂責成縣令，尤得肯綮。元時先給空名，敕以募治田之人皆可倣而行之也。今以意立賞格如左：

一、凡掌印官能開耕三萬畝以上者，陞實俸一級，不碍行取。行取之後，授給事中、御史等官。仍於所授官上准陞一級；六萬畝者陞二(給)〔級〕[一]；九萬畝者陞三

[一] 對照前文，此處『二給』應爲『二級』。下文的『三給』亦應爲『三級』。以下徑改。

（給）〔級〕，遞陞之。倘有能開水田及菱葦厚利，增粮至五百石、銀至三百兩以上者，即陞一級，亦遞陞之。有能查出豪强隱匿銀粮及額者，亦照例陞給。以上陞賞，皆須田已成熟，銀粮上納，方准實授。

一、佐貳僚屬等官開田二萬畝，即陞一（給）〔級〕。其水田等項增粮三百石、銀一百五十兩陞一（給）〔級〕。

一凡官開田未完而陞任者，皆以所開之數申報上司，俟後官開成，其功新舊分算。如開二萬畝，彼此各算一萬畝。

一、本府、本道各以所屬開田之多寡紀録陞賞。

一、畿内鄉宦，不拘考察致仕等項，九品以下有開田一萬畝、八品開田二萬畝、七品開田三萬畝、六品開田四萬畝、五品開田五萬畞、四品以上開田十萬畝，皆准復原職。其開水田等項，九品以下粮一百石、銀五十兩；八品二百石、銀一百兩；七品三百石、銀一百五十兩，以次增之。

一、鄉宦雖在任，其家人子弟有能開田者，亦照例陞（給）〔級〕。七品以上照正官例，八品以下照佐貳例。

一、監生問革者，開田千畝，生員黜退，開田三百畝，行檢退者加二百畝，皆准復。

一、諸色人等有能開田三千畝者，授總旗；五千畝者，授副百户；一萬畝者授正百户；一萬五千畝者，授副千户；二萬畝者，授正千户；三萬畝者，授指揮僉事；五萬畝者授指揮同知；十萬畝者授指揮使。官皆世襲，田為世業。禄即於所開公田中量給。田荒即搋其官。

一、犯極刑者，各以其力報，所在官司勘准，開田贖罪。

一、不拘遠近士民，但能開田百畝以上，曾經納上者，即許於畿内考試，别立京學以收養之。場中亦照額增舉人名数，有三十人入場增一名。中式之後，永不許回南。回尺田荒者即除名。

論沿海開田

先民丘濬云：大凡瀕海之地多鹹鹵，必得河水以蕩滌之，然後可以成田。故為海田者，必築堤岸以闌鹹水之入，疏溝渠以導淡水之来，然後田可得而耕也。臣於京東一帶海涯雖未及行，嘗泛漳衛而下，由白河以至潞者，观其入海之水最大之處無如直沽。然其直瀉入海，灌溉不多，請於將盡之地，依《禹貢》逆河之法截断河流，横開長河一帶，收其流而分其水，然後於沮洳盡處築為長堤，隨處各為水門，以司啓閉。外以截鹹水，俾其不得入；内以洩淡水，俾其不至漫溢。如此則田可成矣。於凡有淡水入海所在，皆依此法行之，則沿海数千里無非良田，非獨民資其食，而官亦賴其用。如此則國家坐享富盛，遠近皆有所資，譬則富民之家。東南之運，其别業所出也。濵海之收，其員郭所護也。其為國家利益夫豈細哉。今撫寧、樂亭、(王)〔豐〕潤、(于)〔寶〕坻、(倉)〔滄〕州、塩山等處皆濵海者，其荒地極多，皆以處鹵見棄。嘗開溝試之，未及三年，草輒茂盛，則其地皆可耕，而丘公之説非無稽也。

論時宜

天井田，聖王良法也，當行也，然而不可執也。水田，足民要法也，當興也，然而不可執也。故地可井則井之。而勢有不便者，但開溝畜水，不必全泥古法。縱横曲直，各隨地勢。淺深高下，各因水勢。使地利必興足矣。有水而地宜稻者，則為水田。有不宜者，黍稷□〔一〕粟，各随其便。高者棗栗，低者蒲葦，使田無抛棄足矣。若執一法而概行之，不惟重拂人情，亦未深明土性，非所以盡變化而行良法也。是故古法雖善，尤自宜今。井地雖陳，尤資潤澤。天下事大率皆然，非獨水利一節爾也。

論調停謗議

宋太宗時，何承矩知雄州，累遷滄州節度副使。時契丹擾邊，承矩請於順安砦西開易蒲口，導水東注于海。東西三百餘里，南北七十里，資其陂澤，築堤貯水為屯田，以遏敵騎之奔軼。開南諸泊，悉闕闐，即播為稻田。其緣邊州軍臨塘水上者，止留城守，軍士不煩廣戍。

按：承矩之初建是議，欲自相度，恐其謀泄，日令僚佐泛舡置酒。賞蓼花，作《蓼花游》数十篇，令座客屬和。盡以為圖，傳至京師，人莫喻其意。自此始王諸淀。慶曆中，内侍湯懷敏復踵為之。熙寧中，又開徐村、柳庄等濼，皆以徐、干、沙、唐等河，叫候、鳥距、五眼等泉為源，東合滹沱、漳、淇、易、白(寺)〔等〕〔二〕水。于是自保州西北沉遠濼，東尽滄州(汎枯)〔泥沽〕海口〔三〕，幾八百里，悉為瀦潦。而澱淤至處，悉変斥鹵為良田。魚蝦菰蒲之利，人亦賴之。夫承矩創開此水利，而必以游賞蓼花為名者，機固不可預泄，而事尤當調停也。

然承矩之所慮者在外虜，而今之所梗於□□〔四〕内豪。以盤庚之賢而河害當避，猶為世族大家所横，費千百言以訓誨之，况下此者乎？昔魏襄王與群臣尚論先臣而稱西門豹之賢，史起曰：『西門豹治鄴，鄴土惡，有漳水在傍而不知引，是不智也。知而不為，是不忠也。』惡得賢襄王因使起引之。起曰：『常人狂于故習稍拂其情必怒，大者殺臣，小者藉臣。臣雖殺且藉，君必竟為之。』襄王許

〔一〕原書字迹不清。
〔二〕寺　應爲『等』。
〔三〕汎枯海口　據《夢溪筆談·權智》，應爲『泥沽海口』。
〔四〕原書漫漶，無法識別。

諸。起興工引水，衆大怨謗，争欲殺起。起閉門避之，襄王使人竟其事。及水行而民歌史起之德。衆人之不可與慮始也，如此豈持起哉。大禹神聖也，初治江不為隄防，而决水東下，民疑禹之殺已也，争聚瓦礫而逊之。向非帝堯信任之專鮮，不以其拂民情而棄直之矣，天地何由平成萬世，何由永賴哉？乃今之世則更甚矣。小民士夫猶可以理訓誨。畿内之地，其所相關者，皆勳戚閹宦。利在肺肝，而見在眉睫稍不便，輒譁然而起矣。如弘治間濬大通河，漕舟已達大通橋，而張鶴令等以失車利不便，遂造黑（青）〔眚〕[一]之説以阻壞之。夫功成尚可壞，况未成乎？為今之計，欲興水利，須先將勳戚閹宦之地，其子粒官為代徵者，以别項銀補還，而使地入公家，不復係各家名色。其餘私相佃僭者，亦一一細講而包賠之，并賠其舖墊之費，然後惟吾之所欲為，而事無阻滯矣。

附：《四庫全書總目提要》[二]

皇都水利一卷 江蘇巡撫採進本

明袁黄撰。黄，號了凡，嘉善人。萬曆丙辰進士，官兵部主事。是編歷考北直隸河渠，意在興修水利。末載畿内田制、開田賞功、沿海開田諸論，大旨頗與徐貞明《潞水客談》相近。黄嘗任寶坻令，縣賦繁重，具疏乞減，故於畿輔利弊尤所究心。卷首題『前進士袁黄編』。旁註云『了凡雜著』，亦疑非完帙也。

整理人：蔣超，中國水利史專家。曾出版《中國古代水利工程》《漢英—英漢水利土木工程詞典》等著作。《中國大百科全書》（第二版）水利學科副主編，《中國水利百科全書》（第二版）水利史分支副主編。

[一] 黑眚　因水而生的灾禍。五行中水爲黑色，故名『黑眚』。

[二] 原文無，依目次加。

〔清〕潘錫恩　撰

畿輔水利四案

王培華　何立新　整理

整理説明

《畿輔水利四案》，是關於清代雍正和乾隆兩朝畿輔水利實踐和認識的專題檔案政書滙編。編撰者是潘錫恩。

潘錫恩，生年不詳，卒於同治六年（一八六七年），字雲閣，安徽涇縣人。嘉慶十六年進士，任編修、侍讀學士等職。他關心河工、漕運等國家大政，並發表『蓄清抵黄』意見，受到道光帝的重視。道光六年至九年，授南河副總督，其後又在朝中任職。道光二十三年至二十八年，任南河河道總督兼漕運總督。同治中，在籍治理捐輸和團練。潘錫恩究心水利，對漕運和河工有較大貢獻，以河臣著稱。道光十一年，由前任南河總督黎世序和南河副總督潘錫恩主持、俞正燮等編輯《續行水金鑒》成書。他還著有《乾坤正氣集》五七四卷。

《畿輔水利四案》是關於雍正、乾隆兩朝直隸水利的專題檔案滙編，末尾有按語，表達他對興修直隸水利的拳拳之心。編者選取雍正、乾隆兩朝奏摺或實録等政書中，有關興修直隸水利的皇帝諭旨、大臣章奏而成，包括《初案》《二案》《三案》《四案》，以及《案補》和《附録》六部分。《初案》滙集雍正三年至八年（一七二五—一七三〇年），怡賢親王允祥舉行直隸水利的有關檔案。《二案》滙集乾隆四年至五年（一七三九—一七四〇年）馬宏琦、孫嘉淦和陳宏謀關於天津水利的奏疏及相關諭旨。《三案》由乾隆九年至十二年（一七四四—一七四七年）柴潮生、鄂爾泰、劉於義、高斌和那蘇圖關於直隸水利的奏疏和乾隆諭旨組成。《四案》滙集乾隆二十七年至二十九年（一七六二—一七六四年）的檔案。《案補》就是對上述四部分遺漏部分的補充。《附録》包括乾隆帝的諭旨，陳儀、戈濤、沈聯芳、沈夢蘭關於畿輔水利的論述，及疏濬河道方面的技術資料。《附録》末尾是潘錫恩按語。

潘錫恩對畿輔水利的主要認識如下。第一，治理直隸水利，必以疏濬爲主。『治直隸之水，必自淀泊始』。第二，應去水之害，興水之利。第三，農田不得侵佔河淀，保證行水暢通，並且爲河流留下行洪和蓄洪之地。這些認識，對於當時北方水利有積極意義。潘錫恩關心畿輔水利，有多方面的原因。其一，他繼承元明時江南官員學者提倡西北水利者的心願。自元代以來，江南官員學者不滿於江南賦重漕重，而提倡發展以畿輔水利爲開端的西北水利，就近解決京師及北邊的糧食供應，從而緩解京師對江南漕糧的依賴。其二，潘錫恩身處道光三至五年講求實行海運和發展畿輔水利的思潮中。潘錫恩居京師宣武門外下斜街。清代宣南是漢族官員的聚居地，也是各種争論和思潮産生的地方。宣南士大夫經常就一些國家大政，如漕運、河工和畿輔水利發表意見。道光三年，直隸大水，朝廷賑濟後，『簡練習河事大員，俾疏濬直隸河道，並將營治水田，於是京師士大夫多津津談水利矣。』潘錫恩的同年友如唐鑒、林則徐都有畿輔水利論著。他們之間同明相照，同類相求，其學術旨趣是相同的。其三，他認爲疏濬直隸河淀很有必要，並且有可以借鑒的歷史經驗。自嘉慶至道光時，直隸水患居多。永定河隄、子牙長隄雖能扞格水澇，但東淀已淤，東淀至天津滙為巨浸，漂没民田廬舍；南北運河減壩日高，三岔河滙流不暢。他認爲應該疏濬直隸河道，可參考乾隆四年成案，『平常工程，照以工代賑者，十居其三；緊要工程，照修築河隄者，十居其三。修築之法，勸用民力者，十去其四。此乾隆四年成案，似可仿行也。』《畿輔水利四案》刊刻於道光三年，是道光年間刊刻較早的畿輔水利專史，對林則徐《畿輔水利議》有啟發作用。編撰者提出的一些關於北方水利的一些觀點和見解，對於今天北方水利建設有借鑒意義。

目前所見，北京師范大學、北京大學、清華大學、南京大學、中國科學院各圖書館，國家圖書館所藏《畿輔水利四案》，僅有道光三年刊本，别無它本。二〇〇七年，為了研究工作的便利，北師大化學院何立新工程師，用簡體漢字，録入北師大圖書館藏《畿輔水利四案》道光三年刻本的全部文字。本次點校，就依據電子稿，重新對照北師大圖書館藏刊本，並參考《大清會典則例》、陳琮著《永定河志》、《欽定南巡盛典》、《雍正上諭内閣》、（雍正）《畿輔通志》、《皇朝經世文编》、《國朝文録續編》之陳宏謀《培遠堂文録》、孫嘉淦《孫文定奏疏》（敦和堂刻本）、《清文獻通考》、《方恪敏公奏議》、《陳學士文集》、《皇清奏議》、《畿輔安瀾志》等互校，最後再轉換為繁體字。

點校工作由北京師範大學歷史系教授博士生導師王培華、化學系工程師何立新完成，北京師範大學歷史系教授博士生導師張升、中國水利學會水利史研究會原副會長兼秘書長蔣超審核。北京師範大學歷史系博士生宋開金協助做了一些工作。最後由蔣超將簡體字轉化爲繁體。不當之處，請批評指正。

整理者

目録

初案

雍正三年七月二十八日，諭直隸總督李維鈞：『聞近京各處橋樑道路，潦水淹没。朕心甚為軫念，可轉飭地方官，悉心籌畫。其大路積水，作何疏洩；窪圮之處，作何修墊。通州一路，可交與副將賽都、通永道高鑛。古北口一路，可交與總兵何祥書，及該管州縣官。宣府一路，可交與總兵許國柱，及該管州縣官。近京一帶，可交與大興、宛平等州縣，俱速令相度地勢，設法修理。使行旅之人，通行無阻。不可藉端差派，以便民之政，反致累民。』

八月二十日，李維鈞緣事革職，授李紱直隸總督，以兵部尚書蔡珽先行署理。

二十六日，諭曰：『朕念直隸地方低窪之處，衆水積而不洩，以致有水之害而無水利。疏濬之道，不可不講。已諭朱軾、張瑮，經理此事。聞陝西潼商道王全臣，在陝挑濬秦渠[一]，熟習水利，可著即來京。』

蔡珽奏言：『今歲水勢甚大，民隄[二]之沖決者三十二處，目下只有二處報完。兹蒙聖慈，動正項，為民修築。臣謹即飛飭地方官矣。臣聞蘇家橋等處隄工頗大，已遣大名府知府曾逢聖往查。若果隄工浩大，則築隄更勝於修城也。』得旨：『所見甚是。朕深悔此事舉行稍遲也。』

珽又奏言修隄之事：『聖心因稍遲而廑念，此則不妨。目下尚遍地皆水，無可取土，則先時尤難措手，實不為遲。查此隄甚長，昔蒙聖祖命築，民享樂利已三十年。若今冬水退，明春停隄內數處工，估修此隄，勝於修城多矣。』

十一月，命怡親王允祥、大學士朱軾，查勘直隸水利事。

十二月，會奏《查勘情形疏》言：『欽惟我皇上宵旰勤勞，無刻不以民依為念。兹因直隸偶被水澇，軫恤窮民，命臣等查勘情形，興修水利，務祈一勞永逸，所以為民生計者，至矣盡矣。臣等自出京至天津，歷河間、保定、順

[一] 秦渠　寧夏引黄灌區的灌渠之一。相傳鑿於秦而得名，但是没有相關文獻證明。有人認爲，秦渠前身，是秦昭王四十六年修建的北地東渠。也有人認爲，秦渠是秦家渠的簡稱，鑿於元朝，訛傳爲秦代所開。也有人認爲就是古七級渠。秦渠有兩個渠口。秦渠爲寧夏平原四大幹渠之一。

[二] 堤　沿河渠湖海等岸邊，或分洪行洪圍墾等區域邊緣修築的擋水建築物，是世界上最早廣爲採用的重要防洪工程。依據堤的重要性，可分爲干堤、支堤、民堤。（见崔宗培主编，《中國水利百科全書》二九七頁，水利電力出版社一九九一年出版）。民堤，也稱民埝，是在河道内行洪灘區湖區修築的土堤。民修民守，防洪能力低，帶有自發性，往往影響河道排洪。

天所屬州縣，相度高下原委，咨訪地方耆老，所有各處情形大略，謹為皇上陳之。

『竊直隸之水，總會於天津以達於海，其經流有三。自北來者為白河，自南來者曰衛河，而淀池之水，貫乎二河之間，是為淀河。白、衛為漕艘通達之要津，額設夫役錢糧，責成河官，分段歲修，而統轄於河道、直隸總督。邇年白河安瀾，無泛溢之患。唯飭河員，加謹防護，可保無虞。衛河發源河南輝縣，至山東臨清州，與汶河合流東下。河身陡峻，勢如建瓴。德、棣、滄、景以下，春多淺阻，一遇伏秋暴漲，不免冲潰泛濫。查滄州之南有磚河，青縣之南有興濟河，乃昔年分減衛水之故道。今河形宛然，閘石現存，應請照舊疏通，於往時建閘之處，築減水壩(一)，以洩衛河之漲。

『又静海縣之權家口，潰隄數丈，冲溜成溝，直接寬河，東趨白塘口入海河。亦應就現在河形，逐段開疏，於決口築壩(二)減水，均於運道有益。白塘口入海之處，舊有石閘二座，磚河、興濟二河之委，應開直河一道，歸併白塘出口，澇則開閘放水，不惟可殺運河之漲，而河東一帶積澇，亦籍消洩。且海潮自閘內逆流，遇天時亢旱，則引流灌溉，溝洫通而水利溥，滄、青、静海、天津數百里斥鹵之地，盡為膏腴之壤矣。

『至沿河一帶隄工，大半低薄。應飭修築高厚。仍令總督，將玩忽河官參處，以警將來。

『此治衛河之大略也。

『至東、西二淀，跨雄、霸等十餘州縣，廣袤百餘里。畿內六十余河之水，會於西淀。經霸州之苑家口會同河，合子牙、永定二河之水，按：此系當日情形，今永定、子牙皆不入淀滙為東淀，蓋群水之所瀦蓄也。數年以來，各淀大半淤塞。惟憑淀河數道通流，一經暴漲，不惟淀河旁溢為災，

(一) 減水壩　在河流堤防上修築的溢流堰閘，又稱砌石滚水壩、減水石壩，今稱溢流堰。底部高於河道正常水位，洪水可從其上自動溢流，頂部設置閘座，由閘板啟閉，控制泄水量； 頂部比遥堤的堤頂低七八尺，壩長一般三十丈。弘治六年劉大夏治運，建減水壩。萬曆六年潘季馴治理兩河，在徐沛至淮揚間，修築遥堤滚水壩閘，壩身堅實，地基牢固，採用木樁基，每座用銀一九〇〇多兩。靳輔對減水壩的規模和設置高程，有闡發説明。《大清會典事例》卷九十一對黄河、江南運河和直隸河工上的減水壩修築，都有固定規範（參考周魁一著《中國科學技術史·水利卷》二九九至三〇五頁，三二九頁，中國水利水電出版社二〇〇一年出版）。明清時在黄河和運河各水系上，廣泛使用減水壩，如洪澤湖有減水壩二十五座。自乾隆三年始，永定河兩岸曾修建減水壩十七座，分泄洪水，並利用天津城北的三角淀、塌河淀泄洪、放淤。

(二) 壩　截斷河流或溪谷，用以攔蓄水流或壅高水位的河道擋水建築物。按材料分，有土壩、石壩、土石壩、木壩、草土壩、竹籠石壩、樁基堆石壩等。按作用分，有減水壩、擋水壩、攔河壩、挑水壩等。土壩是土石壩中一種重要壩型。鄭國渠渠首的石籠壩就是較早的土石壩。

凡上流諸水之入淀者，皆衝突奔騰，漭泱無際。總緣東淀逼窄，不能容納之故也。故治直隸之水，必自淀始。凡古淀之尚能存水者，均應疏〔一〕濬〔二〕深廣，並多開引河，使淀淀相通。其已淤為田疇者，四面開渠，中穿溝洫，洫達於渠，渠達於河，於淀。而以現在淀內之河身，疏瀹通暢，為眾流之綱，經緯條貫，脈絡交通，瀉而不竭，蓄而不盈，而後圩田〔三〕種稻，旱澇有備，魚鱉蜃蛤萑蒲之生息日滋，小民享淀池之利，自必隨時經理，不煩官吏之督責，而淀可常治矣。

『周淀舊有隄岸，加修高厚。無隄之處，量度修築，其趙北、苑家二口，為東、西二淀咽喉。趙北口隄長七里，現在板石橋共八座，俱應升高加闊。並於易陽橋之南，添設木橋一座。隄身加高五六尺，橋空各濬深丈餘。每橋之下，順水開河，直貫柴伙淀而東，苑家口之北。新開中亭河，近復淤塞，應疏濬深廣。其上流玉帶河對岸，為十望河舊道，應自張清口開通，由老隄頭入中亭河，會蘇橋三岔河達於東淀，庶咽喉無梗，尾閭得舒，可無冲溢之患矣。子牙、永定二河，以淀為壑，淀廓而後河有歸，亦必河治而後淀不壅。此治二河之法，所當熟計也。

『子牙為滹、漳下流。清、濁二漳，發源山西，至武安縣交漳口會流，經廣平、正定，而滹沱、滏陽、大陸之水會焉。蔡沈《禹貢注》云：「唐人言漳水獨自達海，請以為瀆。」可知天津歸海之水，以子牙為正流，其餘諸水皆附以達海。夫以奔騰注海之勢，遮之以數百里迂回曲折之隄，河身淤墊高於平地，兩岸相距不過數丈，舊時支港岔流，一概堙塞。欲其不冲不泛，安可得乎！考任邱舊《志》，子牙下流，有清河、夾河、月河，皆分子牙之流，同趨於淀。今宜尋求故道，開決分注，以緩奔放之勢。

『永定河俗名渾河，其源本不甚大。所以遷徙無定者，緣水濁泥多，河底逐年淤高。久之，洪流壅滯，必決向窪下之地。其流既改，故道遂堙。今應於每年水退之後，挖去淤泥，俾現在之河形，不致淤高，庶保將來不復遷徙。二河出口俱在東淀之西，淀之淤塞，實由於此。臣等面奉諭，令引渾河別由一道，此聖謨遠照，經久無弊之至計也。今應自柳岔口引渾河稍北，繞王慶坨之東北入淀。子牙

〔一〕疏　在上游河槽築挑水壩，分出一部分洪流，導由另一河道下泄，減輕下游的防洪負擔。

〔二〕濬　開挖引河及舊河槽中的淤墊，增加泄水河口的寬度和深度。

〔三〕圩田　江淮低窪地區，四周築堤防水的稻田。堤上有涵閘，平時閉閘禦水，旱時開閘放水入田，因而旱澇無慮。東晉時江南就有圩田，宋元明清時更爲發達。沈括《萬春圩圖記》說：『江南……可耕之土皆下濕，厭水瀕江，規其地以堤，而藝其中，謂之圩。』王禎《農書》卷三《灌溉篇第九》說：『據水築爲堤岸，復疊外護，或高至數丈，或曲直不等，長至彌望。每遇霖潦，以扞水勢，故名曰圩田。內有溝瀆，以通灌溉，其田亦或不下千頃。此又水田之善者。』

河現由王家口分為二股。今應障其西流，約束歸一，兩河各依南北岸，分道東流，仍於淀内築隄，使河自河，而淀自淀。河身務須深濬，常使淀水高於河水。仍設淺夫[一]，隨時挑濬，毋令淤塞。兩河淀内之隄，至三角淀而止。蓋三角一淀，為衆淀之歸宿，容蓄廣而委輸疾，但照舊開通，逐年撈濬，二河之濁流自不能為患，而萬派之朝宗可得安瀾矣。此廓清淀池，調劑二河之大略也。

『再，各處隄防，冲潰甚多。應俟隄内水洩，興工修築。其高陽河之柴淀口，河身南徙，舊河淤塞斷流，應速挑濬，復其故道。新河之南，界連任邱，有古隄一道，亦冲潰數段，以致任邱西北村莊，盡被淹没。鄚州一帶通衢，宛在水中。現今任令，詳請開挑淀隄消洩，亦應俟水退之後，照舊修築，並墊高行路，以便往來。又新安之雹河，自西折東，繞縣治之南入淀。而徐河會入漕河，復自劉家莊泛濫而下。新安正當二河之冲，每遭漂没之患。應於三台村南，開河一道，引漕河之水，會入雹河，由縣之正北入應家淀，南岸築隄以護縣治。凡縣屬之大小溵淀，俱可以圩田種樹。尚須逐一查勘，俟來春具奏。』

又《請設營田疏》言：『竊《周禮》遂人所掌，畎、遂、溝、洫、澮、川之制甚備，澇則導畎之水達於川，旱則引川之水注於畎，此所以歲不能災也。今南人溝洫之制，雖不如古，然陂堰池塘為旱潦備者，無所不至。北方本三代分田授井之區，而畿輔土壤之膏腴，甲於天下。東南濱海，西北負山，有流泉潮汐之滋潤，無秦、晉巖阿之阻格，豫、徐黄淮之激蕩。言水利於此地，所謂用力少而成功多者也。

『宋臣何承矩於雄、鄚、霸州、平、永、順、安諸軍，築隄六百里，置斗門[二]，引淀水溉田。元臣托克托大興水利，西自檀、順，東至遷民鎮，數百里内，盡為水田。明萬曆間，徐貞明、汪應蛟言之鑿鑿，試之有效，率為浮議所阻，自是無復有計議及斯者矣。

『今農民終歲耕耨，豐歉聽之天時，一遇雨暘之愆，遂失秋成之望，豈地力之是咎，實人謀之不臧也。臣等竊意

[一] 淺夫　疏浚溝渠、打撈泥沙或沉船，防護堤岸閘門的夫役。河道受泥沙影響，每隔幾里就有一處淺鋪，設立淺夫，負責打撈運泥沙，疏浚溝渠。江南地區河道，宋明時就設立淺夫。清代北方河道，如永定河，設立淺夫，負責撈取淤沙，維護河道。近代，挖泥船取代古代淺夫的工作。

[二] 斗門　古代運河上的閘門，以及堤堰所設的放水閘門，稱斗門，也稱水門、陡門、錨，是建在河床或河湖岸邊，用閘門控制水位、取水或泄水的建築物。西漢元帝時南陽就有水門，東漢王景治河『十里立一水門』，水閘是一項重要工程措施。唐宋時水閘使用更爲普遍。唐都水監使者『掌川澤津梁之政令，總舟檝、河渠二署之官屬。凡虞衡之採捕，渠堰陂池之壞決，水田斗門灌溉，皆行其政令。』《宋史·河渠志》記載，僅江南運河和淮揚運河上就曾建各種閘七十九座，包括進水閘、排水閘和通航閘。元明清時山東運河上就廣泛運用水閘。

潤物者水，其為人害者，由人不能用水也。農田之利興，則泛濫之害消矣。惟是小民可與樂成，難與慮始。水耕火耨，沾體塗足之苦，非惰農所能任。而疏濬修治之工費，又窮民所不能支。以數百年未興之利，謀之窮惰難與慮始之民，此亦事勢之最難者矣。

『臣等請擇沿河瀕海、施功容易之地，若京東之灤、薊，天津，京南之文、霸、任邱、新、雄等處，各設營田專官，經畫疆理。召募南方老農，課導耕種。小民力不能辦者，動支正項，代為經理。田熟，歲納十分之一，以補庫帑，足額而止。其有力之家，率先遵奉者，圩田一頃以上，分別旌賞。違者督責不貸。有能出資，代人營治者，民則優旌，官則議敘，仍照庫帑例歲收十分之一，歸還原本。至各屬官田，約數萬頃，請遣官會同有司，首先舉行，為農民倡率。其濬流圩岸，以及瀦水[一]、節水、引水、戽水之法，一一仿照成規，酌量地勢，次第興修。一年田成，二年小稔，三年而粒米狼戾，小民睹水田收穫之豐饒，自必鼓舞趨效，將凡可通水之處，無非多稌之鄉矣。

『抑臣等更有請者，從來非常之利，言之而不行，行之而不究者，非局外之浮議為阻，實局中之規畫未周也。

『臣等恭聆訓旨：「凡民間之小屋，有礙水道者，加倍賞價。」大哉王言！順人情而溥美利，無過於是。臣等伏念濬河築圩，損數夫之產，利千耦之耕，甚而富家百頃，俱享平成。貧人數畦，偏值挖壓，若概償官價，不惟所費不貲，亦非民情所願。計畝均攤，通融撥抵，視本田畝數，加十之二三。其河淀窪地，已經成熟報升，必須挖掘者，將附近官地，照數撥補。如有豪強惑於風水，抗拒不遵者，嚴加治罪。如此，則事無中撓，人皆樂從矣。

『至浮議之惑民，其說有二：一曰北方土性不宜稻也。凡種植之宜，因地燥濕，未聞有南北之分，即今玉田、豐潤，滿城，涿州，以及廣平、正定所屬，不乏水田，何嘗不歲歲成熟乎。一曰北方之水，暴漲則溢，旋退即涸，能為害不能為利也。夫山谷之泉源不竭，滄海之潮汐日至，長河大澤之流，遇旱未嘗盡涸也，况陂塘之儲，有備無患乎。此等浮議，雖愚民易為所惑，臣等宣佈皇仁，悉心開諭，無不感激歡騰，勸功趨事。其農田水利，區畫條目，容臣等博采熟商具奏。』

又《請揀選河員》，得旨：『直隸地方，向來旱澇無備，皆因水患未除，水利未興所致。朕特命怡親王、大學士朱軾前往查勘。今據查明陳奏，甚為明晰。且於一月之内，冲寒往返，而能歷勘周詳，區畫悉當，以從來未有之

[一] 瀦水　即蓄水。古代多利用天然淀泊來蓄水，汛期利於防洪，平時則可灌溉農田。北宋用河北塘泊蓄水，以拒遼人。何承矩利用沿邊塘泊來發展水稻生產。清代雍正乾隆時治理畿輔水災，用東淀、西淀來蓄積上游余水。

工程，照此措置，似乎可收實效。著九卿速議具奏。至於工程應用人員，若交與九卿揀選，恐有掣肘。即令怡親王及朱軾揀選請旨，其從前差往修城修隄之員，俱著於水利工程處，一同辦理。』

二十五日，以都察院左僉都御史王廷揚、安徽按察使段如蕙經理水利事務。二十八日，户部議覆怡親王疏，應如所請，從之。

四年二月，《請定營田四局，兼設河道官員疏》言：『臣等查修水利，遍視諸河，隄岸坍頹，河身淤塞。蓋由事權不一、稽核難周。統轄於總河者，既有遥制之艱；專隸於分司者，不無因循之弊。以致錢糧不歸實用，工程止飾目前，冲潰泛溢，率由於此。臣等以為直隸之河，宜分四局。

『南運河與臧家橋以下之子牙河，苑家口以東之淀河為一局，應設一道員總理。查天津道駐劄天津州，與二河相近，控制甚便。舊有天津同知、泊頭通判，以及各地方管河同知、通判、州判、縣丞、主簿等員，悉令受其統轄。

『永定河為一局，應設道員一員總理。永定河舊有分司，及部發效力筆帖式。此等人員，既非地方專官，則於民事漠不相關，採買收受，未免胥役擾累。而該州縣之於分司，體有尊卑，權無統轄。即分司實心任事，亦呼應不靈。請將永定分司，改為河道，駐劄固安縣，總理永定河事務。其沿河州縣各添州判、縣丞、主簿等官，以資分防。所有同知一員，照舊管理。將向來效力人員，一概發回。則地方既有專官，工程必無貽誤。

『北運河為一局，舊設分司，亦應撤回。一切河務，令通永道就近兼轄，其管河州判等官，俱聽統轄。

『又苑家口以西各淀，及畿南諸河，綿亘地方五六百里，經由州縣二十餘處，亦應為一局。目今疏通挑挖，計費不貲。若不特設河員統理，恐工程旋修旋廢。請將大名道改為清河道，移駐保定府。畿南諸河，舊有管河同知、通判、縣丞、主簿等員，悉聽管轄。

『至天津道衙門，向來止管河間一府。大名道止管廣、大二府。所屬州縣錢糧命盜案件，原聽直隸藩臬稽核考成，道員甚屬閑冗。今既定為河道專官，應將所屬州縣事務，總歸知府考成，省無益之案牘，勵有用之神精，而河務可以悉心料理矣。

『至通永道所屬，除永平一府，應不屬道轄外，通州等八州縣，原無知府統轄。該道有稽查錢糧之責，應令照舊管理。再各河道，除錢糧舊有歲修之處，仍照舊額設外，其從未設有錢糧，與雖設而不敷修理者，應酌議增設，分貯各道庫內，以憑給發。其各處水田溝洫，必須每年經理，應令各道員，督率所屬州縣印官，按時修濬，定為考成。其道員錢糧有無虛冒，工程有無修廢，皆歸直督考核。如此，則事權一而呼應靈，國計民生，均有裨益。

『抑臣更有請者，立法方始，慮善宜詳。凡玆河道之員，必久任熟練，方於工程有益。其河道大員，應聽直督揀選具題，引見簡用。同知以下各員，俱合照南河例，總於河工員內揀補，則人皆熟悉事宜，即丞、簿微員，亦有遠到之望，無不砥勵職守，以奮功名。且官既久任，吏皆習慣，駕輕就熟，人人為知河之人，百世享平成之利矣。』

十一日，經吏部議准，得旨：『速行』。

同日，命賞朱軾母冷氏治喪銀二千兩，朱軾俟查勘事竣到京，即馳驛回籍，並以水利事資料理。諭令八月來京居住，以備顧問。

尋怡親王奏《京東情形疏》言：『竊河道有經有緯，而緯常多於經，所以資節宣，利挹注也。臣等歷看京東之水，若白河，若薊，若涶，以及永平之灤河，皆經流之最大者。白河為漕運要津，農田之蓄洩不與焉。然河西曠野平原，數十里內，止有鳳河一道，自南苑流出，涓涓一帶，蜒蜿而東，至武清之堠上村斷流，而河身淤為平陸。此外別無行水之溝，亦無瀦水之澤，一有雨潦，不但田廬彌漫，即運河隄岸，亦宛在水中。

『查凉水河源自京城西南，由南苑出宏仁橋，至張家灣入運。請於高各莊開河分流，至堠上，循鳳河故道疏濬，由大河頭入，仍於分流之處，各建一閘〔一〕，以時啟閉，庶積潦有歸，且可沾溉田疇，而於運道亦無礙也。運河之東則香河，其下為寶坻，沿河隄岸坍頹，屢為二邑之災，應及時修築高厚，並於牛牧屯以上，斜築長隄一道，以障上流之東溢，則香河、寶坻，無運河之患矣。

『再通州煙郊以南之水，皆滙於窩頭，分為二股，一股南入運河，一股東流經香河縣之吳村，滙於百家灣，入七里屯，達於寶坻。查七里屯以上，大半淤塞，地皆沙鹵，難以開鑿。若將南流一股，疏通深暢，則窩頭經流，歸於運河，分入香河之吳村者無多，稍加濬導，則亦可免冲溢矣。

『又夏店之箭杆河，經香河東北，入寶坻之溝頭河，漫流入淀。應從溝頭疏濬，導流於寶坻縣南，會七里屯之水，東入八門城，達於大河，庶水有攸歸，不致漫溢為害。且潮水自八門逆流入河，於農田亦有利焉。寶坻之西北，壤接薊州。運河自三台營會諸山之水，東南至寶邑，會白龍港，又南經玉田、豐潤，合涶水達於海。河身深闊，源遠流長，所謂棄之則害，用之則利者也。請先築河隄，務須高厚。然後於下倉以南，建石橋一座。橋空下閘，壅水而

〔一〕閘　各種水工建築物中，擋水時用以關閉孔口，泄水、取水、輸水時開啟，用來控制水流的結構物。水閘是廣泛使用的水工建築。秦時靈渠上就有水閘。王禎《農書》卷十七說：『水閘，開閉水門也。間有地形高下，水陸不均，則必跨據津要，高築堤壩滙水，前立斗門，甃石爲壁，迭木作障，以備啟閉。如遇旱涸，則撤水灌田，民賴其利。又得通濟舟楫，轉激碾磑。實水利之總揆也。』（參考崔宗培主編《中國水利百科全書》二四〇二頁，水利電力出版社一九九一年）

升之，注於兩岸，以資灌溉。多開溝澮，自近而遠，縱橫貫注，用之不乏矣。

『浭水又名還鄉河，發源遷安之泉莊，噴薄洶湧，懸壁而下。既入平地，則委折蛇行，土人有三灣九曲之稱。自康熙四十二年決運河頭，奪流而西，至雍正元年，始塞決口，挑引舊河。然河道狹而隄堰卑，東決則淹豐潤，西決則淹玉田。二邑士民，請展狹為廣，改曲為直，其説近是。然以建瓴之勢，奔放直瀉處，如劉欽莊、王木匠莊，各開直河一道，其舊流亦無令壅塞，俾得兩處分瀉； 隄堰之逼近河身者，拓而廣之，更加高厚，可無冲決之患。至沿河一帶，建閘開渠數十里內，無非沃壤。土人動言浭水湍急為患，不知敗稼之洪濤，即長稼之膏澤也。現在近河居民引流種菜，千畦百隴，在在皆然，未見利於圃而獨不利於農者也。

『玉田本屬稻鄉。藍泉河出藍山西，南流入薊運，夾河豬水為湖。伏秋山水暴發，河與湖平，一望彌漫。應將河身疏通深廣，束以隄防〔一〕。西北另開小河一道，引山澗汗漫之水，入河下流，使湖無泛濫，而河得安瀾。仍於曲河頭建閘，開溝引水，繞東湖而南湖，內外田地，均沾灌溉。仍於湖心最下之處，圩為水櫃〔二〕，以濟泉水之不足，其利可以萬全。又泉河發源小泉山，東流會孟家泉、煖泉，達於薊運河。現在引流種稻，所當搜滌泉源，多方宣播，以廣水利者也。

『豐潤負山帶水，湧地成泉，疏流導河，隨取而足。志乘所謂潤澤豐美，邑之得名，非虛也。臣等歷勘所至，如城東之天宮寺、牛鹿山、鐵坎，以及沿河沮洳之處，或疏泉，或引河，可種稻田數百畝，多至千餘畝而止。惟縣南接連大泊一帶，平疇萬頃，土膏滋潤，內有王家河、汊河、龍堂灣、泥河，共四道，皆混混源泉，春夏不涸。王家河、汊河，流入大泊。龍堂灣、泥河，西入薊運河。而田疇不沾勺水之利，為可惜也。應請滌其源，疏其流，壩以壅之，

〔一〕隄防 即『堤防』，在江河湖海沿岸或水庫區、分蓄洪區周邊修建的土堤或防洪牆等水利工程。堤，是土堤，即用土石等材料修築的擋水建築物； 防，小堤。《漢書·溝洫志》指出，堤防之制，起自戰國，齊趙魏各國，都在距離黃河主流二五里處修築堤防，使黃河主流被約束在左右相距五十里的兩岸大堤之間。明代潘季馴治河，修築有縷堤、遥堤、月堤、隔(格)堤、減水壩等，共同組成堤防系統，達到古代堤防的最高水準。古代堤防多爲土堤，險工段有石堤。

〔二〕水櫃 古代調節河流湖泊用水的蓄水塘泊。一般在山丘地區築壩截蓄溪流，或在運河兩岸利用湖泊窪地四周，築堤蓄積坡水或泉水，有時也自天然河流引水，設閘控制。運河水淺時放水入運，運河水大時放水入櫃。特別是在運河發生洪水時，可泄洪水入水櫃蓄存，待運河缺水時，回注接濟。水櫃記載始建於北宋。明初整修京杭運河，在山東會同河段，把沿岸的南旺、馬踏、蜀山、馬場、安山諸湖作爲水櫃，成爲保障運河的有效措施。(參考徐乾清主編：《中國水利百科全書·水利史分册》二〇一頁)這里，怡賢親王允祥和陳儀建議，在玉田縣利用水櫃技術。

隄以蓄之。東北引陡河為大渠，橫貫四河，中間多開溝洫，度陌歷阡，灤洄宣佈，數十里內，取之左右，皆逢其源，澇則田水達於溝，溝達於渠，渠會於河，河歸於大泊。大泊廣八里，長方十餘里。若於東南穿河，導入陡河，以達於海，而泊內可耕之田多矣。

『陡河即館水，源自灤州之館山，東流繞縣境而南，旁河村莊曰上稻地、下稻地，南曰官渠，蓋昔年圩田種稻之處，溝塍遺址尚有存者。宣各莊以下，至今稻田數百頃，村農以此多至饒裕。若推而廣之，沿河堅築隄防，多設壩閘，以時蓄洩，疆理一循舊跡，不勞區畫，而兩岸良田，不可數計。至板橋、狼窩鋪等處，東連榛子鎮一帶流泉，大概入灤州境矣。

『灤州為永平屬邑。永平之水，灤河為大。其源遠，所從來者高，洶湧滂沛，推壅砂石，既不可束以隄防，亦難以資其灌溉。然各屬支流，藉以滙歸，少漲溢之患，而涓滙皆農田之資。如灤州近城之別故河，淤塞漫流，數十年於茲。若照舊疏通，不惟城闉不受浸齧，而西南負郭之田，皆收浸潤之利。城南則有龍溪，出五子山東，大泉騰沸，流至五官營，伏入地中，至閻家莊復見，即清河之源也。按：此系遷安縣之清河 城西則有泝河，經芹菜山南流，折而東，又轉而南。二河之間，地勢平衍，土岡環之，東南一望無際，皆可播流而溉也。西南則游觀莊之靳家黃坨河，引泉可田。南則稻河，吳家、龍堂寺等處，引河可田。西北則自沙河驛之東，榛子鎮之西，龍溪、黃崖、煖泉會於牤牛河，按：此系灤州之牤牛河 經雙橋，而圍山瀑水入之，流清而駛，地平而潤，沿岸一帶，建壩開溝，無處非水耕火耨之地矣。

『灤州之北為遷安。城北徐流營，湧出五泉，合流入桃林河。又三里橋湧泉，流出灤河。蠶姑廟泉河，與灤河相接。龍王廟之泉頭，流為三里河，經十里橋而南，夾河皆可田。黃山之麓，一泓湛然，浮沫如珠。西漾入石渠，渠岸清泉噴湧，即還鄉河自出也。自泉莊至新集五六里，兩岸地與水平，播之可種稻田百餘頃，且可分還鄉河上流之勢。灤河經府治之西，青龍河會焉。青龍河即盧水，縣以此得名。境內崗巒起伏，地高水深，難以汲引。惟縣北之燕河營，湧泉成河，及營東五泉，漫溢四出，至張家莊一帶，皆可挹取為樹藝之利。

『他如撫寧、昌黎、樂亭以及遵化、三河等州縣，臣等未及遍歷，然按圖考志，大抵水澤之利居多。

『伏念京東土壤，膏腴甲於天下，只緣積俗怠玩，苟且因循，人有遺力，地多遺利。臣等查勘所至，宣揚聖德，明白曉諭，一時民情踴躍，歡聲雷動。今春融凍解，臣等分遣效力人員，逐一確估興工。惟是工程浩大，地方遼闊，高下隨宜，容有變通之處，抑或委員經理，未合機宜。圩田之多寡，奏效之遲速，統俟工完，滙齊具奏。』

飭下工部，於三月初四日議准，諭令：『速行。』

四月，又奏：『查京西一帶諸山，實維太行之麓，逶迤環拱，遥衛神京，水勢因之，盡朝宗而左騖。故自西北山而下者，皆東南滙於兩淀；自西南山而下者，皆東北滙於大陸二泊。兩道分流，畢由東淀達直沽入海。則是今日所歷諸河，即去冬查勘畿南河淀之上流也。下流治，乃可以導上流之歸。亦必上流清，乃可以分下流之勢。謹將勘過情形，並開挖疏引措置水田事宜，為我皇上敬陳之。

『盧溝以西諸水，拒馬其巨流也。發源山西廣昌之淶山，東流至房山鐵鎖崖。分為二派，一派東入涿州，過新城西南。一派南入淶水，經定興，歷楊村而東。二派合流而為白溝河。他若挾河、琉璃河，會於馬頭村，為馬頭河。茨尾河、廣陽水，會於石羊村，為牤牛河。

『白玉塘、西城寺、甘池諸泉，會為胡良河，皆入焉。而馬頭、牤牛二河，雨多則溢，雨少則涸，均難資其灌溉。而牤牛一河，又往往東決，為固、霸諸邑害，冲溜既久，宛成河槽(一)，特以下無所歸，以致泛濫田野。應加疏濬，導自高橋以下入淀，不惟固、霸百里之內，潦水有所收攝，兼可減白溝之流，免雄縣淹没之患。惟胡良所經，地稱膏腴，溝渠圩岸，宛若江南，擴而廣之，房、涿之間皆稻鄉也。

『淶水一派，石亭、赤土、樓村，秔稻最盛。而房之張坊至駱家莊，涿之高村及城之西北一路，分渠引流，具有條理。又有王家莊、茂林莊、毛家屯等村，溝渠現存，改為旱田者，約百餘頃。詢之土人，僉言水之入淶者七，入房、涿者三，故不足用。及訪淶，則又以水源微弱為辭。此皆小民狃於因循，不足深信。此河下流為白溝，水勢甚盛，而附流之茨尾等河，常苦涸竭。則今之滔滔南下者，孰非拒馬之餘波乎？未有下流盛而上源微者。今應於房山鐵鎖崖分流之處，深溝側注，以均其來。白溝之上，相地建閘，以節其去。不惟王家、茂林等處之百餘頃復為水田，即河流所經之定興、新城等縣，亦沾澆灌之利矣。

『拒馬之南為三易水，曰濡，曰武，曰雹。《寰宇記》所謂易水有三，其源各出者也。濡水出州北之窮獨山西，折而南流，環城東注，又南入定興，與淶水合流，源泉、白楊、虎眼、梁村、馬跑諸泉，及遒欄河皆入焉。源泉舊有壩，乃前人壅水開渠之遺址。沿流建閘，石基尚存。故當時近水皆稻粱，繞城皆荷芰，今皆荒廢，所應修復，以廣水利者也。武水出武峰嶺，女思澗、子莊溪、潦水入焉，流經定興，合濡水，而歸河陽渡。雹水出石獸崗，灌河入焉，流經安肅，合鹽臺陂，而入安州之依城河。三水具挾源泉。分流疏渠，其勢甚便。鐘家莊、唐湖川、鹽臺陂，民皆藝稻。是在因地擴充，務使水無遺利。

『雹水之南曰徐水，來自五回嶺，經滿城，至安肅，而

(一) 河槽　河谷中被水流淹没的部分，也稱河谷。

曹水會焉。合一畝、方順、龍泉諸水，滙為依城河。安州宛在水中，其勢甚危。前奏引曹入雹，引雹入淀，順而導之，正所以分而減之也。一畝泉出滿城東南，湧地噴珠，澄泓盈溢。餘小泉以百數，雞距、紅花名最著，土人溉稻，可十餘頃，而水力已殫矣。流經清苑城南，為清苑河。方順水，即曲逆河，祁水之下流也，源出完縣之伊祁山，五雲、石血二泉，流為放水河。蒲水伏流，復現為五郎河，皆會焉。流經清苑之東，為石橋河。九龍泉出慶都城東，繞城而流，東北入方順水，源盛而水饒，疏而引之，不可勝用也。

『放水河之西有滱水，發源山西之靈邱，由倒馬關入唐縣，為唐河。横水自西北來會，居民引以溉稻，直達下素，町畦相望，經曲陽之鎮里高門，所溉尤多。南入定州，而白龍泉復來會之。王耨、張謙等村傍河，皆圩岸也。應推廣以極水力，所得稻田，難以頃畝計矣。

『又考完縣舊《志》，前明曾於唐之北洛，開渠引入放水河，二邑均賴其利。今河跡現存，當挖濬以復其舊。而北洛之南，原有騰橋一座，以防山水之冲，亦應訪其制而多設之。

『唐河之南有沙河，來自山西之繁峙，至白坡頭口入曲陽界，合平陽河南流。阜平當城、胭脂二河，行唐之郜河，咸會焉。其上流亦名派水，經新樂，歷定州，沿流多資灌溉，宕城、鴉窩、產德、北川、南川，皆其處也。他如阜平之崔家莊，行唐之龍崗、甘泉河，新樂之何家莊浴河，俱有水田，而泉渠頗多堙廢。遍行疏滌，所獲尤多。

『沙河之南有滋河，源自山西枚回山，經靈壽為慈水，七祖寨、岔頭、錦繡、大明川，壅流皆可田。入行唐之張茂村伏焉，至無極南孟社而復出，繞縣治北，旋經深澤之龍泉涸、沃仁橋，疏流成渠，皆天然水利也。三水頗稱巨流，畢會於祁州之三岔口，下為猪龍河，往往泛溢為害。去歲决柴淀口，浸及任邱者，即此水也。

『以上諸水，會於白溝者七，會於依城河者十有六，會於三岔口者十有一，而盡攝於西淀焉。

『自此而南，水之載在圖經者二十有一。唯滹沱最大，發源山西繁峙之泰戲山，由雁門入直隸之平山界，冶河、綿曼、嵩陽、雷溝、沕沕水等河皆入焉。

『冶河一名甘陶河，源自山西平定州松嶺，流至平山，初不與滹水相通。自二水合流，而滹沱之勢遂猛，屢奔潰，為正定害。元時分辟冶河，自作一流，滹沱水退十之三四。已而冶河淤塞，復入滹河，歲有潰决之患。皇慶中，議復之而未果。又按《漢書·地志》，冶水即太白渠也，受綿曼水，東南至下曲陽，入於洨。此冶之故道，本與洨合。今應於入滹之處，塞而斷之，循其故流，加以挖濬，引入洨 河，則滹沱之猛可減，此前人已試之成功也。

『洨河發源獲鹿之蓮花營、洚北村二泉，其源頗有堙塞，至欒城西南，合北沙河，而流始漸大，澆溉可資。但苦岸高，難以升引，應作壩以壅之，俾水與岸平。開溝二三尺，縱横俱可通流，涓滴皆為我用矣。伏秋水漲，則决壩以洩之，旱澇無虞，萬全之利也。洨河下流，自寧晉入泊，舊有石閘三座，遺跡尚存。現今兩岸居民，尚戽水〔一〕以澆畦麥，其為水利之用，亦可想見矣。

『洨河以南，水自贊皇來者，有槐水、午水。自臨城來者，有泲水、泥河、泜河、沙河。自内邱來者，有李陽河、七里河、小馬河、柳河。或名在而跡已堙，或源存而流已徙，道途所經，一一訪求，即土人亦不能言其故而指其處。然石橋宛在，斷碣猶存，或此等本非恒流，前人開之為洩澇歸泊之路，今皆任民耕種。以致山水暴下，瀰漫四野，貪尺寸之利，貽害無窮。今已委員查勘，酌量疏通，令漫水有歸，田疇不受其害。

『小柳河之東為聖水井，亦名聖女河，源出任縣之欒村聖女祠下，泉從地湧，引流可田。南為白馬河，源出内邱之鵲山，經邢臺，居民建閘溉田，壅之而不使下，下流遂湮。水漲之時，則以鄰為壑。故北之聖女、南之牛尾二河，俱被其衝突，為任邑害。今應濬白馬入泊之流，嚴邢臺閉閘之禁，害去而利乃可興矣。

『牛尾河發源邢臺之達活泉，水盛岸高，直達於任縣泊，作閘節宣，利賴曷窮焉。

『又南為百泉河，源出邢臺之風門山，亦名七里河。歷南和之北豆村、康家莊等處，有閘十三座，溉田數百頃，而任縣不沾一勺之潤。今應立法以均其利，自下而上，各以三日為期。則沿流一帶，皆水田也。但河身尚隘，宜展而倍之。

『百泉之南為野河，源出邢臺西山，下經野河村入沙河。

『沙河源出山西遼州之禑水，流至沙河縣南，分為二支：一流南和，至任縣為澧河；一流永年北，下雞澤，至南和，為乾河。抵任縣合洺河，入任縣治。沙河縣之普潤閘，溉田四十餘頃者，是其利也。

『洺河亦發源於遼州，歷河南之武安，而入直隸永年縣。過雞澤、南和，下與沙河合。近年常苦涸竭。若引滏陽之水，假沙、洺之道，兩河之間，俱可沾其浸溉。

『滏陽河，諸水之巨流也。源出河南磁州之神麕山，至邯鄲南，會渚、沁二水，流永年，抵曲周，過雞澤、平鄉、任縣，隆平，至寧晉，貫大泊而出，抵冀州，與滹沱水合。所經之處，疏渠灌稻。元臣郭守敬曾言可灌田三千頃，而

〔一〕戽水　用戽斗提水。戽斗，用淺口柳條笆斗或木桶製成的提水工具。笆斗兩邊系有繩子，兩人相對而立，雙手牽拉繩索，使戽斗上下有節奏地從湖塘水庫中，提水上岸，灌溉農田。王禎《農書》：『戽斗，挹水器也。……凡水岸稍下，不容置車，當旱之際，乃用戽斗，控以雙綆，兩人掣之，抒水上岸，以溉田稼。其斗或柳筲，或木罌，從所便也。』

明臣高汝行、朱泰等建惠民等八閘，民以殷富。近為磁州之民築壩截流，八閘已廢其六。今應均平水利，照舊修復。其措置磁州一節，容臣等另摺具奏。

『諸水入任縣泊者十八，寧晉泊者十二，則此二泊固二十餘河之委滙也。查任縣泊，土人謂之南泊。寧晉泊，土人謂之北泊。皆《禹貢》大陸澤故地也。南泊所受諸水，舊注滏陽河。自滹、漳闐淤，河高於泊，所有出水五溝，勢成倒灌，難以議開。唯雞爪一河，不足消全泊之漲。此任民所以嘵嘵於穆家口之開塞也。

『隆平地居二泊之間，惟恐坐受其浸，故力爭而阻之。及委員查勘穆家口河道，原有通流，特隘而淺耳。今應略加疏濬，為力無多。其邢家灣及王甫隄，舊橋卑壞，不無梗塞。亦應改建添設，以暢其流。而馬家店以下，所有之澧河古隄，略為修補，以防漫溢。任民既不苦於漂沉，即隆民何憂波及也。

『北泊周圍百里，地窪水深，亦恃滏河為宣洩之路。自滹沱南徙，由賈家口灌入。故道漸湮，遂決洨口、營上等村而東注。但水口河身，亦多淺隘。今應大加展挖，務俾寬深。如此，則南泊之水歸穆家口，而咽喉已通；北泊之水入滏陽河，而尾閭亦快。積潦日消，舊岸漸復，四圍涸出之地，尚可以數計哉。然後作小隄以繞之，多開斗門，疏渠種稻，則沮洳之場，無非樂土也。

『惟滹沱一河，源遠流長，獨行赴海，而善決善淤，遷徙靡常，自古患之。向入寧晉泊，則泊淤而眾流無所容納。自去年北徙，決州頭而東，直趨束鹿，奔軼四出，至今尚未歸槽，田廬俱被衝壓。束邑官民，請疏入泊之道，以紓切己之憂。然此道本非正流，闐淤已成平地，旋加挖掘，工費甚繁。且大陸古澤，眾流委注之地，亦不應聽淤塞也。

『今查有乾河一道，系滹水入滏舊路，由木邱至焦岡。河槽現存，修治不難為力。自張岔開挑六七里，便可直接決河。從此改流，由焦岡而入滏水，沛然而東。寧晉泊既遠淤壅之害，即束鹿、深州等處，亦無冲潰之患矣。

『畿南州縣，地方遼闊。臣等未及遍歷者，已遣員悉心經理，即當酌量緩急，次第興工，以仰副我皇上愛養民生，興修水利之至意。』

十四日得旨：『怡親王陳奏畿輔西南情形，甚為明晰。著九卿議奏。怡親王等，於去冬今春，查勘水利，前後往返三月餘，而於直隸地方東西南三面數千里之廣，俱身歷其地。凡巨川細流，莫不窮源竟委，相度周詳。且因地制宜，准今酌古，曲盡籌畫，以期有益於民生。公忠為國，實心辦事，甚屬可嘉。』

於是特設水利營田府，命怡親王總理其事，置觀察使一員。

十八日，諭曰：『去歲畿南被水，朕軫念民生，除截漕賑濟，種種加恩外，又特命怡親王等，查勘情形，以除水患，以興水利。今一切工程事務，雖有分發效力人員，但地非素經，人非素轄，恐有呼應不靈之處。必得本處地方官，公同實心協辦，始克有濟。且事權必欲專一、方可奏功。凡直隸地方文武官於水利事務，須與分發效力人員，秉公和衷協助。如有漠視、推諉及阻撓者，俱著怡親王題參。有實力奉行者，亦著怡親王題

二十日，吏部議覆：『怡親王疏稱水利營田，事務殷繁，設立滿漢司屬各四員，水利營田使經歷一員，應如所請。』從之。

又《請改磁州歸廣平疏》言：『臣查得滏陽一河，發源於河南磁州神麕山，自邯鄲入永年，歷曲周、雞澤、平鄉等縣。元臣郭守敬曾言此河可灌田三千餘頃，而明臣知府高汝行、知縣朱泰等，曾建惠民等八閘，以資灌溉。沿河州縣，民皆富饒，秔稻之盛，甲於諸郡。

『近年以來，水田漸改，閘座所存無幾。詢其所以，乃因磁州之民，地居上流，攔河築壩，無論水少之時，涓滴不下，即至水多之日，亦壅閉甚堅。經過商船，斂金買水，乃肯開壩放行。以致下流諸邑，田土焦枯，不沾勺水之潤，因争興訟，累歲不休。雖均水之斷案如山，而隔屬之抗違如故，此永年水田之所以坐廢也。

『查廣平舊《志》，磁州屬廣平路，領成安。成安現隸廣平，則磁州本非豫屬明矣。請將磁州改歸廣平府，則滏陽一河，全由直隸統轄，均水息争，同安樂利。豫撫田文鏡，請令滑濬等縣屬河南，以重漕運，部覆准行。況磁州本系廣平路屬，史有明文，事非創舉，臣等仰體我皇上一視同仁之至意，奏請改屬。』

二十四日，九卿議覆，允行。

五月二十一日，工部《議覆西南情形疏》，均如所請，從之。

六月十一日，怡親王參奏河工效力之候選知州郎逵，侵蝕帑銀，捏報被竊。得旨：『朕因直隸頻罹水患，思興利以厚民生，不惜帑金，令怡親王經理，無非愛養斯民之意。效力人員，當仰體朕心，畏法懷德，勤慎效力。乃郎逵竟忍侵蝕帑銀，捏報被竊，似此劣員，不得照常例處分，著交刑部嚴審定擬。』

八月十二日，諭曰：『畿輔地方，常有水患，怡親王親身相度，悉心籌畫，為國為民之念，實為誠切。故今歲六七月間，大雨時行之際，直隸地方，雨澤調勻。凡開濬修築之處，皆得施工。而禾麥又復豐登，民生樂業，豈非至誠感通之驗乎。』

二十四日，李紱奏言：『直隸地方，仰蒙皇上加意民生，特命怡親王總理水利營田，建萬世之鴻業，誠自古所未有。臣伏思水利營田，事體重大，而臣所任衙門，為直隸地方總滙之區，一切動用工費，效用職名，毫無案卷，將來驟難遵守。臣查護理水利營田印務一官，隨同怡親王料理一切事務，實為協辦大員。伏懇皇上敕令侍讀臣陳儀、按察使臣張璨，將所辦事體，俱行移報臣衙門備卷，或

止令臣移行查取備卷。庶功成之後，地方官原委洞悉，辦理之時，易為遵守。』

奉硃批：『怡親王所辦理之事，何用爾衙門備卷。爾等大臣為朕任用，雖百千聚集一處，朕倚賴未必如王一人也。勉之。』

九月十五日，刑部遵旨議覆河工效力知州郎逵侵蝕帑銀一案：『查定例，侵盜錢糧數滿一千兩以上者，擬絞監候。郎逵雖未滿一千兩之數，但此等劣員，不應照常例擬罪，應擬斬立決。』得旨：『郎逵暫改為斬監候。倘直隸水利河工效力人員，再有如郎逵侵盜錢糧者，發覺之日，與郎逵一同正法。著將此遍行曉諭。』

二十五日，朱軾由籍來京。命素服三年，仍在內閣兼吏部尚書，都察院行走，協理水利事如故。

十月，怡親王奏《工竣疏》言：『竊臣等欽奉聖謨，查修水利。舉從前未有之事，圖萬世永賴之功，規畫固貴於萬全，而營治必急夫先務。是以於三四月積水消涸之時，派員領帑，擇其大且急者，次第興修。雖麥汛早來，不無稍妨工作，而旋長旋消，為時無幾。加以天心助順，少雨多晴，人力獲施，眾心齊奮。此皆我皇上至誠感格，錫福兆民。故水利方興，休嘉立應。謹將各工告竣情形為皇上陳之。

『一、白、衛二河，漕運所經，最為緊要。臣等奏請疏通磚河、興濟河，築減水壩，以洩衛河之漲。又於靜海縣權家口冲決之處，逐段開疏，由白塘河歸入海河。今已委員挑挖磚河、興濟河，皆自歧口入海，雖石壩未成，而衛河伏汛，驟漲丈餘，賴有新河宣洩，得免泛溢之患，糧艘安行，抵通頗早。權家口開挖十餘里，至積水而止，俟水涸之日，方可施工。其沿河隄岸，舊有低薄坍塌之處，飭令效力人員，逐處堵築搶護，不致冲決成災。白河性善冲刷，飭令通、永河道高鑛，加謹防護。牛鈕所修舊工，俱令加築堅固，以故山漲暴下，隄岸無虞。

『一、東、西二淀，統滙眾流。臣等奏請，多開引河，加修趙北口橋隄，疏濬中亭、十望並蘇橋之三汊舊河。今西淀之趙北口隄身，俱已堅築如式。舊橋八座，升高加闊，並新添木橋一座，皆可指日告成。廣惠等橋下三河，亦均加疏濬。惟是白溝之流，由大灣口而入柴伙淀者，水挾沙流，旋挖旋淤。容俟水涸之後，細加相度，改導舊流，不惟一方永逸，而柴伙淀四十里之間，皆為營田之地矣。東淀之中亭河，開濬通流，其下流之勝芳河，亦挑挖深暢。三岔經流，導自張家嘴而北，不令侵逼長隄。其淀內支河，如石溝、臺頭一帶淺阻之處，俱經濬治。故汛水雖大，隄岸不患冲刷，消落迅疾。早於去秋兩月，中亭河岸，涸出田畝一千餘頃，晚蕎秋菜，尚未失時，其餘皆已深耕，以待來春種麥。惟十望河故道，積潦猶存，興工有待。

『一、子牙河。臣等奏請，自王家口分流之處，障其西流，約束歸一。又尋求清河、夾河、月河等故道，開決分注，以緩奔放之勢。今再四查勘，清河、夾河、月河，故道久湮，難以開決。而王家口以下至黄岔，又分二支，雖盡行障塞，使之東歸獨流大坑。然下流轉入羊芬港，仍苦淤墊，終非久計。臣等別有規畫，另摺具奏。

『一、永定河壅淤清流。臣等面奉諭旨：「著引渾河，別由一道入海。」臣等欽遵相度，請自柳岔以下，導之北流，繞王慶坨而東。隨復細加籌度，猶恐水勢拗折，宣洩未順。委令永定河道明壽，自武家莊挑引，入王慶坨北之長淘河。又慮河身淺窄，難以合流。委令筆帖式布納等，開擴深廣。其郭家務以下，兩隄逼窄之處，亦令明壽擴隄改流。今隄工已成，新河將次告竣。從此，淀池無閡淤之害，清流得朝宗之路矣。

『一、欽隄一道，回環千里，乃數十州縣生民田廬之保障也。歲久傾圮。臣等修築，自保定之清苑，至河間之獻縣，派委人員，逐段分修。六月間，汛水驟至，飛檄各員，並力搶護。舊有漫口，日月堵築，其安州、新安、霸州、文安一帶隄工，兩面皆水，尤為險要。夫役撈取泥垈，尺積寸累，工力維艱。所幸三伏晴霽，入秋暄暖，得及時完工。數百里內禾黍秔稻，盡獲收穫。

『一、畿南諸府。臣等查勘情形，已繕摺具奏在案。但時已入夏，麥汛[一]將來，各處工程，俱未領帑興修。惟南、北二泊，水口淤塞，正、順、廣、大諸河，宣洩無路，有不可以一日緩者。是以臣等先委人員，將南泊之穆家口淤河四十里，疏瀹寬深，並修築橋隄，以防漫溢，而任縣隆平，始有寧宇矣。北泊之黄兒營、營上村等處，大加展挖，使泊水暢流入滏。二泊迭相傳送，積潦漸消，雖雨水稍多，並無旁溢之患。至滹沱一河，遷徙靡定。去年決州頭而東，束鹿、深州，皆被其害，官民環訴，望救孔亟。雖難驟言永圖，亦須權為補救。已委員於第四溝開引，導入木邱。尋躡舊河，由焦罔而注之滏水，束、深之間，不虞衝壓矣。

『一、京東州縣，工程甚多。臣等歷勘具奏。今武清縣之鳳河，自高各莊分流，至堠上村而歸故道。逐段疏濬，引入淀池，野水藉以消涸，而武、漷沮洳之區，盡成沃壤。香河縣之牛牧屯以上，舊無隄堰，運河泛溢為災。今斜築長隄一道，以資捍禦，不惟除香河之患，而寶坻亦免波及矣。寶坻為眾潦所歸。通州之窩頭河，夏店之箭杆河，為害尤劇。今俱已疏導分流，各依縣治南北，而會於八門城，達於薊運河，積漲全消，污萊可藝。還鄉河源峻流紆，屢年沖決。今已於劉欽、王木匠莊最曲之處，各開直河，俾與舊流分瀉，而沿河隄岸，展闊築堅，從此無復沖潰矣。灤州之別故河，疏滌淤沙，導自廟山，繞城南而入

[一] 麥汛　即伏汛。汛，水也。汛期，指江河湖泊等水域週期性或規律性的漲水現象，有春汛、伏汛、秋汛、凌汛。伏汛，也稱麥汛，因爲其時正值麥黄時節。

灤水，不惟城闉無浸齧之患，而負郭皆腴田也。

『一、營治稻田，必須次第經理。臣等委員於玉田等處，率先營治，以為農民之倡。今據各員詳報：玉田縣營田七十五頃，遷安縣營田十二頃七十八畝，灤州營田十三頃五畝，薊州營田五十餘頃，每畝收稻穀三四石不等。而民間之聞風興起、自行播種者：安州則五十七頃七十一畝，新安則一百一十五頃十一畝，任邱則一百一十頃二畝，保定則三十六頃九十九畝，霸州、大城各二十頃，文安則至二百四頃二十七畝之多。以上稻田，共七百一十四頃九十三畝。此實從前所未見者。民心歡慶，咸稱皇恩高厚，不惜帑金，為之規畫經營，遂使積淤之區，坐獲美利。但水在隄內者，消涸有時，皆求設法留水以資灌溉。夫直隸之所患者水也，去之惟恐不速，今才享收穫之利，即思為灌溉之計，所謂用之則利，棄之則害者，非虛語也。臣等現在委員相度，開渠建閘，以備旱澇，庶小民長享樂利，永戴皇仁於無既矣。

『以上工程，除已經報完者，委員稽查確核外，其興修未竣及尚未動工之處，統候明春，催督修理。臣等才識短淺，勉竭駑鈍，悉心經理，尚有應行修築之處。容臣等查明繪圖進呈。所有本年修竣工程，理合具奏。』報聞。

又《請定考核之例以專責成疏》言：『為政之經，厚生為大。愛民之道，察吏為先。臣等疏濬水澤，營治稻田，開萬世永賴之美利。仰遵聖訓，隨地經畫，陸續興修，所有完過工程，派委大員，勘明如式者，例應交地方官收管。本年二月內，臣等奏請各處水田溝洫，必須每年經理，令管河各道，督率所屬州縣，按時修濬，定為考成。奉旨依議。今工員現在調回，工程暫交州縣。但考成未有定例，即河道無憑舉劾。請嗣後計典，將水利營田事實，逐一開注，由河道結送督撫以定優劣。果能實心奉行，著有成效者，該督撫不時薦舉；其或因循怠惰，致誤工程，查明即行題參。至該道職司表率，責任匪輕。凡所屬地方水利營田之興廢，即該道奉職之優劣，作何一併分別澄敘之處，懇乞敕部議覆施行。

『抑臣等更有請者，直隸農民，向苦旱潦。其於種植之方，多所未遑。今旱潦無虞，則地利宜盡。除稻粱麥黍之屬，隨宜播種外，其有畸零閑曠之地，不能播種五穀者，俱宜種植樹木，或薪或菓，利用無窮。至各處河隄，栽種柳樹，既可保護隄根，亦可資民樵爨，尤為有益。

『臣等稽諸往古，凡言燕地之産者，俱云魚鹽棗栗之饒。現今行視京東永府一帶，其民種植棗栗，所在成林，果實所收，貿遷遠邇。夫土性不甚相殊，而樹藝不能皆一，雖百姓之勤惰不齊，亦有司之勸相未力。嗣後請著為定例，訓飭農民，凡一村一坊之地，務令種植若干，造册報明本管上司，不時查視。再水泉之利既興，凡陂塘淀澤，俱可種植菱藕，蓄養魚鳧，其利尤溥。如此則地無遺利，家有餘財，吏治修而民生厚，畿輔之蒼赤，共沐高厚之皇仁矣。』

飭部議覆。

二十日，添設直隸天津州州同一員。青縣子牙河主簿一員，屬天津道管轄。涿州、霸州州判各一員，吏目各一員。宛平、良鄉、固安、永清、東安、武清六縣，縣丞各一員，主簿各一員，屬永定道管轄。北運河同知、通判各一員。要兒渡縣丞一員。東楊村主簿一員。薊州、灤州州判各一員。玉田縣縣丞一員。豐潤縣主簿一員，屬通永道管轄。霸州清河吏目一員，屬清河道管轄。從李紱請也。

十一月十五日，李紱奏言：『竊臣恭照奉旨，將漢軍旗員回避直隸，解任另補，此誠澄敘官方之至意也。查翰林院侍讀、帶管天津同知事務臣陳儀，現在護理水利營田印務，任大責重，同知事務難以兼管，實止委令教官、吏目等員代行。而陳儀又系直隸文安人，應否免其帶管，照旗員一體回避，謹繕摺請旨。』奉朱批：『照此具題，候發怡親王議覆。』

十二月十二日，户部遵旨議覆大學士朱軾《條奏營田事例》四款：一、自營己田者，照田畝多寡，給與九品以上五品以下頂帶，以示優旌。一、效力營田者，應酌量工程難易，頃畝多寡，分別録用。一、罣誤降調革職之員，效力營田者，准其開復。一、流徒以上人犯，效力營田者，准減等。俱應如所請。從之。

先是廣平府知府張廷勷因引見，條奏《均平水利疏》言：『廣郡地臨滏河，舊建八閘，而數千畝之田，均受其益。自河南磁州據河上流，築攔河三閘，水不下行。夫水利於流行，築隄壅水，使鄰民為壑，固所不可。設閘阻水，使鄰田受旱，亦不可也。况商船載貨，由滏河以抵天津、通州等處，常為三閘阻滯。商民未便，臣所深知。伏乞敕下兩省撫臣會議，或五日一放閘，或七日一放閘，在磁州可以蓄水，在廣平不致絶流，則水利均平，萬姓利賴無既矣。』

至是户部題稱：『議得直督李紱覆張廷勷條奏一疏。據清河道等詳稱，滏河一水，向因磁州築閘，任意啟閉，以致水利不均。今公同會議，將東西二閘仍照舊例，以三月為始，至八月終止，定限十日，輪流啟閉，周而復始。臣等竊思三月至八月，正田禾長養成粒之時，倘遇雨澤稀少，必待十日始得灌注，恐磁、永上下，俱失水澤之利。且滏為商船往來之道，西閘至東閘，若必十日始放，商船於兩閘之間，坐守一旬，將來必致有斂錢買水之事，於商農均有未便。應以五日為限，留水灌磁州，則東西兩閘，五日俱閉。放水灌邯、永等縣，則東西兩閘，五日俱開。至磁州之西閘，及邯永各縣諸閘，又各該地方均平水利之責，作何按日啟閉。分溉之處，該督詳查定議，勒石河干，永杜争端可也。』

於十四日具題，十六日得旨：『如議』。

是月，調李紱工部侍郎，命吏部尚書宜兆熊署直隸總督，以禮部侍郎劉師恕協理總督事。

五年二月，户部議覆怡親王《定考核以專責成》一疏，應如所請。得旨：『修舉水利、種植樹木等事，原為利濟民生，必須詳諭勸導，令其鼓舞從事，方有裨益，不得繩之以法。若地方官員，因關係考成，督課嚴急，則小民轉受其擾矣。著直隸學臣轉飭教職各官，切加曉諭，不時勸課，使小民踴躍興作。若地方官員，怠忽不加勸導，或有逼勒過嚴者，著學臣稽察奏報。三路巡察御史，亦著善為勸導，悉心稽察，如有奉行不善之處，即行據實奏聞。』

四月十七日，諭營田水利官員等：『朕以畿輔之地，水患未除，水利未興，宵旰焦勞，修建大功，欲登民生於安阜。爾等官員，皆情願效力，經朕引見命往者，自當仰體朕心，朝夕黽勉，方為稱職，將來朕自加恩。今聞在工人員，多有因循怠忽，不肯實心出力者。揣爾等之意，以為在怡親王、朱軾蔭庇之下，可以免於過愆，遂耽逸偷安，苟且塞責，或有見從前議敘人員，效力未久，俱得邀恩，各存僥倖之念，而無誠實辦事之心，此等意見，愚昧已極。朕只信任怡親王、朱軾，而怡親王、朱軾所用之人，朕豈皆深信而宥其過愆乎！況怡親王、朱軾公忠體國，若爾等不肯盡力工程，亦豈肯徇情而稍為容隱乎！嗣後可痛加悛改，勉力急公。倘仍前怠玩，遲誤公事，必從重治罪。若已經議敘之員，先勤後怠，其罪更不可逭。再怡親王、朱軾，不能親身到工，凡督率稽察，分別優劣，實系段如惠、張燦之專責，不能整飭，甚負委任。亦著改除舊習，倘瞻顧情面，苟且姑容，朕嚴加議處之時，悔之不及矣。』

是月，宜兆熊批准《磁州計板開閘議》，令(勤)〔勒〕石以垂永久。議稱：『正定府知府童華，大名府通判逯選，為請定計板開閘之法以均水利事。竊查滏陽河發源磁州，從前州民欲獨擅其利，既建東西兩閘，復於東閘之下，建第三閘以東之。每遇三月以後，八月以前，三閘盡閉，永年、曲周之民，思沾涓滴而不可得。官吏商民，屢詳屢告。因屬隔省，莫能控制。經怡親王奏明，將磁州改歸直隸廣平府。磁人失其所恃，轉而降心相從。嗣户部議准前守張廷勷條奏，定以磁州兩閘，五日啟放，然未定作何啟放章程。若令閘板盡啟，則建瓴之勢，溝澮之水，一日可盡。目下既慮偏枯，將來必致爭奪。職等親臨相度，詳加酌議。

『磁州西閘，在西門外十二里，地名槐樹村。閘有七洞，每洞下板八塊。每塊以地畝尺一尺三寸為度。積水至六板，即可分注溝渠。至八塊而各田充足矣。請自二月三十日以後，將閘板全下，每月開放六次。放閘之法，水底留板六塊，水面去板二塊，使本地之溝水常滿，而下游之餘波不絕，既不遏水以病鄰，亦不竭上以益下，爭端可永息也。東閘在城東二十里，地名琉璃鎮。閘止一洞，下板十三塊。每塊以一尺為度。使與西閘同日啟放。放閘之法，水底留板九塊，水面去板四塊，每啟閘之時，委官看視，水與板平即止，以一啟五日為率。其東閘下十五里，地名閻家淺，州人建有第三閘。此處地勢極低，攔河收束，水難下灌。應飭拆毀此閘，不許復建。

『查張廷勷條奏一案，現行各地方官會議，恐磁水官民，各執己見，未能均平水利，而服衆心。職等委南局，親勘確訪，集思廣益，仿唐臣李泌、明臣湯紹恩西湖三江兩閘，計板放水之遺規，酌定成法，實可經久，乞飭祗遵，於水利田功，大有裨益矣。』

六月初二日，宜兆熊、劉師恕奏言：『竊查直隸興修水利營田，實系惠民大政。臣等屢飭地方官督率士民，仰體聖意，實力奉行。詎有保定府屬唐縣劣生于超、于耀、劉士熙，劣監于思謙等，揑造將來加糧名色，恐嚇愚民，將去歲已經具結情願營種之稻田，不許加功，以致群相觀望。經知縣臧珣再三開諭，而于超等反赴臣衙門具詞。臣等批營田觀察使、清河道，會同嚴查。去後，無如該生等執抗不遵，並且不服拘審，復赴臣等衙門具訴。臣等當即拿交按察使等，咨革嚴究。並委保定府知府親詣唐縣，宣佈聖恩，開導鄉民，加意耕耘，勿致廢業。此等劣矜劣監，造言阻撓，理合奏聞。容臣等酌量情罪，嚴行究擬，懲一警百。庶知所畏懼，而善政可收實效矣。』

奉硃批：『所處甚是。案內人犯，審明後當嚴懲之。他處亦勤加察訪，如有類此不法之徒，斷不可寬縱以長刁風。』

初九日，又奏言：『磁州東西二閘，去年議定五日一次啟閉，水利均平，實屬至善。茲於五月二十五日，當啟放之期，有吏員沈國連、刁民顧成法等率衆阻撓。臣等當即飛飭廣平府知府、磁州知州，將首惡之沈國連、顧成法嚴拿究解。並宣佈聖意，水利務在均平，豈容獨霸。隨據稱，沈國連已拏監禁，顧成法畏罪脱逃，現在嚴緝。而村民俱各帖然聽從，已於六月初一日啟放矣。除飭緝拏顧成法嚴究外，其附和村愚，分別省宥，以廣皇仁。』

奉硃批：『直隸此等強横之風，豈可不力為革除。沈國連當嚴擬具題，顧成法嚴緝務獲，其附和村愚，概予從寬發落。卿等若能如此不事姑息，大振委靡，則歷年之頽風，何難挽回。惟其力行不倦，毋偶為此一二事，以取信於朕，隨復懈弛也。朕之或褒或貶，亦只據一事論一事，就一時論一時耳，勉之。』

二十二日，諭曰：『據怡親王奏稱，玉田縣之還鄉河，隄岸冲決，附近之田禾廬舍，有被淹、傷損之處。朕心深為軫念，著散秩大臣常明，率同御史勒音特、錢兆沆，前往查勘，並帶帑金二萬兩，速行賑濟，務使小民得所，不致流離。』

二十八日，宜兆熊等奏言：『本月二十三日，據玉田縣知縣呈報六月初六、十四等日，大雨滂沱，山水大發。還鄉河東埝、沙溝等處，隄工冲決二十餘處。又薊州運河，衝開埝口，河水泛溢，廬舍田禾，現被水淹。再據蠡縣報，六月十八日，陳村等處，隄岸漫溢十餘弓及二十弓不等。又據高陽縣報，六月十七日，馬果莊等處，隄工冲決五六弓及八九弓不等。又據魏縣報，六月五日，馬豐頭西隄，決口約二丈。各等情前來，臣等飛行該地方印河等官，備料撥夫，晝夜修築，並查明被水村莊有無淹没田禾，俟覆到另行具奏。』得旨：『一切隄防，乃民間田禾廬舍所關，豈容虚應故事。所委各員，如少疏懈，即嚴行參處，以示儆戒。』

八月初七日，又奏：『臣等捧到奏摺，奉硃批「永定、北運決口甚多，因何並不奏聞」。伏查玉田等處隄埝冲決，兩經具奏。蒙皇上敕發帑銀，欽差大臣分路查賑，嗣怡親王等寄字稱「續報之處，動地方公用銀兩，一體撫恤，如何料理，密摺奏聞」。臣等自此之後，凡各屬有報冲決及被水者，一面飭令搶修堵築，察其情形稍重者，隨宜撫恤，並將被水村莊，實在乏食貧民，親加查核具報，咨會欽差，酌量賑濟。

『臣等愚昧，誤以札中之意，似可一面確查，一面辦理，統俟勘明料理，妥適具奏。是以永定、北運續報冲決處所，未經奏聞。而此外尚有霸州、東安、永清、保定、大城、文安、通州、三河、寶坻、梁城所、博野、新安、清苑、雄縣、安州、定州、新城、滿城、束鹿、河間、肅寧、滄州、青縣、任邱、晉州、深州、南宫、隆平、南和、任縣、邯鄲、肥鄉各州縣，陸續報到，有稱隄工漫溢，有稱地畝被水。臣等亦俱飛飭確查，咨會料理，不敢瀆陳。此實臣等之昏潰，不能仰體皇上軫恤民隱之至意也。今蒙降旨察詢，不勝悚懼。臣等受恩深重，身任封疆，不能感召天和，以致雨水不均，上廑聖懷。每接報文，心驚神悸，查咨辦理，斷不敢負恩膜視，粉飾隱諱。但庸愚無識，動多錯誤。伏乞皇上曲賜矜全，俾知儆惕，黽勉將來，則頂戴聖慈於靡既矣。』

得旨：『寄字原著爾等密摺奏聞，以便朕隨宜批諭拯救。未令爾等諱匿不奏也，可謂庸愚之極。』

二十六日，怡親王《恭進營田瑞稻疏》言：『竊臣等奉命於雍正四年，營過稻田，共七百十四頃九十三畝，即於本年十月内奏明在案，所有雍正五年據各處陸續呈報，營成京東灤州、豐潤、薊州、平谷、寶坻、玉田等六州縣，稻田三百三十五頃。京西慶都、唐縣、新安、淶水、房山、涿州、安州、安肅八州縣，稻田七百六十頃七十二畝。天津、静海、武清等三州縣，稻田六百二十三頃八十七畝。京南正定、平山、定州、邢臺、沙河、南和、平鄉、任縣、永年、磁州等十州縣，稻田一千五百六十七頃七十八畝。以上官營稻田三千二百八十七頃三十七畝。其民間親見水田利益，鼓舞效法，自營己田者，如文安一帶多至三千余頃，安州、新安、任邱等三州縣多至二千餘頃。且據各處呈報，新營水田，俱系十分豐收，田禾茂密，高可四五尺，穎栗堅好，每畝可收稻穀五、六、七石不等。於八月二十一日等日，據正定府平山縣呈送新開水田所產瑞稻，或一莖三穗，或一莖雙穗。又據天津州呈送新開水田所產瑞稻，或一莖三穗，或一莖雙穗。並據營田灤州二十七州縣，各將新收稻穗樣米，齎送到臣。謹將瑞稻並各處送到稻禾稻穗稻米，恭呈御覽。欽惟我皇上愛民重農，躬親耕耤。又令直省地方官，舉行耕耤之典，至誠至敬之所感召，普天共慶豐年，各省多產瑞稻，而直隸新開水田，又有一莖雙穗三穗之祥，畿輔群黎均沾樂利，臣等不勝歡忭之至。』下部知之。

九月初十日，水利營田府參奏定州知州程恂等玩忽工程，奉上諭：『朕為直隸地方，興修田畝水利，以厚民生。特令王大臣等經理其事，地方有司，自應休戚相關，視同一體。畿輔密邇京師，朕時加訪問，如保定府知府李正茂，前在知縣任內時，正值大水之際，伊護隄工，殫心竭力，實為盡職之賢員，朕已加恩擢用。其有阻撓公事及玩忽工程者，於國法斷難寬貸。此所參程恂、駱為香，俱著革職，在營田水利工程，效力行走。程恂荒廢未開之田畝，著仍交與程恂營治，倘明年再有遲誤，定行從重治罪。徐穀瑞因見隄工危險，遂推委規避，將地方之事，視為膜外，著交部察議。又據欽差大臣常明奏稱，寶坻縣最系低窪之地，平時易於被水。知縣吴槊實心辦事，將上年特發帑金新修之隄岸，加意保護，晝夜巡視，是以隄岸完固，而地方不受水患，甚屬可嘉。著將吴槊升授山西大同府知府。常明又稱玉田縣知縣魏德茂，專務虛名，而諸事怠玩，防守工程，亦甚廢弛。魏德茂著革職。』

十一月初八日，諭曰：『前據怡親王、大學士朱軾奏稱，直隸水田，稻穀豐收，民間多不慣食稻米，請發銀採買米石，使得賣米價銀，以買小米、高粱，於百姓甚屬有益。此特為民食計，非為倉儲計也。近聞州縣中，竟有逼勒小民強賣稻米者。此等不肖官吏，生事擾民，將朕愛民德政，奉行不善，反為擾民之事，較之一切貪劣之員，尤為可惡。該督等漫無覺察，所司何事。此皆庸碌州縣，假手不肖賤役書吏，任其顛倒之所致。著令確查嚴參治罪。倘該督等徇情隱庇，不行查參，將該督等一併嚴加議處。著將朕旨傳諭通省，務令百姓人人知之。』

二十五日，水利營田府，參奏御史王瓚等玩誤玉田縣還鄉河隄工，奉上諭：『凡隄工事務，承修官與地方有司，均有責任，定例昭然。嗣後直隸河道工程，著河員與地方官，協同承修防護，務期保固無虞。如限內有冲決之處，著落河員與地方官照例賠修。倘再敢怠玩推諉，著一併革職。照南河河員李世彥、孫國瑜之例，枷號工所，仍令賠修，以為忽視工程之戒。』

六年七月初二日，水利營田府參奏效力主簿梁文中，在薊州治水田，將水泉微細之地，捏報堪營。因民間觀望，差拘責比，逼迫民人，將已種豇豆、高糧等項拔去。請革職交直督審擬。

奉上諭：『凡興修河渠等事，朕意本欲惠養斯民，為地方永賴之利。乃差往人員等，奉行不善，轉為閭閻之擾。前聞直隸工員内，有因營田，拔去民間已種豇豆之事。因諭令怡親王確查。今據參奏梁文中，不行曉諭於事先，乃將已成之禾稼，逼令拋棄，違理妄行，顯欲阻撓政事，非無心錯誤可比。該巡察御史苗壽、陶正中，何以不行查參。梁文中所犯既實，不必交與該督再審。著革職於工所，枷號示衆。其所毁壞豇豆，著即於梁文中名下，照數追賠。』

七年二月十九日，諭曰：『農事為國家首務，督率貴有專司。前有人條奏，請於各省設立農官以司勸課，或設巡農御史，令其巡行郡邑，勸勖農人，及時力作，亦足敦本業而防遊惰。朕思各省耕作之情形不同，未可一例通行。現今畿輔之地，營種水田以來，收穫甚多，行之已有成效。設立巡農御史之事，當先行於直隸省。每年特差御史一員，於二月田功初起之時，巡歷州縣，查察農民之勤惰，地畝之修廢，以定州縣之考成。其有因循推諉，以致荒廢農田者，即行參處，該御史亦勤加勸課，督令耕耘。九十月間，稼穡納場之後，回京覆旨。至明年二月，照例另派一員前往。其該御史出巡一應供給車馬，俱照現今巡察御史之例，按月給發。務使農業興修，田功畢舉，遊手之人咸歸南畝，以副朕重農務本之至意。』

八年二月，以北運河青龍灣修建減水壩，開挑引河。特命大臣，會同工部侍郎何國宗，稽查工程作法，偕牛鈕辦理。

十四日，何國宗奏言：『壩工河道，於二月十二日興工。臣偕莽鵠立等，即由引河向海口一路查勘。其間有應舍灣取直〔一〕，無礙民居，悉心商酌辦理。其餘各工修濬之處，經大學士公馬爾賽等議，令臣同牛鈕再行查勘。隨勘得河西務城北老堐舊隄，及要兒渡舊河口魚鱗壩〔二〕，俱當大溜頂冲〔三〕，最為險要。亟宜保護堅固，方資捍禦。據

〔一〕舍灣取直　彎，通『灣』，河道整治措施之一，依據河道河彎發展的自然規律，借助水流的冲刷力，在河道凹岸修築整治建築物，將過分彎曲的河道，進行人工裁直的措施，稱『舍彎取直』。又稱『裁彎取直』。

〔二〕魚鱗壩　河道水工建築物，類似魚鱗的層層累積，故名。萬恭《創建坎河石灘記》説，隆慶壬申，他治水至坎河口，坎河口『北有龍山焉，亂石如魚鱗壩』，可見魚鱗壩的出現很早。康基田《河渠紀聞》卷十七：『黄河下埽，測水之深淺，辨溜之緩急，察溜之變遷。如溜急水深，須下大埽。先藏定後尾埽頭，上游層層裹護，長短相錯，曰魚鱗壩。』康熙五十七年開始，在江南建有多處魚鱗壩。

〔三〕頂冲　古代對河流水勢的稱呼之一，指河流，或河流灣道凹岸，直接受到水流的冲刷，或衝擊，叫頂冲。頂冲是造成河流決口的原因之一。嵇曾筠《防河奏議》卷十《堵塞決口説》説：『如決口之由於頂冲者，其溜必直，大溜全入口門。……決口之由於漫灘者，既非頂冲，亦非掃灣，或緣堤工年久，單薄卑矮，或因獾洞鼠穴，罅隙虛松，被水浸泡，致成潰漫』等。

通永河道德希壽稱，河西務等處工程，將該廳估報之處，現在駁查，難據率轉。臣查河西務、耍兒渡二處工程，極為緊要。若俟該道廳往復駁核，然後轉報請修，恐致遲誤。合無仰祈皇上俯念河工重大，即於臣等所請引河壩工錢糧，先撥銀二萬兩，飭發通永河道，令其一面辦料興工，一面估報水利營田衙門，請領還項，庶無貽誤。其有作法未合之處，臣同牛鈕商酌改正。至三里淺、火燒屯等工程，應如何修治之處，臣從海口回日，再會同牛鈕查勘奏聞。』奉硃批：『所議工程修理之處，緩急先後，俱屬合宜。』

三月十八日，諭曰：『直隸水利營田工程，怡親王辦理多年，實心任事，各官遵其訓示，罔敢怠玩。今王偶抱微恙，朕令靜養調攝，不宜復以繁瑣之務，使之縈懷。著將水利衙門一切大小事件，應啟知怡親王者，俱稟知大學士朱軾定奪辦理。有應行奏聞者，朱軾即請朕旨。俟怡親王全愈之日，再行通知。其在工官員等，勿以怡親王不事督率稽查，遂生玩忽之念。嗣後工程重大事務，有調度失宜者，則朱軾之責。至於修築不堅，防護不慎，管束不嚴，與怠惰疏虞，推諉遲延等弊，朕皆於分理之官員是問。倘少有不遵，或經朕訪聞，及怡親王全愈之後，查出題參，定行從重治罪。』

二十四日，何國宗又奏：『臣同牛鈕於二月二十日，抵海口，復溯引河，一路細看。二十七日回青龍灣，將草壩工程，逐項安派，並引河淺深，隄身高下，逐段估算畢。三月初五日，沿運河兩岸踏勘，除現在平穩及可緩工程，飭令該道廳照常隨時料理外，查東岸三里淺一處，系歷來險工，應建挑水壩[一]一座，並將舊雞嘴壩重加修整，其隄灣迴溜處，應修排樁[二]一路。又筐兒港壩門上首一處，急溜汕刷，應建挑水小板壩一座，大板壩一座，順水排樁一路。又孤雲寺一處，系大溜頂灣，排樁損壞，應行修補。西岸華家口一處，系舊河上口，原有攔河壩[三]一座，連年頂冲汕刷，僅存靠隄陡岸壁立，舊河地勢尤窪，誠恐萬一疏失，水歸故道，致阻糧艘，應修葺工一段。又張家莊一處，系新生險工，老隄已經刷去，僅存月隄，仍系掃溜，應建挑水板壩一座，後接排樁。又火燒屯一處，系歷來險工，舊有排樁，應行修補。又上年水漫隄頂二十處，曾經疊堰搶護，應行加培。以上各工，據該道廳共約估銀一萬

[一] 挑水壩　在決口口門上游築壩，迫使主流轉向引河，使河口分流較少，以減輕築攔河壩的困難。見楊持白《至正河防記》今釋，《農業考古》一九八六年四期。

[二] 排樁　用巨木、木樁、鐵料等，連成排體，沉至河中，用以緩溜防冲，從而保護堤岸和堤脚。

[三] 攔河壩　爲攔截水流、阻擋河水氾濫、海水入侵而興建的水工建築物，主要用土料填築或石料砌築、堆築而成，寬幾丈至幾十丈不等。清代，南北運河沿線和海河流域都有不少攔河壩。

九千餘兩。應請即令該河道，一面動用道庫歲修錢糧，給發修理，一面估報水利營田衙門，如有不敷，照例請領。』得旨：『允行。』

又奏：『查看得筐兒港減水壩引河工程，除壩臺甚屬堅固，海漫〔一〕三合土〔二〕，微有冲刷數處，深不過寸餘，無庸修補。金門〔三〕內所冲素土，即本來地身，同知朱裴文已加築實填平，俱無庸議外，其減水引河一道，臣同牛鈕察看情形，細加酌議，先經原任通永河道高礦，將壩門既加寬四十丈，則其引河亦須通身加挑，寬四十丈，仍將舊引河南岸廢隄拆去，方為暢順。但工作浩繁，曠日持久。擬先於新引河中間沿舊廢隄，開挑深漕一道，直達塌河淀，寬十丈，深三四尺至六七尺不等，並將河口淤高及舊河內淤淺之處，俱為開挑，自然水流較暢。再查塌河淀下口，有陳家溝舊河一道，寬八九丈。東隄頭舊河一道，寬六七丈。賈家沽新河一道，寬八丈。計河三道，寬不及三十丈。擬於賈家沽新河之旁，再開洩水河一道，寬三十丈，方足暢流歸海。今先盡力開挑，或七八丈，或十餘丈，亦為有益。均俟今秋來春，再加開廣，挑濬完工。其引河兩隄北岸系舊工，內有單薄二段，應行加培。南岸系新工，所衝開之處，俱經同知朱裴文賠修完固。其圍淀隄工，汕刷甚多，俱在保固限內。據同知朱裴文稱，隄工內外，皆系淀池。上年諸淀盈滿，風浪排擊，實屬人力難施，應請援例准六賠四。擬請先動錢糧，修理堅固。其應如何賠還之處，統聽水利營田衙門核議，勒限賠還。以上工程，約共需銀四萬餘兩。

『臣擬即咨請水利營田衙門，動撥錢糧，飭發通永河道，令其一面即日興工，一面分晰造册，申報查核。至減水壩金門寬高，與全河相為消息。原議水小則加叠土堰，

〔一〕海漫　古代也稱海墁。接近閘門底板後的一段防護段叫護坦。接近護坦後的一段防護段，稱爲海漫，其作用是消耗水流的能量，保護下游河床或渠床。（參考華東水利學院農水系《農田水利小叢書》編寫組編《小型水閘》四—五頁，十九頁）一般用三合土、拋石或幹砌等方法構築。

〔二〕三合土　是由石灰、黏土和細砂三種材料經過配製、夯實而得的一種建築材料。實際配比視泥土的含沙量而定，不同地區有不同的三合土，但熟石灰，必不可少。《大清會典則例》卷一百三十二《工部·都水清吏司·河工二》説：『三合土，每方用石灰十石，沙淤土九十石』。清《宫式石橋做法》説：『灰土即石灰與黄土之混合，或謂三合土』；『灰土按四六摻合，石灰四成，黄土六成』。古代三合土廣泛用於建造堤壩等工程。

〔三〕金門　堤壩上閘門處的水流通道，閘門開時水流通過的孔道，長幾丈至幾十丈不等。陳琮《永定河志》卷十九記載，永定河南岸三工北村草壩、北岸三工求賢草壩，乾隆三十七年改建成灰壩，金門各寬十六丈，並於金門以上各建攔水草壩。

蓄水刷河，水大則開放，以俾暢洩。上年伏汛〔一〕後，加築席土堰一道，高三尺餘。秋汛〔二〕長水，未曾過堰。今青龍灣又分減於上流。臣與牛鈕細加計議，應請俟伏秋時，詳察水勢，通盤合算，再行條議具奏。』

得旨：『作速料理，少有遲誤疏虞，惟何國宗是問。一應動用錢糧，與牛鈕無涉，何國宗一人察核可也。』

五月初四日，怡親王薨逝。上聞震悼，親臨賜奠，為服素一月。賜謚曰賢，入祀賢良祠。初十日，命大學士朱軾總理水利營田事務，理藩院左侍郎莽鵠立、內閣學士對琳、工部右侍郎何國宗協同辦理。

六月十三日，巡察直隸等處農務、御史舒喜奏言：『竊臣於六月初八日接得順德府詳，據任縣闔邑士民趙懷玢等呈稱，任邑東北有大陸澤，為沙、洺、馬、泰等十七水之滙，而以灃河為渠，由穆家口而隆平，而寧晉，下達天津。水有所歸，任不受害。自灃河塞，而大陸之水，遂有蓄無洩，沒民田千有餘頃。自元時至本朝康熙年間，雖有開導灃河之議，民心未一、民力未齊，以故任境內四十餘村，數百年來，彌漫汪洋，公私甚苦。我皇上特命怡親王省視河防，量度築濬。我王勤宣德意，雍正三年抵任境，問民疾苦，親詣踏勘，察諸流之源委，相地勢之高下，爰請發帑二萬餘兩，於四月興工挑河，自穆家口橋北起，至寧晉縣界，袤延四十餘里，為民興利。迨功成而大陸作，不特附近村莊，永無被水之虞，即豁免之田，可以漸次墾種者，且二百六十餘頃。竊謂我王盛德獲福，方興未艾。孰知勤勞成疾，至今歲仲夏而不諱耶！棠陰方茂，天問無從，感激涕零，情何能已。《禮》曰：「法施於民則祀之，能捍大患禦大災者則祀之。」玢等不揣愚昧，欲卜地建祠，春秋享祀，以略申報本之微誠，以稍酬深仁於萬一。特以天潢之尊，不敢擅便。伏乞轉申懇題，俯遂愚忱。俟工竣之日，再行恭請宸翰額聯，以昭誠敬。俾聖朝之盛典遐彰，而賢王之懋績永著矣。由縣詳府，轉詳到臣。臣不敢壅於上聞，謹據實具奏。』下部議覆。

七月十九日，朱軾等疏奏交河縣所屬隄工，水勢漫溢，請將在工人員交部議處。

得旨：『今年雨澤頗調，而北河隄工，水勢漫溢。蓋自吾弟怡賢親王薨逝，遂至籌畫多疏，防護鮮術。河工關係國計民生，最為緊要。朕心深切廑念，其作何善後之計，著九卿具奏。莽鵠立自差委以來，因病尚未任事。何國宗另有辦理工程，著免其議處。朱軾不能彈壓屬員，使之殫力盡心，交部察議。其專管分轄統轄各員，交部嚴議。』

〔一〕伏汛　江河湖泊等水域的季節性或週期性的漲水現象稱汛。汛，常以出現的季節或形成的原因命名，如春汛、伏汛、秋汛、凌汛等。夏季伏天發生的江河漲水現象，稱伏汛。七至九月，海河流域多暴雨，降水量大，河流常發生洪水。

〔二〕秋汛　從立秋到霜降發生的江河漲水現象，稱秋汛。有時也發生漲水現象。伏汛和秋汛時間相連，都是主要汛期，又稱伏秋大汛。

八月二十日，禮部《議覆署直隸總督唐執玉等疏》言：『和碩怡賢親王，以天潢懿戚，作帝室股肱，綜理百為，綱維庶政，上宣主德，下殫民謀。直屬紳士商民等，既蒙其惠愛，宜薦以馨香。公請代題，懇建專祠，應如所請。於直隸省會清苑縣建祠一所，任縣之穆家口建祠一所，天津建祠二所，俾沐膏詠勤之衆，獲展春祈秋報之情。』從之。

九月二十六日，諭曰：『直隸水利營田，吾弟怡賢親王殫數年之心力，區畫經營，為小民興萬世之利。甫定規模，而賢王薨逝，遂至防護多疏，隄岸漫溢。朕心憂慮，深恐將來日漸廢弛，前功隳棄，特命九卿等籌畫善後之策。今覽所議，多屬浮辭。至云「凡怡賢親王所欲行而未竟者，皆分別緩急，次第興工」，此語更屬支離。夫已行而未竟者，則王之事也。若欲行而未竟，此乃遊移影響之談，巧卸其責於王矣。王既未曾見諸施行，則以後辦理之事，皆諸臣之事。若辦理妥協，王不居功。若辦理不妥，而以欲行二字，歸過於王，朕豈忍聞此語。當怡賢親王經理之時，朱軾多病就衰，艱於跋涉，此衆人所共知者。至於莽鵠立性情偏僻，何國宗器量卑庸，只因今歲工程緊要，姑且用之，非謂可以長膺此任也。且朱軾等居住京師，安能遥辦河工之事。自應特設管理大臣，以專職任。將其中事務，可以分派地方官者，則分派辦理，以收群策之效。九卿所議，俱未及此。著另議具奏。』

十二月初五日，工部遵旨議奏，直隸河工，關係重大，請設立河道水利總督一員，駐劄天津。令四道廳員，及印河各官，受其節制，一切事務，俱照河東總河例行。其營田事務，歸直隸總督管理。從之。

十九日，以吏部左侍郎劉於義為直隸河道水利總督，内閣學士徐湛恩協辦河道事務。

附：《通志》四局營田畝數

雍正三年秋，直隸水，既賑既貸，烝民既乂，天子乃臨軒而咨，命怡賢親王曰：『畇畇畿甸，非三代井畝之區乎。平衍千里，率多汙下，而無一溝一澮，流行而翕注之，不達於川，乃瀦在田，非地利之異於(占)〔古〕，乃人事之未修也。夫水聚之則為害，而散之則為利。用之則為利，而棄之則為害。仿遂人之制，以興稻人之稼，無欲速，無惜費，無阻於浮議。』於是以大學士臣朱軾為輔行，遍歷三輔，所以為疏瀹排決計者甚備，經度高下，酌量蓄洩，一切引水溉田之法，課導、補助、旌敘、鼓舞之方，咸條列以請指授，乃遵而行之。

四年，先之灤、玉諸州邑，濬流圩岸，建閘開渠，皆官為經理，而工本之費，借帑以給，歲納什一焉。是秋田成歲稔，凡一百五十頃有奇，而民間之聞風興起自行播種者，若霸州、文安、大城、保定、新安、安州、任邱共七百一十四頃有奇，皆於積潦停洳中，隨方插蒔，盡獲收穫。於是争求節水疏流以成永利，而四局之設自兹起矣。

一曰京東局，統轄豐潤、玉田、薊州、寶坻、平谷、武清、灤州、遷安，自白河以東，凡可營田者咸隸焉。

一曰京西局，統轄宛平、涿州、房山、淶水、慶都、唐縣、安肅、新安、霸州、任邱、定州、行唐、新樂、滿城，自苑口以西，凡可營田者咸隸焉。

一曰京南局，統轄正定、平山、井陘、邢臺、沙河、南和、磁州、永年、平鄉、任縣，自滹、滏以西，凡可營田者咸隸焉。

一曰天津局，統轄天津、静海、滄州暨興國、富國二場，自苑口以東，凡可營田者咸隸焉。

局各有長有副，有效力委員。凡相度估料，開築建造，皆委員與地方官，偕而查報地數花名，給發農本，則專責之地方官。田成工訖，工程工本，胥令守土者，遵前規而以時達之水利營田府。當是時，上方以和衷協助，期地方文武之吏，而特諭賢王舉劾之。故以勤於田功，立膺顯擢者有矣。一時守令，皆慕而思奮。夫官之所先，民罔敢後。是故事易集而功易成。自五年分局，至於七年，營成水田六千頃有奇。天心助順，歲以屢豐，稷秸積於場圃，秔稻溢於市廛。上念北人不慣食稻，恐運糶不時，售大賈居積，則賤而傷農。於每歲秋冬，發帑收糴，民獲厚利。向所稱汙萊沮洳之鄉，率富完安樂，豳吹蜡鼓相聞，可謂極一時之盛矣。八年，賢王薨，司局者無所稟，令不行於令牧，又各以私意為舉廢。九年，大學士臣朱軾、河道總督臣劉於義奏請遣太僕卿臣顧琮乘傳稽覈之。除距水較遠，地勢稍高，須車戽而升者，聽民隨便種植外，其餘水與地平，無煩汲升之處，取地方官永遠可為水田結狀，著籍存户部。荒廢者，查參如例。議設觀察使二員，兼以憲職，分轄京東西，督率州縣開營可田地畝。無力者貸以牛種之費，秋收扣還。所有舊田圍渠閘洞，修治俾無壞。又設副使二員，出資經理，以為民倡。我皇上愛養元元，與之圖萬世之安，則營田樂利之政，必將垂裕無疆。所謂盡溝洫之力，以佐平成之績者，與神禹比隆，不可以不紀也。故詳志之以著實效云。

京東局

京東輔郡，負山控海。負山則泉深而土澤，控海則潮淤而壤沃。諸州邑泉從地湧，一决即通，水與田平，一引即至，具可疏鑿成田。明臣徐貞明，詳哉其言之矣。萬曆中，申時行特主其説，以貞明兼憲職，董其事。乃之薊州，招南兵之習農者，畫地耕作，墾田以億計，畝收一鍾。撫臣及司道，方次第開報。而中官在上左右者，争言水田不便。御史王之棟，疏請罷役。時行上疏，極陳利便，竟不可回。而垂成之功，廢於一旦，議者惜之。迨我怡賢親王奉命查修水利，遍歷諸邑，陟巘降原，尋泉覛土，以貞明之言為信而有征，奏請委員營治，為農民倡，畝收三四石不等。五年遂開局經理，並及京西、京南、天津等處，畫界分督，次第開種。而肇端試可，則自京東始。

玉田縣　袁家莊、馬營、曲河頭、羅畢窩等處營田，引小泉、煖泉、孟家泉、黃家山泉、藍泉等河之水，仍洩水於本河。按：　邑境北面負山，湧泉成河。徐貞明謂後湖莊疏湖可田，小泉山引泉可田，而瀦潦泥塗，久為棄壤。今委員築圍濬淤，多建閘座，以裨節宣，田成一萬八千餘畝，俱歲獲豐收。古稱種玉，近頌成金，良有以也。雍正四年，縣治東北袁家莊，西南曲河頭等處，營治稻田共七十六頃五十三畝，農民自營稻田共三頃五十五畝。五年，縣治東南韓家莊，西南邢家樓等處，營治稻田共三十九頃五十畝，農民自營稻田九十八畝。六年，縣治西南曲河頭等處，營治稻田共五十八頃四十五畝，農民自營稻田共二頃五畝。九年，改旱田四頃。十一年，縣治東南羅畢窩等處，營治稻田共二百三頃十三畝九分。

豐潤縣　橫沽、王蘭莊、刁家窩、曹家泊、盧各莊、車道鋪、望林泊、梁家灣、胡家泊等處營田，引陡河、泥河、黑龍潭、楊家泔等泉之水，仍洩水於本河。按：　邑境負山帶水，湧地成泉，疏河引流，隨取而足。徐貞明指為土膏腴，而人曠棄，可修舉以兆其端者。今委員築圩開渠，閘蓄洞引，次第就理，咸歲獲豐稔。從此擴充，務極水力。潤澤豐美之名，洵不虛也。雍正四年，縣治正西高麗鋪、盧各莊等處，營治稻田共一十六頃二十五畝一分。五年，縣治西南曹家泊等處，營治稻田共一十八頃二畝二分，農民自營稻田共三十五頃二十八畝。七年，縣治正南王蘭莊、刁家窩等處，營治稻田共二十七頃八十一畝，農民自營稻田共四十頃二十九畝。九年，改旱田十一頃五十四畝。十年，縣治正南王蘭莊、車道鋪、望林泊、老潭等處，營治稻田共一百十九頃七十八畝。又王蘭莊、菱角泊、三家淀等處，營田副使光祿寺卿王鈞，建閘築圍，營治稻田共五十頃。十一年，縣治正南梁家灣、胡家泊等處，營治稻田共一百七頃六十七畝九分四釐。

遷安縣　徐流營、三里河、泉莊等處，營田引徐流河、三里河、黃山泉河之水，仍洩水於本河。按：　灤河入口，邑首受之，源高勢猛，引用為難。然各屬支河，籍以滙歸，故少漲溢之患，而涓滴皆農田之資。徐流營山下湧出五泉，合流入桃林河。三里橋湧泉流出灤河。又黃山之麓，清泉噴湧，俱夾岸可田。前人論列甚悉。今委員相度，圍堰[一]渠閘，隨宜布列，分引灌溉，田成千六百畝，次第擴

[一] 圍堰　圍住水工建築物施工基坑，避免水中施工而修建的臨時擋水建築物。其中，草土圍堰是中國古代創造的草土混合擋水結構，可在流水中修建，施工簡單，拆除方便，適應沉陷變形能力强。漢代，已將草土圍堰用於灌溉工程及黃河堵口工程。如今，黃河流域的管道堵口工程中，仍廣泛使用。

充，人力修而地利可盡矣。雍正四年，縣治東北三里河、徐流營，西北雲峰寺等處，營治稻田共一十二頃七十八畝四分。五年，縣治西北泉莊，營治稻田共二頃五十畝。東南丁家泉、平坡營、蘆溝堡、磨眼泉等處，農民自營稻田九十九畝。

灤州　冉各莊、孟家店、黃家莊等處營田，引浉河、煖泉暨福山泉、館水，仍洩水於本河。按：州境地平而潤，水清而駛，泉流縈帶，土岡環繞，無處非水耕火耨之區。今先於其易者，設閘疏渠，萊蕪悉粳稻。若逐加搜滌節宣，播其利，不可勝窮也。雍正四年，州治塩河沿、王家店、老新莊、蘇家莊等處，營治稻田共八頃十一畝，農民自營稻田二頃十九畝，州牧朱煌營稻田十三頃五畝三分。六年，州治梅莊，營稻田二頃七十七畝，農民自營稻田五十畝。七年，州治西北孟家店等處，營治稻田共三頃十九畝七分。九年，改旱田五頃三十八畝二分。

平谷縣　龍家務、水峪寺等處營田，引泃河及山泉之水，仍洩水於本河。徐貞明歷指京東州邑，以龍家務、水峪寺為著。今按其所指，委員相度，置閘疏渠，果成膏壤。而相近之東高村、稻地莊，亦有山泉，次第營治，以收其利。昔之托諸空言者，今則徵其實效矣。雍正五年，縣治正東龍家務，東北水峪寺等處，營治稻田共五頃三十五畝，農民自營稻田共七十六畝五分。九年，改旱田三頃五十畝。

薊州　山岡莊、鄭各莊、馬伸橋等處營田，引大小海子等泉之水，洩於淋河。按：淋河納州北各山泉，至白龍港，會泃河為溵流河，源遠流長，可資灌溉。故後魏裴延儁修漁陽堰，前明徐貞明指鎮國莊水利，亦可概見。今先自州城東西附近沮洳之壤，疏導山泉，置閘開渠，田成已五千餘畝。由此而南，漸次營治，利尤數倍。雍正五年，州治正東大屯莊、三家店，正南山岡莊等處，營治稻田共二十頃六十四畝五分，農民自營稻田共二十九頃四十二畝。六年，州治正東三家店、丁家莊，正西夏各莊等處，營治稻田共四頃五十四畝七分，農民自營稻田共一頃九十四畝八分。九年，改旱田十三頃四十一畝。

寶坻縣今分隸寧河縣　八門城、尹家圈、下王各莊等處營田，引薊運河潮水，仍洩水於本河。按：明臣袁黄為寶坻令，開疏沽道，引戽潮流，於壺盧窩等邨教民種稻，刊書一卷，詳言插蒔之法，載全集中。蓋潮水性温，發苗最沃，一日再至，不失晷刻。雖少雨之歲，灌溉自饒，浙閩所謂潮田也。今委員疏滌舊渠，建置閘洞，汲引澆灌，瀕海潟鹵，漸成膏腴，但水須車戽而升，北農以挽溉為苦，改為蔬圃者六七，現存者十之三耳。雍正五年，縣治東南尹家圈、八門城等處，營治稻田共二十五頃五十三畝九分五釐五毫，農民自營稻田共三十四頃二十八畝九釐三毫。七年，縣治東南下王各莊等處，營治稻田共四十四頃七十九畝四釐，農民自營稻田共七頃五十八畝七分四釐。九年，改旱田四十六頃五十三畝四分。

寧河縣　東窩莊、南窩莊、岳旗莊、江橫口、林家莊、張家莊、齊家沽、田家莊等處暨本城營田，引薊運河潮水，仍洩水於本河。按：　寧河本寶坻縣屬梁城所舊治改置也。薊運河自北來，至此分流，環繞縣治，復會為一。涯廣流深，潮汐最盛，沽道頗多。民間引戽以灌畦蔬，因其地形，濬渠置閘，用極水利。沿河數十村，俱成稻田，溝塍繡錯，阡陌交通，宛似江鄉風景。而盧臺一帶，民利魚鹽，不以沾塗自給，多改為旱田，近縣營田存者尚二十七莊，皆獲豐稔焉。雍正五年，縣治西關東關，暨東窩莊、南窩莊、岳旗莊、江潢口、崔成莊、齊家沽等處，共營治稻田三十三頃四十五畝，農民自營稻田四十九頃八十一畝一分五釐三毫。七年，本城及盧臺等處，農民自營稻田共二十頃三十九畝九分六釐。九年，改旱田三十七頃一十畝七分四釐。

武清縣　桐林等處營田，引鳳河之水，仍洩水於本河。按：　鳳河至武清之堠上村斷流，河身淤為平地，一遇雨潦，彌漫四野。運河隄岸，亦受浸齧。怡賢親王親歷相度，將宏仁橋之涼水河，於高各莊分引而南，至堠上村，循鳳河故道，開挖入淀，俾積潦有歸。即於桐林等村，疏渠分引，以資灌溉，田成一千八百畝。淀河以北，行潦順流，秔稻葱郁，從前所未有也。雍正五年，縣治西北桐林村等處，營治稻田共十八頃二畝五分一釐。

京西局

京西諸河，皆滙於西淀。淀蓋宋人塘濼之遺也。六宅使何承矩於雄、鄚、霸州、平永、順安等軍，築隄六百里，置斗門引水種稻。經始之秋，以霜早不熟。浮言滋起，承矩不顧，卒成之。次年大稔，葦稑秸進於闕下，眾乃服。自是軍糈取給水田，而邊民因以富實。後人言水利於畿甸者，多稱之。然其遺跡湮沒，無可尋求，獨以地多沮洳，居民於雨多之歲，秧種洿澤，以希幸獲而已。雍正四年，怡賢親王親蒞相度，一切疏泉引流，壅淀事宜，奏請報可。次年開局新安，始自大澱淀，漸及諸邑，東至霸州，西抵滿城，北自宛平，南及新樂，凡可成田者，次第就理，町畦溝澮，宛似江南風景。

新安縣　大澱淀、太平莊、趙家莊等處營田，引雹河、依城河及淀河之水，洩水於應家淀、馬村河。按：　新安三面皆積淀，唯城北陸居。而大澱等淀，地勢低窪。容城雨潦之水，滙注為壑，歲失耕稼，閭閻凋敝。賢王奏開新河一道，上分雹水溢流，下歸燒車淀，南岸築隄，以資捍禦。鄰水循河入淀，永不為災。大澱等淀，沮洳遂為膏壤。五年委員營治，外作圍圩，內疏溝渠，建閘六座，引用河淀之流。秔稻遍野，所收既多。官為購買，獲利常倍。貧瘠之區，皆烝烝殷富矣。雍正五年，縣治西北大澱淀，營治稻田共一百三十三頃三十五畝九分三釐。農民自營稻田，共一十四頃四畝三分。六年，縣治東北宋家莊、東南劉家莊等處，農民自營稻田，共五百五十九頃六十六畝九分九釐。七年，縣治西南太平莊、趙家莊，西北大淀，營治稻田共一百五十六頃五十九畝九分。農民自營稻田，共二十七頃八十八畝。

安州　東西壘頭、南北馮村等處營田，引依城河及淀河之水，仍洩水於本河。按：安州居新安上游，積淀環繞，地多汙萊。自開局營田，新民坐獲美利。州人羨之，相率墾洿澤，引河流，自行插蒔，營田一千六百三十餘畝，收穫甚豐。雖經畫未施，而聞風興起，亦足驗輿情之忻躍云。雍正六年，州治西壘頭、東壘頭、邊村、南曲隄、同口、郝村、馮村、北馮村、韓堡村等處，農民自營稻田，共十六頃三十八畝。

安肅縣　白塔鋪、古莊頭、高林莊、南梨園等處營田，引督亢陂及雹河之水，仍洩水於本河。考督亢之名，見於《史記》。北魏裴延儁營督亢渠溉田，為利十倍。則督亢疏渠引溉之利，由來已久。邑《志》稱後周以易水東分為梁門。按：雹河為南易水，則梁門為雹水所徑，可資灌溉，又確然可稽。今開渠設閘之所，即其處也。營田以後，屢慶豐登，是『督亢原田膴膴，梁門水勢沄沄』。以今方昔，不啻過之。雍正五年，縣治東南南梨園等處，營治稻田共四十一頃二十一畝四分。農民自營稻田，共三十九頃一十畝二分。六年，縣治西北白塔鋪、古莊頭、高林莊等處，營治稻田共二十六頃四十七畝二分五釐。農民自營稻田，共七十八畝。九年改旱田八十頃三十一畝六分。

唐縣　明伏莊、大洋村、温家莊等處營田，引唐河之水，仍洩水於本河。前金尹劉弁、明令楊一桂，俱開渠溉田，民資其利，歲久廢弛。今相度地勢，疏渠設閘，俾山麓平原，高下承接，遞相灌輸，數十里町畦相望，較前經理大為詳備。北山秔稻，西嶺雲霞，不惟景物適觀，亦且豐年屢慶矣。雍正五年，縣治西北明伏莊、大洋村、西雹水村等處，營治稻田，共七十頃三十五畝七分五毫，農民自營稻田，共一十一頃三十三畝五分五釐。九年，改旱田四十八頃八十一畝七分五釐五毫。

慶都縣　高嶺村、侯坨村等處營田，引隍池、北隆、堅功、湧魚等泉之水，仍洩水於本泉河。溝渠閘座，隨宜疏引。雖細流涓涓，而良苗懷新，亦各得潤物之功焉。雍正五年，縣治正東高嶺村、侯坨村，營治稻田，共一十二頃五十三畝五分。九年，改旱田一十頃四十三畝五分。

淶水縣　赤土村、八岔溝等處營田，引萊河之水，仍洩於本河。土人亦時引水藝稻。故於拒馬河自鐵鎖厓向南分支者，名之曰稻子溝河，蓋緣稻得名也。猶經理未廣。今相度地勢，開渠設閘，疏引以極水力。『我疆我理，南東其畝』，俾舊治新營，咸資灌溉之利焉。雍正五年，縣治東北赤土村、八岔溝、水北村等處，營治稻田共二十二頃二十八畝。九年，改旱田一十二頃四十四畝。

房山縣　廣運莊、高家莊、南良莊、長溝村等處營田，引拒馬河、挾河之水，仍洩於本河。土人於邑西南玉塘泉，引水藝稻，但泉力無多。而拒馬河自鐵鎖崖以東，水勢順流，兼挾河東南貫注，源流盛大，引用不窮。開渠設閘，隨取而足，十餘里畦塍相望，較玉塘泉之利更廣矣。雍正五年，縣治西南廣潤莊、高家莊等處，營治稻田共二十頃四十二畝六分。農民自營稻田共二頃七十二畝八分。六年，縣治西南南良家莊、長溝村，營治稻田共二頃八十九畝，農民自營稻田共四十畝。

涿州　茂林莊、毛家屯、普利莊、北魯坡等處營田，引拒馬河、胡良河之水，仍洩於本河。按：明臣徐光啟言，西北水利，以涿州拒馬河水可引用。又拒馬之北胡良、挾河之水，亦可引。又州南海龍寺，有督亢亭舊跡，皆土壤膏腴之證。土人於挾河引水藝稻，溝渠圩岸，具有條理。今推廣營治三千畝，若復能擴充規畫，其利可勝言耶。雍正五年，州治西北茂林莊、毛家屯、藍家營等處，營治稻田共十九頃五十二畝。農民自營稻田，共四十八畝。六年，州治西北普利莊、北魯坡、泗各莊等處，營治稻田共七頃五十一畝。農民自營稻田共二頃五十五畝。

霸州　魚廠村、高各莊、臺山、平口等處營田，引中亭之水，洩村北橋下，仍入於本河。按：州南玉帶河，統滙眾流，汪洋浩瀚，蓄洩維艱。惟中亭支河，須水則引之，水足則止。圍埝渠閘，經理有法，浸灌所及，已獲豐收。漸次推廣，其利自普也。雍正六年，州治東南魚廠村、高各莊、徐各莊等處，營治稻田，共二十九頃二十三畝二分，農民自營稻田共一十二頃一十二畝。九年，改旱田四十一頃三十五畝二分。十一年，州治東南臺山村、小圈內，營治稻田十頃。又十間房、平口等村，營田觀察副使、光禄寺卿王鈞建閘築圍，營治稻田，共五十頃。

任邱縣　關城村營田，引白洋淀之水，洩於村後溝內。按：白洋淀為眾水所滙。本村舊設涵洞[一]，引以灌溉。復築月隄，以備不虞。但地勢低窪，野水過多。前令許毓芳築堰捍禦，稱為許公堰。歲久廢弛，田半荒蕪。今復整理完固，並為疏濬溝渠，令自近而遠，遞相貫注，不惟水盈畦隴，抑且潤及鄰疆，稻麥芃芃，共戴皇仁於不朽矣。雍正六年，縣治西北關城村，營治稻田，共四十五頃八十畝。農民自營稻田共四十頃。九年，改旱田二十四頃五十九畝二分。

[一] 涵洞　埋設在填土下的輸水洞，又稱涵管。古代稱『竇』，王禎《農書》稱爲竇，也稱涵管。明代文獻有涵洞一詞。涵洞主要分爲兩種，一種是輸送渠水，稱爲輸水涵洞，或渠涵；另一種是排泄冲溝或洪水，稱泄水（排洪）涵洞。春秋戰國時已有涵洞。《禮記·月令》曰：『仲秋之月，可以築城郭，穿竇窖，修囷倉也。』明清時，水利工程中常見涵洞。

文安縣　蒼耳淀、李齊淀、流河淀等處營田，引會同河、子牙河之水，洩水於淀池。按： 文安縣為七十二清河滙聚之區，會同河自西而東，子牙河自南而北，至縣治東北，合流於積淀之內。土人每於瀕河傍淀之處，芟刈茭蘆，插蒔粳稻，多獲豐收。然淀河水漲，嘗苦淹没。營田觀察副使劉勷，革職效力員外郎秦嶠等，奉命代民修築，於蒼耳、李齊等淀，立圍建閘，疏渠設洞，以防以灌，俾節俾宣，遂成永利焉。雍正十一年，縣治西北蒼耳淀，營治稻田一百五十四頃四十畝。十二年，縣治東北李齊淀、流河淀，營治稻田三百五頃。

大城縣　李齊、流河等淀營田，引子牙河水，洩水於淀池。按： 縣境為子牙河所經，於治東北王家口入淀，而會同清流自西來會之。餘波倒漾，滙為李齊、流河諸淀。縱廣數千頃，内邨落以數十計，跨文、大二邑之間。居民每於平灘淺瀨，栽種秧田。水小則收穫倍常，水大則没無遺粒。然其地三面距隄，勢如環衛。而土性膏腴，最為宜稻之區。唯北連巨淀，防禦闕如，故不能免於墊没。雍正十一年，營田觀察使顧琮議令效力革職員外秦嶠，建築北隄一道，以資捍禦。是歲淀内營田，即獲豐收。次年，觀察使陳時夏奏請於南面建閘，引子牙河流，疏渠引灌，仍以秦嶠任其事，而副使王鈞、劉勷各捐貲築圍，重加保障。又於北隄開設涵洞，以備宣洩。措置得宜，秋收大稔。從此以漸，開築數十里，皆稻鄉也。雍正十一年，李齊淀營治稻田三十二頃九十七畝四分。十二年，李齊淀、流河淀營治稻田三百頃。

定州　吴家莊、曹家莊等處營田，引小清河、馬跑泉之水，仍洩於本河。圍埝渠閘，隨宜佈置，而以均水為先務。小清河源發隍池，滌其淤塞，水勢較盛。自西而東，唐家莊先受之，置閘停蓄。次及吴家莊，而以州南馬跑泉水濟其不及，定為限期，以次啟閉，厥利均焉。他若堯城等村引白龍泉，張謙等村亦引馬跑泉，疏引頗易，毋煩區畫也。雍正五年，州治東南吴家莊等處，營治稻田，共一十五頃八十八畝。農民自營稻田，共一頃三十四畝。六年，州治東南唐家莊、曹家莊等處，營治稻田共二十二頃三十六畝五分。農民自營稻田，共二十二頃八十八畝八分。

行唐縣　河合村、歡同村等處營田，引蓮花池及龍泉之水，仍洩水於本泉河。按： 蓮花池周圍，泉從地湧，寬以畝計，迤邐東南流。龍泉自西北來會之，倚橋為閘，隨塍為溝，數里皆稻田，從前所未有也。雍正五年，縣治東北河合村、（塞）〔寨〕〔裏〕[一]、賈莊、歡同村等處，營治稻田，共一十四頃一十二畝。

新樂縣　大流村、牛家溝等處營田，引海泉、湧泉之

[一] 裏　原刻本脱，據雍正《畿輔通志》卷四十六補入。塞，雍正《畿輔通志》同。據地圖出版社《河北省地圖集》二十頁，行唐有『寨裏村』而無『塞裏村』，疑原刻本『塞』『寨』形近而誤。

水，仍洩水於本泉河。按： 湧泉源發邑西伏羲廟，迤邐東南流，海泉自南來會之，歲久淤塞。今俱疏濬通暢，俾溝渠承接，遞相灌鄉。雖畦塍無多，而水利俱歸實用矣。雍正五年，縣治東南大流村、牛家溝等處，營治稻田，共三頃五畝五分，農民自營稻田三十一畝。九年，改旱田一頃九十八畝。

滿城縣　一畝泉、北奇村等處營田，引一畝、雞距等泉之水，仍洩水於本泉河。按： 一畝泉，源發邑之東南，湧地噴珠，澄泓盈溢。雞距、紅花等泉，亦連綿相接。今委員勸諭，令民間隨宜置閘，引入畦塍，灌溉優沃，歲獲豐稔云。雍正六年，縣治東南一畝泉、北奇村、尹家莊、孫家塘等處，農民自營稻田，共二頃二十一畝九分。

宛平縣　盧溝橋西北修家莊、三家店等處營田，引永定河之水，洩水於村南沙溝內。按： 永定河，即桑乾水也。徐貞明言，桑乾水經保安州境上，有用土牛逼水成田者。今保安、懷來諸州縣，稻田最盛，皆於上流疏引，隨高下以作溝洫，淤泥停壅，不糞而肥，苗發穎栗，所收倍於他水。今委員勸諭，地户踴躍從事，營治將及二千畝，盡獲倍收，是亦桑乾可田之明證也。雍正六年，縣治西南永定河上流修家莊、三家店等處，農民自營稻田共一十六頃。

京南局

京南一局，兼正定、順德、廣平三郡之地，西帶重巒，源泉並注，而交流畢會於大泊，所謂形如聚扇，而滹、滏二河為之外幹也。民於其間，壅流藝稻，無煩導課，而建閘築岸，具有條理。獨是食利者自私，貪得者無厭。距高則不知有下，恃源而欲絶其流。以故灌溉之余，陂池以浴鵝鶩，而下游之舟楫鮮通。洿澤以養菰蒲，而鄰邑之香秔盡槁。故南局田不患其不營，而患營之不廣； 水不苦其不足，而苦水之不均。賢王親歷而稔知之，開局委員，均平水利，遠者刻以日，近者分以時。於是靈泉流潤，河澤旁通，廣順之間，增田至三萬八千七百三十八畝有奇。而滹治上游，瀕河沙磧之區，立遏建壩，排石留泥，淤為膏沃，得田一十五萬三千一十六畝有奇，尤為從來未試之奇也。

磁州　務本村、張家莊、太平莊、杏園營等處營田，引滏陽河之水，仍洩水於本河。按： 元臣郭守敬言，滏陽河水，由滏陽、邯鄲、洺州、永年，下經雞澤，合入澧河，可溉田三千餘頃。近因磁人舍本逐末，多種烟葉、靛苗，稻田漸減。又緣地居上游，閉閘築壩，霸水罔利，下流不獲沾勺水之潤。經賢王奏請改歸直隸統轄，遣員分定水限，均利息争。又勸州民種稻以重本計，藝至十萬餘畝。兼如期啟閉，用資鄰邑，風移俗易，所謂下令如流水之源者矣。雍正五年，州治西北務本村、張家莊、量斗莊，並東北太平村、杏園營等處，農民自營稻田，西閘共四百零一頃四十畝，東閘共六百零九頃四十九畝。

永年縣　張家莊、南胡、賈村、馬道、固村等處營田，引滏陽河之水，洩水於郡北牛尾河，前明廣平守高汝行，永年令朱泰，於河北岸設阜民等八閘，水利大興。嗣因磁人築壩攔水，八閘已廢其五。今磁州改歸廣平，閘水分時啟放，瀕河數邑，均沾其潤。而永年先受之，滏水湯湯，良苗翼翼，一時頓復其舊云。雍正五年，郡治西南張家莊、南胡、賈村等處，農民自營稻田共一百零六頃二十畝六分一釐。六年，郡治西南張家莊、趙家莊等處，農民自營稻田，共四十二頃一十六畝九分四釐。七年，郡治西南胡家村、北胡家村等處，農民自營稻田，共三十六頃七十七畝八分六釐。八年，郡治東南利民閘大隄北，農民自營稻田共二頃零二畝九分。

平鄉縣　豆二莊、周章村、油召村等處營田，引滏陽河之水，仍洩水於本河。按：滏水至平邑，已經上游疏引，水力稍弱。攔水壅升，厥利斯普，變而通之以盡利，斯之謂矣。雍正五年，縣治東北豆二莊、周章村、重義町等處，營田共十頃二十七畝六分。七年，縣治東北油召村、崔家莊等處營田，共九頃三十八畝四分。九年，改旱田一十八頃四十畝。

任縣　邊家莊、牛新寨、西北張村等處營田，引滏陽並牛尾等河之水，仍洩水於本河。按：滏水至任，較平邑尤弱。而百泉、牛尾，自西而東，合而助之，置閘疏分，邑田萬畝，皆藉其潤。又大陸澤為上流之壑，為下流之源，新開澧河源於大陸，源大而流盛，夾岸汲引，其利尤溥也。雍正五年，縣治東北邊家莊、牛新寨、孫家莊等處，營田共八十四頃五十九畝二分零五毫五絲。農民自營稻田，共六頃十二畝一分二釐。七年，縣治正北西北張村、大北張村等處，營田共二頃七十五畝六分。農民自營稻田，共八頃五十八畝四分二釐。九年，改旱田八十一頃七十九畝二分一釐三毫。

正定縣　雕橋村、王古寺，並城河、順城關等處營田，引大鳴泉、小鳴泉之水，隍池西北隅之方泉，邑東北西洋村之班泉，歲久淤塞，並疏濬通暢，分流灌溉，俱洩水於滹沱河。由邑西北而至東南，數十里町畦鱗次，清漪回環，向之廢棄者，皆青葱彌望矣。雍正五年，縣治西北雕橋村、王古寺，並城河四面，順城關等處，營田共一十一頃八十五畝一分。農民自營稻田，共一頃六十三畝。六年，城河東西北三面，並在城東西南三面關廂等處，營田共三頃七十二畝七分。七年，縣治東北西洋村、大林濟村等處，營田共一十五頃五十九畝。

平山縣　奉良莊、川防村等處營田，引滹沱並冶河之水，仍洩水於本河。按：滹沱自正定以下，土疏流湧，時有泛溢。去害不暇，豈遑興利。獨在邑境，山麓夾束，不患軼出，兼水濁泥肥，於上流疏引，布石留淤，可以成田。但苦山漲衝突，須石堰捍禦，工程繁費，非民力所能為。今遺員開築，堰立而田成，秔稻甚茂。然淤泥積久，則田高水不能上，須種薯粟疏之，俾土平而水可上。水旱互易，田乃可久。此滹沱營田之法。冶河泥少，亦如法行之，可以得半，皆營田之變例也。雍正五年，縣治西北奉良莊，並正北川防村等處，營田共六十頃一十一畝。農民自營稻田，共二十二頃零二畝。六年，縣治東北聖佛村、義羊村、水碾村、曲隄村、石橋村並西北朱濠村等處，營田共九十九頃五十四畝七分，農民自營稻田共九頃零七畝。七年，縣治西北賈北村、近掌村、通家口，並正北川防、楊村，東北義楊村〔一〕、水碾村西南史家灣西村等處，營田共一百四十四頃。農民自營稻田，共五頃四十四畝。九年，改旱田八十五頃一十四畝。

井陘縣　防口村、西河村、洛陽灘等處營田，引冶河之水，仍洩水於本河。其疏引上流，布石留泥，傍岸築堰，亦如平山滹沱之法行之。雖荒土砂灘，田皆可成，秔稻暢茂，亦營田通變之法。但遇鑿石時，火煆於前，醯沃於後。工力維艱，難以數舉也。雍正六年，縣治東北防口灘，營田共四頃二十畝。七年，縣治東北西河灘、洛陽灘、東冶灘等處，營田共四十三頃。九年，改旱田五頃。

邢臺縣　樓下村、孔橋村、小汪村等處營田，引百泉並達活、紫金等泉之水，洩水於七里河、牛尾河。按：郡城西北達活、紫金等泉，水力頗微，土人灌稻田五頃，而水力已殫矣。獨城東南之百泉，澄泓盈溢，大以畝計。餘泉百數，並湧地噴珠，淵源盛大，時出不窮。不惟利周本邑，兼可潤及鄰疆。但土人踞閘獨擅，每啟爭端。今遣員於春夏時，酌田多寡，依期啟閉，厥利均焉。復於河身狹處，量為開廣，利尤倍也。雍正五年，縣治東南樓下村、孔橋村，並西北孫家莊等處，農民自營稻田，共七十八頃三十八畝八分。六年，縣治東南小汪村、宋家莊、孟家莊等處，農民自營稻田，共四頃五十一畝。七年，縣治東南袁家店、康莊鋪等處，農民自營稻田，共四頃零六畝五分。

沙河縣　北九家莊、趙村等處營田，引邢臺百泉，並小澧等泉之水，洩水於橙槽並沙河內。按：沙河一名渪河，源發山西遼州，流入邑境，水帶流沙，夾岸積如岡阜，伏秋衝突，難以引用。本邑只分鄰境餘潤，用溉秔苗。雖不滿千畝，亦不忍利棄於地也。雍正五年，縣治東北大村、趙村、徐旺村等處，營田共一頃四十八畝四分。農民自營稻田，共三頃五十七畝一分一釐一毫。九年，改旱田七十一畝六分九釐九毫。

南和縣　豆村、河頭郭、楊家屯等處營田，引百泉河之水，洩水於沙河並大陸澤。按：邑境雖有鴛鴦等泉，然水脈細微，難資灌溉。邢邑百泉河，源遠流長，邑之均利、惠民等閘，悉分其潤。但邢人踞閘獨擅，水頗失時。今遣員於春夏時酌定限期，如期啟閉，以均其利。邑秔萬畝，歲獲

〔一〕義楊村　前文有『義羊村』，當爲同一地名。

豐稔，正哀益之善舉也。雍正五年，縣治西南豆村、河頭郭等處，營田共一十一頃九十八畝八分。農民自營稻田，共六十一頃二十四畝二分。六年，縣治西北薛家屯、東賈郭等處，農民自營稻田，共七頃八十九畝八分一釐。七年，縣治西南張相村，農民自營稻田，共四頃四十三畝一分。

天津局

天津營田，全資潮汐。一面濱河，三面開渠，與河水通，潮來渠滿，則閘而留之，以供車戽。中間溝塍池埂，宛轉交通，四面築圍，以防雨潦，皆前明汪司農應蛟遺制也。汪公至天津，見白塘、葛沽一帶，地斥鹵，不耕種，間有近河蓺豆者，每畝收不過三斗。以謂此地無水則鹻，得水則潤。若以閩、浙瀕海治地之法行之，穿渠灌水，未必不可為稻田。而一時文武將吏諸人，無肯應命者。公乃以身倡之，捐俸買牛制器，開渠築隄，先於葛沽、白塘二處，種水稻二千餘畝，畝收四五石，餘種薯豆，得水灌溉，糞多者一畝收一二石。惟旱稻以鹻立槁。於是軍民始信閩浙治地之法，可行於北海，而各官益信斥鹵可盡變為膏腴也。於是疏請於朝，以防海官軍萬人，分田墾種，屯政大興。至今土人猶傳十字圍，所謂『求仁誠足與，食力古所貴』[一]者是已。惟是民雜五方，逐魚鹽之利，取足旦夕，而不為久遠之計。雖禾黍之植，亦鹵莽從事。至沾塗升挽之勞，益視為畏途，以故旋舉旋廢。雍正五年，營田十圍，今存者賀家口、葛沽兩圍而已。開局之始，賢王深思遠攬，以天津當河海咽喉，為神京牖户，而謠俗偷惰，逐末忘本，野多未闢之土，家無擔石之儲，闤闠熙穰，田疇蕭寂，無以仰副聖天子加意郊圻、移風易俗之至意。又覽左忠毅光斗《屯政》諸疏，大興水利於天津一帶，稻花茂密。因慨然欲復汪司農之舊跡，發帑委員，尋求經理，而積習猝難丕變，美意未及觀成。然圍渠遺址現存，稍加修葺，未始不可溉糞沃淤，長我禾麥也。爰紀梗概，不忘厥初云爾。

天津州今改為縣　城南藍田，及賀家口圍田，引用海河潮水，仍洩水於本河。按：藍田，康熙間鎮臣藍理所開也。河渠圩岸，周數十里，墾田二百餘頃。召浙、閩農人數十家，分課耕種。每田一頃，用水車四部。插蒔之候，沾塗遍野，車戽之聲相聞。秋收畝三四石不等。雨後新凉，水田漠漠，人號為小江南云。理升任去，奏歸之官。是後經理無人，圩坍河淤，數載廢為荒壤。雍正五年，營田天津。津農不習水種，率逡巡觀望。乃作秧池於藍田，以倡導之，濬舊渠，引潮水，灌溉滋培，秧苗蕃盛。於是官民競勸，共營田三十餘頃，俱獲收穫。六年，營田觀察使黃世發，自營五頃，耕耨得宜，畝收至五六石。刈獲之際，

[一] 用十個字命名十塊圍田，稱爲『十字圍』。十個字恰好是一副對聯，其順序應該是『食力古所貴，求人誠足愚』。此處記載不準確。詳見明代《天津衛屯墾條款》。

傳集各圍地户共觀之。賀家口圍其西半，即藍田也。東瀕海河，因橋建閘。周圍築埝，圍內開渠，縱横貫注，共營田三十八頃九十二畝，官民自營田九頃。

靜海縣今歸天津縣　何家圈、吴家嘴、雙港、白塘口、辛莊等圍營田，引用海河潮水，仍洩水於本河。按：何家圈圍，地勢平坦，土性滋潤，天然秔稻之鄉。明汪應蛟相度屯田，以此為首。圍中有官莊，圍南有大人莊，詢據老民，當時屯田御史及屯田道廳等官，駐劄於此，故名。雍正五年，循照溝圍舊跡，開築營田八十三頃十六畝，民間自營田二十三頃四十畝。吴家嘴圍三面臨河，民間就沽道為園圃，在津田，向稱上産。五年，委員開築，於馮家口建閘引水，並設涵洞三座。分渠灌溉，營田二十七頃九十二畝，民間自營田十四頃四十一畝。雙港圍，亦汪應蛟屯田舊地也。循照故跡開築，東與何家圈溝渠相通，兩圍互為蓄洩，營田三十八頃二十五畝五分，民間自營田三十八頃七十二畝。白塘口圍河形閘基，皆汪應蛟屯田故跡。以董太僕應舉於天啟中修復之，故遺制猶存。委員開築，即用閘基舊石，添砌建造，並設涵洞二座，營田六十四頃六十七畝，民間自營田四頃七十二畝。辛莊圍，亦汪公屯田舊地也。村東西各有沽河一道，西河即屯田故渠，東河則津人鄭衛引水種稻所開也。地勢平潤，強潮內湧，往往波及田間，本與陸種不宜。委員疏濬二河，各置閘一座。圍內溝渠交注，引新洩故，留沃去鐮，最為適宜焉。營田六十一頃六十二畝，民間自營田五十九畝。

滄州今歸天津縣　葛沽、盤沽二圍營田，引用海河潮水，仍洩水於本河。按：葛、盤二沽，畛域聯接，自汪公應蛟肇開水田，土人至今習其利，插蒔不絶，亦能自製水車，不以升挽為苦。所産稻米，幾與白玉塘齊名。五年，委員分建圍圩，開渠置閘，民地官荒，營至五十九畝，民間自營田四頃九十一畝。

興國、富國二場今歸天津縣　東西泥沽二圍營田，引用海河潮水，仍洩水於本河。按：泥沽距海口六十餘里，河至此愈深闊，潮來愈大，亦汪應蛟舊屯地，而董公應舉令經歷趙鑒等修復之。河形宛在，溝塍之跡，猶歷歷也。循照開築東西圍，各建近水閘[一]一座，洩水涵洞各二口。

[一] 水閘　修建在河渠上的水工建築物，利用閘門控制水量、調節水位，分配水量。關閉閘門，可以攔洪、擋潮、蓄水或抬高上游水位，滿足上游取水、通航等。開啟閘門，可以泄洪、排澇、冲沙、取水或調節流量。水閘，應用十分廣泛，多建於河道、渠系、水庫、湖泊及濱海地區。按其作用，水閘可分爲節制閘、排水閘、進(分)水閘、分洪閘、冲沙閘和擋潮閘等。水閘是中國古老而常新的水利技術。王禎《農書》卷十七：『水閘開閉水門也。間有地形高下，水路不均，則必跨據津要，高築堤壩滙水，前立斗門，甃石為壁，疊水作障，以備啟閉。如遇旱涸，則撒水灌田，民賴其利。又得通濟舟楫，轉激輾磑，實水利之總揆也。』

營田三十五頃二十七畝，民間自營田六頃二十八畝。

按：天津舊為衛治，郊郭便參鄰境。改州之後，疆界未分。故營田十圍，自藍田、賀家口而外，隸静海縣者五，隸滄州者二，隸興國、富國二場皆各一。至雍正九年設府改縣，更定幅員。諸圍地畝，皆歸隸天津縣矣。今仍營田府原册所開編次，用存其舊云。

二案

乾隆四年三月初九日，稽察天津等處漕務、吏科給事中馬宏琦奏言：『天津地處窪下，眾水滙歸。汛[一]至，則四野泛漲；汛退，則積水難消。常有一年被水，直須數年而始涸出者。固地勢使然，亦宣洩之法未得其要也。臣抵津，目覩情形，復細加訪問。郡城西南一帶，接連静海，周圍約數百里，形同釜底，為上游諸水奔注聚集之所。且西界運河，東界海河，不受運河之潰決，即受海河之漫溢。是以連年以來，積水為患。

『查運河沿口築隄，遇汛搶護，猶為易於保固。至海河延袤百餘里，乃並無隄埝防護。上年霪雨連綿，運河幸無漫口[二]。而海河河岸過水，俱各灌入窪中，停注不退。現經該地方官到處開放水口，令其次第歸入海河。但又恐開挖太深，夏間潮漲，必致倒灌為害。欲為經久之計，莫若沿海河河岸築隄以堵水，復建閘以洩水，方為通源節流，有備無患之長策。惟是沿河一帶，多有民間種植菜園地畝，難以概行刨挖。

『茲查自天津東門外起，至鹹水沽止，約長五十里。舊有官商捐輸修築之疊道[三]，為往來大沽、新城等處通衢，均離河岸不遠。迄今日久坍卸，每逢夏秋雨大，車馬

[一] 汛　江河湖海等水域發生的週期性或規律性的漲水現象。一般按照季節或物候等命名。到明清時，一般分爲凌汛、春汛、伏汛、秋汛。海河流域一般以伏汛爲主，有些年份也會發生秋汛，伏汛、秋汛有時相連。汛期時間爲六至九月，其中七月下旬至九月上旬爲主汛期，是暴雨洪水相對集中的時期。

[二] 漫口　因堤防被洪水或其他因素破壞，造成口門過流的現象，稱決口。漫決是決口的一種。因水位漫頂而決口，稱漫決。其漫決口門稱漫口。

[三] 疊道　即外堤或堤工，常見於直隸。海河疊道，也稱海大道，今大沽路。既是海河南岸的外堤，又是海河南岸由天津城去東南方向與大沽海口聯繫的重要幹道。清康熙時，由天津城區往東南至鹹水沽，有官商捐修的疊道，長約五十餘里，爲大沽、新城等地與天津唯一通衢。因年久失修，雍正時已坍毀損壞。乾隆初，天津道陳宏謀、工部吏科給事中馬宏琦，都建議重修疊道。乾隆四年秋季動工，次年春季完工，高七尺，頂寬二丈，底寬六丈，長九千餘丈。同時，在泄水處開設涵洞，跨以木橋，並疏挖賀家口等新舊大小引河六道，修築白塘口石閘一座，重建鹹水沽木板橋一座，添設賀家口、何家圈、雙港木橋各一座。這次整修規模很大，並維修和添建橋涵。（孫耀華等《天津公路史》第一冊《古代道路近代公路》五十五至五十六頁，人民交通出版社一九八八年出版）

均不能行，竟成棄壤。以臣愚見，莫若仿照河工遥隄〔一〕之制，培此疊道，無者修之，壞者補之，既可堵水，復便行人。更於道中酌建橋座，於沿河酌開引河，建立草閘木板，因時啟閉，庶運河之水，不復西來，海河之水，亦不東注。從此宣洩得宜，地土可種者多，小民自獲無窮之利。此誠一舉兩得，急宜舉行，以蘇一方之困者也。至鹹水沽以下，系一片荒鹻，不能種植。且河岸較高，亦毋庸築隄。約計加培疊道，以及建橋立閘所需工費，不過二萬餘兩，而保障地方，興利除害，實為通邑之關鍵。倘蒙恩准，行令該地方官詳加相度，確估興修，其開通引河，原有舊時深港，止須略加疏濬，無須多費帑金。仰祈敕下督臣、河臣，確查定議施行。』

得旨：『交直隸總督孫嘉淦、河督顧琮詳酌議奏。』

督臣等會奏言：『臣查得天津為九河下游，眾水所滙，郡城西南一帶，地勢尤窪。每遇海河漲溢，灌入窪地，經年不消，甚為民害。臣於今春通飭各屬，疏濬積水。

『據天津道陳宏謀詳稱，上年積水，漸次疏消。而夏秋潮漲尤須堵禦。郡城東門外至鹹水沽，舊有疊道一條。應請動帑修治，築高培厚，既堵水患，復便行人。正在批飭查議。

『今巡漕給事中馬宏琦奏請加築疊道，與臣等現在查議情形，大約相同。茲據司道勘議前來。臣思治水之道，因地制宜。天津地處窪下，海河易於漲溢，水積田中，經年不消，自當立法捍禦，酌議疏通，方於民生有裨。

『查自郡城東門外至鹹水沽，雖舊有民埝〔二〕一道，但年久坍廢，難以興修。其疊道一條，離河岸不遠。且系大沽、新城，往來通衢。雖年久塌卸，基址尚存。與其加築舊埝，仍費歲修，不若將此疊道培築高厚。遇海河漲發之時，實可以濟行人而禦水患。至於窪地積水，欲其宣洩，必須多濬引河。仍於疊道出水之處，開設涵洞，跨以木橋，始獲暢達。

『查賀家口向有小河一道，東通海河，分洩藍田積水。何家圈、雙港各有舊河溝一道，皆通海河，可以分消郭家泊等處積水。

『又白塘口有舊河一道，石閘一座，宣導窪水，歸於海河。但尚不能盡洩大泊、大淀之水。應於坡水窪起，繞藥王廟，歷王家莊，至北里口止，約長二十餘里，添開引河一道，通白塘口石閘，以歸舊河。

〔一〕遥隄　明代潘季馴治河時，把黄河下游佈設的堤防，按功用，分爲遥堤、縷堤、隔（格）堤及月堤四種。在黄河下游的河道兩岸，緊逼水濱，建築堅固的堤防，這兩道南北大堤，被稱爲近堤或縷堤，是束水攻沙的主要工程。

〔二〕民埝　在河道内行洪區或灘區或湖區修築的土堤，又稱民堤。民埝保護範圍較小，民修民守，防洪能力比較低，帶有一定的自發性。由於規劃不周，或者局限於當地利益，民埝往往給河道排洪能力帶來較大影響。

『又自大淀起，繞大韓家莊、巨葛莊等處，直至鹹水沽，長二十八里，亦應另開引河一道，俾窪水得盡歸海河。以上新、舊河共六道，俱應開挖寬深。內除白塘口舊河本有石閘。鹹水沽本有木橋，因年久損壞，應行修整。其餘賀家口、何家圈、雙港引河三道，均應添建木橋各一座，共計木橋四座，石閘一座。每年於汛水長發之時，預期將橋洞用土堵築，俾與隄頂相平，即可免河水內灌之虞。至白露以後，河水漸落，即將橋洞開通，俾其分路歸河。計一年之內，開放止有一次。不須建閘起板，以滋勞費。

『再加築疊道，作為遥隄，必須寬厚，始資捍禦。應以頂寬二丈、底寬六丈、高六尺為則。現在舊址高低不等，臨時按段確估聲明。其鹹水沽以下，至茶棚尚有二十里，中間亦有深窪之處，並請酌量修墊。此項工程浩大，期於永久。挑築土方，應按河工歲修事例，俾其層土層硪，以資永遠保障。共約需銀三萬兩有奇，在於司庫乾隆四年地糧銀內動給，另案辦理。庶積水得資宣洩，而天津窪地，皆成膏腴矣。』

六月十一日，得旨：『大學士九卿議奏。』

孫嘉淦尋又奏言：『查直隸河道，上游多有壅滯，由下游未能宣暢。修濬之方，必須通盤計算，酌定成規。前經臣委清河道魯之裕、候補道張廷枚、候補知府張文炳分勘，臣於七八月間親身查驗。今該員等分查上游諸水，頗有端緒。而下游河淀會合入海之道，果否深暢，以及獨流建閘，引南運河別行入海之處，未經查勘明白。此系通省河淀緊要關鍵，必須臣親身勘驗。謹擬於七月初八日，自保定起程前往。』

尋經親勘，奏言：『直屬地方，屢年以來，河隄每有潰決，積水苦於壅滯。臣之愚見，以天津城外三岔河中，南運北至，北運南來，淀河東注，交會於此。北運、淀河，俱系清流。而南運渾濁，惟恐濁水力強，有礙清水出口之路。又南運會合之後，海河亦成濁流。土人每言，白露以前，海不收水。惟恐濁流停緩，漸至淤滯，則為患甚大。是以擬於獨流地方，建閘開河，引南運，由中塘窪別行入海。則淀河清流，宣洩更暢。今臣親至三岔河岸，久立細觀，清水之力，強於濁水，能頂濁水，使之盤旋迂回，而後合流。查今秋正南運水大之時，猶且清強濁弱如此，則其並無礙於淀河可知也。至海河之水，甚為湍急，加以潮汐往來蕩刷，雖有沙泥，斷不能停。是南運之水，既不壅淀河，又不淤海河，則獨流建閘，似屬無益。又況中塘窪以東，地勢漸高。而窪中之水，與天津城南諸泊相通。設建閘開河，而返灌諸泊，將來天津、靜海之間，水患更甚矣。既為無益之舉，又屬難行之事，應停止，無庸再議。』

疏入，與前《培築疊道添開引河疏》，均經大學士九卿議，如所請，從之。

八月二十二日，諭曰：『直隸地方，水利未講，以致水漲則受其害，而平時未獲其益，此衆所共知者。屢諭孫嘉淦等，悉心籌畫，善為經理。據奏大概講論河道情形。至如何消除積水，俾民間田畝，收水利而免水患之處，未及詳奏。朕思此時乃水勢消落之際，又值年穀收穫，正宜董率官吏，及時經管，不但工程可以早竣，而無業窮民，亦可藉以糊口。若不趁此時速為料理，為未雨綢繆之計，轉瞬春水[一]長發，又恐難以施工。朕為閭閻疾苦，時廑於懷。封疆大臣，當體此意。可諭孫嘉淦知之。』

嘉淦覆奏言：『伏查直隸地方，連年積水為災，急宜設法疏濬。前經奏委清河道魯之裕、候補道府張廷枚、張文炳等，分路查勘。臣於七月間，復由東西兩淀，至天津、河間等處，親身相度。因獨流建閘，利害所關，先行議覆。至如何消除積水，俾民田免害之處，頭緒紛繁，臣與河臣正在酌議。仰荷聖訓指示，令臣等及時經管，速為料理。臣已約河臣顧琮親赴保定，當面會商。謹將委員查勘已確，臣等意見相同者，臚列陳奏。

『竊惟田有滯澇，皆由河有壅淤。故欲疏積水，必先通其經流。直隸經流之大者，永定、子牙、南運、北運四河，與東西兩淀是也。永定、子牙之故道，向皆無隄，是以泥流田間，而水不淤淀。自永定築隄束水，而勝芳、三角等淀皆淤。滏與滹沱合流，是為子牙河。自子牙築隄束水，而臺頭等淀亦淤。淀口既淤，河身日高，於是乎田水入河之路阻。南運有捷地、興濟兩減河[二]，北運有筐兒港、王家務兩減河，分洩水勢，運河頗受其利。但減河過水，時有淤墊。而岸隄單薄，逼近陡立，致有潰決。於是乎漲水漫田之患日生。此則直隸積水之大端也。

『永定南北兩岸，現開六閘、五引河。其長安閘、金門閘之引河，即系永定河之故道。又今下河於凌汛[三]改流，由鄭家樓、魚壩等口，入於葉淀。葉淀乃東淀之別滙，淤之不礙。臣等議於葉淀之東，漸為疏引，使入西沽之北，則永定別行入海矣。

『子牙有新舊兩道，新河已淤。臣等議閉焦家口，仍濬其河身，使上游黑龍港諸水，得以歸淀。舊河由王家口入淀，亦漸淤塞。臣等議於閆、留二莊，開舊河之東隄，使

[一] 春水　即春汛。江河湖泊春季出現的週期性或規律性漲水現象，稱汛。一般分春汛、伏汛、秋汛和凌汛。海河在三月末四月初因上游冰雪消融，中下游出現春汛。因其時正值桃花開放季節，也稱桃汛。古人對水流按汛期漲落的規律性認識，起源甚早。《莊子・秋水》説，秋水時至，百川灌河。《漢書・溝洫志》記春末桃花水盛，指桃汛。《河防通義》記三四月，以桃花尾喉，冰雪消融，河水累積，川流盛漲，稱桃花水。

[二] 減河　爲減輕河道的洪水負擔而開闢的分洪河道。一般把分泄的洪水直接入海（湖）或其他河道。減河平時還承擔排澇、航運、灌溉、供水等多功能。南運河有捷地、興濟兩減河，北運河有筐兒港、王家務兩減河，能分殺水勢。

[三] 凌汛　指因冰凌阻水而引起江河湖泊的漲水現象。

於蒲港等窪，漸引而東，過楊柳青，使入西沽之南，則子牙亦別行入海矣。兩渾河各自入海，永不淤淀，則清濁攸分，而水患永息矣。

『北運兩隄，多有草土，以河多灣，故多險也。查下游有灣冲[一]，必上游有沙嘴。臣等議將沙嘴之長者挑之，稍裁灣以取直[二]，則險工漸平。然後去其草隄，兼築土隄為斜坡，以免冲刷，則河岸可以永固。至北運減河，原無大害。但時有淤沙，隄多卑缺。臣等議將淤者挑之，卑者高之，缺者補之，此易為之事也。南運大岸亦多險工，幸得放淤[三]之法，坑塹淤滿，則岸堅如鐵。今淤工漸竣，險工皆平。其興濟減河，本屬條達，但河身淺狹。臣等議於兩岸再築遙隄，挖河身以行正溜，使面寬底窄，則淤沙自刷，潰決可免。惟捷地減河，迂回而不能暢達，歲為民患，實不可用。查捷地上游吳橋境內，有安陵鎮，地勢高而與老黃河近。臣等議於安陵再建一閘，濬減河三十餘里，即入老黃河，可以暢達於海。俟安陵閘成，將捷地之閘，閉而不用。如此則南運亦永無潰溢，而運道、民生俱奠矣。此四河之大略也。

『至於兩淀，原為受水之區。查正定、廣平、順德三郡之水，畢滙於南北二泊，又會滹沱河以入東淀。順天、保定、河間三郡之水，畢滙於西淀，又由玉帶河以入東淀。京西全局之水，皆由此以達津入海。而其傳送之咽喉、宣洩之尾（閘）〔間〕[四]，猶有未暢。查西淀至趙北口，橫築土隄，為南北往來之路，建橋十座，以通淀水。今九橋之下，皆無河流。惟廣惠一橋，可通舟楫。但水出橋東，不十餘里，即與白溝河會。白溝水漲之時，往往倒灌，是以橋西之水，壅塞不流。再橋東一片汪洋，為衆水所會，而止由張青一口入玉帶河，洩水不多。

『查自雄縣之龍灣，至霸州之魚津橋，有白溝河故道。臣等議令開挑，使白溝由故道以入中亭，則倒灌淤淀之患可免。至於九橋之下，皆通水路。橋南另疏一河，使由藥王行宮之南，出張青口，再將清河門疏濬。由茅兒灣開口，從十望河故道，别派分疏，則西淀下游，三河暢達，消

[一] 灣冲　掃灣和頂冲的合稱。掃灣是受彎道環流冲刷的河灘。頂冲是指正對建築物方向流來的激流。

[二] 裁灣以取直　依據河道中河灣發展的自然規律，借助水流的冲刷力，將過分彎曲的河道，進行人工裁直的措施。

[三] 放淤　即放淤固堤，利用多沙河流汛期攜帶大量泥沙，兩岸灘地或堤背後窪地落淤，以鞏固堤防的工程和生物措施。先秦已有放淤的概念，明後期開始放淤固堤，清乾嘉時在黄河、海河水系各河上大規模放淤固堤，並有專門的技術總結。古代放淤固堤分爲河灘落淤和堤背放淤兩種。前者有多種方法，如劉天和用植柳落淤法，萬恭用縷堤淤灘，潘季馴則用格堤落淤來保護遥堤。清代還廣泛使用丁壩和埽工等方法放淤。後者有月堤放淤、涵洞放淤、埽後放淤等方法。（見鄭連第、譚徐明、蔣超《中國水利百科全書·水利史分册》七一頁，中國水利水電出版社二〇〇四年）

[四] 間　誤作閘，今據孫嘉淦《孫文定奏疏》卷七改。

水自速。再白溝河既入中亭，恐其不能容納。臣等議將中亭挑濬寬深，所挑之土，堆築成隄。再將金門閘之西引河，改由東道，使不入中亭，以免壅決。至苑家口疊道，界於玉帶、中亭兩河之間，其地為分洩暴漲要道。臣等議添建木橋五座，使瀝水通行無阻，如此則西淀之咽喉暢矣。

『至東淀之廣，倍於西淀，周圍約數百里，容納全省之水。而出口之處，止有淀河一道，宣洩不及。臣等議將三汊河淤淺之處，皆行挑濬寬深。再於下流楊家河、卞家河窪等處，多疏淀河數道，使並行而東，同會於西沽。並將淀池四邊，多立界牌，無令百姓築埂偷淤，則東淀之尾閭亦暢矣。此兩淀大略也。

『四河順軌，兩淀暢洩，然後各州縣之積水，可得而消也。查直屬地方，田中積水以及河渠隄埝，應行疏濬修理者，九十三州縣，共計工程五百二十三處，另摺恭呈御覽。約計工程之內，已經完竣者十之三，現在興修者十之三，現在估計者十之四。其工段丈尺，陸續造具清册，咨部查核。至修理之法，勸民用力者十之四。平常工程，照以工代賑之例者十之三。緊要工程，照修築河隄之例者十之三。除勸民用力者，無庸開銷錢糧外，其照代賑工程者，現於州縣庫項動支，統入以工代賑案內報銷。其照修築河隄之例者，俟估有確數，另請動撥。再工程煩多，經理督催，必須專員，容臣遴選有人，另行具奏。務使積水入河，河水入淀，淀水入海，以庶幾「决川距海，濬畎澮距川」之遺意焉，然此其大略也。

『至於田間溝洫，盈千累萬。而河道交錯，兼多疑難之處，眾說紛歧。臣等不能親身閱視，即委員分勘。以一人之身，查勘數十州縣，勢不能遍歷村莊，則詳細委摺，仍須責之州縣。但州縣賢否不同，或懶於相度，無心遺漏者有之；或憚於興作，有意隱匿者亦有之。臣前於八月間，將委員勘册及各州縣歷年被水村莊，逐一聲明。此水始從何來，終從何去，來處可堵則堵之，去處可疏則疏之。若果四高中低，不能疏銷，則當汲引泉流，令作水田以收秔稻。若不能種稻之處，則查明頃畝，豁除錢糧，使植蘆葦，務期水旱兼收。不致連年災歉，比歲賑饑，有傷政體。限各州縣於八月底報府。該府親勘，於九月底報司。俟各屬報齊，臣等再加商酌。將此次所未議及者，續行陳奏。或此次已奏，而尚須斟酌者，續行聲明，一面即行動工興修，期於明年四五月間，俱各完竣。統俟伏秋雨汛經過之後，驗其有無成效。如尚有遺漏，及疏濬未盡合宜之處，續行相度，奏明修濬。如此節次辦理，庶幾水患可以永除，水利可以漸興矣。』

保定府屬

清苑縣　南有龍泉河，會西北諸縣之水，至安州之臧家灣入淀。河身淺窄，加以臧家灣出口處所，安隄北曲，與新隄止隔二十餘丈，又有淤嘴梗塞，以致倒漾。今議將河身一律挑濬，並臧家灣淤嘴挑去，再將安隄裁灣取直。此工現在估計。縣西有白羊溝河，岸隄低薄，時有漫溢，應行加培。此工現在估計。

安肅縣　北有雹河、田村河，俱有淤阻，以致漫淹附近村莊。今議俱行疏濬。再疏雞爪泉、毛家溝等舊溝，歸入雹河。疏劉家水口舊溝，歸入田村河。此四處工程，現在興修。縣西韓家營等數十村莊，向有積水。今議於餘芳村開溝一道，並疏韓家營舊溝，引入漕河。此工亦現在興修。縣南有雹河支流二道，及萍河、漕河，俱有淤塞，應行疏濬，並將萍河附近之陳公橋一帶大道墊高，將漕河於西留營築隄一道，以防漫溢。此工現在興修。再胡渠溝上接定興瀝水，下通容城之白羊溝，年久淤塞，以致漫溢。應行疏濬，引入田村河。此工已經完竣。

慶都縣　環城有九龍泉，合流於會龍橋下，北流至分水壩，復派為九，至清苑境仍合流。沿河窪地，俱有營治稻田。歲久淤塞，以致漫溢，應行疏濬。此工已經完竣。又，縣南古城鎮唐河支流，亦有淤漫，應行疏濬。此工現在興修。

定興縣　東南有積水數處，相連安肅、容城，而地勢較高。每遇霖溢，安、容頻受其害。應令三縣會同疏濬。此工現在興修。西南有黃河溝，流入安肅之田村河，亦有淤溢，應行疏濬。此工亦現在興修。

新城縣　紫泉、斗門二河，及四莊東西二窪，俱會於高橋，入琉璃河，下流淤塞，以致漫溢。舊有小溝一道，通劉官營，今亦淤塞。俱應疏濬。此工現在興修。又東有南里河，為胡良、琉璃等河下流，渠小雨集，居民受患，應濬渠培隄。此工已經完竣。

唐縣　西北山水漲發，冲坍護城石隄一百四十餘丈，淹及城郭田廬，應行補築。此工已經完竣。

祁州之三岔口，合唐、沙、滋三河為猪龍河，經博野、安平、蠡縣入淀。三水下口，俱淤淺漫溢，應行疏濬。此工已經完竣。再大户、東寇等村，隄口漫決，應行補築。又接界定州之五女店，水刷隄根，應築月隄。此工俱已完竣。

容城　縣北受易、淶、拒馬等河瀝水，向歸新河安之大溵淀，其西有萍、雹、徐、漕諸河，及龔、許諸溝瀝水，向歸雜淀。自大溵淀治為營田，挑新河，築四工閘，橫截萍、雹諸水，使入新河。加以入淀東口，地勢頗高，不能暢洩，以致午方等四十餘村，積水難消。查午方村、西小李村，有舊溝一道，南接黑龍溝，跨新河入淀故道。今議將此溝挑濬，即以挑土築隄東障。再於新河之西，建立石閘擋水，使不東注。並將雹河故道，舊有韓家埝，加培高厚，則西面瀝水，不復東來。再將新河東口挖深，使北方瀝水暢洩。又於四工閘前，挖一洿池，以蓄未盡瀝水，則該縣水患永除。此工俱已完竣。

雄縣　西淀為保、河諸水所滙，而趙北口橋道，横亘淀中。藉以洩水者，止一清河門。加以白溝河擁夾泥沙，與清河門會。渾水倒灌，淀水壅高，以致附淀各州縣，積水難洩。今議將白溝河，由淀北龍灣故道，經洪城、馬務等處，另達中亭。疏清河門，由十望河故道，另行入淀。再將趙北口橋洞，盡行疏通。於藥王行宮南，另開一洞，專達玉帶，則西淀可以暢洩。不惟雄患可除，西北各州縣積水，亦可漸消。此工現在估計。

安州　為猪龍河入淀下口，而孟仲峰以北，淤阻倒漾。今議疏通。此工已經完竣。再該州三面環隄，去秋雨水漲溢，以致瓦鋪等處，漫决五口，淹村莊五十餘處，隨飭堵築。此工亦已完竣。

高陽縣　猪龍河會馬家、土尾等河，並大澇、延福等淀，加以蠡隄南决，安淀北漾，積水難消。應將安瀾橋下，由車道口，至安州馮村，大加疏濬。此工已經完竣。再唐隄外有永安舊隄，應行修築，使河口寬暢。此工亦已完竣。

蠡縣　鮑虚村隄，時有潰決，淹及孟常河等四十餘村，應行加築高厚。此工已經完竣。

完縣　九流泉會五靈泉入祁河，間有淤塞，應行疏濬。此工已經完竣。

新安縣　為九河下流，環淀有隄百餘里，年久殘缺，以致漫溢，應行修補。此工已經告竣。

博野縣　鐵燈盞等數十村莊，滱河漫溢為患，應於該村井套裏、懷南等村，築月隄三段。此工已經完竣。

束鹿縣　舊護城埝一道，年久殘缺，滹沱水漲，淹及城郭，隨飭修築。此工已經完竣。又縣西北有滹沱舊河，上下與晉州、安平接壤，河身淤塞，應一律疏濬。此工已經完竣。

正定府屬

正定縣　滹沱河，有護城斜角隄一道，上年水漲，冲坍一百九十餘丈，淹及田廬。此工因逼近城垣，築埽工〔一〕三百二十丈，以資捍禦。業經完竣。又東有回水隄，亦多殘缺，應行加培。此工亦已完竣。再四境俱有積水村莊。今議將東北旺泉河疏濬，至藁城縣，由固營村入滹沱，再

〔一〕埽工　在堵口、截流、築壩、護岸等工程中常用的水工建築物。用梢芟分層均鋪，壓上碎石和土，推卷而成埽捆或埽個，稱埽。若干個埽捆累積連接起來，修築成護岸等工程，稱爲埽工。宋代普遍用於黄河河防，自孟津以下兩岸建有大規模埽工四五十處，卷埽技術成熟。《宋史·河渠志》和《河防通議》等專門總結埽的製作和埽工使用等。埽工是中國傳統河工技術中的重要發明創造之一，就地取材，製作較快，便於急用。但體輕易浮，易腐朽，需要經常修理更换，維護費用多。（《中國水利百科全書·水利史分册》八六至八七頁，中國水利水電出版社二〇〇四年出版）

由三里屯，順大路開溝一道，與旺泉河合。並於北面拐角鋪、曹村、西權城開渠三道，至南牛屯合為一渠。再由東平樂、南化村、西杜村、小白家莊，開渠四道，俱引流歸入滋河。又於大寨村、西安豐開渠二道，歸入木刀溝，則東北兩面積水可消。

縣西有舊溝五道，年久淤塞。今議將大鳴泉、韓泉、周泉疏濬，至西北棠合為一渠。又西北棠並石家灣，疏渠二道，至小石橋合為一渠，俱歸滹沱河，則西面積水可消。

縣南有白羊河，洩諸村瀝水。年久淤塞，今議疏通。再由侯大村開渠一道，與白羊河合，歸入滹沱。又於宋營村、南豆、北豆開渠三道，至韓通村合為一渠。又自養凌村開渠一道，均由藁城縣宋北村合流，接濬至趙州，入寧晉泊。則南面積水可消。以上各工俱已興修。

藁城縣　北門外滹沱河，有護城隄一道。年久殘缺，時有漫溢，應行補築。此工現在興修。又有木刀溝，自新城發源，經深澤入滋河，為各處瀝水所滙。溝身淤淺，今議疏濬。此工現在估計。

縣東滹沱河兩岸，舊隄殘缺，河流漲溢。今議將南岸自大廣陽至鎖家集，接築新隄六里。北岸自里莊至晉州界，修築舊隄二十餘里。則東南水患可除。縣西白羊河淤淺漫溢。今議自小屯村以下疏通，再由塔元村開渠一道，與白羊河合，歸入滹沱，則縣西水患可除。

縣北滋河淤淺，又無引水溝渠，積水難消。今飭該縣暨下流之無極縣，一律疏通。並於小南宋河、北馬村、正南村、趙莊，開渠四道，引入滋河。又於固營村接濬正定縣之旺泉河，歸入滹沱，則北面水患可除。

縣南有王莽溝，年久淤塞，以致卞家寨等五十餘村，積水難消。今議疏濬，並於北西村、南馬村、東邑村、王介村、東白露、泥羊村、趙金村，開溝七道，歸入〔王〕莽溝。再於張明鋪、馬莊開溝二道，並至趙州，接濬歸河。又於八方村開溝一道，至欒城縣，接濬歸河。則南面水患可除。以上各工俱現在估計。

無極縣　滋河淤淺，以致東漢村等四十餘村，積水難消。今議自月旦村，至莊兒村，逐加疏濬，此工現在興修。又縣北木刀溝，應自藁城接濬，至東宋村入定州界。此工現在估計。又東、西、南三面，俱低窪積水。今議由張家莊、東丈村、東侯村、趙户營，開溝四道，至蔡莊合為一渠。又由舊頭村開溝一道，俱引流至深澤縣，接濬歸入滋河，以消東西二面積水。又於月旦村、大名村、劉家莊開溝三道，徑入滋河，以消南面積水。此工現在估計。

新樂縣　南有沙河一道，自南關外至小吴村，河身淤淺，以致漫溢。但系一派浮沙，難以疏濬。今議於兩岸各築遥隄，以資捍禦。此工現在估計。又有湧泉溝，為西南瀝水所滙。年久淤塞，今議疏通，歸入木刀溝。再由小尚村、郭村、路家莊，開溝三道，歸入湧泉，並將木刀溝自藁城縣接濬至白淀村，入無極界，則南面積水可除。再四面各村莊，並無溝渠，積水無由宣洩。今議於西曹村開溝一道，引入郜河。再於王村、協神村、西留村、西柴里村，開溝四道，筆頭村疏舊溝二道，俱引流歸入木刀溝，則西面積水可除。此工現在估計。

晉州　南滹沱河兩岸舊隄，殘缺漫溢為害。今議南岸自趙蘭莊至蔣家寨，北岸自趙莊至周頭村，俱行補築。此工現在興修。再，州北有滹沱河故道，藉以宣洩瀝水，年久淤塞。今議與束鹿縣一律疏通。此工現在估計。

獲鹿縣　地居山麓，惟南面低窪，有洨河一道，年久淤塞，散漫為害。今議與欒城縣一律疏通。再將沙河、金河、小金河，亦俱疏濬，歸入洨河，即以挑土培金河舊隄，並築沙河隄口。再，五里莊開溝一道，歸入金河。並濬塔兒諸村舊渠，歸入洨河。則該縣水患可除。此工現在估計。

欒城縣　洨河淤淺，應自獲鹿界接濬，再將小金河挑濬，歸入洨河，以挑土培隄，則縣西水患可除。再縣東溝渠不通，以致停積。今議將沿河干溝，再於段干村開大渠一道，並疙瘩頭村，開小溝滙入段干村渠，俱至趙州界，接濬歸河，則縣東水患可除。此工現在估計。

元氏縣　北有金水河、沙河二道，日久淤塞。今議疏濬張腋村舊溝，至欒城歸洨河，則通縣水患可除。此工現在興修。

順德府屬

邢臺縣　城西里許有沙底河，為西鄉諸水所滙。舊有護城石隄一道，上年被水冲坍四十餘丈，淹及城郭。隨飭該縣興修，此工已經完竣。又西有七里河，為晉省遼州諸山之水所會。河濱、東旺等村，頻年被淹。今議於村西開一月河，建石壩九十餘丈，因汛期在即，先築攔河荆壩四十五丈，此工已經完竣。其石壩工程，現在估計。再小旺等處有大賢壩，建閘蓄水，以灌稻田數百餘頃。因土隄殘缺，時有冲漫，應行修築。此工亦已完竣。

沙河縣　狼溝、澧泉二水，合流而歸南和之澧河，居民賴以潰溉。因河身窄淺，一遇水發，即遭漫溢。今議挑濬，此工現已興修。

南和縣　舊澧河，即沙河之下流，年久淤塞，以致散漫於劉家屯、辛莊等村。今議將沙河節挑六十餘里，並於辛莊西築堰一道，以當頂冲。此工已經完竣。再於城西築月牙隄三里，以護城郭。此工現在估計。又乾河即沙河之分支，河身窄淺，不能暢洩。上年又因沙河決口[一]，漫淹兩岸田廬。應行堵築決口，挑濬河身。此工已經完竣。

平鄉縣　滏陽河，因上流攔壩灌田，以致泥水淤河，漫溢為患。今議將河身上下普律挑濬。此工現在估計。再劉壘河，為永年灌田諸閘洩水之渠。河身淺窄，不能容洩，應行疏濬。此工現在興修。

任縣　百泉河，即邢臺之七里河，經南和，入大陸澤。因河身窄淺，不能暢達，以致倒漾。今議挑寬。此工現在興修。縣北有聖水湖，與馬河、柳林河合流入澤。而河身窄淺，不能容納，應行挑濬。此工現在估計。再縣南有劉壘河，自平鄉來；洺河、乾河，自永年、雞澤來；澧河自沙河、南和來；牛尾河，自邢臺來：皆系入津下口。現俱淤淺。而澧河河身，更高於地面數尺，漫溢尤甚。應行普律疏濬。此五河工程，俱現在估計。再大陸澤為衆水會歸之所，而出口止新開澧河一道，宣洩不暢，以致夏秋水漲，近澤村莊，皆受淹没。查該澤東通滏河，舊有洩水小溝五道。今止存雞爪河，加以滏河淤高倒漾。今議將滏河開濬寬深，再將洩水舊河疏通，與新澧河分洩澤水。其新澧河雖挑開未久，而流沙已有淤塞，應飭再加挑濬。以上各工，俱現在估計。

鉅鹿縣　滏陽河隄，上年冲潰，已經堵築完竣。但河身淺狹，應行疏通。此工現在估計。

内邱縣　西有七里河，流至縣東之黄滏村，即無河形，以致積水難消。查七里河下口有小馬河一道，可通任縣之聖水河。今議開通。此工現在估計。

唐山縣　馬河由内邱來，至縣屬澤畔村東，即無下口，淹浸田廬。查崔莊、西木花莊等處，原有舊河一道，約長四十餘里，入任縣之大陸澤。今議挑挖。又柳林河，即内邑小馬河下流，至縣屬邢尹等村，河形淤淺，致有積水。且現議將内邑七里河，引由此道，入聖水，以歸〔大〕陸澤，自應一律開通。以上各工，俱現在估計。

天津府屬

天津縣　為萬派朝宗之路，地勢最窪，而東南更甚，為静、滄瀝水所會。加以運河東溢，海河西泛，以致藍田、郭家泊等百十余村，常遭淹浸。今議將運河堅築遥隄，再

[一] 決口　堤防被洪水或其他因素破壞，造成口門過流的現象。先秦時黄河就有決口。決口形成有自然因素如洪水、水流衝擊堤身、堤防土質差等，也有人爲因素，如水戰、扒開河壩等。按成因分，決口有漫決、冲決、潰決、扒決等四類。因水位漫頂決口稱漫決，因水流衝擊決口稱冲決，因堤身壩基塌陷決口稱潰決。按決口後洪水分流情況，可分爲兩類，決口後主流或全河奪流，形成河流改道，稱改道決口；　決口後一部分水流從水門流出，大部分水流仍走老河道，稱分流決口。（見《中國水利百科全書・防洪工程分册》二七八至二七九頁，中國水利水電出版社二〇〇四年）

於賀家口、何家圈等處，開挖引河六道，以洩瀝水。又准部議，於東門外，直抵鹹水沽，(陪)〔培〕築海河疊道，並建閘座，以防潮漲。此工現在興修。又西北自碾砣嘴至西沽一帶，為運、淀交會之所。武清、東安之水，俱由石橋出口，不能暢洩。今議將余家河、董家河等處，疏濬五口，由運入海，此工已經完竣。再北倉一帶，為筐兒港減河洩水歸淀之區。近築新隄，以致老隄殘缺，淀水泛入。今議將老隄補築，再於新隄多開涵洞，以洩夾隄積水。此工現在估計。

静海縣　王家口為子牙河入淀之路，年久淤高，以致倒灌蔡家窪等四十八村。查隄外閆、留二莊之間，有牛欄河。今議廢去此隄，挑濬牛欄，以洩蔡家窪等積水。並引渾水入蒲港、朱家等窪。使渾水肥田，清水歸淀，漸引而東，以入西沽，則清、静一帶，可無水患。此工已經完竣。再，子牙新河之東、運河之西，夾隄有鳳臺、金泊等窪，積水難消。今議由羅家堂、張家莊等處，開溝引水，洩入新河。此工現在興修。再運河以東，有臭魚、王家等二十餘窪，積水不消。查丁家莊有古唐河一道，下通海港，凡莊後、曲河等十餘窪，應疏溝引入唐河。其餘北面諸窪，俱應疏溝，引入天津之拋水窪，由現開引河閘口入海。此工現在估計。

青縣　子牙故道，為交、滄一帶瀝水所會，因鮑家嘴入運，下口淤漾，以致盤古廟一帶連年漫溢，並夾河七十二窪，無由宣洩。今議將鮑家嘴挑濬深通，並疏夾河之流津、塔寺等六處洩水舊溝。仍將盤古廟至新集一帶民埝加培，則該縣西南水患可除。此工現在興修。再，縣西有黑龍港等三河，為河、獻瀝水所經，至空城村，會入子牙新河。因新河淤淺，以致瀝水倒漾。今議將新河上口堵塞，再於廣福樓前，接築橫隄一道，以障渾水，仍將新河挑挖，使專洩三河瀝水，則西北水患可除。此工亦現在興修。再，黑龍港東岸，自馬家橋至張洪橋，向有古隄一道，又東有護城隄一道，俱年久殘缺，以致十里窪等數十村莊，積水彌漫，淹及城根。今議將兩隄補築，並將十里窪疏溝，從鄒下口入黑龍港，則縣西水患可除。此工現在估計。至縣東原系瀕海窪鹻，今議多開溝洫，以消積潦，兼滲鹻氣。此工現在興修。

滄州　之南有石碑、流口二河，為南皮、東光瀝水所經。河身淤窄，攔截窪水，致蔡家窪等數十村莊，積澇難消。今議將兩河挑濬，並於何官屯南，開通馬坊河、趙家口，使諸水畢注於楊三木(天)〔大〕窪[一]，以歸海港。此工

〔一〕楊三木天窪　當爲『楊三木大窪』，地在今河北黄驊市羊三木鄉。徐宗亮著（光緒）《重新天津府志》卷三十六考二十七經政七：滄州有楊三木、吕家橋、劉皮家莊等村。河北黄驊有羊三木回族鄉，從此以西五九公里處，有河北滄縣何官屯村。地名與文中所述史地相吻合。

現在估計。州北則系青縣興濟減河，漫溢為患。今議建築遥隄。此工現在估計。州東則為捷地減河，下流壅淤，以致風化店、夏家莊等百十村莊，歲被水患。今議於安陵鎮另開減河，將此閘閉塞。仍將河身挑挖，並疏通河南之龐家河至風化店，開隄口以洩瀝水。此工現在估計。再兩減河中間，數百村莊，積水停蓄。蓋因州東之良滾莊至同居鎮，有南北土埝一道，横中攔截，以致積水難消。今議將土埝挖通，並挑濬母豬港，李、張二金溝，以達大港，則興濟以南積水可消。又三里溝為捷地以北瀝水東注咽喉，近築疊道二條，阻礙水路。今議挖通，使東入蘆頭淀，由吕家橋歸舊河，再挑寬河岸十數丈，則捷地以北積水盡洩。此工俱現在興修。

慶雲縣　四境低窪，向有積水。今議於縣東之鄧家灣等處，各開溝一道，引入簡河。高墓臺開溝一道，引入馬頰河。又於縣南之大店鎮開溝一道，引入東漫河。再開小溝二十八道，分入無棣溝，及以上諸河。此三十六處工程，俱已完竣。再，馬頰河年久淤淺，每逢雨漲，漫溢百十村莊，並淹山東之樂陵、陽信等處田廬。今議建築遥隄一道，並於隄外挖溝，以資宣洩。此工現在估計。又縣南老黄河、簡河之間四十餘里，素有積水。查該處有亭子河故道，應行疏通，洩入老黄河。此工亦現在估計。

鹽山縣　燕子窪、田家道口等數十村莊，素有積水。查該處有劉公渠，應行疏濬入鬲津河。此工已經完竣。

南皮縣　有年澇、桃源等數十窪，向由滄州之浪兒口歸海。因下流壅滯，不能暢洩。查該縣有古毛河、王莽河、沙河，俱年久淤塞。應一律開通，使由崔家口入鬲津河。此工亦現在估計。

河間府屬

任邱縣　因上年蠡隄決口，冲高陽之蠊螂隄，淹縣屬村莊四十八處。隨飭蠡、高二邑，將決隄盡行堵塞，並於該縣之東里長口並白廟後，開隄洩水入淀。此工俱已完竣。但白廟後口，地勢較窪，應建磚閘一座，以防淀水倒漾，並將蠊螂隄，再行加幫高厚。此工現在估計。再查該縣有舊河三道：東為羊河，乃滹沱之分支，由河間至縣屬之郎家莊，入五官淀，以洩肅、獻、饒、安瀝水；西為鏡河，又羊河之分支，由市莊窪繞城而北，至順子口復入羊河，以洩近城瀝水；又西為黄龍港，洩河間及縣西瀝水。今三河皆有淤塞，以致各邑瀝水泛溢，應行普律挑挖。此工現在估計。

河間縣　沙河橋東，于家務等一帶村莊，受上游各州縣瀝水。因王陵口廢隄攔截，以致不能宣洩。今議由南、大交界處所，挖支河一道，由王陵口至馬家莊、窠後道口流，引入黑龍港西支，則河、大兩邑俱利。此工現在估計。又子牙河西團城窪等七十余村瀝水，為成字號古隄攔截，不能宣洩。今議於大城縣之王蕃口，開隄洩水入河。此工已經完竣。

獻縣　為武強、饒陽下流，每逢淫雨，瀝水建瓴而下，淹及縣西元昌樓等四十餘村。雖逼近子牙，而河高地低，難以宣洩。今議自馮家橋大道旁溝，挑挖二十里，洩入河間之老羊河，歸任邱之五官淀。此工現在估計。城南有單家橋，為深州、束鹿之水所經，不能暢洩。查橋南有亭子河，下通交邑之漫河。今議將兩河俱行疏通。城東有黑龍港，與青、靜二邑相通，今議一律疏通。此工俱現在估計。

景州　瀝水自故城及東省德州兩路而來。其北路由向化屯入古修河，歸東光漫河；南路自陽村至城南之三里鋪，漫淹數十餘村，竟無去路。查該處有惠民渠故道，久經湮塞。今議自三里屯繞城而北，挖渠引流至向化屯，會入古修河，並將護城隄補築。此工現在估計。再向化屯三面受水，俱東注於土橋。橋身卑狹，不能宣洩。今議大建木橋，多開涵洞，仍濬橋東河身，直抵漫河，並將州西瀝水，多開小溝引入漳河。再將千頃窪水，由貴家莊棄引入漫河，不特景州水患可除，而東光、阜城等處村莊，亦有利益。此工俱現在估計。

阜城縣　南漫河鎮倪家屯等一帶地方，受景州向化屯等瀝水。查鎮北有古沙河，長四十餘里，經東光入交河之三岔河。但自曲家莊以北，淤塞不通。今議將塞口開挖，並飭交河、東光等一律疏通。此工現在估計。

東光縣　東西南三面，俱有積水。其南境接景州之古渡河，應自羅村開通。西境接阜城之古沙河，應自柴留莊開通。俱至交河界接濬。其東境有王莽河、古毛河、沙河，亦俱淤塞，並應疏通。以上各工，俱已估計。

交河縣　環城皆水。今議自縣西南孟家小營等村穿渠，至西新店大道溝，引入清河。又自縣北潘家村穿渠至獻縣境，引入漳河故道，積水全消。此工已經完竣。

吳橋縣　大吳家莊數十餘村，並宋家橋等七村，向有積水。今議將吳家莊積水，由高家莊、姜家莊開渠二道，宋家橋開渠一道，俱引入老黃河。此三處工程已經完竣。又縣東北白龍灣，及西南白羊窪等村莊，向有積水。今議疏渠，由古黃河達海。此工亦已完竣。又縣西北楊家橋、張家窪等處一帶村莊，向有積水，應將古沙河、王莽河一律開通，至東光界，接濬歸河。此工現在估計。

寧津縣　南米家店等村莊，向有積水，應行疏濬，歸東省德平縣之黑龍灣。此工現在咨商。

順天府屬

宛平縣　西南有龍河一道，為西北瀝水所會，經大興、東安、武清入沙家淀，下流淤塞，以致漫溢。今議自中堡村旺龍橋東，疏濬至大興界。又中堡村南有分水溝至朱家務，入固安之岔道河，亦應疏濬。又西北有牤牛河，經房山、良鄉、涿州入拒馬河。因河身淤淺，以致沿河地畝、官道，均受淹没。今議自趙新店開濬至房山界，並將河東北之啞吧溝挑濬入河，並於入河處，添建橋座，以通行旅。又永定河西稻田、高陵等村，低窪蓄水，東逼長隄，不能宣洩。今議開挖稻田村舊溝，並將高陵村小清河開濬，使俱入良鄉之廣陽河。又長新店官道以東，低窪積水。查有舊溝一道，由狼土坡歸入村南之啞吧溝，年久淤塞。今議疏濬，即以挖土墊道。以上各工，俱現在估計。

大興縣　龍河淤塞，漫溢李家渠等數十村莊。今議與宛平一律開挖，並於河北之黄村、河南之禮賢各開溝一道，引入龍河，以洩諸村之瀝水。又縣東南有鳳河，為南苑諸泉所滙，淤淺泛溢。今議自南海子回城水門開濬，至東安界。並將南海子盧家垡舊渠疏濬，至皮匠營入鳳河。此工俱現在估計。

固安縣　東北岔道河，田溝淤阻，以致張化、黑垡等村莊，積水難消。今議自宛平縣接濬至永清界。又西南拒馬河西岸村莊，素有積水，今議接上游涿州界，開新溝一道，由北相村引入拒馬河。此工現在估計。

永清縣　東北有啞吧河，即固安岔道河下流。河身淤淺，以致野雞莊、仁和鋪等村莊，積水難消。今議接濬至東安界。此工現在估計。

霸州之中亭河，原為玉帶分支。今既議將南口堵塞，引洩白溝渾水，河身淤窄，難以容洩。應飭大加挑挖，即以挖土築隄，使清渾不能相犯。又中亭、玉帶之間，自（拷）〔栲〕栳圈〔一〕至苑家口，有疊道一條，阻塞瀝水。今議於疊道添建木橋數座，以洩暴漲。以上各工，俱現在估計。至金門閘東、西引河，俱至該州分流。其西引原入中亭河。今既據將白溝河由中亭達淀，恐不能復受西引渾水，自應將西引閘口閉塞，使渾水俱歸東引河。其東引河，由黄家河故道，經津水窪，至高橋入淀。查津水窪，受固安、永清瀝水，一遇泛漲，窪東五十餘村，輒被淹浸。今議自鋪疙瘩起楊各莊，接築沿河南隄一道，以杜河水泛溢。再於平口、高橋一帶，開涵洞三座，以資宣洩。此工已經完竣。

保定縣　北吴家臺等村，低窪積水。今既議濬十望河故道，引洩清河門，兼消積水。又縣南柏水橋，有趙家河故道，亦應疏濬。此工現在估計。

文安縣　受河、獻、任、大諸縣瀝水，至龍潭灣，為千里長隄所截。淀水較高，不能開洩，以致曲隄圍等百有餘里，積水難消。今議將各邑瀝水，於河間之王淋口，子牙新河，大城之王蕃口，任邱之黄龍港等，俱由本地疏通，不復令滙文邑。其本地瀝水，查有趙家河故道。自保定縣

〔一〕拷栳圈　當爲『栲栳圈』，地在今河北省霸州市康仙莊鄉。據雍正《畿輔通志》和《直隸河渠志》改。

來，經豐臺頭、白龍淀等處，直抵龍潭灣，今議大加疏濬，並將縣南之大陵橋、寇剛村、牛臺、麻窪等淀，俱各挖溝，引歸龍潭灣。並將淀內之三汊河與辛張河，普律疏通，使淀水消低。再將龍潭灣長隄掘口洩水，則文邑水患可除。此工俱現在估計。

大城縣　子牙河為河、獻瀝水所滙。其河西北有舊隄攔截，河東南為新河淤漾，以致兩岸數百村莊，常遭漫溢。今議將河西、河獻隄工，大加培築。並於北面王蕃口隄，建立涵洞五座，以時啟閉。仍於隄內開渠，至南趙扶，引入子牙河，則西北瀝水可消。再於河東王淋口開支河一道，引入黑龍港。並將黑龍港河身疏濬，引入子牙新河，則東瀝水亦消。此工現在估計。再縣東百家窪向有積水。今議由王臺村開溝，至大張家莊，引入新河。此工亦現在估計。再子牙新河，既議堵塞，舊河若無隄岸，仍恐漫溢。今議於小店村起，至廣福樓接築長隄一道，使舊河渾水，不復淤漫新河。此工現在興修。再舊河下流淤墊，今議廢閆、留二莊隄，並疏濬牛欄河故道，使由蒲港窪暢洩入淀。此工現在興修。

東安縣　龍團等河，俱有淤塞。龍河應自大興接濬至武清界。鳳河接濬至通州漷縣界。又西北啞巴河由永清入境，至葛漁城歸長淀泊。今議接濬，並濬杜學莊舊溝入啞吧河。此工俱現在估計。

房山縣　之牤牛河，淤漫大道。今議由宛平縣接濬，並將大道兩旁各挑一溝，引入良鄉之王管屯溝，即以挖土培道。再將縣東北之流水坊舊溝挑挖，與王管屯溝合，引入廣陽河。此工俱現在估計。

涿州　東北兩面，俱有積水。今議將城北之古城村舊溝開濬，及城東之塔兒趙村、茨村、小柳河營開溝三道，並引入拒馬河。此工現在估計。

良鄉縣　廣陽河，即牤牛河小流。自籬笆房至三汊口，河身淤漫，今議開濬。再，王管屯溝，上承房山縣流水坊溝，今議接濬，並培大道，兼於王管屯建立橋座，以通行旅。又縣有雅河，縣南有牤牛河，為近河村莊瀝水所會，俱有淤塞。今議開通，並引入廣陽河。此工俱現在估計。

昌平州　居庸關南口之外，舊有土門、雪山、天花坨洩水數溝，滙歸奤夿屯大道南之舊溝。年久淤塞，以致泛溢。今議各加疏濬，引歸南口乾河。再於奤夿屯道旁，築壩以障漫水。此工現在估計。

通州　西南有新鳳河，分引涼水河，流至武清縣入舊鳳河。舊鳳河受大興、東安瀝水，兩河俱有淤塞。今議一律疏通。又州東箭杆河，受順義瀝水，經三河、香河、寶坻入薊運。河身屈曲，以致淤漫。今議裁直開濬，並將煙郊石橋改建寬大。以上各工，俱現在估計。

武清縣　北運河東，青龍灣、筐兒港兩引河間有雙樹等數十村莊，夾隄瀝水，無從宣洩。今議由雙樹村起，經縣窩至薛家莊，開溝一道。並將窪地逐段疏通，引入寶坻縣之油香淀。又筐兒港引河，舊有南北兩隄。因河身太窄，另築南隄。舊隄猶在，梗塞水道，每致潰決北隄，淹及廬舍。今議將廢隄逐段挑開缺口，並於南北兩岸之霍家莊、雷家莊等村，開建涵洞，以洩瀝水。又縣屬之鳳河、龍河，俱有淤塞。今議接濬。再於雙廟等村開溝一道，並疏窪地積水，至蕭家莊，以入鳳河。以上各工，現在估計。

三河縣　之箭杆河自通州來，又西北有鮑邱河自順義來，河身淤淺，俱有漫溢。今議一律開濬。此工現在估計。

香河縣　之窩頭河，即箭杆河下流，今議接濬，並將七里莊石橋改建高寬。此工現在估計。

薊州　南紫金、翠屏溪河二道，至科科莊，合流入小河口，歸薊運河。因河身淤淺，不能容納山水。今議開挖。又州西黑豆、現渠二小河，亦有淤塞，應並挑挖歸入運河。此工現在估計。

廣平府屬

磁州　之澗河、牤牛河，為州西山水所滙，淺窄不能容納，應行疏濬。州東吴村一帶，有通漳河之洩水溝，因高母營溝身淤阻，以致上游漫溢，亦應疏濬。州北山水暴發，漫流至穿石橋，直入大道，村民受害。查該處有坡水溝，挑挖二里，即入澗河。以上各工，俱現在估計。

邯鄲縣　滏陽河，由磁州發源，至縣境會牤牛、澗、沁諸水，間有淤阻，應行挑挖。此工現在估計。縣北盧英堡、趙壘等村，素有積水。查村東有毛家溝，通永邑之劉壘河，應挑渠引水入溝。並飭永邑將下口一律開挖。此工亦現在估計。又吕公寺等處，亦有積水。查村東有順水溝，可通滏陽河，應飭疏濬。此工現在興修。

永年縣　郡城河，為諸渠灌田余水所滙。有護池隄，因河淤隄矮，淹及城根，並漫溢隄外民田。今議挑深濠身，即將挑土築隄。此工已經完竣。劉壘河為滏河九閘合流，經雞、平、南、任，以入陸澤。查四邑俱議疏濬，該縣亦應開挖。此工現在興修。滏陽河繞城西南而出東北，至於家莊竟無隄岸，以致上年漫溢，淹及曲周、劉信堡等數十村莊。今議接築土隄，並濬河身。此工現在估計。縣北有洺河，因席家莊開溝，引水灌田，遂致河身淤高，全河由溝趨下。該村一帶，頻遭水患。今議將故道挑濬，仍將溝口堵築。又西有沙河，自鄭歷村以下，河身頓狹，以致軍家路至雞澤普村一帶，俱被淹没。應飭該縣及雞澤縣一律開濬。又毛家溝為縣西瀝水所滙，而溝身平阻，致有漫溢。今議挑濬，並將邯鄲積水，亦由此溝宣洩。以上各工，俱現在估計。

曲周縣　滏陽河，自新橋以上，隄工單薄，時致漫溢。應飭加培，並將河身疏濬。此工現在估計。

雞澤縣　西浮圖店，當沙河之頂冲，因分岔洩水，以致河身淤高。每遇水發，俱由岔河漫溢。又會洺河瀝水，以致香高等四十餘村積水難消。今議將河身普律開挖，即將挖土接築沿河土隄。又滏陽、劉壘二河，在該縣淺窄更甚，亦應一律挑挖。以上各工，俱現在估計。于家口滏河隄，今秋漫決，隨飭堵築。此工已經完竣。

大名府屬

魏縣 大溝莊漳河南隄，今秋漫溢，隨飭堵築。此工已經完竣。漳河至城西分流繞城，有護城隄一道。隄身單薄，應飭加培。此工現在估計。

元城縣 有古河溝，因衛水漲溢，漫決隄口，以致岔道等村莊被淹，隨飭堵築。又忠心閣、苑家灣等處民隄，俱有決口，並應堵築。此三處工程，俱已完竣。再漳、衛二河，隄外俱有洩水溝數道，間有淤窄，應行挑濬。此工亦已完竣。

大名縣 因衛水漲溢，漫決五里堡、王茂隄、任家莊、曹家隄等處隄口，淹及田廬，隨飭堵築。此四工現已完竣。又衛河南北兩岸，俱有洩水溝數道，間有淤窄，應行挑濬。此工已經完竣。

南樂縣 西有馬頰河，自開州來，經元城出東省之朝城、莘縣、聊城，歸會通河。年久淤平，潦水漫溢。縣東有猪龍河，亦自開州來，由城東分支，至韓漲集，會入龍窩河，亦出朝城界。朝城於境上穿渠築埝，以致水無出路。此工現與東省撫臣咨商。此兩河俱應開通，並應令朝城濬築平埝。

清豐縣 西馬頰河、東猪龍河，俱應與南樂一律開濬。再，順河與馬頰相通，馬頰淤阻，以致順河漫溢，亦應疏濬。此工現在咨商。

開州 硝河，自河南滑縣來，由州境仍出河南之內黄縣，行四十餘里，復入直屬之清豐、大名，以歸衛河。近因內、清二縣河身淤阻，水不下注，以致潰溢。應行一律開通。此工現與河南撫臣咨商。州南有黄河故道，為河南滑、濬等縣瀝水所滙，注於城南之澶淵坡。因下游東省濮州草市地方，築有高埂，以致開、南一帶村莊，水無出路，頻年被淹。今議於大韓村起，挖河一道，直達濮州李家河，引水歸衛。此工現與東省撫臣咨商。再安陵陂一帶，向有積水。今議於遵徐鎮等村開溝一道，引入洪河。此工現在估計。

東明縣 陳里長屯[一]，為大行隄北村莊瀝水所滙，無由宣洩。查屯北十三里有八里溝，通賈魯河。今議循隄挑濬，引水入溝，並將溝身疏濬。此工現在興修。又大行隄南牛八屯等二十餘村，向有積水。今議於田家市口穿

[一] 陳里長屯　地在今山東東明縣小井鄉陳里屯村。

隄引水，并入八里溝。此工現在興修。再縣西北公西村等，並開州之李家屯等一帶地方，亦有積水。查自開州曹家莊起，至縣屬之韓家岡，舊有洩水渠一道，東入漆河，舊有淤塞，今議疏濬。此工現在興修。再縣北司馬陂亦有積水，查與開州之安陵陂相近，應穿渠引入，同歸洪河。此工現在估計。

長垣縣　王家隄前，有積水潭。因河水漫決，隄口潭身，難以補築。應將此隄移建潭南平地，自甄家莊起，至王家隄止。此工現在興修。又周村口隄決，漫溢東、西新莊等數十村莊，隨飭堵築。此工已經完竣。再，縣西有洩水溝二道，一由青堽集，一由太子屯，俱至陳棗莊合流。查，陳棗莊以下，河身淺窄，應行開濬，使歸入漆河。此工現在興修。

趙州屬

趙州　之洨河，與清水河合，河身淺窄，隄亦殘缺，漫溢為患。今議疏濬修築。此工現在估計。東[土兼]河為滹沱支流，故道寧晉之滏陽河，應行開挖以洩瀝水。此工現在興修。

臨城縣　逼近泜水，有護城石隄一道，年久坍塌。應行修築。此工現在估計。

高邑縣　新開溝，自城北魚村起至王村止，通寧晉之拖鎗河，現今淤塞，應行挑濬。此工現在估計。

隆平縣　新灃河，上承大陸澤全泊之水，而河身淺窄，難資宣洩。且下流張家口有高埂阻塞，以致倒灌劉通莊及王家莊等村。今議倍加展濬，並將張家口高埂挑通，達寧晉泊。以上各工，俱現在估計。拖鎗河上承高邑柏鄉之新開河，至小孟村東，即無下口，村民就近引歸槐河，而地勢較高，轉致倒灌。查舊河原入寧晉泊。今議自小孟村以東，挑通十里，引水歸泊，仍將槐河口堵築。此工現在興修。

寧晉縣　之寧晉泊，會西北數十州縣之水，而出口止新挑一河，又復淺窄，不能暢達，應行展濬。又滏陽河自耿家橋起，至鄧家口以北止，村居夾岸，難以展寬。查，該處有古滏故道，至新挑河不過三里，應開支河一道。以上各工，俱現在估計。[土兼]河自趙州來，經縣之劉路村、薛家莊等處，河身淤淺，頻年漫溢，並洨河、鹹河、泜河、拖鎗河俱有淤阻，應行挑濬。此五河工程，俱已完竣。

冀州屬

冀州東、西海子，漫淹三十餘里，向無出路。今議由秦家埝開溝放水，入衡水縣之西窪。又州西南豆村窪等十餘村莊，積水難消。今議自窪北十里鋪挑渠引入海子。再高村、蕭家莊等處，積水難消。今議於村東旱元村，挑渠引入西海子，滙入大河。以上各工，俱現在估計。

衡水縣　西窪逼近滹沱河隄，向無出路。今議於老龍亭開隄放水，並應洩冀州東、西海子積水。此工現在估計。再，泥家窪為滹沱支流，漫溢十餘里。今議將上口堅築，並開溝自藥王廟後，出深州之大屯村，達龍治河。此工亦現在估計。

新河縣　西臨寧晉泊，為漳、滏諸水所滙。向借寧晉長隄為保障。嗣於隄西另築月隄[一]，以致長隄殘廢。而夾隄內侯家口等數十村莊，頻遭淹没。今應將長隄修築。此工現在興修。

武邑縣　胡家莊隄口漫决，淹及張家村等數村莊。隨飭堵築。此工已經完竣。

深州屬

安平縣　白駝羅村十餘村莊，受深澤縣瀝水。今議自崔家鋪順大路開溝，繞西關，經大木橋下入滹沱河。此工現在估計。

定州屬

定州　東南有清水溝，自鈕位、婁底等村，至深澤之段家莊，入磁河。間有淤塞，應行疏濬。此工已經完竣。又南有孟良河，淤淺泛溢。今議開濬，入小清河。又木刀溝為藁城、新樂、無極衆流所會，應行接濬。此工俱現在估計。

深澤縣　木刀溝應行接濬，再於陳家莊開溝一道，並濬呂村舊溝，由西內堡合流入木刀溝。此工現在估計。又縣東低窪積水，應循大道旁開溝一道，入安平界，並濬宋家莊舊溝入磁河。此工亦現在估計。

曲陽縣　西南有靈河，北有狄河，至城東合流為孟良河，間有淤溢，應行疏濬。此工已經完竣。

通計九十三州縣，工程共五百二十三處。

九月二十九日，得旨：『大學士、九卿，詳議具奏。』

十月二十三日，又奏：『竊照營田稻米，每年秋收之後，酌量動銀十數萬兩，分發採買運通，以示鼓勵。種稻之人，使其米有去路，爭相營治，廣種水田，其價較之南方轉運，原有節省。上年直屬營田稻米收成較薄，經前督臣李衛，請暫行停買。皇上念切民依，以營田為直屬民人永

[一] 月隄　即『月堤』，在險要或單薄的堤段，於縷堤和遥堤之外，另外加築堤壩，形如半月，故名月堤。沈括《夢溪筆談·官政一》：『杜偉長爲轉運使，人有獻説，自浙江税場以東，移退數里爲月堤，以避怒水。』潘季馴治河時，廣泛使用月堤。《清會典·工部三·都水清吏司》『凡工有堤』原注：『堤之式有大堤、有月堤、有越堤、有遥堤、有縷堤、有格堤、有撑堤，以土或石爲之。』

久之利，特頒諭旨：「溝渠澮洫，隄埝圍埂，隨時修葺。」臣欽遵節次檄行司道，於農隙之時，酌給口糧，督率修整。今春播種之期，檄飭各處查催營種，不許荒蕪，並行該管道、府，實力稽查辦理，以期西成豐稔。惟是營治稻田，多系近淀易於積水之區。今年六七月間，大雨連綿，如霸州、文安、大城、保定、天津等州縣，雖高阜有收，而低田多被淹浸。豐潤縣所植稻穀，間有綿蟲。又被水之武清、玉田、南和、平鄉、任縣、安州、任邱、磁州、永年等州縣，其中有成災者，所種禾稻不無浸傷。其餘各屬種稻，或僅數十頃，或僅數頃，出産原屬無多。若照前採買，不能廣得，且恐市價高昂，有礙民食。臣請遵照上年之例，再停採買一年，其營田有米收穫者，可在集零賣於有力之家，並寄籍南人食用。再，各屬貯平糶銀錢，仰荷聖恩俞允，不拘米穀雜糧，價值平賤者，俱行採買，以備賑糶之需。是營田稻米，民買民賣之外，果有盈餘，亦可變通購補，以實倉儲。則停止官收，似於官民兩有裨益。』飭部知之。

又會同顧琮奏言：『直隸一省，水利未修，霖潦為患。臣等遵旨將應修工程，籌畫滙奏。除俟大學士、九卿議覆遵行外，臣等復查疏消積水工程，必須一時並舉，俟伏秋汛至，宣洩無滯，方可程功。通省河隄實繁，大工並集，經營、相度、查勘、督催，必得綜理專員，往來工次，庶免歧誤。又水道經行，數邑交錯，既難專責一邑承修，更不便散令各邑分辦，必另委員專辦，方有端緒。臣查有原任永定河道齊格，曾經辦理改挖滹沱河，甚為得宜，至今受益。因另案參革。該員年富力強，委系實心辦事、練悉河務之員。原任戶部員外郎秦嶠，於雍正十年革職，發營田效力。乾隆二年，營田觀察使陳時夏奏請開復。因該員有應追核減銀兩未完，不准。今已全完。現委查勘疏消積水工程。凡所相度，悉合機宜，實屬勤敏諳練之員。原任大興知縣李桓，因案革職。查該員在值年久，熟悉風土，諳練河工，實屬勤幹之員。原任楊村通判張培微，經前任河臣參革，擬徒援免。該員在水利營田效力年久，實系深知河務之員。此四員者，若令其經理大工，分路查催，實屬駕輕就熟。仰懇天恩，准其在工效力。如果盡心竭力，調度得宜，俟工程完竣，將各員勞績，據實奏聞，聽候皇上録用，以勵勤勞。至各屬交錯工程，應委員專辦之處甚多。查有先後奉旨揀發，暨候補試用人員，足敷差遣。應按其工程大小，酌量委用，亦俟工竣，分別等次，題請議敘。如此綜理，庶通省工程，可以同時並舉，克期告竣，於水利民生，實有裨益。』下部議行。

五年二月，大學士、九卿議准：『孫嘉淦奏疏濬河渠，修築隄埝，應如所請。』從之。原奏共計工程五百二十三處，內勸用民力者約十分之四。奉朱批：『在卿為此，朕不慮其刻民也。』

三月二十九日，孫嘉淦奏：『直隸河淀積水，上年奏明，委清河魯之裕、候補道府張廷枚查勘。奉硃批指出所用非人。臣遵旨留心試看一年，魯之裕辦事勇往，惜華而不實，且言語不謹，好惡多偏。但其人詩文頗通，字亦端楷。臣之愚意，似當調補文學之職，則是用其所長。張廷枚才力雖有，其為人機深而刻，不可假以事權。但年力尚壯，漢文頗通，似當調令回京，酌量補用，庶可不致隕越。』得旨：『朕之前諭，謂積水一案，二人不可共事耳。張廷枚卿此奏亦是。但魯之裕尚能勝此任，可仍舊貫。張廷諭部另用。』

七月初五日，諭曰：『朕聞直隸興修水利，開濬河道，如河間一府所屬地方，差委河員，俱不妥協。向例，每逢閑月，聽貧民盡數到工執役。若農忙之時，即有緊要工程，大率三丁抽一、其餘任其耕種。今則一概拘令到工，指稱欽工，不許違誤，以致百姓有妨農作。又所發工食，多有扣克，不能照例給與，民間頗有怨言。地方有司，以為此系河員專司之事，不肯置問。小民無可告訴。此朕得之風聞者，孫嘉淦其留心確查實在情形具奏。』

是月，孫嘉淦奏：『現在伏、秋二汛已過，隄埝俱各平穩。所有舊河淺狹，應行展濬。或新淤壅滯，應行挑挖，並從前遺漏未修，及已修而未盡合宜之處，俱插標識記。一俟水涸，即撥夫興修，務於今冬明春完竣。每年汛過之後，令該管道府查勘一次，如有應行修理之處，即指示興修。每三年總督親查一次，倘有淤阻淺廢，怠於濬修者，即指名題參，嚴加議處。』得旨：『所奏俱悉，可謂經理有方也。』

九月，遵前旨覆奏：『河間府應濬河道最多，比及麥熟時尚未竣。二麥登場之後，汛水之來，不過旬日。勸令比户出夫，有丁盡來，此只數日之事。汛水一發，即行停止。至所發工食，事例不一、多寡本自懸殊。然俱系河員會同地方官散給，並無扣克。』報聞。

初三日，諭曰：『直隸河道，關係緊要。總督孫嘉淦、總河顧琮，現在辦理。江南河道總督高斌，久任河工，素稱諳練。原欲俟其陛見來京，差令前往。今思高斌進京，取道直隸，同該督等詳悉相度，確商定議，來京面奏，更為妥便。著將前後河道各案件，抄寄高斌，即行前往。』

高斌於九月下旬，會同孫嘉淦確勘覆奏。此奏俟補。下大學士等議覆。

十月十四日，大學士九卿議奏：『高斌等稱，保定縣迤西千里長隄，現在玉帶河河溜逼近隄根，應加寬厚。並路疃迤東，艾頭村等處，應加越隄[一]一道，均准其加築。其玉帶河形勢，既經勘明，西淀、白溝諸水，至此收束太緊，急宜修理保護。應令該督等務於玉帶河水滙之區，加意防範，勿致潰決。』從之。

[一] 越隄　即『月堤』。在重要堤段上臨河或背河一側修築的形似新月的堤，又稱圈堤。月堤是堤防的前衛或後衛。明潘季馴提出縷堤、遥堤、格堤、月堤。

三案

乾隆九年五月初八日，山西道監察御史柴潮生奏《請轉救荒之常策，為經國之遠圖，懇乞宸斷立行疏》言：

『竊照河間、天津二府，自去歲亢旱，荷蒙皇上截漕發帑，多方賑恤，俾小民不致失所。加以入春以來，宵旰焦勞，過於桑林之禱，自然甘霖大沛，可望有秋。然臣愚區區以為此謂至恩矣，猶未可為本務也。夫謀國如謀家，不可以近憂既解，遂置遠慮於不圖。治國如治身，不可以標病既痊，遂置本根於不問。

『古者東南未辟，王畿侯國，皆在西北。王畿不過千里，餘遞減至五七十里，地可謂狹矣。一夫受田百畝，周制六尺為步，百步為畝，僅當今二十六畝有奇，田可謂少矣。而祭祀之粢盛，賓旅之既廩，君卿百官吏人之祿入，賑貸之委積，戰陣之芻糧，無不取給於此，費可謂廣矣。而且三年耕有一年之食，九年耕有三年之食。夫古之天下，亦今之天下，今何無備之甚也？則以田制既已盡廢，水利亦復不修，平日則鹵莽而薄收，一有急則坐待賑恤為活計而已矣。

『伏讀本年三月上諭：「養民之道，在使之上順天時，下因地利，殫其經營力作，以贍其室家，非沾沾於在上之補苴救恤，遂長恃為資生之策也。為民父母，民事即家事，盡心勸課，隨時區畫，俾地無遺利，民無遺力，則家有蓋藏，自可引養引恬，俯仰不匱。」大哉王言！真得足民之根本矣。

『臣今不敢泛引，請即以河間、天津二府之事言之。查二郡之地，經流之大河三，曰衛河，曰滹沱河，曰漳河。其餘河間府分水之支河十有一、瀦水之淀泊十有七，蓄水之渠三。天津府分水之支河十有三，瀦水之淀泊十有四，受水之沽六。是水道之至多，莫如此二處。故河間號為瀛海，山東之水，皆於此而委輸。天津名曰直沽，畿輔之流，皆於是而奔滙。向若河渠深廣，蓄洩有方，即逢（早）〔旱〕[一]歲，不能全收，而灌溉之功，亦可得半。即不然，而平日之蓄積，亦可撐持數月，以需大澤之至也。何至拋田棄宅，挈子攜妻，流離道路哉。

『水利之廢，即此可知矣。人方苦饑而與之談水利，是可謂之迂圖。然上方賑饑，而即藉以興水利，不可謂非善策也。今甘霖一日不足，則賑費固不可已。臣竊以為徒費之於賑恤，不如大發帑金，遴遣大臣，將畿輔水利，盡行經理。既可接濟賑民，又可潛消旱潦，且轉貧乏之區為

[一] 早　爲『旱』之誤。據清光緒十二年思補樓重校本《清經世文編》卷一百八《工政十四》，柴潮生《敬陳水利救荒疏》改。

富饒，一舉而兩得，似救時之急務，籌國之遠謨，莫以易此。

『臣請考之於古，證之於今，為皇上一一陳之。直隸為《禹貢》冀州之域，田稱中中，今土壤乃至瘠薄。東南農民，家有五十畝，十口不饑。此間雖擁數頃之地，常虞不給。雖其土燥人怠，風氣異宜，亦不應懸殊至此。

『漢張堪為漁陽太守，於狐奴開稻田八千頃，民有麥穗之歌。狐奴，今之昌平也。北齊裴延儁為幽州刺史，修古督亢陂，溉田百萬餘畝，為利十倍。督亢，即今之涿州也。宋何承矩為河北制置使，於雄、鄚、霸州興堰六百里灌田。初年無功，次年大熟，承矩輦稻米入都示朝臣，謗者乃息，邊民之食以充。明汪應蛟為天津巡撫，欲興水田，將吏皆不欲，應蛟乃捐俸自開二千畝，畝收四五石，惟(早)〔旱〕稻以鹻立(稿)〔槁〕。於是軍民始信閩浙治田之法可行。今東、西二淀，即承矩之瑭濼；天津十字圍，即應蛟水田之遺址。垂之竹册，非比荒唐。

『又查國朝李光地為巡撫，請興河間水田，言涿州水占之地，每畝售錢二百，尚無欲者。一開成水田，畝易銀十兩。上年直督高斌請開永定河灌田，亦云查勘所至，眾情欣悦。

『又臣聞石景山有莊頭修姓，家道殷實，能自引渾河灌田，比常農畝收數倍，旱潦不致為災。又聞蠡縣亦有富户，自行鑿井灌田，愈逢旱歲，其利益饒。

『又聞現任霸州知州朱一蜚於二三月間，曾勸民開井二十餘口，今頗賴之。證之近事，復確有據，則水利之可興也決矣。

『今請特遣大臣，齎帑金數十萬兩，前往河間、天津二府，督同道、府、牧、令，分委佐貳雜職，除運道所關，及滹沱正流，水性暴急，慎勿輕動，其餘河渠淀泊，凡有故跡可尋者，皆重加疏濬。而又於河渠淀泊之旁，各開小河，小河之旁，各開大溝，皆務深廣，度水力不及則止。節次建立水門，遞相灌注，旱則引水入溝以溉田，潦則放閘歸河以洩水。其離水寥遠之處，每田一頃，掘井一口，十頃掘大塘一口，亦足供用。其中有侵及民田，並古陂廢堰為民業已久者，皆計畝均勻撥還。如此辦理，民情自無不踴躍樂從。即將現在之賑民，與外來遞回之流民，停其賑給，按地分段，派令就工，逐日給與工值，酌濟二三人口糧，寧厚無減。一人在役，停其賑糧二口；二人就役，停其家賑糧四口；其餘口與一户，皆不能執役者，仍照例給賑。其疏濬之處，有可耕種者，即借予工本，分年徵還。更請另簡大臣齎帑金，分巡直隸各府，一如河間、天津二府辦理。雖所費繁多，而實為畿輔無窮之利。

『或曰北土高燥，不宜稻種也；土性沙鹻，水入即滲也；挖掘民地，易起怨聲也。且前朝徐貞明行之而立敗，怡賢親王與大學士朱軾之經理，亦垂成而坐廢，可為明鑒也。臣請又一一言之。

『九土之種異宜，未聞稻非冀州之産。現今玉田、豐潤，秔稻油油。且今第為之興水利耳，固不必強之為水田也。或疏或濬，則用官資；可稻可禾，聽從民便。此不疑者一也。

『土性沙鹻，是誠有之，不過數處耳，豈遍地皆沙鹻乎。且即使沙鹻，而多一行水之道，比聽其沖溢者，猶愈於已乎。不疑者二也。

『若以溝渠為損地，尤非知農事者。凡力田者，務盡力而不貴多墾。《語》曰：「務廣者地荒。」《詩》曰：「無田甫田，惟莠驕驕。」今使十畝之地，損一畝以蓄水，而九畝倍收，與十畝之田皆薄入，孰利？況損者又予撥還。不疑者三也。

『至於前人之屢行屢罷，此亦有由。徐貞明有幹濟之才，所言亦百世之利。其時御史王之棟參劾，出於奄人勳戚之意。其疏亦第言滹沱不可開耳，未嘗言水田不可行也。但其募南人開墾，即以地予之，又許占籍。左光斗之屯學亦然，是奪北人之田，而又塞其功名之路，其致人言也宜矣。至營田四局，成績具在，公論難誣。當日效力差員，不無奉行未善。所以賢王一沒，遂過而廢之，非深識長算者之所出也。

『況非常之原，黎民所懼，所貴持久，乃可有功。秦人開鄭白之渠，利及百世，而當時至欲殺水工鄭國。漢河東太守番系引汾水灌田，河渠數徙，田者不能償種。至唐長孫恕復鑿之，畝收十石。凡始事難，成事易。賡續以終之則是，中道而棄之則非。不疑者四也。

『至於水利既興之後，或招募農師，造作水器[一]，與夫逐年作何經理，俾永無湮塞之處，應聽在事大臣，詳加籌畫。雖國家經費有常，然皇上視民如子，凡有賑恤，縱千萬帑金，亦無屯惜。即如現在開通京師溝道，已估費二十餘萬兩，以視興修一省水利，輕重較然。況此舉乃以阜財，非以費財也。

『請又為皇上一一數之。天災國家代有，荒政未有百全。計口授糧，僅救死而扶羸。以工代賑，亦掛一而漏百。何如擲百萬於水濱，而立收國富民安之效。縱有堯災湯旱，亦可挹彼注茲，是謂無弊之賑恤。連年米價屢塵聖懷，盡停採買，豈可久行。捐監輸倉，亦非上策。若小民收穫素裕，自然二鬴有資。

『臣訪聞直隸士民，皆云有水之田，較無水之田，相去不啻再倍，是謂不竭之常平[二]。且近畿多八旗莊地，直隸

[一] 水器　指水利器具，如筒車、翻車、桔槔、轆轤等，用于提水。

[二] 常平　又稱常平倉，古代國家為調節糧價，豐年收購糧食，荒年出售，供應軍需民食的糧食儲備倉。魏國李悝提出這一經濟觀點，漢宣帝時大農中丞耿壽昌，在西北邊地，設立常平倉，防止穀賤傷農，穀貴傷民，平抑糧價，鞏固政權。歷代皇朝多設常平倉。一九三八年，美國農業部長華萊士主導建立美國的常平倉，部分吸收了中國古代常平倉制度，一九三九年歐洲大戰爆發時，美國已經儲存了六億浦式耳玉米和小麥。

亦京兆股肱，皆宜致之富饒，始可居重馭輕。漢武帝徙豪民於關中，明成祖遷富家於帝里，固非王政，不失深謀。若水利既興，自然軍民兩利，是謂無形之帑藏。且雨者水土之氣，所上騰而下澤也。土氣太甚，則水氣受制。故明臣魏呈潤、徐光啟，皆以興水利為致雨之術，其言固未必確。然東南半壁，未嘗接踵告旱。而直隸近年以來，閔雨者屢矣。謂政事之缺失，乃聖人罪己之懷。諉氣數之適然，亦術士無稽之論。其實天人一理，理數相因。但使水土均調，自然雨暘時若，是謂有驗之調燮。且水性分之則利，合之則害；用之則利，棄之則害。故周用有言，人人皆治田之人，即人人皆治水之人。先臣張伯行亦主此論。

『又陸隴其為靈壽令，督民濬衛河。其始頗有怨言，謂開無水之河以病民。既而水潦大至，他邑苦水，獨靈壽有宣導，歲竟有秋。貨殖者旱則資舟，為國者備斯無患，是為隱寓之河防。

『抑臣更有進於此者，今生齒日繁，民食漸絀。愚臣區區，以為盡興西北之水田，盡辟東南之荒地，則米價自然平減，閭左立致豐盈。但其事體至大，請先就直隸為端。俟行之有效，另籌長策，次第舉行。樂利萬年之基，庶其在此。乞飭大臣，詳議舉行，畿內幸甚，蒼生幸甚。』

得旨：『速議。』

十五日，經大學士鄂爾泰等會同九卿議覆：『查北方地勢平衍，原有河渠淀泊，水道可尋。如聽其自旱自雨，自盈自涸，淫潦則沉浸為災，炎烈則暵乾是患，有水無利，而獨受其害。柴潮生所奏，誠非無據。惟是欲興水利，必使全省之地形水道，脈絡貫通，以圖經久，決非旦夕所能奏效。若遽遣大臣，齎帑前往開濬，將現在之賑民，派令就工給值，無論待賑之民，緩不濟急，實恐查勘倉猝，勢難妥確周詳。現今直隸河道工程，交督臣兼理，請敕下總督高斌，確查妥議具題，到日再議。』

得旨：『畿輔興水利，乃地方第一要務，必簡用得人，始能有益無弊。總督高斌，事件繁多，難以專心水利之事。協辦大學士、吏部尚書劉於義曾任直隸總督及布政使，於合省情形，素所練習。若與高斌悉心籌畫經理，自可成利濟之功，而收永遠之效。著劉於義前往保定，會同高斌詳加計議，酌定規條。將來興修之時，二人同心合力，督率辦理，務有成效，以副朕望。』

十月，劉於義、高斌奏《查勘水利初次應舉各工疏》言：『竊臣等於九月十二日，會集蘆溝橋，公同定議，先從宛平、良、涿、新、雄，由文、霸等屬淀河一帶，至天津，再歷保定、正定二府，共三十餘州縣，逐加履勘。所有各屬舊有淀泊河渠，與擬開泉渠河道，並隄埝、涵洞、橋閘等項，有關民間利病，無礙墳塋沃產，應行疏濬、開拓、收蓄、營治之處，悉與司道守令暨地方老民，熟籌確訪，審水性之強弱，地勢之順逆，民生之好惡，權以利害之輕重，定措施之次第。果於民生有益，不敢以費繁、事創而議停。其或成效難臻，亦不敢以費少、事輕而率舉。除地方去水稍遠，令民人掘井開塘以資灌溉之處，現在飭令各府州覆加確議，其河淀工段，撥用衩夫〔一〕，及各境內疏消積水溝道，例用民力足可辦理者，無庸備列，與現今勘過地方尚有遺漏工程以及奏辦各工，臨時尚需籌酌合宜，臣等分別應奏應咨，陸續補辦。所有現在應辦各工，謹分為十二條，繪圖貼説，恭呈聖鑒。

『一、宛平、良鄉、涿州境內之牤牛正支各河，宜疏濬以消瀝水也。

『查宛平縣蘆溝橋南之北岡窪，及趙新店之啞叭河，並受西山一帶瀝水，橫穿大道，由董公庵南，會趨通濟橋下，歸良鄉縣之廣陽河。良、房二邑之雅河，及良鄉東北境之順水河溝，黄管屯溝諸水俱入焉。又，良邑之茨尾河，受本境西北新莊佛耳門瀝水，及房邑之懷坨、新莊等溝諸水，俱入焉。二河會三岔口，入牤牛正河，長四十一里，至涿州之佟村，歸入拒馬河。又，三岔口北、石羊村東，有牤牛支河一道，長三十餘里，至涿州之吕村，歸入拒馬河。

『各河俱淺狹淤阻，四州縣瀝水，不能導送歸於拒馬。大水之年，各屬田畝多被淹浸，並漫溢於宛、良南北大道，每致行旅阻艱。今應將良邑上游宛、房境內各河溝，除照舊例勸用民力疏通，歸入廣陽、茨尾二河外，其宛邑之北岡窪、趙新店，及房、良二邑之順水河溝、雅河，良邑之管屯河，廣陽、茨尾二河，並良、涿之牤牛正支河，均應動帑挑濬深通，以資宣洩。其通濟橋舊有石底，高於河底三尺，橋空低矮，有礙水道，應掘去舊底，將橋拆造起高。

『再，啞叭河瀝水稍多，即穿漫趙新店大道，歸通濟橋，應於趙新店之南地勢窪下處，添建石橋一座，以通往來。此處大道，與董公庵大道，俱應即將挑河之土，就便一律墊高，通計挑河、拆建橋座，共約需銀八千零二十餘兩。如此則四州縣之水有所歸宿，可免漫溢淹浸之患。且河既深通，水常注蓄，而牤牛河身內，亦間有通泉之處，如經歷冬春，不致乾涸，則通河有不竭之流，兩岸民田，亦可漸冀有灌溉之裨益矣。

『一、新城、雄縣境內之白溝河，宜開濬支流，以免漫溢也。

『查白溝河為拒馬之下流，繞受京西諸水，至雄縣大灣口入柴伙淀。自新城十里鋪起，至雄縣北關外止，數十

〔一〕衩夫　永定河、北運河以及直隸其他河道，挑挖河中深處淤泥的民夫，因撈泥時下身穿著牛皮衩而得名。馮雲鵬《掃紅亭吟稿》卷五詩『攞淤更束牛皮衩』下，自注『淤泥不能上掀，另覓衩夫入水推泥，身裹牛皮，爲牛皮衩。』《皇朝文獻通考》卷四十三『乾隆十二年增設垡船』，『北河增設垡船六十號，衩夫百八十名，淺夫三百名，隨時疏濬。』

餘里，地勢窪下，夏秋水漲，往往漫溢出漕，田禾道路，俱遭淹浥。

『查十里鋪支河一道，長四里。又十三里鋪支河一道，長十三里，皆以分減漲勢。但查白溝漲發，頃刻丈餘，正河寬百丈數十丈，而二支河僅寬三五丈，不遠仍復歸入正河。且自十九垡折向西南，勢非徑直，實不足以資分洩。應將二河開挖寬深。

『又查十三里鋪高橋之南，舊有盧僧河一道，自白溝東岸，橫穿大道，經盧僧村東南，至雄縣之孫家嘴，入神機營淀，計長六十五里。上口四十里淤為平陸，只十五里之外來遠村以下，尚有河形。應將此河開通，分減白溝河漲泛，直達西淀，甚為得力。但水下高橋，不得減洩。其自十九垡支河南溢之水，已將直南一帶民田淹没。而沿河西北岸溢出之水，又將新城縣內大道之東一帶民田淹没，猶非釜底抽薪之法。今應於十九垡支河五里之下，馮家營起，直南開河一道，長十五里，至來遠村接入盧僧河，於其盛漲始至，即已分疏暢注。並以挑河之土，於兩岸堅築子埝〔一〕，非惟河不外溢，其十九垡東南一帶瀝水，亦有所歸宿，數十村民田之積患可除。

『再，自十里鋪起，於河北岸東轉，北至新橋窑，計長二十五里。應築土埝〔二〕一道，水不西北溢，而民田不憂巨浸矣。向來新城南關大道，地窪濱河。每遇有河漫雨霪，行路為阻。雖經修墊，而河水為患，仍屬無益。今河既經理，大道亦應修墊。應自南關起至高橋止，築疊道十五里餘。其十里鋪南、北二支河及高橋新開支河上口，東西穿通大道，應建造木橋三座。

『再查，白溝河下游至雄縣境內，東岸有王克橋支河，長三十里，下通神機營淀。西岸有西槐支河，長十三里餘，下通西淀。皆以分洩漲漫，用除雄邑南關之險。二河淺窄，並應展挖寬深，將河頭改挑迎溜，以免填淤。二河通流蓄水，則兩岸民田亦可引用。通計挖河、築埝、疊道、建橋，共約需銀五萬三百八十餘兩。

『再，新城縣西斗門、紫泉二河，藉消瀝水，以入白溝，均有淤澱。應勸用民力疏通，可以備蓄洩，亦可以資灌溉也。

『一、趙北口以東淀內各支河，宜分別開濬，以資暢達也。

『淀池廣袤數百里，為衆水之所滙歸。而淀必有河，

〔一〕子埝　為防止洪水漫溢，在堤頂臨時搶修的小堤，又稱子堤。子埝修築於堤頂的臨河一側。子埝後邊要留有餘地，以供搶險交通之需。古代子埝，有純土子埝、石子埝等。純土子埝以土料修築，用於堤頂較寬，近處有質地較好土源、水面風浪較小的堤段。石子埝以石爲材料。《畿輔安瀾志》和光緒《順天府志》都記載永定河石景山段，多修築石子埝。

〔二〕土埝　即土堤。在河道內行洪區或湖區修築的土堤。修築土堤，可就地取材，施工比較簡單，但占地多，放冲刷能力較低。

以為水道。河又必有支流，以暢疏消。但支流之河身多系淺狹，易致填淤。今詳查分疏要道，急應挑濬者，如藥王行宮前引河一道，因西淀豬龍諸水，畢趨趙北口橋下，東注柴伙淀，當白溝之衝，每遇漲發，挾帶泥沙，阻截上游諸水，倒漾而西，為患近淀各村。乾隆二年間，在雄縣境內專辟藥王行宮前引河，以行西淀之水，不與白溝爭路。今已間段淤塞，內除兩岸淤土，應照旱方、泥濘方[一]，分別估挑。其水中撈泥各工，可用衩夫疏濬，無庸另估工價。

『又，保定縣之（長）〔張〕[二]青口河，為東淀咽喉。因約束太緊，傳送多阻，南岸舊有濰柳河、毛兒灣，並民人自開村北河溝，皆以分洩張青口漲勢。臣等細加勘度，濰柳等河，分水有限，村北河溝，不能大有開拓。應於張青口之北，另開支河一道，長八里許，均寬一丈，深六七尺不等。濰柳河長四里，毛兒灣下口淤處長三里，再展寬疏深。有此南北支河溝道，則張青要津，足資分洩矣。

『又，玉帶河之支流為中亭河，自下河門上口起，至三台山村止，長二十九里，與玉帶南北相對約五里許，本不甚深。每遇汛發，則二河合而為一。今自上口又復淤塞二十里，愈無以為分洩之路。附近村莊，每被淹浸，急應挑濬，將窄處展寬，寬處於河底抽挑子河，均深七尺，以資暢達。其西北之六郎隄，長十里餘，防淀水北漫，為霸州、新城田廬保障。年久卑薄殘缺，應行幫築高厚。

『又，玉帶以東，會同河之支流有張家嘴河，長十八里。自河口至王家疙疸七里許，河面僅寬一二丈，應行挑展寬深，分減沿隄水勢，可免堂頭、上馬頭一帶千里長隄之險。

『又，臺山、趙家房兩河之中，有古運糧河，長四里。今河口淤斷三百餘丈，應行挑通，既以分減兩河水勢，且兩岸引灌文、霸民田多頃。臨河（園）〔圍〕[三]地，並成沃壤矣。

『再，臺山河、趙家房河，木橋各一座，應改置活板，以通舟楫，篙（漿）〔槳〕[四]所施，乃無形之疏瀹，於河道商船，俱有利益也。

『以上挑河、修隄、改建橋座，共約需銀一萬一千七百餘兩。

『一、東淀河道，宜開通徑直，以暢尾閭也。

『查東淀為眾水所滙歸，自臺頭以下七十里，至楊芬

[一] 土方工程中分水方、旱方、水葦板方、旱葦板方、泥濘方、水中撈泥等多種。（見陳琮《永定河志》卷六）

[二] 長　爲『張』之誤。《大清會典則例》、陳琮《永定河志》、雍正《畿輔通志》等，都作『張青口』，據改。下文亦有『張青口』。

[三] 園　爲『圍』之誤。民國影印本《皇清奏議》卷四十收録乾隆九年劉於義、高斌《查勘水利工程疏》作『臨河圍地』，據改。

[四] 漿　爲『槳』之誤。民國影印本《皇清奏議》卷四十收録乾隆九年劉於義、高斌《查勘水利工程疏》做『篙槳所施』，據改。

港，入大清河。由楊家河、青光並鳳河下口，以入於西沽。而臺頭河口受子牙濁水壅淤，歲需挑濬，以行陵糈、漕艘。河身既因淤益狹，河流復迂曲不順，旁淀各村，每有水患。

『今查有勝芳舊河一道，上承臺山、趙家房二河之委，徑辛張、策城之南，入楊芬港，長四十里，較現在臺頭達楊芬港之路，近三十里。東北直注，形勢徑捷，故土人名為照直河。今河身堙塞二十四里餘。應行開挑，使水暢下，實於東淀全局，大有裨益。其下楊家河，自莊西至下河頭，長三里許，應展寬挑深。又自莊東北至中河頭，應裁灣取直三里許，以順其勢。又自宋家河分支之頭道河，有淤斷處，應開挑四里許，接入楊家河。再於下游青光之西，至蛤蜊河口，約長四十里，並開拓寬深，歸入大清河。皆可順流無滯，而宣洩亦速矣。再，勝芳河既已開通，則為達津之要道，帆檣絡繹。應將勝芳村東之第三橋，改建活板，以便舟楫往來。

『通計挑河改橋，共約需銀二萬八千九百二十餘兩。

『一、子牙河濁流穿淀，宜另疏出水口門，並築長隄，分別清渾也。

『查，子牙上游為滹沱河，發源山西代州，經直隸衡水縣，合滏陽河，北注大城縣王家口入淀。汛水[一]漲發，湍急難禦，有東岸静海屬閆、留二莊，新開子河，分引渾水。從牛攔河，經老君泊，歸獨流大坑，去王家口河，約及二十里。每年清渾並漲，則平鋪倒漾，迤南數十百村莊，悉遭淹浸。及至汛退泥停，散漫淤塞。東、西兩淀清河傳送之路，日就阻截，深為畿南數十州縣水利民生隱患。臣等詳加相度，請於王家口北莊兒頭起，堵截子牙下流。另於現已淤淺之陳家泊等處，展開河身一道，改溜東行。合閆、留二莊支河，散行北注之水，由第三鋪、第六鋪，當城金里河、楊柳青後，出西沽紅橋，歸北運河入海。計長九十一里餘，約需銀三萬五千六百八十餘兩。該處靠南一面，系南運河高岸，足資攔束。應於靠北自莊兒頭西一里起，就地勢高阜處，議築埝一道，直接西沽南疊道，長九十五里，並建橋築壩等項，約需銀十萬六千九百七十餘兩。自新隄以至運河西岸，橫寬十餘里至四五里不等，不虞泛溢。河身按照地勢，由淺而深，建瓴東下，不致淤墊。隄形兩

[一] 汛水　即『信水』。《説文》曰：汛，水也。南梁蕭恭開始『汛水』合用。汛水，指江河湖泊等水域的季節性或週期性的漲水現象。古人對水流按汛期漲落的規律性認識，起源甚早，《莊子》記秋水時至，《漢書·溝洫志》和《韓詩外傳》都記載春末桃花水盛。《宋史·河渠志》《河防通議》明確地提出了各期水勢的名稱。明清，汛水成爲專業名詞，包括桃汛、伏汛、秋汛、凌汛等。程明善《嘯餘譜》稱『桃花汛水』。清帝上諭、《大清會典》《皇朝通典》《皇朝文獻通考》和《行水金鑒》及地方誌中廣泛使用汛水，相沿至今。

面坦坡，設員典守，議添垡船、衩夫。歲取挖淤之土，堆貯土牛〔一〕，加高培厚。隄根多栽葦草，抵禦風浪，不虞坍卸。惟河身中段，自第三鋪，至金里河三十餘里，逼近淀心窪處，常年三四月間，即得乾涸。然旱方、泥濘方，不過一二尺，以下仍多水中撈泥，方價未免繁費。應請准照部頒《天津道成規則例》，分別估辦。自此清渾兩河，永不相混。隄工即為疊道，由天津至保府，車馬可通。正、順、深、冀各屬，鹽糧重載，均有縴路，永免淀河風波之阻，均於地方大有裨益。

『一、附近永定南北之舊減河，宜並疏歸鳳河，以消瀝水也。

『查，永定北岸，自固安十里鋪至葛漁城北埝，舊有減河一道，長一百零三里，宣洩京南一帶瀝水，並胡林、求賢二壩減下之水。又自葛漁城至蕭家莊北埝外小河一道，長四十七里，接連減河，歸入鳳河。現在二河淺窄，均應展拓寬深。小河逼近埝根，應向北開挖。所挑之土，即加培於各隄埝之上。又南岸霸州牛眼村，至馬家鋪土埝，自馬家鋪，至龍尾坦坡埝，共長五十里。其下舊有減河一道，分洩永、霸一帶瀝水，並清凉寺、張仙務二壩減下之水。今間段淤塞，至龍尾以下，東無去路。查舊河除現在寬深，無庸開挑之各段外，總計淤塞應挑，共約長二十七里餘。再自龍尾以下之鳳河十一里許，應一併開挖成河，以鳳河為出路，俾數十里減水有所歸宿。即將舊河所挑之土，加培舊埝。將新河所挑之土，沿河堆積南岸，以障蔽東淀。南北兩河，既均歸鳳河，而永定河入沙、葉淀之水，全恃鳳河為下口。所有鳳河間段淺窄之處，總計長十五里，應行開挑，一律深通，則宛平、固安、霸州、永清、東安、武清各縣瀝水，與永定下游，俱藉鳳河，轉驅入大清河，而全無阻閡矣。

『再查，金門閘、長安城壩下引河，東股自畢家莊歸津水窪，長四十九里。西股自金門閘石壩，至張貴莊歸中亭河，長一百三十里。均應疏濬，以消雨潦及壩下分減之水。通計挑河、築埝，共約需銀五萬七千九百三十餘兩。

『一、塌河淀尾閭淤塞，宜急加疏濬，以利宣洩也。

『查北運河筐兒港減河，上游在武清縣境內，口門六十丈，以天津縣屬之塌河淀為過水之區，由陳家（口）〔溝〕、賈家沽道兩引河歸海。歷因潮汐內灌，泥沙淤阻，每遇夏秋漲發，減河來水，俱屯積於塌淀。周圍六七十里，民人不得安業。其減河旁流泛溢，北運河並西岸之丁直沽，至桃花寺，地畝廬舍，亦遭淹浸。本年減河口門過

〔一〕土牛　堆在堤壩上準備搶修用的土堆，遠望之，其形似牛而得名。明清河工中廣泛應用土牛，其基本用途有二，一是為壓埽、平堤、填溝之用，如光緒《天津府志》和《順天府志》都記載，河道所轄河兵，每年都要栽種柳樹百株，日積土牛二尺五寸，以爲壓埽、平堤、填溝之用；二是圍田而用。《日下舊聞考》卷九十二載，桑乾河『保安境上，聞有用土牛逼水成田者』。

水八九尺，地方官竭力疏導，至今未能涸盡。應將陳家溝、賈家沽道二河，俱應開挖寬深。丁直沽至桃花口，議築疊道，以資攔禦。統俟來歲春融之日，趕辦完竣，無誤春耕。統計挑河築道，共約需銀一萬九千九百二十餘兩。臣等細查兩處出水引河，原寬各十餘丈，然以消上口六十丈之水，仍有不敷。又淀水東西四十餘里，兩引河均在西南，不能全洩。應於偏東另尋水道，引流歸海，方能速涸。但東南一帶，系寧河縣境，沮洳一片，現今難以躧探。臣等再三籌畫，須俟來年，遍歷沿淀各屬，通盤勘定，另行續辦。

『一、唐河宜由唐、完等縣之舊有河渠，引歸保定之府河也。

『查唐河發源山西之靈邱縣，至直隸唐縣之雹水村，舊有廣利渠一道，引水灌田，長七十里。年久湮廢。康熙二十四年，居民開通引渠口十餘里。乾隆八、九兩年，勸民疏濬，續開八里，雹水等十餘村田畝，現資灌溉。二十余里之下，渠形斷續，東接完縣之祁河、曲逆河、蒲河，長八十餘里，均可相通。曲逆、蒲河下接滿城縣之方順橋河，分南北二支。南為金線河，長九十餘里，至保定城東二十餘里梁河橋西，入於府河。北為白草溝河，長四十餘里，至保定城西南隅，入於府河。府河東六十餘里，為安州之依城河，由新安縣城南，歸入西淀。計自唐河口至保定府河，共一百七十餘里。自府河至新安城南，共八十餘里。

『臣等自白草溝、蒲祁、曲逆等河，並廣利舊渠，直至唐河口，親行踏勘。地勢自西而東，極為順捷。河渠舊跡，相承而下，施工亦易。唐河水道就舊渠口引入，形勢甚便，實可通連。開挑新河一道，應將唐邑境內舊渠，開寬三丈。完邑境內之祁河，裁灣取直，開寬自三丈至五丈。曲逆一河，淺窄回環，不可行水，亦不能取直。查曲逆之北子城橋，有乾溝一道，長三里許，應改由此處開挑，下接蒲河二里許，歸入白草溝河，均開寬五丈。其金線河，用備分減水勢，應開寬一丈，深與白草河相等。保定府河、安州依城河，直至新安城南，均就舊河身內，開寬五六丈至七八丈不等。保定之護城河，亦應展寬三丈，以通水道。其上下游河身深淺，應酌勘地勢，自三四尺至七八尺不等。再唐河渠口，舊有石閘，今已廢。應擇新河隄岸高處，另建大石閘一座，遇水漲盛，即下板鍵閉，俾全勢悉由正河南下，不入新河，以免疏虞。金線、白草二河口，應各建石閘一座。水少，則閉金線河閘，令水全歸府城河下；水大，則閉白草河閘，令水由金線河歸府河下游。平時則酌量分減，以資金線河兩岸民田灌溉之用。又府河自城南，至安州寨頭村，長七十八里，內應建石閘五座。蓋此數十里內，地勢建瓴，水難停蓄。舊有上下二閘，卑薄殘缺，今應拆去。於下閘地方，另建一閘。並擇於清苑境內小聖廟東，建閘一座。東安北建閘一座。安州境善馬廟建閘一座。又寨頭廟建閘一座。層層關鎖，定章程以時啟閉，則水可常盈不缺。將來唐河水入新河，兼滿城一畝、雞距等泉滙入府河。如果一律深通，水常足用，則唐、完、滿城、清苑、安州、新安各境内，於河兩岸，建立涵洞，開挖溝澮，支分派引，灌溉田土，為利甚溥。蓋廣利渠，民間舊享其利，今擴充成河，則所達更遠，故民情皆甚踴躍。且保定府河寬深，直通東、西淀河，舟楫遄行，商貨叢集，亦於地方，大有裨益。至於應建橋樑、涵洞等項，統俟河成後，再為酌量地勢、水勢，次第辦理。統計河閘各工，約需銀七萬一千二百餘兩。

『一、河淀流長勢便者，宜渠閘通引，以沃民田也。

『查，天津城南一帶，地廣數十里，東界海河，地勢低下。乾隆五年，曾於《疏通積水案》内，在城東南四十里之白塘口村西，開挑引河一道，長二十六里，由三合莊，至藥王廟西，通坡水窪。又南十里許，於鹹水沽起，西至秋漠淀，開挑引河一道，長二十七里，俱以宣洩瀝水。數年來，漸次淤淺，且民田荒蕪，旱澇無恃。

『上年十二月，臣高斌奏請，自天津縣護城河起，由八里臺西至佟家樓，開渠一道，接連賀家口舊有引河，籍城東南角之海河閘，以通潮汐，附近居民田畝，水旱俱得播種，計用過銀一千二百八十七兩零。

『今復逐加履勘，縣南地形遼闊，新河渠尚未能盡地利。應於八里臺新開渠南，由凌家口西南至陳家莊，再開一渠，通至坡水窪。又自凌家口東南，由梨園頭東至大任家莊，復西南至藥王廟，開渠一道，入白塘口舊引河，亦通至坡水窪。又自大任家莊北，由柳店窪至何家圈開渠一道，至李七莊，徑凌家口，亦通至坡水窪。約共周長一百餘里。再將白塘口、鹹水沽、賀家口舊引河三道，於淤淺處，一律疏通。賀家口、(河)〔何〕家圈地方，各建磚閘一座，以通潮汐，以司啟閉。並於各村莊穿道開河處，建大小木橋六座。則津城南鄉，有數河環繞灌溉。又有大淀、柳店、坡水等窪，以為停蓄，荒蕪之地，俱可耕植，旱澇均得有備矣。又新安縣城南淀頭村，坐落隄上，旁環五村，有瘠地二百餘頃，隄内有内水河一道，以蓄瀝水，隄外通白洋淀。應於淀頭村南建閘一座，閘内開正支渠二千餘丈，引水灌溉。餘水即以内水河為歸宿，瘠地均可播種。又段村東西共地百頃。中界内水河，此處地形，東高西下。村西舊有石閘，以洩安州瀝水。應於村東另建一閘，閘内挑正支渠六百三十餘丈，亦引白洋淀水灌地，均以内水河為歸宿。並於村西舊閘内，挑渠七百四十餘丈，抵安州界，以洩瀝水，兼可左右引灌。又安州城南，同口村東之馬棚淀，坐落隄内，有地三百餘頃，最為瘠薄。隄外有王家河，通白洋淀。應於河口隄岸建閘，閘内挑縱横渠一千一百餘丈。並於同口村北疏渠一道，長十里許。俱可引白洋河淀水，以灌兩處田畝。又霸州中亭河北岸，有栲栳圈、漁廠村、高各莊、三台山四處，地勢平衍瘠薄。上年曾開隄放水，今春旱暵，尚有所獲。應於隄內各建涵洞一座，引水內灌四村田畝，均收其利。又雄縣之大殷村南北東三面，有隄以禦白溝河及西淀漲水，隄內田畝數百頃，潦則無從宣洩，旱亦不能引灌。今相度形勢，應於南面王家房村，設立涵洞一座，以為引灌宣洩之徑竇。其中溝渠，村民情願自為挑挖。以上開渠並建造橋、閘、涵洞各工，共約需銀二萬九千九百餘兩。

『一、正定縣各泉，宜開河引渠，以成自然之利也。

『查正定縣西有大鳴泉、小鳴泉、楊家泉、石灣泉，以及無名各泉甚多，現資灌溉稻田百有餘頃。泉之下流，總俱滙於城西之西柏棠村。向由柏棠入護城河，瀠洄二十里，蓮藕魚蝦之利頗饒，賦稱上則。後城河堙塞，水不能蓄，轉以泛濫。因仍由城西塔元莊，歸入滹沱河，亦經道至城東鄉閘，然不遠仍由大林濟瀉入滹沱，亦不久復於西柏棠建閘攔水，悉由塔元莊歸滹沱矣。棄有用之水，助滹沱之勢，甚為非計。

『臣等細加踏勘，應於西柏棠起，挑河八里餘，引水至護城河。城河四面，俱挑濬寬深，使大鳴諸泉之水，灌注存蓄，以復舊規。城南鄉閘稍北，地名鴨子嘴，令城河於此出水，東南由小林濟至大林濟，復東北折入藁城縣之固營村南，長十五里。又東南歷黃莊小屯隄里，至枳照村，長十八里，俱開成河道。其中因仍舊溝之處為多。再鴨子嘴東北二里許，有南北道溝，長十五里，經朱河村達於固營。應將南道溝挑拓，一律寬深。北道溝就現溝身，加以疏濬，即可足用。其鴨子嘴東北，接道溝以北舊溝，環曲共長六百餘丈，亦應開挑，俾水泉環注，為附近東關一帶民田引灌之利。其西北柏棠閘座，應改建大石閘一座，鴨子嘴建石閘一座，以司啟閉。再，各泉水俱總滙固營以南，達枳照村以下，歸入滹沱為下口。應建石閘一座，水小則鍵閉以資灌溉，水大則啟放以備宣洩。舊有塔元莊並大林濟洩水之河口，俱行築壩堵塞。如此，則各泉往復交注於民田，千頃之田，承以支渠，均可旁引四達。應聽民自行挑挖，營田灌地，隨其所用。又正定城東北隅，舊有旺泉，今已淤塞，其下溝道，尚傳旺泉之名。據正定縣知縣嚴裕銓訪查、挖掘，已得泉眼數處，水流頗盛。如及春旺達，則自東、西上寨等村，因舊有溝道開通，亦東抵固營與大鳴等泉，周互灌溉，其利甚溥。再查城河四門，應建木橋四座，與各河道有界村莊孔道者，共應建木橋七座。統計開河挑渠橋閘，共約需銀一萬七千九百三十餘兩。

『一、舊有營田渠閘，宜酌加修理，以利民用也。

『查新安縣大澱淀地方，有地千頃。從前築圍營田，四面環穿大渠內外二道，支渠四十道。渠南建有西關閘座，引府河之水北注渠內。又於淀北開挖新河一道，計長三十里。自容城黑龍口起，引瀑河之水，順隄而東，由四工閘，南注渠內。夏秋之間，遇水有餘，則於新河之東，名南河閘，洩入燒車淀。其黑龍口，亦建有石閘，以司啟閉。

『雍正四、五等年，曾經營成稻田三百餘頃。嗣緣府河水常不足，瀑河又每為上游之安肅、容城截用。應聽從民便，改種旱田。歷年既久，渠閘遂日漸堙廢，水道不通，旱潦均無所恃。

『臣等逐加履勘，西關閘引府河之水，並與燒車等淀相通。淀水長時，亦可由閘引入，灌溉大溵淀內之地。但閘座方位，安置未協。應改建西北隅，以順城河上游之勢。

『其瀑河一道，應將安、容、新三縣境內淺窄之處，一律疏濬深通。飭令各該縣立定章程，按期用水。並將黑龍口以下之新河阻塞處挑挖，使水勢通流暢達，由四工閘入渠。其外圍大渠，計長六千六百三十餘丈，應先將此渠展挖如式，先籌引用府河、瀑河之水，以資灌溉。俟來年春夏，試看河淀水勢。如果應時足用，再將內渠一併動項開挑。其支渠勸用民力，普行挑濬，以復舊規。水稻、旱田，聽民耕種自便。各閘壩蓄水機宜，另行詳勘酌籌妥辦，以垂永久。

『又縣南隄頭地方，亦系向日營田舊址。隄下府河之水，由太平閘引入中渠。自閘口至劉家墳，計長千丈，渠形宛然。應將挑挖深通，勸民自開支河。引水灌田，可三百餘頃。

『又任邱縣關城村，坐落千里長隄，南臨白洋淀，北有月隄一道。臨淀建有磚閘，引水至月隄內。又於月隄建木閘三座。三渠導水至閘外，支分九道，灌地九十餘頃，其地南高北下。安州、容城北來瀝水過多，則近渠各地被淹，舊築有土埝一道，以禦瀝水，涵洞五座，使渠水可以北屆，瀝水可以南洩。今渠埝涵洞俱淤阻殘缺，應將各渠俱為疏通，合共長二千八百六十餘丈。舊埝涵洞，均為修整，庶民田得漸復灌溉之利。

『又文安縣之蒼耳淀，舊築營田，日久堙廢。應於圍內南北挑渠一道，長五里餘，添建南北涵洞二座，以資宣洩灌注。

『又雄縣之留通、李郎二村，舊設涵洞各一座，引水灌地營田。今查涵洞過高，應為落低三尺。

『又霸州十間房圍埝[一]內，共地五十餘頃，建有水閘一座，引水灌溉。內稻地十餘頃，雜糧地二十餘頃，葦藕地八頃餘。現在民種，官分租利。每年額解通倉稻米，並

[一] 圍埝　淺水區或低窪處，用於擋水的土埂。在河湖灘或海濱近水地帶，修築圍堤，構成封閉性的生產生活區域。堤埂可以防止外水自由流入。此類區域，總稱圩垸，但各地有不同名稱，長江下游稱圩，中游稱垸，珠江中下游稱堤圍或圈。清代，北方永定河流域，稱圍埝。現在一般稱『圍堰』，經常應用於大型水利工程和港口圍海造陸工程中。

雜糧變價銀數百兩。今相度情形，圍內溝渠，尚未周備。應於可種稻田之處，四面再挑小溝，以便高下節次引灌。並開蓄水渠一道，即以挑渠之土，幫築東隄，以資捍衛，更有裨益。通計挑渠、築隄、閘座、涵洞，共約需銀四千九百六十餘兩。

『一、營田應順民情，借給工本，以廣水利也。

『查正定府屬之井陘縣，有綿蔓河一道，長流不竭，冬亦不冰，由平山縣境歸入滹沱河。該二縣民人，於各河灘地內，築壩開渠，引用綿蔓、滹沱等水營治稻田，井邑已營成者三十九頃，平邑已營成者三百三十七頃。現在自備工本，營治將成者二十餘頃。茲據井邑民人，呈請於縣北之段莊、威州村西灘地內築壩，引用綿蔓河水，可以營治稻田三十餘頃。又平邑民人，呈請於縣之南莊等村、東黃泥灘、龍王堂三處，均築壩引用滹沱河水。南莊等村可以營田三十頃，東黃泥灘可營田六頃，龍王堂可營田十一頃。據井陘縣詳請借給民人工本銀三千七百七十二兩一錢二分。平山縣詳請借給民人工本銀五千五十九兩九錢六分，俱按照十年完繳。營成之後，照例升科。其渠壩等工，聽民自行興修等因。臣等親赴各處查勘，均實系應行修治可望成熟之田。所請工本銀，應照數借給。俟部項到日，發縣給領。臣等因查正定各屬，如正定縣之西漢等二十七村莊，引大、小鳴泉、楊家泉、韓泉諸水，營成稻田共計一百一十餘頃。新樂縣屬之中同等七村，引用泉水營田共十三頃二十餘畝。行唐縣屬之和合等五村，引用蓮花泉水營田共三十三頃五十餘畝。靈壽縣屬之文成頭等四村，引用磁河之水，營田共四頃九十餘畝。阜平縣屬之王快西河灘，贊皇縣之上西門等處，各引縣境河水，營田亦有些餘。再，定州境內西板、唐家莊等處，引用白龍、黑龍二泉、小清泉諸水，營田共一百六十餘頃。

『以上正定府屬並定州八州縣，通計成熟之稻田，共六百六十餘頃。而接連營田地面，尚可開拓經營者，如平邑之閆興、舊興二村，南灘地五十餘頃，已營成二十餘頃，因村民爭用水口，未經立定章程。現飭該府縣查議，或該村民人自備工本，或官為借給，再行續辦，以廣利澤。以上應辦各工，另列料估清摺，共約估需銀四十七萬三千四百餘兩。請將直賑項內，先撥銀五十萬兩到直，以便預為料理，俟春融時次第興工。』

又奏：『臣等將直隸經理水利有益無弊之處，於周歷州縣之日，與司道等公同酌議。期於支銷清楚，成功迅速，嚴工役之稽查，期遵循於永久。壓占地畝者，即與補償。趨事宣勞者，均蒙優恤。謹擬定事宜六條，恭呈御覽。

『一、經理錢糧，宜由清河、天津二道核轉。查該二道，原有河道錢糧之責。此次興修水利，亦系該二道所屬地方為多。應將領到直賑銀兩，存貯藩庫，陸續分發道庫，就近支放，以便稽查。工完之日，由該二道核實造册。申送督臣衙門題銷，仍移知布政司備案。則經理既有專司，而支銷咸歸實用矣。

『一、水利事關通省，所應次第舉行。若俟通工完竣報銷，案牘繁積，深為未便。臣等酌議，工程既系節次舉行，報銷亦當節次題達。應令地方官並委員等，於工程完竣一二處，即行造册，詳請題銷。庶案牘早清，而稽查亦免牽混。

『一、水利工程，除銀數在三萬兩以上者，遴委專員，分段領項趕辦，各自報導，核詳請銷外，其數在一二萬兩內外者，委官一二員，協同地方官辦理。其工料、錢糧，統由地方官查核支發。報竣之日造册，由本管府廳州縣申送該道，確查收工，核詳請銷。再，歷來興舉大工，有夫頭包攬之弊，以致工程草率，錢糧虛糜。應飭令該管道府，嚴行查禁。如不肖州縣，仍有前弊，臣等即行參處。

『一、各屬應修河渠、隄埝、橋閘工程，均系臣等查明，於水利民生，實有裨益。仰蒙聖恩，不惜多費帑金，次第興舉。自應立法，期垂永久。臣等愚見，如有關局勢之要工，應立專員典守者，於通省員弁內，題請移駐，以專責成。其餘工程，交令地方勤加查視。並於前後任交代之時，會同指交。如有淤淺殘缺，務須隨時修濬完妥。倘有必需動項修濬，方保永久之處，即行詳明經理。若有漫不經心，坐廢成功，查明參處。

『一、築隄開河，間有(估)〔佔〕用成熟地畝。查系旗地，就近撥補。系民地，照例給價。仍於糧册內查明，題請開除。

『一、工料價值，照例用京市平給發，其領到部發庫平直賑銀兩。所有餘平，除部內飯銀，照另案工程例，每兩扣解一分外，其派委辦工各員內，除府佐州縣等官，無庸議給盤費。至佐雜、千、把微員，在工奔走，應請酌給飯食役力之費。其專辦一處一事者，每日給銀三錢。有兼辦數處事者，每日給銀四錢。再繪圖需人，應每名每日給銀二錢。其餘在工書役、丈量人等，應每名每日給工食銀六分。統入平餘銀內，造册報銷。』

又請裁改冗兵添設衩夫。奏言：『竊照東、西兩淀，河道泥沙葑草，歲有壅積。而子牙下口，尤易停淤。向設衩夫六百名，垡船二百隻，每年於兩淀河底，澇濬宣洩，以便舟楫。並設把總四員，外委二十員，督率撐駕，隨處可以力作，泥淤可以遠運。此項夫船、器具，實為兩淀切要之用。惟是工多役少，不敷撥調。外雇人夫，無其器具，不諳役作，以致要工每多稽誤。

『今查看兩淀各河道內，應用衩夫疏濬者甚多。又議改導子牙下口，濬河築隄，綿延淀內，非分段添夫修濬，亦無以善後垂久。應請添設衩夫六百名，並照造土槽船二百隻。計每名月支工食銀五錢，歲額支銀三千六百兩。

此項經費，有天津道屬南運河河兵〔一〕六百名，先因隄岸多有險工，淺夫〔二〕不諳樁埽〔三〕。乾隆元年，改設河兵，以期適用。目下南運河各處放淤，已有成效，化險為平，樁埽工少，似應酌減三百名。計裁一年餉銀四千三百三十兩，已抵添設衩夫工食，可轉無用為有用。即分令現在之把總、外委管轄。但夫船倍加原數，需員督率彈壓。（悳）〔應〕〔四〕請添設千總二員，即由垡船把總內，驗拔提補。令其分管新舊夫船。船隻器具，遞年修艌，悉照現行事例辦理。至應裁南運河兵，應請於此案覆准行知之日為始，遇有老疾事故，停其募補，逐漸開除，俟裁足三百名之數，再行報充。則寒苦兵夫，不致裁汰失所矣。』

十一月十七日，均下部議覆，允行。

又奏言：『臣等於所屬員弁內，遴選通曉河道工程者，俾其自隨查看，熟悉情形。將來承辦、協辦，庶便分委。永定河守備魏景銓，自河標、千、把歷任今職，於一切隄（掃）〔埽〕工程，督率修防，歷有年所，從無貽誤。此次隨同查勘，凡交辦事件，俱能領會。且為人誠實，遇事勇往。今調補四川提標左翼守備。查該員系在河工出身，營伍訓練，非所熟習。現在水利查丈料估，多其經手。可否仰懇天恩，將該員以升銜，仍留原任。則河工多一熟諳之員，於工程有裨。俟水利工竣，量予議敘，酌量題補，以示鼓勵，則該員感激奮勉，而臣等得收臂指之效矣。』

又奏水利工程：『現在臣等請修者，工連三十餘州

〔一〕河兵　清代國家重視黄河、運河、永定河等河道的治理和堤防維護，在江南運河、山東運河、河南黄河河工、直隸永定河、石景山、子牙河、南運河、北運河，都設立河兵。河兵的名額隨時變化。康熙三十七年永定河河兵二千名，四十年李光地奏請河兵汛期往往逃竄，嚴冬水緩無事則坐食靡餉，裁永定河兵一千二百名，只留八百名在工防守。雍正四年增永定河河兵四百名。河兵具體負責釘樁、打樁、下埽、守堤、挖土方等工作。雍正十二年，議准河兵於霜降後工務稍閑，計兩月日期，每兵二名每月積土十五方，貯於堤工備用，造册入於該管備弁交代項下，如有闕少，分别參處。

〔二〕淺夫　疏浚溝渠、打撈泥沙或沉船，防護堤岸閘門的夫役。河道，受泥沙影響，每隔幾里就有一處淺鋪，設立淺夫，負責打撈運泥沙，疏浚溝渠。江南地區河道，宋明時就設立淺夫。清代北方河道，如南運河、永定河，設立淺夫，負責撈取淤沙，維護河道。《大清會典則例》卷一百三十二《工部・都水清吏司・河工一》：雍正十一年議准直隸運河向設淺夫六百三名半，嗣於改設河兵案内全行裁去。但每歲運河摳淺，究非河兵所素習。清乾隆十一年，復舊額之半，設淺夫三百名。每名月給銀一兩二錢。近代，挖泥船的工作，取代古代淺夫的工作。

〔三〕樁埽　排樁和埽工的合稱。排樁，用巨木、木樁、鐵料等，連成排體，沉至河中，用以緩溜防冲，保護堤岸和堤脚。埽工，一種在護岸、堵口、截流、築壩等工程中常用的水工建築物。用梢芟分層匀鋪，壓上土和碎石，推卷稱埽捆或埽個，簡稱埽。若干埽捆連接起來，修築成護岸等工程，即爲埽工。

〔四〕悳　爲『應』之誤。陳琮《永定河志》卷十五作『應請添設千總二員』，據改。

縣，一時並舉。承辦、協辦，在在需員。且須於河務工程，稍能通曉者，始可備差遣。通省除印官外，佐貳中，一時遴選，難得其人。查廢員馬國錞等或曾在河工，或原系河員，核其案情，均屬因公降革。職監王南珍等，雖系捐職，非由部揀發，於例稍有不符，但伊等素皆留心河務，情願報效。臣等因需人之際，不揣冒昧，奏懇聖恩，請將馬國錞等十二員，准留水利工程效用。如果實心出力，並無貽誤，工竣之日，馬國錞等九員，准其開復。王南珍等三員，准其留於河工，遇有相當缺出，酌量題補。』得旨：『均如所請。』

十年四月，奏勘各縣河道、閘座工程，挑濬修築，業經分飭，因地制宜，妥為籌辦。報聞。

又奏：『據直隸布政使方觀承，署按察使、清河道王師，詳《河工成例》，歲修、搶修，動用河庫銀兩滙銷。其餘排築工程，例請部撥銀兩，另案報銷。今直隸興修水利，所有張家灣、通州兩處河岸，古北口潮河北岸，均被沖刷，亟應修築，似應歸入案內，一併估計，不必另請部撥銀兩，以昭畫一。臣等查此項工程，非河工歲、搶修可比，自應歸入水利案內報銷。應舉各工，分列於後。

『一、張家灣東南沿河一帶，自木廠起至善人橋止，計長五里餘，市廛羅列稠密，又為漕船縴路所必經。因數年來，河流西改，復值上年伏秋，陰雨連綿，山水瀑漲，河岸沖坍長四百六十丈，卑薄危險，樁草工程，不足以資抵禦。該道等請建石壩，約需銀十二萬餘兩。所費不免過多，臣等悉心計議，應建護岸排樁板工，內實以土，夯硪堅築，俾與老岸相合。再相度水勢，建排水板壩三座，挑水東行，使溜勢漸復其舊，即可無虞。計排樁板岸長四百六十丈，約需工料銀二萬九千七百一十八兩零。又排水木壩三座，共約需工料銀二千八百九兩零。再長店村坍岸，僅存一綫，長八十丈，已成險工，亟須加培寬厚，約需土方銀二百四十五兩零。通共約估需銀三萬二千七百七十三兩零。其加培坍岸工價，應於水利項下，即行撥給，興工堅築，務於汛前報竣，以資保護。其板木壩等工，應先為酌撥銀兩，備辦物料，以便秋後汛水消退之時，即行動工興修。

『一、通州運河，逼近城垣，上年水發，溜逼西岸，城北石壩樓一帶，遂成頂衝之勢，大為近岸居民之患。臣等沿河相度情形，應於上游之臥虎橋高阜處，建排水板壩一座。於小聖廟前，建排水板壩一座。再於兩壩之中，中口地方，建排水板壩一座。俾三壩以次接遞，逼溜東行。又自小聖廟北石碑處起，至邵板廠雞心壩止，共長三百丈，應照張家灣護岸排樁板工做法，一律估修，以資捍禦。通計板岸木壩，約需工料銀一萬四千八百七十八兩零，應請於水利項下，先為酌撥銀兩，備辦物料。俟汛水消落之時，興工修築堅固，以收城垣、廬舍保障之益。

『一、古北口潮河，由密雲縣境柳林地方，順南山而西，向無汎濫之患。嗣因南山石嘴塌墜，排溜北走。值上年七月山水陡發，遇石逼溜，冲激更甚，故道淤平，直抵北岸。據霸昌道詳據密雲縣申稱，北岸系提標兵房，例住三層。兵房之北為提督衙署，現在冲塌北岸，寬三十餘丈，長八十三丈，倒壞營兵自蓋草房八十間，應急修防，以除水患。所有應行挑河填壩各工，估需銀一萬七千餘兩。經臣等委清河道王師並河工員弁等，節次前往查勘。現今潮河溜勢，全趨北岸。舊河淤塞，已成背溜，挑之仍必淤填。其走溜處，計長一百九丈，護崖壩工，亟須修建荆(屯)〔囤〕[一]石子壩一道，長一百九丈，用荆囤徑五尺，高五尺六尺不等，平排三路，上下二層。囤後用沙石培厚，素土封頂，夯硪堅實。荆條産於口外，石子取於河中，甚屬簡便。計估需銀一千六百一十餘兩。臣等因系急需修築之要工，且轉瞬夏令，一面在於水利工程項下，動撥銀一千六百兩，交密雲縣朱奎揚，速行如法妥辦，依限報竣，以資捍禦。至冲壞營兵自蓋草房八十八間，應行賞給房價，建蓋之處，容臣高斌查明，照例另行具題。以上三處工程，共估需銀四萬九千二百六十一兩零。』得旨：『允行。』

五月，授高斌吏部尚書，以那蘇圖為直隸總督，諭曰：『水利工程，原系劉於義、高斌經手，著仍舊辦理。如有查勘相度之處，即從京師前往。』

六月，高斌《請定河淀淤地納租之例以益貧民以資工費》奏言：『查直隸淀泊、河灘之地，或因水道遷徙，或系隄岸空餘，半屬腴田，多宜耕種。貧民受耕數十畝，即可以免饑寒。而未經立有章程，群圖侵佔，易啟争端。且借名升科，以多報少，種種滋弊，况一經升科，動礙水道，被水乃其常事。而請蠲請賑，以至旋復請額，輾轉滋升。前經部臣於議，禁浙江夏蓋、汝仇等湖開墾案内，具悉其弊。並行令各省，一體遵照。但查河湖灘地，有礙水道者，固應嚴禁墾占。如並無妨於蓄洩者，亦一概禁止，則當盡之地利，與自然之物産，又閒置可惜。前奉部議，山東南旺湖將涸出湖地，令民租種，水大之年，免其納租，誠以受水則無關河道，而有益民生，以視濫請升科者，實為有利無弊之良法也。

『直隸舊有淀泊、河灘地畝，與夫子牙夏口新河八十餘里，兩岸之地，水無漫溢，將來涸出新淤，不下數百頃。臣與布政使方觀承悉心籌酌，應請照南旺湖之例辦理。審系無礙水道，可資耕種者，逐一勘丈，按各道所屬，造具頃畝清册報部。其有關水道，從前濫請升科者，俱令查明，改為租息，畫一遵行。將查出新舊地畝，分給附近貧民認種，每户自十畝至三十畝，計口授田，毋許逾限。嚴

〔一〕荆囤　用荆條編織的水工構件，内裝卵石或石塊，主要用於河工建築物中的丁壩、堤岸和攔水壩等。其特點是就地取材，價格便宜。缺點是易於腐朽，需常更换。

禁紳衿、胥役、豪強，詭名佔據。如私墾年久，未經升科，在百畝以內者，仍聽本人自種輸租。其百畝以上多餘之地，俱撤出，不許捏名隱占，違者照例治罪。如已報升科者，改為租息，令本人照舊承種。若從前升科時，舉報未盡，准令自首免罪。將首出餘地，招人另佃。其應納租數，種稻、種靛等地，每畝租銀八分，於秋後徵收。其餘旱地，應分二等。上等地每畝租銀六分，次等地每畝租銀三分。專種一季夏麥者，於麥後徵收。兼種秋禾者，仍分麥禾兩季徵收。正租之外，不得絲毫多取。由該管廳印官〔一〕，滙解各河道衙門存貯，為河工添補歲修之用。每年將動存數目，造册報部。如遇水大被淹，由廳印官勘明出結。將應交租銀豁免，不得請賑。設遇地方大勢災歉，照定例辦理。如有逃、絶之户，即將領種地畝，收回另佃。嚴禁私行典賣，違者與受同罪。如此酌定章程，庶於河防、民食，兩有利益。而河員牧令，亦可永遵。至於不成丘段零星地土，並旋淤旋灘之地，仍遵前諭及議定之例，聽民自種，俱毋庸勘造入册。』下部議行。

九月，劉於義等奏《初次水利工程告竣疏》言：『竊照直隸水利各工，蒙恩發帑，次第興舉，期於利農除患。今初次工程，業經告竣。所有善後事宜，合先立定章程，以便遵守。臣等謹酌議，分為十條，敬為我皇上陳之。

『一、各州縣新工，宜令官人交代，民均力役也。查直隸河道溝渠，每經泛漲，不免淤填。而冬春乾涸之時，風沙尤易湮塞。官既不能查勘，民亦不肯著力，往往有旋開旋廢之弊。此次所開河渠，俱屬深通。所用民夫，俱照土方價值，核其日力之所及，按名按日散給。大員往來督察，州縣實力奉行，無絲毫累及於民。開成之後，田禾舟楫，長享其利。如遇偶有淤填損壞，自應酌用民力，隨時修理，以垂永久。所有現在各工，與嗣後各屬新工，俱應就河道溝渠所經，各按地畝多寡，分丈分尺，並隄岸、疊道、樹木，俱畫明段落，派定分管。再分別村莊大小，設立渠長一、二名，每歲汛過，及春融、冰化、水涸之時，印汛各官〔三〕親至查勘。凡有河渠淤淺，隄埝、疊道些微損壞，

〔一〕廳印官　廳官和印官合稱。印官，明清官制中，從總督、巡撫、布政使到知州、知縣等各級地方官皆用正方印，故稱『正印官』或『印官』。其他臨時差委以及非正規系統官員，則用長方印。廳官，也稱廳員，指河道下的同知、通判。如天津道有子牙河廳。如永定河道，有石景山同知、南岸同知、北岸同知、三角淀同知，各有衙署（辦公處所），就是廳。這些官，就是廳官。

〔三〕印汛官　印官，明清官制中，從總督、巡撫、布政使到知州、知縣等各級地方官皆用正方印，故稱『正印官』或『印官』。廳官，清代河道總督以下，分別爲河道、廳、汛。如永定河道，康熙三十七年設南岸八汛、北岸八汛，由筆帖式及效力人員內揀發、正副共三十六員，分工題補，以後因時變化。汛員，就是汛官。乾隆三年奏准分防各汛支銷六年房價銀，各建汛署於所管堤上。每歲大汛之期，河道率文武官等住宿堤上。（陳琮《永定河志》卷九）

即照派定段落，隨時疏濬修補。紳衿、旗户有地畝者，一體遵派，毋許違抗。印汛官仍將查勘修理過情形，報明上司查核。並令各該印汛官，將境内一切新工，悉照報部原册，開明起止段落，寬深丈尺，造册鈐印。並呈用道印，收貯公署。平時照册查勘。經遇新舊交代，令新任官照册勘驗查收，出具河渠並無淤淺，隄埝、橋道並無損壞印結，報明上司查核。如或遇有暴水冲决，及材木朽爛坍卸等事，非民力所能修補者，准即詳明驗實，動項修理。

『一、唐河兩岸，宜設立涵洞，以著美利也。查唐邑新河，因廣利舊渠開拓而成。渠之始制，立有按時引灌之法。然僅及於境内數十里，不久旋廢。愚民争水滋甚。今河道直達府河，綿亘一百二十里，來水源源，足資利濟。應於唐、完、滿城三縣境内，每距五里，相度地形，設立涵洞一座。涵洞之底，高河底二尺，四圍不過五尺。其外開挖水塘，使蓄水寬容，而無礙河道。其内開挑小溝，支分派引。或安置水車[一]、戽斗，以資灌溉，不許當渠打壩截水。外塘内溝，俱指示地户，自行挑挖。需設之涵洞二十四座，應照原奏，同橋座一併動項辦理。統於續辦工程内，確估造報。

『一、新建河閘，宜移駐汛員，以司啟閉也。查，保定府屬之唐河，由廣利渠閘故道，導經滿城方順橋之白草溝河，歸於府河。又挑白草溝河相連之金線河，以分水勢。而於兩河上口，並建兩閘，以資蓄洩，一名通會閘，一名金線閘。是唐縣廣利一閘，為全河之關鍵。而通會、金線二閘，又為府河之關鍵。審唐河之水勢，啟閉廣利閘，以為機宜。審唐、完、滿三縣山水滙歸之緩急，啟閉通會、金線二閘，以為機宜。均需設立官員管理。又查方順橋地方，為九省通衢，煙户稠密，離縣治五十里，邑令耳目難周。兼有河道橋閘涵洞等新工，界連完縣河道，民間争水，易滋事端，須設員就近彈壓。

『臣等查有束鹿縣管河主簿一缺，系雍正十二年添設。彼時有有滹、泥新工，資其防護。近年河流安穩，徙距縣治漸遠，邑令足可兼管，毋庸專設河員，應將該主簿移駐唐縣，專司廣利首閘，並境内河道。又趙州屬寧晉縣百尺口巡檢一缺，向年因滏河近經該村，搜查私鹽，並寧晉泊水寬葦密，防緝奸盗而設。數十年來，泊地半為民田，滏流亦已南徙，該巡檢竟成虚設。應請裁改，移駐滿城之方順橋，管轄方順橋一帶村莊，並將滿、完兩縣境内

[一] 水車　古代提水機具之一，有筒車、龍骨翻車、龍尾車等形式。筒車，多用流水驅動，也有用畜力驅動的。最晚到唐代，已有筒車發明。陳延章《水輪賦》描寫筒車的結構和功用。宋代，筒車已普及到今浙江、江西、湖南、廣東、廣西等地。南方筒車多爲竹制，北方筒車多爲木制。今甘肅和寧夏黄河沿岸仍有大型筒車使用。翻車，一般有水轉、脚踏和牛轉三種驅動力。

河道、橋閘、涵洞等項，疏濬啟閉等事，責令兼管，定為兼河之缺，於河員內揀選咨補。如此一轉移間，官不添設，而於地方水利，均有裨益。至清苑、安州、新安三州縣新工，均應歸原管之河員管理。

『一、閘座宜設額夫，以司啟閉也。自唐縣以至安州建閘八座，俱系大河經洩，不時啟閉。必須雇募熟手長年，棲宿河(千)〔干〕，方足以資緩急而利舟行。查唐縣之廣利閘，滿城方順橋之通會、金線二閘，清苑之小聖廟閘、下閘，東安屯閘，安州之善馬廟閘、寨頭閘，俱為全河關鍵。每座應添閘夫八名，八座共應設六十四名。每名照例給工食銀六兩。均俟部覆到日，於該州縣地丁項下，按年支銷。又安州之同口村閘，新安之段村閘、新閘，均止為灌溉蓄水之用。應責令坐落村莊之練地，及所設渠長管理，毋庸另議添設。

『一、保定新河，宜專定兼轄之河廳也。查保定河捕同知一缺，經管府河、白溝、瀦龍等河，及西淀等處，所轄十四州縣河工，缺繁任重。今唐河、府河工程告竣，地連五州縣，長二百四十餘里。又金線河分支八十餘里，上下八閘，以及減河分渠涵洞，凡疏挑灌溉啟閉等事，在在均關緊要。該同知一人，勢難兼顧。查有保定府通判，分管保屬七州縣鹽捕事務，尚屬簡少。且保定即為新河適中之地，經理甚便。應請將該缺改為水利通判，專管唐縣、完縣、滿城、清苑、安州五屬境內河道。凡關河閘一切事宜，並汛員〔一〕考成，均由該員查轉。其餘職任仍舊。如蒙俞允，並請敕下禮部，鑄給保定水利鹽捕通判關防，以重責成。

『一、新城河道，宜改駐縣丞，以專防守也。查，白溝河界於新城、雄縣之間，拒馬以下，眾水滙集兩邑境內，每遇泛漲，最為浩瀚。今十九垡、蘆僧河、高橋、王槐等河疏挑工竣，足資宣洩。而雄邑設有管河縣丞，新城並無河員管理，且地屬衝繁，與雄連界，為九河下游，知縣一員，難以兼顧。查保定府定興縣縣丞，無所專司。新城既較定邑為更衝繁，而河務尤關緊要，應請將定興縣縣丞，改駐新邑本城，專司河務，以重防守。俟部覆到日，另行估建衙署。其書役等項，俱令就近照額募設。定邑縣丞衙署，另飭該縣變價，解司報部。

『一、新設垡船袯夫，應分隸東西兩淀，以資疏濬也。查舊設垡船二百隻，袯夫六百名，把總四員，外委二十名，分隸子牙河、三角淀兩廳管轄。子牙河廳屬天津道，三角

〔一〕汛員　就是汛官。各河道以下爲廳、汛。如永定河道，康熙三十七年設南岸八汛、北岸八汛，由筆帖式及效力人員內揀發、正副共三十六員，分工題補，以後因時變化。汛員，就是汛官。乾隆三年奏准分防各汛支銷六年房價銀，各建汛署於所管堤上。每歲大汛之期，河道率文武官等住宿堤上。（陳琮《永定河志》卷九）

淀廳屬永定河道。今添設垈船二百隻，衩夫六百名，應撥船一百隻，夫三百名，隸津軍廳管轄。撥船一百隻，夫三百名，隸保定府河捕廳管轄。津軍廳屬天津道，河捕廳屬清河道。四廳各派把總一員，外委五員，其新設千總二員，應令一員長駐東淀，隸津軍、(二)〔子〕牙二廳，管理夫船。一員長駐西淀，隸河捕、三角淀二廳，管理夫船。凡兩淀一切疏濬等事，平時分汛管理，如有緊要工程，聽各該道，調集應用。

『一、子牙隄河，宜分隸廳汛，以專責成也。查子牙河通判一員，管轄子牙上游隄岸，並十汛〔一〕把總、外委，帶領垈船衩夫，每歲疏濬下口。然自臺頭以下，渙歸大淀，非若新河直達西沽，與隔淀隄並長亘八十餘里也。若照舊責令通判一員經管，難免顧此失彼之虞。查當城為隄河適中之地，應自莊兒頭起至當城止，歸子牙廳管轄。自當城起至西沽紅橋隄尾止，歸津軍廳管轄。所有原隸子牙河廳之垈船一百隻，衩夫三百名，應分立二汛。自莊兒頭起，至李家灣為一汛，自李家灣至當城為一汛。將新設垈船千總，駐劄莊兒頭，為子牙上汛。西汛把總，駐劄獨流，為子牙下汛。各派外委二名，撥垈船、衩夫一半。其汛內隄河，每年責令修濬、防護。凡屬衩夫應辦工程，及油艌船隻等事，該汛弁查辦，由子牙河廳核銷。

『新設垈船二百隻，衩夫六百名，應分船一百隻，衩夫三百名，歸津軍廳管轄。亦分二汛，自當城起，至梁家莊為一汛。自梁家莊起，至西沽紅橋為一汛。即將駐劄楊柳青之淀河州同，為津軍上汛。北汛把總，駐劄韓家樹，為津軍下汛。各派外委二名，撥垈船衩夫一半。其汛內隄河，每年責令疏濬防護。凡屬衩夫應辦工程，及油艌船隻等事，該汛員查辦，由津軍廳核銷。至子牙河，原系滹沱河下游。本年新築隄工，應照滹沱河成例，保固一年。查淀河淤填，皆由子牙河流沙所致，諸水不能暢流。今長隄隔絶，淀河可免壅塾之患。但隄旁兩面皆水，冲激堪虞，保固(年)〔埝〕〔二〕隄之外，倘有應行修做之處，責成子牙、津軍兩廳，勘明估報，酌定歲修銀兩，入於天津道歲、搶修項下，核實報銷。庶隄工得以永遠鞏固，而帑項亦不虛縻矣。

〔一〕汛　河道維護與管理的基層單位之一。有道、廳、汛等。直隸地區設永定河道、清河道、通永道等五河道。康熙三十七年，修築永定河大堤，設南岸八汛，北岸八汛，由部院筆帖式及效力人員內揀撥。雍正初，改設州縣佐貳爲汛員。乾隆十八年，永定河有十八汛員，俱兼巡檢銜，管附堤十里村莊。乾隆五十三年後，分防十九汛。汛，各有駐地。（陳琮《永定河志》卷二《職官考》）綠營軍制中，營以下爲汛，設千總、把總、外委統率。永定河自康熙三十八年設立南北岸把總，後又加千總，管理南北岸工程，管理河道疏浚等事務。二者通常爲同一駐地。

〔二〕年　當爲『埝』。文獻中有『埝隄』，無『年隄』。

『一、子牙長隄，應請建營房，以資防護也。查，子牙隄河，工段綿長，雖將垡船衩夫分立汛地，然人在船而船在淀，冬春守凍，更不能為隄岸之用。必須添派河兵，建造堡房，俾住宿隄上，防守汛期。平時土工、柳葦等事，責令力作。此隄為通津大道，並可以資守望而便行旅。通量隄段，應建造堡房二十座。每座房二間，設河兵二名，共四十名。即於南運河河兵內，就近抽撥應用。其堡房四十間，每間估需銀四兩，共需銀一百六十兩，統於水利續辦工程案內，估造報銷。

『一、各河隄岸，應廣籌種柳之法也。查順天、天津、(報)〔保〕[一]定各府屬，沿河者二十餘州縣，延袤不下六七百里。表隄固岸，亟宜栽柳，兼可以資公私材用。除設有河兵之處，督率陸續栽種外，其與民地相連之隄岸，地方官勸令居民，各按地界，種植成陰，即屬該户私業，聽其芟采枝幹，但不得成株砍伐。再查，河工有栽柳議敘之例，成活五千株者，紀録一次，以次遞加。應將州縣佐雜等員，及河工效力人員，有願捐種新河樹木者，准其報明上司。不論本境、鄰境，照河工例，於次年成活後，委員驗實，分別題請議敘，並令入於河員交代案內稽查。』

十一月，劉於義等奏，廣利渠北岸禹王祠傾圮，僅存正殿。請撥水利各工節省銀，交地方官修葺。得旨：

『是應修葺，以展潔誠之意，祈利濟之福。』

又奏《查勘水利二次應舉各工疏》言：『臣等於十月初五日，自京起身，由通州張灣，歷三河、薊州至玉田、寶坻，查勘還鄉、袖針等河，並薊運河隄。由寧河縣之七里海、塌河淀至天津。舟行東西淀，覆查保定縣張青口月河，至新安、容城，會同勘議四工閘。

『又安州、完縣減河，安肅、定興泉河，清苑、安肅城河，自慶都至安肅一路道溝疊道，廣利河涵洞，並一切隄壩橋閘等項各工程。又永定河南北兩岸，相度河道隄防，分別應濬應築，與司道等公同籌酌定議。除永定河工程另摺恭奏外，所有新勘應舉各工，並本年初次所修工程內，尚有應行補辦之處，或系汛後確有試驗，或系採訪眾議僉同，總期有合機宜，無費帑項。

『再查，塌河淀偏東應另尋水道，引流歸海，以資分洩。上年曾經臣奏明，另行續辦。今臣等雖經勘至七里海，而曲里海路遠，尚未親身履勘。所見情形，尚未確切。容臣等仍俟來歲春月，再行詳審續辦。謹將現在應辦各工，分為八條，並繪圖貼說，恭呈聖鑒。

『一、還鄉河宜修隄濬河，裁灣取直，建設滾壩，以免豐、玉兩邑之水患也。查還鄉河源出遷安縣之北泉莊，因發源於西，由北折而復向西流，故名還鄉河。由遷安經豐潤縣城北，至玉田縣之張官屯一百六十里，河勢寬深，向

〔一〕報　當爲『保』。陳琮《永定河志》卷十五作『保定』，據改。

無水患。其下游自張官屯起，經鴉鴻橋、窩洛沽七十里，至趙官莊分為二股。西股十六里至盛家莊，東股十八里至江窪口，俱入薊運河歸海。

『查，張家屯以下兩岸隄埝，多有卑薄殘缺之處。每遇伏秋水發，不能收束，西溢則患在玉田，東溢則患在豐潤。乾隆八九等年，間有漫溢之患。經玉田縣於水利案内，該請於東岸建滚水壩，挑挖引河以減漲水。今臣等親身歷勘，周環相度。查自張官屯起，至趙官莊止，兩岸隄長一萬九千二百三十五丈，卑薄殘缺之處甚多。非增卑培薄，不足以資捍禦。今議自張官屯至鴉鴻橋以上，河勢稍寬，就其地形高下，加頂寬六尺至八尺，底寬二丈至三丈，高四尺至六尺不等。鴉鴻橋以下，至趙官莊，隄關緊要，加頂寬一丈，底寬三丈，高五六七尺不等，一律修築平整。其西岸許家橋、周家灣，東岸王六庵等處河身窄狹，水勢掃灣，應各加展月隄一道，以避險冲。至宣洩河身，僅寬三五丈不等，不抵上游之半，所以水流不暢，不足以資宣洩。應將東股河狹隘之處，加開寬闊，口寬八丈，底寬三丈五尺，深五六尺不等，俾水勢不致阻扼，而尾閭得以暢流。至中間客家營至高家寺，地不足三里，而河有八曲，蜿蜒之勢，最阻河流。應照雍正四年怡賢親王於劉欽莊、王木匠莊二處改開直河之例，將客家營至沈家莊，(文)〔又〕自沈家莊至高家寺河曲之處，裁灣取直，改開二段，挑口寬八丈，底寬三丈，深九尺五寸，以暢河流，則隄防既固，而河勢亦通順矣。但恐上游山水陡發，一時盛漲，宣洩不及，亦不可不慮。應於窩洛沽迤上，西岸菓園地方；窩洛沽迤下，西岸廠兒莊地方，各建三合土滚水草壩一座，金門〔一〕各寬十丈，遇七分以上之水，減下有餘，以資宣洩。其滚下之水開引河一道，導入向有之雙城河渠，達於西股河，以為歸宿。其地方官所議，東岸建壩挑河，不但地勢不順，亦非河名還鄉之議，甚屬非宜。查此内展寬月隄，挑河建壩等工，應請照例動帑。至增培兩岸隄埝，例用民力。但土方甚多，一時並舉，民力不敷。請照以工代賑之例，每土一方，連夯硪，給飯食銀七分九釐。

『再查雙城河，乃玉邑西鄉宣洩瀝水之路，其中有淺溢淤阻之處，應令該縣照例勸用民力，修濬通順。其壩下引河，滙入雙城河，約長三千五百六十餘丈，土方較多，亦請照以工代賑之例，每土一方，給飯食銀三分九釐。以上修隄、築壩、開河，共約估需銀二萬一千三百九十餘兩。

『再，此外豐潤縣有黑龍潭河、泥河小河二道，皆宣洩豐邑西鄉瀝水之路，其河多有年久淤塞淺阻之處。又寧

〔一〕金門　堤壩上閘門處的水流通道，閘門開時水流通過的孔道，長幾丈至幾十丈不等。陳琮《永定河志》卷十九記載，永定河南岸三工北村草壩、北岸三工求賢草壩，乾隆三十七年改建成灰壩，金門各寬十六丈，並於金門以上各建攔水草壩。

河縣有王實莊、張鳳莊、任千户莊、於家莊、東淮沽、大月河溝渠六道，水澇可以宣洩歸河，水小亦可通潮濟用。亦由年久，多就堙廢。河渠既小，疏濬亦易為力。應令各該縣於農隙之時，勸用民力，修理通利，以為旱潦之備，可不必請動帑項。

『一、寶坻境内薊運西隄並袖針舊河，宜分別修築，以利運道、民生也。

『查薊運一河，為陵糈經由之地，最關緊要。臣等此次詳加覆勘，其東隄在薊州、玉田境内者，向系勸用民力修理。間有殘缺之處，除仍令地方官於農隙之時，照例修補外，惟西隄在寶坻境内者，計長一百五十三里，向系官隄動帑修理。今查此内芝麻窩卑矮一段，長一千五百丈。大沽殘缺一段，長五百七十丈。灘沽殘缺一段，長五百二十丈。

『又新安鎮西，有溜逼隄根掃灣四段，均須加展月隄，接連包護，以資障禦。應將卑矮一段，估頂寬七尺，底寬三丈，加高一尺五寸，與上下舊隄均高六尺，一例鑲平。其殘缺二段，估頂寬七尺，底寬三丈，高七尺，夯硪堅實，培補整齊。其掃灣險要四段相連，應加築月隄一道，頂寬一丈，底寬三丈，高一丈，長二百四十丈，以總護於掃灣四處之外，可防汕刷入裏之患。約估土方夯硪，計需銀一千七百七十餘兩。

『再查寶坻境支河有三道，一為鮑邱河，源出密雲縣北山。一為窩頭河，源出通州牛牧屯。此二河經由寶坻境内，至王補莊滙為一河，入薊運河歸海。其一為袖針口河，源出本縣桔溝窪，尾閭亦入薊運河。前經該縣詳請鮑邱、窩頭二河，急宜疏濬深通。其袖針口河，尚屬可緩。今臣等遍歷其地，逐加履勘，鮑邱、窩頭二河，每年冬春來源乾涸，唯至夏秋則山水漲發。今查現在崖岸寬闊，河身通暢。遇山水漲發之時，足資宣洩。雖其中泓，間有梗界，水過之後，轉可藉以存蓄淺流，不致乾涸，以濟附近村民之用，無用興挑糜帑。至於袖針口河，為寶坻西南一帶瀝水宣洩之路，現在淤塞淺隘，如遇水大之年，不足以資宣洩。而該地鄉村泉深井少，取水維艱。袖針河平時乾涸斷流，居民苦難得飲，正宜酌加挑濬深通，引接潮水入袖，以資利用。

『查袖針口河長一萬六千二百三十丈，應估挑口寬三丈，底寬一丈，上深七尺，以下節次收淺，挑濬至三尺不等。如遇伏秋水發，瀝水既足宣洩。水小之年，潮汐相通。濱河上下村莊，均可收汲引、灌溉之利，實與地方民生，均有裨益。約估需銀八千二百六十餘兩，以築隄挑河，共估銀一萬兩零。

『一、張青口以下，應接挑支河，以分淀河之水勢也。

『查雄縣白溝、清河與趙北口等河，西淀之水，滙歸東淀，悉以張青口河為咽喉。因其約束太緊，經臣等於查勘初次舉行水利工程案内，於張青口之北，另挑支河一道，長八里。又將玉帶河之支流中亭河，亦經挑濬深通二十九里，以分水勢。現在此二處，正河與支河，兩路分行，河流舒緩，如遇大水之年，宣洩可無阻滯。

『今查張青口支河下口起，至中亭支河上口止，此一段玉帶河，河身灣曲，逼近千里長隄，計長二十餘里。水長之時，隄工最為險要。今臣等復加詳勘，應於新挑張青口支河下口，再接挑支河一道，就近直接中亭支河上口，計河長一千九百丈，約估需銀四千五百五十餘兩。則自張青口以下之水，均得兩路分流，水勢既藉以舒徐，而隄工亦不致有汕刷之險矣。

『一、新安縣之新河，宜開挑寬深，以免容、新兩邑之水患也。

『查本年八月內，容城縣民刨閘放水，致新安縣之大澱淀田禾被淹一案，經督臣那蘇圖摺奏，容城以南瀝水作何預籌疏消，不致停蓄民田為患之處，應聽臣等續行籌辦。奉諭劄知臣等。臣等遵於十月二十七日至四工閘地方，會同督臣周回詳勘。查得容城、新安兩縣，地界相連。容城居北，新安居南。地勢北高南下，西高東下。從前容城一帶瀝水，皆順流南行，入新安城北之大澱淀。其地勢尤窪，乃自來受水之區也。雍正四年，經怡賢親王將大澱淀環以周渠，改為營田。因恐瀝水更歸淀內，於淀北容、新交界處，築橫隄一道，隄北開新河一道，使瀝水盡由新河東行，出南河閘，以歸燒車淀。是以十餘年來大澱淀之營田，雖經停止，而涸成之良田，實屬沃壤。其北隄設有四工閘，原為營田需水而建，平日堵閉不一。本年七月內，雨水暴漲，新河宣洩不及，容城之民，田禾被淹。一時情急，將四工閘偷刨放水，以致大澱淀田禾，被水淹浸。今臣等再四籌酌，隄外新河，原為宣洩容邑一帶瀝水之路。緣河身淺狹，尾閭淤高，是以山水猝漲，致有壅滯之患。若將河身開挑寬深，尾閭疏濬通利，既足容納，又易宣洩。如遇水發之年，使之暢出南河閘，以達於燒車淀，則容、新兩邑均可無淹漫之患。

『臣等熟商，意見相同。應將河長二千九百十丈，估挑面寬六丈，底寬二丈，於舊河身內，加深五寸，至五尺五寸不等。其南河閘外歸淀河路，亦覺稍昂，均應一例開挑三百丈，使上下深通，水勢順暢，約估需銀三千七百兩零。再四工閘原金門，寬八尺，高一丈。因其過水太多，經年堵閉。今應於閘中建砌涵洞，即以閘底為洞底，以見方四尺為度，則啟閉便易，過水無多。如遇渠內需水，可由此放入，以資灌溉。即或瀝水發時，亦可開放，以稍藉減洩，仍不致為新邑田禾之害，實屬兩有便益。計改建涵洞，約估需銀四十五兩零。

『一、廣利渠展渠為河，接連府河以下，應行添補各工，宜續辦也。

『查初次應舉各工，內有臨時尚需籌酌者。前經臣等奏明，陸續補辦。今查廣利渠展寬為河，兩岸居民引灌唐河之水。臣於善後事宜案内，酌議每五里建涵洞一座。業經督臣委員查辦。今唐縣一帶居民，籲請多建。臣等詳加酌議，涵洞引水大利農田，自應相度地勢建設，不必拘定五里一座。今約估每座需物料四十五兩零，村民自願工作，無庸估入工價，俟建過若干座，統於明歲工竣之日，另造料價細册清銷。

『再查廣利河至滿城、完縣境内，每遇夏秋雨水過多，西北一帶，山水皆湧入此河。方順橋之通會、金線二閘口，每虞宣洩不及。是以臣等現議，在方順橋上二里許，開挑減河，以資分洩。今細勘通會閘身尚低，應再加高二尺，以防漲溢。約估需工料銀二百五十餘兩。至保定府之護城河，雖經挑挖，河身尚淺。今南引唐河，北通漕水，應再一律加深二尺，以資容蓄，並壯金湯。約計加挑土方，約估需銀四百二十一兩零。

『再唐、完、滿城、清苑各縣境内河道，應建大小木石等橋，並府河展寬，其舊有橋梁，均應加高改闊，以便行旅，以利帆檝。計唐縣橋十一座，完縣橋七座，滿城縣橋七座，新開減河橋四座，清苑白草溝河橋六座，通共橋三十五座，共約估需銀四千九百六十六兩零。清苑府河，舊有橋八座，安州依城河舊有橋二座。每座添换新料，自二百餘兩至四百餘兩不等，共約估需銀二千九百八十九兩零。

『一、自慶都以下，沿白草溝河，至清苑、安肅，宜開濬道溝，以消瀝水也。

『查慶都縣東北一帶瀝水，向由道溝，洩入方順橋之白草溝河。又循白草溝河至清苑西關靈雨寺橋，為南北大道。今慶都道溝，既多湮塞，大道又日漸低窪，每致瀝水停阻為患。應將慶都至方順橋之道溝，開挑三十里，並將白草溝河南岸，再酌加修展，長五十七里，使河岸不致陡峻逼窄，沿途瀝水，有所歸宿。即以所挑之土，疊高大道，加礮堅築。道溝應挑寬二丈至三丈不等。白草溝河，應通身展深一丈。計挑溝展河，並疊道礮價，共約估需銀八千八百五十餘兩。

『再保定府城北道溝，南通城河，北接安肅漕河，長二十五里，既以消大道之瀝水，兼可引漕水，以助府河之不足。年久堙塞不通。嗣經民力挑濬，但甚淺窄。應再展寬至二丈五尺，及三丈不等。亦即以所挑之土，疊道礮築，則積水賴以消除，而漕河通流蓄貯，並足以資灌溉。再於漕河口建閘一座，需水之時，引漕入府，水漲之年，隨時啟閉。其跨河通道之處，應建木橋一座，以便行人。計開溝、築道，並建橋閘，共約估需銀三千七百九兩零。

『又安肅縣城南北道旁無溝，圍城無濠。每年夏秋雨多，四面積水無歸，均須急為開濬。

『查安肅縣城北，有瀑河一道。應自北五里鋪起，至縣北關五里，開溝築道，俾瀝水歸入瀑河。再將圍城四面開挑城河，共長一千一百九十六丈，面寬四丈，底寬一丈五尺，深四五尺不等。南北建城河橋二座。又承城河之南，直開道溝，從大路之劉祥店、荆塘鋪西折入漕河，共二十五里。庶安肅以南，至慶都一路瀝水，處處皆有歸受。而一路通衢，亦處處皆見崇坦矣。計自北五里鋪起，南至漕河口，共三十里，開溝、疊道、䃮價等項，並安肅城河，共約估需銀四千九百四十五兩。

『一、廣利、依城二河，宜挑減河，以資分洩也。

『查廣利河自唐縣舊渠起，至保定府河。安州依城河由新安城南，入於西淀，綿延二百五十餘里，現在一律通暢。唐、完境内，灌溉益廣。府河以東，帆檣漸集。向來唐、完西北一帶，山溝四十餘道，遇夏月山水陡發，滙入完邑之蒲祁等乾河，不能容受，遂南漫入慶都等處民田。今廣利河正界其南，本年七月内，山水瀑漲甚大，皆循河東注，數十里内村莊，因得免於淹浸。惟是方順橋之通會、金線二閘，緊承其下，暴發之水，閘口一時宣洩不及，仍恐將來有出槽之患。今詳審地勢，應於方順橋之上二里許，向東南開挑減河一道，繞過閘口，仍歸入金線河内，使減河之底稍高。惟令分減有餘之漲水，不使旁洩本河之正流，則宣洩有備，而漫溢之宿患可除。減河計長一千二百四十八丈，面寬四丈，底寬一丈五尺，深七尺，約估需銀一千五百五十九兩零。

『再安州依城河，地處下游。廣利河之水，悉注於此。自東安屯以下，南河北岸，皆有隄以防漫溢。但來勢甚寬，而隄尾迫束，水不得暢下。一至臧家灣隄盡之處，遂漫浸民田為患。今查臧家灣北岸，舊存河形長里許。又曲折東向窪下五里餘，即可歸入漕河。漕河，亦常於此倒漾。應即就此處開挑減河一道，面寬三丈，底寬二丈。將挑河之土，堆為兩埝。並將隄盡處，接築數丈，至減河口為止。河口堅築外唇，正河水至六分以上，始令過水。而接築之隄與埝，束水就漕，不致散漫，則旁溢之府河，倒漾之漕河，均有軌轍可循。而附近一帶低窪之地，並免淹浸矣。開河、築隄，共約估需銀六百七十六兩。

『一、定興、安肅泉水，宜並加疏濬，以廣灌溉也。

『查定興縣西南隅二十餘里，有泉三支，相去各二三里，土人名曰雞爪泉，八九里外滙為一流，綿延三十餘里。經安肅縣之姑莊營南，入於瀑河。姑莊兩岸，悉種秋菘，民收倍利。而定邑界内，則稻畦畸零。蓋因三泉未濬，水不足用故也。

『今查三泉本旺，牽引而下，尚有小泉百餘竇，細流汩汩如迸珠，亦俱淤塞不暢。且自姑莊入瀑河之五里，水道窄狹，雨多水漲，輒漫平田。均應疏展，以收眾泉之用。臣等逐加詳議，應將三泉大皆加開濬，圜砌層磚，以資久遠。悉導沿河泉竇，滙集石橋以下，一律排疏，分別寬深。俾定邑秔稻，與安邑秋菘，並廣其利。

『又安肅縣之田村鋪西五里，亦有泉三孔，名曰萍泉。其水向由史端南營，引長七十餘里，歸入新安縣之雜淀，為萍河。歲久，水道淤塞。每遇夏月雨多，則泉水暗長，舊道既不可通，遂北流入田村，散溢為患。知縣解承毓尋得故泉，略為疏治，泉旁之地，已受其利。但下流淤塞甚遠，開通為難。今詳查形勢，應將三孔泉眼，並加疏濬。就萍河至田村舊跡，接遞開挑，南至麒麟店、白塔鋪，復西折至姑莊營舊有之三支溝內，會雞爪泉下稍，歸入瀑河，不過二十餘里，水勢甚便，工費亦省。可與雞爪泉同其美利。其白塔鋪適中之處，應建大橋一座，以通行人。計開濬雞爪泉土方物料，共估需銀四千九百六十五兩零。開濬萍泉並墊道、建橋，共約估需銀二千五百四十五兩零。

『以上應辦各工，並永定河另案工程，共約估需銀十四萬餘兩。請將直賑項內，發銀十五萬兩到直。由藩庫分發清河、天津、永定三道，飭屬預為料理。俟來歲春融興工，另行造册送部，工竣請銷。再，此次工程，保定府屬，及張青口月河各工，應交清河道總查辦理。玉田、寶坻各工，應交天津道總查辦理。永定河工程，應永定河道總查辦理。合併聲明。』

十九日，飭大學士，會同部議。

十二月十六日，工部議覆，允行。

十一年二月，又奏《查勘三次水利應舉各工疏》言：

『臣等於二月初十日出京，由蘆溝橋至固安，覆勘永定河工興修事宜。至天津詳勘塌河淀及寧河縣七里海、薊運河。復回天津，查勘津城東北並静海迤東，暨南運河一帶水利，與司道等詳加相度，悉心籌酌。所有應乘春融興舉各工，先列四條，恭呈聖鑒。

『一、塌河淀漲水，宜由七里海引歸薊運河，以資宣洩也。

『查天津塌河淀，受北運河筐兒港減下之水。每遇夏秋漲發，不能容納，泛淹沿淀地畝。經臣等於查勘二次水利案內奏明，俟今春詳加勘議。今臣等逐加履勘，塌河淀之東，有河形一道，自西隄頭經趙温莊、城兒上、王家臺，至寧河縣之七里海，長三十餘里，由西而東，地勢甚順，應開挖深通，面寬六丈，底寬三丈。舊有河形，隨勢挑深二尺至七尺不等，引淀水以入七里海。至七里海之東，亦有河形一道，自罾口至南澗沽迤北，長十九里餘，直達薊運河。應一併開挖，面寬六丈，底寬三丈。就舊有河形，隨勢挑深一尺至八尺不等，引流入薊運，以歸於海。則潦水有所宣洩，而旱乾之年，潮汐相通，既資灌溉，兼藉汲飲，實多裨益。查西隄頭起，至南澗沽，應挑工段共長九千二百一丈，約估需土方銀一萬四千四十兩零。再西隄頭舊橋一座，系往來通衢，已經殘朽，應行拆修。約估需工料銀六百五十兩零。

『一、津邑東北賈家口舊河，宜挑挖以洩積水，而廣引灌也。

『查津城東北宜興浦一帶，地勢窪下。附近村莊瀝水，並塌河淀、西温水，舊由高家嘴，經宜興浦、燕家口、賈家口入於海河。因年久淤塞，汛發之時，一望汪洋，不能播種，殊為民患。

『查天津城東北一帶，經臣等於初次水利案內疏濬陳家溝、賈家沽道等河，宣洩積水，灌溉農田，居民大獲利益。應將宜興浦，亦照依經理。自賈家口至高家嘴，長十五里餘，舊有河形，開挖深通，面寬三丈，底寬一丈五尺，深五六七尺不等。計長二千七百九十丈，約估需土方銀三千六百餘兩。再，宜興浦村西往來孔道，應添建木橋一座，約估需工料銀一百二十兩零。

『一、靜海迤東蘆北口，宜接開支河，以資利濟也。

『查蘆北口一帶，地勢低窪，每遇雨多，瀝水無從歸宿，恒苦於澇。而土性斥鹵，一遇乾旱之年，又苦無水汲飲。

『查天津城南藥王廟等處，於初次水利案內開挑河渠，引海河甜水灌注。上年沿渠村莊，並受其益，接壤靜民，亦沾餘潤。今細加履勘，應於蘆北口村東渠口，向南接挑河渠一道，由小孫家莊，歷黃花泊南，經大侯莊、小金莊至大韓家莊、王家台，復東北折，西至巨各莊，仍與津邑新渠滙，長三十九里餘，挑面寬三丈五尺，底寬一丈七尺，深四五六尺不等。復自津邑蘆北口渠西，經靜邑拋水窪，至青寧侯莊東窪止，長七里餘，挑面寬二丈，底寬一丈二尺，深三四尺不等，則靜邑迤東一帶村莊瀝水，俱有去路。而支分派引，灌溉汲飲，與津邑城南，均受美利。共工長八千四百七十六丈，約估需土方銀七千九十兩零。

『一、南運河捷地汛，宜改挑引河，以免減壩分溜過多之患也。

『查滄州運河東岸捷地汛，於雍正四年建設減水石壩五孔。因河勢兜灣，減壩分洩太多，以致減河下游屢有漫溢之患。嗣經堵塞二孔，近復堵塞三孔，僅留二孔過水，不獲分減之益，而汛水漲發之時，石壩近溜頂冲，雁翅〔一〕、埽工，俱防受險。今臣等詳加履勘，再三籌酌，應於減壩對岸，挑開引河一道，長一百二十七丈，寬九丈，底寬四丈，深一丈一尺至二丈二尺不等。將西隄展寬，即用挑河之土，接築西隄，長六十二丈，頂寬二丈，底寬五丈，高五尺，則河勢裁灣取直，順軌安流，而減河受洄流分減之益，壩工可以化險為平，於運道民生，均沾利濟。計挑河、夯硪，並築攔河壩各工，共約估需銀一千九百三十餘兩。

『以上應辦各工，共約估需銀二萬七千四百餘兩。請於直賑項內，動撥銀三萬兩，領貯藩庫，轉發天津道。選

〔一〕雁翅　古代閘門或涵洞的翼牆，多採用八字形狀，因形狀像雁翅，故名。翼牆，分上游翼牆和下游翼牆。上游翼牆的作用，又稱上游導水牆，是閘牆向上游的延伸部分。其作用是引導水流，造成良好收縮，使水流平順進閘或涵洞，阻擋河渠岸土壤的滑坍，保護河岸或渠堤免受水流冲刷破壞，防止側向滲漏爲害。下游翼牆，又稱下游導水牆，其作用是引導過閘水流，使之均勻擴散或保護河渠岸。（參考華東水利學院農水系《農田水利小叢書》編寫組編《小型水閘》，四至五頁，十九頁）《大清會典則例》卷一百三十二《工部都水清吏司河工二》說，雁翅斜長六丈、八丈不等。

派工員，同地方官承辦，於三月内開工，照估興修，務於汛前趕辦完竣，仍交該道吴謙誌總查辦理。』

三月初二日，飭大學士會同部議。十二日，工部議准，諭令：『速行。』

尋劉於義又奏《續勘三次水利應舉各工疏》言：『臣同高斌，於二月二十八日，前至德州地方，閲視哨馬營減水引河畢。高斌從德州前赴南河。臣率同司道等，由吴橋縣取道，先至慶雲縣。自乾隆八年以至十年，俱系旱荒。仰賴皇上深仁厚澤，連歲賑濟，百姓不致逃亡。臣到縣境，及查勘四出，各村男婦，無不扶老攜幼，叩謝皇恩。言俱云「我等百姓，若非皇上連年賑濟，安能存活至今」。言辭懇切，感出肺腑。臣察其情狀，尚無饑寒之色，可見辦理賑務，頗為妥協。但城市荒凉，室家蕭索，甚堪憫惻。及至鹽山縣，雖較慶雲稍勝，而地瘠民貧，亦系積歉之後，元氣未復。臣與司道等詳加相度，悉心籌畫。所有應行疏濬事宜，謹列六條，恭呈聖鑒。

『一、慶雲縣瀝水，宜挑濬馬頰河，引水歸海，以資宣洩也。

『慶雲縣逼近海濱，地本斥鹵。一旱即為石田，一潦即為澤國。該縣地勢西北高而東南下，通縣瀝水，俱賴馬頰河宣洩。

『查馬頰河，由山東之樂陵縣，至慶雲縣之杜家莊入境，經紀王橋、任家橋、月楊橋、棗園橋、又郭橋、田家莊、南家莊、賈家莊、土領楊莊、嘴巴骨莊、賈家莊、鄧家莊，其中俱有與海豐縣交錯之處，直至慶雲縣之蔣家橋出境。現在淤塞，以致通縣之水，不能宣洩。一遇大雨，泛濫為害。自蔣家橋以下，接壤即系山東之海豐縣，其河統歸大巨河入海。

『今欲宣洩慶雲縣瀝水，須於慶雲縣與山東樂陵縣交界之杜家莊起，至與山東海豐縣交界之蔣家橋出境止，於馬頰河中，開河一道，面寬八丈，底寬三丈五尺，深自二尺至六尺五寸不等，共計長八千零八十七丈零。該土七萬二千七百二十八方零，共估需銀五千九十兩零。

『又慶雲縣與海豐縣交錯之處，應行刨挖，共長三千三百九十八丈零，面寬八丈，底寬三丈五尺，深自二尺至六尺五寸不等，共該土四萬零三百三十八方零，約估需銀二千八百二十三兩零。

『又海豐縣之馬頰河，從慶雲縣之蔣家橋起，至大巨河入海止，共長一萬三千八百一十五丈零。内，海豐縣與慶雲縣接壤之處十五里，河身甚高。從前並未刨挖，自近包家莊以下，海豐縣曾經挑過，本屬通順。但今欲洩慶雲之水，尚嫌淺阻。内除七千五百六十五丈，俱屬深通，毋庸挑挖外，其應行挑挖工段，共長二百五十丈，面寬八丈，底寬三丈五尺，深自二尺至六尺五寸不等。共土九萬零八百八十七方，約估需銀六千三百六十二兩零。以上三項，共約估需銀一萬四千二百七十五(萬)[一]兩零。庶慶雲縣之瀝水，宣洩始暢，不至泛溢為害矣。

『至馬頰一河，本應慶雲、海豐兩縣分境刨挖。但地隸兩省，事權不一，誠恐呼應不靈。應請俱令慶雲縣知縣督令該縣百姓，將慶雲、海豐兩縣河道，遵照料估丈尺，一律開通。臣等移咨山東撫臣額爾吉善，令飭海豐縣知縣協同照管，則責任專一，而報銷亦不致牽混矣。

『一、慶雲縣城北海子、王家窪，去城甚近，一片平陽。但地勢低窪，一遇雨水驟集，便成巨浸，無可宣洩，居民不得耕種，甚為困苦。今請從趙魁斗莊起，歷高家橋、賈家莊、白廟、海子、王家莊、王可忠莊等處，開渠一道，引水入老黃河，共長一千九百九十六丈，面寬三丈五尺，底寬一丈七尺，深自三尺至七尺不等。共土二萬五千四百三十方零，約估需銀一千七百八十兩零。

『又通入老黃河處，細加測量，較老黃河河底，止高四尺五寸，恐黃河異漲，或倒灌入窪。請於窪口築高，添設涵洞二座。約估需銀二百兩。連前共估需銀一千九百八十兩零。庶窪水有所歸宿，而百姓可以種植矣。

『一、慶雲縣西南高慕臺窪，宜刨挖深通，引水入老黃河，以消積潦也。

『查高慕臺窪，西接樂陵，南傍慶邑，俱系高阜地方，三面瀝水灌注，形同釜底。每遇雨水驟集，便成積潦，沿窪村莊，俱受其累。乾隆六年，居民曾掘溝引水，由閆家河滙入老黃河，頗有利益。後因民力不能深濬，未久淤墊，仍為陸地。今請從高慕臺窪東起，挑至閆家河止。計長一千一百一十丈，面寬三丈五尺，底寬一丈七尺，均深三尺五寸。共土一萬一百一方，約估需銀七百七兩零。則沿窪各村莊俱可種植，不至淪為澤國矣。

『一、慶雲縣四鄉洩水溝渠，宜分別挑挖，以疏積潦也。

『查乾隆五年，前任直隸總督孫嘉淦，於疏通積水案內，勸用慶雲縣民力，開溝十六道。內紀家鋪北溝、賈家莊溝、賈家莊後溝、三里莊廟東溝、南張家莊溝、甄家莊前溝、大黃村後溝，共七處，現在深通，毋庸挑挖外，再，後馬家莊開溝長一百三十丈，引水歸入老黃河； 火燒鋪開溝長二百二十五丈，引水歸入亭子河； 柳行、張家莊開溝長一百八十五丈，引水歸入亭子窪兒； 劉家莊開溝長三百三十五丈，引水歸入亭子河； 杜村、柳家莊開溝長四百七十丈，引水歸入老黃河； 紀家鋪開溝長二千三百八十丈，引水歸入亭子河。共六處，均與乾隆五年積水案內，挑挖丈尺相符。俱已淤平。應照前挑丈尺，共長三千七百二十五丈，俱面寬一丈五尺，底寬七尺，均深三尺五寸。共計土一萬四千三百四十一方零，估需銀一千零三兩零。

[一] 萬　字當爲衍文。

『再，馬家橋溝原長五百三十三丈。乾隆五年，止挑下口一百丈。今已淤平。應將五百三十三丈通身挑挖，引水歸入老黄河。黑牛王莊東溝，原長一千九百丈。乾隆五年，止挑二百餘丈。今已淤平。應將一千九百丈通身挑挖，引水歸入無棣溝。竇家莊東溝，原長二百二十丈。乾隆五年，止挑一百餘丈。今已淤平。應將二百二十丈通身挑挖，引水歸入老黄河。三處共長二千六百五十三丈，俱面寬一丈五尺，底寬七尺，均深三尺五寸。共計土一萬三百一十四方，約估需銀七百十四兩零。又應建木橋二座，約估需銀二百四十兩。以上各處通共估需銀一千九百五十七兩零。庶各鄉積水可〔籍〕〔藉〕宣洩矣。

『一、鹽山縣之宣惠河，宜再刨挖深通，以洩通縣之瀝水也。

『鹽山縣南，向有劉公渠一道，導通邑之水，歸入老黄河，民受其福。後日久淤墊，竟成平地。前任直隸總督孫嘉淦於疏通積水案内，刨挖各縣之宣惠河，至鹽山縣，即循照劉公渠故道疏濬，因亦改名宣惠河。卷查孫嘉淦所開鹽山縣之宣惠河，自面寬十丈六尺起，至面寬十二丈止，深自二尺起至三尺八寸止。獨第五段，以堆積廢土甚高，開深七尺。

『今查從前刨挖之河身尚淺，該縣積水宣洩未暢。每遇雨水甚多之時，低窪之處，積水難消，以致淹没田畝，不能耕種。今請於河中挑子河一道，面寬三丈五尺，底寬一丈七尺，均深三尺。從該縣燕子口窪起，至海豐縣交界止，共長一萬二千七百一十五丈，共土九萬九千一百七十七方，約估需銀六千九百四十二兩零。

『又自海豐縣界起，至通入老黄河口止，計長一千一百七十丈。地雖低窪，並無河形。應接子河一道，面寬三丈五尺，底寬一丈七尺，均深二尺。共土六千零八十四方，約估需銀四百二十五兩八錢零。二共銀七千三百六十七兩八錢零。庶通邑之水，宣洩始暢，低窪之田，亦免泛溢矣。

『至海豐縣隸隔省，恐事權不一，亦令鹽山縣百姓一律挑挖，以免牽混。

『再查孫嘉淦疏通積水案内，訊之官民，俱云「每土一方給工價銀五分九釐」，（内）〔工〕[一]部以從前並未題明，至今尚未准銷。今鹽邑積荒之後，百姓甚苦，又兼不諳工作，每人兩日，止能挖土一方。故仍照河工定例，旱方每方，給工價七分計算。合併聲明。

『一、鹽山縣東之明泊窪，宜挑河一道，通入宣惠河，引歸老黄河，以資宣洩也。

『查，明泊窪周圍數十餘里，地勢卑下，衆水滙集。窪之西北，為營棚窪、翟家窪、北窪。窪之西南，為齊家窪、

[一] 内　當爲『工』。六部中，只有工部負責制定土方工銀價錢。

魚窪。諸水俱歸宿於明泊窪。向因水無洩路，窪中地畝五百餘頃，每至淹沒，不可耕種。今自明泊窪，挑挖洩水河一道，由釣魚臺、程村橋起，通至宣惠河止，計長四千四百三十一丈，面寬三丈五尺，底寬一丈七尺，深自二尺五寸至五尺五寸不等。共土四萬八千零六方，約估需銀三千三百六十兩零。又應修葺程村橋一座，約估需銀一百五十兩。二共銀三千五百一十兩零。則積潦之地，俱可變為沃壤矣。

『以上慶、鹽二邑，挑濬河渠，共約估需銀二萬九千七百九十六兩零。請於直賑項內，動撥銀三萬兩，領貯藩庫，發天津道。轉委天津府知府胡文伯督率兩縣，選派工員承辦。再，慶雲縣蒙皇上天恩，復加賑三月一個月，請於閏三月內開工，俾民即藉工作，以為閏三、四、五等月糊口之計，尤於百姓有益。仍交天津道胡謙志總查，務於汛前趕辦完竣。臣謹同直隸總督臣那蘇圖會銜具奏。』

二十二日，飭大學士會部速議。

二十三日，劉於義又奏《慶雲、鹽山兩縣災民應行補救事宜》：

『一、慶、鹽兩邑，雖有鹹池及苦水之處，而甜水可以澆灌之地甚多。但百姓無力砌井。查每砌磚井一、須物料銀八兩。每井一、可灌地五畝。若廣為穿井，小旱之年，百姓竟可不餒。可否於水利節省項下，將慶雲縣賞給銀一萬兩，可砌磚井一千二百五十；鹽山縣賞給銀八千兩，可砌磚井一千。再令百姓每年多開土井，以助澆灌。

『一、慶雲縣百姓牛少。查直隸布政司庫貯商捐銀十萬兩，原議留為水利城工之用。可否於此內賞銀三千兩，交天津府知府胡文伯，委員赴張家口買牛，趕至慶雲縣。令該縣知縣散給無力貧民。田多者户給一隻，田少者兩三户共給一隻，庶藉牛力以廣播種。

『一、慶雲縣土宜棗杏，每年百姓採取，以助饔飧不足。近因積荒，斫伐希少。查天津縣庫，現貯商人牛兆泰捐賑項下存剩銀二千兩，可否於此內賞銀九百兩，以三分一株計算，可(裁)〔栽〕樹三萬株，不論棗杏榆柳，令百姓看管成活。數年後，棗杏可食，榆柳可備材用。』

得旨：『如所請，速行。』

並諭曰：『協辦大學士尚書劉於義查辦水利，回奏慶、鹽兩縣土瘠民貧，積歉之後，種種困苦情形，朕心深為軫惻，其陳奏三條，俱有關於耕作，已照所請行。惟是立法固欲其便民，而經理當籌其盡善。其種樹一事，尚易辦理。如穿井一事，有苦水、甜水之分，惟甜水可資灌溉。官為穿井，分給於民，其地之遠近，何以均沾，民之貧富，何以分別，誰應給以官井，誰應令其自開土井，隨時修葺，何以保無傾(圯)〔圮〕[一]，永遠為業，何以不起争端。又如

〔一〕圯　當爲『圮』。

買牛以助其耕種，其自有耕牛者，固不必散給。其無牛之户，如何分別給與。至一切餵養收管之法，辦理之初，固須經理得宜，奉行之後，亦須永垂利益。此時正當東作緊急之時，不可稍有遲緩。著總督那蘇圖率同地方官，悉心籌度，派員速辦，一切實心行之，勿視為民間瑣屑之事，可以苟且塞責。務使良法美意，歷久無弊。庶於瘠土民生，漸復元氣。可即一面辦理，一面奏聞。』

尋據那蘇圖奏覆《籌辦鹽山、慶雲二縣穿井給牛種樹各事宜》，並親赴天津查看情形，原奏檢查未得，闕以俟補。得旨：『卿親身查察甚當，一切妥協為之。』

閏三月初二日，工部議覆續勘三次水利情形六條，均如所請，從之。

尋劉於義又奏《續勘三次水利應舉各工疏》言：『本年二月，准直隸總督臣那蘇圖字寄，以張家口冲(潟)〔塌〕水洞城垣一案，請入水利工程內，一併勘估等因。時值高斌與臣已定前往永定河、鹽山、慶雲等處查勘各工，約於回京之日，再往張家口視勘。後於三月十七日，據直隸布政使方觀承抄録原案，並所委永定河諳練河防千總趙景元，會同口北道等估册一本，呈送到臣。

『查張家口水洞三孔，系前明建造，彼時山水尚小，來水俱由三洞而出，滙入洋河，歸永定河。至康熙三十八年，中西兩孔被冲，並未修葺。雍正十一年，前督臣李衛題准興修，估工料銀五千五百五十三兩零，系萬全縣知縣左承業承辦。乾隆元年五月完工，尚未題銷。乾隆二年六月，山水陡發，將中西二洞，冲去二丈五尺。隨令原辦官，按照賠修。乾隆三年五月完工，亦未題銷。乾隆四年六月，山水陡發，又冲去兩洞分水尖五丈五尺，及新修柳囤土隄一十餘丈。乾隆五年閏六月，山水又將水洞迤西邊城冲去十丈二尺。商築石壩冲去十丈。土隄冲去二十丈，邊城冲裂三丈。乾隆六年，前任督臣孫嘉淦題估，應用工料銀六千四百二十五兩零。奉部議准，未及興修。乾隆八年五月，據張家口總管報稱，邊城水洞、西邊城牆，並旗民住房被冲。又八年六月，據張家口總管報稱，邊城被冲一丈有零；圈城東南角，被冲四丈六尺；沿城居民，冲毁房屋十二間。乾隆九年五月，復經水發，城垣房屋，又有冲塌。乾隆十年六月，又冲去左承業捐修逼水隄埝，又冲倒邊城六尺，圈城一十三丈。節次嚴檄催修。地方官以所估工程單薄，恐不能年久，所以尚未興工等情。

『又永定河千總趙景元，會同口北道、宣化知府等估册一本，內開民修石隄一道，甚屬卑缺。應加高片石一二尺，修補殘缺隄一十四丈三尺，共長一百五十五丈八尺。水口建大石隄五十五丈，接石隄，防護圈城居民。用柳囤壩一路，計長一百四十八丈。又補修圈城邊牆，及做木柵等項。共估需銀二萬二千七百二十三兩零等情。

『臣於閏三月初四日到張家口，初五日即率同清河道朱一蜚、口北道吴煒、宣化府知府玉麟、萬全縣知縣徐守基，前至水洞口，詳細審視，悉心相度。水口東，靠東山西隄岸，圈城外隄寬者二三丈，窄者止一丈四五尺。圈城以內，即系夷漢貿易之所。其城南沿河一帶，俱屬居民廬舍。口外有大溝河二道，一道自北而南，一道自西而東，至東山脚下，滙流入口。水發之時，浩瀚澎湃，掀天揭地而來，已屬洶湧。又加東山脚下，有一石嘴挑出，逼水直射圈城廬舍，實屬危險。今若將片石加隄，並築大石隄五十五丈，以及修城建栅諸工，一時並舉，備料鳩工，俱需時日，汛前斷難趕辦。惟有先治急工。臣請將東山挑出石嘴，鑿去十二丈，俱進深一丈六尺，以稍減直射圈城之勢。估需銀六百兩。再於頂冲處所，先築石隄一十二丈，石回頭壩五丈五尺，務須堅固。石後加磚，磚後築大夯灰土，灰土之後，再填築沙子土戧，以資捍禦。估需銀五千二百八十八兩零。再於壩尾，接築竹絡[一]壩一路，長一百六十丈，以護圈城及城外民居，庶圈城、廬舍，可保無虞。估需銀二千一百二十四兩零。其餘工程，應俟伏秋汛後，審量水勢情形，再行確估興修。

『至原估册內，用柳囤[二]壩。臣查古人遺制，止有竹絡壩，後人惜費遷就，因有柳囤、荆筐之類。雖略省費用，究不堅固。今工程險要，自宜易用竹絡。自通州買運，雖略多費，而工程可以堅久。

『又現在三洞，止存靠東一洞，殘缺損壞。今議又易木栅，存之無益。臣請即拆西洞磚石，凑築石隄。俟拆後，計磚石之數，於所估石隄料內扣價。臣與道府縣商酌，意見皆同。以上鑿山嘴，建石隄，築竹絡壩，共估需銀八千一十二兩零，請於直賑項內先動銀一萬兩，領貯藩庫。令萬全縣知縣徐守基照所估之數，至藩庫領銀，協同分防張家口縣丞吴克明承辦，並留永定河千總趙景元指點做法，仍交口北道吴煒、宣化府知府玉麟督率稽查，務於五月內完工。謹同直隸督臣那蘇圖會奏。』

十七日，飭部速議。二十九日，工部議覆，允行。

四月初三日，工部議准，協辦大學士兼直隸河道總督高斌疏稱：『通州張家灣二處於水利案內新建壩工，必須經營。查通州州同一員，州判一員，每歲糧船抵通，照看過壩，此外並無事務。請將通州新建板壩，及隄岸排樁各工，責令州同管理，仍駐通州。張家灣新建板壩，及隄

[一] 竹絡　用竹篾編織的水工構件，內裝卵石或石塊。又稱竹籠、竹篗。《漢書·溝洫志》記載，西漢河平元年（西元前二八年）東郡黄河堵口時曾採用竹絡，竹絡工主要用於河工建築物中的丁壩、地河岸和攔水壩等。竹絡工的優點是易於施工，對地基適應性强，造價低廉；缺點是竹篾易朽，需常更換。（參考鄭連第、譚徐明、蔣超主編《中國水利百科全書·水利史分册》七六頁，中國水利水電出版社二〇〇四年）

[二] 柳囤　用柳條編織的水工構件，內裝石塊或卵石。竹子需要從南方採買調運，費用大，後人惜費，就因地取材，改用柳條等。但柳囤更易腐朽。

岸排樁各工，責令州判管理，分駐張家灣，歸務關同知統轄。於務關、楊村兩廳河兵內，各抽撥二十名，分撥州同、州判管轄。一切修防事宜，令該員督率河兵辦理。其土壩、石壩二處，催趲糧運，土壩仍委州同管理，石壩仍委州判管理，俸廉、役食等項仍舊。但二缺向由部選，今管河務，非諳練之員不能勝任，請改為兼河之缺，於河員內揀補，並請換給關防。』從之。

三十日，那蘇圖奏慶、鹽二邑興修宣惠、馬頰二河水利工程，均於前月分段動工，並報赴天津、慶雲、鹽山日期。得旨：『便道至河間一查更佳。』

五月十三日，吏部議准，署直隸河道總督劉於義奏稱：『天津道屬子牙河通判，駐劄大城縣。距所轄新築子牙河格淀長隄七十餘里。一經大汛，巡查防護，鞭長莫及。請將該通判衙門，移駐適中之王家口地方。』從之。

二十八日，那蘇圖奏薊州、玉田河水漫溢，設法疏洩堵築。

十月初六日，上閱滹沱河隄工。

十二年二月，高斌等又奏《續勘三次水利應舉各工疏》言：『查宣化府屬萬全縣之張家口水洞城垣一案，經臣劉於義於上年閏三月詳勘，各工業經辦竣。其石回頭壩五丈五尺，因恐有接辦工程，尚未興築。今臣高斌於二月十一日，率同口北道吴煒等，親詣該工，逐一履勘，悉心相度。查上年所築大石隄，形勢順溜合宜，只需再接長數丈，即已過口門窄處。如遇山溝大水驟發，正宜順其就下之性，任其直趨，無庸再為攩護。其從前所估石隄五十五丈，太長無益。今只需即將上年所估石回頭壩五丈五尺，取直接長，共做十七丈五尺，一律順溜。俾汛水經臨，無所阻礙。接長之石隄後，加添柳囤一路，後培砂石子，已屬穩固。動項亦較為節省。其迤上民修石隄一百二十三丈，應加高三尺。又石車路道口，應加高五尺。又接築小石隄十九丈。又邊牆及上堡城牆倒塌三處，俱應一律照式修整堅固。又上年所築竹絡壩一百六十丈，尚屬卑矮，應再培加高三尺五寸，將竹絡壩埋藏土內，即用河中砂石子修成坦坡。又於水口門穿處，量寬十五丈二尺，建木柵欄，夏秋汛至，則啟柵以資宣洩，冬春水涸，則閉柵以重邊城。以上通共估需銀七千零二十一兩零，請交萬全縣知縣徐守基、霸州州判劉永清、萬全縣縣丞吴克明三員承修。即時領銀、辦料，興工，上緊趲做，務於汛前完竣。專委口北道吴煒、宣化府知府吴穀，督工查察。務令實力堅築，勿許草率從事。所需銀兩，除上年領過銀一萬兩，動用八千餘兩外，今請再領直賑項下銀六千兩，由藩庫核明，照估轉交該工員等，作速興工。工完，據實核銷。

『抑臣等更有請者，該工向來並無官隄，迤上有民修石隄一道。今工竣之後，伏秋大汛經過，或上工稍有刷動，水溝浪窩，或石工略有裂縫之處，其構抿油灰，添土粘補，所費無多。若必俟估報領帑興修，往返查勘，轉稽時日。臣等請嗣後如有零星粘補之工，需銀不過百兩以內者，即交該處縣丞，勸用上堡附近工所之居民，隨時乘便修理，令該道府不時留心察查，勿許藉端滋弊。如此則事省工倍，石隄可以永固矣。』下部議行。

四月初十日，命高斌往南河會辦防汛事宜，那蘇圖暫署河道總督。

劉於義奏《勘過南府河道水利工程疏》言：『臣等從正定府，由趙州歷寧晉縣、隆平縣、鉅鹿縣、任縣、南和縣，至順德府之邢臺縣。又歷沙河縣、邯鄲縣、磁州、魏縣，至大名府之元城縣。復到魏縣，歷成安縣、肥鄉縣至廣平府之永年縣。又歷雞澤縣、曲周縣、廣宗縣、威縣，至清河縣之油坊鎮下船。臣等查勘各屬河渠閘座工程，有應准民情願自出工力，挑成小河，以資宣洩者； 有應飭印、河各官挑挖水道，使河流順軌，不至旁溢者； 有應立案永遠嚴禁，不使專利阻遏，以病鄰邑者； 有辦理妥協，已著成效，可以遵守者。所有勘過各屬河道水利情形，謹一一為皇上陳之。

『一、寧（津）〔晉〕泊周環百有餘里，隸寧晉縣者十之七，隸隆平縣者十之三。雍正三四年間，寧晉、隆平二縣受害。因漳河北徙，又滹沱支河，從趙州流入，泊內不能容，以致泛溢。今漳河已經南徙，滹沱水歸正河，支河久已斷流，泊內乾涸。農民每年種麥藝黍，並無水患。惟夏秋之時，各處瀝水滙注。應於泊內七里河下，順舊河形，接挑小河一道，由滏陽河至冀州出口，以資宣洩。查，泊內現在無水，夏秋瀝水，亦屬有限，無礙下游州縣河道。應准民力自挑小河，使瀝水有歸，則尾閭不致阻塞。

『一、趙州大石橋下，原系舊河，河形甚闊。其水從山西流入直隸之平山、獲鹿等縣，由趙州歸入泊內。近年水道淤塞，河形雖闊，水不通流。將來若遇大水，上游恐有泛溢之虞。今須自獲鹿縣查其故道。沿河勸用民力，挑挖小溝，寬不過一丈，深不過四尺，使水可通行，將來可免泛濫之患。臣等現飭清河道委員查勘，勸民挑挖。

『一、大陸澤在任縣、鉅鹿之間，東西長二十里，南北長三十里，系洺、澧、達活、百泉、滏陽諸水之下流。從前漳河北徙，時致泛濫。今並無水患，惟洩水之處，止有雞爪泉溝一道，通於滏陽河，甚屬窄小，不能宣洩。雍正四年，怡賢親王興修水利，於穆家口開新河四十里，疏濬深廣，使瀝水歸入寧晉泊中，尾閭暢達，今無庸修治。

『一、順德府屬之鉅鹿縣，向有鹻地四萬餘畝，不能耕種。乾隆九年，該縣知縣詳明，於小張莊建閘一座，澆地數十頃。又於東西郭城隄上開涵洞一座，將餘水注於隄東。鹻鹵之地，凡經水之處，鹻氣頓除。布種秋禾，收成豐稔，百姓甚獲其利。惟鹽池，柳窪，油房，大、小韓家（塞）〔寨〕五村，鹻地甚多，而地勢微高，不能引水。須隆平縣地方另開一閘，引而東注，方可澆灌。因隆平非順德府所屬，恐隆平民有阻撓。臣等面諭趙州知州朱瑛，率同隆平、鉅鹿兩縣，勸諭該地農民，借地建閘挑溝，俾鄰近得受利益。據詳隆民已無異議，則鉅鹿𪊲地，俱可成熟。

『一、沙河在沙河縣城南五里，原出山西遼州，現在乾涸。伏秋水發，甚為洶猛，由沙河縣南，東趨大陸。臣等經由縣南孔道，見風沙堆積，河形阻塞。隨諭地方印、河各官，每年於夏秋水發之前，勸用民力挑通水道，則河流順暢，不致旁溢為害。

『一、百泉在順德東南八里，周環三里許，水從地湧，泉流甚旺，灌溉邢臺稻田一百二十余頃，南和縣稻田八十餘頃，為利甚溥。現在宣暢，無庸修治。又有達活泉，在府西七里。野狐泉，在府西北十里。二泉建閘開溝，灌溉田畝，向甚有益。今泉眼枯塞，廢棄可惜。臣等隨諭邢臺縣知縣，勸民挑挖通利，以復舊規。

『一、滏陽河源出磁州神麕山，其流甚大。下游直通子牙河，舟楫往來，商民均受其利。惟每歲春末夏初，各州縣灌田之時，水常斷流。磁民於城西十二里之槐樹村建一閘，名曰西閘，灌田四百餘頃。又於城東北二十五里之琉璃鎮建一閘，名曰東閘，灌地六百餘頃。余水聽其流入下游之邯鄲、永年、曲周、雞澤、平鄉、任縣，澆灌地畝。雍正二年，磁州原隸河南，而邯、永、曲、雞、平、任六縣，俱隸直隸，有閆家淺地方，居民又建攔河惠民一閘，閘雖造成，尚未下板。雍正四年，怡賢親王以磁州、邯、永諸縣，分隸兩省，恐磁民阻抑水利，下游不能沾潤。請以磁州改屬直隸，庶滏陽一河，全系直隸統轄，於廣郡一帶民田，大有裨益。奉旨俞允。閆家淺之惠民閘，至今不許下板。上年磁州知州洪肇懋，據閆家淺士民呈請，於四、八兩月下板蓄水，以資灌溉。通詳。經廣平府知府朱叔權議駁在案。臣等查勘磁州東西二閘，定例五日閉閘，五日啟板。是一月之中，磁州獨得水利十五日，其餘十五日，始行分給六縣灌溉，已屬分潤。若再准閆家淺惠民閘下板，於磁州固屬有益，而下游六縣，竟不得略沾餘潤矣。況閆家淺地勢漸低，若一下板，則收束滏水，更難下灌。臣等請立案永禁，庶水利流通，而下六縣永蒙惠澤。

『一、大名府之漳河，源出山西，有清漳、濁漳二水。至河南涉縣之交漳口，始合為一。從河南臨漳縣，流入大名府之魏縣，水極洶湧。雍正九年，漳河繞魏縣城之南北，分為兩支，魏縣宛在水中，勢甚危急。世宗憲皇帝恐遭墊溺之苦，意欲將縣遷於高阜之地，以避水患。命臣劉於義前往相度。臣劉於義悉心踏勘，見魏縣磚城之外，復有土城一圍，下半截築有土隄，可以禦水。又離城數里之外，復有護城土隄一道，亦頗堅實。而城中民居稠密，第宅完固。若一遷縣，不無擾累。因奏請停止，奉旨俞允在案。今臣等查勘魏縣上游八十里之行善村地方，開挖引河一道，計長八十餘里。水口築有減水草壩一座，兩旁築有壩臺，中空二十四丈，平時用土填實，伏汛一到，即便刨開，分正河水十分之四，暢流至館陶縣界，歸入衛河。數年以來，漳河水勢安流，魏縣北流一支，已經淤斷。魏縣安如磐石，勸民用力，成此巨工。水患既除，農工溥利，屢慶豐登。知府任弘業與印、河各官，勞績昭著，可否量賞議敘，出自聖恩。至南和縣之劉壘河，即牛尾河，臨洺關之洺河，沙河縣之沙河、澧河，現在無水，唯於夏秋山水長發之時，勢雖浩瀚，然一二日後，旋復枯涸。現在俱屬深通，並無阻礙，無庸修治。

『以上南府各屬河渠開壩工程，臣等查勘事宜，謹繪圖貼説，恭呈御覽，會同直隸總督臣那蘇圖恭摺具奏。』

二十八日得旨：『任弘業等准議敘，餘飭議行。』

同日諭曰：『直隸水利，關係綦重。是以皇考特命怡賢親王及大學士朱軾等督修，欲營水田以備不虞。後以南北地利異宜，難臻績效。朕於乾隆九年，復准言臣條奏，特命大學士高斌，協辦大學士、吏部尚書劉於義，相度經理。今據奏順天、保定、河間、天津等府，及順德、廣平、大名、趙州等處各工，俱先後告竣。高斌、劉於義屢次親詣工所，往返勤勞，及在事員弁，皆著交部議敘。但興舉大工，必期實有成效，可垂之久遠，方為有益。朕為畿輔生民，永圖利賴，是以不得已開捐，期於去水之害，收水之利。如淫潦泛溢，疏濬之而使有所歸，則涸出者皆成沃壤，而受水之區，即可得灌溉之益。今用項至七十餘萬，然(河)〔何〕處積害已除，何處實效已著，曾未詳悉確查具奏。至籌畫善後良圖，亦非僅付之地方有司，即可保守永遠弗墮者。其目今如何成效，日後作何保固之處，著軍機大臣會同高斌、劉於義詳查議奏。』因高斌奉差南河，議稿馳寄會商，未識何時覆奏，遍查不獲，缺以俟補。

四案

乾隆二十七年三月初六日，直隸總督方觀承奏《籌代賑工程疏》言：『竊照直屬上年雨水過多，河淀交漲，兼有鄰境漫水，各處濱河隄埝，多被汕刷殘缺。亦有本屬卑薄，外河內淀，難資捍禦者，亟需加培完補。而河渠水過，不免停淤，均應挑濬，使宣洩有備。經臣分飭各該管道廳印、汛等，逐一詳勘，除工費無多，應循舊規勸用民力辦理外，其工程較大，如文安、大城等七州縣之千里長隄，固、霸等五州縣之牤牛河，並霸州之中亭河、六郎隄，雄縣之清河，高陽、蠡縣之豬龍河，河間府屬之洋河，天津海河、西沽、蘆北口等處疊道，南運隄埝，並青、滄二減河，吴橋、東光等五州縣之宣惠河，河、津二府屬，分疏瀝水入子牙、南運之各支流河港，冀州、衡水等處之滹、滏、會流河，望都、新安等處長渠，一切應濬、應築各工，均屬上年災歉之地，難以勸用民力興舉。若照河工土方之例，則錢糧所費過多。臣詳加籌酌，仰懇天恩，准照興工代賑之例，每土一方給米一升，鹽菜錢八文，俾災地貧氓，於停賑之後，咸得赴工食力，接助有資。而各處水道河防，並獲疏通鞏固，實多俾益。所需米石，查有蒙恩續撥通倉漕米二十萬石，除分撥賑糶，尚有贏餘，堪以充用。已飭屬約估土方數目，酌量分撥。令各州縣先期運往。一俟地氣開通，即行調集民夫，同時並舉。臣於本月初八日起身，將各處隄河等工，應增應省，逐加親勘，務使工歸實用。』得旨：『允行。』

十五日又奏言：『查直屬地方，春分後地氣漸開，麥芽正發。本月初七、八日，順天、保定、河間、正定等府，易、定、深、冀、趙等州屬，均得雨一、二、三寸。今年地土本潤，得此霑灑，已能接濕。麥苗既甚葱翠，大田並多耩種。各屬積水亦漸消，皆可無誤耕作。惟天津、静海、大城、文安、霸州、武清數州縣，尚有不能全涸之處。現飭加意設法疏導。閏年節候較遲，能於夏至後涸出，尚可補種晚禾。此數處皆有應修隄埝，應入於代賑工程案內辦理。』

四月初六日，滙奏《代賑工程疏》言：『直屬各處河隄衝缺，並停淤應濬等工，經臣奏請興工，茲率同道廳等員，遍歷查勘，如文安、大城等九州縣之千里長隄；固、霸等五州縣之牤牛河；固安、永清等五縣之舊減河；霸州之中亭河、六郎隄，上下六工圍埝；雄縣之東西舊隄，大清河隄，並挑盧僧、王克橋、支槐等河；任邱、新安之圍淀隄埝；高陽、安州之豬龍河隄，並安州依城河等隄埝；望都之泉溝各埝；南運、津、静、青、滄等十一州縣河隄，並青、滄二減河；北運武、津二縣之南隄頭、筐兒港減河並隄；天津之海河西沽、盧北口等處疊道；武清鳳河新、舊東隄；滄州之石碑河；吴橋、東光等五州縣之宣惠河；河間、獻縣、大城、青、静等處之滹沱、子牙等河隄，並格淀大隄；青縣之黑龍港；肅寧、任邱二縣之洋河；阜城、交河、東光等縣之漫河、亭子、普頭等河；冀州、衡水、武邑、武強四州縣之滹、滏會流河，並龍治河各隄埝；新河縣之泊河民埝；寧晉縣之滏陽、新開等河埝，皆系亟需興舉之工，應照代賑工程辦理。據各委員估報，逐加確核，共計土四百六十二萬四千三百九十一方，照例每土一方，給米一升，鹽菜錢八文。共需米四萬六千二百四十三石九斗一升，銀四萬六千二百四十三兩九錢一分。所需米石，應請在通倉漕米，及截存東省漕粟米內，酌撥支領。所需錢文，查，有司庫存貯三省協耗銀六萬七百餘兩。仰懇天恩，准於此內動撥，發交各州縣，易錢應用。當停賑之後，有此接濟，貧民赴工食力，俱系附近村莊，朝出暮歸，無妨作息。且派定土方數目，分力合作，易於集事而隄埝完整，河道疏通。嗣後責成印汛等官，隨時勸民用力，修補挑濬，俾田廬普資捍衛，靡不頂戴高厚恩施矣。』先後報聞。

五月，因景州窪地多有積水，飭直督查奏。

六月十一日，諭曰：『前據方觀承奏，月朔以來，已得連晴，秋禾旺發，道水漸消。近復雨晴相間，未知直屬情形若何。今日三和自熱河回京，見淋溝一帶，有以禾苗飼馬者。據稱被水田禾，不能長發。看來低窪地畝，秋禾已有失望之處。應及時補種蕎麥。其無力貧民，酌借籽種。該督可速查給發。景州積水，曾否疏消，據實速奏。』

覆奏言：『臣查據各屬具報晴雨，道路之遠近，陰晴之久暫，雨水之大小，至為不一。而大概臨河濱淀，素稱窪下之區，一遇陰雨，即不長水，已難望消減。如永清、武清、東安、寶坻、寧河、香河、文安、大城、保定、霸州、薊州、安州、新城、雄縣、高陽、任邱、景州、天津、静海、青縣、冀州、衡水等二十二州縣，二麥減收，惟冀水退補種。經臣於閏五月十九日具奏，續又報有固安、河間、南皮、新安、寧晉等縣，其中但有涸出可以補種者，俱遵恩旨，借給籽種，即行給發。惟邊河傍淀，及形如釜底處所，轉瞬立秋，補種無望，不免成災。內如文安、大城、薊州各窪地，今夏瀝水，與上年秋潦相接。現在飭查確實，分別籌辦。

『至景州積水，據該州於閏五月二十二日稟報，已消退十之七八。續因本月連雨，復有滙注。然渠路甚暢，支流派引。現亦漸次減退，只須連晴數日，即可涸出。近日又有雄縣易陽橋一帶，清河漫岸，數里被淹。已委清河道親勘，酌量堵禦疏消，督率趕辦。只須河水一落，即導令歸河，尚易為功。』

十月初九日，又奏言：『直屬各處積水，其濱河近淀窪地，如天津、静海、文安、大城、霸州、寶坻、寧河，皆系猝難消落之區。臣遵奉訓示，飭屬不時察看經理，汙邪陡陋，得尺得寸，皆於窮黎有益。今大城積水二百三十五村，內一百二十二村全行涸出種麥。又七十七村，低處尚有停積，現用水車，隨宜戽導，歲內可期全涸。其餘最窪處所，約須明春涸出，尚可無誤春麥。又霸州之六郎隄等七十三村，已涸十分之九。所有今年暫停之千里長隄營田圍埝代賑各工，甫能得土，現飭趕辦。文安古窪積水，於長隄西馬頭村，穿渠入淀。自八月以來，宣洩大半。現存二三尺，俟開春淀水大落後，兼用戽斗，佐以人力，可期漸次耕種。寶坻、寧河縣境西南村莊，亦已涸出。惟東北一帶，與天津、静海，連延於曲里海、塌河淀、中塘窪，為衆水瀦蓄之鄉，驟難減退。然亦月減一二尺，經歷冬春，其尾閭輸洩情形，宜必漸循常度。天津代賑各工，須俟水落後，乃可相度辦理。至京南大路停潦處所，開溝疊道各工，現在勘辦，容臣滙案確估奏聞。』

得旨：『此際不興工代賑，更待何時。春融泥濘，又誤工作，宜竭力速辦。』

二十日，工部左侍郎范時紀奏言：『直省因近年雨水稍多，收成微薄。蒙皇上發帑、發粟，凡茲受浸之區，咸得其所。惟是低窪各處，一遇水潦，即厪聖慮。搶護之費，蠲賑之項，動以巨萬。倘可因勢利導，轉瘠為沃，則不無裨益。

『伏查京南霸州、文安、大城、固安、寶坻、天津、静海、滄州、青縣等處，地勢低窪，兼屬諸河歸宿，為漲潦滙歸之所。每遇夏秋，雨水稍多，抑或河流泛漲，此十數州縣，未有不為巨浸者。若不設法疏通，添築隄埝，酌試辦理，久之，地畝恐皆廢棄。

『夫江、浙等處，地勢非不低窪，河流非無泛漲，雨水較之北地為多，非遇山水大發，皆屬豐稔。此無他，溝洫深明，支港疏通，即遇漲淹，蓄洩有方，不但無水之患，反受水之益。仰懇天恩，敕交直隸總督，於所屬府廳州縣內，遴選素日留心地方民瘼之賢能官數員，於此十數州縣地方低窪之處，詳細踏勘，何處何村，可以展挖溝渠，疏濬支河，開通水道，添築隄埝，種稻栽秧，竟作為稻田。效法江省蓄水、洩水之法，防不虞之水於未然。遇水多之年，即廣種秧稻。水少之年，仍可布種秋禾秫稷。一州一縣，行之有效，將該處承辦官從優議敘。使他邑觀效，積漸而廣，自可變瘠為腴。即使受水之區，不能皆為稻田，或可行於數縣數村，亦不無裨益。若謂雍正年間，曾經試辦，恐徒勞無益。伏思地勢今昔不同，人力措施亦異。況京城西北一帶水田及涿州等處水旱稻田，甚為有益。此數處，獨非北地？總在人力之如何講求踏勘之切實，再假之時日，悉心訪求，似無不濟。

『再查直隸近河地方，有民隄民埝之處，久經設官。於農隙之時，量用民力經理。應請嗣後於有民隄、民埝之處，飭該管官實力奉行。每歲應修補之處，報明督臣，委員復勘，分別勸懲，務期有濟。其有應添隄埝處所，而從前未經議及者，亟應一體添築，以護民田，以資宣洩。若使隄埝溝洫，堅固深通，不獨低窪之處可作稻田，即偶遇雨水稍多，亦不受水之患。其如何籌辦，應動何項工本，作何量用民力，如有該地方紳監百姓，情願急公捐築隄埝者，應否照捐修城工例，予以議敘，請敕交直隸督臣，通盤籌畫，詳查覆奏。』

得旨：『此不過偶以近來一二年間雨水稍多，竟似此等地畝，素成積潦之區。殊不知現在情形，乃北省所偶遇。設遇冬春之交，晴霽日久，便成陸壤。蓋物土宜者，南北燥濕，不能不從其性。即如附近昆明湖一帶地方，試種稻田，水泉最便，而蓄洩旺減不時，灌溉已難遍給。倘將窪地盡令改作秧田，當雨水過多，即可藉以瀦用，而雨澤一歉，又將何以救旱？從前近京議修水利營田，未嘗不再三經畫，始終未收實濟。可見地利不能強同。但范時紀有此奏，著寄方觀承閱看。或有可以隨時酌採，於目下疏消之法，裨補一二者，該督悉心籌議具奏。』

尋覆奏言：『南北地利，不能強同。細繹訓諭，畿地農田情形，已荷聖明燭照。臣謹遵旨，閱看范時紀原奏，有可隨宜酌採。

『查京南州縣窪地，有應種稻，並可以寓疏消之法者，惟霸州東北煎茶鋪等濱淀數村，又與文安接壤之畢家房、宋家莊等十數村，下濕停潦。每於消餘一二尺後，不能驟涸，而地勢平衍，土性澤埴。乾隆二十四年秋澇，曾於次年試種稻秧，竟獲有收。

『今年九月內，臣查勘文、霸積水，面交該州縣督令村民，照前經理。而貧户無力得種。因該州貯有侍郎王鈞捐存營田工本銀一千五百兩，每年照例貸助佃民。隨飭於餘存項內動銀運往，借給該處村民領種，秋收免息還官。如來年乾涸，無從得水，仍聽照舊播種黍粟，以從民便。

『此外，又有保定府屬安州之壘頭村，新安縣之馬家寨一帶近淀窪地，土脈亦云宜稻。已於淀水落後，將安州淀頭閘，新邑端村東西二閘，開放積水，俟窪水內外相平，酌看其瀦存之深淺盈絀，亦仿照霸州暫種稻田事宜辦理。既資補救，並寓疏消，見可而行，不無裨益。至如固安沙地，非稻所宜。寶坻、津、靜、青、滄，皆水鹹土㶇。天津藍田久廢，是其明驗。且為諸河下游，河淀相連，古窪排列，既不可以築隄堙水，亦非常式溝濠，即資宣洩。自來惟俟海河、運河水退，大勢乃得減掣。其中一水一麥之地居多，非蓄洩即事秋耕者可比。況侵耕占種，致妨水道。近日河工，正坐此患。尤未便一概而施也。至於大道開溝，及濬復田間渠路，修築舊有隄埝，或勸用民力，或以工代賑，經臣分委道府查勘，通飭各屬，上緊籌辦。已節次據報開工，容臣另行滙奏。』

十一月初二日報聞。

先是，山東道監察御〔史〕[一]湯世昌奏：『今歲近京各處雨水過多，山水長發，地土濕透，不能消涸，低田不免潦損，行路阻於泥濘，頗為農桑之病。夫江浙之田，畝收數石，財賦亦多，以水利修而農力勤也。西北則不然，並無溝洫，全仗天時，犁種以後，彌望不見一人。不惟糧額甚輕，兼且時煩賑濟。然欲仿古治地，勢恐不能。惟於大道兩旁，盡可開溝深廣，旱澇藉以蓄洩，商旅便於馳驅。且大道可行，亦不致故犯田間，踐踏莊稼，是亦水利之一端，刻不可廢者也。謹按，修理隄防橋道，本垂功令[二]。直省間或查辦，而督率無人，未免有名無實。地方官皆以案牘無暇、工費無出為辭。夫郡縣佐貳，類多水利列銜。又本省效用人員，可供驅策。伏祈皇上敕諭各該督撫，嚴飭所屬，務於秋成之後，遴委勤慎佐雜，以及分發各員，督率該地農民，照河工民埝民修之例，酌令富者計畝出夫，貧者出力糊口。於大道經行之所，闊則兩旁開溝，狹則止開一道，幫寬四尺，底寬二尺，深一丈。因其地勢，節節開通，層層疏濬。如有積窪，量加深廣，以為瀦水之地。即以挖起之土，培平大道坑窪，旁起坡岸。如有餘力，再將境內小河溪澗必由之徑，決淤宣滯，預備橋船。乘此農隙之時，工程數月可竣。然後飭令道府，輕騎減從，據報勘實。如所過道路，間有不修，及修不如法，即傳諭地保速集民夫，立時改築。如一處溝渠淺阻，即責令該管近地業户，即時疏濬。而所委工員，果否實心任事，一望可知。優則優敘，劣則議懲，全在大吏秉公，則下僚自然踴躍。夫閭閻自為身家，即使各輸財力，亦合乎「佚道使民，雖勞不怨」之義。況除道成梁，正在此日，行之有效，即莊村徑路，亦可仿行。如果實力辦理，永遠增修，雖未能盡除水患，然溝中行得一分，即地上減去一分，而傍路之地，阡陌綿長，水有歸宿，田不憂其陸沉，旅不病於徒涉。原隰畇畇，王道蕩蕩，於民生、吏治不無小補。』上是之，敕部議覆。九月十九日事。

至是，大學士兼管工部尚書事史貽直等議，奏言：『臣等查得西北各省，其幅員平衍之處，墳壤多而溝洫少，每遇旱澇，蓄洩為難。雖由地勢使然，但地方民牧，果能留心水利，平時董勸居民酌量情形，設法疏濬，行之以漸而有方，則利源日興，而災亦可弭。應如該御史所奏，行令各該督撫，嚴飭所屬，於每年農隙之時，先為親往履勘，傳集地方耆老，於一切應行疏濬培築處所，詳悉籌畫，酌定章程，隨即遴選廉幹佐貳佐雜，及分發人員，親率地保人等，確按貧富居民，或計畝以出夫，或出力以糊口，其所開溝渠，俱按依該處實在形勢，以定寬深丈尺，務令有俾蓄洩，胥歸實效。工竣後，冊報道府，前往查勘。果系

[一] 此處脱『史』字。據官修《清文獻通考》卷九《田賦考》改。
[二] 功令　指政府頒發的法規、命令。這里指考核官員政績的行政法規。

實心任事之員，行之有驗，即備詳督撫，於考課殿最時，臚為一條。倘或漫不經心，甚至縱役藉滋派累，事有實跡，亦即查明，分別糾參，以示懲儆。』奉（俞）〔諭〕旨：『飭下直省，遵照施行。』

尋以河南巡撫胡寶瑔奏辦豫省民田道路溝渠，經理甚妥，諭曰：『國家雖久停力役之征，而開挑溝洫，實為農田之利，通力合作，亦小民所宜自為謀也。今豫省每一州縣，所開溝自十數道至一百數十道不等，田溝固有業户，路溝亦傍民田，民間業佃，就地施工。若工多地少之區，民力難以全任，則於各該州縣額設公費內，酌助口食，用力甚便，而其事易集，行之已有成效。直、豫地屬接壤，乃近年以來，偶值雨水稍多，遂至積潦彌漫，皆由各該地方官平日不能留心講求，至被水成災，又不亟籌疏洩。殊不思溝洫深通，不特有水之年，可資宣導，即雨澤匀調之歲，更可資灌溉之益。著將此摺寄方觀承，令其閲看，董率所屬，仿而行之，實因利利民之道也。』胡寶瑔摺附後。

十二月初一日，方觀承覆奏，言：『臣查直隸各府州屬，地勢雖有卑亢狹衍之不齊，而田間多設溝渠，並開道溝，一律深通，支凑聯絡，蓄洩均宜，實為地方要務。即如宣化府屬，地多高阜，雨過不留。而有洋河、渾河各長渠，支分派衍，瀝水並皆蓄注，足資灌溉之益。最窪如天津、寶坻、文安等處，一經漲泛，輒致彌漫。然當河淀安流之年，平田雨積，亦藉溝渠之宣導。至於平衍之區，尤關切要。臣嘗見民間阡陌縱横，皆有細路交錯其中。年久踐踏平槽，雨後順其地防，即系天然之溝洫。但由此下注之水，如古河舊渠，每多淤墊，濬渠並須開溝，始能引入。又或窪地，仰阻鄰田，非官為督辦，難容越界分疏。臣於此等情形，每歲通飭地方官，隨宜籌度，並派河員協勘。各府州屬，惟正定、順德、廣平、大名、趙州、定州等處，民力易集，出夫甚便，即工多地遠，亦皆如期赴役。如遇需用物料，例動州縣辦公，倘難獨任，則上下游並皆協助，各守成規，略與豫省情形相仿。即如近年漳、冶故道，滏、洺殘渠，隨時修濬，在在通疏。是以連年雨澇，惟附近河流，間有漫及，未至積潦為患，田禾均屬有收，是其明驗。近年河間府屬，河港已多開通，瀝水消退，較前為速。保定四境，開渠種樹，亦已定有章程。其餘各屬，則民力嘗不能齊，而工作亦有非民力所能全任者。向來辦理，俱系核定土方，按名按日，酌借倉穀一升，准其免息還官。兹值歉收之後，仰蒙聖恩，興工代賑，臣遵即通行勘辦。所有開溝、疊道等工作，正定以南，仍循舊例，不入代賑。且只系舊工加修，年內即可報竣。

『又昌、順一路溝道，經臣另案估報。其餘各處，俱已先後開工，比因凍後暫停。至於田間溝洫與大道，或分或合，要使水有歸宿，除只就舊跡加修者，即飭興工趕辦。其或有關上下游機宜，或此損彼益，易啟争執，須權其輕重者。更有窪坎，實無去路，惟分疏水勢，俾其易涸，為一水一麥之地者，俱飭令各州縣，詳細講求，繪圖貼説。臣逐加覆核，復委該管道廳勘議，分飭上緊辦理。向後正當青黄不接之時，貧民咸資力食。經臣行令地方官，遍為曉諭，靡不感頌皇仁，踴躍趨事。至此次開濬之後，應請責成渠長、圩頭，按年勸用民力，隨時經理，官為稽查。如或民力不給，即當欽遵訓示，酌助口食。時當春月，即以例借之穀，為董率之資，乘便集事，更易為功。總期事不勞而民無擾，瀝水有歸，農田杜患，以上慰我皇上宵旰殷懷，遵諭覆奏。』報聞。

二十八年正月初三日，又奏言：『直隸河工效力，以三十五員為定額，所有節次揀發人員，除已咨補得缺外，僅存九員，分隸永定、清河、通、永、天津、大名五道，不敷差委。現在查辦溝渠，亦在在需員。應請敕部在於州判以下等官内，揀選二十員發直，分派學習修防。』得旨：『如所請。』

十六日，又奏：『臣查直隸被災各屬，仰荷聖主逾格恩施，普遍優渥，咸獲安全。向後惟望二麥有收，以資接助。上年地土甚潤，所種秋麥既廣。本年節氣較早，窪地春麥尤多。其布種之法，實種耬中而竅其兩足，足裏鐵略如犁形，長三寸許，其名為齒。兩夫推挽一耬，兩齒劃土深寸許，種由竅出，匀布土中。不暇牛力，無待翻犁，故水甫涸，地猶濘，即可耕種及時。臣所過積水消退之區，已多用耬耕作之人。是此時疏消積水，實為有關民瘼第一要務。幸淀水大落，天津濱淀之西沽疊道，現已涸出，通行無阻。因之文安、大城積水，歸淀甚速。此時文安大窪之所消退，略與上年三四月相等。窪内凡有涸出畸零之地，悉已種麥。其僅餘水尺許者，亦不誤種秋禾。水深二三尺如南阜、孫章、富花等四十餘村，度至四五月間，消減所餘，均可種稻。約需稻種一千三百石，民間可自備四五百石，應為添購八百石。臣已飭司照臣前奏霸州借動營田租息購種發借之例，購買借給，秋後免息還官歸款。至水深四五尺之處，應視洩至幾分。不能復洩，即用所置戽斗，助以人力，臨時酌度情形辦理。

『至天津東南，受静海窪泊並海河倒漾之水，向藉縣東五閘宣洩。今何家圈、灰堆、白塘口三閘，海河已低數寸，現在開放。其大閘口、賀家口二處，海河尚高一尺，俟減低寸許，可以一併開放。現今已涸之四十七村莊，俱經布種春麥。接壤之寶坻、寧河，皆視海河以為長落。海水減寸，内水即可減尺。情形與天津大概相似。其河間、獻縣、青縣、任邱、大城一帶積水，有阻於官隄者，有阻鄰境曲防者，臣皆權其輕重，破其畛域錮習，率同府縣，親度地勢，或暫為開隄排放，或入於溝渠案内，勘定章程，以除患害，民亦無言。上年開溝、疊道未竟之工，現俱上緊接辦。田間溝洫，即次第經理。』

二十六日，又奏：『天津西沽疊道，即系運河西隄，為通京大路。自天慶寺北至桃花口，此二十三里，東臨運河，西阻大淀，淀漲輒漫溢道上，與運河為一片。兼以風浪排激，雖屢加培築，復簽樁護埽，終難抵禦。蓋泛漲有餘之水，有堙無洩，勢必齧隄為患。故西沽一帶，舊建石橋一座，大小木橋三座，使河淀相通，淀水大則洩之運，運水大則洩之淀。而西沽以北，曾無一橋道流通。今疊道已於工賑案內修復舊規，必須多添橋座，如趙北口至十方院疊道情形，乃為合宜。臣將疊道兩邊水勢，逐處詳加相度。應於天慶寺北建三空木橋一座，格淀隄頭建五空木橋一座，西沽板橋北建五空木橋一座，唐家灣汛房東南建七空木橋一座，王家莊北建五空木橋一座，桃花寺茶棚南建五空木橋一座，桃花口南建五空木橋一座。又石橋之南舊木橋，應添雁翅樁木貼板，並疊道尚有隨宜增高加夯等工。共估需工料銀五千三百四兩零。

『查乾隆二十七年九月內，據蘆商查懋呈請捐銀四萬兩，為天津郡城並運鹽子牙河等項工程之用，年內先交銀一萬兩，其三萬兩，於二十八年一年限內交完。今已交過銀二萬兩，應即撥為工程之用。仰承辦各員，及時興工。天津道府，督率稽查。務使工歸實用，一律堅固。』

先後報聞。

二月初八日，又奏：『臣上月具奏《文安疏消積水情形》。奉朱批：「甚是。但去冬何不早疏，今再不可遲矣。」近日所消幾分，並宜隨時奏來。』臣查各屬積水，於開挑溝洫案內，行令州縣，將境內高原、下隰、古河、舊渠，逐一繪圖申送。其中窪地停潦，本不甚多者，一冬以來，已自行消涸。餘皆就近導歸溪河淀泊。是以一交春融，即得補種春麥。惟文安、大城、天津、靜海、寶坻等處，濱海臨淀，非海水淀水減退，則內水不能外洩。幸上年淀漲易落，如文安、大窪在西為頭隄，開溝九道，自九月至今，已分洩十之五六。現尚過水，向前內外水平。文、大兩縣，俱用水車一百數十具，佐以人力，上緊輪戽。剩水一二尺之區，即可同霸州、安州，一例種稻。此時地氣開通，正值淀水上泛，一過清明，即當頓落，文、大等處積水，可望隨之大減。至津、靜一帶，較上月又減尺許，幸其地以漁葦為業，故津軍同知所屬，皆以漁葦徵課。現在魚利甚旺，斤魚值錢五文，小民頗可藉以營生也。

『再河、天兩府屬之吳橋、寧津、南皮、鹽山、慶雲五縣境內之老黃河，上承東省四女寺、哨馬營兩處引河，分減運河盛漲。上年春間挑濬後，水過又復間段留淤。臣專委河廳二員，會同各該縣，逐段查勘，直抵東省海豐、樂陵。所有淤嘴七處，及葦草盤結，淤阻，並流沙之處，現在責成所立渠長，派撥附近認營村民，一律挑濬深通，以暢河流，兼消積水。』

初十日，諭曰：『現在時屆春和，農民力作伊始。非竭力亟為濬涸，何以使舉趾者，無誤春畬。該督正在赴豫會辦漳河。直屬有司，辦理尤資督率，前永安、顧光旭曾經條奏近京水利賑務，令其前往查勘，一切自當盡心。並著都察院堂官，揀派現無別項差使之曉事科道二員，即於明日帶領引見，同永安等星速馳驛前往，分路董率妥辦。』

明日，命江西道御史興柱、浙江道御史顧光旭、山西道御史永安、刑科給事中温如玉往勘。

十九日，又諭曰：『畿輔一帶，去年秋霖過多，窪下之區，現在設法疏消，以利東作。因思海河為積水委輸之尾閭，而地方官或拘於成例，僅將五閘宣洩，不肯推廣籌辦，多開壩口，以為釜底抽薪善策。著協辦大學士公兆惠，速馳驛前往，帶同鹽政達色、知府周元理，悉心確勘情形，有應行增開之口，即一面奏聞，一面辦理。務期去路疏暢。水消之後，補築口門，即不無所費，而利民實多，不必稍為瞻顧也。』

尋兆惠奏：『津屬地窪，日久潦存，自滄州、青縣、静海而下皆然。運河水以堨河淀為歸宿，其東南視海為長落。五閘水高於海河五六七八寸不等，大閘，白塘河舊口寬，賀家口、何家圈、灰堆三閘下注未暢，應濬。新開溝六道，惟北塘東口已涸。餘宜加寬。疊道河岸，高低不一、應濬。溝與河淤處宜開挖，潮汛亦宜防，仍設(版)〔板〕派兵司啟閉，共新舊溝閘十五處，足資疏消。四月可全涸，津邑麥雖不能全種，秋禾無誤。通州、武清均已播種。』報聞。

興柱、顧光旭奏言：『臣等於十二日由京起程，臣永安、温如玉前往天津、静海等處。臣興柱、顧光旭前往文安、大城等處。

『查，文安縣西南各村，地勢稍高，現已播種二麥。東北一帶，最為窪下，積水未消。臣等駕舟前往，逐一查勘，計長四十餘里，寬三十餘里。其湧水村莊，雖有涸出積水自一二尺至四五尺不等。現從其頭村圍埝，挖口五處，放水歸入淀河。相其形勢，積水高於淀河一尺有餘，暢流無滯。將來水勢漸平，即須佐以人力，上緊戽撤，以冀消涸。惟西馬頭隄湧口，計長四十餘丈，河水與積水，内外兩平，既不能資其宣洩，又恐河水轉多灌入，急宜興工堵築。

『訊據文安縣知縣程有成稱，業經督臣方觀承派員，會同辦理。臣等一面即飭該縣備辦工料，一面行移布政使觀音保檄飭該委員等，即行堵築，刻期告竣。

『臣等旋即馳赴大城縣。大城居文安之東南，地勢高於文安。其城之西北尹四岳等二十二村，積水三十餘里，寬二三里不等，接連文安大窪，亦由文安縣之艾頭村缺口，宣流入淀。而大城居文安之上游，文安之水漸消，即大城之水先落。惟應於艾頭缺口水勢將平之候，於文、大兩縣，多設水車，合力濬涸。則卑涸處所，可種秋禾，水一二尺者，尚可種稻。其城安周圍所餘積水，現已開溝宣洩。此文、大兩縣之情形也。

『至霸州、保定，臣等沿途留心察看，水涸處所，無誤春畬。偶有間斷積水，尚易消涸。已飭該州縣等，盡力疏濬，趕種秋禾。一面前往竇坻、寧河等處分路查辦。』

二十六日，奉諭：『此事方觀承派員籌畫，未免稍遲。現在正當加緊董辦。昨兆惠奏報，海河大閘口至鹹水沽等處，添開溝道事宜。並稱一面往勘文安、大城一帶。想此時正可到彼，督率該御史等，剋期將事。但一切雇夫需費，最關緊要。若俟移知方觀承會同經理，則恐緩不及事。前已有旨，分撥部庫銀二十萬兩，解交天津備用。該御史及鹽政所辦工程，應需若干，即於庫銀內先行酌量分給，俾得及時集事。其支領，仍歸地方官核實報銷，以免稽遲。至海河新增洩水溝道，日來是否較前大暢，內地積水，現在涸退尺寸，與布種分數多寡之處，仍即回勘明確，詳細奏聞，以慰懸切。』

兆惠覆奏：『查静海、青縣積水宣消，計日盡涸。霸州水已退，地畝無不種蒔。大城、文安水較大，村莊未涸出者甚多，下流現開口引放。布政使觀音保，同御史興柱、顧光旭堵築上游漫口，以絕河水倒漾，趕於二十九日合龍[一]。惟河流久溢，堵塞已遲。臣現於艾頭村等處缺口，測量高下，相度應行開溝處。飭知府周元理在隄辦理。並令日報放若干，由臣轉奏。各工酌給庫銀，並知會御史、鹽政，一律辦理。』

得旨：『竟遲了。今惟有竭力速行疏導，以望多涸耳。』

直隸布政使觀音保奏言：『臣前奉諭旨，查勘文安、大城等處積水。於本月二十日，自省城起身，由高陽、任邱至大城、文安一路，查辦各該縣二月加賑。折色俱已散給一半。本色領運通倉米石，亦不日可到，隨時補放，實於窮民有濟。見欽差御史興柱、顧光旭，言及查勘文安艾頭村隄口，現在暢流；西馬頭隄口，水勢將平，急宜興工堵築。所需物件，督令該縣採辦，預備運至工所，齊集夫役，於二十四日清晨開工。又順隄查勘，測量水勢，至陶官營、艾頭村二處窪地積水，較之隄外高一尺七寸，至二尺不等。當即在於陶官營開隄二處，艾頭舊缺口之上，開隄一處，在在暢流，勢如傾注。回至西馬頭地方，興柱、顧光旭亦於是日到工。目睹工程，已築有十丈以外，計日可以完竣。』

永安、温如玉奏言：『臣等查勘窪地積水，由天津以南，分路馳赴河、天府屬州縣，並據天津道那親阿，率同該府及所過州縣各員，沿途相視地形水勢，訊以宣洩事宜，正在查辦間。臣永安行次慶雲，臣温如玉行次南皮地方，

[一] 合龍　截流或堵口時，最終到達截斷水流，閉合龍口的狀態。爲順利合龍，可採取加大分流量，設置攔石柵欄以阻止截流材料流失等措施。合龍材料多用石料，石料易於獲得，密度較大，抗衝擊力强。《史記·河渠書》記載漢武帝時堵塞黄河決口，就用竹籠裝石來截流。

均於二十三日，接准協辦大學士公臣兆惠寄信前來，臣等星即回津，將目擊上游情形告知，統俟兆惠通查文、大等處，妥協辦理。

『伏查天津為眾水尾閭，西北大清河一帶，接連武清南境淀泊，本系水鄉。上年雨水過多，至今勢尚停積。西南上承静海獨流、老淀等處，為滄、景、交河、青縣諸屬下游。城東南又滙聚静海北鄉一帶窪泊。疏導之法，總隨海水長落為遲速。入春以來，晴明日多，海河消納者較速，現已積漸退出北面。城南舊有五閘洩水，其間冲刷成溝處所，飭令諸縣，因地疏通，業已開有六道。

『又據協辦大學士公臣兆惠等勘明，改建閘口，添溝四道，工就之後，水勢可望消淺。但日逐風汛、潮汛啟閉，最關緊要，必須地方官親身不時察看。臣等已嚴切諭戒，勿令疏懈。其静海西北兩鄉，因津水日減，涸出地畝甚多，前據該縣於賈口横隄等處，開溝六道。又加催督，於辛莊，羅家堂等處，添溝三道。青縣止有魚莊窪、十里窪兩處積水，舊有鮑家嘴口門，達南運河，其浸口下游，由子牙新河，歸天津紅橋入海。餘處地畝，盡皆涸出。滄州東南積水，歸大莲淀東北一帶村莊，有減水河及母豬港等處分洩，均無多水占地畝。鹽山、慶雲，附近老黄河、宣惠河，積水易消。南皮惟范家隄附近低窪，現已間畝涸出。至各屬旱麥，均已滋長。補種春麥，亦漸次出土。其新涸之地，並静海一帶沙薄地畝，有不宜種麥者，將來或種大田，或種雜糧，均可無誤。臣等現由武清一帶周回察勘，將來水勢消涸時奏報。』

得旨：『盡心查察，莫辭勞苦。勉之。』

顧光旭又奏：『臣同臣興柱已將文安隄辦竣，隨分勘漫水之區，涸出種麥者十之六七。香河、寶坻、寧河水全消。豐潤、玉田開挖東西岔河，於黑龍河尾挖溝，水深處尚二尺。現辦水車戽撤，期於三月全消。臣俟查灤州、樂亭回，仍沿途驗水消退尺寸。』奏聞。

得旨：『嘉奬。』

二十七日，諭曰：『據葉存仁奏，河南各屬，挑濬河道溝渠，俱一律寬深，是豫省水利工程已著成效。直隸連年積水未消，雖多方宣洩，終不如豫省之妥善。從前河南疏濬河工，皆系侍郎裘曰修協同辦理。此時裘曰修服制將闋，著即馳驛來京，督辦直隸水道溝渠事務。』

以兆惠覆奏天津等處積水消退，三月初三日，諭曰：『上年近京低窪之地，如天津、文安、大城等屬，因被秋霖，積水未涸。已屢諭方觀承飭屬設法疏消，毋任因循。在方觀承督理賑務，於水利事宜，或不能一時兼顧，亦當及早相度議奏。朕何難派員專董其役，以利農功。昨因海河五閘宣洩未暢，特命兆惠前往，督率經理。各邑積水，即按日以次消減。前此地方官設能如此從事，何至遲延。非按例示懲，曷以重封疆、勤民瘼耶！方觀承著交部察議。』

初五日，又諭曰：『直屬積潦，猝難稍涸，屢諭方觀承設法疏導。該督初奏，一俟春融，再行相度經理。繼復以海不受水為詞，俱於摺內批諭，毋得因循。然猶以方觀承身任總督，情形自所熟諳。當兩年秋雨過多，未易一蹴施工，兼辦賑殷繁，亦難分身兼顧。是以御史永安、顧光旭等，先後具奏。朕尚意伊等身居局外，坐言易而起行難，轉不無曲諒該督。嗣令永安、顧光旭，並添派御史二員，前往勘辦。又詢問接駕諸臣，以天津海口不應專恃五閘宣導，以致停淤不暢。朕知此事，非特遣大員，不足以收實效。因命兆惠馳往相度，將各處溝閘，開放寬通。不過數日之間，閘口水落數寸。內地已涸出二十餘里。靜海等窪地，亦涸出十分之六。是豈海之受水，適當兆惠到彼時耶？可見事在人為，前此該督辦理遲誤之愆，無由置喙。朕委任封疆，雖細事必加體恤，從不肯以歲時水旱之偏災，諉過督撫。則為督撫者，何所顧慮而不為民請命耶？方觀承如果不存護短之見，早為籌議具奏，朕或指示規畫，或派員佽助，何所不可。顧一切摸棱曠時玩事，朕安用此督撫為耶？細核積水消涸情形，非按例察議所能示儆。方觀承及布政使觀音保，並天津等各屬，俱交部嚴議，以為玩視民瘼者戒。至天津道那親阿、霸昌道額爾登布、天津府知府額爾登額，俱專駐之大員，率屬親民，尤為切近，一切及早疏洩事宜，據實稟請督臣籌辦。如言之不聽，不但可以直揭部科，即據情密奏，朕必深為獎予。那親阿等以滿洲世僕，在部院中尚能曉事，是以擢用外任，俾知實心報效。乃漸染惡習，一味仰承風旨，於地方重務，視同膜外，若不重治其罪，何以示戒？那親阿、額爾登布、額爾登額，俱著革職，發往巴里坤，效力贖罪。夫以直隸近在畿輔，而道府之承順總督，畏首畏尾，情狀若此，又何論於各省乎？嗣後直省監司郡守等員，不知儆省，有仍蹈此轍者，朕必按此例嚴處。直屬水利，除俟裘曰修到日，會同通行勘辦外，現在積水減退，各處隄閘工程，仍著兆惠同方觀承，即速馳往，審度經理。』

十六日，兆惠、方觀承奏言：『文安、大城等九州縣千里長隄，前經奏照代賑工程辦理，雄縣、新安、霸州三州縣，已經完工。任邱、高陽、安州、保定於四月內，均可告竣。惟文安蘇家橋起，至大城馬村閣止，計長一萬九千六百二十八丈四尺，向來該處民修，皆候至四月淀水大落之後，就近取土。今隄身內外水浸，殘缺過甚，工程緊要。若汛前不能涸出有土，恐致遲緩貽誤。臣等詳加籌酌，除有處取土、民力易辦之工，長八千六百二十九丈五尺，共估土二十萬六千二百三十二方零，仍照代賑工程辦理。其餘遠處取土之旱方，計長二千六百九十六丈，估土六萬九千一百五十八方零。水中撈泥工，計長八千三百一十二丈九尺，估土二十二萬七千八百三方零。按照成規，旱方每方銀一錢，外加夯硪銀三分六釐六毫，水方每方銀二錢。該處土性膠埴，無庸再加夯硪。通共需銀五萬五千七（雨）〔兩〕零。仰懇天恩，准令按方給價，即於存貯天津道庫銀二十萬兩內動撥，派員分段承修，交天津、清河二道，督率趕辦，務於汛前完竣，以資捍衛。

『查文安縣附近河淀村民，慣能入水取挖泥土，名為踹蘑菇。應即令此等貧民，赴工力作，既以用其所長，兼可藉以養贍，較之工賑常例，更為優渥，益戴聖主恩施於靡既矣。』

十七日，又奏：『臣等於三月初七日，自黃新莊起身，初九日至文安之蘇家橋。查得文安地形，東西南三面，俱高於積水窪地。惟東北一帶，勢稍卑削，可以瀉水。前經臣兆惠指示知府周元理，於龍潭灣等處，開挖隄口，隨據該府挖口四處，並自行相度，添開六處，連前所開之處，共開隄一十四口。臣等逐口查驗，每口寬二三丈四五丈。計龍潭灣至艾頭村十餘里中，約開隄口四十餘丈，俱屬暢流。即有一二不甚流駛之處，亦俱水從外放。該府周元理，業經預備土、葦、物料。臣等又令其加埽裹頭，如遇淀水一平，即可立時堵塞。

『臣等一面差員，四處沿水探驗近日退出地畝。各處水脈，深淺不同，其退出莊地，亦多寡不一。據報文安縣各水邊，退出地二三丈至二三十丈不等。大城縣各水邊，退出地一二丈至二十丈不等。大抵文安、大城相連，積水境面過寬，一時不能驟減。此時察看淀水，日漸退落。清水泛漲，當在夏至之後。則夏至以前，節次宣洩，自有成效。地方官所備水車一百五十具，應俟內外水平，即用車戽放，以消窪積。

『再，文安四鄉，向來多種稻田。除民間現貯有稻種，臣方觀承前經奏明，買備稻種八百石，均勻借給無力貧户。目今涸出地畝，凡可播種者，即令其及時播種。如水深尺許處所，即可插種稻田，以資生計。

『臣等於十二日，由勝芳淀至天津。次早閱看城南水勢。凡新舊溝閘十五處，內惟陳唐莊、白塘東口二溝，已經流涸，無庸開放。此外各口溜水，皆騰湧暢注，宣消甚駛。津南之水，除黃花泊、柳淀窪、坡水窪等處，地勢過低，原系淀址。現在所有村莊積水，已消十之六七。下剩餘潦，俱可計日涸出。此時新涸之地，或有水氣未净，不能著足耕鋤者，尚須吹曬後翻土。至可以舉趾地畝，俱已翻犁停當。今年津境大田，必能普種無誤。臣等並面交鹽政達色，帶同知府周元理，俟津屬積水一完，即查看各道溝閘，其有足資宣防之用者，務必及時估修，以重啟閉。』均奉俞旨。

四月初八日，方觀承奏言：『查文安大窪，自三月初旬以來，所有洩水各溝道，據周元理稟稱惟龍潭灣一帶，內外水平，已暫用埽個堵閉。其餘各口，照舊宣洩，並於陶官營，排立水車，晝夜戽消。約計二十餘日，窪內落水尺許。東面之得歸村、土橋村、灘里村涸出地十三頃。西面之魯代莊、孔家務、急流口、豐臺頭涸出地十八頃。南面之寇里村、大平州、曹家莊、龍街村涸出地十九頃。俱已播種。向前正值淀水大落之時，尚可望其減退。即已閉溝口，仍可酌量開放。涸出地畝，均能趕種晚禾。其有不能盡涸，而水在一尺以下者，於五月內種稻插秧，尚為及時。大城與窪水相連之二十二村內，如窨子頭、小荆河、九村莊，窪邊水退各數十丈，皆有涸出地畝。現已借給籽種，陸續耕種。

『至文、大長隄工程，計水中撈泥工，長八千三百餘丈，施工既難，為期已迫。臣遴派能事之府州縣廳七員，分段趕辦。令清河道揆義，署天津道周元理，駐工督率。計用小船一千五六百隻，夫萬名，半為文、大災村貧民，咸得趨工食力，隄成，永資捍禦，以此代賑，實荷恩慈。

『至天津南窪，正東、東南地近閘口者，俱已涸出。惟正南、西南兩面，尚水深四五寸至一尺二三寸，各閘口仍前暢洩。除淀泊外，其餘地畝，約於夏至之前，俱可無誤耕植。惟是連年積澇，魚蝦廣產，遺子必多。乾涸之後，雨暘蒸變，即恐蝻子潛生。臣已通飭各屬，預為防範，點驗所設護田門夫。附詳卷後。並多派員役，於荒窪草蕩、人跡罕到之區，加意巡查警誡，以收有備無患之益。』

二十四日，又奏言：『臣至楊村，侍郎裘曰修自天津來。臣於二十日同勘楊村廳屬之筐兒港一帶減河，並商論直隸河渠，意見相同。因此時汛期將至，不能遍勘施工，裘曰修進京面請聖訓。臣即率同天津道，赴文安、大城，查勘千里長隄新工，清河道揆義駐工，督率各委員趕緊辦理，已約有六分工程。文、大被水村民，在於水中撈泥，兩日得土一方，每方工價二錢。在工大小官弁二十餘員，互相稽查，給發工價，皆不假胥役之手，民沾實惠。約五月半前，可以完工。至大窪之水，已與泊水相平。偶遇北風，並虞倒漾。溝口六處，俱備有葦埽。臣逐一察看，悉令堵閉。一月以來，窪水耗落一尺，窪西涸出地百餘頃。高處秋禾，低處稻秧，俱已滿種。至河間、任邱瀝水，在於窪南廣安隄內，間挑引河，穿子牙河隄，洩入楡錢窪，不使大窪復有新至之水。現交天津道，督率大城縣趕辦，務於汛前完竣。』先後報聞。

五月初八日，諭曰：『直屬勘理水利河渠，端緒既紛，地面亦廣。裘曰修一人，不惟綜理為艱，且會同方觀承籌辦。地方有司，不無各存畛域。欽差與督臣和衷與否，均難調劑。因思阿桂已有旨留京，工部事務暫令舒赫德署理。所有一切疏濬、修葺等事宜，即著阿桂與裘曰修，會同方觀承妥協相度酌辦，則兩人共秉虛公，該督自無意見同異之嫌，諸務並易就緒。遇應回京時，即照裘曰修之例，仍赴部辦事。如再應赴勘，即將部務徑交與舒赫德兼攝辦理。有應陳奏之事，即具摺送行在奏進。阿桂等不必赴熱河。不獨伊二人每事虛心商榷，共期集事，即與方觀承，亦不應各存形跡。庶於水道民生，均有裨益。』

二十二日，方觀承滙奏《開溝、疊道、代賑等工疏》

言：『直屬大道溝渠，田間澮洫，臣遵旨通查，節次具奏。除自正定以南至磁州一路，並東路之景州，均循照舊例勸用民力，不入工賑。其自大興、宛平，東至通州、三河、薊州、豐潤、玉田、撫寧一路，西至良鄉、房山、易州、涿州一路，西南至定興、安肅、清苑、滿城、完縣、望都一路，東南至新城、雄縣、任邱、高陽、河間、獻縣、交河、阜城一路，又運河大道，武清、天津、大城、静海、青縣、吴橋一路，共三十二州縣，計土一百八十六萬九千三百三十六方，需米一萬八千六百九十三石三斗六升，銀一萬八千六百九十三兩三錢六分。又望都縣修治田溝，計土六萬一千二百九十六方，需米六百一十一石九斗六升，銀六百一十一兩九錢六分。内有疊道應加夯硪，溝渠應添閘座等項，另行確核，歸案估報。所需米石，動支本處倉儲，並由鄰近撥用。督銀兩在於司庫節年存公耗羡，並三省協耗項内撥發。督飭各該地方官，以次興修。業於四月内一律完竣，察看如式。如有再應增高濬深，應需續辦之處，臣與欽差尚書阿桂，侍郎裘曰修，於查勘水利之次，可覆加籌酌，另按土方定例辦理。所有前項用過銀米各數，分晰造册，送部核銷。』

奉硃批：『溝渠即河道之脈絡也，應聯為一氣，方得宣洩之宜。』

二十一日，又奏《續辦河隄代賑工程疏》言：『臣與布政司，將辦過各工，通加查核。除上春因千里長隄無處取土暫行停止，今春覆查文、大二縣工段内，有一萬一千餘丈，應照土方定價，改為帑工。經欽差協辦大學士公兆惠，會同臣奏准，應將原估工賑銀米，照數扣除。其餘或於原估工段外，續有汕刷停淤，應行接修展濬，或系前此未入估報，因籌辦積水，應將古河舊渠疏通宣導，兼須培補隄岸者，皆為上年滙奏後續辦之工。

『如涿州、良鄉、霸州三州縣之牤牛河，良鄉之籬笆房河、黄管屯河、雅河、廣陽河、茨尾河、清水溝，並牤牛支河，房山之順水河，固安、永清、霸州三州縣之黄家河，霸州之中亭河、護城河，並下六工圍埝，永清、東安、武清三縣之永定河越埝，大興、東安、通州、武清四州縣之鳳河上游，武清、天津二縣之筐兒港減河南北隄，天津之桃花寺北斜埝，津軍、子牙二廳屬之格淀大隄，大城之子牙隄埝，保定縣之續估長隄，青縣、滄州二減河，吴橋之沙河、漫河，任邱之大清河、馬道河、大港引河，雄縣之西槐支河，新城之高橋河、盧僧河，並十九堡河隄，清苑之府河，陽城河、齊賢河、金線河，安肅、容城、新安三縣之瀑河，薊州、玉田、寶坻三州縣之薊運河，薊州之泃河隄，寶坻之鮑邱、窩頭各河隄，香河之百家灣河，玉田、豐潤二縣之還鄉河，豐潤之黑龍河。共計土二百七十四萬一千二百三十一方，需米二萬七千四百一十二石三斗一升，銀二萬七千四百一十二兩三錢一分。以上各工，俱於汛前辦理完竣。俟委勘收工，核實造册，同上年工賑之案，分别報銷。』

得旨：『系上年餘下工程，固應如是辦理。若別有新工，當會同阿桂、裘曰修妥商，方不至兩相扞格。此奏亦令彼等知之。』

六月二十三日，諭曰：『御史朱續經自天津巡漕復命，奏直隸胥役斂派車船，勒索賄放，方觀承不能督屬鋤奸，已諭令據實覆奏矣。地方蠹役，藉端派索，原難保其必無。惟在該管官加意稽查，嚴行懲創，自然斂跡。方觀承在直年久，每存息事寧人之見，不免專務姑容，朕亦不能為之諱。前此辦理疏消積水，不能及時，業交部嚴議示懲。方觀承諒當痛自悛改，而言者動以為歸過之地。在該督身任封疆，於關係民生事務，並不實力董率，咎固難辭。但通省事務殷繁，又值災歉之後，措置不無竭蹶。持論者置身事外，坐言易而起行難，使易地以處，恐其所展布，或未必能如該督之勉力支持也。過而能改，尚可冀其自新。方觀承如自愧悔，湔滌前非，正宜稍假時日，以觀後效。倘其因循玩愒，復蹈前轍，斷不能逃朕洞鑒，自必明治其罪，又何能屢邀寬典乎？至該御史請設專司河務大臣以資辦理之處，直隸曾設立河道總督，亦不過專辦永定河防汛工程。此外全省河渠，原非所屬。至營田水利工程，辦理數年。因南北地勢異宜，亦未著有成效。是以仍令直隸總督，兼司河務。現派尚書阿桂、侍郎裘曰修，往來直隸各屬，會同詳勘修防濬築事宜。較之設立河員，與地方官立異掣肘者，固屬有利無弊。即嗣後遇有應行修濬之工，隨時特派大臣督理察勘，自足收相機集益之效。該御史所奏設立專員之處，著不必行。』

七月初六日，方觀承覆奏言：『六月二十八日奉到諭旨，經巡漕御史朱續經參奏直隸胥役斂派勒索，詢臣曾否確查嚴懲之處，據實陳奏。臣跪讀之下，不勝惶悚。

『查州縣蠹役，藉稱公事，派累需索，實為通弊。惟在地方官留心查察，有犯必懲，庶知斂戢。即州縣約束不嚴，咎尚可逭。倘曲加護庇，如從前良鄉縣知縣李衡縱役勒索車户一案，經臣查出參革，不敢姑容。每於地方需用車船，批檄告誡，不啻再三。近日海運奉米十一萬九千余石，又豫省協辦米七萬石，應分派各屬領回，補實倉儲。又奉天黑豆五萬七千石，應交通倉。均須雇船轉運。有天津縣楊柳青船户王天佑等五船，不願領載官糧，縣役齊萬倉，乘機索銀十二兩，將五船賣放。又船户楊宗民等四船，憑紀化一向縣役來自寬説合賣放，言定制錢七千五百文，當交五千文，〔余錢未付〕〔一〕。經該縣先後查出稟究。臣飭將該犯等枷號河干示衆。

『再，臣於邸抄內，見朱續經原奏，尚有派牛馬、派土方兩條。民間耕牛，官無所用。惟驛遞猝遇差多馬短之時，例准雇用民馬，按日開銷雇費一錢，然亦系偶有之事。

〔一〕余錢未付　原文脱。據《方恪敏公奏議》卷八《畿輔奏議·懲辦胥役斂派車船並恭謝天恩》補入。

至於土方不離隄河之役，就直屬隄河最著而言，如千里長隄、薊運、子牙、豬龍等河隄，自來系附近村莊認定工段，名為業隄，勒之碑碣，載在志乘，責令歲修。裹糧從事，並無違言。州縣之能體恤者，嘗請借給口糧，以資力作。比因連歉之後，自正定府以北應修隄河工程，仰蒙皇上軫念，照代賑之例，按方給與錢米，勤力者日挑土二方，或方半，所獲即與方夫全價無異。其懶惰者，兩日挑不及一方，轉以所給錢米，不敷日食，遂散佈浮言，指為地方官派累。然亦百人中之一二人。而過境採訪者，往往即據此一二人之語，以為指摘。夫培隄濬河，凡以為村民保障田廬，即其自為計，亦當致力，況已給有土方半價，而猶謂派累，是民力竟不當用，凡有興舉，即須動帑，幾令通省河道之歲修，皆與永定、兩運相同，廢百年之成規，長小民之惰玩。更遇庸懦守令，畏避浮言，馴至一事不可為矣。臣蒙高厚隆恩，畀以封疆重寄，頻頒訓諭，因事提撕。深惟曲全屢宥之恩，益勵悔罪思愆之地。臣惟有凜遵敬佩，倍加省察，圖報高深。所有臣查明緣由，理合奏覆。再該御史所稱，業經知會地方大員，〔設法懲治之處〕〔一〕。天津以道府為大員。臣詢問該道府等，皆稱該御史並無知會應行懲治之事。』奏入，命朱續經明白回奏，乃三月以前已經查辦之案。上以其取巧，下部察議。

九月初十日，阿桂等奏言：『臣阿桂、臣裘曰修於八月二十四日出京，由通州、三河、薊州、寶坻、香河、武清、東安、永清等處，轉至保定，會同臣方觀承，復由滿城、望都、定州、新樂、正定、欒城、趙州、柏鄉一帶，勘視河道。所至之地，秋禾俱已收穫，秸稭山積。婦女童孺，赴田撿拾木棉。窮鄉陋邑，皆苫蓋房屋，民情頗覺安舒。聞臣等奉命前來查辦，疏濬以除水患，尤頂戴皇恩，歡欣鼓舞。至直省水道興舉事宜，所勘過天津、河間等處。其土方丈尺，上下游承接地面，現已委員逐段再加確估。俟查覆到日，臣等於此一帶滹、滏諸水，亦可勘竣。通盤籌酌，即行會奏。』報聞。

尋勘竣，酌擬八條具奏。此奏檢查未得，闕以俟補。下大學士等會議。

十月初四日，大學士公傅恒等會議奏言：『查直隸水利河淀，支派甚多。若於汛前，一律趕辦，為時既迫，工段過繁，轉恐難免草率。且二十六、七兩年，雨水亦非常歲所有。至今歲各河，並無漲發之處，又未可視為準則。今遵旨分別緩急，臣等詳加酌議，將近年潦水無消，致有壅塞漫溢民田受患者，謹擬先行辦理。其餘工段，統俟將來試看水勢情形，再行具奏。至兩運宣洩之路，業蒙恩准於四女寺大加展寬，已收釜底抽薪之益。其直省各減河興挑之處，現在一併暫緩。除另案千里長隄並海河疊道、

〔一〕設法懲治之處　原文脫。據《方恪敏公奏議》卷八《畿輔奏議・懲辦胥役斂派車船並恭謝天恩》補入。

閘座工程，於發存天津道庫銀二十萬兩內動用報銷外，今所擬急工，共約估需銀三十二萬六千五十八兩零。應飭户部撥給方觀承，督率地方道府各官，確核辦理，以收實效。

『急辦工程清單：

『老黄河，二萬九千一百三十一兩二錢。

『金沙岡，五百十八兩四錢。

『塌河淀、七里海除葦，八千二百五十兩。

『西隄頭引河，一萬二千一百三十六兩。

『罾口引河，五千四百六十五兩九錢。

『西淀、趙北口、馬道、大港引河、窑河、毛兒灣，四萬零三百三十一兩四錢。

『東淀、張青口、中亭河、蒼耳淀、張家嘴、左各莊、勝芳村、南引河中股間段挖淤去葦，七萬三千三百七十六兩八錢。

『子牙正河，自張家莊至當城止，挑深開寬，六萬四千九百六十九兩一錢二分。挖河之土，即以培隄。

『閻兒莊草壩，四千九十九兩零。

『留兒莊石壩，六千四百四十二兩零。

『盤古廟以下至鮑家嘴挑淤築隄，四千二百二十一兩。挑河之土，即以培隄。

『交河吴家窪引河，五百二十三兩。

『下游至大渡口，二十二里，五千八百八十兩。

『保定九龍泉至依城河，並大莊引河，一百七十九里，四萬四千八兩。

『大溵淀兩溝，二千二百五十兩。

『雜淀去葦，一千三百六十五兩。

『冀州老龍亭建閘，一萬四百十五兩。

『廣平府牛尾河南岸建閘一座，九百二十五兩五錢。

『廣平府牛尾河至大陸澤，間段酌挑，一萬一千一百一兩。

『洨口以下滹、滏會流，酌挑，六百五十一兩。

『以上共約估銀三十二萬六千五十八兩零。』

得旨：『允行。』

二十九年二月十一日，方觀承奏：『竊照天津海河疊道、閘座、引河各工，先經臣等會同查勘，除工賑案內普加修築，高四五六尺，底寬四丈至四丈五尺不等。內有三十八里零，應比前工加高二尺。其海河近處，再加高二尺，培厚一二丈不等，夯築堅實。估需銀五千四百九十七兩。

『又疊道之鹹水沽、白塘口、賀家口、何家圈、雙港五處，均改建雙空石閘。每空金門各寬一丈二尺。除舊料添補，共估需銀一萬七千一百三十四兩零。又挑濬六閘引河、城河，共估需銀一萬四千八百四十八兩零。又挑濬大沽海口葦淤，約長一百五十丈，寬三十丈，估需工夫銀一千二百六十兩。

『經臣等開列清單，恭奏在案。今覆加細勘，海河疊道至鹹水沽，地勢較高，每當海潮發時，循引河西注，不及半里而止。自來無虞倒灌，毋須閘座啟閉。其舊有木橋，應行修葺。並將洩水引河隄道，間段修築，以防旁溢，以便行旅。共估需銀一千四百五十二兩零，合之白塘口、賀家口、何家圈、雙港四處石閘，估需銀一萬二千七百八十兩零，共銀一萬四千二百三十二兩零，較原估計減銀二千九百兩零。

『再查賀家口、何家圈、雙港各建閘處所，地勢本低，現在疊道加高二尺，三處閘面亦應加砌石二尺，並同白塘口閘，俱用磚添砌轉頭雁翅，以資鞏固。計添估銀一千七十八兩零。

『又天津東門外，舊有單空石閘一座，宣洩護城河積潦。其牆板均有損壞，應並修理完整。計添估銀一千七百十八兩零，即在減估之二千九百餘兩内，通融動用。其各閘、引河、城河、葦淤等項，俱照原估辦理。』

又奏：『文安大窪濱淀之千里長隄，蒙恩准動天津道庫發存銀兩，修築鞏固，淀水已無旁溢。惟文安南境，河間一帶瀝水，向亦漫入大窪。雖築有廣安民隄，防其北漫，但東面有大城長隄，隄身横亘，地勢復高，瀝水向東，全無去路，輒北潰廣安隄而出，致為大城、文安之患。

『臣方觀承先經相度情形。大城長隄，惟近王蕃村者，用水平量較，地勢稍低。穿隄挑河深五尺，即可將瀝水洩入隄外之榆錢窪，俾東注於子牙河。再將廣安隄，動項加培高厚，則文安大窪南水之患亦除。嗣經會同臣阿桂、臣裘曰修覆加確勘，籌及子牙河盛漲之時，須防倒灌，應於王蕃村穿隄出水之處，建雙空石閘二座，閘外開挑引河一道，長九里二分，面寬六丈，深七尺。以挑河之土，築為南埝，並加培廣安隄工。共需銀一萬六千一百五十九兩零。

『又王蕃村外之子牙河，更宜分導入於蘇家窪，以防盛漲西溢。應於昌門村挑濬引河一道，長十五里，面寬四丈，深五尺。估需銀三千二百八兩零。經臣等於水利案内，開列清單具奏。嗣遵諭旨會議，分别緩急。因前項工程，已同文安長隄，議於發存天津道庫銀内動用，是以未入急工之内。隨復委道廳等細加確估，建閘培隄、挑河，並昌門引河，共估需銀一萬五千五十八兩零，計照原估節省銀四千三百餘兩。應請仍於發存道庫銀内動支辦理。』

均奉諭旨。

是月裁垡船三百二十隻，衩夫一千八十名。裁管船千總二缺，改設守備一員，駐劄天津。又裁三角淀廳屬及保定河捕廳屬把總各一員，其經制外委二十員，悉行撤回。方觀承以節費奏請故也。

三月初二日，又奏：『竊照乾隆二十六七兩年，淀河漲溢，文安縣大窪積水無路宣洩。隨於臨淀大隄之西馬頭開隄放水，又於左家莊、龍潭灣、艾頭村等處共開溝十二道，相機疏導。並調委員弁，會同該縣，購辦料物，將放水溝口鑲裹，以防汕刷。派撥兵夫，駐工防守。一面豫將葦草樁麻等項，籌貯備用，俟內外水平，即行堵築。嗣據該縣詳報，西馬頭開隄口，寬四十五丈，自淀底用層葦層土，堵築堅固，高與隄平。共用工料銀一千九百三十七兩零一錢。左家莊等十二處溝口，寬自四丈至七八丈不等，共用工料銀六百六十五兩九錢零。造具估册，由天津道核明申送。隨據布政使觀音保覆加確勘，所有用過工料銀，共二千六百三兩九錢零，俱系實用在工，應請於發存道庫銀內動撥，隨同千里長隄工程，並案報銷。』報聞。

初四日，命裘曰修副舒赫德，前往福建審訊案件。

初五日，方觀承奏：『水利工程，以東西兩淀、子牙河，工作為多。一時人夫並集，不下三數萬計。河淀避遠，所需食米，皆來自零星販賣，不免居奇昂貴。貧苦夫役，既多耗費，值此青黃不接之時，更恐市集糧價，藉端翔踴，並致有妨民食。臣體察情形，行令總辦之道府等，仿照從前挑濬青、滄減河章程，公同籌畫。

『茲據天津道等查明，河淀土方一百五十餘萬，以每夫每日挑土一方、食米一升計之，約需米一萬五千余石。

『查，乾隆二十八年，奉天買回粟米，存貯天津北倉。除撥用外，尚存米一萬九千余石。其米經由海運，未免帶潮，難資久貯。應請將此項米石，分運工次，設廠平糶，按夫役十名，給票一張。見票散米，俾得就近買食。其非做工夫役，嚴禁冒買，以杜轉販之弊。核計奉米每石成本一兩二錢八分零，分運各廠，水路居多，陸路甚少，加入水陸脚費，及一切雜費，約計每石合銀一兩四錢上下。現在興工各處，粟米時價每石二兩內外不等。若照平糶常例，各按地方，分別酌減，則價值參差不齊，轉恐人多弊生。臣酌擬每米一石，以糶銀一兩七錢為率，錢文照時價折算。力作窮民，既得沾被皇仁，米無貴糴。其糶價盈餘，請即以充修葺北倉坍損各廒之用。現飭該道府赴北倉坍損各廒，確加勘估。容俟估報到日，核計糶價各數，另容奏請遵行。』得旨：『嘉奬。』

十一日，命阿桂往署四川總督。

二十三日，方觀承奏：『竊照直隸水利各工，臣帶同原辦之道府等，覆加細勘，有原估尚可節省者，有相連工段為原估未及，可於原估內通融辦理者，內如望都九龍泉河，接連清苑之大莊引河，綿長一百六十餘里，俱已開通。其下游之安州依城河為入淀尾閭，自應一併挑濬，以資暢達。

『又安肅之漕河、瀑河，因歸淀之路淤阻，乾隆二十六七兩年之水橫溢大道，致阻差郵。應將漕河下游疏濬，並修補隄埝，瀑河裁切淤嘴，於正、支兩股分流處，建築滾水石壩，俾有節宣。

『又原估青縣盤古廟、鮑家嘴入運引河，因防運河盛漲倒灌，無庸挑濬。應將廟後之十里窪開挑引河，導水歸入東支黑龍港，通入子牙故道，則青縣之水患可除，杜林之停滂易洩。

『又静海之蘆北口河，與天津南窪相接，應並開挑，俾與五閘引河，並資宣洩。

『又寧河塌河淀分疏之賈家沽道引河，新安大澱淀迤西之韓家埝引河，與現辦工段相連，亟應並加濬治，始可以收支聯絡奏之益。同各工應建之閘座橋樑，均與尚書阿桂會同商酌，意見相同。臣現在親赴各工督辦，將應做工段丈尺，及估需銀兩細數，另行分晰具奏，於各工節省項下，通融辦理。至勘驗收工，應於五月底汛水未至之前，普行勘畢，方為妥協。臣已將各工分别難易，通飭印委各員，其早方易辦者，限於三月並四月初旬報完；水方、蘆板方難辦者，限於四月下旬報完。蓋淀河之水，須交四月，乃得大落。與其此時水中撈泥，多費工帑，不若待其淺落，加夫並日趕辦也。再尚書阿桂、侍郎裘曰修均已奉差，相應請旨，另派大臣收工。容臣於收工前，訂期前往。』

得旨：『届期奏請可也。』

二十九日，又奏：『查保定府屬望都之九龍泉河，接連清苑之大莊引河，俱已開通。其下游之安州依城河，應挑長二千二百餘丈，面寬五丈八尺，底寬三丈，加深七八尺不等，估需銀三千七百七十五兩零。

『又安肅之漕河，亦以依城河為歸宿。其上游，自慈航寺至龍華村，尚可毋庸挑濬。應自龍華村起，至入依城河止，挑除淤阻。計長三千七百餘丈，面寬六丈，底寬四丈，深四五尺不等。估需銀五千六百十三兩零。

『漕河南隄四十里零，應加培築。計頂寬一丈，底寬三丈，高五六尺不等。估需銀四千七百四十一兩零。

『又安肅瀑河，已於工賑案内開挑。因河形灣曲甚多，易於留淤，今應逐段挑切淤嘴，俾得暢注。估需銀一千八十餘兩。其上游之姜女廟，有南股支河一道，節年分水過多，以致正河淤墊，支河復窄不能容，漫溢驛道、民田為患。今應於正、支分流處，建滚水石壩一座，金門寬八丈，使水由正河刷淤歸淀，支河惟分減盛漲，俾可容納，以免泛濫。石料灰樁等項，估需銀五千六百十三兩零。

『又新安大澱淀迤西之韓家埝一帶，為西北王家溝、孟家溝、鄭家溝諸水滙歸之所，散蕩無歸。應挑引河十三里零，導歸雜淀，面寬二丈，底寬一丈，深三四尺至八尺不等，估需銀七百八十九兩零。

『又新安東門並依城河下游大木橋四座，端村石閘一座，均應修葺，以資蓄洩而通行旅，估需銀一千一百三十兩零。以上各工，共估需銀二萬二千七百餘兩。

『又九龍泉河舊石閘二座，藉以蓄水灌田，今河已開展，閘須接寬。除舊料抵用外，共估需銀二千八百三十一兩零。

『又大莊引河南口，應添建石閘一座，隨時啟閉，以資灌溉。估需銀二千七百餘兩。

『又九龍泉舊有木橋，應拆造五座。每座長六丈，寬一丈六尺。共估需銀二千一百十三兩零。

『以上各工共估銀七千六百餘兩。應於九龍泉河水工，並各工減估及淀河水方改旱等節省項下，通融辦理。仍俟工竣會勘，另造册送部核銷。前項工程，即在上年原奏八條之内，謹照進呈原圖，將新工繪圖簽明，恭呈御覽。』

得旨：『自應如所議行。但須查察，毋致冒銷，俾帑歸實用可也。』

四月初四日，方觀承參奏大城縣知縣羅學旦經辦工程，並不親身料理，任聽勒休前任縣丞王邴，按五日一次發價，弊混克減，致民夫多有逃逸，貪黷乖張，劣跡種種。

初六日，奉上諭：『河工關係水利民生，最為緊要。羅學旦以承辦之員，既不在工料理，任聽縣丞，短發價值，以至於民夫逃逸。甚且縱令居民占種，按畝索錢，置民瘼利害於不問，情罪重大，與辦賑侵漁肥橐者何異。此等非尋常劣員婪索可比，非立予重懲不足示儆。著革職拿問，嚴審治罪。』

同日，方觀承奏言：『前奏子牙河故道，如黑龍港杜林鎮，上承阜、獻一帶之沙河、普頭河、欒河、滹河、亭子河諸流，並南宮、棗强、故城、阜城、東光、交河等州縣瀝水，均以鮑家嘴為歸入南運出路。請於盤古廟西北，地名十里窪之金家營，挑（窪）〔挖〕引河一道，使昔之下注鮑家嘴諸水，折入東支黑龍港，由新河口，穿獨流疊道，歸入子牙大河。即以挑河之土，堆築西岸成隄。嗣於覆奏急工案内，祇議將盤古廟至鮑家嘴開河築隄，其十里窪、黑龍港挑濬各工，未經列入。

『茲臣覆加細勘，黑龍港杜林鎮滙上游諸水下注，多在六七月間，正值南運河盛漲之時，不但内水不能洩入運河，兼恐運河漲發倒灌，北抵杜林為患。仍應於十里窪開挑引河，導入東支黑龍港。由子牙故道，歸入大河，足資容洩眾流，而無運河倒灌之慮。臣與尚書阿桂，復再四商酌，應請仍照原奏辦理。計挑十里窪引河，長一千三百餘丈，面寬四丈至八丈，底寬三丈，深二尺至九尺。河口建木橋一座，並將盤古廟至引河口淤淺處，及夾河隄兩溝挑濬。共估需銀二千八百六十餘兩。其引河兩岸隄工，共長二千六百餘丈，應築底寬三丈六尺，面寬一丈二尺，高六尺，估需銀二千七百二十餘兩。夾河西隄，應間段修補，湊長四百八十餘丈，估需銀八百三十餘兩。又東支黑龍港，應由十里窪引河口起，至新河口，於河底抽槽，計長五千四百餘丈，面寬四丈，底寬二丈，深三尺，估需銀二千一百二十餘兩。又自新河口起，迤下為子牙故道，至老君泊止，應間段挑濬，湊長七千九百餘丈，面寬四五丈不等，底寬二丈，深二尺至五尺，估需銀六千二百六十餘兩。以上共估需銀一萬四千七百餘兩。除將盤古廟、鮑家嘴停修工段銀兩抵用外，餘即於子牙河本工減估節省項下，通融辦理。俟工竣，會勘造册，送部核銷。』

又奏：『上年十一月初五日奉上諭：「裘曰修奏請將山東主簿呂又祥調赴直隸，教演撈泥工程，著照所請，俟明歲正月東省工竣後，即令該員酌揀熟諳人夫十餘名，並帶一切器具，前赴直隸，聽候方觀承調撥各工，教習襄事。」茲於本年二月十四日，呂又祥帶領人夫十八名，並攜有鐽布兜器具來直。臣隨交令辦工各員，帶赴淀河演習。

『查，直隸向亦制有此具。布兜之口，橫鐵如鐽，以長竿系兜，鐽摟河底泥沙。凡稠泥及新淤活沙，甚為得用。如遇久淤板沙，則不能鐽割。稀泥則不受鐽，而水先滿兜，出泥有限。施之淀中各河，有宜有不宜，其情形異也。茲東省所制之兜，比直隸稍小，用之較為便捷，且兜泥出水，每苦其重。今於兜口另系一繩，一人對面提之，與竿並舉，出水較易，更為得法。工員督率民夫，隨同演習，照樣加繩，在於淀內之中股河、大港、毛兒灣，有活沙稠泥處所，辦理妥協。今據呂又祥以數處工竣，本省需員，懇請回汛。除咨明東省外，應具摺奏明。』

均報聞。

二十八日，奏：『查水利各工，經臣分別難易，立限飭辦。其難辦之工，俱限於四月下旬報完。茲據總辦水利之道府稟報，各屬隄河工程，以次完竣。惟閘壩橋樑木石等工作，宜求堅固。須至五月初旬內外，乃可一律全完。臣思收工惟河道為要，須在汛水未至之前，其餘自可遞及。仰懇聖恩，簡派大員，會同臣遍歷工次，詳加驗收。於收工之後，將一切隄河，悉照確實丈尺，並閘壩等項，核計土方工價，造具細册報銷。』

三十日，奉諭：『著兆惠馳驛前往，會同該督赴工次驗收。』

五月十五日，兆惠等會奏言：『臣兆惠於初八日自京起程，行至良鄉。是晚雷雨大作，四野田畝，俱極沾透。初十日至保定府，該處村莊，亦均得雨，麥田已經成熟。十一日，會同臣方觀承由保定起程，查驗九龍泉、大莊引河等工。十二、十三、十四等日，自安州、新安、雄縣、任邱、霸州，至文安之勝芳淀，所有沿途各工，照估查驗，丈尺俱屬相符。此時汛水將至，驗收之後，即令開壩放水。再文安窪地，即系臣兆惠去歲查閱積水之處。今皆一望葱蔚，盡種稻麥，閭閻光景，大不相同。十五日早，據文安縣報稱，淀東邢家墳荒草地內，生有蝻子一塊，長百余步，寬數丈。現在多集人夫，開溝撲滅。臣兆惠、臣方觀承，隨親往查勘，業經印委各員，督率民夫，即日撲滅凈盡。現在即由大城、青縣一路驗收子牙等河工程。』

十七日，得旨：『覽奏欣慰，蝗蝻搜(補)〔捕〕之事，總當竭力督率。』

二十四日，又奏：『竊臣等由淀河一帶勘收工程，至子牙河，將以支作正之新河，下至獨流、當城，並留兒莊石壩。又舊正河間段開挑，作為減河。又王蕃新開引河，疏導河間瀝水，歸入子牙。又青縣十里窪上承河間、冀州等屬之瀝水，滙入東支黑龍港，下歸獨流，過獨流大橋，由格淀隄至天津，勘收塌河淀之西隄引河，七里海刨葦。又海河疊道各閘座、橋樑，並閘下各引河，具逐加丈量。其河道寬深，並疊道閘座高厚丈尺，與原估俱屬相符。驗收之後，有應開隄放水，並開閘引水灌溉之處，俱令分別辦理。

『再，臣等前在文安邢家墳，見有蝻子，當即會同捕除。續據慶雲縣稟報，縣南三十里外之蘇家窪、樂漁窪、張培元莊等處荒窪地内，有蝻子生發，塊段零星。經天津府率同該員撥夫撲打，已於本月二十二日捕除净盡。二十四日前往寧津、南皮、吴橋一帶，勘收宣惠河、老黄河間段所挑工程。即自景州赴廣平府，勘牛尾河。又冀屬之衡水縣石閘。又望都九龍泉河、安肅瀑河石壩事竣，由安肅回京。』

六月初七日，兆惠覆奏言：『臣等奉命勘收直屬水利工程，於五月十一日，自清苑縣大莊引河起，由東、西兩淀，至天津海河疊道，赴慶雲、寧津、南皮、吴橋一帶，勘收宣惠河、老黄河間段挑工。即由景州，至冀州屬之衡水縣，閱勘老龍亭石閘。又自衡水至廣順所屬，勘牛尾河。回至望都縣，勘九龍泉河，並安肅瀑河石壩。凡應勘收各工，俱已完畢。承辦各員，遵照原估辦理丈尺，均屬相符。至各工疏築情形，逐加相度，或除其壅閼泛濫之害，或興瀦蓄灌溉之利，均屬有益宣防。除用過錢糧細數，臣方觀承飭司據實造册，報部核銷外，驗收各工清單，臣兆惠即交工部存案。俟估册到部時，以憑核對。所有事竣緣由，合詞具奏報聞。』

附：胡寶瑔《開田溝路溝摺》

乾隆二十七年十月，河南巡撫胡寶瑔奏言：『臣查豫省地勢，在諸省中最為平衍。其恃以宣洩者，溝渠之功，實與河道相為表里。所當隨時講求，不可暫廢者也。前蒙聖主特恩，大發帑金，修濬河道。臣於二十二年工竣之後，敬籌經久事宜，即將民田溝洫宜開，並每年加挑路溝及小港廢渠宜復各緣由，臚列陳奏。恭奉硃批「如所議，永遠實力行之」。

『臣欽遵率屬辦理。是年每一州縣中，計開溝自十數道至一百數十道不等，其長自里許至數十里不等，寬深自尺至數丈不等，皆以足資蓄洩為度。其路溝除驛路加挑外，凡商旅通行之路，亦一律開溝種樹。其時皆民間業佃，各就地頭施工。雖有綿亘一二十里者，而一人一户，承挑無幾，是以民易為力。當復將普開溝洫情形，具奏在案。自是每歲，或於春融，或於農隙，通飭地方官隨時勘辦，並令專司水利道廳等員，俱來督率。臣及兩司於巡查各屬時，隨處查勘。總緣民間連獲有收，已享其利。每歲加修，更屬力少而事便。是以逐處寬深，鮮有水患。即上年被水，皆由外河冲決，並無內水彌漫之處。且節節疏通，就下甚利。是以田地皆得速涸，不誤耕種，尤其明驗也。今年農務早畢，即於九月內，臣囑令護撫臣輔德，通行各屬，照舊勘辦，已據報竣者十之八九。茲蒙諭旨訓示，臣復通行飭查，並令凡可以加寬加深之處，寧可有餘以資蓄洩。至於勸用民力，相習已久。蓋田溝固有業主，即路溝亦緊與民田相傍，其修濬為農田之利，愚民亦所易曉。惟因勤惰不一、眾力難齊，不無扞格。今得官為督率，則通力合作，自屬樂從。且各就地頭出夫，則貧富自均，而就役亦便。又皆令渠長、地保管理，不經胥吏之手，一無擾累，民情實屬相安。嗣後應請各照舊辦理。其有民力難以全收之處，自應欽遵聖訓，酌助口食。查工多而田畝亦多，仍屬眾擎易舉。惟工多地少之處，則須為酌助。但歲修一事，究非特興大工可比。向於各州縣額設公費動給，已可敷用。嗣後應請仍以公費動用。臣更當親加稽查，總期為之有實，俾小民咸蒙其利，而不至少有滋累，以冀仰副聖主殷懷。十一月二十四日。』報聞。

附：《直隸護田（門）夫〔一〕章程摺》

乾隆二十九年十二月十五日，方觀承奏言：『伏查蝗蝻生發，固有在荒窪斥鹵不毛之地者。而於田間隴畔，亦每多萌動。村民出入耕作，覺察最易，掩捕非難。且責成鄉地報官，立有賞罰，非不嚴切。無如愚民私見，不願報官捕撲。鄉地一人，難違眾意。及至查出、責處，業已稽延貽誤。又常因村莊隔遠，人力不齊，臨時派調，每至周章。臣因採集眾議，通行各屬，設立護田人夫，酌定條規，先期籌辦，俾夫役牌頭，鄉地多人，彼此互相鈐制，不能私行隱匿，猝有調用，一呼畢至，群力齊赴，可期迅速奏效。年來循規辦理，頗得其益。然總在地方官實力奉行，稽查嚴而賞罰當，斯有實益。臣於交春後，即飭行各該州縣，簡核夫册，申明條約，一至三月，責成該管道府，督率廳汛佐貳各員，分路巡查。臣仍派委標員，及各鎮營分派兵目，往來防範，實力董辦。至各屬設立護田夫，經臣於乾隆二十五年十二月內，將議設緣由，恭奏在案。茲蒙諭旨垂詢，所有臣議行護田夫八條，理合備録，恭呈御覽。

『一、各村設立護田夫，每三户出夫一名，如一村居民三十户，則出夫十名。令該鄉保查照門牌户口開報，分別四鄉，挨順村莊，造具花名册存案，免其開差，另制木牌、腰牌各一具，上寫某村護田夫某姓名，將木牌懸於該夫役所居門首，遇有調撥，一望即知。腰牌令本人於調撥之時，隨身懸掛，使各村各夫倥偬之際，皆有稽考。

『一、十夫立一夫頭，百夫立一牌頭，擇其略有知識能

〔一〕從正文看，都是講護田夫的事。此處『護田門夫』中的『門』字似衍。

事者充當。一村之內，人夫雖不滿百，亦設牌頭一名。如村户繁多，出夫至一百五十名以上，即設牌頭二名，各村准此辦理。

『一、集夫在蝻生以後，巡查在未發之先。每年應自三月為始，至七月止，每一村莊，按日出護田夫一二名，各持巡田簽一枝，在於本村四面分路巡查。本日查畢，將巡簽交與次日所出之夫，輪流應役。仍將本日巡查有無蟲孽告知牌頭。如有隱匿，察出重究。

『一、查出本處萌生之蝻子，並或外至之飛蝗，夫頭、牌頭一面集夫撲捕，一面報官查核。該州縣計其所捕多少難易，分別奬賞。倘有隱匿、草率等弊，將夫頭、牌頭究處。再鄉保乃在官之人，平日所管之一村、數村内有事，即應查報，不得因有護田夫之設，諉為不干己事。嗣後仍應責令與牌頭一體經理，同其賞罰，俾其互相覺察，更為防範周密。

『一、護田夫，因得優免門差，是以争先開報。但調撥搜捕，殊難責其裹糧從事。應每名每日，給發粟米一倉升，或折給製錢十五文，俾資日食，按名按日散給。仍嚴查書役扣克，刁徒冒領。至若本村生有蝗蝻，則分應供役，咫尺田間，盡可回家飯食，毋庸給與夫價。

『一、鄉村遼闊，或值蟲孽盛多，本村人夫，不敷搜捕，應查其毗連村莊，均勻調撥。或三日五日，猶不能完竣，即另調别村换替。俾均勞逸，無誤農功。

『一、夫役調赴别村，責成夫頭、牌頭押往。如有托故不行，及中途逃匿情弊，許其指名報官拘究。但各夫於别村搜捕之事，恐或怠忽，而夫頭、牌頭，皆系同村之人，亦難過為督責。應每夫百名，該州縣選差强幹妥役一二名，協同牌頭，督率搜捕，務使有一夫得一夫之用。令州縣計其一日搜捕之多寡，將差役、牌頭，分别賞罰，以示勸懲。

『一、捕蝗撥夫，向來旗莊多不肯應。地方官以非其所統，亦遂聽之。查巡捕蝗蝻，專為農田除害。若旗莊不在撥夫之例，則旗地遇有生發，民夫無由而知。且或夫不足用，滋蔓之後，亦必延及其地。且旗莊佃户，悉系村民，自應將旗莊一體編設護田夫，查則輪查，撥亦均撥。令該管理事廳，詳加曉諭，務期無分畛界，共保田禾，則先期無不查之地，臨時無不足之夫矣。』十九日報聞。

附：勘海口消積水案

乾隆十六年六月初六日，諭曰：『方觀承奏，運河水長平漕，三岔河一帶，並有海潮倒漾，大清河東注之勢不能迅暢。今年雨水調匀，各處河流順軌，三岔河一帶，何以海潮尚有倒漾，是必海口淤壅，不能暢流所致，於河道大有關係，亟宜留心經理。蓋北河邐迤入海，挾沙而行，一路隨行隨積，與南河海口，本自不同。如去年秋冬之間，沿河地方，尚有未經涸出地畝。夫水過白露，尚未歸漕，可見下游入海之路，不無淤墊。應行及時籌辦，悉心相度。速查具奏。』

方觀承覆奏言：『臣遵於初八日起身，初十日至天津，帶同道府等，由海河至大沽營，沿途丈探，水深二三丈至五六丈不等，海船(楊)〔揚〕帆直入，俱無淤淺之處。惟自大沽至海口十里，水深一丈二三尺，海近而水轉淺，海口正東，望無涯際。而其中另有港路，水深亦僅丈許。因詢問沿海老民漁户，及熟諳之汛弁等，僉稱海口之外，有横沙一道，極為堅硬，東西約寬三十里，南北約長四五十里，謂之攔港沙。沙外大洋，潮生則驟高數丈，連為一片，潮落則沙上水餘數尺。其中水港，自丈許漸淺至五六尺、二三尺，洋船乘潮始能出入。至平時出口之水，雖有此横沙仰港，然自津達海，地勢向東愈下，赴壑之勢，原無止息。惟當夏秋之交，横沙内外，海水盈滿，即不免於遏阻。届白露後十八日，乃復其常，故向有「白露前海不收水」之説。考之《津志》載「大沽兩岸壁陡，一閾中横，土人謂之海門。鹹潮抵海門而止，若天設之以限内外」等語。是其生成形勢，在昔已然。其海河潮汐，自大沽海口，西抵天津之三岔口，計一百七十里。又三岔河北溯七十里，抵運河之楊村驛；南溯四十里，抵津屬之楊柳青；西溯六十里，抵大清河之瘸柳樹。一日潮汐再至，自起至落，常歷兩時，兼以潮起，必有東南風，隨潮卷水。此南北運、大清、子牙等河，夏秋水難暢注，且復倒漾之故也。

『查三岔河為兩運、兩淀、永定、子牙諸水滙聚之地，在水小之年尚無妨礙，一值河淀並漲，海門水阻，潮汐倒漾，去路既緩，來水益多。如上年直至九月半後，始漸消退，即不免停積為患矣。臣至海口，悉心相度，海門横沙如閾，而港路下口轉高，兼有強潮牴牾，或復洋面滿盈，既不能深通暢流，自不無淤沙壅積。惟是海港非内河可比，出入惟憑風潮，無法加之疏濬，實屬人力難施。

『臣因詳查沿海港口情形而知，南北運減河之分途歸海，籌辦本有成法。北運減河二道，一在務關廳屬之王家務，河長一百四十里，由七里海入於薊運、海河；一在楊村廳屬之筐兒港，河長五十里，入於塌河淀。又於水利案内開挑引河，亦令由七里海歸入薊運、海河，計長四十九里。南運減河二道，一在滄州捷地汛，河長一百八十里，入於母豬港；一在青縣興濟鎮，河長九十六里，亦入於母豬港，並以歧口海港為歸宿。當日開濬之意，既以除運河隄岸之險，更欲其分流散沙，別為一途，使兩運入三岔口之水稍減，庶大清、子牙諸水，得以寬然東注於三岔口，即使去路稍緩，而來水不致加多，三岔口已可容納。且大清河為兩淀尾閭，尾閭既暢，則鳳河諸下口，亦不虞其阻遏矣。

『近年以來，北運之王家務減河，河身隄岸，足資分洩。但壩門不常過水，尚須查辦。筐兒港減河，兩隄因上年水大，漫溢殘缺。臣於本年三月，請動項修築。因今年雨十八日覆奏：『臣於本月十三日，接據天津縣稟稱，縣屬西北鄉因淀水漲發，而桃花口、王家莊一帶，又因武清縣龐家莊廢埝過水，深六七尺不等，田禾被淹。其水流歸西沽、丁字沽，高過疊道，與北運河相連。又據武清縣稟稱，自六月以來，陰雨連綿，縣屬之龐家莊等十村莊地勢窪下，又兼河水漲漫，秋禾多被淹浸。臣查北運河，今年水發尚不為大，東、西兩淀上游各河道，亦無盛漲。惟南運河挾漳、衛之水奔流浩瀚，在在平槽。七月初間，尚漲水八寸，南運自靜海獨流鎮起，至天津之楊柳青止，此四十里內，西岸無隄，如遇淀水漲則令東洩入運，運河盛漲則令西洩入淀，乃系舊定機宜，歷來遵守。

『今年南運水大，俱於楊柳青洩入淀河，仍由大清河歸入西沽，一時宣洩不及，即由韓家樹小埝，北漫於北運河西岸之後，如武清龐家莊西北瀝水，與之相接，俱屯積於運河隄後。是以高出桃花口一帶疊道，漫連隄河，而武清楊村驛之大路，皆有積水也。臣已批行該道府查明水勢，設法疏消，茲奉諭旨，復委通判劉傑前往，會同天津、武清二縣確勘。俟勘覆到日，再將應行籌辦之處，據實陳奏。』

十月十九日，疏言：『前蒙垂詢天津積水情形，臣當即欽遵繪圖貼說，恭赴熱河行在，據實面奏，一面分委天津、河間、滄州、薊運、楊村各廳前赴被水地方，會同州縣實力妥辦。除薊運、泃河之劉家莊、蔡家莊、石家莊，宣惠河之范家莊，還鄉河之大廠莊、周家莊，各漫口俱已隨時

早，水未涸出，無處取土，水方又多有縻費，經通永道詳請，暫停興工。現在查明咨部，其壩口現於水長時，仍照常過水。南運之捷地、興濟二減河，漲水易於淤淺，隄岸亦多殘缺。每年勸用民力修濬，殊不能如式深通堅固。如閘口過水太多，下游隄身卑薄，附近田禾，即虞漫浸。故捷地閘五洞，只令二洞過水。興濟閘五洞，只令三洞過水。歷系如此辦理，以保民田。可否仰懇聖恩，於運河水退之後，容臣將四處減河，通行查勘，應修應濬，酌量籌辦，俾水可多洩。其於三岔口眾流會聚之地，似有釜底抽薪之益。即逢夏秋水滿潮盈，而上游勢分，自可期其安流循軌，而無患害。』

十九日奉硃批：『汪由敦今年留京，俟秋月令其前往同勘。』

七月，又奏言：『四處減河，皆長百數十里，地勢向東益下，其塌河淀、七里海、母豬港等處，地面皆屬一片沮洳，隄岸殘缺，既難陸行，亦復不能乘舟。且各壩口現在尚過水二尺至五尺不等，秋冬消涸逾遲，必俟水凍後，始可詳加履勘，得其確切情形。應請於十二月冰結之時，汪由敦出京，同臣前往查看。』報聞。

尋復諭曰：『天津至武清一帶大路，向來有水，旋即消涸。今聞該處百里之內，積水滉瀁，無分隄岸。今年雨水與常年相等，何至久未疏洩，或因運河漫口，抑系海河倒漾所致。其實在情形，方觀承詳查，據實具奏。』

堵築完竣。其各屬低窪積水處所，飭令相度地形，詳籌去路，或暫開隄埝，或借用民地，或疏通沽道，務期積潦速消。

『茲據陸續稟報，天津縣屬濱海枕河，眾流交滙，常年積水，最難疏消。今將津南積水，由賀家口、鹹水沽等閘，導入海河，津西積水，由城南閘口導入海河，現在已消十分之七。至津東通連海河、北運之塌河淀，乃自來積窪。又津北之淀運相連，各窪地積水，總視海河、運河消落，即隨之而減。自九月以來，亦已減退十分之六。靜海縣東南鄉、西鄉之小王家莊等處積水二三寸至六七寸不等。因秋後連晴，即已全行消涸。西北鄉之蔡家窪一帶停潦，乃子牙支河出槽之漫水。現將正河、支河分流之楊家口，下埽堵閉，即可涸出。東鄉一帶，水潦較深。今相度情形，勸諭居民在於蘆北口引河之旁，借開沽道，引流入海，現在已消十分之八。青縣邢家莊漫水，停蓄於子牙河並漳河故道之間。其地舊有溝五道，今俱開挖深通，引入漳河故道，仍歸南運。其十里窪之水，由焦家口黑龍河分洩，現在已消十分之八。滄州境內窪泊相連處所，如李杲、陳敬等莊，已將舊有溝渠，逐（殳）〔段〕開通，導入宣惠、石碑等河。其石碑河兩岸積瀝，因河水消退，俱已自行涸出。

『又捷地減河隄外積水，由子來屯、閻家莊涵洞，洩入減河。其閻家莊以下，向無涵洞。今酌於呂家橋開挖涵洞一座，以資宣洩。又興濟減河南隄外積水，由青縣之涵洞洩入減河，現在各處俱已消涸十之八九。南皮縣屬畢家窪等處之水，導入宣惠河，業經全涸。鹽山縣西南瀝水，由宣惠河洩入老黃河，現在已消十分之九。慶雲縣屬積水本輕，又有老黃河洩水甚暢，業經全涸。武清縣屬楊村西岸之水，導入鳳河；東岸之水，導入葉淀，均已暢消。惟附近塌河淀地畝，淀高於隄，難以開沽引導，現在止消十分之六，冬月可以全涸。東光縣屬鹽場等處之水，疏歸宣惠河，業經全涸。惟宣惠河下游南皮所屬之金沙岡，滄州所屬之琵琶、張家等莊，地高河淺，恐來歲瀝水難消，為東光、吴橋二邑之患。現在另議估挑吴橋縣屬之水，由沙河、王莽河分疏，以達宣惠，業經全涸。寧津縣屬之水，由常家窪疏歸曹家溝，復由曹家溝導入鬲津河，業經全涸。交河縣屬之水，由李家亭子等河，導入漳河故道，於鮑家嘴歸入運河，業經全涸。薊州運河漫溢之水，於兩岸開沽七道，以資宣洩，業經全涸。其白龍港、龐家場二處漫口，前因留為東窪、青甸窪積水去路，奏明暫緩堵築，今已斷流，仍行修築完固。玉田縣屬，於芝麻窪等處，開沽六道，洩入薊運河，十月底全涸。寶坻縣屬，於霍家莊等處開通沽道，分洩袖針、薊運等河，現在已消十分之八。各等情，由道府核覆前來。

『臣查直隸今年窪處積水，較之上年為輕。因各處地勢不齊，是以疏消亦有先後，在九月內涸出者，俱已布種秋麥；十月以後涸出者，並可不誤春耕。至於天津、静海、滄州、青縣、武清、寶坻境内，間有積年古窪瀝水滙聚，形如釜底，無法疏濬者，惟聽其冬春自行涸出。民間向來本不種麥，至三四月間，尚堪種植高粱。如其年雨水較小，或瀝水稍遲，仍克有收。類此者亦多系無糧地畝。所有疏消瀝水緣由，備晰恭奏，仰慰聖懷。』

十月二十五日，命汪由敦會同方觀承，往勘南北運減河。

十二月初八日，會奏《兩運減河酌籌修濬事宜疏》言：『伏查畿輔河淀諸流，以及晉、豫經塗大川之由直境者，皆委輸於三岔口一河，為朝宗入海之路。當伏秋泛漲之時，既苦來水之多，而海門潮汐日至，水滿潮盈，人力難施。惟有分洩之法，以減滙歸之勢，俾其分途入海，既可以保兩運隄工，而於三岔口一帶，又有釜底抽薪之益。

『臣等確加查勘，北運減河二道，王家務減河壩門寬四十丈，河長一百四十里，由七里海入於薊運、海河。該壩口門近水處所，舊有土埂横塞，以致運河漲發之水，不能暢注壩門。應將土埂挑去，令與河灘相平。並將金門内外所有積淤泥沙，概加剗除，露出海漫，以免阻遏。又河身間段填淤，應挑挖寬深者共二十處，均寬八丈，深二三四尺不等。其南隄自閘口起，至八道沽以上，現在尚屬完整，無庸加修。北隄自大白莊起，至積魚甸莊止，卑薄殘缺，應通身加寬，頂底二三尺至三四尺不等。又筐兒港減河壩門寬六十丈，河長五十里，入於塌河淀。於水利案内，開挖引河，亦令由七里海歸入薊運、海河。該壩於每年水長時，照常過水，河身現皆深通，無庸挑濬。其北隄自閘口至梅廠以上，俱屬完整，無庸加修；南隄自張五家莊起，至南倉道口南止，卑薄殘缺，有僅存隄形者，高僅尺許，寬僅四五尺，應通身加寬頂底一丈至六丈五尺不等，培高七八尺不等。查王家務北隄應修工段，濱臨淀窪；筐兒港南隄應修工段，地近北倉，均須普加夯築堅實，以資保障。

『至王家務八道沽以下之南隄，筐兒港梅廠以下之北隄，相距三四十里不等。此内計一百七十二村莊，分隸武清、寶坻、寧河、天津四縣，參錯於由香、積魚、東淘、青角等淀。每遇伏秋雨水盛行之時，本處瀝水，已難消洩。而塌河淀、七里海、後海等處之水，又復同時並漲，減河下游之隄，内外俱浸水中，常被漫刷，不能存立。即使堅築隄工，亦只能約束減河内之水。其下游各淀，與七里海諸水，仍不免於倒漾為患。是以兩隄内一百七十二村莊，歲被淹澇，歷奉蠲賑。

『臣等詳查該處地畝，多系按水草科則，每畝徵銀四釐。而其中又間有宫監、馬廠等科則，每畝徵糧自一分至三分不等。臣等伏思水草地畝，本以魚葦為利，非水發甚早，並葦亦無收，自不應一例概請蠲賑。今因有宫監、馬廠等賦額之地，夾雜其中。每遇報災請賑，礙難過為區別。應請將兩隄下游一百七十二村莊內地畝，通行查明，悉就該處實在情形，減照水草例，每畝徵銀四釐。如遇該處一隅之水，仍於魚葦之利無礙，即不得率請蠲賑，致滋冒濫。其應減科則地畝銀兩各細數，容臣方觀承查明造册，另行具題辦理。所有王家務、八道沽以下之南隄，筐兒港、梅廠以下之北隄，均無庸復行修築，以省糜費。

『又查得南運減河二道，滄州捷地汛減河長一百八里，由母豬港歸歧口入海。現在河身，面寬七八丈，底寬三四丈，深三四五六尺不等。今應通身挑濬，面寬九丈，底寬五丈，均深八九尺不等。即將挑河之土，加培兩岸隄身，於緊要工段，量加夯硪。其餘平工，並隄身尚屬完整者，即將挑河之土，增培隄外，無庸一律加夯。又隄盡處，自劉三家莊迤東，至船到溝，計長二百丈，淤淺之處，並應挑挖寬深。其河身紆曲處所，自崔家莊迤東起，至保家莊道口止，長二千二百四十丈之內，兜灣三處，不克暢注，每虞冲溢。應裁灣取直，改挑直河長一千四百八十丈，以順其下注之勢。挑出之土，即以培做北隄。較之挑濬迂折之舊河，更屬省便。

『又石壩金門五空，而壩內兩隄相距僅二十丈，以致奔流冲刷隄根。應各展寬十餘丈，長七十丈，俾能容蓄。並酌量於出水石雁翅之下，接鑲草工，以資捍禦。又石壩之南壩臺石縫滲水，應拆修灌漿，使一律堅固。

『又青縣興濟鎮減河長九十六里，亦由母豬港歧口歸海。現在河身面寬七八丈，底寬二三丈，深四五六尺不等。今應通身挑濬，面寬九丈，底寬五丈，深八九尺不等。挑河之土，即用培隄。其分別夯硪之處，照捷地減河辦理。

『至捷地減河近隄村莊窪處瀝水，無從消洩，應添設涵洞五座。於汛後河水消落之時，導引瀝水，由涵洞以歸河中。興濟減河，舊有涵洞二座，歲久坍塌，並應修理以消積瀝。又兩減河村莊孔道，共有木橋七座，今河既疏濬深通，橋亦應加改建，以便行旅。

『以上南、北運減河四處修濬河隄橋壩各工，若照各該道屬河工成規，約需費十二萬一千餘兩。臣方觀承伏思減河四處，在武清、寶坻、寧河、天津、青縣、滄州各境內，今歲偶值偏災，荷蒙聖恩給賑，明春正二月已屆停賑之時。今將此項隄河，興工代賑，俾小民得以力作糊口，寓賑於工，為惠甚溥。

『案查減河隄工，歷系動帑修濬，並非民埝，應請照興工代賑舊例，每挑土一方，給價銀三分九釐。其隄工應加築夯硪者，照例加給夯夫工價。共約估需銀九萬一千二百餘兩。除筐兒港本年停修隄工，現存銀六千九百二十六兩零，實需銀八萬三千三百餘兩，請即於司庫地糧銀內動支。遴選妥幹廳印各員，分段派委承辦。該道府往來督率稽查，務使工歸實用，民沾惠澤。

『臣等又查四處減河隄外，村莊環立。今蒙恩發帑金，大加經理。嗣後村民，亦不得因系官工，即為膜視。應請令該管各廳，會同地方官，查明附近村莊，分認河身段落，每年水過之後如有淤塞，各按工段疏濬。仍於力作之時，按户酌借口糧，秋後免息還倉。該處旗民一例赴役。則用力無多，而有經久之益矣。』得（俞）〔諭〕旨：『速行。』

附：籌辦源泉案

乾隆二十六年，方觀承奏言：『竊照直隸水利，凡有泉河可導之區，當春末夏初之時，田圃資其灌溉，二麥尤籍滋培。臣每與州縣官講求體察，如其境內源泉，未經疏剔，審有舊跡可尋，皆當隨宜相度，引歸有用。近據易州知州黃可潤，在於州城西北隅白楊嶺下，查有源泉一道，水脈頗旺。其地即名泉村。水由村東東向南行數里，入於沙灘，即伏而不見。查問土人，從前曾在沙灘之北，三官廟西，築壩鑿渠，引水東注，中貫廠城，以達於州。環城為濠，由城西南石閘，放歸易水大河。附近居民，皆鑿子渠，支分派引，約可溉田二百餘頃。迨後壩毀渠塞，泉水仍由故道，滲入沙灘。以有用之水，淪於無用之地，殊為可惜。因將渠道壩地，覆加察勘。自白楊嶺下，至三官廟舊壩以上，並城濠四面，淤墊無多，疏濬尚易，於農隙勸用民力，即可辦理。又州城東關跨濠石橋，並濠西南放水石閘，俱尚完整，毋庸籌辦。惟三官廟西舊壩，殘廢已久，應重建石壩一座，隔截沙灘。壩東舊渠冲壞，應東移數丈，別開新渠一道，長一百一十八丈，導入舊渠。其舊渠自土地廟以下，由廠城至城濠，間段疏濬，即可一律深通。又木槽村西，及廠城西南乾河溝二處，應各築小石壩攔截，俾無旁洩。如此經理，則水到之處，不獨田疇蔬圃，均資利澤，而繞郭深池，亦符體制，似應籌估工料修復舊規。

『臣率同該州詳加勘度。所有應建石壩一座，計長十七丈，底寬八尺，頂寬三尺，高六尺。又木槽村西小石壩一座，長三丈四尺。廠城西南小石壩一座，長二丈六尺，均底寬八尺，頂寬三尺，高六尺。計石壩大小三座，除將舊石添用外，共估需工料銀一千九百六十一兩零。應開應濬渠道，共長五里八分，估需工價銀八百三十二兩零。通共需銀二千七百九十四兩零。

『查清河道庫，貯有滹沱河積存歲修生息一項。節次撥用，尚存銀四千四百六十餘兩。應請在於此內動撥，飭發興修。事竣，造册報部核銷。其各子渠，聽民間酌量地畝多寡，自行挑挖引溉，官為督率辦理。臣謹繪圖貼說具奏。』得旨：『嘉獎。』

四案補

補乾隆四年天津道陳宏謀《南運河修防條議》

議得南運一河，自全漳濟運以來，雖免沮淺之虞，時有漫決之患。其漫決者，皆系頂冲、掃灣之處。其泛溢者，皆系河灘無隄之處。是以歷來頂冲、掃灣之處，皆為險工。歲加高厚，俱動正項，名曰官隄。而所加培者，猶難十分堅厚。臨河舊土，日被冲刷，則新幫之土，益難抵禦。因有建築草壩、鑲砌草工之事。工易腐，三年保固限滿，即須加鑲、修拆，費帑日繁。而工之險者仍險，此有隄之患也。至於河灘無隄之處，或河岸寬闊，或河灣淤嘴，既無畏於頂冲，復不常有泛溢。偶遇異漲，小民於水到之處，築土擋禦，名曰民埝。此一線民埝，臨時攢築，不察形勢，不加夯硪，汛後隨即坍卸。在水小之年，似可不需。若遇大水，一片汪洋，在在危險。此又無隄之患也。

自乾隆二年，議准放淤之後，節年以來，已將舊有之月隄，加幫寬厚。放淤成功，化險為平，已有成效。就此類推，凡屬頂冲、掃灣之處，舊有月隄，均宜加幫放淤。舊無月隄，均宜另建月隄，以備將來放淤。至於無隄之處，均宜就其高阜土脊，另建遥隄，以為外衛。大抵地勢高阜者，宜建遥隄，而不宜建月隄。若建月隄，不能放淤，徒為積水所浸。倘縷隄有傷，水入月隄，勢更湍急，斷非月隄所能抵禦也。地勢窪下者，則又宜建月隄，而不宜建遥隄。若建遥隄，不但水至建瓴而下，難以抵禦，且使遥隄之內、縷隄之外可耕之地，常為積水深坑，(末)〔未〕由宣洩。此月隄、遥隄，義各有所取，而地亦各有所宜也。自來之議月隄者，皆謂放淤涉險，寧可臨汛堵禦。議遥隄者，則謂築隄於水所罕到之地，原覺過計，殊不知頂冲、掃灣之處，縷隄平薄。若不放淤，日益汕刷，舊土漸坍，新工難固。為費日多，危險日甚，豈可不為遠計。且放淤之法，不自今日。現在兩岸淤平之月隄，不可勝數。其他險工，大半築有月隄。前人為此，無非為放淤而設，自當因其涉險，益加慎重，一勞永逸，以期萬全。至河灘寬岸，水勢雖云罕到，然歷考水勢，乾隆二年，大於常年，三年則又大於二年。上年河水業已出槽，平時所謂極平之工河灘之岸，皆已過水。官弁士民，晝夜堵禦，幸保安瀾。倘再長數寸，隨處皆可泛濫。兵夫民力，豈能防禦。考之《河防一覽》，所載覘水之法，凡凌汛長水一寸，秋汛長水一尺。捷地、興濟兩減河，自來凌汛從未過水。今歲凌汛，兩閘口過水四五寸。就此而論，焉知今年之水，不更大於上年。況河防重務，有關運道民生，惟宜盡未雨之綢繆，豈可徼天幸於萬一。然則築月隄以放淤，似險而實平。築遙隄以外衛，似迂而實切也。先經檄行各屬，將應建月隄、遙隄估報，繼又將估到工摺，委原任州判王宏道，估計月隄。原任州判朱光英，估計遙隄。本道復往查勘。凡隄外地勢低窪者，建月隄以備放淤。隄外地勢高阜者，建遙隄以防異漲。如隄外地窪，既不宜建遙隄，而形勢促迫，又不能放淤者，則歸於歲修，加幫縷隄。逐年漸幫，數年後可幫至數丈，亦與放淤之月隄，遠築之遙隄無異矣。此分別新建月隄、遙隄之情形也。

至河道綿長，工段甚多，難以一時並舉，應分別緩急。如縷隄已經單薄，舊有月隄者，今歲即加幫放淤。縷隄單薄，舊無月隄者，今歲新建月隄，俟明年加幫放淤。如縷隄尚未單薄，雖舊有月隄，亦俟明年加幫放淤。如無月隄，則俟明年方建月隄。至於遙隄，則以水到之淺深為遲速。上年水已抵岸者，今歲即建遙隄。上年水尚未抵岸，或抵岸而相離尚遠者，亦俟明年方建遙隄。此估計遙月隄，加幫縷月隄之緩急情形也。

約計三年內，全河險工，皆可放淤成功。再有零星段落、缺陷，未能接續者，止須河兵民夫陸續補築。此後全河兩岸，凡頂沖、掃灣之險工，則縷隄皆有數丈及十餘丈之厚，儼同遙隄。河灘之平工，則有遙隄層層外衛，隄埝相接。即遇異漲，聽其平漫，不勞堵築，無虞泛濫。惟有逼近城垣村鎮，河岸逼窄，不能築隄放淤，然後用草工衛護，計全河不過五六處。此建築遙月隄之後，不出三年，可期安瀾之情形也。

所有估計急建之遙隄、月隄，及加幫民月隄放淤各工，通需銀四萬一千一百二十四兩。此非年年常有之工，應於預備項下動用，列為另案。至加幫放淤之舊月隄內，官月隄動帑，歲修有例。民月隄若令民修，虛堆鬆土，難以放淤，又不便歸入歲修，亦應歸於另案。今將另案新建加幫之遙月隄造為一册，另案緩修之遙、月隄造為一册，歲修加幫之縷隄月隄，及拆修草工另為一册。其舊有月隄可以放淤，而縷隄尚屬堅厚，可以緩至來年者，列為一册。祈題明次第辦理，謹列條議於後。

一、動款宜指定也。查歲修需銀，已有撥定本款，足敷分發。至另案估需銀四萬有奇，尚未題明，未便赴部請領，自應在於預備十萬兩內借撥。但預備一項，僅存銀二萬兩。其餘八萬兩，系永定道借撥未還。今先於二萬兩內動撥，其不敷銀兩，永定道借還尚需時日，恐誤工程。應請於題估之日，即一面赴部請領，以還預備，並找發應用，庶工程得以早竣也。

一、土方宜核實也。所估工段，雖經丈量，終屬約計。正恐工段綿長，繩索丈尺，未盡確實。若令細估另造，又誤興工之期。應行各該廳，遵照所開起止段落，乘此甫經動工，再逐段估計，細加丈量，另造實需土方、銀數細册。俟完工之日，照此細册查量。如合式無虧，出結報導，本道亦於汛前覆勘。如丈尺略少，押令添築。夯硪不實，押令翻築。並將監修、承修官揭報請參。汛過之後，如有坍卸，仍令補築如式，方准報銷。

一、土方運價宜分別也。運土窵遠之處，例得照加運價。今各屬所開，不無混冒，應行各廳於丈量時，查明指定，就近取土。如實在就近無可取土之處，該廳分別遠近丈尺敘明，出結送核。或經查出，以有土作無土，以近取作遠取，一併揭參究追。如新舊月隄之內，亦可就近取土。待至放淤，仍可淤平，不必舍近取遠，但不得挖傷隄根。再河水已涸之後，淤灘河底，在在有之，亦可就此取土，以省運費。此一舉兩得之道也。

一、官民隄宜分別也。沿河隄岸，俱有字型大小達部。官隄動帑修築，民隄聽民修築。官隄責河兵看守，民隄責民夫看守。此定例也。今另案遥、月各隄，乃系縷隄之外，另議建築，實與常年修築者不同。若拘於民隄民修之説，在小民食力有限，豈能一概興築。且民修之工，不用夯硪，隨修隨坍，亦非永期堅固之意。應毋論官民字型大小，凡關估建遥、月隄者，均須動帑。其就舊有民埝加高以為遥隄者，應除去舊有之土方，另估新用土方，以免混冒。其加幫舊月隄內有原系民隄者，若責民修，不用夯硪，難以放淤，省費無多，疏虞堪慮。且此隄一經加幫淤平之後，永無修費，又與年年歲修者不同，應亦歸於另案也。至於定例民修民隄，每方給銀三分九釐。在工段無多，原系民間自修者，得此三分九釐，足供飯食。若工段甚長，土方甚多，當此災歉之年，小民覓食為艱，豈能責民間合力築此大工。且帑修之工，每方給銀一錢三分六釐六毫，亦系雇募附近窮民興築。小民又豈肯舍一錢三分之工，而作此三分九釐之工。名似體恤，其實派累。亦請歸於另案，一體動帑興築，層層夯硪。待保固三年之後，仍令民間看守。至於零星隄埝，仍責令民間合力興修，竟不必給以三分九釐。在民自保田廬，土方無多，或易為力。其官隄零星殘缺，則責令河兵力作，毋致糜費也。

一、月隄更宜堅實也。放淤全在月隄堅固，萬無他虞。舊有之月隄，恐當日所築虚松，而隄外又系窪下之區，故另估從外加幫戧隄，一以開其孔穴，一以厚其根基也。至新建月隄，專為將來放淤之地，宜於此時將根基加築堅實。今歲各州縣工段甚多，印汛各官，恐難兼顧。應請遴委效力人員，前往監工，與該州縣汛官分定工段，督率監築。將來放淤，即令該員在彼經管。如有疏虞，一併揭參。庶效力各官，知目下加築之工，為將來放淤之責，自必實力實心，認真辦理。俟成工之後，分別勞績奬勵，再定例效力汛官，經廳縣保詳咨部，許其領帑承修，一體保固。今應於效力官及汛官內，出結保詳，分段承修，工完一體保固。如工程不合式，惟承修是問，是亦分任責成之一道也。

一、放淤之物料宜多備也。放淤原是化險為平。泛漲之時，保護縷隄，尚恐不固。今開隄放水，誠為冒險，所恃者先期事事安頓，色色預備，則操縱在我，可無意外之虞。凡放淤之處，多派員役，多備物料，不止秫秸樁物也。未開淤口以前，層層鑲砌。既開淤口以後，無論風雨晝夜，均宜輪班看守。額設之河兵，此時正值防險，難以分佈。其人夫燈火，尤不宜少。歷來搶修項下，無此名目。今各州縣畏懼賠累，趦趄不前，恐致貽誤，應請附疏題明。凡有放淤之處，如實在用去燈火、人夫等費，許附入搶修項下，仍造册通報，俟用過，令該廳核實，出結請銷。其不用者，不得捏冒。

一、隄身高寬宜相地收分也。新建月隄，將來放淤之年，仍須加幫，原無庸過用坦坡。至於遥隄，不必高寬，致滋糜費。其高低各按地勢，寬窄則照平工之隄。每高一尺，用二尺或二尺五寸收分。其頂底統照此計算，不得過於陡直。至於加幫縷隄、月隄，乃傍舊隄加土，則不必一律收分，總以衛護舊隄，新舊隄相連為合式。如此則土方不致糜費，而工段又可堅固矣。

放淤事宜七則

一、月隄宜堅固可恃也。放淤者，開隄放水。他無所恃，所恃者月隄耳。新築月隄，宜剗去草根，先就平地。行硪三遍，然後鋪土。每鋪土一尺，行硪兩遍，次年再於隄外加幫戧隄，然後可以放淤。至於舊有之月隄，務搜尋獾洞、鼠穴，一一填實，夯硪堅實。亦於隄外加幫戧隄，宜將舊隄刨作數層，如礓礤狀。新舊土遞相加壓，夯硪堅實，膠粘一片，本年即可放淤。蓋月隄必須預年所築，而戧隄必於本年所幫，一以固其根，一以閉其氣也。凡月隄內外，皆屬窪下，則隄內或編柳，或釘蓆，或掛防風埽，由隄外另加戧隄二三尺，總不使水浸月隄之根，恐內外滲漏，隄身受傷，以致失事。

一、月隄宜寬長合宜也。凡縷隄以外，地勢窪下者方可放淤。所築月圈，須可以長，可以寬。先觀隄外地勢窪下，足衛縷隄，然後定月隄之長短。再就月隄之長短，定月窪之寬窄。如月隄長五十丈，則月窪可寬二十丈。月隄長一百丈，則月窪可寬三十丈。就此遞算，總期如半月之形，不短不促，則渾水之來，方可運送。若短促而寬，則水到不能運送，止於溝口，其餘反成坑窟矣。然月隄不長，亦覺迫促。如連有兩小月隄者，亦可通聯作一段放淤。如月隄過長，又可隔作兩段放淤。凡圈築月隄，得就稍高阜處，更為相宜。如或地勢全窪，不能相就，須於放淤之年，在戧隄外另築寬厚半戧，以防內外滲漏蟄陷。

一、柳草宜預期種植也。月隄新成，三面均宜布種草子、菜子，使之生發，可免雨水冲刷新土。月窪之內，沿月隄之根，每間五尺遠，種臥柳一叢，舊月隄亦復如是。待其長成，如沿隄編籬，可以抵禦風浪。凡窪內舊有柳樹者，切宜存之。凡築新舊月隄，均不妨於月窪內取土，既可就近，又可使窪中連有土坑、格隄，則水到易於掛淤，不致出險。但須離月隄二丈以外，不可有傷隄根。凡築月隄均不可用沙土，以防水到坍塌。

一、淤溝宜如法鑲砌也。下口在河之下流者宜深挖，務與月窪之底相平，引河水徐徐浸入。河水長一寸，則河窪內入水一寸，不可使河面稍高於窪，更不可使溝口稍高於月窪，以成建瓴之勢。其寬，除用樁料包鑲外，中淨存四五尺不等。其鑲砌用排樁捆埽，使密密佈列。其溝分作兩層，下一層鑲成淨寬四五尺，上一層鑲成淨寬六七尺，由下而上遞相開展。上口在河之上流者不宜太深，視河水之來。如濁漳之水先來，則可深挖，使其及早受淤。如衛、汶之清水先來，則不妨遲開，其寬悉照下口。再上溝、下溝，清渾出入，日久易於坍塌，均宜鑲護完固。萬一月隄稍有損動，止須於上下溝用埽堵塞，亦不為害。

一、上下口宜就地取裁也。下口宜開深者，所以使河水早入窪內澄清，以待上口渾水之至。上口宜淺開者，所以使窪內澄有清水，然後渾水急溜而入。一見清水，其性便沉，其勢便緩。下口宜於順溜之處，俾河水浸淫而入，將來出清，可以隨溜而出。上口宜於迎溜之處，全借渾水暢流而入，方可運送窪內之清水，暢流而出。倘上口限於地勢，不得迎溜之處，宜將溝口上唇縮進五尺，引之使入。再將溝口下唇，接長四五尺，如吞水小壩，逼之使入，則亦可以迎溜矣。下口限於地勢，不得順溜之處，宜將溝口上唇，接出三四尺，勢如挑水小壩，以避大河之逆溜壅阻。溝口下唇稍縮二三尺，以引清水之遠出，則亦可以順溜矣。上口地勢更宜詳勘，外則迎大河之溜，內則順月隄之勢，不宜直射月隄之根。上溝宜斜向而入，方可迎溜。下溝宜斜向而出，方可順流。二溝合看，須如八字形方好。

一、上下溝宜隨時增添也。初時月窪尚深，根底未固，上下只開一溝。迨上溝入水之後，月窪已經淤有根基，月隄又已見水，然後相其出入之勢，再開一二口。大凡下口出水不順，必由上入口水不暢，不能運送之故，則不妨多開上口。如上口入水已暢，而下口出水不順，必由不能順大河之溜，反為大河之急溜所阻。宜另擇順溜之處，再開下口。總期上下一律順暢，入渾出清，全窪運動不滯，便可源源積淤。如月窪內上半段先已淤高，則渾水不能及下半段。無渾水之來，則亦無清水之出，下半段終不能淤矣。宜就下半段另開一口，使常有渾流之入，然後下半段亦可受淤。至於月隄兩頭，如牛角尖形者，渾流不到此處，積淤必不能多。俟今年將窪內積淤平滿，下年竟將此縷隄刨平幾段，使河水漫過，則可以一抹而平。凡本年積淤未滿，中多坑窟者，次年均宜仿此，庶可一律平滿也。平滿之後，除月隄原高出地一二尺者，毋庸增築外，如月隄止與淤積之地相等，則宜於月隄上，加築子埝一二尺，以作遥隄。向後聽其年年平漫而過，即河水出槽，亦可無患。但不可於臨河築埝，使水不能平沙，將來又成險工。凡沿河淤平之土及河灘寬岸，均宜加培。離遠之老隄老埝，不宜臨河疊埝，使河水不得平漫，又成險工。

一、夫料燈火宜預備也。放淤如禦寇，不恃其不來，恃吾有以備之也。凡樁埽、葦片、繩麻、鐵鍋之類，均宜預備，以防意外之虞。窩鋪兵夫，先期派定。燈燭火把，先期齊備。日則填補小溝，釘掛防風（掃）〔埽〕樁。夜則輪流看守，遇風雨之夕，尤宜常川巡視。一有損動，鳴鑼為號，衆兵夫一齊搶護，違者重究。凡屬淤工，專員看守，以專責成。隨時經理，以收實效。事竣，官兵一體優獎，以示鼓勵。

又《請修海河疊道議》

議得直省地方，為諸河所滙歸，衆流之奔赴。每遇汛期，隨處漲滿。汛過水落，積水停注。本年之秋禾既已不保，次年之麥豆更無種期。凡系積水之區，竟有一年水災，沿至數年不能涸出。目擊情形，實可憫惻。奉憲檄飭各屬，盡力宣洩積水。經本道於汛後，即已通行府廳印各官，無論官隄、民隄，凡可洩水，即許開放，限期堵築。近奉憲檄，復令將舊開之口，再加寬深，未開者亦即補開。已陸續將開洩情由，通報在案。惟有一二地本窪下者，即使開隄，亦止能流及内外相平而止。此宜通盤籌畫，預期辦理，以免將來泛漲。

如天津近城西南一帶，地最窪下。每遇大雨，積水難消，長年不涸，種植難施。追溯前雍正三年之水，直至五六年方得一涸。雍正九年之水，直至十一年方得一涸。此一帶接連静海，約有數百村莊，民生凋敝日甚。本道於正月内親往查勘，熟察情形，並詢輿論。此數百里，西界則防運河之水，東界則防海河之水。上年運河幸無漫溢，西水不泛，而海河河岸，業已過水，東水又已灌入窪中。已令天津縣於舊有溝渠外，又多挖溝渠，令其暢流歸河。然開挖太深，夏間潮湧，又不免海水西灌矣。

查海河西岸，自東門外起，至鹹水沽止，舊有民埝一道，日久坍卸。若督令小民培築，誠恐被災之民，難以興此大役。而民間所築虛松之土，不久又復坍卸，於事無益。

查自天津東門外起，至鹹水沽，原有疊道，離河岸不遠。此道為大沽、新城旗民商賈往來之通衢，向系官商捐輸修築，以便行人。迄今亦已坍卸，每遇夏秋，車馬均不能行。與其沿河加築舊埝，莫若培此疊道，無者築之，壞者補之，總以高七尺，頂寬二丈，底寬六丈，其工費較之沿河隄埝，直截省便。既便行人，又可堵水，取土亦易。

其應開引河，除舊有外，竟可開至七八道。沿河建立草閘木板，潮汛來時，下板閉之。潮汛退後，去板洩之。庶運河之水，不復西來，海河之水，亦不東注。窪內積水，有八道引河，到處宣洩。每年多消出尺寸之土，小民即多種無數之田。此一帶貧民，或者將有起色也。

至所需加培疊道，自天津城至鹹水沽止，長五十一里。連建橋立閘，約需銀二萬四五千兩。其引河，系舊有深港，止須略加疏濬，無須多費。伏乞一面題奏，一面委員，會同地方官，估計冊報。所有應開引河，據前委測量地形之經制外委魏振時、趙貴、額外外委魏龍前往勘丈，請於賀家口舊小河，並官莊後小河，均應挑挖寬深。大任家莊至李家莊舊古泥河，亦宜挑挖，並開通小王家莊封子。灰堆至雙港，並雙港南，各有舊田溝一道，挑挖深通。白塘口舊河一道，應行挑寬。鹹水沽東舊河一道，應行疏通。並開通瞿家淀東西封子一道，淀南封子一道，以洩積水，均歸海河。

再，前項疊道溝河工價，挖土一方，應照代賑例給銀三分九釐。系水中撈泥，再照泥濘例加銀二分，每方共給銀五分九釐。至修築疊道，如照代賑工程，不加夯硪，斷難經久。應請依歲修例，每土一方，連夯硪給銀一錢三分六釐六毫，庶價足工堅，永資捍禦矣。

補：乾隆二十八年四案內阿桂等會勘河渠摺

竊惟旱澇固屬天時，節宣端由人事。直隸連年雨水過多，各處河流漲發，往往積潦為害。我皇上念切民依，多方軫恤。又於常賑之外，以工代賑，歲有興修，閭閻群戴生成之賜。茲復以河渠關係田功，宜通盤籌畫，大加修治，命臣阿桂、臣裘曰修，會同臣方觀承查勘辦理。

伏查直隸水道，支分派別，總於南北運河轉輸，而後由海河入海。天津之三岔口，又諸河會歸之鎖鑰。而海河，實入海之咽喉。治直隸諸水，必先治兩運河。其治運必使入海之路有所分，而後三岔河來水較少，而海河之消納為易。北運河於河西務、楊村地方，有王家務、筐兒港兩處，為北減河，下由北塘汛入海。南運河於滄州、青縣地方，有興濟、捷地二處，為南減河，下由歧口入海。皆與海河別為一路，可以分減盛漲。但下口綿長，常年過水，不無淤阻，本當一律開通。北減河之下，則塌河淀、油香淀、鯽魚淀、七里海等處。南減河之下，則李風口、王堂灣、母豬港、大溝窪等處。或開除蘆葦，或挖復河槽，俾壩口減入之水，直達尾閭。但南運河自興濟、捷地迤南，至山東之德州哨馬營，恩縣之四女寺，相距二百餘里，別無分減之路。查哨馬營、四女寺俱會於直隸之老黃河，河身寬廣較他處數倍。經直隸之吴橋等縣，仍從山東海豐縣入海。而四女寺之壩，形勢尤為得地。上年雖經展寬，究不過一十餘丈，減洩終覺不多。今擬大加展寬至三十丈内外，則在東省多減一分之水，直省便少受一分之水。且東省自東昌府以下，至德州亦別無分減。有此暢消之路，則上游亦無頂阻，誠為一舉兩得。如此則南北兩運河，不僅恃海河一處為出路矣。其海河南岸諸閘及所有疊道溝渠，又盡加修濬，則津南潦水之洩入海河，與早年引水以資津南之灌溉，皆可因時著效。又滄南之宣惠、石碑二河，上承吴橋、東光野潦，或歸老黄河入海，或並歸歧口入海，均關緊要。其間段淤阻之處，並行開挖，則運河以東諸水咸治矣。

至東西兩淀，為七十二清流所滙。現多淤墊，以致阻塞河流。雖淀形延廣，不能施功。而淀中通流之河道，則有可疏導。兹開通兩淀諸河道，猪龍、依城、漕、瀑諸水皆入於淀。又開通趙北口橋下溝道，導西淀諸水，由茅兒灣入於玉帶河。又開通中亭河，以分玉帶河之勢。又挑復舊窑河，以分白溝從清河門入淀之勢。又開通蘆僧河，以分白溝上游之勢。又於苑家口下閘通南中北三股河，以暢會同河之流。又於勝芳河之下另開引河一道，同辛張河、楊芬港，以資分洩。又於下馬頭穿蒼耳淀，至左各莊挑引河一道，以分崔家房溜急之勢，不致側注隄根。而隄工鞏固，則文安窪積水，可期漸次消涸。其自楊芬港至楊家河，均一律開挑淤阻，達大清河，會鳳河所導永定河之水，出三岔口入運。如此節節疏通，則西淀之路既利，而東淀出口亦順暢無阻矣。

至滹沱河湍悍，遷徙靡常，自入滏陽河，則無復狂肆。蓋濁河入清流，斯柔而湍下，是應以不治治之。治滏即以治滹也。今於滏陽河上游，自汶口而下，至滹、滏會流，直抵衡水橋上，凡停淤努嘴，一律挑挖，俾之順流。

至兩泊上游牛尾一河，貫南泊，由澧河下北泊，由新挑河入滏，為二大泊通流之逕。皆須挑濬深通，俾穿泊而出，循序安瀾，則廣平府近城一帶，不致彌漫為患，並可取蓄洩之利矣。冀州城外窪地舊名海子，原系葛榮陂游水之區，回環數十里。盛漲之時，城西尤為至險。今添挖壕道，並展挖大溝，由老龍亭建閘三空，洩入滏河，亦可少舒久浸之患。惟衡水石橋，年久傾壞，實為阻礙水道，應重加改建，以免遏流。循此而下，滹河挾滏河東北流，至獻縣之臧家橋，則為子牙河。滹水至此，東急復肆。張家莊以下，向分為正支兩河，而支河分溜為多。嗣以支作正，而大溜七分歸支，其正河遂至淤淺。今應仍將正河深挖至王家口，與支河會，由獨流、當城直從紅橋入運。如遇盛漲，正支河皆不能容，則從移建之留兒莊減壩分洩，俾無東漫青、静，西撼長隄。並於下口紅橋之旁，多開數空，挑濬溝淤，以資暢下。

至子牙河之東，則三支黑龍港，原為子牙故道。嗣子牙改由臧家橋之後，遂為收攝獻縣迤東一帶潦水之區，亦因歲久停淤，河形漫滅，應通加挑治。又青縣杜林鎮故瀆，上受景州、阜城數州縣野潦，而石沙、普頭、漫河、欒河、亭子河，眾流並經於此，從鮑家嘴出運。但當運河漲發之時，轉虞倒灌。今於盤古廟西北金家營挑成引河，俾分流由黑龍港下達於運。其鮑家嘴，仍行挑復。又於口門建立兩空石閘一座，視內外水勢盈虛，以時啟閉。又河間府深州所屬境內，有古洋河一道，亦滹沱故道，綿長幾二百里，經安平、饒陽、肅寧、河間，由任邱五官淀、雄縣蒲淀出王村口，至趙北口以東之柴伙淀，日久幾成乾河，野潦無從宣洩。今淀河既經大辟，亦應開通此河，以消積潦。如此則大小諸河，咸歸約束。高低形勢，各有區分。雖一勞難言永逸，而去害即以興利。畇畇畿甸，普戴恩施於靡既矣。

謹將各工分繕八摺，恭呈御覽。其土方價銀，共估銀一百三十四萬四千一百兩零，此系約略大概，未能詳細。現派出清河道揆義、天津道陳輝祖、知府周元理、同知宋英玉、周嘉露、通判王勞勣等，設局總辦。將來動工之時，仍著派該道府等，督同地方官，再行詳加確核。其各工有應行損益，錢糧有應增減之處，由臣方觀承分別奏咨，造具清册報部。除現在即應動工者，已飭令於凍前趕辦。其大勢工作，均須於春融興修，汛前報竣。

惟是大功同時並舉，必須本地牧令督率，呼應始靈。臣方觀承現在選派印廳各員，分別承辦、協辦，並委道府督查，隨時察勘，務使工歸實用，帑不虛靡，以期仰副我皇上為民恤患之至意。臣方觀承查，天津道本年原貯部發二十萬兩。除培築千里長隄用銀五萬五千六百七十餘兩外，尚存銀十四萬四千三百兩零。先辦之工，請即於此內動用。其餘應需銀兩，聽部議撥發，解司庫支領。又前次御史永安、温如玉、陳大化等條奏河道各條，其應行辦理，俱經採入，無庸再為議覆，合併聲明。

一、北減河並下游之塌河淀、七里海，宜一律開濬深通也。北運河滙潮、白諸河之水，至天津三岔口入海，源高湍急，勢如建瓴。每當伏秋大汛，藉有王家務、筐兒港兩減水石壩，分洩盛漲。王家務壩門寬四十丈，減河長一百四十里，由七里海入於薊運河。筐兒港壩門寬六十丈，減河分南北二股。北股徑注塌河淀，南股由麥子淀統會於西隄頭引河，經七里海歸入薊運河。兩減河雖經附近村莊，分認段落，歲加挑濬。緣連年雨潦，瀝水並注其中，不免泥停水滯。應將王家務減河，自亂壩以下至七里海，長四十里(里)[一]零；筐兒港減河，北股自壩門至塌河淀，三十五里零；南股自壩門至塌河淀，二十四里零，一律開挖，以資分注。王家務減河，估挑面寬二十丈，底寬十六丈，深四五尺不等，約估需銀六萬二千四百四十九兩零。

[一] 里　字衍。

筐兒港北減河，估挑面寬十五六丈，底寬十二丈，深三四五尺不等。南減河估挑面寬二十丈，底寬十八丈，深三四尺不等，並築隄二十一里零。共約估需銀六萬五千四百五十一兩零。

又自七里海東北，由罾口至南淵沽，長十九里零。又自七里海東南，由淮魚淀至鑾子泊，長十里零，為歸入薊運河之路，均應一律開挖深通，以暢尾閭。罾口引河估挑面寬十丈，底寬六丈，深七尺。淮魚淀估挑面寬十丈，底寬七丈，均深五尺，共約估需銀一萬二千一百八十兩零。又七里海內葦草糾叢，長至十六里零，阻遏水道，應行刨掘。估計工價，約需銀一萬三千七十五兩零。

又附近王家務減河之東淀窪，舊有支河宣洩窪水，由減河入於後海，計長七里零，應加挑濬，並於潘兒莊南另開引河一道，長八里零，以廣洩入後海之路，小楊莊一帶，可無水患。東淀窪估展面寬六丈，底寬四丈，深四五六尺不等。潘兒莊新河，估挑面寬六丈四尺，底寬四丈，深四五六尺不等。共約估需銀五千四百二十一兩。又塌河淀迤南之三支河內，賈家沽道稍淤，長二十里，應加挑濬。迤東之西隄頭河長三十一里零，導淀歸海。一遇盛漲，不無旁溢，應加展寬深，並於劉快莊北，添開引河一道，長三里零，使塌河淀水又多一路分洩。賈家沽道估挑面寬十丈，底五丈八尺，深四五六尺不等。西隄頭河估挑面寬八九丈，底寬六尺，深六尺。劉快莊新河，估挑面寬六丈至十丈，底寬三四丈，深五尺。共約估（零）〔需〕〔一〕銀二萬三千五百八十三兩零。又麥子淀歸塌河隄中，有腰河三百丈，並宜疏導，俾轉輸無阻，約估需銀一千八百五十八兩零。又潘兒莊引河、劉快莊新河，並當孔道，應各建木橋一座，以利行旅，共估需銀三百八十九兩零。又筐兒港減水石壩，較王家務壩門低四尺，乾隆二十六七兩年過水至七八尺，閱七十餘日之久。其出水簸箕才與壩身相齊，大溜跌落壩下成坑，深慮撼動全工，應將石簸箕接長七十一丈五尺，均寬八尺，以資導送平穩，更得通身鞏固，約估需銀六萬四千六百六十二兩零。

一、南運減河並老黃河、宣惠、石碑等河，宜一律開濬深通也。南運合漳、衛諸水，由德州入直境，至天津歸海。濁流兼遇盛漲，全恃另路分流之力。上游山東德州之哨馬營、恩縣之四女寺兩減水壩，實有釜底抽薪之益。四女寺石壩應大加展寬。臣阿桂、臣裘曰修業經行文山東省，應候山東河臣、撫臣會勘，確估具奏。其壩口減下之水，皆由直隸之老黃河達海。查河身本甚寬廣，舊於河底抽槽，以導其就下之路。今壩既寬展，河槽更須開挖深通，俾可暢注。查直隸境吴橋、寧晉、南皮、鹽山、慶雲五縣境內，除毋庸挑挖者四段，共長六十里外，計應挑面寬

〔一〕零　應爲『需』。

六丈，底寬四丈，深三四五尺不等，共長一百六十六里零。其隄岸間有缺口處，並應補築，約估需銀三萬九千七百五十一兩零。又直隸滄州之捷地、青縣之興濟兩減水壩，壩下減河，俱由歧口入海。節經官帑民力挑濬，因連年減下過多，在在停淤，均應分别展寬挑深。計捷地減河，約長九十里零，應展面寬八丈至十丈，底寬五六丈不等，挑深六七八尺不等。興濟減河長一百九里零，應展面寬十丈，底寬六丈，挑深六七八九尺不等。共約估需銀七萬七千五百三十八兩零。又運河兩隄，應間段加培，估需銀二萬九千七百餘兩。

又運河之東，有宣惠、石碑二河，皆以分消吴橋、寧津、東光、南皮、滄州、鹽山各州縣瀝水。宣惠河，由新集入老黄河，亘二百八十二里零。石碑河，由母豬港與捷地減河會，亘一百五十四里零，均應加挑，一律深通。宣惠河估挑面寬六丈，底寬四丈，深四五尺不等，內金沙港地勢高亢，挑深八九尺者，計長一百二十丈。石碑河估挑面寬五丈，底寬三丈，深三四尺不等。兩河共約估需銀六萬二千四百十二兩零。又興濟減河南岸隄，共長六十六里零，應加培頂寬一丈，底寬三丈五尺至三丈八尺，高六尺，並建木橋四座，涵洞二座，捷地減河兩岸隄埝，共長十里零，應加培頂寬一丈、底寬四丈，均高六尺五寸，並建木橋三座，涵洞三座，共約估需銀六千九百二兩零。

一、海河疊道閘座，宜修葺以為津南保障也。天津城東北三岔河以下為海河，納兩運、兩淀、子牙、永定諸大川，東注大沽海門，長一百餘里。每當伏秋泛漲，兼以潮沙阻遏，輒虞盈溢，全賴疊道綿長七十餘里，為津城保障。上年水落後，於工賑案內普加修築，高四五六尺，底寬四丈至四丈五尺不等。今詳加相度，內有八十三里零，應再加高二尺。海河近處，再培厚一二丈不等，加夯堅築，估需銀五千四百九十七兩零。惟是城南波水窪、黄花泊，受静海、青縣一帶瀝水，並秋漠港上承静海中塘窪逆河之水，皆停積天津城南，從前於海河水落，開隄宣放。乾隆四年，乃在疊道之鹹水沽、白塘口二處，建閘放水，隨時啟閉。又因雨少之年，城南一帶水皆鹹苦，須引入海河之水，以資灌溉汲飲。乾隆九年水利案內，復於城南賀家口、何家圈添建磚閘，而於佟家樓、八里臺、凌家口、大任莊、三合河等處，開挑引河，曲折迂回，使收灌溉之利。如遇水大之年，則又藉各引河導水出閘，以資宣洩。各閘均應修葺，並將磚閘改為石閘，乃可垂久。其灰堆舊有一閘已廢，今應添建於雙港地方，以順引河之勢。再查閘門寬一丈二尺，引水灌溉，固可足用。藉消積水，尚覺未暢。應將五閘均一律添建為雙門石閘，則一日可消兩日之水，更為有益。閘既開寬，則閘內引河，均應展寬濬深。護城河壕淤塞，並應挑治，俾由大閘口疏消潦穢，以免漫損城根。計改建雙門石閘五座，共估需銀一萬七千一百三十四兩零。又挑濬六閘引河、城河，共估需銀一萬四千八百四十八兩零。再大沽海口，有葦灘一片，約長一百五十丈，寬三十丈，深二尺，應行挑除，以暢水道，估需夫工銀一千二百六十兩。

一、保定府屬河道宜加疏濬也。府河發源於滿城縣之一畝泉，經保定府城南會白草溝。又東至糧河橋會金線河。又至老河頭會九龍泉，入安州之依城河，復會漕、瀑等河，出新安東為長流河，達於西淀。應將府河天水橋以下，間段淤嘴裁切。白草溝河上通、唐、祁、蒲等河之水，入於府河。稍南之金線河，分減唐、祁等河暴漲之山水。應請從上游常豐村之廣利渠，並蒲河下稍，均行挑濬深通。白草溝河長四十三里零，金線河長九十里零，廣利渠長十五里零，蒲河長三十里零。又望都縣之九龍泉，雨潦之時，溢為沮洳，均應濬治，悉歸溝道，加展寬深，俾滙入龍泉河，達安州之老河頭，長一百五十三里。又大莊引河分疏水勢，並應挑濬。又安肅縣之漕河，流沙易淤，自慈航寺至安州之依城河，長四十五里，應於河底抽槽，挑面寬五六丈，底寬三丈，深四尺至六尺不等。依城河自老河頭至白楊村，長三十三里零，應展寬六丈，挑深八尺。又減河一道，長四里零，以洩漕河、依城河之壅積。今淤墊漸高，應挑面寬四丈八尺，底寬二丈四尺，深六尺。又安肅縣漕河於工賑案內開挑，自姜女廟起，至散水口止，長六十三里八分零。但底面尚覺稍狹，應均加展，面寬一丈，底寬五尺，挑深二尺。舊有橋五座，一併展寬。又自姜女廟上溯范村，並加開濬，則舟販可通，計長二十里零，應挑面寬二丈至三丈，底寬一丈五尺至二丈，深四尺。散水口下入雜淀，長五里零，應酌加挑濬，並芟除葦草，以免淤塞。又瀑河正支二股，應於姜女廟建滚水石壩一座，使泛漲有餘之水，由此洩入支河，則河道不致漫溢。以上各工，共約估需銀十二萬一千七百十七兩零。其府河舊有石閘四座，九龍泉河上游，舊有石閘二座，並其餘木石等橋十座，均請分别修葺，以資蓄洩，以利行旅。又九龍泉河下游麥橋之南，應建石閘一座，使引河得水，則大莊各村，均沾灌溉之益，共約估需銀一萬九千四百十六兩零。再新安縣之大溵淀，向以納容城一帶瀝水，嗣於營田案内，改為糧地，瀝水無歸。南河閘地勢高昂，不能引流入淀，從前開四工閘出水，又復建設涵洞，而當容城水盛之時，往往漫溢隄埝。雖有閘與涵洞，無能節宣其勢。況今已頽壞，而留之轉以啟容、新兩縣争端，所有四工閘隄埝，毋容修葺，致遏水道。應循大溵淀旁，就舊有溝道開挖寬深，使容城瀝水，由大溝出新安城西閘為便。大溝二道，共長三十八里零，現在面寬一丈二三尺，寬五六尺，深二三尺不等，今應展面寬二丈，底寬一丈，深七尺，約估需銀四千五百兩零。

一、東、西兩淀之間，宜疏通水道也。查兩淀以保定縣之張青口為界，張青口以上為西淀，以下為東淀。西淀受唐、沙、滋、易、白溝、巨馬諸大川，每當汛發，挾帶沙泥，不免水過淤停。所賴翕受甚廣，尤在趙北口以東，轉輸能速。今趙北口疊道橋十一座，通流者才二三處，惟廣惠一橋舟楫通行，其下馬道河正支二股，均應展挑寬深。惟是白溝入淀之清河門，泛漲直射，橫截上游淀水出路。乾隆十年，於藥王廟前另開大港引河，出孫家嘴，以導西淀之水，不與白溝争路。故大港河甚關緊要，其下游尤須展挑寬深，以資傳送。復查勘得清河門之東，有黑河故跡，長八里零。再將此河裁灣取直，挑復其舊，則白溝下游多一分洩之路，而清河門更無虞其阻截淀道矣。又白溝上游之盧僧減河，應自高橋起，至茅兒灣，酌量深淺，間段挑濬，則新、雄一帶，可無驟漲旁溢之患。其趙北口各橋之下，俱相度來水，抽挑河槽，俾其一律通流，以暢西淀水道。又猪龍河滙唐、沙、滋三河之水，入白洋淀，下口有正支二股。今以支河為順，應加挑濬長十一里六分零。又大港河引河南隄有里長閘，任邱西北積水所疏消，閘外淤高，應接閘口開挑引河一道，歸入大港河下游。其閘內鄚州一帶，卑窪屯水，應於雙關橋並南城橋、北城橋三處，各開深溝，導水歸入里長閘。北閘舊磚剥爛，應用新磚另建。以上西淀挑濬及橋閘引河等工，約估需銀九萬八千七百十九兩零。西淀水由茅兒灣至張青口以下為東淀之玉帶河，水道迫東近隄，應將中亭河通行挑濬，長二十八里五分，下入台山，以分玉帶之勢。乾隆十年，曾挑王各莊引河，亦為分張青口之水，均應濬淤開寬，以暢東注。其自苑家口迤東，支分派別，有南北中三股。玉帶河之出孫家房者，東南經下馬頭，過崔家房至左各莊，迄石溝名會同河。復由台頭出楊芬港，是為南股。應於馬頭起，穿蒼耳淀，達張家嘴河，又由王家疙瘩至左各莊，接連挑通直河一道。其自台山過十間房、王家泊，繞至勝芳者為北股。自孫家房，由趙家房、崔家窑，過簍淀，歸勝芳者為中股，與北股俱由辛張出楊芬港。此三股實為全淀之腹，必須倍加寬深，使之周通輸注，悉資暢達。勝芳一帶，葦草糾結，有礙河流之處，應酌量刨除，以免塞溢。再查勝芳河本屬深通，因上年南北二股合併於此一河，兩岸居民夾峙，不能寬展暢注。應於村南另開引河一道，東接勝芳正河，同出辛張入楊芬港，尤資分洩。又自八里河口至楊家河葦淤數段，並應清理。再中亭河之栲栳圈、老隄頭二處，應各建木橋一座，以利行人。以上東淀挑濬及引河橋等工，共估需銀十一萬三千三百六十六兩零。

一、子牙河下游兩故道均應開挑也。滹沱河自獻縣臧家橋以下名子牙河。至大城縣王家口，計長一百九十八里零。自王家口循格淀大隄，至天津西沽入三岔河，計長九十里。其自王家口以上，張家莊以下，分為正支兩河，而支河分溜為多。嗣以支作正，而於支河之下，順留兒莊隄埝，截蔡家窪北灘，接挑河長九里，仍歸正河。節年以來，緣蔡家窪瀦蓄盛漲，漫入支河，致有淤墊。本年業經開挑，鹽船通行無阻。臣等復詳加相度，子牙河自獻縣以下，迫東兩岸，至此全賴正支兩河及蔡家窪，以落其勢。其自張家莊至王家口，正河三十八里，並應濬治。即以挑河之土，加培隄身，夯硪堅實。又王家口以下，至當城五十一里零，此內河身現寬四五六丈不等，應請一律展寬挑深，以資循軌下注。所過之獨流疊道，除舊橋一座應行修葺外，再添建木橋二座，以通水道。其西沽歸入三岔河之處，應將天慶寺後三空木橋，改為七空，俾得寬暢。挑河、培隄及橋座等工，共約估需銀七萬九千七兩零。

又支河以下，雖有蔡家窪可以分洩盛漲，而蔡家窪近亦停(於)〔淤〕，漸行淺隘。應將閆兒莊廢石壩，改建於劉兒莊支河之南岸，使蔡家窪不能容納之處，由此旁洩入蒲港窪，至獨流歸海。庶伏汛大漲，可無餘患。其閆兒莊廢壩過水處所，應築隄堵塞。其臨河重隄，並應加埽簽樁，俾資鞏固。建壩築隄，共估需銀一萬八千八百六十二兩。

又子牙河上游之應辦者，自臧家橋以下，如大馬、興業屯、陳家村、官莊、杜王化、劉王化、念祖橋、高家口八處，頂冲埽灣，均應間段裁灣取直，共長九里八分，估需土方銀一萬六千二十六兩零。又南至高家口以下，河身逼近西隄，賴有貼近河身之蘇家窪，可以分減盛漲。應於昌門挑引河一道，共長十五里，面寬四丈，深五尺，仍歸正河，為蘇家窪出路。共估需土方銀三千二百八兩零。

又瀝水有應以子牙為歸宿者，如河間縣迤東一帶，每逢雨潦，其瀝水直穿廣安橫隄，由大城城西，洩入文安大窪為患。今相度長隄之近王蕃村者，地勢稍低，穿隄身五尺，即可洩入隄外之榆錢窪。但子牙盛漲，須防倒漾，應於王蕃長隄建雙空石閘二座，於閘外開挑引河，長九里二分，面寬六尺，深七尺。以引河之土，作為南埝，加築夯硪，並加培廣安隄，以為大城外障。計建閘培隄挑河，共估需銀一萬六千一百五十九兩零。

又格淀隄之莊兒頭西，至千里長隄之三灘里，長十六里四分。此處為滹沱入淀舊道。此時滹水北趨，而淀水則往往南溢，以致土橋頭等數十村，常被水患。應接築底寬八丈，高七尺隄一道，則東與格淀大隄，西與千里長隄相連。而內河外淀，均資保障矣。共估需銀一萬八千一百六十三兩。

再子牙河故道，一由完固口經黑龍港，分東西中三支，皆下注新河口，入於東淀。一由杜林鎮經盤古廟，至鮑家嘴入南運河。嗣子牙河改由臧家橋之後，三支黑龍港，遂為獻縣一帶瀝水所歸。今勘得黑龍港惟中支尚勘行水，東西兩支，間段僅存河形。應並新河口以下，通身大加挑濬。挑河之土，培築東西兩隄。再於下游賈口分挑引河二道，使之並穿獨流疊道，至宋家馬頭歸入子牙大河，則壅遏盡去，行潦暢消矣。至杜林鎮改道，上受南宮、棗強、故城、景州、阜城、東光、交河等州縣瀝水，兼以阜城之普頭河、欒河，東光、交河之漫河，獻縣交河之亭子河諸流，並以鮑家嘴為出路。當運河盛漲之時，外水高於內水，不但不能宣洩，且以運河倒灌為患。

查盤古廟西北地名十里窪之金家營，挑挖引河一道，長七里九分，使昔之下注鮑家嘴之瀝水，折入黑龍港，即以挑河之土，堆築兩岸成隄。其鮑家嘴仍建立兩空石閘一座，視內外水勢盈虛，以時啟閉。庶上下支港聯絡，益收消納之效。其古沙河、普頭河、欒河、漫河、亭子河，合併所經水道。凡有淺澀之處，均應一律挖深通。又交河縣之吴家大窪，週三十餘里，雨多即澇，應開溝一道，通入新挑溝以下河道，以除田間宿患。以上挑河、築隄、建閘各工，共約估需銀十六萬九千六百四十二兩零。

一、南北泊之下游，並滏、滹河橋閘均應籌辦也。查任縣之大陸澤為南泊，受西南洺、澧、牛尾諸河之水，由北澧滙入寧晉，為北泊。其北澧河長四十七里，為兩泊轉輸要道，間段淤淺，應加濬治，以暢下注。估挑面寬六丈，底寬三丈，深八九尺不等，約估需銀五千六百五十一兩零。

又寧晉泊水入滏陽河，其下新挑河，已於工賑案內開挑，亦尚淺窄，應加濬治。估加面寬一丈，底寬一丈，深二尺。其新挑河尾滙入滏河之處，白鋪頭起，至黄兒營，至衡水城西橋下止，一百八十里停淤努嘴，一律挑除。又河面過窄之處，一律展寬。共估挑五十一段，合長五千二百六十五丈二尺，約估需銀五千九百八十八兩零。蓋滹水性悍，遷徙靡常。惟入滏以後，則安流順軌而下，治滏即所以治滹也。

又牛尾河二支，歷廣、順二府，消納永年、雞澤、南和、平鄉諸縣瀝水，俱經任縣入大陸澤，共長一百六十七里，河身間段淺窄，應加挑濬。今估展寬面寬三丈至五六丈，底寬一丈五尺至二丈五尺，深七八尺至一丈五尺不等，約估需銀二萬五千四百七十八兩零。又廣平府地勢本窪，城濠上納滏水。城隄之北向建有惠民閘，為洩水去路。

今閘外地身淤高，不能宣通，應自閘至斜路橋開溝一道，長一百三十丈，寬二丈，深五尺，引水歸入牛尾河，以免浸礙城根。並於溝口建閘，隨時啟閉，以防倒漾。計石閘一座，金門寬一丈二尺，挑溝建閘，共約估需銀一千二百五十一兩。

又冀州城之南窪，土人名為南海，週四十餘里，四面瀝水，雨後滙注，間遇滹、滏漫入，輒成巨浸。惟窪北老龍亭地方，可以開隄放水，入於滹、滏會流。每年於八月以後，河水大落，始可行之。當盛漲時，旁洩無路。應於老龍亭建三空石閘一座，每空寬一丈六尺，閘下開挑引河，長三十五里八分，並挖長溝八段，導入引河。相河水之長落，以為啟閉，則有隨時宣洩之益，不至久停為患。再周城向因地窪無濠，以致潦水直逼城下，應行開挖。今估面寬四丈至十丈，底寬三丈至八丈，深六七八尺，通長一千二百五十五丈，並於四門各建木橋一座，共約估需銀二萬七千六百九十一兩零。

再查衡水縣西關有六空石橋一座，跨滹、滏以通舟楫，建自前明，漸致傾圮。上年滹、滏順流之後，業經籌勘應修，估需銀四萬四千八百七十餘兩。臣等復公同詳加相度，橋長三十六丈九尺，六券之上，又於二券之間，疊砌五券。西邊第二券，業已倒塌少半，土石阻塞河流，而橋下水深一丈二尺，非另開引河，撤水全乾，將根脚清理，不能施工。石料亦須加添，原估之數，尚不為多。使不早為修葺，倘被冲坍，當泛漲之時，大石深墜，堵塞如牆，急切不能取出。滹水湍激，必致橫溢為害。是此橋所關在河道，而不僅在利涉，應派諳練專員，悉心經理，以資垂久。

一、古洋河急宜開挑，以滙導瀝水也。查河間府深州所屬境內，有古洋河一道，歷安平、饒陽、獻縣、肅寧、河間，由任邱五官淀、雄縣蒲淀，出王村口閘，歸趙北口以東之柴火淀，幾二百里，亦滹沱故道也。饒陽以上，河身寬闊。獻縣以下，形跡斷續。本年代賑案內，於河底抽槽濬淤，而新開各道溝以及馬家河之由溝而入者，皆交湊以消各村瀝水。其肅寧一帶之瀝水，由道溝入於古唐河者，亦以洋河為歸宿。今勘洋、唐二河，河槽尚覺淺窄。洋河應自獻縣以下，至任邱縣凌城村，將河槽再加寬三丈，深三四五尺不等。其凌城村北至五官淀，約長三千三百餘丈，已失河形，有同平地。應循窪跡，開挑河身，面寬八丈，底寬五丈，深八尺，以達於蒲淀，出王村口閘。並蒲淀之東，修復舊隄，以防東軼。約估需銀四萬四千七百六十兩一錢零。古唐河應自河間府城西關橋下起，至徐家口，將河槽再加寬深，以收溝渠之利，約估需銀二千六百十一兩七錢零。其出口二閘，木閘隸雄縣，石閘隸任邱。石閘現在完整，木閘已壞，應改建石閘，以資垂久。估需銀二千一百三十六兩零。

〔附録〕[一]

恭録聖諭三道

乾隆二年七月，諭曰：

『自古致治以養民為本，而養民之道，必使興利防患，水旱無虞，方能蓋藏充裕，緩急有資。是以川、澤、陂、塘、溝、渠、隄、岸，凡有關於農事，預籌畫於平時，斯蓄洩得宜，潦則有疏導之方，旱則資灌溉之利。非可委之天時豐歉之適然，而以臨時賑恤，為可塞責。朕御極以來，宵旰憂勤，惟小民之依，是咨是詢，前後諭旨，諄復再三。但化導自在有司，而督率則由大吏。近日直省督撫，惟甘肅巡撫德沛到任後，即以興水利、裕倉儲為請。署西安巡撫崔紀，亦有勸民鑿井灌田之奏，尚能留心民食，知本計之所當先。其餘能盡心於吏治、官方[二]、命盜、錢糧諸事者，尚不乏人。而於民生衣食本源，未能切實講求。地方守令，亦惟刑名錢糧，自顧考成。至以愛養百姓為心，留意於稼穡桑麻，如古循吏所為者，蓋不可得。即如直隸今年夏初少雨，則以熯旱為憂。及連雨數日，尚不甚大，而永定河遂有漲溢之患，決口至四十餘處。低窪之地，多被水淹。雖因山水驟發，然水性就下，其經行之地自有定所，設預為溝渠以洩之，為塘堰以瀦之，自可以分殺水勢，不致滙為洪流，衝突漫衍，如此之甚。是皆平日不能預先籌畫所致也。各該督撫有司，務體朕痌瘝乃身之意，刻刻以民生利賴為先圖，一切水旱事宜，悉心講究。應行修舉者即行修舉。或勸導百姓，自為修理。如工程重大，應動用帑項者，即行奏聞，妥協辦理。興利去害，俾旱澇不侵，倉箱有慶，以副朕惠愛黎元至意。』

乾隆二十五年六月十四日，諭曰：『各省向有低窪處所，每慮水災。前年辦理河工水利時，經朕特派大臣，會同各督撫悉心相度，疏濬得宜，是以河道俱通。雖水勢驟增，而消退甚易，可見事苟善籌，效必旋至。為其事而無其功者，未之有也。然創之於一旦甚難，而隳之於日久則甚易。若不隨時撈濬，將來日復一日，勢必漸成淺阻。與其修挑於甚淤之後，費大而人勞，何如修挑於未淤之時，事半而功倍。所當隨時留心辦理，以保前功於不壞者也。各該督撫查淤淺處所，一律挑濬，俾河道長得深通，

[一] 原書無標題，點校者加。

[二] 官方　爲官之道。《説文解字》『官，吏事君也』，即替君主辦事的人。

水勢永無泛溢，用副朕乂安民生至意。』

乾隆三十七年六月十八日，諭曰：『淀泊利在寬深，其旁間有淤地，不過水小時偶然涸出，水至則當讓之於水，方足以暢蕩漾而資瀦蓄。非若江海沙洲，東坍西漲，聽民循例報墾者可比。乃瀕水愚民，惟貪淤地之肥潤，占墾效尤。所占之地日益增，則蓄水之區日益減。每遇潦漲，水無所容，甚至漫溢為患。在閭閻獲利有限，而於河務關係匪輕。其利害大小，較然可見。是以屢經飭諭，冀有司實力辦理。今地方官奉行，不過具文塞責，且不獨直隸為然，他省濱臨河湖地面，類此者諒亦不少。此等占墾升科之地，一望可知。存其已往，杜其將來。無難力為防遏，何漫不經意若此。通諭各督撫，除已墾者姑免追禁外，嗣後務須明切曉諭，毋許復行占耕，違者治罪。若仍不實心經理，一經發覺，惟該督撫是問。』

附：陳儀《蘭雪齋集》六則

從來治河者，必通計全局之利害，而後可定一河之會歸。必先定下流之會歸，而後可議上游之開築。此理勢之當然，古今之通論也。

明胡體乾論江南水利，以為『高山大原，衆水雜流，必有低凹處為之壑，如人之有腹臟焉，彭蠡、震澤是也。旁溪別渚，萬派朝宗，必有一合流入海之川為之洩，如人之有腸胃焉，江、淮、河、漢是也』。南既如此，北亦宜然。以畿輔水利言之，正定、廣平、順德三郡之水二十餘河，畢滙於南北二泊，翕受而停蓄之，然後合為一川。出北泊，逕衡水之焦罔村，會滹沱之流，奔注數百里，至大城之王家口入東淀，曰子牙河。則是二泊者，正、順、廣三郡諸河之腹臟，而子牙一河為之腸胃也。

順天、保定、河間三郡之水三十餘河，畢滙於西淀。翕受而停蓄之，然後合為一川，出茅兒灣，逕保定，曰玉帶河。逕霸州之苑家口，曰會同河。至文安蘇橋之三汊口入東淀，則是西淀者，順、保、河三郡諸河之臟腹，而會同一河為之腸胃也。

至東淀一區，南納子牙之流，而正、順、廣二十餘河之滙為二泊者盡歸之。西受會同之注，而順、保、河三郡三十餘河之滙為西淀者又歸之。舉畿輔全局之水，無一不畢瀦於兹，以達津而赴海。則其通塞淤暢，所關於通省河渠之利害者，豈淺鮮哉。

康熙三十七年以前，渺然巨浸，週二三百里，清泓澄澈，中港汊縱横，周流貫注。自撫臣于成龍奉命開築永定河，不為全局計，而秪為一河計，遂改南流之故道，折而東行，自柳岔口注之東淀。於是淀病而全局皆病。即永定一河，亦自不勝其病，淤高橋淀，而信安堂二鋪，遂成平陸。淤勝芳淀，而辛張、策城[一]，盡變桑田。向之渺然巨浸者，皆安歸乎？

既失地於西北，則傾注於東南。而獨流一帶，淀水與運河，僅限一隄。至楊柳青以下，則淀、運相連，南隄蓋岌岌矣。故曰淀病也。且淀池以翕受為功，容納之量隘於下，則灌輸之勢停於上。一遇（秋）〔伏〕（伏）〔秋〕[二]泛漲，泱漭西來，騰湧無歸，則旁溢橫奔，冲隄潰岸。故今歲高陽河決而東，斷鄚州官道。子牙河決而北，文安、大城皆宛在水中。而南岸欽隄增高二尺，水猶與之平，人第訝水之大，河不能容，而不知淀之小，水失所受。故曰全局皆病也。

永定本向南流，逕固、霸之境，而會入玉帶河，蓋率其自然之性，河未嘗淤，淀亦未嘗淤也。雖東坍西漲，時有遷徙，亦不無冲齧之虞。而填淤肥美，秋禾所失，夏麥倍償，原不足深為病。治之之法，但當順其南下之性，而利導之，多其分釃之渠以減殺之。寬築陂陀之洦岸，以緩受其怒流。分建護村之月壩，以預防其衝擊。如此則害可減，而利亦可興。何至折而東之，導之淤淀，為全局病，至於此極也。

自改河以來，河底歲埝而高，河高而增隄，隄高而河亦與之俱長。今視平地已有八九尺至一丈者，潰決則建瓴直下，為田廬害，豈足異哉。總由濁流入止水，溜散泥沉。下流自塞歸壑之路，上游猶築居水之垣，不過厚蓄其毒以待潰耳。故曰永定河，亦自不勝其病也。

夫利在耳目之前，而患伏數十年之後。當時固以為無足憂，而卒至一發而不可救。凡事類然，不可不深思而熟計之也。

我世宗憲皇帝，智與神謀，身悉渾河之為淀病，且深悉渾河病淀之為全局河道病。於興修水利之始，即特降諭旨，令引渾河別由一道入海，毋使入淀。可謂探本窮源，一言而舉其要矣。

蓋淀為定水，無冲刷之力，故沙入而沉。河無停流，有滌蕩之功，故泥冲而散。永定南入清河，自三十七年以前，溯之前明，百有餘年矣。舊所經由之處，沙痕的皪，岸跡分明。袁家橋以北，崖高底深，牤牛河藉以行水者，即其故道也。河性善淤，能墊深為高。而此道廢來，已四十年。何以經久不湮，歷歷如是。蓋下口暢則上流疾，此即

[一] 辛張、策城　亦名新張、策城，地名，地當今河北省霸州市勝芳鎮辛章村、策城村。陳儀説，三岔河之第二岔，入勝芳淀爲勝芳河，經此分爲二岔，經辛張、策城至褚河港分爲二支，據此，則其地當在今河北霸州勝芳鎮以東褚河港以西，即今辛章村、策城村。陳儀《陳學士文集》作『辛張、策城』，《永定河志》作『新張、策城』；《畿輔安瀾志》、光緒《順天府志》兩種用法，兼有之。但辛、新，通假，可以肯定，新張、辛張爲同一地點。另外，陳儀有時把新張、策城合併使用，作『辛張策城』，稱這段河流爲『辛張河』。

[二] 秋伏汛　應爲『伏秋汛』。秋、伏二字互乙。

利於入河之明驗矣。

雍正四年，雖經水利衙門奏於郭家務以下改挖新河，而下口仍然歸淀。故經王慶坨，則王慶坨淤。入三角淀，則三角淀淤。近且駸駸乎淤及楊家河矣。夫楊家河，乃全局清水之尾閭也。此河一淤，則通省六十余河之水無路歸津，勢必於楊柳青上下穿運道而灌天津，其害有不可勝言者。故籌今日之利害，則下口會歸之路，可不為之熟籌而審處也哉？愚以為會歸之路，莫如順其南下之性而入玉帶河。或謂濁能淤淀，亦能淤河。玉帶河一淤，則西淀之水無所歸，必逆折横流，為文、霸四邑害。是大不然。玉帶河西受數十河之水，渠深流急，滌蕩冲刷，泥澄沙散，已自失其渾濁之性矣。即如滹沱、漳水，其濁泥豈下於永定，而滏陽、衛河，其寬深亦不逾玉帶。滹入滏，而滏未嘗淤。漳入衛，而衛未嘗淤。則永定之入玉帶，何足慮乎？

或謂南北長隄，文、大二邑民命之所系也。渾河横冲而入，必有潰决之憂。是又不然。大隄之决，前已屢告矣，皆清河為患，未見有濁流也。如果濁流决隄而入，則文安仰釜之地，早已填平，何以低窪如故也。况經相國鄂公奏請，加築高厚，視前數倍矣。再於隄外加以埽鑲草壩數百丈，以備不虞，尚何意外之患乎？

或謂河流湍悍，土性疏惡，不隄則泛濫妄行，蕩村莊，齧城郭，仍為固、霸諸邑害，隄之則猶是築牆而束水也。是又不然。昔渾河南行之時，河身不過十餘丈，溢岸漫流，深不過一二尺，旋長旋消，為期不過二三日，本非巨津，如黄河之浩瀚而莫可控禦。特以東折既違其性，入淀又窒其歸。強束以長隄，適足以激其怒耳。今若順其南下之性而利導之，曲直隨勢，多其分釃之渠以減殺之，高下合宜，寬築陂陀之泊岸，緩受其怒流，寧厚勿高。分建護村之月壩，預防其衝擊，寧缺勿合。如此措置，將斥鹵變為膏腴，史起之功可再也。縱遇異漲之年，溢岸漫流，仍不失一水一麥之利，亦何負於民哉。天下之事，極則變，變則通，通則久。永定之為淀病，至今日而已極，亦變而思通之一會矣。當事諸君子，誠一旦翻然改圖，復其南下之故道，則病淀者去，淀乃可得而治也。

淀起於蘇橋之三汊河，訖於天津之河頭。一汊自古山北流，逕高橋淀入信安鎮為信安河。一汊自趙家房東北流，入勝芳淀為勝芳河。逕新張、策城至褚河港分二支，一東流為長子河，一東北曲折可八里為東沽河。又東十余里為王慶坨河，與長子河合。而信安河亦自西來會焉。一汊自下馬頭東南流，逕崔家房，東入張家嘴河。北流逕任家莊，東流入左家莊泊。又東北逕石溝分二支，一北流與勝芳河會，一東北流至臺頭。子牙河自東南來會焉。合流至羊芬港，又分二支，一北流逕瘸柳樹，與長子河合。一東北流過蒿浪泊，出楊家河，抵河頭，而臺山、趙家房二汊，皆出三角淀而東來會焉。此三汊之大概也。其沿隄東去，逕西馬頭、堂頭入左家莊泊，逕傅家營入石溝河，則鹽河之故道，非三汊之正派矣。自永定入淀以來，高橋淀淤而信安河絶，臺山一汊併入勝芳。勝芳淀淤而辛張河絶，臺山、趙家房二汊併入臺頭。張家嘴河淤，而下馬頭二汊併入沿隄小河。是淀之上口諸河，盡失故道，既苦於翕受之難。三角淀淤而長子河絶，王慶坨淤而東沽港河絶。是淀之下口諸河，皆成斷港，又病於宣洩之隘。所恃以通流者，惟臺頭一河耳。以全淀所受六十余河之水，納之一線之中。而子牙濁河自南來者，又從而溷之，不亦危哉。

愚向有末議，設垡船，募衩夫，委專官，計丈里，撈泥挖淺，除茬開淤。家宰顧公，已采以入告矣。其事一行，則臺頭一路，上接左家莊，下達楊家河，自可逐漸寬深，不憂梗閼。而愚猶以為，一河納全淀，終非其量之所能勝。則三汊故道，不可不擇其要者而開挖之，以分其來而暢其去也。

一、張家嘴河。雍正四年開挖未竟，水至停工。宜接開至左家莊泊，以分沿隄水勢。

一、沿隄小河。自堂頭至壩嘴頭，淺阻礙流，宜挖深通，使水無停駐，以保隄工。

一、趙家房河。村中土橋卑隘，不通舟楫。宜改造加高，中留活板，使帆檣來往，以暢河流。

以上三河，其下流俱經由淀泊之中，茬草(苽)〔菰〕蔣，停泥壅溜，多致淤淺斷絶。宜每歲撈挖以為常，此則垡船之所有事矣。而尤關緊要者，在開挑勝芳舊河。此河上承臺山、趙家房二河之委，逕辛張策城[一]、褚沽、東沽三港，過王慶坨北，逕三角淀南，至河頭與楊家河會。其形勢自西南而東北，最為逕直，故土人謂之照直河。雖湮塞已久，遺跡猶存。若尋逐開疏，事殊創始。寬不過十五丈，深不逾八九尺，而且陸地施工，易為畚鍤。憑高作岸，無事隄防。導三汊於西北分流，減臺頭之東南側注，腸胃寬而尾閭暢，豈緊淀池廓清，即全局之河道隄工，均有裨益矣。《治河蠡測》

查霸、保、文、大一帶長隄，介東西兩淀之間，當七十二河之滙。故上自何家道口，下至龍塘灣，七十餘里隄工，在在皆屬險要。所恃以分其流而殺其勢者，唯支河數道而已。在保定曰中亭河，在蘇橋曰三汊河，在崔家房曰張家嘴河。自中亭河淤，而保定鹿疃、下武各莊隄，全受玉帶河之冲，年年潰決。自勝芳河淤，而蘇橋三汊河遂無下口。會同河二十餘丈之流，並束於崔家房沿隄二三丈小河內，而張家嘴河又復淤塞。以故上馬頭、西馬頭、堂頭、黿窩、老母廟等隄，一時潰決。往事已然，歷歷可鑒。雍正四年冬，和碩怡親王奉命查修水利，親臨相度，洞悉利害，奏請開挖中亭、三汊、張家嘴等河。中亭河自口頭

[一] 此處説辛張策城、褚沽、東沽三港，辛張、策城港口相連，故標點如此。

分流，而玉帶之水，十減三四。三汊河自勝芳開通，而會同之流，十減二三。張家嘴口雖未完工，而上口既開，下流河跡猶存，沿隄小河之水，亦十減一二。分水之路多，則浸隄之力少。以故五年秋大水，幾與隄平。而本坊帶領委員，親督夫役，得以搶護無虞者，以但有風濤之排蕩，而無沖溜之攻擊也。

今歲二汛安瀾，隄防鞏固，黍稌秔稻，高下皆收，吏恬民熙。若以天之祐此一方民，故無橫流暴漲之至。殊不知此處河水，皆自西淀來。西水暴漲，非一次矣。高陽河陡長一丈四五尺，亞古城隄決，府河陡長，與南門橋頂平，大小石閘盡被沖壞。高陽河增漲三四次。閏七月初八日，猶陡長八尺，此水皆安歸乎？非沿隄河道受之而誰受之？然自六月至今，此處水長不過一尺八寸，漲於上而不添於下。此無他故，皆由中亭、三汊、張家嘴諸河分流，而北瀦於淀窪之內也。向使無此數河，而全流並東於此一線之渠，則隄工之危險不知何如。官吏之倉皇，民夫之荼苦，又不知何如矣。本坊生長此邦，頗諳水勢。自七月初九日奉諭至隄，督率印、河官加謹防護外，即加意支河，恐有菰蘆荇草，當港叢生，阻溜填河，致成既通復塞之患。於是委員細查，泛舟親歷，經分緯合，脈絡瞭然，紆直通塞可指數矣。

查中亭河下流，會於臺山河，即三汊河之第一支也。經花達墓、十間房、王家莊、王家泊、崔家莊歸勝芳河，入火浪、紫草等泊。是臺山河受中亭河之流，而中亭河又受牤牛河之流，勝芳河則並受牤牛、中亭、臺山三河之流。一有淤塞，即三河之水倒漾，而並集於沿隄河內，能受乎？不能受乎？乃花達墓河內有攔河箔一道，壅水停流。王家泊東，紀家淀北河一段，荇草塞滿者一里。又東一段，蘆葦（苽）〔菰〕蔣侵佔河面，僅可容舟者二里。又東一段，至崔家莊西，河口密荇共四里。又東一段，崔家莊東，至勝芳新河口北邊，密荇寬一丈者四里。若不亟行芟除，則目下之闕流，不一二年間，復成斷港。將動帑挑濬之欽工，坐視廢棄矣。即飭行霸州，將花達墓攔河箔立押拆毀。已據申覆，檄行文安縣，督令鄉地人船，將王家箔一帶菰荇，逐加芟除，迄今未據報竣。

再查趙家房河，即三汊河之第二支也。由蘇家橋對岸宮家嘴東北流，經趙家房、崔家窑、靳家鋪頭，入托蓮泊北。由郭家窪會臺山河，而歸勝芳東。由南北羅家樓，經漠漠淀，入石溝之南北樓，而歸勝芳。今郭家窪密荇闐塞，北流已斷，南北樓之間，荇鬱不見水面，東港不通，水無所洩。南折而注於左家莊西，仍歸隄下。雖行令文安縣芟除，不過崔家窑邊，托蓮泊口，稍為拓清。而南北樓間，長闊數里，工力頗繁，究未芟通，導積流而東去也。

再查張家嘴河，即三汊河之第三支也。由崔家房東經任家莊南，王家疙瘩北，入左家莊泊，而歸石溝河，向系鉅流。其沿隄東下者，乃一小支耳。此河淤塞，遂以沿隄之小支為正河，寬不過一二尺，深不過四五六尺，往往上流漲溢，即至平隄。故開挖張家嘴，以暢舊流，而工未及竣。然現今測探，除河口壩基未除，止深三尺外，其餘概深四尺五寸，及五尺不等，與沿隄之河，未甚相懸殊也。若通暢無阻，亦大可資其分減之力。乃令任家莊上下數里，（苽）〔菰〕（將）〔蔣〕[一]叢生，密芊如織，全不見有河形。本坊舟至此地，膠滯不行。篙師並力，方移一步。如此而欲水之不壅，其可得乎？亦已檄行文安縣，責押該縣鄉長，刻日芟除，亦迄今未覆。

夫分流減水，不使迸集隄下，此曲突徙薪之計也。加高培厚，修殘補缺，使水來可憑以為固，此綢繆牖户之謀也。大汛臨隄，張惶搶救，幸而獲全，此焦頭爛額之功也。該地方官秉承貴道章程，所屬隄工俱為完整，亦可謂未雨徹桑，足資防禦矣。而於親王發帑開河，分流減水，為曲突徙薪之計者，則概乎未之聞也。是以本坊巡視支河，開暢下口，雖從命應酬，而未肯實力任辦，其意將以為不急之務而已。豈果州縣之令，不能行於一鄉地哉。愚意以為，此事乃隄工第一要著。目下芟除，不過暫為小試耳。仍當於明春水涸時，遵照制（臺）〔台〕疏濬淤淺之檄，或請貴道親臨，或遴委廳員，將以上諸河淺阻之處，逐一查明，督令地方官，鳩集里下人夫，量加挖濬。便可計其工力，抵免二汛防修。古人云，挖河一尺，可抵築隄一丈。如此挪兑，河、隄兩有裨益。至無煩挖濬之處，只須於伏汛内時，將（苽）〔菰〕、蘆、芊草，壅礙河流者，盡加芟除。一經伏水灌入，根即腐爛，不復再生。所役人船，亦可以防汛夫額中抽抵。年年如此，支河愈暢，分水愈多，沿隄無迸注之險，而防修工程，可收全效矣。本坊奉委在此，事非專司。貴道持節行河，權歸統轄。為此咨商貴道，煩為查照實力奉行，仍祈示覆，以憑具啟。《與天津清河兩道咨》

淀民以船為業，船一隻，長一丈二尺五寸者，可業三人之力，撈取垡泥，日可三方。一月之内，十日撈泥，二十日營業，盡可度日。每一船，月撈泥三十方。自三月至九月，每一船撈泥可二百一十方。十船二千一百方。船五十只，可撈泥一萬五百方。計淀河一百四十里内，淤淺者未必及半也。可設船五十只，每船募衩夫三人，共一百五十人，即以船與之為營業，不必復給工食。一船每月撈泥三十方，應撈之處，官為測量，計其丈尺之數，釘樁而標記之。既撈之後，核數收功。所撈之泥，運送附近村莊，或墊作房基，或堆疊園圃，任從其便，唯不許阻礙河流。所

[一] 苽將　當爲『菰蔣』。《畿輔安瀾志》清河卷上作『菰蔣叢生』。茭白，禾本科菰屬多年生宿根草本植物，可食部分為茭白，葉稱菰蔣，種子稱菰米。河北淀泊多産菰蔣。菰蔣生長茂盛，既可堵塞河道，又可爲河道整治材料之一。錢儀吉《碑傳集》四十七：文安、大城『形如釜底，積潦不消，夾堤内外，皆巨浸。儀購菰蔣十余萬束，立表下楗，以禦險要。』

募之夫，必淀内居住之人，入水取坌，素所習慣。取具互保，免其雜徭，給以腰牌而登之册籍。雖分工段，務令各近其家。所用之船，不必旋行製造。隄内積水新涸，民間所有之船，盡皆陸置。每只不必三四金，稍加修艌，即可乘駕。若將拿獲私鹽船隻，毋令變價，揀擇取用，亦可省其採買。如此措置，人不勞而帑不費，淀河日深，清流倍暢。所謂日計不足，月計有餘也。然須添設專官一員，督率管理，或縣丞，或主簿，駐淀池適中之處，往來稽察。仍令廳員兼轄，河道統轄。倘有淀河淤塞，悉照隄工漫溢之例，分别參處。庶上下不敢玩忽，隄、河兩有裨益矣。《坌船衩夫議》

直隸地方，地勢平衍。雖有瀦水之淀泊，並無行水之溝洫。雨水偶多，即漫流田野，淹浸禾稼。是以怡賢親王於通州、武清地方，開挖鳳河。於香河、寶坻地方，開挖窩頭、鮑邱二河。於良、涿、固、霸等州縣，開挖牤牛河。收攝野潦，俾有所歸。故以上各州縣，數年以來，不受淹侵之害。自此而外，古河舊道，所在多有。與鳳河近者有古龍河，上源本出盧溝，久已淹塞，而下流河漕具在。惟近六道口入淀之十餘里，墊淤平漫，雨多水溢，則為東安害。與南運河近者有古漳河，來自大名，歷廣平、順德、冀州、河間之境，皆有河槽。至交河縣地方，又有古清河一道，自阜城來會，土人謂之清漳河。杜林鎮之大渡口，前河臣王新命開横河一道，通入鮑家嘴河，收攝野水，而歸於運河。但以上所經二十餘州縣之境，不無墊淤平漫，及民間占耕之處，雨水滙聚，往往溢出為害。與滏陽河近者，則有滹沱故道，深、冀等州，衡水、武、易等縣，皆有之。又有武強縣之龍治河，歸古漳河，名岔河。衡水縣之古鹽河，棗強縣之黄櫨古河，長者百餘里，餘亦不下數十里。上受雨潦，下無所洩，亦溢出為害。又有馬頰、（朱龍）〔豬籠〕〔一〕二河，上自河南，下歸山東，中經大名之清豐、南樂二縣，雨多水溢，亦漫流為害。此等古河，雖系無源，皆堪行水。而地方官不知經理，沿河小民，但知利己，或就其平處種植為業，或地處下流，曲防攔截。故脈絡不通，水至則共受其浸。甚至有源有委，載在圖志之水，如柏鄉之槐午等河，任縣之蔡、馬等河，只以泉源微細，時常乾涸，而民間常於河身種麥。地方官不知查察，一有水發，則彌漫遍野，所謂貪尺寸之利而受害無窮也。陸（龍）〔隴〕其為靈壽令，濬治衛水。其始，人以為開無水之河，迂而無當。河成而雨集水至，賴此河宣洩，禾稼無損，迄今民猶懷之。此賢臣之遠見也。其言每以為溝洫之利，不可不亟亟講求。今各地方，所有古河，其寬深過溝洫遠矣。但使流而不窒，脈絡相承，近泊者導之歸泊，近河者導之入河，近淀者導之入淀。淤者挖之，平者濬之，斷者聯之，隔

〔一〕朱龍河　即豬籠河。

者通之，勞費諒亦無多，而潦水各有攸歸，無泛濫之害，有屢豐之慶，其為利不亦溥哉。應請旨敕下直督，轉飭各州縣同心僉議，實力奉行。此即古人盡力溝洫之意也。《疏古河故瀆議》

玉田之後湖，受迤北一帶山漲之水，並藍泉、螺山泉之流，下注小河口，而委輸於薊運河，即徐尚賓《潞水客談》所謂後湖莊疏河可田者也。

小河口歲久湮塞，水無所洩，遂為瀦潦之區。萑葦苐葳，其為不耕之壤久矣。雍正四年春，怡賢親王巡行水利，過而瞻矚久之，曰：『此稻鄉也。經畫營田，宜自茲始。』於是遴員發帑，而手一圖授玉令吴士端曰：『汝其董厥成。』啟而諦觀之，則圖上有說，指畫詳盡。其略曰：『疏濬小河，以瀉積潦。建築圍隄，以禦山漲。開渠設閘，引納藍泉、螺泉山之流，以資灌溉。而湖心凹處，萑葦之所生者，釋而勿墾，留為瀦水之地。』士端等奉以從事，工竣田成，比歲大熟。士端以功擢永平守，割玉田、豐潤二縣隸焉。而在工各員，亦升賞有差。然則後湖一區，實營田之始基，賢王所心經而手緯，以為畿輔州邑之表式者也。而其措置之妙，尤在留湖心毋墾，以為潦水歸宿之所。蓋周圍築堰四漲，固不內侵。而雨澤過多，則內水亦難外洩。留湖心以受之，田功乃可萬全。所謂舍尺寸之利，而遠無窮之害，後之人所當遵守無失者也。

五年，吴守以湖心所出葦草之利，頗為近湖豪猾占奪，乃丈而籍之，官收其值之所入，以為圍隄歲修之費，而以玉田丞掌其事，俾縣令稽核其工，具啟其事於王。王報可。自此崇卑增薄，圍不毀於水，而田以屢豐焉。

八年，賢王捐館〔一〕，水利營田府罷，局既撤。而浙省遊民申有山，乘間投隙，借墾荒之名，遂冒耕湖心之地。葦利既絶，而修築之費無所取給，圍日以圮。予蒞任後，有稻户宋紹先訟言之，不勝惋恨。乃徵其案於吴守，吴時已擢任霸昌道矣。録案見復，即檄縣查有山冒墾之故，杖而逐之。然葦已成田，無復萌蘖之生矣。縣令衛步青乃召民佃種，額課之外，仍輸租為修圍費。於是江生維翰，遂以當年升科為衆人先，仍外納圍租如令，此其意徒欲得地耳。一地無兩税，定制也。既科糧而又出圍租，是兩税矣。以之報部，必以成例見格。若止報額課，則圍租不登部册，祇名私費耳，勢不便與正課一例追比。或完或欠，或多或少，一任其意之所為，官民其將誰何？是修圍不過虛名，而十餘頃墾熟之腴田，已歸其手矣。此其為狡獪，路人知之。衛令不之察而達於司，司如其請，取結册而將轉達於部。此嚴令宗嘉所以斷斷然有歸官召佃之請也。其言以為稻田地户，不下千有餘家，如令江維翰等四人獨認，則偏枯不均，不惟無以服衆心，且江維翰倚矜健訟，尚

〔一〕捐館　隐指去世。

未種地，即欲坐收籽粒。甫經具認，復又叠控不休。以此多事之徒，必非急公之輩。即此數語，已可謂洞見江生底里矣。其歸官召佃之説，以為該縣縣丞經管河務，圍埝閘洞，是其專司，此地應責令該員經理，召人承種。除舊有學田錢糧外，凡屬無糧之地，應令該員議立官户，册報升科，仍照例輸租銀八十兩，為修圍之費，收齊滙繳縣庫。遇有圍埝、閘洞應需椿葦之處，會同該縣勘明，動項修理，工竣報查，庶無悖從前立法之意也。

是時稻户宋紹先等争認者紛紛，予深惟吴守立法、賢王照行之意，嚴令所議尚屬存羊，故排衆辭而批允之，誠以為後湖工程計耳。夫賢王當日豈不知湖心為田，可以為田，而故棄為萑葦之場哉。蓋所棄者小，而所全者大也。吴守之令玉數年矣，豈不知湖心之地，可以增課賦，而只收葦草之利哉。蓋額課之升報，益國賦猶錙銖。而圍租之歲修，保田功於久遠也。及一變而為申有山之冒墾，已違賢王措置之苦心。再變而為江維翰之認升，又失吴守立法之美意。自兹以後，修費無出，圍隄漸廢，雖日督地户，以事畚锸，然而利既專於一人，勞則遺之大衆，其孰肯俯首就役焉。為長久計，不若歸此地於官，召種而籍其所入，額課出其中，圍租亦出其中。國賦無虧，而營田永賴。則嚴令之説，似可俯從，不必執前案之不可移，而遺營田將來之害也。《後湖官地議》

按： 原《奏》别疏永定、子牙二河，於西沽南北分流，不使入淀，清濁攸分，水患永息。此與怡賢親王、相國文端朱公《敬陳水利第一疏》意見相同。《疏》内廓清淀池一段，所謂兩河各依南北岸，分道東流，仍於淀内築隄，使河自河，而淀自淀是也。但彼時淀水寬深，隄工難以建立。今三角淀、王慶坨一帶淤高，永定河改流而北，由鄭家樓、魚壩等口入於葉淀之東，漸為疏引，使入西沽之北。此所謂依北岸分道東流者也。子牙新舊兩河，各有隄堰。舊河東隄與新河西隄，南連而北缺，缺處凡二十五里。每兩汛水漲，則倒灌而南，其間三十餘村，皆宛在水中。而汛官猶防護兩隄惟謹，是猶盗入内室，外守牆垣，徒發人一噱耳。今於閆、留二莊開舊河東隄，則蒲淀窪、要窪、朱家窪等處，皆可淤成膏腴。其中有劉家河、三家淀河舊瀆，疏引而東，過楊柳青，使入西沽之南，此所謂依南岸分道東流者也。至黑龍港、馬家橋、胡家店等河，雖無上源，而滙注瀝水，漫溢為青縣、大城田廬害。今議閉焦家口，使子牙濁流並道耑行，而疏濬新河，專受黑龍港等河積水，洩之入淀，尤於地方有益。

再按： 原《奏》北運河灣多工險。查下游有灣冲，必上游有沙嘴，議將沙嘴之長者挑之，稍裁灣以取直，則險工漸平。昔潘印川治河之法，逢灣取直，遇嘴切沙。予於雍正五年，查勘南運河，記沙嘴應挑者數十處，具啟賢王，沮於司議。而北運流沙推擁，沙嘴較南運尤甚。憚挑挖之工，而縻草葦之費，費而無益者也。挑嘴裁灣，最為良法。南運亦宜推而行之。

原《奏》南運河吴橋境内，安陵鎮地勢高，而與老黄河相近。議於安陵鎮再建一壩，濬減河三十餘里，即入老黄河，可以暢達入海。俟安陵閘成，將捷地之閘，閉而不用。

考《水經》：『大河故瀆，北經修縣故城東，又北經安陵縣西。』修縣即景州，安陵即今吴橋之安陵鄉也。雍正五年，予查勘南運河，見水勢浩瀚，非興濟、捷地二壩所能宣洩。因詢訪土人，另尋消減之路。惟安陵去古黄河三十里，地近而工費不多，請於此處建壩挖河。古河廣大，直達於海，壩面開寬數十丈，則漳流雖漲，可以盡洩，而下游隄工，永無潰決之患。文端公深以為然，啟王議行。而山東方議開建四女寺壩河，其事遂寢。今議於此地建壩，須面寬四十丈，其高下丈尺，以興濟壩為準則，底水足以濟運而有餘，其羨溢之流，俱消歸古河入海，洵治南運扼要爭奇之上策也。至捷地之河，原系前明(宏)〔弘〕治間舊瀆。原估河寬八丈，兩岸築隄，而清河道王紘、逯别駕選[一]，奉委查核，減去河面二丈，不准築隄，遂屢致潰溢為患。然漫水濁流，淤瘠為腴者不少矣。若堅修兩隄，將大浪淀等低窪之處，圈築小埝，照子牙河淤蒲淀等窪之法，引水填淤，自上而下，則滄南薄(減)〔鹻〕之區，漸成膏壤，似亦不必汲汲閉塞也。

再按：原奏經理兩淀之議，言西淀、趙北口舊有十橋，九橋皆無流河。唯廣惠一橋，可通舟楫。白溝水漲，往往倒灌，是以橋西之水，壅塞不流。再橋東為衆水所會，止由張青一口入玉帶河，洩水不多。議挑白溝故道，由龍灣至霸州之魚津橋，以入中亭河，則倒灌淤淀之患可免。

查，白溝原向東流，由龍灣、道務等村經吴家臺，至老隄村以下，名中亭河。後決雄縣之大灣口而入淀，遂致壅遏西水。柴伙淀亦壅淤大半。今議復故道，於計成便。橋南另疏一河，予於雍正七年，曾具啟賢王。彼時原有小河，徑藥王行宫之南，為捕魚小艇往來之道，請加疏，一出張青口，以避藥王行宫前鵝脖之阻，准而未行。今河形是否有無，即旋加挑濬，亦工費之不容已者也。至九橋不通流水，固因白溝倒漾，亦緣橋西所有河道，被民間夾取垡泥，埝成園圃，占礙河流之所致。似應查勘剗削，去其阻礙。於淀水淺涸時，視舊河之通九橋下者，濬而治之。橋底淤泥，挖而去之。再將清河門疏濬，由茅兒灣開口，從

[一] 逯别駕選　即逯選，山東歷城人。廷試第一，補八旗教習。康熙四十二年，命直南書房，兼恒親王講官。充《佩文韻府》纂修官。五十三年入外廉。以卓異遷霸州知州，逯選因畿輔多水患，日考諸河源流，及其道之通塞，堤防之修廢，圖藏笥中。雍正四年命開水利營田府，怡賢親王主事，奏請逯先專理河工。他所繪圖，受到雍正帝褒嘉。他晝夜經畫，以勞績擢升保定同知。（李文藻，乾隆《歷城縣誌》卷三十八列傳四，清乾隆三十六年刻本）陳儀尊重逯選，故姓名之間加官職。

十望河故道，別派分流，則胸膈利而咽喉暢，西淀可以永清矣。展濬中亭河，添建苑家口橋座，亦屬應行。

又言東淀容納全省之水，而出口之水，止有淀河一道，宣洩不及。議將上有三汊河淤淺之處，皆行挑濬寬深。再於下流楊家河、卞家河低窪等處，多疏淀河數道，並行而東，同會於西沽。

查三汊河者，東淀之上口也，在文之蘇家橋。玉帶河全納西淀之水，至此分而為三：一汊自臺山村北流，逕高橋淀入信安鎮，為信安河。一汊自趙家房東北流，入勝芳淀，為勝芳河。逕辛張、策城，至褚河港分二支：一東流為長子河，一東北曲折八里為東沽港河。又東十餘里，為王慶坨河，與長子河合，而信安河亦自西來會焉。一汊自馬頭東南流，逕崔家房，東入張家嘴河，北流逕任家莊，東流入左家莊泊。又東北逕石溝，分二支：一北流與勝芳河會，一東北流至臺頭，而子牙河自東南來會焉。合流至羊芬港，又分二支：一北流，逕瘸柳樹與長子河合，一東北流逕蒿浪泊，出楊家河抵河頭，而臺山、趙家房二汊，出三川淀，而東來會焉。此三汊之大概也。其沿隄東去，逕西馬頭、堂頭入左家莊泊。逕傅官營入石溝河者，則二河之故道，非三汊之正派矣。

自永定河入淀以來，高橋淀淤，而信安河絕。臺山一汊併入勝芳，勝芳淀淤，而辛張河絕。臺山、趙家房二汊併入臺頭，張家嘴河淤。而下馬頭一汊併入沿隄小河。是淀之上口諸河，盡失故道，既苦於翕受之難。楊家河者，東淀下口也。三角淀淤而長子河絕，王慶坨淤而東沽港河絕。是淀之下口諸河，皆成斷港，又病於宣洩之隘。今議將上游之三汊河，挑濬寬深，下游之楊家、卞家諸河，多疏數道。治淀之策，可謂盡善矣。但三汊河皆行於淀泊之中，在積水之下，必淀水淺涸，然後故道可尋。惟勝芳一河，淤成平陸，尚易施工。莫如先將此一河，挑濬寬深，上承臺山、趙家房二河之委，已分三汊水勢之半矣。全淀之水，不復側注於東南。然後用垡船衩夫，撈泥除草，次第施工。則其餘諸河，皆可漸而理也。其張家嘴河，雍正四年開挖未竟，水至停工。宜接開至左家莊泊，以分沿隄水勢。至沿隄小河，自堂頭村東至壩嘴頭，淺阻閼流，宜挖濬深通，使水無停駐，以保隄工。《四河兩淀私議》。此議因乾隆四年孫嘉淦《河淀疏》而作者。

附：戈濤《復唐河故道議》

按：唐河源出山西靈邱縣高氏山，本名滱水，自廣昌東，經倒馬關，過完縣西北入唐縣界，故謂之唐河。歷望都、曲陽、定州，至祁州三岔口，與滋、沙二水合。下經博野曰蟾河，至蠡縣為楊村河。舊由饒陽鐵燈竿口分為二支：一經肅寧入河間，循郡城南八里鋪而東，並會於城北曰半截河，抵任邱東莊橋，達五官淀，此唐河故道也。

其由城南之支，舊會滹沱决口，亦謂之洋河。又肅寧有中堡、玉帶二河，下接任邱之鏡河，皆為唐之支流。自前明天啟中，由蠡縣北決入高陽布里、愚地諸村，故易名布里河。下入新安為猪龍河，入雄縣為高陽河。由蓮花淀以達趙北口之四角河，則今現行之道也。其自蠡縣、饒陽、肅寧、獻縣、河間，故道宛然可按，隄亦或斷或續，未嘗湮廢無存。聞之故老云，唐河之未徙也，環抱郡城，舟楫往來輻輳，米粟木石煤炭之利，饒益無算。即滹沱决溢，往往循之達淀，不至漶漫彌野。是不惟收利，兼可弭害。自改出高陽布里，其下游地庳土疏，幾於歲有决漫，以為任邱西境四十八村之害。夫河水合則強，分則弱，自然之勢也。為今之計，不必全復故道，但於蠡縣舊入饒陽河間處，疏鑿深通，建立分水壩，使之兩道並流。冬春之間，水泉涸竭，即獨流不過如帶。至於夏秋暴漲，有兩道以分殺其勢，均可免漫溢冲決之患矣。往時數舉斯議，大抵皆為任邱所沮。蓋任邱五官淀，久成膏腴，居人私據其利，不願河之復故。竊按五官一淀，為河郡洩水尾閭，即無此河道，尚宜開通，以納積潦。本年滹沱漫流，不能以時迅消，由五官淤塞之故，即其征也。況五官本屬官淀，特由民人認種升科，挑復故河，原可計畝豁糧。且河道所出，壓占本為不多。又淀地止於種麥，春夏無水，隄以内仍不妨麥種也。而任邱四十八村，永免昏墊之苦。是唐河分流復故，固利河間，未嘗不利任邱。斷而行之，是在當事。

附：沈聯芳《邦畿水利集説總論》

謹按：直隸河道源流，惟京東諸水，别為一途。其餘自覃懷以北，太行、恒山以東，數千里之水，群趨赴京師之南，會於直沽以入渤海。昔汪應蛟有言：易水可溉金臺，唐水可溉中山，滏水可溉襄國，滹沱可溉恒山，漳水可溉鄴下。近代以來，薊、永、豐、玉、津、霸等處，營成水田，並有成效，使盡因其利而利之，畿南不皆為沃野乎。然利之所在，即害之所伏。其在聖祖、世宗年間，淀池深廣，未墾之地甚多。故當日怡賢親王查辦，興利之處居多。迨乾隆二十八九年間，制府方恪敏時，除害與興利參半。今則惟求除害矣。水非加多，地非加少，果能求其致病之處，而力為除之。利之所興，安見今不如古哉？顧以今日全局大勢籌之，其中極難者有四：

一、永定河自建隄以後，新、雄、固、霸一帶，永慶安恬。惟隄内流沙易積，隄埝亦屢經改築。考康熙三十九年之河，在今南岸之西，西老隄之東。雍正四年之河，自五工至永清縣冰窖村，西轉而東至王慶坨入三角淀，今之南北坨隄是也。乾隆十五年冰窖草壩改河，則又由雍正年間之南隄出口，循康熙三十九年之東老隄，東入葉淀。乾隆二十年，於北岸六工二十號改下口，則又開雍正四年之北隄，放水東行。今自順水壩以下，雍正四年之舊南北隄獨存，而河身皆成淤地矣。自六工以下，凡有窪下可以行水之處，俱已變為高原。舊隄、遥埝之間，業已無路可為導引。為今之計，惟有用陳觀察〔一〕儀仍復南行故道一說，較為得地。蓋永定河，舊由看丹口，逕固安縣，至霸州入會同河。今金門閘減水引河，即其故道。昔以無隄而受沖決之患，今若束以長隄，導之南注，藉清流以刷濁水，仿江南蓄黄之法，雖不能保其久而不變，然五六十年之間，安瀾可必矣。

一、東淀滙畿南全局之水，有翕受停蓄之用。今日就淤淺，非人力所能開挖。兼之三角淀、葉淀、沙家淀，俱經闐積，無可分瀦。惟與南北兩運，奪三岔一門以入海，此邇年泛漲之所由來也。陳觀察謂清水無路歸津，必至側注楊柳青一帶，穿運而過。縱未必盡然，而水壅必潰，津門實有堪虞。今若於静海權家口縣北三里許，添挖減河一道，俾三岔口少洩一分南運之水，即多洩一分東淀之水。況該處減河，雍正年間，怡賢親王業經奏准，因冲缺之路，而因勢利導，旋以積水而止。在昔日開之，為南運分減之法。在今日用之，即為讓流東淀之計。不特於淀有益，即於運河亦屬有裨。變而思通，實不得已之補救也。權家口既開，再將淀池葦草，鳩集人船，大加鏟芟，使水中根葉净盡，自無掛淤之病。然後再謀用船（澇）〔撈〕泥，如陳觀察所云，設垡船募刈夫，可以斟酌變通行之，誠今日治淀之要著也。

一、滏陽河弱不敵滹，苟非急為調劑，滹沱必將南徙。查，滹沱得治水之助，勢益兇悍。其先滏陽之不受倒灌者，賴有小漳河之助耳。康熙三十六年，漳水南由館陶入衛，滏陽無助，弱不敵強。然其先北泊寬深，尚能容蓄。自乾隆五十九年以後，北泊淤平大半，滹沱頻決東隄，其不至淹新、冀者幾希矣。今若於上游塞治河入滹之路，俾循故道，各自經流，合汶助滏以敵滹，此萬全之策。惟治河故道，經由欒、趙境内，隄埝橋座，必須另為改建，所費浩繁。此亦前人舊有之議，非敢創設也。

一、文安居九河之下梢，素稱水鄉。歷來籌議河防，如王鳳靈、姜揚武、井濟博、紀汝清諸公，俱熟悉川源，兼權利害，而迄無良策，以為長久之圖。嘉慶六年大水之後，長隄蕩決，居民皆已任其通流，不復以築隄為事。夫當水壅未退之時，自宜留其去路，以為宣洩。迨水已消

〔一〕陳觀察　指陳儀。康熙五十四年進士。雍正三年畿輔大水。四年，雍正帝命怡親王允祥偕朱軾考察浚治，朱軾推薦陳儀，隨親王考察畿輔水利，『教令牒奏，皆出儀手』。畿輔七十餘河，勘定者十之六七。他提出『欲治河，莫如先擴達海之口；欲擴海口，莫如先減入口之水。入口之水減，則達海之口寬，而北之永定、南之子牙、中之七十二沽，乃得沛然入三岔口而東注矣』。陳儀籍文安，祖居東淀旁之西馬頭，遊於津門者殆二十年，扁舟往返，目覩利病者已久。所以能提出合理的水利主張。五年設水利營田四局，陳儀領天津局。有《陳學士文集》傳世。

退，自當仍舊築隄，以防外水之入。從前築隄時，大窪左近，取土較難。邇年隄根日就高積，南水不來，自然漸露灘地，培築較易，何憚而不為？為今之計，治文安之水，施工不必盡在文安境內。一、開通勝芳舊河，使水由東趨，再於上游開中亭河，以分其衝突之勢；一、修復廣安橫隄、長城老隄，以禦河間西流之水；一、修築烹耳灣橫隄，以防西水。橫隄坐落雄、保二縣，南自雄境小王東莊起，北頂保定縣千里長隄，計長三千一百九十七丈，為文安西障，禦五官淀泛漲之水。五官淀上承唐、洋二河之流，向有王村閘宣洩。今王村閘已改築土壩，而五官淀又淤滿，不能容水，故橫隄尤易潰決。橫隄既修，宜將王村土壩仍改建閘座，庶橫隄可保穩固耳。如是則西、南兩路無來水，而大隄之外，水分勢緩。即遇澇年，縱不能保其無水，而區區本邑積澇，所淹無多。不此之務，而欲任其蕩漾，冀圖受淤營田，何計之左與？又考康熙三十三年，徐司馬元禹攝篆文邑，有立圍田，制水車，量水盈縮，導引出入。議於保定境內立閘引水以防旱，於縣境龍堂灣，建閘洩水以防澇。嗣以阻於保定，未果行，徐司馬亦不久去，後遂無踵其議者。以今地勢論之，龍堂灣為文邑至窪之處，通縣之水俱可由此歸淀。若仿照徐司馬原議，於該處建閘二座，以時啟閉，復為立圍田，制水車，實力行之，何患不成樂土耶？

青、滄減河仍宜改閘。謹按：捷地、興濟兩減河，自怡賢親王奏請建設五洞減水石閘各一座。至乾隆三十六年，高宗純皇帝巡幸山東，舟經閘口，見運河水底水寬裕，恐閘牆有所壅蔽，諭令改閘為壩，並將龍骨[一]、海漫，落低一尺有奇。三十餘年來，暢流無阻。仰維聖慮精詳，固宜永遵弗替。惟是運河河底，邇年日漸增淤，壩口漸形低矮。渾流所過，如龍骨高，則泥沙澄於下，而不至旁流，其淤減河也輕。龍骨低，則雖遇小汛，而泥沙悉行灌注，汛期一過，淤積至於數尺。故雖有歲修，而淤多費少，挑挖焉能盡淨。此減河之所以日就淺窄也。籌議者總緣改壩之舉，出自高宗聖裁，未敢輕議更張。但今昔情形，迥乎不同。倘蒙據實陳奏，上荷聖明鑒察，因時制宜，或可仰邀俞允，俾青、滄減河兩壩，仍准改為閘座，遇大汛則啟放洩水，水弱則閉板以濟運。歲修既可節費，而減河不至瀕淤，實於河道生民，均有裨益。

再查減河歷年久遠，河身淤積殆滿。舊日河槽，原寬八丈，今僅存三四五丈不等。河底較之隄外，高有丈許。今欲從隄內開挖，用力難而需費大。若導從隄外行水，南行則築南隄，北行則築北隄，就一面現有之隄，不過築隄一面，其需費較省於開挖舊河。河槽既深，行水倍暢，可收分洩之實濟。惟以事關改作，不敢妄議，存其說，以俟

[一] 龍骨　土木建築中起托起、支撑、內部固定作用的部件。

將來。

濁水不宜分流。治水之道，合則猛，分則弱，惟濁水不宜分流。而或者執禹疏九河之説以為辯論。夫九河至近海之處，正資去路之速，雖多疏之而不為病。若上游則異是。竊見漳水在廣平境內，分流四出，頻見遷徙。自歸併館陶，合為一流，遂安流順軌。滹沱有完固口、鐵燈竿之分支，故其流不久而旋淤，今僅存臧家橋一派。衡、武、河、獻境內，不聞淤塞。下至大城張家莊以下，分為正、支二派。今正流已淤，而支流亦淺澀，豈非明驗乎？雖然，分流之説，亦有不可偏廢之處。如子牙新河，開自康熙四十一年。聖祖仁皇帝親臨查閲，建有減水石壩，間嘗親至其地，相度形勢。壩門龍骨甚高，惟盛漲可以過水，並非分流以入新河也。又天津紅橋一帶，舊有子牙入運故道，西有隔淀疊道，東建木橋數座。盛漲之時，各橋均令洩水。隔淀疊道工成，諸橋下均宜開通。此又下游不妨分流之謂也。總之，入海之處，不嫌多途。上游之流，不宜分道。是在治者之相其宜而用之耳。

河間不宜水田。直隸水田之興，自宋何承矩置斗門以引水灌田，其後踵而行之者，在元則有虞集、托克托，在明則有徐貞明、汪應蛟、張國彥、顧養謙、左光斗諸人。我國朝怡賢親王奏請設立營田專官，以經理其事。凡畿疆可以興利之處，靡不濬流圩岸，遍獲豐饒。獨何以不及河間？在昔汪應蛟云，瀛海當衆河下流，視江南澤國不異。若建閘通渠，可得水田數萬頃。其説本於徐貞明，貞明亦本於元虞集。國朝李相國光地，亦曾上言河間宜興水田，未得請而止。

論者謂河間其壤墳而疏，且多河瘠。圩田之法，未可施用，其説固當。而要其水田之可營不可營，不系乎是。夫圩田築隄皆煩人力，農之惰者，雖置之荆揚宜稻之鄉，溝洫不能以時修濬，猶獲石田，安能多稔。如果終歲勤動，鼓舞力作，何患不成沃土。所慮今昔水道不同耳。河間舊為唐河下游，又有滹沱支流經其地，源流不絶，可以引而灌。故元明之間，群主可興水田之説。迨明季國初，唐、滹之流漸弱。故雖有建議，旋即中止。今二河並皆改流，不由河間，河間既無恒流，藝稻自非所宜。即唐、滹二河開挖深通，亦只為西南一帶瀝水宣洩之道。春水無源，水田無藉，非特地土有異宜，實時候有異用也。

津、静運河西岸宜設隄防。南運河兩岸均有大隄，獨西岸自獨流鎮以北，至天津郡城，向止有商人捐築小埝，高不過三尺。自乾隆初年，天津張觀察坦熊創不可築隄之議，良以運河遇盛漲，正賴此無隄之岸，聽其洩入淀池，免致漫溢耳。桂林陳相國宏謀為監司時，正接張觀察之手，謂是為運河天然滚水大壩，因而仍之，且為之説以宣示不可築隄之故。前哲經畫之善，識遠慮周，永堪師法。獨是當日之洩運入淀，其時淀池深廣，是以停蓄翕受，津城既無衝突之慮，運河亦免泛溢之患。是當日固必不可有隄也。今淀池淤積迨滿，西來之水，已難容納，水漲則東漫歸運。以故嘉慶六年淀水穿運而過，静邑東隄亦被沖刷數處。不惟不受淀池容蓄之益，反受淀池横決之害，自宜有以障之，使淀自淀而運自運，各不相入，乃可保漕艘經行之道。然亦必得添權家口減河，庶運河方免漲溢，且必得修復隔淀疊道，庶淀水不能東漫。此數處工程，缺一不舉，不能有濟也。自獨流鎮至楊柳青四十里，自楊柳青至天津三十五里，皆當接築大隄，此亦今昔情形不同之處也。

疏天津七閘引河，分洩海河盛漲。海河長亘一百二十里，涘廣涯深。潮汐迎之，則逆行而上，即《禹貢》所謂逆河也。南岸有疊道，舊設七閘，視水盈虚，以時啟閉，原以洩南窪之水入海河歸海。今海河河底日漸高仰，南窪地勢反低。即遇海河水弱之時，窪水亦不能入河。以故天津城南，瀦水恒滿。水光一寺，宛在水中。查七閘之下，向俱有行水溝十餘道，今並淤積。若尋其故道，均加開濬，以白塘口與鹹水沽舊河為經流，導之東行，由中堂窪一帶，分洩海河盛漲。是海河得此七閘，三岔口自不致十分壅滯，亦分減之法也。惟七閘既開，海河之南，必得有隄埝攔禦，方不致於南軼，波及青、静也。或以開溝之土培成兩隄，各束成河。啟放之時，閘板不宜盡撤，恐溝道窄狹，不能容也。

開溝、疊道。古人溝洫之制，縱横相承，淺深相受。水漲則以疏洩為灌輸，水消則以挑濬為糞治。立法本善，無地不宜。然亦視其土性之宜否耳。前制府胡宫傅勸民挑挖池塘，開溝疊道，又置造水車，教民運用，而其法卒不能行者，何也？畿輔土疏善崩，開挖雖成，一遇雨水，旋即塌陷。水車亦以岸高水深，艱於轉運。惟開溝疊道，大有益於行旅，惜行之未久，而宫傅逝世，地方有司，遂無實力繼行者。夫開溝疊道，非只為疊道計也。地之與河相近者，水之赴壑自易。其距河較遠之區，向非有溝塗以傳送之，其停瀦之處，雖一隅亦能阻隔為患，故為疊道而開溝。而所開之溝，亦必相度地勢，使溝水有所宣洩，而後能收溝之益，是開溝實水利中不可少之事。今試以疊道工程計之，最亟莫如安肅縣南北，獻縣單家橋南，鄚州迤北，景州城北等處。果能尋其去路，引水導流，俾脈絡通行，受其益者，豈僅在商旅哉。

淀泊淤地不宜耕種。畿輔地方平衍，河道縱横。入海之處，惟海河一門，全賴大澤以容蓄衆流，傳遞迴海。計畿内大澤有六，曰大陸澤，曰寧晉澤，曰西淀，曰東淀，曰塌河淀，曰七里海，皆能收束衆流，緩其奔突之勢，實水道之關鍵，衆流之綱領也。川無澤不止，澤無川不行，二者相為表里，講求水利者，當以此為先務矣。邇者北泊為滹沱淤塞大半，漸成平陸。東淀受渾河、子牙之淤，水廣而淺。塌河淀、七里海為民占種，西淀中多淤田，甚或報墾升科，地方有司，受其所惑。殊不知阻遏水道，其咎綦重。惟是積重難反，圍圩耕種之地，未能悉行除去。是不可不詳查。如有實在阻塞水道之處，宜急為鏟挖，永行禁止，乃為有益。

直隸地方廣闊，河道縱橫。應修之處，指不勝屈。既不可枝枝節節治之，致有上通下塞、顧此失彼之病。然同時並舉，工作浩繁，經理亦慮難周。自應分別緩急興修。謹將應修各工，分列於後。

急工：

廓清東淀，撈淤並芟刈葦根、水草。

添權家口減河，以分入海之勢。

修復紅橋以西隔淀疊道。

開挖子牙正支二河，並濬新河。

疏子牙河故道並三支黑龍港。

開勝芳、中亭二河。

開河間唐、洋二河。

定州唐河疏歸故道。

塞治河入滹沱之路以助淤。

開清苑、滿城境內金線河。

疏挖趙北口迤東清河口一帶河道。

修趙北口十二連橋，並除西淀中圩田。

修千里長隄，並隔淀隄、烹耳灣橫隄、廣安橫隄、長城老隄、賈口橫隄。

築淀陽河東隄。

文安縣龍堂灣建閘。

緩工：

涿州巨馬河。

良、霸牤牛河。

雄縣趙橋、新立二村隄工。

曹河，並達省支流。

瀑河，並上游隄工。

新安大溵淀旁二溝工。

濬七里海、塌河等淀淤積。

瀦龍河間段裁灣取直。

疏通景、阜一帶宣洩瀝水各河。

大名境內漳河。

薊運河。

還鄉河。

海河疊道並閘七座。

天津炮臺七座。

按：天津為畿南眾水朝宗之所，地勢既低，海潮復來蕩激，故前人起建七星以鎮之。內鎮水者五，鎮火者一、鎮煞者一。實為水口吉星，有關通省風水，非只天津一郡。水利既興，宜並修之，故附載於末。按所分緩急各工，近日情形又復不同。如濬七里海、塌河淀，不應入緩工，此在隨時斟酌矣。

附：沈夢蘭《五省溝洫圖則四説》

溝洫[一]之法，先視通河以為川，次視支河小水及地形低窪，便於疏濬省工力者。每距二十里為一澮，川縱則澮横。除山澤城邑，及沙礫不可耕外，每距七百二十步為一洫，方二十里則十洫，而為一終之地，畫為一百通。每横距八十步為一遂據東畝言，七百二十步則九遂。縱距二百四十步為一溝，七百二十步則三溝，而為一通之地，皆經畫標識之。合方二十里，造一册。其田若干户，户若干畝，逐一注明，擇其老成衆素信服者，董司其事不可假手胥吏。歲冬十月，農事既登，開濬洫澮，廣深如法。其土即堆兩岸，以填途道。人工按畝科計，田率人耕三十畝，工率日挑二百尺。人十日而洫澮畢，次開溝遂，又十日而皆畢矣如天寒凍早，溝遂至明春開亦可。其田多非自種者，即著佃户開濬，照佃科工。産主量給飯資，畝率谷米一升。工畢之後，丈量地畝，畝折四步，均攤以歸畫一。每歲春冬，各令撈取洫澮新淤，以糞田畝。畝率三四十尺，以為常例。

溝洫之設，旱（撈）〔澇〕有備，利一。淤泥肥田，墝埆悉成膏腴，利二。溝塗縱横，戎馬不能逾越，足資阻固，利三。商賈貿遷，舟載通行，車脚費省，物價可平，利四。蝗蝻間作，溝深易於捕治，不致越境，利五。東南耕田，人不過十餘畝，西北人力無所施用，俗語所謂望天收。溝洫既開，縵田悉作圳田，利六。西北地廣人稀，而歲入無多，家無蓋藏。惟水利興，將饒沃無異東南，利七。東南民奢而勤，西北民儉而惰。以西北之儉，師東南之勤，民食自裕，利八。邪教之起，由多遊民。百姓皆從事於隴畝，風俗自靖，利九。東南轉輸一石，費至數石，故昔人謂西北有一石之收，則東南省數石之賦，利十。河流漲發，時憂冲決。使五省遍開溝洫，計可容漲流二萬餘（萬）[二]丈，利十一。漲流既有所容，河隄搶築歲費，漸次可裁，利十二。軍政莫善於屯田，溝洫通利，荒土開墾，悉可耕種。因此召募開屯，不費餉而兵額充足，利十三。經畫一定，邱段分明，民間無争占之端，里胥無分灑之弊，利十四。每地方二十里，同溝共井，相救相助，聯保甲，興社倉，諸事便易，利十五也。

又似不便而實極便者三。每畝須折地四步，一不便。

[一] 溝洫　農田中的排灌溝渠系統。《周禮·匠人》和《周禮·遂人》都記載先秦相傳的溝洫系統，《論語·泰伯》載，孔子相信禹盡力乎溝洫。後人認爲長江和珠江多水地區的圩皖，堤圍中的河網，相當於古代溝洫。嘉慶四年（一七九九年）沈夢蘭著《五省溝洫圖説》，他主張處處可開溝洫，北方各省更應先開。北方河流多沙，善淤善決，溝洫可分散洪水和泥沙，農民挑浚，用作肥料，並散沙分水，減少洪災。（參考鄭連第、譚徐明、蔣超主編《中國水利百科全書·水利史分册》六九頁，中國水利水電出版社二〇〇四年）

[二] 萬　字衍。

然無溝洫，車行皆在田間，蹂躪無算。今折地畝六十分之一，而禾稼無踐踏之患，實一便也。每歲須挑淤三五十尺，二不便。然河淤足以肥田，故並河淹地，年來多得豐收。今東南種地，冬春必篙河泥兩次，以糞田畝。以閒時三五日之功，而獲終歲數倍之入，實二便也。溝洫既開，道塗或至迂遠，三不便。然無溝洫，積潦不能宣洩。行旅困殢，有守至十數日者，有舍車復登舟者，有翻車被壓損者。今迂遠不過十餘里，而道路無泥濘之患，實三便也。

溝洫之制，無地不宜，而西北為尤亟。西北地勢平衍，而多散漫，河流飃勁而多渾濁。自古稱黃河一石水六斗泥，他如陝西之涇、渭，山西之沁、汾，直隸滹沱、永定等河，皆與黃河無異。故其漲也，則渾流洶湧，而冲决為患。其退也，則河泥滯淀，而淤塞為患。古人於是作為溝洫以治之，縱橫相承，淺深相受。伏秋水漲，則以疏洩為灌輸。河無汛流，野無熯土，此善用其決也。春冬水消，則以挑濬為糞治。土薄者可使厚，水淺者可使深，此善用其淤也。自溝洫廢而決淤皆害，水土交病矣。

徐氏貞明曰：『陝西、河南，故渠廢堰，在在有之。山東諸泉，引之率可成田。而畿輔諸郡，或支河所經，或涸泉自出，皆足以資灌溉。』蘭謂溝洫之制，非專為灌溉設也。《周禮·考工記》詳言溝遂徑畛之體，與夫廣深尋尺之數，而不及畜水、止水、蕩水、均水、舍水、寫水之事。惟《稻人》掌稼下地，於是乎有之。稻為芒種，與澤草俱生。東南卑，濕土塗泥。舍稻之外，別無宜種。高高下下，遍作水田，不得不從事於灌溉。自黃梅以後，舶趠風起，雨澤稀少，炎天三伏，土熱水渴。十日不得雨，桔槔之聲，動連阡陌，晝夜不得停。此東南農民所以倍勞，而《禹貢》揚州之田厥惟下下也。

《職方》豫、兖、幽、並四州，或宜五種，或宜四種，或宜三種。禾黍性喜高燥，能耐旱乾，雨澤過多，反被潦損。故溝洫之開，所以除水害也。西北地多平原，霖潦無所容洩，大雨時行之候，一晝夜間，平地水高數尺。而畿輔如桑乾、滹沱，輒挾淶、易、濡、（泡）〔雹〕、沙、滋諸水，並流橫溢，河間、文、霸一帶，瀰望汪洋，連年稽浸。昔人謂水聚之則害，散之則利。棄之則害，用之則利，所以東南多水而得水利，西北少水而反被水害也。溝洫一開，則水少而受之有所容，水多而分之有所渠。雨暘因天，蓄洩隨地，水害除而水利在其中矣。如為灌溉而設，則溝洫之內，必如東南稻田，常常有水然後可。而絕潢斷港，既無本源，土燥水渾，尤易涸竭。

《孟子》云：『七八月之間雨集，溝澮皆盈，其涸也可立而待也。』人見其無裨灌溉，遂並溝洫廢之，而水患亟矣。西北灌溉之利，見於古者，魏史起之引漳河，秦鄭國之溉關中，漢白公之穿涇渠，馬援之引洮水，以至寧夏靈州之漢渠唐渠，至今猶賴其利。而其地多在山、陝之間者,何哉?灌溉必通巨川,然後源流長遠,雖逢亢旱而無虞涸竭。西北巨川,大半滙河入海。而河自孟津以上,禹跡未改,土厚水深,穿渠引河,有利無害。誠使山陝一帶,遍開支渠,既溉田畝,兼殺河勢,洵數省之利也。孟津而下,河流遷徙無常。自漢唐以來,隄壘壘,河日高而土日薄,捍禦不暇,遑言穿引哉。河流既不敢穿引,山泉又不可遍得。溝洫之無裨灌溉,時勢使然。

而顧謂急宜濬者,則以灌溉之資,在西北尚可緩,而蓄洩之不可不亟講也。抑又聞之,秦人歌曰:『涇水一石,其泥六斗。且溉且糞,長我禾黍。』戽水以灌之謂之溉,撈泥以壅之謂之糞。撈泥之與戽水,其勞相等,而糞比溉尤肥美。溝洫既開之後,河淤灌入洫澮,撈取近便,未及戽水,儘先篙泥,則河之高者日以深,土之薄者日以厚。如果民勤官勸,歲歲遵行,不過十年,河行地中,隄防盡撤,兖、豫之間無殊山、陝矣,斯時而再談灌溉未晚也。

附:濬築事宜

濬河之土,四面各闊一丈,高一尺,為一方。積高至一丈,為一大方。直隸挑河,旱土每方價銀七分,泥濘土每方銀九分,蘆根土每方銀一錢四分,各道同。

水中撈土,天津、永定、大名道屬,均每方銀一錢一分,通永、清河道屬,每方銀一錢八分。又永定河旱葦板土每方銀九分,水葦板土每方銀一錢三分。通永道礓石土每方銀八分。

築隄,旱土每方銀一錢,天津、通永、大名道屬同。永定道屬每方銀七分,清河道屬每方銀一錢六釐六毫。離隄十五丈至五十丈,旱地取土每方銀一錢二分五釐,濘地取土每方銀一錢三分六釐。離隄五十丈以外至一百丈,旱地取土每方銀一錢三分六釐,濘地取土每方銀一錢五分。隄根有積水坑塘,繞越取土,離隄五十丈以外至一百五十丈,旱土每方銀一錢七分,濘土每方銀一錢八分。隔隄隔河取土,離隄二百丈以外至三百丈,旱土每方銀一錢九分,濘土每方銀二錢,各道同。水中撈土,離隄三十丈至五十丈,每方銀二錢五分,天津、通永、清河、大名道屬同。永定道每方二錢一分,以上每方夯硪均加銀二分四釐。《會典》

量河法

一、量某河自某處起至某處止,共實該應開河幾何丈尺。

《法》曰:每步五尺,每二十步立一木界樁,編定號數。自某處起天字一號盡十號,又起地字一號盡十號,直編至某處止,要見若干號數,若干丈尺。(凡丈尺俱用官尺算,每二步折一丈)

一、量每號木界樁下，兩岸准平，相去今闊幾何丈尺。木樁下老岸至河中心水底，今深幾何丈尺。算該兩岸斜平至底，見在河身空處，每丈已得幾何方數。中有坳突，又用法加減，實該河身空處，每丈已得幾何方數。今照原議或新議所酌定河面應闊幾何丈，河底應闊幾何丈，應加深幾何尺，算該木樁下兩老岸各去土幾何尺，河底中心去土幾何尺，河岸兩傍各去土幾何尺，此號內十丈河身中，共該起土幾何方數。

《法》曰：兩岸各用步弓量至二十步足，此步下定木樁，人足抵樁立，對岸人亦於步盡處站定。樁上人將矩度對岸准平，對岸人豎起套竿，權繩取直，將套夾靠定。套竿漸移向下，兩岸取平。對岸人即於平處站定，或用土石記定。樁上人用矩度對準人足或記處，看在直景何度何分，用地平測遠法，算得河面闊處。河狹者只用竹蔑活步弓，對岸量之亦得。次將丈竿豎起河中心，權繩取直，將矩極對準水面丈竿盡處，用勾股量深法，算即得木樁至水面股數。再加水深數，即得河底深數。或用重矩勾股量深法亦得。或於水際兩傍取平，對準樁頂，用重矩重表勾股量高法算亦得。或不用演算法，逕將套竿套定橫尺，用豎尺挪移，逐步量下，至水際，總算豎尺多少數亦得。或只於水次豎起一丈竿，權繩取直，依前兩岸取平法，樁上人用矩極照看亦得。後二法於淺狹河道，用之尤便。次將兩岸闊數，河底深數，用積方法算，即得河身見在每丈已得幾何方數。中有坳突，亦用套竿量取高下，小步弓量取圍徑，用堆積法扣算加減，即得見在實該河身方數。次將議定河面應闊之數，比照原闊應加幾何，用木石記定，即於兩岸記處，用套竿量至折半處，即今應開河底中處，比原樁深幾何。比照今議應深幾何，即得今應加深幾何。或用二繩，各長如今議闊數之半，中用轆轤交接，復用一繩記取尺寸，系權墜下亦得。或中系方空木，用丈竿溜下亦得。次於新河底中處，用套竿量開，如新議河底闊數盡處記定，視其高下，即知今應加深左傍幾何，右傍幾何。次將兩老岸加闊，河底加深，河底兩傍加深五法，用積方法總算，即得此號內十丈河身中，共該起土幾何方數，注入號簿。

一、量見在河身，面闊底深酌量柵定之數，折中議定，今應開面底二闊丈尺數及加深尺數。

《法》曰：河深底面腰深廣，必須三法相稱，方得上下相承，不致坍壞。若河底深闊，岸勢高竣，不免隨時崩坍。開闊河底，虛費工力。應用前量深法，量今木樁下至河底，算定勾幾何，股幾何，弦幾何。量取數處，便見何等勾股方得免坍。今新開勾股欲依舊數，量行加勾減股，不致大段懸絕。大率要令勾數少於股數，則弦上陂陀，不致坍損。兩股之間，即河底闊數，就令稍狹，（政）〔正〕自無妨。

一、用衆測水，驗今河底深淺，酌量加深之數。

《法》曰：今見在河底深淺不同，若酌定加深尺數，一概開濬，即深者俞深，淺者仍淺。水走不順，極易填淤。且前量下樁編號，止據見在老岸，未免高下不齊。所云量深諸法，亦止據號樁下至本號河底，未得通河准平。就用矩極以漸量算，亦止能測驗地勢。若水走之勢，西高東下，仍與地勢稍異，必須水平方平。但長流之水，消長不易，隨流測量，一人可就。若潮汐每日消長，時刻不同，測驗未易。必須用衆同時量度，相應照前編定號樁若干，即每樁用兵夫一名，各帶短槍，或木棍一條，不拘大小刀一把，每隊長另帶銃一門，並火藥、火繩、藥線諸物，照號樁編給號票。令各守號樁，約潮退將涸未漲時，西境大炮，應聲俱發。炮響後，各兵夫悉於各號河底中心，將木棍量定水痕，用刀刻記，回繳號票。隨驗所刻水痕尺寸，註定票上，編成號簿，逐一扣算。酌量加深之數，即河身砥平，不致停積渾水，以成淺淤。若用此法與矩極參驗，用前量深加闊之法，便可絲毫不爽。

一、河工完後，考驗課程果否如法。

《法》曰：河面河底闊數，量法具前。兩岸弦上用繩取直，考驗俱易。惟獨深數易淆，如留取樣墩，即可培高。如釘下樣樁，便易拔起，別有用活絡樣樁者，亦可挖井取出。有打水線者，亦恐中途節水作弊。有用輪車推驗者，河闊便難造施用。有用木鵝推移者，難施於未放水之河。今只用前量深諸法，如極深極闊者，宜用勾股度高、度深法。如河身稍狹，欲求便易，即用套竿漸量法。或慮遣委工役，宛轉欹斜，那移作弊，即用轆轤下繩、方空下竿二法。其轆轤、方空，或加三，或加五，以驗底闊弦直尤便。此二法須極力挺直，才得取平，無法可令加高毫末，即令開河工役自用量度，亦難作弊。

一、量所開河，某境起至某處，如前法，已得曲折弦若干丈尺。今欲知直弦幾何丈尺，東西直股幾何丈尺，南北直勾幾何丈尺，東邊地形下於西邊幾何丈尺。要見本處地形沿河而來幾何丈而下一尺，東西直股幾何丈而下一尺，南北直勾幾何丈而下一尺。其大勾股之弦於二十四向中，當作何向。

《法》曰：先於某境第一號量至第二號，用繩取直，下定指南針，審定繩直於三百六十分度內，定是何向，注於號簿。如河岸回曲，一號中可分作二，或作三四，格定注實。格完，又用矩極於第一號上立一人持丈竿，取直。於第二號上立，對準取平。又互換覆看，對準取平，即知第二號下於第一號幾何尺寸，注於號簿。每號俱用此二法，至號盡而止。事畢布算，先將逐號小弦，依本號坐向，與子午針對算，即知小勾幾何。與卯酉針對算，即知小股幾何。逐號算成小勾股，注於號簿。次將小勾積算，即知大勾。小股積算，即知大股。以大勾股求弦，即知大直弦丈尺。以大勾股依子午卯酉針上取弦，即知大直弦於二十四向中定作何向。又用矩極所測高下分寸積算，便知二境相去高下之數，亦便知沿河而來，每幾何丈尺而下一尺。次用大勾股歸除之，即知直股上每幾何丈尺而下一尺，直勾上每幾何丈尺而下一尺。《授時通考》采明徐光啟説

凡濬河，面宜闊，底宜深，如鍋底樣，庶中流常深，岸不坍塌。如無隄之處，須將土運於百餘丈外，以免淋入河內。遇河流淤淺，即令疏濬。如水溜在中，兩岸築丁頭壩以束之。水勢在旁，順築束水長壩以逼之。或排板插下泥內，逼水湧刷。或排小船，或用勺，或用刮板，皆因地制宜，不拘器具。

凡濬山泉河，深五尺者，上口闊三尺，底闊一尺，以為定式。每年於十月水落之後，嚴飭管泉官逐一查勘。遇有淤淺，募夫疏濬。《會典》

物料工價

葦柴： 長一丈、徑五寸謂之一束。乾者每束銀一分五釐，濕者一分三釐五毫，青者一分。

秫秸： 亦以長一丈、徑五寸為一束。乾者九釐五毫，濕者七釐五毫，青者六釐。

稻草： 十斤為一束，銀一分至一分六釐。

檾： 每斤價銀一分四釐至二分。

麻： 每斤價銀六分。

楊木樁：

通永、大名、清河道樁規： 圍圓一尺至四尺，長一丈二尺至四丈三尺，價銀八分六釐至十兩八錢五分七釐。

永定河道樁規： 徑四寸至一尺，長一丈五尺至三丈四尺，價銀二錢五分至一兩二錢。

天津道樁規： 長一丈五尺，徑八寸者六錢，徑七寸者五錢，徑六寸者四錢。

河磚： 每塊長一尺二寸，寬四寸，厚四寸，價銀一分六釐。

豆渣石、青白石： 每長一丈，寬厚一尺，價銀三錢四分。豆渣石每里遞加運費二分，青白石每里遞加運費二分二釐五毫。

永定河石灰： 每百斤價銀二錢。通永、天津道各減五分。

汁米： 每石銀二兩八錢。

熟鐵： 每斤價銀四分。

生鐵錠： 永定河道每斤一分六釐。天津、通永道各增一分。

生鐵片： 永定、通永道每斤一分二釐，天津道減二釐。

嘉慶八年，奏准永定河購辦料物，因六年被水，向遠處購買，運脚費多。除下游六汛仍照舊價外，其上游八汛辦理秸料，每束加運費二釐五毫。俟數年後，附近地方可以採辦，將加價停止。《會典》

夯硪工料

小夯二十四把，用白灰一千二百二十五斤，見方一丈，高二尺五寸，黄土八釐四毫。閘壩金門出水，需用灰土視此。

十六把，用白灰七百斤，見方一丈，高二尺五寸，黄土一分六釐八毫。隄壩閘牆基址，用灰土視此。

大式大夯，用白灰三百五十斤，見方一丈，高二尺五寸，黄土二分二釐四毫。隄壩尾土，並蓋頂需用灰土，視此。《畿輔安瀾志》。

埽工

永定道屬埽個

每埽高一丈，用秫秸三百三十束，柳枝七十五束。鑲墊埽眼，用秫秸五十四束，綆繩十八盤，每盤長四十丈，用稻草二十斤，麻繩一條重四十斤，長三丈，徑七寸楊木樁一株，夫十八名，留橛一株。

埽高九尺，用秫秸二百六十七束，埽眼四十四束，柳枝六十八束，綆繩十六盤，麻繩重三十六斤，楊木樁長徑同，夫十四名五分。

埽高八尺，用秫秸二百十一束，埽眼三十五束，柳枝四十八束，綆繩十四盤，麻繩重三十二斤，長二丈五尺、徑六寸楊木樁一株，夫十二名。

埽高七尺，用秫秸一百六十二束，柳枝三十七束，綆繩十二盤，麻繩重二十八斤，楊木樁同八尺埽，夫九名。

埽高六尺，用秫秸二百十九束，埽眼十九束半，柳枝二十七束，綆繩十盤，麻繩二十四斤，長二丈，徑五寸楊木樁一株，夫七名五分。

埽高五尺，用秫秸八十二束半，埽眼十三束半，柳枝十九束，綆繩八盤，麻繩重二十斤，楊木樁同六尺埽，夫六名。

埽高四尺，用秫秸五十三束，柳枝十二束，綆繩六盤，長一丈五尺，徑四寸楊木樁一株，夫四名五分，餘料同。

凡鑲墊一層，寬一丈，長一丈，用秫秸五十束，夫二名。歲修系河兵力作，搶修例系雇夫。每丈用楊木簽樁一二株不等，臨時測量水勢大小緩急擇用。

又軟鑲一層，長一丈，寬一丈，用豆秸一千斤，運夫一名，刨運壓土夫二名。軟鑲壩臺一座，長一丈，寬五尺。用梅花簽樁五株，每株長三丈四尺，徑一尺，攬草麻繩十條，每條長十丈，徑一寸五分，重一百斤。拴繩橛樁十株，每株長六尺五寸，徑五寸。

清河、通永、大名道屬做法同。

清河道屬葦埽

每高一丈，用葦四百五十束。鑲墊埽眼，用葦五十束。大綆七條，每條長二十八丈，用葦三束。小綆二十條，每條三十六丈，用葦一束半，每條用斫葦擰緶夫半名。松楸頭滾肚麻繩一條，重四十斤。搬料拉埽夫十八名。松木留橛二株，每株長四尺五寸，徑五寸。每砍留橛五十株，用木匠一工。每下留橛十株，用硪夫一名，簽樁二株。靠河一帶埽上挎把，每丈用長四尺松簽八株，每斫松簽百株，用木匠一工。

埽高九尺，用葦三百六十四束半，埽眼四十束。大緶條長二十四丈，用葦二束半。小緶條長三十丈，用葦一束。麻繩重三十六斤，夫十四名半。

埽高八尺，用葦二百八十八束，埽眼三十二束。大緶條長二十丈，用葦二束。小緶條長二十四丈，用葦一束。麻繩重三十二斤，夫十二名。

埽高七尺，用葦二百二十束半，埽眼二十四束半。大緶條長十五丈，用葦二束。小緶條長二十四丈，用葦一束。麻繩重二十八斤，夫九名。

埽高六尺，用葦一百六十二束，埽眼十八束。大緶長十三丈五尺，用葦一束八分。小緶條長二十丈，用葦一束。麻繩重二十四斤，夫七名半。

埽高五尺，用葦一百十二束半，埽眼十二束半。大緶條長十二丈，用葦一束半。小緶條長十六丈，用葦一束。麻繩重二十斤，夫六名。

埽高四尺，用葦七十二束，埽眼八束。大緶條長十丈，用葦一束二分。小緶條長十四丈，用葦一束。麻繩重十六斤，夫四名半。

以上大葦緶俱徑一寸五分，每埽七條，小葦緶每埽二十條。

埽高三尺，用葦四十束，埽眼四束半。大、小葦緶俱七條，每條用葦一束，麻繩重三斤九兩六錢，夫一名六分。

通永、大名道屬做法同。

其埽由[一]高二尺，用葦十八束。大小緶用葦四束。麻繩重一斤十兩。搬料拉埽夫七分。

埽由高一尺六寸，用葦十二束。緶用葦二束四分。

埽由高一尺，用葦四束半。緶用葦一束。

埽由高八寸，用葦三束半。緶用葦八分，用夫一名。

破葦擰緶捆埽，均用夫半名。每埽由用松簽四根。

埽把內用穀草六固，簽釘松簽五根。每每砍尖一百根，用木匠一工，搬料拉埽夫二分四釐。

又通永道草工鑲墊做法，每見方一丈高一尺，合葦方六分六釐六毫，用葦三十三束三分三釐，用土三分三釐三毫。

天津道屬葦埽，自高一丈至高四尺止，做法同。

[一] 埽由　埽工，一種在護岸、堵口、截流、築壩等工程中常用的水工建築物。用梢芟分層勻鋪，壓上土和碎石，推卷稱埽捆或埽個，簡稱埽。小埽，又稱埽由。若干個埽捆連接起來，修築成護岸等工程即爲埽工。

其埽由高二尺，用葦十八束，埽眼用葦四束，大小綆用葦四束，投葦、砑葦、擰綆夫五分五釐，搬料拉埽夫七分，麻繩重一斤十兩，簽樁五根，長五尺、徑四寸。

埽由高一尺，用葦四束半，填縫穀草十四斤，綆用葦一束，擰綆夫一分三釐，搬拉夫一分七釐，樁五根，長四尺、徑二寸。

埽由高九寸，用葦三束六分四釐五毫，穀草十三斤，綆用葦九分，擰綆夫一分二釐，搬拉夫一分五釐五毫，樁五根，長徑同。

埽由高八寸，葦二束八釐八毫，穀草十二斤，綆用葦八分，擰綆夫一分，搬拉夫一分四釐，樁五根，長二尺，徑一寸。

埽由高七寸，葦二束二分五釐，穀草十一斤，綆用葦六分，擰綆夫八釐，搬拉夫一分二釐。

埽由高六寸，葦一束六分二釐，穀草十斤，綆用葦四分五釐，擰綆夫六釐五毫，搬拉夫一分。

埽由高五寸，用葦一束，穀草九斤，綆用葦三分，擰綆夫五釐，搬拉夫七釐，均用簽樁五根，長徑與八寸埽由同。

凡埽個、葦埽、埽由高下尺寸不同，均長一丈。

又天津道葦土鑲墊次險工程，用葦土各半，每折見方一丈，高一尺，用葦二十五束。　鑲墊極險工程，照通永道例，用葦二分，土一分。

草壩

盤做裹頭[一]，軟鑲壩臺，每單長一丈，用葦二土一鑲做。每方用葦子五十束，土半方，樁二根，臨時酌量擇用。每下樁一根，用硪夫七名五分，用丁頭大埽鑲做。每埽高一丈，長一丈，同清河道屬葦埽做法。其壩外幫連邊埽，用葦土樁木同。每下樁一根，用硪夫一名五分。壩東西添築護埝草工，用葦土亦同。每下樁一根，用硪夫半名。築做攔河草壩，用下埽鑲做。每單長一丈，用葦子二百七十九束。每埽一丈，用埽夫九名，用重二十八斤綮繩一條。每繩一條，用留橛二根。埽土迎面挎把，每丈用松簽八根，臨時酌量擇用。每埽一丈，用埽樁二根，埽上鑲墊與壩臺同。每下八寸樁一根，用硪夫三名五分。下七寸樁一根，用硪夫二名五分。每下樁十根，用鐵箍十道，每道重十一斤，截頭砍尖、上箍、退箍用木匠一工，沿邊蓋頂，每丈連擰綆用葦一束五分。破葦、擰綆、捆埽由，每丈用夫半名。每釘埽由一丈，用猴橛四根。《會典》

凡築草壩，先擇地勢平坦堅實，並對河背溜之處建立。地平則緩於進水，土堅則難於冲刷，背溜則漫水上灘，回頭倒入，水力舒徐，無順流直注之勢，壩工方保平

[一] 裹頭　在堤防決口處的口門兩端堤頭，進行裹護，防止口門冲刷擴大的措施。裹頭可利用塊石、埽工、葦土石等。

穩。此建壩之大要也。兩金牆[一]，以及迎水、出水四面雁翅[二]，俱刨深槽，下埽埋頭。葦土層鑲，大樁貫頂，嚴密堅實，無少空隙。否則水滲金牆，全壩俱傾矣。且壩身海漫周圍，作灰土護壩，形如牆垣。每一尺用排樁四根，貼釘厚板，愈深愈堅。上用管頭横木，密裹鐵葉，與壩面灰土相平，毋使稍有高下。蓋水過不平，則作勢激蕩，海漫未有不受傷者。先用梅花柏釘，密下深簽，上加灰土。大夯灰少，小夯灰多。補底則用大夯，近面則用小夯。灰性堅久，水過不滲。小夯多一層，勝大夯之三層也。迎水出水兩處簸箕，凡建壩皆不可少。迎水處長短尚可隨意，出水處，切不可短。而壩下地勢過窪，又沙土浮松處，更須加長，長則遠送平地，水可舒徐以漸進。一或短縮，瀑布斜流之勢，跌落坑坎，倏及排樁，保護難矣。至若定壩門之寬長，測地基之高下，所關最重，尤宜悉心審度於未事之先也。石壩工料鉅費，代以草壩，其減水之功則一，而用物較省。且渾流善從，倏遠倏近，用廢不時。草壩之制可以隨時添減，補修亦易，最為善制。《安瀾志》

石工

青砂石。每石折寬一尺，長一丈，做糙，用石工一工。做細，用石工一工五分。對縫安砌，每長一丈，石工二工。擺滾、叫號，折寬厚一尺，長八尺以外，每長三丈，石工一工。又拽運石料，折寬厚一尺，長一丈。又灌漿，每長四丈，均用夫一名。又築舊青砂石隄，拆卸舊石，每折寬厚一尺，長五丈，石工一工，夫二名。又對縫安砌，不論寬厚，每長一丈。又歸隴不論寬厚，每長六丈。各用石工一工。又改截刷面，每折寬一尺，長一丈，用石工二工。抬運石料，每折寬厚一尺，長五丈，用夫二名。

豆渣石。做細折寬一尺，長一丈。做糙折寬一尺，長一丈五尺。又對縫安砌，每長一丈。擺滾、叫號，折寬厚一尺，長八尺以外，每長五丈，各用石工一工。拽運、灌漿，用夫與青砂石同。又築舊豆渣石隄，拆卸舊石，每折寬厚一尺，長七丈，用石工五分，夫二名。又對縫安砌，不論寬厚，每長二丈。又歸隴，不論寬厚，每長八丈。改截刷面，每折厚一尺，長一丈。各用石工一工。抬運石料，折寬厚一尺，長五丈，用夫二名。

[一] 金牆　即閘室的閘牆（邊墩），因必須堅固，故稱金牆，或金剛牆。水閘由閘室、上下游連接段組成。閘室，由底板、閘墩、閘牆（邊墩）、閘門等組成。閘牆，位於閘的兩側，連接兩岸的建築物，除起閘墩的作用，還有擋土和防止側向滲流的作用。閘牆有兩面，所以稱兩金牆。

[二] 迎水、出水四面雁翅　水閘由閘室、上下游連接段三部分組成。古代翼牆，有多種形式，雁翅式就是其中一種廣泛使用的形式，所以古代翼牆，多被稱爲雁翅。迎水雁翅，即上游翼牆。出水雁翅，即下游翼牆。上游翼牆、下游翼牆，都分兩面，共有四面翼牆，即四面雁翅，所以叫迎水、出水兩雁翅，即上游翼牆，下游翼牆。

大石隄。每砌石長一丈，寬一尺，用灰四十斤。灌漿，計丈用灰，與成砌同。外加江米二合，白礬四兩。又鉤抿石縫，寬深各五分，長一丈，用灰一斤，油四。每長十丈，用艌工一工。每搗灰四十斤，用夫一名。修艌舊隄，石縫寬深各五分，長一丈，用油灰一觔四兩。每油灰五斤，用麻一斤。每五丈，用艌工一工。

片石隄。每砌石寬一丈，長一丈，高一尺。插灰泥砌，每方用白灰三百斤。白灰砌，每方用白灰八百斤，瓦工一工五分，夫三名。鉤抿石縫，縫多連縫通抹，折厚二分。每見方一丈，用灰八十斤，麻刀二斤六兩四錢，瓦工五分，夫一名。

柳囤。高五尺，徑五尺，用土見方一丈，高二尺五寸，石三尺七寸五分。同上

石壩

壩身疊砌條石十三層至十六層不等。每層條石，丁順成砌。護壩坦坡，鋪條石一層。坦坡下脚，砌埋頭條石五層，內第一層、第三層、第五層，條石順砌。第二層、第四層，每丈間砌丁石一塊。埋頭石外散水海墁，砌條石二層。壩身條石後，襯砌城磚。坦坡條石後，填砌虎皮石。壩基、壩身磚石後地脚，刨槽築打灰土素土。

下硪樁釘，每寬一丈長一丈，用釘三十根。條石每塊，長四尺，寬一尺五寸至二尺不等，厚一尺。每塊用鐵錠一二個，及每二塊用鐵錠三個不等。灌漿每折寬一尺，長一丈，用灰四十斤，江米二合，白礬四兩。修艌石縫，每長一丈，用油灰一斤四兩。每油灰五斤，用好麻一斤。

條石做細，每折寬一尺，長一丈，用石匠一工。做糙每折寬一尺，長一丈五尺，用石匠一工。對縫安砌，每長一丈，用石匠一工。

抬石每折寬厚一尺，長一丈，用壯夫一名。

灌漿每長四丈，用壯夫一名。艌縫每長五丈，用艌匠一工。

每鐵錠一個，用油灰一斤，鐵片三兩。鑿錠槽每四個，用石匠一工。扣錠每二十五個，用艌匠一工。

虎皮石，每折高一尺，見方一丈，用灰八百斤，瓦匠一工五分，壯夫三名。

城磚每塊長一尺二寸，寬六寸，厚三寸，每塊用灰一斤八兩。每砌三百塊，用瓦匠一工，壯夫二名。

築灰土每折厚五寸，見方一丈，用黄土一方，夯夫二名，壯夫一名。

刨槽每折深一尺，見方一丈，用刨夫二名。下釘每二十五根，用盤頭紮繩一條。每八十根，用砍尖匠一工。每八根，用硪夫一名。每二百根，用搬運夫一名。隨工應用灰籮、灰篩、木掀、硪肘石、硪木鈴鐺、灰桶、灰杯、鐵繩、鐵撬、鐵鋸、錘、汁鍋、汁缸等項，按件估計錢糧。

搭蓋廠篷、柱梁、桁條等項，在樁木內挪用，不計

錢糧。

石閘做法

金門、雁翅、雞心[一]、正身[二]等牆，砌條石十四層，每層條石丁順成砌。石後每層襯河磚五路，裏頭砌河磚二十七層，每層砌磚五路。金門鋪底石一層，閘面安木板橋一層，板上釘鞍子板一層。閘底地脚，刨槽築打灰土，下礮樁釘。條石每塊長四尺五寸至六尺不等，寬厚各一尺，每丈用鐵釘二個。河磚每塊長一尺二寸，寬五寸，厚四寸，每塊用灰一斤九兩。

做橋板每折見方六十尺，用木匠一工，鋸匠一工，鋸鏇每折見方七十尺，用鋸匠一工。其餘石料、磚塊、灰土、樁木、鐵錠一切工料，俱與石壩同。石橋做法，金門、分水雁翅、裏頭等牆，順砌條石十三層，石後每層砌沙滾磚四路。金門鋪底石一層。迎水順鋪海墁石一層。橋面鋪橋板石一層。橋基牆身磚石後地脚，刨槽築打灰土，下礮樁釘。

條石每塊長五尺，寬二尺，厚一尺，每丈用鐵錠二個。沙滾磚，每塊長九寸五分，寬四寸七分，厚一寸八分。每塊用灰一斤。每七百塊，用瓦匠一工，壯夫二名。其餘石料、灰土、素土、樁木、鐵錠一切工料，與石壩同。

片石隄工及碎石子堰做法

隄身疊砌塊石，每長寬一丈，高一丈，用塊石一方，灰八百斤，瓦匠一工五分，壯夫三名。鉤抿石縫，每折見方一丈，用灰八十斤，麻刀三斤六兩四錢，瓦匠五分，壯夫一名。地脚刨槽，築打灰土，夯礮樁釘一切工料，與石壩同。涵洞做法，卷洞、金門、平水橋，砌磚五層。登券象眼牆，砌磚十七層。平水牆，上砌券磚三層，伏磚二層。金門底鋪海墁磚三層。地脚刨槽，築灰打土沙滾磚工料，與石壩同。《會典》

石壩為工甚鉅，運石購料，動逾經年，不比草壩易成，兩三月可竣。擇地建造，先於臨河圈築月隄，備料防護，以禦河水，庶便興造。次即詳計石料，務求充裕。石料有缺，刻難驟增，有誤全功。他如磚、木、灰、柴，亦宜豫備。其法務期立基深厚，愈深愈穩，稍有浮淺，水滲入里，必至

[一] 雞心　古代對閘墩的稱呼。因雞心呈錐形，質地堅韌，故稱雞心，或雞心垛。水閘由閘室、上下游連接段組成。閘室是水閘的主體部分，控制水流，連接兩岸。閘室，由底板、閘墩、閘牆（邊墩）、閘門等組成。閘墩的作用是分隔閘孔，支撐閘門，以及作爲橋樑等的支座。李星沅《李文恭公遺集》奏議卷十六，建雙孔減閘，滾水石壩一座，『每孔寬一丈八尺，實留金門三丈六尺，中砌雞心垛一座，寬六尺，裏頭及雁翅砌石十七層，滾水壩砌石十一層，以長河存水七尺爲度。』

[二] 正身　即閘底板。其作用是承受上部結構（門、墩、牆、橋）的自重及荷重，並將其較均勻地傳到地基上。同時利用底板與地基間的摩擦力，抵抗閘身在水壓力作用下的滑動，並防冲、防滲等。

蟄裂。梅花地釘，更須密下深簽。宜防工匠之省於用力，偷削短少。砌石最要光平。灌漿必須飽滿。四周排樁，為護壩之牆垣。排樁衝動，刷及灰土，而石塊蟄陷，尤關緊要。

至於迎水、出水之兩簸箕〔一〕，前後左右之四雁翅〔二〕，又須詳勘內外地形之高下，以為長短，俾水力相副而下，切忌短窄，致平土有跌刷之患。金門石閘，為永定〔河〕首先洩水之要路。當年做法，備極堅實，歷經大汛冲激，而磚石屹然不動，誠足為工程准式。至於減水、滚水，同一分洩，而制度稍異。滚水之制，壩面作魚脊形，水至脊則滚流而下。永定河各壩，悉作平面，蓋渾流湍激，取其過水平緩，以免魚脊懸流之勢，止謂之減水壩，非滚水式也。《安瀾志》

木橋。梁檁鋸截、做榫、鑿眼，每榫眼八，木匠一工。又橋板錯縫，每三面折見方六十尺，木匠一工。又橋欄杆，每扇長一丈二三尺，高一尺八寸，木匠三工。又短柱長三尺，見方四寸，雕刻柱頭，每柱木匠六分。又壓枋腰帶等木，每四面折見方四十尺。又樁榫每六根，又管頭木每鑿眼八，均木匠一工。又松板長一丈，寬一尺，每七塊，鋸匠一工。同上

召募農工。雍正四年，議准營田專官，行文江浙兩省，召募老農，每省各三十人，月給工食糧米，令課導耕種，不敷再募。俟本地人耕種得法，令其回籍。所需農器水車等物，亦行支江浙兩省，各送匠人五名，教導本地匠人，依式成造，照召募老農例，支給工食。俟本地造作如法，令其回籍。《會典》

〔一〕迎水、出水之兩簸箕　即上游護坦、下游護坦。水閘由閘室、上游連接段、下游連接段三大部分組成。上下游連接段，有上游護坦、下游護坡，共四段，其作用是保護河（渠）岸免受冲刷。因其形狀類似簸箕的兩沿，故稱迎水簸箕、出水簸箕。

〔二〕前後左右之四雁翅　同迎水、出水四面雁翅，即上游翼牆、下游翼牆。

〔書後〕[一]

北方水利之議，自宋何承矩倡之，元郭守敬、虞集益推廣之，明徐貞明、汪應蛟皆試之有效，而行不獲久，論者惜之。然率出自一二藎臣，拳拳謀國，為長計遠慮，其君概視為無足重輕，未有若我朝列聖，勤恤民艱，永圖利賴，如是之專且摯者也。論者謂雍正間肇興此舉，其時利多於害。乾隆間則利害參半。至今日而興利之舉，不勝其除害之思矣。

夫五方風氣各殊，北土類多高燥。曩者十年之中，憂旱者居其三四，患潦者偶然耳。自嘉慶六年以來，約計十年之中，潦者無慮三四。以天時言之，所亟宜興舉者，一已。

永定、子牙長隄雖格，而東淀之傳送已淤。南運、北運減壩日高，而三岔之滙流不暢。往者河通淀廓，今通者塞而廓者隘，一經霖潦，則旁冲上溢，決岸頹隄。及今不治，淪胥可慮。以地勢言之，所亟宜興舉者，二已。

比雖多雨，未為霪霖，已成積潦。永定既多決口，東淀至天津滙為巨浸，田廬之漂没已甚，民生之辛苦可知。蠲賑固非常恃之方，蓄積亦無久繼之理。饑者易為食，渴者易為飲。於蕩析離居之後，為之奠室家、謀幹止、去昏墊。即安便，或有興修，其孰不鼓舞歡欣，赴功趨事？以民情言之，所亟宜興舉者，三已。

至興舉之方，皆知疏濬壅滯，開通下流，其要尤在乎廓清淀泊。蓋川以行水，澤以鍾水。行水之途塞，則宣洩無路，泛濫是虞。而直隸當大雨時行，正值海潮漲盛之候，但知從事宣洩，然宣洩未由歸壑，隄岸必復遭冲潰，中流且卒致填淤，是工擲於無用。惟於大陸澤、寧晉泊、西淀、東淀、塌河淀、七里海、中塘窪諸處大加挑挖，使潦水暴至，有所消納。逮海潮大落，衆派趨歸，其瀦蓄所餘，並足資旱乾浥注之用，此一舉兩得之計也。

顧或疑南北之土性異宜，此則怡賢親王之所陳，御史柴潮生之所奏，已破其說。今且未責之遽興水利也，除水害已耳。水害之甚，由於河塞淀隘，姑令塞者通之，隘者廓之。其侵耕占種之所，成熟而責令毀棄，易起浮言。正惟水潦減没之餘，未升科者，飭之退讓。已升科者，請為豁除。於此多開支港溝渠，互相灌注，俾容水之地常有餘，庶積潦之患可漸息。俟通流無礙，蓄洩可資，然後徐籌灌溉之功，未為晚也。

或又謂國家之帑項有常，大工並舉，未免勞費。伏思

[一] 原書無標題，整理者加。

皇上軫恤災黎，比年蠲賑，幾及百萬。而民居未奠，時廑聖懷，誠得一策可以水患立除，豈憚費司農之經畫哉。且所貴於任事之臣者，謂可宏濟於艱難，熟籌於事勢。先臣靳輔之治黄河，其時軍務繁興，國用未為充裕，而卒能成功者，以措置有方，經猷素定耳。矧平常工程，照以工代賑者，十居其三。緊要工程，照修築河隄者，十居其三。修築之法，勸用民力者，十去其四。此乾隆四年成案，似可仿行也。

或又以小民難於慮始，彼未見其利，而興作煩苦，胥吏因緣爲奸，必致驚擾閭閻，物議騰沸。夫事亦在人爲耳，守令賢員何地蔑有。誠使大吏董率之有方，彼且思竭誠以自效。恩信結於平日，舉動孚於眾心，而又多方勸導，以動其忠誠。不假吏胥，以杜其擾累。直道猶存，孰謂斯民之不可化耶？高宗純皇帝諭曰：『事苟善籌，效必旋至，為其事而無其功者，未之有也。』豈不信哉。

錫〔恩〕承乏史館，伏讀列聖實録，先臣章疏，仰見訏謨宏遠，擘畫精詳，謹繕録以備省覽。今年夏，皇上特命署侍郎張文浩、直隸總督蔣攸銛，相度疏濬事宜，併發帑銀五十萬兩，為明年興築之費，所以濬沉災、蘇民困者，勤矣至矣。不揣愚妄，輒就所録，詮次為四案，用備當事之採擇。並取前人論説，有助經理者附焉。其永定、子牙、漳河，擬另為專案，姑不詳述。睹是編者，其亦曉然於直隸，水皆有用之水，土皆可耕之田，成案具存，率循有自，隨時通變，因地制宜。以一省之河淀，容一省之水，而水無弗容。以一省之人民，治一省之河淀，而河淀無弗治。目前以除害為急，害除而利自可以徐興。異時之興利可期，利興而害且可以永去，其於畿輔民生未必無小補云。

道光三年南至日　涇　潘錫恩

書於京師宣武門西寓舍之求是齋

整理人：　王培華，北京師範大學歷史學院教授，博士生導師，史學理論與史學史中心、中國古代史中心兼職研究員，兼任農史研究會和北京史研究會理事以及發改委、科技部項目評審專家和國家社科基金通訊評議專家等。講授歷史文選、歷史文獻等課程。主持多項北京市教育部和國家社科基金項目。主要研究元明清華北西北歷史地理與環境變化，發表論文70餘篇，出版《元明北京建都與糧食供應》《元明清華北西北水利三論》《元代北方災荒與救濟》等。代表性論文有《漢唐長安的糧食供應與關中天地人關係》《元代北方蝗災群發性韻律性與國家減災措施》《清代河西走廊水資源分配制度》等。

何立新，工程師，2002年調入北京師範大學化學學院，任實驗師。曾參與北京市科委多項科研工作，並有專利發明。

〔清〕吴邦慶　撰

畿輔河道水利叢書

李紅有　陶桂榮　孫鋒　黄誠　李伯　張俊霞　陳泓亮　整理

整理説明

《畿輔河道水利叢書》是清代吴邦慶編著的畿輔地區治水興利的一套叢書。吴邦慶（清乾隆四十一年至道光二十八年，一七七六—一八四八年），字霽峰，河北霸州人。嘉慶元年（一七九六年）進士，累遷内閣侍讀學士。嘉慶十五年奉命巡視東漕（南運河），十九年督浚北運河。嘉慶二十年至二十五年，歷任山西、河南、湖南、福建、安徽巡撫或通政使。道光九年至十一年（一八二九—一八三一年）爲漕運總督，十二年至十五年爲河東河道總督。吴邦慶一生關心桑梓發展，關注畿輔水利，希望發展畿輔水田來解决人口增加帶來的壓力，緩解南粮北運困難重重的局面。道光三年，畿輔發生大水。目睹水灾慘狀，基于舊藏圖書及平時抄録的畿輔水利文獻，加上自己對舉辦畿輔水利的見解和觀點，吴邦慶於道光四年編輯刊刻了《畿輔河道水利叢書》。

《畿輔河道水利叢書》含《澤農要録》六卷，《直隸河渠志》《陳學士文鈔》《潞水客談》《怡賢親王疏鈔》《水利營田圖説》《畿輔水利輯覽》《畿輔水利管見》《畿輔水利私議》各一卷，極具文獻史料價值。其中，《直隸河渠志》，清陳儀著，輯自雍正《畿輔通誌・河渠》，書名沿用《四庫全書總目提要》所標之名稱；《陳學士文鈔》，輯自陳儀所著文集中有關畿輔河道水利的文章，共八篇；《潞水客談》，又名《西北水利議》，明徐貞明著，萬曆三年（一五七五年）成書；《怡賢親王疏鈔》，輯自雍正《畿輔通誌》怡賢親王允祥（原名胤祥，康熙帝之子）於雍正三年至八年（一七二五—一七三〇年）主持畿輔水利營田的奏疏九篇；《水利營田圖説》，輯自雍正《畿輔通誌》陳儀所著《水利營田》，並參據乾隆《畿輔義仓圖》，按照營田所在州縣補圖三十七幅，編爲圖説；《畿輔水利輯覽》，是搜集分散在各種古籍中的宋何承矩、元虞集、明汪應蛟等人的水利奏議、文章匯輯而成，共十篇；《澤農要録》，是從《齊民要術》等古農書中搜集摘録有關開墾水田、種植水稻等記載編成；《畿輔水道管見》，吴邦慶著，對海河五大水系的四五十條骨干河道，逐一叙明原委以及治理方法，末附《書後》一篇，是吴邦慶研究畿輔河道水利的概括總結；《畿輔水利私議》，吴邦慶著，是《畿輔水道管見》的姐妹篇，代表了吴邦慶的治水主張和見解。這套叢書除道光四年刻本外，還有一九六四年農業出版社的校點本。

《畿輔河道水利叢書》是清代畿輔水利集大成之作，對當時和後世研究及開發海河水利有一定的價值，是一部有關海河水利發展歷史的重要著述。

本次點校以道光四年刻本爲底本。點校工作由李紅有、陶桂榮、孫鋒、黄誠、李伯、張俊霞、陳泓亮完成，蔣超、蔡蕃審稿。不當之處，請批評指正。

整理者

目録

[一] 直隸　正文爲『畿輔』。畿輔爲清代直隸省的别稱。以下同。

序

良史古推馬班，《史記》有《河渠書》，河謂河道，渠，謂水利，而班掾乃以《溝洫志》繼之，歷敘漢代二百年中河流變遷，此豈溝洫名篇之所能盡括，蓋不惟水官失職，而水學之放廢亦可見。

本朝定制： 於經流則設總河及河道，以司修防，而塘堰圩圍，則府州縣佐，皆兼水利之銜以董之。

世宗憲皇帝時，因興修直隸水田，特設營田水利府，並設觀察副使諸官，各揚其職。觀建官之制，而斯事之。各爲一局也審。余嘗觀史傳，於疏濬蓄洩之事輒反復之，見後人所用之法，多前賢已用者，後不嫌於襲前者，以水性終古不易，其不效者特用之不當耳。然非留心採輯，廣識而備記之，則亦不能相度機宜，施之臨事。《傳》曰： 不習爲吏，視已成事。凡事皆然，行水亦其一也。竊欲分水學爲二： 如防江之垸，禦海之塘，黃河之隄埽，及他廣川、洪流之分合通塞曰河道； 直隸之淀泊，丹陽之圩圍，吳、越之漊港，關中六輔、龍骨，陳潁鴻郤、鉗盧，其設閘、建壩、撩淺、留泥諸法曰水利； 各採取專門諸書以附之，庶成規犂然，往復講習，可資世用，以合於湖州學治事齋之遺法，今姑於梓里先之。直隸志乘之外，無專誌河道之書，近有裒集成編者，則考證爲多，於疏濬無涉。惟陳學士《河渠志》略於道古，而詳於切今，雖歲月變遷，未必可盡見諸施行，而利病所關，指陳剴切，前已刻於《畿輔通志》中，欽定《四庫書》亦採入。又其集內因事陳辭，更能獨達所見，刻《直隸河渠志》一卷，《陳學士文鈔》一卷。明徐尚寶《潞水客談》實心探討，於去位時，書此持贈後人。怡賢親王奉命總理水利時，以其言爲信而有徵，京東一局取爲藍本，其疏陳諸局形勢，則有爲尚寶所不及者，刻《潞水客談》一卷，《怡賢親王疏鈔》一卷。維時興修水田六七千頃，水力贏縮無常，當時已有改爲旱田者，遺跡漸湮，恐難訪求以施工作，纂刻《營田水利圖説》一卷。直隸水田，自宋迄明歷經修治，雖未能觀成，而良法具在，散見史册説部，彙刻爲《畿輔水利輯覽》一卷。明左忠毅公《屯田疏》，及本朝水利案內皆有召募農師之語。浸種、插秧，諸農書具載其法，加意講求，可爲樹藝灌溉之助，因詳採諸農書刻《澤農要録》六卷。現在河道淀泊諸多淤塞，以致水潦爲災，上煩宸廑，謹擬爲《畿輔水道管見》暨《水利營田私議》亦附刻焉。顔曰： 畿輔河道水利叢書，并期訪諸鄉郡藏書家，如有先輩遺編談斯事者，及留心水學之耆宿，片羽碎金，皆當續入。漢時言治河者以百數，桓譚典其議言： 凡此數者必有一是，宜詳考驗，皆可豫見計定，然後舉事，可以上繼禹功，下除民疾。區區竊取此意，冀於當事者少効芻蕘，則兹刻不爲虛矣。是爲序。

道光四年　歲在甲申余月　益津吳邦慶撰

直隸河渠志

〔清〕陳儀撰

提要

謹案：《直隸河渠志》一卷。國朝陳儀撰。儀，字子翽，號一吾，文安人，康熙乙未進士，官至翰林院侍講學士，充霸州等處營田觀察使。是編即其經理營田時所作，凡海河、衛河、白河、淀河、東淀、永定河、清河、會同河、中亭河、西淀、趙北口、子牙河、千里長隄、滹沱河、滏河、寧晉泊、還鄉河、塌河淀、七里海。二十餘水，皆洪流巨浸，雖叙述頗簡質，所載但及當時形勢，而不詳古蹟。又數十年來，屢蒙我皇上軫念民依，經營疏濬，悉慶安瀾，較儀作書之日，水道之通塞分合，又已小殊，然儀本土人，又身預水利之事，于一切水性地形，知之頗悉，故敷陳利病之議多，而考證沿革之文少，録而存之，亦足以參稽梗概也。

〔序〕

《尚書》《禹貢》一篇，紀夏后[一]行水之功。司馬遷因之爲《河渠書》，班固繼之志《溝洫》，皆載一代疏排之績，非如桑欽《水經》備叙川瀆原委也。我國家奠鼎燕京，負崇山而襟滄海，百川輻輳，赴壑朝宗，其間順逆通塞，動關生民利病。聖祖仁皇帝臨御六十餘載，地平天成，而於畿甸河道隄防，尤勤睿慮，巡行指授，爲斯民圖萬世之安。我皇上繼志纘功，大興水利，特頒内府金錢數百萬，命賢王董其事。修濬兼施，節宣備至，以故水潤土甘，年豐人樂，同符禹績，非漢、唐以來塞築補苴之能事也，宜爲後世法程，故於諸川之外，特詳志焉。

[一] 夏后　即大禹。

渤海　在天津縣東南一百二十里。明《統志》：東連遼海，西抵直沽。按：直沽即今大沽口河流入海處也。兩岸壁陡，一國中横，土人謂之海門。潮汐所至，北抵楊村，南抵程官屯，西過王慶坨，率二百餘里皆淡水也。鹹潮抵海門而止，無坌入者，若天設之以限内外，斯亦奇矣。

海河　南、北運、淀河之會流也，自天津東北三岔口迄大沽口長一百二十里，涘廣崖深，奔流湍駛，潮汐迎之則逆行而上，《禹貢》所謂逆河是也。每伏秋之交，二運並漲，淀水争趨，駢注於三岔一口，而强潮牴牾，洄漩不下，倒漾横流，上游隄岸田廬，皆受其浸，所謂尾閭不暢，胷腹俱病者也。故欲治直隸之水者，莫如擴達海之口，而欲擴達海之口者，莫如減入口之水。雍正三年，上命怡賢親王興修水利，親授方略，於南、北運各建壩開河，減水分流，別途歸海。豈僅爲運河計哉？入口之水減，則達海之口寬，而北來之永定河，南來之子牙河，中間七十二清河，乃得綽然入三岔口而東注。朱子云：『治水先從低處下手』，正此意也。

衛河　即南運河也，亦曰永濟渠，亦曰御河。源出河南衛輝府，自山東武城縣流入直隸故城縣界，又東逕山東德州界復入直隸，逕景州東吴橋縣西，又東北逕東光縣西，又東北逕交河縣東南七里口，又東北逕泊頭鎮，入南皮縣界，又東北逕滄州城西，又東北逕青縣城東，静海縣城西，天津府城北，至三岔口與白河會入海，計長八百餘里。《寰宇記》：永濟河在清池縣西三十里，自南皮縣來入乾寧軍，亦呼爲御河。《金史地理志》：南皮、東光、吴橋有永濟渠。按：衛河本西漢時大河所經，東漢以後爲清、漳二瀆所經；隋時開爲永濟渠；宋皇祐初合永濟渠仍爲大河所經；南渡後大河南徙，而衛河如故。金、元以來，皆漕運所經也。有減水河二：一在滄州南十五里絶隄，一在故興濟縣。皆明弘治中開，以備衛河泛溢，久而堙塞，閘石猶有存者。雍正三年大水，衛河溢，決十三口。怡賢親王奉上命查修水利，奏開減水二河，各建滚水石壩一座，挑濬舊河，分達海港。滄、青水勢，藉以消洩，居民賴之。

按：南運向苦淺滯，故額設淺夫以供挑挖，兩岸隄工隨時補苴而已。自漳河南徙於館陶入運，湍急浩瀚，每羨溢爲灾。雍正四年，經怡賢親王奏請，分道專轄，增汛員，設歲修，始以隄防爲務。乃隄日增高，而水亦隨長，伏秋汛漲，各州、縣往往於隄上加埝，以防漫溢，蓋以漳水泥濁，河形曲折，墊淤於下，則泛溢於上，勢固然也。計惟於德州上流與古黄河相近之處，建壩廣三、四十丈，引而注之古黄河，不惟直隸河隄永免漲溢，即德州一帶工程亦獲寧謐矣。但地隸山東，在此爲切己之憂者，在彼未免爲秦、越之視。雍正八年，七月，德州第九屯隄決，直隸景州以下十餘州縣，禾稼盡没，水利衙門屢行咨會，而決口訖未堅築。蓋其地處上游，水過正堪藝麥，而此間形如仰釜，有受無洩，縱竭力修防，隄工鞏固，亦何救於田廬之湮没耶！若將臨清以北河道，併歸直隸總河管轄，則一河首尾修濬自如，上下不致阻格矣。

白河　即北運河也，亦曰潞河。《方輿紀要》：　白河源出宣化府龍門縣東滴水崖，東流入密雲縣之石塘嶺，過縣西入通州界。其支流亦從石塘嶺過懷柔縣西，順義縣東，入通州東境合焉，東南逕漷縣、武清縣東而入直沽，合衛河入海。又白河逕靈蹟山、黄花鎮川河入焉，又南逕牛欄山東麓，潮河流合焉，又南逕順義縣東門外。《順義縣志》：　白河發源塞外，自石塘嶺、白馬關入，故曰白河，赴通州北關與温榆河合，即運糧河，性悍多沙，遷徙無常，俗稱爲自在河。《明神宗實録》：　萬歷三十一年，從工部議，挑通州至天津白河，深四尺五寸，所挑沙土即築隄兩岸，著爲令。《漕河圖志》：　燕、趙之間，地方千里，其間巨細河流，悉至武清縣丁字沽注於白河，故一遇雨潦，白河滿溢，要兒渡口、南蔡村等處，衝決隄岸，壞民田廬，起夫塞築，勞費萬計，逮時乾旱，舟行又或淺阻，以此知水勢盈涸不常，不可以經久而論也。按：　白河會潮、沽、榆、沙、通惠諸河之水，源高勢峻，有如建瓴，而西北諸山，泉流滙聚，每伏秋之際，積雨未歇，怒流已至，頃刻尋丈，非徒恃隄防所能捍禦也。康熙三十八年，決武清縣筐兒港。三十九年，聖祖仁皇帝親臨視閲，命員外牛鈕等於沖決處，建減水石壩二十丈，開挖引河。夾以長隄，而注之塌河淀，由賈家沽道洩入海河；　楊村上下百餘里，河平隄固，有御製碑文誌其事。康熙五十年，以河西務工程險要，親臨指授，命牛鈕開挖引河，復以河西務城東有舊河形對新河下口，至三里屯長四百餘丈，特命開直河一道，次年工成。於是新河之溜移流於西，而東岸大隄之汕刷以免，要兒渡之衝險無虞矣。雍正三年大水，隄岸埽壩多有衝潰。四年，經怡賢親王奏請，北運河一切工程，歸通永道統轄；　河西務設同知一員，楊村設通判一員，分界管理；　增置縣丞、主簿等官，以專防修。五年，河水泛溢，東西岸漫決者四。六年，怡賢親王奏：　拓筐兒港舊壩濶六十丈，展挖引河，改築長隄。七年，濬賈家沽道，分減既多，消洩亦暢，故壩門以下，河水安流，而河西務一帶距壩稍遠，山水暴至，遂復漫決。上厪聖懷，發帑遴員，授之方略，於河西務上流之青龍灣建壩四十丈，開引河而注之七里海，仍展挖寧車沽河，導七里海水而洩之北塘口，上下分消，區畫盡善，運道、民生均獲寧謐，而所費帑金，已不下六十餘萬矣。

淀河　在天津縣北五里，永定、子牙、清河之會流也。自河頭至丁字沽入北運河，長四十里，淀水浩淼，至此始有崖岸，故名『河頭』。

東淀　延袤霸州、文安、大城、武清、東安、静海之境，東西亘一百六十餘里，南北二三十里及六七十里不等，蓋七十二清河之所滙潴也。永定河自西北來，子牙河自西南來，咸入之。

永定河，亦曰盧溝河，亦曰渾河，亦曰桑乾河，永定之名，聖祖仁皇帝所命也。《明外史・河渠志》：桑乾河發源太原之天池，伏流至朔州馬邑雷山之陽，有金龍池者，渾泉溢出，是爲桑乾。東下大同古定橋抵宣府保安州，雁門、雲中、應州諸水皆會。穿西山入宛平界，東南至看丹口分爲二：其一東由通州高麗莊入白河；其一南流霸州合易水至天津丁字沽入漕河。是河過懷來東兩山間不得肆，至都城西四十里石徑山之東，地平土疏，衝激雲蕩，遷徙弗常，《元史》名曰小黄河，以其流濁也。《金史・禮志》：大定十九年，有司言：盧溝河水勢泛溢，齧民田，乞官爲封册神號。特封安平侯，建廟祀。《河渠志》：大定二十七年，宰臣以孟家山金口閘視都城高一百四十餘丈，倘遇暴漲，其害匪細，若固塞之，則所灌稻田俱爲陸地，種植禾麥，亦非曠土。上是其言，遣使塞之。二十九年，以涉者病河流湍急，詔命造舟，既而更命建石橋，明昌三年三月成，勑命名曰廣利，即今之盧溝橋也。《元史・郭守敬傳》：至元二年，授都水少監，言金時自燕京之西麻峪村分盧溝一支，東流穿西山而出，是爲金口。其水自金口以東，燕京以北，灌田若干頃，其利不可勝計。今若按視故蹟，使水得流通，上可以致西山之利，下可以廣京師之漕。又言：當於金口西，預開減水河西南還大河，令其深廣，以防漲水突入之患。帝善之。《明宣宗實録》：户部侍郎王佐言：通州至河西務河道淺，漕船動以千計，兼四方商旅舟楫往來，無港汊可泊。張家灣西舊有渾河，若加疏濬，近京一二十里，更使充廣，潴爲巨浸，令可泊船，公私兩便。上命都督馮斌等審視。七年冬，斌等以圖進，上以其役重大，姑止。《固安縣志》：桑乾河自盧溝下流入縣境，明嘉靖初徙縣北十餘里，東流至縣東紀家莊北，分爲二，萬歷中又徙縣西十餘里，東南流逕黄垡之北，而東南入霸州界，尋又徙縣南大隄下，後復徙北。我朝順治十一年，由縣西宫村與清水合流，而南入新城界。《永清縣志》：明萬曆三年，撫臣王一鶚修築河隄，延袤五十餘里，障水東流，三十三年，復抵縣界，直逼城垣。我朝順治八年，徙固安迤西幾七十里，與白溝河合流。《霸州志》：明正德初在州南門外。嘉靖中徙州城北，後徙固安北十里鋪。其支流則自半壁店、李家口繞州東北境，由鋪疙疸、白墳、採木營達信安。我朝順治中，每決於固安之叵羅垡，由州治西城北，東入清河後，更決於新城之九花臺、南里諸口，而州城之西南，竟成巨河矣。康熙戊辰，仍從善來營入玉帶河，俗謂之霸州河。按：盧溝亦曰黑水河，水色最濁，其急如箭，東決則西淤，倏忽遷改，前人謂之無定河。自元歷明，沖齧奔潰，屢修屢決，迄無寧歲。

康熙三十七年三月，我聖祖仁皇帝軫念郊圻，親臨視閲，命撫臣于成龍大築隄堰，疏濬兼施，自宛平之盧溝橋至永清之朱家莊，滙狼城河注西沽，以達於海，延袤二百餘里，廣十五丈。五月，工告成，賜名永定河。勅建河神廟，御製碑文以記之。自是湍水軌道，横流以寧，二十年來，河無遷徙，此從古所未有也。惟是下流入淀之後，水渙泥停，積漸闐淤，蒙聖祖諭旨屢下，毋令壅礙清流；而該管分司衙門惟事修防，不加疏導，淤而南，信安、勝芳等淀變爲高原；復淤而北，策城、新張諸泊墊爲平陸。駸駸乎及於台頭與子牙河會，壅閼清流，幾無達津之路矣。雍正三年，怡賢親王奉命查修水利，上諭令引渾河別由一道入海，毋使令入淀。大哉王言，已攬河道全局而居其要矣。蓋淀泊之用，有翕受之功，亦有停蓄之利，衆流競趨，滙爲巨澤，容與蕩漾，有以緩其奔突之勢，然後安流弭節而去，則其衝易受，而其患易禦。正定、順德、廣平之有南、北二泊，猶順天、保定、河間之有東、西二淀，皆天地造設，自然之妙，納衆流而節宣之，不使之一往衝突而不可禦也。西淀之水會爲一河，分爲三汊，而滙於東淀；南泊之水注於北泊，北泊之水出滏陽之道，合滹沱之流，亦由子牙一河，歸於東淀，則東淀一區，所以蓄直隸全局之水，游衍而節宣之，乃永定濁流闐淤梗噎於其間，則上游之氾濫者將安歸乎！

怡賢親王欽遵諭旨，於郭家務改河東行，復開下流之長淘河，引逕三角淀而注之河頭，與清河會，周築三角淀圍隄以防其北軼。又以河性善淤，奏明逐年挖淺，俾河流不致遷徙，籌畫可謂盡善，而河官錮習，不利於挖淺，而利於築隄。改河之後，隄日增高，而河亦與之俱長。長淘河淤塞絶流，三角淀所餘無幾。於是，散漫南行，頭道河、二道河皆成斷港，剩有楊家一河，若經汛之後，再淤而南，則清水無路歸津，側注於楊柳青一帶，而濁流復從而迸注之，其不至穿運而過者幾希。此目前之大患，全局之深病也。爲今之計，惟疏挖長淘，導之東注河頭，南岸接築長隄，至楊家河而止，雖不能必其不再淤，而旋淤旋挖，是亦可暫爲補救矣。

按：永定濁泥，善肥苗稼，凡所淤處變瘠爲沃，其收數倍。涇水之富關中，漳水之富鄴下，不是過也。河所經由兩岸，窪鹹之地甚多，若相其高下，開濬長渠，如懷來、保安、石徑山引灌之法，分道澆溉則斥鹵變爲肥饒，而分水之道既多，則奔騰之勢自減，從高而下，自近而遠，一河之潤，可及十餘州縣，此亦轉害爲利之一奇也。惟在任事者不避勞怨，持議者不惑浮言，則鄭國、史起之功，安在不復見於今日乎。

清河　即淀池之經流也。其派有三：分自會同河之三汊口，逕台山而北出紀家淀，而東入勝芳河者，此西派也；由趙家房逕托蓮泊出郭家窪會勝芳河者，此東派也；由下馬頭逕崔家房入張家嘴，過任家莊逕左家莊泊歸石溝河者，此南派也。沿大隄而東逕西馬頭、堂頭、左家莊會石溝河，則其支流也。勝澇、石溝二河，總歸臺頭。一河經羊芬港而出楊家河，楊家河至三汊口，計長一百四十里，自永定下流入淀。勝澇河淤，而東、西二派無下口； 張家嘴淤，而南派無正流。惟沿隄一支，寬不過二三丈，深不過五六尺，何以容西來泱漭無涯之巨浸乎？雍正三年，自崔家房以東決隄九處，各數十丈，文安城郭宛在水中。怡賢親王奉命查修水利，開勝澇河十七里，而東、西二派下口遂通； 挖張家嘴河五里，而沿隄一支分流北注。又於上流疏濬中亭河四十餘里，自口頭對岸之下河門分引玉帶河水入臺山河，其下流石溝、臺頭淤淺之處，槩行撈挖。數載以來，清流湍駛，隄防晏如，霸、保、文、大之間，禾黍豐而秔稻熟，民享樂利，皆聖主勤恤之德，賢王治淀之功也。

按： 以上諸河經由泊港，菰蘆叢生，荇草密布，壅溜停汎，易致淤淺。淺阻之後，舟楫不行，復成斷塞。雖分隸河道統轄，而該管汛員惟知保守隄工，至於淀之通塞，河之淤暢，俱在茫茫積浸中，爲考成所不及，誰復過而問之，殊不知淀河一塞，分消無路，西來之水并注隄下，一遇積雨暴漲，頃刻尋丈，雖有人力，將安所施，故防隄而不濬河，非計也。今中亭河苦淺； 趙家房河苦淤； 張家嘴未達於淀泊； 沿隄一河自堂頭以下，至壩嘴頭亦苦淺； 石溝通勝澇一河苦隘； 勝澇至臺頭一河苦淺。計其丈里，非水涸時興大工，隨宜疏濬不可。

會同河　《一統志》： 在霸州南十三里，又名苑口河，本玉帶河也。自保定縣流入州界，又東北曲折行可十里爲善來營，北岸有渾河口，又東可五里爲苑家口，又東五里爲蘇家橋，河流至此分爲三道，即所謂三汊口也。冊説玉帶河至本州境，會渾河東下名會同河，分二支，俱流經文安縣境，散入石城等淀。本河正派至州東無梁閣名邊家河； 又分一支入永清縣界，名信安河。其正流曲折而東入文、爾諸淀，又東逕東安縣界爲吕公河。按： 會同爲玉帶之下流，出自西淀之茅兒灣，至霸州而拒馬、桑乾、胡良、霸水皆會焉，故名會同河。今諸河俱已改流，惟栲栳圈一河南北相望，即中亭河也，首尾皆淤斷。而會同河身寬不逾二十丈或十五六丈，總會順天、保定、正定三府西山一帶三十餘河之水，勢不能容，則蕩擊爲暴，決何家道口，決鹿疃，決下武各莊，決保定縣，幾無虛歲。雍正五年，中亭河開通，分流北去，玉帶之水十減二三。但河身本淺於正流，而新開之牤牛河自西栲栳圈會入，挾擁泥沙，復加闐淤，則浚治之工，有不可一日緩者。其會同下流之信安河已成陸地，即勝澇至辛張，逕褚沽、東沽二港達王慶坨。一支名吕公河者，亦無河形； 惟餘臺頭一派爲正流，則上自石溝，下至楊家河，通塞淤暢，所關最鉅，此河道全局之利害也。

中亭河　亦名新挑河。《一統志》： 在霸州南八里，綿亘數十里。按： 此即古中亭河也，亦曰栲栳圈河。康熙三十八年，聖祖命河臣王新命開挑，上接十望河，下入臺山河，分減玉帶河水勢，發帑築隄，上下各六工； 上六工距河稍遠，以護州治； 下六工縷河爲隄，以護田廬。增設州判一員管理，每歲按里出夫，隨時修補。後渾河淤至勝滂，下流遂塞； 而十望河自張青口來者爲白溝，流沙墊淤，上流亦斷。自是隄工殘廢，而下六工無復遺址，與積淀相連。雍正三年，怡賢親王奏開中亭、十望二河。四年，中亭河工竣； 十望河以積水未開，五年，大水，難以興工，遂罷十望之役。自口頭對岸之下河門挑引河一道，分玉帶河水而注之中亭河，增設吏目一員，分汛防修。七年，州判陳起唐捐貲修築下六工，隄長四十里。

西淀 跨雄、新數邑之境，既廣且深，西北諸山之水皆滙焉。

北自雄縣來者曰白溝河，拒馬之下流也。拒馬發源易州廣昌之淶山，至房山、鐵鎖崖分爲二派： 一派東入涿州過新城而南，挾河、琉璃河、廣陽、監溝諸水，白玉塘、西域寺、甘池諸泉皆入之； 一派南入淶水，經定興而東，易州之濡水、武水、白楊、虎眼、梁村、馬跑諸泉及遒欄河、女思淵、子莊溪諸水俱來會之。二派合流爲白溝河，入柴伙淀。

西自安州來者曰依城河、曹河、徐河、一畝、雞距、方順、龍泉諸水之所會也。徐水出五迴嶺經滿城至安肅，而曹水會焉。一畝泉出滿城東南，餘小泉以百數，雞距、紅花名最著，流經清苑城南，至糧河橋，而方順水來會之。方順即曲逆河，祁水之下流也，五雲、五臼二泉流爲放水河，五郎河入焉，流逕石橋村至糧河橋與一畝泉河會；流逕新橋而滿城之龍泉河自南來入之； 至善馬廟與徐河合流爲依城河，入雜淀。

西北自安肅來者曰雹河，源出石獸崗，灌河入之，由新安之黑龍口歸雜淀。新安三面皆水，惟城北爲乾土，而地處容城下流，雨潦南下，則大澱淀一帶盡爲鄰壑，墟里蕭條，最稱貧瘠。雍正三年，怡賢親王奏請於三台村開引雹河，逕小王營、尚村之北，至南河頭入燒車淀。南岸築隄建閘以裨節宣，隄內大澱淀數百頃，皆引流種稻，屢獲豐收，澤國已成樂土矣。

南自高陽來者曰豬龍河，唐、沙、滋三水之所會也。唐河原名滱水，源自山西靈邱入唐縣爲唐河，恒水自西北來會，居民引以溉稻，直達下素，町畦相望，經曲陽之鎮里、高門，所溉尤多，南入定州，而白龍泉復來會之，王謙、王耨等村，傍河皆圩岸也。沙河來自山西之繁峙，入曲陽界，合平陽河南流； 阜平之當城、臙脂二河，行唐之郜河咸會焉。其上流亦名派水，經新樂歷定州，沿流多資灌溉。滋河發源山西之枚回山，經靈壽爲慈水，七祖寨、坌頭大、明川壅流可田； 入行唐之張茂村伏焉，至無極南孟社而復出； 遶縣北，旋經深澤之龍泉、固沃、仁橋，疏流成渠，皆天然水利也。三水頗稱鉅流，畢會於祁州之三岔口爲豬龍河，逕博野、蠡縣、高陽而入白洋淀。豬龍河水性湍急，奔騰，最難捍禦，雍正三年，決柴淀口而東潰蝲蛄口古隄，直衝鄚州，驛路十里，浸爲巨澤。怡賢親王親歷相度，疏通豬龍故道，決口始塞，驛路復通。然下流歸淀之處，河道紆迴，停沙壅溜，易致横決，復令清河道王紘於出岸村開挖引河十里，至孟仲峰出口，東岸築二壩以防其軼，西岸截沙嘴，以順其流，然後安流入淀。又於放水口斜築長隄以禦倒漾，蝲蛄口殘隄數十里亦一例加修，以爲重障，於是豬龍順軌，瀕河田疇，比年豐稔。但自祁州以下岸土挾沙，最易坍頹，岸坍則隄無所附，宜於頂溜埽灣，建築挑水、迎水等壩護岸，以固隄根。其下口歸淀之處，近有淤沙漲起，抵閼河流，亦宜開挖以順水勢。

趙北口　居西淀之中，舊有石橋八座，白洋諸淀之水皆由橋下東流，實西淀之咽喉也。而石橋卑隘礙流，雍正三年，怡賢親王奏請易之以木，升高加濶，又增建三橋，俾積淀之水暢然東注。但白溝濁水自北而下，出河門而横截清流，至藥王行宫前河形拗折，土人謂之『鷙頰』，所謂咽喉已通，而胷膈未利也。雍正四年，委員挑挖，經汛而其淤如故。蓋白溝漲時近自諸山而下，推擁泥沙，所至填淤，四十里之柴伙淀，變爲桑田者什三四矣。不加浚治，則西來諸水泛溢無歸，若歲歲撈挖，是勞費無已時也。渾流入淀其害往往而然，欲爲一勞永逸之計，必不使之入淀，而後可。查白溝故道行於淀外，自龍灣而東逕道務、馬務頭、洪城出張青口，河形宛然，宜疏濬深通，導白溝之流復於故道，塞其入淀之口，然後將河門淺阻、鷙頰拗折之處，盡行挑挖，如此，則清濁分流，淀清而河亦暢矣。

子牙河　在大城縣東，亦名沿河。《大城縣志》：沿河自河間縣之龍華橋轉入縣西南二十五里之馬村，東北流逕十里灣，自南而東，逕白洋渡、四呈口至縣東二十五里滙黑龍港，河亦名交河；從而北折，繞縣東十二里趙扶村，又北逕子牙村，故名子牙河，亦名鹽河。《册説》：鹽河在縣南十里自河間流入，分二支：一西北流入文安縣石城淀；一北流；又分三支：西一支入文安黑母淀；東一支入大小窩口；中一支入霸州文爾淀；滙於武清縣三角淀入白河。按：子牙河總會南、北二泊，滏、滹諸水，終以滹沱爲經流。其湍悍迅激，渾濁衝墊，性與餘河異，《水經》所云：右出爲瀫，北爲濊口者是也。康熙三十九年，聖祖仁皇帝親閲河工，特授方略，頒發帑金，伏秋汛發，奔騰湧溢，河間以北，静海以南，皆被其害。於獻縣、河間東西兩岸，高築長隄，西接大城，東接青縣、静海，各二百餘里。又於廣福樓之焦家口開新河一道，東北至賈口入淀。特設分司一員董其事，令河間府同知分轄，增置縣丞、主簿等官，專汛防修，自是河、大、青、静之民始有寧宇矣。嗣後雍正三年，分司不得其人，河員怠於其職，隄多潰決。怡賢親王奏准動帑修築，又奏請撤回分司，歸天津河道統轄。

按： 子牙河至王家口入淀之處分爲二派： 一派西流逕文安土橋村至趙家莊； 又分二支： 西支抵文安大隄而北至龍塘灣； 北支逕三灘里至張官營抵石溝河，往往橫截清流，兼爲隄防害； 一派東北流逕瓦子頭、斷隄村、岳莊、莊頭河，過王家泊抵台頭，會清河而東。 雍正三年，經怡賢親王奏請障其西流，約東歸一。四年，令清河道王紘相度工費，及汛水過後，西支自淤，正流俱由瓦子頭一支，而莊頭村南舊有私河一道，東由陳家泊歸獨流大坑，急溜衝刷，遂通舟楫。此亦水自遂其東下之性，非人力所爲。然順而導之，再加疏濬，俾全河之勢盡歸大坑，則台頭一河無復渾濁之擾，清水可以暢流矣。再子牙河『新河』入淀之處，東西相距二十餘里，兩河之隄，南運而北缺，兩隄之間，村落數十，地皆肥美，但北面無隄，每遇二河漲溢，淀水倒漾，則數十村落皆在水中，而河員猶守兩隄惟謹，幸獲無虞，則自以爲功，此如防盗者守墻垣而開後户，盗入胠篋發匱而去，垣墻守者猶巡警徹夜，此何爲者也，故北面之隄斷宜接築。查王家口村南，東岸有古河一道，名三家淀河，緣東隄，出瓦子頭橋下，迤邐東北與『新河』合而入淀，雖已淤淺，河形宛然，若挑挖深通，亦可分正流之漲。挑河之土，即用以築隄，補缺成圍，圍内之地分别高下，疏列溝塍，於西南建閘引溉東北，洩而出之，一舉而河隄兩成，營田亦就矣。再查『新河』形勢，由西南而趨東北，從高就下，直注獨流大坑，甚爲徑捷。但河身淺狹，隄岸殘缺，若深濬而堅築之，於焦家口分流之處建挑水壩，逼子牙之溜移入『新河』，刮刷愈深，則王家口以上無羡溢之虞，即台頭一帶，亦免墊淤之患矣。

千里長隄　起清苑縣界，訖獻縣之臧家橋，週迴於順天、保定、河間三府之境，長千有餘里，沿河繞淀，爲數十州縣生民之保障。康熙三十五年大水，多漫決坍頹，我聖祖軫念郊圻，頒發帑[一]金，命河臣王新命徧行查勘，一例加修，增設縣丞、主簿等官管理，隄固河平，民享樂利者二十餘載。雍正三年大水，漫決尤甚，存者亦大半殘缺。四年，上命怡賢親王委員領帑，畫地修築，加厚增高，統於是秋告竣，奏隸河道統轄，董理責成。工程日以堅固，迄今六載，高下豐稔，瀕河近淀州縣井閭，皆歌樂土焉。

滹沱河　源出山西代州繁峙縣太戲山，流經太原盂縣北，始入直隸平山縣北，又東逕靈壽縣南入正定縣界。《周禮·職方氏》： 并州川滹池。《戰國策》： 趙攻中山，以擅滹沱。《漢書·郡國志》蒲吾註： 永平十年，作常山滹沱河蒲吾渠通漕。《隋圖經》： 魏改爲清寧河。《唐書·五行志》： 永淳二年八月，恒州滹沱河及山水暴溢，害稼。開成元年七月鎮州、滹沱河溢，害稼。《隄防考》： 宋天聖間，曹馬口隄壞，尋復修築。《金史·河渠

[一] 帑　古代朝廷收藏錢財的地方（府庫）。

志》：滹沱河，大定八年犯正定，命發民夫繕完隄岸。《元史·河渠志》：延祐七年，正定路言：正定縣滹沱河北決隄，寖近城，每歲修築。聞其源本微，與冶河不相通，後二水合，其勢遂猛，惟闢冶河自作一流，滹沱水十退三四。《正定府志》：明成化八年，由正定出晉州紫城口，南入寧晉泊。正德十三年，紫城口淤塞淺漫，分爲二股：一股仍由寧晉泊，一股東溢由束鹿鵶兒河入深州界。遣夫於浧槃集迤東，修築隄岸，障東溢之水歸寧晉故道。工甫畢，而秋水漲，將南流仍併東行入束鹿界。嘉靖十一年，遣太僕卿何棟相視，回奏：晉州地形西高東下，水性就下，遂失故道。議於藁城張村起，至晉州故壩止，厚築長隄，障歸故道，不果。其後逕州南關外。我朝順治十三年又南徙，由藁城南彭村，逕晉州周頭村北釣魚臺、麗家莊、胡士莊寨，入束鹿百尺口橋，至冀州歸清水河並行。按：滹沱水急流濁，所至填淤，自入寧晉泊，滏、澧水道俱受其壅塞。雍正三年東徙，決周頭村，直衝束鹿，環城而流，瀰漫四野。四年怡賢親王奉命查勘，束邑官民籲請障歸故道，仍入寧晉泊。賢王以泊乃三郡河流滙歸之地，有翕受節宣之功，豈可復聽濁流淤塞，致衆水無歸，漲溢爲害，乃親行相度，得舊河一道，由木邱南至焦罔入滏河。委員自第四溝開挖一路，疏濬深通，於周頭築壩障其東下，而導之南流。自是東深無衝潰之虞，泊水免淤塞之患矣。

按：滹沱之在山西，本非巨川，至平山合冶河而始大。冶河一名甘陶河，源自山西平定州之崧嶺，流至平山，初不與滹水相通，元初鑿而合之，其勢遂猛，延祐間引闢冶河，害已減半，後冶河下流漸塞，復入滹沱，歲有潰決之患，皇慶中議復之而未果。怡賢親王於敬陳畿輔西南水利情形疏内，奏請塞冶河入滹之路，循其故流，加以挖濬，引入洨河，誠爲一勞永逸之計。

滏陽河　亦名滏水，源出磁州神麕山，東北流經邯鄲縣東三里會渚、沁二水。《册説》：渚河又名塔水，在邯鄲縣南五里，發源紫山，逕城西南入滏陽河。沁河在邯鄲西一里，發源紫山，逕城西入滏陽河。《寰宇記》：滏陽縣滏水，源出縣西北鼓山南巖下，泉源奮涌，若釜之揚湯，故以滏口名之，其水冬温夏冷。《元史·郭守敬傳》：守敬面陳水利四事，其四磁州東北，滏、漳二水合流處，引水由滏陽，邯鄲、洺州、永年，下經雞澤合入澧河，可灌田三千餘頃。《明外史·河渠志》：滏陽河，舊在任縣新店村東北，源出磁州，逕永年、曲周、平鄉至穆家口，會百泉等河北流。明永樂間漳河決而與合，二水每並爲患。至景泰間又合漳，衝曲周諸縣，沿河之地皆築隄備之。成化間舊河淤，衝新店西南爲新河，合沙、洺等河入穆家口，亦築隄備之。《一統志》：舊滏河在雞澤縣西，自永年通水閘北流經此，又北達平鄉縣入寧晉泊，舊道紆曲不能容，常潰決爲民患。我朝康熙七年，知縣姜照挑濬新河，以導其流，自馮鄭村至寧自頭長二里許，六方等村永無水害。

按：滏陽河舊合漳流，故多衝溢。今漳水東徙，經魏縣元城抵館陶入衛，不與滏合。滏水獨行，貫寧晉泊而出，至衡水縣界，滹沱河出焦罔合流逕冀州、武强、獻縣、河間、青縣、大城入淀，名子牙河。其支流自完固口逕杜林鎮抵青縣之鮑家嘴入南運河，近已淤淺，惟子牙一支，爲巨津焉。自寧晉泊以上，滏水所經州縣，多引流種稻，沿河閘座甚多，而磁州之民欲專水利，以致下流稻田多廢，争訟累歲不休。雍正四年，怡賢親王奏稱：查《廣平府舊志》，磁州屬廣平路，領成安，今成安現隸廣平，則磁州本非豫屬明矣。請將磁州改歸廣平府，則滏陽一河，全由直隸統轄，均水息争，同安樂利矣。奉旨：怡親王奏請將磁州改歸廣平府管轄，以收滏陽水利，稽考誌書，相度地勢，援古證今，俱爲符協，似於廣郡一帶民田大有裨益，着九卿會議具奏。嗣經户部議覆：應如所請行。自是廣平以下均沾河潤，各州縣營田，多至二千餘頃，從前斥鹵盡爲稻鄉矣。

按：滏河隄岸，例係瀕河村莊修築，工多力寡，難免潰決。應照千里長隄之例，將該州縣所有隄工丈尺查明，按通邑里甲攤派均修，造册存案，永著爲令，工少人多，自成鞏固矣。出泊以下水勢倍增，會以滹沱湍悍之流，所有民堰，難資捍禦。雍正八年，衡水隄決，溢流直犯青縣，可爲寒心。應將臧家橋以上直至衡、冀一帶民堰，令地方官查估動帑增修，工竣仍照千里長隄例，令民間年年修補。

寧晉泊　一名胡盧河，在寧晉縣東南，自隆平縣流入，又東北入冀州界。《宋史·河渠志》：熙寧八年，發夫增治胡盧河。舊《志》：在縣東南二十里，東西徑三十里。其上流即漳水與滏水合流，滙大小群川注此，土人稱爲寧晉泊，即北泊也；洨河、冶河、沙河、泲河、槐河、午河、李陽河、七里河、滏陽河咸入焉。自滹沱河南徙，由賈口而入，淤塞滏河故道三十餘里，水無所洩，遂衝決洨口、營上等村而東注，水口河身亦多淺隘。雍正三年，滹沱東徙，不復入泊。四年，怡賢親王奏請開挖，自黄兒營至營上村一路展寬濬深，泊水始得暢洩。

大陸澤　一名廣阿澤，在任縣，土人謂之張家泊。《元和志》：大陸澤一名鉅鹿，在縣西北五里，東西二十里，南北三十里。葭蘆茭蓮魚蟹之類，充牣其中，即南泊也。百泉、牛尾、野澧、沙、洺、劉累、程二寨、聖水、順水、蔡馬、柳林等河咸入焉。北有穆家口河洩之於北泊；東有雞爪、張滋等五溝洩之於滏河。《縣志》：弘治時，溷水洶涌，九河舉發，衝決隄防，下流隆平縣淤窒壅塞者四十餘里，隆平、鉅鹿均被其害，而任縣居多。嘉靖六年，發正定、順德二府夫役同浚之，自穆家口至羊毛圪塔四十里，深廣各丈餘。水得其性，隆、鉅復膏壤，而任之水患亦息。我朝順治十八年重濬，日久堙塞，而五溝亦淤其三，祇有雞爪、張滋，不絶如縷，有所受而無所洩，伏秋漲溢，爲瀕澤居民田廬害。雍正四年，怡賢親王奉命查勘，委員開穆家口河長四十里，挑河之土，即以夾築長隄，導澤水而注之北泊，其雞爪等溝亦加疏滌。於是水患既除，水利亦興，邢家灣南，邊家莊北，引流種稻，營田數百頃。

按：　南、北二泊，正定、廣平、順德三府之水會也。西帶重山，二十餘河之水，建瓴而下，每遇伏秋之際，千巖飛雨，萬壑懸流，若無二泊爲之翕受而節宣之，其奔衝橫溢爲何如哉，故南之有南北二泊，猶北之有東西兩淀，皆治水者所當加之意也。滹水嘗入北泊塞河口，而環泊州縣受漲溢之害者多年。漳河合滏，溷入南泊，而穆家、雞爪等河塞，遂致中滿旁溢，任、隆之民坐受其浸。今幸滹、漳遠徙，賢王施疏瀹之功，州郡享平成之利，此千載一時也。然二水之故瀆尚存，濁流之遷徙靡定，既可以不祛而去，詎難於不引而來。且前明之世，有障滹沱而歸寧晉以爲故道者矣，有請濬穆家口仍俾漳、滏會流者矣，或暫免一方之害，或微規目前之利，而不知統計全局之利害，其貽患不僅在一時也。故謹著之。又按：　入泊諸水，自洨、灃、百泉、牛尾、聖水等河，恒流不竭外，其餘春夏每多枯涸，然前人載之圖誌，設有橋座，葢以爲攝水歸泊之道也，雨集山漲，由此脈分縷析而注之大泊之中，田間無宿潦焉，其爲功也大矣。有司不知浚治，或反聽民佔耕，一旦山水暴來，則奔騰四野，爲田疇害。雍正四年，怡賢親王奏明委員查勘，酌量疏通；　五年，復檄行各地方官隨宜濬治，毋得聽其堙塞，而有司具文視之，不知奉行。八年秋，雨多水溢，環泊十餘州縣，皆罹其災。上廑聖懷，遣官發帑，徧行賑濟。既過之後，官民晏然，又復不以爲事。昔陸隴其爲靈壽令，令民挖濬衛河，其始頗有怨言，以爲開無水之河，徒勞民力，隴其不顧，卒成之；　已而霪雨，水大至，賴此河宣洩，遂以有秋，至今民猶懷之，此賢達之遠見也。怡賢親王於通州、武清地方開挖鳳河，於香河、寶坻地方開挖窩頭、鮑邱二河，於良鄉、涿州、固安、霸州地方開挖牤牛河，收攝野潦，俾有所歸，數載以來，民享其利。

鳳河　《名勝志》：　鳳河水一渠，從西流至鳳窩村，雖隆冬沍寒，水亦不冰。《東安縣志》：　在縣東北四十里鳳窩村，其水自縣西北草橋來，又南流過縣之漂流淀，又南入武清、三角淀。其形如鳳，此鳳河所由名也。

按：　鳳河之源在南苑中，流出東南隅，自迴城而東，涓涓一帶，東南流至武清之堠上村，河身深廣，以下填淤斷續，一遇伏秋雨潦，散漫無歸。雍正四年，怡賢親王奉命查修水利，欲加疏濬，而來源微細，不足以爲恒流。查有涼水河一道，發源水頭莊，貫南苑出宏仁橋，東流至高各莊，東北流抵張灣入運。乃奏請於高各莊分流，南引至堠上，入鳳河故道，一路挑挖，過雙口抵青沽港入淀河。仍於分流之處各建一閘，水小則閉東閘，啟南閘，流入鳳河；水大則閉南閘，啟東閘，洩入運河。次年河成，宛平、涿縣、武清、東安一帶積潦盡消，桐林、牛鎮、三間房等處，開渠引水，各營田數十頃，惟閘座未建，每年築壩蓄流，以資灌溉。

牤牛河　在良鄉縣東南，鹽溝、廣陽二河之會流也。鹽溝源出宛平縣龍門口東南，經縣東南陶村，即古福禄水也。《水經注》：聖水又東，廣陽水注之，水出小廣陽西山，東逕廣陽故城北又東福禄水注焉，水出西山，東南流逕廣陽故城南，東入廣陽水。按：鹽溝、廣陽二水，至良鄉縣城東南，合流爲三义口，南流至任邱西南入大清河，一遇伏秋，山水漲發，奔騰衝突，故土人謂之牤牛河，良、涿、固、霸之間累被其害。雍正四年，怡賢親王奏請於任邨之南開挑新河，東南逕涿州界，東逕固安縣西北循盧溝河故道，南逕霸州之南孟等邨，東南抵西栲栳圈入中亭河，長二百餘里。自是奔突患息，野潦有歸，四州縣秋禾皆獲豐稔。

窩頭河　即蒼頭河。《一統志》：在香河縣西北二十里，上通牛欄山水、窩頭莊水，下通三路隄口，一由李家園坑隄口入北吴村；一由明星堂坻口入甘十八隄口；一由東淩莊、尹家河、沙務莊、張家灰店、南吴村、牛家屯入扳罾口運河。按：此河水本無源，伏秋汛發，衆流會於窩頭，逕香河縣百家灣東，與渠水合流，東逕七里莊入寶坻縣界，東過城南之西石橋至王補莊與鮑邱河會。

鮑邱河　源出密雲北山，逕三河縣之夏店東南，逕虎將莊入寶坻縣界，東逕縣北齊河務、蕭家甏，東南至王補莊與窩頭河會，過林亭口、張家莊至周家莊，東南逕尹家莊，又東由八門城入薊運河。

按：二河原無恒流，上受通州、三河雨潦之水，泛溢而下，下流淤塞斷續，無路消洩，香河首受其浸，而寶坻地形如釜，一遭淹没，經年不涸，爲害尤劇。雍正四年，怡賢親王親歷相度，奏請疏通，窩頭河自百家灣起，鮑邱河自魚楂起，分道挑挖，或循舊流，或取直徑，遶縣之南北，皆會於王補莊。其八門城出口，河身淺窄紆曲，乃自林亭口別開直河一道，至尹家莊寛江入薊運河，寛深暢利，數年以來，香、寶田疇，高下皆稔，無氾溢之患矣。此外古河故瀆，所在多有，與鳳河近者有古龍河；與南運河近者有古漳河；阜城、交河之境有古清河；與滏河近者有滹沱故道；深、冀等州，衡、武等縣皆有之。又武强縣有龍治河，衡水縣有古鹽河，棗强縣有黄盧河，清豐、南樂等縣有馬頰、朱龍二河，其他不及悉載。此等古河雖無來源，皆堪行水，而沿河小民貪圖微利，往往占耕爲業，或地處下流，曲防攔截，以致脈絡不通，一旦雨水聚滙，則横溢而出，共受其浸。

夫王政之大者，莫如盡力溝洫，直隸沃野千里，川流百道，而霖雨偶多，則平陸行舟，此無溝洫之故也。賢王開疏四河以著明效，因以風示有位，欲其則傚奉行，凡各屬所有古瀆舊港，因勢乘便，酌量開通，其過溝洫遠矣。近泊者導之入泊，近河者導之入河，近淀者導之入淀，委曲貫通，流而不窒，則潦水各有所歸，何至瀰漫爲害？留心民瘼者，幸加之意焉。

京東諸水不於天津歸海，故自別爲一局，其經流之大者，莫如灤，餘若石河、湯河、洋河、潮河、清水河、陡河皆獨行赴海。其他枝津別派，附巨川而朝宗者數十百道，詳已見於山川矣，不復具列，取其曾經修濬，有關民生利病者著於篇。

薊運河　一名潮河，乃沙河、沽河、泃河、淋河、黄頒諸水之會流也。《寶坻縣志》：潮河在縣東二十里，自三河縣流入，至縣東北三岔口與泃河及薊州之沽河會流，曰運糧河，一名白龍港，又東南至縣東九十里名豐臺河，亦名懷襄河，共南流過梁城所、蘆臺抵北塘口入海。又考薊運河源出遷安縣三台營，會遵化諸山泉之水，俗名沙河，逕遵化州城南，西南流至張七各莊折向西流，逕水門口，湯泉自西北來入之。又西南入薊州東界，淋河合興龍口之水自北來會焉。又西南至南河莊，薊州北山諸泉水來入之。逕城南五里橋，迤邐西南流，逕上倉折向南流，至下倉折向西流，至嘴頭村，泃河合周村、黄頒等河自西北來會之。至白龍港入寶坻縣界，淤泥河自西南來入之。折向東南流，逕新安鎮至小河口，小泉河合藍泉水自北來入之。逕曹家口頭折而南至于家口頭，迤邐西南流至大沽莊，復折而東南至王家莊。又折而西逕長亭店，復折而南逕八門城，迤邐東南流至盛家莊，還鄉河北支自東北來會。又東南至江潰口，還鄉河南支自東北來入之。逕梁城所北分流環城，仍合于城南，又東南逕蘆台、軍糧城會天津新河入海。

統按：薊運河源高派繁，河形曲折，每汛發漲溢，潰決隄岸，淹没田廬，而寶坻地勢最下，受害尤劇。雍正四年，怡賢親王奏請築隄，起自三河縣之料馬莊，迄於寶坻縣之江潰口，長一百八十餘里，屹然高厚，居民以爲保障焉。又以隄内地窪，西北一帶村莊雨潦停積，每妨耕稼，委舊令程璇相度，於魯沽莊建石閘一座，長亭莊建涵洞一座，又於張頭窩建涵洞一座，潮汐通流，民間得以汲飲，兼資灌溉，雨水過多則洩而出之，從此寶坻永離昏墊，比年豐稔，稱畿東樂國矣。

還鄉河　即浭水，亦名環香河，源出遷安縣泉莊黄山之麓，一泉涌出，滙爲方塘，澄碧中噴珠纍纍，西流成河，水勢甚駛，至岩兒口入豐潤之東北界，又西逕五峰頭至韓家厓頭，迤邐西南流至窪答村折而南，逕東馬莊又折而西，逕豐潤城北迤邐西南流至張官屯，入玉田縣之東南界，又西南至鑾子營，沙流河自北來入之，逕鴉鴻橋至運河頭，復折而南，自此河身頓狹，斗折蛇行，至趙官屯分爲二股：一西南流逕橡子莊、牛見頭至盛家莊入薊運河；一南流逕九丈窩、豐臺鎮至江潰口入薊運河。《方輿紀要》： 㴐水一名還鄉河，或謂之雲㴐水。《燕山叢談》： 凡水皆自西而東，此水獨西，俗謂之還鄉河。《水利備考》： 明初，用遮洋船從直沽出海，轉餉薊州。天順二年，開直沽河，歲久復湮。嘉靖四十五年，詔濬豐潤縣還鄉河，轉運太平等寨軍餉，於北齊莊、張官屯、鴉鴻橋特設三閘以瀦水焉。按： 還鄉河，源非甚鉅，但近自北山而下，夏秋雨集，諸山水潦一時迸注，而鴉鴻橋以下，河窄流紆，不能驟洩，則溢出爲田疇害，東決則淹豐潤，西決則淹玉田。雍正四年，怡賢親王奏： 於劉欽莊、王木匠莊河流甚曲之處，各開直河一道，與舊河兩處分洩，沿河隄岸，逐加修築，其橡子莊、牛見頭一帶出口河身，亦濬疏寬深，沿河沮洳之場，皆成膏壤矣。

塌河淀　一名大河淀，即北運河筐兒港藉以蓄洩者也。舊隸武清縣，今改隸天津縣。《一統志》： 在城東北四十里，周百里。按： 此淀上無來源，下通潮汐，以陳家溝、賈家沽二河爲出納焉。南北廣十五六里，東西長二十餘里，東南有小河一道出西隄頭，逕城兒上入七里海。

七里海　即北運河、青龍灣藉以蓄洩者也。《一統志》： 在寶坻縣東南一百三十里，汪洋如海，爲縣巨浸。按： 七里海亦無源之水也，地形窪下，聚潦歸焉。海之西北爲後海，後海之西北爲鲫魚淘，又北爲香油淘，海東南爲曲里海，雨多水滙，則極目無涯； 旱乾之年諸淘皆涸，惟七里海尚有寧車沽一道，下通北塘，潮汐往來，水常不竭，然亦盈盈淺瀨而已。沽道既狹，舟楫販易之所不至，瀕海居民採蒿子爲糧。雍正四年冬，怡賢親王查歷至此，惻然憫之。五年委員開挖寧車沽河，起自淮魚淘達於北塘口，長四十里，拓濬深通，賈帆來往，小民生計賴以紓焉。

按：《荒政要覽》有言： 古之立國者，必有山林川澤之利，川主流，澤主聚，川則從源頭達之，澤則從委處蓄之。川流淤阻，其害易見，人皆知濬治者； 萬頃之湖，千畝之蕩，鮮知究心，甚有縱豪强阻塞，規覓小利。不知澤不得川不行，川不得澤不止，二者相爲體用。易卦坎爲水。坎則澤之象也，爲上流之壑，爲下流之源，全繫乎澤，澤廢是無川也。況國有大澤，澇可爲容，旱可爲蓄，必究晰於此，而水利之説可徐講矣。畿輔之内大澤有六： 曰大陸澤、曰寧晉泊、曰西淀、曰東淀、曰塌河淀、曰七里海，皆以止川流而蓄聚潦焉。二泊兩淀，源深流長，其容蓄之功易見。惟塌河淀與七里海，既無大源，每多涸竭，附近居民往往占耕爲業，報墾升科，而地方有司不察其爲淀與海也，亦聽其阻塞，或反以開荒增賦爲已最。近年以來，筐兒港壩口拓寬，滚水浸多，塌河淀周圍田地，率以水佔除糧，計畝受價矣。然此等本皆積淀偶涸成田，當日若不聽其報墾，豈不省此一番償補耶。今七里海年來涸減，浦潊變爲萊蕪，聞亦有報糧認業者。寶坻地本卑窪，惟近城二三十里爲高壤，故縣以坻名，取水中之坻爲義也。雨水過多，全恃七里海爲容蓄，不致汜溢成灾，若乘其減涸，逐漸認耕，規小利而廢此大澤，所害多矣。況青龍灣壩河滚水以此爲壑，一遇水多之歲，田復成海，又爲之除糧給價，豈不虚糜國帑乎！留心地方者，當知澤之爲利，凡淀泊涸出之地，毋得聽民墾認，不可不通行而厲禁也。

右《直隸河渠志》一卷，文安陳子翽先生所著也。余家霸州，密邇文安，且世與陳氏有連，又與先生孫霙乙卯同舉於鄉，故知先生家世最悉。幼即聞有此書，詢之其家不得也。後聞其宗老云：李宫保衛修《畿輔通志》延先生爲總修，於志中特著『河渠』一門，非别有河渠志也。續求《通志》觀之，信然。然《四庫全書提要·地理門》内有《直隸河渠志》一卷，注『直隸總督採進本』，終疑别有此書，特中祕之藏，無由窺見。同年帥仙舟中丞在浙中，余囑覓之，從文瀾閣本鈔寄，始知即《通志》内《河渠》一卷，附以志名耳。余考公一生早歲擢科，壯年通籍，始終爲文學侍從之臣，其胸中藴蓄所得表見者，惟承簡命佐賢王治水一事，故於修志時詳哉言之。然其大旨則志中所稱，『欲治河莫如先擴達海之口，欲擴海口莫如先減入口之水』，洵可謂片言居要矣。是以南、北運各設減河，皆所以減入口之水也。然此止以減南北運之水耳。七十二清河之滙於東淀；滹沱、滏陽、大陸、寗晉二泊之滙於子牙；專以三岔河一綫爲尾閭，獨無法以減之乎，何公之未嘗言及也？豈當時淀泊尚不似今日之淤淺，止此已足分其勢而暢其流耶？今距公成書時殆及百年，水道之通塞分合不無少異，誠有如《提要》所言者。然兵家不能執韜鈐而求勝，醫者不能泥古方以活人，要在融其意以善用耳。余故刋之以廣其傳，非謂執是書即可以治畿輔之水，亦貴心知其意也。不然，漢時以《禹貢圖》賜都水使者，漢之河豈猶夫禹之河哉！

時道光三年益津後學吴邦慶謹跋

陳學士文鈔

〔清〕陳儀撰

目録

陳學士家傳

公諱儀，姓陳氏，字子翽，一吾其别號也。先世自山西洪洞之小興州徙居順天文安縣。公生而穎異，讀書過目不忘，祖怙以兄少司農協廕授官，父良瑛襲廕爲京職。同里先輩交口稱之。中康熙庚午科鄉試，屢蹶公車，肆力於古文辭，益講求經世之務，於禮樂、制度、鹽法、河防，莫不考究其得失，而以畿輔河道，尤關桑梓利害，凡桑乾、沽、白、漳、衞、滹沱諸水之脉絡貫注及遷徙壅決之由，疏瀹濬導之法，若燭照數計。已未成進士改庶常。相國高安朱文端公亟賞其文，嘗從容與論經濟，益奇之，授編修，預修三朝國史。

雍正三年，畿輔大水，諸河泛溢，壞民田廬無算，世宗憲皇帝軫念民艱，命怡賢親王偕朱文端公相度濬治。王欲得善治河者與俱，而難其人，文端公以公對。王延見於直廬，訪以治河所宜先，公對曰：朱子有言：治河先從低處下手。天津上應析木，古渤海逆河之會，百川之尾閭也。今南、北二運並漲，東、西兩淀争奔，駢趨於三岔一口，而强潮復來距之，牴牾洄漩而不時下，下隘則上溢，其

[一] 原文無，依正文加。

勢宜然。故欲治河，莫如先擴達海之口； 欲擴海口，莫如先減入口之水。入口之水減，則達海之口寬，而北之永定，南之子牙，中之七十二沽，乃得沛然入三岔口而東注矣。手畫口陳，洞中機宜，王稱善久之。四年，春，隨王行視畿內水利時，朱文端公以憂南歸，教令牋奏，皆出公手。王雅重公，上念公治水勞，命以侍講攝天津同知，轉侍讀，陞庶子。五年，王奏設水利營田官，分四局，以公領天津局，文安、大城隄工皆隸焉。自河決後，文安、大城形如釜底，積潦不消。是秋，復大水，夾隄內外皆巨浸，波衝浪嚙，勢將不支，公購菰蔣十餘萬束，立表下樁以禦險要，隄固民工也。公言於王，奏請發帑金數萬，爲民興修，用以代賑，隄遂完固，至今賴之。

南運長屯隄地隸静海，不過數武，吏舞法，歲調發霸州、文安、大城民協修，百里裹糧，疲於奔命。公除其籍，民以爲便。公既深悉河道源流，且急病任勞，畿輔七十餘河，疏故浚新，公所勘定者十六七。論者謂燕、趙諸水，條分縷析，前有酈道元，後有郭守敬，公實兼之。時善來營西有水恠窟焉，頽岸數十丈，隨築輒壞，至於再四。公投牒河神，期以三日必徙，是夕雷電大作，恠徙去，隄乃成。

八年，陞侍講學士。廷議設營田觀察使二員，分轄京東、西，以督率州縣，命公以僉都御史領豐潤諸路營田觀察使。公營田於天津，倣明汪司農應蛟遺制，築十字圍，三面通河，開渠與河水通，潮來渠滿，則閉之以供灌溉，白塘、葛沽之間，斥鹵盡變膏腴。豐潤、玉田，負山帶水，湧地成泉，多沮洳之區，公教之開渠、築圩，皆成良田。

十一年，大雨，山水暴漲，淹没田廬萬計，公即草疏上聞。或以侵官爲疑，公不顧，詔制府賑之，命公董其事，凡賑三十四萬七千餘口，所全活甚衆。

十二年，田圍生蝗蛣億萬，閣閣作聲，禾苗大損。公爲文禱方社、田祖，一夕寂然，或曰死，或曰徙也。竇坻營田患蝗，忽飛鴉啄食之立盡，咸以爲公精誠所感，與前驅水恠事若出一轍。

轉侍讀學士，尋罷觀察使，領史職如故。公先後所營田七萬畝有奇，民間自營田亦數千畝，溝洫既修，歲以比登。公又慮穀賤傷農，奏請發帑金採買，以充天庾，其隨事立效類如此。

乾隆七年卒，年七十有三。平生無聲色博奕之好，性嗜書，手不釋卷。著述甚富，有集十八卷，季子玉友刻于閩中； 其未刻者有《毛詩臆評》《鄉黨私記》《學庸私記》《南華經解》《蘭雪齋讀離騷》《廣前定録》《天游録》藏於家。子夔友舉人； 鳳友進士，韶州府知府； 玉友進士，臺灣府知府，所至有惠政，閩人稱之。

論曰：曾嘗受業於公，知公行事特詳。公天倫篤睦，先世所遺田數百畝，悉推以讓其兄，而自教授生徒所得束脩羊，以供二人甘旨，及爲諸弟婚娶，不自私一錢。夫人亦紡績自給，諸子冬月衣單布，未嘗一問及，妻子皆化之，無怨色。及貴，禄入悉分給諸昆季，殁而無餘財。前史孝友獨行傳所載者不是過也，豈徒文章政事之足稱哉！

直隸河道事宜

直隸之水，源泒繁多，不可勝紀，迨其瀦爲大澤，滙爲巨川，則約略可數矣。朝宗輻輳，厥惟一途，爰自下而上，擇別經緯，指次枝榦暨修濬事宜，著之於篇。

海河一道　南、北運河、淀水之所會也，自天津城東北之三岔口迄海口之大沽，長百有二十里，涘廣崖深，漭泱湍駛，潮汐迎之則逆流而上，北抵楊村，南過静海，西至王慶坨；每遇夏秋之交，二運並漲，淀水争奔駢趨於三岔一口，而强潮復來拒之，牴牾洄漩而不時下，則二運、淀河宣洩不及汜濫妄行，上游之隄岸田廬皆受其害，所謂尾閭不通，胸腹皆病，雍正三年，被水者七十餘州、縣，其故未始不由於此也。故欲治直隸之水者，莫如擴達海之口；而欲擴達海之口者，莫如減入口之水。怡賢親王於南、北運河建壩開河減水分流，使之别塗歸海，豈止爲運河計哉。入口之水減，則達海之口寬，而北之永定、南之子牙、中之七十二清流，乃得沛然入三岔口而東注。朱子所云：治水先從低處下手，正此意也。

北運河　白河、潮河、沽河、榆河、沙河、通惠河，諸水之所會也，以白河爲經流，自通州歷香河、武清至天津之西沽，淀河入焉，抵三岔口與南運合流，長二百九十五里。潮、白、沽河自塞外來，源高流遠，勢若建瓴。榆、沙、通惠近出西北諸山，積雨未歇，怒流已至，每伏秋漲發，晷刻尋丈，非徒恃隄防所能捍禦也。怡賢親王於雍正六年，奏准拓筐兒港舊壩，寬六十丈，展挖引河，束以長隄，而注之塌河淀。又恐淀不能容，七年，疏濬賈家沽道，洩淀水入海河。故自筐兒港以下，運河安流，楊村至天津一帶，隄工穩固，惟河西務上下去壩稍遠，山水暴至，遂至漫決。上廑聖懷，發帑遴員，授之方略，於河西務以上之青龍灣建壩四十丈，開引河而注之七里海，仍展寬下口之寧車沽，洩入北塘。海河上下分洩，區畫盡善。但筐兒港壩增加灰埝，青龍灣壩口面過高，業經督臣奏明，減降改作，從此宣洩暢利，自無泛濫之虞矣。惟青龍灣壩口拗折背流，倒漾而入，宣洩不暢，華家口、河西務不能無意外之慮，仍煩經理耳。

南運河　衛水、淇水、洪水、汶水之所會也，以衛河爲經流，自故城入直隸界，逕山東之德州復入直隸之景州、吴橋、東光、南皮、交河、滄州、青縣、静海，至天津之三岔口，與北運合流，長八百餘里。河形曲折，寬不逾二十丈，深不逾二丈，加以全漳入運，湍急浩瀚，每苦羡溢，爲隄防害。怡賢親王親臨相度，於滄州之磚河，建石壩一座，開挖引河長一百二十里，青縣之興濟，建石壩一座，開挖引河長九十里，分洩水勢，注之海港。滄、青兩岸河平隄固，居民賴之。至静海縣距壩已遠，地勢更低，故議於縣北之權家口再開減河一道，業經動工，以積水未就，止賴二壩宣洩，而壩口寬不過八丈，減水無多，不足以消全河之漲，計惟於德州上流相近古黄河處相度善地，建壩三四十丈，開挖引河而注之古黄河，不惟直隸運河永免漲溢，即德州一帶工程亦皆獲寧謐矣。但地隸山東，在此爲切己之憂者，於彼未免爲秦越之視。八年七月，德州第九屯隄岸潰決，直隸自景州以下十餘州、縣，皆被淹浸，水利衙門雖屢行咨會，而決口訖未堅築。蓋山東地居上游，水過猶堪藝麥，而此間形如仰釜，有所受而無所洩，縱竭力捍禦，隄工晏如，亦無解於田廬之湮没也。莫如將臨清以北河道工程歸併直隸總河管理，爲濬爲修得以自從其便，庶上下不致阻格，而一河首尾成率然之勢，計無便於此者。

淀河　清河、永定河、子牙河之所會也，起自河頭，至西沽入北運，長四十里。淀水茫茫，至此始有崖岸，夾束東流，故名『河頭』。自西出長淘河而來者爲永定河，即桑乾之下流也；　自南會子牙河而來者爲楊家河，乃七十二清流之總滙也。

永定河　源出太原之天池，伏流至朔州馬邑，從雷山之陽，發爲渾泉，雁雲諸水皆會焉。由大同古定橋抵宣府保安州，過懷來行兩山間，至京城西四十里石徑山之東，地平土疏，衝激遷徙不常。舊由看丹口南流逕固安縣至霸州入會同河。兩岸無欽隄，祇有民堰，固、霸村莊，每被衝齧。康熙三十七年，詔撫臣于成龍經理，若順其南下之性，東以長隄，其患自息；　乃撫臣自護塋域，奏改故流而注之淀池之内，以濁流入止水，不數年間而信安、高橋、勝澇、辛張等淀墊爲平陸，駸駸乎淤黄汊抵台頭，淤壅清流，幾無達津之路。雍正三年，怡賢親王奉命查修水利，上諭令引渾河別由一道入海，勿使入淀。大哉，王言！已攬河道全局而居其要矣。蓋淀泊之用，有翕受之功，亦有停蓄之利。衆流競趨，滙爲巨澤，容與蕩漾，有以緩其奔突之勢，然後安流弭節而去，則其衝易受，而其患易禦。正定、順德、廣平之有南、北二泊，順天、保定、河間之有東、西兩淀，皆天地造設自然之妙，納衆流而節宣之，不使之一往衝突而不可禦也。西淀之水合爲一河，分爲三汊，而滙於東淀；　南泊之水注於北泊。北泊之水，出滏陽之道合滹沱之流，亦由子牙河歸於東淀，則是東淀一區所以蓄直隸全局之水，游衍而節宣之；　乃永定濁流填淤梗噎，則上流之氾濫無歸，衝隄潰岸，亦何怪乎！怡賢親王欽遵相度，於郭家務改挖東行，開下流之長淘河，引歸三角淀而注之河頭，與清河會。又以水性善淤，奏明逐年挖淺，籌畫可謂盡善，而河員積習，不利於挖淺，而利於築隄，改河之後，隄日增高，而河亦與之俱長，長淘河淤成斷港，三角淀所餘無幾，於是散漫南流，頭道、二道等河，皆斷續不通，清流剩有楊家河盈盈一綫耳。經汛之後再淤，而南則清水無路歸津，側注於楊柳青一帶，而濁流復從而注射之，其不至穿運而過者幾希，此目前之大患，全局之深病也。爲今之計，惟有疏挖長洵，導之東注河頭，南面接築長隄至楊家河而止。雖不能保其不再淤，而旋淤旋挖，亦可暫爲補救矣。若欲爲長久之慮，則莫若復南行之故道，仍歸固、霸而注之於會同河。蓋以渾入清，滌蕩衝刷，已失其壅淤之性，而會同河岸深溜急，泥沙不能暫停，自康熙三十七年以前溯之前明，皆由此道，河未嘗淤，淀亦未嘗淤也。惟從前未有欽隄，但恃民埝，故衝齧所時有耳。若如今之專管有官，歲修有備，築兩隄而守之，尚何患乎奔潰哉！河形水勢未有久而不變者，論永定河於今日，亦變而思通之一會也。

清河　爲東淀之經流，其派有三：　分自會同河之三岔口，逕台山，出紀家淀而入勝澇河者，此西派也；　由趙家房逕托蓮泊出郭家窪而入勝澇河者，此東派也；　由下馬頭逕崔家房入張家觜，至左家莊泊入石溝河者，此南派也。循大隄而東逕西馬頭、堂頭、左家莊會於石溝則其支流也。勝澇、石溝二河總歸台頭。一河逕楊芬港而出楊家河，楊家河至三汊口，計長一百四十里。自永定入淀之後，勝澇河淤，而東、西二派無下口；　張家觜淤，而南派無正流，惟沿隄一河，寬不過二三丈，深不過五六尺，其何以容西來漭泱無涯之巨浸乎！雍正三年，自崔家房以下決隄九處，文安城郭幸而僅存，然亦已危矣。怡賢親王親臨相度，開勝澇河十七里，而東、西二派下口遂通。挖張家觜河五里，而沿隄一支分流北注。又於上流開挖中亭河，自口頭村起分引玉帶河水入台山河，其下流石溝、台頭淤淺之處，槩行疏濬。數年以來，清流遄駛，隄防晏如，霸、保、文、大之間，禾黍豐而秔稻熟，民享樂利，皆賢王治淀之功也。然諸河多經由泊港，菰蘆、萑草叢生密布，壅水遏流，泥沙留滯則淤而淺，淺而塞，不加浚治，一二年間復成斷港矣。雖分隸河道統轄，但河官習氣不知有河，惟知有隄，蓋修築易於見功，漫決或以致罪，故動色相戒耳。至於淀之通、塞，河之淤、暢，俱在茫茫積浸中，爲考成所不及，誰復過而問焉！殊不知淀河一塞，分消無路，西來之水並趨隄下，一遇積雨暴漲，頃刻數尺，雖有人力，將安所施，三年之患，將復立見。故防隄而不加意於河，非計之得也。七年六月，予奉王諭，委令防隄，纔一到工，即以清理淀河爲急務；督同地方官，鳩集人船，芟除鬱萑，剗刈菰蘆，下流之滯碍甫通，則隄下之水痕頓減，秋汛叠至，旋即消落，爾時扁舟往返，徧歷諸河，所勘情形，瞭然可數也。中亭河苦淺，趙家房河苦淤，張家觜河挑挖未達淀泊，沿隄一河自堂頭以下至壩觜頭亦苦淺阻，石溝通勝澇一河苦隘，勝澇至台頭一河苦淺，計其里丈，總非大工，若於里甲隄夫内抽丁分浚，抵免伏秋防汛，民皆樂從。調劑之宜，一良有司足辦矣；若欲規其久遠，則設游船，募衩夫，添專官，定考成，有缺一不可者。

淀民以船爲業，船一隻，長一丈二尺五寸者，可業三人，三人之力，撈取垡泥，日可三方；一月之內十日撈泥，二十日營業，儘可度日。每一船，月撈泥三十方；自三月至九月，每一船撈泥可二百一十方，十船二千一百方，船五十隻可撈泥一萬五百方。計淀河一百四十里內淤淺者，未必及半也，可設船五十隻，每船募衩夫三人，共一百五十人，即以船與之爲營業，不必復給工食。一船每月責令撈泥三十方，應撈之處，官爲測量，計其丈尺之數，訂樁而標記之。既撈之後，核數收工，所撈之泥運送附近村莊，或墊作房基，或堆疊園圃，任從其便，惟不許阻碍河流。所募之夫，必淀內居住之人，入水取垡，素所習慣，取其互保，免其雜徭，給以腰牌，而登之册籍；雖分工段，務令各近其家，所用之船，不必旋行製造。隄內積水新涸，民間所有之船，盡皆陸置，每隻不過三四金，稍加修艌，即可乘駕。若將拏獲私鹽船隻，無令變價，揀擇取用，亦可省其採買。如此措置，人不勞而帑不費，淀河日深，清流倍暢，所謂日計不足，月計有餘也。然須添設專官一員，督率管理，或縣丞、或主簿，駐於淀池適中之地，往來稽察，仍令廳員兼轄河道統轄。倘有淀河淤塞，應照隄工漫溢之例，分別叅處，庶上下不致玩忽，隄、河兩有裨益矣。

會同河　出自西淀之茅兒灣，三十餘河之所會也。逕保定曰玉帶河，至苑口曰會同河，濶者二十丈，狹則十五六丈，每秋濤西漲，怒浪東來，一川不足以容萬派之流，則蕩蝕隄岸，決何家道口、決鹿疃、決下武各莊、決保定縣，幾無虛歲。自雍正五年，中亭河成，分流北去，而玉帶之水十減其三矣。但河身本淺於正流，而新開之牤牛河自北來會，汛發之際，水挾泥沙復行壅淤，則挑濬之工誠有不可一日緩者。查中亭河隄上下六工，舊係里甲民夫修補，伏秋防汛，動逾兩月，亦與文安大隄之例同。然上六工隄並無衝險，且支河平隱，無汛可防，不若於水涸之時，令隄夫挖河，抵免防汛，以速易久，民必樂從。但令河底與正河齊平，則分水愈多，不惟玉帶安流，而下六工隄內之田皆可引而灌也。

西淀　跨雄、新數邑之境，既廣且深，西北諸山之水皆滙焉。北自雄縣入者曰白溝，拒馬河之下流也。拒馬發源山西廣昌之淶山，至房山鐵鎖崖分爲二派：一派東入涿州過新城而南，挾河、琉璃河、廣陽、鹽溝諸水，白玉塘、西峪寺、甘池諸泉皆入之；一派南入淶水，逕定興而東，易州之濡水、武水、白楊、虎眼、梁村、馬跑諸泉及遒欄河、女思澗、子莊溪諸水，俱來會之。二派合流爲白溝河，入柴伙淀。西自安州入者曰依城河，曹河、徐河、一畝、雞距、方順、龍泉諸水之所會也。徐水出五迴嶺，經滿城至安肅，而曹水會焉。一畝泉出滿城東南，餘水泉以百數，雞距、紅花名最著，流逕清苑城南至梁河橋，而方順水來會之。方順即曲逆河，祁水之下流也。五雲、石臼二泉流爲放水河，五郎河入焉，流逕石橋村，至梁河橋與一畝泉河會，流逕新橋而滿城之龍泉河自南來入之，至善馬廟與徐河合流爲依城河入雜淀。西北自安肅來者曰雹河，源出石獸崗，灌河入之，由新安之黑龍口歸雜淀。新安三面皆水，惟城北爲乾土，而地處容城下流，雨潦南下，則大澱淀一帶，盡爲鄰壑，墟里蕭條，最稱貧瘠。怡賢親王親臨相度，於三台村開引雹河，逕小王營、尚村之北至南河頭入燒車淀，南岸築隄建閘，以禆節宣，隄内大澱淀數百頃皆引流種稻，屢獲豐收，澤國已成樂土矣。南自高陽入者曰豬龍河，唐、沙、滋三水之所會也。

唐河原名滱水，源自山西靈邱，入唐縣爲唐河，恒水自西北來會，居民引以溉稻，直達下素，町畦相望，逕曲陽之鎮里、高門，所溉尤多，南入定州而白龍泉復來會之，王謙、王耨等村，傍河皆圩岸也。沙河來自山西之繁峙，入曲陽界，合平陽河南流，阜平之當城、臙脂二河，行唐之郜河咸會焉，其上流亦名派水，逕新樂歷定州，沿流多資灌溉。滋河發源山西之枚回山，逕靈壽爲慈水，七祖寨、岔頭、大明川壅流可田，入行唐之張茂村伏焉，至無極南孟社而復出，遶縣北旋逕深澤之龍泉、固沃、仁橋疏流成渠，皆天然水利也。三水頗稱鉅流，畢會於祁州之三岔口爲豬龍河，逕傳野、蠡縣、高陽而入白洋淀。豬龍河水性湍急奔騰，最難捍禦，雍正三年決柴淀口而東，潰蟖螂口古隄，直衝鄚州驛路十里，浸爲巨澤。怡賢親王親歷相度，疏通豬龍故道，決口始塞，驛路復通。然下流入淀之處，河道紆迴，停沙壅溜，易致潰決，復令清河道王紘於出岸村開挖，引河十里至孟仲峰出口入淀，東岸築壩以防其軼，西岸截沙以順其流，然後安流而北去。又放水口斜築長隄以禦倒漾，蟖螂口殘隄數十里，亦一例加修，以爲重障，豬龍河之治，未有如今日者也。但隄土挾沙，未可深恃，濁流善潰，護岸爲難。夫有岸而後有隄，岸既坍矣，隄將安附。前人創爲挑水、迎水等壩，皆爲護岸計也。護岸者，所以固隄之根也，應令清河道相度頂衝埽灣之處，建築挑水等壩，則河流順軌，隄工永固矣。

趙北口　居淀之中，舊有石橋八座，白洋諸淀之水皆由橋下東流，實西淀之咽喉也。向苦卑狹碍流，雍正四年，易之以木，升高加濶，又添建三座，俾積淀之水暢然東注，可謂快矣。然白溝濁水出河門而横截清流不得驟下，至藥王行宫前，益復拗折，土人謂之『鵝鵨』，此所謂『咽喉已通，而胸膈未利』者也。雍正四年曾經委員挑挖，經汛之後，其淤如故。葢白溝漲時，近自諸山而下，推擁泥沙，所至填淤，四十里之柴伙淀，涸爲桑田者十三四矣，不加浚治，則西來諸水漲溢無歸，若歲歲撈挖，是勞費無已時也。渾河入淀，其害往往而然，欲爲一勞永逸之計，必不使之入淀而後可。查白溝故道，自新城之王祥灣東行，至王槐而南，經淶河郈而東，至望駕臺，迤邐東南過胡各莊、神機營而入茅兒灣，河形宛在，橋座猶有存者，然工費浩繁，非局外之所敢輕議也。爲目前計，惟有濬支河以分其勢，猶爲差善。予於七年秋，奉委查勘，舟至龍灣村，南有一河東去，水溜甚急，濶十餘丈，遂加測量，深六七八尺不等，凡十八里，直至藥王行宮東乃與大河會，已過『鵝鵜』之阻矣。詢之土人，稱係淀内船道，逐漸衝寬，舟楫通行，遂成大河。此水勢，自然非人力所致。惟中間經泊之處，頗覺平漫，不加疏導，恐通而復塞，深爲可惜。若於水涸時，挑濬深通，則白溝全流必改由東注，然後將河門淺阻『鵝鵜』拗折之處，盡行開挖，則西來之清水遄行，東注之濁流受刷，亦補救之一奇也。

子牙河　滹沱之下流也，湍悍迅疾，勢如激箭，滏陽河復挾寧晉全泊之水附而益之，勢逾洶湧，過臧家橋以下，地勢漸低，蕩擊益暴。康熙三十七年，發帑築隄，自獻縣歷河間、大城、青縣、静海至王家口而止。河亦分爲二支：一西北由土橋、灘里入淀；一東北由兵莊、黄汊、台頭入淀與清河會流，土人謂之『老河』。焦家口别開一支東出，而北流至陳家泊入獨流大坑，亦有隄東之，土人謂之『新河』。兩河之委相去二十餘里，兩河之隄南連而北缺，所謂其形如環，而缺其十二三者也。環中郈落數十，地皆肥美，然北面無隄，每遇淀池漲溢，二河倒灌，則數十村宛在水中。而河員猶守兩隄惟謹，幸獲無虞，則自以爲功。此如防盗者守垣牆而開後户，盗入胠篋發匱而去矣，垣牆之守者猶巡警徹夜，可發一噱也。愚以北面之隄斷宜接築，然非徒築隄而已。查王家口南，東岸有古河一道，名三家淀口，即蔡家窪之下口，緣東隄出瓦子頭橋下，迤邐東北，與『新河』合而入淀，雖已淤淺，河形宛然；若挑挖深通，不惟分『老河』之流，亦可洩蔡家窪之漲。挑河之土用以築隄，補缺成圍，水無倒漾，圍内之地分别高下，疏列溝塍，於西南建閘引溉，東北洩而出之，一舉而河、隄俱成，營田最美，誰憚而久不爲此！再『老河』北至台頭往往溷清流而淤河道，不若『新河』之勢西南高而東北下，直趨獨流大坑之徑而利也。但河身淺狹，隄岸殘缺，展挖深而修築固，深則正流可移，固則潰決無慮。焦家口分流之處，建挑水壩以逼之，將全河之力盡入『新河』，而『老河』兩隄之間不過溢流蕩漾，其抵台頭而壅清流者鮮矣。南來之黑龍港，雖係無源，而獻、河、青、大四縣之積潦藉以宣洩，其裨益於田廬，豈淺鮮哉！廓淀池而消野水，亦當事者所應留意也。再『新河』東隄，距運河西隄十餘里，舊有民埝一道，起自東賈口，東北至劉家營，與運河隄接，亦所以防淀池之倒灌，自護田廬也。自三年，經水衝坍，無力再築，倒灌之水恣意南流，運河隄根受其蕩齧，不止害及民田而已；亦應行令該道查勘，轉飭地方官料，估量給食米，督勸民力，接築成隄，則迤南數十郈莊皆成樂土，而運河隄岸，亦無内浸之患矣。

滹沱河　發源山西之泰戲山，自平山入直隸界，逕靈壽、正定、欒城、趙州、晉州、束鹿、寧晉而入北泊。壅決不常，遷徙靡定，自元、明以來，幾經修築，訖無成功。故治之者難言一勞永逸之計，惟有隨時補救之方。雍正三年北徙，決晉州之洲頭而東，九股漫流，束鹿、深州皆被其害。怡賢親王親歷相度，於洲頭築壩截流，自第四溝開引，歷晉、束、冀、衡之境，挑河八十里，由焦岡而注之滏陽河。數年以來，束、深始有寧宇。八年秋，木邱斷流，遷入東南故瀆者十餘里，仍歸『新河』。避灣就直，水性應爾，不必强爲濬築，空勞民力。但束、深、晉、冀之間故瀆甚多，徙而東南，應從其勢之便，若西南入泊之路，則當力爲堵築，毋令再溷清流，復成淤塞耳。

滏陽河　源出河南磁州之神麢山，至邯鄲會渚、沁二水，逕永年、曲周、雞澤、平鄉、任縣、隆平、寧晉之境，貫大泊而出，至冀州與滹沱合流，所至之處，疏渠引灌，盡成稻鄉，而磁州之民閉閘截流，以專其利，下流州縣水田盡廢。雍正四年，怡賢親王奏請改隸廣平，刻時分水，上下均沾，營田多至二千餘頃。但沿河隄岸例係瀕河村莊修築，工多力寡，年年不免潰決，惟隆平令馮元方勸諭邑民闔境公修，而隄工遂以完固。八年，大水，滏河所經州、縣，漫決屢告矣，隄岸殘缺，尤非瀕河民力所能專任，應照馮令修隄之例，將該州、縣所有滏河隄工尺丈，查丈明白，按通邑里甲，均勻攤派，不許一毫偏累，造具印册存案，永爲定例，隄少人多，工程自然鞏固矣。惟出泊以下，水勢倍增，曾以滹沱湍悍之流，所有民隄難資捍禦。八年，衡水衝決，溢流淹及青縣，前轍可戒，宜爲預圖。自臧家橋以上至衡水、冀州民隄，應令地方官查估動帑興修，修成之後，應照千里長隄例，令民間年年修補。

南、北二泊　即古大陸澤之地。正、順、廣三郡之水會也。洨河、冶河、沙河、泜河、沸河、槐河、午河、李陽河、七里河皆入北泊百泉河、牛尾河、野河、澧河、沙河、洺河、劉累河、程二寨河、聖水河、順水河、柳林河皆入南泊。諸河源出崇山，往往建瓴而下，加以千巖飛雨，萬壑懸流，若無二泊爲之翕受而節宣之，其奔放横溢爲何如哉！故南之有二泊，猶北之有二淀，皆治水者所當加之意也。二泊俱恃滏河爲宣洩之路，自漳水入滏，滏河淤高，而南泊無所注；　自滹沱入泊，滏河淤斷，而北泊無所洩；　二泊漲溢，三郡皆被其害。怡賢親王親歷相度，於穆家口開河北注，而南泊之漲全消；　於黄兒營、營上村展挖河口，而北泊之流始暢。近歲營田多在二泊之涘，成效可睹矣。獨是入泊之水，除洨、冶、澧、聖水、牛尾、百泉恒流不竭外，其餘本無盛源，常多枯涸。然前人開之，載諸圖誌，構有橋座，蓋以爲攝水歸泊之路也。春夏涸時，曾無涓滴之流，一遇雨集山漲，則由此沛然而注之大泊之中，田間無宿潦焉，其爲利不亦溥哉！有司無識，不加浚治，或反聽民佔耕，以致山水暴來，瀰漫四野，爲田疇害，雖經怡賢親王屢檄地方，宜隨宜疏濬，勿得聽其湮塞，而有司狃於故習，視爲具文，遂無一人應者。八年秋，雨稍多，環泊十餘州、縣，處處湮没，蠲復賑貸，上廑聖懷；既過之後，又復晏然不以爲事。此最州、縣錮習，深可歎恨者也！應勅下直督，嚴飭各地方官，查明各河源委，督率民夫，量給食米，隨宜開濬，務俾周通。告竣之後，咨會總河遍行查勘。如此則山漲有歸，三郡田園盡獲樂利矣。至古河故瀆，可以行水者，別有條議附後。

直隸地方地勢平衍，雖有瀦水之淀泊，並無行水之溝洫，雨水偶多，即漫流田野，淹浸禾稼。是以怡賢親王於通州、武清地方，開挖鳳河；於香河、寶坻地方，開挖窩頭、鮑邱二河；於良、涿、固、霸等州縣，開挖牤牛河；收攝野潦，俾有所歸。故以上各州縣，數年以來不受淹浸之害。自此而外，古河舊道，所在多有：與鳳河近者有古龍河，上源本出盧溝，久已淹塞，而下流河槽具在，惟近六道口入淀之十餘里，墊淤平漫，雨多水溢，則爲東安害；與南運河近者有古漳河，來自大名，歷廣平、順德、冀州、河間之境，皆有河槽；至交河縣地方，又有古清河一道，自阜城來會，土人謂之清漳河；杜林鎮之大度口，前河臣王新命開橫河一道，通入鮑家嘴河，收攝野水而歸於運河，但以上所經二十餘州縣之境，不無墊淤平漫及民間佔耕之處，雨水滙聚，往往溢出爲害；與滏陽河近者，則有滹沱故道，深、冀等州，衡水、武、易等縣皆有之；又有武强縣之龍沼河，歸古漳河名岔河；衡水縣之古鹽河；棗强縣之黄櫨古河；長者百餘里，餘亦不下數十里，上受雨潦，下無所洩，亦溢出爲害。又有馬頰、朱龍二河，上自河南，下歸山東，中經大名之清豐、南樂二縣，雨多水溢，亦漫流爲害。此等古河，雖係無源，皆堪行水，而地方官不知經理，沿河小民，但知利己，或就其平處種植爲業，或地處下流，曲防攔截，故脉絡不通，水至則共受其浸。甚至有源有委，載在圖誌之水：如柏鄉之槐、午等河，任縣之蔡、馬等河，祗以泉源微細，時常乾涸，而民間常於河身種麥，地方官不加查察，一有水發，則瀰漫遍野，所謂貪尺寸之利，而受害無窮也。陸龍其爲靈壽令，浚治衛河，其始人以爲開無水之河，迂而無當，河成而雨集水至，賴此河宣洩，禾稼無損，迄今民猶懷之，此賢臣之遠見也。其言每以爲溝洫之利，不可不亟亟講求，今各地方所有古河，其寬深過溝洫遠矣，但使流而不窒，脉絡相承，近泊者導之歸泊，近河者導之入河，近淀者導之入淀，淤者挖之，平者濬之，斷者聯之，隔者通之，勞費諒亦無多，而潦水各有攸歸，無氾濫之害，有屢豐之慶，其爲利不亦溥哉。應請旨勅下直督，通飭各州縣，同心僉議，實力奉行，此即古人盡力溝洫之意也。

文安河隄事宜

文安受六十六河之灌注滙會，通瓦濟、易水者，逕縣之西、之北； 滙滹沱者，逕縣之東、之南； 俱達於武平、雍奴，下直沽入海。 武平即勝涝淀，雍奴即三角淀也。 西北之水，上游則霸州、保定縣、雄縣、安州、高陽等處，東南之水上游則大城、任邱、河間等處，俱以文安之勝涝諸泊淀爲下流，停蓄衆水而委輸於海。 下流之受水者寬，則上流之洩水自疾，是文安一邑河淀，實三郡數十州縣之咽喉也。 自滹、漳之水從石溝村入淀，永定河之水從柳岔口入淀，沙泥、敗草填淤一平，往日舟楫通行之處，今已成陸，現今河道所經，惟左家莊、石溝村、富官營一線之流耳。 以一線河身，洩六十餘河之水，壅塞倒溢，勢所必然。 是以西北之高陽、安州、雄縣、保定、霸州等處，東南之大城、任邱、河間等處河隄一時俱決，不惟文邑罹昏墊之災已也。 治之之法，一在分河之上流以殺其勢，一在導河之下流而使之通。 上流則霸州之苑家口是也。 查苑家口西北原有永定河故道，但河身淺隘，隄岸殘缺，今可自霸州之老隄頭大爲展濬，引會通河水由栲栳圈、臺山村東至王家莊入淀，則上流之勢分矣。 下流則蘇家橋之三岔口是也。 會通河之水至此分爲三支： 南支逕堂頭村、左家莊、石溝村入黑母、柴伙等淀，蓄水東注； 中支由蘇家橋至趙家房之東，逕崔家莊之南，勝涝鎮之北，入落波、慈母、三角等淀，蓄水東注； 北支由蘇家橋之北，逕王家莊、中口村、無梁閣、藥王廟入趙家泊並策城、辛張諸泊蓄水東注。 近年二支俱已淤塞，惟南支僅存，今宜疏濬深廣，其二支淤塞之處，故道可循，疏鑿頗易。 惟黑母、柴伙、勝涝、落波、慈母、三角等淀，趙家、策城、辛張等泊，或僅存淺瀨，或竟變桑田，此等皆支河所由蓄洩，尤爲達沽入海之要路。

爲今之計，相其淀形尚存者，用蘇子瞻開浚西湖之法： 『去其敗草，撈其淤沙』。 至全無淀形者，宜順三支河下流之勢，多挑引河，直達東沽港、褚河港以入河泊，如此，則下流之勢亦可以稍通矣。 上流既分，則隄工永保，下流既通，則衆派安流，不第文邑免潰決之害，而上游三郡數十州、縣，亦享平成之利，此一勞永逸，有利無害者也。 至文安大隄之內，形如釜底，河流雖殺，積潦難消，及水涸地出，雨澤偶愆，即種不入上(一)，前人有言，『旱則涸及三泉，潦則水深五丈』，非虛言也。 康熙三十三年，河間郡丞徐元禹來署篆，正值河決，乘舟周視四境，慨然曰： 『文民止受水害，不享水利，亦人事之不修耳，豈盡關天行哉！』議於保定縣界立閘引水，可以防旱； 於龍塘灣立

(一) 上　疑爲『土』。

閘洩水，可以防澇； 於中疏鑿溝洫，聯絡相通，高仰之田，仍聽民種禾，引水資溉； 低窪之田，則教民種稻，蓄水爲池，旱澇雨無所虞，瘠土遂爲沃壤矣。 已具詳各憲，因受代而罷，邑人至今以爲恨。 今誠倣其議而見之施行，是亦百世之利也。

請修營田工程疏

奏爲請修營田工程事： 竊查玉田、豐潤兩縣，負山襟海，地勢北高而南下，泉河溪澗之水滙聚低窪，沮洳汙塗，本宜種稻，惟向無圍防、溝洫，是以僅藝旱禾，一遇雨澤偶多，往往失其收獲。 自雍正四年，蒙皇上天恩，創舉營田，代爲經理，固已濬築兼施，變汙萊爲膏腴矣。 此外可營之地尚多，小民望營之心甚切，所當推廣皇仁，亟爲開築者也。

查有玉田縣屬之蘿蔔窩等村，在還鄉河西，薊運河東，兩水縈迴，中間數十里，土膏津潤，天然稻鄉，第以霖潦所歸，民力不能捍禦，即種高粱、麻稗，亦常多淹没之虞。 臣測其形勢，還鄉河高于薊運河四、五尺，若從還鄉河開一横渠，引流灌溉，築園成田，水多則可洩于薊運河内，如此措置，似可旱澇無憂。 即行令該縣知縣馬鴻俊確加查估，據稱：『還鄉河西岸孫家圈之前，建造石閘，開東西横渠一道，長一千六百餘丈，高七、八尺不等，圍内溝洫貫通，各隨地段形勢，套作小圍，溝口建涵洞十座，木閘一座，橋三座，共計田二百餘頃，其餘各村地土皆屬可營，但恐小民僥倖貪多，則耕種或致潦草，是以先治兩圍，來歲再行擴充，則事半功倍，疆理更易爲力』； 等因。

豐潤縣屬之陡河兩岸，歷年營田多至十圍，屢獲豐收，小民覩水田之利，争願開種。 臣復細加相度，將軍莊舊圍之下梁家灣等處，及副使王鈞田園之外胡家等泊俱可營治，但田愈增廣，則需水愈多，而陡河源高勢峻，易長易消，惟有王鈞所造攔水壩一座，然處下游，不能蓄水逆上徧溉諸圍，必須於上流適中之地，添建木壩一座，停留水勢，庶俾灌溉咸周。 行令該縣知縣周傳昌確加查估，據稱：『梁家灣一圍田三十四頃餘畝，臨河應築隄六百餘丈，高七尺，内挑圍溝一道長一千一百餘丈，挑溝之土，即以修圍。 胡家泊一圍田七十餘頃，即接副使王鈞圍外引河，挑長三百六十餘丈，接界之處，建閘節水，築圍一千九百餘丈，高六尺。 兩圍進水涵洞七座。 其副使王鈞所建陡河蓄水木壩，應令其移于王蘭莊橋下，改修石工，居十圍適中之地，上下皆足引灌』，等因。 各造具料估細册前來，臣逐一查核無異，已飭行兩縣，出示曉諭各地户泡種養秧，預備耕治。 其隄圍、渠閘工程，據革職員外郎程志仁呈請，情願急公代民修築，臣已委令玉田縣知縣馬鴻俊、豐潤縣知縣周傳昌等協同辦理。 如果盡心効力，功程無悮，臣當遵旨奏請，倘或怠惰遲延，從重糸處。 臣仍不時親身巡查，工完咨明直督，查取地方官收管，俟秋間田成工竣之後，另行核實具題。所有修築豐、玉兩縣營田工程緣由，理合繕摺奏聞。

伏乞皇上睿鑒施行。

與天津清河兩道咨

爲清下流以分水勢事：查霸、保、文、大一帶長隄，介東、西兩淀之間，當七十二河之滙。故上自何家道口，下至龍塘灣七十餘里隄工，在在皆屬險要，所恃以分其流而殺其勢者，惟支河數道而已。在保定曰中亭河，在蘇橋曰三汊河，在崔家房曰張家觜河。自中亭河淤，而保定、鹿疃，下武各莊隄全受玉帶河之衝，年年潰決，自勝淓河淤，而蘇橋三汊河遂無下口，會同河二十餘丈之流，併東于崔家房沿隄二三丈小河之内，而張家觜河又復淤塞，以故上馬頭、西馬頭、堂頭、黿窩、老母廟等隄一時潰決。

往事已然，歷歷可鑑。雍正四年冬，和碩怡親王奉命查修水利，親臨相度，洞悉利害，奏請開挖中亭、三汊、張家觜等河。中亭河自口頭分流，而玉帶之水十減三四。三汊河自勝淓開通，而會同之流十減二三。張家觜河雖未完工，而上口既開，下流河迹猶存，沿隄小河之水亦十減一二分。水之路多，則浸隄之力少，以故五年秋大水，幾與隄平，而本坊帶領委員，親督夫役，得以搶護無虞者，以但有風濤之排蕩，而無衝溜之攻擊也。今歲二汛安瀾，隄防鞏固，黍稌、秔稻高下皆收，吏恬民熙。若以爲天之佑此一方民，故無横流暴漲之至，殊不知，此處河水皆自西淀來，西水暴發，非一次矣，高陽河陡長一丈四五尺，亞古城隄決，府河陡長，與南門橋頂平，大小石閘盡被冲壞，高陽河增漲三四次，閏七月初八日，猶陡長八尺。此水皆安歸乎？非沿隄河道受之而誰受之？然自六月至今，此處水長不過一尺八寸，漲于上而不添于下，此無他故，皆由中亭、三汊、張家觜諸河分流，而非瀦于淀窪之内也。向使無此數河，而全流併束于此一綫之渠，則隄工之危險不知何如，官吏之倉皇，民夫之荼苦，又不知何如矣！

本坊生長此邦，頗諳水勢，自七月初九日奉諭，至隄督率印河官加謹防護外，即加意支河，恐有菰蘆、苲草，當港叢生，阻溜填河，致成既通復塞之患，于是委員細查，泛舟親歷，經分緯合，脈絡瞭然，紆直通塞可指數矣。查中亭河下流會于台山河，即三汊河之第一支也，經花達墓、十間房、王家莊、王家箔、崔家莊，歸勝淓河入火浪、紫草等泊，是台山河受中亭河之流，而中亭河又受牤牛河之流，勝淓河則并受牤牛、中亭、台山三河之流，一有淤塞，即三河之水倒漾而并集于沿隄河内，能受乎？不能受乎？乃花達墓河內有攔河箔一道，壅水停流，王家箔東，紀家淀北河一段，苲草塞滿者一里，又東一段蘆葦、菰蔣侵占河面僅可容舟者二里，又東一段至崔家莊西河口密茾共四里，又東一段崔家庄東至勝涝新河口北邊密茾寬一丈者四里，若不亟行芟除，則目下之閼流，不一二年間復成斷港。將動帑挑濬之，欽工坐視廢棄矣。即飭行霸州將花達墓攔河箔立押折毁，已據申覆檄行。文安縣督令鄉地人船，將王家箔一帶荿茾逐加芟除，迄今未據報竣。再查趙家房河即三汊河之第二支也，由蘇橋對岸宫家觜東北流經趙家房、崔家窑、靳家鋪頭入托蓮泊，北由郭家窪會台山河而歸勝涝，東由南、北羅家樓經漠漠淀入石溝之南、北河而歸勝涝。今郭家窪密茾填塞，北流已斷，南、北樓之間茾欝不見水面；東港不通，水無所洩，南折而注于左家莊西仍歸隄下。雖行令文安縣芟除，不過崔家窑邊托蓮泊口稍爲拓清，而南、北樓間長濶數里，工力頗繁，究未芟通導積流而東去也。再查張家觜河即三汊河之第三支也，由崔家房東經任家莊南，王家疙疸北，入左家莊泊而歸石溝河，向係巨流，其沿隄東下者乃一小支耳。此河淤塞，遂以沿隄之小支爲正河，寬不過一二丈，深不過四、五、六尺，往往上流漲溢，即至平隄。故開挖張家觜以暢舊流，而工未及竣，然現今測探，除河口壩基未除止深三尺外，其餘概深四尺五寸及五尺不等，與沿隄之河未甚相懸殊也，若通暢無閼，亦大可資其分減之力。乃今任家莊上下數里，荿蔣叢生，密茾如織，全不見有河形，本坊舟至此地，膠滯不行，篙師并力，方移一步，如此，而欲水之不壅，其可得乎！蚤已檄行文安縣責押該鄉長，刻日芟除，亦迄今未覆。夫分流減水不使迸集隄下，此曲突徙薪之計也。加高培厚，修殘補缺，使水來可憑以為固，此綢繆牖户之謀也。大汛臨隄，張皇搶救，幸而獲全，此焦頭爛額之功也。該地方官秉承貴道章程，所屬隄工俱爲完整，亦可謂未雨徹桑，足資防禦矣；而於親王發帑開河，分流減水爲曲突徙薪之計者，則槩乎未之聞也。是以本坊巡視支流，開暢下口，雖從令應酬，而未肯實力任辦，其意將以爲不急之務而已，豈果州、縣之令不能行于一鄉地哉！

愚意以爲此事乃隄工第一要着，目下芟除，不過暫爲小試耳，仍當于明春水涸時，遵照制臺疏濬淤淺之檄，或請貴道親臨，或遴委廳員，將以上諸河淺阻之處，逐一查明，督令地方官鳩集里下人夫，量加挖濬，便可計其工力，抵免二汛防修。古人云：『挖河一尺可抵築隄一丈。』如此那兑，河、隄兩有裨益。至無煩挖濬之處，只須于伏汛時，將菰蘆、茾草壅碍河流者盡加芟除，一經伏水灌入，根即腐爛，不復再生，所役人船，亦可以防汛夫額中抽抵。年年如此，支河愈暢，分水愈多，沿隄無迸注之險，而防修工程可收全效矣。本坊奉委在此，事非專司；貴道持節行河，權歸統轄，合行咨會，爲此咨商貴道，煩爲查照。如屬可行，即轉飭印河各官，實力奉行。仍祈示覆，以憑具啟，須至咨者。

後湖官地議

玉田縣之後湖，受迤北一帶山漲之水，並藍泉、螺山泉之流，下注小河口，而委輸于薊運河，即徐尚寶《潞水客譚》所謂『後湖莊疏湖可田』者也。小河口歲久堙塞，水無所洩，遂爲潴潦之區，萑葦茀歲，其爲不耕之壤久矣。

雍正四年春，怡賢親王巡行水利，過而瞻矚久之，曰：『此稻鄉也，經畫營田，宜自茲始。』于是遴員發帑，而手一圖，授玉令吴士端曰：『汝其董厥成。』啟而諦觀之，則圖上有説，指畫詳盡，其略曰：疏濬小河，以瀉積潦；建築圍隄，以禦山漲；開渠設閘，引納藍泉、螺山泉之流以資灌溉；而湖心凹處，萑葦之所生者，釋而勿墾，留爲潴水之地。士端等奉以從事，工竣田成，比歲大熟。士端以功擢永平守，割玉田、豐潤二縣隸焉，而在工各員，亦陞賞有差。然則後湖一區，實營田之始基，賢王所心經而手緯，以爲畿輔州、邑之表式者也。而其措置之妙，尤在留湖心毋墾，以爲潦水歸宿之所。蓋外周圍堰，山漲固不内侵，而雨澤過多，則内水亦難外洩，留湖心以受之，田功乃可以萬全，所謂『舍尺寸之利，而遠無窮之害』，後之人所當遵守無失者也。五年，吴守以湖心所出葦草之利，頗爲近湖豪猾占奪，乃丈而籍之，官收其值之所入，以爲圍隄歲修之費，而以玉田丞掌其事，俾縣令稽核其工，具啟其事于王，王報可，自此崇卑增薄，圍不毁于水，而田以屢豐焉。

八年，賢王捐館，水利營田府罷，局員既撤，而浙省游民申有山，乘間投隙，借墾荒之名，遂冒耕湖心之地，葦利既絶，而修築之費無所取給，圍日以圮。予涖任後，有稻户宋紹先訟言之，不勝惋恨，乃徵其案于吴守，吴時已擢任霸昌道矣，録案見復，即檄縣查有山冒墾之故，杖而逐之，然葦已成田，無復萌蘖之生矣。縣令衛步青乃召民佃種，額課之外，仍輸租爲修圍費。于是江生維翰，遂以當年陞科爲衆人先，仍外納圍租如令，此其意徒欲得地耳。一地無兩税，定制也，既科糧而又出圍租，是兩税矣，以之報部必以成例見格，若止報額課，則圍租不登部册，祇名私費耳，勢不便與正課一例追比，或完或欠，或多或少，一任其意之所爲，官民其將誰何！是修圍不過虚名，而十餘頃墾熟之腴田，已歸其手矣。其爲狡獪，路人知之，衛令不之察而達于司，司如其請，取結册而將達于部，此嚴令宗嘉所以斷斷然有歸官召佃之請也。其言以爲：『稻田地户，不下千有餘家。如令江維翰四人獨認，則偏枯不均，不惟無以服衆心，且維翰倚衿健訟，尚未種地，即欲坐收籽粒，甫經具認，復又叠控不休，似此多事之徒，必非急公之輩。』即此數語，已可謂洞見江生底裏矣。其歸官召佃之説，以爲該縣縣丞經管河務，圍埝、閘洞是其專司，此地應責令該員經理，召人承種。除舊有學田錢糧外，凡屬無糧之地，令該員議立官户，册報陞科，仍照例輸租銀八十兩爲修圍之費，收齊彙繳縣庫。遇有圍埝、閘洞應需椿葦之處，會同該縣勘明動項修理，工竣報查，庶無悖從前立法之意。是時，稻户宋紹先等争認者紛紛，予深惟吴守立法、賢王照行之意，嚴令所議尚屬存羊，故排衆辭而批允之，誠以爲後湖工程計耳。

夫賢王當日豈不知湖心之地可以爲田，而故棄爲萑葦之埸哉？蓋所棄者小，而所全者大也。吴守之令玉數年矣，豈不知湖心爲田可以增課賦，而衹收葦草之利哉？蓋額課之陞報，益國賦猶錙銖，而圍租之歲修，保田功于久遠也。及一變而爲申有山之冒墾，已違賢王措置之苦心，再變而爲江維翰之認陞，又失吴守立法之美意。自兹以後，修費無出，圍隄漸廢，雖日督地户以事畚鍤，然而利既專于一人，勞則遺之大衆，其孰肯俯首就役焉！爲長久計，不若歸此地于官召種，而籍其所入，額課出其中，圍租亦出其中，國賦無虧而營田永賴，則嚴令之説似可俯從，不必執前案之不可移，而遺營田將來之害也。

四河兩淀私議

按： 原奏别疏永定、子牙二河，于西沽南、北分流，不使入淀，清濁攸分，水患永息。此與怡賢親王、相國文端朱公敬陳水利第一疏意見相同。疏内廓清淀池一段，所謂兩河各依南、北岸分道東流，仍于淀内築堤，使河自河而淀自淀是也。但彼時淀水寬深，隄工難以建立； 今三角淀、王慶坨一帶淤高，永定河改流而北，由鄭家樓、魚壩等口入于葉淀，于葉淀之東漸爲疏引，使入西沽之北，此所謂依北岸分道東流者也。

子牙新、舊兩河各有堤堰，舊河東隄與新河西隄南運而北缺，缺處凡二十五里，每兩汛水漲，則倒灌而南，其間三十餘村，皆宛在水中，而汛官猶防護兩隄惟謹，是猶盜已入室，外守牆垣，徒發人一噱耳。今于閆、留二莊開舊河東隄，則蒲淀窪、要窪、朱家窪等處，皆可淤成膏腴，其中有劉家河、三家淀河舊瀆疏引，而東過楊柳青使入西沽之南，此所謂依南岸分道東流者也。至黑龍港、馬家橋、胡家店等河，雖無上源，而滙注瀝水漫溢，爲青縣、大城田廬害。今議閉焦家口使子牙濁流並道遄行，而疏濬新河專受黑龍港等河積水洩之入淀，尤于地方有益。

再按： 原奏北運河灣多工險，查下游有灣冲，必上游有沙觜。議將沙觜之長者挑之，稍裁灣以取直，則險工漸平。昔潘印川治河之法： 逢灣取直，遇觜切沙。予於雍正五年，查勘南運河，記沙觜之應挑者數十處，具啟賢王，沮于司議，而北運流沙推擁，沙觜較南運尤甚，憚挑挖之工，而糜草葦之費，費而無益者也。挑觜裁灣，最爲良法，南運亦宜推而行之。

原奏南運河吴橋境内安陵鎮地勢高，而與老黃河相近。議于安陵鎮再建一壩，濬減河三十餘里，即入老黄河，可以暢達入海，俟安陵閘成，將捷地之閘閉而不用。考《水經》：大河故瀆，北經蓨縣故城東，又北經安陵縣西。蓨縣即景州；安陵即今吴橋之安陵鄉也。

雍正五年，予查勘南運河，見水勢浩瀚，非興濟、捷地二壩所能宣洩，因詢訪土人，另尋消減之路，惟安陵去古河三十里，地近而工費不多，請于此處建壩挖河，古河廣大直達于海，壩面開寬數十丈，則漳流雖漲可以盡洩，而下游隄工永無潰決之患。文端公深以爲然，啟王議行，而山東方議開建四女寺壩河，其事遂寢。今議于此地建壩，須面寬四十丈，其高下丈尺，以興濟壩爲準，則底水足以濟運而有餘，其羨溢之流，俱消歸古河入海，洵治南運扼要爭奇之上策也。至捷地之河，原係前明弘治間舊瀆，原估河寬八丈，兩岸築隄，而清河道王紘，逯別駕選，奏委查核，減去河面二丈，不准築隄，遂屢致潰溢爲患，然漫水濁流淤瘠爲腴者不少矣。若堅修兩隄，將大浪淀等低窪之處，圈築小埝，照子牙河、淤蒲淀等窪之法引水填淤，自上而下，則滄南薄減之區漸成膏壤，似亦不必汲汲閉塞也。

再按：原奏經理兩淀之議，言西淀趙北口舊有十橋，九橋皆無河流，惟廣惠一橋可通舟楫，白溝水漲，往往倒灌，是以橋西之水壅塞不流，在橋東爲衆水所會，止由張青一口入玉帶河，洩水不多。議挑白溝故道，由龍灣至霸州之魚津橋以入中亭河，則倒灌淤淀之患可免。查白溝原向東流，由龍灣、道務等村徑吴家臺至老隄村以下名中亭河，後決雄縣東南之大灣口而入淀，遂致壅遏西水，柴伙淀亦壅淤大半。今議復故道，于計誠便，橋南另疏一河，予於雍正七年，曾具啟賢王，彼時原有小河逕藥王行宫之南，爲捕魚小艇往來之道，請加疏濬出張青口以避藥王行宫前『鵞鶒』之阻，准而未行。今河形是否有無，即旋加挑濬，亦工費之不容已者也。至九橋不通流水，固因白溝倒漾，亦緣橋西所有河道，被民間夾取垡泥墊成園圃，佔碍河流之所致。似應查勘剗削去其阻碍，于淀水淺涸時，視舊河之通九橋下者，浚而治之，橋底淤泥挖而去之。再將清河門疏濬，由茅兒灣開口從十望河故道別派分流，則胷膈利而咽喉暢，西淀可以永清矣。展濬中亭河，添建苑家口橋座亦屬應行。

又言東淀容納全省之水，而出口之處，止有淀河一道，宣洩不及。議將上游三汊河淤淺之處，皆行挑濬寬深，再于下流楊家河、卞家河低窪等處多疏淀河數道，並行而東，同會于西沽。查三汊河者，東淀之上口也，在文安之蘇家橋，玉帶河全納西淀之水，至此分而爲三：一汊自台山村北流逕高橋淀入信安鎮爲信安河；一汊自趙家房東北流入勝芳淀，爲勝芳河，逕辛張、策城至褚河港分二支：一東流爲長子河；一東北曲折八里爲東沽港河，又東十餘里爲王慶坨河與長子河合，而信安河亦自西來會焉；一汊自下馬頭東南流逕崔家房東入張家觜河，北流逕任家莊東流入左家莊泊，又東北逕石溝分二支：一北流與勝澇河會，一東北流至台頭，而子牙河自東南來會焉；合流至羊芬港又分二支：一北流逕瘸柳樹與長子河合；一東北流逕蒿浪泊出楊家河抵河頭，而台山、趙家房二汊出三角淀而東來會焉；此三汊之大概也。其沿隄東去逕西馬頭、堂頭入左家莊泊，逕傅官營入石溝河者，則鹽河之故道，非三汊之正派矣。自永定河入淀以來，高橋淀淤，而信安河絶，台山一汊并入勝澇；勝澇淀淤而辛張河絶；台山、趙家房二汊并入台頭；張家嵛河淤，而下馬頭一汊并入沿隄小河。是淀之上口諸河盡失故道，既苦于翕受之難。楊家河者，東淀之下口也。三角淀淤，而長子河絶；王慶坨淤，而東沽港河絶；是淀之下口諸河皆成斷港，又病于宣洩之隘。今議將上游之三汊河挑濬寬深，下游之楊家、卞家諸河多疏數道，治淀之策可謂盡善矣。但三汊河皆行于淀泊之中，在積水之下，必淀水淺涸，然後故道可尋。惟勝澇一河淤成平陸，尚易施工，莫如先將此一河挑濬寬深，上承台山、趙家房二河之委，已分三汊水勢之半矣。全淀之水不復側注于東南，然後用垈船衩夫撈泥除草，次第施工，則其餘諸河皆可以漸而理也。其張家嵛河，雍正四年開挖未竟，水至停工，宜接開至左家莊泊，以分沿隄水勢。至沿隄之小河，自堂頭村東至壩嵛頭，淺阻閼流，宜挖濬深通，使水無停駐以保隄工。

永定引河下口私議

查治河之法，欲疏導上游，必先以廓清下口爲急務。督河諸臣奏改永定河原議，導之南流，不設隄堰以遂其散漫之性，城池村落逼近河流者，建築護隄以防其衝齧之虐，疏引濁流，填淤、窪鹹，以收其肥饒之利。措置上游，皆可謂善矣，惟東、西兩引河下口籌畫未周，不能無遺慮焉。西引河下口入中亭河，夫中亭乃玉帶河之支流耳，淺而狹，容納既苦不勝，且其溜緩弱，無冲刷之力，濁流一入，不一二年即成斷港，下口一塞，則泛溢爲田廬害，此西引河下口之不利，不可不慮也。

查督臣於乾隆四年，條奏四河、兩淀議，内言：『趙北口橋東爲衆水所會止，由張青一口入玉帶河洩水不多，應挑白溝故道，由龍灣至霸州之魚津橋以入中亭河，則倒灌淤淀之患可免』等語。未審此河曾否挑挖？如未施工，今應議令速行開濬，並中亭一律寬深，令與玉帶河等分引西淀、白溝諸水暢迅東行，則溜急勢强，濁流雖入，足以漯刷推涌，庶免停淤爲患，且可分減玉帶河羡溢之勢，即保定縣一帶遥隄無煩更築矣，此轉害爲利之道。也至東引河下口由津水窪開高橋以南民埝放之東淀，尤爲不可。夫津水窪即土人所謂金水窪也。高橋以南民埝，即康熙間河臣王新命奏建中亭河之下六工欽隄也。隄内地形低凹，隄外毗連淀水，以此爲壑，則永定全河之流沛然莫禦，其勢非不甚順，獨不思取快于目前，而貽憂于事後乎！昔于成龍改河以柳岔爲下口，遂致淤淀，爲河道全局病。今津水窪在柳岔口之南，相去無幾耳，且正當蘇橋、三汊河入淀之衝，若舉泱漭之渾流，決隄而注之殘淀之中，將使柳岔之淤而未盡者，必至填塞無餘，而通省六十餘河之水，何地爲之翕受，何路爲之宣洩乎？此東淀下口之害，更不可不慮也。爲今日計，姑爲補救之術，莫若將高橋以南之民埝加築堅厚，藉爲範圍。永定漲發不過三四日，而隄内窪地形勢寬濶，引河入之，散漫填淤，儘堪容受，俟水停泥沉之後，然後開挖民埝，用椿葦裹頭決水放出。如此，則泥留窪底，水洩淀中，如南運放淤之法，庶免目前淤淀之患，迨數年後，津水窪淤高不能受水，徐圖更議耳。

再查督臣前歲所奏經理東淀議内，欲將東淀上游三汊河淤淺之處，皆行挑濬寬深等語。查三汊河在文安蘇橋之北，即玉帶河入淀之上口也。北一汊名台山河，北流東折，中亭河入焉，合流東北爲勝芳河，逕辛張、策城、褚河港、東沽港、王慶坨南入長子河，滙于河頭，與楊家河合，自永定入淀淤成平地。愚意先將此河開挖寬深，上承中亭、西引河之水，即東引河、津水窪所放之水一并導入，可以直達河頭，與石溝台頭一河各道分流，庶清濁攸分，永無墊淤之患。此就其疏濬淀河之工，而成渾河別由一道之利，似爲長便也。

治河蠡測

從來治河者必通計全局之利害，而後可定一河之會歸；必先定下流之會歸，而後可議上游之開築，此理勢之當然，古今之通論也。明胡體乾論江南水利，以爲高山大原衆水雜流，必有低凹處爲之壑，如人之有腹臟焉，彭蠡、震澤是也；旁溪別渚，萬派朝宗，必有一合流入海之川爲之洩，如人之有腸胃焉，江、淮、河、漢是也。南既如此，北亦宜然。以畿輔水利言之，正定、廣平、順德三郡之水二十餘河，畢滙于南、北二泊，翕受而渟蓄之，然後合爲一川。出北泊，逕衡水之焦罔邨，會滹沱之流奔注數百里，至大城之王家口入東淀，曰子牙河，則是二泊者正、順、廣三郡諸河之腹臟，而子牙一河爲之腸胃也。順天、保定、河間三郡之水三十餘河，畢滙于西淀，翕受而停蓄之，然後合爲一川出茅兒灣，逕保定縣，曰玉帶河，逕霸州之苑家口曰會同河，至文安蘇橋之三汊口入東淀，則是西淀者，順、保、河三郡諸河之臟腹，而會同一河爲之腸胃也。至東淀一區，南納子牙之流，而正、順、廣二十餘河之滙爲二泊者盡歸之，西受會同之注，而順、保、河三郡三十餘河之滙爲西淀者又歸之，舉畿輔全局之水，無一不畢瀦于兹，以達津而赴海，則其通塞淤暢，所關于通省河渠之利害者，豈淺鮮哉！

康熙三十七年以前，淼然巨浸，周二三百里，清泓澄澈中港汊縱横，迴流貫注。自撫臣于成龍奉命開築永定河，不爲全局計，而衹爲一河計，遂改南流之故道折而東行，自柳岔口注之東淀，于是淀病而全局皆病，即永定一河亦自不勝其病。淤高橋淀而信安堂二鋪遂成平陸，淤勝芳淀而辛張、策城盡變桑田，向之渺然巨浸者皆安歸乎！既失地于西北，則傾注于東南，而獨流一帶淀水與運河僅限一隄，至楊柳青以下則淀、運相連南隄蓋岌岌矣，故曰淀病也。且淀池以翕受爲功，容納之量隘于下，則灌輸之勢停于上，一遇秋伏汛漲，泱漭西來，騰涌無歸，則旁溢横奔，衝隄潰岸。故今歲高陽河決而東，斷鄚州官道，子牙河決而北，文安、大城皆宛在水中，而南岸欽隄增高二尺，水猶與之平，人第訝水之大，河不能容；而不知淀之小，水失所受，故曰全局皆病也。

永定本向南流，逕固、霸之境而會入玉帶河，蓋率其自然之性，河未嘗淤，淀亦未嘗淤也。雖東坍西漲，時有遷徙，亦不無衝齧之虞，而填淤肥美，秋禾所失，夏麥倍償，原不足爲深病。治之之法，但當順其南下之性而利導之，多其分釃之渠以減殺之，寬築陂陀之泊岸，以緩受其怒流，分建護村之月壩以預防其衝擊，如此則害可減而利亦可興，何至折而東之，導之淤淀，爲全局病，至于此極也！

自改河以來，河底歲墊而高，河高而增隄，隄高而河亦與之俱長。今去平地已有八九尺至一丈者，潰決則建瓴直下，爲田廬害，豈足異哉！總由濁流入止水，溜散泥沉，下流自塞歸壑之路，上游猶築居水之垣，不過厚蓄其毒以待潰耳，故曰即永定一河，亦自不勝其病也。夫利在耳目之前，而患伏數十年之後，當時固以爲無足憂，而卒至一發而不可救，凡事類然，不可不深思而熟計之也。

我世宗憲皇帝智與神謀深悉渾河之爲淀病，且深悉渾河病淀之爲全局河道病，于興修水利之始，即聖謨獨運，特降諭旨，令引渾河別由一道入海，毋使入淀，可謂探本窮源，一言而舉其要矣。蓋淀爲定水，無冲刷之力，故沙入而沉；河無停流，有滌蕩之功，故泥衝而散。永定南入清河，自三十七年以前，溯之前明，百有餘年矣。舊所經由之處，沙痕的皪，岸迹分明，袁家橋以北，崖高底深，牤牛河借以行水者，即其故瀆也。河性善淤，能墊深爲高，而此道廢來已四十年，何以經久不湮而歷歷如是，蓋下口暢則上流疾，此即利于入河之明驗矣。雍正四年，雖經水利衙門奏于郭家務以下改挖新河，而下口仍然歸淀，故經王慶坨，則王慶坨淤，入三角淀，則三角淀淤，近且駸駸乎淤及楊家河矣。夫楊家河乃全局清水之尾閭也，此河一淤，則通省六十餘河之水無路歸津，勢必于楊柳青上下穿運道而灌天津，其害有不可勝言者。故籌永定于今日，乃全局利害之所關，則下口會歸之路，可不爲之熟籌而審處也哉！

愚以爲會歸之路，莫如順其南下之性而入玉帶河。或謂濁能淤淀亦能淤河，玉帶河一淤，則西淀之水無所歸，必逆折橫流爲文、霸四邑害。是大不然，玉帶河西受數十河之水，渠深流急，滌蕩沖刷，泥澄沙散，已自失其渾濁之性矣。即如滹沱、漳水，其濁泥豈下於永定，而滏陽、衛河其寬深亦不逾玉帶；滹入滏，而滏未嘗淤；漳入衛而衛未嘗淤；則永定之入玉帶何足慮乎！或謂南、北長隄，文、大二邑民命之所係也，渾河橫衝而入，必有潰決之憂。是又不然，大隄之決，前已屢告矣，皆清河爲患，未見有濁流也。如果濁流決隄而入，則文安仰釜之地早已填平，何以低窪如故也。況經相國鄂公奏請加築高厚，視前數倍矣，再于隄外加以埽鑲草壩數百丈以備不虞，尚何意外之患乎！或謂河流湍悍，土性疏惡，不隄，則氾濫妄行，蕩鄚莊，齧城郭，仍爲固、霸諸邑害；隄之，則猶是築牆而束水也。是又不然，昔渾河南行之時，河身不過十餘丈，溢岸漫流，深不過一二尺，旋長旋消，爲期不過二三日，本非巨津，如黃河之浩瀚而莫可控禦，特以東折既違其性，入淀又窪其歸，强爲束以長隄，適足以激其怒耳。今若順其南下之性而利導之，曲直隨勢，多其分釃之渠以減殺之，高下合宜，寬築陂陀之泊岸，緩受其怒流，寧厚勿高，分建護村之月壩，預防其衝擊，寧缺勿合。如此措置，將斥鹵變爲膏腴，史起之功可再也。縱遇異漲之年，溢岸漫流，仍不失一水一麥之利，亦何負于民哉！

天下之事，極則變，變則通，通則久。永定之爲淀病，至今日而已極，亦變而思通之一會矣。當事諸君子誠一旦翻然改圖，復其南下之故道，則病淀者去，淀乃可得而治也。淀起于蘇橋之三汊河，訖于天津之河頭。一汊自台山北流，逕高橋淀入信安鎮爲信安河。一汊自趙家房東北流，入勝芳淀爲勝芳河。逕辛張、策城至褚河港分二支。一東流爲長子河；一東北曲折可八里爲東沽河，又東十餘里爲王慶坨河與長子河合，而信安河亦自西來會焉。一汊自下馬頭東南流，逕崔家房東入張家觜河，北流逕任家莊，東流入左家莊泊，又東北逕石溝分二支。一北流與勝芳河會；一東北流至台頭，子牙河自東南來會焉；合流至羊芬港又分二支。一北流逕瘸柳樹與長子河合；一東北流過蒿浪泊出楊家河抵河頭；而台山、趙家房二汊皆出三角淀而東來會焉，此三汊之大概也。其沿隄東去逕西馬頭、堂頭入左家莊泊，逕傅家營入石溝河，則鹽河之故道，非三汊之正派矣。自永定入淀以來，高橋淀淤而信安河絶，台山一汊併入勝芳，勝芳淀淤而辛張河絶，台山、趙家房二汊併入台頭，張家觜河淤而下馬頭一汊併入沿隄小河，是淀之上口諸河盡失故道，既苦于翕受之難。三角淀淤而長子河絶，王慶坨淤而東沽港河絶，是淀之下口諸河皆成斷港，又病于宣洩之隘，所恃以通流者，惟台頭一河耳。以全淀所受六十餘河之水，納之一綫之中，而子牙、濁河自南來者又從而溷之，則不亦危哉！

愚向有末議：設坔船，募衩夫，委專官，計丈里，撈泥挖淺，除苲開淤，冢宰顧公已探以入告矣。其事一行，則台頭一路上接左家莊，下達楊家河，自可逐漸寬深，不憂梗闕。而愚猶以爲一河納全淀，終非其量之所能勝，則三汊故道，不可不擇其要者而開挖之，以分其來，而暢其去也。一張家鞘河，雍正四年開挖未竟，水至停工，宜接開至左家莊泊以分沿隄水勢；一沿隄小河，自堂頭至壩鞘頭淺阻碍流，宜挖深通，使水無停駐，以保隄工；一趙家房河，村中土橋卑隘，不通舟楫，宜改造加高，中留活板，使帆檣來往，以暢河流。以上三河，其下流俱經由淀泊之中，苲草莀蔣，停泥壅溜，多致淤淺斷絶，宜每歲撈挖以爲常，此則坔船之所有事矣。而尤關緊要者在開挑勝澇舊河，此河上承台山、趙家房二河之委，逕辛張、策城、褚河、東沽二港，過王慶坨，北徑三角淀，南至河頭與楊家河會，其形勢自西南而東北最爲徑直，故土人謂之照直河。雖堙塞已久，遺蹟猶存，若尋逐開疏，事殊創始，寬不過十五丈，深不逾八九尺，而且陸地施工，易爲畚鍤，憑高作岸，無事隄防。導三汊于西北分流，減台頭之東南側注，腸胃寬而尾閭暢，豈緊淀池廓清，即全局之河道隄工均有裨益矣。

陳子翽先生爲畿南名宿，余少時嘗玩其集如嗜炙也，然其論河道諸篇則漫置之。殆少長，略知究心古人經世之學，始知此數篇之可寶也。

蓋公居文安城，而祖居則在東淀旁之西馬頭。又自登賢書後，遊於津門者迨二十年，計其扁舟往返，目覩利病者已久，一旦獲佐營田之任，遂抒其素蘊以爲施設，所謂成竹在胸，遂能迎刃而解者，故其《論擴海口》、《論治淀》，雖元郭太史、明潘印川殆無以易之。然於其《論永定河》及《文安河道事宜》，不能無疑焉。

其於永定河謂宜引之南下，東以隄防，於河、淀皆無淤墊之害。夫濁水之性，溜緩則沙停，槽寬則溜緩，永定從前之不能淤墊河淀者，以任其東西蕩漾，故沙泥皆澄沉於固、永之間，逮至與清河合流，已漸成清流矣。今若隄以束之則流急，流急則沙泥俱下，迨至入淀，則勢分溜散，有不淤墊者乎？又引漳水不能淤衛，滹沱不能淤滏陽爲証。漳水、滹沱之濁，本較永定爲差，前在豐樂鎮取漳水注缶中驗之，二尺之水澄清後，泥不過分許。滹沱未較試，然目驗之亦較永定稍差。且漳之合衛，滹沱之合滏，亦皆漫流數百里，泥沙散澄之後，而始滙合。然數十年間，已間段淤高，亦不能不因而改道也。若以隄束永定河而南則濁流闖注，必致高仰立形。竊謂因其故道而變通之，仍用其下口入海之路，未必無策也。至文安爲公桑梓之地，東距東淀，西距五官淀，北距清河，衆水所臨，勢如釜底。公之意則甚惜郡丞徐元禹之議不用。竊謂保定界立閘引水易，龍塘灣立閘洩水難。蓋近日形勢，淀身較高於陸地，則溝渠之水，安能瀉之淀中。竊擬文邑宜堅築三面之隄。東防東淀，西南防五官淀，北防玉帶河。再於保定東擇地開減河，一以洩秋汛盛漲，一以分潤圍田。由左各莊迤下歸入淀池。減河亦宜設立隄堰，然後爲圍田於其兩旁，借隄爲圍，借圍護隄，使一圍之内有田三百頃，則村落必有千家。春之暇，合力修圍；秋水盛，同心防汛。減河之旁或爲涵洞，或爲引渠，旱則分潤，潦則閉闢，不惟陽侯不能爲災，即旱魃無由肆虐矣。余既鈔先生文，因書此於後，管窺之見，不知可當狂簡之裁否！

益津吴邦慶謹跋

先生家傳並弁於前，傳爲符君作，符君錢塘人，曾以七品小京官，應乾隆丙辰博學鴻詞科試，後仕至户部郎中。

潞水客談

〔明〕徐貞明撰

序

今上御宇之二三年，畿輔之間，皆因雨潦成災，聖天子軫念民瘼，尤加意郊圻重地，既恩綸屢沛，卹賑兼施，不致一夫失所；又垂思永建平成之績，特簡練習河事大員，俾疏濬直隸河道，並將營治水田，於是京師士大夫多津津談水利矣。顧天下之水，未收其利，須先去其患，水利在灌溉，而患在衝決淹浸，故興水利者，留水以爲用；而除患者，則排之而使去也。事雖殊塗，而功歸一致，特施工分先後緩急耳。

有明一代，言水利於畿輔者頗有人，而貴溪徐孺東先生之《潞水客談》爲最著。余讀《明史》本傳，已得其大略，恨未得讀其全書。朱子絅齋自吳中抄本寄致，余乃反覆之，而恨不與之同時一上下其議論也。

觀其自述屬一二解事者，裹糧走永平瀕海之地，偏行相度。此一着，已得機宜。葢山泉水源，散處遐僻，而其每年消長變遷情形，則又非窮鄉野老不能周知，無論高冠貴人不能偏覽周詢，即分遣丞簿，輕裝減從而往。彼不耐辛苦，則不能；不解事，亦不能。而垂白里老，一聞稍涉官府，或震懾而不能盡言；其稍解事者，又不知官司訪此何爲，亦不肯盡言；鹵莽於往復之間，何由得其詳盡乎！不得其源流消長及其水力所及，曷由定其宜分渠，宜建閘，宜建壩之用法乎！然孺東既已窮究源委，後又奉命治理，宜乎漸次有成，而卒被彈章挂吏，議者則以欲用滹沱之故，意將欲用之以灌溉乎？

畿輔有三大水不可用：永定也，滹沱也，前北行入界之漳河也。其流濁，其勢猛，其消落無常，勢不受制；惟善肥地，所過之處，往往變斥鹵爲腴壤；至欲設閘壩，資澆灌則不能。孺東深究水學，豈獨昧此與！若隨宜設立隄防以障漫流，此則都水者之常事，奚煩嘵嘵爲！又本傳載伍聖起謂：北人懼水田成後，東南漕儲將派於西北，故土人多沮之，貞明默然。夫苟慮此，何妨疏陳於上，謂國家東南之漕，歲以四百六十萬石計，每石運費約若干，今畿輔修治水田可得萬餘頃，以畝收二石計之，可得二百萬石。若折漕於南，收糴於北，則所省運費不貲，且可以備緩急而盡地利，小之可寬吳、越之賦，推之且省江、廣之漕。惟土人有畏改賦之浮議，因多觀望，請天語昭示，以釋百姓疑慮之懷，則北人亦奚所懼，而百計阻撓之哉！孺東計不及此，亦竊爲惜之。然其功雖未奏於勝國，而《畿輔通志》載稱：雍正時，怡賢親王奉命查修水利，尋源覛土，以貞明之言爲信而有徵，遂奏請委員營治，爲農民倡，至今豐潤、玉田之間，人猶食其利。所謂仁人之言，其利溥哉。

至所謂致力當先於水之源，源分則流微而易禦，田漸成，則水漸殺，水無汎溢之虞，田無衝激之患，是興水利即可除水患。此論衹可施於尋常湖蕩、山泉小水，若畿輔諸大川，不能以此説施，當别有疏濬之法，在讀是書者，慎無拘於是説哉。按：尚寶本末具在《明史》本傳，兹附録之以爲論世知人之助。又王之棟劾疏，滹沱不可開者十二，余嘗得而讀之，亦録於後，俾覽者得以究觀其事之始終云。

道光三年　歲在癸未　中秋後三日

益津吴邦慶撰

徐子徵入諫垣，首疏西北水利事，水衡當事者迂其言，置不省。徐子乃撫膺歎曰：當今經國之計，孰有大且急於西北水利者乎？惟槩而言之，則效遠而難臻；驟而行之，則事駭而未信。

蓋西北皆可行也，盍先之於畿輔；畿輔水利皆可行也，盍先之於京東永平之地；京東永平之地皆可行也，盍先之近山瀕海之地；近山瀕海之地皆可行也，盍先之數井，以示可行之端，則效近而易臻，事狹而人信。又恐其難於遥度也，則又裹糧屬二三解事者，走永平『瀕』海近山之境，相度而經略之，既得其水土之宜，疆理之詳，始信其事之必可行，而猶冀其言之獲售也。

欲再疏以請，草具將上，適以他事免官，卒不獲一試。

客有問徐子者曰：余聞天下事，諫官皆得言之，今天子鋭意化理，即水利報罷，豈無他事可言者，而顧鰓鰓焉，惟冀此議之再行，且謂今日之計無大於此者，何歟？徐子曰：客亦聞古聖賢之治天下乎？禹功茂矣，而濬澮距川，乃其盡力而終身者；騶、孟談王道，惟是田里樹畜，厥惟先務，客何於水利而易視之？余請爲客悉其説：夫雨暘在天，而時其宣洩，用以待旱潦者，人也。西北之地，旱則赤地千里，潦則洪流萬頃，惟寄命於天，以幸一歲之豐收。夫豐歲豈可常恃哉！此其宜急者，一也。

神京北峙，而財賦全仰於東南之漕，謀國者鑒勝國之遺事，懷杞人之隱憂。夫中人之治家，必有附居常稔之田，始可安土而無饑，乃國家據全勝之勢，居上游以控六合，而顧近費可耕之田，遠資難繼之餉，豈長久萬全計哉！今者早運而久積之，儲蓄信有賴矣。然運蚤而收之不及其熟，有浥損之患；久積而發之恒過其期，有紅腐之憂。其宜急者，二也。

東南轉輸，每以數石而致一石，民力竭矣，而國之大計亦未能暫紓也。惟西北有一石之入，則東南省數石之輸，所入漸富，則所省漸多，始則改折之法可行，久則蠲租之旨可下，東南民力，庶幾再甦，其利三也。

昔禹播九河入於海，而溝洫尤其盡力，固以利民，亦以分殺支流，使不助河爲虐也。周定王後，溝洫漸廢，而河患遂日甚，今河自關中以入中原，涇、渭、漆、沮、汾、泌、伊、洛、瀍、澗及丹、沁諸川數千里之水，當夏秋霖潦之時，無一溝一澮可以停注，於是曠野横流，盡入諸川，諸川又會入於河流，則河流安得不盛，其勢既盛，則其性愈悍急而難治。今誠自沿河諸郡邑訪求古人故渠廢堰，師其意不泥其迹，疏爲溝澮，引納支流，使霖潦不致汎濫於諸川，則並河居民得資水成田，而河流亦殺，河患可弭矣，其利四也。

古之建國分土者，必曰我疆我理，南東其畝；而晉之邀齊，欲使盡東其畝，以便戎車，是則井田溝洫，既以闢土而宜民，亦以設險而禦侮也。今則西北平原千里，寇騎長驅，無有阻隔，若使溝洫盡舉，豈有此患。而且田間各植榆、棗、桑、栗，既可資民用，亦可以設伏而避敵，其利五也。

往者劉六、劉七之亂，持竿一呼，從者數萬，則游惰歸之也。蓋惟四民，農必土著可以縻其身家；惟土曠而民游，則輕去其鄉而易於爲亂。誠使西北水利興，則人皆可安土，何至有流賊之患，其利六也。

東南生齒日繁，每人浮於地，乃西北蓬蒿之野，常患疾耕而不能徧，蘇子所謂『聚則争於不足之地，散則棄於有餘之鄉』，其不均每如此也。今若招撫南人，使脩水利以耕西北之田，則民均而田亦均矣，其利七也。

東南多漏役之民，而西北罹重繇之苦，則以南之賦繁而役減，北之賦省而繇重也。使田墾而民聚，民聚而賦增，則北繇可輕，其利八也。

沿邊諸境，有轉輸不能至者，招商以代輸，蓋有數頃之田困於一商，遂棄業以他徙；其有轉徙之苦者，則私以折色兑軍，商得苟安；軍無宿儲，即承平勿論，設有烽警，何以待之！惟近邊田墾，轉輸不勞，其利九也。

屯田之成熟者多屬隱占，久則難稽，然亦不必稽也，西北非無田之爲患，而不墾之爲患，彼既墾而熟矣，何必歸官始爲國家之利哉！兵之悍壯者，恥於負鋤，而其羸弱者又怯於荷戈，驅兵爲農，勢固難行，惟募之爲農，簡之爲兵，則心安而力奮也，政無不舉矣。今天下浮户，依富家以爲佃客者何限，募而集之，可立致也。募農以修水利，以舉屯田，其利十也。

塞上之卒，土著者少，不得已而有募軍，則居行給餉，爲費不貲； 又不得已而有班軍，則春秋遞往，疲於奔命； 又不得已而有按籍勾補，解檄方登，逃亡旋報，閭閻重困，行伍又虚。 若近塞水利既修，屯政大舉，田墾而人聚，人聚而穀足，可以省遠募之費，可以蘇班軍之苦，可以停勾補之煩，其利十有一也。

宗禄勢將難繼，咸竊憂之，而莫肯任其議，將以難遺後人，而後之難將有甚於今者。 世有勇於建議者則曰：裁其禄，弛其禁而已。 夫不資之以謀生，而徒裁且弛之，則饑寒者孰恤！ 昔范文正以兩府禄入，尚能廣義田以廪族人，以四海之富，而不能使天潢皆獲安飽，在聖天子展親睦族之仁，必不忍其至此。 誠即西北曠土，擇人所棄者，官爲墾闢，分井而田，如中尉以下，量歲禄之意授田若干，使得安居而食其土，其後支庶漸繁，田不再授，彼既有田以開其治生之端，復知田不再授，則皆及其始授之時，勤儉明農於其間，以歲食之餘，漸墾田擴産以爲長子孫之計，則其才智者固可以致富，即庸拙者亦可以服田力穡，其與坐食多餒，散處失所者，相去遠矣，其利十有二也。

昔之有志者嘗欲仿井田之遺意，授民之産，而惜其時之不可，痛豪强之兼并，欲限民之田，而恨其勢之難行。今若於西北空閒之地，倐舉水利，仿古井田可也，限民名田亦可也，古昔養民之政可以漸舉，其利十有三也。

古者以井畫地，度地居民，比閭族黨，井自爲界，民不可多得尺寸之地者，民與地適相均也。 今通都大邑之民，踵接肩摩，争習繁靡，以梗化而敗俗，其争少而習樸者，惟寥廓之鄉爲然，若畫井居民，裒多益寡，使民與地均，如古比閭族黨之意，則教化可興，俗尚自美，其利十有四也。

客曰： 信如子言，水之利溥矣，西北皆可行，而獨先於京東者何居？ 徐子曰： 京東者輔郡，而薊又重鎮，矧其地負山控海，負山則泉深而土澤，控海則潮淤而壤沃，興水利尤易易也。 余所屬一二解事者，蓋徧歷山海之境，閲兩月而返，披圖出示，如指諸掌也。

爲言諸州邑，泉從地湧，一決而通，水與田平； 一引而至，比比皆然。 姑摘其土膏腴而人曠棄，即可修舉以肇其端者。 自西歷東，如密雲縣之燕樂莊，平谷縣之水峪寺及龍家務莊，三河縣之唐會莊、順慶屯，皆其著者也。 薊州城北則有黄厓營，城西則有白馬泉、鎮國莊，城東則有馬伸橋夾林河而下，城南則有别山鋪夾陰流河而下，至於陰流淀，疏渠皆田也。 遵化西南平安城夾運河而下，及沙河舖地方，又鐵廠湧珠湖以下，至韭菜溝、上素河、下素河百餘里，夾河皆可成田。 遷安縣北，徐流營山下湧出五泉，合流入桃林河，又三里橋湧泉流出灤河，又蠶姑廟湧出泉成河，與灤河相接，夾河皆可田之地。 盧龍縣燕河營湧泉成河，及營東五泉，漫湧四出至張家莊，撫寧縣西臺頭營河流，亦自燕河營湧泉而來皆可田。 自西以東，如豐潤縣南則大寨及刺榆坨、史家河、大王莊之地，東則榛子鎮，西則鵶鴻橋夾河五十餘里皆可田。玉田縣清莊塢導河可田。後湖莊疏湖可田。三里屯及大泉、小泉引泉可田。其間有民所不業之地、有屯田、有牧馬草地、屯草之地，屬於官，官爲闢其蕪而收其利不難也。至於民不業者，召民業之，官爲助其力，何至連阡以棄鞠爲茂草乎！至於瀕海可田，則自水道沽關黑崖子墩起，至開平衛南宋家營之地，東西度之百餘里，南北度之百八十里，皆隸豐潤。其地與吴、越瀕海之沃區相等，今萑葦彌望，而悉據爲勢家之産，然葦之利微，即勢族亦無厚利於其間也。若如吴、越耕之，則利十倍於葦，即捐其一以與勢族，使不失其舊入，勢家亦何恨焉。

昔虞文靖公之議：東極遼海，南濱青、徐，瀕海皆可田之地。今豐潤實其中，欲舉其議而行之，兹非其先當致力者乎？蓋先之數處以兆其端，而京東之地，皆可漸而行也；先之京東，而畿内列郡皆可漸而行也；先之畿内列郡，而西北之地皆可漸而行也；在邊陲則先之薊鎮，而諸鎮皆可漸而行也；至於瀕海則先之豐潤，而遼海以東，青、徐以南，皆可漸而行也。

夫事有小用之則宜，大則拘而不適；大用之則宜，小則窘而難布。兹其試之一井，究之天下無不利者。事有旦夕計功，而遠猷不存；積久考成，而近效難覩。兹其暫之歲收，久之永賴，無不利者，特始之京東數處，因而推之西北，一歲開其始，十年究其成，而萬世席其利矣。乃西北之人方苦於水害而不知水利。夫水之在天壤間，本以利人，非以害之也。聚之則害，散之則利；棄之則害，收之則利。如血之在人身，流貫於四肢而潤澤其肌膚，一有壅，則上爲癰，下爲痔，又或溢出口鼻，則戕其軀，而以衄血之爲害也，可乎？古者耕耨必於井田，其制：甽達於溝，溝達於洫，洫達於澮，澮達於川，縱横因其地勢以取利於水。今西北皆其故疆也，東南之地，爭涓滴於尺寸之間，而西北則苦水害，豈不異哉！又况北之水利，尤易於南也。

客曰：子亦甚言北之利於水耳，而遂謂北易於南有説乎？徐子曰：南方披簑而耕，抱濕而獲，恒與雨相值，而長夏時苗將立槁，反不得一沾濡爲快。乃西北雨多於長夏，而耕穫之時少，天時則然也。東南地勢，高下相懸，數日不雨，則桔槔之聲，人力爲竭。考之古昔，甽深尺許，遂深二尺，溝深四尺，洫深八尺，澮深二仞而已，未有如東南轉水於數仞之深者。至若京東山之湧泉，溢地而出，河之支流，等地而平，不易易乎？且東南瀕海，歲多潮患，蓋海之勢趨於東南，遼海以及青、徐則有海之饒，而鮮潮之患，是地勢使然矣，奈何棄爲萑葦之塲乎？

客曰：南北水利，修廢頓殊，抑何由也？徐子曰：水利修廢，由於人之聚散，而其機則操之自上，三代盛時，井田溝洫無論也，厥後則魏史起引漳水灌鄴，鄴以富；

秦國鄭國渠溉瀉鹵之地四萬餘頃，關中爲沃野，秦以富强；　至漢文翁溉灌繁田千七百頃，而蜀饒富；　白公穿渠引涇水溉田四千五百餘頃，而民亦饒富；　馬援引洮水種秔稻，而狄道并塞之民得以樂業；　虞詡復三郡，激河浚渠爲屯田，而省内郡之費。蓋三代之時水之爲利也宏，自魏以下水之爲利也專，然皆在西北之境。若東南稱水利者，則漢以前惟馬臻開鑑河而已，三吴則揚州之域，厥土惟塗泥，厥田惟下下，漢時亦一澤國耳；　及五胡之亂，中原生齒，咸隨晉室東遷，民日聚而利日興；　自後，錢鏐竊據，南宋偏安，日墾日闢，而財賦遂甲於天下矣。嘗考宋紹興五年，屯田郎中樊賓言：　荆、湖、江南與兩浙膏腴之田，彌亘數千里，無人可耕，則地有遺利；　中原士民，扶攜南渡幾千萬人，則人有餘力；　若使流寓失所之人，盡耕荒廢之地，則地無遺利，人無遺力，可以資中興。由此觀之，則宋室方南之始，東南尚有曠土，及其季年，人多而田少，豪右之擅陂湖以自殖者衆，地利盡，而民不聊生，人聚故也。至西北之田，曠費久矣，以今國家全盛之時，西北生齒日繁，南人争湊輦轂之下，誠使勞來安集於其間，則民聚而利無不興，固在一旋轉間耳。

客曰：　是固然矣，然吾聞懷慶紀太守嘗因丹、沁支流疏渠成田，民頗利之，紀去田亦隨廢。又如真定楊中丞家居亦嘗募南人緣水墾田，歲入甚饒。及滹沱旁決，瞬息變爲桑田矣，豈久廢之餘，固有難猝舉者乎？徐子曰：是因噎廢食之論也，夫治水之法，高則開渠，卑則築圍，急則激取，緩則疏引；　其最下者，遂以爲受水之區，各因其勢不可强也。然其致力，當先於水之源，源分則流微而易禦，田漸成則水漸殺，水無汎溢之虞，田無衝激之患矣。彼懷慶當丹、沁之下游，而真定尤滹沱所必衝者也，安能久而無患哉！蓋不先於其源故也。嘗考桑乾水發源於渾源州，經保安之境則自懷來夾山而下，至盧溝橋，狼窩地方衝溢爲患，漫至彰儀門，先朝屢經修築，爲費不貲。今保安境上，聞有用土牛逼水成田者，恐亦不能久而無患也。若督責有人，多方招募，使桑乾上流皆引水爲田，則豈惟保安之田恃以無患，而懷來以下水患亦殺矣。予又嘗物色瀛海之間，如元城窪、羅家灣、郝家莊、高橋鋪、章家橋皆連阡黑壤，廢爲水區，非不可田，顧以下流受黑洋等九河之水，非先致力於其源，未可邀利於旦夕，而終貽水患也。

客曰：　子論甚悉，然世之疑而不行者，亦有説矣：一、難於得人；　二、憚於費財；　三、畏於勞民；　四、患於任怨；　五、狃於變習；　子亦不可不察也。徐子曰：得人固難矣，然世固有能任之者，不必專如宋人以水利爲名，亦不必如今制責以水利之職。蓋勸農而興水利，牧養斯民之首務也，若别設專職於牧養斯民之外，則今之開府持節者，得人以擇藩、臬，以選守、令，久任而責成之，殿最繫焉，利興而民不知者可坐致也，世之言費者吾惑焉。夫損數萬金之費於春，而收數萬石之穫於冬，費於帑而償於田，此在庸人操什一之利者尚甘心焉，曾謂謀國者而顧以費爲憚乎？畏於勞民者，雖蘇文忠公嘗有是論，文忠公之言曰：天下久平，民物滋息，四方遺利皆略盡矣，今欲鑿空尋訪水利，所謂『即鹿無虞』，豈惟徒勞，必大煩擾，所至追集老少，相視可否，吏所過，雞犬一空。審如文忠之言，民信勞矣。予所爲，不必別設勸農水利之官，亦恐其喜事勞民如文忠公之言也。設得牧養斯民者，擇其勢順功敏之處，暫出官帑，募願就之民經略其端，以示倡率之機，使民灼然知水利可興，則必有競勸而争先者，庶令不煩而事自集。若槩以水利役民，使貧民苦於追呼，妨其生業，而富民反擅其利，烏可行哉。怨生有二：妨小民之業，怨隱而害深；奪豪右之利，怨顯而謗速。吾既不槩以水利役民，民無追呼之苦，怨不叢於小民矣；而豪右之利，亦國家之利也，何必奪之。《周禮》：使世禄地主之有力者，與其廣瀦鉅野之可以利民者，曰『主以利得民』，曰『藪以富得民』。彼小民有利而力不能興其利，官爲之倡，豪右從而率之，則借豪右之力，以廣小民之利，方欲藉之，矧曰奪乎？此何以任怨爲也！或謂南北治田，勞逸不同，北人習於游惰，猝而驅之，宜有未從者。然彼之鹵莽而耕，亦鹵莽而穫，若以南之勞，治北之田，則一畝可倍數畝之入，其嗜利之心，必且潛移其好逸之習，而其争先力田者，官又稍爲優異之，必群然恥逸而趨勞。昔張全義起於群盗，其尹河南也，當喪亂之餘，户不滿百，全義擇人以修屯田，招徠流民，遠近咸歸，每出見田疇美者，輒下馬與僚佐共觀之，召田主勞以酒食；有蠶麥善收者，親至其家，悉呼出老幼，賜以茶綵衣服。民間言：『張公見聲伎未嘗笑，獨見佳麥、良蠶則笑耳。』有田荒蕪者則集衆杖之，或訴以無牛，則召鄰里責之曰：『彼乏牛，何不助之？』由是比户有積蓄，在洛四十年，遂成富庶。夫其勸農力本，生聚教誨，變荒墟爲沃壤，豈偶然哉！未嘗一日倡之，而遂曰『習俗游惰，難以變易』，其可乎？至若不費公帑，不煩募民，而田功自舉者，則予又得而熟籌焉。邊地屯田以餉軍，其道有三：倡力耕之機；定賞功之制；廣世職之法而已。内地墾田以阜民，其道有三：優復業之民；立力田之科；開贖罪之條而已。夫大將，固偏裨之所稟命者也，今諸邊沃土，多大將養廉之地，使肯以地畫井而田，以率偏裨，則所屬無不響應而競田者。昔郭子儀因河中軍嘗乏食，乃自耕一畝，將吏以是爲差，於是士卒皆勸而耕。是歲河中野無曠土，軍有餘糧，其明效也。且夫將士捐生以赴敵者，冀以功獲賞耳，若計畝行賞，如宋給事廖剛中所云：執耒之安，與操戈之危，豈不轉易！此賞一行，萬頃不難得者，信有然矣。今富民得納貲以列武弁，職冗而軍政無補也。若仿虞文靖之意，聽富民欲得官者，能以萬井耕，則爲萬夫之長，千夫、百夫亦如之。先試以虚銜，緩其徵科，俟其田入既饒，積蓄既充，則命以官而其繫今日邊務者尤不細也。今之武弁因世閥以樹功名者幾人，其間席先世汗馬之勞，孱弱僅存，豈尚能以練卒應敵者！彼富民欲得官者，能以萬夫耕，則其材智已出萬人之上；能以千夫、百夫耕，則必出於千百人之上，使之練耕夫爲勝卒，又皆心附而力倍，子孫席其業，亦不至於遽替；其與今之武弁，困乏、孱弱，剥羸卒以自肥者，如霄壤矣。瀕海之地，國初皆設墩臺，分戍瞭守，以備倭徒，以無田守耕，日就圮廢。今若於瀕海闢田，以世職之法，屯駐於其間，久之，田益闢而人益衆，則海上爲樂土，瀕海有通道；即內地有梗，南北不懸隔，於國家設墩分戍之意固相成也。又如國家分兵而屯，授之以田，通於衛所之官，然久則田隱占，而屯漸廢。蓋田授於官，田非已業也。惟富民得官屯駐，則其田固已業，後世守之，籍核自詳，無隱占之患，就其所入，給之爲禄，而承之爲業，朝廷御之以虛名，有增課之饒，無養兵之費，視彼武弁禄入兵費，皆仰於官，歲糜而無補，安可同日語也。民間子弟入監者，例得輸金三百五十金，若使能墾田三百五十畝者，得比輸金之科，則國家一時雖未得三百五十金之用，而歲收三百五十畝之税，歲歲積之，其得更倍，諺所謂『千鏹而家藏，不如銖兩而時入』，此尤易曉也。若恐有僞增畝數欺上，及始墾旋廢之虞，則又不然，夫僞田增税，歲以厲已，智者不爲。即有僞田負税者，有司時稽而除其名，彼亦何利焉。若謂國用方詘，經費歲少三之一，必賴開納以濟其急，不董徵其税，就所徵者給以禄，佩之印綬，得世其官，而練集其耕夫；以寓兵於其間，真良法也，是則屯邊之三策矣。民之流離棄業不復者，蓋創痍未起，催科又亟，甚則舉其宿負者，而必取盈焉。如使蠲其負，寬其徵，時其賑貸，則流離漸復，荒蕪漸闢矣。漢之盛時孝弟力田同科，蓋務本重農，勸率之微權也。今若定制有能墾荒闢井者，田得自業，而輸其税於官，官因税而稽田，因田而定等，上者如納粟待銓，次者遥授散秩，又次者補胥吏而役於官，則力田者競起矣。贖罪有條，借貪墨以行私者何限，使令捐貲墾田，官課其費與贖罪相當，則歸其田而收其税；即無財宜配遠方者，亦得近屬於田畝之間，以力墾田而收其贖，與常法並行，而人亦樂從也。此則墾田之三策，可行於內地者矣。誠舉而行之，屯田可興，墾田可多，又何必費公出帑，而役煩募民哉！

客曰：就子數説尚有可疑者，捐生而獲邊賞，積汗馬之勞，而獲世職，欲以田畝之勞並之可乎？力田贖罪，田固彼之田也，税入幾何，恐無以足經費而佐司農之急何。徐子曰：事豈執一哉！審時度勢各有攸宜。邊圉孔亟，軍功爲先；烽火不驚，屯田急矣。倘屯政舉而邊地墾，食足兵强，敵至而應之有勝算；敵去而守之有長策，又何軍政之足羨乎！且剽悍者勇於應敵，椎魯者樂乎力田，各以其長邀上之賞，初不相妨，即兵興之時轉餉勤勞，亦得與對壘之士並論，又何疑乎！至於世禄之法，則能徐徐以待歲税之入，則亦思之未詳。蓋經費之廣，由於各邊主客共餉，所費爲多。若各邊屯政漸舉，則經費自省。況力田者得以田自利，而歲税又取諸田之所入，其輸之固易，則以力田而應募者，比輸金之人必且倍之，其願輸金者自輸金，不因此而廢彼，二者並行，國用又何患乎！行之積久，田闢而税廣，費省而用足，則力田之科與輸金者皆可漸罷矣。

客曰：勝國都燕且百年，虞文靖公之議，格而未行，今國家定鼎於兹又百年矣，通漕理財，紛然建議，而西北水利獨缺焉罕及，子何惓惓於今日也！徐子曰：勝國往事可監已！虞文靖公之言，既不獲售於泰定可爲之時，及季年東南有梗，始思其言，倣其意，設海口萬户，已無救於前事矣。今國家承平日久，幸遠方之欵貢，修内地之水利，千載一時，不可失也。若圖之已晚，其何及乎。且予曩上疏報罷時，大司農譚公惜予言未行，公又自言久歷塞上，深知其必可行也； 王開府寓書於予，肯身任其事；戚元戎欲檢南人之願農者，惟開府是用。蓋往時南人在塞上者少，今南人應募而至者成市，其方行募而未收，與募退而不願還者，皆可驅之爲農，即數千人頃刻而集也。然予雖去，而二三同志多是予言，儻有再疏以請者，西北水利其庶乎！此予之所以惓惓也。談已，客散，徐子挐舟南去。

予既成《客談》，重自紬繹，又得一説，爲前談所未及而力省功倍者： 今之以南米售於北者，利僅十之三，其舟車之費固不少矣，若於京師近地開招糴之府，出令曰：『有能於北方種稻爲米而報糴者，其價如之。』則彼之商販南米者，必争去難就易，省舟車之勞，以爲耕耘之資，坐收其利於阡陌之閒，而無風波之險。且不特南商，即北地諸素封者及善幹辦之人，每歲售貨於南而獲利者，必且翻然改業，舍遠就近矣。開糴之本意，惟取乎開折，北之所糴漸多，則漕運之所折亦漸多，久之，北米充足，南漕自可議減矣。此亦不煩官府，而潛移默率，驅商爲農，寓農於商，似乎可行。至於屯田鹽埸之可行者，争先墾種以輸課，而其餘入者，又得報糴於官，此即先朝邊商鹽課，納本色之遺意，與開糴之法並行而相濟，豈非用力少而爲效廣哉！爰書之以告當事者。自書《客談》後。

談畿輔水利者，漢、唐無論，雄、霸之閒，東、西兩淀，則宋何承矩始之，修溝洫即以限戎馬，意深矣。京東沿海一帶，則元虞文靖、明左忠毅皆嘗建論舉行，而徐尚寶《潞水客談》尤詳核切實。余既讀《明史》本傳，亟求其書不可得。後得之吴中藏書家，係抄本，精要略載本傳，然此更暢耳。

憲廟時，曾修畿内水利設四局。京東局，京西局，京南局，天津局。怡賢親王總其成，高安相國爲輔，簡用才俊爲屬。文安陳子翽先生，時爲翰林學士，以本職爲營田觀察使，經理三載，得田七千餘頃。賢王薨逝，繼任無人，事遂中止。然畿輔閒尚有羹魚飯稻之鄉，其遺澤也。

子翽先生著《河渠志》，並録其奏稿移牒大意，與尚寶互發明者多。余嘗妄意欲考訂畿輔水利，撰爲一書，經之以巨川，如：滏陽、滹沱、清河、白溝、桑乾、潞河、灤河是也。緯之以支流，如：滱、洺、徐、白是也。廣之以淀泊，北之淀泊，即南之湖。如：東、西淀，寧晉泊，七里海是也。繼之以水泉，如：雞距、半畝是也。終之以沿海。如：天津、静海附海是也。大約經流可用者少，故滏陽、桑乾用於上流，而不用於下流，支流則爲閘壩用之；淀泊則爲圍圩用之；水泉則載之高地，分釃用之；沿海則築堰建閘蓄清禦鹹用之。

至各書所載，多云招江南之農佃，愚謂淀泊沿海，則東南之法，而附近西山水泉之鄉，開渠分流，則一仿西北，非西北之農人不可也。余因亟抄是編，與子翽先生《河渠志》並藏。他日拙著若成，將擬爲貂尾之續，並貽同好有心斯事者，或不致河漢其言耶。

永清後學朱雲錦書後

時道光元年　中秋後一日

寓南河節署東軒

明史本傳 附

徐貞明字孺東，貴溪人。父九思，見《循吏傳》。貞明舉隆慶五年進士，知浙江山陰縣，敏而有惠。萬曆三年，徵爲工科給事中，會御史傅應禎獲罪，貞明入獄調護，坐貶太平府知事。十三年，累遷尚寶司丞。

初貞明爲給事中，上水利、軍班二議，謂：神京雄據上游，兵食宜取之畿甸，今皆仰給東南，豈西北古稱富强地，不足以實廩而練卒乎？夫賦税所出括民脂膏，而軍船夫役之費，常以數石致一石，東南之力竭矣。又河流多變，運道多梗，竊有隱憂。聞陝西、河南故渠，廢堰在在有之；山東諸泉，引之率可成田；而畿輔諸郡或支河所經，或澗泉自出，皆足以資灌溉。北人未習水利，惟苦水害，不知水害未除，正由水利未興也。蓋水聚之則爲害，散之則爲利，今順天、真定、河間諸郡桑麻之區，半爲沮洳，由上流十五河之水，惟泄於猫兒一灣，欲其不汎濫而壅塞，勢不能也。今誠於上流疏渠濬溝，引之灌田，以殺水勢；下流多開支河，以泄横流；其淀之最下者，留以潴水；稍高者，皆如南人築圩之制；則水利興，水患亦除矣。至於永平、灤州抵滄州、慶雲，地皆萑葦，土實膏腴，元虞集欲於京東濱海地，築塘捍水，以成稻田。若倣集意招徠南人，俾之耕藝，北起遼海，南濱青、齊，皆良田也。宜特簡憲臣假以事權，毋阻浮議，需以歲月，不取近功。或撫窮民而給其牛種；或任富室，而緩其徵科；或選擇健卒，分建屯營；或招徠南人，許其占籍。俟有成績，次及河南、山東、陜西。庶東南轉漕可減，西北儲蓄常充，國計永無絀矣。

其議軍班則言：東南民素柔脃[一]，莫任遠戍，今數千里勾軍，離其骨肉，而軍壯出於户丁，幫解出於里甲，每軍不下百金，而軍非土著，志不久安，輒賂衛官求歸，衛官利其賂且可以冒餉也，因而縱之，是困東南之民，而實無補於軍政也。宜倣匠班例，軍户應出軍者，歲徵其錢，而召募土著以足之，便事皆下所司。兵部尚書譚綸言，勾軍之制不可廢，工部尚書郭朝賓則以水田勞民，請俟異日，事遂寢。

及貞明被謫至潞河，終以前議可行，乃著《潞水客談》以畢其説。其略曰：西北之地，旱則赤地千里，潦則洪流萬頃；惟雨暘時若，庶樂歲無饑，此可常恃哉？惟水利興而後旱潦有備，利一。中人治生，必有常稔之田，以國家之全盛，獨待哺於東南，豈計之得哉！水利興，則餘糧棲畝，皆倉庾之積，利二。東南轉輸，其費數倍，若西北有一石之入，則東南省數石之輸，久則蠲租之詔可下，東南民力庶幾稍甦，利三。西北無溝洫，故河水横流而民居多没，修復水田，則可分河流、殺水患，利四。西北地平曠，敵騎得以長驅，若溝洫盡舉，則田野皆金湯，利五。游民輕去鄉土，易於爲亂；水利興，則業農者依田里，而游民有所歸，利六。招南人以耕西北之田，則民均而田亦均，利七。東南多漏役之民，西北罹重徭之苦，以南賦繁而役減，北賦省而徭重也；使田墾而民聚，則賦增而北徭可減，利八。沿邊諸鎮有積貯，轉輸不煩，利九。天下浮户，依富家爲佃客者何限，募之爲農，而簡之爲兵，屯政無不舉矣，利十。塞上之卒，土著者少，屯政舉則兵自足，可以省遠募之費，甦班戍之勞，停攝勾之苦，利十一。宗禄浩繁，勢將難繼，今自中尉以下，量禄授田，使自食其土，爲長子孫計，則宗禄可減，利十二。修復水利，則倣古井田，可限民名田，而自昔養民之政，漸可舉行，利十三。民與地均，可倣古比閭族黨之制，而教化漸興，風俗自美，利十四也。

譚綸見而美之曰：『我歷塞上久，知其必可行也。』已而順天巡撫張國彦、副使顧養謙，行之薊州、永平、豐潤、玉田皆有效。及是貞明還朝，御史蘇瓚、徐待力言其説可行，而給事中王敬民又特疏論薦，帝乃進貞明少卿，賜之敕，令往會撫、按諸臣勘議。時瓚方奉命巡關，復獻議曰：治水與墾田相濟，未有水不治而田可墾者。畿輔爲患之水莫如盧溝、滹沱二河。盧溝發源於桑乾，滹沱發

[一] 脃　《明史》作『脆』。

源於太戲，源遠流長，又合深、易、濡、泡、沙、滋諸水，散入各淀，而泉渠溪港，悉注其中。以故高橋、白洋諸淀，大者廣圍一二百里，小亦四五十里，每當夏秋淫潦，膏腴變爲潟鹵，菽麥化爲萑葦，甚可惜也。今治水之策有三：濬河以決水之壅，疏渠以殺淀之勢，撤曲防以均民之利而已。帝竝下貞明，貞明乃躬歷京東州、縣，相原隰，度土宜，周覽水泉分合、條列事宜以上。户部尚書畢鏘等力贊之，因採貞明疏議爲六事，請郡、縣有司以墾田勤惰爲殿最，聽貞明舉劾。地宜稻者以漸勸率，宜黍、宜粟者如故，而不遽責其成； 召募南人給衣食、農具，俾以一教十能； 墾田百畝以上，即爲世業，子弟得寄籍入學； 其卓有明效者，倣古孝弟力田科，量授鄉遂都鄙之長； 墾荒無力者，貸以穀，秋成還官，旱潦則免； 郡、縣民壯，役止三月，使疏河芟草，而墾田則募專工。帝悉從之。

其年九月，遂命貞明兼監察御史，領墾田使，有司撓者劾治。貞明先詣永平，募南人爲倡，至明年三月，已墾至三萬九千餘畝。又遍歷諸河，窮源竟委，將大行疏濬，而奄人、勳戚之占閒田爲業者，恐水田興而已失其利也，爭言不便，爲蜚語聞於帝，帝惑之。三月，閣臣申時行等以風霾陳時政，力言其利，帝意終不釋。御史王之棟，畿輔人也，遂言水田必不可行，且陳開滹沱不便者十二，帝乃召見時行等，諭令停役。時行等請罷開河，專事墾田，已工部議之棟疏，亦如閣臣言，帝卒罷之，而欲追罪建議者，用閣臣言而止。貞明乃還故官，尋乞假歸，十八年卒。

貞明識敏才練，慨然有經世志。京東水田實百世利，事初興，而即爲浮議所撓，論者惜之。初議時，吴人伍袁萃謂貞明曰：『民可使由，不可使知，君所言得無太盡耶！』貞明問故，曰：『北人懼東南漕儲派於西北，煩言必起矣。』貞明默然。已而之棟竟劾奏，如袁萃言。袁萃字聖起，吴縣人，舉萬歷五年會試。又三年，釋褐授貴溪知縣，擢兵部主事，進員外郎署職方事。李成梁子如楨，求爲錦衣，大帥袁萃力爭，寢之，出爲浙江提學僉事，巡撫牒數十人寄學，立却還之。歷廣東海北道副使。中官李敬轄珠池，其參隨擅殺人，袁萃捕，論如法，請告歸。所撰《林居漫録》《禪園雜志》多貶斥當世公卿大夫，而於李三才、于玉立尤甚云。

明御史王之棟請罷濬滹沱河疏附

臣維當今之世，常患無任事之臣，間有一人者，毅然起而任之，而脂韋之徒，又從旁睥睨，破壞於其間，此擔當者竦肩而不敢荷，疾足者却步而不敢前，亦臣之所日夜憤惋，大有不平於衷者也。顧所貴乎任事者，必一人創畫，人人便之；一時建立，世世安之而后可。若上虚國儲，下勞民力，以興必不可成之功，非完計也。

臣去年冬接邸報，見尚寶司少卿徐貞明疏。爲畿郡數遭水患，懇乞勅司臣，乘時勘議，以恤民艱，以興地利事，奉旨：『工部知道。』夫貞明所稱任事之臣也，前年春，奉詔興西北水利，沿邊瀕海之處，報有成效；邇者，欲盧溝、滹沱二大津復故道，以除厥害，良亦勤矣。謭陋愚臣，何足以佐末議，況臣西北人也，所興除利害，即臣當尸祝而俎豆之，復何忍言。第以興革非常，順民則便。如京東水利及盧溝巨津，去臣地遠，不敢臆説。惟滹沱一河，臣生其地，履其患，日夜思所以除之之計，詢諸父老，質之士大夫，僉謂此河決不可以人力治者。臣謹具河狀並貞明所建議列爲十二事，冒昧陳之陛下，試垂察焉。

按： 河源發於代郡泰戲山下，滙爲三泉，循太行，掠晉、冀蜿蜒而東注之海。水性驕悍，土疎善崩，壅決不常，當其泛漲，則湧溢上流，雖隄防亦經淤漫； 當其殺落，則漩駛下激，雖樁橛亦被摧推。況河流之處多沙泥，而無根基，人修之難爲功，水衝之易爲力也。在昔東漢永平間，連年治之，死者不可勝算，賴鄧訓請罷止。至元以來，至大定中，舉者不下十數次，咸以績用弗成止。嘉靖初，太僕卿何棟，欲築隄以復故道，后因一歲數遷，又止。即此觀之，凡倡爲修築之説者，皆徒勞罔功也。

今必欲議濬，臣恐横流未必能除，而徵派紛出，地方滋擾，將以除害者而生害矣。況二百年來人情安之，一旦動衆，寧不駭異乎？此其不可者，一也。

滹沱原無定居，故道不止一所，自我朝言之： 洪武初，自正定西南抵束鹿，至深州入傅家池； 永樂四年，徙南向劉村東流，出武强界； 十六年，劉村再塞，改流衡水五花營店，導於漳河； 至成化則由正定出晉州紫城口，南入寧晉泊，會衛河入海； 至正德則紫城口淤塞淺漫，分爲二股，一股仍由寧晉，一股東流，自束鹿至深州城南，已復二股合併，會清水河入海； 至正德末年，徙束鹿、深州城，北入武强，衝破獻縣古隄，遂爲深、獻患； 至隆慶三年，水大溢，漂溺坍塌不可勝計，乃從天宫口改決饒陽，遂又爲饒陽患。凡此皆河流所經之處，今云修復故道，將從何者而修之乎？此其不可者，二也。

或曰： 修復深州故道，仍存饒陽見行之道，使自饒陽而下者十之七，自深州而下者十之三，胡不可者？不知此亦非自貞明始也。弘治六年，知府張淑開新河於郡南，分殺水勢，費以萬計，不再逾夏，水大入，復趨故道，功竟不成； 即隆慶中，井陘道臣紀誠議開天宮口，饒陽、深州之人稱不便者，填於街衢，時撫臣宋纁知其難成，力止之。其人見在户曹，可召而問也。 況水勢漂出山下，即抵城邑，或南、或北，唯所之耳。 誰能別其流派，而使七分之北，三分之南乎？此其不可者，三也。

積水盈野，堅冰彌望，貞明亦親見之，此猶秋杪冬成之際； 若夏秋水漲，則正定以南幾十里許，皆河身也。今據深州所挑濬者，闊三十步，深一丈，無論水勢必不入渠，即入渠，所容能幾何，而欲以殺横奔之勢乎？且彼云『可以資灌溉』，不知此水淤沙不能潤苗，而實以害苗，奈何欲假以灌田耶！此其不可者，四也。

自古議興作者，必預計其所費，臣聞僱役之法，前議至一百二十萬，今止曰一萬有奇，較前所費不過百分之一耳。即謂主前議者，將欲避事，故增其估以阻之，亦不應相懸若此之甚也。況人非避事，則喜事，增估者爲避事，安知減估者非喜事者乎？苟存一喜事之心，使工費不敷，即剥削多方，以期竣事矣。當此旱澇相因之時，百姓洶洶，至勤我皇上屢詔蠲租，又從而賑貸之，猶恐未甦，而乃朘民膏脂，以興此無益之舉，何爲者哉？此其不可者，五也。

燕、趙之民，獷悍輕佻，一遇饑荒，易與爲盜，則嘯聚之戒，正今日所當嚴者，臣聞京東水利之處，所募有南兵數千人，邊民苦之，識者謂當戒其不虞，況更聚此數萬易逞之徒於冀、晉之間，且勤且勞，不得休息，而又家無擔石之蓄，以養父母、育妻子，萬一揭竿蜂起，將如之何？此其不可者，六也。

運道轉輸，國家之咽喉係焉。積雨横集，則衛河常溢，雖有守隄之夫，日夜巡防，猶時遭衝決，而加以滹沱猛悍之水灌之，可乎？且三角、龍堂等淀固不高於海，無上犯運河之理，然下通直沽； 衛河自南而來，亦至直沽入海； 兹又引滹沱之水，會清河以入衛，至直沽入海，衆派奔滙，其流湍激下，湍激則怒而相搏，其勢必逆於上，能保不泛溢乎？蓋河、猶注也。注石者加斗則溢，注斗者加升則溢，此理昭昭無容疑者，故引滹水以入衛，其於運道妨矣。運道妨則咽喉厄，此其不可者，七也。

積貯天下之大命，原爲備緩急計，而況三輔根本之地，譬則人之心腹也，心腹宜實不宜虚，今借支庫藏以妨積貯，不足，則又量動倉儲，又不足，則必設方搜索，此端一開，而不肖之徒，將駕言那借以剥公帑，借口勸助以潤私囊，日甚一日，根本虚而心腹索然矣。倘有緩急，胡以應之？此其不可者，八也。

自天宫口至清河，逶迤百里，河勢所佔，大約不減百餘頃，而今止云三十頃，何其少也？況束鹿、深州等處，去臣居甚近，則地之肥瘠，亦不大相遠； 上地一畝可易二三金，次不下一金，最下則五錢極矣。即河地斥鹵，而業開墾，當與最下者等，乃止以三錢易之，猶曰『令厚於民』，使無怨言，夫河流既徙，民方開爲成業，聯建莊圃，茲舉而奪之，且廉其所值，有不興怨者乎？此其不可者，九也。成祖時，衛河爲患，尚書宋禮以開數小河請，上以農務方興，令候秋成爲之。邇者，三農甫舉，乃以數萬之夫，蟻聚蹂躪於百里之上，於播種不大妨乎？此其不可者，十也。

詢謀僉同，革言三就，偏聽獨任，古人重戒。欲爲一方除大害，當與一方之臣民共籌之。聞貞明踏勘正定時，撫、按、司臣，俱有後言，郡守而下，有慮及於桑田廬舍者，不曰避事偷安，則曰自私其民，間有承風希旨，即擊節歎賞曰：『我自出京以來，未有如公之實心任事者』。夫舉久歷地方，洞悉利弊者，置之不問，而第於附己者取焉，詢謀之謂何？而乃偏執之若此也！偏執則事必僨，此其不可者，十有一也。

朝廷舉事，自有大體，苟計關宗社、利生民所不能已者，即請之内帑，或徵附近之丁夫，濟之可也，今事在可已，而供費浩煩，乃惟一二羽士募化是賴，亦羞朝廷而損國體者矣，此其不可者，十有二也。

夫以貞明之諳練老成，豈慮不及此？而必鋭意行之者，蓋奉行之人，不善體任事之意，或虛報其功以要譽聞，或故減其費以見智略，或引『一勞永逸』，『厥成晏如』之語，以阿順其意，彼以汲汲任事之心，重之以喜事者之説，故不覺其入而偏信以至此也。臣愚不識時務，惟知王道本乎人情，利之所在，民爭趨之，害之所在，民爭避之。苟可以獲利而遠害，民亦何憚而不爲，而猶待於上之督率，而猶蹙額不願之若是乎？況天下晏如，以其臻厥成也，未有不成而晏如者也，而搜括府庫，勞苦元元，以圖無益，斷斷乎其不可者，此臣所以不容已於言也。

伏乞勅下該部，如果臣言不謬，再行本官會同撫、按諸臣，將滹沱河會勘詳議，察地之宜，從人之便，務集衆以廣益，毋偏執以必行，庶民生獲安，國計不損，即當事者亦不至壞極而不可收拾矣，民社幸甚。

余既刻是書，恭閲欽定《日下舊聞考》，又得一則云：口外諸山之水，自京西盧溝橋而下，經固安、永清至於信安，滙於三角淀，達於直沽入於海。良、涿九川之水會於胡良河，自楊家務而下，經北欒店東，過辛店至於信安，此霸州以北之水也。

宣府、紫荆、白溝諸水，自新城而下，滙於茅兒灣，經保定玉帶河，達於苑家口，至於信安、直沽入於海。易、安、苑、肅、唐、蠡九河之水，自雄縣而下，東過茅兒灣，入於苑家口；山西五臺之水自河間而下，經任邱滙於五官淀，亦入於苑家口，此霸州以南之水也。

南、北二川，東狹淤淺，隄岸蕩蝕，不足以容萬派之流，水至則瀰漫無際，溢入文安、大城，積爲巨浸，民不得耕。

治之之法，不以壅，而以導，不先於决口，而始於下流。按：直沽之上有大淀，有小淀，有三角淀，廣延六七十里，深止四五尺，若因而增益之，又爲之隄，以停蓄衆水，而以委輸於海，使水有所受；然後濬治舊川，爲長隄以東之，高廣倍於前功，使水有所行；又多開支河，聯絡相屬，使水有所分，見在窪淀不下數十處，各深而隄之，使水有所積；則雖有淫潦，大川瀉之，支河析之，諸淀瀦之，高隄防之，可以無患矣。原注：出《潞水客談》。

又謹案云：朱彝尊引《潞水客談》所載口外諸水，自盧溝而下至信安者，即永定河下游也，今已北徙。其州北良、涿九川會於胡良河，經北欒店至信安者久淤，今則自新城而下，會于白溝河。其州南之水，自河間而下，至苑家口者，即滹沱故道也，亦久淤，今則自真定南至深州，衡水北折，而逕獻縣入子牙河，達直沽。惟宣府、紫荆、白溝及易、安、苑、肅各河之水，自雄縣而下，滙於茅兒灣，入苑家口者，故道不改。

今抄本無此條，竊案文義，《客談》專談水利，而此則專論水道，欲行補入，反似岐出，豈是抄有脱遺耶？抑竹坨是書引書千六百種，亦有隨筆誤寫書名耶？併録之，以俟博雅者是正焉。

時重九後一日　邦慶又識

重刻序

郡伯仲起張公，數好言天下大計，間從袖中出一編授余曰：「茲而鄉徐伯繼所爲《潞水客談》，臚列西北水利事實，其言則燕、薊無枵腹之虞，吴、楚有息肩之望，以今天下大計，寧復有逾此者耶。至其歷溯泉源，徧閲地勢，斟酌天時，劑量人工，形必副情，實必中聲，譬之海賈談珠，山樵伐木，靡遺算矣。乃水衡諸當事，直弁髦其説，而不一施用，徒令識者扼腕。頃天子赫然改易弦轍，思建中興之烈，伯繼業已賜環，尚符璽爲近臣，庶幾得一當以展其夙昔，匪直寄諸空談而已。第海内識不識爭韙其言，奉爲芳規，而舊板漫漶，幾不可讀，吾欲重爲之梓，以惠海内，子盍綴一言于編端！」余曰：「唯唯。」余往從鄧太史識伯繼，一見握手如平生驩。即是編也，余藏之篋中垂六七年矣，不異中郎之秘《論衡》，豈虞公之好之甚於余也？嗟乎！余嘗究觀天下大勢，西稱巴、蜀之饒，南語江、漢之沃，東數吴、越之利，顧當三國時，曹操僅擁中原磽确之區與群雄角，而巴、蜀、江、漢、吴、越諸美壤，悉爲孫劉割據，不領於中國之版圖，然而强大之名，卒歸於操，迄莫敢與抗者，豈獨其兵力雄哉？亡亦以屯田之建置豫也！史稱建安元年，操從羽林監棗祗言，以祗爲屯田都尉；任峻爲典農中郎，將募民屯田許下；又徧令郡國例置官田；所在積穀，廪庾皆滿。故操征伐四方，無運餉之勞，遂能誅鋤群雄，幾致混一，有以哉！元人寡馭世之略，束手仰食江南，曾未百年，我高皇帝起淮甸，而驅之若振槁然，江南之粟不繼，而王庭北矣。雖其運會固然，亦由儲蓄之計疎也。國家自成祖都燕、薊，襲元舊，而忘修西北之農政，視江南不啻外府，嗷嗷然待哺萬里之外。夫當漢、唐時，謀臣策士，競以中原爲近地，迴睇江南，直甌脱耳，無足重輕，假令國家一日無江南，則百萬拒守之卒，有縮腹而待斃耳，隱憂之謂何？伯繼當全盛之天下，而閔閔焉倡二百年未發之崇論，詎不誠卓識君子哉！宜公之有味其言，而重爲之梓也。伯繼又言：張全義尹河南，當喪亂之後，招徠農户，力修屯政；出見田疇美者，輒召田主，勞以酒食，或賜茶綵衣物，以故遠近競勸，遂成富庶。又欲仿虞文靖遺意，聽富民欲得官者，能以萬夫耕，則爲萬夫長，千人、百人亦如之；試以虛銜，緩其征科，竢田入既饒，蓄積漸充，然後量征其税，隨給以禄，至援兵興之時，轉餉勤勞，與對壘者論功，鑿鑿可施用。余謂國家誠得强敏任事如伯繼者數輩，畀以開府之任，錯置西北諸州；用張全義之法於内地，以勵游惰；用虞文靖法於塞外，以風富民；而又假以便宜，寬其文法，不責近功，不摇群議，即伯繼所稱『十年究其成，萬世享其利』，猶執左券而責償耳，豈虛語哉！言未既，公抵掌大詫曰：『異哉！始吾披襟伯繼，今復醉心邦相矣。』邦相余字也，輒次以爲序。

萬曆十二祺　春　王正月　望日

豫章喻均撰

余刻成，始睹明重刻之本，爲之校讐。今本較原本節去約數百字，然翦截浮詞，比原本爲簡净，亦無漏義，殆出於講求史裁之手，因不復增入，而録其重刻序於後，以見此書固嘗紙貴當時，而後乃成吉光片羽，急爲付梓，非好事也。

邦慶載識

怡賢親王疏鈔

〔清〕愛新覺羅・胤祥

世宗憲皇帝聖諭

雍正三年十二月二十三日諭

直隸地方，向來旱澇無備，皆因水患未除，水利未興所致。朕宵旰軫念，莫釋於懷。特命怡親王及大學士朱軾前往查勘。今據查明，繪圖陳奏，所議甚爲明晰。且於一月之内，衝寒往返，而能歷勘周詳，區畫悉當，以從來未有之工程，照此措置，似乎可收實效。具見爲國計民生，盡心經畫，甚屬可嘉。著九卿速議，具奏。至於工程應用人員，若交與九卿揀選，恐有掣肘，即令怡親王及朱軾揀選，請旨。其從前差往修城、修隄之員，俱著於水利工程處，一同辦理。

雍正四年四月十四日諭

九卿怡親王陳奏畿輔西南水利情形，並繪圖進呈，朕披覽甚爲明晰，著交與九卿會議具奏。怡親王等於去冬今春，奉命查勘水利情形，前後往返三月餘，而於直隸地方，東西南三面數千里之廣，俱身歷其地，不憚煩勞，凡巨川、細流，莫不窮源竟委，相度周詳，且因地制宜，準今酌古，曲盡籌畫，以期有益於民生，公忠爲國，實心辦理，甚屬可嘉。何國宗等同事多人，前往查看運河，將及半年之久，所清不過數河，而小丹河一節，何國宗與田文鏡各持意見，彼此參差，不肯虚心商酌，以濟公事，今又仍持兩議，争論具奏，較之怡親王何如，衆人自有公論也。

雍正四年四月十八日諭

去歲畿南被水，朕軫念民生，除截漕賑濟種種加恩外，又特命怡親王等親身前往，查勘地理情形，以除水患以興水利。今一切工程事務，雖有分發効力人員，但地非素經，人非素轄，恐有呼應不靈之處，必得本處地方官公同實心協辦，始克有濟。且事權必欲專一，方可奏功。凡直隸地方文武官，於水利事務，務須與分發効力人員，秉公和衷協助。如有漠視推諉及阻撓者，俱著怡親王題条，有實力奉公者，亦著怡親王保題。

雍正五年二月初七日諭

修舉水利、種植樹木等事，原爲利濟民生，必須詳諭勸導，令其鼓舞從事，方有裨益，不得繩之以法。若地方官員，因關係考成，督課嚴急，則小民轉受其擾矣。著直隸學臣，轉飭教職各官，切加曉諭，不時勸課，使小民踴躍興作。若地方官員怠忽，不加勸導，或有逼勒過嚴者，著學臣稽察奏報。三路巡察御史，亦著善爲勸導，悉心稽察。如地方官有奉行不善之處，即行據實奏聞。

雍正五年四月十七日諭

營田水利官員等：朕以畿輔之地，水患未除，水利未興，宵旰焦勞，修建大功，欲登民生於安阜。爾等官員皆情願効力，經朕引見命往者，自當仰體朕心，朝夕黽勉，方爲稱職，將來朕自加恩。今聞在工人員多有因循怠忽，不肯實心出力者。揣爾等之意，以爲朕信任怡親王、大學士朱軾，而爾等在怡親王、朱軾蔭庇之下，可以免於過愆，遂躭逸偷安，苟且塞責，或有見從前議叙人員，効力未久，俱得邀恩，遂各存僥倖之念，而無誠實辦事之心，此等意見，愚昧已極。朕只信任怡親王、朱軾，而怡親王、朱軾所用之人，朕豈皆深信而宥其過愆乎？況怡親王、朱軾公忠體國，若爾等不肯盡力工程，怡親王、朱軾亦豈肯狥情而稍爲容隱乎？爲此，特行曉諭。嗣後爾等可痛加悛改，勉力急公。倘仍前怠玩，遲悮公事，必從重治罪。若係已經議叙之員，先勤而後怠，其罪更不可逭。再怡親王、朱軾不能親身到工，凡督率在工人員，稽察勤惰，分别優劣，實係段如蕙、張燦之專責。段如蕙爲人柔善，張燦涉於浮誇，不能整飭，甚負朕擢用委任之意，亦著改除舊習，倘瞻顧情面，苟且姑容，朕嚴加議處之時，悔之不及矣。

雍正五年九月初九日營田水利府条奏定州知州程恂等違悮工程奉諭

朕爲直隸地方興修田畝水利，以厚民生，特令王、大臣等，經理其事。該地方有司，自應休戚相關，視同一體。畿輔密邇京師，朕時加訪問，如保定府知府李正茂，前在知縣任内時，正值大水之際，伊防護隄工，殫心竭力，實爲盡職之賢員，朕已加恩擢用。其有阻撓公事及玩忽工程者，於國法斷難寬貸，此所条程恂、駱爲香俱著革職，在營田水利工程效力行走。程恂荒廢未開之田畝，著仍交與程恂營治，倘明年再有遲悮，定行從重治罪。徐穀瑞因見隄工危險，遂推諉規避，將地方之事視爲膜外，著交部察議具奏。又據欽差大臣常明奏稱：寶坻縣最係低窪之地，平時易於被水，知縣吴檠實心辦事，將上年特發帑金新修之隄岸，加意保護，晝夜巡視，是以隄岸完固，而地方不受水患。甚屬可嘉。著將吴檠陞授山西大同府知府。常明又稱：玉田縣知縣魏德茂專務虚名，而諸事怠玩，防守工程亦甚廢弛。魏德茂著革職。

雍正五年十一月初八日諭

前據怡親王、大學士朱軾奏稱：直隸水田稻穀豐收，民間多不慣食稻米，請發銀採買米石，使得賣米價銀以買小米、高粱，於百姓甚屬有益。此特爲民食計，非爲倉儲計也。近聞州、縣中，竟有逼勒小民，强買稻米者。此等不肖官吏，生事擾民，將朕愛民德政奉行不善，反爲擾民之事，較之一切貪劣之員，尤爲可惡。該督等漫無覺察，所司何事！此皆庸碌州、縣假手不肖，賤役書吏，任其顛倒之所致，著令確查嚴叅治罪。倘該督等，狥情隱庇，不行查叅，將該督等一併嚴加議處。著將朕旨傳諭通省，務令百姓人人知之。

雍正五年十一月二十五日營田水利府叅奏御史王瓚等玩悮玉田縣還鄉河隄工奉諭

凡隄工事務，承修官與地方有司均有責任，定例昭然。嗣後直隸河道工程，著河員與地方官協同承修防護，務期保固無虞。如限内有衝決之處，著落河員與地方官，照例賠修。倘再敢怠玩推諉，著一併革職，照南河河員李世彦、孫國瑜之例，枷號工所，仍令賠修，以爲忽視工程之戒。

雍正六年七月初二日怡親王叅奏水利効力主簿梁文中奉諭

凡興修河渠、田畝等事，朕意本欲惠養斯民，爲地方永賴之利，然使差往人員等，奉行不善，則轉爲閭閻之擾，從前屢降諭旨甚明。前聞直隸工員内，有因營治稻田，拔去民間已種豇豆之事，因諭令怡親王確查。今據怡親王等查得候選主簿梁文中在薊州地方營治水田，逼迫民人路中惠等，將現種豇豆拔去毁壞是實，具摺叅奏。梁文中不行曉諭於事先，乃將已成之禾稼，逼令拋棄，違理妄行，不遵諭旨，顯欲阻撓政事，非無心錯悮可比，甚屬可惡。該巡察御史苗壽、陶正中，何以不行查叅？梁文中所犯既實，不必交與該督再審，著革去職銜，即於工所枷號示衆，候旨發落。其所毁壞豇豆，著於梁文中名下照數追出價值，賠還本人，並將此通行曉諭在工人員知之。

雍正七年二月十九日諭

農事爲國家首務，督率貴有專司。前有人條奏，請於各省設立農官，以司勸課，或設巡農御史，令其巡行郡邑，勸朂農人及時力作，亦足敦本業而防游惰等語。朕思各省耕作之情形不同，未可一例通行。現今畿輔之地營種水田以來，收獲甚多，行之已有成效。設立巡農御史之事，當先行於直隸省。每年特差御史一員，於二月田功初起之時，巡歷州縣，查察農民之勤惰，地畝之修廢，以定州縣之考成。其有因循推諉，以致荒廢農田者，即行叅處。該御史亦勤加勸課，督令耕耘，九、十月間，稼穡納場之後，回京覆旨。至明年二月，照例另派一員前往。其該御史出巡，一應供給車馬，俱照現今巡察御史之例，按日給發，務使農業興修，田功畢舉，游手之人，咸歸南畝，以副朕重農務本之至意。

翰林院編修臣吴邦慶恭録

目

敬陳水利疏

欽惟我皇上宵旰勤勞，無刻不以民依爲念。茲因直隸偶被水澇，截漕發倉，多方軫恤，被水窮民，既皆得所，猶命臣等查勘各處情形，興修水利，務期一勞永逸，所以爲民生計者至矣盡矣！臣等雖才識淺陋，敢不殫心竭力，以求仰副聖懷。自出京至天津，歷河間、保定、順天所屬州縣，所至相度高下原委，並諮訪地方耆老，所有各處情形大略謹爲我皇上陳之：

竊直隸之水，總會於天津，以達於海。其經流有三：自北來者爲白河，自南來者曰衛河，而淀池之水，貫乎白、衛二河之間，是爲淀河。白、衛爲漕艘通達之要津，額設夫役、錢糧，責成河官分段歲修，而統轄於河道直隸總督。邇年以來，白河安瀾，無汎溢之患，惟飭河道官員，加謹防護，可保無虞。

衛河發源河南之輝縣至山東臨清州，與汶河合流東下，河身陡峻，勢如建瓴；德、棣、滄、景以下，春多淺阻，一遇伏秋暴漲，不免沖潰泛溢。查滄州之南有磚河，青縣之南有興濟河，乃昔年分減衛水之故道也。今河形宛然，

[一] 按正文内容加。余同。

閘石現存，應請照舊疏通，於往時建閘之處築減水壩，以洩衛河之漲。又静海縣之權家口，潰堤數丈，沖溜成溝，直接寬河，東趨白塘口入海河，亦應就現在河形，逐段開疏，於決口築壩減水，均於運道有益。白塘口入海之處，舊有石閘二座，磚河、興濟二河之委，應開直河一道，歸併白塘出口，澇則開閘放水，不惟可殺運河之漲，而河東一帶積澇，亦得藉以消洩。且海潮自閘内逆流，遇天時亢旱，則引流灌溉，溝洫通而水利溥，滄、青、静海、天津數百里斥鹵之地，盡爲膏腴之壤矣。至沿河一帶隄工，大半低薄，應飭及時修築高厚，仍令總督，將玩忽河官叅處，以警將來，此治衛河之大略也。

至東、西二淀，跨雄、霸等十餘州縣，廣袤百餘里。畿内六十餘河之水，會於西淀，經霸州之苑家口會同河合子牙、永定二河之水，滙爲東淀，蓋群水之所瀦蓄也。數年以來，各淀大半淤塞，惟憑淀河數道通流，一經暴漲，不惟淀河旁溢爲災，凡上流諸水之入淀者，皆沖突奔騰，莽決無際。總緣東淀逼窄，不能容納之故也。故治直隸之水，必自淀始。凡古淀之尚能存水者，均應疏濬深廣，併多開引河，使淀淀相通；其已淤爲田疇者，四面開渠，中穿溝洫，洫達於渠，渠達於河、於淀，而以現在淀内之河身，疏瀹通暢，爲衆流之綱，經緯條貫，脉絡交通，瀉而不竭，蓄而不盈，而後圩田種稻，旱澇有備，魚鼈、蜧蛤、萑蒲之生息日滋，小民享淀池之利，自必隨時經理，不煩官吏之督責，而淀可常治矣。週淀舊有隄岸，加修高厚，無隄之處，量度修築。其趙北、苑家二口爲東、西二淀咽喉。趙北隄長七里，現在板石橋共八座，俱應陞高加濶，并於易陽橋之南，添設木橋一座，隄身加高五六尺。橋空各浚深丈餘，每橋之下，順水開河，直貫柴伙淀而東。苑家口之北，新開中亭河，近復淤塞，應疏濬深廣。其上流玉帶河對岸，爲十望河舊道，應自張青口開通，由老隄頭入中亭河，會蘇橋三岔河，達於東淀，庶咽喉無梗，尾閭得舒，可無沖溢之患矣。子牙、永定二河，以淀爲壑，淀廓而後河有歸，亦必河治而後淀不壅，此治二河之法，所當熟計也。

子牙爲滹、漳下流，清、濁二漳，發源山西至武安縣，交漳口會流，經廣平、正定，而滹沱、滏陽、大陸之水會焉。蔡沈《禹貢註》云：唐人言漳水獨自達海，請以爲瀆。可知天津歸海之水，以子牙爲正流，其餘諸水皆附之以達於海者也。夫以奔騰注海之勢，遮之以數百里紆迴曲折之隄，河身淤墊高於平地，兩岸相距不過數丈，舊時支港岔流，一概堙塞，欲其不沖不泛，安可得乎？考《任邱舊誌》，子牙下流有清河、夾河、月河，皆分子牙之流，同趨於淀。今宜尋求故道，開決分注，以緩奔放之勢。

永定河俗名渾河，其源本不甚大。所以遷徙無定者，緣水濁泥多，河底逐年淤高，久之，洪流壅滯，必決向窪下之地，其流既改，故道遂堙，蓋水性就下無定者，正其所以有定也。今應於每年水退之後，挖去淤泥，俾現在河之形，不致淤高，庶保將來不復遷徙。二河出口俱在東淀之西，淀之淤塞，實由於此。臣等面奉上諭，令引渾河別由一道，此聖謨遠照，經久無弊之至計也。今應自柳岔口，引渾河稍北遶王慶坨之東北入淀。子牙河現由王家口分爲二股，今應障其西流，約束歸一。兩河各依南、北岸分道東流，仍於淀内築隄，使河自河、而淀自淀。河身務須深濬，常使淀水高於河水。仍設淺夫，隨時挑濬，毋令淤塞。兩河淀内之隄，至三角淀而止。蓋三角一淀，爲衆水歸宿，容蓄廣而委輸疾，但照舊開通，逐年撈濬，二河之濁流自不能爲患，而萬派之朝宗，可得安瀾矣。此廓清淀池，調劑二河之大略也。

再各處隄防，冲潰甚多，應俟隄内水洩，興工修築。其高陽河之柴淀口河身南徙，舊河淤塞斷流，應速挑濬，復其故道。新河之南界連任邱，有古隄一道，亦冲潰數段，以致任邱西北村莊盡被淹没，鄚州一帶通衢，亦宛在水中。現今任令詳請開挑，淀隄消洩，亦應俟水退之後，照舊修築，并墊高行路，以便往來。又新安之雹河，自西折東，遶縣治之南入淀，而徐河會入，漕河復自劉家莊泛濫而下，新安正當二河之衝，每遭漂没之患。應於三台村南開河一道，引漕河之水會入雹河，由縣之正北入應家淀，南岸築隄以護縣治，凡縣屬之大、小溵淀，俱可以圩田種樹，甚爲有益。凡如此之處不少，尚須逐一查勘，并天津海口，京東畿南等處，統俟來春查明具奏。謹將勘過情形，繪圖恭呈御覽，伏乞皇上睿鑒指示，臣等未敢擅便，謹奏。

請設營田專官事宜疏

竊《周禮》遂人所掌畎、遂、溝、洫、澮、川之制甚備，澇則導畎之水，遞達於川；旱則引川之水，注於畎，此所以歲不能災也。今南人溝洫之制，雖不如古，然陂堰、池塘爲旱潦備者，無所不至。北方本三代分田授井之區，而畿輔土壤膏腴甲於天下，東南濵海，西北負山，有流泉潮汐之滋潤，無秦、晉巖阿之阻格，豫、徐、黄、淮之激盪，言水利於此地，所謂用力少而成功多者也。宋臣何承矩於雄、鄚、霸州、平永、順安諸軍，築隄六百里，置斗門引淀水溉田，民享其利。元臣脱脱大興水利，西自檀、順，東至遷民鎮，數百里内盡爲水田。至明萬歷間徐（正）〔貞〕明、汪應蛟言之鑿鑿，試之有效，卒爲浮議所阻，自是無復有計議及斯者矣。今農民終歲耕耨，豐歉聽之於天時，一遇雨暘之愆，遂失秋成之望，豈地力之是咎，實人謀之不臧也。我皇上念切民生，飢溺由己，特命臣等，相度興修，務期水害去而水利興，此誠國計民生萬世之遠謨也。

臣等竊意潤物者水，其爲人害者，由人之不能用水也。農田之利興，則泛濫之害消矣。惟是小民可與樂成，難與慮始。水耕火耨，沾體塗足之苦，非惰農所能任；而疏濬修治之工費，又窮民所不能支；以數百年未興之利，謀之窮惰難與慮始之民，此亦事勢之最難者矣。臣等愚見：請擇沿河瀕海施功容易之地，若京東之灤、薊、天津，京南之文、霸、任邱、新、雄等處，各設營田專官，經畫疆理，召募南方老農，課導耕種。小民力不能辦者，動支正項，代爲經理，田熟歲納十分之一，以補庫帑，足額而止。其有力之家，率先遵奉旨，圩田一頃以上，分別旌賞，違者督責不貸。有能出資代人營治者，民則優旌，官則議敘，仍照庫帑例，歲收十分之一歸還原本。至各屬官田約數萬頃，請遣官會同有司，首先舉行，爲農民倡率。其濬流圩岸，以及瀦水、節水、引水、戽水之法，一一仿照成規，酌量地勢，次第興修。一年田成，二年小稔，三年而粒米狼戾，小民覩水田收獲之豐饒，自必鼓舞趨效，將凡可通水之處，無非多稔之鄉矣。

抑臣等更有請者：從來非常之利，言之而不行，行之而不究者，非局外之浮議爲阻，實局內之規畫未周也。臣等恭聆皇上訓旨，凡民間之小屋有碍水道者，加倍償價，大哉王言！順人情而溥美利，無過於是矣。臣等伏念濬河築圩，損數夫之産，利（干）〔千〕[一]耦之耕，甚而富家百頃，俱享平成，貧人數畦，偏值挖壓，若概償官價，不惟所費不貲，亦非民情所願。請計畝均攤，通融撥抵，視本田數加十之二三。其河淀汙地，已經成熟報陞，必須挖掘者，將附近官地照數撥補。如有豪强惑於風水，抗拒不遵者，嚴加治罪。如此，則事無中撓，人皆樂從矣。至浮議之惑民，其説有二：一曰北方土性不宜稻也，凡種植之宜，因地燥濕，未聞有南北之分。即今玉田、豐潤、滿城、涿州以及廣平、正定所屬不乏水田，何嘗不歲歲成熟乎！一曰北方之水，暴漲則溢，旋退即涸，能爲害而不能爲利也。夫山谷之泉源不竭，滄海之潮汐日至，長河大澤之流，遇旱未嘗盡涸也，況陂塘之儲，有備無患乎！此等浮議，雖愚民易爲所惑，臣等宣布皇仁，悉心開諭，無不感激歡騰，勸功趨事。其農田水利區畫條目，容臣等博採熟商，具摺奏請。總期仰體聖心爲畿輔興除利害，一勞永逸，億兆生民共享樂利之休於無既矣。伏乞皇上勅下九卿議覆施行。

請磁州改歸廣平疏

竊臣奉命興修水利，查得滏陽一河，發源於河南磁州神麕山，自邯鄲入永年，歷曲周、雞澤、平鄉等縣。元臣郭

[一] 干　應爲『千』。

守敬曾言此河可灌田三千餘頃； 而明臣知府高汝行等、知縣朱泰等，曾建惠民等八閘，以資灌溉； 沿河州縣，民皆富饒，秔稻之盛，甲於諸郡。 近年以來，水田漸改，閘座所存無幾。 詢其所以，乃有磁州之民，地居上流，攔河築壩。 無論水少之時，涓滴不下，即至水多之日，亦壅閉甚堅，以待經過商船，斂金買水，乃肯開壩放行； 以致下流諸邑，田土焦枯，不沾勺水之潤。 因争興訟，累歲不休。 雖均水之斷案如山，而隔屬之抗違如故。 此廣郡水田之所以坐廢也。

查廣平舊《誌》： 磁州屬廣平路，領成安。 成安現隸廣平，則磁州本非豫屬明矣。 請將磁州改歸廣平府，則滏陽一河全由直隸統轄，均水息争，同安樂利矣。 豫撫田文鏡請以滑、濬等縣，令屬河南以重漕運，部覆准行。 况磁州本係廣平路屬，史有明文，事非創舉。 臣等仰體我皇上愛養民生，一視同仁之至意，爲此謹奏。

敬陳畿輔西南水利疏

伏查京西一帶諸山，實維太行之麓，逶迤環拱，遥衛神京，水勢因之，盡朝宗而左騖。 故自西北山而下者，皆東南滙於兩淀； 自西南山而下者，皆東北滙於大陸。 二泊兩道分流畢由東淀達直沽入海。 則是今日所歷諸河，即去冬查勘畿南河淀之上流也。 下流治，乃可以導上流之歸，亦必上流清，乃可以分下流之勢； 此相須而不可偏廢者。 謹將勘過情形，并開挖疏引，措置水田事宜，爲我皇上敬陳之。

盧溝以西諸水，拒馬其巨流也，發源山西、廣昌之淶山，東流至房山、鐵鎖崖分爲二派： 一派東入涿州，過新城西南； 一派南入淶水，經定興，歷楊村而東。 二派合流而爲白溝河。 他若挾河、琉璃河會於馬頭村爲馬頭河； 茨尾河、廣陽水會於石羊村爲牤牛河； 白玉塘、西峪寺、甘池諸泉會爲胡良河，皆入焉。 馬頭、牤牛二河，雨多則溢，雨少則涸，均難資其灌溉。 而牤牛一河，又往往東決，爲固、霸諸邑害； 衝溜既久，宛成河槽，特以下無所歸，以致泛濫田野，應加疏濬，導自高橋以下入淀。 不惟固、霸百里之内，潦水有所收攝，兼可減白溝之流，免雄縣淹没之患矣。 惟胡良所經，地稱膏腴； 溝渠圩岸，宛若江南； 擴而廣之，房、涿之間，皆稻鄉也。 淶水一派，石亭赤土，樓村秔稻最盛。 而房之張坊至駱家莊； 涿之高村及城之西北一路，分渠引流，具有條理。 又有王家莊、茂林莊、毛家屯等村溝渠，現存改爲旱田者，約百餘頃。 詢之土人，僉言水之入淶者七，入房、涿者三，故不足用，及訪淶，則又以水源微弱爲辭。 此皆小民狃於因循，不足深信。 此河下流爲白溝，水勢甚盛，而附流之茨尾等河，常苦涸竭。 則今之滔滔南下者，孰非拒馬之餘波乎！ 未有下流盛，而上源微者。 今應於房山、鐵鎖崖分流之處，深溝側注，以均其來；　白溝之上，相地建閘，以節其去；　不惟王家、茂林等處之百餘頃復爲水田，即河流所經之定興、新城等縣，亦沾澆灌之利矣。

拒馬之南爲三易水：　曰濡、曰武、曰雹。《寰宇記》所謂『易水有三，其源各出』者也。　濡水，出州之窮獨山，西折而南流，環城東注；　又南入定興與淶水合流；　源泉、白楊、虎眼、梁村、馬跑諸泉，及遒欄河皆入焉。　源泉舊有石壩，乃前人壅水開渠之遺址；　沿流建閘，石基尚存，故當時近水皆稻粱，遶城皆荷芰，今皆荒廢，所應修復，以廣水利者也。　武水，出武峰嶺；　女思澗、子莊溪、潦水入焉。　流經定興合濡水而歸河陽渡。　雹水，出石獸崗，灌河入焉。　流經安肅合鹽臺陂，而入安州之依城河。三水具挾原泉，分流疏渠，其勢甚便。　鍾家莊、唐湖川、鹽臺陂，民皆藝稻，是在因地擴充，務使水無遺利。　雹水之南曰徐水，來自五廻嶺，經滿城至安肅，而曹水會入焉；　合一畝、方順、龍泉諸水，滙爲依城河，安州宛在水中，其勢甚危。　前奏引曹入雹，引雹入淀，順而導之，正所以分而減之也。　一畝泉，出滿城東南，涌地噴珠，澄泓盈溢；　餘小泉以百數，鷄距、紅花名最著，土人溉稻可十餘頃，而水力已殫矣；　流經清苑城南爲清苑河。　方順水即曲逆河祁水之下流也；　源出完縣之伊祁山。　五雲、石臼二泉流爲放水河；　蒲水伏流復現爲五郎河，皆會焉。　流經清苑東爲石橋河；　九龍泉出慶都城東，繞城而流，東北入方順水，源盛而水饒，疏而引之，不可勝用也。

放水河之西有滱水，發源山西之靈邱，由倒馬關入唐縣爲唐河；　橫水自西北來會；　居民引以溉稻，直達下素，町畦相望，經曲陽之鎮里、高門，所溉尤多。　南入定州，而白龍泉復來會之。　王耨、張謙等村，傍河皆圩岸也，應推廣以極水力，所得稻田難以頃畝計矣。　又考《完縣舊誌》：　前明曾於唐之北洛，開渠引入放水河，二邑均賴其利。　今河跡現存，當挖濬以復其舊；　而北洛之南，原有騰橋一座，以防山水之衝，亦應仿其制而多設之。

唐河之南，有沙河來自山西之繁峙，至白坡頭口入曲陽界，合平陽河南流；　阜平當城、胭脂二河；　行唐之郜河，咸會焉。　其上流亦名泒水，經自新樂，歷定州，沿流多資灌溉，宕城、鵶窩、産德、北川、南川皆其處也。　他如阜平之崔家莊，行唐之龍崗、甘泉河；　新樂之何家莊浴河，俱有水田，泉渠頗多堙廢，徧行疏滌，所獲尤多。

沙河南有滋河，源自山西枚回山，經靈壽爲慈水；　七祖寨岔頭、錦繡、大明川，壅流皆可田；　入行唐之張茂村伏焉，至無極、南孟社而復出，遶縣治北，旋經深澤之龍泉、涸沃、仁橋，疏流成渠，皆天然水利也。　三水頗稱鉅流，畢會於祁州之三岔口，下爲豬龍河，往往泛溢爲害，去歲決柴淀口，浸及任邱者，即此水也。　以上諸水，會於白溝者七；　會於依城河者十有六；　會於三岔口者十有一；而盡攝於西淀焉。自此而南，水之載在圖經者二十有一，惟滹沱最大，發源山西繁峙之泰戲山，由雁門入直隸之平山界，冶河、綿蔓、嵩陽、雷溝、沕沕水等河皆入焉。冶河一名甘陶河，源自山西平定州松嶺，流至平山，初不與滹水相通，自二水合流，而滹沱之勢遂猛，屢奔潰，爲正定害。元時引闢冶河，自作一流，滹沱水退十之三四，已而冶河淤塞，復入滹河，歲有潰決之患。皇慶中議復之而未果。又按：《漢書·地志》：冶水，即太白渠也，受綿蔓水，東南至下曲陽入於洨。此冶之故道本與洨合。今應於入滹之處，塞而斷之，循其故流，加以挖濬，引入洨河，則滹沱之猛可減，此前人已試之成功也。

洨河，發源獲鹿蓮花營泽北村二泉，其源頗有堙塞，至欒城西南合北沙河，而流始漸大，澆溉可資，但苦岸高，難以升引，應作壩以壅之，俾水與岸平，開溝二三尺，縱横俱可通流，涓滴皆爲我用矣。伏秋水漲，則决壩以洩之，旱澇無虞，萬全之利也。洨河下流，自寧晉入泊，舊有石閘三座，遺跡尚存。現今兩岸居民，尚戽水以澆畦麥，其爲水利之用，亦可想見矣。

洨河以南，水自贊皇來者，有槐水、午水；自臨城來者，有泲水、泥河、泜河、沙河；自内邱來者，有李陽河、七里河、小馬河、柳河；或名在而迹已湮，或源存而流已徙；道途所經，一一訪求，即土人亦不能言其故，而指其處；然石橋宛在，斷碣猶存，或此等本非恒流，前人開之爲洩澇歸泊之路，今皆任民耕種，以致山水暴發，瀰漫四野，貪尺寸之利，貽害無窮。今已委員查勘，酌量疏通，令漫水有歸，田疇不受其害。小柳河之東爲聖水井，亦名聖女河，源出任縣之欒村聖女祠下，泉從地涌，引流可田；南爲白馬河，源出内邱之鵲山，經邢臺，居民建閘溉田，壅之而不使下，下流遂湮，水漲之時，則以鄰為壑，故北之聖女，南之牛尾，二河俱被其衝突，爲任邑害。今應濬白馬入泊之流，嚴邢臺閉閘之禁，害去而利乃可興矣。牛尾河發源邢臺之達活泉，水盛岸高，直達於任縣泊，作閘節宣，利賴曷窮焉。

又南爲百泉河，源出邢臺之風門山，亦名七里河，歷南和之北豆村、康家莊等處，有閘十三座，溉田數百頃，而任縣不沾一勺之潤。今應立法以均其利，自下而上，各以三日爲期，則沿流一帶皆水田也。但河身尚隘，宜展而倍之。

百泉之南，爲野河，源出邢臺之西山，下經野河村，入沙河。沙河，源出山西、遼州之禺水，流至沙河縣南分爲二支：一流南和至任縣爲澧河；一流永年北下鷄澤，至南和爲乾河；抵任縣合洺河，入任縣治，沙河縣之普潤閘，溉田四十餘頃者，是其利也。洺河，亦發源於遼州，歷河南之武安而入直隸永年縣，過鷄澤、南和，下與沙河合。近年常苦涸竭，若引滏陽之水，假沙、洺之道，兩河之間俱可沾其浸溉。

滏陽河，諸水之鉅流也，源出河南磁州之神麕山，至邯鄲南，會洺、沁二水，流永年，抵曲周，過鷄澤、平鄉、任縣、隆平至寧晉，貫大泊而出，抵冀州與滹沱水合，所經之處，疏渠灌稻。元臣郭守敬曾言：『可灌田三千頃』；而明臣高汝行、朱泰等，建惠民等八閘，民以殷富；近爲磁州之民，築壩截流，八閘已廢其六，今應均平水利，照舊修復。其措置磁州一節，容臣另摺具奏。以上諸水，入任縣泊者十八，寧晉泊者十二，則此二泊固二十餘河之委滙也。

查任縣泊土人謂之南泊；寧晉泊土人謂之北泊；皆《禹貢》大陸澤故地也。

南泊所受諸水，舊注滏河，自滹漳填淤，河高於泊，所有出水五溝，勢成倒灌，難以議開。惟鷄爪一河，不足消全泊之漲，此任民所以嘵嘵於穆家口之開塞也。隆平地居二泊之間，惟恐坐受其浸，故力爭而阻之。及委員查勘，穆家口河道原自通流，特隘而淺耳。今應略加疏濬，爲力無多。其邢家灣及王甫堤舊橋卑壞，不無梗塞，亦應改建添設，以暢其流。而馬家店以下，所有之澧河古堤，略爲修補，以防漫溢，任民既不苦於漂沉，即隆民何憂波及也。

北泊週圍百里，地窪水深，亦恃滏河爲宣洩二路。自滹沱南徙，由賈家口灌入，故道漸堙，遂決洨口、營上等村而東注，但水口、河身亦多淺隘，今應大加展挖，務俾寬深。如此，則南泊之水歸穆家口，而咽喉已通；北泊之水入滏陽河，而尾閭亦快；積潦日消，舊岸漸復，四圍涸出之地，尚可以數計哉！然後作小隄以繞之，多開斗門，疏渠種稻，則沮洳之場，皆樂土也。

惟滹沱一河，源遠流長，獨行赴海，而善決、善淤，遷徙靡常，自古患之，向入寧晉泊則泊淤，致衆流無所容納；永定河之淤勝淓，其明證也。自去年北徙，決州頭而東，直趨束鹿，奔軼四出，至今尚未歸槽，田廬俱被衝壓；束邑官民請疏入泊之道，以紓切己之憂。然此道本非正流，填淤已成平地，旋加挖掘，工費甚繁；且大陸古澤，衆流委注之地，亦不應聽淤塞也。今查有乾河一道，係滹水入滏舊路，由木邱至焦岡，河槽現在，修治不難爲力。自張岔開挑六七里，便可直接決河，從此改流由焦岡而入滏水，沛然而東，寧晉泊既遠淤壅之害，即束鹿、深州等處，亦無冲潰之患矣。

畿南州縣地方遼濶，臣等未及徧歷者，已遣効力人員悉心經理，即當酌量緩急，次第興工，以仰副我皇上愛養民生，興修水利之至意可也。謹將勘過情形，繪圖恭呈御覽，伏乞皇上睿鑒指示，臣未敢擅便，謹奏。

請設河道官員疏

竊臣等奉旨查修水利，徧視諸河，隄岸坍頹，河身淤塞。蓋由事權不一，稽核難周； 統轄於總河者，既有遥制之艱； 專隸於分司者，不無因循之弊； 以致錢糧不歸實用，工程止飾目前，衝潰泛溢率由於此。臣等愚見，以爲直隸之河宜分爲四局： 南運河與臧家橋以下之子牙河，苑家口以東之淀河爲一局，應設一道員總理。 查天津道駐劄天津州與二道相近，控制甚便，舊有天津同知、泊頭通判，以及各地方管河同知、通判、州判、縣丞、主簿等員，悉合受其統轄。 永定河爲一局，應設道員一員總理。 永定河舊有分司，及部發効力筆帖式，此等人員，既非地方專官，則於民事漠不相關，採買收受，未免胥役擾累。而該州縣之於分司，體有尊卑，權無統轄，即分司實心任事，亦呼應不靈。 請將永定分司，改爲河道，駐劄固安縣，總理永定河事務。 其沿河州縣各添州判、縣丞、主簿等官，以資分防，所有同知一員，照舊管理，將向來効力人員，一概發回，則地方既有專管，工程必無貽悮。 其北運河爲一局，舊設分司，亦應撤回，一切河務令通永道就近兼轄，其管河州判等官，俱聽統轄。 又苑家口以西各淀，及畿南諸河，綿亘地方五六百里，經由州縣二十餘處，亦應爲一局。 目今疏通挑挖，計費不貲，若不特設員統理，恐工程旋廢，請將大名道改爲清河道，移駐保定府。

畿南諸河，舊有管河同知、通判、州判、縣丞、主簿等員，悉聽管轄。 至天津道衙門，向來止管河間一府，大名道止管廣、大二府； 所屬州縣錢糧命盗案件，原聽直隸藩臬稽核考成； 道員甚屬閒冗。 今既定爲河道專管，應將所屬州縣事務，總歸知府考成； 省無益之案牘，勵有用之精神，而河道事務可以悉心料理矣。 至通永道所屬，除永平一府應不屬道轄外，通州等八州縣，原無知府統轄，該道有稽查錢糧之責，應令照舊管理。 再各河道，除錢糧舊有歲修之處，仍照舊額設外，其從來未設有錢糧，與雖設錢糧而不敷修理者，應酌議增設，分貯各道庫內，以憑給發。 其各處水田溝洫，必須每年經理，應令各道員，督率所屬州縣印官按時修濬，定爲考成。其道員錢糧有無虚冒，工程有無修廢，皆歸直督考核。 如此，則事權一，而呼應靈，國計民生，均有裨益。

抑臣更有請者，立法方始，慮後宜詳，凡兹河道之員，必久任熟練，方於工程有益。 其河道大員，應聽直督揀選具題，引見簡用，同知以下各員，俱合照南河例，總於河工員内揀補，則人皆可熟悉事宜。 即丞、簿微員，亦有遠到之望，無不砥勵職守，以奮功名，且官既久任，吏皆習慣，駕輕就熟，人人爲知河之人，百世享平成之利矣。 是否可行，伏乞皇上勅下九卿議復，施行。

敬陳京東水利疏

竊河道有經有緯，而緯常多於經，所以資節宣，利挹注也。 臣等歷看京東之水，若白河、若薊、若溲，以及永平之灤河，皆經流之最大者。白河爲漕運要津，農田之蓄洩不與焉。然河西曠野平原數十里内，止有鳳河一道，自南苑流出，涓涓一帶蜒蜿而東，至武清之堠上村斷流，而河身淤爲平陸，此外别無行水之溝，亦無瀦水之澤，一有雨潦，不但田廬瀰漫，即運河隄岸亦宛在水中矣。

查凉水河，源自京城西南，由南苑出宏仁橋，至張家灣入運，請於高各莊開河分流，至堠上，循鳳河故道疏濬，由大河頭入，仍於分流之處，各建一閘，以時啓閉，庶積潦有歸，且可沾溉田疇，而於運道亦無碍也。

運河之東則香河，其下爲寶坻，沿河隄岸坍頹，屢爲二邑之災，應飭河官，及時修築高厚，并於牛牧屯以上，斜築長隄一道，以障上流之東溢，則香河、寶坻無運河之患矣。

再通州烟郊以南之水，皆滙於窩頭，分爲二股：一股南入運河；一股東流經香河縣之吴村，滙於百家灣，入七里屯，達於寶坻。查七里屯以上，大半淤塞，皆沙鹵，難以開鑿。若將南流一股，疏通深暢，則窩頭經流，歸於運河，分入香河之吴村者無多，稍加濬導，則亦可免沖溢矣。

又夏店之箭杆河，經香河東北，入寶坻之溝頭河，漫流入淀，應從溝頭疏濬，導流於寶坻城南，會七里屯之水東入八門城，達於大河，庶水有攸歸，不致漫溢爲害。且潮水自八門城逆流入河，於農田亦有利焉。寶坻之西北，壤接薊州，薊州運河自三台營會諸山之水，東南至寶邑會白龍港，又南經玉田、豐潤合泝水達於海，河身深闊，源遠流長，所謂棄之則害，用之則利者也。臣等愚見，請先築河隄，務須高厚，永保無虞，然後於下倉以南建石橋一座，橋空下閘，壅水而升之，注於兩岸，以資灌溉，多開溝澮，自近而遠，縱横貫注，用之不乏矣。

泝水又名還鄉河，發源遷安之泉莊。噴薄汹湧，懸壁而下，既入平地，則委折蛇行，土人有『三灣九曲』之稱。自康熙四十二年，決運河頭，奪流而西。雍正元年，始塞決口，挑引舊河。然河道狹而隄堰卑，東決則淹豐潤，西決則淹玉田。二邑士民，請展狹爲廣，改曲爲直，其説近是。然以建瓴之勢，奔放直瀉，恐下流益滋沖潰之患。似應酌量於甚曲之處，如劉欽莊、王木匠莊各開直河一道。其舊流亦無令壅塞，俾得兩處分瀉，隄堰之偪近河身者，拓而廣之，更加高厚，可無沖決之患。至沿河一帶，建閘開渠，數十里内無非沃壤。土人動言泝水湍急爲患，不知敗稼之洪濤，即長稼之膏澤，凡潰而爲害者，皆分而爲利者也。現在近河居民，引流種菜，千畦百隴，在在皆然，曾未見利於圃而有不利於農者也。玉田本屬稻鄉，藍泉河出藍山，西南流入薊運，夾河瀦水爲湖，伏秋山水暴發，河與湖平，一望瀰漫，應將河身疏通深廣，束以隄防；西北另開小河一道，引山澗汗漫之水，入河下流，使湖無泛濫，而河得安瀾。仍於曲河頭建閘開溝，引水遶東湖，而南湖內外田地均沾灌溉。仍於湖心最下之處，圩爲水櫃，以濟泉水之不足，其利可以萬全。

又泉河，發源小泉山，東流會孟家泉、煖泉，達於薊運河； 現在引流種稻，所當搜滌泉源，多方宣播，以廣水利者也。豐潤負山帶水，湧地成泉，疏流導河，隨取而足，誌乘所謂『潤澤豐美』，邑之得名，非虚也。臣等歷勘所至，如城東之天宫寺、牛鹿山、鐵城坎，以及沿河沮洳之處，或疏泉，或引河，可種稻田數百畝，多至千餘畝而止。惟縣南接連大泊一帶，平疇萬頃，土膏滋潤，内有王家河、汊河、龍堂灣、泥河共四道，皆混混源泉，春夏不涸。王家河、汊河流入大泊，龍堂灣、泥河西入薊運河，而田疇不沾勺水之利，爲可惜也。應請滌其源，疏其流，壩以壅之，隄以蓄之。東北引陡河爲大渠，横貫四河，而中間多開溝洫，度陌歷阡，瀠洄宣布，數十里内取之，左右皆逢其源。滂則田水達於溝，溝達於渠，渠會於河，河歸於大泊，大泊廣八里，長方十餘里。若於東南穿河導入陡河以達於海，而泊内可耕之田多矣。

陡河即館水，源自灤州之館山，東流遶縣境而南，傍河村莊，曰上稻地、下稻地，南曰官渠，蓋昔年圩田種稻之處，溝塍遺址，尚有存者。宣各莊以下，至今稻田數百頃，村農以此多至饒裕。若推而廣之，沿河堅築隄防，多設壩閘，以時蓄洩，疆理一循，舊跡不勞區畫，而兩岸良田不可數計。

至板橋、狼窩鋪等處，東連榛子鎮一帶流泉，大概入灤州境矣。灤州爲永平屬邑，永平之水，灤河爲大，其源遠，所從來者高，洶湧滂沛，推壅砂石，既不可束以隄防，亦難以資灌溉。然各屬支流藉以滙歸，故少漲溢之患，而涓瀝皆農田之資。如灤州近城之别故河，淤塞漫流，數十年於兹，若照舊疏通，不惟城闉不受浸嚙，而西南負郭之田，皆收浸潤之利。城南則有龍溪，出五子山東，大泉騰沸，流至五官營伏入地中，至閻家莊復見，即清河之源也。城西則有泝河，經芹菜山南流折而東，又轉而南，二河之間地勢平衍，土岡環之，東南一望無際，皆可播流而溉也。西南則游觀莊之靳家黄坨河，引泉可田； 南則稻河、吴家、龍堂等處，引河可田； 西北則自沙河驛之東，榛子鎮之西，龍溪、黄崖、煖泉會於牤牛河，經雙橋、團山、瀑水入之，流清而駛，地平而潤，沿岸一帶，建壩開溝，無處非水耕火耨之地矣。灤州之北爲遷安，城北徐流營湧出五泉，合流入桃林河。又三里橋湧泉流出灤河，蠶姑廟、泉河與灤河相接。龍王廟之泉頭流爲三里河，經十里橋而南，夾河皆可田。黄山之麓，一泓湛然，浮沫如珠，西漾入石渠，渠岸清泉噴湧，即還鄉河自出也。自泉莊至新集五六里，兩岸地與水平，播之可種稻田百餘頃； 且可分還鄉河上流之勢。灤河經府治之西，青龍河會焉。青龍河即盧水，縣以此得名。境内崗巒起伏，地高水深，難以汲引，惟縣北之燕河營湧泉成河，及營東五泉，漫溢四出，至張家莊一帶，皆可揭取爲樹藝之利。

他如撫寧、昌黎、欒亭以及遵化、三河等州縣，臣等未及徧歷。然按圖考誌，大抵水澤之利居多。伏念京東土壤膏腴，甲於天下，祇緣積俗怠玩，苟且因循，人有遺力，地多遺利。我皇上軫念民瘼，宵旰勤求，無刻或釋。臣等奉命查勘，所至宣揚聖德，明白曉諭，一時民情踴躍，歡聲雷動。今春融凍解，正動工修築之時。臣等分遣効力人員，逐一確估，請旨興工； 惟是工程浩大，地方遼濶，臣等欽遵聖諭，殫心籌畫，所勘情形大概如此。至高下廣狹，隨宜酌量，容有變通之處； 抑或委員經理未必盡合機宜； 圩田之多寡，奏效之遲速； 統俟工完彙齊送册。謹將勘過情形，繪圖恭呈御覽，伏乞皇上睿鑒施行。

請定考核之例以專責成疏

竊爲政之經，厚生爲大； 愛民之道，察吏爲先。我皇上宵衣旰食，軫念民依，不惜數百萬帑金，以錫兆民之福，特命臣等疏濬水澤，營治稻田，開萬世永賴之美利。臣等仰遵聖訓，隨地經畫，陸續興修，所有本年完過工程，派委大員勘明如式者，例應交地方官收管。

雍正四年二月，内臣等奏請『各處水田溝洫，必須每年經理，令管河各道，督率所屬州縣，按時修浚，定爲考成』等語，經九卿議覆，奉旨：『依議速行』欽遵在案。今工員現在調回工程，暫交州縣，但考成未有定例，即河道無憑舉劾。請嗣後計典將水利營田事實，逐一開註，由河道結送督撫，以定優劣。果能實心奉行，著有成效者，該督撫不時薦舉； 其或因循怠惰，致誤工程，查明即行題條。至該道職司表率，責任匪輕，凡所屬地方水利營田之興廢，即該道奉職之優劣，作何一併分别澄叙之處，懇乞皇上敕部議覆施行。

抑臣等更有請者： 直隸農民，向苦旱潦，其於種植之方，多所未遑。今蒙皇恩修舉水利，旱潦無虞，則地利宜盡，除稻、粱、麥、黍之盡屬隨宜播種外，其有畸零閒曠之地，不能播種五穀者，俱宜種植樹木，或薪、或果，利用無窮。至各處河隄栽種柳樹，既可保護隄根，亦可資民樵爨，尤爲有益。臣等稽諸往古，凡言燕地之産者，俱云魚、鹽、棗、栗之饒。現今行視京東永平府一帶地方，其民種植棗、栗，所在成林，果實所收，貿遷遠邇。夫土性不甚相殊，而樹藝不能皆一，雖百姓之勤惰不齊，亦有司之勸相未力。嗣後請著爲定例，訓飭農民，凡一村一坊之地，務令種樹若干，地方官不時查察，因其勤惰分别獎懲，將種過樹若干，造册報明，本管上司不時查視。再水泉之利既興，凡陂塘淀澤，俱可種植菱、藕，蓄養魚、鳧，其利尤溥。如此，則地無遺利，家有餘財，吏治修而民生厚，畿輔之蒼赤，共沐高厚之皇仁矣。是否可行，臣等未敢擅便，伏乞皇上睿鑒施行。

各工告竣情形疏

竊臣等欽奉聖謨，查修畿輔水利，舉從前未有之事，圖萬世永賴之功。規畫固貴於萬全，而營治必急夫先務。是以於三、四月，積水消涸之時，派員領帑，擇其大且急者，次第興修。雖麥汛旱來，不無稍妨工作，而旋長旋消，爲時無幾，加以天心助順，少雨多晴，以故人力獲施，衆心齊奮，各處工程頗有就緒，而黍稌秔稻之獲，遂以有秋，此皆我皇上至誠感格，錫福兆民。故水利方興，休徵立應，非臣等愚昧所能意及者也。謹將各工告竣情形，爲皇上陳之：

一、白、衛二河，漕運所經，最爲緊要。臣等奏：請疏通磚河、興濟，築減水壩，以洩衛河之漲，又於静海縣權家口沖決之處，逐段開疏，由白塘河歸入海河。部覆：奉旨依議欽遵在案。今已委員挑挖磚河、興濟河，皆自岐口入海。雖石壩未成，而衛河伏汛，驟長丈餘，賴新河宣洩，得免泛溢之患。糧艘安行，抵通頗早。權家口開挖十餘里，至積水而止，俟水涸之日，方可施工。其沿河隄岸，舊有低薄坍塌之處，飭令効力人員，逐處堵築搶護，不致沖決成灾。白河性善淤刷，飭令通永河道高鑛加謹防護。牛鈕所修舊工，俱令加築堅固，以故山漲暴下，隄岸無虞。

一、東、西二淀，統滙衆流，臣等奏請多開引河，加修趙北口橋隄，疏濬中亭、十望，并蘇橋之三汊舊河。部覆：奉旨：『依議。』欽遵在案。今西淀之趙北口隄身，俱已堅築如式。舊橋八座，陞高加濶，并新添木橋一座，皆可指日告成。廣、惠等橋下三河，亦均加疏濬。惟是白溝之流，由大灣口而入柴伙淀者，水挾流沙，旋挖旋淤，容於水涸之後，細加相度，改導舊流，不惟一方永逸，而柴伙淀四十里之間，皆爲營田之地矣。東淀之中亭河，開濬通流。其下流之勝涝河，亦挑挖深暢。三岔經流，導自張家嘴而北，不令侵通長隄。其淀内支河，如石溝、台頭一帶淺阻之處，俱經浚治，故汛水雖大，隄岸不患冲刷，消落迅疾，早於去秋者兩月。中亭河岸涸，出田一千餘頃，晚蕎秋菜，尚未失時。其餘皆已深耕，以待來春種麥。惟十望河故道，積潦猶存，興工有待。

一、子牙河臣等奏：請自王家口分流之處，障其西流，約束歸一，又尋求清河、夾河、月河等故道，開決分注，以緩奔放之勢。部覆：奉旨：『依議。』欽遵在案。今再四查勘，清河、夾河、月河故道久湮，難以開決。而王家口以下，至黄岔又分二支，雖盡行障塞，使之東歸獨流大坑，然下流轉入羊芬港，仍苦淤墊，終非久計。臣等別有規畫，另摺具奏。

一、永定河壅淤清流，臣等面奉聖諭：着引渾河別由一道入海。臣等欽遵相度，請自柳岔以下，導之北流，遶王慶坨而東，隨復細加籌度，猶恐水勢拗折，宣洩未順，委令永定河道明壽，自武家莊挑引入王慶坨北之長淘河。又慮河身淺窄，難以合流，委令筆帖式布納等，開擴深廣。其郭家務以下，兩隄偪窄之處，亦令明壽擴隄改流。今隄工已成，新河將次告竣。從此淀池無填淤之害，清流得朝宗之路矣。

一、欽隄一道，迴環千里，乃數十州縣生民田廬之保障也。歲久傾圮，奉旨命臣等修築。自保定之清苑，至河間之獻縣，派委人員逐段分修。六月間汛水驟至，飛檄各員，并力搶護舊有漫口，日夜堵築。荷蒙皇恩，得免疎虞。其安州、新安、霸州、文安一帶隄工，兩面皆水，尤爲險要。夫役撈取泥垡，尺積寸累，工力維艱。所幸三伏晴霽，入秋暄暖，得及時完工。數百里內，禾黍秔稻盡獲收獲。

一、畿南諸府，臣等奉命查勘，所有情形已繕摺具奏，部覆：奉旨依議欽遵在案。但時已入夏，麥汛將來，各處工程俱未領帑興修。惟南、北二泊水口淤塞，正、順、廣、大諸河宣洩無路，有不可以一日緩者。是以臣等先委人員，將南泊之穆家口淤河四十里，疏瀹寬深，并修築橋隄，以防漫溢；而任縣、隆平始有寧宇矣。北泊之黄兒營、營上村等處，大加展挖，使泊水暢流入滏。二泊迭相傳送，積潦漸消，雖雨水稍多，並無旁溢之患。至滹沱一河，遷徙靡定，去年決州頭，而東束鹿、深州皆被其害。官民環訴，望救孔亟，雖難驟言永圖，亦須權爲補救。已委員於第四溝開引，導入木邱，尋躡舊河，由焦罔而注之滏水，東、深之間，不虞沖壓矣。

一、京東州縣工程甚多，臣等歷勘奏請，部覆：奉旨依議欽遵在案。今武清縣之鳳河，自高各莊分流，至堠上村而歸故道，逐段疏濬，引入淀池，野水藉以消涸，而武、瀃沮洳之區，盡成沃壤。香河縣之牛牧屯以上，舊無隄堰，運河泛溢爲災，今斜築長隄一道，以資捍禦，不惟香河無運河之患，而寶坻亦免波及矣。

寶坻爲衆潦所歸，通州之窩頭河，夏店之箭杆河，爲害尤劇。今俱已疏導分流，各依縣治南北而會於八門城，達於薊運河，積漲全消，污萊可藝。還鄉河源峻流紆，屢年沖決，今已於劉欽、王木匠等莊最曲之處，各開直河，俾與舊流分瀉，而沿河隄岸，展濶築堅，從此無復沖潰矣。灤州之別故河，疏滌淤沙，導自廟山，遶城南而入灤水。不惟城闉無浸齧之患，而負郭皆腴田也。

一、營治稻田必須次第經理。臣等委員於玉田等處，率先營治以爲農之倡。今據各員詳報：玉田縣營田七十五頃；遷安縣營田十二頃七十八畝；灤州營田十三頃五畝，薊州營田五十餘頃；每畝收稻穀三四石不等。而民間聞風興起，自行播種者，安州則五十七頃七十一畝；新安則一百一十五頃十一畝；任邱則一百一十頃二畝；保定則三十六頃九十九畝；霸州、大城各二十頃；文安則二百四頃二十七畝之多。以上稻田共七百一十四頃九十三畝，此實從前所未見者，民心懽慶，咸稱皇恩高厚，不惜帑金爲之規畫經營，遂使積洳之區，坐獲美利。但水在隄内者消涸有時，皆求設法留水以資灌溉。夫直隸之所患者水也，去之惟恐不速，今纔享收獲之利，即思爲灌溉之計，所謂用之則利，棄之則害者，非虚語也。臣等現在委員相度，開渠建閘，以備旱潦，庶小民長享樂利，永戴皇仁於無既矣。

以上工程，除已經報完者，委員稽查確核外，其興修未竣，及尚未動工之處，統候明春催督修理。所有用過錢糧，俟工完造册奏銷。臣等才識短淺，蒙皇上委任，夙夜兢兢，常恐貽悮工程，有負皇上愛養元元之至意，惟有勉竭駑鈍，悉心經理。但直屬地方遼濶，尚有應行修築之處，容臣等查明，繪圖進呈，仰懇皇上指示。所有本年修過工程，理合奏聞，并各處所種稻田様米，另摺恭呈御覽，爲此謹奏。

恭進營田瑞稻疏

竊臣等奉命於雍正四年，營過稻田，共七百十四頃九十三畝，即於本年十月内奏明在案。所有雍正五年，據各處陸續呈報，營成京東灤州、豐潤、薊州、平谷、寶坻、玉田等六州縣，稻田三百三十五頃；　京西慶都、唐縣、新安、淶水、房山、涿州、安州、安肅等八州縣，稻田七百六十頃七十二畝；　天津、静海、武清等三州縣，稻田六百二十三頃八十七畝；　京南正定、平山、定州、邢臺、沙河、南和、平鄉、任縣、永年、磁州等十州縣，稻田一千五百六十七頃七十八畝。以上官營稻田，三千二百八十七頃三十七畝。

其民間親見水田利益，鼓舞效法，自營己田者，如文安一帶多至三千餘頃；　安州、新安、任邱等三州縣，多至二千餘頃。且據各處呈報新營水田俱係十分豐收，田禾茂密，高可四五尺，顆粟堅好，每畝可收稻穀五、六、七石不等。於八月二十一日等日，據正定府、平山縣呈送新開水田所産瑞稻，或一莖三穗，或一莖雙穗；　又據天津州呈送新開水田所産瑞稻，或一莖三穗，或一莖雙穗；　并據營田灤州二十七州縣，各將新收稻穗様米，賫送到。臣謹將瑞稻并各處送到稻禾、稻穗、稻米，另摺恭呈御覽。

欽惟我皇上愛民重農，躬親耕耤，又令直省地方官，舉行耕耤之典，至誠至敬之所感召，普天共慶豐年，各省多産瑞稻，而直隸新開水田，又有一莖雙穗、三穗之祥，畿輔群黎均沾樂利，臣等不勝懽忭之至，爲此謹奏。

附：　李文貞公疏

請開河間府水田疏

竊惟河間府，昔稱九河下流。近代因運河隄岸南北横亘，出海之口更窄。其水自西南來，大水如漳、滏、滹沱，小水如大陸澤所受之水及正定諸山水，皆合流并勢，由獻縣、河間，經青縣、静海以入於淀，而與十五河之水並出於西沽之一綫，源大末小，勢易横流。是以直隸水道之宜講者，惟河間爲最。

臣近因修子牙河及築大城、河間、獻縣等隄岸，採摭見聞，參考形勢。此一帶原屬窪下水鄉，雖復歲治隄防，但足補苴萬一，倘遇潰決仍付淹没，非有變通之策，終非永賴之計。

查，南方水田之法行之北方往往有效。曩者，涿州水佔之田，一畝鬻錢二百，尚無售者； 後，開爲水田，一畝典銀十兩。即今淀中浮居村莊，歲收蒲稗菱藕之利，無旱暵之憂，其資生未嘗減於高地也。

臣愚謂静海、青縣上下一帶水居之民，正宜以此利導之。其可興水田者，教之栽秧插稻之法； 其難以成田者，則廣其蒲稗菱藕之利，使民資水以爲利，則不患水之爲害矣。

至於獻縣、交河等與正定接壤之處，係鹽河之上游，若能修治溝洫，雜興水田，則水勢漸分，將下流之水勢亦日減，是資水之利，即以除水之害也。

然舉行方始，若非有熟識情形、歷經試用之人，使之實心任事，恐托之空言，無裨聖政。查，管河同知許天馥，籍貫江南，諳曉農事，現居河職，源委周知，前曾任文安知縣，教民修治水田，聞此數年文安水田殆且半縣。乞皇上將許天馥特授河間府知府，即令於職事之暇興舉水利。三年之後課其成效，以爲功過，或有微績以廣聖世愛養之方於萬一也。

伏乞睿鑒施行。

請興直隸水利疏

臣惟畿輔荷蒙聖慈，濬河築隄，蠲租除逋，連年五穀洊登，雖下窪之地，俱免湛溺，白叟黄童無不歌謳聖德。

竊繹今春聖訓深慮天行難恃，申飭臣等預爲之謀，誠古帝王儆戒無虞之盛心也。臣惟屢豐者，天心眷顧之常； 而備豫者，人事綢繆之責。

查，北方土性往往苦旱爲多，然麥、穀、黍、豆之類原屬旱種，稍得澆灌，便獲收穫，非若南方純賴稻田必日日浸潤者比。直隸泉源甚衆，隨處可以通溝灌田。若近河鄉地，則又可築壩逼水，引渠廣溉。至於無泉無河之處，勸令民間鑿井，亦足以濟水利之窮。

再如正定府之隆平、寧晉、冀州，順德府之任縣、廣宗、鉅鹿，廣平府之成安、廣平、肥鄉，大名府之内黄、南樂、濬縣等處，又苦於地窪水多，各有應修應濬大小河道，必并去水之害，然後可以興水之利也。

顧此興利大事，必邀聖諭下頒，乃可鼓舞吏民，課其成效。中間更有旗民、鄉紳、豪富之地，故意阻格者； 又有接連鄰省地界，愚民争執不容修濬者。如係奉旨事宜，自然遵行不敢違撓。又通溝、鑿井、修河等事，雖出民力，然多有貧民開濬無資者。敢乞聖諭，暫借道庫，量行資給。如借至十五萬兩以上，則容臣等三年捐俸補還；十萬兩以下，二年補還；五萬兩以下，本年補還。

再查，近京處所，通衢平野，駝載所經不便多行開鑿，至於各府州縣窮鄉僻壤，似皆可一例施行。但事關通屬利病，臣愚陋之見恐無足採，伏乞聖明裁定。謹題。

按：昔賢謂水利之説，三代無有也。蓋井田之行，方井之地，廣四尺，謂之溝；十里之成，廣八尺，謂之洫；百里之同，廣二尋，謂之澮。夫自四尺之溝，積而至於二尋之澮，則夫一同之間，而捐膏腴之地以爲溝洫之制，損賦稅之入，以治溝洫之利蓋不少矣，是以能時蓄洩，以備旱潦。

自秦人開阡陌，廢井田，而溝洫之制大壞。後之智者遂因川澤之勢，引水以溉田，而水利之説興焉。然如史起之用漳、鄭國之用涇、李冰之壅江水作堋、裴延儁之營造范陽諸渠，大約循良之吏盡心民事，敷惠一方，爲目前補苴之計。固未見有宸衷獨斷，聖謨廣運，如我世宗憲皇帝特命興修畿輔水利，以貽萬世平成之利者。

恭查，雍正三年，直省水災，既恩命蠲賑兼施。復廑念郊圻之間水道淤沮，小民不知灌溉之利，特命怡賢親王偕大學士朱軾，周行畿郡，窮討源委，疏濬并施。三四年之間，河流順軌，而營治水田七千餘頃。

賢王公忠體國，屢荷恩綸諄奬，自爲天下後世所共瞻仰。而其管理營田水利府諸章疏，水道則脉絡分明，修治則擘畫周悉，尤可欽貴。即今刊於《畿輔通志》諸篇。於《敬陳水利》一疏，見廓清淀池，調劑二河之大略焉。於敬陳畿輔西南、京東水利兩疏，知相度機宜，建築閘壩，則敗稼之洪濤皆長稼之膏澤焉。他如設專官，嚴考成，磁州改隸，而滏陽之利均，永定別流，而淀池之淤減，美利既興，天庥總至，三穗叠穎之禾，昭示嘉瑞。讀《恭進瑞稻》一疏，真與《周書》唐叔歸禾之篇，有後先輝映者。王以棣萼之親，膺股肱之任，即此一事，細旃廣厦之下，仰贊高深者，不知凡幾。然即觀此諸疏，已可得其梗概，而爲後來者之取法。亟彙抄之，並恭録水利事宜聖諭於前，以著事之原委。又康熙時，大學士李光地巡撫直隸，有《請開水利》二疏，亦附録焉，其視賢王諸疏，殆隍引也夫。

道光三年　歲在癸未　翰林院編修吴邦慶謹跋

水利營田圖説

水利營田(册)〔圖〕[一]説補圖

雍正三年秋，直隸水，既賑既貸，烝民既乂。天子乃臨軒而咨命怡賢親王曰：『畇畇畿甸非三代井畝之區乎？平衍千里率多淤下，而無一溝一澮流行而翕注之，不達於川，乃瀦在田。非地利之異於古，乃人事之未修也。夫水聚之則爲害，而散之則爲利；用之則爲利，而棄之則爲害。倣遂人之制以興稻人之稼，無欲速，無惜費，無阻於浮議。』

於是以大學士臣朱軾爲輔行，徧歷三輔。所以爲疏瀹排決計者甚備，事具《河渠志》中，而於其間經度高下，酌畫蓄洩，一切引水溉田之法，課導補助，旌叙鼓舞之方，咸條列以請指授，乃遵而行之。

四年，先之灤、玉諸州邑，濬流圩岸，建閘開渠，皆官爲經理，而工本之費，借帑以給，歲納什一焉。是秋，田成歲稔，凡一百五十頃有奇。而民間之聞風興起，自行播種者，若霸州、文安、大城、保定、新安、安州、任邱，共七百一十四頃有奇，皆於積潦停洳中，隨方插蒔，盡獲收穫。於是，争求節水疏流，以成永利，而四局之設自兹起矣。

一曰京東局，統轄豐潤、玉田、薊州、寶坻、寧河、平谷、武清、灤州、遷安，自白河以東，凡可營田者咸隸焉。

一曰京西局，統轄宛平、涿州、房山、淶水、慶都、唐縣、安肅、安州、新安、霸州、文安、大城、任邱、定州、行唐、新樂、滿城，自苑口以西，凡可營田者咸隸焉。

一曰京南局，統轄正定、平山、井陘、邢臺、沙河、南和、磁州、永年、平鄉、任縣，自滹滏以西，凡可營田者咸隸焉。

一曰天津局，統轄天津、静海、滄州暨興國、富國二塲，自苑口以東，凡可營田者咸隸焉。局各有長、有副、有効力委員。凡相度估料，開築建造，皆委員與地方官偕；而查報地數花名，給發農本，則專責之地方官；田成工訖工程工本。胥令守土者遵前規而以時達之水利營田府。

當是時，上方以和衷協助。期地方文武之吏，而特諭賢王舉劾之。故以勤於田功立膺顯擢者有矣，一時守令皆慕而思奮。夫官之所先，民罔敢後，是故事易集而功易成。自五年分局至於七年，營成水田六千頃有奇，天心助

[一] 陳儀曾著《水利營田册説》，吴邦慶在編纂《畿輔河道水利叢書》时，爲《册説補圖》，后称《水利營田圖説》。

順，歲以屢豐，稜秸積於場圃，秔稻溢於市廛。上念北人不慣食稻，恐運糶不時售，大賈居積則賤而傷農，於每歲秋冬發帑收糴，民獲厚利，向所稱淤萊沮洳之鄉，率富完安樂，豳吹蜡鼓相聞，可謂極一時之盛矣。八年，賢王薨，司局者無所承稟，令不行於令牧，又各以私意爲舉廢。九年，大學士臣朱軾、河道總督臣劉於義奏請遣太僕卿臣顧琮乘傳稽覈之。除距水較遠，地勢稍高須車戽而升者，聽民隨便種植外，其餘水足地平無煩汲升之處，取地方官永遠可爲水田結狀，著籍存户部，荒廢者查參如例。議設觀察使二員，兼以憲職，分轄京東西，督率州縣開營可田地畝，無力者貸以牛種之費，秋收扣還，所有舊田圍渠閘洞修治俾無壞。又設副使二員，出資經理以爲民倡。

我皇上愛養元元，與之圖萬世之安，則營田樂利之政必將垂裕無疆。所謂盡溝洫之力以佐平成之績者，與神禹比隆，不可以不紀也。故於《河渠》之後，別志《水利營田》，以著其實效云。

京東局

京東輔郡負山控海，負山則泉深而土澤，控海則潮淤而壤沃。諸州邑泉從地湧，隨決即通，水與田平，一引即至，俱可疏鑿成田。

明臣徐尚寶貞明詳哉其言之矣。萬曆中，申相國時行特主其説，以貞明兼憲職董其事。乃之薊州招南兵之習農者，畫地耕作，墾田以億計，畝收一鍾。撫臣及司道方次第開報，而中官在上左右者，争言水田不便，御史王之棟疏請罷役。時行上疏，極陳利便，竟不可回，而垂成之功廢於一旦，議者惜之。

雍正四年春，怡賢親王奉命查修水利，徧歷諸邑，陟巘降原，尋泉覓土，以貞明之言爲信而有徵，奏請委員營治爲農民倡，畝收三四石不等。

五年，遂開局經理，並及京西、京南、天津等處，畫界分督，次第開種，而肇端試可則自京東始。

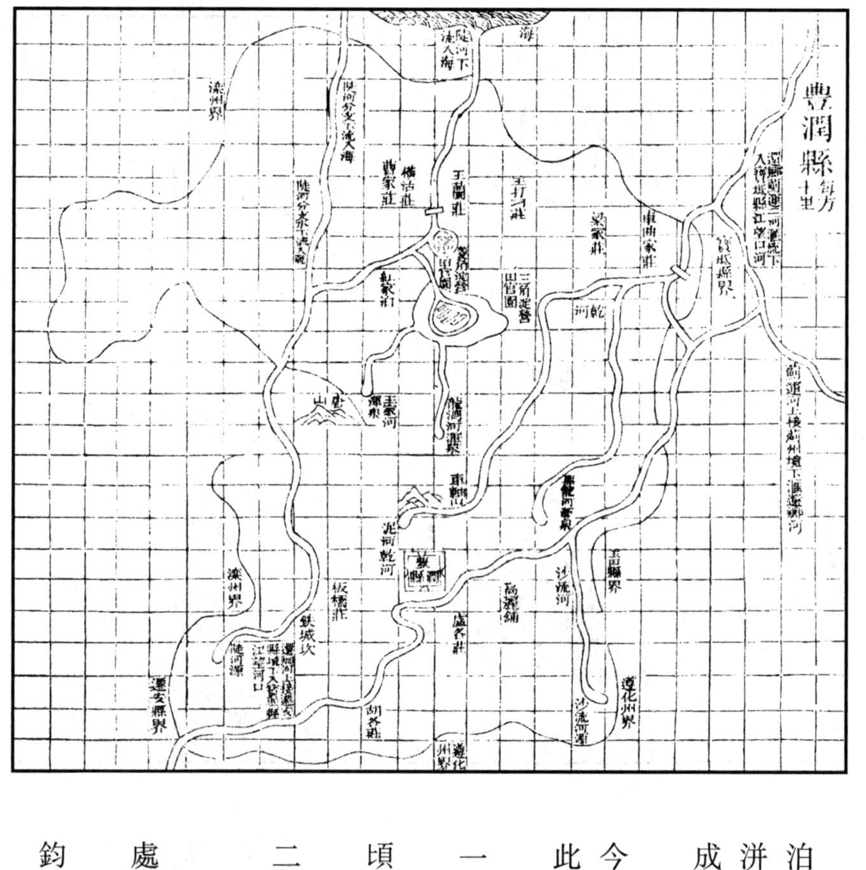

豐潤縣

横沽、王蘭莊、刁家窩、曹家泊、盧各莊、車道鋪、望林泊、梁家灣、胡家泊等處營田，引陡河、泥河、黑龍潭、楊家泙等泉之水，仍洩水於本河。按：豐潤負山帶水，湧地成泉，疏河引流，隨取而足。

徐貞明指爲土膏腴而人曠棄，可修舉以兆其端者。今委員築圩開渠，閘蓄洞引，次第就理，咸歲獲豐稔。從此擴充，務極水力，『潤澤』『豐美』之名洵不虚也。

雍正四年，縣治正西高麗鋪、盧各莊等處營治稻田共一十六頃二十五畝一分。

雍正五年，縣治西南曹家泊等處營治稻田共一十八頃二畝二分，農民自營稻田共三十五頃二十八畝。

雍正七年，縣治正南王蘭莊、刁家窩等處營治稻田共二十七頃八十一畝。農民自營稻田共四十頃二十九畝。

雍正九年，改旱田十一頃五十四畝。

雍正十年，縣治正南王蘭莊、車道鋪、望林泊、老潭等處營治稻田共一百一十九頃七十八畝。

又王蘭莊、菱角泊、三家淀等處營田副使光禄寺卿王鈞建閘築圍，營治稻田共五十頃。

雍正十一年，縣治正南梁家灣、胡家泊等處營治稻田共一百七頃六十七畝九分四釐。

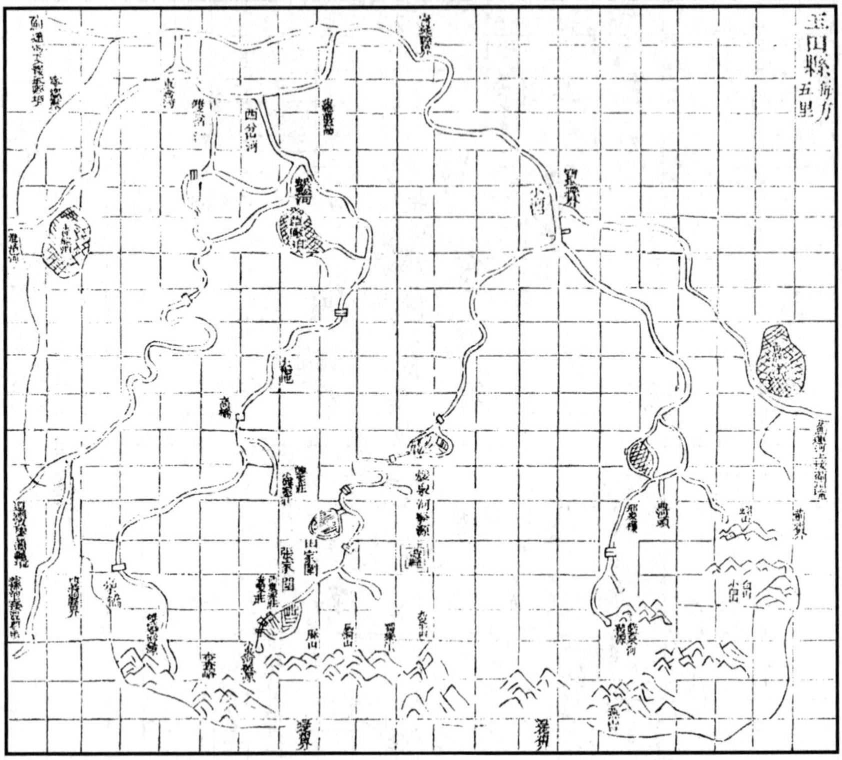

玉田縣

袁家莊、馬營、曲河頭、羅畢窩等處營田，引小泉、煖泉、孟家泉黄家山泉、藍泉等河之水，仍洩水於本河。

按：　邑境北面負山，湧泉成河。明臣徐貞明謂後湖莊疏湖可田，小泉山引泉可田，而瀦潦泥塗久爲棄壤。今委員築圍濬淤，多建閘座，以裨節宣，田成一萬八千餘畝，俱歲獲豐收。古稱『種玉』，近頌『成金』，良有以也。

雍正四年，縣治東北袁家莊、西南曲河頭等處營治稻田共七十六頃五十三畝，農民自營稻田共三頃五十五畝。

雍正五年，縣治東南韓家莊、西南邢家樓等處營治稻田共三十九頃五十畝，農民自營稻田九十八畝。

雍正六年，縣治西南曲河頭等處營治稻田共五十八頃四十五畝，農民自營稻田共二頃五畝。

雍正九年，改旱田四頃。

雍正十一年，縣治東南羅畢窩等處營治稻田共二百三頃十三畝九分。

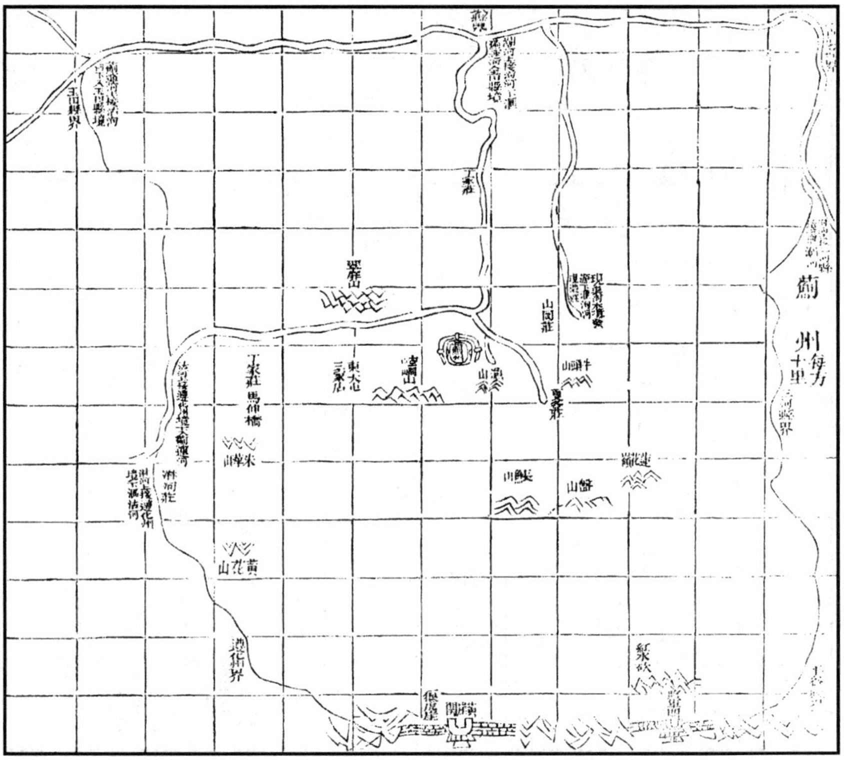

薊州

山岡莊、鄭各莊、馬伸橋等處營田，引大、小海子等泉之水，洩水於淋河。

按：淋河納州北各山泉，至白龍港會泃河爲漫流河，源遠流長，可資灌溉。

故後魏裴延儁修漁陽堰，前明徐貞明指鎮國莊水利，亦可概見。今先自州城東西附近沮洳之壤，導山泉，置閘開渠，田成已五千餘畝。由此而南，漸次營治，利尤數倍。

雍正五年，州治正東大屯莊、三家店，正西山岡莊等處營治稻田共二十頃六十四畝五分；農民自營稻田共二十九頃四十二畝。

雍正六年，州治正東三家店、丁家莊，正西夏各莊等處營治稻田共四頃五十四畝七分；農民自營稻田共一頃九十四畝八分。

雍正九年，改旱田十三頃四十一畝。

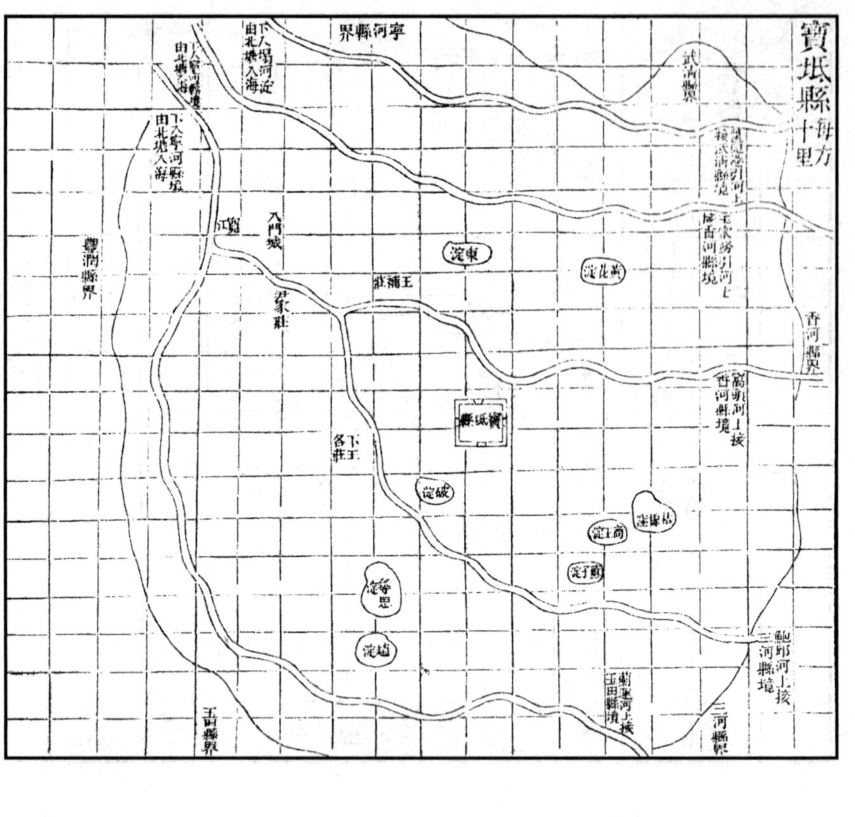

寶坻縣今分置寧河縣

八門城、尹家圈、下王各莊等處營田，引薊運河潮水，仍洩水於本河。

按：明臣袁黃爲寶坻令，開疏沽道，引戽潮流於壺盧窩等邨，教民種稻，刊書一卷，詳言插蒔之法，載全集中。蓋潮水性温，發苗最沃，一日再至，不失晷刻，雖少雨之歲灌溉自饒。浙閩所謂潮田也。今委員疏滌舊渠，建置閘洞，汲引澆灌，瀕海瀉鹵漸成膏腴。但水須車戽而升，北農以挽溉爲苦，改爲蔬圃者六七，現存者十之三耳。

雍正五年，縣治東南尹家圈、八門城等處營治稻田共二十五頃五十三畝九分五釐五毫，農民自營稻田共三十四頃二十八畝七分九釐三毫。

雍正七年，縣治東南下王各莊等處營治稻田共四十四頃七十九畝四釐，農民自營稻田共七頃五十八畝七分四釐。

雍正九年，改旱田四十六頃五十三畝四分。

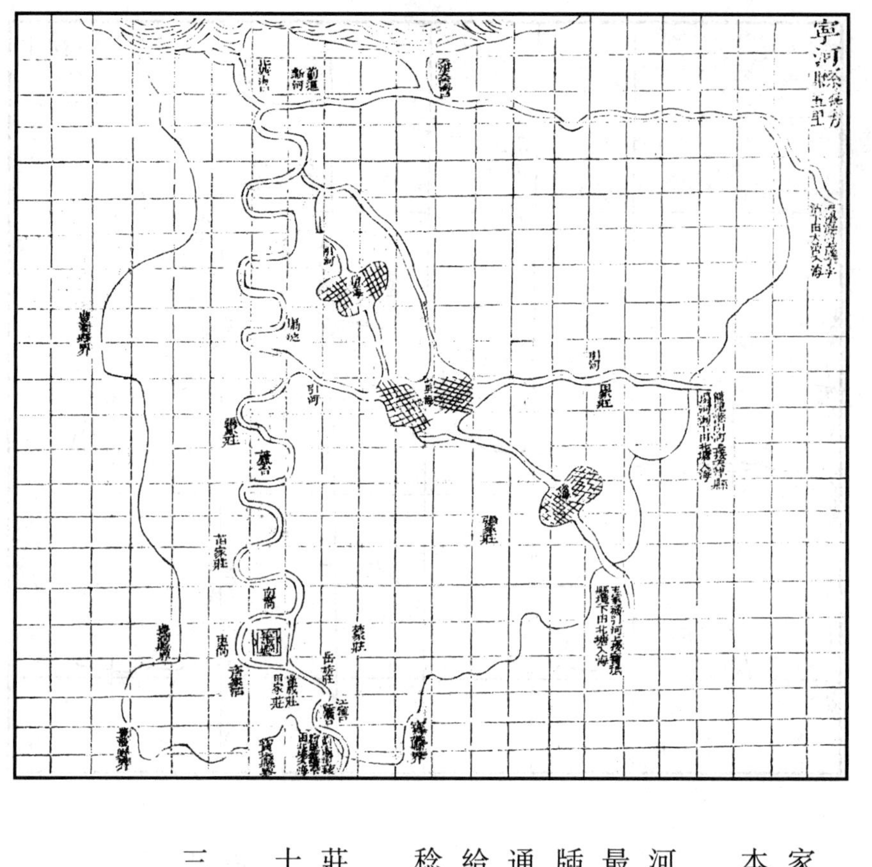

寧河縣

東窩莊、南窩莊、岳旗莊、江漬口、林家莊、張家莊、齊家沽、田家莊等處暨本城營田，引薊運河潮水，仍洩水於本河。

按：寧河縣本寶坻縣屬，梁城所舊治改置也。薊運河自北來至此分流，環繞縣治復會爲一，涯廣流深，潮汐最盛，沽道頗多。民間引戽以灌畦蔬，因其地形濬渠置牐，用極水利，沿河數十村俱成稻田，溝塍繡錯，阡陌交通，宛似江鄉風景。而蘆台一帶，民利魚鹽，不以沽塗自給，多改爲旱田。近縣營田存者尚二十七莊，皆獲豐稔焉。

雍正五年，縣治西關、東關暨東窩莊、南窩莊、岳旗莊、江漬口、崔成莊、齊家沽等處共營治稻田三十三頃四十五畝，農民自營稻田四十九頃八十一畝一分五釐三毫。

雍正七年，本城及蘆臺等處農民自營稻田共二十頃三十九畝九分六釐。

雍正九年，改旱田三十七頃一十畝七分四釐。

平谷縣

龍家務、水峪寺等處營田，引泃河及山泉之水，仍洩水於本河。

前臣徐貞明歷指京東州邑，以龍家務、水峪寺爲著。今按其所指，委員相度，置閘疏渠，果成膏壤；而相近之東高村、稻地莊亦有山泉，次第營治，以收其利。昔之託諸空言者，今則徵其實效矣。

雍正五年，縣治正東龍家務、東北水峪寺等處營治稻田共五頃三十五畝，農民自營稻田共七十六畝五分。

雍正九年，改旱田三頃五十畝。

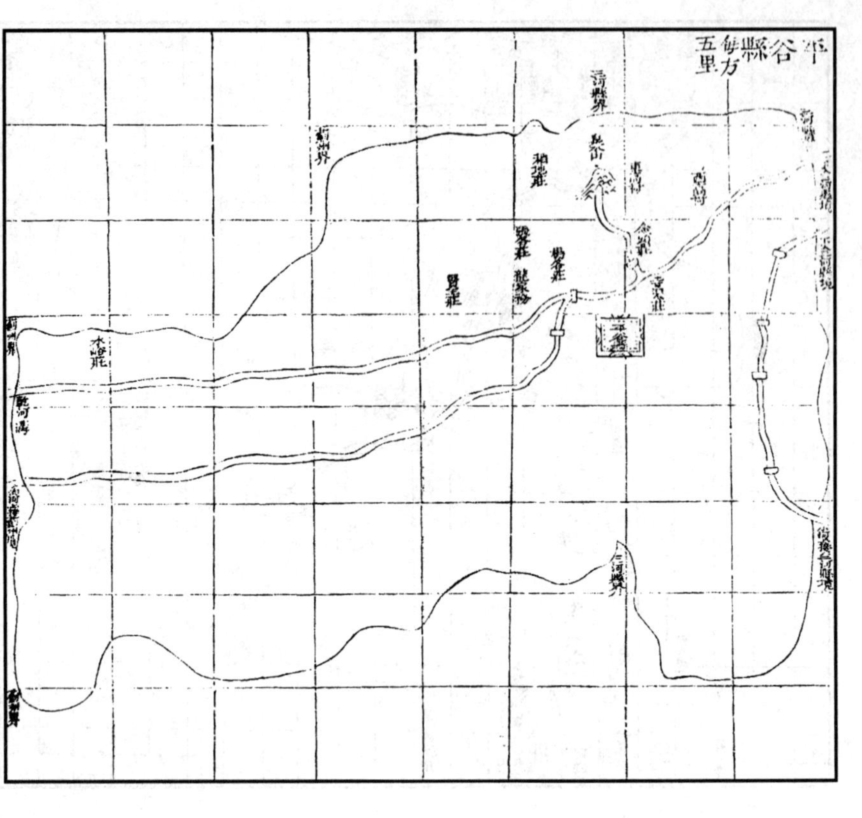

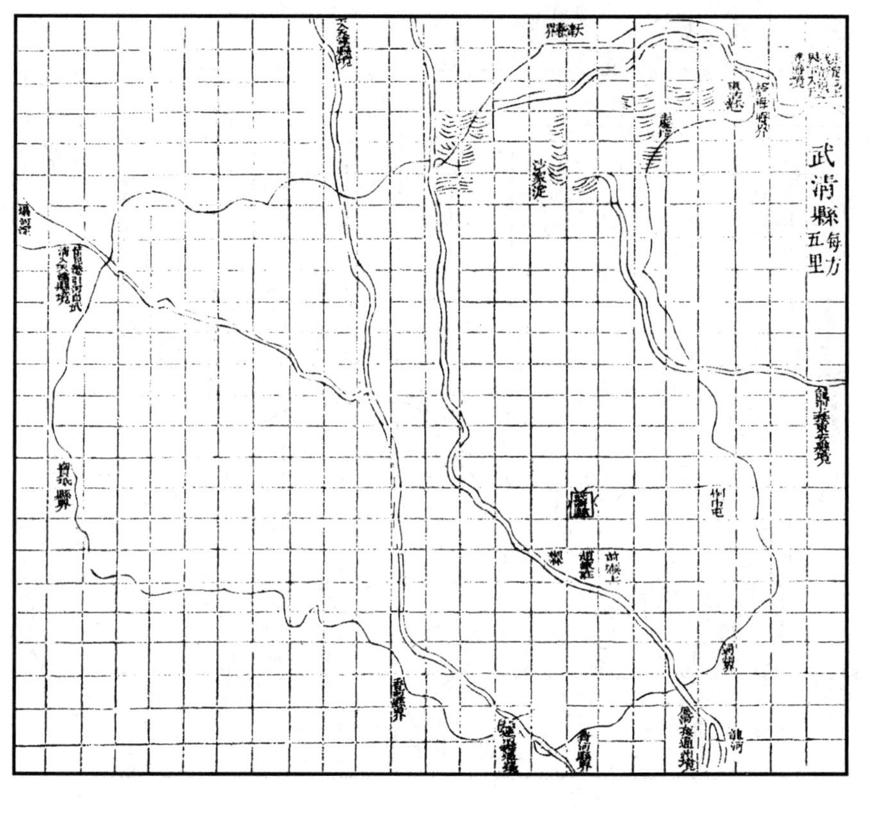

武清縣

桐林等處營田，引鳳河之水，仍洩水於本河。

按：　鳳河自南苑流出，涓涓一帶，迤邐而東南，至武清之堠上村斷流。河身淤爲平地，一遇雨潦，瀰漫四野，運河隄岸，亦受侵嚙。

怡賢親王親歷相度，將弘仁橋之涼水河於高各莊分引而南至堠上村，循鳳河故道開挖入淀，俾積潦有歸。即於桐林等村疏渠分引，以資灌溉，田成一千八百畝。苑囿以南、淀河以北，行潦順流，秔稻葱郁，從前所未有也。

雍正五年，縣治西北桐林村等處營治稻田共十八頃二畝五分一釐。

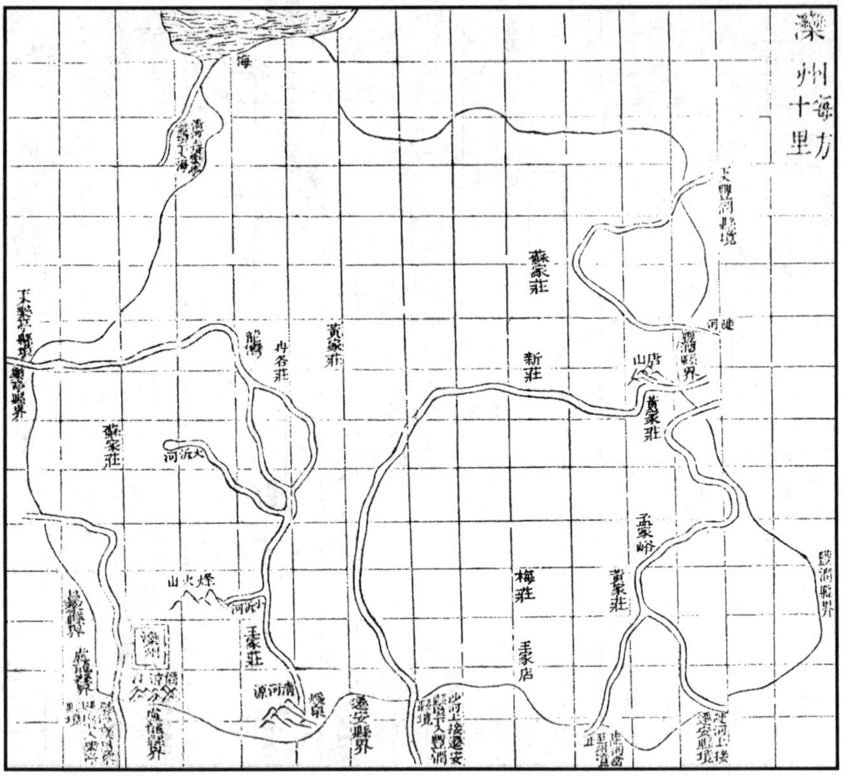

冉各莊、孟家店、黃家莊等處營田，引沂河、煖泉暨福山泉、館水，仍洩水於本河。

灤州

按：灤州地平而潤，水清而駛，泉流縈帶，土岡環遶，無處非水耕火耨之區。今先於其易者設閘疏渠，萊蕪悉成粳稻，若逐加搜滌、壅節、宣播，其利不可勝窮也。

雍正四年，州治㙌河沿、王家店、老新莊、蘇家莊等處營治稻田共八頃十一畝，農民自營稻田二頃十九畝，州牧朱煌營稻田十三頃五畝三分。

雍正六年，州治梅莊營治稻田二頃七十七畝，農民自營稻田五十畝。

雍正七年，州治西北孟家店等處營治稻田共三頃十九畝七分。

雍正九年，改旱田五頃三十八畝二分。

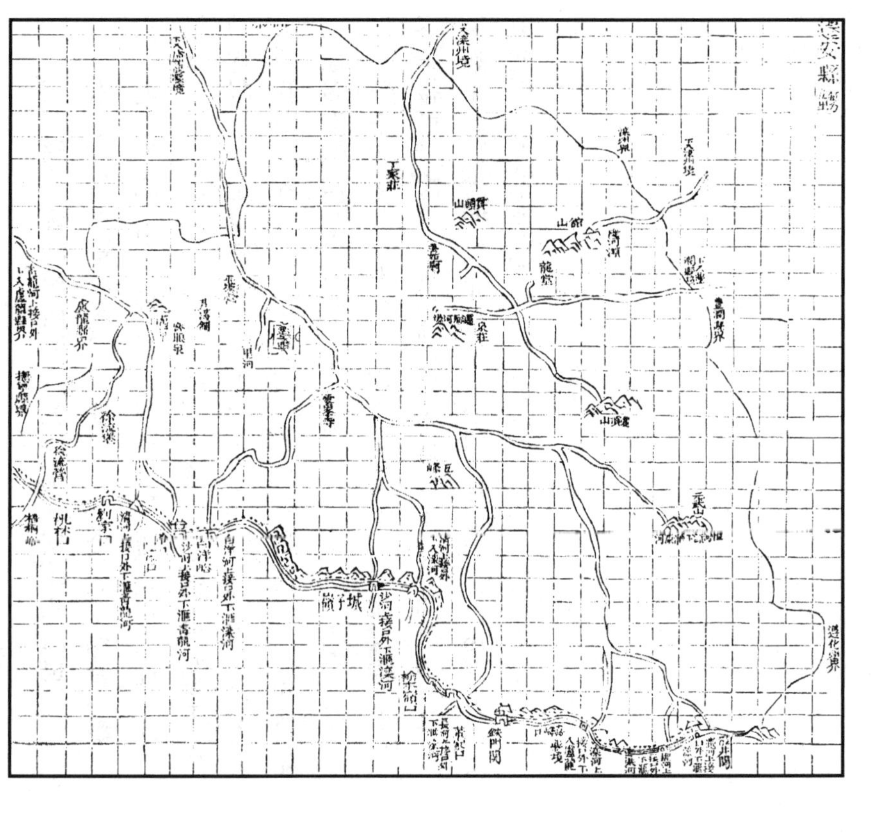

遷安縣

徐流營、三里河、泉莊等處營田引徐流河、三里河、黃山泉河之水，仍洩水於本河。

按：灤河入口，邑首受之，源高勢猛，引用爲難，然各屬支河藉以滙歸，故少漲溢之患，而涓滴皆農田之資。徐流營山下湧出五泉，合流入桃林河，三里橋湧泉流出灤河，又黃山之麓清泉噴湧，俱夾岸可田，前人論列甚悉。今委員相度，圍堰渠閘，隨宜布列，分引灌溉，田成千六百畝，次第擴充，人力修而地利可盡矣。

雍正四年，縣治東北三里河、徐流營，西北雲峰寺等處營治稻田共一十二頃七十八畝四分。

雍正五年，縣治西北泉莊營治稻田共二頃五十畝，東南丁家泉、平坡營、蘆溝堡、磨眼泉等處農民自營稻田九十九畝。

京西局

京西諸河皆匯於西淀。淀蓋宋人塘濼之遺也。

六宅使何承矩於雄、鄚、霸州，平永、順安等軍，築隄六百里，置斗門引水種稻。經始之秋，以霜早不熟，浮言滋起，承矩不顧，卒成之。次年大稔，輦秠秸進於闕下，衆乃皆服。自是軍糈取給水田，而邊民因以富實。後人言水利於畿甸者，多稱之。然其遺迹已湮没，無可尋求，獨以地多沮洳，居民於雨多之歲秧種洿澤以希幸獲而已。

雍正四年，賢王親蒞相度一切疏泉、引流、壅淀事宜，奏請報可。次年，開局新安，始自大溵淀，漸及諸邑。東至霸州，西抵滿城，北自宛平，南及新樂，凡可成田者，次第就理，町畦溝澮宛似江南風景。

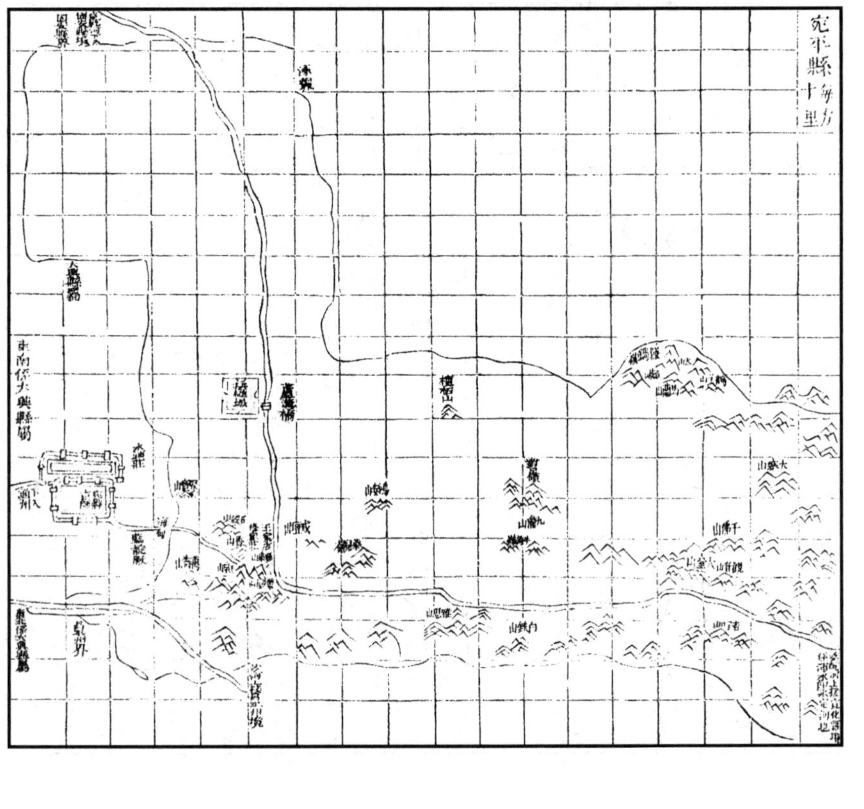

宛平縣

盧溝橋西北修家莊、三家店等處營田，引永定河之水，洩水於村南沙溝內。

按：　永定河即桑乾水也，前臣徐貞明言：　桑乾水經保安州境上，有用土牛逼水成田者。

今保安、懷來諸州縣稻田最盛，皆於上流疏引，隨高下以作溝洫，淤泥停壅，不糞而肥，苗發穎栗，所收倍於他水。今委員勸諭地户，踴躍從事營治，將及二千畝盡獲倍收，是亦桑乾可田之明證也。

雍正六年，縣治西南永定河上流修家莊、三家店等處，農民自營稻田共一十六頃。

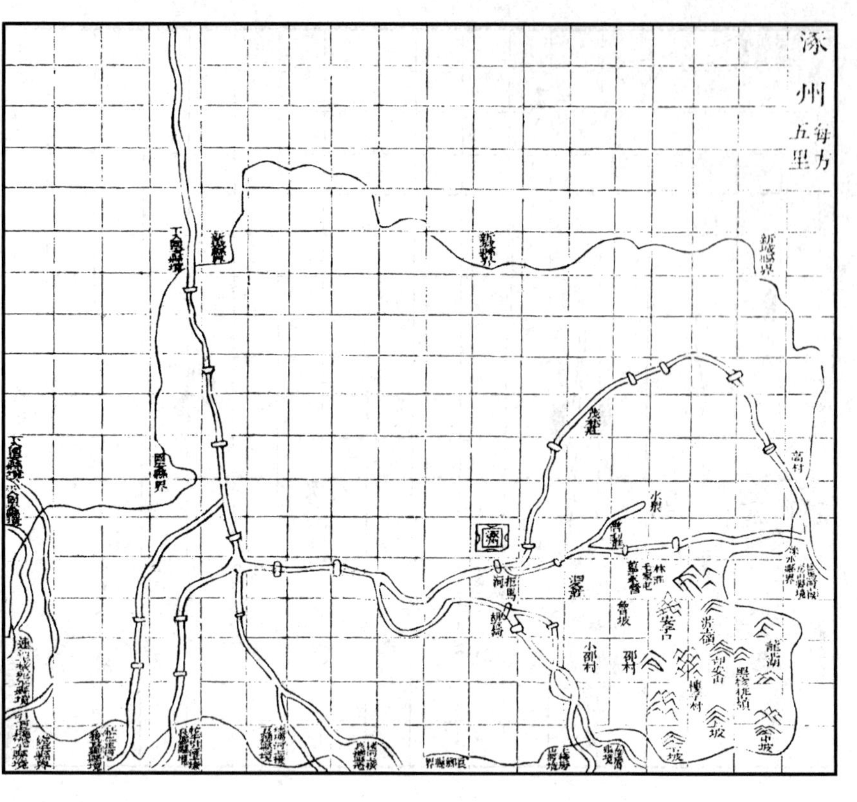

涿州

茂林莊、毛家屯、普利莊、北魯坡等處營田，引拒馬河、胡良河之水，仍洩於本河。

按：　明臣徐光啟言，西北水利以涿州拒馬河水可引用。又拒馬之北，胡良、挾河之水亦可引，又州南海龍寺有督亢亭舊跡，皆土壤膏腴之証。

土人於夾河〔一〕引水藝稻，溝渠圩岸具有條理，今推廣營治三千畝。若復能擴充規畫，其利可勝言耶。

雍正五年，州治西北茂林莊、毛家屯、藍家營等處營治稻田共十九頃五十二畝，農民自營稻田共四十八畝。

雍正六年，州治西北普利莊、北魯坡、泗各莊等處營治稻田共七頃五十一畝，農民自營稻田共二頃五十五畝。

〔一〕夾河　應爲『挾河』，與前後文同。

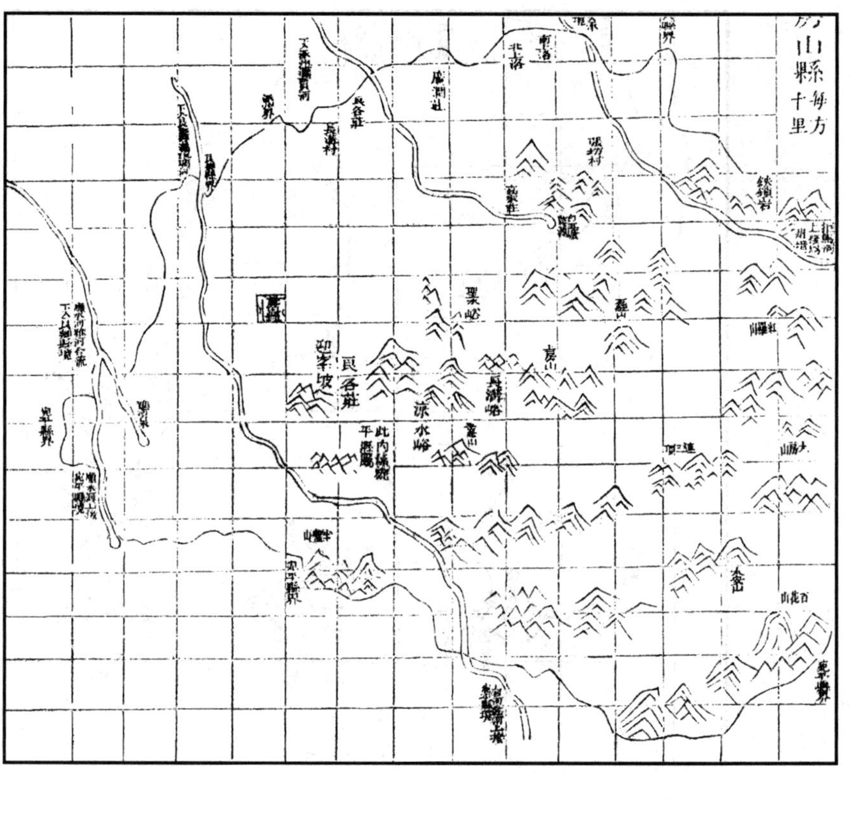

房山縣

廣運莊、高家莊、南良莊、長溝村等處營田，引拒馬河、挾河之水，仍洩於本河。

土人於邑西南玉塘泉引水藝稻，但泉力無多。而拒馬河自鐵鎖厓以東水勢順流，兼挾河東南貫注，源流盛大，引用不窮，開渠設閘，隨取而足，十餘里畦塍相望，較玉塘泉之利更廣矣。

雍正五年，縣治西南廣潤莊〔一〕、高家莊等處營治稻田共二十頃四十二畝六分，農民自營稻田共二頃七十二畝八分。

雍正六年，縣治西南南良家莊〔二〕、長溝村營治稻田共二頃八十九畝，農民自營稻田四十畝。

〔一〕與前文『廣運莊』應爲同一地名。
〔二〕與前文『南良莊』應爲同一地名。

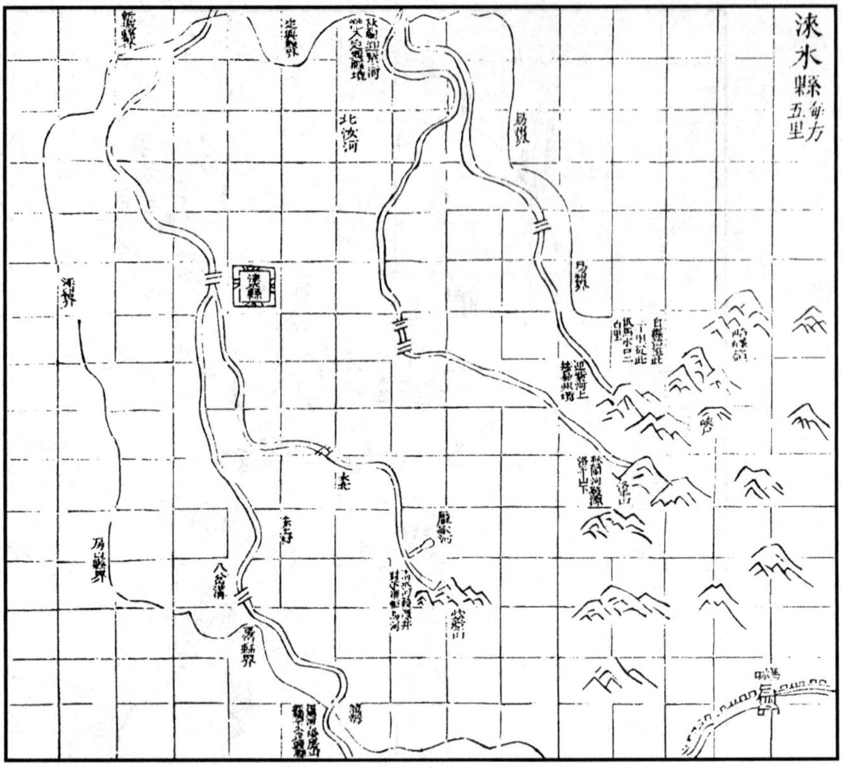

淶水縣

赤土村、八岔溝等處營田，引淶河之水，仍洩於本河。土人亦時引水藝稻，故於拒馬河自鐵鎖厓向南分支者，名之曰稻子溝河，蓋緣稻得名也，猶經理未廣。

今相度地勢，開渠設閘疏引，以極水力，我疆我理，南東其畝，俾舊治新營咸資灌溉之利焉。

雍正五年，縣治東北赤土村、八岔溝、水北村等處營治稻田共二十二頃二十八畝。

雍正九年，改旱田一十二頃四十四畝。

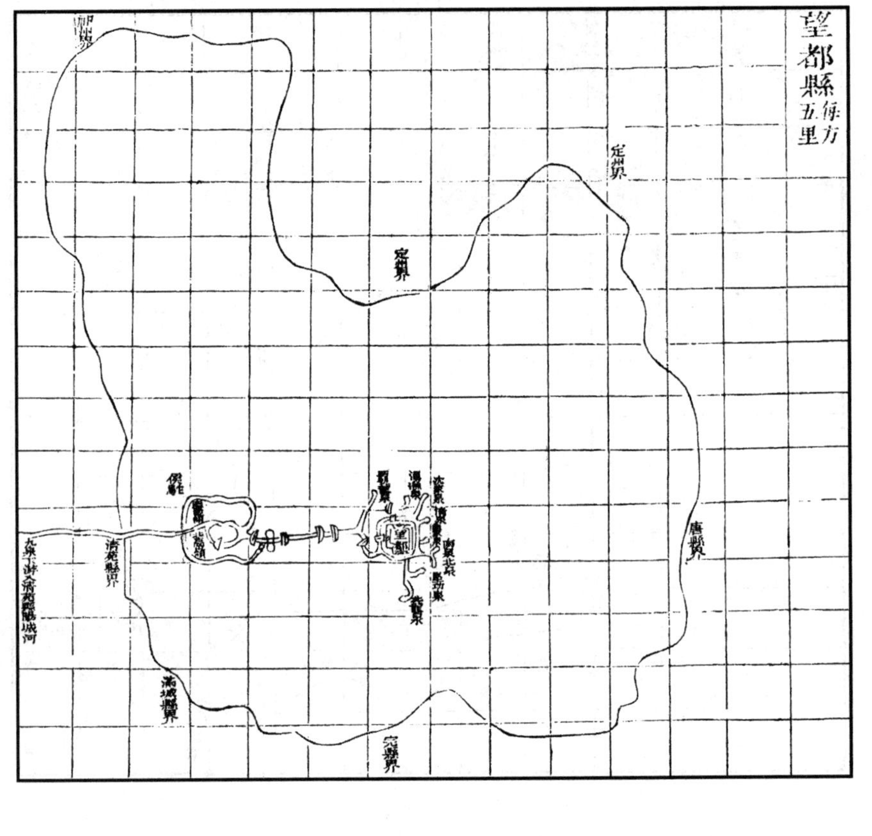

望都縣今改望都縣

高嶺村、侯坨村等處營田，引隍池、北隆、堅功、湧魚等泉之水，仍洩於本泉。河溝渠閘座，隨宜疏引，雖細流涓涓，而良苗懷新，亦各得潤物之功焉。

雍正五年，縣治正東高嶺村、侯坨村營治稻田共一十二頃五十三畝五分。

雍正九年，改旱田一十頃四十三畝五分。

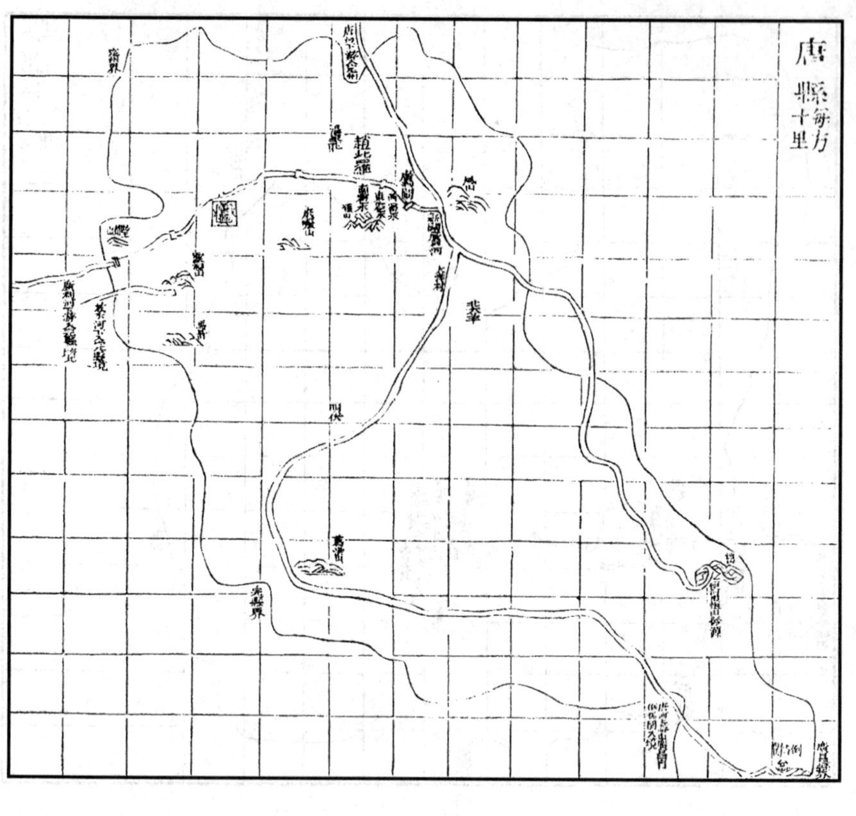

唐縣

明伏莊、大洋村、温家莊等處營田，引唐河之水，仍洩水於本河。

前金尹劉弁、明令楊一桂俱開渠溉田，民資其利，歲久廢弛。

今相度地勢，疏渠設閘，俾山麓平原高下承接，遞相灌輸數十里，町畦相望，較前經理大爲詳備，北山秔稻、西嶺雲霞，不惟景物適觀，亦且豐年屢慶矣。

雍正五年，縣治西北明伏莊、大洋村、西看水村等處營治稻田共七十頃三十五畝七分五毫，農民自營稻田共一十一頃三十三畝五分五釐。

雍正九年，改旱田四十八頃八十一畝七分五釐五毫。

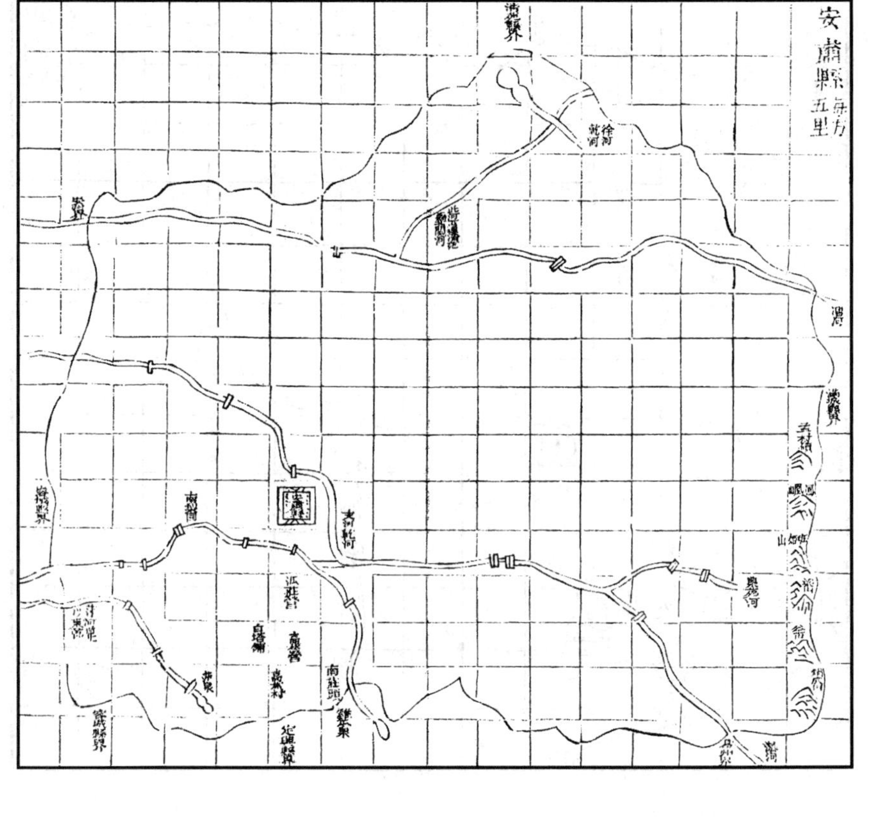

安肅縣

白塔鋪、古莊頭、高林莊、南梨園等處營田，引督亢陂及雹河之水，仍洩水於本河。

考『督亢』之名，見於《史記》。北魏裴延儁營督亢渠溉田，爲利十倍，則督亢疏渠引溉之利，由來已久。邑志稱，後周以易水東分爲梁門。

按：雹河爲南易水，則梁門爲雹水所逕，可資灌溉；又確然可稽，今開渠設閘之所，即其處也。營田以後，屢慶豐登，是督亢原田膴膴，梁門水勢沄沄，以今方昔，不啻過之。

雍正五年，縣治東南南梨園等處營治稻田共四十一頃二十一畝四分，農民自營稻田共三十九頃一十畝二分。

雍正六年，縣治西北白塔鋪、古莊頭、高林莊等處營治稻田共二十六頃四十七畝二分五釐，農民自營稻田共七十八畝。

雍正九年，改旱田八十頃三十一畝六分。

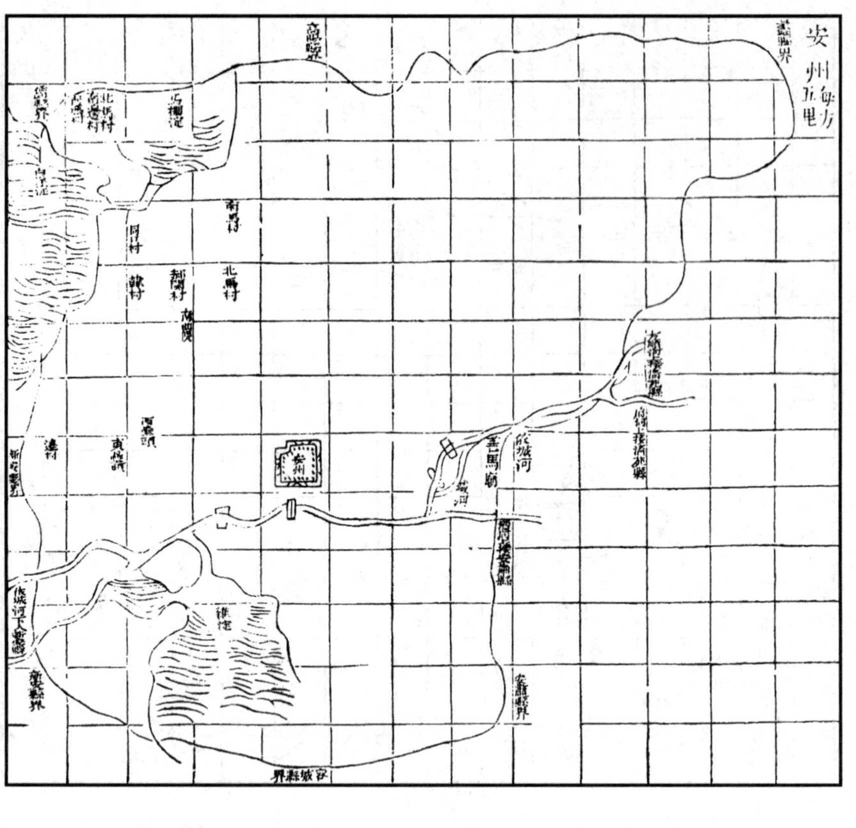

安州

東西壘頭、南北馮村等處營田，引依城河及淀河之水，仍洩水於本河。

按：安州居新安上游，積淀環繞，地多汙萊。自開局營田，新民坐獲美利，州人羨之，相率墾洿澤，引河流，自行插蒔，營田一千六百三十餘畝，收獲甚豐。雖經畫未施，而聞風興起，亦足驗輿情之忻躍云。

雍正六年，州治西壘頭、東壘頭、邊村、南曲隄、同口、郝官村、南馮村、北馮村、韓堡村等處農民自營稻田共十六頃三十八畝。

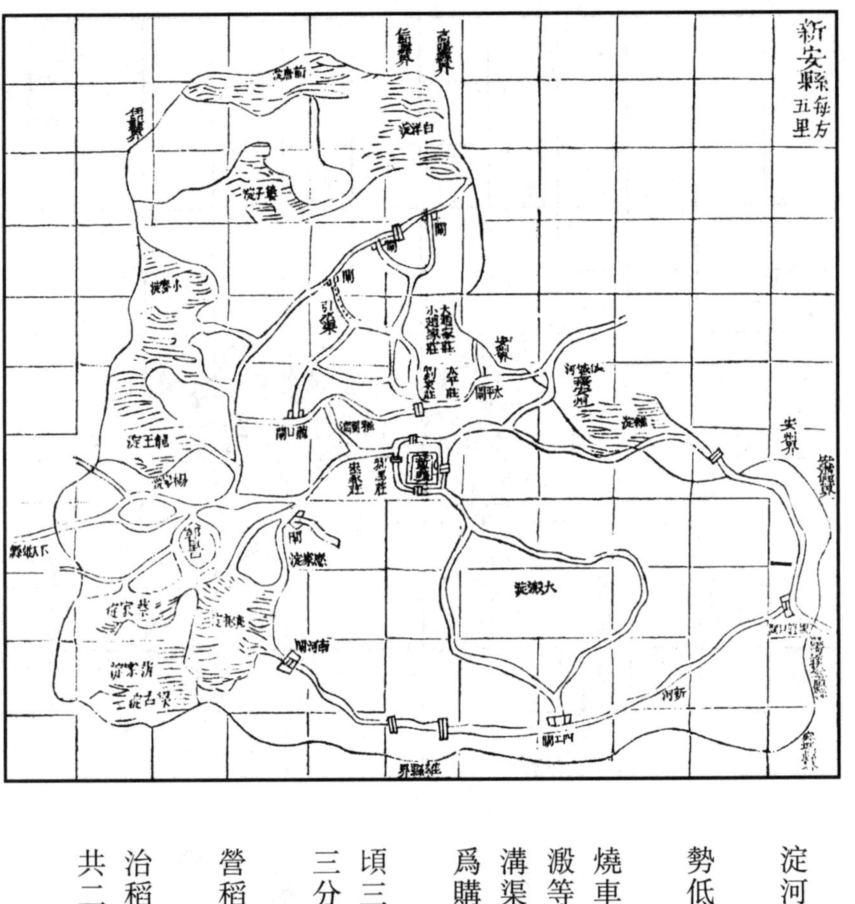

新安縣

大溵淀、太平莊、趙家莊等處營田，引雹河、依城河及淀河之水，洩水於應家淀、馬村河。

按：新安三面皆積淀，惟城北陸居，而大溵等淀地勢低窪，容城雨潦之水滙注爲壑，歲失耕稼，閭閻凋敝。

雍正四年，賢王奏開新河一道，上分雹水溢流，下歸燒車淀，南岸築隄以資捍禦，隣水循河入淀，永不爲災，大溵等淀沮洳遂爲膏壤。五年，委員營治，外作圍圩，内疏溝渠，建閘六座，引用河淀之流，杭稻徧野，所收既多，官爲購買，獲利常倍，貧瘠之區皆烝烝殷富矣。

雍正五年，縣治西北大溵淀營治稻田共一百三十三頃三十五畝九分三釐，農民自營稻田共一十四頃四畝三分。

雍正六年，縣治東北宋家莊、東南劉家莊等處農民自營稻田共五百五十九頃六十六畝九分九釐。

雍正七年，縣治西南太平莊、趙家莊，西北大溵淀營治稻田共一百五十六頃五十九畝九分；　農民自營稻田共二十七頃八十八畝。

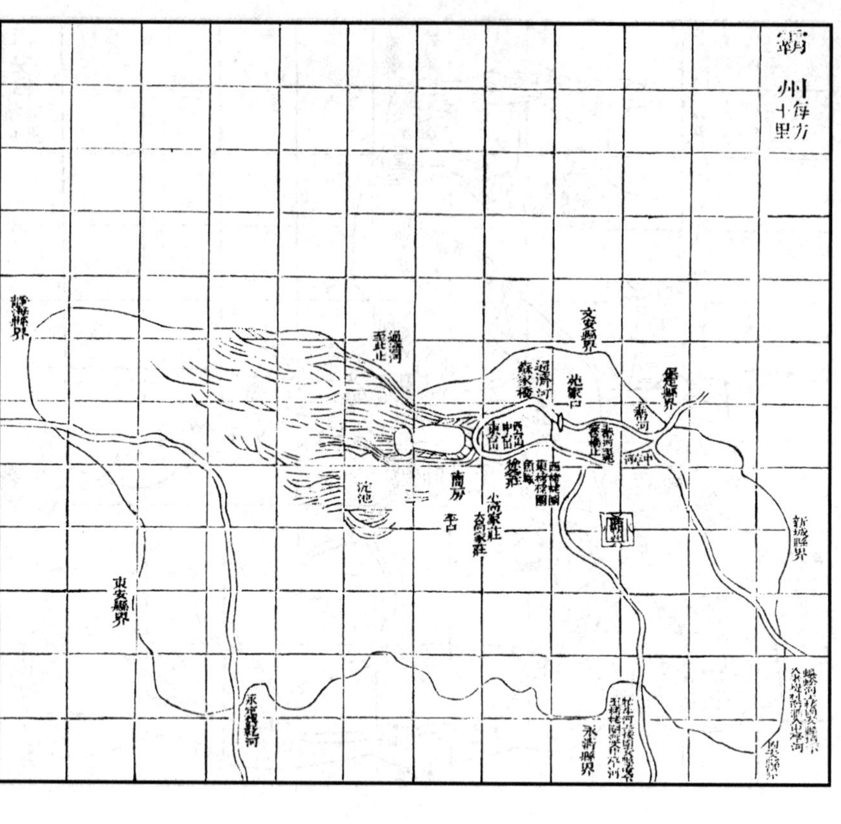

霸州

魚廠村、高各莊、臺山、平口等處營田，引中亭之水，洩村北橋下，仍入於本河。

按：州南玉帶河統滙衆流，汪洋浩瀚，蓄洩維艱。惟中亭支河須水則引之，水足則止，圍埝、渠閘經理有法，浸灌所及，已獲豐收，漸次推廣，其利自普也。

雍正六年，州治東南魚廠村、高各莊、徐各莊等處營治稻田共二十九頃二十三畝二分，農民自營稻田共一十二頃一十二畝。

雍正九年，改旱田四十一頃三十五畝二分。

雍正十一年，州治東南臺山村小圈内營治稻田十頃；又十間房、平口等村營田觀察副使光禄寺卿王鈞建閘築圍，營治稻田共五十頃。

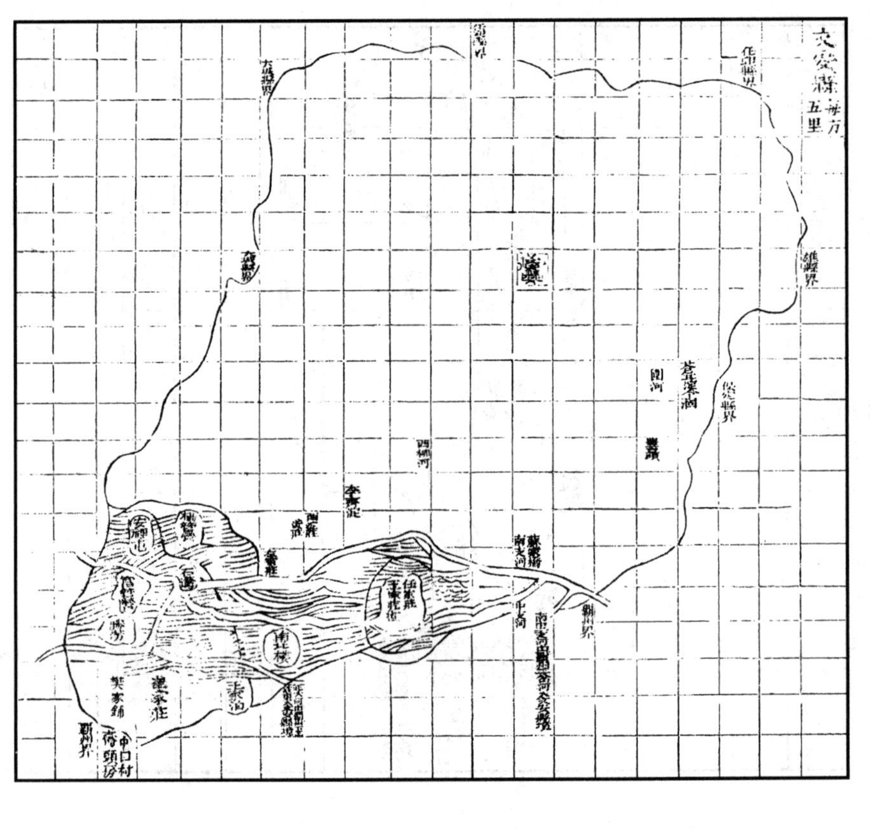

文安縣

蒼耳淀、李齊淀、流河淀等處營田，引會同河、子牙河之水，洩水於淀池。

按：文安縣爲七十二河滙聚之區，會同河自西而東，子牙河自南而北，至縣治東北，合流於積淀之內。土人每於瀕河傍淀之處，芟刈茭蘆，插蒔粳稻，多獲豐收；然淀河水漲，嘗苦淹没。

營田觀察副使臣劉勷革職効力，員外臣秦嶠等奉命代民修築，於蒼耳、李齊等淀立圍建閘，疏渠設洞，以防以灌，俾節俾宣，遂成永利焉。

雍正十一年，縣治西北蒼耳淀營治稻田一百五十四頃四十畝。

雍正十二年，縣治東北李齊淀、流河淀營治稻田三百五頃。

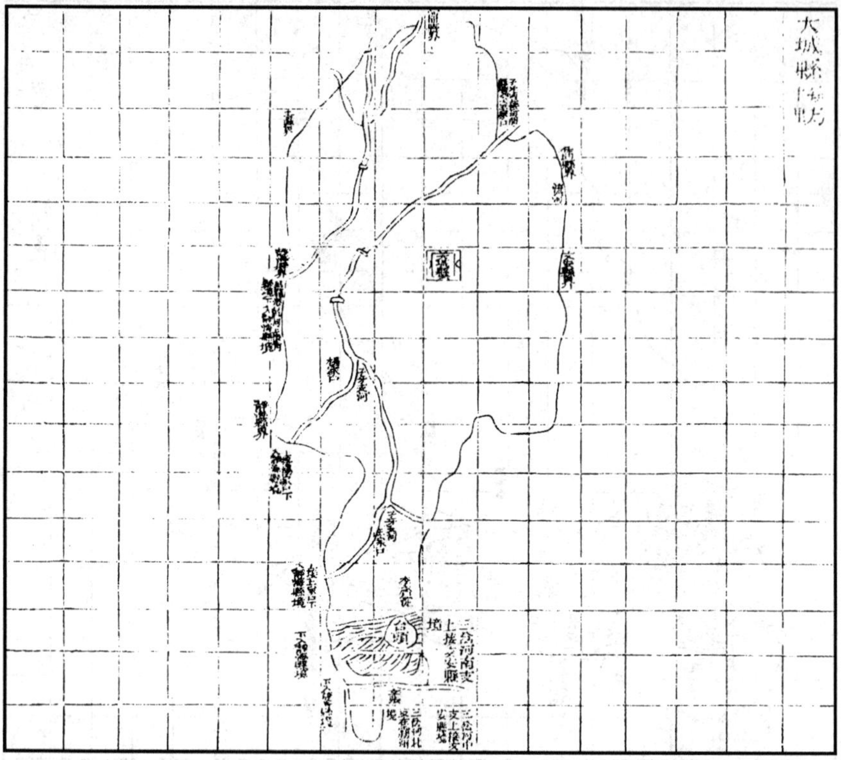

大城縣

李齊、流河等淀營田，引子牙河水，洩水於淀池。

按：　縣境爲子牙河所經，即滹沱下流也，於治東北王家口入淀，而會同清流自西來會之，餘波倒漾滙爲李齊、流河諸淀，縱廣數千頃，内邨落以數十計，跨文、大二邑之間。

居民每於平灘淺瀨栽種秧田，水小則收獲倍常，水大則没無遺粒。然其地三面距隄，勢如環衛，而土性膏腴，最爲宜稻之區。惟北運巨淀，防禦闕如，故不能免於墊没。

雍正十一年，營田觀察使臣顧琮議令効力，革職員外秦嶠建築北隄一道，以資捍禦，是歲淀内營田即獲豐收。次年，觀察使臣陳時夏奏請於南面建閘，引子牙河流，疏渠引灌；仍以秦嶠任其事。而副使臣王鈞、臣劉勷各捐貲築圍，重加保障，又於北隄開設涵洞，以備宣洩。厝置得宜，秋收大稔，從此以漸開築，數十里皆稻鄉也。

雍正十一年，李齊淀營治稻田三十二頃九十七畝四分。

雍正十二年，李齊淀、流河淀營治稻田三百頃。

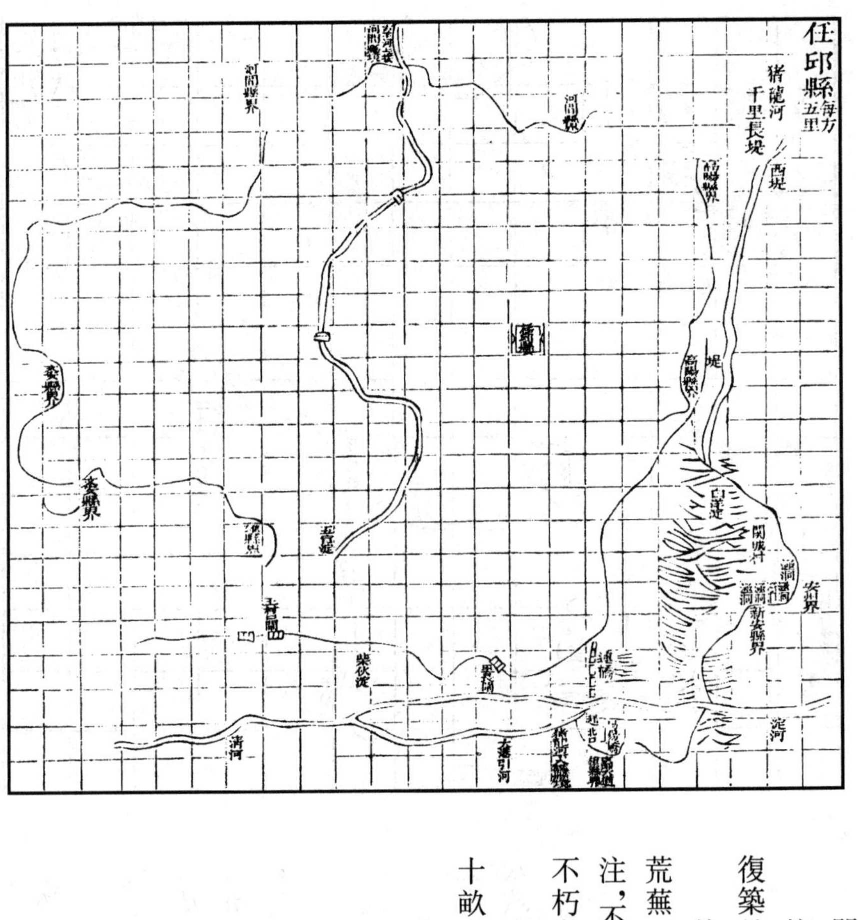

任邱縣

關城村營田，引白洋淀之水，洩於村後溝内。

按：白洋淀爲衆水所滙，本村舊設涵洞引以灌溉，復築月隄以備不虞，但地勢低窪，野水過多。前令許毓芳築堰捍禦，稱爲許公堰，歲久廢弛，田半荒蕪。今復整理完固，併爲疏濬溝渠，令自近而遠遞相貫注，不惟水盈畦隴，抑且潤及隣疆，稻麥芃芃，共戴皇仁於不朽矣。

雍正六年，縣治西北關城村營治稻田共四十五頃八十畝，農民自營稻田共四十頃。

雍正九年，改旱田二十四頃五十九畝二分。

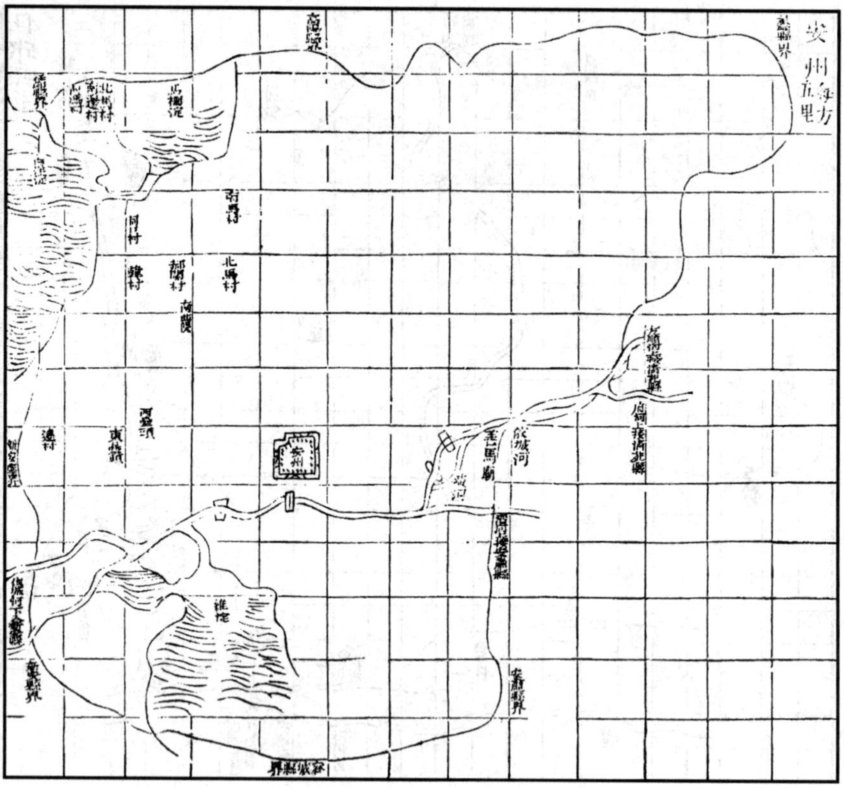

定州[一]

吴家莊、曹家莊等處營田，引小清河、馬跑泉之水，仍洩於本河。圍埝、渠閘隨宜布置，而以均水爲先務。小清河源發隍池，滌其淤塞，水勢較盛，自西而東，唐家莊先受之，置閘停蓄，次及吴家莊。而以州南馬跑泉水濟其不及，定爲限期，以次啟閉，厥利均焉。他若堯城等村引白龍泉、張謙等村亦引馬跑泉，疏引頗易，母[二]煩區畫也。

雍正五年，州治東南吴家莊等處營治稻田共一十五頃八十八畝，農民自營稻田共一頃三十四畝。

雍正六年，州治東南唐家莊、曹家莊等處營治稻田共二十二頃三十六畝五分，農民自營稻田共二十二頃八十八畝八分。

[一] 圖中文字誤爲『安州』。
[二] 母　應爲『毋』。

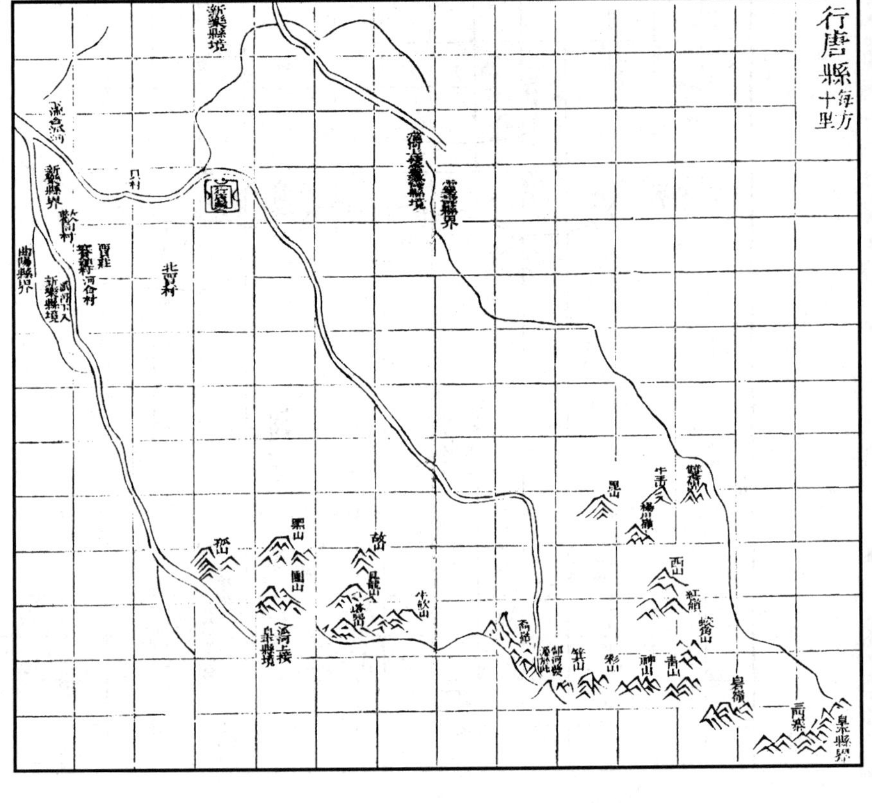

行唐縣

河合村、歡同村等處營田，引蓮花池及龍泉之水，仍洩水於本泉河。

按： 蓮花池週圍，泉從地湧，寬以畝計，迤邐東南流，龍泉自西北來會之。倚橋爲閘，隨塍爲溝，數里皆成稻鄉，從前所未有也。

雍正五年，縣治東北河合村、賽里、賈莊、歡同村等處營治稻田共一十四頃一十二畝。

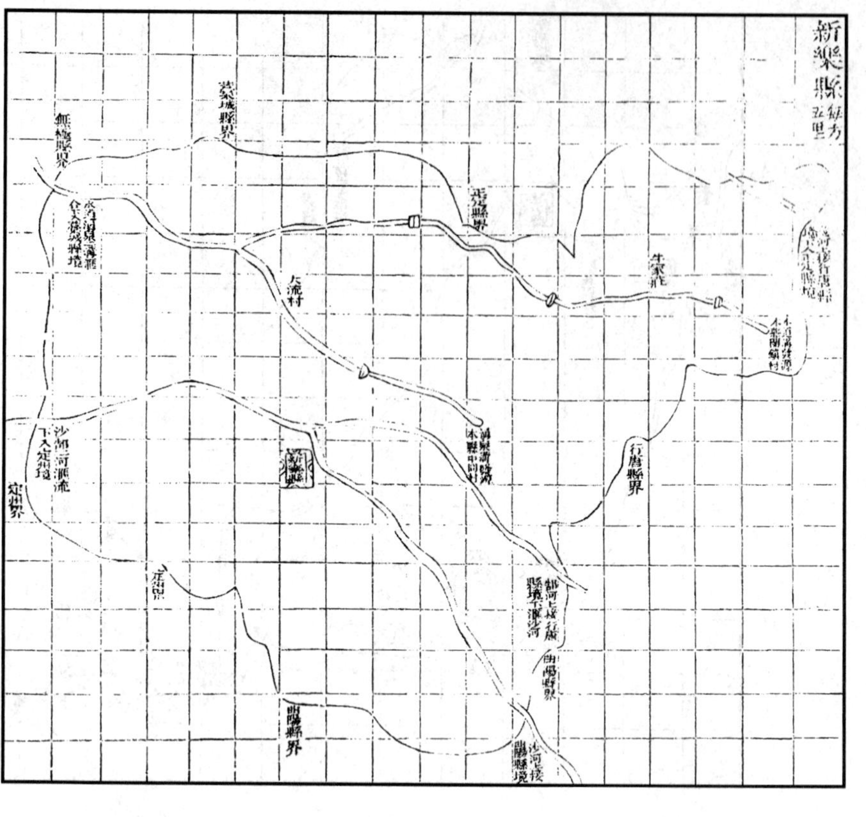

新樂縣

大流村、牛家溝等處營田，引海泉、湧泉之水，仍洩水於本泉河。

按：湧泉源發邑西伏羲廟，迤邐東南流；海泉自南來會之。歲久淤塞，今俱疏濬通暢，俾溝渠承接，遞相灌注，雖畦塍無多，而水利俱歸實用矣。

雍正五年，縣治東南大流村、牛家溝等處營治稻田共三頃五畝五分，農民自營稻田三十一畝。

雍正九年，改旱田一頃九十八畝。

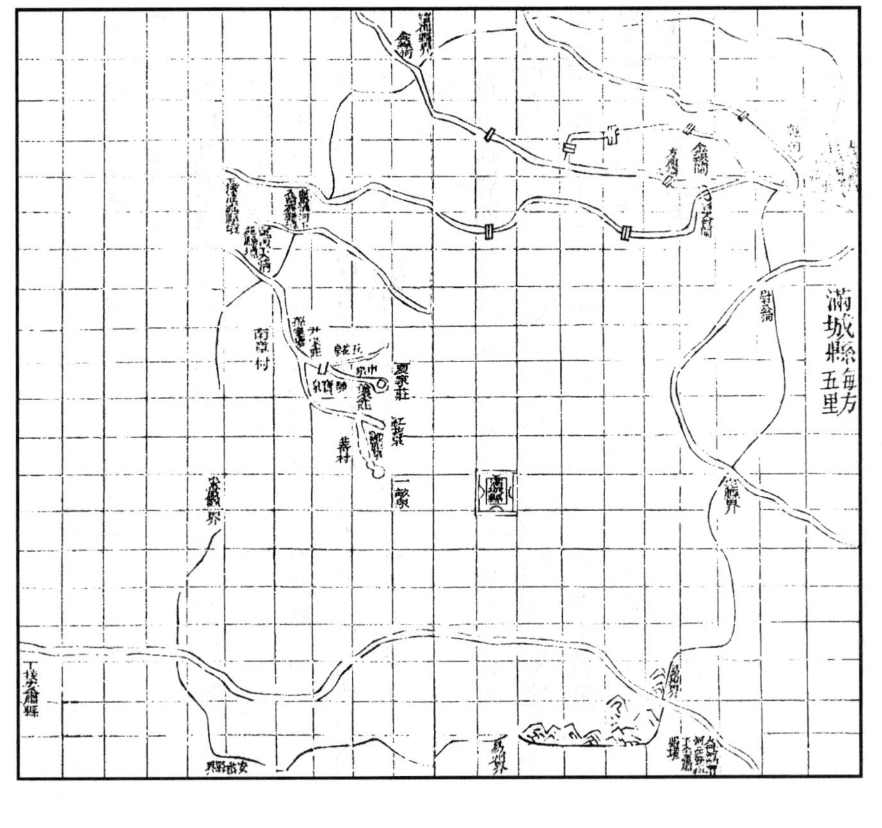

滿城縣

一畝泉、北奇村等處營田，引一畝、雞距等泉之水，仍洩水於本泉河。

按：一畝泉源發邑之東南，涌地噴珠，澄泓盈溢；雞距、紅花等泉亦連綿相接。今委員勸諭，令民間隨宜置閘，引入畦塍，灌溉優沃，歲獲豐稔云。

雍正六年，縣治東南一畝泉、北奇村、尹家莊、孫家塘等處農民自營稻田共二頃二十一畝九分。

京南局

京南一局兼正定、順德、廣平三郡之地，西帶重巒，源泉並注，而交流畢會於大泊，所謂形如聚扇，而滹、滏二河爲之外幹也。

民於其間壅流藝稻，無煩導課，而建閘築岸，具有條理。獨是食利者自私，貪得者無厭，踞高則不知有下，恃源而欲絶其流。以故灌溉之餘，陂池以浴鳧鷖，而下游之舟楫鮮通；洿澤以養菰蒲，而隣邑之香秔盡槁。故南局田不患其不營，而患營之不廣；水不苦其不足，而苦水之不均。

賢王親歷而稔知之，開局委員，均平水利。遠者刻以日，近者分以時，於是靈泉流潤，河澤旁通，廣、順之間增田至三萬八千七百三十八畝有奇；而滹、冶上游瀕河沙磧之區，立堨建壩，排石留泥，淤爲膏沃，得田一十五萬三千一十六畝有奇，尤爲從來未試之奇也。

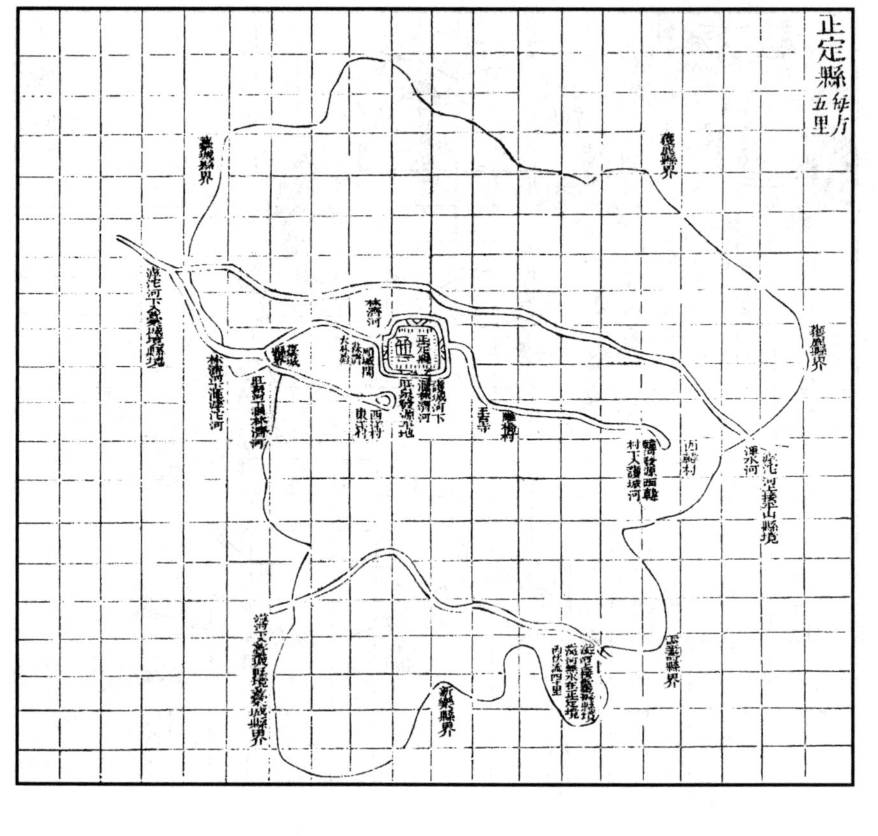

正定縣

雕橋村、王古寺、并城河、順城關等處營田，引大鳴泉、小鳴泉之水。

隍池西北隅之方泉、邑東北西洋村之班泉，歲久淤塞，併疏濬通暢，分流灌溉，俱洩水於滹沱河。由邑西北而至東南數十里，町畦鱗次，清漪迴環，向之廢棄者皆青葱彌望矣。

雍正五年，縣治西北雕橋村、王古寺、并城河、四面順城關等處營田共一十一頃八十五畝一分，農民自營稻田共一頃六十三畝。

雍正六年，城河東、西、北三面併在城東、西、南三關廂等處營田共三頃七十二畝七分。

雍正七年，縣治東北西洋村、大林濟村等處營田共一十五頃五十九畝。

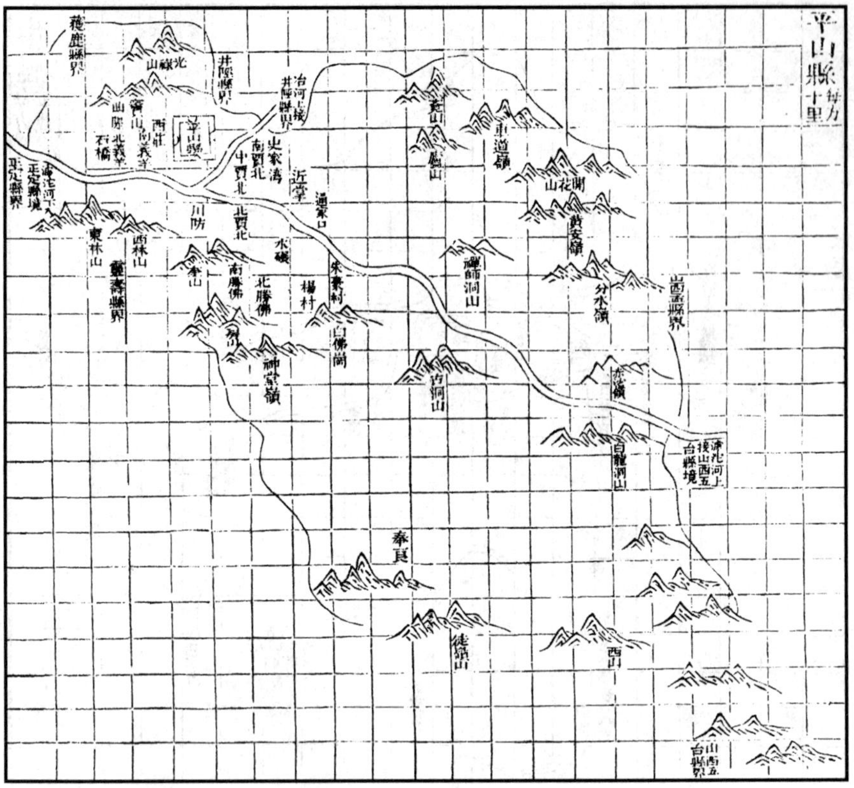

平山縣

奉良莊、川防村等處營田，引滹沱並冶河之水，仍洩水於本河。

按：　滹沱自正定以下，土疏流湧，時有泛溢，去害不暇，豈遑興利。獨在邑境，山麓夾束，不患軼出，兼水濁泥肥，於上流疏引，布石留淤，可以成田；　但苦山漲衝突，須石堰捍禦，工程繁費，非民力所能爲。今遣員開築，堰立而田成，秔稻甚茂。然淤泥積久，則田高水不能上，須種藠粟疏之，俾土平而水可上，水旱互易，田乃可久。此滹沱營田之法，冶河泥少，亦如法行之，可以得半，皆營田之變例也。

雍正五年，縣治西北奉良莊，并正北川防村等處，營田共六十頃一十一畝；　農民自營稻田共二十二頃零二畝。

雍正六年，縣治東北聖佛村、義羊村、水碾村、曲陘村，石橋村，并西北朱濠村等處，營田共九十九頃五十四畝七分；　農民自營稻田共九頃零七畝。

雍正七年，縣治西北賈北村、近掌村、通家口，並正北川防、楊村，東北義羊村、水碾村，西南史家灣、西村等處，營田共一百四十四頃；　農民自營稻田共五頃四十四畝。

雍正九年，改旱田八十五頃一十四畝。

井陘縣

防口村、西河村、洛陽灘等處營田，引冶河之水，仍洩水於本河。

其疏引上流，布石留泥，傍岸築堰，亦如平山滹沱之法行之，雖荒土砂灘，田皆可成，秔稻暢茂，亦營田通變之法。但遇鑿石時，火煅於前，醯沃於後，工力維艱，難以數舉也。

雍正六年，縣治東北防口灘營田共四頃二十畝。

雍正七年，縣治東北西河灘、洛陽灘、東冶灘等處營田共四十三頃。

雍正九年，改旱田五頃。

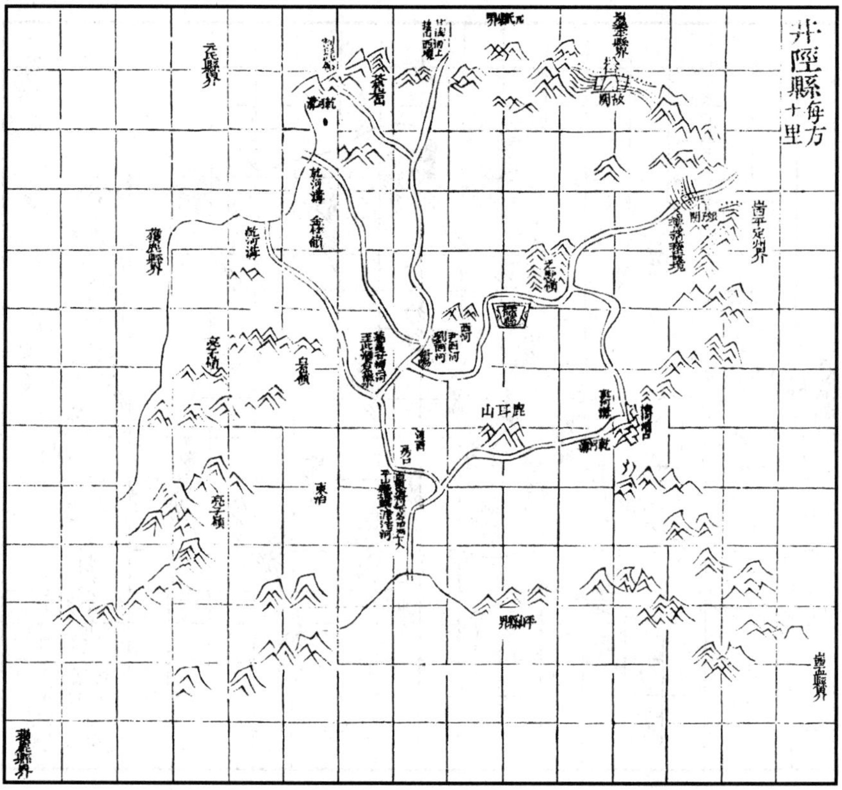

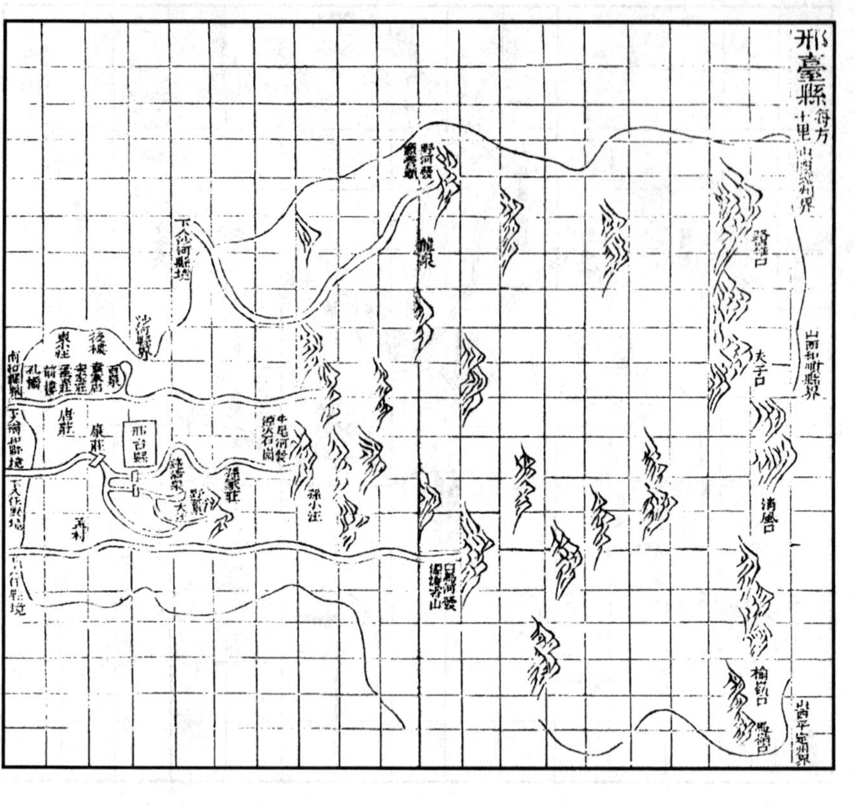

邢臺縣

樓下村、孔橋村、小汪村等處營田，引百泉併達活、紫金等泉之水，洩水於七里河、牛尾河。

按： 郡城西北達活、紫金等泉水力頗微，土人灌稻田五頃，而水力已殫矣。獨城東南之百泉，澄泓盈溢，大以畝計，餘泉百數，並湧地噴珠，淵源盛大，時出不窮，不惟利周本邑，兼可潤及隣疆。但土人踞閘獨擅，每啟争端。今遣員於春夏時，酌田多寡，依期啟閉，厥利均焉，復於河身狹處量爲開廣，利尤倍也。

雍正五年，縣治東南樓下村、孔橋村，並西北孫家莊等處，農民自營稻田共七十八頃三十八畝八分。

雍正六年，縣治東南小汪村、宋家莊、孟家莊等處農民自營稻田共四頃五十一畝。

雍正七年，縣治東南袁家店、康莊舖等處農民自營稻田共四頃零六畝五分。

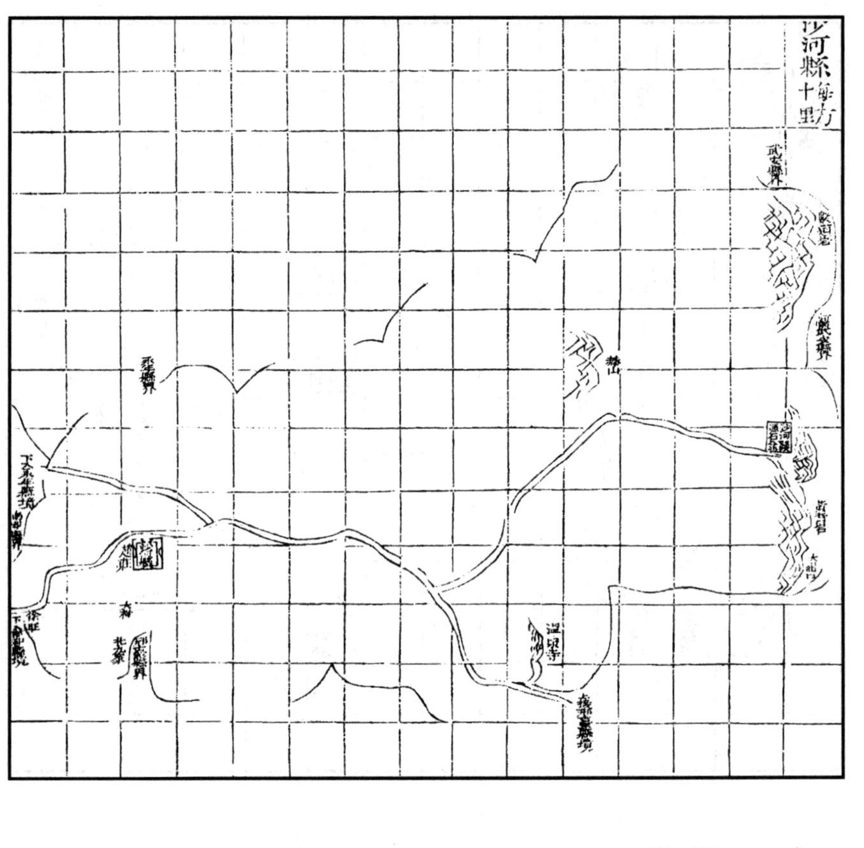

沙河縣

北九家莊、趙村等處營田，引邢臺百泉併小澧等泉之水，洩水於橙槽并沙河内。

按： 沙河一名渪河，源發山西遼州，流入邑境，水帶流沙，夾岸積如岡阜，伏秋衝突，難以引用。本邑衹分隣境餘潤，用溉秔苗，雖不滿千畝，亦不忍利棄於地也。

雍正五年，縣治東北大村、趙村、徐旺村等處營田共一頃四十八畝四分，農民自營稻田共三頃五十七畝一分一釐一毫。

雍正九年，改旱田七十一畝六分九釐九毫。

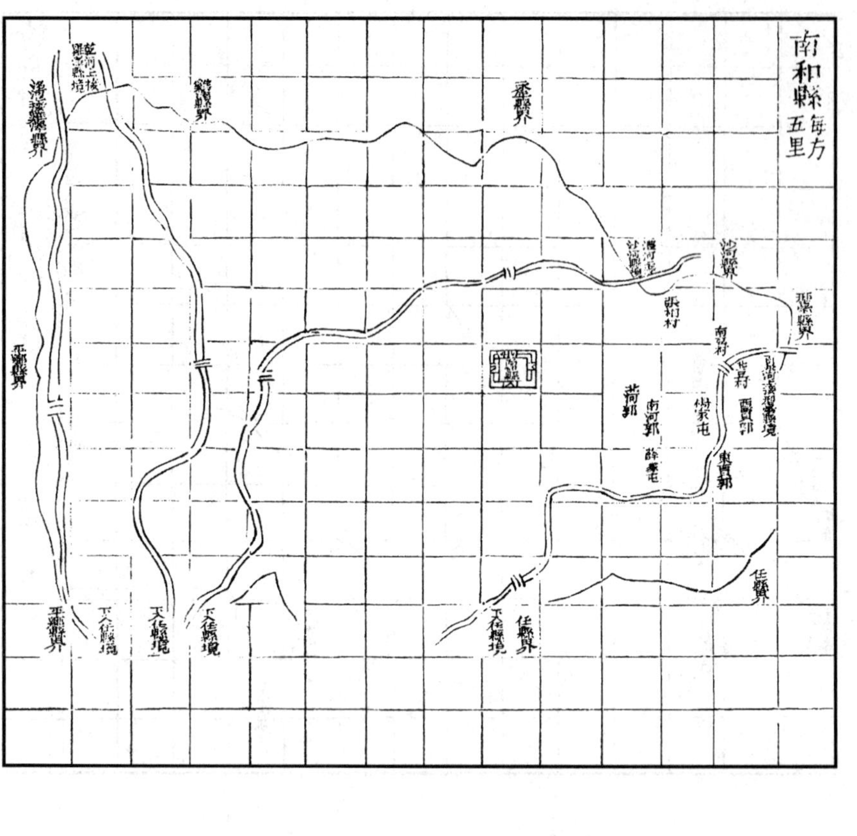

南和縣

豆村、河頭郭、楊家屯等處營田，引百泉河之水，洩水於沙河並大陸澤。

按：　邑境雖有鴛鴦等泉，然水脉細微，難資灌溉。邢邑百泉河源遠流長，邑之均利、惠民等閘悉分其潤。但邢人踞閘獨擅，水頗失時。今遣員於春夏時，酌定限期，如期啟閉，以均其利。邑秔萬畝，歲獲豐稔，正裒益之善舉也。

雍正五年，縣治西南豆村、河頭郭等處營田共一十一頃九十八畝八分，農民自營稻田共六十一頃二十四畝二分。

雍正六年，縣治西北薛家屯、東賈郭等處農民自營稻田共七頃八十九畝八分一釐。

雍正五年，縣治西南張相村農民自營稻田共四頃四十三畝一分。

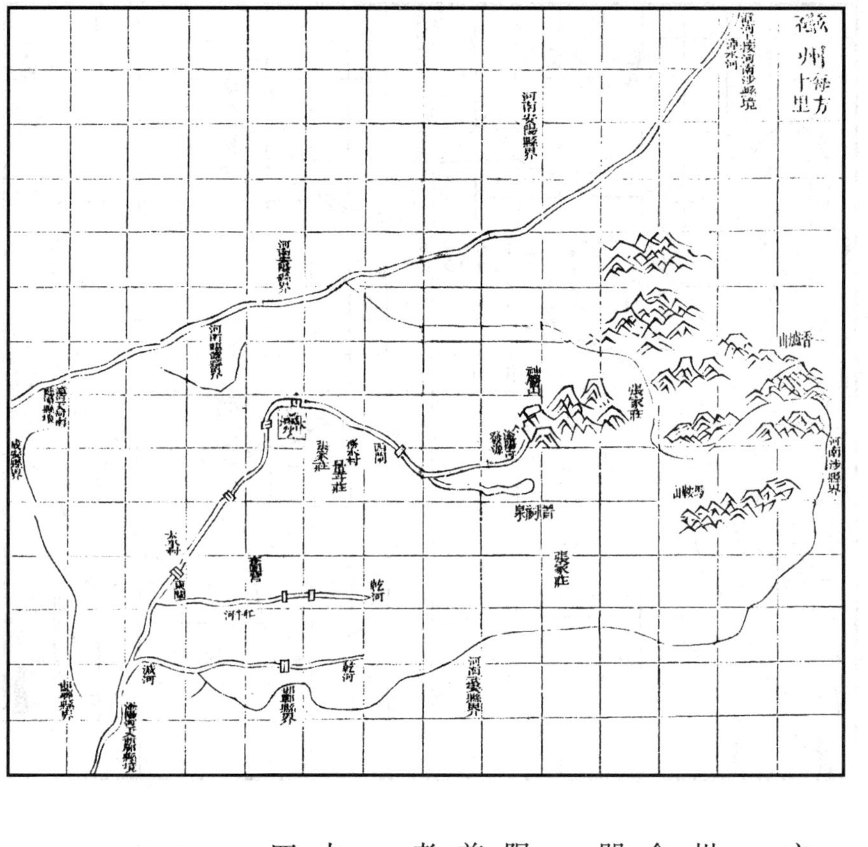

磁州

務本村、張家莊、太平莊、杏園營等處營田，引滏陽河之水，仍洩水於本河。

按：元臣郭守敬言：『滏陽河水由滏陽、邯鄲、洺州永年，下經鷄澤合入澧河，可溉田三千餘頃。』近因磁人舍本逐末，多種烟葉、靛苗，稻田漸減。又緣地居上游，閉閘築壩，霸水罔利，下流不獲沾勺水之潤。

雍正四年，經賢王奏請改歸直隸統轄，遣員分定水限，均利息争； 又勸州民種稻以重本計，藝至十萬餘畝，兼如期啟閉，用資隣邑。風移俗易，所謂下令如流水之源者矣。

雍正五年，州治西北務本村、張家莊、量斗莊，併東北太平村、杏園營等處，農民自營稻田，西閘共四百零一頃四十畝，東閘共六百零九頃四十九畝。

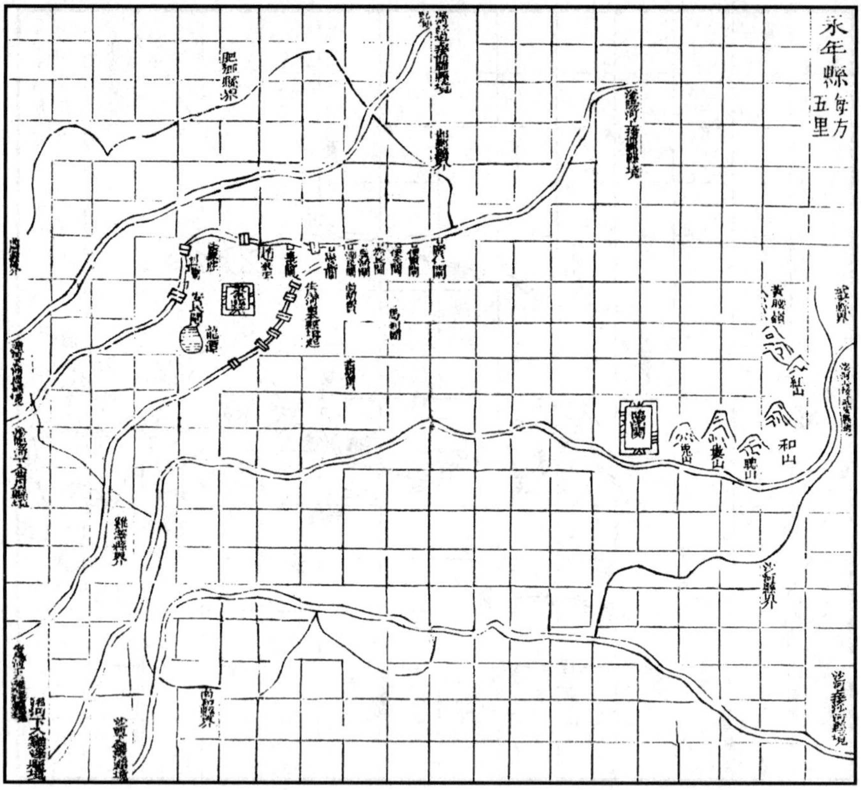

永年縣

張家莊、南胡賈村、馬道固村等處營田，引滏陽河之水，洩水於郡北牛尾河。

前明廣平守高汝行、永年令朱泰於河北岸設阜民等八閘，水利大興。嗣因磁人築壩攔水，八閘已廢其五。今磁州改歸廣平，閘水分時啟放，瀕河數邑均霑其潤；而永年先受之，滏水湯湯，良苗翼翼，一時頓復其舊云。

雍正五年，郡治西南張家莊、南胡賈村等處農民自營稻田共一百零六頃二十畝六分一釐。

雍正六年，郡治西南張家莊、趙家莊等處農民自營稻田共四十二頃一十六畝九分四釐。

雍正七年，郡治西南南胡賈村、北胡賈村等處農民自營稻田共三十六頃七十七畝八分六釐。

雍正八年，郡治東南利民閘大隄北農民自營稻田共二頃零二畝九分。

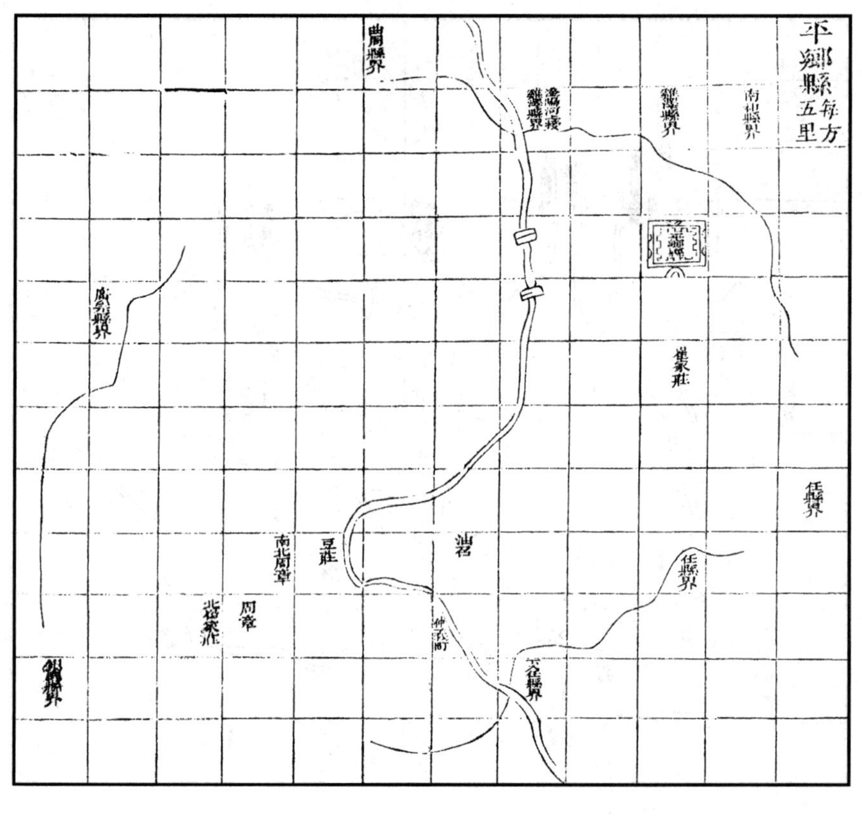

平鄉縣

豆二莊、周章村、油召村等處營田，引滏陽河之水，仍洩水於本河。

按：滏水至平邑已經上游疏引，水力稍弱，攔水壅升厥利斯普，變而通之以盡利，斯之謂矣。

雍正五年，縣治東北豆二莊、周章村、重義町等處營田共十頃零二十七畝六分。

雍正七年，縣治東北油召村、崔家莊等處營田共九頃三十八畝四分。

雍正九年，改旱田一十八頃四十畝。

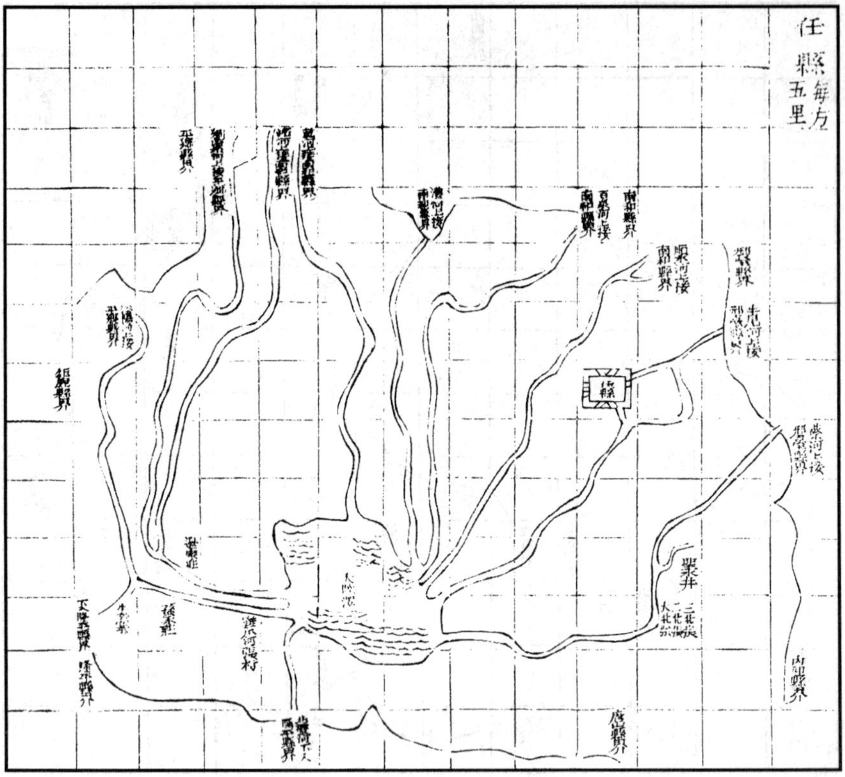

任縣

邊家莊、牛新寨、西北張村等處營田，引滏陽并牛尾等河之水，仍洩水於本河。

按：滏水至任較平邑尤弱，而百泉、牛尾自西而東合而助之，置閘疏分，邑田萬畝皆藉其潤。又大陸澤爲上流之壑，爲下流之源。新開澧河源於大陸，源大而流盛，夾岸汲引，其利尤溥也。

雍正五年，縣治東北邊家莊、牛新寨、孫家莊等處營田共八十四頃五十九畝二分零五毫五絲，農民自營稻田共六頃十二畝一分二釐。

雍正七年，縣治正北西北張村、大北張村等處營田共二頃七十五畝六分，農民自營稻田共八頃五十八畝四分二釐。

雍正九年，改旱田八十一頃七十九畝二分一釐三毫。

天津局

天津營田，全資潮汐，一面濱河，三面開渠與河水通，潮來渠滿，則牐而留之，以供車戽，中間溝塍地埂，宛轉交通，四面築圍以防雨潦，皆前明汪司農應蛟遺制也。

汪公至天津，見白塘、葛沽一帶，地斥鹵，不耕種，間有近河藝豆者，每畝收不過二斗。以謂此地無水則鹻，得水則潤，若以閩、浙瀕海治地之法行之，穿渠灌水，未必不可爲稻田。而一時文武將吏諸人無肯應命者。公乃以身倡之，捐俸買牛制器，開渠築堤，先於葛沽、白塘二處種水稻二千餘畝，畝收四五石；餘種蔔豆，得水灌溉，糞多者一畝收一二石，惟旱稻以鹻立槁。

於是軍民始信閩、浙治地之法可行於北海，而各官益信斥鹵可盡變爲膏腴也。於是疏請於朝，以防海官軍萬人分田墾種，屯政大興。至今土人猶傳十字圍。所謂求仁誠足與食力，古所貴者是已。惟是民雜五方，逐魚鹽之利，取足旦夕，而不爲久遠之計。雖禾麥之植，亦鹵莽從事，至沽塗升挽之勞，益視爲畏途，以故旋舉旋廢。

雍正五年，營田十圍，今存賀家口、葛沽兩圍而已。開局之始，賢王深思遠攬，以天津當河海咽喉，爲神京牖户，而謡俗偷惰，逐末忘本，野多未闢之土，家無儋石之儲，闤闠熙穰，田疇蕭寂，無以仰副聖天子加意郊圻，移風易俗之至意。

又覽左忠毅光斗屯政諸疏，大興水利於天津一帶，稻花茂密。因慨然欲復汪司農之舊蹟，發帑委員，尋求經理，而積習猝難丕變，美意未及觀成。然圍渠遺趾現存，稍加修葺，未始不可溉糞沃淤，長我禾麥也。爰紀梗槩，不忘厥初云爾。

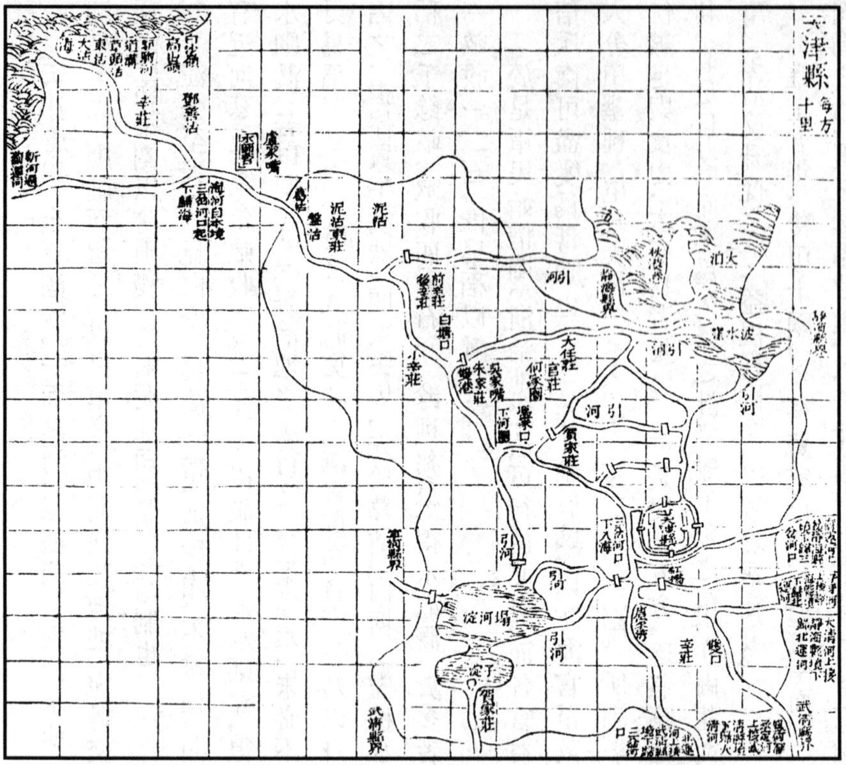

天津州今改爲縣

城南藍田及賀家口圍田，引用海河潮水，仍洩水於本河。

按：藍田，康熙間鎮臣藍理所開也。河渠圩岸，週數十里。墾田二百餘頃，召浙、閩農人數十家，分課耕種，每田一頃，用水車四部。插蒔之候，沾塗偏野，車戽之聲相聞，秋收畝三四石不等。雨後新涼，水田漠漠，人號爲『小江南』云。理陞任去，奏歸之官。是後經理無人，圩坍河淤，數載廢爲荒壤。

雍正五年，營田天津。津農不習水種，率逡巡觀望，乃作秧池於藍田，以倡導之。濬舊渠，引潮水，灌溉滋培，秧苗蕃盛。於是官民競勸，共營田三十餘頃，俱獲收穫。六年，營田觀察使黄世發自營五頃，耕耨得宜，畝收至五六石。刈穫之際，傳集各圍地户共觀之。

賀家口圍，其西半即藍田也。東瀕海河，因橋建閘，周圍築埝，圍内開渠，縱横貫注，共營田三十八頃九十二畝，官民自營田九頃。

静海縣今水田村莊，隸天津縣

何家圈、吴家嘴、雙港、白塘口、辛莊等圍營田，引用海河潮水，仍洩水於本河。

按：何家圈圍地勢平坦，土性滋潤，天然秔稻之鄉。

前明撫臣汪應蛟相度屯田，以此爲首。圍中有官莊圍，南有大人莊詢據老民，當時屯田御史及屯田道廳等官駐劄於此，故名。

雍正五年，循照溝圍舊蹟開築，營田八十三頃十六畝，民間自營田二十三頃四十畝。

吴家嘴圍三面臨河，民間就沽道爲園圃，在津田向稱上産。

五年，委員開築，於馮家口建閘引水，并設涵洞三座，分渠灌溉，營田二十七頃九十二畝，民間自營田十四頃四十一畝。

雙港圍亦汪應蛟屯田舊地也。循照故蹟開築，東與何家圈溝渠相通，兩圍互爲蓄洩。營田三十八頃二十五畝五分，民間自營田三十八頃七十二畝。

白塘口圍河形閘基皆汪應蛟屯田故蹟。以董太僕應舉於天啟中修復之，故遺制猶存。委員開築，即用閘基舊石添砌建造，并設涵洞二座。營田六十四頃六十七畝，民間自營田四頃七十二畝。

辛莊圍亦汪公屯田舊地也。郵東西各有沽河一道，西河即屯田故渠，東河則津人鄭衛引水種稻所開也。地勢平潤，强潮内涌，往往波及田間，本與陸種不宜。委員疏濬二河，各置閘一座，圍内溝渠交注，引新洩故，留沃去鹻，最爲適宜焉。營田六十一頃六十二畝，民間自營田五十九畝。

滄州今水田村莊，隸天津縣

葛沽、盤沽二圍營田引用海河潮水，仍洩水於本河。

按：葛、盤二沽畛域聯接。自汪公應蛟肇開水田，土人至今習知其利，插蒔不絶。亦能自製水車，不以升挽爲苦，所産稻米幾與白玉塘齊名。

五年，委員分建圍圩，開渠置牐，民地官荒，營至五十九畝，民間自營田四頃九十一畝。

興國富國二場今隸天津縣

東、西泥沽二圍營田，引用海河潮水，仍洩水於本河。

按：泥沽距海口六十餘里，河至此愈深濶，潮來愈大，亦汪應蛟舊屯地，而董公應舉令經歷趙鑑等修復之，河形宛在，溝塍之迹猶歷歷也。循照開築，東西圍各建進水閘一座，洩水涵洞各二口。營田三十五頃二十七畝，民間自營田六頃二十八畝。

按：天津舊爲衛治，郊郭便衾鄰境，改州之後，疆界未分。故營田十圍，自藍田、賀家口而外，隸静海縣者五，隸滄州者二，隸興國、富國二場者各一。至雍正九年，設府改縣，更定幅隕，諸圍地畝皆歸隸天津縣矣。今仍營田府原册所開編次，用存其舊云。

畿輔水利之議，難之者有三。謂水田胝胼之勞十倍旱田，北方民性習於偷逸，不耐作苦，一也。南方之水多清，北方之水多濁，清水安流有定，濁水遷徙不常；又北水性猛，北土性鬆，以鬆土遇猛流，嚙決不常，利不可以久享，二也。直隸諸水大約發源西北，地勢建瓴，浮沙堿土，挾之而下石水斗泥，當其下流，尤易淹塞，疏瀹之功難以常施，三也。

然畿輔諸川，非盡可用之水，亦非盡不可用之水。即用水之區，不必盡可藝稻之地，亦未嘗無可以藝稻之地。試歷數之。

滹沱、永定，此以性悍流濁不可用者。南、北運河關係漕運，此無庸議者。他如磁州、永年之滏河，順德之牛尾，阜平、完唐之沙河，唐河，淶水之淶河，平谷之泃河，此皆可用河以成田者。邢台之百泉，正定之大鳴、小鳴，滿城之一畝、雞距，望都之九龍，堅功，定州之白龍、馬跑，平谷之水峪寺，龍家務，灤州之暖泉、館水，此皆可用泉以成田者。他如寧河、寶坻、天津，則可用潮汐以成田。附近淀泊之隆平、寧晉、新安、安州及霸州、文安等處，則皆可築圍通渠以成田。至宣化之蔚州、保安、懷安，則並用永定之上游矣，安在其有棄水也。

若以一水之不可用，遂並衆水而棄之；見一處之湮塞難通，遂謂通省皆然，則似難語以興修樂利矣。

然聽民間自爲灌溉，則必不能極水力之所至。蓋有需建閘壩，工程稍大之處，則民力不能獨辦；又水渠有疏濬之處，則疆界既分，惟就一隅籌利害，不能於通盤計通塞，往往以紛争聚訟，其勢必須專員周行相度。於工之稍鉅者，或於州縣中計畝出夫，協力修理，或爲之申請借帑，分年徵還。於水道之宜疏濬者，較量通局利害，隄防之宜修者復之，宜開者決之，佔用地畝，價購而豁除之。不畏嫌怨，不阻浮言，則河道可以暢通，而水無遺利矣。

然非於通省之河道、水利成竹在胸，源委分明，恐官吏士人或以憚於興作而售其欺，而我不能指畫分明，則無以關其口而奪之氣也。

《畿輔通志》内載《水利營田》一卷，分爲四局，以各州縣列其下，并註明某處用某水，營田若干頃畝。聞修志時載筆者爲文安陳學士儀，蓋嘗爲營田觀察使，故能詳悉言之。然有説無圖，終未盡善，余更取諸州縣輿地計里開方，成圖三十七幅，其營田坐落村莊，細爲臚列，以説附其後，俾觀者較若列眉，瞭如指掌。異時輶軒使者及留心斯事守土之吏，皆可按圖而求之。故蹟雖或湮没，亦無難上遡成規於百餘載之上。

庶畿輔諸川泉之水涓滴皆歸實用，而水性清濁、土性剛柔之説，有不可盡信者。至謂北土民惰，不耐水耕火耨之勞，夫民豈有定性哉。齊之以法，誘之以利，轉變在歲時耳，不足致疑，故無庸置辯云。

時道光四年　歲在甲申　孟春七日　益津吴邦慶跋

畿輔水利輯覽

〔清〕吴邦慶撰

序

嘗聞諸鄉前輩云：直隸水道自漢時河改由千乘入海，《禹貢》冀州九河之道不可尋已。至漢建安，遏淇水入白溝，通運道於遼東。隋伐高麗，又作永濟渠餉糧於涿鹿。宋何承矩修理緣邊塘濼，至元成會通河。其後漳流滹沱，朝遷暮徙，水道葢三四變。歷代《河渠志》及桑《經》、酈《注》、《元和郡國圖志》《太平寰宇記》《元豐九域志》、歐陽忞之《廣輿志》，皆不可執以求之。至水利營田，則惟宋何承矩故跡差可考。餘則陵谷變遷，惟傳誌紀載耳。余心識之，然考諸《宋史》及雜説部，何承矩之塘濼爲邊防起見，水田特以餘力及之耳。後之守邊者，不知其深意，反洩塘水以爲田，而圖目前之小利。王安石又力主張之，故水田較增而塘濼漸廢，坐失地險可謂不達已！繼而講求水利者，元則有郭太史守敬、虞文靖公集、丞相脱脱。第郭太史所陳水利十一事，傳惟載其水道一則，而中統中所上六事，談河道水田者各半。虞文靖公之議頗詳。丞相脱脱即踵其議，而惜未能竟。明則倡其説者爲徐尚寶貞明，試行於天津者則汪公應蛟、左公光斗諸公。或指畫明切，或見諸行事，其言皆可寶貴。

愚嘗論用水之法如吴越之間地勢平衍，易於引流，故古稱平江路，此易於見功之地也。然錢氏竊據，及宋南渡時，皆設撩淺夫，修治湖港，歲費鉅萬，亦非坐享樂利已。或謂水在高處難用，則江西、湖廣等處，引山泉自上而下，鑿山爲田，如列坂然，非用山上泉乎？如謂流激難用，余嘗行閩、楚間，諸山河槽，置石爲灘，以壅其流，旁設風輪，激水而上，以注於塘，非用急流乎？至運道所關綦重也，而淮揚之間，傍運東岸，設閘座涵洞，放水灌田，運道亦未嘗有礙也。如謂濱海之地，苦於潮鹹，則如通泰之間，范公隄設立閘座。隄以禦鹹鹵之潮，閘以洩有餘之水，亦何曾不收其利乎？即如漳水至今無用者，而西門、史起用之於前，曹魏用之於後。史言曹公設十二磴轉相灌輪，惜此法不傳耳。余竊嘗留心此事，於直隸水利之説，尤所究心，遇則雜抄之。然如史稱漢張堪爲漁陽刺史，營水田八千餘頃。後魏裴延儁修漁陽堰，又營督亢渠及劉靖修戾陵堰諸事，功有可紀，而蹟無可考，徒令人想望美利而已。宋何承矩事錯見於本傳及《河渠志》諸説部。元虞文靖公，傳内惟一短疏，亦係節本。然《道園學古録》中及文集亦不載其文。《元史》《河渠志》則一如雜録，亦無一語及此事。至明徐貞明，本傳撮其《潞水客談》，精要都盡，愚前已刻之，不録。惟渠尚有田書不傳，爲可惜耳。至汪、左兩疏，載諸本傳者頗略。然自是史體應爾。余於《續文獻通考》中抄得汪公全疏，於《左忠毅公奏疏》内抄得《屯田》及《請立屯學》全疏。他如董應舉、張慎言、魏呈潤、葉春及皆有疏陳水利，俱采之爲《畿輔水利輯覽》一卷。又明袁黄字了凡，嘗宰寶坻，教民引水種稻，並著有《農書》。惜未得全本，嘗見《寶坻志》中摘其數則，亦以入編。余備藩豫中時，嘗計通省墾熟之田七十二萬餘頃，而盛世滋生人口大小共二千餘萬。人數日增而田不能闢，計惟有營治水田一法爲補救之良策。葢陸田每夫可營三十畝，水田不過十畝，而歲入倍之。時朱絅齋居幕中，方撰《豫乘識小録》，遂著《田渠説》，並將豫省凡有水田之處，皆按志乘臚列其泉水旺弱及灌田多寡。余將檄行諸邑，查報督率墾治。而旋奉命撫楚南，匆匆行矣，至今遺憾焉。兹將其《田渠説》附於後。事雖無關於畿輔，然於此事亦可取資云。

道光三年　歲在癸未　仲秋
益津吴邦慶撰

目

[一] 序　原作無此目，據正文内容改。
[二] 附朱雲錦豫中田渠説　原作無此目，據正文内容改。

宋何承矩屯田水利疏

按：《宋史》，何承矩，河南人，建武軍節度繼筠子也。先爲六宅使，繼授滄州節度副使。上疏請於關南興塘濼，以禦戎馬，以實邊備。考宋太宗伐契丹，規取燕薊。邊隙一開，河朔連歲繹騷，耕織失業，州縣多閒田，緣邊益增戍兵，自雄州東際於海多積水。契丹患之，不得肆其侵突。順安軍西至北平二百里，其地平曠，歲常自此而入。議者謂：『宜度地形高下，因水陸之便建阡陌，濬溝洫益樹五稼，可以實邊廩而限戎馬。』六宅使何承矩請於順安砦西引易河築隄爲屯田，既而河朔連年大水。及承矩知雄州，又言：『因積潦蓄爲陂塘，大作稻田以足食。』會滄州、臨津令閩人黄懋上書言：『閩地惟種水田，緣山導泉倍費功力。今河北州軍多陂塘，引水灌田省功易就。三五年間公私必大獲其利。』詔承矩按視還奏，如懋言。遂以承矩爲制，置河北沿邊屯田。使懋爲大理寺丞充判官，發諸鎮兵一萬八千人給其役。凡雄、莫、霸州、平戎、順安等軍，興堰六百里，置斗門，引淀水灌溉。初年種稻值霜不成。懋以晚稻九月熟，河北霜早而地氣遲。江東早稻七月即熟，取其種課令種之，是歲八月稻熟。初承矩建議，沮之者頗衆。武臣習攻戰亦耻於營葺。既晚稻不成，群議愈甚，事幾爲罷。至是承矩載稻穗數車，遣吏送闕下，議者乃息。而莞蒲蜃蛤之饒，民賴其利。

又按：塘濼，緣邊諸水所聚，因限敵，河北屯田司、緣邊安撫司皆掌之。其水東起滄州界，距海岸黑龍港，西至乾寧軍，沿永濟河，合破船淀、灰淀、方淀爲一水，衡廣一百二十里，縱九十里至一百三十里，其深五尺。東起乾寧軍，西至信安軍永濟渠爲一水，西合鵞巢淀、陳人淀、燕丹淀、大光淀、孟宗淀爲一水，衡廣一百二十里，縱三十里或五十里，其深丈餘或六尺。東起信安軍永濟渠，西至霸州莫金口，合水紋淀、得勝淀、下光淀、小蘭淀、李子淀、大蘭淀爲一水，衡廣七十里或十五里或六里，其深六尺或七尺。東北起霸州莫金口，西南保定軍父母砦，合糧料淀、迴淀爲一水，衡廣二十七里，縱八里，其深六尺。霸州至保定軍並塘岸水最淺，故咸平、景德中契丹南牧，以霸州信安軍爲歸路。東南起保定軍，西北雄州，合百水淀、黑洋淀、小蓮花淀爲一水，衡廣六十里，縱二十五里或四十里，其深八尺或九尺。東起雄州，西至順安軍，合大蓮花淀、洛陽淀、牛横淀、康池淀、疇淀、白羊淀爲一水，衡廣七十里，縱三十里或四十五里，其深一丈或六尺或七尺。東起順安軍，西邊吴淀至保州，合齊女淀、勞淀爲一水，衡廣三十餘里，縱百五十里，其深一丈三尺或一丈。起安肅廣信軍之南，保州西北，蓄沈苑河爲塘，衡廣三十里，縱十里，其深五尺，淺或三尺，曰沈苑泊。自保州西，合鷄距泉、尚泉爲稻田、方田，衡廣十里，其深五尺至三尺，曰西塘泊。自邊吴淀至泥姑海口，綿亘七州軍，屈曲九百里。深不可以舟行，淺不可以徒涉，雖有勁兵不能度也。方田之制隨田塍，四面穿溝渠。縱廣一丈，深二丈。鱗次交錯兩溝間，屈曲爲徑路，才令通步兵。引曹河、鮑河、徐河、鷄距泉水注溝中，地高則用水車汲引。天禧末諸州屯田總四千二百餘頃，河北歲收二萬九千四百餘石，而保州最多，逾其半焉。然自程昉奉詔察利害，欲放滹沱水填淤塘濼，以廣營田。王安石又力主其説，後遂淤澱乾涸，不復開濬。有司利於稻田，又往往洩去積水，而邊防壞矣。然現在之西淀、東淀數百里沮洳之鄉，皆其遺跡也，故詳録之以備考。

其疏云：『臣幼侍先臣關南征行，熟知北邊道路川原之勢。若於順安寨西開易河，蒲口引水東注至海。東西三百餘里，南北五七十里滋其陂澤，可以築隄貯水爲屯田，以助要害免番騎奔軼。俟期歲間塘注關南諸泊淀水，播作稻田，其緣邊州軍，地臨塘水者，止留守城軍士，不煩發兵廣戍。收水田以實邊，設險固以防塞。春夏課農，秋冬備寇。縱贍師旅，不失耕耘；不費國用，不勞民力。如此則敵弱我强，彼勞我逸；以强禦弱，以逸待勞，此禦邊之術也。順安以西至西山道路，百里以來無水田處，亦望遣兵戍以練其精鋭，擇將領以去其冗謬。夫邊兵不患寡，患驕慢不肅而不精；邊將不患怯，患偏見自賢而無謀；邊備不患寇，患慢防而未輯。若禦得其力，制得其要，何慮乎邊患不除？且有國有家，以足兵足食爲本。水田之盛，誠可以限戎馬而省轉粟之費，萬世之利也。』

元虞集畿輔水利議

虞集，字伯生，蜀人。父汲爲黄岡尉。宋亡，僑居臨川崇仁。集以大臣薦授大都路儒學教授，拜翰林直學士，俄兼國子監祭酒。嘗因進講論京師，恃東南運糧爲實，竭民力以航不測。非所以寬遠人，而因地力也。因獻此議，後除奎章閣侍書學士。時關中大饑，民枕藉而死，有方數百里無子遺者。帝問集：『何以救關中？』對曰：『承平日久，人情晏安，有志之士急於近效，則怨讟興焉。不幸大菑之餘，正君子爲治作新之會也。若遣一二有仁術知民事者，稍寬其禁令，使得有所爲。隨郡縣擇可用之人，因舊民所在，定城郭、修閭里、治溝洫、限畎畝、薄征歛。招其傷殘老弱，漸以其力治之，則遠去而來歸者漸至，春耕秋歛皆有所助。一二歲間勿征勿徭，封域既正、守望相濟、四面而至者，均齊方一、截然有法，則三代之民將見出於空虚之野矣。』帝稱：『善』。因進曰：『願假臣一郡試以此法，行之三五年間必有以報朝廷者。』左右有曰：『虞伯生欲以此去耳。』遂罷其議。觀伯生此對，粹然儒者之言，與孟子對滕文公井田之言何異？且毅然請行，亦必實有施設，與空言無補者迥殊。當時若能以水正十三年，丞相脱脱領大司農事，議屯田。西至西山，東至遷民鎮，南至保定、河間，北至檀順州，皆爲引水立法佃種。歲乃大稔，是即用虞文靖之議也。又《元史》《河渠志》只似據公牒移文，别無綱領，不足論。即如黄河，一見於十七卷上、中，間以濟州河、滏河、廣濟渠、三白渠、洪口渠、揚河、運河並及練湖、吴淞江、澱山湖、鹽官州、海塘，十七卷下又標黄河爲目録。歐陽原功《至正河防記》將及一卷，此其首尾衝決，迨論史裁，吾不意宋金華載筆，而有此著作也。中冶河改流一條，可分滹沱之勢。練湖一則可爲治淀泊淤淺之法。兹并録之，以備治水者之採擇。

冶河條云：　真定路言，縣城南滹沱北決隄，寖近城。聞其原本微，與冶河不相通。後二水合，其勢遂猛。前引闢冶河自作一流，滹沱河水十退三四。今議於冶河故道，自平山縣西北，河内改修滚水石隄，下修龍塘隄。東南至水碾村，改引河道一里。蒲吾橋西，改闢河道一里。上至平山縣西北，下至寧晉縣，疏其淤澱築隄，分其上源入舊河，以殺其勢。復有程同、程章二石橋阻咽水勢，擬開減水、月河二道，可久且便。此即引冶河由欒城（逕）〔經〕趙州南，會於洨河之道也。又江淛行省奏言：　鎮江運河全藉練湖之水，宋時專設人夫修濬練湖，瀦蓄潦水。若運河淺

〔一〕其　原作無此字，據後文内容改。

〔二〕經　原作爲『逕』，據前後文内容改爲『經』。余同。

利之事委之，知其亦必有一定之經畫矣。

元時談水學者，伯生之先則有郭太史守敬。字若思，順德邢臺人。史稱其精於算學、水利。世祖時嘗面陳水利六事：〔其〕〔一〕一，中都舊漕河東至通州，引玉泉水以通舟楫，歲可省雇車錢六萬緡。通州以南於蘭榆河口，徑直開引河，由蒙村跳梁務至楊村還河，以避浮鷄淘盤淺風浪遠轉之患。其二，順德達泉引入城中，分爲三渠，灌城東地。其三，順德澧河東至古任城，失其故道，没田千三百餘頃。此水開修成河，其田即可耕種。自小王村（逕）〔經〕〔二〕滹沱，合入御河通行舟栰。其四，磁州東北滏、漳二水合流處引水，由滏陽、邯鄲、洺州、永年下經鷄澤合入澧河，可灌田三千餘頃。其五，懷、孟、沁河雖澆灌，猶有漏堰餘水，東與丹河餘水相合。引丹流至武陟縣北合入御河，可灌田二千餘頃。其六，黄河自孟州西開引少分一渠，經由新舊孟州中間，順河古岸下至温縣南，復入大河，其間亦可灌田二千餘頃。

又嘗陳水利十一事，傳止載其一，云：　大都運糧河不用一畝泉舊源，别用北山白浮泉水。西折而南，（逕）〔經〕瓮山泊，自西水門入城。環滙於積水潭，復東折而南。出南水門，合入舊運糧河。每十里置一牐，北至通州，凡爲牐七。距牐里許，上重置斗門，互爲提閼，以過舟止水。今之通惠河即其遺制，惜其十事不傳。

昔人論《元史》成於倉卒，紀事草略無法，信然。迨至

阻，開放湖水一寸，則添河水一尺。近年淤淺，舟楫不通。濬滁練湖，宜依溉山諸湖農民取泥之法。用船千艘，每船三人，用竹篰撈取淤泥。日可三載，月計九萬載，三月之間通取二十七萬載，就用所取泥增築湖岸。今東西淀之淺船衩夫，即其遺意也。

集水利之議曰：京師之東瀕海數千里，北極遼海，南濱青齊，萑葦之塲也。海潮日至，淤爲沃壤，用浙人之法築隄，捍水爲田。聽富民欲得官者，合其衆分授以地，官定其畔以爲限。能以萬夫耕者授以萬夫之田，爲萬夫之長，千夫、百夫亦如之。察其惰者而易之。一年勿征也，二年勿征也。三年視其成，以地之高下定額於朝廷，以次漸征之。五年有積蓄，命以官，就所儲給以禄。十年佩之符印，得以傳子孫，如軍官之法。則東面民兵數萬，可以近衛京師，外禦島夷。遠寬東南之運以紓疲民，遂富民得官之志而獲其用，江海游食盗賊之類皆有所歸。按：邵菴先生此議，當時或疏或議必有成文，故史家據以入傳，但偏檢家刻文集及《道園學古録》皆無之，因據本傳採此。

明汪應蛟海濱屯田疏

汪應蛟，字潛夫，婺源人，萬歷時進士，由兵部主事仕至户部尚書。先爲天津巡撫，後移撫保定。嘗疏陳於朝興天津水利。

按：明時談畿輔水利者，自徐貞明始。貞明爲給事中時，嘗請興西北水利，如南人圩田之制，引水成田。工部覆議，畿輔諸郡邑以上流十五河，洩於貓兒一灣。海口又極束隘，故所在横流必多，開支河挑濬海口，而後水勢可平，疏濬可施。然役大費繁，而今已民勞財匱，方務省事，請罷其議。乃已。後貞明謫官，著《潞水客談》一書，論水利當興者十四條。時巡撫張國彦、副使顧養謙方開水利於薊、永有效，於是給事中王敬民特薦之。隆慶十三年，特詔貞明爲尚寶司卿兼御史，領墾田事。貞明乃先治京東州邑，東西百餘里，南北百八十里，墾田三萬九千餘畝。至真定，欲治滹沱近堧地。御史王之棟言：『滹沱非人力可治，徒耗財擾民』。帝入其言，欲罪諸建議者。申時行言：『墾田興利，謂之害民，議甚舛，顧爲此言者，其故有二：北方民游惰好閒，憚於力作。水田有耕耨之勞，胼胝之苦，不便一也。貴勢有力家侵占甚多，不待耕作，坐收蘆葦薪芻之利。若開墾成田，歸於業户隸於有司，則已利盡失，不便二也。然以國家大計較之，不便者小，而便者大。惟在斟酌地勢，體察民情。不失地利，乃謀國長策耳。』於是貞明得無罪，而水田事終罷。

至萬曆三十年，保定巡撫汪應蛟言：『易水可溉金台，滹水可溉恒山，唐水可溉中山，滏水可溉襄國，漳水可溉鄴下。而瀛海當衆河下流，故稱河間，視江南澤國不異。至於山下之泉，地中之水，所在皆有。宜各設壩、建閘、通渠、築隄。高者自灌，下則車汲。用南方水田法，六郡之内得水田數萬頃。畿民從此饒，永無旱澇之患。不幸瀕河有梗，亦可改折於南，收糴於北。此國家無窮利也。』詔可。乃於天津葛沽何家圈雙溝、白塘令防海軍丁屯種，人授田四畝，共種五千餘畝，水稻二千畝。收多因上言：墾地七千頃，歲可得穀二百餘萬石，此行之而效者也。

是年，真定府知府郭勉濬大鳴、小鳴泉四十餘穴，溉田千頃。邢台達活、野狐二泉流爲牛尾河，百泉流爲澧河。建二十一閘二隄，灌田五百餘頃。天啟元年，御史左光斗用應蛟策，復天津屯田，令通判盧象觀管理屯田水利。明年御史張慎言建言：『屯種法章下所司，令太僕卿董應舉管天津，至山海屯田。規畫數年，開田十八萬畝，積穀無算。』崇禎二年，兵部侍郎申用懋言：『永平灤河諸水，逶迤寬延可疏渠，以防旱潦。山坡隙地便栽種，宜令有司相地察源，爲民興利。』從之。以上數則畿内水利略備矣。

按：《春明夢餘録》謂：天津水利議者，尚有科臣解學龍。學龍，字石帆，揚州興化人，由刑科給事中仕至兵部侍郎。福王時拜刑部尚書，明亡後卒於家。傳稱學龍通曉政務，嘗陳屯政。謂：屯政修，則地闢而民有樂土，粟積而人有固志。昔吴璘守天水，縱横鑿渠，綿亘不絶，名曰地綱，敵騎不能逞。今仿其制，溝涂之界，各樹土所宜木。小可獲薪果之饒，大可得抗扼之利。敵雖强何施乎？又有疏請裁冗吏，核曠卒，皆切實可行。然無議水利事，恐編紀者失之。又葉春及、魏呈潤、左光斗、董應舉、張慎言皆有疏，俱録之。今從王圻《續文獻通考》録注疏如左云。

奏：海濱屯田，試有成效。酌議留軍併懇，召民兼種以資兵餉，以永固重地。臣竊見天津葛沽一帶，咸謂此地從來斥鹵不耕種，間有近河滋潤。種藝豆者，每畝收不過一二斗。

臣竊以謂此地無水則鹻，得水則潤。若以閩浙瀕海治地之法行之，穿渠灌水未必不可爲稻田。而一時文武將吏諸人，無肯應命。至今春始，買牛制器，開渠築隄，一時並興。計葛沽、白塘二處耕種共五千餘畝。内稻二千畝，其糞多力勤者，畝收四五石。餘三千畝或種薥豆，或旱稻薥豆，得水灌溉糞多者，亦畝收一二石，惟旱稻竟以鹻立槁。臣近巡歷天津親詣查勘。據副總兵陳燮稟稱，水稻約可收六千餘石，薥豆可收四五千石。於是地方軍民始信閩浙治地之法可行於北海，而臣與各官益信斥鹵可盡變爲膏腴也。夫天津當河海咽喉，爲神京牖户。自倭警震隣，開府設鎮，署將增兵，而其地益重。今鯨波雖息，内備未忘。矧中原多事之秋，尤未雨徹桑之日。見在水陸兩營尚存四千人，歲費餉六萬餘兩。原無請給内帑，俱加派民間。欲留兵不免於病民，欲恤民無以給兵。臣嘗早夜熟思，惟有屯田可成斯得足食長策。然召募之兵，非有室家婦子之助，一夫不過耕種四五畝。即每畝收三石，不過六萬石。而可墾荒田，連壤接畛，奚啻六七千頃。若盡依今法，爲之開渠以通蓄洩，爲之築隄以防水澇。每千頃各致穀三十萬石，以七千頃計之，可得穀二百萬石。非獨天津六萬金之餉可以取給，即以充近鎮之年例，省司農之轉饋。無不可者且地在三岔河外，海潮上溢，取以灌溉於河無妨。白塘以下多地原無糧差，白塘以上爲静海縣民地。或五畝十畝而折一畝，糧差不過一分八釐。民願賣則給價，不願則田仍給種。於民情無拂，就中經理得宜，行之久遠，可不謂國家萬世之利哉！惟是地廣則墾治之難，田多則耕種之難。又招徠數千家而後皆任數千頃之地，必群聚數萬之人而後皆供數十萬畝之耕。如地方十里爲田五百四十頃，一面濱河，三面開渠。與河水通，深廣各一丈五尺。四面築隄以防水澇，高厚各七尺。又中間溝渠之制，條分縷析大約用夫六十萬人而後可以成功。無論北人慵惰，憚於力作，即有南方善耕之人，誰肯集衆裹糧，百十爲群，越數千里，以從難成之役？其富商大賈，衣輕乘肥，操奇贏，坐收三倍，又誰肯捐數萬金之資以勞形哉？此闢地生財之説屢廑廟議而未睹成績也。臣今爲計，惟有用軍墾田，以田分民。軍能墾而不能盡種，民能種而不必自墾。軍有月糧而無僱值之費，民無勞役而享可耕之田。然後趨之若流水，應之如赴聲，策無便於此者，然非見在水陸兩營之兵所能獨成也。彼以四千之衆，勤力於二萬畝之耕，又三農之餘，無廢其坐作擊刺之條，豈操畚鍤而從事於濬築所能就者哉！臣聞天津兩衛官軍本爲防海而設，後以海上無事敵騎憑陵，遂調赴薊鎮防守。至萬曆二十年來倭急則議留，倭緩則議調，旋留旋調，展轉無常。臣不得已而有春秋遞防邊海之議。蓋防邊者一時之權宜，防海者實祖宗之額制也。今海波固稱暫寧，薊門亦時當閒暇。臣請以防海官軍用之於海濱墾地，計左右兩營軍共六千，併水陸兩營之兵總得萬人。除人各耕種外，每歲開渠築隄，可成田數百頃。一面召募邊地殷實居民及南人有資本者，聽其分領承種，少或五十畝，多不過一二頃。悉令倣照南方取水種稻，本年開耕，姑免起科，以償其牛種器具之費，次年每畝定收稻米五斗，以後永爲世業。其軍兵自種五畝，每名定收稻米一石五斗，其有父兄子弟願領種餘田，聽各營中軍總哨及天津三衛官舍，有率其子弟童僕願領者，聽種之，多不許過二頃，數年之後荒地漸闢。各軍兵且屯且練，民間可省養兵之費，重地永資保障之安。邊境狼烽長静，兩營官軍常留屯可也。萬一敵釁可虞，復調春秋遞防可也。蓋薊、保兩鎮原屬一體，薊鎮有警，保鎮兵馬當不待調召往援。矧薊門與通灣咫尺，朝發夕至，其在津亦何異於在薊哉！至於米粟漸多可支邊鎮之年例，民居漸廣可實海邑之版圖。并一切制置調度事宜，容職次第區畫具奏非，可以一端盡也。

《續文獻通考》按：先是二十五年春，户部奏覆天津巡撫萬世德題天津開田一事，查山東之長山島、遼東之千家莊俱係海墩曠地，近因倭警撥調軍士且耕且防，不踰年而各獲萬計。又查得天津沿海一帶，節該科臣戴士衡、徐元正並題膠河水淡，可樹嘉禾。撫按設法招墾，祇因連值兵荒，官無餘餉，民無餘力，坐視因循，日久竟未奏效。合候命下本部，移咨天津海防，巡撫都御史督行，各該兵備道，即將各哨上環海荒田地，南自静海，東至直沽、永平等處，并諭遠近軍民人等各自備工本盡力開種，官給印照，世爲己業。成熟三年之後方許收税，酌量地所獲花利。每畝上地納穀一斗、中地六升、下地三升，另項收貯專備海防餉費，此外不許別項科擾。如有力大能開墾、鑿池、濬溝、築隄、建閘，並隨便經理，不相牽制。每歲終撫臣躬親巡督，果有成效，如長山島、千家莊之補助軍餉者，即分別墾田多寡，輸餉厚薄，酌議賞格，徑自舉行。至於有力大能捐本倡率者，另題優敘。庶幾人自勸勉，地闢而糧益增，兵農兼濟，上下相資，計無善於此矣。

董應舉請修天津屯田疏

董應舉，字崇相，閩縣人，萬歷時進士，天啓時爲太常少卿。上言保衛神京在設險營屯，遂擢太僕卿，經理天津至山海屯務。應舉以責太重陳十難十利。帝悉勅所司從之。乃分處遼人一萬三千餘户，於順天、永平、河間、保定，詔書褒美。遂用公帑六千，買民田十二萬餘畝，合閒田凡十八萬畝。廣募耕者，畀工廩、田器、牛種，濬渠、築防，教之藝稻，農舍、倉廨、場圃、舟車畢具，費工萬六千，而所收黍麥穀五萬五千餘石。天津葛沽故有水陸兵二千，應舉奏令屯田，以所入充歲餉，屯利益興。

按：應舉任事繼汪之後，在左之前，其功效甚卓，所陳十難十利疏必有可觀，惜史不載。《春明夢餘録》節採一疏，蓋初任事時所上，内稱開水田一畝，農工止用八錢。久荒者亦止用農工一兩。何其費省而易爲力也！意承汪之舊蹟故爾。兹録其疏於左。

臣近到天津歷何家圈、白塘口、雙港、辛莊、羊馬頭、大人莊、鹹水沽、泥沽、葛沽，見汪司農往日開河舊蹟猶存，可作水田甚多。荒廢不久，開之甚易。一畝農工止用八錢，可得粟三石三斗； 久荒者畝用農工一兩，其挑濬舊河爲力不多，只須挑濬數尺，明年萬石之糧可必也。

左光斗屯田水利疏

左光斗，字遺直，桐城人，萬歷時進士，天啟時由中書舍人仕至左僉都御史，以閹禍死，後贈右都御史，謚忠毅。傳稱其爲御史時，出理屯田言：『北人不知水利，一年而地荒，二年而民徙，三年而地與民盡矣。今欲使旱不爲災，潦不爲害，惟有興水利一法。因條上三因十四議，悉奉詔允行，水利大興，北人始知藝稻。』鄒元標嘗曰：『三十年前都人不知稻草何物，今所在皆是，種水田利也。』玆從文集内鈔其全疏如左。

臣幼聞父老言：『東南有可耕之人，而無其田；西北有可耕之田，而無其人。』既候命闕下，間取農書、水利及古人已試陳迹，略一講求，頗得大意。適承乏屯牧籌邊無策，十八萬枵腹之兵待八百萬畫餅之餉，催外解之檄如火而不可得來，求内解之符如雨而不得去。搜而又搜，搜到何時？派而又派，派到何日？止有漕運一脈而民力已竭，加以旱乾水溢，接濟不前，河竭、海漂種種難測，其他意外之事、中梗之患且未忍言。若不汲汲講三年九年之儲，而局局爲不終朝不終夕之計，臣愚不知其可。早夜以思，只有屯田可以救急。而今之屯田者，不過按籍徵糧期於及額而已。間有隱占，多不可問，然亦不必問也。惟是西北不患無地，而患不能墾。以臣所聞，京以東、畿以南、山以東、兩河南以北荒原一望，率數十里。高者爲茂草，窪者爲沮洳。豈盡無其地哉？不墾耳。其不墾者，苦旱兼苦澇也。其苦旱與澇者，惟知聽命於天，而不知有水利也。一年而地荒，二年而民徙，三年而民與地盡矣。今有道於此，使上之不爲魃而下之不爲魚。相反而相爲用，去全害而得全利，何憚而久不爲此？謹條陳上屯田水利三因十四議，惟皇上採擇焉。

其一曰：因天之時。五行之用，誰能去求？三江、震澤，《禹貢》所稱：『厥土塗泥，厥田下下。』昔之汙萊，今之沃壤，何常之有？近見莞蒲、魚鱉、蜃蛤之屬到處有之。自南而北，風氣固然，而謂水偏利在南，偏害在北。火耕水耨，缺五行之二，名曰『誣天。』

其一曰：因地之利。引漳溉鄴，渠鄭富秦，龍首、白渠，漢世尤盛。民之歌曰：『涇水一石，其泥數斗，且溉且糞，長我禾黍。』河源如昨，地脉未改。而謂水偏利在古，偏害在今。使瓠子[一]之嘆長興，宣房[二]之績不顯，名曰：『誣地。』

其一曰：因人之情。南人惜水如惜血，北人畏水如探湯。習固使然，亦未見其利耳。翟方進壞陂，而黄鵠之怨興；召杜開陂，而父母之歌作。有之以爲利，死且不避。近日京東一帶，多所開濬，駸駸已見其利。所在州縣亦知有争水者矣。臣私喜之，而謂：『水不宜北，北不慣水。拂耕鑿之情而失因民之利。』名曰：『誣人』。

禹功明德，惟是平水土、濬溝洫而已，未有不治河而治田者。支流既分，而全流自殺；下流既洩，而上流自安。無昏墊之害而有灌溉之利，此『濬川』之當議也。

[一] 瓠子　地名，在河南濮陽縣南，漢武帝時黄河決口於濮陽瓠子。武帝作瓠子歌以嗟嘆之。

[二] 宣房　宫名，漢武帝時黄河決口於瓠子，後堵塞瓠子決口，在決口處築宣房宫，以資紀念。

沿河地方，惟運河不敢開洩外，其餘源流瀦委是不一水；　陂塘隄堰是不一用。或故跡可尋，或方便可設。工力多者官爲量給費，少者聽民自舉。惟無水之處，不必鑿空尋訪，以蹈『即鹿無虞』之戒，則『疏渠』之當議也。

秦漢之時鑿地爲港，掘地爲井，汲而得灌。一畝一鍾，即東南地高水下，車而溉之，上農不能十畝。北方水與地平，數十頃直移時耳。事半功倍，難易懸殊，則『引流』之當議也。

河流漸下，地形轉高。遠引不能，平引不可。將若之何？其法：　闌河設壩以壅之。大約如囊沙之意，或壅二三尺，或壅四五尺，然後平而引之。水與壩平，流從上度，遞流而下，節節壅之，亦復如是。蓋不能俯地以就水，而惟升水以就地。支河淺流最宜用此。即如滏陽一河，發源以至出口，約七八百里。得其利者僅一二縣，餘皆以低下棄去，不曉此法故也，則『設壩』之當議也。

蓄洩不時，泛溢爲害，加以秋水時至，百川灌河，壞民禾稼，蕩民廬舍，往往有之。惟於入水之處設斗門，以時啟閉。旱則開之，澇則塞之，出水之處反是，此『建閘』之當議也。

沿山帶溪，最易導引，山水暴漲，沙石壓衝，再行挑洗，勞費不償。其法：　順水設陂以障之，用河支不用河身，支以上溉，身聽其下行，此『設陂』之當議也。

而必概種秔稻，恐不驟習，得利轉微，隨其高下，聽其物宜。宜粱、宜菽、宜薏、宜芋、宜疏，惟意所適。總之水源一開，溉旱地之利勝水田之利一倍，每畝之值亦增價三倍。漸漸由而不知，通而不倦，而焦原盡澤國矣，則『相地』之當議也。

春夏澆溉，常苦水少；　秋冬無所用之，常苦水多。儲有餘以待不足，法用池塘濱淀以積之，既可儲水待旱，兼可種魚莳蓮。每見南方百畝之家，率以五畝爲塘，水不勝用，利亦如其畝之所入。何不倣而行之？或五家一塘，或十餘家一塘。居然同井遺意，而築塘尤易於浚井。但期築作如法，可以注水不漏。惟原窪下之處，不必另設，則『池塘』之當議也。

以一教十，以十教百，必用南人。而南人寧爲農夫，不欲爲農師。北地徭輕，江南役重。以走利如騖之情，乘避徭如虎之勢。吾土雖美，樂郊可適。但著爲律令，永爲世業。不得一二年後即行告奪，將負耒而來，爭先恐後，舉鍤爲雲，決渠爲雨，此之謂也，則『招來』之當議也。

四民之業迭相爲用，南方士子不得志，有司則棄爲胥吏，舞文犯科，往往此輩。若倣漢世『力田』之科，令墾田若干畝許令占籍，而又不碍地方本額，且令官司與之講明水學，如胡瑗之教授門人，不猶愈於白鏹而鬻青衿者乎！蓋先師與后稷並位，勝與猗頓爭坐也，則『力田』之科當議也。

虞文靖公建議於元泰定之時，聽富民欲得官者，能以萬夫耕則爲萬夫長，千夫、百夫亦如之。今其意可師也。若令各屯衛所軍官及經歷，俱以墾田多寡加級，雖格外之勞來，實本等之職業，於計甚便。今議者動抑豪强，防其兼併。不知富者樂耕，則貧者轉貸。但得地無曠土，土無遺稅。何妨勳戚、貴近、大賈、富商駢集而來。徙豪實塞，實用此意，則『募富開爵』之當議也。

宋巡行使者，分道四出，民苦不便。蘇軾力非之，而治杭之日，修治西湖。欲天下盡興水學，毋亦行之。介甫則不善行之，文忠則善耳。今水利之銜猶設，而勸農之義無聞。至於有司多所不解，但得撫道而下，箇箇得人，又皆講求之熟路，已試之成事。如懷隆、靖虜、河内、磁州、海島先後諸賢，分滿布列，彼此呼應，官無添設之煩，民無追呼之擾。稽人成功，田畯至喜，則『擇人』之當議也。

天津一處舊撫汪應蛟，墾水田八千畝，設兵二千，用充額餉。今援遼千名，即八千畝多蕪，且有申言種穀不如取葦者，廢興由人，良可浩歎！誠得練習明作，一將官領兵數千屯之，而天津一帶不足墾也。永平負山瀕海，擇官而墾亦如之。附近關外得穀一石，足抵漕之五石，且屯且練，用備不虞，則『擇將』之當議也。

或者曰：游惰之軍，不任耰鉏。是不然，近見出關觳觫之狀，視關内如春臺壽域。若揀其老弱使盡力南畝，死且不憾。而又計田行賞，比於得級。如宋給事廖剛之策，其言曰：『執耒之勞較之操戈之危，豈不特易！夫驅之戰與驅之耕，臣固知其必悅也。』則『兵屯』之當議也。

臣所言者，止於臣屬耳。由畿輔至九邊，由關内而關外，豈乏充國其人！又豈乏武侯、子儀其人！而坐令金城、祁山、河中之績，爲千古絶盛哉！此數議者不煩公帑，不勞民力，而又皆田里樹畜，老農常談，無甚高論。舉朝皆言其可行而不肯行，當事亦見爲當行而不肯力行。國家無事既以因循而不行，有事又以張皇而不及行。農既疲於養兵而不耕，兵又耻於爲農而不耕。謂見效遲在三年之後，而三年後復然。謂大利遲在十年之後，而十年後復然。譬之富人衣珠而餓死，豈不惜哉！元末年，東南有梗，始思虞文靖之言，倣其意設海口萬户，業已無及。乞張士誠貸米數百斛，反覆告急，僅乃得之，而終無救於亡矣，可不寒心。先臣徐貞明曾以尚實專理此役，而事出創議，難與慮始，且欲以一身兼禹稷之任，大開河工，復井田之遺，省東南之運。語近迂濶，會忌者而止，乃其意不可磨也。今《潞水客談》及《治田存稿》具在，任事之難，令人追憾無已！今時勢迫矣，過此不行，更無行時！伏乞明天子照臨於上，賢公卿百執事主持於下，各舉所知，知人善任。更祈勅下户部酌議委妥，轉行所司著實舉行。勿狃故事，勿急速效，勿憚事始，勿撓事終，載入考成。一切有司首課農政，田野不治，即異能高等亦註考下下。其有不習者，孳孳講求，務期曉暢，躬自勸相，單騎巡行阡陌，問民疾苦不得勞民煩費，無益民功，小有嫌怨。臣等力爲主張，迨試有成效，破格超遷，永著爲令。庶幾小墾小利，大墾大利。小利在地闢而民聚，民聚則墾者愈多； 大利在粟賤而民饒，民饒則墾者愈易。生聚漸繁，糴糶轉便。即不必省東南之漕，而亦不專靠東南之運矣。信能行之三年十年，而不少見富足之效。臣請受妄言之戮，臣無任激切待命之至。

左光斗請開屯學疏

按：公《水利屯田疏》內稱請仿漢世『力田』之科，令南方士子來天津，能墾田若干畝，許其占籍等語未必可行。而《請開屯學疏》則皆确鑿可行者，其議亦爲水利而發，兹並録之。

臣惟寓教於養者，帝王之所以治世； 寓兵於農者，地水之所以爲師。今國家日日養士，而不得士之報，則教非而養亦非。日日養兵而不得兵之用，則兵非而農亦非。臣以爲救目前之急，而猶存古人之遺者，莫如屯學便。臣逡巡兩年未敢具題，蓋一試於天津而得其地矣。委之於盧觀象而得其人矣。又今春出示曉諭，入籍屯童，俱赴天津開墾。其各州縣舊墾者，俱不准算。而人争趨如流水，時方春暮，樂往者十數家，而臣又得其人情矣。臣又恐其未的，復親行天津踏看。我疆我理，瞭如指掌。而諸屯童之且耕且射者，實有其地，有其數，有其人矣。昨歲六百畝，今爲四千畝。向之一望青草，今爲滿目黃雲。雞犬相聞，魚蟹舉網，風景依稀，絶似江南。雖秋水灌河之後，而穰穰猶自可觀。此皆前屯臣張慎言、新屯臣馬鳴起苦心實績。臣於是始信屯事之可興，而屯學之可舉也。

信能舉之有七便焉。臣去歲科試各州縣，告開荒入籍者，所至遮訴，且本道俱已考送，而臣不敢收。一恐以客雜主，起目前土著之争，二恐有人無田，開他日冒濫之路。屯學設而地方無争矣，且田必在天津。每田百畝入籍一名，人孰肯捐重貲闢草萊而爲他人入籍者，田既爲清楚之田，人亦爲實在之人，其便一。

海防營田每畝收租二石，士與兵宜有異，恐其多而難繼也。每田一畝入租一石，每試百人得租萬石，試千人則十萬石矣。日計不足，歲計有餘，其便二。

且既以屯占籍矣，世其學不得不世其田。田蕪者黜，負祖者黜，告改學者黜，顧名思義何説之辭！是士子世世守其業，國家亦世世收其利也。其視鬻爵納粟，如日中之市，交易而退，各不相顧者何如？而况乎詐僞公行，半鏹顆粒未入太倉者哉，其便三。

去年天津初立官莊六百畝，秋穫三千石，以示民榜樣耳。然牛力、子種、車梁、廬舍工作僱覓，爲費不貲。有其人則田存，無其人則田廢。安得常如盧觀象其人者而任之哉！屯學行而聽人自耕，不見金錢之出，但見籽粒之入。所謂『少少許亦勝多多許』也，其便四。

平居無事，天津一鍾，足敵五鍾。今庚癸之呼，既迫山海而咽喉之斷，又虞東南以附近之田養附近之兵，一鍾足敵十鍾矣，其便五。

頃妖賊爲梗，白糧不時至，百官常禄至不能支，業已見端矣。若歲益米數萬斛，即不敢作尚方之供，亦可望果朝官之腹，其便六。

且此力田者，大率殷實而俊秀者也。行之而三年後，耰鋤之衆即爲干城横槊之儒，即爲露布；通人於所已倦，而轉人於所不知，則其便七。

臣且未敢深言耳。臣嘗過窮鄉小邑，文學黯浅，徒循故事，不得不如額收之。其實舉筆欲下，未免違心。今此遠來入籍者，同以搦管儲王國之楨，又獨以舉趾佐縣官之急。誰非吾人而乃有靳焉？坐者肉而跣者鹿，亦大不平矣。善乎，道臣之言曰：衛有學軍之子得爲士，運司有學商之子得爲士。而使火耕水耨者不得與荷戈負販之子同沾圜橋觀聽之榮。蓋有激乎其言之哉！故今日屯學之議，斷當照衛學運學一體舉行者也。然而所收一憑文藝也，黜亦憑文藝也，學宫不必另建也，學官不必另設也，廪餼不必出之官也。有立學之名，無添學之實，不過增博士弟子員數名而已。惟科舉漸多則中式名數亦漸加，此尚在數年之後。然而增舉一名，則增穀已數十萬石矣。國家又何惜遼東事額，而不爲屯士開功名之路哉！

臣三年心血，兩番目擊實見，有此七便，合之道廳七議。而又皆已試之事、將成之績，故敢會同屯田臣御史馬鳴起據實上聞。然非臣與屯臣之言也，臣在津門晤寺院董應舉，見其汲汲皇皇備極勞辛，而事屬創始，卒雜就緒。若使屯學興，而屯臣按畝微臣收籍，庶幾事半功倍，相與有成。不然功名之路不開，即添十寺院，歲發帑十數萬，豈能以一手一足奏績哉！伏乞皇上俯鑒愚誠，非泛泛懸空條陳者比。即賜俞允，結今秋滁場之局，而開來春于耜之端，屯政幸甚！士子幸甚！臣愚幸甚！臣已巡河間入藉弟子專候進止。臣不勝激切，待命之至。

張慎言請屯田疏

張慎言，字金銘，陽城人，萬歷時進士。本傳稱泰昌時擢御史，天啟初出督畿輔屯田，言：天津静海興濟間沃野萬頃，可墾爲田。近同知盧觀象墾田三千餘畝，其溝洫廬舍之制，種植疏濬之方，犁然具備，可仿而行。因列上官種、佃種、民種、軍種、屯種五法。又言：廣寧失守，遼人轉徙入關者不下百萬，宜招集津門。以無家之衆墾不耕之田。便詔從之。《河渠志》採其疏語，雖經裁翦，較傳爲詳，兹録之。

自枝河而西，静海興濟之間萬頃沃壤。河之東尚有鹽水沽等處爲膏腴之田，惜皆蕪廢。今觀象開寇家口以南田三千餘畝，溝洫蘆塘之法，種植疏濬之方，皆具而有法。人何憚而不爲？

大抵開種之法有五： 一官種，謂牛種、器具、耕作雇募皆出於官，而官亦盡收其田之入也。 一佃種，謂民願墾而無力，其牛種、器具仰給於官，待納稼之時官十而取其四也。 一民種，佃之有力者，自認開墾若干，迨開荒既熟，較數歲之中以爲常，十一而取是也。 一軍種，即令海防營軍種葛沽之田，人耕四畝收二石，緣有行月糧，故收租重也。 一屯種，祖宗衛軍有屯田，或五千畝或百畝。 軍爲屯種者，歲入十七於官。 即以所入爲官軍歲支之用，國初兵農之善制也。 四法已行，惟屯種則今日兵與軍分而屯，僅存其名。 當選各衛之屯餘，墾津門之沃土，如官種法行之。

魏呈潤水利疏

魏呈潤，字中巖，龍溪人，崇禎時進士。 傳稱其爲兵科給事中。 疏陳兵屯之策，請勅順天、保定兩巡撫簡所部壯士，大邑五百人，小邑三百人，分營訓練。 而天津翟鳳翀、通州范景文、昌平侯恂竝建節鉞，宜令練兵之外兼營屯田。 時久旱求言條陳數策，又請大修北方水利。 其疏云：

臣聞農者天下之大本也，泉流灌溉所以育五穀也，是以山澤通氣，天下收其成功，雨暘示徵，王者因之争美。比者滹沱諸河，乾可步涉，東光等浅轉漕若石，近京數百里，一望赤地，假十日不雨，哀此勞民多稼少穫，何以禦歲？

臣聞雨者，天地之和氣，霏潤上騰，而後雲滃澤解洋溢頃畝，是以山居知雨非山之能厭浥也，山必有澤，燥濕相蒸而變化，生高下相感而雨水成。 夫天下之水自足灌天下之田，而每苦於不能用； 天下之田自足給天下之生，而每苦於不能穫。《周禮》曰： 幽州藪曰貕養，其川河泲，其浸菑時。 冀州藪曰揚紆，其川漳，其浸汾、潞。 言水澤至沃也。 國家定鼎於燕，用幽、冀以爲畿輔，負重山面平陸，沃衍之利甲於東南。 若疏其上流，自涓滴傳而致之。 何田不充？ 何漕不裕？ 惟北方不知蓄水，聽其自旱、自雨，自盈、自涸而莫之均節。 故潦蕩則遍地巨浸，炎烈則滿地砂礫。 一遇饑歲，比室如懸，民之凋弊極矣。

昔舜命禹治水，至千百年獲其利，而考其言曰： 決九川距四海濬畎澮距川也，此之謂水政即農政也，漕政也。 自秦開阡陌廢井田，而溝澮之制始湮。 漢唐而後，日受河決之害。 夫以數丈之河挾五六月之霪霖，而無有旁地以停蓄之。 其潰軼也固宜，此潦害也。 潦時不收之爲利，一或天靳其澤，地屯其膏，遂致焦燬而無所措，此旱害也。 夫聖人在上，水旱不能爲之災，其時沿河之水無一勺不疏如血脉，是以沿河之地無一畝不化爲膏腴。 今近畿州縣之間，自守令而上水利河屯等官，各有司存矣。

請勅下撫按分責所隸監司，務以疏瀹水土爲事，凡地形高窪之勢，源委分合之宜，古今通塞之故，與夫興作之緩急，工程之多寡，一一循行而咨度之。然後編册以獻曰，某處可復爲大渠達於漕河，某處可復爲中渠達於大渠，而小渠諭令自開濬也，册已陳矣。其力役之費不盡需之官帑，亦不盡需之民間。需之官帑者，則以付之罪人，操畚锸而往從之，徒計里而杖計丈，不然，則常平之積，可間給焉。需之民間者，因水之所利而用之。利在一井則役一井之民，利在一邑則役一邑之民。利在鄰邑者鄰邑助之，利及鄰郡者鄰郡助之。皆官預爲會計，而民不苦於追求，則無不趨事之人也。趨事衆則水利廣。總其全力既可以致遠，分其餘力并可以潤槁矣。昔管仲之相齊也，其説曰：聖人之治於世也，其樞在水，是以自修封修界以至於修制。十仞見水不大潦，五仞見水不大旱。蓋誠急富國而盡地利也，曩者月食差度，皇上既治歷明時，法堯之開天。兹雨澤愆期，虔禱方應。

臣愚以爲皇上亦當濬川導泉，紹舜之闢地。誠及此時，舉地利而經理之。富民不能供貧民之役，必轉募田間。而窘於耕者得食於工，一利也。旱則蓄其流，潦則宣其溢。瘠産化爲沃土，流民漸次復業，二利也。水道與田疇相通，俾咽喉之氣達於肺臟，靡不虚而咸通，漕事可以早濟，三利也。北地種植既多，即粟米芻茭俱將輸之天府。遠可省額外之徵，而近可蠲召買之役，四利也。原野之間有溝有防，高下自成天塹，窺關探丸之盜不敢援弓而馳馬，五利也。夫不費太倉之金錢而坐獲此五利，何不可爲也。要以瀦防溝渠之法不獨衛輝，真定以南、濟寧以北可以漕運計而已。天下無不可用之水，無不可用水之地。如〔吴〕〔史〕起之用魏也，引漳水溉鄴而河内富；鄭白之先後用秦也，舉雲決雨，涇水一石，其泥數斗，而關中沃；李冰之爲蜀守也，壅水作堋，穿二江，通舟楫，而諸郡徧溉，今遺跡具在。若乃吴越州郡則引太湖、苕雪、諸溪之水，汝南九江引淮，東海引鉅定，太山下引汶。并州西南，若汾若沁，盡可引註爲農田。他小渠者，不可彙紀也。第舉之有序，不至或興或廢。委爲不急之務，則無地不耕，無人不屯。水之爲利，當與天澤上下同流矣。傳曰：雨者，水氣之所化。然則水利修又所以致雨之術也。臣渺學寡識，敢因霖雨而効微忠若此。

葉春及請興水利疏

葉春及，爵里未詳。《春明夢餘録》列其疏於徐貞明《西北水利議》前。約隆慶以前人也。未能審定，故附於諸疏之後。其言似不及諸疏之切實，然指陳利弊亦有切中窾要處，故録之如左：

臣嘗讀司馬遷所爲《貨殖傳》列致富人十數家，具道鹽監鐵冶、丹穴、卮茜之事，與王者埒家不訾津津矣。及敘白圭觀變趨時，若猛獸鷙鳥之發，必以李悝務盡地力先之。然後知遷，傷切於世，憤其所爲，末作濫而本業衰也。故曰：『本富爲上，末富次之。』此豈昧於大較，悦奇勝、惡治生之正道哉！呰窳之人，負郭千頃，荒蕪不治，持籌執筴以爭刀錐，指計僮奴，扼阬而誅其入。所謂舍萬金之産，而行乞於市也。土田當闢，古今諸儒，具有論著，大者，在唐、鄧、汝、潁、陳、蔡、許、雒、荆、襄、淮、楚間，臣未敢論，論畿甸中，古者畿内謂之甸服，粟米總秸，於是而出，所以省輸將廣資給。國家建都北平，古爲燕國，燕故諸侯宫闕城郭之壯麗，玉帛會同之輻輳，百官萬民之殷庶，何敢仰望萬一。然自文公以後，立於彊國之間，北迫蠻貉，南拒齊晉，又嘗帥帥争馳中原，乘勝逐北，翺翔千里之外，此其爲費非微細矣。蘇秦入燕時，東有朝鮮遼東，北有林胡樓煩，西有雲中九原，南有滹沱易水。即今畿内東西所至，視昔雖狹，而南有渤海、鉅鹿，至於邯鄲、濮陽，蓋兼齊、趙之地，長短相互，實亦當之。昔者纖悉出於其國，而今盡仰江南，非所以富國息民也。蘇秦謂：燕足以棗栗，粟支數年。不言秔稻之事，豈非人謀，地利漸乃出哉！

臣觀往牒，何承矩耕水田於河北，虞集議海田於京東。脱脱大興營田，西自西山，東至遷民鎮，南起保定、河間，北抵檀順，皆從司農，佃種欣慕之焉。水泉陂塘之迹，門堰捍築之方，召募（敕）〔敕〕授之法，器具工作之資，釐蛤粟米之富，燦然可觀也。按成式，法往智。數歲之後，其效立見。此與轉吴會，漕潞渚，功相十，利相百矣。窮山澤，計毫毛，取贏萬里，而置千里之内棄而不收，甚可惜也。然出數十萬緡以爲利本，而取息于數載之遠，非富厚之家不能。貧者一日之入，尚不足一日之用，而何暇思乎其他！蘇轍有言曰：賈人之治産也，將欲有爲而無以爲資者，不以其所以謀朝夕者爲之也。取諸其不急之處，指鹽鐵等。今内帑金有未用者，所謂不急，非耶。且富人之出錢也，度其能償且在旦夕，而後貸之。興水利闢草萊，亦旦夕可償者也。雖然事議非難任，難任非難用，難用非難成。難夫天下之人，每病太怯，不敢任事。事偶相值，謾然受命而不自量。上雖用之，常有輕之之意，及其未成而奪其業。古之君子，先量其身而又要乎其君，君能用之，則受命而不辭；不能用之，不敢一日苟然以試。而君亦專責之，事終以濟，故足述也。方册遐矣，成化中都御史原傑經理鄖陽，不可稱哉！荆襄迤西沃壤千里，蓬藋蒿萊實盡其利，籍流民墾曠土，得户一十二萬。君相委心，豪傑效職，亦千古之概也。今朝廷之上，望治如渴。天下之大，獨無一人可使乎？抑洪武初，天下土田八百四十九萬頃，至弘治已失其半。近日司農所入又多詘焉，不耕之田固不少矣。獨畿内哉！藩府州縣雖有農官，孰爲朝廷任事者，富强之道在任用矣。

袁黄勸農書摘語

袁黄，字了凡，嘉興人，萬曆時進士，爲寶坻令。縣志稱其開疏沽道，引戽潮河，壺蘆窩等村教民種稻，刊《勸農書》一卷，詳言插蒔灌溉之方。民尊信其説，踴躍相勸。其書凡八則：有天時、地利、田制、播種、耕治、灌溉、糞壤、占驗之目。惜舊本多缺，志中亦不能悉載。今於田制、灌溉二項中采其尤切要者，具載於左。余亦覔其全書不可得。兹取其載於志中者，附録焉。

圍田　築土圍之，環而不斷。隨地形四面各爲大岸，其中又爲小岸，岸下有溝，以泄水也。外水護，則内皆稼地矣。

塗田　瀕海之地，潮水往來，淤泥常積，鹹草叢焉。挑溝築岸，樹立椿橛，抵潮汛也。其田形中央高，兩旁下。約可十餘丈即爲小溝，百數丈即爲中溝，依次加展，以注雨潦。謂之甜水溝，曰甜水，取能刷鹹也。初種水稗，斥鹵盡乃種稻。

沙田　沙淤之田也，民間率視爲棄地，不知正江淮間所爲腴地也。地近水故潤而不枯，澤而不燥。四圍宜種蘆葦，内則普爲塍岸，可種稻秫等。或中貫河溝，或旁澆大港。旱則溉，澇則洩，較勝他地焉。

水栅　排木障水也。若溪岸稍深，田在高處，於溪中作栅遏水，使之旁出，下溉田所。其制當流列植樹椿，椿上枕以伏牛，擗以拉木，仍叠塊石，喿揵斜出，以邀水勢。

水閘　開閉水門也。間有地形高下，水路不均，則跨津築壩以滙之。前立斗門，甃石爲壁，叠木作障，以備啟閉。如遇旱則撤水灌田，爲益實多。

水塘　即洿池。因地形坳下，用蓄水潦。《周禮》所謂："『以瀦蓄水者也。』或修築圳堰，以備灌溉田畝，兼可蓄魚鱉栽蓮芡。凡陸地平田，别無溪澗井泉以溉者，救旱非塘不可。其大者則爲陂塘，古所傳如廬江之芍陂、黄陵之雷陂、潁川之鴻隙陂、沛都之鉗盧陂，各溉田數千頃。能别度地形，亦效此制，利莫大焉。

翻車　江南所常用也。或曰漢畢嵐始造之，或曰魏馬鈞作。其制壓欄有木，列檻有椿，車身用板作槽。短一丈，長倍之，皆酌岸之高下。濶自四寸至尺許，高約一尺。槽内架行道板一條，隨槽濶狹視槽板首尾俱減尺。置大小輪軸，同行道板，上下通週，以龍骨板葉，其在上大軸兩端，各拐木四莖，置岸上木架間。憑架踏木，則龍骨板隨轉循環，行道板刮水上岸。凡臨水地皆宜用之。若岸高則車與車相接或兩或三，掘小池倒水而上之。車亦有水轉，其制略同。但於水岸邊掘狹塹，置車於內。軸外端作竪輪一，輪傍架木立軸。置卧輪二，輪有上下之分。上輪適與車頭，竪輪輻支相間，乃擗水傍激。下輪既轉則上輪隨撥竪輪，而翻車盤旋，水汩汩乎倒上矣。此卧輪制也。

若作立軸，則别置水激立輪，輪輻之末，承小輪焉。輻頭稍濶，以撥車頭之竪輪者，立輪法也。當各視其水勢隨宜用之。車更有牛轉，則於無流水處用之。其車如水轉卧輪之制，特去下輪，置諸水傍岸上，用牛拽輪，則翻車隨轉，比人踏功將倍之。

筒車　流水筒輪也。輪大小視岸高下酌之，使輪高於岸，筒貯於槽。自上流排石倉，𢶍水勢，急凑筒輪，其輪就軸作轂，軸之兩傍皮於樁柱山口内，輪軸間受水板外，又作木圈縛繞輪上，繫筒於輪之一周，有竹者有木者，水激轉輪衆筒兜水次第下傾於岸上，所横之大槽，其名曰天池。

連筒　以竹通水也。凡所居去水泉頗遠不便汲，乃取大竹内通其節，令本末相續連延不斷，閣之平地或架越澗谷，引水而至。又能激而高之飛數尺，注池沼。

架槽　木架水槽也。間有聚落去水既遠，各家同力造木爲槽，遞相嵌接不限高下，引水而至。如泉源頗高，水性趨下，引之特易。在窪處則當戽水上槽亦可遠達。遇高阜阻礙或穿之或鑿之，遇坳險則置義木駕空而過。其在平地，引渠相接，左右可移。每村公製，日用交濟，何利如之。

戽斗　挹水器。《唐韵》云：『戽，抒也。』凡水岸稍下不容置車，當旱時用戽斗。繫以雙綆兩人掣之。抒水上岸以溉田稼，或柳筲或木罌，從所便焉。

附朱雲錦豫中田渠説

朱雲錦，號絅齋，永清縣人，乾隆己酉科舉人，嘗著《豫乘識小録》。兹採其《田渠説》附焉。

嘗閲《農桑要訣》有曰：陸田者，命懸於天。人力雖修，水旱不時則一年功廢。水田制之由人，人力苟盡則地利可興。旨哉其言也。然江淮之間，熟於水利。官陂、官塘處處有之。民間所自爲溪堰、水蕩，大可灌田數百頃，小可灌田數十畝。至民間買賣田地，先問塘之有無大小。且歲時修葺，固之使無泄，鑿之使有歸。田間似有棄地，而實地無餘利矣。惟西北高亢之地，多置水利於不講。雨潦之年，但受水害而已。其實如關西之鄭國、白公、六輔，關外之嚴熊、龍首諸渠，何嘗不以灌溉稱沃壤。况豫州、河内有史起十二渠，南陽有召信臣鉗盧陂，潁川有鴻隙陂，陳蔡之間有鄧艾、棗祇等屯田。遏潁水所作諸陂，俱可化平疇爲陸海，生稻粱於斥鹵。

然凡民可與樂成，難與圖始。昔西門豹鑿漳渠，邑民苦之。豹曰：『當令百歲後，父老子孫思我耳！』然又苦經畫者之泥古而强爲，而不知順水之性。夫苟通其性而熟其法，則山泉可用，平地之泉亦可用；大川可用，積潦亦可用。明徐伯繼《西北水利議》云：制水之法高則開渠，卑則築圍，急則激取，緩則疏引。此即《周禮》稻人蓄水、止水、蕩水、均水、舍水、瀉水之遺意也。中州水利如賈待詔所謂：即河水穿渠灌田以殺水勢。史公、西門堰漳流，而富鄴下等法。今河則重隄矗立，尚虞其衝決，漳流悍疾，且時有遷徙，此萬無可議者。開封、歸德、陳州數爲河決沙淤，故渠堙没，故但有洩水溝渠，以求水不爲害而已。西南一帶山溪下注，勢如建瓴，間有平衍渟蓄之處，引水灌田爲數甚寡。其以水利著者，西北則懷慶各屬，東南則光、固等州縣。光、固之間與吴、楚近，其民既習於陂堰塘泊等務，而史、曲諸河交貫其中，秔稻之利通省仰給。河内、濟源等處，則分濟、瀆、丹、沁之餘潤，而勝國河内令袁公應泰，所建之廣濟渠爲著。渠即古枋口，晉司馬孚易以石，晉之沁水至是入豫境，古址久堙。袁公令河内相度水勢，鑿山石爲洞，置閘司啟閉，引水出洞口。東南流歷濟、河、温、武四縣界，又數分支流以資旁潤。其自著《廣濟渠申詳條款碑記》，詳著其用水護堰諸法甚晰，良可寶貴。見省志，藝文類。然其創始之艱，用力之勤，亦可概見。百泉之水，亦可廣溉灌之利。特衛水用以濟運，設立斗門、石堰，定例自三月朔至五月中旬，三日濟運，一日塞口灌田，其餘日但資竹絡壩。涓涓之流，雖無妨於農業，而亢旱之時不無嗷嗷，此亦不能兩顧之勢也。恭查雍正三年因直隸水潦，奉上諭命直隸興修水利，怡賢親王主其事，大學士朱軾江西高安人，號可亭，謚文端。副之。徧閱三輔，經歷高下，籌酌蓄瀉一切引水灌田之法。分設四局：曰京東局，曰京西局，曰京南局，曰天津局。自五年興工，至七年成水田六千餘頃，至今猶有霸州、豐潤二營田司其事，經營顧不在人哉！然宋熙寧間興復水利，鋭意輕聽。蘇東坡箚子有謂，廢陂古堰有建説者，不量其事之能否，無不妄與興修。劉原父有開泊以瀉梁山濼之水，可得八百里田之謔，則浮議亦不可妄採矣。當事者如慨然以斯事爲己任，無難檄下郡邑，飭將境内有無川澤，及建渠引灌，係用何水？與某郡、縣連接，某渠灌田若干頃畝，壩長閘頭若何？分日用水，並治内有無古堰堪以興復，有無源泉可以挹注，繪圖詳説。使觀者於宜修宜創之故，瞭如指掌，則全局在握，遇疏濬之工指授有方。或以争渠致訟，亦可按圖立斷，洵不無小補也。兹將《通志》所載灌田之渠列之别方，其有古渠今湮者，亦間著之，以待留心者之咨訪云。

安陽縣

萬金渠在縣西三十里，即高平渠，引洹水灌田。

蜀渠在縣西二十里，源出蜀村，溉田百餘頃。

珍珠泉在縣西四十里，東流入洹，民激之，爲磑數十，又溉田十頃。

臨漳縣

西門渠在縣西南，魏西門豹所造，堰漳水以灌田，今湮。

天井堰在縣西南，魏史起爲鄴令，堰漳水以灌田，今湮。

利物渠在縣南看臺社。百陽渠在縣西南顯王社。

金鳳渠在縣西南。菊花渠在縣東南，皆引水灌田。

鸕鷀陂在縣東北四十里，周圍東西十五里，南北十里，洹水注之，有荷葦魚鼈之利。

涉縣

城西渠在縣西，溉田千畝，又引水入城資用。

任公渠在縣西，由七里村山前，引漳水灌田三十餘頃。萬歷間，知縣任澄清創鑿。

汲縣

伏水屯在縣北二十里，其水下伏。掘之即有泉，可以灌稻。

王莊渠在伏水屯後，水宜稻。

新鄉縣

槐林閘在縣西北二十里，水宜稻。

輝縣

蘇門山百泉渠在縣西五里，其泉沸湧如珠，引以灌田，爲利甚溥，即衛河之源也。定議：自三月初一日起，至五月十五日止。令三日放水濟運，一日塞口灌田。

河內縣

千倉渠在府城西，用濟水，分上下二堰，又分五閘灌田。

廣濟渠在縣北，即古枋口。萬曆時，河內令袁應泰鑿山穿洞，懸閘兩崖之間，受水則啟，障水則閉。其水由濟源、河內、孟縣、温縣、武陟至唐郭，長一百五十里，分爲二十四堰，民至今利之。

通濟支堰等九渠在縣北，引丹水灌田。兩岸共九渠，分九堰，故俗呼九道堰。

上清等六渠在縣北，丹河東岸，引溉一百餘村。

惠民渠在府城西北三十里，明太守紀誠引堯池水以溉民田，凡二十餘里。

濟源縣

永利河在縣東，自五龍口東南流，至本縣北官莊村東北河內縣界止。長二十里，灌田，仍屬沁水也。

小撥河等四渠皆在縣東北，引水灌田。

孟縣

餘濟渠在縣東北十八里，灌田。

温縣

大豐堰等八渠皆在縣西北，由廣濟渠分流，灌田。

洛陽縣

周陽渠在縣西南，又名漢陽渠，亦謂九曲漕。漢建武時張純上言，穿陽渠堰、洛水爲漕，公私獲益。章帝時，何敞修理洛陽四渠，灌田三萬餘頃。

洛水渠在城西二十五里，引洛水灌田。

伊渠在城南二十五里，引伊水灌田。

偃師縣

大明等五渠皆在縣東南，引水灌田。

温泉在縣東二十里，雍正五年疏濬灌田。

宜陽縣

宣德宣利上下等三渠宣德在縣西六十里，宣利上在縣西、下在縣東，皆引水灌田。

永寧縣

宣利等十二渠遶縣東、西、南三面，皆引水灌田。

盧氏縣

澗渠在縣東，引沙河水，由東門環城而南，民資灌溉。

文峪渠在縣西十里，引文峪水灌田。

南陽縣

上石堰等三十一渠縣境有淯河、栗河、潦河三水縈繞，易引爲渠，下逮新唐，皆資灌溉。

唐縣

召渠在縣西，漢召信臣守南陽，障水溉田，民賴其利。唐盧庠爲刺史，復修之。增良田四萬頃者云。召渠垂高瀉水，類關中鄭渠。宋熙寧五年，常平提舉使陳世修，請於唐縣石橋南北岸，累石爲虹橋，架淮水如東西召渠，灌注九子等十五陂，可使二百里間水利均浹。議不果行，識者惜之。

馬仁陂在縣北，沘水合泉流滙爲陂澤，溉田萬頃。又縣有三大陂，皆漢、唐遺跡也。宋太守趙尚寬按視圖記一一修復，皆溉田萬餘頃。又教民自爲支渠，轉入浸灌四方之田，爲利甚溥。

泌陽縣

馬仁陂在縣西北七十里，與唐縣接境。上有九十二岔，悉入陂中。周回五十餘里，四面山圍，惟東南隅瀉水。漢召信臣築壩，使水不泛溢。復立水門，以時啟閉。分流碌磋等二十四堰，溉田萬餘頃。

桐栢縣

萬糧古陂在縣西，廣一頃四十二畝，周圍隄高一丈，其水灌田。

鄧州按：《州志》又有禹山泉流溉田。

六門陂在州西，漢召信臣所建，斷湍水，立瀼西石堨。至元始五年，更開三門爲六石門，故號爲六門陂。溉瀼與新野、涅陽三縣田五千餘頃。晉杜預復請開廣之。

鉗盧陂在州東南六十里，亦曰玉池澤陂。漢召信臣創建，築堰引刁河水灌田三萬頃。内有東、西、中三渠。後杜詩爲守，又修復其業，故有召父杜母之稱。

楚堰在州西北六十里，晉杜預所建。引湍水高下相承。凡八重，周十里，灌田千餘頃。

圍柳等三陂俱在州東南，引刁河水灌田。

内鄉縣

湧泉在縣西，廣八尺。水極清，自下湧出的礫如珠，溉田甚廣。

湍宗堰等四渠係承湍河水灌田。

菊潭在縣北，源出西北石礀山，滙爲潭。旁生甘菊，其水甘。可以溉田，人飲之多壽。

新野縣

樊陂在縣西北。東西十里，南北五里。漢樊重開此陂，以灌田因名。

豫章陂在縣東南，灌田三千餘頃。

葉縣

昆水三堰上堰在縣西南，中堰、下堰在縣東南，引昆水以灌田。

汝陽縣

鴻卻陂在縣東十里，淮北諸水溢而爲陂。漢成帝時翟方進爲相，議決去陂水，其地肥美，且可省隄防費而無水憂。奏罷之。後歲旱，民失其利。建武十八年，鄧晨爲汝南太守，復修之。因高下取勢，起塘四百餘里，數年乃就。郡賴以富，亦曰鴻隙陂。安帝永初三年，詔以陂假與貧民，自是日就頽廢。宋秦觀曰：鴻卻陂非特灌溉之資，蒲魚之利，實一郡瀦水處也。陂既廢，水無所歸，故散漫而爲患與。

賈侯渠在縣東，魏賈逵爲刺史，遏鄢汝之水，造新陂。通運渠二百餘里，以修水戰之具，人因以爲利。

蒼陵堰在縣西南，唐刺史夏夔建。堰汝水，灌田千頃。汝人作《夏侯歌》以美之。

正陽縣

石塘陂在縣西北二十里，東漢永平五年汝南太守鮑昱，甃石堰水，溉田數百頃。

新蔡縣

鮦陽渠在縣北七十里。《水經》：葛陂，東出爲鮦水，俗謂之爲三丈陂。自鮦陂東注而爲富水。漢和帝時何敞爲汝南太守，修之，溉田三萬餘頃。

青陂在縣西南，上承正陽之滇水，灌田五百餘頃。

西平縣

二十四陂在縣西七十二里，魏時鄧艾所造，以溉民田。

羅山縣

武湖在縣西五十里，蓄水灌田，凡三百餘頃。

西湖在縣西南二百三十里，灌田百頃。

大乘寺泉在縣西南百二十里，引流灌田，利甚溥。

汝州

黄陂在州西四十里，即古廣成澤，源出鳴皋山，合於汝水。周圍百里，有灌溉之利。

西湖在州西八里，水四時不竭，溉田甚廣。

仁義渠等二十七渠皆引汝水灌田。

寶豐縣

石渠在縣南，昔人築堰，灌田甚多。

魚兒陂在縣北，明洪武年引石河水，灌田無多。

淮寧縣

陳佗溝在縣北十里，上承安仁溝，流入州郭以灌田。

翟王渠在縣東，唐趙翊爲忠武節度使，按鄧艾故蹟，決此渠溉田。

西華縣

鄧門陂在縣西，唐邑令張餘慶因廢陂修治，引潁水以灌田。因以爲鄧艾故址，故名。

棗祇河在縣西南十八里，三國時棗祇鑿川灌田。

許州

秋湖在州東二十五里，又名東湖。湖本二，合而爲一，潩水贯其中，多魚、鰕、菱、芡、蒲、葦之利。元時設提領官主其課。

靈井在州西三十里，灌田數百畝。

臨潁縣

棗祇河在縣北三十里，曹魏時棗祇募民屯田許下，引潁水支流灌田，得穀數百萬斛。

鄭州

圃田澤在州東三十里，鋪爲澤者八，爲陂者三十六。高者可耕，窪者成堰。

靈寶縣

潮河在州東南三十里，又名欒河，可灌田。

中水等三渠俱在縣東南，引蓄水灌田。

閿鄉縣

廓渠自縣東南二里，引水而西，遶城北折，灌田數頃。

光州

小弋陽陂在州東，魏賈逵爲豫州刺史所造，以溉田。

亞港在州東二十五里，引潢水及白露河水以溉田。

馬宗湖在州西，瀦水灌田。

光山縣

雨施陂在縣南，唐永徽四年開，溉田百餘頃。

固始縣

史河上支名曰清河，在縣東。共十一閘，灌溉東西四十里，南北九十里。其管水有溝頭壩長，澆水有次第時日。

史河下支名曰堪河，在縣東。共七閘，灌溉東西十里，南北二十里。

曲河上壩在縣西，距城四十里。共七閘，灌溉東西十五里，南北七十里。

曲河下壩在縣西北，距〔城〕〔一〕一十五里。共五閘，灌溉東西五十里，南北三十里。

白露河在縣西北，共三閘，灌溉東西三十里，南北二十里。

急流澗在縣南，一閘灌溉東西八里，南北三十里。

羊行河在縣東南，一壩灌溉東西八里，南北十二里。

息縣

玉果渠在縣西北五十里，隋故渠也。唐開元嘗浚之，灌陂六十所，溉田三千餘頃。

商城縣

太湖在縣北四十里，周五里，瀦水灌田。

杭陂湖在縣東北四十里，長五里，瀦水灌田。

〔一〕城 原作無，據上下文意加。

澤農要録

〔清〕吴邦慶撰

序

《漢書·藝文志》，農九家，百一十四篇。今無傳者，即古今公私藏書簿録農家者，流亦寥寥。蓋三代時春令民畢出在野，冬則畢入於邑。是月餘子亦入於序室而受小學，故古無不學之農。阿衡莘野，周公明農。春秋時冀缺、長沮、桀溺、荷蓧丈人之流，無不從事於耗。降及漢晉，南陽之躬耕，栗里之荷鋤，猶其遺意，是古亦少不農之士。後世農勤耒耜，而士習章句，判若二途。故農習其業，而不能筆之於書；士鄙其事，而末由詳究其理。即今世傳有《齊民要術》《農桑輯要》諸書，亦不過供學者之流覽，於服田力穡者毫無裨補也。余家世農，未通籍時，頗留心耕稼之事。客歲以假旋里，松楸附近，緣連年積水，頗有藝治稻畦者，間詢其種藝之方，則有與諸書合者。或取諸書所載而彼未備者，以鄉語告之，彼則躍然試之，輒有效。始知古人不我欺，而農家者流諸書爲可寶貴。方今聖天子軫念郊圻叠遭水患，飭諭直省大吏疏濬河道，並將興修水利。沮洳之區，行將變爲稻鄉。但北人藝稻者少，種植收穫之方終多簡略。余因取《齊民要術》《農桑輯要》及王楨《農書》、徐光啟《農政全書》中有關於墾水田、藝秔稻諸法，皆詳採之。又恭讀欽定《授時通考》内載列聖題《耕圖》詩，節次詳盡，於水耕火耨者，大有裨助。敬録諸卷首，釐爲十門，訂爲六卷，顔之曰《澤農要録》。留心斯事者，得是書而考之，暇時與二三父老，課晴問雨之餘，詳為演説，較諸召募農師，其收效未必不較捷，而於古士農合一之制，亦藉以少存餘意云。

時道光四年　歲在甲申　仲春望日

益津吴邦慶撰

目

卷一

授時第一

『敬授人時』，見於《堯典》。所謂『東作西成』『南訛朔易』，皆時也。其在《豳風·七月》自于耜、舉趾，以逮滌場、納稼，言時尤詳。至《月令》一篇雖傳爲秦時所著，然皆係隆周之盛典。其勞民勸相，往復周摯於播種收穫之事，有不啻家諭而户曉者。嘗讀：《吕氏春秋》曰：得時之稼興，失時之稼約。〔量〕[二]莖相若〔而〕[三]稱之，得時者重，粟之多。量粟相若而舂之，得時者多米。量米相若而食之，得時者忍饑。又曰：得時之稻，大本而莖葆，長稠疏機，穗如馬尾，大粒無芒，搏米而薄糠，(舂)〔春〕之易而食之香。先時者，大本而葉葉格對，短稠短穗，多秕厚糠，薄米多芒。後時者，纖梗而不滋，厚糠多秕。是稼貴得時，而稻尤重。方今畿輔之間興修水利，竚見舉鍤成雲，決渠為雨，變稌黍而為秔稻，是授時尤所宜亟講者。然《周官》有稻人之職，《豳風》有穫稻之文，《月令》亦著食

〔一〕序　原作無此目，據正文内容加。
〔二〕量　原無此字，據後文内容加。
〔三〕而　原無此字，據後文内容加。

稻之儀，而耕種耘穫則未有詳臚而昭示之者。恭閲聖祖仁皇帝欽頒《耕織圖》，耕凡二十三事，自浸種、插秧以至收穫祭賽，節次具備。又親灑宸藻事，繫以詩。四聖相承，纘神謨而重農事，皆於幾暇徧加題詠。伏讀之下，不惟見小民生計在天地覆載之中者，即歸列聖涵育之內，而一切種莳、培壅、收穫、葢藏諸法，古農書之所未備者，皆可紬繹天章，而得其窾要，故敬録之。不惟補《周官》稻人之遺，而《堯典》授時一言亦始見實際云。又《農桑輯要》論種莳時月及《農桑通訣》内授《時指掌活法之圖》，自浸種、布秧以至薅草、收稈，依時列之頗詳，亦附録於後。又王象晉《群芳譜》取古經傳，詳釋節候，亦有裨於農正者，並採焉。

按：《耕織圖》始於宋仁宗，見《困學紀聞》。至高宗時，四明、樓璹爲臨安、於潛令時，繪為此圖。耕圖凡二十一，各繫以五言詩，以上於朝。其孫洪深等刻之，其從子鑰重刻之。有後序，見文集。元有程棨摹本，並篆書璹詩。此本今亦在大内。

高宗純皇帝勒石頒賜，并御製詩，即用樓璹韻。兹既恭録於卷，并以璹詩附後。今本係聖祖仁皇帝命工重繪者，耕圖凡二十三事，謹考其源流如左云。

再按：程棨耕圖，闕初秧、祭神二事，故止二十一，以《樓鑰集》後序考之，數亦相符。欽頒之本，凡二十三事，幅繫以詩。其二十一爲樓璹詩，初秧、祭神二首為孰作，無從考証。詳録之，以俟博學者之訂正云。

耕織圖耕圖目録

浸種　耕　耙耨　耖
碌碡　布秧　初秧　淤蔭
拔秧　插秧　一耘　二耘
三耘　灌溉　收刈　登場
持穗　舂碓　籭　簸揚
礱　入倉　祭神

聖祖仁皇帝御制《耕織圖》序

朕早夜勤毖研求治理，念生民之本以衣食爲天。嘗讀《豳風》《無逸》諸篇，其言稼穡、蠶桑纖悉具備。昔人以此被之管絃列於典誥有天下國家者，洵不可不留連三復於其際也。西漢詔令最爲近古，其言曰：農事傷則饑之本也，女紅害則寒之原也。又曰：老者以壽終，幼孤得遂長。欲臻斯理者，舍本務其曷以哉？朕每巡省風謠樂觀農事，於南北土疆之性，黍稌播種之宜，節候早晚之殊，蝗蝻捕治之法，素愛諮詢，知此甚晰，聽政時恒與諸臣工言之。於豐澤園之側治田數畦，環以溪水，阡陌井然在目，桔槔之聲盈耳，歲收嘉禾數十鐘。隴畔樹桑，傍列蠶舍，浴繭繅絲，恍然如茆簷蔀屋，因搆知稼軒秋雲亭以觀之。古人有言：衣帛當思織女之寒，食粟當念農夫之苦。朕惓惓於此，至深且切也。爰繪《耕織圖》各二十三幅，朕於每幅製詩一章，以吟咏其勤苦，而書之於圖。自始事迄終事，農人胼手胝足之勞，蠶女繭絲機杼之瘁，咸備極其情狀。復命鏤板流傳，用以示子孫臣庶，俾知粒食維艱，授衣匪易。《書》曰：『惟土物愛，厥心臧。』於斯圖有所感發焉。且欲令寰宇之内，皆敦崇本業。勤以謀之，儉以積之，衣食豐饒，以共躋於安和富壽之域，斯則朕嘉惠元元之意也夫。

聖祖仁皇帝御製詩

浸種[一]

暄和節候肇農功，自此勤勞處處同。早辨東田穜稑種，褰裳涉水浸筠籠。

耕

土膏初動正春晴，野老支笻早課耕。辛苦田家惟穡事，隴邊時聽叱牛聲。

耙耨

每當旰食念民依，南畝三時願不違。已見深耕還易耨，緑蓑青笠雨霏霏。

耖

東阡西陌水潺湲，扶耖泥塗未得閒。爲念饔飧由力作，敢辭竭蹶向田間。

碌碡

老農力穡慮偏周，早夜扶犂未肯休。更駕烏犍施碌碡，好教春水滿平疇。

布秧

農家布種避春寒，甲坼初萌最可觀。自昔虞書傳播穀，民間莫作等閒看。

初秧

一年農事在春深，無限田家望歲心。最愛清和天氣好，緑疇千頃露秧鍼。

淤蔭

從來土沃藉農勤，豐歉皆由用力分。薙草灑灰滋地利，心期千畝稼如雲。

拔秧

青蔥刺水滿平川，移植西疇更勃然。節序驚心芒種迫，分秧須及夏初天。

插秧

千畦水澤正瀰瀰，競插新秧恐後時。亞旅同心欣力作，月明歸去莫嫌遲。

一耘

豐苗翼翼出清波，莠稗叢生可若何。非種自應芟薙盡，莫教稂莠敗嘉禾。

二耘

[一] 原文詩歌標題放在文末，現統一提前作爲標題。以下同。

曾爲耘苗結隊行，更憂宿草去還生。隴間饋饁頻來往，勞勩田家婦子情。

三耘

穲稏盈畦日正長，復勤穮蔉下方塘。堪憐曝背炎蒸下，惟冀青疇發紫芒。

灌溉

塍田六月水泉微，引溜通渠迅若飛。轉盡桔槔筋力瘁，斜陽西下未信歸。

收刈

滿目黃雲曉露晞，腰鐮穫稻喜晴暉。兒童處處收遺穗，村舍家家荷擔歸。

登場

年穀豐穰萬寶成，築場納稼積如京。迴思望杏瞻蒲日，多少辛勤感倍生。

持穗

南畝秋來慶阜成，瞿瞿未釋老農情。霜天曉起呼隣里，偏聽村村打稻聲。

舂碓

秋林茅屋晚風吹，杵臼相依近短籬。比舍舂聲如和答，家家篝火夜深時。

篩

謾言嘉穀可登盤，穅粃還憂欲去難。粒粒皆從辛苦得，農家真作雨珠看。

簸揚

作苦三時用力深，簸揚偏愛近風林。須知白粲流匙滑，費盡農夫百種心。

礱

經營阡陌苦胼胝，艱食由來念阻饑。且喜稼成登石磑，從茲鼓腹樂雍熙。

入倉

倉箱頓滿各欣然，補葺牛牢雨雪天。盼到蓋藏休暇日，從前拮据已經年。

祭神

東疇舉趾祝年豐，喜見盈寧百室同。粒我烝民遺澤遠，吹豳擊鼓報難窮。

世宗憲皇帝御製詩

浸種

百穀遺嘉種，先農著懋功。春暄二月後，香浸一溪中。重穋隨宜辨，筠籠用力同。每多賢父老，占節識年豐。

耕

原隰韶光媚，茅茨暖氣舒。青鳩呼雨急，黃犢駕犂初。畎畮人無逸，耕耘事敢疎。勤劬課東作，扶策歷村墟。

耙耨

農務時方急，春潮堰欲平。烟籠高柳暗，風逐去鷗輕。壓笠低雲影，鳴蓑亂雨聲。耙頭船共穩，斜立叱牛行。

耖

南畝耕初罷，西疇耖復親。四蹄聽活活，十頃望畇畇。蝶舞黄萱晚，鶯歸緑樹新。春光長不負，祗有力田人。

碌碡

如輪轉機石，歷碌向東臯。驅犢亦何急，平田敢告勞。春塍縈似帶，沃壤膩於膏。水族堪供餉，傾罇醉蟹螯。

布秧

種包忻拆甲，岸畔競攜筐。活活衝泥布，紛紛落隴香。追隨勸幼稚，祝壽願豐穰。氣候今年早，行看刺水秧。

初秧

珍惜占城種，攜兒上隴來。一溪添雨足，盈畝喜秧開。宿露濃相裛，韶陽暖復催。忻忻頻笑指，轉眼可移栽。

淤蔭

鳥鳴村陌静，春漲野橋低。已愛新秧好，旋看複隴齊。淤時争早作，課罷豈安棲。沾體兼塗足，忙忙日又西。

拔秧

吉辰逢社後，比户趁忙時。盈把分青壤，和根灌緑漪。兒童擔餉榼，婦子製秧旗。慣得爲農樂，辛勞自不知。

插秧

令序當芒種，農家插蒔天。倏分行整整，佇看影竿竿。力合聞歌發，栽齊聽鼓前。一朝千頃遍，長日正如年。

一耘

飽雨纖纖長，含風葉葉柔。載芟除宿莠，挹注引新流。陰借臨溪樹，聲傳隔隴謳。炊煙村畔起，歸路緩驅牛。

二耘

鬱鬱平疇緑，勞勞一載耘。理苗疎是法，非種去宜勤。笠重初收霧，鋤輕半帶雲。日高忙餉婦，稚子故牽裙。

三耘

鋤莠日當午，驕陽若火燔。耘耔須盡力，辛苦只今番。蟬噪風前急，蛙聲水底喧。釀花宜鬱暑，翠浪舞翩翩。

灌溉

藝奪天工巧，人勤地力加。桔槔聲振鼓，戽斗疾翻車。灌注畦旋滿，嘔啞日欲斜。况兼風露美，蒨蒨吐新華。

收刈

西成已在望，早作更呼讙。刈穗香生把，盈筐露未乾。啄遺鴉欲下，拾滯稚争歡。主伯欣相慶，豐年俯仰寬。

登塲

紅秈收十月，白水浸陂塍。釀熟田家慶，塲新歲事登。雲堆香冉冉，露積勢層層。勞瘁三時過，饔飧幸可憑。

持穗

力田欣有歲，曬稻喜晴冬。響落連耞急，塵浮夕照濃。鼠銜猶畏懦，雞啄自從容。幸值豐亨世，堯民比屋封。

舂碓

野陌霜風早，柴門晚日多。舂聲接隣響，杵韻洽《豳》歌。顆顆珠傾筐，瑩瑩雪滿籮。爲憐艱苦得，把握屢摩挲。

篭。

治粒頻求潔，田家亦苦心。篩風當户北，避日就檐陰。一飽功非易，終年力不禁。君看圓似玉，我愛勝如金。

簸揚

朝來風色好，箕宿應維南。敢借翻飛力，寧教糠粃參。乾圓輪縣吏，狼藉戒童男。得免催租負，方無俛仰慙。

礱

地結霜痕白，檐虚夜氣青。聲殷礱早穀，風勁閉寒扃。玉色鮮堪比，珠光瀉不停。蒸炊謀室婦，農祖薦朝馨。

入倉

勤勞臨歲暮，入囷及良朝。墉櫛寧奢望，儲藏幸已饒。賦完農有暇，門静吏無囂。苫廪牢封固，無虞雨雪飄。

祭神

雨暘徵帝德，豐稔慰氓愚。賽鼓村迎社，神燈夜禱巫。酒漿瀉罍盎，肴核獻盤盂。敢乞長年惠，穰穰遂所需。

高宗純皇帝御製恭和聖祖仁皇帝原韻

浸種

氣布青陽造化功，東郊俶載萬方同。溪流浸種如油緑，生意含春秀色籠。

耕

宿雨初過曉日晴，烏犍有力足春耕。田家辛苦那知倦，更聽枝頭布穀聲。

耙耨

九重宵旰廑民依，課量陰晴總不違。縹緲雲山迷樹色，緑陰扶耙雨霏霏。

耖

新田如掌水潺湲，扶耖終朝那得閒。手足沾塗渾不管，月明共濯碧溪間。

碌碡

帶雨扶犂一夕周，作勞終畝敢辭休。縱横碌碡如梭轉，膏壤匀鋪遍舊疇。

布秧

二月春風料峭寒，原田彌望水雲寬。最憐舊穀生新穎，欲布秧時仔細看。

初秧

柳暗花明春正深，田家那得治遊心。老翁策杖扶兒笑，卻喜初秧擺緑鍼。

淤蔭

短杓盛灰淤畝勤，高原下隰望中分。鳴鳩唤雨聲聲好，嶺外旋看起白雲。

拔秧

匀鋪緑毯滿平川，萬井風和花欲然。移自南疇響西陌，拔秧時節日長天。

插秧

甫田萬井水瀰瀰，拔得新秧欲插時。槐夏麥秋天氣好，及時樹藝莫教遲。

一耘

新穎鶖黄遠似波，揠苗助長槁如何。惟應芟薙勤人力，自鮮苞稂害穲禾。

二耘

壺漿饁婦大隄行，最是畦邊莠易生。勞苦再耘還再饋，可憐農叟望年情。

三耘

朱火炎炎日午長，三耘曝背向林塘。那無解愠傳風信，天際微薰動緑芒。

灌溉

抱甕終輪氣力微，桔槹輪轉迅如飛。池塘水滿新禾潤，樹下乘涼待月歸。

收刈

桐風瀟灑露珠晞，滿野黄雲映落暉。是處腰鐮收穫遍，擔頭挑得萬錢歸。

登場

登場此日望西成，大有頻書慶帝京。穲稏滿車皆玉粒，比隣亦覺笑顔生。

持穗

場圃平堅灰甃成，如坻露積最關情。殷勤婦子争持穗，好聽千家拍拍聲。

春碓

木末金風陣陣吹，松明火燒隔疏籬。何來春相深宵裏，可是村謳唱和時。

簏

秋成那得暫遊盤，顆粒精粗欲别難。周折不辭身手瘁，猶盈一掬幾迴看。

簸揚

郭外人家茆舍深，門前揚簸趁風林。莫令飄墮成狼戾，辜負耕夫力作心。

礱

相將南畝苦胼胝，望歲心酬庶免饑。石磑碾來珠顆潤，家家鼓腹樂雍熙。

入倉

霜點楓林似火然，千倉滿貯賜從天。輪官不假徵催力，喜值如雲大有年。

祭神

鼛鼓吹豳報屢豐，朝看索饗萬家同。更期來歲如今歲，歲歲年年願莫窮。

高宗純皇帝禦製用樓璹原韻詩

浸種

穀種如人心，其中含生生。韶月開初律，向陽草欲萌。三之日于耜，東作農將興。筠筐浸春水，次第宛列成。

耕

四之日舉趾，吾民始事耕。驅犍更扶犂，勞哉擬魚頳。水寒猶凍足，不辭來往行。詎作圖畫觀，真厪宵旰情。

耙

皮衣豈農有，布褐聊禦寒。翻泥仍欲平，驅耙漾細瀾。率因人力憊，亦知牛股酸。寄語玉食者，莫忘稼穡難。

耖

覆耕不厭勤，塍頭更畛尾。齒長入地深，土細漉成滓。旋旋泥復沉，澄澄波欲起。耖功乃告竣，方罫鋪清水。

碌碡

南木北以石，水陸殊命匠。圜轉藉牛牽，牛蹄踏泥浪。蹄傷領亦穿，乃得田如掌。惟應盡此勞，遑敢恃有相。

布秧

浸穀出諸籠，欲拆甲始肥。左腕挾竹筐，撒種右手揮，一畝率三升，均勻布淺漪。新秧雖未形，苗秀從此期。

淤蔭

既備播農人，有相賴田祖。灰草治疾藥，糞壤益肥乳。攻補雨致勤，仍望以時雨。逮其穎栗成，辛苦費久許。

拔秧

新秧五六寸，刺水緑欲齊。輕拔虞傷根，亞旅共挈攜。擔籠歸於舍，以水洗其泥。不越宿即插，取東移置西。

插秧

芒種時已屆，蠶暖麥欲涼。未離水土氣，趁候插穲秧。卻步復伸手，整直分科行。不獨箕裘然，服疇敢或忘。

一耘

耕勤種以時，庭碩苗抽新。撮疎鏃後生，稂秕務除根。塍邊更戽水，溉田漾輕紋。胼胝正爾長，劼劬始一耘。

二耘

徐進行以膝，熟視俯其首。平壠有程度，叢底毋留莠。簞食與壺漿，肩挑忙弱婦。家中更無人，攜兒遑慮幼。

三耘

三耘諺曰壅，加細復有耔。漚泥培苗根，嘉苗勃生薿。老農念力作，瓦壺挈涼水。苦熱暢一飲，畢功戒半委。

灌溉

決水復溉水，農候悉用莊。桔槔取諸井，翻車取諸塘。胥當盡人力，曝背那乘涼。粒食如是艱，孚餅嗤何郎。

收刈

我穀亦已熟，我工猶未卒。敢學陶淵明，五斗羞腰折。男婦艾田間，秋風侵布褐。秋風尚可當，最畏冬三月。

登場

九月築場圃，捆積頗慶優。束穲滿新架，穟穗遺舊疇。周雅咏如坻，奄觀黄雲秋。迴顧溪町間，白水空浮浮。

持穗

取粒欲離藁，輪枷敲使脫。平場密布穗，揮霍聲互發。即此幸心慰，寧復厭耳聒。須臾看遺稺，突然如樹柮。

簸揚

禾穗雖已擊，糠粃襍陳前。臨風揚去之，乃餘净穀圓。憐彼農功細，嘉此農心專。所以九重上，惕息虔祈年。

礱

有竹亦有木，胥當排釘齒。其下承以石，磨礱成粒子。轉軸如風鳴，植架擬山峙。不孤三時勞，幸逢一旦此。

舂碓

溪田無滯穗，秋林有落葉。農夫那得閒，相杵聲互答。一石舂九斗，精鑿期珠滑。復有水碓法，轉輪代足踏。

簏

織竹爲圓筐，疏密殊用簸。䟽用礱以前，細用舂已過。筲三弗厭精，登倉近堪賀。力作那偷閒，誰肯茅簷卧。

入倉

村舍亦有倉，用備供天庾。艱食惜狼戾，葢覆藉屋廡。背負復肩挑，入厫忙日午。輸賦不稍遲，恐防租吏怒。

仁宗睿皇帝御製詩

浸種

青陽序肇始，兆庶力田疇。藏種筠籠貯，隔年堅栗收。清香滿盆盎，佳實浸汀洲。三日秧針起，從兹東作修。

耕

緑畦新水活，穡務始於耕。雖藉烏犍力，先勞赤足行。泥翻畝畝闢，波漾淺深盈。舉趾土膏動，化機地底萌。

耙耨

深耕繼易耨，次第紀田功。人踏微波面，牛牽積淖中。短蓑難障雨，破笠不遮風。水陸皆宜用，胼胝南北同。

耖

方春農事接，扶耖下田渠。蕩滌溪泥細，疏通地氣舒。策牛農父急，驅犢牧童徐。没膝涉淤滓，庶期深淖除。

碌碡

耨耖序咸度，方施碌碡平。勻泥依軌直，旋軸濺波清。器本隨宜制，功由運掌成。樞機轉不息，磊塊漫牽縈。

布秧

田畦既平治，嘉種布芳津。埂堰治溪直，陂塘漾水勻。涉波盈百頃，播穀趁三春。稠密無行列，移栽待候循。

初秧

布種盈畦畛，授時春已深。溶溶遮縠面，簇簇出秧針。浥雨根滋隴，含風香滿潯。老翁閒策杖，茂對足娛心。

淤蔭

土化沿《周禮》，鳩鳴序不淆。農家無暇豫，地脈有肥磽。刈草良苗茂，灑灰短杓拋。滋生先納垢，至理味衡茅。

拔秧

韶光度九十，節物近清和。柔毯鋪青甸，新秧滿緑波。移根透積淖，拔穎出圓渦。越隴蒔南畝，連塍荷擔多。

插秧

好雨潤阡陌，蒔秧首夏時。隔隄群力作，終畝共忘疲。疏密排成列，縱横務合宜。佇欣千頃遍，嘉穎漾清漪。

一耘

良苗初發後，稂莠必先除。耘治勿留稗，芟夷以漸鋤。分畦滌陳草，隔隴注清渠。豐茂庶符願，含飈薿薿舒。

二耘

再耘近炎暑，揮汗敢辭勞。日炙畦波溽，風來陌樹高。開襟扇頻颺，饋餉婦親操。寄語治民吏，堂餐忍濫叨。

三耘

去疾莫如盡，三耘始絶根。傴僂遍爬抉，穮蓘望滋番。人事戒疎懶，天工協潤暄。安良先斷莠，治理念常存。

灌溉

水利通溝洫，田功茂育加。桔槔流響逸，穲稏漾芬賖。隔堰波翻影，盈畦浪疊花。踏歌忘力倦，柳外日西斜。

收刈

耕春繼耘夏，勤苦逮深秋。農務三時接，嘉禾千畝收。腰鐮刈畦畔，背負度隄頭。遺穗兒童拾，連塍晚稼稠。

登塲

萬寶幸成熟，登塲慶老農。充盈皆玉粒，堆積若崇墉。勞力甫田穫，慰心稔歲逢。所欣免債負，百室樂熙雍。

持穗

年康徧堆積，曝曬趁秋晴。鋪穗如茵厚，碾塲若掌平。連枷擊穰秸，分粒擇華英。怳見豐亨象，沿村打稻聲。

舂碓

民力真艱苦，農功無暇時。曉舂依破壁，夜碓隔疎籬。願協田禾熟，心知節序移。索綯亟乘屋，已近禦寒期。

簸

杵臼事差畢，仍須用竹簸。精華益珍貴，穅秕不留遺。敢忽田功細，相忘手力疲。重農爲政要，稼穡必先知。

簸揚

欲令精粗判，臨風試簸揚。聲輕如散雨，影細乍流香。箕帚收宜净，斗升謀實藏。未能忘歉歲，多貯為留防。

礱

礱礧及時用，軸旋共挽推。摩肩揮汗雨，礪齒響殷雷。珠顆匀圓瀉，穀皮磊落堆。稼成誠不易，敦俗勸栽培。

入倉

西成繼粟烈，分貯萬倉箱。力作無閒暇，功收有葢藏。完租消宿債，足食積餘糧。顆粒皆辛苦，臨民勿怠荒。

祭神

田祖司多稼，庶民報祀誠。升香騰瑞靄，擊鼓和歡聲。穫稻實倉廩，知時順雨晴。拔圖朿永慕，務本厚蒼生。

附樓璹詩

浸種

溪頭夜雨足，門外春水生。筠籃浸浅碧，嘉穀抽新萌。西疇將有事，耒耜隨晨興。隻雞祭勾芒，再拜祈秋成。

耕

東皋一犂雨，布穀初催耕。緑野暗春曉，烏犍苦肩頳。我銜勸農字，杖策東郊行。永懷歷山下，往事闕聖情。

耙耨

雨笠冒宿霧，風蓑擁春寒。破塊得甘霔，齧塍浸微瀾。泥深四蹄重，日暮兩股酸。謂彼牛後人，著鞭無作難。

耖

脱絝下田中，盎漿著塍尾。巡行遍畦畛，扶耖均泥滓。遲遲春日斜，稍稍樵歌起。薄暮佩牛歸，共浴前谿水。

碌碡

力田巧機事，利器由心匠。翩翩轉圜樞，衮衮鳴翠浪。三春欲盡頭，萬頃平如掌。漸暄牛已喘，長懷丙丞相。

布秧

舊穀發新穎，梅黄雨生肥。下田初播殖，却行手奮揮。明朝望平疇，緑鍼刺風漪。審此一寸根，行作合穗期。

初秧

春工正當時，下種看期度。乘閒攜子遊，策杖臨埠路。看水汎西湖，臨風方日暮。農家事可知，應費心無數。

淤蔭

殺草聞吴兒，灑灰傳自祖。田田滿沃壤，活活流膏乳。塍頭烏啄泥，谷口鳩喚雨。敢望稼如雲，工夫蓋如許。

拔秧

新秧初出水，渺渺翠毯齊。清晨且拔濯，父子争提攜。既沐青滿握，再櫛根無泥。及時趁芒種，散著畦東西。

插秧

晨雨麥秋潤，午風槐夏凉。溪南與溪北，笑歌插新秧。拋擲不停手，左右無亂行。我教插秧馬，代勞民莫忘。

一耘

時雨既已潤，良苗日維新。去草如去惡，務令盡陳根。泥蟠任犢鼻，膝行生浪紋。眷惟有虞氏，德盛感鳥耘。

二耘

解衣日炙背，戴笠汗濡首。敢辭冒炎蒸，但欲去稂莠。壺漿與簞食，亭午來餉婦。要兒知稼穡，豈日事攜幼。

三耘

農田亦甚劬，三復事耘耔。經年苦艱食，喜見苗薿薿。老農念一飽，對此出饞水。願天均雨暘，滿野如雲委。

灌溉

揠苗鄙宋人，抱甕慚蒙莊。何如銜尾鴉，倒流竭池塘。穲稏舞翠浪，籧篨生晨凉。斜陽耿疏柳，笑歌間女郎。

收刈

田家刈穫時，腰鐮競倉卒。霜濃手龜坼，日永身罄折。兒童行拾穗，風色凌短褐。歡呼荷擔歸，望望屋山月。

登場

禾黍已登場，稍覺農事優。黄雲滿高架，白水空西疇。用此可卒歲，願言免防秋。太平本無象，村舍炊煙浮。

持穗

霜時天氣佳，風動木葉脱。持穗及此時，連耞聲亂發。黄雞啄遺粒，烏鳥喜聒聒。歸家抖塵埃，夜屋燒榾柮。

舂碓

娟娟月過墻，簌簌風吹葉。田家當此時，村舂響相答。行聞炊玉香，會見流匙滑。更須水轉輪，地碓勞蹴踏。

簏

茅簷閒杵臼，竹屋細簏簸。照人珠琲光，奮臂風雨過。計功初不淺，飽食良自賀。西鄰華屋兒，醉飽正高卧。

簸揚

臨風細揚簸，糠粃零風前。傾瀉雨聲碎，把翫玉粒圜。短裙箕帚婦，收拾亦已專。豈圖較斗升，未敢忘凶年。

礱

推挽人摩肩，展轉石礪齒。殷床作雷音，旋風落雲子。有如布山川，培塿勢相峙。前時斗量珠，滿眼俄有此。

入倉

天寒牛在牢，歲暮粟入庾。田父有餘樂，炙背卧檐廡。却悉催賦租，胥吏來旁午。輸官王事了，索飯兒叫怒。

祭神

一年農事週，民庶皆安逸。歌謠遍社村，共享昇平世。五風君德生，十雨蒼天濟。當年后稷神，留與後人祭。

《農桑輯要》：時之早晚，案《齊民要術》有上、中、下三時。水稻三月種者為上時，四月上旬爲中時，中旬為下時。旱稻二月半種為上時，三月為中時，四月初及半為下時。大率以洛陽土中爲準，此亦舉一隅之義爾。以周公土圭之法推之，洛南千里其地多暑，洛北千里其地多寒。暑既多矣，種藝之時不得不加早。寒既多矣，種藝之時不得不加遲。又山川高下之不一，原隰廣隘之不齊。雖南乎洛，其間山原高曠，景氣淒清，與北方同寒者有焉。雖北乎洛，山限掩抱，風日和煦，與南方同暑者有焉。東西以是爲差，苟比而同之，殆類夫膠柱而鼓瑟矣。《氾勝之書》有言『種無期，因地為時。』此不刊之論也。表而出之，庶覽者有所折衷焉。

《農桑通訣》：舜在璿璣玉衡，以齊七政。說者以為天文器，後世言天之家，如洛下閎、鮮于妄人輩，述其遺制，營之度之，而作渾天儀，曆家推步，無越此器，然而未有圖也。葢二十八宿，周天之度。十二辰，日月之會。二十四氣之推移，七十二候之遷變。如環之循，如輪之轉。農桑之節，以此占之。四時各有其務，十二月各有其宜。先時而種則失之太早而不生，後時而藝則失之太晚而不成，故曰雖有智者，不能冬種而春收。此圖之作，以交立春節為正月，交立夏節為四月，交立秋節為七月，交立冬節爲十月。北斗旋於中以為準，則每歲立春斗杓建於寅方，日月會於營室，東井昏見於牛，建星晨正於南。由此以往積十日而為旬，積三旬而為月，積三月而為時，積四時而成歲。一歲之中月建相次，周而復始，氣候推遷，與日曆相為體用。所以授民時，而節農事，即謂用天之道

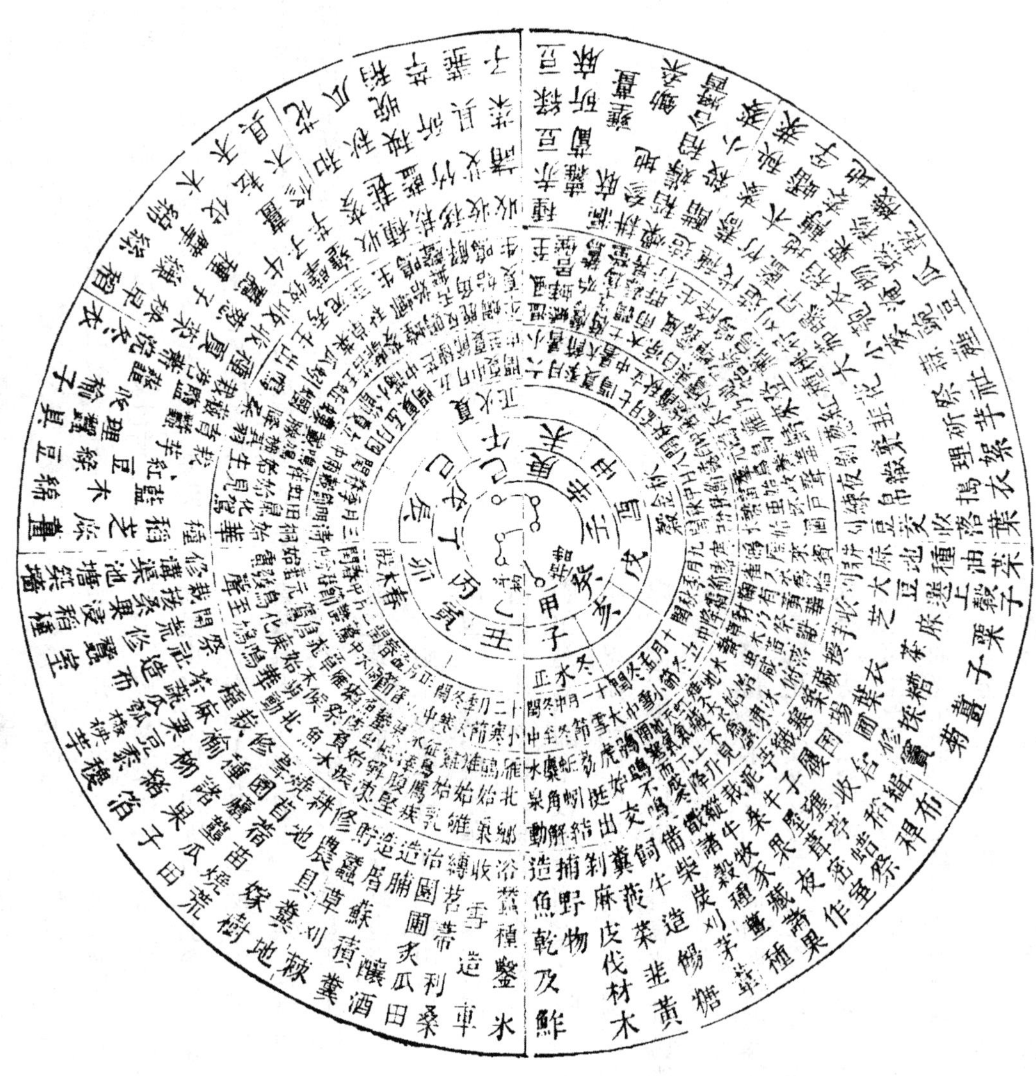

也。夫授時歷每歲一新，時圖常行不易。非歷無以起圖，非圖無以行歷。表裏相參，轉運而無停。渾天之儀，粲然具在是矣。然按月農時，特取天地南北之中氣，立作標準，以示中道，非膠柱鼓瑟之謂。若夫遠近寒暖之漸殊，正閏常變之或異，又當推測晷度，斟酌先後。庶幾人與天合，物乘氣至長養之節，不至差謬，此又圖之體用餘致也，不可不知。務農之家當家置一本，攷歷推圖以定種蓺，如指諸掌，故亦名曰《授時指掌活法之圖》。

《群芳譜》：一歲共十二月，二十四氣，七十二候。大寒後十五日，斗柄指艮爲立春，正月節立始建也，春氣始至而建立也。一候，東風解凍，凍結于冬，遇春風而解也。二候，蟄蟲始振。蟄，藏也。振，動也。感三陽之氣而動也。三候，魚陟負冰上遊而近水也。

立春後十五日，斗柄指寅爲雨水，正月中陽氣漸升，雲散爲水，如天雨也。一候，獺祭魚，歲始而魚上，則獺取以祭。二候，候雁北，陽氣達而北也。三候，草木萌動，天地交泰，故草木萌生發動也。

雨水後十五日，斗柄指甲為驚蟄，二月節蟄蟲震驚而出也。一候，桃始華。二候，倉庚鳴。倉庚，黃鸝也。倉，清也。庚，新也。感春陽清新之氣，而初出故鳴。三候，鷹化為鳩，即布穀也。仲春之時，鷹喙尚柔，不能捕鳥，瞪目忍飢如痴而化。化者，返歸舊形之謂，春化鳩秋化鷹，如田鼠之于鴽也。若腐草、雉爵皆不言化，不復本形者也。

驚蟄後十五日，斗柄指卯爲春分。二月中分者半也，當春氣九十日之半也。一候，元鳥至。元鳥，燕也。春分來秋分去。二候，雷乃發聲，四陽漸盛，陰陽相薄為雷，乃者象氣出之難也。三候，始電。電，陽光也。四陽盛長，氣洩而光生也。凡聲屬陽，光亦屬陽。

春分後十五日，斗柄指乙爲清明。三月節，萬物至此皆潔齊而明白也。一候，桐始華。桐有三種，華而不實曰白桐，亦曰花桐，《爾雅》謂之榮桐，至是始華也。二候，田鼠化爲鴽。鴽，鶉也。鼠陰而鴽陽也。三候，虹始見。虹，日與雨交，天地之淫氣也。

清明後十五日，斗柄指辰爲穀雨。三月中雨爲天地之和氣，穀得雨而生也。一候，萍始生。萍，陰物，静以承陽也。二候，鳴鳩拂其羽，拂羽飛而翼迫其聲也。三候，戴勝降於桑，蠶候也。

穀雨後十五日，斗柄指巽爲立夏。四月節，夏，大也。物至此皆假大也。一候，螻蟈鳴。螻蟈，一名鼫鼠，一名螜。陰氣始故螻蟈應之。二候，蚯蚓出。蚯蚓，陰類。出者承陽而見也。三候，王瓜生。王瓜，土瓜也。

立夏後十五日，斗柄指己爲小滿。四月中物長至此，皆盈滿也。一候，苦菜秀。荼爲苦菜，感火氣而苦味成。不榮而實曰秀，榮而不實曰英，此苦菜宜言英。二候，靡草死。靡草，草之枝葉。靡細者，葶藶之屬。凡物感陽生者强而立，感陰生者柔而靡。靡草則陰至所生也，故不勝陽而死。三候，麥秋至。麥以夏爲秋，感火氣而熟也。

小滿後十五日，斗柄指丙為芒種。五月節，言有芒之穀可播種也。一候，螳螂生。螳螂飲風飡露，感一陰之氣而生，至此時破殼而出。二候，鵙始鳴。鵙，百勞也。惡聲之鳥，梟類也，不能翱翔，直飛而已。三候，反舌無聲。諸書謂，反舌爲百舌鳥，能反覆其舌，感陽而鳴，遇微陰而無聲也。

芒種後十五日，斗柄指午爲夏至。五月中萬物至此皆假大而極至也。一候，鹿角解。夏至一陰生，鹿感陰氣故角解。二候，蜩始鳴。《莊子》謂：『蟪蛄，夏蟬也。』語曰：『蟪蛄，鳴朝。』三候，半夏生。半夏，藥名。居夏之半而生也。

夏至後十五日，斗柄指丁爲小暑。六月節暑氣至此尚未極也。一候，温風至。温熱之風，至小暑而極，故曰至。二候，蟋蟀居壁，感肅殺之氣。初生則在壁，感之深則在野。三候，鷹始摯。摯，擊也。《月令》：『鷹乃學習。』殺氣未肅，鷙鳥始學擊搏，迎殺氣也。小暑後十五日，斗柄指未爲大暑。六月中暑至此而盡洩。一候，腐草爲螢。離明之極，則幽陰至微之物，亦化而爲明，不言化者不復原形也。二候，土潤溽暑。土氣潤，故鬱蒸爲溽濕。三候大雨時行。前候溽暑而後候則大雨時行，以退暑也。

大暑後十五日，斗柄指坤爲立秋。七月節秋揫也。物至此而揫斂也。一候，凉風至。西方淒清之風也，温變而肅也。二候，白露降。大雨之後凉風來，天氣下降茫茫而白，尚未凝珠，故曰白露降。三候，寒蟬鳴。今初秋夕陽聲小而急疾者是也。

立秋後十五日，斗柄指申爲處暑。七月中陰氣漸長，暑將伏而潛處也。一候，鷹乃祭鳥。金氣肅殺，鷹感其氣，始捕擊必先祭。二候，天地始肅。三候，禾乃登。禾者，穀之連藁秸之總名。成熟曰登。

處暑後十五日，斗柄指庚爲白露。八月節陰氣漸重，露凝而白也。一候，鴻雁來。《淮南子》作『候雁』自北而南來也。二候，元鳥歸。元鳥，北方之鳥，故曰歸。三候，群鳥養羞。養羞，謂藏美食，以備冬月之養。

白露後十五日，斗柄指酉爲秋分。八月中至此而陰陽適中，當秋之半也。一候，雷始收聲。雷屬陽，八月陰中故收聲入地，萬物隨以入也。二候，蟄蟲坯户。坯益其蟄穴之户，使通明處稍小，至寒甚乃墐塞之也。三候，水始涸。水，春氣所爲。春夏氣至故長，秋冬氣返故涸也。

秋分後十五日，斗柄指辛爲寒露。九月節氣漸肅，露寒而將凝也。一候，鴻鴈來賓，鴈後至者爲賓。二候，雀入大水爲蛤，嚴寒所至蜚化爲潛也。三候，菊有黄華。菊獨華於陰，故曰有也。

寒露後十五日，斗柄指戌爲霜降。九月中氣愈肅露，凝爲霜也。一候，豺乃祭獸。以獸祭天報本也，方餔而祭，秋金之義。二候，草木黄落，色黄摇落也。三候，蟄蟲咸俯，皆垂頭畏寒不食也。

霜降後十五日，斗柄指乾爲立冬。十月節，冬，終也。物終而皆收藏也。一候，水始冰。水而初凝未至于堅，故曰始冰。二候，地始凍。土氣凝寒未至于坼，故曰始凍。三候，雉入大水爲蜃。大水，淮也。

立冬後十五日，斗柄指亥爲小雪。十月中氣寒而將雪矣。第寒未甚而雪未大也。一候，虹藏不見。陰陽氣交爲虹，陰氣極故虹伏，言其氣下伏也。二候，天氣上升。三候，地氣下降。天地變而各正其位，不交則不通，故閉塞也。

小雪後十五日，斗柄指壬爲大雪。十一月節言積寒凜冽，雪至此而大也。一候，鶡鴠不鳴。陽鳥感六陰之極而不鳴。二候，虎始交。虎感微陽萌動，故氣益盛而交也。三候，荔挺生。

大雪後十五日，斗柄指子爲冬至。十一月中日南陰極而陽始生也。一候，蚯蚓結。六陰寒極之時，蚯蚓交結如繩。二候，麋角解。冬至一陽生，麋感陽氣故角解。三候，水泉動。水者，一陽所生。一陽初生，故泉動也。

冬至後十五日，斗柄指癸爲小寒。十二月節時近小春，故寒氣猶小。一候，雁北鄉。雁避寒而南，今則北飛，禽鳥得氣之先故也。二候，鵲始巢。至後二陽已得來年之氣，鵲遂爲巢知所向也。三候，雉雊。雉，陽鳥也。雊，雌雄同鳴，感于陽而有聲也。

小寒後十五日，斗柄指丑爲大寒。十二月中時已二陽而寒威更甚者，閉塞不盛則發洩不盛，所以啟三陽之泰。此造化之微權也。一候，雞乳。乳，育也。雞木畜，麗于陽而有形，故乳。二候，征鳥厲疾，至此而猛厲迅疾也。三候，水澤腹堅。冰徹上下皆凝，故曰腹堅。一元默運，萬彙化生，四序循環，千古不易，極之而陽九百六，不過此氣之推遷耳。

卷二

田制第二

粤古井田之行，考諸《周禮》，六尺爲步，步百爲畝，畝百爲夫，夫九爲井，殆較若畫一也。然春秋去古未遠，井田之法猶存，而左氏稱蔿氏之治楚也，曰書土田，書土田之所宜。辨京陵，絶高曰京，大阜曰陵。表淳鹵，淳鹵，埆薄之地，表之輕其賦税。數疆潦，數其疆界，有水潦者，計數減其租入也。規偃豬，偃豬，下濕之地，規度其受水多少。町原防，廣平曰原，防，隄也。隄防閒地，不得方正如井田，别爲小畦町也。井沃衍。沃衍，平美之地，如《周禮》制，以爲井田。由是推之，則邱陵、陂澤高下異宜之地，其時必皆有變通。萬無溝澮阡陌，截然正方之理。

畿輔平原千里，誠神皋之奥區，然西北則太行擁抱，東則滄海回環，中則通川廣淀交相貫午。今欲講求水利於其中，則田畝亦必有因地制宜之處。農書所載田制凡八則：曰圍田，曰櫃田，此近淀泊及苦水潦之所可用者。曰梯田，曰塗田，此天津永平瀕海而受潮汐之所可用者。曰架田，則西北一帶山麓嶺坡所可用者。曰圃田，則瀕海及鑿井之鄉所當用者。曰架田，惟閩粤有之，吴越間不多見也。然淀泊巨浸中，居民艱於得土，或亦可試行之。曰沙田，江海沙渚之田也。然永定、滹沱濁流之旁，亦間有焉。至區田，相傳伊尹以七年之旱制此法救民。又云：按法種之，畝可得六十石，是皆不足信。然古皆稱屢試有驗，前代嘗以其法布之宇内，定為課程，限以畝數，故詳採《齊民要術》及諸家説以附其下。水利之所不及者，以備歉收而盡地利，亦農家者流所不廢也。

圍田：築土作圍，以繞田也。蓋江淮之間，地多藪澤或瀕水，不時淹没，妨於耕種。其有力之家，度視地形，築土作隄，環而不斷，内容頃畝千百皆爲稼地。後值諸將屯戍，因令兵衆分工起土，亦倣此制，故官民異屬。復有圩田，謂疊爲圩岸，捍護外水。與此相類，雖有水旱皆可救禦。凡一熟餘不惟本境足食，又可贍及鄰郡。實近古之上法，將來之永利。

櫃田：築土護田，似圍而小，面俱置瀽穴，水道相通，順置田叚，便於耕蒔。若遇水荒，田制既小，堅築高峻，外水難入，内水則車之易涸，浅浸處宜種黄穋稻。《周禮》謂：『澤草生，種之芒種。』黄穋稻，自種至收不過六十日則熟，以避水溢之患。如水過澤草自生，䅉稗可收，高涸處亦宜陸種諸物，皆可濟饑。此救水荒之上法，一名壩水溉田，亦曰壩田，與此名同而實異。

附俞汝爲曰：海邊斥鹵地方，恃護塘隔絶鹽湖，雨水洗去鹵性。有圍築成田者，築隄鑿河引内潮之水，以資灌溉。而水遠難致，雨澤稍稀，便乏車救。十年三熟，此與山鄉地形勢相類。近年民間告明官府，豁除掘損田畝之糧，于田心中開積水溝，爲夏秋車戽計。凡溝漊多處，其田多熟。或於遠宅開池，則近宅之地，必有收成，此蘇松沿海地方試之有成效者。但細訪老農云：每十畝之中用二畝爲積水溝，纔可救五十日不雨。若十分全旱年分，尚不免於枯竭，況一畝乎！大抵水田，稻苗全賴水養。炎日消水甚易，以十日消水二寸計之，五十日該消去田間水一尺，即二畝溝中亦不免于消水，總計其潤，是溝中常有五六尺之積，斯足用耳，豈可望于夏秋亢旱之日。且稻苗生長秀實，該用水浸溉一百二十日。十畝取二畝作積水溝，僅救半旱，斯言非謬。必於山原上勢相視，窪下可蓄水處築爲大澤，或環數里或環數十里。上流之水涓涓不息，庶足救濟全旱矣。嘗與潘知縣鳳梧熟論西北墾荒之要，潘云：『若計開田，先計瀦水。』真確見也。

林應訓《興修水利文移稿》：　爲照溝洫圩岸，皆以備旱潦，而爲三農之急務，人人所當自盡者，縱使官府開深江浦，而各區各圖之溝洫、圩岸不修，則終無以穫灌溉之利，杜浸淫之患也。除幹河支港工力浩大者，官爲估計處置興工外，至于田間水道，應該民力自盡。爲此酌定式則，出給簡明告示，緣圩張掛，仍刻成書册，給散糧里，令民一體遵守施行。

一、定式樣以便稽查。吴中之田雖有荒、熟、貴、賤之不同，大都低鄉病潦，高鄉病旱，不出二病而已。病潦者，則以修築圩岸爲急。圩岸既各高厚，雖有水溢，自難潰入而淹没之矣。病旱者，則以開濬溝洫爲急。溝洫既各深通，雖遇旱乾，自可引流而灌註之矣。況開渠者，勢必置土於圩旁，築圩者理當取土於溝内，二者又自有相成之機。今後不必差官泛然丈量，該府、縣止分别孰爲低鄉當急修圩，孰爲高鄉當急開渠，每年府縣水利官先時議定開築之法，如開溝洫不論舊時疏通與否，其濶即以兩旁老岸爲主，其深務以一丈二尺爲率。若相地宜應加深濶者，聽決，不許減少前數。挑起之土，務要置在舊隄之内就便護隄，庶使雨水不能淋漓復流於河。如附近有低田堪以培高者，即以其土培之亦可。至于極高地方不用隄岸而土無堆放者，亦即就靠内一邊攤放。蓋高鄉多種荳棉，一時不妨陸種，挑得河深，則灌溉自利。内中田畝，仍自不妨於水種也。若惜此尺寸之地，弗令攤土沿河堆積，復入河中，無水灌溉，則内中田畝悉成枯槁矣。至於築圍岸，不論舊時完固與否，其底濶務要一丈，其面濶務要六尺，其高如底之數。若應加高厚者，聽決，不許減少前數。如田過五百畝以上者，便要從中增築一界岸。一千畝以上者，便要從中增築二界岸。每界岸底濶四尺，面濶二尺，高與外圩平。岸傍仍可栽種荳麥，如極低鄉或近河蕩深處難於取土，令民於圩内傍圩田起土增築岸外，再築圩岸一層，高止一半，如階級狀。岸上插水楊，圩外植茭蘆，以防

一、設圩甲以齊作止。塘長之設舉一區而言之也。一區之中各有數圩計，當僉殷實之家充之。但一時僉報，諸弊俱生，或圖展脱，或營冒充，無不至矣。各縣不必僉報，即以本圩田多者爲之。雖其殷實與否不可知，然其田既甲於一圩之中，則其人自足以當一圩之長矣。興工之日，塘長責令圩甲躬行倡率，某日起工，某日完工，庶幾有所統領，而無泛散不齊之弊。中有業户不聽倡率，聽其開名呈治。如圩甲不行正身充當，或至别行代頂，查出枷號示衆。是圩之有甲也，專爲本圩修濬而立，工完即罷。非如里長有勾攝之苦，亦非如塘長有奔走之煩。雖一時倡率不無勞費，然利歸其田，又非若驅之赴公家之役者等也。

一、嚴省視以責成功。訪得常年非不議行修濬，而水利之官多不下鄉。乃使各區塘長至縣報數，或朔望遞結而已，如此虚文，何益實事。今後興工之日，各塘長圩甲務要在圩時時催督，開濬工完未可便行開壩放水，俱聽各府、縣掌印官并水利官，分頭親勘。如一圩不完責在圩甲，一區不完責在塘長。輕則懲戒，重則罰治。本院與該道又不時間出以察之，如一縣中有十處不完，責在縣官，一府有二十處不完，則府又有不得不任其咎矣。

一、禁侵截以通便利。訪得各鄉水利原自疏通，近多豪家適己自便，於上流要害廣插茭菱，稍有淤墊即謀佃爲田，所司不察，輕付執照。亦有居民貪圖小利，竭澤而漁，衝激。取土之田，計所損量派各田出銀津貼，俟陸續篛取河泥填平，照舊耕種，永無後憂。是所損者小，而所益者大也。若互相吝惜，不分界岸。即如今年霪雨連旬，洪水一發，車救不前，全圩無望矣。又有一等低窪田畝嵌作中心，無從蓄洩。有願開鑿通河、運泥、增高者，聽廢田之價，衆户均認廢田之税牽攤本圩，照此式樣給示遍諭。委官分頭區畫，每一圩爲一圖，明白貼説。前件每一圖作二本，一送縣備照，一付圩甲諭衆俟至冬十月，刻日出示興工。

一、定夫役以杜騷擾。各鄉溝洫圩岸，雖有長短廣狹不齊，然不過爲一圩之田而設也。故田少則圩必小，田多則圩必大。而環圩之溝洫因之，此水利此圩之田，則當役此圩有田之户矣。各縣即令塘長備開某圩周圍若干丈，外環溝洫若干丈，圩内之田若干畝，某人得業若干畝，共該圍岸若干丈。不論官民士庶，隨田起役，各自施工。如田横濶一丈者，築岸一丈。徐光啟曰：此法誤，要須計算本圩之田與本圩之岸平分丈尺，不宜偏累，近岸之田，開河亦然。多有一家數畝狹長之田全並河岸者，既盡壞其田，復盡用其力，非偏累乎？ 横濶十丈者，築岸十丈，開河亦然。對河兩家，各開其半。溝頭岸側非一家所能辦者，計畝出夫。衆共協力，挨序編號，置簿稽查，仍備載前圖之後。興工之日，塘長不必沿門催夫，徒取需求科派之議。先期五日插標分段，責令圩甲布告各户某日興工。聽其至期，各行照段用力，如式挑築。

沿流置簖。及有挑出田内泥土,增廣田圩,堆放竹排木排,横截河港。甚有上鄉全賴湖水灌溉,奸滑人户,乃於浦口下流設堰横截,百般刁難,然後放水入内。又其甚者,假以報税起科,遂侵爲己物。豬水專利,以致田地灌溉無資。若不通行嚴禁,終爲水道之梗。今後各府、縣水利官責令各塘長圩甲,凡有侵截之家即便報出,姑令改正免罪,至於灘田先年曾經丈量,收入會計册内無礙水道者,姑聽如舊。其未經徵糧者,盡數報官開除。按:畿南附近淀泊及低窪水潦之地,可爲圍田、圩田者甚多,故備録修圩文移稿,南北雖異,酌量行之,均可收效。

塗田:《書》云淮、海惟揚州,厥土惟塗泥。夫低水種皆須塗泥,然瀕海之地復有此等田法。其潮水所淤沙泥積於島嶼,或墊溺盤曲。其頃畝多少不等,上有鹹草叢生,候有潮來漸惹塗泥。初種水稗,斥鹵既盡可爲稼田,所謂『瀉斥鹵兮生稻梁』。盈邊海岸築壁、或樹立樁橛,以抵潮汛。田邊開溝,以注雨潦。旱則灌溉,謂之甜水溝。其稼收比常田利可十倍,民多以爲永業。又中土大河之側,及淮灣水滙之地,與所在陂澤之曲,凡潢汙洄互壅積泥滓退皆成淤灘,亦可種藝。秋後泥乾地裂,布掃麥種於上,其所收比淤田之效也。夫塗田、淤田各因潮漲而成,以地法觀之,雖若不同,其收穫之利則無異也。

附袁黄寶坻《勸農書》:瀕海之地,潮水往來,淤泥常積,有鹹草叢生。此須挑溝築岸,或樹立樁橛,以抵潮泥。其田形中間高兩邊下,不及十數丈即爲小溝,百數丈即爲中溝,千數丈即爲大溝,以注雨潦,此甜水淡水也。其地初種水稗,斥鹵既盡,漸可種稻。所謂『瀉斥鹵兮生稻梁』,非虚語也。

圃田:種蔬果之田也。《周禮》:以場圃任園地,(註)〔注〕曰:圃,樹果蓏之屬。其田繚以垣墻,或限以籬塹。負郭之間,但得十畝,足贍數口。若稍遠城市,可倍添田數至半頃止,結廬于上,外周以桑,課之蠶利。内皆種蔬,先足長生韭一二百畦,時新菜二三十種,惟務多取糞壤,以爲膏腴之本。慮有天旱,臨水爲上,否則量地鑿井以備灌溉。地若稍廣,又可兼種蔴苧果穀等物。比之常田歲利數倍,此園夫之業可以代耕。至于養素之士,亦可托爲隱所。因得供贍,又有宦游。家若無別墅,就可棲身駐迹。如漢陰之獨力灌畦,河陽之閒居鬻蔬,亦何害于助道哉。

梯田:謂梯山爲田也。夫山多地少之處,除磊石及峭壁例同不毛,其餘所在土山,下自横麓,上至危巔,一體之間,裁作重磴,即可種藝。如土石相半,則必疊石相次,包土成田。又有山勢峻極,不可展足播殖之際,人則傴僂蟻沿而上,耨土而種,躡坎而耘,此山田不等。自下登陟,俱若梯磴,故總曰梯田。上有水源,則可種秫秔。如止陸種,亦宜粟麥。蓋田盡而地,地盡而山。山鄉細民必來墾佃,猶勝禾稼。其人力所至,雨露所養,不無少穫。然力田至此，未免艱食已。

附徐獻忠《山鄉水利議》：　予寓居吴興，屢見各鄉旱灾不收，大受饑困。山鄉平田既少，一遇旱暵，泉流枯涸。既無所資，坐以待斃。有司者徒見下鄉平田頗有潤色，不肯特爲奏免糧税。予按視其地，皆坐不知水利之故。元儒梁寅有『鑿池溉田』之議，其略云：　畎畝之間，若十畝而廢一畝以爲池，則九畝可以無灾患。百畝而廢十畝以爲池，則九十畝可以無灾患。予嘗至上虞之夏蓋湖觀之，方知梁子之議可行，而永久利民矣。有志經國者，當相視一鄉之中，擇其最高仰者，割爲陂湖。先均其税額於衆利之民，次營别業以招失田之户。大展陂岸，使廣而多受。雖亢旱之年不至耗涸，從高瀉下，均資廣及，沾潤一番可以經月，雖有凶灾不能及矣。況陂湖之利，魚蝦雜産，茭葦叢生，貧者資以養生，富者因而便利。大雨一注，衆流復積，前者既瀉，後者復蓄。山鄉水利，無逾此者。故孫叔敖之芍陂、汝南之鴻隙陂，古人成績可以引証。自非爲民父母者，力主其事，愚民誰肯割其成業者乎！至於下鄉之田，亦有高亢不通資灌者，莫若照依北方掘鑿大井，上置轆轤。汲引之利亦民自辦，民可樂成，不可謀始。若出力任事，惟存乎人。必須久任之，方可有成功也。按：　此則播種山田者，若無流泉亦須爲陂塘於高處，以資澆灌。

架田：　架，猶筏也，亦名葑田。《集韻》云：　葑，菰草也。葑，亦作湗。江東有葑田，又淮東二廣皆有之。東坡《請開杭之西湖狀》謂：　水涸草生，漸成葑田。考之《農書》云：　若深水藪澤，則有葑田。以木縛爲田坵浮繫水面，以葑泥附木架上而種藝之。其木架田坵隨水高下浮泛，自不淹浸。《周禮》所謂『澤草所生，種之芒種』是也。芒種有二義：　鄭（元）〔玄〕謂有芒之種，若今黄穋穀是也，一謂待芒種節過乃種。今人占候，夏至、小滿至芒種節，則大水已過。然後以黄穋穀種之於湖田。然則有芒之種，與芒種節候，二義可並用也。黄穋穀自初種以至收刈不過六七十日，亦以避水溢之患。竊謂架田附葑泥而種，既無旱暵之灾，復有速收之效，得置田之活法，水鄉無地者宜效之。

沙田：　南方江淮間沙淤之田也。或濱大江或峙中洲，四圍蘆葦駢密，以護隄岸。其地常潤澤，可保豐熟。普爲塍埂可種稻秫，間爲聚落可藝桑麻。或中貫湖溝，旱則平溉；或傍繞大港，澇則洩水，所以無水旱之憂，故勝他田也。舊所謂『坍江之田廢復不常，故畝無常數，税無定額。』正此謂也。宋乾道年間，近習梁俊彦請税沙田，以助軍餉，既施行矣。時相葉顒奏曰：　『沙田者，乃江濱出没之地。水激於東則沙漲於西，水激於西則沙復漲於東。百姓隨沙漲之東西而田焉，是未可以爲常也。』其事隨寢，時論是之。

區田：《農桑通訣》： 按舊説，區田地一畝濶一十五步，每步五尺，計七十五尺，每一行占地一尺五寸，該分五十行。長一十六步，計八十尺，每行一尺五寸，該分五十四行。長濶相乘，通二千七百區。空一行種於所種行内，隔一區種一區。除隔空外可種六百七十五區。每區深一尺，用熟糞一升。與區土相和，布穀勻覆，以手按實。令土種相着，苗出看稀稠存留，鋤不厭頻，旱則澆灌。結子時鋤土深壅其根，以防大風摇擺。古人依此布種，每區收穀一斗，每畝可收六十六石。今人學種可減半。徐光啟曰：當攷古今度量。又參考《氾勝之書》及《務本書》謂： 湯七年之旱，伊尹作爲區田，教民糞種，負水澆稼。諸山陵傾阪，及田邱城上皆可爲之。其區當于閒時旋旋掘下，正月種春大麥，二三月種山藥芋子，三四月種粟及大小豆，八月種二麥豌豆，節次爲之，不可貪多。夫儉豐不常，天之道也。故君子貴思患而預防之。如嚮年壬辰戊戌饑歉之際，但依此法種之，皆免饑殍。此已試之明效也。竊謂： 古人區種之法，本爲禦旱濟時。如山郡地土高仰歲歲如此，種藝則可常熟。惟近家瀕水爲上，其種不必牛犁，但鍬钁墾劚，又便貧難。大率一家五口可種一畝，已自足食。家口多者隨數增加，男子兼作婦人、童稚量力分工，定爲課業，各務精勤。若糞治得法，沃灌以時，人力既到則地利自饒。雖遇灾不能損耗，用省而功倍，田少而收多。全家歲計指期可必，實救貧之捷法，備荒之要務也。

附《農政全書》按： 賈思勰曰： 區田以糞氣爲美，非必須良田也。諸山陵近邑高危傾阪及邱城上皆可爲區田。區田不耕旁地，庶盡地力。凡區種不先治地，便荒地爲之。以畝爲率，令一畝之地長十八丈，廣四丈八尺。當横分十八丈作十五町，町間分爲十四道以通人行，道廣一尺五寸。町皆廣一尺五寸，長四丈八尺。尺直横鑿町作溝，溝〔廣〕一尺，深亦一尺，積穰於溝間，相去亦一尺。嘗悉以一尺地積穰，不相受，令宏作二尺地以積穰。種禾黍於溝間，夾溝爲兩行，去溝兩邊各二寸半，中央相去五寸，旁行相去亦五寸。一溝容四十四株，一畝合萬五千七百五十株。種禾黍令上有一寸土，不可令過一寸，亦不可令減一寸。凡區種麥令相去二寸一行，一溝容五十二株，一畝凡四萬五千五百五十株。禾一斗有五萬一千餘粒，黍亦少此少許，大豆一斗一萬五千餘粒。區種荏令相去三尺，胡麻相去一尺。區種天旱常溉之，一畝常收百斛。上農夫區方深各六寸，間相去九寸，一畝三千七百區，一日作千區。區種粟二十粒，美糞一升，合土和之。畝用種二升。秋收，區則三升粟，畝收百斛。丁男長女治十畝，十畝收千石。歲食三十六石，支二十六年。中農夫區方九寸深六寸，相去二尺。一畝千二十七區，用種一升，收粟五十一石，一日作三百區。下農夫區方九 寸深六寸，相去二尺。一畝五百六十七區，用種六升，收二十八石，一日作二百區。諺曰：『頃不比畝善』，謂多惡不如少善也。區中草生芟之，區間以劚剗之。若以鋤鋤苗長不能耘之者，以剗鐮比地刈其草薉。

徐光啟曰：區收一斗，畝六十六石。即區田一畝，可食二十許人。蓋古今斗斛絶異。《周禮》『食一豆肉，飲一豆酒』。中人之食也。孔明每食不過數升，而仲達以爲食少事煩。若如今斗則中人豈能頓盡！孔明數升已自不少，而廉頗五斗得無太多。計如今之畝，若斗則每畝可收數石，可食兩人以下耳。見文學張宏言，有糞壅法即今常種稻田，亦可得穀畝二十許斛也。近年中州撫院督民鑿井灌田，竊意遠水之地自應種旱穀，若鑿井以爲水田，此令民終歲惛惛也。若云救旱穀，則災天燥土，一井所灌，其潤幾何。必須教民爲區田，家各二三畝以上。一家糞肥，多在其中，遇旱則汲井溉之。此外田畝聽人自種旱穀，則豐年可以兩全。即遇大旱而區田所得亦足免於饑窘，比於廣種無收效相遠矣。

王爾緝《區田法》謂：區田之法，真貧家濟荒之勝策。但如隔區間種，不但中道難行，亦且耘鋤水灌皆費周折。不如視地濶狹，於中畫路，以一尺五寸通畛爲度。而畫一種禾之溝，亦以通畛一尺五寸爲度。區規深則一尺，用熟糞一升。照數均入，以手按實，視其可灌則按時渥灌之，爲工省而法捷也。至若一區能收穀一斗，一畝能六十石及三十石之説，則亦恐不然。昔余當庚子辛丑大旱時，亦曾力務爲此。雖人事未至精到，要之工力頗勤，亦只可畝五六石而止。彼畝收六十石、三十石之説，或古人誘人力務區種之旨乎！然如大旱之歲，鄰田赤地千里，而區田一畝獨有六七石之穫。果若數口之家，能殫力務成二十畝區田，便可得全八口之家父母妻子之命，其收效不亦宏且厚耶！嗚呼！豐儉不常，是乃天道，家無素蓄之粟，抑且父母妻子之責，上下關於己身，即夫思患預防可無慮歟。

陸桴亭云：趙過代田之法，其簡易遠過區田。蓋區田之法必用鍬钁墾掘，有牛犂不能用其勞。一必擔水澆灌，有車戽不能用其勞。二且隔行種，行田去其半。於所種行内隔區種，區則半之。中又去其半，田且存四之一矣。而得粟欲數十倍於縵田，雖有良法，恐不及此。今欲以代田之法參區田之意，更斟酌今農治田之方而用之。凡未下種之初，先令民以牛犂治田甽。甽深一尺，廣二尺。長終其畝，畝間爲隴，隴廣一尺，積甽中之土於隴上。一畝之地濶十五步，步當六尺，十五步得九十尺，當爲甽隴三十道，畎之首爲衡溝，以通灌輸。夫甽隴分則牛犂用矣。衡溝通則車戽便矣。甽廣於隴則田無棄地矣。乃令民治糞，糞之法各以其土之所宜。及時播種，播種之法一如區田。先以水灌溝，使土少蘇，平其塊礧，乃徐播種，以手按實。蓋之以灰，而微潤之。苗出耘之，如法使其中爲四行，相去五寸，間可容鋤，生葉以上，乃漸耨隴草，壝土以附之。其應下壅及應閣水復水，俱依今農法治之，當必有驗。

卷三

辨種第三

周禮：稻人，掌稼下地。易氏註謂：稻宜於荆、揚，厥土塗泥，乃沮洳下濕之地。而職方氏謂：幽州之稼，宜三種。鄭氏註謂：黍、稷、稻，經無明文。鄭氏必目驗知之，是幽州之宜稻，從古然也。稻之品，有秔、有粳，有糯，有秈，其形則有長芒、短芒、長粒、短粒、圓頂、扁面，其色則分赤、白、紫、烏，其質則分堅、鬆、香否，其性則分温、凉、寒、熱。然種植之家，惟識播種之早晚，以無失時爲要。考直隸志乘，産稻之州縣，各載其土之所宜，兹詳録之，至各直省稻名見於志乘者，不下千百種，大約隨俗爲名，未暇録也。又宛平、涿州、房山之間，有種名御稻米者，色微紅而粒長，氣香而味腴，四月挿秧，六月可熟，土人甚珍之。後恭讀聖祖御製《幾暇格物編》，始知其種出於豐澤園之水田。《禮緯·含文嘉》云：神農就田作耨，天應以嘉穀。今睹兹稻，知《緯》言殆非虚也，敬録卷首以彰瑞應。又京東豐潤、玉田之間多種旱稻者，他處亦間種之，不資灌溉，而自成穎粒，得無宋占城稻之遺乎？然史傳云：占城稻始於宋真宗時，而賈思勰爲北魏人，所著《齊民要術》言種旱稻法甚詳，或北土本有此種，宋時燕雲十六州不在封内，故無由得之耳。他如二麥、蕎、秫、稗種，皆於近水爲宜，異時營成水田，則此數種皆可滋旁潤，而佐民食，故並附篇末云。聖祖御製《幾暇格物編》：豐澤園中，有水田數道，布玉田穀種，歲至九月，始刈穫登場。一日循行阡陌，時方六月下旬，穀穗方穎，忽見一科高出衆稻之上，實已堅好，因收藏其種，待來年驗其成熟之早否；明歲六月時，此種果先熟，從此生生不已，歲取千百，四十餘年以來内膳所進皆此米也。其米色微紅而粒長，氣香而味腴，以其生自苑田，故名御稻米。一歲兩種，亦能成兩熟。口外種稻，至白露以後數天不能成熟，惟此種可以白露前收割。故山莊稻田所收，每歲避暑用之，尚有贏餘，曾頒給其種與江浙督撫織造，令民間種之，聞兩省頗有此米，惜未廣也。南方氣暖，其熟必早於北地，當夏秋之交，麥禾不接，得此早稻，利民非小。若更一歲兩種，則畝有倍石之收，將來盖藏漸可充實矣。昔宋真宗聞占城有早熟稻，遣使由福建而往，以珍物易其禾種，給江淮兩浙，即今南方所謂黑穀米也。粒細而性硬，又結實甚稀，故種者絶少。今御稻不待遠求，生於禁苑，與古之雀銜天雨者無異。朕每飯時，嘗願與天下群黎共此嘉穀也。

直省志書：宛平縣物産稻，有糯、粳二種；香河縣物産粳稻、糯稻、水稻、旱稻；昌平州物産稻，處處有之，惟玉泉山、枹榆泉更佳，膳米於是需焉；房山縣土産稻，紅白二種，石窩稻色白粒大，米粒美盛，煮經三晝夜不餲； 遵化州物産稻，有東方稻、雙芒稻、虎皮稻之類，皆食米，糯稻有旱糯、白糯、黄糯，皆可釀酒，種者粳稻九、糯稻一，旱田九、水田一； 滿城縣土産稻，有黄鬚者，有烏鬚者，有秔稻，有旱稻，米微紅，又有糯稻； 淶水縣土産稻，種於水田者，惟石亭、新莊村有之，所出不多； 邢臺縣物産稻，有三種： 紅口、芒稻、糯稻。

《燕山叢録》： 房山縣有石窩稻，色白味香，美以爲飯，雖盛暑經數旬不餲。

《爾雅翼》： 稻，米粒如霜，性尤宜水。 故五穀外，別設稻人之官，掌稼下地。 漢世亦置稻田使者，以其均水利故也。古者之於穀菽與苴以食農，麥以接續至於食稻衣錦，則以爲生人之極樂，以稻味尤美故也。 稻一名稌，然有黏有不黏者，今人以黏者爲糯，不黏者爲秔，然在古則通得稻稌之名。《説文》曰： 稻，稌也。 沛國謂稻曰稬，秔稻屬，或作粳，是則直以稬爲稻耳。 若鄭康成註《周禮》： 稌，粳也。 則稻是粳，然要之二者皆稻也。 故汜勝之云： 三月種秔稻，四月種秫稻。《字林》云： 糯，黏稻也； 秔，稻不黏者。 今人亦皆以二穀爲稻，若詩書之文，自依所用而解之，如《論語》『食夫稻』，則稻是粳； 《月令》『秫稻必齊』，則稻是糯； 《周禮》『牛宜稌』，則稌是秔； 《豐年》『多黍多稌，爲酒爲醴』，則稌是糯； 又稻人之職，掌稼下地，至澤草所生，則種之芒種，是明稻有芒，有不芒者； 今之粳，則有芒，至糯則無，是通稱稌稻之明驗也。 又有一種曰秈，比於粳小而尤不黏，其種甚早，今人號秈爲早稻，粳爲晚稻。 又今江、浙間有稻粒稍細，耐水旱，而成實早，作飯差、硬，土人謂之占城稻，云始自占城國有此種，昔真宗知其耐旱，遣以珍寶求其種，始植於後苑，後在處播之。 按《國朝會要》： 大中祥符五年，遣使福建，取占城禾，分給江、淮、兩浙漕，并出種法，令擇民田之高者分給種之，則在前矣。

《農政全書》徐獻忠曰： 居山中，往往旱荒，乞得旱稻種。 往時，宋真宗因兩浙旱荒，命於福建取占城稻三萬斛散之，仍以種法下轉運司示民，即今之旱稻也。 初止散於兩浙，今北方高仰處類有之者，因宋時有江翱者，建安人，爲汝州魯山令，邑多苦旱，乃從建安取旱稻種，耐旱而繁實，且可久蓄，高原種之，歲歲足食。 種法大率如種麥，治地畢，豫浸一宿，然後打潭下子，用稻草灰和水澆之，每鋤草一次，澆糞水一次，至於三即秀矣。

《天工開物》： 五穀獨遺稻者，以著書聖賢起自西北也。 今天下育人民者，稻居什七。 凡稻種最多不黏者，禾曰秔，米曰粳； 黏者，禾曰稌，米曰糯。南方無黏黍，酒皆糯米所爲。 質本粳而晚收、帶黏，俗名婺源光之類。 不可爲酒； 只可爲粥者，又一種性也。

又香稻一種，取其芳氣，以供貴人，收實甚少，滋益全無，不足尚也。

附蜀秫，《齊民要術》種粱秫法曰：　種秫，欲薄地而稀，一畝用子三升半，種與植稷同時。燥濕之宜、杷勞之法，一同稷苗，收刈欲晚。

徐光啟《農政全書》曰：　蜀秫，古無有也，後世或從他方得之。其黏者近秫，故借名爲秫，今人但指此爲秫而不知有粱秫之秫，誤矣。別有一種玉米，或稱玉麥，或稱玉蜀秫，盖亦從他方得種，其曰米、麥、蜀、秫，皆借名之也。又曰：　北方地不宜麥禾者，乃種此，尤宜下地。立秋後五日，雖水潦至一丈深不能壞之；　但立秋前水至即壞。故北土築隄二三尺，以禦暴水，但求隄防數日，即客水大至，亦無害也。

附稗，徐光啟《農政全書》曰：　稗有多種，水曰稗，旱曰稊，水旱皆有植有穇。

又稗多收，能水旱，可救儉。孟子言：　五穀不熟不如荑稗，淮南所謂『小利』者皆以此。且稗稈一畝，可當稻稈二畝，其價亦當米一石，宜擇佳種，於下田藝之，歲歲無絶。倘遇災年，便得廣植，勝於流移捃拾，不其遠矣。

又曰：　下田種稗，遇水澇不滅頂不壞，滅頂不踰時不壞。春種者先秋而熟，可不及於澇，或夏澇及秋而水退，或夏旱秋初得雨速種之，秋末亦收，故宜歲歲留種待焉。《氾勝之書》曰：　稗既堪水旱，種無不熟之時，又特滋茂盛，易生蕪穢，良田畝得二三十斛，宜種之備凶年。稗中有米，熟擣取米炊食之，不減粟米，又可釀作酒。

徐光啟《農政全書》曰：　北土最下地極苦澇，土人多種蜀秫，數歲而一收，因之困敝。余教之多藝麥，當不懼澇，澇必於伏秋間，弗及麥也。澇後能疏水，及秋而涸，則藝秋麥；　不能疏水，及冬而涸，則藝春麥；　近河近海可引潮者，即旱後又引秋潮灌之，令沙淤地澤，亦隨時藝春秋麥，此法可令十歲九稔。若收麥後隨意種雜糧，則聽命於水旱可也。凡春麥皆宜雜旱稗耩之，刈麥後長稗，即歲再熟矣。稗既能水旱，又下地，不遇異常客水必收，亦十歲可致七八稔也。

徐藏器曰：　稗有二種，一種黄白色，一種紫黑色。紫黑色者，似芑有毛，北人呼爲烏禾。

徐光啟曰：　稗子有二種，水稗生水田邊；　旱稗生田野中。今處處有之，苗葉似䅟子，葉色深緑，脚葉頗帶紫色，結子如黍粒大、茶褐色，味微苦，性微温。

耕墾第四

《逸周書》曰：　若農之服田，務耕而不耨，維草其宅之；　既秋而不穫，維禽其饗之。是耕者農之首事也。吕氏論耕道詳矣，曰：　凡耕之大方，力者欲柔，柔者欲力；息者欲勞，勞者欲息；　棘者欲肥，肥者欲棘；　棘，羸弱也。急者欲緩，緩者欲急；　濕者欲燥，燥者欲濕。然秦多高亢之地，所論蓋陸耕也。若水耕火耨，則亦有專門之論，如《周禮》謂：　稻人，以涉揚其芟而作田。黄氏謂：　草芟著土則復生，故以涉揚之。涉，農器，度如今之耙也。又田稼澤，以殄草，而芟夷之。註謂：夏六月之時，以水絶草之後生者，至秋水涸芟之，明年乃稼。此與《月令》所云燒、薙、行水，利以殺草，如以熱湯，同一[一]糞田疇而美土疆耳。氾勝之、賈思勰之論，大率不出此。陳旉、王禎之徒，又祖述氾、賈之説，然其論山隰原野之寒暖、平耕深浸之分刌，皆藝秔稻者所不可不知也，故詳採其説。又創開荒地，謂之墾新，開地内草根既死，種植嘉穀，所收常倍於熟田。蓋閒曠既久，地力有餘，苗稼盈茂，子粒蕃息也。諺曰：『坐賈行商，不如開荒』。若得近沮洳之地，合力墾治，其所穫不更當倍蓰耶！並附其法於後，殆不啻饋貧之糧歟。

《氾勝之書》：種稻，春凍解，耕反其土。

《農桑輯要》：治秧田，須殘年開墾，待冰凍過則土脈酥，來春易平，且不生草。

《天工開物》：凡稻田宜本秋耕墾，使宿藁化爛，敵糞力一倍。一耕之後，勤者再耕、三耕，然後施耙，則土質匀碎，而其中膏脉釋化也。凡人[二]力窮者，兩人以扛懸耜，項背相望而起土，兩人竟日，敵一牛之力。若耕後牛窮，製成磨耙，兩人肩手磨軋，一日敵三牛之力。

《田家五行》：種稻，須犁耙三四遍。

陳旉《農書》：山川原隰多寒，經冬深耕，放水乾涸，雪霜凍沍，土壤蘇碎。當始春，又遍布朽薙、腐草、敗葉，以燒治之，則土暖而苗易發作，寒泉雖冽不能害也。若不能然，則寒泉常浸，土脉冷而苗稼薄矣。《詩》稱：有冽氿泉，無浸穫薪；冽彼下泉，浸彼苞稂。蓋謂是也。平陂易野，平耕而深浸，即草不生，而水亦積肥矣。俚語有之曰：『春濁不如冬清』，殆謂是也。

《農桑通訣》：南方水田泥耕，其田高下濶狹不等，以一犁用一牛挽之，作止回旋，惟人所便。《註》：高田早熟，八月燥耕而熯之，以種二麥。其法，起墢爲疄，兩疄之間自成一甽；一段耕畢，以鋤横截其疄，洩利其水，謂之腰溝；二麥既收，然後平溝甽，蓄水深耕，俗謂之再熟田也；下田熟晚，十月收刈既畢，即乘天晴無水而耕之，節其水之淺深，常令塊墢半出水面，日暴雪凍，土乃蘇[三]碎，仲春土膏脉起即再耕治。又有一等水田，泥淖極深，能陷牛畜，則以禾扛横亘田中，人立其上而鋤之。南方人畜耐暑，其耕四時皆以中晝。

馬一龍《農説》：鎡錤寸隙，不立一毛。《註》：鎡錤寸隙，墾之不遍也。雖有餘徑寸，他日禾根適當之，則詰屈不入，葉雖叢生，亦必以漸消盡俗云『縮科』是已。故

[一] 同一　《禮記》爲『可以』。
[二] 人　《天工開物》爲『牛』。
[三] 蘇　《王禎農書》爲『酥』。

犁鋤者，必使翻抄數過，田無不毛〔一〕之土，則土無不毛之病。

馬一龍《農説》：亢而過洩者，水奪；歛而固結者，火攻。《註》：何爲亢？如既穫之後，犁土在田，冬春二時，皆無雨雪，太陽燥烈，破塊之間盡爲枯體，陰不外周，陽不内蓄，氣過洩矣；以水奪之，藉其潤澤之液，奪其過洩之陽，包含融結，以成發生之功。何爲歛？失於鋤墾蕪翳，蔽其天陽，污濁淫於膚理，陰沍久而不開，生氣塞而不達，氣固結矣；以火攻之，假其焚燎之力，攻其固結之陰，疏導蒸騰，以宣發鬱之氣。

馬一龍《農説》註：農家栽禾，啟土九寸爲深、三寸爲淺，膏瘠熟荒，此皆易知。至如地之高下，有氣脉所行而生氣鍾其下者，有氣脉所不鍾而假天陽以爲生氣者。故原之下多土骨，而濕之下皆積泥。啟原宜深，啟隰宜淺，深以接其生氣，淺以就其天陽。

《氾勝之書》：春地氣通，可耕堅硬强地黑壚土，輒平摩其塊以生草；草生復耕之，天有小雨，復耕和之，勿令有塊，以待時，所謂强土而弱之也。春候地氣始通，椓橛木，長尺二寸，埋尺見其二寸；立春後，土塊散，上没橛陳根可拔，此時二十日以後，和氣去，即土剛，以此時耕，一而當四；和氣去耕，四不當一。杏始華榮，輒耕輕土弱土，望杏花落復耕，耕輒藺之，草生，有雨澤耕重藺之。土甚輕者，以牛羊踐之，如此則土强，此謂弱土而强之也。春氣未通，則土歷適不保澤，終歲不宜稼，非糞不解，慎無旱耕，須草生，至可種時有雨即種，土相親，苗獨生，草穢爛，皆成良田，此一耕而當五也。不如此而旱耕，塊硬，苗穢同孔出，不可鋤治，反爲敗田。秋無雨而耕，絶土氣，土堅垎，名曰脂田。及盛冬耕，泄陰氣，土枯燥，名曰脯田。脯田與脂田皆傷田，二歲不起稼，則一歲休之。凡愛〔二〕田，常以五月耕，六月再耕，七月勿耕，謹摩平以待種時。五月耕，一當三；六月耕，一當再；若七月耕，五不當一。冬雨雪止，輒以藺之，掩地雪，勿使從風飛去；後雪復藺之，則立春保澤，凍蟲死，來年宜稼，得時之和，適地之宜，田雖薄惡，收可畝十石。

《四民月令》：正月，地氣上騰，土長冒橛，陳根可拔，急菑强土黑壚之田。二月，陰凍畢釋，可菑美田緩土及河渚水處。三月，杏華勝〔三〕，可菑沙白輕土之田。五月、六月，可菑麥田。

《齊民要術》：凡開荒山澤田，皆七月芟艾之。草乾即放火，至春而開墾。其林木大者，劉殺之；葉死不扇，便任耕種。三歲，根枯莖朽，以火燒之。耕荒畢，以鐵齒

〔一〕毛　《農説》爲『耕』。
〔二〕愛　《氾勝之書》爲『麥』。
〔三〕勝　《齊民要術》爲『盛』。

鍋錂再遍耙之，漫擲黍穄，勞亦再徧，明年乃中〔一〕爲穀田。

又凡耕高下田，不問春秋，必須燥濕得所爲佳；若水旱不調，寧燥無濕。燥雖耕塊，一經得雨，地則粉解。濕耕堅垎𡎏洛〔二〕，數年不佳。諺曰：『濕耕澤鋤，不如歸去』。言無益而有損。濕耕者，白背速鍋錂之，亦無傷，否則大惡也。

又凡秋耕欲深，春夏欲淺，犁欲廉，犁廉耕細，牛復不疲。秋耕，䅖青者爲上。比至冬月，青草復生者，其美與小豆同也。初耕欲深，轉地欲淺。耕不深，地不熟；轉不淺，動生土也。菅茅之地，宜縱牛羊踐之，踐則根浮。七月耕之則死。非七月復生矣。

《農桑通訣》：耕地之法，未耕曰生，已耕曰熟；初耕曰㙍，再耕曰轉。生者欲深而猛，熟者欲淺而廉，此其略也。北方農俗所傳，春宜早晚耕，夏宜兼夜耕，秋宜日高耕。中原地皆平曠，旱田陸地，一犁必用兩牛三牛或四牛，以一人執之，量牛强弱，耕地多少。

又墾耕者，其農功之第一義歟？墾除荒也，耕犁也。凡墾闢荒地，春曰燎荒，如平原草萊深者，至春燒荒，趁地氣通潤，草芽欲發，根荄柔脆，易爲開墾。夏曰䅖青，夏日草茂時開，謂之䅖青，可當草糞。但根鬚壯密，須藉强牛乃可，蓋莫若春爲上。秋曰芟夷，其次，秋暮，草木叢密，先用鐙刀偏地，芟倒暴乾，放火，至春而開墾，乃省力。如泊下蘆葦地內，必用劚刀引之，犁鑱隨耕起撥特易，牛乃省力。沾〔三〕山或老荒地內，科本〔四〕多者，必須用钁劚去餘有不盡根科，俗謂之埋頭耕也。當使熟鐵煅成鑱尖，套於退舊生鐵鑱上。縱遇根株，不至擘缺妨誤工力；或地段廣潤，不可偏劚，則就斫枝莖覆於本根上，候乾焚之，其根即死而易朽。又有經暑雨後，用牛曳碌碡或輥子之〔五〕所斫根查上，和泥碾之，乾即掙死，一二歲後皆可耕種。

又大凡開荒必趁雨後，又要調停犁道淺深麤細，淺則務盡草根，深則不至塞墢，麤則貪生費力，細則貪熟少功，惟得中則可。

附耕墾器具

鏟，犁耳也。其形不一，耕水田，曰瓦繳、曰高脚；耕陸田，曰鏡面、曰碗口，隨地所宜制也。

剗，剗土除草，故名。《周禮註》謂：以耜側〔六〕凍土而剗之，是也。刃如鋤而潤，上有深袴，插於犁底所置鑱處，具〔七〕犁輕小，用一牛，或人輓行。北方幽、冀等處，遇有下地，經冬水涸，至春首浮凍稍甦，乃用此器剗土而耕，草根既斷，土脉亦通，俗亦名鎊。

長鑱，踏田器也。鑱比犁，鑱頗狹，制爲長柄，謂之長鑱。杜工部《同谷歌》曰：『長鑱長鑱白木柄』，即謂此

〔一〕中　《王禎農書》爲『種』。

〔二〕此處脱一『反』字，『𡎏洛反』是用来給『垎』字註音。

〔三〕沾　《王禎農書》爲『沿』。

〔四〕科本　《王禎農書》爲『樹木』。

〔五〕之　《王禎農書》爲『於』。

〔六〕側　《王禎農書》爲『測』。

〔七〕具　《王禎農書》爲『其』。

也。柄長三尺餘，後偃而曲，上有横木如拐，以兩手按之，用足踏其鑱柄後跟，其鋒入土，乃捩柄以起土墢也。在園圃區田，皆可代耕，比於钁斸省力，得土又多，古謂之蹠鏵，今謂之踏犁，亦耒耜之遺制也。

钁，斸田器也。《爾雅》謂之『鐯斫』，又云『魯斫』。蓋農家開闢地土，用以斸荒。凡田園山野之間用之者，又有濶狹大小之分，然總名曰钁。

劚刀，闢荒刀也。其制如短鐮，而背則加厚。嘗見開墾蘆葦蒿萊荒等[一]地，根株駢密，雖强牛利器，鮮不困敗，故於耕犁之前，先用一牛引曳小犁，仍置刃裂地，闢及一壠，然後犁鑱隨過，覆墢截然，省力過半。又有於本犁轅首裏邊，就置此刃，比之别用人、畜，尤省便也。

耖，疏通田泥器也。高可三尺許，廣可四尺，上有横柄，下有列齒，以兩手按之，前用畜力輓行，一耖用一人一牛；有作連耖，二人二牛，特用於大田見功，又速耕耙而後用此，泥壤始熟矣。

礰礋，又作磟碡。字皆從石，恐本用石也。然北方多以石，南人用木，蓋水陸異用，亦各從其宜也。其制長可三尺，大小不等，或木或石，刊木括之，中受簨軸，以利旋轉。又有不觚稜混而圓者，謂混軸。俱用畜力輓行，以人牽傍，輾打田疇，土塊易爲破爛，及輾桿𡏖圃間，麥禾即脱浮[二]穗，水陸通用之。

礰礋，又作礰礋，與磟碡之制同，但外有列齒，獨用於水田，破塊滓溷泥塗也。

拖車，即拖脚車也。以脚木二莖，長可四尺，前頭微昂，上立四簨，以横木括之，濶約三尺，高及二尺，用載農具及芻種等物，以往耕所。有就上覆草爲舍，取蔽風雨。耕牛輓行，以代輪也。

田盪，均田器也。用叉木作柄，長六尺，前貫横木五尺許，田方耕耙，尚未匀熟，須用此器，平著其上盪之，使水土相和，凹凸各平，則易爲秧蒔。《農書·種植篇》云：凡水田渥漉精熟，然後踏糞入泥，盪平田面，乃可撒種。此亦盪之用也。夫田盪與耘盪之盪，字同音異，所用亦各不類，因辯及之。

刮板，剗土具也。用木板一葉，濶二尺許，長則倍之，或煆鐵爲舌，板後釘木直二莖，高出板上，概以横柄，板之兩傍係一[三]鐵環，以環拽索，兩手推按，或人或畜輓行，以剗壅脚土。凡修閘壩，起隄防，填汙坎，積邱垤，均土壤，治畦埂，疊𡏖圃，聚子粒，擁糠粃，除瓦礫，俱可用，然農家之事居多也。

平板，平摩種秧泥田器也。用滑面木板，長廣相稱，上置兩耳，繫索連軛，駕牛或人拖之，摩田須平，方可受

[一] 荒等　應爲『等荒』。
[二] 浮　《王禎農書》爲『稃』。
[三] 一　《王禎農書》爲『二』。

種。即得放水浸漬勻停，秧出必齊。田家或仰坐凳代之，終非本器。

卷四

樹藝第五

農人耕地，既勻熟，始行分隴，布種耘治，以待收穫。惟稻則擇取陂池之地，密布叢生，待苗長七八寸，始取而分栽於畦，名曰插秧，此南北種稻之通法。然考《齊民要術·種稻篇》謂：漬種三宿，生芽長二分，即擲於田。苗長七八寸，一再薅草、決水、曝根，霜降穫之，無秧之説也。又云：北土高原，本無陂澤，隨逐隈曲而田者，納種後，生苗七八寸，始拔而栽之。似南方種稻不用秧，惟北方始用者。豈古今種植之法不同耶？按：種稻之田，未放水以前，或種麥或種蔬及藍，迨四五月收刈，始行播種則遲，故栽秧之法即所以廣地力也。今北方迫近淀泊、水潦易及之地，八九月水退，則種秋麥；或春初始涸，即種春麥。如須遲至四五月間，則種藝太晚。土人多以葛秫叢種於高阜之地，俟水尚餘二三寸時，即拔而分種之，一如插秧。然水浸數日，脚葉頗黄萎，迨水涸土乾，併力鋤治，浡然而興，與高原二三月種者同時收，其豐穰或有過焉。始知後人心思巧密，真有過於前人者，而究不過即前人之法推行盡利耳！又前考田制，因水爲田之法略備矣，而平山、井陘諸縣，滹沱經過之地，水濁泥肥，居人置石堰捍禦，隨勢疏引，布石留淤，即於山麓成田。淤泥積久，則田高水不能上，復種葛秫以疏之，俾土平而水可上，水旱互易，獲利甚饒，此亦歷來農書之不載者。余既詳考種蒔水旱稻之法，因附記葛秫秧種，並及留淤成田之術，非廣異聞，藉資實用云爾。

《汜勝之書》：種稻區不欲大，大則水深淺不適。冬至後一百一十日可種稻，稻地美，用種畝四升。

《四民月令》：三月可種稉稻，美田欲稀，薄田欲稠。五月可別種及藍，盡夏至後二十日止。

《齊民要術》：稻無所緣，惟歲易爲良。選地，欲近上流。地無良薄，水清則稻美也。三月種者爲上時，四月上旬爲中時，中旬爲下時。先放水，十日後曳轆軸十徧。徧數惟多爲良。地既熟，净淘種子，浮者不去，秋則生稗。漬經三宿，漉出納草篅市專反，判竹圜以盛穀。裛之。復經三宿，芽長二分，一畝三升，擲三日之中，令人驅鳥。稻苗長七八寸，陳草復起，以鎌侵水芟之，草悉膿死。稻苗漸長，復須薅，拔草曰薅，虎高反。薅訖，決去水曝根令堅，量時水旱而溉之。將熟又去水，霜降穫之。早刈，米青而不堅；晚刈，零落而損收。北土高原本無陂澤，隨逐隈曲而田者，二月冰解地乾，燒而耕之，仍即下水，十日塊既散液，持木斫平之。納種如前法，既生七八寸，拔而栽之。既非歲易，草稗俱生，芟亦不死，故須栽而蒔之。溉灌、收刈，一如前法。畦畤音劣，隄崖也。大小無定，須量地宜，取水均而已。藏稻必須用篅。既爲水穀，窖埋得地氣，則爛敗也。

馬一龍《農説》註：栽苗者，先以一指搪泥，然後以二指嵌苗置其中，則苗根順而不逆。縱横之列整，則易於耘盪。疎密各因其地之肥瘠爲儔，疏者每畝約七千二百科，密則數踰于萬。

陳旉《農書》：纔撒種子，忽暴風，却急放乾水，免風浪淘薄〔一〕，聚却穀也。忽大雨，必稍增水，爲暴雨漂颭，浮起穀根也。若晴，即淺水，從其晒暖也。然不可太淺，太淺即泥皮乾堅；不可太深，太深即浸没沁心而萎黄矣。惟淺深得宜乃善。

《農桑輯要》：秧田平後必曬乾，入水澄清，方可撒種，則種不陷土中，易出。落秧宜清，易拔；落散宜濁，易生根。

《農桑通訣》：作爲畦埂，耕耙既熟，放水匀停，擲種子於内，候苗生五六寸，拔而秧之，今江南皆用此法。

《農書》：南方水稻有三，曰秈、曰粳、曰稬。三者布種同時，每歲收種，取其熟好、堅栗、無秕、不雜穀子，曬乾蔀藏置高爽處，至清明節取出，以盆盎别貯，浸之三日漉出，納草篅中。晴則曝暖，浥以水，日三數；遇陰寒，則浥以温湯，候芽白齊透，然後下種。須先擇美田，耕治令熟，泥沃而水清，以既芽之穀漫撒，稀稠得所，秧生既長，小滿、芒種之間分而蒔之，旬日高下皆遍。

《農政全書》：今人用穀種，畝一斗以上，密種而少糞，難耘而薄收也。但插蒔早者，用種須少；插蒔遲者，用種宜稍多。過夏至者，用種不得不多。亦有小暑後插蒔，而用種如常，則先種麻、燈心、席草之屬，田底極肥故也。

《群芳譜》：旱稻，清明節前浸，用稻草包裹一斗或二三斗，投於池塘水内，缸内亦可。晝浸夜收，不用長流水，難得生芽。若未出，用草盦之，浸三四日，微見白芽如鍼尖大，取出於陰處陰乾，密撒田内，候八九日，如前微見白芽方可，種撒時必清〔二〕明，則苗易堅。

又插秧，芒種前後插之。旱稻于上旬。拔秧時，輕手拔出，就水洗根去泥，約八九十根作一束，却於犁熟水田内插栽，每四五根爲一叢，約離六七寸插一叢，脚不宜頻那，舒手插，六叢那一遍，逐漸插去，務要正直。

《天工開物》：凡播種，先以稻包浸數日，俟其生芽，撒于田中，生出寸許，其名曰秧。秧生三十日，即拔起分栽。若田畝逢旱乾，水溢不可插。秧過期，老而長節，即栽於畝中，生穀數粒結果而已。

又凡秧田，一畝所生秧，供移栽二十五畝。

又凡稻，旬日失水，即愁旱乾。夏種冬收之穀，必山

〔一〕薄　《陳旉農書》爲『蕩』。
〔二〕清　《廣群芳譜》爲『晴』。

間源水不絶之畞，其穀種亦耐久，其土脈亦寒，不催苗也。湖濱之田，待夏潦已過，六月方栽者，其秧立夏播種，撒藏高畞之上，以待時也。南方平原，田多一歲兩栽兩穫者，其再栽秧，俗名晚糥〔一〕，非粳類也。六月刈初禾，耕治老膏田，插再生秧。其秧清明時已偕早秧撒布，早秧一日無水即死，此秧歷四五六月，任從烈日暵乾，無憂。

又凡早稻種，秋初收藏，當午曬時，烈日火氣在内，入倉關閉太急，則其穀黏，帶暑氣。勤農之家，偏受此患。明年，田有糞肥，脉發燒，東南風助暖，則盡發炎火，大壞苗穗，若種穀晚凉入廩，或冬至數九天收貯雪水、氷水一甕，交春即不驗。清明濕種時，每石以數碗激灑，立解暑氣。

又凡稻撒種時，或水浮數寸，其穀未即沉下，驟發狂風堆積一隅。謹視風定而後撒，則沉勻成秧矣。

又凡穀種生秧後，防雀鳥聚食，立標飄揚鷹俑，則雀可毆矣。

《齊民要術》：旱稻用下田，白土勝黑土，非言下田勝高原，但不停水者，下得禾、豆、麥、稻四種，雖澇亦收。所謂彼此俱穫，不失地利故也。下田種者，用功多；高原種者，與禾同等也。凡下田停水處，燥則堅垎，胡格反，土乾也。濕則汙泥難治而荒，墝埆而殺種，其春耕者殺種尤甚。故宜五六月暵之，以擬大麥，麥時水澇，不得納種者，九月中復一轉，至春種稻，萬不失一。春耕者，十不收五，蓋誤人耳。凡種下田，不問秋夏，候水盡，地白背時速耕，把勞頻翻令熟。過燥則堅，過雨則泥，所以宜速耕也。二月半種稻爲上時，三月爲中時，四月初及半爲下時。漬種如法，裛令開口，耬耩稀種之，耩，故項反。稀，烏感反。稀種者，省種而生科，又勝擲者。即再徧勞。若歲寒旱種，慮時晚，即不漬種，恐芽焦也。其土黑堅彊之地，種未生前遇旱者，欲令牛羊及人踐履之。濕則不用一迹入也。稻既生，猶欲令人踐壟背，踐者，茂而多實也。苗長三寸，把勞而鋤之，鋤惟欲速，稻苗性弱，不能扇草，宜數鋤之。每經一雨，輒須把勞，苗高尺許則鋒。古農器。天雨無所作，宜冒雨薅之。科大如概者，五六月中，霖雨時，拔而栽之。栽法欲淺，令其根鬚四散，則滋茂；深而直下者，聚而不科。其苗長者，亦可拔去葉端數寸，勿傷其心也。入七月，不復任栽。七月，百草成，時晚故也。其高田種者，不求極良，惟湏廢地。過良則苗折，廢地則無草。亦秋耕，把勞令熟，至春黄塲納種，不宜下濕。餘法悉與下田同。

《農政全書》徐獻忠曰：旱稻種法，大率如種麥。治地畢，豫浸一宿，然後打潭下子。

又旱稻最湏水，宜用區種、畦種兩法。

《氾勝之書》：種傷濕鬱熱，則生蟲也。取麥種，候熟可穫，擇穗大强者斬，束立塲中之高燥處，曝使極燥。無令有白魚，有輒揚治之。取乾艾雜藏之，麥一石，艾一把，藏以瓦器、竹器，順時種之，則收常倍。取禾種，擇高大者斬一節下，把懸高燥處，苗則不敗。以下雜論五穀種。

〔一〕糥 《天工開物》爲『糯』。

又薄田不能糞者，以原蠶矢雜禾種種之，則禾不蟲。又取馬骨，剉一石，以水三石煑之，三沸漉去滓，以汁漬附子五枚，三四日去附子，以汁和蠶矢、羊矢各等分，撓令洞，洞如稠粥。先種二十日，時以溲種，如麥飯狀。當天旱燥時溲之，立乾，薄布數撓，令易乾，明日復溲，天陰雨則勿溲，六七溲而止。輒曝，謹藏勿令復濕。至可種時，以餘汁溲而種之，則禾稼不蝗蟲。無馬骨，亦可用雪汁。雪汁者，五穀之精也，使稼耐旱。常以冬藏雪汁，器盛埋于地中，治種如此，則收常倍。

《齊民要術》： 凡五穀種子，浥鬱則不生，生亦尋死。種雜者，禾則早晚不勻，春復減而難熟，特宜存意，不可徒然。粟、黍、穄、粱、秫，常歲歲別收，選好穗純色者，劁刈高懸之。徐光啟云：收種，特宜窖藏。晉人云：封函，多不生，謬也。至春治取別種，以擬明年種子。耬構秫種一斗，可種一畝，量其家田所須種子多少，種之。其別種種子，嘗須加鋤。鋤多則無秕也。先治而別埋，先治塲净不雜，窖埋又勝器盛。還以所治蘘草蔽窖。徐光啟云：窖埋爲佳者，土中恒受生氣故。將種前二十許日，開出水淘，浮秕去，則無莠。即曬令燥，種之。《氾勝之書》曰： 牽馬，令就穀堆食數口，以馬踐過，爲種無虸籌蚄蟲也。

又看地納粟，先種黑地，微帶下地，即種糙種，然後種高壤白地。其白地，候寒食後，榆莢盛時納種，以次種大豆、油麻等。田候昏房心中，下黍種。

《陳旉農書》： 節細糞和種子，打壟撮放，惟疎爲妙。燒土糞以糞之，霜雪不能凋。雜以石灰，蟲不能蝕，更能以鰻鱺魚頭骨煮汁浸種，尤善。

又凡種植，先看其年氣候早晚寒暖之宜，乃下種，即萬不失一。若氣候尚有寒，當從容熟治苗田，以待其暖，則無窘迫滅裂之患。多見今人纔暖便下種，忽爲暴寒，所折失者十常三四。

《農桑通訣》： 凡下種之法，有漫種、耬種、瓠種、區種之別。漫種者，用斗盛穀種，挾左腋間，右手料取而撒之，隨撒隨行，約行三步許，即再料取，務要布種均勻，則苗生稀稠得所，秦晉之間皆用此法。南方惟種大麥，則點種； 其餘粟、豆、麻、小麥之類，亦用漫種。北方多用耬種，其法甚備。《齊民要術》云： 凡種，欲牛遲緩行，種入令促步，以足躡隴底，欲土實，種易生也。今人製造砘車，隨耬種子後，循隴碾過，使根土相著，功力甚速而當。瓠種者，竅瓠貯種，隨行隨種，務使均勻。犁隨掩過，覆土既深，雖暴雨不至搥撻； 暑夏最爲耐旱，且便於撮鋤。今燕趙間，多用之。區種之法，凡山陵近邑、高危傾坂及邱城上，皆可爲區田，糞種水澆，備旱灾也。

《農政全書》： 凡種子，皆宜淘去浮者。穀浮者，秕果浮者，油也。

馬一龍《農説》註： 收種者，當于冬至之後，熟治高土，散布其上，覆以疏草，障蔽鳥雀； 壅以畚灰，滋潤燥枯。至清明時，沃之使芽，除草濩糞，頻助其長，此第一義也。其次草裹美種，懸之風簷；　季春之始，置諸深汪，勿令近泥。半月氣足，布地而芽，此雖不傷已落第二義矣。但世俗浸種晝沉夜眼，濩釀鬱蒸，逼之使速，胎中受病，拔不可去，長芽嫩脆，抛撒下田，趺撲近損，種種不免。

附樹藝器具

種篿，盛種竹器也。其量可用數斗，形如圓甕，上有篭口，農家用貯穀種，度之風處，不致鬱浥。《齊民要術》云：　藏稻必用篿，蓋稻乃水穀，宜風燥之；　種時就浸水内，又其便也。徐光啓云：　草篅，判竹圜以盛穀。

輥軸，碾草木軸也。其軸木徑可三四寸，長約四五尺，兩端俱作轉簨挽索，用牛拽之。江、淮之間，漫種稻田，草禾並出，用此軸輾，使草禾俱入泥内，再宿之後，禾乃復出，草則不起。又嘗見一方稻田，不解插秧，惟務撒種，却於軸間交穿板木，謂之雁翅，狀如礰碌而小，以輆打水土成泥，就碾草禾如前。江南地下，易於得泥，故用輥軸。北方塗田頗少，放水之後，欲得成泥，故用雁翅輆打，此各隨地之所宜用也。

秧彈，秧壟以篾爲彈，彈猶弦也。世呼船牽曰彈，字義俱同。蓋江鄉櫃田，内平而廣，農人蒔秧，漫無準則，故制此長篾，掣于田之兩際，其直如弦，循此布秧，了無欹斜，猶梓匠之繩墨也。

秧馬，蘇軾《詩・序》云：　予昔游武昌，見農夫皆騎秧馬。以榆棗爲腹，欲其滑；　以楸梧爲背，欲其輕。腹如小舟，昂其首尾；　背如覆瓦，以便兩髀雀躍於泥中。繫束稿其首，以縛秧，日行千畦，較之傴僂而作者，勞佚相絶矣。《史記》：　禹乘四載，泥行乘橇。解者曰：　橇，形如箕，擿行泥上。豈秧馬之類乎？

橇，泥行具也。《史記》：　禹乘四載，泥行乘橇。孟康曰：　橇形如箕，擿行泥上。嘗聞向時河水退灘淤地，農人欲就泥裂，漫撒麥種，奈泥深恐没，故制木板爲履，前頭及兩邊皆起如箕，中綴毛繩，前後繫足，底板既潤，則舉步不陷。今海陵人以行及刈過葦泊中皆用之。

耘耔第六

耕而不耨，草其宅之，耘耔者農家之要事也。《詩・載芟》之篇云：　驛驛其苗，綿綿其麃。《註》：　麃，耘也。王安石謂：　既苗而耘，以綿綿爲善，恐傷苗也。管子云：　先芸耨以待時雨，時雨既至，挾其槍刈耨鎛，以旦暮從事於田壄，税衣就工，别苗莠，列疎遬，首戴苧蒲，身服襏襫，沾體塗足，暴其髮膚，盡其四支之力，以疾從事於田野。《吕氏春秋》謂：　苗，其弱也欲孤，長也欲相與居，其熟也欲相扶；　是故三以爲族，乃多粟，大抵皆言陸種之耘也。惟《齊民要術》及《陳旉農書》始有專言耘稻者，去稗草，疏苗根，活積水，然後無蘺稗雜生之患，及滯水鬱蒸，而出蟊賊螟螣之蟲。聖祖仁皇帝欽頒《耕織圖》，耕之節次，有一耘、再耘、三耘之分，不厭其詳，誠重之也。今既採輯諸家耘稻之説，而復以通論耘耔諸説附之。莊子云：芸而滅裂之，其實亦滅裂而報予，服田者其戒之哉。

《淮南子》：蘺先稻熟，而農夫薅之者，不以小利害大穫也。註：蘺，水稗。

《齊民要術》：水稻，苗長七八寸，陳草復起，以鎌浸水芟之，草悉膿死。稻苗漸長，復須薅。

又旱稻，苗長三寸，耙勞而鋤之，鋤惟欲速。稻苗性弱，不能扇草，故宜速鋤之。苗高尺許，則鋒大雨無所作，宜冒雨薅之。

《陳旉農書》：耘田之法，必先審度形勢，自下及上，旋乾旋耘，先於最上處收滀水，勿令水走，然後自下旋放，令乾而旋耘，不問草之有無，必先以手排攏，務令稻根之旁，液液然而後已。次第從下放上耘之，即無鹵莽滅裂之病，草死土肥，水不走失。今見農者不先自上滀水，頓然放令乾了，及工夫不逮，泥乾堅難耘攏，則必率略，水已走失。不幸無雨，遂至旱枯，無所措手，如是失者，十常八九。

馬一龍《農説》：直木而耒，橫木而耜，編木而齒，曲木末而鏟，鑿首而鋤，繼之以掇，終之以塗。《註》：今之耒而耕者，有大畊、小畊，開挑罨掄，大抵勤與惰之殊也。翻抄遍過之説，已見於前，其耙者亦多不求細熟平整，粗塊臃泥，凸則暴日先燥，窪則注水過深，是以一塸之間禾之豐悴頓異。且又妙在旋抄旋耙，旋耙旋蒔，則燥濕和均，渾水澄泥，聚於根坎，有壅培之力也。移苗新土，黃色轉青，乃用搗盪，搗盪雖以去草，實以固苗。蓋田之浮泥，易行橫根，而下之實土，難入頂本，頂本入土不深，橫根布於泥面，則得土之生氣不厚，枝葉雖繁，抽心不茂矣。搗欲斷其泥面，橫根使其頂根入土，深受積厚多生之氣，其後抽心始高，而結穗長碩也。鏟、鋤皆削草器，掇以手拾去餘草，塗以泥壅蔽田皮，既掇則洩去多水，留少水在田，夾泥爲塗，塗時以手捻去禾心宿水，候田有燥裂，即上水灌之。禾心宿水既去，燥時免其濕釀，漬入新水，又助潤滋清氣矣。

《農桑通訣》：苗高七八寸，則耘之。苗既長茂，復事薅拔，以去稂莠。

《群芳譜》：稻初發時，用搨耙於稞行中搨去稗草，易耘；搜鬆稻根，則易旺；搨後用水，耘去草盡凈。

《陳旉農書》：耘除之草，和泥渥漉深埋禾苗根下，漚罨既久，則草腐爛而泥土肥美，嘉穀蕃茂矣。

《農桑通訣》：大抵耘治水田，須用芸爪，荆揚厥土塗泥，農家皆用此法。又有足耘，爲木杖如拐子，兩手倚之以用力，以趾塌撥泥上草薉，擁之苗根之下，則泥沃而苗興，其功與芸爪大類，亦各從其便也。徐光啟曰：不如手耘之細。今創有一器曰耘盪，以代手足，工過數倍，宜普效之。徐光啟曰：芸、盪是二事，俱不可已。

又鋤後復有薅拔之法，稂莠蕢稗雜其稼出，鋤後莖葉漸長，便可分別，非薅不可。徐光啟曰：薅即芸也。故有薅鼓、薅馬之説。北方村落之間，多結爲鋤社，十家爲率，先鋤一家之田，本家供其飲食，其餘次之，旬日之間各家田皆鋤治，自相率領，樂事趨功，無有偷惰；間有患病之家，共力助之。故田無荒穢，歲皆豐熟。秋成之後，豚蹄盂酒，遞相犒勞，名爲鋤社，甚可效也。以下雜論耘。

《吕氏春秋》：凡禾之患，不俱生而俱死，是故先生者美米，後生者爲粃；是故其槈也，長其兄而去其弟，樹肥無使扶疎，樹墝不欲專生而族居，肥而扶疎則多粃，根扇迫也。墝而專居則多死。不能自蔭潤其根，故多枯死。不知稼者，其槈也去其兄而養其弟，不收其粟而收其粃，上下不安則禾多死。

《齊民要術》：鋤槈以時。諺云：『鋤頭三寸澤。』古人云：『耕鋤不以水旱息功，必獲豐年之收。』

又凡五穀，惟小鋤爲良。小鋤者，非直省功，穀亦倍勝。大鋤者，草根繁茂，用功多而收益少。良田率一尺留一科，諺云：『迴車倒馬，擲衣不下，皆十石收。』言大稀大概之收，皆均平也。薄田尋壠躡之。不耕故。苗出隴，則深鋤，鋤不厭數，周而復始，勿以無草而暫停。鋤者，非止除草，乃地熟而穀多，糠薄米息。鋤得十遍，便得入米也。春鋤起地，夏爲鋤草，故春鋤不用觸溼，六月以後，雖溼亦無嫌。春苗既淺，陰未覆地，溼鋤則地堅。夏苗陰厚，地不見日，故雖濕亦無害也。

馬一龍《農説》：壯須求其固本。註：固本者，要令其根深入土中，法在禾苗初旺之時，斷去浮面絲根，略燥根下土皮，俾其根直生向下，則根深而氣壯，可以任其土力之發生。

《農桑通訣》：稂莠不除，則禾稼不茂，種苗者不可無鋤芸之功也。《説文》云：鋤，助也，以助苗也。凡穀須鋤，乃可滋茂。第一次撮苗，曰鏃；第二次平壠，曰布；第三次培根，曰擁；第四次添功，曰復。一次不至，則稂莠之害、秕稗之雜入之矣。諺云：『穀鋤八遍餓殺狗。』爲無糠也。其穀畝得十石，斗得八米，此鋤多之效也。其所用之器，自撮苗後，可用以代耰者，名曰耬鋤，其功過鋤功數倍，所辦之田日不啻二十畝；或用劐子，其制頗同。如耬鋤過，苗間有小豁眼不到處及隴間草薉未除者，亦須用鋤理撥一遍爲佳。別有一器，曰鏟，營州以東用之，又異於此。

附耘耔器具

耘爪，耘水田器也。用竹管隨手指大小截之，長可逾寸，削去一邊，狀如爪甲。或好堅利者，以鐵爲之，穿於指上，用耘田，以代指甲，猶鳥之有爪也。陸龜蒙云：耘者去莠，舉手務急而畏晚；鳥之啄食，務急而畏奪。法其急畏，故曰鳥耘。嘗觀農人在田，傴僂伸縮，以手爪耘其草泥，無異鳥之爬抉，豈非鳥耘者耶！

耘杷，以木爲柄，以鐵爲齒，用芸稻禾。王襃詩所謂

『鐵作渠疏代爪耘』者也。

耘盪，江、浙之間新制之形。如木屐，而實長尺餘，濶約三寸，底列短釘二十餘枚，簨其上以貫竹柄，柄長五尺餘。耘田之際，農人執之，推盪禾壟間草泥，使之溷溺，則田可精熟，既勝杷、鉏，又代手足。水田有手耘、足耘。所耘田數，日復兼倍。

薅馬，薅禾所乘竹馬也。似籃而長，如鞍而狹，兩端攀以竹系。農人薅禾之際，寘於跨間，斂裳於內，而上控於腰畔乘之，兩股既寬，又行隴上，不礙苗行，故得專意摘剔稂莠，速勝鋤耨。

耬鋤，《種蒔直說》云：此器出自海壖，號曰耬鋤。耬制頗同，獨無耬斗，但用耬鋤，鐵柄中穿耬之横桄，下仰鋤刃，形如杏葉，撮苗後，用一驢輓之，過鋤力三倍。燕、趙名曰劐子，制又小異。劐子第一遍，即成溝子，穀根未成，不耐旱。耬鋤刃在土中，故不成溝子。第二遍，加擗土木雁翅，方成溝子。其分土壅穀根，擗土用木，厚三寸、闊三寸，長八寸，取成三角樣，前爲尖，中作一竅，長一寸、濶半寸，穿於鐵鋤柄，厭鋤刃上，耬鋤有不到處，用鋤理撥一遍，即爲全功也。

劐，燕、趙之間用之。如鑱而小，中有高脊，長四寸許、濶三寸，插於耬足背上，兩竅以繩控於耬之下桄，其金入地三寸許。

培壅第七

古者，一夫百畝，而糞多力勤者，爲上農夫。然草人掌土化之法，《註》謂：凡所以糞種者，皆謂煑取汁也。如用牛，則以牛骨煑汁，漬其種。地性有騂剛、墳壤、鹹潟之異，故取用者亦有牛、羊、鹿、豕之不同，皆所以助其種之生氣，以變易地氣，則薄可使厚，過可使和，而稼之所穫必倍常。即《氾勝之書》所云：糞壅之法，亦云取諸獸之骨，以雪水煑之，入附子諸物，大旱以澆田，是亦用汁也。惟《月令》『可以糞田疇』。《疏》謂：『糞，壅苗之根也』。始與今用糞法相類。往見江南田圃之間，亦有舀糞清澆灌苗蔬者，豈亦古之遺法歟？北方則惟壅糞苗根，無汁澆者矣。至稻田淤蔭，其種類尤多，或用石灰，或用火糞，或碓諸牛、羊牲畜雜骨，以肥田殺蟲，或以水冷斟酌調劑，亦草入土化氾氏雪汁之意也。備採其法，以裨嘉蔬，非嗜瑣也。

《農桑輯要》：壅稻田，或河泥，或麻豆餅，或灰糞，各隨其地土之宜。麻豆餅，畝十斤，和灰糞；棉餅，畝三百斤，插禾前一日，將棉餅化開，匀攤田內，秒或草。

《群芳譜》：稻田須青草或糞壤、灰土，厚鋪於內，罨爛打平，方可撒種。

又搗稻後，將灰糞或麻豆餅屑撒田內。

《農桑通訣》：穀殼朽腐，最宜秧田。

《農書》： 南方稻田有種肥田麥者，不糞麥實。當春麥青青之時，耕殺田中蒸罨土性，秋收穀稻必加倍也。

又旱稻，以灰糞蓋之，或稻草灰和水澆之，每鋤草一次，澆糞水一次，至於三，即秀矣。

《齊民要術》： 凡田地中有良有薄者，即須加糞糞之。其踏糞之法，凡人家秋收後，治糧場上，所有穰穀穢等，並須收貯一處，每日布牛脚下三寸厚，每平旦收聚堆積之，還依前布之，經宿即堆聚。計經冬，一具牛踏成三十車糞。至十二月、正月之間，即載糞糞地。計小畝，畝別用五車，計糞得六畝，匀攤耕蓋。

《陳旉農書》： 土壤氣脉，其類不一，肥沃、磽埆、美惡不同，治之各有宜也。且黑壤之地，信美矣，然肥沃之過，或苗茂而實不堅，當取生新之土以解利之，即疎爽得宜也。磽埆之土，信瘠惡矣，然糞壤滋培，即其苗茂盛而實堅栗也。雖土壤異宜，顧治之何如耳； 治之得宜，皆可成就。諺謂：『糞藥』，言用糞猶用藥也。

又凡農居之側，必置糞屋，低爲簷楹，以避風雨飄浸，且糞露星月，亦不肥矣。糞屋之中，鑿爲深地，甃以磚甓，勿使滲漏。凡掃除之土、燒燃之灰、簸揚之糠粃斷藁落葉，積而焚之，沃以糞汁，積之既久，不覺其多。凡欲播種，篩去瓦石，取其細者和均種子，疎把撮之，待其苗長，又撒以壅之，何患收成不倍厚也哉！或謂土敝則草木不長，氣衰則生物不遂，凡田土種三五年，其力已乏。斯説殆不然，若能時加新沃之土壤，以糞治之，則精熟肥美，其力常新壯矣，何衰何敝之有。

又治田，於秋冬再三深耕，俾霜雪凍冱，土壤蘇碎。又積腐藁、敗葉，刬薙、枯朽根荄，遍鋪燒治，即土暖且爽。於始春，以糞擁之，若用麻枯尤善。但麻枯難使，須細杵碎，和火糞窖罨，如作麯様，候其發熱生鼠毛，即攤開，中間熱者置四旁，收斂四旁冷者置中間，又堆窖罨，如此三四次，直待不發熱乃可用，不然即燒殺物矣。切勿用大糞，以其瓮腐芽蘖，又損人手脚，成瘡痍難療。惟火糞與燖猪毛，及窖爛粗穀殼最佳，亦必渥漉，田精熟了，乃下糠糞，踏入泥中，盪平田面，乃可撒穀。若不得已而用大糞，必先以火糞久窖罨，乃可用。多見人用小便生澆灌，立見損壞。

《農桑通訣》： 田有厚薄，土有肥磽。耕農之事，糞壤爲急。糞壤者，所以變薄田爲良田，化磽土爲肥土也。古者分田之制，上地家百畝，歲一耕之； 中地家二百畝，間歲耕其半； 下地家三百畝，耕百畝，三歲一周。蓋以中下之地，瘠薄磽埆，苟不息其地力，則禾稼不蕃。後世井田之法變，强弱多寡不均，所有之田，歲歲種之，土敝氣衰，生物不遂。爲農者必儲糞朽以糞之，則地力常新壯，而收穫不減。

又草糞者，於草木盛茂時芟倒就地，就地内掩，罨腐爛也。農夫不知，乃以其耘除之草，棄置他處； 殊不知和泥渥漉，深埋禾苗根下，漚罨既久，則草腐而土肥美也。江南三月草長，則刈以踏稻田，歲歲如此，地力常盛。

又火糞，積土同草木堆疊燒之，土熟冷定，用碌軸碾細用之。江南水地多冷，故用火糞，種麥、種蔬尤佳。

又泥糞，於溝港内，乘船以竹夾取青泥，杴撥岸上，凝定裁成塊子，擔去同大糞和用，比常糞得力甚多。

又凡退下一切禽獸毛羽親肌之物，最爲肥澤，積之爲糞，勝於草木。

又下田水冷，亦有用石灰爲糞治，則土暖而苗易發。

又糞田之法，得其中則可。若驟用生糞，及布糞用多，糞力峻熱，即燒殺物反爲害矣。大糞力壯，南方治田之家常於田頭置塼檻窖，熟而後用之，其田甚美。北方農家亦宜效此，利可十倍。

又爲圃之家於厨棧下，深潤鑿一池，細甃，使不滲洩。每舂米，則聚礱簸穀殼及腐草、敗葉，漚漬其中，以收滌器肥水與滲漉泔淀，漚久自然腐爛。一歲三四次，出以糞苧，因以肥桑，愈久愈茂，而無荒廢枯摧之患矣。

又凡農圃之家，欲要計置糞壤，須用一人一牛，或驢駕雙輪小車一輛，諸處搬運積糞，月日既久，積少成多，施之種藝，稼穡倍收。桑果愈茂，歲有增羨，此肥稼之計也。夫掃除之猥、腐朽之物，人視之而輕忽，田得之爲膏潤，惟務本者知之，所謂惜糞如惜金也。故能變惡爲美，種少收多，諺云：『糞田勝如買田』，信斯言也。凡區之間，善於稼者，相其各各地理所宜，而用之，庶得乎土化之法、沃壤之效，俾擅上農矣。

《天工開物》：凡稻，土脈焦枯，則穗實蕭索，勤農糞田，多方以助之，人畜穢遺，榨油枯餅，枯者，以去膏而得名。胡麻、萊菔子爲上，蕓薹次之，大眼桐又次之，樟、桕、棉花又次之。草皮、木葉，以佐生機，普天之所同也。南方磨綦豆粉者，取溲槳灌田肥甚。豆賤之時，撒黄豆於田，一粒爛土方三寸，得穀之息倍焉。土性帶冷漿者，宜骨灰蘸秧根，凡禽獸骨。石灰淹苗足，向陽暖土不宜也；土脈堅緊者，宜耕隴疊塊，壓薪而燒之，埴墳鬆土不宜也。

《農政全書》：田附郭多肥饒，以糞多故；村落中，民居稠密處亦然。凡通水處多肥饒，以糞壅便故。

又苗糞，蠶豆、大麥，皆好草糞；如翹蕘陵苕，江南皆特種以壅田，非野草也。苜蓿，亦可壅稻。毛羽和燖湯，積之久則潰腐，如欲速潰，置韭菜一握其中，明日爛盡矣。下田水不得冷，惟山田泉水未經日色則冷。閩、廣用骨及蚌蛤灰糞田，亦因山田水冷也。

又肥積苔華，是糞壤法也。濱湖人漉取苔華，以當糞壅，甚肥，不可不知。按『肥積苔華』，元王禎詠沙田詩。

又胡麻油渣，可糞田。

《勸農書》：製糞有多術，有踏糞法、有窖糞法、有蒸糞法、有釀糞法、有煨糞法、有煑糞法；而煑糞爲上。南方農家，凡養牛、羊、豕屬，每日出灰於欄中，使之踐踏，有爛草、腐柴，皆拾而投之足下，糞多而欄滿，則出而疊成堆矣。北方猪、羊皆散放，棄糞不收，殊爲可惜。然所有穰穖等，並須收貯一處，每日布牛、羊足下三寸厚，經宿，牛以躁踐便溺成糞，平旦收聚，除置院内堆積之，每日如前法，得糞亦多。 窖糞者，南方皆積糞於窖，愛惜如金。北方惟不收糞，故街道不净，地氣多穢，井水多鹹，使人清氣日微而濁氣日盛。 須當照江南之例，各家皆置糞厠，濫則出而窖之； 家中不能立窖者，田首亦可置窖，拾亂磚砌之，藏糞於中，窖熟而後用，甚美。 蒸糞者，農居空閒之地，宜誅茅爲糞屋，簷務低，使蔽風雨，凡掃除之土或燒燃之灰、簸揚之糠粃斷藁落葉，皆積其中，隨即拴蓋，使氣蒸薰糜爛。 冬月，地下氣暖，則爲深潭； 夏月，不必也。 釀糞者，於厨棧下深鑿一池，細砌，使不滲漏，每舂米則聚礱簸穀殼及腐草、敗葉，漚漬其中，以收滌器肥水，漚久自然腐爛。 煨糞者，乾糞積成堆，以草火煨之。 煮糞者，鄭司農云： 用牛糞，即用牛骨浸而煮之，其説具區田中。 糞既經煮，皆成清汁，樹雖將枯，灌之立活，此至佳之糞也。用糞時候亦有不同，用之於未種之先，謂之墊底； 用之於既種之後，謂之接力。 墊底之糞，在土下，根得之而愈深； 接力之糞，在土上，根見之而反上。 故善稼者，皆於耕時下糞，種後不復下也。 大都用糞者，要使化土，不徒滋苗； 化土則用糞於先，而使瘠者以肥； 滋苗則用糞於後，徒使苗枝暢茂，而實不繁。 故糞田最宜斟酌得宜爲善，若驟用生糞及布糞過多，糞力峻熱，即殺物，反爲害矣。故農家有『糞藥』之喻，謂用糞如藥，寒温通塞，不可誤也。

卷五

灌溉第八

農書謂，稻自插秧以後，須水養一百二十日，方能收穫。 則此百二十日中，資於水者重矣。 泉源有旺有弱，陂塘有盈有涸，至雨澤之懸於天，尤不能坐待者，此灌溉之所宜亟講也。 按《周禮》溝洫之制，遂人治野，夫間有遂，遂上有徑； 十夫有溝，溝上有畛； 百夫有洫，洫上有涂； 千夫有澮，澮上有道； 萬夫有川，川上有路，以達於畿； 此溝洫之格式也。 匠人爲溝洫，一耦之伐，廣尺深尺，謂之甽； 廣二尺，深二尺，謂之遂； 廣四尺，深四尺，謂之溝； 廣八尺，深八尺，謂之洫； 廣二尋，深二仞，謂之澮； 專達於川，此溝洫之深廣也。 至稻人所謂，以瀦畜水，以防止水，以溝蕩水，以遂均水，以列舍水，以澮寫水，則溝洫之用法也。 自溝洫廢，阡陌開，遂入匠人所營之蹟不見於後世。 惟低濕水多之地，猶祖述稻人之遺制，以收灌溉之利而已。 水之在平地，或自高而下者，皆可引流成渠，功力無多； 或須挈而升之，則龍尾車、桔槔諸法，在所必需。諸農書採輯其法，多至十餘種，兹以其常式備列于篇。或南有而北無者，取其法仿製而布之無難也。又有泰西水法：其龍尾車，謂旱則挈江河之水入焉，潦則挈田間之水出焉，淺涸則挈水而入方舟焉，疏濬則挈水而出畚鍤焉。其恒升車，以挈井泉之水，謂不施綆缶，非藉轆轤，無事桔槔，一人用之可當數人，若以灌畦，約省工夫五分之四。其恒升車，謂其用與玉衡相似，而更速焉，若江河泉澗索水之處過高，則用是車焉。挈水以升架槽而灌之，或迤而建之，以當龍尾；又刳木爲筒，而名虹吸；以竹木爲長槽，而名鶴飲。有圖有説，然按圖求之，既不能了其製作之法，且行歷東南，觀覽灌溉之器，亦無仿佛斯製者。世或有公輸、馬鈞之流，微會懸解，仿而制之，亦齊民利用之一端也。略叙梗槩，以廣異聞云。

《氾勝之書》：稻須濕，濕者缺其塍，令水道相直；夏至後，大熱，令水道錯。

《齊民要術》：水稻薅訖，決去水，曝根令堅。量時水旱而溉之，將熟又去水。

《陳旉農書》：大抵秧田，愛往來活水，怕冷漿死水。青苔薄附，即不長茂。又須隨撒種濶狹，更重圍繞。作塍，貴濶，則約水深淺得宜。

又所芸之田，隨於中間及四旁，爲深大之溝，俾水竭泥坼，次第灌溉，已乾燥之泥驟得雨即蘇碎，不三五日，稻苗蔚然，殊勝用糞也。

馬一龍《農説》：鬱蒸所至，並鍾五賊。《註》：五賊，食禾之蟲也。熱氣積于土塊之間，暴得雨水，醞釀蒸濕，未經信宿，則其氣不去，禾根受之，遂生蟊；烈日之下，忽生細雨，灌入葉底，留注節幹，或當晝汲太陽之氣，得水激射，熱與濕相蒸，遂生蟹；朝露浥日，濛雨日中，點綴葉間，單則化氣，合則化形，遂生螣；熱踵根下，濕行於槁，夾日與雨，外薄其膚，遂生螟；歲交熱化，不雨不暘，晝晦夜暍，而風氣不行，遂生蚩。五賊不去，則嘉禾不興。故灌田者，先須以水遍過，收其熱氣，旋即去之，易以新水，栽禾無害。不過一遍易去者，雖久浸不免。日中雨露，或以長牽，或以疎齒披拂，勿令凝著，則蟲不生。

《農桑通訣》：南方熟於水利，官陂、官塘處處有之。民間自爲溪堨、水蕩，難以數計。大可灌田數百頃，小可溉田數十畝。若溝渠、陂堨，上置水閘，以備啟閉；若塘堰之水，必置洫竇，以便通泄，此水在上者。若田高而水下，則設機械用之，如翻車、筒輪、戽斗、桔槔之類，挈而上之；如地勢曲折而水遠，則爲架槽、連筒、陰溝、浚渠、陂栅之類，引而達之，此用水之巧者。若不需灌，及平澆之田爲最，或用車起水者次之，或再車、三車之田又次之。其高田旱稻，自種至收，不過五、六月，其間或旱不過澆灌四、五次，此可力致其常稔也。傅子曰：陸田者，命懸於天，人力雖修，水旱不時，則一年功棄。水田制之由人，人力苟修，則地利可盡。天時不如地利，地利不如人事，此水田灌溉之利也。方今農政未盡興，土地有遺利。夫海内江、淮、河、漢之外，復有名水數萬，支分派别，大難悉數。内而京師，外而列郡，至于邊境，脈絡貫通，俱可利澤，或通爲溝渠，或蓄爲陂塘，以資灌溉，安有旱暵之憂哉！《大學衍義補》：井田之制，雖不可行；而溝洫之制，則不可廢。京畿之地，地勢平衍，率多洿下，一有數日之雨，即便淹没，不必霖潦之久，輒有害稼之苦。農夫終歲勤苦，盼盼然望此麥禾，以爲衣食之計、賦役之需，垂成而不得者多矣，良可憫也！北方地經霜雪，不甚懼旱，惟水潦之是懼。十歲之間，旱者十一二，而潦恒至六七也。爲今之計，莫若多仿遂人之制，每郡以境中河水爲主，又隨地勢，各爲大溝，廣一丈以上者，以達於大河；又各隨地勢，各開小溝，廣四五尺以上者，以達於大溝；又各隨地勢，開細溝，廣二三尺以上者，委曲以達于小溝。至大溝則官府爲之，小溝則合有田者共爲之，細溝則人各自爲于其田。每歲二月以後，官府遣人督其開挑，而又時常廵視，不使淤塞，如此則旬日之間縱有霖雨，亦不能爲害矣。朝廷于此遣治水之官，疏通大河，使無壅滯；又於夾河兩岸，築爲長堤，高一二丈許，則衆溝之水皆有所歸，不至溢出，而田禾無淹没之苦，生民享收成之利矣，是亦王政之一端也。

《農政全書》：古之立國者，必有山林川澤之利，斯可以奠基而畜衆。川主流，澤主聚；川則從源頭達之，澤則從委處蓄之。川流淤阻，其害易見，人皆知濬治者。萬頃之湖、千畝之蕩，隄岸頽壞，鮮知究心，甚有縱豪强阻塞，規覔小利者不知澤不得川不行，川不得澤不止，二者相爲體用。爲上流之壑，爲下流之源，全繫乎澤，澤廢是無川也。况國有大澤，潦可爲容，不致驟當衝溢之害；旱可爲蓄，不致遽見枯竭之形。必究晰于此，而水利之説可徐圖矣。

附灌溉諸器具

水栅，排木障水也。若溪岸稍深，田在高處，水不能及，則于溪上流作栅，遏水使之旁出，下溉以及田所。其制：當流列植竪樁，樁上枕以伏牛，擗以立木，仍用塊石高壘衆楗，斜以邀水勢，此栅之小者。秦、雍之地，所拒川水，率用巨栅。其蒙利之家，歲例量力，均辦所需工物，乃深植樁木，列置石囤，長或百步，高可尋丈，以横截中流，使旁入溝港。凡所溉田，畝計千萬，號爲陸海，此栅之大者。其餘境域，雖有此水而無此栅，非地利不彼若，葢功力所未及也。

水閘，開閉水門也。間有地形高下、水路不均，則必跨據津要，高築隄壩滙水。前列斗門，甃石爲壁，疊木作障，以備啟閉。如遇旱涸，則撒水灌田，民賴其利，又得通濟舟楫，轉激碾磑，實水利之總揆也。

陂塘，《説文》曰：陂，野池也；塘，猶堰也。陂必有塘，故曰陂塘。其溉田大則數千頃，小則數百頃。考之書傳：廬江有芍陂，潁川有鴻隙陂，黄[一]陵有雷陂、愛敬陂，陽平沛郡有鉗盧陂，餘難遍舉。故迹猶存，因以爲利。今人有能別度地形，亦效此制，足溉田畝千萬，比作田圍，特省工費。又可畜育魚鱉，栽種菱藕之類，其利可勝言哉！

水塘，即洿池。因地形坳下，用之瀦蓄水潦，或修築圳堰，以備灌溉田畝，兼可畜育魚鱉，栽種蓮芡，俱各穫利累倍。大凡陸地平田，別無溪澗、井泉以溉田者，救旱之法非塘不可。江、淮之間，在在有之。然官民異屬，各爲永業。

翻車，今龍骨車也。《魏略》曰：馬鈞居京，城有田園，無水以灌，作翻車。又漢靈帝使畢嵐作翻車，設機引水，灑南北郊路。今農家用之，其制：車身用板作槽，長可二丈，濶不等，或四寸至七寸，高約一尺，槽中架行道板，隨槽濶狹，兩頭短尺許，用置大小輪軸，同行道板上下週以龍骨板，上大軸兩端各帶拐木四，置岸上木架間人憑架上，踏動拐木，則龍骨板隨轉循環，刮水上岸，闕鍵頗多。若岸高，可用三車，中間小池，搬水上之，足救三丈以上之田。

筒車，流水筒輪。凡制此車，先視岸之高下，定輪之大小。須輪高於岸，筒貯於槽，方爲得法。其車之所在，自上流排作石倉，斜擗水勢，急湊筒輪。其輪就軸作轂，軸之兩旁，閣于椿柱山口之內。輪軸之間，除受水板外，又作木圈，縛繞輪上，就繫竹筒或木筒於輪之一週。水激轉輪，衆筒兜水，次第傾於岸上。所横木槽，謂之天池。以灌田稻，日夜不息，絶勝人力。若水力稍緩，亦有木石制爲陂柵，横約溪流，旁出激輪，又省工費；或遇流水狹處，但壘石斂水湊之，亦爲便易。

連筒，竹通水也。凡所居離水甚遠，不便汲用，乃取大竹，内通其節，令本末相續，連延不斷，閣之平地或架越澗谷，引水而至。又能激而高起數丈，注之池沼及庖湢之間；如藥畦蔬圃，亦可供用。杜詩所謂『連筒灌小園』。徐光啟曰：豈有激而高起之理，若能高起，必是上流受處高於下流洩處故也。果高則百丈亦可，不高則分寸不能。但是，上流高于下流一二尺，即能取水至百丈之上，此則制作之巧耳。

架槽，木架水槽也。間有聚落，去水既遠，各家共力造木爲槽，遞相嵌接，不限高下，引水而至。如泉源頗高，水性趨下，則易引也；或在窪地，則當車水上槽，亦可遠達；若遇高阜，不免避礙，或穿鑿而通；若遇坳險，則置之叉木，駕空而過；若遇平地，則引渠相接，又左右可移，鄰近之家足得借用。非惟灌溉多便，抑可瀦蓄爲用，暫勞永逸，同享其利。

戽斗，挹水器也。《唐韻》云：戽，抒也，抒水器挹

[一] 黄　應爲『廣』。

也。凡水岸稍下，不容置車，當旱之際，乃用戽斗，控以雙綆，兩人挈之，抒水上岸，以溉田稼，其斗或柳筲，或木櫐，從所便也。徐光啟曰：此是岸下不必置車，或所用水少，權作此耳。若以溉田，即岸下亦是置車爲妙。

桔槔，挈水械也。《通俗文》曰：桔槔，機汲水也。《説文》曰：桔，結也，所以固屬；槔，臯也，所以利轉。又曰：槔，緩也，一俯一仰，有數存焉，不可速也。然則桔其植者，而槔其俯仰者歟？莊子曰：子貢過漢陰，見一丈人，方將爲圃畦，鑿隧而入井，抱甕而出灌，搰搰然用力甚多而見功寡。子貢曰：有械于此，一日浸百畦，鑿木爲機，後重前輕，挈水若抽，數如泆湯，其名曰槔。又曰：獨不見夫桔槔者乎？引之則俯，舍之則仰。今瀕水灌園之家多置之，實古今通用之器，用力少而見功多也。

浚渠，凡川澤之水必開渠引用，可入於田。考之古有溝、洫、畎、澮，以治田水。《書》云：『濬畎澮距川。』是也。疏鑿已遠，井田變古，後世則引水爲渠，以資沃灌。按：《史記》秦鑿涇爲渠。又關西有鄭國、白公、六輔之渠外有龍首渠，河内有史起十二渠。今懷孟有廣濟渠，俱各溉田千百餘頃，利澤一方，永無旱暵。

陰溝，行水暗渠也。凡水陸之地，如遇高阜形勢，或隔田園聚落，不能相通，當於穿岸之旁或溪流之曲，穿地成穴，以磚石爲圈，引水而至。若別無隔礙，則當踏視地形，用策索度其高下及經由處所，畫爲界路，先引濬犁耕過，後復浚掘乃作甃穴，上覆元土，亦是一法。如灌溉之餘，常流不絶，又可蓄爲魚塘、蓮蕩，其利亦博。或貫穿城邑巷陌，及注之園囿泉沼，悉周於用。雖遠近、大小、深淺、曲直不同，然皆洑流内達，膏澤旁通。水利之中，最爲永便。

用水第九

諺曰：『水利興，民力鬆。』甚矣，水之爲益於農畝也！然不得其用之之法，則或致棄灌溉之利，而反受漫溢之患。畿輔之間，近山則泉多，近海則潮盛。清濁之流，輻輳交通；淀泊之區，容受深廣，何一非可用之水，然非講求於地形高下之宜、水勢通塞之便、疏瀹排障之方、大小緩急之序，亦難言經理得宜，操縱由我。明徐光啟有言謂：用水之利有五：灌溉有法，纖潤無方，此救旱也；均水田間，水土相得，興雲歊霧，致雨甚易，此弭旱也；疏理節宣，可蓄可洩，此救潦也；地氣發越，既有時雨，必有時暘，此弭潦也；且大雨時行，正農田用水之候，若溝、澮縱横，播水於中，必減大川之水，是可損決溢之患也。並條疏用水諸法甚悉，談水學者所宜寶貴，故詳録之。至引流稍遠之地，則鑿井而種區田，亦補救之一術也。並採其鑿井諸法，備列於後。邦慶嘗於嘉慶十九年奉命查視北運河，挑挖淺阻，見距隄數武外，多鑿井丈許，穴地置巨竹，若陰溝然，引河水入井，設轆轤三四具，日可灌田數十畝，名曰通竿井，即江南運河涵洞之意。然人功較費，如用畜轉龍骨車，其收利當更溥。斯法諸書不載，書之冀廣其傳。隄岸稍高不能升引之地，皆可仿行，斯亦用水之一奇云。

一、用水之源。源者，水之本也，泉也。泉之別：爲山下出泉，爲平地仰泉。用法有六：

其一：源來處高於田，則溝引之。溝引者，於上源開溝，引水平行，令自入於田。諺曰：『水行百丈過墻頭，』源高之謂也。但須測量有法，即數里之外當知其高下尺寸之數；不然，溝成而水不至，爲虛費矣。

其二：溪澗傍田而卑於田，急則激之，緩則車升之。激者，因水流之湍急，用龍骨翻車、龍尾車、筒車之屬，以水力轉器，以器轉水，升入於田也。車升者，水流既緩，不能轉器，則以人力、畜力、風力運轉其器，以器轉水，入於田也。

其三：源之來甚高於田，則爲梯田以遞受之。梯田者，泉在山上山腰之間，有土尋丈以上，即治爲田，節級受水，自上而下，入於江河也。

其四：溪澗遠田而卑於田，緩則開河導水，而車升之；急者，或激水而導引之。開河者，從溪澗開河，引水至其田側，用前車升之法，入於田也；激水者，用前激法起水於岸，開溝入田也。

其五：泉在於此，用在於彼，中有溪澗隔焉，則跨澗爲槽而引之。爲槽者，自此岸達於彼岸，令不入溪澗之中也。

其六：平地仰泉，盛則疏通而用之，微則爲池塘於其側，積而用之；爲池塘而復易竭者，築土、椎泥以實之；甚則爲水庫，以蓄之。平地仰泉，泉之瀵湧上出者也。築土者，杵築其底；椎泥者，以椎椎底作孔，膠泥實之；皆令勿漏也。水庫者，以石砂、瓦屑和石灰爲劑，塗池塘之底及四旁，而築之平之。如是者三，令涓滴不漏也，此蓄水之第一法也。

一、用水之流。流者，水之枝也，川也。川之別：大者爲江、爲河；小者爲塘、浦、涇、浜、港、汊、沽、瀝之屬也。用法有七：

其一：江河傍田，則車升之；遠則疏導而車升之。疏導者，江南之法：十里一縱浦，五里一橫塘，縱橫脉散，勤勤疏濬，無地無水，此井田之遺意。宋人有言『塘浦欲深濶』，謂此也。

其二：江河之流，自非盈涸無常者，爲之牐與壩，釃而分之爲渠，疏而引之以入於田；田高則車升之。其下流，復爲之牐壩，以合於江河，欲盈，則上開下閉而受之；欲減，則上閉下開而洩之。職所見寧夏之南、靈州之北，因黄河之水，鑿爲唐來、漢延諸渠，依此法用之，數百里間灌溉之利，纖潤無方。寧城絶塞，城中之人家臨流水，前賢之遺可驗矣。因此推之，海內大川倣此爲之，當享其利濟，亦孔多也。

其三：塘浦、涇浜之屬，近則車升之，遠則疏導而車升之。

其四：江河、塘浦之水，溢入於田，則隄岸以衛之；隄岸之田，而積水其中，則車升出之。隄岸者，以禦水，使不入也，大則爲黄河之埽，小則爲江南之圩。宋人有言『隄岸欲高厚』，謂此也。車升出之者，去水而爲蓺稻；或已蓺而去其水，使不没也。

其五：江河、塘浦，源高而流卑，易涸也，則於下流之處多爲牐，以節宣之。旱則盡閉以留之，潦則盡開以洩之，小旱潦則斟酌開闔之，爲水則以準之。水則者，爲水平之碑，置之水中，刻識其上，知田間深淺之數，因知牐門啟閉之宜也。浙之寧波、紹興，此法爲詳，他山鄉所宜則倣也。

其六：江河之中，洲渚而可田者，隄以固之，渠以引之，牐壩以節宣之。

其七：流水之入於海而迎得潮汐者，得淡水，迎而用之；得鹹水，牐壩遏之，以留上源之淡水。職所見，迎淡水而用之者，江南盡然；遏鹹而留淡者，獨寧、紹有之也。

一、用水之豬。豬者，水之積也，其名爲湖、爲蕩、爲澤、爲洵、爲海、爲陂、爲泊也。用豬之法有六：

其一：湖蕩之傍田者，田高則車升之，田低則隄岸以固之，有水車升而出之，欲得水決隄引之。湖蕩而遠於田者，疏導而車升之。此數者，與用流之法略相似也。

其二：湖蕩有源而易盈、易涸，可爲害、可爲利者，疏導以洩之，牐壩以節宣之。疏導者，懼盈而溢也；節宣者，損益隨時，資灌溉也。宋人有言『牐竇欲多廣』，謂此也。

其三：湖蕩之上不能來者，疏而來之；下不能去者，疏而去之。來之者，免上流之害；去之者，免下流之害，且資其利也。吴之震澤，受宣、歙之水，又從三江、百瀆，注之於海。故曰『三江既入，震澤底定』，是也。

其四：湖蕩之洲渚可田者，隄以固之。

其五：湖蕩之豬太廣而害於下流者，從其上源分之。江南五壩，分震澤以入江是也。

其六：湖蕩之易盈、易涸者，當其涸時，際水而藝之麥。藝麥以秋，秋必涸也；或涸於冬，則藝春麥，春旱則引水灌之。所以然者，麥秋以前無大水、無大蝗，但苦旱耳。故用水者，必稔也。

一、用水之委。委者，水之末也，海也。海之用，爲潮汐、爲島嶼、爲沙洲也。用法有四：

其一：海潮之淡可灌者，迎而車升之；易涸，則池塘以蓄之，閘壩隄堰以留之。海潮不淡也，入海之水迎而返之則淡。《禹貢》所謂『逆河』也。

其二：海潮入而泥沙淤墊、屢煩濬治者，則爲牐、爲壖、爲竇以遏渾潮而節宣之，此江南舊法，宋、元人治水所用，百年來盡廢矣。近并濬治亦廢矣，乃田賦則十倍宋、元，民貧財盡，以此故也。其濬治之法，則宋人之言曰：『急流搔乘，緩流撈剪，淤泥盤吊，平陸開挑。』今之治水者，宜兼用之也。

其三：島嶼而可田，有泉者，疏引之；無泉者，爲池塘、井庫之屬，以灌之。

其四：海中之洲渚多可田，又多近於江河而迎得淡水也，則爲渠以引之，爲池塘以蓄之。

一、作原、作瀦以用水。作原者，井也；作瀦者，池塘、水庫也。高山平原，與水違行，澤所不至，開濬無施其力，故以人力作之。鑿井及泉，猶夫泉也；爲池塘、水庫，受雨雪之水而瀦焉，猶夫瀦也。高山平原，水利之所窮也，惟井可以救之。池塘、水庫皆井之屬，故《易》『井』之象稱：『井，養而不窮也。』作之之法有五：

其一：實地高，無水，掘深數尺而得水者，爲池塘以蓄雨雪之水，而車升之，此山原所通用。江南海壖數十畝一環池，深丈以上，圩小而水多者，良田也。

其二：池塘無水脉而易乾者，築底椎泥以實之。

其三：掘土深丈以上而得水者，爲井以汲之。此法北土甚多，特以灌畦種菜。近河南及真定諸府，大作井以灌田，旱年甚獲其利，宜廣推行之也。井有石井、磚井、木井、柳井、葦井、竹井、土井，則視土脉之虛實縱横及地産所有也。其起法：有桔槔、有轆轤、有龍骨木斗、有恒升筒，用人用畜，高山曠野或用風輪也。

其四：井深數丈以上難汲而易竭者，爲水庫以蓄雨雪之水。他方之井，深不過一二丈；秦、晉厥田上上，則有數十丈者；亦有掘深而得鹹水者；其爲池塘、爲淺井，亦築土椎泥，而水留不久，不若水庫之涓滴不漏，千百年不漏也。

其五：實地之曠者，與其力不能爲井、爲水庫者，望幸於雨，則歉多而稔少，宜令其人多種木。種木者，用水不多，灌溉爲易，水旱蝗不能全傷之。既成之後，或取果，或取葉，或取材，或取藥，不得已而擇取其落葉、根、皮，聊可延旦夕之命，雖復荒歲，民猶戀此不忍遽去也。語曰：『木奴千，無凶年。』

附鑿井法

高地作井，未審泉源所在，其求之法有四：

第一、氣試。當夜水氣恒上騰，日出即止。今欲知此地水脉安在，宜掘一地窖，於天明辨色時，人入窖以目切地。望地面有氣如煙，騰騰上出者水氣也。氣所出處，水脉在其下。

第二、盤試。望氣之法，曠野則可，城邑之中、室居之側，氣不可見。宜掘地深三尺、廣長任意，用銅錫盤一具，清油微微遍擦之，窨底用木高一二寸，以榰盤偃置之，盤上乾草蓋之，草上土蓋之。越一日，開視盤底，有水欲滴者，其下則泉也。

第三、缶試。又法：近陶家之處，取瓶缶坯子一具，如前銅盤法用之。有水氣沁入瓶缶者，其下泉也。無陶之處，以土甓代之，或用羊羢代之。羊羢者，不受濕，得水氣必足見也。

第四、火試。又法：掘地如前，篝火其底，烟氣上升，蜿蜒曲折者，是水氣所滯，其下則泉也；直上者，否。

鑿井之法有五：

第一、擇地。鑿井之處，山麓爲上；蒙泉所出，陰陽適宜，園林室屋所在，向陽之地次之；曠野又次之；山腰者，居陽則太熱，居陰則太寒，爲下。鑿井者，察泉水之有無，斟酌避就之。

第二、量淺深。井與江河地脉通貫，其水淺深尺度必等。今問鑿井應深幾何？宜度天時、旱澇、河水所至，酌量加深幾何而爲之度；去江河遠者不論。

第三、避震氣。地中之脉，條理相通，有氣伏行焉。强而密理，中人者九竅俱塞，迷悶而死。凡山鄉高亢之地多有之，澤國鮮焉。此地震之所由也，故曰『震氣』。凡鑿井遇此，覺有氣颼颼侵入，急起避之，俟洩盡更下鑿之。欲候震氣盡者，縋燈火下視之，火不滅，是氣盡也。

第四、察泉脉。凡掘井及泉，視水所從來，而辨其土色。若赤埴土，其水味惡。赤埴，黏土也，中爲甓、爲瓦者是。若散沙土，水味稍淡。若黑墳土，其水良。黑墳者，色黑稍黏也。若沙中帶細石子者，其水最良。

第五、澄水。作井底，用木爲下，磚次之，石次之，鉛爲上。既作底，更加細石子厚一二尺，能令水清而味美；若井大者，於中置金魚或鯽魚數頭，能令水味美。魚食水蟲及土垢故。

卷六

穫藏第十

收穫者，農人之終事；積貯者，生民之大命。終年勤動，量無怠於成功者。然《漢書·食貨志》則云：力耕數耘，收獲如寇盗之至。而月令於仲秋之時，已諄諄於穿竇窖，修囷倉，且命有司趣民收斂；仲冬之月，農有不收藏積聚者，至取之不詰，重儲蓄，戒惰農，其意深哉！按《農桑通訣》謂：大抵北方禾黍，其收頗晚，而稻則宜早；南方稻秫，其收多遲，而陸禾亦宜早，通變之道宜審行之。又謂稻早刈，則米青而不堅；晚刈，則零落而損收。是其刈獲早晚之間，亦有成法。至於收貯，則宜穀而不宜米。恭讀雍正三年聖諭積貯倉糧，特爲備荒賑濟之用。但南省地方甚屬潮濕，米在倉一二年便致霉爛，改貯稻穀，似可常久，應否改貯稻穀之處，著議具奏。隨遵旨議定，江、安等十所年貯米石，四年内全行改换，並令各地方官添造倉廒，以備收貯。北方地雖乾燥，如水利既興，則秔稻之收千倉萬箱，欲爲餘三餘九之計度，亦以貯穀爲善矣。又北方之人，多不慣食稻，謂其性寒且不耐飢。恭查雍正五年營田稻收甚豐，且有駢柯叠穎之瑞，世宗憲皇帝俯察輿情，恐運糴不時售，大賈居積，則賤而傷農，於每歲秋冬發帑收糴，凡治水田者咸獲厚利。聖恩深渥，其體䘏民隱者至詳至備。將來畿輔之間，黍稌變而秔稻，聖天子恩周蔀屋，裕國儲而便民食，必有調劑之法在。茲將諸農書所載收穫、攻治、蓄藏諸法，詳爲臚輯如左。又前直隸督臣方觀承奏定義倉，諸欵詳善可法，并附著焉，亦猶藏富於民之意也夫。

《齊民要術》：　稻將熟，去水，霜降穫之。早刈，米青而不堅；晚刈，零落而損收。

《農桑通訣》：　南方水地多種稻秫，早禾則宜早收。六七月，則收早禾；其餘則至八月、九月。《詩》云：『十月穫稻。』《齊民要術》云：『稻至霜降穫之。』此皆言晚禾大稻也。故稻有早晚、大小之别。然江南地下多雨，上霖下潦，劖刈之際，則假之喬扞；多則置之笐架，待晴乾曝之，可無耗損之失。

馬一龍《農說》註：　稻花必在日色中始放，雨久則閉其竅而不花；風烈則損其花而不實。二者皆秕穀之患也。及其成穀，土太燥則米粒乾損；水多而過浸，則斑黑成腐。二者又皆穀成之過也。

《天工開物》：　凡秧既分栽後，早者，七十日即收穫；最遲者，歷夏及冬二百日方收穫。其冬季播種，仲夏即收者，則廣南之稻，地無霜雪故也。

《齊民要術》：　凡穀成熟有早晚，苗稈有高下，收實有多少，質性有强弱，米味有美惡，粒實有息耗。早熟者，苗短而收多；晚熟者，苗長而收少。强苗者短，黄穀之屬是也；弱苗者長，青白黑者是也。收少者美而耗，收多者惡而息。

《菽園雜記》：　吴中民家，計一歲食米若干石，至冬月舂白蓄之，名冬舂米。常疑開春農務將興，不暇爲此，及冬預爲之。聞之老農云，不特爲此，春氣動而米芽浮起，米粒亦不堅。此時舂者，多碎而爲粞，折耗頗多；冬月米堅折耗少，故及冬舂之。

《書蕉》：　舂米一石，得四斗，曰精；得三斗，曰鑿；得二斗，曰粹。

《嶺表録異》記：　舂堂者，以渾木刳、爲槽一槽兩邊排十杵。男女間立，以舂稻粱，敲磕槽舷，皆有遍拍。

《閩部疏》：　閩中水碓最多，然多以木櫃運輸。不駛急溪中，壅激爲之則佳。

《會稽志》：　山家藉水力以舂，有三制：平流，則以輪鼓水而轉；峻流，則以水注輪而轉；又有木杓碓，碓幹之末，刳爲杓，以注水，水滿則傾而碓舂之。唐白居易詩『雲碓無人水自舂』是也。

《天工開物·攻稻篇》：　凡稻刈穫之後，離藁取粒，束藁於手，而繫取者半；　聚藁於場，而曳牛滚石以取者半。凡束手而擊者，受擊之物或用木桶，或用石板。收穫之時，雨多霽少，田稻交濕，不可登場者，以木桶就田擊取，晴霽稻乾，則用石板甚便也。凡服牛曳牛滚壓場中，視人手擊取者，力省三倍。但作種之穀，恐磨去穀尖，減削生機，南方多種之家場禾多藉牛力，而來年作種者，則寧向石板擊取也。凡稻最佳者九穰一秕，倘風雨不時，耘耔失節，則六穰四秕者容有之。凡去秕，南方盡用風車扇去；　北方稻少用颺法，即以颺麥黍者颺稻，蓋不若風車之便也。凡稻去殼用礱，去膜用舂、用碾。然水碓主舂，則兼併礱功。燥乾之穀入碾，亦省礱也。凡礱有二種：一用木爲之，截木尺許，斲合成大磨形，兩扇皆鑿縱斜齒，下合植筍穿貫，上合空中受穀。木礱攻米二千餘石，其身乃盡。凡木礱，穀不甚燥者，入礱亦不碎。故入貢軍國，漕儲千萬，皆出此中也。一土礱，析竹匡圍成圈，實潔淨黄土於内，上下兩面，各嵌竹齒，上合篘空受穀，其量倍於木礱。穀稍滋濕者入其中，即碎斷。土礱攻米二百石，其身乃朽。凡木礱必用健夫；　土礱即孱婦弱子可勝其任，庶民饔飧，皆出此中也。凡既礱，則風扇以去糠粃，傾入篩中團轉，穀未剖破者浮出篩面，重復入礱。凡篩大者，圍五尺，小者半之；　大者其中心偃隆而起，健夫利用；小者弦高二寸，其中平窪，婦人所需也。凡稻米既篩之後，入臼而舂。臼亦兩種：　八口以上之家，掘地藏石臼其上，臼量大者容五斗，小者半之，横木穿插碓頭，足踏其末而舂之，不及則粗，太過則粉，精糧從此出焉。晨炊無多者，斷木爲手杵，其臼或木或石，以受舂也。既舂以後，皮膜成粉，名曰細糠，以供犬豕之豢，荒歉之歲人亦可食也。細糠隨風扇播揚分去，則膜塵淨盡，而粹精見矣。凡水碓，山國之人居河濱者之所爲也。攻稻之法，省人力十倍，人樂爲之。引水成功，即筒車灌田，同一制度也。設臼多寡不一值，流水少而地窄者，或兩三臼；　流水洪而地室寬者，即並列十臼，無憂也。江南信郡水碓之法巧絶，蓋水碓所愁者埋臼之地，卑則洪潦爲患，高則承流不及。信郡造法，即以一舟爲地，橛椿維之，築土舟中，陷臼於其上，中流微堰石梁，而碓已造成，不煩椓木壅坡之力也。又有一舉而三用者，激水轉輪，頭一節，轉磨成麪；二節，運碓成米；　三節，引水灌於稻田，此心計無遺者之所爲也。凡河濱水碓之國，有老死不見礱者，去糠去膜，皆以臼相終始。惟風篩之法，則無不同也。凡磑砌石爲之，承藉轉輪皆用石，牛犢、馬駒惟人所使。蓋一牛之力，日可得五人。但入其中者，必極燥之穀，稍潤則碎斷也。

《農桑通訣・蓄積篇》：　蓄積者，有國之先務，皆爲民計，非徒曰藏富於國也。先王預備憂民之意，大抵無事而爲有事之備，豐歲而爲歉歲之憂。是故，國有國之蓄積，民有民之蓄積。當粒米狼戾之年，計一歲一家之用，餘多者，倉箱之富；　餘少者，儋石之儲；　莫不各節其用，以濟凶乏。此固知堯、湯之時，國亡捐瘠，所謂蓄積多而備先具者，豈皆藏於國哉，蓋必有藏于民者矣。今之爲農者，見小近而不慮久遠，一年豐稔沛然自足，侈費妄用，以快一時之適，所收穀粟耗竭無餘。一遇小歉，則舉貸出息於兼并之家，秋成倍稱償之，歲以爲常，不能振拔，其間有收刈甫畢，無以餬口者，豈能給終歲之用乎？嘗聞山西汾、晉之俗，居常積穀，儉以足用，雖間有飢歉之歲，庶免夫流離之患也。《傳》曰：收斂蓄藏，節用御欲，則天不能使之貧，信斯言也。近世利民之法，如漢之常平倉，穀賤則增價糴之，不至於傷農；穀貴則減價而糶之，不使之傷民。唐之義倉，計墾田頃畝多寡，豐年納穀而藏之，凶年出穀以賙貧乏，官爲主之，務使均平，是皆斂其餘以濟不足，雖遇儉歲而不憂飢殍也。然嘗考之漢史，賈生言于文帝曰：漢之爲漢，幾四十年，公私之積，猶可哀痛。彼一時也，自文帝躬行節儉以化天下，至景帝末年，太倉之粟陳陳相因，而民亦富庶。人徒見古之蓄積常有餘，後之蓄積常不足，豈天之生物不如古之多？人之謀事不如古之智？蓋古之費給有限，而後之費給無窮，無怪乎有餘、不足之不同也！

吕坤《積貯條件》：穀積在倉，第一怕地溼、房漏，第二怕雀入、鼠穿。此其防禦不在人力乎？大凡建倉，擇於城中最高處所，院中地基務須鍬背，院墻水道務須多留。凡隣倉庾居民，不許挑坑聚水，違者罰修倉厫。一、倉屋根基，須掘地實築，有石者石爲根脚，無石者用熟透大磚，磨邊對縫，務極嚴匝，厚須三尺，釘横俱用交磚做成一家，以防地震。房須寛，寛則積不蒸；須高，高則氣得洩仰。覆瓦須用白礬水浸，雖連陰彌月亦不滲漏。樑棟椽柱，務極粗大，應費十金者費十五、二十金。一時無處固利於苟完，數年即更實貽之倍費。故善事者一勞永逸，一費永省，究竟較多寡，一費之所省爲多也。以室家視倉厫者，當細思之。一、風窻本爲積熱壞穀，而不知雀之爲害也，既耗我穀，而又遺之糞，食者甚不宜人。今擬風窗之内，障以竹篾編孔，僅可容指，則雀不能入倉。牆成後，洞開風窗，過秋始得乾透，其地先鋪煤灰五寸，加鋪麥糠五寸，上幔大磚一重，糯米雜信，浸和石灰，稠黏對合磚縫。如木有餘，再加木板一週。缺木處所，釘蓆一週可也。一、假如倉厫五間，東、西稍間，各用板隔斷，與門楣齊。穀止積於西間，留板隔東一間，如常閑空。值六、七月久陰氣濕，或新收穀石，生性未除，倘不發洩，必生内熱。州、縣官責令管倉人役，將穀自東第二間起，倒入東一間閑空之處，一間倒一間，是滿倉翻轉一遍，熱氣盡洩，本味自全，何紅腐之有？一、太倉禁用燈火。今各倉積柴、安竈，全無禁約，萬一火起，何以捄之？以後不許仍用。官吏以下，飯食外面喫來，不得已者送飯；冬月但用湯壺，如違重治。

附收穫器具

笐，架也。《集韻》作『筕』，竹竿也，或省作『笐』。今湖、湘間收禾，並用笐架懸之，以竹木構如屋狀。若麥若稻等稼，穫而蘘音藺。之，悉倒其穗控於其上，久雨之際比於積垛，不致鬱浥。江南上雨下水，用此甚宜。北方或遇霖潦，亦可倣此，庶得種糧勝於全廢，今特載之，冀南北通用。

喬扦，挂禾具也。凡稻皆下地沮濕，或遇雨潦，不無渰浸。其收穫之際，雖有禾穗，不能卧置。乃取細竹長短相等，量水淺深，每以三莖爲數，近上用篾縛之，叉於田中，上控禾把；又有長竹横作連脊，挂禾尤多。凡禾多則用笐架，禾少則用喬扦。雖大小有差，然其用相類，故並次之。

攢稻簞，攢抖擻也，簞承所遺稻也。農家禾有早晚，次第收穫，即須隨手得糧，故用廣簞展布，置木物或石於上，各舉稻把攢之，子粒隨落積於簞上。非惟免污泥沙，抑且不致耗失，又可曬穀物，或捲作笔，誠爲多便。南方農種之家，率皆置此。徐光啟曰：不如攢牀爲便。今農家所用棧條，即簞也。

連耞，擊禾器。《國語》曰：權節其用，耒耜耞芟。《廣雅》曰：拂，謂之架。《説文》曰：拂，架也；拂擊禾連架。《釋名》曰：架，加也，加杖於柄頭，以撾穗而出穀也。其制，用木條四莖，以生革編之，長可三尺，濶可四寸。又有以獨梃爲之者，皆於長木柄頭，造爲環軸，舉而轉之，以撲禾也。

附攻治器具

土礱，礧穀器，所以去穀殼也。編竹作圍，内貯泥土，狀如小磨；仍以竹木排爲密齒，破穀不致損米。就用拐木，竅貫礱上，掉軸以繩懸檩上，人力運肘以轉之，日可破穀四十餘石。

木礱，多用松木爲之，形如大磨，兩扇皆鑿齒，下合植筍穿貫，上合場中植架，懸掉軸，以衆力曳轉。去穀出米，殷殷如雷聲，田家通力合作，雜以倡和之聲，慶成事也。

水礱，水轉礱也。礱制上同，但下置輪軸，以水激之，一如水磨。日夜所破穀數，可倍人畜之力。水利中未有此制。今特造立，庶臨流之家，以憑倣用，可爲永利。

碓，舂器，用石，杵臼之一變也。《廣雅》曰：矴，碓也。《方言》云：碓梢，謂之碓機，自關而東謂之梃。《桓譚新論》曰：杵臼之利，後世加巧，因借身重以踐碓，而利十倍。

堈碓，掘埋堈坑，深逾二尺，下木地丁三莖，置石於上。後將大磁堈穴其底，向外側嵌坑内，取碎磁，灰泥和之，窒底孔，令圓滑，候乾透。用半竹篘長七寸，徑四寸，方如合脊瓦樣，下稍濶以熟皮圍之，倚堈下唇，篘下兩邊石壓之，或兩竹杆刺定，隨注糙於堈，用碓木杵搗於篘内。堈既圓滑，米自翻倒簌蔛内。然木杵既輕，動防狂迸，須踏碓時，已起而落，隨以左足躡其碓腰，方穩順。一堈可舂米三石。始於浙，又名浙碓。今多於津要米商輳集處置設。上農之家用米多，亦宜置之。

水碓，水擣器也。《通俗文》云：水碓，曰翻車碓。孔融論水碓之巧，勝於聖人斵木掘地。則翻車之類，愈出後世之機巧。今人造水輪，輪軸長尺，列貫橫木，相交如滚搶之制。水激輪轉，則軸間橫木打所排碓梢，一起一落舂之，即連機碓也。凡流水岸傍，俱可設置。度水勢高下，如水下岸淺，用陂柵；平流用板木障水，俱使傍流急注，貼岸置輪，高丈餘，自下衝轉，名撩車碓；若水高岸深，則輪減小而濶，以板爲級，上用木槽，引水置下，射轉輪板，名曰斗碓，又曰鼓碓，隨地所制也。

槽碓，碓梢作槽受水，以爲舂也。凡所居之地，間有泉流稍細，可選低處置碓一區，一如常碓之制。但前頭減細，後稍深濶，爲槽可貯水斗餘，上庇以厦，槽在厦，乃自上流用筧引水，下注於槽，水滿則後重而前起，水瀉則後輕而前落，即爲一舂。如此晝夜不止，可毇米兩斛，日省二工，以歲月積之，知非小利。

杵臼，舂也。按：古舂之制，秳百一十斤，稻重一秳，爲米二十斗。爲米十斗曰毇；爲米六斗大半斗曰粲，又曰糲；米一石，舂爲九斗，曰鑿。鑿，米之精者。斯古舂之制，自杵臼始也。

附蓄藏器具

倉，穀藏也。《釋名》曰：倉，藏也。《天文集》曰：廩星主倉。《史記·天官書》：胃爲天倉。此名著於天象者。《禮月令》曰：孟冬，命有司修囷倉。《周禮》：倉，人掌粟入之藏。此名著於公府者。《詩》曰：乃求千斯倉。《管子》曰：倉廩實而知禮節。此名著於民家者。今國家備儲蓄之所，上有氣樓，謂之厫房；前有檐楹，謂之明厦，倉爲總名，蓋其制如此。夫農家貯穀之屋，雖規模稍下，其名亦同，皆係累年蓄積所在。內外材木露者，悉宜灰泥塗飾，以辟火災，木又不蠹，可爲永法。

廩，倉之別名。《詩》曰：亦有高廩，萬億及秭。註云：廩，所以藏粢盛之穗。《説文》曰：倉黄亩而取之，故謂之亩。或從广，從禾。今農家構及無壁厦屋，以儲禾穗穜稑之種，即古之廥也。《唐韻》云：倉有屋，曰廩。倉其藏穀之總名，而廩、庾又有屋、無屋之辨也。

囷，圓倉也。《禮月令》曰：修囷倉。《説文》：廩之圓者。圓，謂之囷；方，謂之京。《吴志》：周瑜謁魯肅，肅指其囷以與之。《西京雜記》曰：曹元理善算囷之穀數。類而言之，則囷之名舊矣。今貯穀圓笔，泥塗其內，草苫於上，謂之露笔者，即囷也。

窖，藏穀穴也。《史記·貨殖傳》曰：宣曲任氏，獨窖食粟。楚漢相拒滎陽，民不得耕，米石至數萬，而豪傑金玉盡歸任氏，任氏以是起富。嘗謂穀之所在，民命是寄，今藏至地中，必有重遇，且風蟲水旱，十年之內，儉居五六，安可不預備凶災！夫穴地爲窖，小可數斛，大至數百斛，先投柴棘燒，令其土焦燥，然後周以糠穩，貯粟于内。五穀之中，惟粟耐陳，可歷遠年，有于窖上栽樹，大至合抱，内若變熄，樹必先槁，又謂葉必萎黄，又擣別窖。北地土厚，皆宜作此，江、淮高峻土厚處，或宜倣之。

畿輔義倉規條附

一、擇地建倉

案： 朱子社倉之法： 方五十里而置一倉，準邑之大小，酌其數，方五十里者一面十二里半也。倉立其中，四隅之稍遠者，亦不及十里，最於民稱便。但州、邑之大者，需倉過多，今於每州、縣、衛内 ，擇大村集鎮，酌建倉厫，自三四區至七八區，令四面村莊皆在十五里及二十里之内； 間有山程崎遠，海濵遼濶，村落無多，亦不出三四十里。俾捐輸曉諭，易徧賑貸，老弱能來。且衆情曉然，知捐於此者，即可取於此，積於公者，無異藏於家。 閭里族黨，相賙相救，無非耳目相接之人，於以發其任卹之情，而取效集事爲尤速。 州、縣辦此，先將合境村莊，繪圖齊全。某處立義倉一區，附倉若干里之内爲某某村莊，各註明到倉里數，各倉各村用五色筆別之，其境内高山大川爲疆界，眉目所繫者一並繪入録版存縣，印送院司道該管府、州存案。 仍將義倉幾處各畫一圖，懸之本倉，村民視之更爲瞭然。 向後積貯日廣，更于鄉鎮社約湊總之地參錯增建，則多而益近，總不得取便在城，致違本制。

每倉瓦房三間，俾可貯穀千餘石，周以高垣，門額題某村義倉，按方位列各村於後。再建小房一間，以居守倉之人。 倉宜分間各門，以便新舊穀輪流出借，並便盤查。雜糧無多，另以囤置之。 士民有捐輸工料建義倉一座者，折照穀價，一體獎勵。 所需芻藁、木植、土墼，村民有零星捐備並力作者，俱簿記之，分別加獎。 各倉應歲加葺補，或數年一次，修理所須工料，倉正、副禀縣勘明，准動息穀，變價充用； 如捐穀漸多，應添建倉厫，並於息穀内動支。 凡倉厫工作，俱估計册報本管府、州立案，直隸州報本道立案。

一、勸捐分別獎勵

秋收豐稔之年，該管道、府、州董率州、縣勸導捐輸。紳衿士庶人等，捐穀十石者，州、縣官給以花紅； 三十石以上，獎以匾額； 五十石以上，報明上司，遞加獎勵。 准將各年所捐前後通算，至二百石者，照例核實具題，給以九品頂帶； 三百石者，給以八品頂帶； 四百石以上者，給以七品頂帶。 其有捐雜糧者，折照穀數，畫一獎勵。 近京五百里内，旗莊正身，有願在所住産業地方捐輸者，悉照民人之例，予以獎勵，所收穀石即貯該管州、縣義倉内，一體辦理。

勸捐之法： 州、縣設立印簿多本，將勸捐義穀緣由，摘叙簡明書之簿首。 就附倉諸村内延擇紳衿、鄉老殷實可信者各數人，轉相勸諭。 無論米粟雜糧，不拘升斗斛石，聽捐户自登姓名、數目，毋許抑勒强派，各按村莊總歸一簿，勿使紊淆。每年於秋收後舉行，十月內交倉註收。州、縣核實總數，限於十一月內，詳府申司彙總，通省捐數報院，麥收後有願捐者聽。鹽、當商有願捐者聽。官捐倡首，即於登簿之日交出實數貯倉。其年歉收在六分以下停捐，如富户自願捐者逾格旌之。

一、典守擇人

每鄉穀數在五百石以內者，立倉正一名經管；千石以上，添設倉副，共爲經理。統于鄉耆中公舉端謹殷實之人充當，免其差徭，將姓名申報存案，不得違例引用生監。

倉正、副經管三年，果能鄉井休戚相關，辛勤無誤，遵照新例，由州、縣詳府、州，給匾獎勵。六年無過，許府、州詳布政司給匾；十年無過，許布政司報院給匾。狥私者革懲，侵蝕者治罪、賠補。倉正、副稟事，許徑赴州、縣署，不許胥役隔手。平時亦不許胥役至倉。其經理勤妥者，州、縣官歲首傳集公堂，勞之酒食，以示鼓勵。

倉置夫二名，或一名，住倉看守。於息穀內，每名按月給工食穀五斗。如需加增，視歲入息穀多寡，隨宜酌辦。

一、出納積息

每年於青黃不接之時，分半出借，定於三月下旬開倉。預期倉正、副先計一倉應借之數，按村莊大小，核明某某村各應借若干，開具清榜，送官核明標發，實貼倉門，俾各村皆知應借之數。願借者互保具領到倉，倉正、副核明應借，各于領內畫押登簿，每户自數斗至二石爲止。願借雜糧者聽，仍不得逾於借穀之數。如已借常社倉穀，即不准重借，令於領內註明並無重借字樣。游手不事生業之人，不准借。通一村無捐户者，不准借。倘有强借情事，立即稟究。事畢，倉正、副將出借花名簿，領送州、縣查核，鈐印。秋收後發倉，照數催還。倉正、副並其同居親屬，准於常社倉借給，毋得即借本倉之穀。

借穀，限於秋收後十月內還倉。收成八分以上，加一收息；收成六分、七分，免其加息。每斗收耗穀三合五分，以下緩至次年，秋後分別加免還倉。借雜糧者，豐年易穀交還，仍照穀數加息。各户交還正息穀，俱令正、副長眼同登簿，於原借簿內註銷。通計所收正息穀若干、正欠若干、免息若干，分晰開載，歲底送州、縣核明。盤查得實，通報存案。如有頑户抗不交還者，稟官倍罰。正、副長狥私揑還銷欠，察出究處，仍罰穀十倍。故絶無着者，核明稟官開除。

每倉置斛、斗、升各一具，照部頒成式，用鐵葉裹口，印烙發倉貯用，出入令借户輪流灌量，概則倉夫司之，以免高下之弊。

息穀準以豐年之入，每百石收息十石。以一石爲倉正、副紙張飯食；以一石爲倉穀折耗；以一石爲鋪墊之資；其餘七石除動支倉夫工食外，存作修建倉厫之用。如有贏餘，源源積貯。

一、收掌盤查曬晾

各倉鎖鑰，當春借秋還時，發倉正收掌；平時繳存州、縣署。如遇黴雨濕漏，應開倉看視，赴署請領門鎖。封條俱由州、縣給發，惟春借秋還時，將封條標發倉正、副，按日用之，有餘仍繳。

州、縣官每歲於十二月逐鄉，同倉正、副盤查一次，取具甘結，加具印結，詳報本管道、府察核。其有因事交代者，接任官於限内照常平倉穀，一體盤收。如倉正、副有侵混情弊，即嚴行詳究。前任官知情者，着令賠補。倉正、副年滿更替，亦按數盤量交代。

盤查、曬晾，倉夫如不足用，即派本村鄉民執役，量給飯食。

增附二條

賷賑

遇歲荒人饑，災象已成，急出穀碾米，積柴薪，附倉立粥廠，設竈、釜、缸、桶各具，每日散粥一次。人給一籌，繳籌領粥，先女後男。不出三日，人數約略可定。用米，按大口五合、小口二合五勺計之。石米可食二百餘人，日賷米五石，可食大小口千餘人。鐵杓散粥，製如口數，大小惟準，嬰兒準作小口。一倉所食，不越四面附近村民，且不待檢別，而來者皆極貧者。如或災重人多，義穀不繼，州、縣勸富户出粟，或認日賷賑，一人兼認數日，數人共認一日。惟便先期於賑廠揭示，大書某某於某日賷賑，使食者知感，而施者不倦。即令倉長司廠務，佐以好善能事數人，州、縣並派妥役，以備呼應。正、佐各官，勤至察視，以資彈壓。所需釜薪、雜費，准於息穀動用。

散穀

按：明臣王廷相之言曰：備荒之政，莫善於義倉。凶歲計户給散，先中下者，後及上户。上户責之償，中下者免之。今師其意，先爲粥以食極貧者，令穀足用；乃籌次貧，準穀之多少以算户，視口之衆寡以貸穀。有田者來歲還倉，或寬期二年，均免息；無田者免償。官親臨給散，毋獨任倉長，未賑散之，先增守倉健役爲之防。極次貧户，既皆已得食。一州、邑之中，各倉並舉；數州、邑之中，同時並舉；繼之以官賑，而民宜無外出者矣。貧民安，而富户乃可保，當其時益見，是又當曉之于平日者也。

畿輔水道管見

〔清〕吴邦慶著

目

水利私議按水利與水道原屬兩事，緣篇帙無多，不能成卷，即附於管見後云。

永定河

永定河，一曰盧溝河，緣流經盧師台，故名。一曰渾河，渾源州之渾源川，至應州合流，故名。一曰桑乾河，水至四月，上流截水灌田，水輒涸，時當桑椹熟，故名。今名聖祖仁皇帝所定也。源出山西忻州静樂縣燕京山之天池，洑流東北至馬邑縣，今廢。匯爲七泉。東流逕大同府山陰縣北界，又東流逕應州北，折而北流，逕懷仁縣南，又折而東，逕大同府大同縣南界，又東流，逕陽高縣、渾源州天鎮縣、廣靈縣，又東流，入直隸宣化府西寧縣西南界，又東流，逕順聖廢縣南，與蔚州分界，又東流，逕宣化縣南界，又東流，逕保安州西南界，又東流，逕新保安城，又東流，逕懷來縣城西南境，洋河自北挾塞外諸山之水注之，曰燕尾河。東南流，則有清水河挾諸水注之，曰合河口；又其下，曰沿河口。東南達宛平縣之王平口九十里，西南至淶水縣馬水口百五十里。又南流，穿水關台，逕石景山南流，逕順天府宛平縣西三十里，出盧溝橋。至此，兩岸始有隄。又東南流，逕良鄉縣東，又東南流，逕涿州東北，又東南流，逕固安縣北，又東南流，逕永清縣東北，又東流。至此，爲南北遥隄，中寬四五十里不等，佔永清、東安、武清三縣境。逕東安縣城南，遥隄距城約十五里。入武清縣境。在城南約百餘里。又東流，匯鳳河入清河，合北運河歸天津三岔河，東入海河入於海。謹按：永定河發源馬邑，流入宣化，綿亘數百里，受水凡三十七，緣無關修治，故不詳紀。至穿石景山而南，逕盧溝橋，地勢陡而土性疎，故縱橫蕩漾，爲害頗鉅。金時逕都城北； 元時經都城南； 明時或合白溝，或合拒馬，又或東南徑達信安、勝芳入淀。居民蕩析，幾無定宇。至康熙三十九年聖祖仁皇帝軫念郊圻，親行相視，命撫臣于成龍大築隄堰，自宛平之盧溝橋至永清之朱家莊，滙狼城河，注西沽以達於海，延亘二百餘里，功成賜名永定河。自是三十餘年，河無遷決。惟是下流入淀之後，水渙沙停，漸形淤墊。雍正三年世宗憲皇帝命怡賢親王，令引渾河別由一道入海，毋令入淀，遂於永清之郭家務改河東行。復開下流之長淘河，引逕三角淀而注之河頭，與清河滙； 周築三角淀圍隄，以防北軼。又以河性善淤，復設夫挖淺，俾河流不致遷徙。然嗣是日久淤深，下口亦屢有移改，惟南高北徙，北高南徙，游衍於遥隄之内。又水過之後，土性愈肥，居民貪倖穫之利，爾田爾宅亦不以浸淹捨去。特以上游自盧溝迤下，直抵遥隄，綿長二百餘里，中間夾以長隄，其相距極寬之地亦不過三百餘丈，每至伏秋之汛，拍岸盈隄，水退沙停，日積日甚。方今隄身自外視之，斜坡三丈有餘，而内則隄高不過數尺，河身日高，則漲勢愈形暴猛，且中泓多逼一邊。現在水溜逼近南岸，故近年屢報漫決，嘉慶二十四年，南四工漫口。道光二年，南六工漫口； 三年，南二工、北頭工俱漫口。是其明驗。若隄上加埝，則隄高而水亦日高； 若導之近北，則北岸受災亦同南岸； 若恃減壩爲分洩之計，則原定壩脊尺寸從前之水長丈許分洩者，今水頭略旺，即行旁出，不惟減河不能容受，恐民田亦被浸溢之害，且正流以勢分而愈弱，沙泥以溜緩而愈停，日復一日，難籌善策。謹查： 乾隆二年，大學士鄂爾泰疏請半截河改挑新河； 有擬於半截河隄北改挖新河，即以北隄爲南隄之議。紬繹其言，誠有至理。蓋河身既高，束之以隄，是猶西北之引渠也，施之洪流，安能順軌，昔人譬之於墻上築夾墻行水，信然！計今之勢，惟以北隄爲南隄，而另築北隄以障水，差爲得策。擬自北二工迤下，傍隄量地，寬三四里許，估築北隄一道，直抵北七工之半截河，仍歸遥隄； 中間原有減水河略加挑挖，即可作爲河身； 隄成後，於汛期之先開挖河頭，俾十分深暢，迨水一漲發，其性就下，必當改流，俟溜勢順行後，再將舊河堵斷，則舊河身百餘里之内盡爲膏腴，而新隄以内所佔民業，即可以此撥補。如此遷改，亦不能保其不日久停淤。然地勢既窪，可以容受，五六十年之内必可暢流無阻，較之現今河身，已與隄岸漸平，每逢汛期，居民日抱衝漫之憂者，爲何如耶！

又按： 永定河自築隄東行之後，下口多淤，屢行議改。今擬改河以北隄爲南隄，雖上游通暢，而下口亦不可不爲預籌。查黄河下口，引淮入黄，此借清以刷濁也。雲梯關迤下，仍夾以長隄，逼之東行，此借水以攻沙也。今永定下游與大清河合流，而清河之勢渙； 與龍鳳河合流，而二河之勢弱，固不能收以清刷濁之益。若於遥隄之内再築縷隄，寬則不能束流使急；窄則水入遥隄以後，南北蕩漾，遷徙靡常，溜勢不能必歸中泓，則又不能用借水攻沙之法。惟有浚船之法，可以採用。按黄河舊制：自雲梯關迤下，每隄一里設兵六名，每二里半一墩令兵十五名，居於墩側，每墩給浚船一隻，各繫鐵掃箒二把，於船尾繫繩以五丈爲度。每月初一、十一、二十一等日，兩岸墩兵一齊各乘浚船，或布帆，或鼓棹，或纜錨，下鐵掃箒於水底，溯流疏沙，往來上下。又前河臣靳輔創造鐵犁，每犁重二百斤，上具二十餘齒，沉至水底，則爬沙有力；每二船繫犁一箇，乘流鼓棹，往來爬刷，且令各船更番遞上。又南河近設有混江龍等器具，大致相同，惟其輕重異耳，用之皆可收效。今若於永定河下口與諸水合流之處，上下十餘里間，酌設兵夫、浚船，各帶鐵掃箒、鐵犁、混江龍等器，於春夏之時，往返爬刷，則下口可以無庸改移，而永收通暢之益。至估計里數長短，酌設夫船多寡，則非身預其事者未能懸定也。

又按：《直隸通志》云：『永定濁泥，善肥苗稼，所淤處變瘠爲沃，其收數倍。河所經由兩岸窪鹻之處甚多，若相其高下，開濬長渠，如懷來、保安、石景山引灌之法，分道澆灌，則斥鹵變爲肥饒，此亦轉害爲利之一奇也。』邦慶按：引渠之法，惟可施之清流，而濁流難；水小則沙停成淤，水大則衝奔難制。且濁流或可施之上游，而下游難。上游山岡地堅，下游平地沙鬆。如永定之水弱時，或至斷流，盛漲則拍岸盈隄，豈能由人操縱！竊查黄河在江南境，向有放淤之法：每逢漫決之處，築成月隄，再築近河之隄；而月隄内積水成潭，大隄兩面水浸，恐難保固，則開隄引水淤爲平陸，而大隄可保矣。如高郵迤南之荷花塘，漫口堵合後，月隄内水勢汪洋，糧艘經由，並無縴道，繼因黄流由清口下注，不數年間，泥淤遂平，此其效也。今永定河南岸之田，近隄數里皆成鹻鹵，每逢積雨，水潦下注，良田亦漸成鹻灘；北岸則或沙淤不堪種植，或極窪下夏、秋之間每爲澤國。若行放淤之法，則不惟陸續可變爲良田，而兩隄之外地形漸高，大隄保固勢亦差易。兹擬於大隄之外，相距三四里，先築遥埝，約高五六尺；無庸夯硪，緣放出之水其勢游衍無力，故也。然後相度地勢，就隄開挖水口，兩壩鑲作埽段，以便堵合於水口，下距里許之處挑成倒勾引河，如水勢東下，開南隄放淤，若作直河，恐引動大溜。倒勾河，先引之西行，然後南趨，則免引溜之患。引水出口則傍隄數十里之内，不毛之土可變膏腴。或謂俗有『勤泥嬾沙』之言，濁水出口多係沙淤；迤下始成泥淤，則苦樂仍屬不均。竊謂：欲行此法，宜先於下游，俟下游淤成，再移水口向上，沙淤之地仍變泥淤，行之有效，民量無不樂從者。改隄之説，若難驟辦，則此法似可試用也。然欲圖永慶安瀾，似終不若改隄之法，可爲一勞永逸之計。再放淤之期，當於春汛時爲宜，緣其勢不甚猛也。

永定河所滙諸水：查永定河，自山西馬邑發源，流入宣化，所受諸小水，蓋以百數，未可縷紀。今擇其稍巨者附諸篇末，以備參稽云。

嵲川水，即鄯河。源出朔州東，至馬邑舊縣入焉。

灰河，即古馬邑川。源出朔州西南，經寧武縣北流，至邑馬〔一〕入焉。

黄水河，源出山陰縣城西，由龍灣峪口東北流，至應州入焉。

白泥河，源出山陰縣東南榆林峪，東北流，至應州界入焉。

清水河、木瓜河，源皆出應州西北，東流入焉。

渾源川，源出渾源州恒山下，至沙屹坨伏入沙中，至烽台鋪復出，西流會神頭村、海村等泉，南流滙應州之白土河入焉。

懷仁河，滙大峪水、小峪水、金龍山水、鎮子海、聖水泉，入焉。

如渾水，一名御河，在大同縣東北四十里。自塞外南流，又南至縣東南，合武周川入焉。

五泉河，俱發大鎮縣，合流逕陽高、大同，入焉。

滸河，在西寧縣西，合柳園泉、一堵泉入焉。

壺流河，即祁夷水。源出莎泉，合廣靈、蔚州諸泉，入焉。

洋河，源有三，皆出塞外，至懷安縣合流，又名燕尾河。東流，逕保安州懷來縣，入焉。

礬山水，礬山在保安州西南，水源出此，西南流入焉。

清水河，源出延慶州大海陀山下之龍潭，合諸小水至懷來境入焉，地名合河口。

按：舊志謂：『拒馬諸河，皆入永定。』蓋向時河本漫流，故西北諸小水咸得滙入。今則自盧溝迤下，金隄屹立，直達武清，始與鳳河合流。蓋迤上二百餘里，無復涓流之入矣，並識之。

北運河

北運河，以白河古稱沽水。爲經流，潮河、榆河、大通河諸河皆滙入焉。白河上源有二：一爲獨石水，即《一統志》所謂白河，源出上都牧廠東南界者是；一爲紅山水，即《一統志》所謂隄頭河，源出上都牧廠南者是。皆南流至獨石城南合流；又西出龍門峽，是爲龍門川；又東南逕赤城縣南，曰赤城河；又南流合龍門縣水，曰南河；又東流出赤城滴水崖下，又東流出邊墻外，又東流入二道邊垣之白河口，逕密雲縣之石塘嶺，又南流逕縣西，霧靈山水爲引河入焉；又南流逕縣南，與潮河合；又南流逕懷柔縣東，又南流逕順義縣東北境，又逕牛欄山

〔一〕邑馬　應爲『馬邑』。

東，又南流入通州北境爲北運河，又通稱曰潞河； 又南流逕州北，則有榆河自西北來入之； 今名富河，又誤爲温榆河。 又有大通河之水自北流入焉； 又南流逕張家灣城東，則涼水河自西南來入之； 又東流逕舊漷縣東，又南流入香河縣境，又南流入武清縣東北境，河西務稍南東岸爲王家務引河； 又南流逕南北蔡村，又南流逕筐兒港東岸，有引河； 又南流入天津府天津縣北之桃花口，又南流逕孤雲寺西丁字沽，合西沽、直沽爲三沽； 又南流逕西隄頭，則有永定河之水，合大清河水自西來會之； 又南流逕小紅橋，則有子牙河自西南來會之； 又南流滙南運河爲三岔口； 直府城東由海河同入於海。

謹按： 北運河來源，以白河合宣化府、密雲縣榆、潮、通惠諸流，滙聚而成。 諸水自西山之麓，建瓴而下，地勢最陡，勢陡故夏秋雨潦，來勢甚猛，然水源絀短之時，停蓄尤難。 今制設立王家務、筐兒港兩減河； 挑挖深通，已足洩盛漲之勢。 惟春夏之交，糧艘雲至，多苦溜急水淺，然地性沙疏，不能設立閘座，以蓄水勢，惟設有挖淺夫，臨時疏濬而已。 查《明實録》： 宣德時，有因水淺難行，議委官提調各淺夫老人，以時採取椿草。 每春糧運之時，遇有水淺漫流，如法築置壩堰，逼水路歸入中泓，庶糧運無滯留之患者。 劉天和《問水集》： 白水源遠流迅，水勢漫散，河皆挾沙，深淺通塞不常，運行甚艱，議用兆杓數千具，治河官、夫遇淺即濬； 此外運舟各攜四五具，二三百艘即可得千餘具，合力以濬，頃刻而通。 又有謂： 白河甚廣，故沙漫漲，以堅隄束之，沙亦可隨水而去。 邦慶謂： 若築隄以束水，於水小之時誠有益，若逢暴漲之時，衝決爲害，豈不可虞！ 此不可行之説。 如採草椿築逼水壩，及淺夫偕同運艘合力挖淺，今已約略舉行； 而運艘遇淺，起剥之累無歲無之。 竊擬引流以益之，必當取效。 查廣寧門外涼水河一道，源出水頭莊，東南流貫南苑，出東紅門至高各莊，折而東北流，抵張家灣入運。 雍正四年，曾分一支南入鳳河。 又鳳河一道，源出南苑，流出回城門，由沙堆營、包頭營等村入通州界； 由張家村、馬駒橋、新河、小甸屯等村入武清界，經由壔頭、六合營等村入天津界； 至青光滙永定、清河入海。 龍河源亦出南苑，與鳳河源甚近。 出南紅門，南流出大興界，入東安境，至七字隄入武清界，與鳳河合流。 若將龍河自發源相近處，即引入鳳河至高各莊，於鳳河與涼水河合流處迤南，設立閘座，俾龍、鳳二河之水全入涼水河，至張家灣入河濟運； 或涼水河東北折流之處，地形本屬高仰，即將涼水河全行引入鳳河； 於下游鳳、運兩河相近之處，擇地挖槽、築隄，俾鳳、運兩河相通； 於其南流堅設閘座，使運水小弱之時，則三河之流全行濟運，設運河水大，亦可啟閘放之南行。 如此，則淺阻時既收接濟之功，盛漲時亦無增流之患。 芻蕘之見，未知可備採擇否。 再按： 助運之水，愈近上游愈爲得力。 查鳳河逕由之荆垡、兩儀閣等村，斜距運河西岸之榆林莊、蘇家莊等村，不過二十餘里，使地形不致北下南高，縱中間有土壠梗斷，不難人力挖通。但未詳履其地，未敢臆斷，大略規模似不出此。

又按： 白河發源塞外，出入邊垣，滙合細河，源多派繁，其最鉅者曰潮河、榆河、大通河、涼水河，謹列於左。此外，如清河、胡盧河、雙塔河、營河諸水，雖有河名，要皆涓涓小水，附支川而達經流，不足縷計。

潮河，即古鮑邱水也。源出古北口外西北三百里郭家屯西，舊開平衛東南之廢興州，又南流爲四岔口； 又南流逕上黄旗汛城大閣兒、虎什哈、巴克什營，亦曰潮河川； 又南逕瑶亭子、石匣城東，又南流逕丫髻山，又折而西南流，逕密雲縣南十八里，入於白河。

榆河，古㶟餘水也。源出昌平州西岔道口八達嶺下，元所謂居庸北口是也； 南流逕青龍橋、三鋪村、彈琴峽，逕上關城東，即古居庸關塞也； 又南流逕延慶衛城南，又南流逕龍虎台南而伏，至昌平州西南舊縣村復出，曰月兒灣，又南流逕州西是爲沙河； 又分二支曰： 南沙河、北沙河，至三岔口復合，又東流入大興縣界，逕德勝、安定二門，又東南逕富河村，出西浮橋下，入白河。

大通河，（即通惠河。） 源自玉泉山之玉泉口水源頭，亦名玉河。 東流出山，曰裂帛湖； 其下爲西湖，（即今昆明湖。） 則有丹稜水、高梁河、官河及龍泉、雙泉、青龍諸泉入之； 又東流逕圓明園、暢春園南，又東流逕廣源、白石、高梁、澄清諸閘，出青龍橋下，其長五十餘里，至都城西北隅分爲二支： 一支環京城爲濠； 一支由德勝門水關入於皇城，穿流至東便門水關合流，又東流出大通橋下，東抵通州，爲四閘以節宣之。（曰慶豐閘、曰平津上下閘、曰普濟閘。） 一自舊城西水門流入城内，至東水門出； 一自新城西門外繞新舊城南，折而東北，乃合流至張家灣城東門外，入北運河。

涼水河，在宛平縣南，由水頭莊發源，東南流入南海子； 逕馬駒橋，又東逕通州南，曰南新河； 至張家灣城南，入白河。

又北運河自通州下抵天津，東岸引河凡三： 曰新引河、曰王家務引河、曰筐兒港引河。

新引河，按《畿輔通志》： 康熙五十年，以河西務工程險要，欽臨指授，命牛鈕開挖引河，復以河西務城東有舊河形對新河下口，至三里屯特命開直河一道，長四百餘丈，今淤。

王家務引河，舊名青龍灣引河，（《長安客話》謂，爲遼時海運故道。） 在武清縣北。 首起香河縣紅廟，東流入縣東北界，逕三百户等村，又東流逕寶坻縣屬，又東流爲油香淘； 又東流爲鯽魚淘； 又東流爲東淘； 又東流注寧河之後海； 穿後海而出，逕俵唐兒注於七里海； 又東流入曲里海； 又東流爲寧車沽； 又東流與薊運河會於北塘莊入海，長一百八十里。 雍正九年開浚筐兒港引河，係康熙三十九年命員外郎牛鈕等，於沖決處建減水石壩二十丈，開挖引河，夾以長隄，而注之塌河淀； 由賈家沽道引河入海。雍正五年，河水泛溢，東西岸漫決者四。六年，經怡賢親王奏拓筐兒港舊壩，濶六十丈，展挖引河，改築長隄，疏濬賈家沽道，分減既多，消疏亦暢，今仍其舊。按：是河自武清縣東南河東岸隄起，中分二支： 北支由西淢河逕大石橋，至楊家河出境入寶坻縣界，注於塌河淀； 南支起費家莊，東流注於麥子淀，由腰河入於塌河淀，穿隄而出，爲陳家溝、賈家口兩引河，以入於海，長一百里。

南運河

南運河，自隋及元曰御河，明曰衛河。其曰御河者，以隋穿通濟渠引沁水，南達於河北通涿郡故名； 按：《通典》作通濟渠，《通鑑》作永濟渠。 曰衛河者，以源出豫之衛水故名。今河實有三源： 一汶水，一漳水，一衛水。汶水，源出山東泰安府萊蕪縣，原山之陽，西南流逕泰安寧陽，又西南逕滋陽縣，又西至東平州之戴村。明尚書宋禮，用汶上老人白英策，築剛城及戴村玲瓏石壩，橫亘五里，俾汶水滙諸泉之水，盡出汶上，至南旺中分爲二道： 南流接徐、沛者十之四； 北流達臨清者十之六； 相地置閘，以時蓄洩。自分水口至臨清，地遞降九十尺，置閘十有七而達於衛。南至沽頭，即今台莊，地降百十有六尺，置閘二十有一而達於淮。俱見《明史》。 計自分水口北流，逕東平州西南安山湖，又北逕壽張縣之沙灣，又北逕東阿縣之張秋，又北逕陽穀縣東，又北逕聊城縣東，又北逕堂邑縣東，博平縣西，又北逕清平縣西南戴家灣，又北逕臨清州西，閘自此止。 與漳、衛水會。 衛水，源出河南輝縣城北蘇門山之百泉，亦謂之搠刀泉，南流入新鄉縣之合河鎮西，則小丹水分〔一〕注之； 又東流，逕汲縣城北，又東流，入濬縣界，則淇水自林縣西南流注之； 即宿胥瀆。 又東北流，逕滑縣界，滑、濬兩縣界有村，名道口。 又東北流，逕内黄縣北，湯陰縣西，則有蕩〔二〕、洹諸水入之； 又東流，逕内黄縣之楚旺鎮，又東北流，逕大名府之大名、元城界，與漳河合流； 又東北流，逕山東館陶縣境，至臨清州與汶水會漳水； 則有清、濁二源： 清漳，出山西樂平縣今改樂平鄉。 之少山〔三〕東，流入遼州之和順縣，又逕黎城縣東北，又東逕河南涉縣境，與濁漳水合； 濁漳，源出潞安府、長子縣之發鳩〔四〕山東北，流逕壺關縣，又東北流，逕襄垣縣北，又東北流，逕潞城縣北，又東逕河南林縣北，又東，左合清漳水於涉縣東南之交漳口； 又東流，至田家嘴而入直隸廣平府、磁州之西界，又

〔一〕分　《畿輔安瀾志》作『自西來』。
〔二〕蕩　《畿輔安瀾志》作『湯』。
〔三〕山　《畿輔安瀾志》山下有『大黽谷』三个字。
〔四〕發鳩　《水經注》作『鹿谷』。

東流，逕河南安陽縣北之豐樂鎮，又東流，逕臨漳縣，向分二支，今合流。又東流，逕大名府、元城縣，合衛水，入山東館陶縣，至臨清州同會汶水北流，是爲南運河。

汶水與漳、衛合流，復北流，逕臨清州北渡口，直隸、山東二省交會之區也。又東北流，入直隸廣平府、清河縣東南境，循縣東北流，復入山東夏津、武城二縣境；又東北流，復入直隸河間府、故城縣南；又東北流，復入山東恩縣、德州境；四女寺減河，在恩縣境，哨馬營減河，在德州境。又東北流，復入直隸吴橋縣西，景州東山東、直隸運河，以德州之柘園鎮，吴橋之安陵鎮爲界。又東北流七十里爲吴橋縣連窩驛，又東北流，逕東光縣境，又東北流，逕交河縣，又東北流，逕天津府南皮縣西境泊頭鎮，又東北流，入滄州南境，又東北流，逕南皮縣西北境，又東北流，逕滄州南境之磚河驛，又東北逕捷地，有減河。又北流，逕州城西，又北流，入青縣東南境，又東北，流逕興濟鎮，有減河。又北流，逕青縣城南，舊有滹沱河合老漳河自西南來注之，今斷流；又東流，逕唐官屯，入静海縣境，又北流，迤西而入天津縣境，又東流，屈逕其縣北，是爲天津關；又折而東北，逕縣東北會北運河，同入於海。

謹按：南運河，對通州至天津之北運河而名之也，要即元之會通河耳。東南來源爲汶之分流。查汶水分口，《明史》稱：南流接徐、沛者十之四，北流達臨清者十之六。《居濟一得》稱：以其三南入於漕河以接徐、吕，以其七北會於臨清，以合漳、衛。其三分往南者，蓋以南有府河、泗河、洸河並馬場、獨山、南陽、昭陽、微山等湖，又有彭家口、大泛口二河，其餘諸泉不可勝數，此所以三分往南，而不患其水少也；其七分往北者，以北止有安山一湖，今已涸爲民田，在東平州界。所以七分往北而不患其水多也。前河臣靳輔重修宋康惠公名禮。《祠記》，亦有三分往南濟漕，七分北會臨清合漳、衛之語，諸説歧出，似皆無庸膠執。蓋汶水自到南旺，南北分流，閘座接望，水皆節節受制。如迤南需水，則嚴閉開河閘，而水不能北；迤北需水，則嚴閉寺前閘而水不能南。嘉慶十五年，邦慶奉命巡視東漕，緣邳、宿中河沙淤，而韓莊、夏鎮又復淺阻，遂檄河員嚴閉開河閘，開放蜀山湖，湖水全行南注，船隻得以飛挽。又十九年，因運河水勢短絀，糧艘北上維艱，曾具疏請飭河臣於啟放汶壩之時，先將開河閘板嚴閉，然後啟放大壩，俾水勢南下，以資浮送，亦荷勅交河臣酌辦，重運得以無悞。設分口迤北需水，諒亦可以仿行。現今汶河北出臨清，惟值清弱濁强，不無擋口之慮，往往淹滯累月。邦慶謂：清不敵濁，未嘗不可暫借全汶以敵其勢。縱濟寧一帶漕船，有時阻淺坐待，然擋口之病一除，則全幫即可聯艘而上至。漳河，則向在直、豫二省，緣不設隄防，河道屢改，故新、舊漳河，大、小漳河之稱，難以縷考。迨後日以南徙，至其在元城合衛入運，歷有年所，迺於乾隆六十年以後，南移至楚旺鎮，奪衛河槽身，衛水北來之竇公村十餘里，間段淤塞，因逼衛水南移，附近田廬大被其害，而民船、鹽艘皆淺阻難行。邦慶於二十二、三年備官豫藩，曾疏陳欲引衛復歸故道，挖通沙淺，並於衛水合漳處設立閘座。漳水盛時，則嚴閉防淤，一仿臨清、汶、漳、衛合流處之磚板閘規制，未獲施行。聞漳水，今又稍行北徙，仍抵元城合衛入運，此則水因地勢所宜，隨時變通。至衛水，雖挾豫省沁水迤北漳河迤南之泉渠，全行入汶濟運，然查河臣王新命《丹衛河道情形奏》略稱：輝縣搠刀泉即衛水之源。在縣西北五里蘇門山下，清水一泓，約二十餘畝，民間設立四閘，蓄水灌田約三百餘頃。往例於五月初一日啟板，放水濟運，惟五月正當農人需水之時，未免有妨農務。臣親行驗看，封板始可通渠灌田，啟板則泉流直瀉，各渠立涸。應用竹絡裝石，量渠口之高下堵塞，使各渠之水常盈，而所餘之水，晝夜常流以濟運。其萬金渠及小丹河八河渠，皆仿此辦理，是衛及諸水於重運經過之時，本未能全行濟運也，故四、五月間，運船仍不無淺澁。竊謂：汶、漳、衛三水合流，濟運於盛漲之時，則設有恩縣四女寺、德州哨馬營、滄州之捷地、青縣之興濟諸減河，以殺其勢。而豫備淺阻，亦必需增廣來源。查小丹河本係丹河之支流，分渠灌田，因借渠助運，而丹河經流，則仍歸入沁河。妄擬於丹河入沁之處，相度地形，分立閘座，於水小之時，則俾其全行入衛，歸入汶河以濟運；於水盛之時，則開閘俾其暢流入沁以洩水，量可操縱由人。又查滹沱、滏陽合流之後，向有一支自獻縣古沙村分流，逕由單家橋、淮鎮、纍頭等村入交河境，至青縣之杜林鎮滙流，至縣南之鮑家嘴入運，其合處曰汊河口；（前漳河亦有分流合滹沱至此入運，康熙五十四年，築隄遏之，漳水始全行入衛。）後經堵單家橋迤上之完固口，而此流始斷。現今滹沱、滏陽二流，合并爲子牙河，勢盛溜急，夏秋之間，每致漫溢。若將完固口開放，引支流仍至青縣鮑家嘴入運，則不惟子牙河之勢藉以少減，而衛河亦收接濟之益。再衛河增此二流，或虞盛漲時爲害，竊查上游直、東二省已開四減河，惟靜海迤北諸村落，東有運河，中子牙河，西則淀泊，相距不過十里，地形又甚窪下，每逢雨潦，河淀通連，不惟地畝被淹，而東岸單隄亦甚危險。應於此處再酌開減河，下距海濱甚近，易於分洩，庶濟運既增來源，而分消亦有去路。

再按：減河之設，壩脊高則水勢難消，壩脊低則農田受損，即斟酌得宜，而下游非甚深通，終虞壅滯旁溢。是減河而不加以疏濬隄防，與無減河等。茲將直、東減河河道，考訂如左，並將擬新開減河，亦約略其逕由縣分、村落云。

恩縣、四女寺減河，始於明（宏）〔弘〕治，於德州之南四女寺鑿裡河，至九龍口歸老黃河入海。嘉靖時，於四女寺建閘，以時啟閉，我朝康熙時，於四女寺建減水壩；雍正時，改滾水壩，引河北行五十六里，入直隸吳橋縣境；

逕城南玉泉莊東，會鉤盤河； 又由寧津、鹽山、慶雲諸縣達山東海豐縣入海。

德州哨馬營減河，明永樂時，尚書宋禮於德州西北隅，開泄水支河一道，東北至舊黄河一十二里內，五里係溝渠，五里係古路，二里係平地，開通入海豐之大沽河入海，凡四百五十七里。我朝雍正時，於德州城北哨馬營建滚水壩，即用其舊也。今已淤塞，急宜挑濬深通，以洩盛漲。

滄州捷地引河，明（宏）〔弘〕治中開，旋塞。我朝雍正時重開，東流逕八里屯，又東逕風化店、大寺、小吴家莊、鄭家口，折而東南流二十里入母豬港，會石牌河，穿大溝窪、長港、小西河入海。

青縣興濟減河，東北流，逕北蔡家莊，入滄州東北境，又東北逕乾符城南，又東北流，逕桃園； 又東折南轉，凡二十里，其流散漫，入小西河，會捷地減河水入海。按： 四減河分隸兩省，而下游較上流喫重，若徒加意於直省，而四女寺、哨馬營水道稍有滯塞，是減河之用已去其半。惟地屬兩省，若挑挖後，互相驗收，則兩省承辦之員，不敢以膜外視之而稍涉草率矣。

擬新開減河： 謹查静海縣有權家口村，在城北三里許運河東岸。雍正時運河決權家口，北趨天津。當時議，即決口開河，引流東北至白塘口入海，以洩運河盛漲，未及施工，中止。又縣東北三十五里有寬河村，今村西南尚有河形，附近諸村瀝水，皆滙於此下入波水窪。今若於權家口添開減河，設滚水壩，相地形導入寬河； 又將至波水窪阻礙之處，量爲挖通，由大泊、秋漠港引河下達海河，則用力無多，而疏消益暢，静海夾河諸村落，尤無漫溢之虞矣。再子牙河，若由青縣之鮑家嘴分流入運，則遇盛漲時，河槽增流於上，而水勢分減於下，亦調劑盈虚之一術也。管見如斯，執事者或有取與。

清河

自保定府東達天津，本一水，上游曰府河； 自雄縣迤下，曰清[一]河。按： 府河亦歸清河道管理，故總以『清河』名篇。府河，源出府西北滿城縣、雞距泉東南流，滙一畝泉及五花連寶諸泉，入清苑縣境，逕府城，別支環城爲濠，蓄流入城爲蓮花池水； 折而逕郡[二]城西南隅，則有方順橋河諸水入之； 又東逕郡南門[三]橋至此，始可通舟。稍東，徐河入之； 又東流入安州境，中量地建閘，以節蓄水勢。則有望都之龍泉河合諸泉水入之； 至此，名爲依城河。又東北流，則安肅縣之曹河東南流來會； 又東流，逕新安縣入雜淀爲二

[一]《畿輔安瀾志》『清』上有『大』字。
[二]《畿輔安瀾志》無『郡』字。
[三]門 《畿輔安瀾志》作『關』。

支：其一東流，逕新安縣東南歸西淀；其一北流，雹河自安肅縣滙之東流，逕新安縣東，復合流入西淀，在任邱界。豬龍河亦自高陽縣北流入焉。西淀受西山下諸泉河，又地窪，周迴數百里，詳見下。府河行其中，逕趙北口過雄縣東南境，白溝河挾諸水自西北來，逕城南入焉，地名清河門；此下遂稱清河。又東流，則有任邱五官淀之水北流入焉；又東北流，則有盧僧河白溝上游之支河。東南流入之；又東流，逕茅兒灣，是爲神機營淀；又東流，入保定縣西北境，又名玉帶河；其分支爲中亭河，東北流，仍歸本河。又十望河，亦引河，在中亭上游，未挑。東逕霸州南境，是名通濟河；又東流，入文安縣西北境，舊與渾河合流，名會通河，又名會同河。今與渾河分流。河至此分三支，總名東淀。北派自三汊口，經台山，出紀家淀，入勝芳河；中派由趙家房，經托蓮淀，出郭家窪，入勝芳河；南派由下馬頭，經崔家房、張家嘴至左各莊泊，入石溝河；其支流循大隄而東，經西馬頭、左各莊，會於石溝，不在三支數內。水小則分流，水大則混合，又名大清河，又名淀河；又東北流，逕静海縣西北界，東流入天津境，與永定河合；下合北運河入海。

謹按：府河、清河自西山之麓，抵渤海之濱，導納百川，貫穿二淀。其創始蓋自宋臣何承矩。按：承矩疏稱：臣幼侍先臣，關南征行，熟知北邊道路川原之勢。若於順安寨西，今安州境。開易河、蒲口，引水東注至海，東西三百餘里，南北五七十里，資〔一〕其陂澤，可以築隄蓄〔二〕水爲屯田，以助要害。朞歲間，塘濼注關南諸泊淀，水播作稻田。收水田以實邊，設險固以防塞，萬世之利也。又《宋史·河渠志》：緣邊塘濼，諸水所聚，因以限敵。凡水之深淺，屯田司季申工部。大抵河北塘濼，東距海，西抵安肅，深不可涉，淺不可舟，故指爲險固之地。其後淤澱乾涸，不復濬治，官司利於稻田，往往洩其積水，自是隄防壞矣。是塘濼之設，宋時利於積水，而今之治河淀者，則利於疏通。疏通之法，不過通水道以消積漲，開支河以洩怒流。然支河之開，有仍洩於本河者，有洩之淀泊者。邦慶謂：開支河而仍洩入本河，則當其洩也，固有分流之益，以稍殺其奔騰之勢；及行數十里，而仍入本河，不幾於增一流以益其漲乎？按圖詳考二水之引河：府河則北岸安州善馬廟之減河，其分支東北流，仍入本河；清河則北岸任邱徐家橋之引河，下流穿大港淀，仍入於本河；保定縣西北境之分支下流，亦仍入本河；惟霸州中亭之引河，分流東北至台山，雖仍入本河，而已歸淀泊矣。其餘引河，雖該處有疏消之功，而下游已陰受漲溢之害，以其仍入本河也。且引河之設，俱在北岸，而不在南岸，得無以地勢北高南下，恐其反奪正溜乎？夫水性就下，設北高南下，而正溜反可引入支河，則亦未嘗不可峻

〔一〕資　《宋史》作『滋』。
〔二〕蓄　《宋史》作『貯』。

其隄防，以引河爲正河也。竊謂： 傍二河之濱，最被水潦之害者，曰安州、曰新安、曰文安。新安一縣，四面皆近淀，當另爲疏通。安州，上承府河巨流，而依城一河逼近城垣，民居殊甚狹窄，當水潦甚盛之時，上游多致漫溢，城西城南一帶田稼，屢被淹浸。查白洋淀在城東南，相距不過二十餘里。若於城西善馬廟南岸，開減河一道，相地形高下，達之白洋淀，則依城河得此分流，不虞漲滿，而淀池地廣，多此分流之水，亦不慮其驟增。又文安城在清河之南四十餘里，俗名文安窪。地形如釜，四面積潦之水，有涸消而無疏放，又逼近河淀巨浸，闔邑保障尤恃北面，東面大隄。但河身淀泊日高，從隄下視，有建瓴之勢，且西淀滙七十二清河之水，經苑家口一線咽喉，下歸東淀，盛潦之時，往往疏消不暢，漫溢爲災。而文安城郭，半浸水中，雖旋將隄缺補築完固，不過障淀河之水使不復出，而無法消田中之水使之分洩。每至四、五年水涸之後，始可播種，居人苦此者數百年矣。往時有議撤去隄障，使變成水鄉者，然城郭田廬所在，輿情亦難允協。管見以爲： 河流一分，則水勢自減，水勢既減，則隄防易固，然非於南岸開設減河，引流直達淀池，則未能收效。查保定縣迤東，地勢漸趨窪下，縣西北岸之王各莊村，向有引河一道，宜加挑挖深通。若再於縣東北南岸之劉家園、田各莊皆保定縣屬。諸村，擇其低下之處，開成新減河一道，設立隄堰，由左各莊迤東，仍歸入淀中，則清河自保定至蘇家橋三十餘里中，南北岸有減河三道，北岸王各莊河、中亭河，南岸新開減河。而徑行達淀者二，中亭河、新開河。雖盛漲之年，流已四分，疏消必暢，庶隄工無漫溢之憂，而隄南一帶方數十里之田廬，可歌樂利矣。查文安窪村名有急流口、圍河、柳河諸名，是從前有河之証。

至東淀淤墊，向歸咎於永定河濁流之入所致，然自永定分道入海，又設格淀隄以防之，立法可稱周備，而仍日見淤淺者何也？蓋淀受四面坡水，積潦滙歸，未有不挾泥沙而至者。故西淀雖不受永定之淤，而高仰亦日甚者。職此之故，向來南漕運送易州陵糈，在白溝河設倉，漕船至雄縣起剥，故漕運丁舵，猶有留雄縣糧之語。後以淺澁，漸次至保定縣起剥； 後漸次至苑家口、蘇家橋起剥，乾隆四十年時，猶於保定縣見糧船。今則至左各莊已不能前行矣，距蘇家橋尚三十餘里。是河淀日益淤高之明驗也。然自來有濬河之法，而無濬淀湖之説。如山東安山湖，本以助分水口北之閘河，今已久爲平陸； 微山湖亦漸次淤高； 韓莊閘板已三、四尺在淤泥中，不能提放，治河者亦無善策。查東、西兩淀，舊有垡船之設，議稱淀中水道寬窄、淺深不一，船分三項： 行船六十隻，土槽船、牛舌頭船各一百二十隻，共船三百隻。每船十隻設外委一員，每五十隻設把總一員，分撥東、西淀。東淀船二百隻，以三角淀通判總其事； 西淀船一百隻，以清河同知總其事，舊制如此。又陳儀文安縣人，雍正時仕至翰林院侍讀學士，嘗爲豐潤等處營田觀察使。文集内稱： 淀民以船爲業，船長一丈二尺五寸者可業。三人之力撈取垡泥日可三方，一月之中，十日撈泥，二十日營業，儘可度日。船五十隻，以三月至九月撈泥，可得一萬五百方。計淀河一百四十里，淤淺者未必及半，可設船五十隻，衩夫一百五十名，即造船與之爲營業，不必復給工食，一船每月責令撈泥三十方。應撈之處，官爲測量，計其丈尺之數，釘樁而標記之。既撈之後，核數收工。所撈之泥，運送附近村落，或墊作房基，或疊成園圃，各從其便。如此措置，帑不費而人不勞，淀河日深，清流倍暢，所謂『日計不足，月計有餘也』。按：此議當在雍正時，而垡船淺夫之設，則在乾隆三、四年間，未必非採用其議也。未幾全行裁撤，豈當時以河流通暢，無庸撈挖，或以虛糜而歸節省與！邦慶以爲，河淀淤淺至今已極，權宜補救，似以復垡船衩夫爲要。船夫之設於東、西二淀，原意重在淀而不在河。竊謂：今宜專其力於淀中之河，而分其力於河傍之淀。葢河貫穿淀中，若經流暢通，支流自隨之而下至於淀，則爲地甚廣，止能於蘆葦盤固，土埂隔斷之處，疎之使通，不能於平衍沮洳之中，浚之使深也。又前設撈泥之夫，未經指明撈挖泥土堆放處所。至陳儀稱，或送附近村莊墊作房基諸用，則聽從民便，而難於稽查。莫若將河身撈挖之泥，令其附近大隄者，載送大隄堆作土牛，雖距河稍遠，亦可計里減其方數，如離隄十里者，例每日交土一方，則離隄十五里者，交土七分准抵。則可即積土之方數，而嚴加考課矣。又兩淀中村落，居民頗繁，每遇水大之年，圍村作埝數尺禦之，水退則任其頹圮。竊謂：離村稍遠之河，亦可諭令居民協同船衩夫，併力取泥，以作高埝，所餘之泥，聽作房基園圃之用，並令該管官隨時稽查。如此，則隄埝可日期高固，而河身亦漸次深通。再二淀南北附近民田，其無隄防之處，水長時即行倒漾，三、四十里之間，汪洋一片，秋冬水退，或不及藝種二麥，明年如遇夏潦，復被淹浸。又安州、文安等處，偶遇隄防潰決，則河水坌灌，既無分洩之路，三、四年間不堪種植，居民苦之。邦慶謂：大江之南，田分段落，皆以圩稱，按字書，圩者圍也；沮洳之地，築土成圍，水浸其外，而耕藝者自若。宋紹興後，即丹陽湖設太平、永豐諸圩，其隄有高至三丈者，然議者猶謂其禦湖中之水以爲田，而湖又將轉佔湖外之田以蓄水。今若行此法於附近淀泊之地，是護田以防水，非占水而爲田也。今霸州、台山村有營田一所，四面築圍，歸官管理收租，係營田副使王鈞捐資建築者，迄於今，居民大受其益，此即明驗。然營築之始，非官爲經理倡始，則民力不能獨成。擬於附淀之地，官爲查勘，何處宜於建圍，中容田若干頃，宜築土高厚若干丈尺，居民捐貲不能，則官爲借給，分年帶徵；圍成後，圍中各村，設立圩長經管，歲時補築，則可以永享其利。又如安州、文安等處，向苦隄漫水淹者，亦可用此法，惟築圍宜更加高厚耳。或謂長隄於水盛時，尚不能受風浪之衝激，而有漫決，安在築圍足以禦之？不知水在河槽，則有急溜衝刷有力，故每至衝齧若倒漾之水，則地寬而溜散緩，焉有汕塌之慮哉！再安州、文安等處，如既開減河，復創圍田，則接隄成圍，復以圍護隄，或更量築涵洞，引水成渠，水利之興，亦可權輿於此。

按：方苞《望溪文集》有《與山東李巡撫書》，論圍田甚詳，節録備覽，書云：僕嘗自濟寧赴清河，道經馬蘭屯，彌望不見邊際，地沃衍而無居人，窮日之力，始抵逆旅。茅屋數區，舍後麥高六、七尺。問何以無耕者，曰：每水至高丈餘，則廬舍没矣。僕生長山澤，習農事，凡下地利圩田，築隄障而人耕其中，時蓄洩，歲入倍平壤。江介故有大澤，即丹陽湖。南宋時，土人獻策，開永豐、太平諸圩，六、七百年以來，宣、歙諸州，縣皆仰食焉。永豐、太平之隄，有高至三丈者，今馬蘭屯水大至，才丈餘耳。苟訊之土人，校三十年内水最大時，高幾許？其土之黏埴而便爲隄者何所？域其地之三四以爲圩，歲得穀當數百萬斛。僕又嘗客淮、揚間，見河壖棄地多肥美，問何以然？曰：恐歲祲而責税急也，或既墾，而原占者來争也。往者皇上免各省歲賦，嘗數十百萬，倘能上聞，當豐年存山東歲賦之半，俟荒祲，募民興築，相地勢所宜，爲大圩數區，起其土以爲隄，而環隄爲大川，通溝澮相灌輸以利舟行，官治廬舍，給牛種，募民耕之，此上策也。其次，則先使富民試之，預爲奏請，堅明約束，有能開地爲圩者，便與爲世業，可私買賣，敢以故籍争者，重罰之。苟一人得其利，則繼者不召而稟至矣。此書不惟指畫詳明，且利弊較如，似可見諸施行也。

兩河所滙諸水一畝泉、雞距泉，皆在滿城東，相距二里許。又申泉、五花、連寶、紅花諸泉，皆在縣之奇村合流，至郡城西入府河。

徐河，本古河，今涸。惟自郡北徐河橋有道溝通積潦，入府河。

方順橋河，源有二：一在完縣之北，流逕縣東，一在完縣之西，流逕縣南，至縣東南會爲一，在北者即古之蒲水，在西者即五雲、石臼二泉合流。

龍泉河，源出望都縣，凡九泉，東流入清苑縣西南境之陽城村，又名界河；又東會齊賢莊河、古靈山河分流入府河；其下流又入高陽縣境爲土尾河。

曹河，《水經注》稱：源出西北朔寧縣、曹河澤。今不可考。其上流即滿城縣之大册河，因逕大册村，故名。入安肅縣西南境之楊村，又東南流五十餘里，入安州西北境，分流皆滙府河。

雹河，即南易水，詳見易水條下。

豬龍河，唐、沙、滋三水所滙，至高陽，被是稱焉。唐河即古滱水。源出山西大同府、靈邱縣高是山，東南流，入直隸廣昌縣境，又東南流，逕倒馬關入唐縣境，又屈流逕完縣曲陽定州境，又東流，逕祁州城東，會沙、滋二河爲三岔口。沙河，古泒水，源出山西太原府繁峙縣白坡頭，東南流，入直隸阜平縣西北境，又東流，逕縣城南，又屈流入曲陽縣西北境，又東流，入行唐縣東北境，又東北流，逕新樂縣、定州境，又東流八十里，入祁州境之三岔口，滙唐、滋二河。滋河，一名資河，源出山西大同府、靈邱縣西北枚同嶺，東南流，由靈壽縣白草口入直隸境； 又東南流，逕行唐縣西南境，正定縣西北境，入地洑流； 逕伏城驛復出，又東流，逕藁城、無極縣境，又東北流，入深澤縣西北境，又東南流，入祁州南境，會唐、沙二河於三岔口，是爲豬龍河； 東北流，入安平縣北境，又東北流，入博野縣西南境，又南流西轉，入蠡縣西南境，又東北流，入高陽縣東南境，又北流，入安州東界，與任邱鄰。入白洋淀。

白溝河，上受淶水、拒馬河、琉璃河、易水，滙爲巨流，逕雄縣南門外，至清河門入西淀。

淶水，源出廣昌縣東厓[一]古塔下，與源出縣南之拒馬河合，東入淶水縣境，又逕易州西北境，入房山縣西南境，又折而東南流，分爲二支： 一東流逕固安縣，入霸州境，滙渾河； 此道久湮，舊河形猶存。 一南逕定興、新城，入白溝河。

琉璃河[二]，源出房山縣龍泉峪，流逕良鄉縣界，東會拒馬河。

易水，有三： 曰中易水、北易水、南易水。 中易水，源出易州西山武峰嶺，南流逕州治南境，東流入定興縣西境，又東流，逕北白澗，俗謂之白澗河； 又東流，逕河內村與北易水會。 北易水者，古濡水也。 源出易州西北孟津嶺，東流逕州城南，又東流，逕定興縣西，又東流，抵河內村，合中易水，會流於河陽渡。俗謂北河。 南易水者，古雹河也，亦名鮑河，又名瀑河。 源出易州郎山東之石虎岡，又屈曲東南流，逕范村南，入安肅縣西北境，又東南流，逕安肅縣城北，又東流，入容城縣西南境，又東南流，逕黑龍口入安州東北境，又東南流，入新安縣西北境，又東南流，逕雜淀，會大澱淀、殷家淀入於西淀。

西淀，跨保定府之安州、新安、雄縣、高陽、河間府之任邱縣境。 起自安州、高陽、新安、任邱四縣之白洋淀，東迄任邱縣之柴伙淀，西北迄新安縣之燒車淀。 計東西袤一百二十里，南北廣二三十里至六七十里，周圍三百三十里。 扼其中者爲趙北口，自西來者爲府河，挾支流凡十三； 自西北來者爲安肅之雹河，挾支流凡五，合本河共六河； 自西南來者爲高陽之豬龍河，凡會支流二十三，合之滱、滋、沙共二十六河； 北自雄縣來者爲白溝河，凡挾支流二十七水。

東淀，跨順天府之保定、霸州、文安、大城、東安、武清； 天津府之静海、天津，凡八州、縣境。 自茅兒灣過張青口至保定縣曰玉帶河；至苑家口曰會同河；過蘇家

[一] 厓 《明史》作『崖』。
[二] 琉璃河 《金史》作『劉李河』。

橋曰三岔河； 凡西淀之水皆滙焉。西自蘇家橋，東抵楊家橋，東西袤一百四十餘里。往時子牙河由王家口入淀，永定河由柳岔口入淀。北自東安之東沽港，南至静海之獨流坑，南北廣一百餘里。後永定河由三角淀入河頭，子牙河另爲一河，築隄分隔，淀水南北相距僅五、六十里，周圍舊四百餘里，今多淤。

又按，《唐書·地理志》稱： 瀛、鄚間有九十九淀。《水經注·鮑水篇》又稱： 泉州、雍奴藪，其澤野有九十九澱。是則西起高陽、新安，東抵霸州、保定、文安、大城、静海，東北迄於東安、武清，皆九十九澱之區也，東、西淀特其總名耳。今淀名繁雜，不下百餘，如柴伙、燒車之類。然多不雅馴，恐非古名，故不備録。

子牙河

子牙河者，滹沱、滏陽二河及寧晉、大陸二泊合流至大城縣子牙村而得名也。滹沱源出山西代州、繁峙縣東北之泰戲山，合諸泉水逕縣城南； 又西入代州則有三里河、七里河諸水入焉，又西南流，逕崞縣東南，則有北橋河、板橋河諸水入焉； 又西南逕忻州北之忻口，折而東，逕定襄縣北，則有忻川[一]水牧馬川[二]合諸水入焉； 又東南流，逕五台縣西南，又東南流，逕盂縣北，又東流，至直隸正定府、平山縣西北境卧石口，一名惡石口。 又東流一百三十里，則有冶河自井陘縣合甘淘河、綿蔓水東北流注之，謂合河口； 今道改。 又東流，逕平山縣北，又東流，入靈壽縣西南境，則有嵩陽河東南流注之； 又少東，衛水南流注焉； 又東流，入正定縣西北境，又東流四十里，逕其城南，又東逕縣東南，則有柏棠河、清水河、林濟河、旺泉河諸水入焉； 又東流，入藁城縣北境，又東流，入晉州西南境，又東流，入束鹿縣西境與滏陽河合流。按： 滹沱河在平山、靈壽之間，山狹土堅。水道無大改移，過正定則其流悍疾，遷徙無常； 至與滏陽河合流，則尤朝更暮改，向在束鹿百尺口，續又穿廣陽隄南行入泊奪滏。非身履其地，未易指名，今姑仍舊圖著之。 滏陽河，本名滏水，北周置縣滏水之陽，因以滏陽名縣，水亦被是名焉。其源有二： 一出磁州西南四十里之神麕山，一出州西北四十五里之鼓山。二水俱東流四五里，雙流合一； 又東南流，逕西閘播爲五爪渠；今名中渠，東流十餘里，仍滙於河。 又東南流，逕州城南，折而北，逕州城東，又北流逕東閘，分支爲南、北、東三渠，又北流，則有牤牛河、賀蘭河諸水注之； 又北流，逕邯鄲縣南，又北流，逕邯鄲故城東，又北則有沁河，即渚沁水，非源出山西之沁水也。 牛照[三]河東流入焉； 又東北流，則有柳楊、輸鼉諸水注之； 又東北流，

[一] 川 《畿輔安瀾志》無『川』字。
[二] 川 《畿輔安瀾志》作『河』字。
[三] 照 《畿輔安瀾志》作『叫』。

入永年縣西南境，又東流，分支環廣平府城爲濠，又東北流，入曲周縣西南境，又東北流，入雞澤縣東南境，又北東流，入順德府、平鄉縣東南境，又屈而西北流，入任縣東南境，又北流，逕邢家灣，則有大陸澤即南泊。自雞爪河東流分入焉；詳見下。其東岸入鉅鹿縣西北境者，長一百里，又北流，入隆平縣東南境，又名清水河；又北流，入寧晉縣東南境，又北流，逕洨口村，則有縣東寧晉泊即北泊。自新挑河東流入焉；詳見下。又北流，則有⿰鬲兼河自稾城縣東南流入焉；又折而東北流，入冀州西北境，於束鹿縣南之百尺口合滹沱河。二水既合會，又東南流，逕衡水縣安濟橋，又東北流，逕深州南，自武强縣之東南境，東北流五十里，逕完固口，前分一支，自完固口東流，逕交河縣界，至青縣杜林〔一〕木村，與漳河滙流入南運河，今漳河南徙，此道亦湮，現由武强縣東北，流逕獻縣北，過臧家橋爲子牙河；俗以橋西爲滹沱河；橋東爲子牙河。入河間縣境，北流逕大城縣東南境，過縣治南，北流逕子牙村、王家口入静海縣西北境；前有支河；今正河久湮，水由支河行過獨流鎮西，入天津縣境，逕當城楊家河過紅橋入北運河，同歸於海。

謹按：直省河道，原委紛如，名稱淩雜，莫甚於子牙一河。蓋滹沱、滏陽皆係經流，容受衆水，而滏陽又貫穿二泊，至束鹿而合流，東行入海，此其合流之處宜有名稱。乃臧家橋迤西猶稱滹沱河，橋迤東則稱子牙河，衆水合流之後，重委而不溯原，故不得不以『子牙』名篇也。然子牙特二水逕過之一小村落，何緣加於巨流，將無非主名山川之義乎？抑都水者，於河道未嘗疏通脉絡，挈要提綱，逐節因俗爲名，日久遂成典要耶？至子牙一河，其支河又有黑龍港，東支、中支、西支之稱。令閲者按圖考索，幾無頭緒可尋，則當事者欲披圖尋訪，紛如亂絲，從何得其要領與！今按：滹沱河，源出山西，濁流洶湧，所經山麓，皆勢若建瓴，毫無停蓄，殆所稱治河無善策與。其與滹沱河合流之冶河，亦爲大水。議者欲引流從獲鹿出欒城，俾之獨行，不使助滹沱之勢，此亦一奇也。至滏陽則發源武安，磁州居民頗專其利。其水勢平、性温，大可滋潤民田，此天然水利也。是以磁州迤東數州縣，如永年、曲周皆有杭稻蓮葦之利，磁州原隸河南，直省呼應不靈，是以春夏之交，需水灌田，該處獨擅其利。雍正時於興修水利案內，將磁州改歸直隸，建閘分日，一如秦□〔二〕之漢渠、唐渠章程，而下游始得分潤。至南泊、北泊之容蓄衆水，一如東淀、西淀。然大陸澤之在任縣，不過一泓宛在，得無歲久居民耕佔之所致耶。惟寧晉泊尚稱巨浸，然聞屢受滹沱濁流倒灌，恐亦不免日就高仰。向有廣陽一隄，按：雍正年間，在正定府，屬之稾城縣廣陽村築隄一道，名曰廣陽隄。障滹沱，

〔一〕《畿輔安瀾志》『林』下有『鎮』字。
〔二〕原書缺字。

使不南侵，亦如東淀之有格淀隄然。而歲久頹廢，司事者以工巨難以修復，遂置之膜外。若此隄不修，恐日後濁流淤墊，久而愈甚，北泊亦漸如南泊，則數府、州、縣之積潦，將安所容耶！夫以滹沱、滏陽巨流，又加以南、北泊之積水，其間西山之麓，千百細流滙而爲一，而衡水、獻縣等處，以寬不過數十丈之河槽受之，安能禁其漫溢！是以從前都水者，於完固口別開支流，分逕青縣歸入運河，此非爲濟運而設，寔以分兩河之勢也。迺完固口既塞，河遂並力一趨，於是子牙河之支河，遂多忽通忽塞，朝東暮西，此固水性善徙，恐亦人謀之未盡善歟！按：河流自完固口分支，經由單家橋下，過交河入青縣，逕杜林鎮至縣治南之鮑家嘴入運故道，尚未盡湮。擬爲間段疏通之，仍行歸運。再於南運河東岸權家口地方，開一減河，則此添一入運之水，彼增一減水之河，力足相當，量可無虞泛溢。又其正流至青縣之廣福樓、楊家莊向有正、支二河。今正河湮，而支流暢，勢不能不以支爲正。然其正流仍宜加工疏濬，以備盛漲，或擇趨下之地，再添支河。葢下游之去路既多，則上游之狂流自減，此亦釜底抽薪之計與。

再按完固口之分流入運，原因從前漳河北流，合滹沱、滏陽而一之，三河並道，故不能不分其勢。續因漳河南徙，完固口以下河槽，亦多淤墊，遂行堵閉。然竊謂，漳流雖不北來，而滹沱、滏陽之流，非一綫之子牙所能容受，藉此以疏消之，必當有益。且附近瀝水亦可藉有歸宿，河道民田，均有裨益，亦在當事者之變通耳。

大陸澤、寗晉泊考略

大陸澤，在順德府任縣東北二十里，即《禹貢》所謂『大陸既作』者也，俗名張家泊；又對寗晉泊而言，則曰南泊。南北袤三十五里，東西廣十三里，據乾隆十三年查丈之數。其滙於澤之水則有：源出山西之洺河，流逕武安、邯鄲、永年、雞澤、南和、任縣等縣入澤。又滏陽河之支流，名劉累河，逕雞澤、平鄉、南和、任縣等縣，合沙、洺河入澤。又源出遼州之沙河，逕沙河、南和、永年、雞澤入任縣東南境入澤。又澧河，源出百泉東北，流凡八千餘里入任縣境，逕東盟台入澤。又源出順德府西北之達活河，又俗名牛尾河，會諸小水東北流，逕任縣西，過南留寨入澤。其餘小水入澤，不可勝記。至全澤之水，則由北澧河逕隆平注於寗晉泊焉。

寗晉泊，在寗晉縣東南二十五里，亦即大陸澤也；一名胡盧河，一名北泊。入泊之河則有：源出順德府邢臺縣百泉河之新澧河，自南泊北流五里，逕崔家橋入隆平縣東南境，又北流入泊。又泜河，源出臨城縣之敦與山，東流合天臺寨水、乞丫[一]山水，入唐山縣西北境，又東北流，入隆平縣西境，逕縣城北入泊。又午河，源出臨城縣

[一] 丫　《畿輔安瀾志》作『了』。

北泥河村之北岡，亦太行支山也； 東流入柏鄉縣西南境，又東南流，逕縣城南，又折而東流，入隆平縣西北境，又東流，入寧晉縣東南境，入泊。又泲河，源出贊皇縣西之小石門，一名石濟水，一名白溝水，一名沙水，北流逕贊皇縣南，又東流，入高邑縣西南境，又東流，逕房子故城，又東流，逕高邑城南，又東南流，入柏鄉縣西北境，又東流，入隆平縣西北境，又東流，入寧晉縣西南境，又東流，至北魚村入泊。又槐河，即古泜水，源出贊皇縣之黄沙嶺，亦名野河，亦名槐武河，東流合野狐泉、泥橙口〔一〕、段嶺、口諸水； 逕贊皇縣城北五里，又東流，入元氏縣西南境，又東會泜水； 入高邑縣西北境，又東南流，入趙州西南境，俗名沙河； 又東南流，入寧晉縣西北境，又東流，逕寧晉縣南至大曹莊入泊。又洨河，源出正定府獲鹿縣西南之井陘山，一名童水，東流合金河、新渠水、北沙河諸水； 東南流，入欒城縣西北境，又東南流，則南沙河、孝河、泥溝河入焉； 東南流，入趙州西北境，又東南流，則豬龍河、冶河來會； 逕趙州城南，又東南流，入寧晉縣西南境； 又東南流，逕東汪村入泊。北泊既受衆水，至冀州新河縣等處，與滏陽南來之水，河、泊通連，亦間段刷成河槽。

又按： 直省西南一帶之水，全注二河、二泊，枝分派別，未易瞭如指掌。兹既臚考二泊所受之水，復以二河爲經，滙入之水，各附其下。至分爲支流復入正河，亦如江之沱、汜，槩從略云。

入滹沱河諸水： 水在山西境滙入者，不録。

冶河，源出平〔二〕定州之綿山，東流至平山縣入焉。元時引歸洨河入滏陽。見《元史》注滏陽條下。

甘淘河，源出平定州松子嶺，北流入綿蔓河，同流至平山，合河口入焉。

綿蔓水，源出平定州之綿山，與甘淘河同流入焉。

嵩陽河，又名松陽河。有二源： 一出縣〔三〕西北之萬裏村； 一出縣西北之柳家莊，東南流至凡同村，合流至木佛村入焉。

温泉水，俗呼泥河。在靈壽縣東北，附嵩陽河入焉。

衛水，俗名雷溝河。源出靈壽縣良同村，東南流四十里入焉。

西韓河，源出正定縣西北，大鳴、小鳴、白雀諸泉東南流入焉。

柏棠河，源出正定縣正西八里，東流逕大林濟村，爲林濟河南流入焉。

只照河，亦柏棠河支流，合旺泉河與東大道河合流，至藁城縣固營村得是名，滙流入焉。

〔一〕口 《畿輔安瀾志》作『河』。
〔二〕《畿輔安瀾志》『平』上有『山西』二字。
〔三〕縣 《畿輔安瀾志》『縣』上有『靈壽』二字。

入滏陽河諸水：

牤牛河，發源磁州之蔣村，至東城橋入焉。

賀蘭河，發源磁州之賀蘭山，東南流入焉。

渚河，又名渚沁水。發源邯鄲縣南，合武安縣之藺家河、閻家河，東流至羅城村入焉。

牛叫河，源出邯鄲縣之紫山，東流逕牛照村入焉。

柳楊河，源[一]無考[二]。

輸黿河，在邯鄲縣西北，或云洺河支河也，至馮村入焉。

又滏陽河五爪渠：今名中渠，起磁州西之響水梁村河北岸，東北流分爲五支：一北流，四東流。明洪武間知州包家達開。

一、北流渠，北行十里，折而東北流，又二十里，逕州城東北十二里之高臾村，仍入本河。

一、東流渠，東流十里，逕州城西南隅，入於城濠，復於州城東北隅流入本河。

一、東流十二里，逕州城北之永濟橋，又東流四里，仍入本河。

一、東流八里，與前一支會而達於永濟橋。

一、東流八里，逕御射亭，係舊亭。又東流八里，仍入於本河。

又東閘下，南東北三渠：

北大渠，在磁州北二十里，首起五爪渠河北岸，東北流分爲南、北二支，亦名曲溝，皆東北流，凡三十里，逕梁王橋復合爲一； 又東北流十里，逕州東北之琉璃鎮，仍入本河。

南大渠，在磁州西南五里，首起州西北十里之西閘河南岸，東南流，逕西樹村、馬場溝，凡二十里，達於州城五里鋪，折而北流，逕偃月橋，仍入本河。

東渠，在磁州東北三十里，首起州東北二十五里之東閘河東岸，東流四里，又分爲二支： 南流者曰南渠，長十里，北流者曰北渠，逕李莊營、鄭家莊，凡三十里，仍入本河。

又，三渠所屬之渠，凡三十三道，皆自康熙三十六年至四十八年，知州蔣擢所開：

高臾渠。在高臾村東南。

七里鋪溝。自大路西起，至紀家莊北口止。

十里鋪郵亭前渠。自小營店，由黃官營南，至郵亭止。

黃官營渠。引小營店東渠水，由楊家樓東北流，至十里郵亭大路，歸水溝。

十里鋪西渠。自十里鋪西南起，至十五里鋪、五爪渠南，入大路溝。

慶澤新渠。自十里鋪東北常家墳西起，至高臾村西止。

十里鋪北，大路西，高臾溝。自五爪渠東起，至大路止。

[一]《畿輔安瀾志》「源」下有「出邯鄲縣西北三十里之兩岡村」十三字。

[二]《畿輔安瀾志》無「無考」二字。

高臾西新溝。自北大路至鳳凰渠。

高臾村新渠。因舊渠地勢低窪，改濬此溝下流，仍歸舊渠。

新隄北溝。自五爪渠西，新隄之北起，至十五里隄止。

半里鋪南往東渠。自北開河起，由馮家莊、小李家莊至大路止。

中開河西渠。自朱家莊起，東至龔家墳止。

北開河新渠。自龔家墳東北，由朱家莊、台家莊止，亦名朱台莊。

五里鋪往東北渠。自甘草營起，由馮家莊、王家莊至大路止。

甘草營渠。自三里橋西流至營後，入本河。

艮方橋南渠。由小侯台北入本河。

永旺村北溝。自大渠起，至李家墳前止。

紅溝。自小光禄東南起，至梁王橋止。

小光禄北溝。自小光禄小路起，至紅溝止。

十五里鋪溝。自小光禄東起，至十五里鋪止。

梁王橋往東大溝。自梁王橋起，由杏園營東小琉璃南至下琉璃止。

梁王橋新隄南往〔一〕東溝。自大路起，由閘南村入本河。

梁王廟前溝。自北村南起，至大溝止。

河北村渠。自河北村起，由城基村北至獨村、張兒莊止。

屯莊等村溝。自偏閘起，由南左良、鄭家莊至屯莊西止。

左良水溝。自南左良至大渠止。

南二里半鋪溝。自灣漳營東北起，至二里半鋪止。

雙碑口溝。自灣漳營東起，至雙碑口止。

五里鋪南溝。自灣漳營東南王家墳後起，至五里鋪小橋止。

李家莊北溝。自南七里鋪李家莊北起，至大路止。

李家莊南溝。自李家莊南起，至大路止。

南十里鋪郵亭北渠。自十里鋪起，至六里鋪止，接入路西溝。

三里屯西溝。由王家莊、魏家莊、常家莊之南，至偃月橋東小莊止。

按：直省水利，利溥而勢順者，滏陽爲最。邦慶常守土楚、豫，屢經磁州大路之旁，秔稻蓮葦，數十里不絕，而且較江、浙諸水鄉，並無桔槔水車之勞，謂真天然之地利也。後閲志乘及圖考諸書，始知建閘開渠，歷代修復，其用力之勤有如此。因詳考諸閘渠建置坐落，以見前賢創始功不可没，并知未有不勞人力而能坐享美利者。

畿輔水道管見書後

邦慶家玉帶、會同河之間，少時亦嘗取直隸水道考之，略知原委，資考證而已。通籍後，嘗奉巡視東漕之命，兼有協辦河道之責，湖河蓄洩機宜，皆預參議。又嘗往來淮、徐間，覽觀於淮黄交滙，清濁箝制之勢。嘉慶二十四年，馬營壩工，曾奉命馳往查工，得從諸執事聆其議論，心識之。癸未之春，以修理松楸，請假還里，是年夏秋雨潦，諸水漫溢爲災，鄰邑文安在水中央者已兩載，觸目惻然。

〔一〕《畿輔安瀾志》無『往』字。

是時聖天子軫念郊圻，特詔熟悉河務大員經理其事，疏通河道，並將漸次修復水利，誠盛舉也。因發舊藏圖説而詳考之，並附管見成衺〔一〕，後閲者或問曰：畿輔沃壤千里，流泉百道，誠古之所謂陸海，今河伯爲患者累歲，抑金穰木饑之説可信與！或人事之未盡耶？則答之曰：是皆有之，然竊重於人事也。嘗謂治水者，當通觀於全勢，而後斟酌於先後緩急之治法，非可寸寸節節而爲之。故《禹貢》通治天下之水，則先分南條、北條。其致力者，雖小水必詳，其無煩致力者，雖巨流亦從略焉。史書之志河渠者，亦著一代疏排之績，非如桑《經》酈《注》，但明水道原委而已。葢治全省之水，亦猶治天下之水也，則宜統計某爲經川，某爲支流，何處當分，何處當合，條理明而治法出矣。大凡河道受水之處，咽喉也，停蓄之處，胸膈也，歸墟之地，尾閭也。譬之大河，則星宿海爲咽喉，寧夏以下爲胸膈，雲梯關以下爲尾閭。若洛水，則熊耳爲咽喉，洛陽爲胸膈，洛口爲尾閭。凡有一水，皆宜分此三端，始不致顢頇從事耳。

曰：永定河之宜改道就北岸，何也？曰：永定之始，本漫流也，東遷西移，月異而歲不同，今自盧溝以下，夾以長隄，行之百有餘年。濁流淤墊，時消時長，且每有漫口，斷流以後，必須挑挖積土，兩旁仍復蕩入河槽，此隄内之所以日高也。河身既高，則隄隨之而長；隄岸既長，河身亦淤而日高，永定河之在隄内，猶墻上鑿渠而行水也。故水勢稍長，則漫溢立見，如不改道而惟議隄防，雖隆隄至天無益矣。曰：不改於南岸，而改於北岸者何？曰：北岸有三便焉：求賢、草壩而下，今淤閉。沿河舊有減水河，雖不甚寬展，而歲加挑挖，頗爲深通，此可因之而省功，一也；又沿而東折而南，又東至八工，無州縣城郭遷建改置之費，二也；且歸入舊河，或將北七工横隄挑通，或至八工末號，引歸母猪泊，其勢皆就下引流爲易，三也。若南岸減壩，引河直南下，經固安達霸州，不可因用，且於長安城改流，則必自雙營引入舊河，其地河身高而隄外窪。又固安縣治近在河南五里，永清縣治近在河南十餘里，恐日久不無遷改之慮。故管見謂不宜在南，而宜在北耳。

至於抽溝淤地之法，如審量萬全，亦未嘗不可間行，變斥鹵而爲膏腴，以餘力及之可也。曰：府河至安州城爲依城河北岸，已有善馬廟之減河，復議於南岸開減河何也？曰：府河上承安肅、滿城諸水，其流本不大，自清苑而下，則又兼受龍泉、靈山、界河諸水，且上游隄勢寬展，至安州城北，則更形逼窄，水流至此，往往漫溢爲患，此善馬廟減河之所爲開也。然東流未幾，逕李家村而復歸本河，則水勢雖暫減於上游，而下游益爲喫重。故擬於南岸

〔一〕衺　《畿輔安瀾志》作『書』。

開減河，斜趨東南，直入白洋淀，以方百餘里之淀，受此一線之流，固無增損，而正河之勢，則已十減三四矣。故愚議安州、文安南岸開設減河，較北岸諸減河爲得力者：一則仍瀉入本河，一則直趨淀泊耳。再減水河堅築口門，須正河水至六分，始令過水，則兩岸無旁洩之虞，公私船隻，亦無阻滯之患。曰：兩淀各設挑淺之夫，果可收效乎？曰：挑淺之夫易設，慮無以程其功，欲程其功，則必先爲設立收放淤泥之地。今擬挖泥而築隄，則即隄之高卑，可以量泥之多少，即泥之多少可以知河之淺深，此一在核實，一在相機。核實若何？今設淺夫若干，而統之以一弁，設弁數員而統之以一廳，使其虛應故事，則亦徒歲糜廩粟耳。惟當確計，幾淺夫共一船，每船得泥若干，堆置隄身，可得乾土若干，得土幾方，隄之横縱可增若干；計日課程，而隄有不日高者乎！相機若何？計霸州蘇家橋淀内，向有正流三道，今則日形淤墊，僅存依隄支流，水小時尚能通舟楫，所當速議疏通者也。但淀内河路與他河之經流異，不厭多爲之路，以洩積潦之水勢。可於淤斷之處，就河取土，就土成隄；且相度地形，各量開支港，縱横交通。

疏消之路既多，則上游下注之水，即得速爲傳送，此挖通正河之後所當速議者。曰：滹沱河在正定、冀州之間，爲害頗鉅，然在明徐貞明尚欲用之，以廣水利，豈今治之無術與？曰：滹沱之在正定，亦猶桑乾之在畿南也。永定以流屢遷移，障而東之，使歸於海，亦幸止百餘里耳！然設官分守，每歲經費，動至鉅萬，治滹沱者，固難仿此，惟合滹沱之水，治河爲巨。元時曾導治河，自平山達欒城，迤邐入於洨水，而歸寗晉。今治河故道，量可訪求，去此一水，其勢亦當少殺。再滹沱水濁，所過之地，亦頗收二麥之饒；惟其南入寗晉泊，俾泊身日高，潦水無所容蓄，甚爲可患。從前藁城界内有廣陽隄，障滹沱使不南流，俾其東合滏水。嗣因狂流南徙，隄身沖刷成河。今此隄誠難修復，然總須於藁城、晉州之間，量地勢高亢，土性堅凝之處，修隄障其南流，使寗晉泊不致受其淤墊，方爲要着。

至徐貞明議用斯水興修水利，膠執殊甚，宜御史王之棟之上疏力争也。曰：開完固口之支流，使分行入運，其説安在？曰：滹沱、滏陽二河，所受之水，千支百派，又益以二泊所滙數郡積潦合流而後，承以一綫之河，此當盛潦之時，其漫溢固意中事。即無完固口舊河，尚宜另闢一支流，以減其勢，况有舊行之故道，安可不加之疏濬乎？然日久故道就湮，或佔爲民田，又或南運河、杜林鎮地形漸高，難以引入。此則在司事者力主斯議，相度機宜，務使分流入運，而後臧家橋一帶河流，始可奏安瀾之效也。曰：北運河既欲引鳳河諸水以增其流，又於南運河欲障丹水全歸衛河以濟運，而又欲於南、北舊減河之外，復行添開減河以洩之，何也？且漕渠關係重大，東西兩岸，各開水口，不虞減洩淺阻之患與！曰：嘗聞之老於都水者曰：治水之道，水小而能使之大，水大而能使之小，始有濟於河道。每繹其言，而知水小而能使之大者，廣來源也；水大而能使之小者，疏去路也。且南、北兩運河，於春夏之交，多苦淺澁，夏秋之間，多苦泛濫；欲助水勢，則來源安得不增，欲疏去路，則減河安得不添！若謂有旁洩之患，則減河口門設有滚壩，定立誌樁，原以洩其有餘之水，而非洩其應存之水也，於河道奚妨！且於南、北運河欲添設減河，尚非止爲運河計也。葢直隸全省之水，自灤河、薊運從樂亭、寶坻入海而外，如滹沱、滏陽、永定、清河以及南、北二泊，東、西二淀，無不由天津入海者。而天津僅以一線海河爲尾閭，故伏秋之間，群水奔注，争此一路；且秋潮方盛，逆流而上，去路不暢，則上游壅阻，倒漾旁溢，田廬多没巨浸之中。故俗有『自白露以前，海不受水』之説。葢水以争流而壅，潮以勢壯而逆故也。使水多一入海之路，即津門少受一分之水，故前人於南運河，山東則有恩縣四女寺、德州哨馬營二減河；直隸則有捷地、興濟二減河；北運河則有筐兒港、王家務二減河。今若於静海之權家莊，香河之王家務以上，各添減河一道，則南、北運河共有減河八道，各自通海，其勢既分，而狂瀾自静。

且更有説，天津海河抵海百餘里，舊有東北支河一道，今亦可相其地勢，於南岸添開支河，直達海口，則一河之水，三河分流，將見尾閭之立暢也。至於山水陡發，頃刻尋丈，勢難以人力禦之，然去路既暢，則猛勢易消，附近涸出之地，時早則可補種雜糧蔬菜，即遲亦無不可播種二麥者，於斯民生計，豈小補哉！客曰：誠如所言，則河道之疏濬亦易辦也。曰：是有三難焉：一在詳求脉絡，一在實加工力，一在堅持而力行之。何謂脉絡之難詳也？葢一河有原有委，有分有合，有竭流之時，有盛漲之日，若遣人相視，泛覽周行，何以得其情勢，必須單車襆被，各處周歷，細詢之田夫野老，察其泛濫之所及，遷徙之所由，與隄防之修廢，去路之通塞，有宜施功於上游者，有宜施功於下游者，有利在於此而害在於彼者，有在此之利甚微，而貽害於他處甚鉅者。若據州、縣之詳報，委員之履勘，何以能盡其委曲乎？此必使全省之河道在胸，然後能指畫機宜，不失緩急先後之序，庶可事半而功倍也。何謂實加工力之難也？曰：開濬河槽，則有寬深丈尺，運土遠近之異；培築隄岸，則有高卑、厚薄、夯硪遍數之殊；至設立閘壩，更須按照成式以期久固，此在督工者，不必人人熟諳工程做法，且吏胥夫匠，皆利在省工漁利，故挖河則有疊土兩岸，以省深挖者矣；築隄則有剷平舊坡，揑稱新築者矣；至於建立閘壩，則施工多在土中，工料之減尅，尤難稽核。然在彼省一分之力，而河道即陰受一分之害，故往往有挖通引河，反成倒漾者，又有新築隄防，遇水即成鬆散者，此非總領之人，嚴行程課監視之員，時刻留心，安能免此弊耶！至於堅持而力行之，則一在不急以時日，一在不惑於浮言，蓋行水之法，地利天時，逐一審量，然後可以要其成功。如開一河槽，則地有遠近高下，築一隄岸，則土有堅凝鬆浮，同此一水，而伏秋盛漲之時，與恒流迥異。此有可以細揣而即定者，又有須歷時試行而後能定者，若限以時日，恐有倉猝從事，貽悔於後時者矣。

至疏濬河淀，必須先清經界，瀕河旁泊居民，貪小利而耕佔者頗多，若逐加量丈清釐，則侵佔者，不自咎其前此之侵欺，而若失其世守之故業，一則曰某人受賄，再則曰某某用情，紛紜告訐，勢最動聽，一似利民之事，反爲擾民之舉。又有向來積潦之區，必須挖通歸入附近河泊，所用者數畝之田，受利者數村之地，雖行官買除糧，而受益者在彼，失業者在此，則嗷嗷控訴，更難理諭。積此浮言，或致聳聽，則當事者謂其有害無利，或致功敗垂成，此堅持而力行之所以難也。方今興修伊始，似應先擬定圖式，檄行各州、縣，令其細查填寫：一在計里開方，先定疆域，然後註明某河經流、分流，從某方某村入境，經由縣治某方，從某方出境，上接某縣，下入某縣，又境內有無古河、乾溝，是否有故道未湮，或間段梗塞；所管隄工，或官修官守，或官修民守，或私築隄堰，皆一一註明，毋得遲逾，亦毋得草率，俟統行彙齊，然後合繪爲全圖，則脉絡清晰，一望瞭然。再行委員或大吏親行查勘，計算應濬應挑河道凡若干處，應培築隄防若干丈尺，俟工程約估既清，其經費需用銀米若干，始可核計大數。又詳定某爲應行急辦之工，某爲少緩之工，某河宜先清理源頭，某河宜先疏通尾閭，計定，然後陸續請項施工。雖不無時日稍遲，然要領既得，方可應手奏功，務使經流歸海之道，寬然有餘，支流野潦，歸河歸泊之路，毫無阻滯，則畿輔之間，不惟雨暘時若之年，無虞氾濫，即有時雨水過大，山水陡發，亦可旋發旋消，高田仍可有豐稔之收，低田亦可獲補種之益矣。大約治河之法，不外開引河、疏支河、建閘、開渠諸成法。然必司事者有提綱挈領之能，然後無措置乖方之慮；而非先縷悉條分，則難言提綱挈領。故先於諸河敘明源頭，並將逕由州、縣方位，以及達海之路，又將附入支流，除乾河及涓涓細流，不爲瀆敘，其餘皆詳考而備書之，然後以故老所傳，書傳所載諸治法附之，所愧未能身歷其地，恐不免爲紙上空談，然一得之愚，或有可採，故臚書成帙，庶可附明徐尚寶《潞水客談》，我朝陳學士儀《直隸河渠志》之後云。至於營治屯田、興修水利，則前此故跡猶有存者，水患既除，則水利可以徐講，故河道、水利，一而二，二而一者也，並蒐輯而敬著於篇，以當芻蕘之獻焉。

畿輔水利私議

〔清〕吴邦慶

歷觀往牒，談西北水利者衆矣。大抵謂神京重地，不可盡仰食於東南；或謂冀北膏腴，不可委地利於曠棄。而考其建置施設，則未有指明入手，究極成功，坐而言即可起而行者。我朝雍正時，因水災後，上廑宸衷，命怡賢親王徧歷郡邑，酌定章程，群吏奉行，已有成效。迺施功未竟，日久漸湮，迄今僅及百年，故蹟已多無考。今聖天子軫念民依，思爲億兆謀樂利之休，而纘世宗憲皇帝之謨烈。邦慶適以修理松楸，往來田間，諮詢父老，因著《私議》一首，用備芻蕘之獻。託於問答，以暢其説，亦明徐尚寶貞明《潞水客談》之意也。或問：講畿輔水利於今日，爲創乎？爲因乎？答曰：此因也，非創也。然往迹已陳，必善因之，乃可得其頭緒，則請設爲清核、定議、估計、派修四説。清核若何？曰：直省有水田之州、縣，載在通志者，凡三十七，皆係遺官分治，報存册籍者，其他天然水利，無煩營治，如宣化之蔚州，保安，正定之靈壽，趙州之寧晉、隆平，尚不在此數也。今如檄行各處使自具報，則州、縣委之吏胥，委之地保，顓頊從事，依樣葫蘆，何從得其實數哉！今擬將舊有水田州、縣輿地，計里各繪一圖，按照營田水利府舊册載通志内。註明：某縣有某河、某泉，某處引用，成水田若干頃畝，今某水猶經由某處否，某泉猶暢旺否？所建閘壩，所開涵洞、渠口，尚照舊否？或雖殘缺，尚有遺址否？統計水田確有若干？按圖填寫呈報，再行遺員持圖往查。其查勘，務須會同縣佐貳及學官，蓋佐貳事簡，且多兼水利，學官與本地士子較親切，河道水泉之故蹟，父老不能詳，而老生耆宿多知之，可藉以詳確查問，查竣禀報，再核對州、縣所申之圖册，是者依之，訛者改之，其草率應命者申飭之，到齊彙爲總册，則水田坐落處所，及頃畝實數，或昔有今無，瞭然於心目矣。實數既核，然後水道可得而議也。水之屬爲泉、爲河、爲引淀泊之流，爲蓄近海之潮。泉源宜疏畦以引之，經流宜開渠設涵洞以析之；形勢就下，宜建閘以蓄之；來源太猛，宜修陂以緩之；他如水潦易及之處，則宜爲圍，爲圩；山麓犖确之地，則宜布石留泥；超壑越澗之處，則宜騰橋筒車，水性不外此數則，用法亦不外此數種，然相度地勢，酌量施用，非胸有見地，又虚衷採詢，則不能辨也。其要在委員與鄉耆並用，傍水之地，老年土人，於每年水勢旺弱與其力之所及，閱歷既久，知之必悉，然鄉里之人，多止爲一隅起見，或地居上游，則不顧下游，或欲專其利則不顧同井，須與委員參用，偕同訪求，詳爲議論。某所宜建閘以蓄水，某處宜開渠以分流，某處宜設涵洞以分其潤，某處宜濬陂澤以防其猛，某處宜築塘以備旱，某處宜設圍以成田，合水力之所至，通盤籌畫，然後以其議詳之大府，而待裁定； 並張之通衢，如有異議者，許其在委員處具呈，反覆詳求，務期有利無弊，衆議僉同，庶百姓皆樂於圖始。議定再行，遴委諳練工程之員，逐一踏勘。有應開之河，則計深廣丈尺，上下里數，共土方若干，每方計費銀若干，閘壩涵洞，每座應用灰石、工費若干，計用銀若干，他如建圍、開塘、挑挖淤塞，應用夫工若干，每工應需錢米若干，並占用旗民地畝若干，統行開明彙報。總其成者，再行細核，審無浮冒，然後彙成總册，則應開之工若干，應用之項若干，始有成算。佑計既定，成數在胸，若盡需支領於官，則國家經費有常，未敢妄議； 若責辦閭閻，則百姓力恐未逮，計惟有將工程費用多寡，定爲等次： 其工之鉅者，需項雖多，利濟必遠，則借領官項興修，核計獲利地畝，帶徵還款； 其次或本地殷實之户，或各處急公好義之人，有能損貲辦理，認修工段者，係職官則奏請議叙，係民人則酌加獎勵。至零星有工無料之工，則酌派用水各村莊，同力合作，尅期蕆功。如此，則合衆力以成美利，而不致糜費國帑。蓋核計明，則水道原委，頃畝坐落清矣，定議審，則宜閘、宜渠、宜分、宜合確矣； 詳於估計，則銷算不至虚冒； 按等派修，則輕重咸得其宜，上下同心，其成功可屈指而計也。至占用旗民之地，或照時價購買，或以官地抵補，或將附近地畝抽補，如開河占地一頃，溉灌所及之地十頃，則此十頃皆以九畝爲十畝，而占去之地亦得九十畝矣，可以類推。而地畝被占之家，亦不至稍有偏枯。又有佃種官地、旗地者，近京五百里内，有之。亦宜官爲立案，修成水利之後，其租價一照現在旱田之數，永不加增，則佃户更爲踴躍，而且地成之後，但資灌溉之利，不必定種秔稻，察其土之所宜，黍稷、麻麥，聽從其便。又開渠則設渠長，建閘則設閘夫，閘頭嚴立水則，以杜争端，設立專職，以時巡行，牧令中有能勤於勸導水田增闢者，即登薦剡，以示鼓勵，則區畫周詳，纖微必到，庶村氓野老，咸知聖天子、賢有司殫心竭力，皆爲草茅廣積貯之原，焉有觀望遲回，裹足不前者哉！然必司事者，職有專轄而權無旁撓，而又集思廣益，不執己見，然後能搜訪人材，委之職事，以竟其功。敬閲雍正四年設立水利營田府事案： 怡賢親王總其成，大學士朱軾爲之輔，又有營田觀察使，有副使，又有効力革職員外郎秦嶠等諸人，其不載見於册籍，而効奔走供指使者，尚不知凡幾也，又雍正四年，户部議准大學士朱軾條奏營田事例四款： 一、自營己田者，照田畝多寡給與九品以上，五品以下頂帶，以示優旌； 一、効力營田者，應酌量工程難易，頃畝多寡，分别録用； 一、罣誤、降調、革職之員，効力營田者，准其開復； 一、流徒以上人犯効力營田者，准減等。是其時搜羅人材，佽助經費之道，極爲詳備。故能三四年間，營治水田七千餘頃，功雖未竟，而今猶可按成規，收事半功倍之效，較創始者其省力蓋萬萬也。邦慶既編輯《怡賢親王疏鈔》、《陳學士儀河渠志》及《水利輯覽》、《營田圖説》諸册，以備觀覽，而又爲《私議》以附於後，觀成有日，不勝額手以俟云。

整理人： 李紅有，水利部海河水利委員會信息中心研究員，長期從事志書、期刊編輯工作和水利歷史研究工作。

陶桂榮，水利部海河水利委員會信息中心副編審，長期從事志書、期刊編輯和水利歷史研究工作。

孫鋒，海河流域水資源保護局高級工程師，長期從事水環境保護、水生態研究工作。

黄誠，水利部海河水利委員會辦公室副主任。畢業于天津師範大學中文系，曾多年從事大學語文教學工作。參編《中國河湖大典·海河卷》等書籍。

李伯，水利部海河水利委員會辦公室宣傳科科長，長期從事水利宣傳信息、文稿校審和水文化建設有關工作。

張俊霞，水利部海河水利委員會信息中心高級工程師，長期從事志書、期刊編輯和水利信息技術研究工作。

陳泓亮，水利部海河水利委員會辦公室副主任科員，主要從事水利政務宣傳和文稿編輯工作。

〔清〕林則徐 著

畿輔水利議

蔣超 陶桂榮 整理

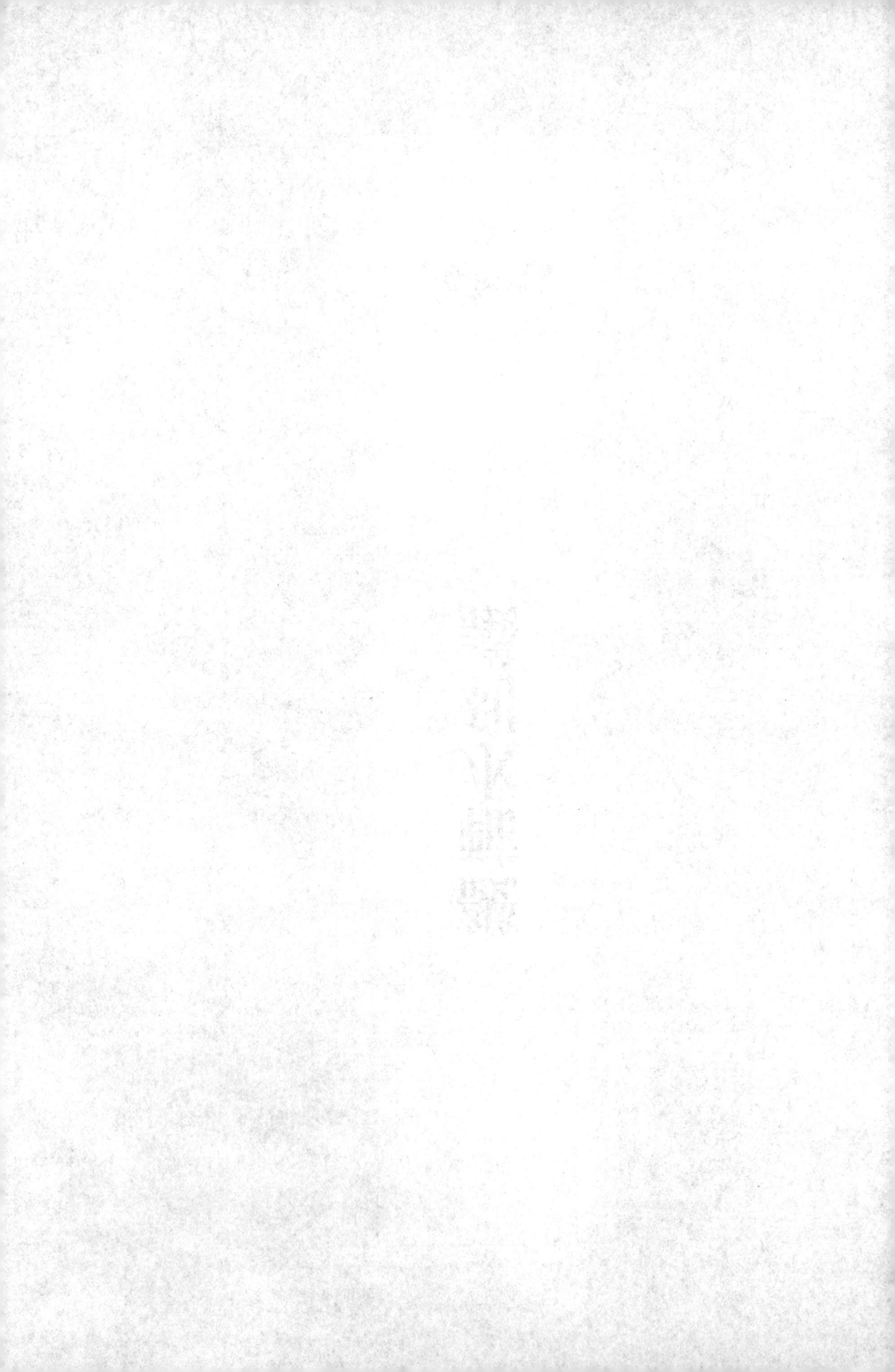

整理説明

众所周知，林則徐是我國清代著名的民族英雄。同时，他還是一位水利專家，其一生中唯一的一部專著就是有關海河水利的《畿輔水利議》。這部著作輯録了前人開發畿輔水利的有關議論和林則徐本人對這些問題的看法，明確地反映了林則徐開發畿輔水利的基本思想。

嘉慶十六年（一八一一年），林則徐中進士，改翰林院庶吉士，被派在清秘堂辦事。由於清秘堂是代替皇帝撰擬詔旨的地方，因而林則徐有可能接觸内閣秘藏的有關檔案史料。在京任職的那一段時間裏，林則徐大概已开始搜集有關《畿輔水利議》的資料。以後，林則徐又擔任過許多地方的官員，主持過河工、海塘、漕運等方面的水利工作，這對《畿輔水利議》的寫作顯然也是有影響的。

《畿輔水利議》在編輯過程中又稱《北直水利書》或《西北水利説》。《畿輔水利議》的初稿大約完成于道光十二年（一八三二年），這年林則徐出任江蘇巡撫，招幕馮桂芬入撫署，校『北直水利書』。道光十五年十二月，林則徐又請桂超萬（桂丹盟）校勘《北直水利書》。道光十八年，林則徐覲見皇帝時，將這一想法當面向皇帝陳述過。以後，林則徐在廣州曾上『論漕務折』，將『論水利疏』列為其中的一部分。

《畿輔水利議》在林則徐有生之年一直未能刊行。直到光緒二年（一八七六年），林氏後人才將該書刊印，稱作『光緒丙子三山林氏開雕』刻本。該書的扉頁題為《畿輔水利經進稿》，而各頁版心中則題為《畿輔水利議》。從目前所知的情況看，該書至少應有兩種版本，但都標為『光緒丙子三山林氏開雕』。一種是每頁九行，共六十一頁，全文最後有一個單獨的『終』字。另一種是每頁十行，共五十九頁，全文最後没有『終』字，但正文前還附有林則徐的傳記。兩種版本的正文内容没有區别。

本次點校工作由蔣超、陶桂荣承擔，段天順、蔡蕃審稿。不當之處，請批評指正。

整理者

目録

[一] 依據正文，此處缺『考』字。

總敘

竊惟國家建都在北，轉粟自南，京倉一石之儲，常糜數石之費。循行既久，轉輸固自不窮，而經國遠猷，務為萬年至計，竊願更有進也。恭查雍正三年命怡賢親王總理畿輔水利營田，不數年墾成六千餘頃，厥後功雖未竟，而當時效有明徵，至今論者慨想遺蹤，稱道勿絶。蓋近畿水田之利，自宋臣何承矩，元臣托克托、郭守敬、虞集，明臣徐貞明、邱濬、袁黄、汪應蛟、左光斗、董應舉輩，歷歷議行，皆有成績。國朝諸臣，章疏文牒，指陳直隸墾田利益者，如李光地、陸隴其、朱軾、徐越、湯世昌、胡寶瑔、柴潮生、藍鼎元，皆詳乎其言之。

竊見南方地畝狹於北方，而一畝之田，中熟之歲，收穀約五石。則為米二石五斗矣。蘇松等屬，正耗漕糧年約一百五十萬石，果使原墾之六千餘頃修而不廢，其數即足以當之。又嘗統計南漕四百萬石之米，如有二萬頃田，即敷所運。儻恐歲功不齊，再得一倍之田，亦必無虞短絀。而直隸、天津、河間、永平、遵化四府州可作水田之地，聞頗有餘，或居窪下而淪為沮洳，或納海河而延為葦蕩，若行溝洫之法，皆可成為上腴。謹考宋臣郟亶、郟喬之議，謂治水先治田，自是確論。

直隸地畝，若俟眾水全治而後營田，則無成田之日，前於道光三年舉而復輟，職是之故。如仿雍正年間成法，先於官蕩試行，興工之初，自酌給工本，若墾有功效，則花息年增一年。譬如成田千頃，即得米二十餘萬石，或先酌改南漕十萬石，折征銀兩解京，而疲幫九運之船便可停造十隻，此後年收北米若干，概令覈其一半之數折徵南漕，以為歸還原墾工本及續墾佃力之費。行之十年，而蘇、松、常、鎮、太、杭、嘉、湖八府州之漕，皆得取給於畿輔。如能多多益善，則南漕折徵，歲可數百萬兩，而糧船既不須起運。凡漕務中例給銀米，所省當亦稱是，且河工經費因此更可大為撙節。上以裕國，下以便民，皆成效之可卜者。至漕船由漸而減，不慮驟散水手之難，而漕弊不禁自除，絶無調劑旗丁之苦。朝廷萬年至計，似在於此。

謹薈萃諸書，擇其簡明切要可備設施者，條列事宜，析為十二門。首臚水田利益國計民生，明當務之急也；次辨土宜；次考成績，因利而利，示已成之事，著必效之券也；次專責成；次優勸獎，齊心力，勵勤能也；次輕科則，以絶顧慮；次禁擾累，以杜流弊；次破浮議阻撓，以防中梗，由是令行禁止而經畫可施；次以田制溝洫，而營種之事備焉；經畫既施，美利務在均平，故攤撥次之；美利既昭，見小終貽遠害，故禁占礙又次之；首善倡行有效，以次推行各省，普享樂利，而營田之能事畢矣。凡所鈔輯，博稽約取，匪資考古，專尚宜今，冀於裕國便民至計或稍有裨補云。

臣林則徐謹敘

開治水田有益國計民生

乾隆二年七月諭：　自古致治以養民為本，而養民之道，必使興利防患，水旱無虞，方能蓋藏充裕，緩急有資，是以川澤、陂塘、溝渠、隄岸，凡有關於農事，豫籌畫於平時，斯蓄洩得宜，潦則有疏導之方，旱則資溉灌之利，非可委之天時豐歉之適然，而以臨時賑恤為可塞責。朕御極以來，宵旰憂勤，惟小民之依是咨是詢，前後諭旨，諄復再三。但化導自在有司，而督率則由大吏。近日直省督撫，惟甘肅巡撫德沛到任後，即以興水利、裕倉儲為請，署陝西巡撫崔紀亦有勸民鑿井灌田之奏，尚能留心民食，知本計之所當先。其餘能盡心於吏治、官方、命盜、錢糧諸事者，尚不乏人，而於民生衣食本源，未能切實講求。地方守令亦惟刑名、錢糧，自顧考成，至以愛養百姓為心，留意於稼穡桑麻，如古循吏所為者，蓋不可得。即如直隸，今年夏初少雨，則以熯旱為憂；　及連雨數日，尚不甚大，而永定河遂有漲溢之患，決口至四十餘處，低窪之地多被水淹。雖因山水驟發，然水性就下，其經行之地自有定所，設豫為溝渠以洩之，為塘堰以潴之，自可以分殺水勢，不致匯為洪流，衝突漫衍如此之甚，是皆平日不能豫先籌畫所致也。各該督撫有司，務體朕痌瘝乃身之意，刻刻以民生利賴為先圖，一切水旱事宜悉心講究，應行修舉者，即行修舉，或勸導百姓自為修理，如工程重大應動用帑項者，即行奏聞，妥協辦理，興利除害，俾旱澇不侵，倉箱有慶，以副朕惠愛黎元至意。

《明史·列傳》：　徐貞明著《潞水客談》，略曰：　西北之地，旱則赤地千里，潦則洪流萬頃。惟雨暘時若，庶幾樂歲無饑，此可常持哉？水利興而後旱潦有備，利一；中人治生，必有常稔之田，以國家之全盛，獨待哺於東南，豈計之得哉？水利興，則餘糧棲畝皆倉庾之積，利二；東南轉輸，其費數倍西北，有一石之入，則東南省數石之輸，利三；　西北無溝洫，故河水橫流，民居多没，修復水田，則可分河流，殺水患，利四；　西北平曠，遊騎得以長驅，若溝澮盡舉，則田野皆金湯，利五；　遊民輕去鄉土，易於為亂，水利興，則業農者依田裏，而遊民有所歸，利六；　招南人以耕西北之田，則民均而田亦均，利七；　西北罹重傜[一]之苦，田墾民聚，則傜可減，利八；　沿邊諸鎮有積貯，轉輸不煩，利九；　天下浮户，依富家為佃客者何限，募之為農而簡之為兵，屯政無不舉矣，利十。

國朝沈夢蘭《五省溝洫圖説》：　溝洫之設，旱澇有

[一] 傜　同『徭』。

備，利一；淤泥肥田，墝確[一]悉成膏腴，利二；溝塗縱橫，戎馬不能踰越，足資阻固，利三；貿遷舟載通行，車腳費省，物價可平，利四；蝗蝻間作，溝深易於捕治，利五；西北耕田，人力無所施用，俗語所謂望天收，溝洫既開，縵田[二]悉作畛田，利六；西北地廣人稀，歲入無多，家無蓋藏，水利興，將饒沃無異東南，利七；東南民奢而勤，西北民儉而惰，以西北之儉師東南之勤，民食自裕，利八；邪教之起，由多遊民，百姓皆從事於隴畝，風俗自靖，利九；東南轉輸，一石費至數石，故昔人謂西北有一石之收，則東南省數石之費，利十；河流漲發，時憂沖決，五省遍開溝洫，計可容漲流二萬餘千丈，利十一；漲流既有所容，河隄搶築，歲費漸可裁省，利十二；軍政莫善於屯田，溝洫通利，荒土悉可墾種，因此召募開屯，不費餉而兵額充足，利十三；經畫一定，丘段分明，民間無爭占之端，里胥無飛灑之弊，利十四；每地方二十里同溝共井，相救相助，聯保甲，興社倉，諸事便易，利十五。

徐越《畿輔水利疏》：臣考之太倉每歲漕糧所入，僅敷一歲所出之數。現值江浙饑凶，淮黃梗阻，已有歲運不能足額、抵通不能如期之虞，萬一天災再告，輸挽難前，賑貸莫繼，無論東南之凋瘵無策以拯，即京師數千百萬官民軍旗人等，能無米而炊乎？此時而始為區畫，亦已晚矣！查漕糧原有常額，每年尚可留餘，只緣歲有一百六七十萬澇糧之給，遂至空倉而出。若得因地制宜，使八旗不致荒澇，澇糧得以議省，則每年有一百六七十萬之存剩，不三年即可有四五百萬之積儲，雖遇天時凶災，河道阻塞，而國家有備無患，非萬年根本之重計乎？冀州之域，古稱燕趙，從來膏沃自給，不盡仰食於東南，特以人事未盡，遂將自然之地利廢置不講，以致水旱皆災，歲無常獲。若相其地勢高卑，因勢利導，大興水田，庶幾人事修而地利登，非但八旗、屯丁車籌盈祝，無藉倉撥，而各府民田由此盡墾。即東南之民力可蘇、近畿之盜賊可息。何也？東南漕糧，民間交兑及漕船歲修、行月諸費，以至抵通盤剥，合公私計之，大約石米到倉費銀四五兩不等，而領出澇糧及運軍餘米，在京賣價不過八九錢耳，民力徒困而國計何裨？水利興則米穀多，將來可照改折解銀，在本京收買足額，朝廷之上歲可增改折銀數百萬兩，而辦漕之民力不於此而蘇乎？至於西北米多價重，生理各足，既無曠土，自無遊民，誰復迫饑寒而甘為盜賊？此又不弭盜而盜自弭也。臣故曰：積漕利國，富旗安民，莫過於大興畿輔水利者也。

陸隴其《論直隸興除事宜書》：屢年以來，朝廷憫恤災荒，州縣議蠲議賑，所費錢糧不可勝數。與其蠲賑於既

[一] 墝確　此處指地勢較高而貧瘠的土地。

[二] 縵田　没有塍溝，直接耕作的土地。下文『畛田』則是有塍溝，並有田間道路之田。

荒之後，何如講求水利於未荒之前？蠲賑之惠在一時，水利之澤在萬世。宜通查所屬州縣水道，何處宜疏通，何處宜隄防，約長闊若干，工費若干，彙成《畿輔水利》一書進呈，請以次分年舉行。以一時言之，雖若不免於費，以久遠言之，比之蠲賑所省必百倍。或鼓舞官吏紳衿，能開河道若干者，作何優敘獎勵，此亦一策也。

李光地《飭興水利牒》：北土地宜，大約病潦者十之二，苦旱者十之八，而北方苦旱，遂至於不可支者，由於水利不修。今通飭州縣，各因其山川高下之宜，如近山者，導泉通溝，近河者，引流釃渠，若無山無河平衍之處，則勸民鑿井，亦可稍資灌溉。若一縣開一萬井，則可溉十萬畝，約計畝獲米一石，十縣之入已當通直全屬之倉貯矣。一溝之水又可當百井，一渠之水又可當十溝，以此推之，水利之興，較之積穀備荒，其利不止於倍蓰而什佰也。

柴潮生《水利救荒疏》：天災國家代有，荒政未有百全，計口授糧，僅救死而扶羸，以工代賑，亦掛一而漏百，何如擲百萬於水濱，而立收國富民安之效，縱有堯水湯旱，亦可挹彼注茲，是謂無弊之賑恤。連年米價屢塵聖懷。盡停採買，豈可久行；捐監輸倉，亦非上策。若小民收穫素裕，自然二鬴有資。臣訪問直隸士民，皆云：有水之田較無水之田，歲人不啻再倍，是謂不竭之常平。且近畿多八旗莊地，直隸亦京兆股肱，皆宜致之富饒，始可居重馭輕。若水利既興，自然軍民兩利，是謂無形之帑藏。且雨者，水土之氣所上騰而下澤也，土氣太盛，則水氣受制，故明臣魏呈潤、徐光啟皆以興水利為致雨之術。直隸近年以來，閔雨者屢矣！謂政事之缺失，乃聖人罪己之懷；諉氣數之適然，亦術士無稽之論。但使水土均調，自然雨暘時若，是謂有驗之調燮。且水性分之則利，合之則害，用之則利，棄之則害。故周用有言：人人皆治田之人，即人人皆治水之人。先臣張伯行亦主此論。又陸隴其為靈壽令，督民濬衛河，其始頗有怨言，謂開無水之河以病民，既而水潦大至，他邑苦水，獨靈壽有宣導，歲竟有秋。貨殖者，旱則資舟；為國者，備斯無患。是謂隱寓之河防。

臣則徐謹案：《周官》[一]大司徒掌天下土地之圖，辨十二壤而知其種，樹藝之事繁矣。而王畿之內，惟稻人設專官，其用水作田之法，亦較諸職特詳。蓋五穀所殖，稻之入最豐，又性宜水，為之溝防蓄洩之制，天時不齊，可仗人力補救，非如他種之一聽命於天。故農為天下本務，稻又為農之本務，而畿內藝稻又為天下之本務。我朝劭農重穀，列聖相承，茆檐耕織，悉被宸章，海澨雨暘，動關聖慮，稼穡惟寶，艱難周知，固已立萬世不拔之基矣。而畿輔農田水利，歷經奉旨興修，藝稻迄猶未廣。今畿輔行糧

[一]《周官》　西漢劉歆始稱《周禮》。王莽時，《周官》才正式更名爲《周禮》。

地六十四萬餘頃，稻田不及百分之二，非地不宜稻也，亦非民不願種也，由不知稻田利益倍蓰旱田也。乃觀《潞水客談》所述及本朝諸臣奏疏，先後指陳稻田利益，深切著明若此。是其上裨國計者，不獨為倉儲之富，而兼通於屯政、河防；下益民生者，不獨在收穫之豐，而並及於化邪弭盜，洵經國之遠圖，尤救時之切務也。今誠逐條研核，確信夫營田藝稻實為根本至計，效可必致而事在必行，則萬年美利既不難操券以觀成，俶載經營乃可與更端而圖始，而土宜之辨，已事之徵，可遞詳矣。

直隸土性宜稻　有水皆可成田

《元史·列傳》：　虞集進言：　京師之東，瀕海數千里，北極遼海，南濱青徐，萑葦之場也。海潮日至，淤為沃壤，宜用浙人之法，築隄捍水為田。

《明史·列傳》：　徐貞明上《水利議》曰：　畿輔諸郡，或支河所經，或澗泉自出，皆足以資灌溉。北人未習水利，惟苦水害，不知水害未除，正由水利未興也。今順天、真定、河間諸郡，桑麻之區半為沮洳，誠於上流疏渠浚溝，引之灌田，以殺水勢；下流多開支河，以洩橫流；其淀之最下者，留以瀦水；稍高者如南人築圩之制；則水利興，水患亦除矣。

《明史·河渠志》：　萬曆三十年，保定巡撫汪應蛟言：　易水可溉金台，滹水可溉恒山，唐水可溉中山，滏水可溉襄國，漳水可溉鄴下，而瀛海當眾河下流，故號河間，視江南澤國不異。至於山下之泉，地中之水，所在皆有，宜各設壩建閘，通渠築隄，用南方水田法，六郡之內得水田數萬頃，畿民從此盈饒，永無旱澇之患，不幸漕河有梗，亦可改折於南，取糴於北，此國家無窮之利也。

明汪應蛟《海濱屯田疏》：　天津可墾荒田，連壤接畛，若盡為之開渠以通蓄洩，築隄以備旱澇，每千頃致穀三十萬石，以七千頃計之，可得穀二百萬石。且地在三岔河外，海潮上溢，取以灌溉，於河無妨。白塘以下多官地，原無糧差，白塘以上為民地，願賣則給價，不願則給種，於民情無拂。就中經理得宜，行之久遠，可不謂國家萬世之利哉！

國朝怡賢親王《請設營田疏》：　北方本三代分田授井之區，而畿輔土壤之膏腴甲於天下，東南濱海，西北負山，有流泉潮汐之滋潤，無秦、晉巖阿之阻格，豫、徐、黃、淮之激蕩，言水利於此地，所謂用力少而成功多者也。

又《京東水利情形疏》：　薊州運河東南至寶坻，會白龍港，又南經玉田、豐潤，合浭水達海，河身深闊，源遠流長。請於下倉以南建橋、下閘，壅水而升之，注於兩岸，多開溝澮，遠近貫注，用之不乏矣。浭水又名還鄉河，沿河一帶建閘開渠，數十里內無非沃壤。玉田本屬稻鄉，夾河為湖，引流種稻，足資灌溉。豐潤負山帶水，湧地成泉，疏流導河，隨取而足，縣南接連大泊，平疇萬頃，土膏滋潤。陸河自館山東流，繞縣而南，傍河稻田數百頃，農多饒裕。若推而廣之，兩岸良田不可數計。灤州之別故河，若疏通，而西南負郭之田皆收浸潤之利。龍溪、沂河之間，地勢平衍，土岡環之，東南一望無際，皆可播流而溉，西南則游觀莊，引泉可田，南則稻河、吴家龍堂等處，引河可田，西北則自沙河驛東、榛子鎮西，流清而腴，地平而闊，沿岸一帶建壩開溝，無處非水耕火耨之地。遷安之桃林河，泉河、三里河，夾河皆可田。黄山之麓，清泉噴湧，即還鄉河所自出，兩岸地與水平，播之可種稻田百餘頃，且可分還鄉河之勢。盧龍縣北燕河營，湧泉成河，及營東五泉，漫溢四出，皆可挹取為樹藝之利。

又《京西南水利情形疏》：胡良河所經，地稱膏腴，溝渠圩岸，宛若江南，擴而廣之，房、涿之間皆稻鄉也。淶水一派，石亭赤土樓郕，秔稻最盛，而河流所經之定興、新城等縣，亦霑澆灌之利。三易水，曰濡、曰武、曰雹，俱挾源泉分流，疏渠其勢甚便。一畝泉流為清苑河，五雲、石臼二泉流為放水河，蒲水伏流，復見為五郎河。九龍泉繞慶都而人方順河，源盛水饒，疏而引之，不可勝用也。滱水人唐縣為唐河，横水會之，居民引以溉稻，直達下素，町畦相望，經曲陽而所溉尤多，南人定州，白龍泉會之，傍河諸郕皆圩岸也。推而廣之，所得稻田難以頃畝計矣。派水經新樂、定州，沿流多資灌溉。滋河經靈壽為慈水，沿流皆可田，伏而復見，繞無極，經深澤，疏流成渠，天然水利也。洨河至欒城，合北沙河而流始漸大，澆溉可資，但岸高難以升引，應作壩壅之，俾水與岸平，開溝二三尺，縱横俱可通流，涓滴皆為我用矣。伏秋水漲，則決壩洩之，旱澇無虞，萬全之利也。聖女河源出任縣，泉從地湧，引流可田。牛尾河、百泉河源出邢臺，作閘節宣，沿流一帶皆水田也。滏陽河源出磁州，至邯鄲，會渚、沁二水，貫大泊而與滹沱水合，所經之處皆可疏渠灌稻。南北二泊，為二十餘河之委匯，而水口河身均多淺隘，今應展挖寬深，導南泊之水歸穆家口，北泊之水入滏陽河，積澇日消，舊岸漸復，四圍涸出之地尚可以數計哉！然後作小隄以繞之，多開斗門，疏渠種稻，則沮洳之場無非樂土也。

《畿輔通志》：京東輔郡，負山控海，泉深而土澤，潮淤而壤沃，諸州邑泉從地湧，一決即通，水與田平，一引即至，具可疏鑿成田。寶坻縣營田，引薊運河潮水。按，明臣袁黄為寶坻令，開疏沽道，引戽潮流，教民種稻。蓋潮水性温，發苗最沃，一日再至，不失晷刻，雖少雨之歲，灌溉自饒，浙閩所謂潮田也。京西諸河，匯於西淀，新安三面皆潦水匯注，歲失耕稼。賢王〔一〕為開河分洩，築隄捍禦，沮洳遂為樂土，秔稻遍野，蒸蒸殷富。安州居其上游，

〔一〕賢王　指怡賢親王允祥。

積淀環繞，地多汙萊，聞新民坐獲美利，州人羨之，相率墾洿澤[一]，引河流，自行插蒔營田，收穫甚豐。淶水縣稻子溝，蓋緣稻得名。涿州有督亢亭舊跡，亦土壤膏腴之證。文安為七十二清河匯聚之區，土人於瀕河傍淀處芟茭蒔稻，多獲豐收。大城為子牙河所經，土性膏腴，最為宜稻之區。滿城一畝泉，湧地噴珠，雞距、紅花等泉連綿相接，灌溉優渥。宛平盧溝橋西北營田，引桑乾河水。明臣徐貞明言：『桑乾水經保安境上，有用土牛逼水成田者。』今保安、懷來稻田最盛，皆於上流疏引，隨高下以作溝洫，淤泥停蓄，不糞而肥，苗發穎粟，所收倍於他水，是亦桑乾可田之一證也。京南西帶重巒，源泉並注交流，會於大泊，形如聚扇。元臣郭守敬言，滏、漳二水合流處，引水由滏陽、邯鄲、洺州、永年，下經雞澤，合入澧河，可溉田三千餘頃。大陸澤為上游之壑、下流之源，澧河源於大陸，源大流盛，夾岸汲引，其利尤溥。邢臺百泉時出不窮，不惟利周本邑，兼可潤及鄰疆。天津營田全資潮汐，一面濱河，三面開渠，潮來渠滿，則閘而留之，以供車戽，中間溝塍地埂宛轉交通，四面築圍以防旱澇，皆前明汪應蛟遺制也。

又： 永定河濁泥善肥苗稼，凡所淤處變瘠為沃，其收數倍。河所經由兩岸，窪鹹之地甚多，若相高下，開浚長渠，如懷來、保安石徑山引灌之法，分道澆溉，則斥鹵變為肥饒。而分水之道既多，奔騰之勢自減，從高而下，由近而遠，一河之潤可及十餘州。此亦轉害為利之一奇也。

《畿輔安瀾志》： 渾水性肥，所過變斥鹵為膏壤。昔年文、霸所屬信安、勝芳等邨，乃濱水荒鄉，自康熙戊寅開河以後，濁流旁衍，地肥土潤，今且畦塍相望，宛如江南。

又： 盧溝橋以上之修家莊，地居山麓，大半沙磧，乃農人自營稻田，歷今數十餘年不廢。蓋務此者皆晉人，性習勤而無畏難，故業成而卒享其利。其藝稻之法，布列石渠，即於沙石之上引水留泥，復於四五月河水涓細之時，通水而上，借以插秧，水足則洩於本河。正定、平山引滹水植稻，亦用此法。上而宣、大間，處處可引，惟在賢有司實心勸導，示以有徵之成效課，使各自營力，斯善於興利者矣。

柴潮生《水利救荒疏》： 臣請考之於古，證之於今，直隸為《禹貢》冀州之域，厥田中中，今土壤乃至瘠薄。東南農民家有五十畝，十口不饑； 此間雖擁數頃之地，常虞不給，雖其土燥人怠，亦不應懸殊至此。漢張堪開狐奴稻田，民有麥穗之歌。狐奴，今之昌平也。北齊裴延儁修督亢陂，為利十倍。督亢，今之涿州也。東西二淀，為宋何承矩塘濼之遺； 天津十字圍，乃明汪應蛟屯田之舊。垂之竹册，非比荒唐。又查，國朝李光地為巡撫，請興河間水田，言涿州水占之地，每畝鬻錢二百尚無售者，一開

[一] 洿澤 指停積不流的池塘沼澤等濕地。此處『洿』同『汙』。

成水田，畝易銀十兩。上年直督高斌請開永定河灌田，亦云查勘所至，衆情欣悦。又聞石徑山有莊頭修姓，能自引渾河灌田，比常農畝收數倍，旱澇不致為災。又聞蠡縣亦有富户自行鑿井灌田，每逢旱歲，其利益饒。又聞現任霸州知州朱一蜚，於二三月間曾勸民開井二十餘口，今頗賴之。證之近事，復確有據，則水利之可興也決矣。

臣則徐謹案：稻，水穀也。禹謨六府[一]，始水而終穀，故天下有水之地無不宜稻之田。近在内地者無論已。迪化[二]在沙漠之境，而有泉可引宜禾，錫以嘉名；臺灣懸閩海之中，而有潮可通，產米甲於諸郡。此皆從古天荒，開自本朝，而一經耕治，遂成樂土。況神京雄據上游，負崇山而襟滄海，來源之盛，勢若建瓴，歸壑之流，形如聚扇，而又有淀泊以大其瀦蓄，有潮汐以資其潤澤，水脈之播流於全省，若氣血之周貫於一身。奥衍之資，天造地設，是有一水即當收一水之用，有一水即當享一水之利者也。然非深明乎因地制宜之用，化瘠為沃之方，恐狃於成見，必將以水土異性為疑。今且不敢遠徵，斷自元、明建都以來敷陳諸策，固已言之鑿鑿，試之有效。而我朝怡賢親王周歷經度，疊次疏陳。參之諸臣奏議、三輔志乘，凡土之宜稻，地之可田，悉經逐段指出，則畇畇畿甸，實具天地自然之利，尤為萬無可疑。今即水道之通塞分合不無小殊，而土性依然，地利自在。可知稻田之不廣，良由人事之未修，而所以物土宜興水利者，可以考求遺跡，實力舉行矣！

歷代開治水田成效考

《後漢書·列傳》：張堪拜漁陽太守，迺於狐奴開稻田八千餘頃，勸民耕種，以致殷富。

《水經注》：魏將軍劉靖以嘉平二年道高梁河，造戾陵遏，開車箱渠，灌田歲二千頃。至景元三年，遣謁者樊晨更制水門，水流乘車箱渠，自薊西北，徑昌平，東盡漁陽、潞縣，灌田萬有餘頃。

《魏書·列傳》：裴延儁轉幽州刺史，修復范陽郡督亢渠、漁陽燕郡戾陵諸堰，溉田百萬餘頃畝。

《隋書·食貨志》：齊皇建中，開督亢舊陂營屯，歲收稻粟數十萬石。

《册府元龜》：隋開皇中，幽州都督裴方行引盧溝水，開稻田千頃，百姓賴以豐給。

《唐書·地理志》：漁陽郡三河有孤山陂，溉田三千頃。

《宋史·列傳》：滄州節度副使何承矩，疏請於順安砦西開易河蒲口，資其陂澤，築隄貯水為屯田。乃以承矩

[一] 禹謨　大禹治國的方略。六府指的是生活物質中的水、火、木、金、土、穀。

[二] 迪化　今烏魯木齊。

為制置屯田使，俾董其役。自順安以東瀕海，東西三百餘里，南北五七十里，悉為稻田。

又，《食貨志》： 咸平六年，知保州趙彬分徐河水南注運渠，置水陸屯田。天禧末，河北屯田歲收二萬九千四百餘石，保州最多，逾其半焉。

《唐縣志》： 金泰和六年，縣尹劉弁開渠引唐河，灌田數千畝，又導而東，以溉完縣諸田。

又，明萬曆二十七年，知縣楊一桂浚渠引唐河，溉田一萬千餘畝。明年復大開濬，引唐河東注，歷唐縣三十五邨、完縣三邨，溉田二百餘頃，名廣利渠。

《元史・本紀》： 脱脱言： 京畿近水地，召募南人耕種，歲可收百萬餘石。於是西至西山，南至保定、河間，北抵檀、順，東至遷民鎮，凡系官地及屯田，悉從分司農司立法佃種，歲乃大稔。

《明史・河渠志》： 永樂八年，濬定襄故渠，引滹沱水灌田六百餘頃。萬曆三十年，真定知府郭勉濬大小鳴泉四十餘穴，溉田千頃。邢臺達活、野狐二泉流為牛尾河，百泉流為澧河，建二十一閘、二隄，灌田五百餘頃。天啟二年，命太僕卿董應舉管天津至山海屯田，規畫數年，開田十八萬畝，積穀無算。

《明史・列傳》： 萬曆十三年九月，徐貞明領墾田使，先詣永平，募南人為倡，至明年三月，墾田三萬九千餘畝。

《新安縣志》： 萬曆間，邑令張廷玉開王家橋下三渠，用雹水灌田一千五百餘頃。

《懷安縣志》： 明兵備道胡思仲浚惠民渠，引洋河之水溉民田，數萬頃皆成膏腴。

明來復《保安衛水田記》： 萬曆四十六年，兵備道胡思仲疏瀹保安西二渠，開田十萬餘畝，秔稻兼利，比於江南。

汪應蛟《海濱屯田疏》： 天津葛沽一帶，咸謂此地從來斥鹵，不耕種，間有近河種豆者，畝收不過一二斗。臣竊以為，此地無水則鹻，得水則潤，若以閩浙治地法行之，未必不可為稻田。今春買牛、制器、開渠、築隄，一時並興，計葛沽、白塘二處，耕種共五千畝，內水稻二千畝，其糞多力勤者，畝收四五石，餘三千畝種薥豆、旱稻。薥豆得水灌溉、糞多者，亦畝收一二石。惟旱稻以鹻立槁，於是地方軍民始信閩浙治地法可行於北，而臣與各官益信斥鹵可盡變膏腴矣。

《畿輔通志》： 天津藍田，康熙間鎮臣藍理所開也。河渠圩岸周數十里，墾田二百頃。召浙閩農人數十家分課耕種，每田一頃用水車四部，秋收畝三四石。

又： 京東局，雍正四、五、六、七、十一等年，玉田縣引小泉、煖泉、孟家泉、藍泉等河之水，營稻田三百八十四頃二十畝； 豐潤縣引陡河、泥河、黑龍潭、楊家洴等水，營稻田四百五十頃十一畝； 遷安縣引徐流河、三里河、黄山泉河之水，營稻田十六頃二十七畝； 灤州引沂河、煖泉、福山泉、館水，營稻田二十九頃八十二畝； 平谷縣引洵河及山泉，營稻田六頃十一畝； 薊州引大小海子等泉之水，營稻田五十六頃五十六畝； 寶、河二縣引薊運河潮水，營稻田二百十五頃八十六畝； 武清縣引鳳河，營稻田十八頃二畝。

又： 京西局，雍正五、六、七、十一、十二等年，新安縣引雹河、依城河及淀河之水，營稻田八百九十一頃五十五畝； 安州引依城河及淀河之水，營稻田十六頃三十八畝； 安肅縣引督亢陂及雹河之水，營稻田一百七頃五十六畝； 唐縣引唐河水，營田八十一頃六十九畝； 慶都縣引湟池、北隆、堅功、湧魚等泉之水，營稻田十二頃五十三畝； 淶水縣引淶河，營稻田二十二頃二十八畝； 房山縣引拒馬河、挾河之水，營稻田二十六頃四十四畝； 涿州引拒馬河、胡良河之水，營稻田三十頃六畝； 霸州引中亭河，營稻田一百一頃三十五畝； 任丘縣引白洋淀，營稻田八十五頃八十畝； 文安縣引會同河、子牙河之水，營稻田四百五十九頃四十畝； 大城縣引子牙河，營稻田三百三十二頃九十七畝； 定州引小清河、馬跑泉之水，營稻田六十二頃四十七畝； 行唐縣引蓮花池及龍泉之水，營稻田十四頃十二畝； 新樂縣引海泉、湧泉之水，營稻田三頃三十六畝； 滿城縣引一畝、雞距等泉之水，營稻田二頃二十一畝； 宛平縣引永定河水，營稻田十六頃。

又： 京南局，雍正五、六、七、八等年，磁州、永年、平鄉引滏陽河水，營稻田一千二百十頃七十三畝； 任縣引滏陽、牛尾等河之水，營稻田一百二頃四畝； 正定縣引大小鳴泉、方泉、班泉之水，營稻田三十二頃七十九畝； 平山縣引滹沱河、冶河之水，營稻田三百四十頃十八畝； 井陘縣引冶河水，營稻田四十七頃二十畝； 邢臺縣引百泉河及達活、紫金等泉之水，營稻田八十六頃九十六畝； 沙河縣引百泉河及小灃等泉之水，營稻田五頃六畝； 南和縣引百泉河水，營稻田八十五頃五十五畝。

又： 天津局，雍正五年、六年，天津州、滄州、静海縣及興國、富國二場引用海河潮水，共營田四百八十七頃四十三畝。

怡賢親王《請改磁州歸廣平疏》： 明臣高汝行、朱泰等於滏陽所經建惠民八閘，以資灌溉，沿河州縣，民皆富饒。秔稻之盛，甲於他郡。

劉於義《南府水利疏》： 巨鹿向有鹻地四萬餘畝，不能耕種。乾隆九年，知縣詳明建閘引水澆注。凡經水之地，鹻氣頓除，布種秋禾，收成豐稔。

《一統志》： 寶帶渠在懷柔縣城外，縣人鍾其瀠，鑿渠引水，縣境鹹土自後遂成水田。

《畿輔安瀾志》： 阜平縣農民沿沙河開渠，引水營田，自乾隆十年以來，得稻田八十餘頃。

臣則徐謹案：　天下事，創則難與慮始，因則易與圖功，故治地莫善於因。明臣左光斗《水利三因策》曰：　因天之時，因地之利，因人之情。　明課稻於北，似創而實因也。時韙其言，水利大興。鄒元標嘗言：　三十年前都人不知稻草何物，今所在皆是，此三因之明效也。臣竊謂今日用因之法，莫如因古人之遺跡而修復之，因現在之成效而推廣之，非特施功易奏效速也。西北水田久置不講，一旦興舉，事同創始，利益雖宏，土宜雖得，而未經試可，人將不信。宋何承矩規畫塘濼，人多議其非便，發言盈廷。承矩援漢、魏至唐屯田故事以折之，眾始信服。不二年，葦穗送闕，功效大著。至今畿南秔稻猶其遺澤。承矩蓋善於用因者矣。今歷稽開墾成績，著之於篇，某州邑某泉某水，按圖可索，信而有徵。主議者既決然於説之必可行，任事者亦曉然於功之有可據。或就廢堰古渠之跡尋訪遺規，或即羹魚飯稻之鄉講求成法，而一切營墾事宜可舉而措之矣。

責成地方官興辦　毋庸另設專官

明徐貞明《潞水客談》：　得人固難，是必有經略之功而無紛更之擾則善矣。世有能任之者，不必如宋人專以勸農之名，亦不必如今制，責以水利之職。蓋勸農而興水利，牧養斯民之首務也。今惟選擇守令，久任而責成之，殿最系焉。興利而民不知者，可坐致也。

國朝怡賢親王《定考核以專責成疏》：　臣等疏濬水澤，營治稻田，所有完過工程，例應交地方官收管，各處水田、溝洫，必須每年經理，令管河各道督率所屬州縣按時修濬。但考成未有定例，河道無憑舉劾，請嗣後計典將水利營田事實逐一開註，由河道結送督撫，以定優劣。

孫嘉淦《覆奏消除積水疏》：　田間溝洫，盈千累萬，而河道交錯，兼多疑難之處，眾説紛歧。臣等不能親身閲視，即委員分勘，以一人之身查數十州縣，勢不能遍歷邨莊，則詳細委折仍須責之州縣。

范時紀《京南窪地種稻疏》：　伏查京南霸州、文安、大城、固安、寶坻、天津、静海、滄州、青縣等處，地勢低窪，遇雨水稍多，或河流泛漲，動輒淹為巨浸。若不設法疏治，久之地畝恐皆廢棄。請令直隸總督於所屬府、廳、州、縣內，遴選素日留心地方民瘼之員，於此十數州縣地方，詳細踏勘，何處何邨可以展挖溝渠，疏濬支河，添築隄埝，作為稻田。一州一縣行之有效，將該處承辦官從優議敘，使他邑觀效，積漸而廣，自可變瘠為腴。

工部《議覆御史湯世昌西北各省疏築溝道疏》：　應如所奏，行令各該督撫嚴飭所屬，於每年農隙時親往履勘督辦，工竣後册報，道府前往查勘。果系實心任事之員，行之有驗，即備詳督撫，於考課殿最時臚為一條；　儻或漫不經心，甚至縱役滋累，亦即糾參示儆。

臣則徐謹案：　周人重農，故農官莫詳於《周禮》。漢魏而降，如搜粟都尉、宜禾都尉、典農中郎將、司田參軍，皆於守令而外特設專官。竊以養民裕國，本是守令之事，若設官專領，於民情之苦樂、地方之利病未必周知，而既無司牧之權，則令未必行，禁未必止，公事恐多牽掣。若仍須會同地方官，又易起推諉歧視之漸，且多一衙門多一冗費。即鄉邨董勸之人，如農師、田長等名目，亦不必設，恐奉行日久，實去名存，徒滋閭閻浮費也。守令為親民之官，情形熟，呼應靈，擇其勤恤民隱、實心任事者，屬之經理，以成田之多寡，得稻之盈絀，課其殿最，不煩更張而事可集。故當創行之始，相度水泉，經畫地畝，以及招募農民試種，倡導章程，自宜專簡大員核定辦理。俟事有端緒，效可廣推，則專責之地方官為便。

勸課獎勵

雍正二年，諭直隸督撫等官：　朕惟撫養元元之道，足用為先。朕自臨御以來，無刻不廑念民依，重農務本，業已三令五申矣。但我國家休養生息，數十年來户口日繁，而土地止有此數，非率天下農民竭力耕耘，兼收倍獲，欲家室盈寧，必不可得。《周官》所載巡稼之官不一而足，又有保介、田畯，日在田間，皆為課農設也。今課農雖無專官，然自督撫以下，孰不兼此任也。其各督率有司，悉心相勸，並不時咨訪疾苦，有絲毫妨於農業者，必為除去。仍於每鄉中擇一二老農之勤勞作苦者，優其獎賞，以示鼓勵。如此則農民知勸，而惰者可化為勤矣。再，舍旁田畔以及荒山不可耕種之處，量度土宜，種植樹木，桑柘可以飼蠶，棗栗可以佐食，柏桐可以資用，即榛楛雜木亦可以供炊爨。其令有司督率指畫，課令種植，仍嚴禁非時之斧斤、牛羊之踐踏、奸徒之盜竊，亦為民利不小。至孳養牲畜，如北方之羊，南方之彘，牧養如法，乳字以時，於生計不無裨益。總之，小民至愚，經營衣食非不迫切，而於目前自然之利反多忽略，所賴親民之官委曲周詳，多方勸導，庶使踴躍争先，人力無遺而地利始盡，不惟民生可厚，風俗亦可轉移。爾督撫等官，各體朝廷愛民之意，實心奉行。儻視為具文，苟且塗飾，或反以擾民，則尤其不可也。

明徐貞明《潞水客談》：　設得牧養斯民者，擇其勢順功敏之處，募願就之民經略其端，以示倡率之機，使民灼然知水利之可興，則必有競勸而争先者，庶令不煩而事自集。至若不費公帑，不煩募民。而田功自舉者，邊地屯田以餉軍，其道有三：　倡力耕之機，定賞功之制，廣世職之法而已。內地墾田以阜民，其道有三：　優復業之民，立力田之科，開贖罪之條而已。

袁黄《皇都水利書·開田賞功論》[一]：　元泰定中，虞

[一] 此處指袁黄《皇都水利》中的一節『論開田賞功』。

集進言： 京師之東，聽富民欲得官者，授以地，官定其畔以為限，能以萬夫耕者，授以萬夫之田，為萬夫長； 千夫、百夫亦如之。 三年後，視其成，以次漸征之，五年有積蓄，命以官，就所儲，給以禄，十年不廢，得以世襲如軍官之法。 至正間，脱脱略仿集議，於江南募能種水田及修築圍堰之人各一千名為農師，降空名敕牒十二道，能募百人者授正九品，二百人者正八品，三百人者從七品，就令管領所募之人。 嘉靖中，秦鼇言： 畿輔之地，水土沃饒，乞選江浙之士為之長吏，仍又仿行古者孝弟力田之科，有能率衆墾田萬畝者授其官，其千畝者亦如之。 果能勸課有法，不吝超遷，則三數年後必有萬倉之積矣。

徐光啟《農政全書·墾田疏》： 墾荒足食，萬世永利，而且不煩官帑。 招徠之法，計非武功世職如虞集所言不可。 惟集言世襲如軍官之法，所擬不管事，不升轉，不出征，空名而已。 田在爵在，去其田隨去其爵，即世襲又空名也。 但恐空銜人未樂趨，故必以空銜為根著，而又使得入籍登進以為勸。

《大清會典》： 康熙四十三年，天津附近荒棄地畝開墾一萬畝以為水田，行令各省巡撫，將閩粵江南等處水耕之人，出示招徠，計口授田，給以牛種。

許承宣《西北水利議》： 國家廣開事例以佐軍需，今次第底定，將停事例，以澄敘官方矣。 何不即用現開之例於西北各省，每縣增設農田官，此日之品級與他時升轉皆得比縣令，而以其捐納之數募耕夫，庤錢鎛、買犢儲種，並償民之棄熟田為水道者。

怡賢親王《請設營田疏》： 小民可與樂成，難與慮始。 請擇沿河濱海施功容易之地，設營田專官，經畫疆理，召募南方老農課導耕種。 其有力之家率先遵奉者，圩田一頃以上，分別旌賞； 有能出資代人營治者，民則優旌，官則議敘，仍歲收十分之一歸還原本。 至各屬官田約數萬頃，請首先舉行，為農民倡率，其浚流、圩岸以及瀦水、節水、引水、戽水之法，一一酌量地勢，次第興修。 一年成田，二年小稔，三年粒米狼戾。 小民睹水田收穫之豐饒，自必鼓舞趨效，將凡可通水之處，無非多稼之鄉矣。

户部議復大學士朱軾條奏： 一、自營己田者，照田畝多寡給與九品以上、五品以下頂帶，以示優旌； 一、效力營田者，應酌量工程難易，頃畝多寡，分別録用； 一、罣誤降革之員效力營田者，准其開復； 一、流（徒）〔徙〕[一]以上人犯效力營田者，准減等。

臣則徐謹案： 《魏書》高允曰： 方一里則為田三頃七十畝，方百里則三萬七千畝。 若勸之則畝益三升，不勸則畝損三升。 方百里損益之率，為粟二百二十三萬斤，況以天下之廣乎？ 旨哉斯言，其著勸農之利可謂約而達矣。

[一] 流徒　應爲『流徙』。

然此就已成之田言之，若治旱田為水田，易雜糧為稻米，畝益至一石以外，則勸課之功，其益愈大而其效愈廣。伏讀《大清會典》載：國朝墾荒，自助牛種，寬征賦而外，有懸爵賞以勵招徠之條，區畫周詳，務使野無曠土。惟民為邦本，食為民天，課之勤，故獎之至也。今營成之後，地方官既各視多寡以為考成，民間自營者，驗明成熟有效，按頃畝分別等差，給予優獎，又佐之以議敘之典、贖罪之條，如此則勸率既至，鼓舞自生，數年後倍入之獲，目驗而身習，美利所在，民自趨之，不待勸而無不勸矣。

緩科輕則

康熙十二年，諭户部：自古國家久安長治之模，莫不以足民為首務，必使田野開闢，蓋藏有餘，而又取之不盡其力，然後民氣和樂，聿成豐亨豫大之休。見〔一〕行墾荒定例，俱限六年起科。朕思小民拮据，開荒物力艱難，恐催科期迫，反致失業，朕心深為軫念。以後各省開墾荒地，俱著再加寬限，通計十年方行起科，其該管地方官員，原有議敘定例，如新任之官自圖紀敘，紛更擾民者，著各該督撫嚴行稽察，題參處分。

陸隴其《論直隸興除事宜書》：一、墾荒之宜勸也。畿輔各州縣，荒田累千萬頃，朝廷屢下勸墾之令，而報墾者寥寥。非民之不願墾也；北方地土瘠薄，荒熟不常，一報開墾，轉盼六年起科，所報之糧一定而不可動，所以小民視開墾為畏途，聽其荒蕪而莫之顧也。竊謂此等荒地，原與額內地土不同，與其稽查太嚴使民畏而不敢耕，何若稍假有司以便宜，使得以熟補荒，如有額外新墾之地復荒者，聽有司查他處新墾地補之，其荒糧即與除免，不必如額內土地，必達部奉旨，始准豁除。無賠累之苦，無駁查之煩，民不畏墾之累，自無不踴躍於墾矣。其已墾成熟者，或更請寬至十年起科，使得償其牛種工本之費，然後責其上供，亦所以勸墾也。

李紱《廣西墾荒事宜疏》：臣思地不加闢之故，墾荒者出産惟穀，納賦需銀，差徭隨田而起，恐貽後日之累，所以裹足不前。新奉旨，水田六年升科，旱地十年升科，寬其弓丈，薄其科則，則差徭可無累矣。

楊永斌《請輕科勸墾疏》：查得原報可墾外，各屬尚有荒地，體察民情，恐磽地薄收，儻遇旱澇，糧賦無出，是以未肯盡力。臣竊思瘠田雖産穀稀少，若多墾數十萬畝，年豐可得數十萬石米穀，即年歉亦必稍有收穫，養活多人，不致乏食為匪，於民生實有裨益，誠不可不為多方勸導，以盡地利。臣查糧額内，有斥鹵輕則，每畝征銀四厘六毫四絲，米四合二勺六杪。若令凡有難墾之地，准照輕

〔一〕見　同『現』，以下同。

則起科，則民心鼓舞，地利可以廣收。

臣則徐謹案： 水田之興，西北大利也。然或計其歲入之饒，而議及歲供之數，則民情懼罹重賦，必將瞻顧不前。昔徐貞明領墾田使，北人懼東南漕儲派於西北，事初舉而煩言頓起，遂以中止，此其明徵也。宋臣晁公武有言：『晚唐民務稼穡則增其租，故播種少； 吴越民墾荒而不加税，故無曠土。』是因墾議賦，適因賦病墾，卒至田不加闢，賦無可增，於國於民兩無裨益。況我朝賦役之制，東南賦重而役輕，西北賦輕而役重，用一緩二，實為立法之精心。今役既無可議減，賦又何可議增？請自今新開水田，若本系行糧地畝，照原額徵收，永不加增； 或系無糧荒地，亦須酌寬年限，緩其升科，輕其賦則，明定章程，遍行曉喻，俾共知聖天子深仁大度，但求民間有倍入之收，不計國賦有絲毫之益，庶良懦絶顧瞻之慮，豪猾息梗阻之謀，而樂事勸功，共戴皇仁矣。

禁擾累

雍正元年，諭户部： 朕臨御以來，宵旰憂勤，凡有益於民生者，無不廣為籌度。因念國家承平日久，生齒殷繁，地土所出，僅可贍給，偶遇荒歉，民食惟艱，將來户口日滋，何以為業？惟開墾一事，於百姓最有裨益。但向來開墾之弊，自州縣以至督撫，俱需索陋規，致墾荒之費浮於買價，百姓畏縮不前，往往膏腴荒棄，豈不可惜！嗣後各省，凡有可墾之處，聽民相度地宜，自墾自報，地方官不得勒索，胥吏亦不得阻撓。至升科之例，水田仍以六年起科，旱田以十年起科，著永為定例。其府州縣官能勸諭百姓開墾地畝多者，准令議敘，督撫大吏能督率各屬開墾地畝多者，亦准議敘，務使野無曠土，家給人足，以副朕富民阜俗之意。

五年，諭内閣： 修舉水利、種植樹木等事，原為利濟民生，必須詳諭勸導，令其鼓舞從事，方有裨益，不得繩之以法。若地方官員因關係考成，督課嚴急，則小民轉受其擾矣。著直隸學臣轉飭教職各官，切加曉諭，不時勸課，使小民踴躍興作。若地方官員怠忽不加勸導，或有逼勒過嚴者，著學臣稽察奏報。三路巡察御史，亦著善於勸導，悉心稽察，如地方官有奉行不善之處，即據實奏聞。

六年，諭： 凡興修河渠等事，朕意本欲惠養斯民，為地方永賴之利，乃差往人員等奉行不善，轉為閭閻之擾。前聞直隸工員内，有因營田拔去民間已種豇豆之事，因諭令怡親王確查。今據參梁文中不行曉諭於事先，乃將已成之禾稼逼令抛棄，違理妄行，顯欲阻撓政事，非無心錯誤可比。該巡察御史苗壽、陶正中何以不行查參？梁文中所犯既實，不必交與該督再審，著革職，於工所枷號示衆。其所毁壞豇豆，著即於梁文中名下照數追賠。

李光地《飭興水利牒》： 此事原為百姓籌謀，非如欽工、上差諸務，期會徵發，隨以督責也。該府州縣履歷民間，務要減省徒從，只馬單車，勞問父老，詢以農事，不得騷動閭閻，費民一草。胥役有藉此作一名色，驚擾編氓者，立斃杖下。

臣則徐謹案：為國不患無任事之人，而患有僨事之人。任事者，方興利以救弊；僨事者，即因利而滋弊。故曰：利不百不興，害不百不去，誠慎之也。今興治水田，為西北百姓建無窮之利，民間自營之產，人自耕之，人自享之，賦税不增，租典由便，有利無害者也。特恐創行之始，或急於見功，奉行不善；或假手胥吏，生事滋擾；甚或違理妄行，藉以阻撓政事，如雍正六年上諭處革之梁文中其人者，將養民之政反為擾民之事。此端一開，浮議乘隙而生，必至懲羹吹齏，因噎廢食。是在承辦各官，毋急近功，毋執偏見，虚心諮訪，善言勸導，毋令書役得以藉手，庶杜漸防微之慮周，而善作善成之效可期也。

破浮議　懲阻撓

《宋史·食貨志》：何承矩知雄州，大作稻田以足食，於雄、莫、霸州，平戎、順安等軍，興堰六百里，置斗門，引淀水灌溉。初年種晚稻，值霜不成。取江東早稻種之，八月稻熟。初，承矩建議，阻之者頗眾，晚稻不成，群議愈甚，事幾為罷。至是，承矩載稻穗數車，遣吏送闕下，議者乃息。

國朝怡賢親王《請設營田疏》：浮議之惑民，其説有二：一曰北方土性不宜種稻也。凡種植之宜，因地燥濕，未聞有南北之分。即今玉田、豐潤、滿城、涿州以及廣平、正定所屬，不乏水田，何嘗不歲歲成熟乎？一曰北方之水，暴漲則溢，旋退則涸，能為害不能為利也。夫山谷之源泉不竭，滄海之潮汐日至，長河大澤之流，遇旱未嘗盡涸也，况陂塘之儲有備無患乎？

藍鼎元《論北直水利書》：夫人情公私不一，安保其必無異議，惟在鋭意舉行，不為浮言摇惑而已矣。今所慮者，或謂南北異宜，水田必不宜於北方。此甚不然。永平、薊州、玉田、豐潤，漠漠春疇，深耕易耨者何物乎？或謂北地無水，雨集則溝澮洪濤，雨過則萬壑焦枯，雖有河，不能得河之利。此可以閘壩、隄防蕴其勢，使河中常常有水，而因時啟閉，使旱潦不為害者也。或謂北方無實土，水流沙潰，隄岸不能堅固，朝成河而暮淤陸，此則當費經營耳。然黄河兩岸一概浮沙，以葦承泥，亦能捍禦，誠不惜工力，疏浚加深，以治黄之法堆砌兩岸，而渠水不類黄強，則一勞永逸，未嘗不可恃也。

柴潮生《水利救荒疏》：或曰北土高燥，不宜種稻也；土性沙鹻，水入即滲也；挖掘民地，易起怨聲也；且前朝徐貞明行之而敗，怡賢親王與大學士朱軾之經營亦垂成而坐廢，可為明鑒也。臣請又一一言之：九土之種異宜，未聞稻非冀州之産，見今玉田、豐潤秔稻油油，且今第為之興水利耳，可稻可禾，聽從民便，不疑者一也。土性沙鹻，是誠有之，不過數處耳，豈徧地皆沙鹻乎？且即使沙鹻，而多一行水之道，究比聽其沖溢者猶愈，不疑者二也。若以溝渠為損地，尤非知農事者。今使十畝之地損一畝以蓄水，而九畝倍收與十畝之田皆薄收，孰利？況損者又予撥還，不疑者三也。至於前人之屢行屢罷，此亦有由。徐貞明有幹濟之才，所言亦百世之利。其時王之楝參劾，出於閹人、勳戚之意，其疏亦第言滹沱不可開耳，未嘗言水田不可行也。但其募南人開墾，即以地予之，又許占籍。左光斗之屯學亦然，是奪北人之田而又塞其功名之路，其致人言也宜矣。至營田四局，成績具在，公論難誣。當日效力差員，不無奉行未善，所以賢王一没，遂過而廢之，非深識長算者之所出也。況非常之〔舉〕〔一〕原黎民所懼，所貴持久，乃可有功。秦人開鄭白之渠，利及百世，而當時至欲殺水工鄭國。漢河東太守番系引汾水灌田，河渠數徙，田者不能償種，至唐長孫恕復鑿之，畝收十石。凡始事難，成事易，賡續以終之則是，中道而棄之則非，不疑者四也。

宜兆熊、劉師恕奏：有唐縣劣生于超等，揑造將來加糧名色，恐嚇愚民，將去歲已經具結、情願營種之稻田，不許加功，以致群相觀望，經知縣臧珣再三開喻，而于超等反赴臣衙門具辭，執抗不遵，當即咨革嚴究。此等劣衿劣監造言阻撓，理合奏聞，容臣等酌量情罪，嚴行究擬，懲一警百，庶知所畏懼，而善政可收實效矣。奉朱批：所處甚是。案内人犯審明後，當嚴懲之。他處亦勤加察訪，如有此類不法之徒，斷不可寬縱，以長刁風。

又奏：磁州東西二閘，去年議定五日一次啟閉，水利均平，實屬至善。茲當啟放之期，有吏員沈國連、刁民顧成法等率衆阻撓，當飭該府州將首惡拏解，並宣佈聖意，水利務在均平，豈容獨霸。隨據稱，沈國連已拏監禁，顧成法畏罪脱逃，現在嚴緝，而邨民俱各帖然，聽從啟放。除飭緝顧成法嚴究外，其附和邨愚，分别省宥，以廣皇仁。

奉朱批：『直隸此等強横之風，豈可不力為革除。沈國連當嚴擬具題，顧成法嚴緝務獲，其附和邨愚概予從寬發落。卿等若能如此不事姑息，大振委靡，則歷年之頽風何難挽回。惟須力行不倦，毋偶為此一二事以取信於朕，隨復懈弛也。朕之或褒或貶，亦只據一事論一事，就一時論一時耳。勉之！』

臣則徐謹案：天下事當積重難返之後，萬不得已而思變通，幸而就理，萬世之利也。然北米充倉，南漕改折，國家歲省經費萬萬，民間歲省浮費萬萬，此皆自蠹穴中剔出，陋規中芟除者，則舉行之日，浮議阻撓必且百出。如

〔一〕疑脱『舉』字。

前明弘治間浚大通河，漕船已達大通橋，節省金錢無算，而張鶴齡等因失車利，造黑眚之説以阻壞之。夫成功尚可壞，況未成乎？徐貞明初上水利議格不行，遲之十年，重以蘇瓚、徐待、王敬民、申時行諸人之力，僅得一試，無何蜚語潛入，王之棟一疏敗之而有餘。舉事者何其難，撓事者又何其易也！今聖謨樞贊，一德一心，詢謀既定，無慮異議之滋，而小人之浮言梗阻，勢亦在所不免。要之，簧鼓不足聽而刁健不可長，是在卓然不惑、處之有道而已。

田制溝洫　水器稻種附

明袁黃《寶坻勸農書》：井田畛塗溝澮，不必盡泥古法。縱橫曲直，各隨地勢；淺深高下，各因水勢。中間有卑窪特甚者，量疏為塘，塹出溝澮之間，旱則蓄，水則洩。圍田地卑多水之處，隨地形勢，四面各築大岸以障水，中間又為小岸，岸下有溝以洩水；或外水高而內水不得出，則車而出之。塗田瀕海之地，潮水往來，淤泥常積，鹹草叢生，此須挑溝築岸，或樹立樁橛，以抵潮汛。其田形中間高、兩邊下，不及十數丈為小溝，百數丈為中溝，千數丈為大溝，以注雨潦，謂之甜水溝。初種水稗，斥鹵既盡，乃種稻。沙田，沙淤之田也，此田大率近水，地常潤澤，可保豐熟，四圍宜種蘆葦，以護隄岸，內則普為塍岸，可種稻秫，間為聚落，可種桑麻，或中貫湖溝，旱則平溉，或旁繞大港，潦則洩水，無水旱之虞，故勝他田也。

邱濬《大學衍義補》：京畿地勢平衍，不必霖潦之久，輒有害稼之苦。莫若少仿遂人之制，每郡以境中河水為主，又隨地勢各為大溝，廣一丈以上者，以達於河。又各隨地勢開小溝，廣四尺以上者，以達於大溝。又各隨地勢開細溝，廣二三尺以上者，委曲以達於小溝。其大溝則官府為之，小溝則合有田者共為之，細溝則人各自為於其田。每歲二月以後，官府遣人督其開挑，而又時常巡視，不使淤塞，縱有霖雨，不能為害矣。

左光斗《屯田水利疏》：禹功明德，惟是平水土、浚溝洫而已。

支流既分，全流自殺；下流既洩，上流自安。無昏墊之害，有灌溉之利，此濬川之當議也。

沿河地方，惟運河不敢開洩外，其餘源流瀦委是不一水，陂塘隄堰是不一用，或故跡可尋，或方便可設，則疏渠之當議也。

東南地高水下，車而溉之，上農不能十畝。北方地與水平，數十頃直移時耳，事半功倍，難易懸殊，則引流之當議也。

河流漸下，地形轉高，不能平引，其法攔河設壩以壅之，或壅二三尺，或壅四五尺，然後平而引之，水與壩平流。從上度遞流而下，節節如是，蓋不能俯地以就水，而惟升水以就地，支河淺流，最宜用此，則設壩之當議也。

蓄洩不時，秋水時至，壞禾蕩舍，往往有之。惟於入水之處設斗門，旱則開之，澇則塞之，出水之處反是，此建閘之當議也。

沿山帶溪，最易導引，而山水暴漲，沙石衝壓，再行挑洗，勞費不償。其法順水設陂以障之，用河支，不用河身，支以上溉，身聽其下行，此設陂之當議也。

而必概種秔稻，恐不驟習，隨其高下，聽其物宜。總之，水源一開，水田之利勝旱地一倍，價值亦增三倍，漸漸由而不知，通而不倦，而焦原盡澤國矣，則相地之當議也。

春夏急水，秋冬無所用之，儲有餘以待不足。法用池塘以積之，既可儲水待旱，兼可種魚蒔蓮。每見南方百畝之家，率以五畝為塘，水不勝用，利亦如其畝之所入。仿而行之，或五家一塘，或十餘家一塘，居然同井遺意。惟原窪下之處，不必另設，則池塘之當議也。

國朝湯世昌《請修溝道疏》：江浙之田畝收數石，以水利修而農力勤也。西北則不然，並無溝洫，全仗天時。其大道兩旁，盡可開溝深廣，以資蓄洩。伏祈敕諭各該督撫，飭屬於秋成之後督率農民，照河工民埝民修之例，酌令富者計畝出夫，貧者出力餬口，於大道經行之所，闊則兩旁開溝，狹則止開一道，幫寬四尺，底寬二尺，深一丈，因其地勢，節節開通，如有積窪，量加深廣，以為瀦水之地。即以挖起之土培平大道坡岸，乘此農隙，數月可竣，行之有效，即郵莊徑路亦可仿行。

胡寶瑔《開田溝路溝疏》：豫省地勢平衍，其恃以宣洩者，溝渠之功，實與河道相表裏。前濬河道工竣，即將民田溝洫宜開、並每年加挑路溝及小溝、廢渠宜復各緣由陳奏。奉旨：『如所議，永遠實力行之』。臣欽遵率屬辦理，皆系民間業佃各就地頭施功，雖有綿亘數十里者，而一人一户承挑無幾，是以民易為力。自是每歲或於春融，或於農隙，隨時查勘。總緣民間連獲有收，已享其利，每歲加修，更屬力少而事便，是以逐處寬深，鮮有水患。即上年被水，皆由外河沖決，並無內水彌漫之處，且節節疏通就下，甚利田地，皆得速涸，不誤耕種，尤為明驗也。

沈夢蘭《五省溝洫圖説》：溝洫之法，先視通河以為川，次視支河小水及地形低窪、便於疏濬、省工省力者，每距二十里為一澮，川縱則澮横，除山澤、城邑及沙礫不可耕外，每距七百二十步為一洫，每横距八十步為一遂，縱距二百四十步為一溝，皆經畫標識之，合方二十里造一册，田若干户，户若干畝，逐一注明，擇其老成、衆素信服者董司其事，不可假手胥吏。歲十月，農事既登，開濬洫澮，深廣如法，其土即堆兩旁以填塗道。人工按畝科計，田率人耕三十畝，工率日挑二百尺，人十日而洫澮畢，次開溝，遂又十日而皆畢矣。如天寒凍早，溝遂明春開亦可。其田非自種者，即著佃户開濬，照佃科工，産主量給飯資，畝率穀米一升。工畢之後，丈量地畝，畝折四步均攤，以歸劃一。每歲春冬，各令撈取洫澮新淤以糞田畝，率三四十尺，以為常例。

又，溝洫之制，無地不宜，而西北尤亟。西北地勢平衍，河流勁而多濁，漲則勁流洶湧而衝決為患，退則濁泥滯澱而淤塞為患，古人於是作溝洫以治之。伏秋水漲，則以疏洩為灌輸，河無迅流，野無熯土，此善用其決也。春冬水消，則以挑浚為糞治，土薄者可使厚，水淺者可使深，此善用其淤也。

《畿輔安瀾志》：乾隆九年，河道總督高斌請展唐縣廣利渠，導唐、完之水東流一百二十里。於渠身兩岸，每渠五里設一涵洞，共二十有四，聽民濬溝引渠，分入均溉。十一年又奏，涵洞引水，大利農田，請唐、完、滿三縣涵洞，不拘五里，聽郡民自為增設。

又，澧河在南和、任縣二境，為利甚溥，並無閘座、涵洞。民間穴隄，以空心大木橫貫其內，兩岸沿隄為溝，水由木心達諸溝塍，謂之桶引，水足則去桶塞穴，隄岸依然。

又，唐縣尹楊一桂導唐河東流至南雹水邨，有客水溝橫來，溝下於渠三尺許，因之則渠水跌落，不能東行，填之則壅阻客水，淹害邨田。乃建木騰橋，使河水騰於上，山水穿其下，上下並行而不相害，橋欄為閘，可啟閉，啟則水洩注溝，復入於河。

王心敬《井利説》：用水車之井，必須用磚包砌，淺者需七八金，深者十金以上，而一水車亦需十金。淺井可灌二十餘畝，深井且可灌三四十畝。但使糞灌及時，耘耔工勤，即此一井歲獲可百石，少亦七八十石。夫費二三十金而荒年收百石，所值孰多？至用轆轤之小井，不須磚砌，工匠不過數錢，器具不過一金，若地帶沙石須磚砌者，工費亦只三五金。一井可及五畝，但得工勤，歲可得十四五石，更加精勤，二十四五石可得也。夫費三五金而於荒年收穀十四五石，甚至二十餘石，所值孰多？

蔣炳《論民鑿井疏》：農民罔知盡力耕鑿。臣留心訪察，凡有井之地，悉為上產，每大井可溉田二十餘畝，中井亦十餘畝，雨澤儻愆，足資綆汲。請令將臣詳議，曉諭農民，有能鑿大井者，給口糧工本，中井半之。地方官親為相度，計及久遠，庶磽瘠可變膏腴。

劉於義《慶雲鹽山事宜疏》：慶雲、鹽山兩邑，雖有鹹池及苦水之處，而甜水可以澆灌之地甚多，但百姓無力砌井。查每砌磚井一，需物料銀八兩，可灌地五畝。若廣為穿井，小旱之年百姓竟可不餒。請於水利節省項下將慶雲縣賞給銀一萬兩，可砌磚井一千二百五十；鹽山縣賞給銀八千兩，可砌磚井一千。再令百姓每年多開土井，以助澆灌。

元王禎《農桑通訣》：若田高而水下，則設機械用之，如翻車、筒輪、戽斗、桔槔之類，挈而上之；若地勢曲折而水遠，則為槽架、連筒、陰溝、浚渠、陂柵之類，引而達之。凡下灌及平澆之田為最，用車起水者次之，再車、三車之田又為次也。

王禎《灌溉圖譜》：水栅，排木障水也。若溪深田高，水不能及，於上流作栅遏水，使之旁出下溉，以及田所。水閘，開閉水門也。間有地形高下，水路不均，則跨據津要築壩，前立斗門以備啟閉，旱則激水灌田，又可轉激轉磑，實水利之總揆也。水塘，即洿池，因地形坳下，用之瀦蓄水潦，或修築圳堰以備灌溉。大凡陸地平田，别無溪澗井泉以溉者，救旱之法非塘不可。

又，翻車，今龍骨車也。牛轉翻車，比人踏功將倍之。水轉翻車，視水勢隨宜用之。其水日夜不止，絶勝踏車。筒車，水激轉輪，衆筒兜水以灌田，晝夜不息。連筒，以竹通水也。架槽，木架水槽也。戽斗，挹水器也。刮車，上水輪也。桔橰，挈水械也。轆轤，纏綆械也。

明西洋熊三拔《泰西水法》：龍尾車者，河濱挈水之器也。物省而不煩，用力少而得水多。若有水之地，悉皆用之，竊計人力可以半省，天災可以半免，歲入可以倍多。玉衡車者，井、泉挈水之器也。一人用之，可當數人，高地植穀，縱令大旱，能救一夫之田。

《畿輔通志》：宛平縣産稻有糯、秔二種；香河縣産秔稻、糯稻、水稻、旱稻；昌平州産膳米；房山縣産稻紅、白二種；遵化州産東方稻、雙芒稻、虎皮稻之類，皆食米。糯稻有旱糯、白糯、黄糯，皆可釀酒。滿城縣産稻有黄須者，有烏須者，有粳稻、旱稻、糯稻；淶水縣産水稻；邢臺縣産稻有三種，紅口稻、芒稻、糯稻。

臣則徐謹案：溝洫之利甚溥，非獨水田宜設，前人論之詳矣！而經畫水田，要在盡力溝洫。陂塘之瀦蓄，所以供溝洫之挹注也；閘堰涵洞之啟閉，所以均溝洫之節宣也。溝洫修而田製備，田製備而地中之水無一勺不疏如血脈，水旁之地無一畝不化為膏腴。大禹之粒烝民，舉其要，不外濬川距海，濬畎澮距川，然則營田之政，亦盡力溝洫而已。直隸八郡地勢，西北高，東南下，而一郡之中又各有高下之異。今擇其近水之處，隨宜經畫，負山高仰之地，可導泉引溉，則為陂、為塘，以備暵暘；濱河平廣之地，可疏渠引溉，則為閘、為堰，以齊旱澇；瀕海近淀之地，可築圍引溉，則為圩、為隄，以防漫溢。如是，則水之為田患者寡，水之不為田用者蓋亦寡已。經畫既定，播種可施，乃更揆度地形，作水器以省灌溉之力，辨别土性，擇稻種以適氣候之宜，使向之聽豐歉於天時者，一視勤惰於人事。人事修舉，而天時不害，地寶咸登矣。

開築挖壓田地　計畝攤撥

怡賢親王《請設營田疏》：臣等更有請者，從來非常之利，言之而不行，行之而不究者，非局外之浮議為阻，實局中規畫未周也。臣等恭聆訓旨：『凡民間之小屋有礙水道者，加倍賞償』。大哉王言！順人情而溥美利，無過於是。伏念濬河、築圩，損數夫之産利千耦之耕，甚而富家百頃俱享平成，貧人數畦偏值挖壓，若概償官價，不惟所費不貲，亦非民情所願。計畝均攤，通融撥抵，視本田畝數加十之二三，其河淀窪地已經成熟報升必須挖掘者，將附近官地照數撥補。如此，則事無中撓，人皆樂從矣。

柴潮生《水利救荒疏》：疏河、開溝、建閘、（堀搪）〔掘塘〕[一]，其中有侵及民田，並古陂、廢堰為民業已久者，皆計畝均勻撥還，民情自無不樂從。

劉於義、高斌《水利事宜疏》：一、築隄、開河，間有系民地，（估）〔佔〕[二]用成熟地畝，查系旗地，就近撥補；系民地，照例給價，仍於糧册内查明，題請開除。

臣則徐謹案：方田之法，二百四十步為畝，畝折四步為溝洫。損四步以益二百三十六步，人共知其利矣。若池塘、管道之用，需地愈多，為利愈廣，或利遍一邑，或利關數郡。而遇有（估）〔佔〕用民地之處，輒生異議者。虧一家私己之産，充一方公用之利，固非恒情所樂從也。我憲皇帝洞鑒此情，爰有加倍賞償之諭。嗣經怡賢親王奏請均攤撥抵，部議准行立法，最為盡善。至乾隆間，旗地仍歸撥補，而民地則改行給價。竊惟民間田地時值不齊，少給則輿情不洽，多給則經費不貲，並恐民心難饜，轉啟煩言。觀徐貞明滹沱之役，以償價不敷，致滋忌者口實，功敗垂成，知給價之正多格礙也。且開築既資公利，則地畝自應公派，所有挖壓田地，仍宜於灌溉所及之地計畝均勻撥還，庶國帑不糜而民情大順矣。

禁占墾礙水淤地

乾隆三十七年諭：淀泊利在寬深，其旁間有淤地，不過水小時偶然涸出，水至則當讓之於水，方足以暢蕩漾而資瀦蓄，非若江海沙洲東坍西漲，聽民循例報墾者可比。乃瀕水愚民，貪淤地之肥潤，占墾效尤，所占之地日益增，則蓄水之區日益減，每遇潦漲，水無所容，甚至漫溢為患。在閭閻獲利有限，而於河務關係非輕，其利害大小，較然可見，是以屢經敕諭，冀有司實力辦理。今地方官奉行不過具文塞責，且不獨直隸為然，他省濱臨河湖地面，類此者諒亦不少。此等占墾升科之地，一望可知，存其已往，杜其將來，無難力為防遏，何漫不經意若此？通諭各督撫，除已墾者姑免追禁外，嗣後務須明切曉諭，毋許復行占耕，違者治罪。若仍不實心經理，一經發覺，惟該督撫是問。

陳儀《後湖官地議》：玉田後湖營田，賢王措置之妙，尤在留湖心毋墾，以為潦水歸宿之所。蓋周圍築堰，

[一] 堀搪　應爲『掘塘』。
[二] 估用　應爲『佔用』。以下徑改。

山〔水〕漲固不內侵，而雨澤過多，則內水亦難外洩。留湖心以受之，田功乃可萬全。所棄者少，而所全者大也。自游民申有山借墾荒之名，冒耕湖心之地，違賢王措置之苦心，遂遺營田之害。

陳黃中《京東水利議》：欲興水利於西北，當即規度地勢，棄最下之田，蠲其常稅，瀦為陂澤，潦有所洩，旱有所資。第使每邑蠲去若干頃，而其餘所墾之地，凶歲俱可無虞，是一時所蠲之數甚少，而久遠之利無涯。如必窪下之地，利其肥淤，寸寸耕之，水既無所歸，則漫溢旁流，高原並受其害，是得肥淤之利少，而受泛濫之害多，此勢之必不行者。

沈聯芳《邦畿水利集説》：畿輔地方平衍，河道縱横，入海之處，惟海河一門，全賴大澤以容蓄衆流。邇者淀泊淤地為民間占種，甚或報墾升科，地方有司受其所惑。殊不知阻遏水道，其咎綦重。惟是積重難返，圍圩耕種之地未能悉行除去，是不可不詳查。如有實在阻塞水道之處，宜急為鏟挖，永行禁止。

臣則徐謹案：天以五行生萬物而先水，水之有利，水之性也。至用水者與水爭地，而水違其性，水利失，水患滋矣。明臣潘鳳梧曰：若計開田，先計儲水。《荒政要覽》曰：澤不得川不行，川不得澤不止，二者相為體用，為上流之壑，為下流之源，全系乎澤。澤廢，是無川也。畿輔之地，百川輻輳，賴淀泊以為之容（畜）『蓄』〔一〕，而後澇不虞泛濫，旱不至焦枯。自規圖小利者於附近淤地日漸占墾，以至阻礙水道，旱澇皆病，於通省水利大局關繫非小。夫治地之法，將有所取必有所棄。彼第知澤內之地可為田，而不知澤外之田將胥而為水，其弊視即鹿無虞〔二〕、鑿空尋訪者殆有甚焉。今履勘所至，凡有此等地畝，務須查明界址，分別剷除，永禁侵墾。所謂舍尺寸之利而遠無窮之害，此正經營之始，所當早為禁絶，以杜流弊者也。

推行各省

《史記・列傳》：西門豹為鄴令，發民鑿十二渠灌田，民以給足。

《漢書・溝洫志》：史起為鄴令，引漳水溉鄴，以富魏之河內。

又：鄭國鑿涇水為渠，溉舃鹵之地四萬餘頃，收皆畝一鍾，於是關中為沃野，因名曰『鄭國渠』；趙中大夫

〔一〕容畜　應爲『容蓄』。

〔二〕即鹿無虞　原意是進山打鹿，没有熟悉地形和鹿性的虞官（管理山林的官）幫助，最終是白費氣力。後比喻做事如條件不成熟就草率行事，必定勞而無功。宋代蘇軾《上神宗皇帝書》：『今欲鑿空訪尋水利，所謂即鹿無虞，豈惟徒勞，必大煩擾。』

白公穿渠，引涇水溉田四千五百餘頃，因名曰『白渠』，民得其饒。

又，《列傳》：召信臣為南陽太守，開通溝瀆，起水門提閼，以廣灌溉，歲歲增加，多至三萬頃。

《後漢書·列傳》：鄧晨為汝南太守，興鴻郤陂數千頃田，汝土以殷，魚稻之饒，流衍他郡。

《唐書·列傳》：姜師度徙同州刺史，閼河以灌通靈陂，收棄地二千頃為(土)〔上〕田〔一〕。

又：韋武為絳州刺史，鑿汶水，灌田萬三千餘頃。

又：温造為朗州刺史，開(復)〔後〕鄉渠〔二〕百里，溉田二千頃，民獲其利，號右史渠。太和中，節度河陽，奏復懷州古秦渠枋口堰，以溉濟源、河內、温、武陟田五千頃。

《元史·列傳》：郭守敬陳水利六事。其五，懷、孟沁河漏堰余水引東流，至武陟縣北，合入御河，可灌田二千餘頃。其六，黄河自孟州西開引，少分一渠，經由新、舊孟州中間，順河古岸下，至温縣南復入大河，其間亦可灌田二千餘頃。

明周用《東省水利議》：治河、墾田，事相表裏，田不治，則水不可治。運河以東，濟南、東昌、兖州三府，雖有汶、沂、洸、泗等河，與民間田地曾不相貫注。每年泰山、徂徠山水驟發，則漫為巨浸，一值旱暵，則又故無陂塘、渠堰蓄水以待急，遂致齊魯之間一望赤地，此皆溝洫不修之故。今修溝洫，各因水勢地勢之宜，縱横曲直，隨其所向，自高而下，自小而大，自近而遠，委之於海，則治河裕民之計也。

馮應京《重農考》：中州濱河之區，當秋水時至，百川灌河，曾無一溝一澮為之停蓄，以故頻受其患，而不獲資尺寸之利。若乃鄴之漳水、南陽之鉗盧陂，昔人率用以灌溉，并州西南，若汾若沁，盡可引注為農田用。

國朝畢沅《陝西農田水利疏》：陝西四塞雄封，厥田稱上。漢中、興安、商州各屬，延亘南山，水土饒益；西安、同州、鳳翔三府，邠、乾二州，沃野千里，實為陸海奥區，涇陽龍洞一渠，為關內膏腴之最。大川如涇、渭、灞、滻、澧、滈、潦、潏、河、洛、漆、沮、汧、汭等水，流長源遠，若能就近疏引，築堰開渠，變瘠土為良田，三農自獲倍收之利。況三秦為中土上游，大川半在其地，若分為溝洫，蓄作陂池，則入黄之水，其勢並可少殺。

臣則徐謹案：西北諸省古稱沃饒之地，甚多河渠溝洫，漢唐以來代有興舉，成效著於史策。自水利積久失修，膏腴之壤皆為陸田。遂若大河以北土性本不宜稻者，驟舉稻田之利語之，人必不信。然粵西民俗，則又止知水田種稻，不知旱地可種雜糧，先臣李紱因地有餘利，請多覓農師教導，兼植北方粱粟。易地以觀，可知南北種植之

〔一〕土田　應爲『上田』。
〔二〕復鄉渠　應爲『後鄉渠』。據《新唐書》卷九一改。

殊，端由民習，不盡關土性也。今請俟畿輔倡行之後，確有明效，且共睹稻田之入倍於旱田，自必聞風興起。乃以營種之法頒之山、陝、豫、東諸省，令各隨宜相度，以漸興舉。由是推行愈廣，樂利愈宏，財用阜成，家給人足，風俗純厚，經正民興，東南可藉蘇積困，而西北且普慶屢豐，此億萬世無疆之福也。

〔清〕程璇 著

渠陽水利

蔣超 整理

整理説明

《渠陽水利》是清前期關於海河流域的一部重要水利文獻，主要記載了寶坻縣的水利建設情況。作者程璇曾任寶坻縣令，並參與了怡親王允祥領導的畿輔水利營田工作，先後在京東通州、香河、寶坻等地參與了營田規劃。程璇用力最多的是寶坻縣。畿輔水利營田留下的文字記載不多，除宏觀記載和各地營田數字外，有關水利工程的記載更少。因此，這部《渠陽水利》就成爲了畿輔水利營田的一個縮影，起到了管中窺豹的作用。

程璇，字麓峰，湖南益陽人，康熙末年任寶坻縣令，雍正四年後先後主持治理薊運河、鮑丘河和窩頭河，並修築香河縣七里莊明口。後升任知府，繼續留在工地，主持將薊運河的魯沽、長亭兩座涵洞改造爲閘。直至雍正九年，程璇才卸任還鄉。可見，程璇幾乎參與了畿輔水利營田工作的全過程。

《渠陽水利》刊刻于雍正十年，存世稀少。本次點校使用的是中國水利水電科學院藏本。點校工作由蔣超完成，李紅有、黄誠審核。不當之處，歡迎批評指正。

整理者

序

渠陽爲畿輔近邑，逼海濵，地沮洳。伏秋汛發，時遇雨澤滂沱，平壤半成巨浸，歲每不克登。我皇上勤求民莫，興修直省水利，迓億萬年無疆之休。特命怡賢親王巡行相度，遴員到實，分工築堤。卑者增之，薄者培之，圮者修之，缺者補之。復於境之南北疏河二道，以洩水勢，比歲連獲有秋。嗣又允大人所請，開濬青龍灣引河〔一〕，綿亘百餘里，發帑以萬萬計，工力重大。余以荆南下士，恭膺簡命，調宰兹土陂塘防障諸務。智所未窺，私心惴惴祗懼。寎月望日〔二〕受事，翼晨星赴河工，得覿麓峰程先生於工次。詔余而言曰：『同鄉則係桑梓，同寅則分前後，子來暮矣。子知修利之道乎？昔余乏渠陽七載，時以堤河險要，詢於邦之士大夫，頗悉大概。解組後，又邀聖恩，擢用河干。奔走六年，向悉其大概者，今可條分縷析焉。蓋寶邑水利莫急於堤。堤既築矣，河濬而鮑邱、窩頭諸水潤下達海矣。香邑七里庄明口既堵，而縣北一隅無冲溢之虞矣。雖然經畫已詳，慮後不可不善。嘗擬切要拾數條，久藏笥篋，膺斯任者實心實力行之，則保護得人，而金堤鞏固，玉粒豐收。聖天子興修水利之意，洵萬載慶安瀾也哉。』余受而讀之，其間因地制宜，瞭若指掌，爲民請命，剴切敷陳。深服先生積十數年經營心力，告厥成功，授我後學之津梁也。昔西門豹宰鄴，開便民十二渠，後人不改其法，鬭穀於菟，舊政必告〔三〕，聖人難之。況先生於一邑水利指陳鑿鑿，彙爲成書，以示來兹，較古人臣功烈更軼而上之矣。爰亟勸付梓，俾得遵行，垂諸永久，竝不揣蕪陋弁詞，以紀其實云。

雍正辛亥仲冬同里後學伍澤榮識

〔一〕青龍灣引河　又稱『上引河』或『王家務引河』，是雍正八年爲分泄北運河洪水而開挖的一條分洪河道。其渠口位於今北運河土門樓閘附近，二十世紀八十年代還能見到渠首遺迹。

〔二〕寎月望日　即三月十五日。

〔三〕鬭穀於菟，舊政必告　鬭穀於菟是楚國有名的令尹，字子文。楚人稱乳爲穀，謂虎爲菟，子文姓鬭，名穀於菟，是説他出生後在野外曾得到虎的哺乳。子文爲令尹曾經歷了三上三下，任無喜，去無愠。每次去職時，都要把自己在任時的舊政情況向繼任者交代清楚，因此稱『舊政必告』。

目次

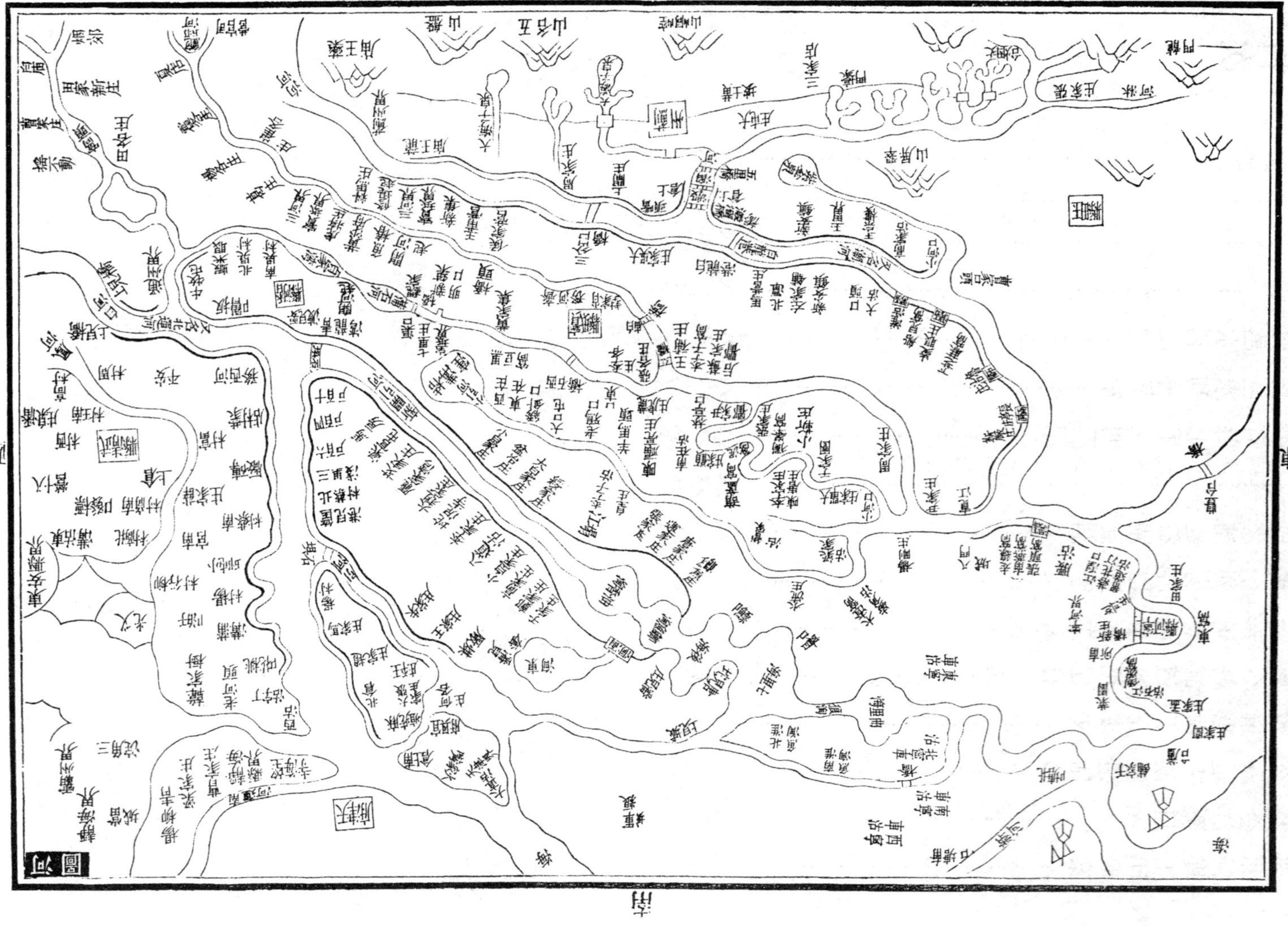
河圖
北
南
東
西
天津府
武清縣
通州界

河圖説

程　璇

河何以圖繪原委也？或曰河之原委多矣，即直隸一省自有全圖，何獨詳京東諸州邑與津郡也？曰是圖爲寶邑繪也。蓋寶邑居東隅，地窪下，久廑聖衷，以故興脩水利，發帑倍於他處。比年來大工告竣，慶安瀾歌。大有邑人士履堤涉河，莫不仰聖德之高深，頌皇仁之浩蕩。及試詢以堤之起止、河之源流，或茫然無以應。璇故繪而付諸棗梨〔一〕，俾寶邑人士按圖而溯，不必身出户庭而河洛明德之感自油然生。即官斯土者，披圖而覽，不必親歷河干，而未雨綢繆之念自勃然動矣。此繪圖意也。至薊、玉、香、武以及寧河等州邑，或界連鄰封，或地本舊治，梁城所原係寶坻縣所轄，今新設寧河縣。均爲諸河道所必經。而天津一郡，又北運河朝宗之地，其原委皆不可不詳也。推而廣之，一省有一省之水利，天下有天下之水利。我皇上仁恩偏覆，大纘禹功，率土平成，普天同慶，自有史臣珥筆〔二〕而繪全圖，以誌萬世無疆之休。璇將備觀其盛焉，是爲説。

興修寶邑水利記

程　璇

聖祖仁皇帝御極之五十有七年戊戌仲春，璇奉命宰寶邑，密邇京畿，聲教首被，風淳俗美，心竊幸之。己亥陽侯〔三〕爲患，歲不克登。奉旨發粟賑，饑民鮮菜色。嗣即雨暘時若，百穀用成。璇每巡行勸課，見縣治一帶舊埝寶邑呼民堤爲埝殘缺，董率庄民於農隙修補完固。雍正甲辰積雨過多，埝雖修而仍卑薄，難資捍禦，越乙巳尤甚。我皇上痌瘝念切，賑濟叠施，饑者獲再生，散者復安堵。

丙午春更爲直省謀萬世安，大發帑金，興修水利。特命怡賢親王、大學士朱〔四〕董其事。璇以渠陽舊令，由保舉引見，命往効力，追隨相度。首治京東，始通州，次香河，次寶坻。王以寶邑係璇舊治，因委派焉。先後揀發仝事十一員，各陳所見於王前。有議修堤止宜培厚，不必加高者。璇啓曰，寶邑白龍港河道上承泃水，中接潵溜河源，每年伏秋汛發，水勢洶湧，不加高則漫溢堪虞。又有議一面築堤，一面疏河者。璇曰，寶邑形勢宜先築堤以防外漲，次疏河以通内壅。若兩工竝興，工多力分，恐難尅期告竣。當務之爲急，莫急於堤。王俱以爲然。同事諸君亦殫心協力，分工修築，由三河縣料馬庄起，至寶邑江湟口止，閲數月次第告成。是年獲有秋，實堤保障之力云。

〔一〕棗梨　棗木和梨木，指代將書稿付刻出版。

〔二〕珥筆　把筆插在帽子上，便於隨時記録、撰述。有時直接指代史官。

〔三〕陽侯　傳説中的波濤之神，此處指水災。

〔四〕朱　即『朱軾』。

嗣於縣北疏鮑邱河一道，其源出密雲北山，經三河、夏店等處，至寶邑虎將庄入縣界。又於縣南疏窩頭河一道，水本無源，伏秋汛發，衆流會於窩頭，經香河百家灣等處與渠水[一]即蒲石河合流，至七里庄東入縣界。兩河之源雖分，其流俱經縣東王補庄，由八門城滙大河[二]入海。或因舊而濬深，或開新而取直，從此水行地中，永免氾溢。蓋我皇上軫念民瘼饑溺，由巳事事曲盡愛養斯民之道，興修水利，尤廑宸衷，以故河伯效靈，臣工得免隕越。則凡膺牧民之責者，可不以皇上之心爲心，而專司河務者，又可不同切牧民之心，以仰副聖懷也哉。璇曾承乏兹邑，復隨諸君後于役河干，共襄畚鍤。邑人士頂戴皇恩，屬璇一言紀其盛，因以質諸邑之賢有司焉。是爲記。

謹議寶邑水利善後策

程　璇

一、堤自白龍港以上，向患衝決。今已加高培厚。每年於汛水發時，諭令巡河老人，率領庄民加意防護，可保無虞。

一、堤自凌眼庄以下地勢甚窪，無論河身相去遠近不等，汛水略發，即浸堤根。若遇水漲之年，水面寬濶，北岸直抵玉田山脚，且係上流聚會，即時届白露，尚不能消。寶邑所謂攔江是也自夏徂秋，風吹浪拍，歷時甚久，汕刷難免。須嚴諭老人，督率庄民，密比栽樹，以資防護。又須於每年農隙時，照例催夫填土，大有裨益。

一、楊木庄一帶堤工無人照管。遇汕刷處，應令附近村庄修補殘缺。亟須於本庄設立老人，以專責成。

一、堤自八門城以下間有殘缺。前有議請歲修者，甚屬遠圖。今皇上特設總河大憲，自有一番碩畫。如不便每歲請帑，則須於農隙時，照例催夫修築。或疑民力有限，修築綦難，不知此處水勢寬緩，不患衝決，止患汕刷[三]。若密栽樹木，每歲量爲黏補，亦可防護。余前在任時，於康熙五十八年被災之後，曾補築舊埝，四獲豐稔，其明驗也。倘必待歲修而後整理，恐日漸圮廢，卑薄之虞，其能免乎？

一、八門城至張頭窩等處向有舊埝。雍正四年興工，原係修舉廢墜，實有益於地方，宜修不宜廢。若云有堤圈障，遇雨多水漲之年，春麥難種。殊不知圈障雨水，止失麥秋。若無堤防護，一遇大河水發，八門城東南一帶悉付波臣，大秋焉有顆粒乎？且雍正五年水發之時，余奉京東局[四]藩憲段查看八門城以下一帶水勢，見外河水退，即諭

[一] 此處頁上空白有字『寶坻在渠水之陽，故又名渠陽』。
[二] 大河　指薊運河。
[三] 頁上空白處有字『京東局議云，水小汕刷不多，照例催夫黏補。水大殘缺太甚，量請歲脩，以紓民力。其説甚允，附記於此』。
[四] 頁上空白處有字『水利分設四局，每局設立局長總理。寶坻縣系京東局所轄』。

庄民，遇應放水之處，開堤放水，後復堵築。不聞次年有悞種麥，此又一明驗也。從來有治人而後有治法，總在親身查勘，因時制宜耳。如公冗不能分身，擇委賢屬員代查亦可。若遇應放水之處，如走線窩、南燕窩、腰沽等處。令民間建造涵洞，以資啓閉，更屬永遠美政。

一、栽樹原以護堤。上年伏汛發時，余奉水利府大人差委寶邑防險，見堤傍有樹木成林者，有栽種稀疎者，又有一株不種者。細問其故，一則邑令屢更，無暇督理；一則老人有常充、輪當之不同。遇常充者，責有專司，灌溉及時，培植得法，易於長成密茂。遇輪當者，如芝蔴窩、苟家庄、八門城、南燕窩等處。歲終一換，因循觀望，苟且塞則，以致種植不齊，防護少具。職司民牧者，應親身查勘，先期勸諭栽種。有怠惰不遵者，罰以示警。遇輪當老人之村庄，設一總老人專司栽樹，庶責有攸歸矣。

一、堤有離河甚近者，庄民謂栽樹固屬美事，但薊運糧船經過，樹木長高，有礙縴繩，徒滋水手剪伐。余曰，栽樹原爲護堤，只要比密，不在高竦。若果礙縴，但擇去上稍，有何不便？

一、栽樹護堤，南北兩面固宜畫一，但恐民力一時難於照管，須先儘栽北面，然後再栽南面。蓋南面止受瀝水，略可從緩。北面外臨大河，防護要緊。至北面有臨河逼近，不能栽樹者，則須於南面密比種植，以資捍蔽。

一、栽樹固宜春分后，又有於每年十月內種樹一法。將樹枝全埋於地內，用土覆之，不使見風受凍。經過一冬，木性與土性融洽，逢春便易生發。此說即得於庄中善種樹者，宜廣爲宣諭，俾沿堤一帶居民及時種植，庶樹木易於成林，不但護堤，亦且壯觀。

一、堤有離河頗遠，而外面臨河處又有小堤，寶邑呼爲子埝。如厰家窩、王家庄、苟家庄、張頭窩等處。應諭令庄民照舊修補殘缺，切勿任其廢弛。一則可爲大堤外障，一則又可防護麥秋汛水。臨河多麥地，麥汛不比伏秋二汛洶湧。倘遇民間取水灌溉田園，須於埝根處用磚砌小涵洞，爲費無幾以通水道，以資啓閉。尹家鄺音圈居民全用此法，現獲其利，宜倣而行之。

一、八門城以上小河[一]俱係舊埝，未動帑修惟楊剛庄一帶埝根殘缺卑矮。巡役稟，木渣窩亦然。總楊剛庄以上均須查勘。必須諭令庄民加高培厚，方免河水漫溢，東南一帶村庄受益無窮。查，楊剛庄舊埝由本庄取水灌園，以致殘缺卑矮。應諭令居民整理完固。其取水處亦照尹家鄺之例，庶防護、灌溉兩得其便。此法無處不可用，但須相地爲之。

一、楊剛庄直當新開河口下溜，即鮑邱、窩頭二河水出口處。汛水洶湧，恐被衝決，須量用樁葦加幇舊埝，方能保固。

一、陳唐庄舊埝卑薄，埝傍又係水窪，應令庄民於二

[一] 小河　指箭杆河。

三月水涸之時，挑土填補防護，實爲西北一帶村庄藩籬。

一、補築堤埝原有舊例，倘遇大修之處，人夫須衆。一庄不能供役，或撥附近村庄協幇，又在隨地制宜，臨期酌奪。

一、修補堤埝須在二三月間，過此則農忙矣。

一、巡堤快役擇諳練者，多管一二年，一役足矣，要選實心勤慎供役者。督催庄民栽樹護堤。如不實力奉行，應責懲以警怠玩[一]。倘歲終一換，若輩又因循觀望矣。再，每年十月内係種樹要緊時候，不可别有差遣，以悮督催。尤宜嚴禁該役，不得借端生事，擾累莊民。

一、寶邑政務繁多，境内一帶堤埝或不能一時遍歷。遇有公事，順道挨查，嚴諭老人加意防護，極爲省事，又可辦公。

一、當年舊埝除工部北營一帶已照舊册用印給發外，其餘村庄段落弓口，俱係民間私存數目，相沿已久。雍正四年修堤，有截灣取直者，有添修月堤者，間與舊埝弓口丈尺參差不一。應令該房查明，修堤之後衆老人所管段落及各村庄應修弓口花名，彙造清册一本，鈐印存案。

一、該房辦事人衆，卷宗未有專司。若止將印册發房存案，難免遺失。應令衆老人，各按伊所管段落弓口花名，照樣造册，請印具領收存，以便永遠遵照。不惟堤工各有責成，且杜日後推諉訟端。

一、寶邑東南一帶村庄多有沽道，志載七十二沽通潮灌溉田園。向年水潦，民力維艱，淤塞不治。現今蒙恩，築堤挑河，水有所歸，不比從前汜溢。應出示勸諭庄民，於農隙時漸次開濬深通，以廣水利。止宜責成鄉保、牌頭、庄頭董其事。但須寬以年限，然後考其成功。切不可責效於旦夕，致滋紛擾，俾小民有觀成之樂，無慮始之難。聖人曰：『利在因民，惠而不費』，又曰：『擇可而勞，雖勞不怨』。從政者尊而行之，庶平原漸成沃壤，而閭閻日有起色矣。

以上各條雖係芻蕘之見，然於寶邑水利不無小補。涖斯土者，幸留意焉。至水勢大小不定，工程平險無常，或另有應請歲修之處，又在隨時相度，量地經營。神而明之，存乎其人爾。

修築香河縣七里庄明□記

程　璇

粤稽[二]寶坻一邑，居香河縣下稍。窩頭河之水經香河七里庄入界，向因河道淤塞，每遇水漲，爲寶邑患，歷有年矣。雍正四年皇上興修水利，命親王大人指示疏通，水得順流入河歸海。惟七里庄東舊有明口一道，承修之員

[一] 頁上空白處有字『若專司河務者盡心防護，勤於勸諭，此役亦屬可省』。

[二] 粤稽　來源於『粤若稽古』，此處可解釋爲『説到』『談起』。

曾議堵築，因香民以有損於彼地而止。雍正七年伏秋汛發，水由河道而下者，十居其三； 由明口漫溢寶邑者，十居其七。縣北一帶村庄悉被淹没。璇切憫之，經直督委員查議，而香民仍執前説，堵築不行。雍正八年，莽、何大人奉旨協理水利事務，五月終會京東局永平府知府吴士端、户部筆帖式傅保、候選知縣孫起裴有明□亟宜堵築之請。大人親勘其地，稔知有益於寶，無損於香，遂允所請，令璇司其工。維時又有防險之論暨大吴家庄幇修堤岸之舉，復委二員候補知府董啓祚、候選縣丞王鏞分頭協理。六月初旬寶邑河務甫竣，隨與諸仝事詣七里庄相度經營。大人以取土地，界屬香河，恐香民爲梗，檄行香令會勘彈壓。適香令在引河工次，不克來，委典史理其事。曉諭再三，而香民阻撓如故。璇語諸仝事曰：『香民既不可以理諭，須懲以法，否則雨潦將降，必悮工』。爰懲一儆百，而香民帖然。六月二十一日興工，夫役子來，夯硪堅實，越七日告成。秋汛水氾，遂資捍禦，寶坻縣北一帶俱登豐稔，而香河亦獲有年。於是村之父老扶杖而祝曰，聖天子爲民求莫，不惜十數萬帑金，於寶邑興修水利，登小民於衽席。獨縣北一隅，水患未去。若非大人親勘，洞燭情形，董率屬員，尅期告竣，其不阻於香邑之浮議者幾何。我小民既感董事各員成功之迅速，益戴大人施澤之流長，藉以申祝聖天子痌瘝小民，明德之垂於萬年也。璇採其辭，深爲寶邑慶，因爲之記，以誌不朽焉。時邑令公出，率夫趨事則主簿胡開運也，例得附書。

〔附刻〕

詳道憲請建石閘涵洞文

程 璇

爲請建石工以垂永久事。竊卑職蒙怡親王差泒寶坻縣築堤開河。所有堤工業已修竣，隨將用過土方、夫價銀數，造册申送護使張、陳暨藩憲段，查核在案。查，卑職堤工内魯沽庄原有大水溝一條，長亭庄原有小水溝一條，均與大河相通，潮水不時往來，寶邑俗呼爲沽道。附近居民藉飲此水，並賴灌溉庄稼，不便築斷。兼以堤内地窪，西北一帶村庄雨水，多從魯沽庄沽道出口歸入大河。若僅建涵洞，恐天雨連綿，出水紆緩，有妨禾稼。似應於魯沽庄建石閘一座，長亭庄建涵洞一座，使潮水照舊流通，併遇堤内水大，以便宣洩，庶田疇免淹没之患。前因伏秋二汛將届，建造不及，已於閘口築壩二道。涵洞處用土堵塞，以防水漲。今時值仲秋，二汛已過，理應建造石工，以垂永久。除會同寶坻縣知縣吴祖留確估備辦外，併具料估清册，繪圖詳請怡親王批示。今於本月二十二日蒙水利營田使經歷徐信票爲飭知事，内開，據該員家人王龍賫投公文一封，内係建閘設立涵洞文書等語。查，本年五月二十四日，和碩怡親王諭四道，所屬堤内遍行相度，凡設立涵洞之處，開明坐落，估定工料，造册報查候示，等因行文在案。查，設立涵洞必責四道者，因効力官員，人非土著，罔識地形，王諭所見甚明。今該工既應設立涵洞，應詳通永河道，將應否設立之處，查明轉報定奪。所有來文不便轉呈，相應發回可也。爲此牌仰該員查照牌内事理遵行等因。蒙此查本年五月二十四日以後，竝未奉有行知到工，是以未具詳請。今奉飭知，擬合造具估册，繪圖申送憲臺查核申轉，恭候批示。

雍正四年八月二十七日

雍正四年十二月二十八日，怡親王、大學士朱以璇才猷敏練，議敘一等，帶領引見，奉旨交吏部用。雍正五年正月二十一日奉旨：『程璇著以事簡知府用』。因丁憂，具呈回籍守制。復蒙水利府牌留工辦事。

會寶令列銜詳覆道憲文　程璇

爲請建石工，以垂永久事。雍正四年九月初四日，蒙道憲高批，據該職程呈詳前事蒙批。查，建立石閘涵洞，事關欽工，不便率轉。仰即會同寶邑吴令逐細詳查，應否建立，果否便民，列銜詳覆到日，另行核奪。轉呈怡親王批示。繳册圖發回等因到工，蒙批。該卑府遵即移會原任知縣吴祖留，適值丁憂，隨關會署任玉田縣知縣吴士端竝署任知縣黄維漢，俱訂期同勘，均以署篆未久，不及會查。嗣卑府又奉調赴京議敘。茲值春深，正應及時興造。謹同新任寶坻縣知縣吴槃會查得，魯沽庄有大沽一條，長亭庄有小沽一條，均與大河相通，潮水不時往來。堤内西北一帶村庄，旱則藉飲此水，并灌溉庄稼。如遇天雨連綿，水皆從此二處宣洩，不便築斷。魯沽庄應建石閘一座，長亭庄應建涵洞一座，實屬有便於民。擬合繕具圖册，列銜會詳憲臺，迅賜轉呈批示，以便興工。

雍正五年三月十一日

寶令奉道憲改置木工移文　吴槃

爲請建石工，以垂永久事。蒙北運河分府朱信票，内開，雍正五年閏三月初七日，蒙本道高批前事。原詳據寶坻縣知縣吴、候補知府程詳前事，雍正四年九月初四日蒙道憲高批，據該職程呈詳事等因，於本年三月二十二日蒙本道高批，魯沽、長亭二庄應否建立石閘、涵洞，果否有便於民，及料估工料銀兩有無浮多，仰北運河廳逐加查勘，一併詳覆等因。蒙此，本分府查勘得，薊運一河，上分泃水，下通海潮，沿河開有水溝，俗名沽道。魯沽等一帶村庄居民，每藉潮水入沽，以資飲灌。或遇雨水過多，田間積澇，亦藉分消，歸入薊河，誠不便築斷者也。是以修築堤工，庄民惟恐堵塞沽口，有礙河水出入，屢經懇請工員，此該縣等所以有議建石閘、涵洞之詳也。職遵批查勘，相度情形，魯沽之溝雖長於長亭，其爲通潮洩潦，原與長亭無異，自不必有閘洞之分。況魯沽、長亭竝無泉源長流，亦非洪波奮迅，又何必建築石閘、石涵洞，以致靡費帑金。以職管見，其魯沽、長亭沽口，止應改置木涵洞二座，使水得出入流通，亦可易於堵塞，且錢糧既有節省而歲修亦易爲功，誠一舉而兩得也。至該縣等原估石工，今已議建涵洞，改石爲木其原估石工有無浮多，毋庸置議。相應詳覆憲臺批示，改立木涵洞之處，確實估計册報，飭令伊等及時興工。是否允協，伏候憲臺裁鑒等因。於閏三月初二日詳覆，蒙本道高批，仰即飭令該縣速同効力人員，將應建涵洞二座遵照改置木工，確估造册，申送本分府，以憑轉呈本道憲，敬請和碩怡親王批示，均毋違延等因到縣。蒙此第敝縣因營田事冗，并奉文考試童子及查看薊運新河，刻無寧息，不能分身。擬合移會貴監督，煩查來文事理，希即將應建石閘處所改爲木涵洞，使水得出入流通，亦可易於堵塞。遵照改置木工，確估移覆過縣，立等轉報。

雍正五年四月二十八日

移寶令轉詳道憲仍建石工文

程　璇

爲請建石工以垂永久事。准貴縣關前事内開，希即將應建石閘處所改爲木涵洞云云，等因准此。正在改置料估間，隨據魯沽等庄居民谷守信等呈，爲懇恩建造石工永戴皇仁事。詞稱，切身係魯沽等庄，附近居民地處窪下，頻罹水災。今蒙皇上大沛洪仁，發帑興修水利，爲百姓謀萬世之安，既周且詳，有加無已。身等雖屬編氓，莫不踴躍歡忭。頌萬壽之無疆，慶安瀾之永奠。但堤長幾二百里，雖已鞏固無虞，而堤工内凡應建造閘壩橋梁之處，咸宜相度形勢，仰體皇上愛民至意，成一勞永逸之模，以垂不朽。即如魯沽庄建造閘座，原以外防河漲，内消田潦，非小溝渠可比。而沿沽數十庄又藉以朝夕汲飲，關係非淺，去歲築堤之始，原蒙估石工，以垂永久。今歲，上憲察核，改石爲木。雖云節省錢糧，而於大工，實多未稱。我皇上不惜數萬帑金修築長堤，豈靳興建石工之費。即云目下節省，將來伏秋汛發，木質輕浮，難保不無冲決。且恐易於朽爛，靡費歲修，正未有底止。爲此匍匐公籲，俯順輿情轉詳，仍建石工，庶於國計民生大有裨益，頂戴高厚於無既矣。又據袁羅等庄居民劉化鵬等，呈爲叩留沽道，以活民命事。詞稱，切長亭庄有水溝一條，寶邑呼爲沽道。身等附近一帶村庄，飲水灌溉，賴以生活。若遇水漲之年，水從此出口入河，所關甚重。今奉旨修堤，身等一帶村庄俱在堤内，深爲不便。必得石閘一座，方資保障。叩乞恩賜，作主通詳建閘，以便啓閉蓄放，使堤内居民旱潦有備，頂恩萬代，各等情。據此爲查，寶邑地勢低窪，而魯沽、長亭兩處沽道更稱爲最。雖無源泉長流，然一經伏秋汛發，大雨連綿，不獨堤内衆水匯歸，從此宣洩，而外河水漲，直從沽道灌入堤内，洪波奮迅，亦所時有。

敝監督前任寶邑七載，熟悉情形。涵洞之建，實非木質所能勝任。今據各庄居民公籲前來，擬合據情移關貴縣，煩爲查照來文事理，希即轉詳道憲，將前項閘洞仍建石工，河堤永固，庶地利民生大有裨益。但時已仲夏，伏汛伊邇，若候批示遵行，文移往返，恐不及建造。魯沽一閘關係民間田舍甚重，除一面及時興工，仍會同加意節省，另册造報外，合併聲明。

雍正五年五月初一日

申報道憲閘工完竣文

程　璇

爲報明事。竊查卑府承造魯沽庄閘座一案，前蒙憲臺委北運河同知朱查勘，詳請改建木涵洞。正在改置料估，隨據庄民谷守信等紛紛具呈，咸稱建閘原以外防河漲，内消田澇，且關係數十庄居民汲飲養生，誠非淺鮮。若改建木工，易於冲決，一經朽爛，歲修之費未有底止。請仍建石工，以垂永久等情。卑府因時屆仲夏，伏汛伊邇，若候詳請批示遵行，文移往返，有悮民間田舍。一面建造，一面據呈，移關寶坻縣轉詳憲臺在案。隨即上緊趕辦，於本年五月初四日興工，於六月初五日告竣。旋值大雨滂沱，水勢洶湧，幸得石閘堅固，河水所以不能内灌魯沽一帶村庄，禾稼不致淹没，居民樂業。是卑府建造石閘已有成效。再查，寶坻縣長堤自三河縣埝頭起，至魯沽庄止，約計不下二百里。堤内積水皆從魯沽庄沽道出口歸入大河。目今内外水勢相持，尚未起閘。將來外河水退，堤内衆水滙歸出口，藉此一閘尚恐宣洩遲緩。若改建涵洞，更難流通，是魯沽庄之宜建石閘而不宜涵洞更彰明較著矣。其長亭庄涵洞，因伏汛已發，尚未興工。俟工完之日，將應用料估另册申送，合併聲明。今將閘工完竣日期并水勢情形，理合具文，申報憲臺查核。

雍正五年八月二十五日

寶令奉道憲飭查建閘移文

吴　槃

爲報明事。蒙本道高憲牌内開，據効力河員程璇申報，承造魯沽庄石閘，蒙委北運河同知查勘改建木工。若改造木工，難保無虞。卑府因伏汛伊邇，若詳請批示，往返有悮。已於五月初四日興工，於六月初五日告竣等情到道。據此查，程璇承辦魯沽庄石閘，經本道委員查勘，以石工改建木工，亦足洩瀉水澇，庶帑金不致糜費，而歲修亦易爲功，具覆在案。則該員自應詳請批示，何得以往返有悮，遽行興建石閘？又不將興工日期報明，迨至工竣，始據申報。前據北運河廳所議，改建木工，亦屬節省帑項，不致有害民間。而該員擅建石閘，又不報明是何意見，合亟飭查。爲此，票仰該縣官吏照票事理，即飛移該員，將魯沽庄應改建木涵洞，因何不行請示，輒敢建設石閘之處，當時曾否呈請王諭，所動銀兩是否帑項，抑或該員蠲造。限文到，逐一造具物料清册，據實聲明，詳覆本道，以憑核奪啓王。毋得含混，致干未便等因到縣。爲此合移貴監督，煩爲查照來文憲行事理。即將魯沽庄應改建木涵洞，因何不行請示，建設石閘之處，聲説明白，并造物料清册，迅賜移覆，立等查核轉報。

雍正五年九月初七日

移寶令詳覆道憲文　程　璇

爲報明事。准貴縣關開，即將魯沽庄應改建木涵洞，因何不行請示建設石閘之處，聲説明白，并造物料清册，迅賜移覆，立等查核轉報等因。准此爲查，魯沽庄建閘，原以防漲洩澇，又關係數十庄汲飲養生。前經詳請，蒙道憲委北運河同知朱查勘，檄飭改建木工。正在改置料估間，當據庄民谷守信等紛紛籲懇，咸以建造石工，始足永行久遠。敝工詳度地勢，周視情形。改建木工雖可節省錢糧，但魯沽庄處所衆水滙歸，伏秋汛發，一望汪洋，儼若巨浸。木質輕浮，不足以資捍蔽。一經冲決，非惟徒費帑金，抑且賠累堪虞。即民間盧舍田禾，均遭淹没，尤屬可慮。緣時已届仲夏，不便久待，只得一面建造，一面移關轉詳。於五月初四日興工，上緊趕辦，於六月初五日工竣。適值大雨滂沱，汛水洶湧，幸得石閘攩禦，保全無患。是宜建石工已有成效，非不行請示，輒敢輕爲建設也。再，建立石閘之處，上年十一月間業蒙段藩憲於報銷堤工册内，將應建緣由啓明，恰親王竝檄催建造在案，有卷可稽。至物料清册，俟長亭庄涵洞工完之日，一併造送。今准前因，擬合關覆，轉請施行。

雍正五年九月二十五日

後蒙京東局將石閘涵洞工料，啓請水利府報銷訖。

工部北營堤工印册案原任内給發　程　璇

爲頒發印册，以垂永久事。照得寶邑，諸河下稍，地處低窪，田禾失收，均由水患所致。則堤埝之設固國本，而衛民生事甚重也。其間應修、應築之處，本縣涖任以來，細加查勘，次第畢舉，少資捍禦矣。惟是工部北營一帶堤埝，因本朝圈佔，地有旗民之分，堤遂有有業主、無業主之别。地在民者，堤隨地修，名爲有業主之埝。地歸旗者，地圈置堤於不問，名爲無業主之埝。然無業主之埝傾頽，即修有業主之埝，亦屬無益。是以舊册於有業主之埝，開載業户弓口，照例出夫泒修，不載村庄坐落。於無業主之埝，開載村庄坐落，即著工部庄頭，每年撥夫修築，遵行已久。迨内有庄頭高應照年老，旋據楊保正舉報高天培接充，未幾告退。而此段無業主之埝，遂致管理無人。本縣涖任之始，深以爲憂。即同河衙親勘，復令天培董其事。無如天培居心詭譎，雖接充庄頭，止以無夫修埝爲詞。本縣細繹舊册，高應照名下後開，西張庄等處即出夫之村庄也，何謂無夫？若謂此數庄夫不應修無業主之埝，則如李志隆名下所管四里港等庄，與杜國權諸人所管老父庄等處，皆不應出夫修無業主之埝矣。事同一例，參差推諉，悮公害衆，莫此爲甚，豈舊册開載之遺意乎？除飭令高天培照例督夫修築外，恐將來日久弊生，變亂成規，亦未可定。特照舊式，頒發印册三本，一存該房，一牒河衙，一給庄頭杜玟等收照。每年照册出夫修築，加意防護。如高天培所管堤埝再行推諉，許杜玟等執此鳴公究治，庶堤工可固，而國本民生均有攸賴矣。後之涖斯土者，其亦於斯加意也夫。

雍正元年四月初一日

中國水利史典　編輯出版人員

總編輯　湯鑫華
總責任編輯　陳東明
副總責任編輯　穆勵生　馬愛梅

海河卷二

責任編輯　宋建娜
審稿編輯　穆勵生　馬愛梅　宋建娜　王　藝　楊春霞
張小思　朱　莉　趙　耀　王　勤　叢艷姿
封面設計　王　鵬　蘆　博
版式設計　孫立新　黄雲燕
責任排版　吴建軍　郭會東　孫　静　丁英玲　聶彦環
責任校對　張　莉　梁曉静　黄　梅
責任印制　劉一檠　帥　丹　孫長福　王　凌